全国高等医药院校药学类专业研究生规划教材

天然产物结构解析

（供药学、中药学专业用）

主　编　裴月湖

副主编　华会明　李　畅

编　者（以姓氏笔画为序）

王小宁（山东大学药学院）

王海峰（沈阳药科大学）

卢　轩（大连大学生命健康学院）

华会明（沈阳药科大学）

杨异卉（哈尔滨医科大学）

李　宁（沈阳药科大学）

李　畅（哈尔滨医科大学）

何祥久（广东药科大学）

张　祎（天津中医药大学）

陈　刚（沈阳药科大学）

高慧媛（沈阳药科大学）

裴月湖（哈尔滨医科大学）

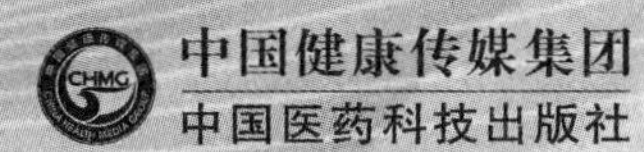

内容提要

本教材是“全国高等医药院校药学类专业研究生规划教材”之一，根据教材与教学、教材与课程、线上与线下紧密结合，信息技术与教学深度融合的原则编写而成。本教材介绍了快速掌握确定天然产物及其有机化合物化学结构的技术和方法。内容上涵盖核磁共振谱特点、可提供的结构信息、影响因素、使用方法及注意事项，苯丙素、醌、黄酮、萜、甾体、生物碱及其他类化合物谱学特点及全推理式的结构解析实例，本教材为书网融合教材，配有 PPT 供读者学习复习。本书具有通俗易懂、实用、方便自学，既可快速提高结构解析能力，亦可提高逻辑思维能力、推理能力和想象力等特点。本教材主要供全国高等医药院校药学、中药学及相关专业研究生使用，也可作为相关专业青年教师和科技人员的自学参考书。

图书在版编目（CIP）数据

天然产物结构解析 / 裴月湖主编 . -- 北京 : 中国医药科技出版社 , 2025. 4. -- （全国高等医药院校药学类专业研究生规划教材）. -- ISBN 978-7-5214-5233-4

Ⅰ. O629

中国国家版本馆 CIP 数据核字第 2025Q0A575 号

美术编辑 陈君杞

版式设计 友全图文

出版 **中国健康传媒集团** | 中国医药科技出版社

地址 北京市海淀区文慧园北路甲 22 号

邮编 100082

电话 发行：010-62227427 邮购：010-62236938

网址 www.cmstp.com

规格 889 × 1194 mm $^{1}/_{16}$

印张 27 $^{3}/_{4}$

字数 794 千字

版次 2025 年 4 月第 1 版

印次 2025 年 4 月第 1 次印刷

印刷 北京金康利印刷有限公司

经销 全国各地新华书店

书号 ISBN 978-7-5214-5233-4

定价 95.00 元

获取新书信息、投稿、为图书纠错，请扫码联系我们。

数字化教材编委会

主　编　裴月湖

副主编　华会明　李　畅

编　者　（以姓氏笔画为序）

王小宁（山东大学药学院）

王海峰（沈阳药科大学）

卢　轩（大连大学生命健康学院）

华会明（沈阳药科大学）

杨异卉（哈尔滨医科大学）

李　宁（沈阳药科大学）

李　畅（哈尔滨医科大学）

何祥久（广东药科大学）

张　祎（天津中医药大学）

陈　刚（沈阳药科大学）

高慧媛（沈阳药科大学）

裴月湖（哈尔滨医科大学）

前言

本教材为“全国高等医药院校药学类专业研究生规划教材”之一，本着契合新时期药学人才需求变化，以培养高层次创新型人才为目标，培养学生的爱国精神，创新精神和奉献精神，满足药学专业就业岗位实际需求等编写思路和原则编写而成。

天然产物是创新药物先导化合物发现的源泉，天然药物活性成分及中药物质基础研究、化学合成、创新药物研究与开发等最终都要确定目标化合物的化学结构。如何通过通俗易懂、实用、方便自学的教材，让同学们快速掌握确定天然产物及其有机化合物化学结构的技术和方法，是从事相关专业教师面临的课题之一。本教材结合编者多年来的教学科研工作经验重点介绍了核磁共振谱特点、可提供的结构信息、影响因素、使用方法及注意事项，苯丙素、醌、黄酮、萜、甾体、生物碱及其他类化合物谱学特点和全推理式的结构解析实例。本着教材与教学、教材与课程、线上与线下紧密结合，信息技术与教学深度融合的原则，既方便了教学，也有利于同学们自学。通过对本教材的学习，不但可以快速提高同学们的结构解析能力，还能提高同学们的逻辑思维能力、推理能力和想象力等。

本教材第一章由裴月湖编写；第二章由李畅和杨异卉编写；第三章由李宁和陈刚编写；第四章由华会明和王海峰编写；第五章由高慧媛编写；第六章由张祎编写；第七章由王小宁编写；第八章由何祥久编写；第九章由卢轩编写；李畅兼任编写秘书。

本教材既可供全国高等医药院校药学、中药学及相关专业研究生使用，也可作为相关专业青年教师和科技人员的自学参考书。

作者在编写本教材过程中，得到各参编院校的大力支持，在此表示衷心的感谢！由于编者能力所限，教材中难免存在疏漏和不妥，恳请各位读者提出宝贵意见，以便不断更新完善。

编　者

2024年11月

目录

第一章　核磁共振

学习目标

通过本章学习，掌握核磁共振基础知识、化学位移及偶合常数等影响因素；熟悉1D-NMR和2D-NMR特点及解析方法。

能够从图谱中获取关键信息，寻找关键信号进行结构推测；具备综合运用核磁共振技术解析天然产物及有机化合物化学结构的能力。

养成科学的思维方式，将复杂有机化合物的图谱化繁为简，将知识融会贯通，解析有机化合物的结构。

PPT

第一节　核磁共振基础知识

一、核磁共振基本原理

将原子核置于外加磁场中并满足一定外在条件时发生的核磁共振现象称为核磁共振（nuclear magnetic resonance，NMR）。是不是元素周期表中所有元素都能发生核磁共振呢？当然不是。只有具备一定内在特性的原子核（具有磁性的原子核）才能在外部条件作用下发生磁共振现象。在天然产物及有机化合物结构解析中，主要使用的是^{1}H核磁共振谱、^{13}C核磁共振谱和二维核磁共振谱。对于一些特定的有机化合物，^{19}F、^{31}P和^{15}N等核磁共振谱也常被使用。

（一）原子核的自旋与自旋角动量（P）、核磁矩（μ）及磁旋比（γ）

只有在外加磁场作用下显示磁性的原子核才具有磁共振现象。那么哪些原子核在外加磁场作用下显示磁性，哪些原子核在外加磁场作用下又不显示磁性呢？由式1-1和式1-2可知，当原子核的自旋量子数I为0时，原子核的自旋角动量P就等于0，核磁矩μ也等于0，故不显示磁性，无磁共振现象。当

$$\mu = \gamma P \quad (1\text{-}1)$$

式中，μ为核磁矩，自旋核磁性强弱特性的矢量参数；γ为磁旋比或旋磁比，核磁矩与自旋角动量之间的比例常数；P为自旋角动量，原子核自旋运动特性的矢量参数。

$$P = \sqrt{I(I+1)} \cdot h/2\pi p \quad (1\text{-}2)$$

式中，h为普朗克（Planck）常数；I为自旋量子数。

原子核的自旋量子数I不为0时，原子核的自旋角动量P就不为0，核磁矩μ也不为0，故在外加磁场作用下就显示磁性，就具有磁共振现象。自旋量子数（I）与原子序数（Z）及质量数（A）之间的相互关系见表1-1。

表1-1 核的自旋量子数（I）与质量数（A）及原子序数（Z）的关系

原子序数（Z）	质量数（A）	自旋量子数（I）	举例
偶数	偶数	零	^{12}C，^{16}O，^{32}S
奇数或偶数	奇数	半整数（1/2，3/2，5/2，…）	^{13}C，^{1}H，^{19}F，^{31}P，^{15}N，^{17}O，^{35}Cl，^{79}Br，^{125}I
奇数	偶数	整数（1，2，3，…）	^{2}H，^{14}N

由表1-1可知，当质子和中子个数均为偶数时，该类原子核自旋量子数I为0，无自旋运动特性，不显示磁性，不产生核磁共振现象，如^{12}C、^{18}O等原子核均属于此类原子核。当质子或中子个数为奇数时，自旋量子数I为1/2，3/2，5/2等半整数。当质子和中子个数均为奇数时，自旋量子数I为1，2，3等整数。自旋量子数I无论是半整数还是整数，只要大于0，就有自旋运动特性，显示磁性，能够产生核磁共振现象。当原子核的自旋量子数为1/2且原子半径较小时，如^{1}H、^{13}C、^{19}F、^{31}P和^{15}N等原子核，因其具有均匀的球形电荷分布，无电四极矩，核磁共振谱线窄，利于检测，加之在自然界丰度较高等，能够测得其理想的核磁共振谱。当自旋量子数大于1时，因其原子核的非球形电荷分布，具有电四极矩，导致核磁共振谱线加宽，不利于检测，无法测得理想的核磁共振谱。

（二）磁性原子核在外加磁场中的行为特性

通常条件下原子核的自旋运动是随机的，由磁性原子核自旋产生的核磁矩的排列是随机无序的，彼此相互抵消，故对外并不呈现磁性。只有将磁性原子核置于外加静磁场中，磁性原子核产生的核磁矩的排列才是有序的，无法相互抵消，进而显示磁性。

1.核的自旋取向、自旋取向数与能级状态 将磁性核置于外加静磁场中，在外加磁场作用下，由磁性核自旋产生的核磁矩将由原来的随机无序排列变为整齐有序排列。核磁矩是由核的自旋运动产生的，核磁矩的有序排列将直接影响核的自旋运动。既然核磁矩的排列是整齐有序的，那么磁性核的自旋空间取向排列也是整齐有序的。

按照量子理论，磁性核在外加磁场中的自旋取向数不是任意的，可按式1-3计算：

$$自旋取向数=2I+1 \tag{1-3}$$

每个自旋取向分别代表原子核的某个特定能级状态，其能级状态可用磁量子数m来表示，$m=I$，$I-1$，……$-I$，共有$2I+1$个自旋取向。以有机化合物中常见的^{1}H及^{13}C核为例，因$I=1/2$，故自旋取向数=2（1/2）+1=2，$m=-1/2$，$+1/2$，即有两个自旋相互相反的取向。如果某个核$I=1$，则其$m=-1$，0，+1，即有三个自旋取向，依此类推（图1-1）。

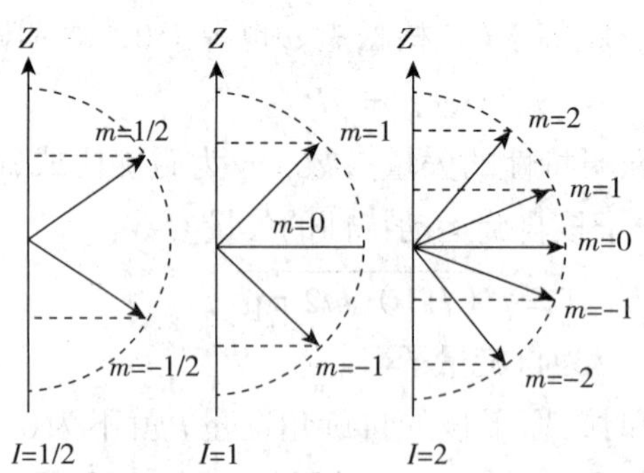

图1-1 磁性核在外加磁场中的自旋取向数（Z为外加磁场方向）

在图1-2中，当自旋取向与外加磁场方向一致时（可用↑或α表示），$m=+1/2$，磁性核处于低能级状态，$E_1=-\mu H_0$；自旋取向与外加磁场方向相反时（可用↓或β表示），$m=-1/2$，磁性核则处于高能级状态，$E_2=+\mu H_0$。两种取向间的能级差ΔE可用式1-4表示：

$$\Delta E=E_2-E_1=2\mu H_0 \tag{1-4}$$

式中，μ为核磁矩在H_0方向的分量；H_0为磁场强度。

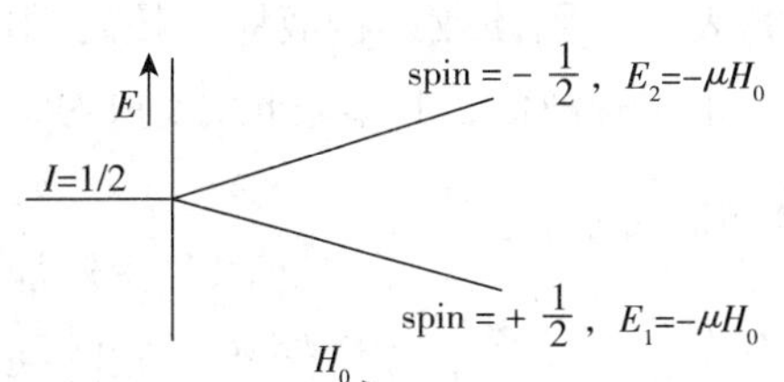

图1-2　I=1/2的核在外加磁场中的两种能级

由式1-4可看出，磁性核由低能态向高能态跃迁时所需的能量（ΔE）与外加磁场强度（H_0）及核磁矩（μ）成正比。随着H_0的增大，发生跃迁时所需的能量也随之增大；反之，则减少。

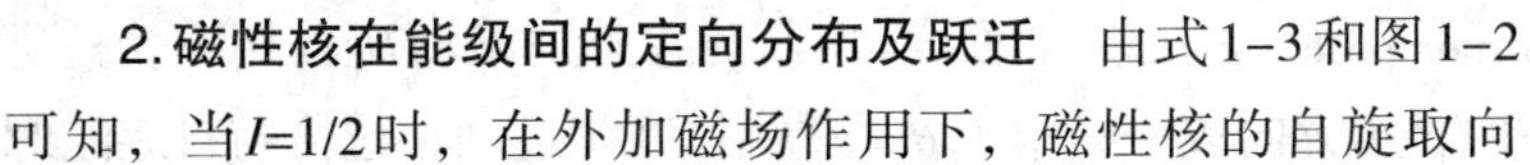

2.磁性核在能级间的定向分布及跃迁　由式1-3和图1-2可知，当I=1/2时，在外加磁场作用下，磁性核的自旋取向仅能以核磁矩μ与外磁场H_0方向一致的低能态（$-\mu H_0$），或核磁矩μ与外磁场H_0方向相反的高能态（$+\mu H_0$）两种能级状态存在。如果这两种能级状态的磁性核数目相等，就无法测定其核磁共振信号。当热力学温度为零度时，所有^{1}H核都处于低能态。在常温下，两种能级状态都有存在，在热力学平衡条件下，磁性核在两个能级间的定向分布遵从Boltzmann分配定律，即低能态核的数目比高能态核的数目稍多。以100MHz（外磁场强度为23500高斯）仪器为例（低能态与高能态磁性核的分布之比与外加磁场强度成正比），如果低能态的核有100万个，高能态的核就有999987个，在近200万个磁性核中低能态核的数目仅仅多13个。就是这仅仅百万分之几的分布差异恰恰就是我们能够检测到核磁共振信号的主要基础。

3.饱和与弛豫　当磁性核的自旋量子数I=1/2时（如^{1}H、^{13}C等），在外加磁场作用下，分别以m=+1/2（低能态）及−1/2（高能态）两个能级状态存在。在热平衡状态下，处于+1/2能级的核数目要稍多一些［图1-3（a）］。当对此体系采用共振频率的电磁辐射照射时，+1/2能级的核将吸收能量并跃迁至−1/2能级，如图［图1-3（b）］。

继续照射则继续跃迁，直至+1/2能级的核与−1/2能级的核数量相等时，才不再吸收能量。这种状态称为饱和（saturation）［图1-3（c）］。比热平衡状态多的−1/2能级的核又可通过释放能量回到+1/2能级，直至恢复到Boltzmann分布的热平衡状态，这种现象称为弛豫（relaxation）［图1-3（d）］。如前所述，低能态磁性核的数目虽然比高能态多一点，但数目非常有限，如果没有磁性核“弛豫”这种特性，将无法检测核磁共振信号。

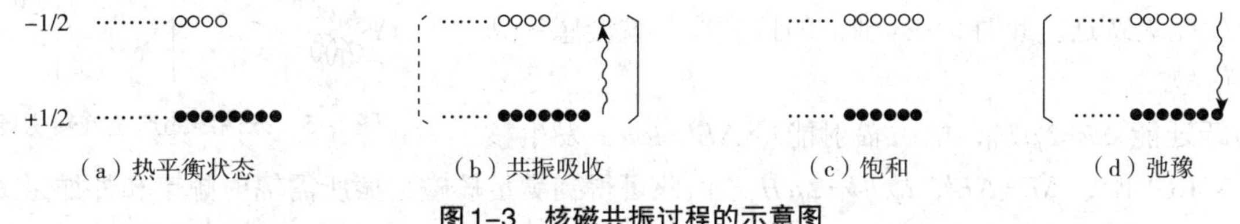

（a）热平衡状态　（b）共振吸收　（c）饱和　（d）弛豫

图1-3　核磁共振过程的示意图

弛豫分为两种：一种是自旋−晶格弛豫（spin−lattice relaxation），另一种是自旋−自旋弛豫（spin−spin relaxation）。

自旋−晶格弛豫又称为纵向弛豫，是高能态核与周围环境之间的能量交换过程，结果是部分核由高能态回到低能态，核的整体能量下降。通过自旋−晶格弛豫过程达到热平衡状态所需时间，称为自旋−晶格弛豫时间，用T_1表示。T_1值越小，弛豫效率越高；T_1值越大，弛豫效率越低。T_1值大小与磁性核种类、样品状态、温度等有关。固体样品振动、转动频率较小，故T_1值较长，可达数小时。气体或液体样品，T_1值很短，一般只有10^{-4}～10^{-2}秒。

自旋−自旋弛豫又称为横向弛豫，是高能态核把能量转移给同类低能态核的能量交换过程，一部分高能态核失去能量回到低能态，另一部分低能态核获得能量跃迁到高能态。结果是各种取向核的总数和核的整体能量均没有变化，但发生能量交换的核在高能态停留的时间发生了改变。自旋–自旋弛豫时间用T_2表示，固体或黏稠液体，核之间的相对位置较固定，利于核间能量传递转移，故T_2值较短，约10^{-3}秒。非黏稠液体，T_2值较长，约1秒。

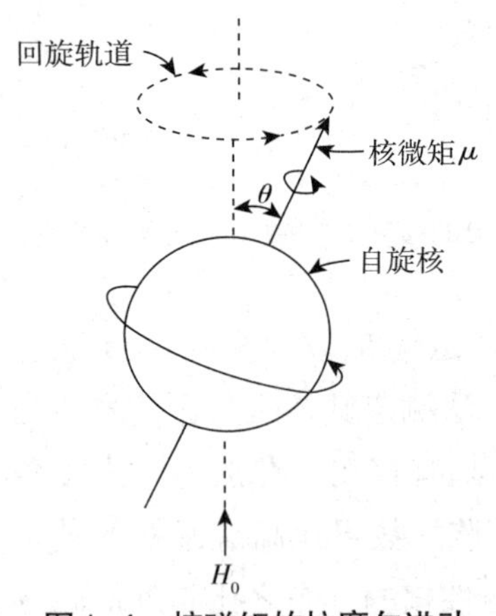

图1–4　核磁矩的拉摩尔进动

4.核的进动与拉摩尔频率　可以将自旋核形成的核磁矩看成小磁针，在外加磁场中，小磁针将被迫对外加磁场自动取向，并且磁性核会在自旋的同时绕外磁场方向进行回旋，这种运动称为拉摩尔进动（或称拉摩尔回旋，Larmor procession）。如图1–4所示，在外加磁场H_0作用下，核磁矩μ在与外加磁场方向成一夹角（θ）进行拉摩尔进动，这恰与自旋陀螺在与地球重力场的重力线倾斜时作进动的情况相似。

磁性核的进动频率或拉摩尔频率ω（Larmor frequency，ω）可用式1–5表示：

$$\omega=\mu H_0/2\pi \tag{1–5}$$

式中，μ为核磁矩；H_0为磁场强度。

二、产生核磁共振的必要条件

在外加静磁场中，磁性核从低能态向高能态跃迁时需要吸收一定的能量，这个能量可由照射体系的电磁辐射来供给。只有当照射用电磁辐射频率与处于进动中的磁性核的进动频率（或称拉摩尔频率）相等时，能量才能有效地从电磁辐射向磁性核转移，使低能态磁性核跃迁至高能态，进而实现核磁共振。

如图1–5所示，在与外加磁场垂直的平面上沿x轴设置一振荡线圈，由振荡线圈沿其轴心（x轴）方向施加一直线振荡磁场。直线振荡磁场可分解成两个在xy平面上回旋的强度相等、方向相反的旋转磁场H_1。在外磁场强度H_0保持不变的情况下，改变振荡线圈的振荡频率，旋转磁场H_1的频率就会随着振荡频率的变化而变化。当旋转磁场H_1的频率和方向与磁性核的拉摩尔进动频率和方向一致时，磁性核即从H_1中吸收能量并产生能级跃迁。此时，在y轴上的接受线圈就会感应到核磁共振信号。

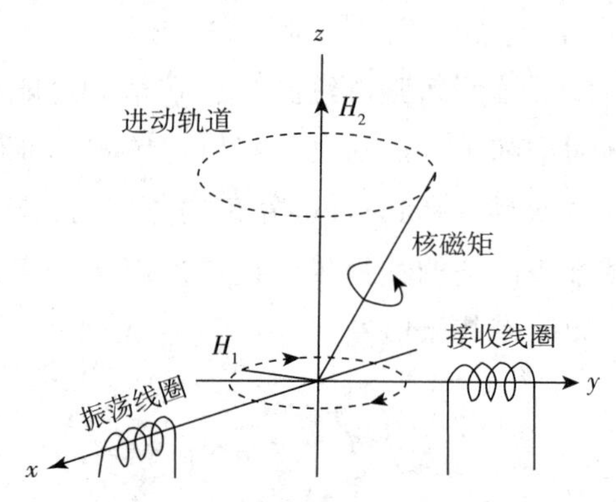

图1–5　振荡线圈产生旋转磁场H_1

核的跃迁能$\Delta E=2\mu H_0$，电磁辐射能量$\Delta E'=h\nu$，发生核磁共振（NMR）时，$\Delta E=\Delta E'$，故$h\nu=2\mu H_0$。由此可得到满足核磁共振所需辐射频率和外加磁场强度之间的关系式1–6和1–7：

$$\nu=(2\mu/h)H_0 \tag{1–6}$$

或

$$H_0=(h\nu/2\mu=(h/2\mu)\nu \tag{1–7}$$

式中，ν为频率；μ为核磁矩；h为普朗克常数；H_0为磁场强度。

由上可知：

因ν与h均为常数，故实现NMR有两种方法：①固定外加磁场强度H_0，通过逐渐改变电磁辐射频率（ν），来检测共振信号，简称扫频（frequency sweep）；②固定电磁辐射频率（ν），通过逐渐改变磁场强度H_0，来检测共振信号，简称扫场（field sweep）。

磁性核的共振频率与其核磁矩成正比，核的种类不同，核磁矩也就不同（表1–2），即使是在同一磁场强度的外加磁场中（同一台核磁共振仪），不同磁性核发生共振时所需的辐射频率也不会相同。以

I=1/2的^{1}H及^{13}C核为例，两者的核磁矩相差4倍（^{1}H，μ=2.79；^{13}C，μ=0.70），故^{1}H核磁共振所需射频约为^{13}C核的4倍。当外加磁场强度（H_0）为2.35T时，^{1}H核磁共振所需射频（ν）为100MHz，而^{13}C核磁共振只需约25MHz（表1-2）。通常我们所说的核磁共振仪的共振频率如300MHz、400MHz、600MHz等核磁共振仪是指的^{1}H核的共振频率，如果测定的是其他磁性核，则需进行换算。同理，若固定射频（ν），则不同原子核的共振信号将会出现在不同强度的磁场区域。因此，在某一磁场强度和与之相匹配的特定射频条件下，只能观测到一种核的共振信号，不存在不同种类的原子核信号相互混杂的问题。这也就是在测定^{1}H核磁共振谱时，我们只能看到^{1}H核的共振信号，而看不到^{13}C核共振信号的原因。

表1-2　同位素的天然丰度、磁性及共振频率和磁场强度

同位素	天然丰度（%）	磁矩 μ（β_N）	磁旋比 γ A·m^2/（J·s）	NMR频率 ν（MHz）	
				H_0=1.4092T	H_0=2.3500T
^{1}H	99.985	2.79	26.753×10^4	60.0	100
^{2}H	0.015	0.86		9.21	15.4
^{12}C	98.893	—		—	—
^{13}C	1.107	0.70	6.728×10^4	15.1	25.2
^{14}N	99.634	0.40			
^{15}N	0.366	−0.283	-2.712×10^4		
^{16}O	99.759	—		—	—
^{17}O	0.037	−1.89			
^{18}O	0.204	—		—	—
^{19}F	100	2.63	25.179×10^4	56.4	94.2
^{31}P	100	1.13	10.840×10^4	24.3	40.5

三、屏蔽效应及在其影响下的核能级跃迁

同一台核磁共振仪的磁场强度是一个常数，同一种磁性核的核磁矩也是常数，按照拉摩尔频率$\omega=\mu H_0/2\pi$，同一种磁性核在同一台核磁共振仪上就应该只出现一个共振信号。事实果真如此吗？当然不是，如果是那样的话，也就失去了测试核磁共振的意义了。

原子是由原子核和核外电子构成的，磁性原子核中质子所带的正电荷高速运动，进而产生磁矩，这是磁性核能够发生磁共振的基础。原子核外所带的负电子同样也会在与外加磁场垂直的平面上高速运动，进而形成环电流和产生一个与外加磁场相对抗的第二磁场（图1-6）。

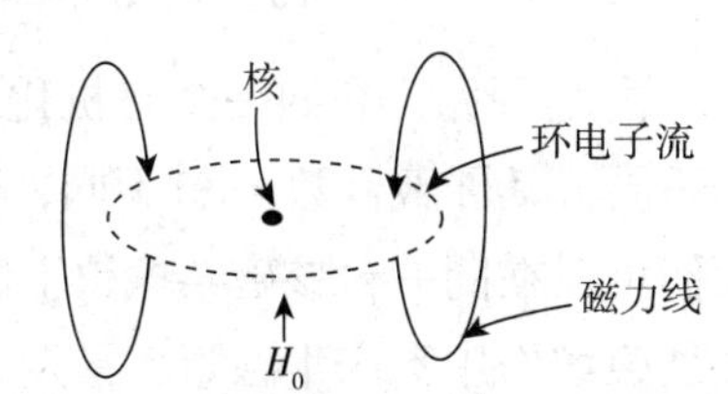

图1-6　核外电子流动产生对抗磁场

对于磁性核来说，这等于增加了一个免受外加磁场影响的防御措施。这种作用称为电子屏蔽效应（shielding effect）。

如果用H_0代表外加磁场强度，σH_0代表核外电子对磁性核的屏蔽效应，H_N代表核的实受磁场。

则
$$H_N=H_0-\sigma H_0$$
故
$$H_N=H_0(1-\sigma) \tag{1-8}$$
式中，σ为屏蔽常数。

σ屏蔽常数（shielding constant）表示电子屏蔽效应的大小，既可以是正值，也可以是负值（如磁各向异性对氢核的影响）。其数值取决于核外电子云密度、所处的化学环境（如空间位置、与吸电子或供

电子原子或官能团相隔的距离等）、碳的杂化程度等。如在5,7,4’-三羟基二氢黄酮中，H-2与氧原子相隔两根化学键，受氧原子吸电子作用影响较大，故其电子云密度较低，电子屏蔽效应较小（*s*较小），其化学位移值就较大（δ 5.34）；H-3与氧原子相隔3根化学键，受氧原子吸电子作用影响较小，故其电子云密度较高，电子屏蔽效应较大（σ 较大），化学位移值就较小（δ 3.11和2.69）。再如H-3'和H-5'受4'氧原子与苯环p-π 共轭效应影响较大，故其电子云密度较高，电子屏蔽效应较大（σ 较大），化学位移值就较小（δ 6.81）；H-2'和H-6'受4'氧原子共轭效应影响较小，故其电子云密度较低，电子屏蔽效应较小（σ 较小），化学位移值就较大（δ 7.31）（图1-7）。

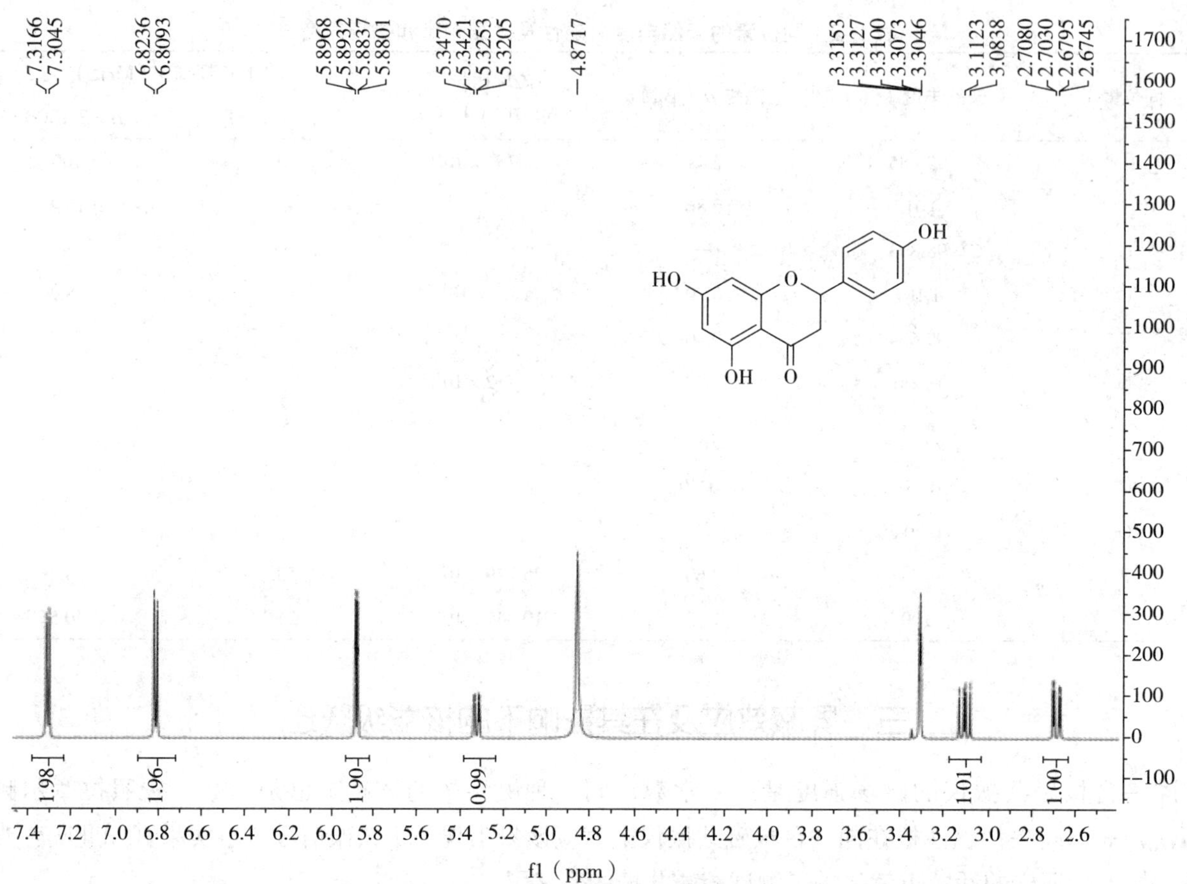

图1-7　5,7,4'-三羟基二氢黄酮 ^{1}H-NMR部分放大谱（600MHz，in CD_3OD）

由此可见，在同一个有机化合物中同一种磁性核如^{1}H、^{13}C等，由于其所处的化学环境和电子云密度等不同，其屏蔽常数 σ 就不同，即便是在同一台核磁共振仪上实受的磁场强度也不会相同，这就是为什么我们可以在同一台核磁共振仪上测定不同化学环境磁性核磁共振信号的原因。磁性核中质子所带正电荷在外加磁场作用下产生磁矩，是发生核磁共振的基础。核外负电荷在外加磁场作用下产生的屏蔽效应，是能够测试不同化学环境磁性核磁共振信号的基础。要想获得理想的核磁共振谱，两个基础缺一不可。

药知道

核磁共振与新药研发

生物医药是世界经济强国竞争的焦点之一，其主要研究内容就包括新药研发及其作用机制等。新药研发离不开大量化学结构已知的有机化合物，核磁共振就是确定有机化合物化学结构的重要技术和方法。核磁共振技术在先导化合物发现过程中的成功运用，提高了先导化合物的发现效率，缩短了新药的研发周期。

第二节　氢核磁共振（^{1}H-NMR）

PPT

PPT

一、化学位移

（一）化学位移的定义

虽然不同化学环境的磁性核实受的磁场强度不同，其共振信号会出现在磁场的不同区域，但这个区域很小。以照射频率为60MHz（氢核）为例，这个区域仅为（14092±0.1141）G，在这么一个范围内要精确测定其绝对值是相当困难的。在实际工作中常将待测磁性核共振信号所在位置（以磁场强度或共振频率表示）与某基准物磁性核共振信号所在位置进行比较，求其相对距离。所测相对距离称为化学位移（chemical shift），常用 δ 表示。

$$\delta=[(\nu_{\text{sample}}-\nu_{\text{ref}})/\nu_0]\times10^6 \qquad (1\text{-}9)$$

式中，ν_{sample}为试样吸收频率；N_{ref}为基准物的吸收频率；ν_0为照射试样用的电磁辐射频率。

（二）化学位移基准物

理想的基准物是外围没有电子屏蔽作用“裸露”的氢核，但这在实际工作中是根本做不到的。因TMS具有结构对称，在^{1}H-NMR谱上只给出一个尖锐的单峰；屏蔽作用较强，共振信号位于高场区，绝大多数有机化合物的氢核共振信号均出现在它的左侧；沸点较低（26.5℃）、性质不活泼、与试样不发生缔合等特点，故常用四甲基硅烷（tetramethylsilane，TMS）作为内标准物。

根据IUPAC的规定，通常把TMS共振信号的位置规定为零，待测氢的共振信号则按“左正右负”的原则分别用$+\delta$及$-\delta$表示。因为TMS不溶于重水，当测定溶剂为重水时，可选用2,2-二甲基-2-硅杂戊烷-5-磺酸钠（DSS）、叔丁醇、丙酮等其他基准物。另外，苯、三氯甲烷、环己烷等有时也可用作化学位移的参照标准。高温下测定时可用HMDS。需要指出的是，只有TMS的δ值为0，其他基准物的δ值均不为0，常用基准物见表1-3。

表1-3　常用基准物

缩写	全名	结构式	δ值（d）
TMS	Tetramethylsilane	$(CH_3)_4Si$	0.00
DSS	Sodium，2,2-dimethyil-2- silapentane-5-sulfonate	$(CH_3)_3Si(CH_2)_3SO_3Na$	0.00～2.90*
HMDS	Hexamethyldisiloxane	$(CH_3)_3SiOSi(CH_3)_3$	0.04

注：*除甲基外还出现亚甲基信号。

同一个化合物同一组氢在不同磁场强度核磁共振仪上的共振频率是不同的，其共振频率与磁场强度成正比，但一旦将其换算成化学位移值（δ值），其化学位移值就是相同的。如1,2,2-三氯丙烷中的甲基，在60MHz和100MHz核磁共振仪上的共振频率分别为134Hz和223Hz（与TMS的相对值），但换算成δ值则均为2.23。再如其亚甲基在这两台仪器上的共振频率分别为240Hz和400Hz，但换算成δ值也均为4.00。

由于屏蔽效应等的影响，磁性核实收磁场强度较小时，其共振频率就较低，故将化学位移小的一侧称为低频。反之当磁性核实收磁场强度较大时，其共振频率就较高，故将化学位移大的一侧称为高频。当射频固定并采用扫场的方法进行核磁共振谱测定时，要使实收磁场强度较小的磁性核发生磁共振，就需要增加较大的扫描磁场强度，故化学位移值较小的一侧称为高场。要使实收磁场强度较大的磁性核发生磁共振，只需要增加较小的扫描磁场强度就可以了，故化学位移值较大的一侧称为低场（图1-8）。

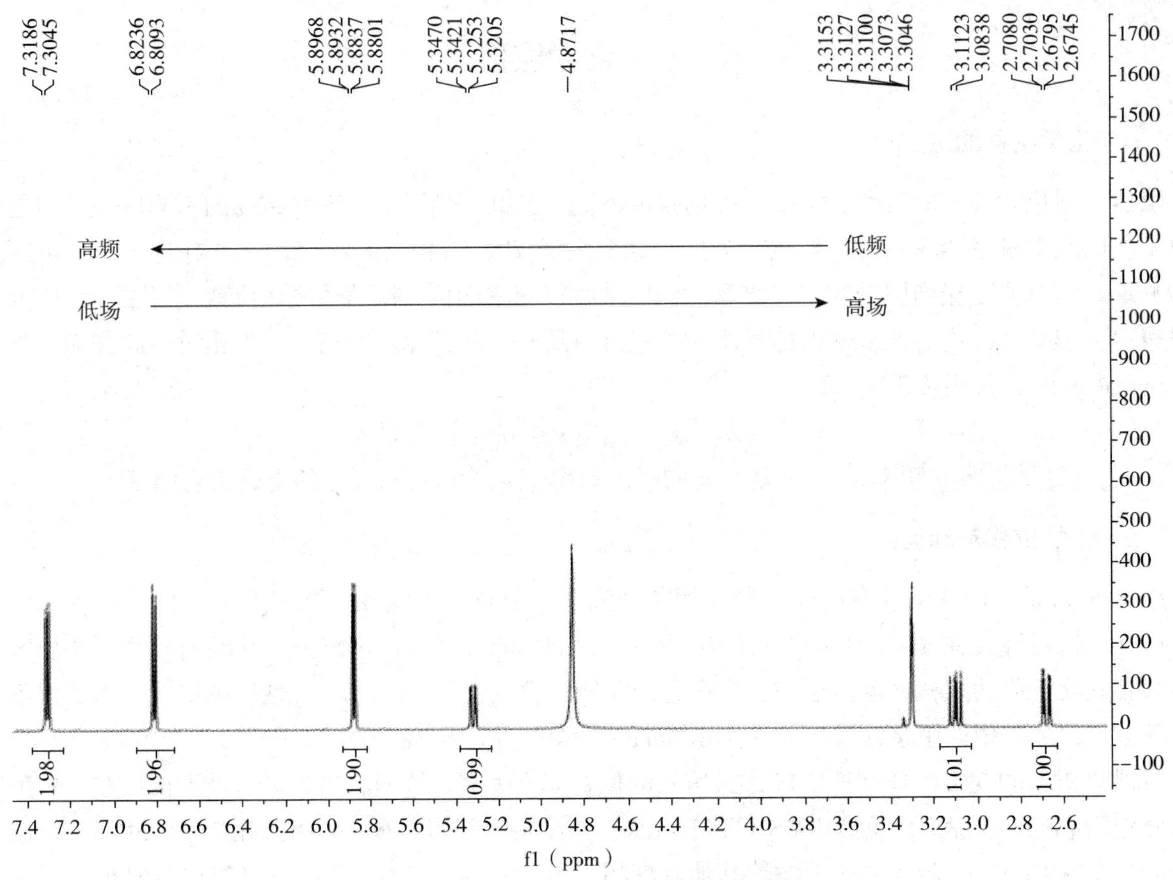

图1-8　核磁共振谱共振频率与磁场强度的关系

（三）影响化学位移的因素

1.诱导效应对化学位移的影响　磁性原子核的化学位移与其核外电子云密度有关，电子云密度越大，电子屏蔽效应就越强，化学位移值也就越小。与磁性核通过化学键相连的吸电子原子或官能团的电负性越大，核外电子云密度就越小，电子屏蔽效应就越弱，化学位移值也就越大。如碘甲烷、溴甲烷、氯甲烷和氟甲烷的化学位移值分别为 δ 2.2、2.6、3.1和4.3，见表1-4。影响核外电子云密度的吸电子原子或官能团的数目越多，电子云密度就越小，电子屏蔽效应就越弱，化学位移值也就越大。如卤甲烷、二卤甲烷和三卤甲烷的化学位移值依次增大，见表1-5。磁性核与吸电子原子或官能团相隔的化学键越少，电子云密度就越小，电子屏蔽效应就越弱，化学位移值也就越大；反之亦然。这种诱导效应对化学位移的影响一般不会超过4根化学键，当磁性核与吸电子原子或官能团相隔的化学键大于4时，诱导效应对其影响就很小了。

表1-4　取代烃中取代基对氢核化学位移值的影响

化合物	氢核的化学位移
$(CH_3)_4Si$	0.00
$(CH_3)_3\text{-}Si(CD_2)_2CO_2^- Na^+$	0.00
CH_3I	2.2

续表

化合物	氢核的化学位移
CH_3Br	2.6
CH_3Cl	3.1
CH_3F	4.3
CH_3NO_2	4.3
CH_2Cl_2	5.4
$CHCl_3$	7.3

表 1–5　卤代甲烷的化学位移值

	F	Cl	Br	I
CH_3X	4.3	3.1	2.6	2.2
CH_2X_2	5.6	5.4	4.9	3.9
CHX_3	7.5	7.3	6.8	4.9

乙烯上的氢被乙酰氧基取代后，H_a由于受到氧原子强烈的吸电子作用影响和羰基磁各向异性的影响，其化学位移值由 δ 5.28增大到 δ 7.25；H_b和H_c受氧原子p–π 共轭的影响，电子云密度大幅降低（由于相隔化学键较多，氧原子的诱导效应已大大降低），故其化学位移值分别降至 δ 4.55和 δ 4.85，H_c化学位移值比H_b大的原因是羰基磁各向异性影响的结果。乙烯上的氢被羧基甲酯取代后，H_a既受到羰基的吸电子作用影响（化学位移值增大），也受到羰基 π–π 共轭（化学位移值减小）和磁各向异性的影响（化学位移值增大），故其化学位移值由 δ 5.28增大到 δ 6.20；H_b和H_c受羰基 π–π 共轭的影响，电子云密度降低，故其化学位移值由 δ 5.28分别增大到 δ 5.82和 δ 6.38。H_c化学位移值比H_b大的原因是羰基磁各向异性对H_c影响的结果。

Hc　H 5.28　Hb　Ha　　4.85 Hc　O　CH_3　4.55 Hb　Ha 7.25　　6.38 Hc　O　O　CH_3　5.82 Hb　Ha 6.20

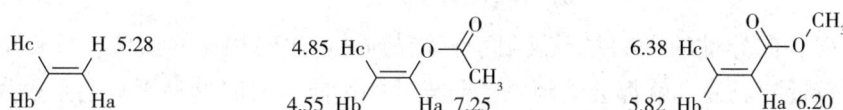

2. 磁各向异性对化学位移的影响　在乙烷、乙烯和乙炔分子中，根据碳的杂化程度，其吸电子能力应该是乙炔>乙烯>乙烷，也就是说，其氢核的化学位移值应该是乙炔>乙烯>乙烷，而实际上其氢核的化学位移值却是乙烯>乙炔>乙烷。再如乙烯和苯，虽然它们碳的杂化程度相同，但其氢核的化学位移值却有很大的差异，乙烯的化学位移值是 δ 5.28，苯的化学位移值是 δ 7.16。造成这些反常现象的原因是什么呢？

化学键尤其是 π 键，由于其电子的流动将产生一个小的诱导磁场，并通过空间影响邻近的氢核。当电子云分布不是球形对称时，这种影响在化学键周围也是不对称的，有的地方与外加磁场方向一致，增强了外加磁场，使该处氢核共振信号向低磁场方向位移（负屏蔽效应或去屏蔽效应，deshielding effect），化学位移值（δ）增大；有的地方则与外加磁场方向相反，削弱了外加磁场，使该处氢核共振信号移向高场（正屏蔽效应，shielding effect），化学位移值减小。上述这种效应称为磁各向异性效应（magnetic anisotropic effect）。造成上述化学位移反常的原因就是由磁各向异性效应引起的。

（1）C═X基团（X=C，N，O，S）中磁各向异性效应　以烯烃为例，在外加磁场作用下，双键p电子流产生的磁各向异性效应如图1–9（a）所示。

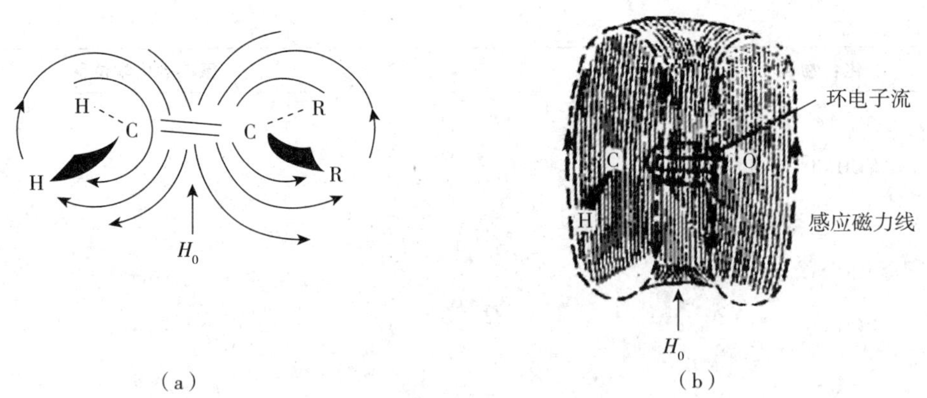

图1-9　C═X基团（X=C,N,O,S）中的电子环流效应

由图1-9（a）可知，在双键平面正上下方由双键p电子电流产生的磁力线的方向正好与外加磁场的方向相反，抵消了部分外加磁场强度，起到了电子屏蔽作用，使其化学位移值减小，此区域称为屏蔽区。

在双键平面周围，由双键p电子电流产生的磁力线的方向正好与外加磁场的方向相同，增加了外加磁场强度，起到了去电子屏蔽作用，使其化学位移值增大，此区域称为去屏蔽区或负屏蔽区。烯烃氢核正好位于去屏蔽区，故其化学位移值较大。

醛基氢核除与烯烃氢核相同都位于双键的去屏蔽区外，同时还受到相连的氧原子强烈的吸电子作用影响，故其化学位移值更大，δ值通常在9.4～10，易于识别［图1-9（b）］。

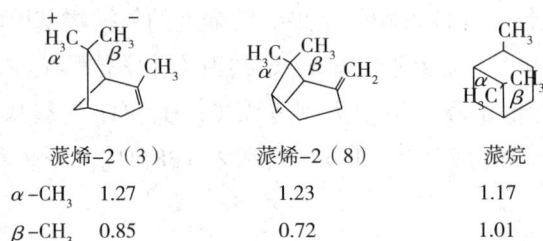

	莰烯-2（3）	莰烯-2（8）	莰烷
α-CH_3	1.27	1.23	1.17
β-CH_3	0.85	0.72	1.01

需要指出的是磁各向异性的影响并不仅限于直接与sp^2杂化碳相连的氢核。只要是在空间上距离磁各向异性影响范围较近的氢核，就都会受到磁各向异性的影响，有时这种影响还是很大的。如在莰烷的2,3位引入双键，由于其α-CH_3正好位于双键的去屏蔽区，故其化学位移值由δ 1.17增至δ 1.27，β-CH_3正好位于双键的屏蔽区（双键的上方），故其化学位移值由δ 1.01降至δ 0.85。再如在莰烷的2，8位引入双键，由于同样的原因，其α-CH_3的化学位移值由δ 1.17增至δ 1.23，β-CH_3的化学位移值由δ 1.01降至δ 0.72。

（2）芳环、芳杂环和稠环等的磁各向异性效应　以苯环为例，苯环有6个p电子，在外加磁场作用下由6个p电子构成的大π键，同样会产生更加强大的环电流和诱导磁场。在苯环平面上下方诱导磁场的方向与外加磁场方向相反，氢核实收磁场强度降低，故化学位移值减小，此区域称为屏蔽区。在苯环平面周围诱导磁场的方向与外加磁场方向相同，氢核实收磁场强度增加，故化学位移值增大，此区域称为去屏蔽区（图1-10）。通常苯环、芳杂环和稠环上的氢核位于去屏蔽区，故其共振峰位于低场，化学位移值多数在δ 6.0～9.0。由于芳环等的p电子数目比双键的p电子数目要多得多，由其产生的诱导磁场强度就比双键产生的诱导磁场强度大得多，故其磁各向异性效应要比双键大得多。

通常构成大π键的p电子数目越多，其磁各向异性效应就越强。而且磁各向异性效应不是仅影响直接与芳环相连的氢核，只要在空间位置上与芳核相近的氢核都会受到影响。如化合物A是由18个p电子构成的大π键，环外氢核位于去屏蔽区，其化学位移值达到了δ 9.28。环内氢核位于屏蔽区，其化学位

移值小到了 δ −2.99，环外与环内氢核化学位移值的差值达到了 δ 12.27。再如化合物B是由19个p电子构成的大 π 键，环外双键上的氢核化学位移值为 δ 11.22，吡咯环上氢核受氮原子p−π 共轭影响有所降低，但也达到了 δ 9.92。而位于环内氮原子上的氢核的化学位移值却低至 δ −4.40，正常情况下吡咯环上与氮原子直接相连氢核的化学位移值大于 δ 6.0，由此可见，位于屏蔽区和去屏蔽区氢核化学位移值具有巨大差异。正常情况下，乙酰氧基的甲基的化学位移值在 δ 2.0左右，而在化合物C中，乙酰氧基的甲基的化学位移值却只有 δ 1.6，化学位移值低的原因是该甲基位于双键和苯环的屏蔽区。

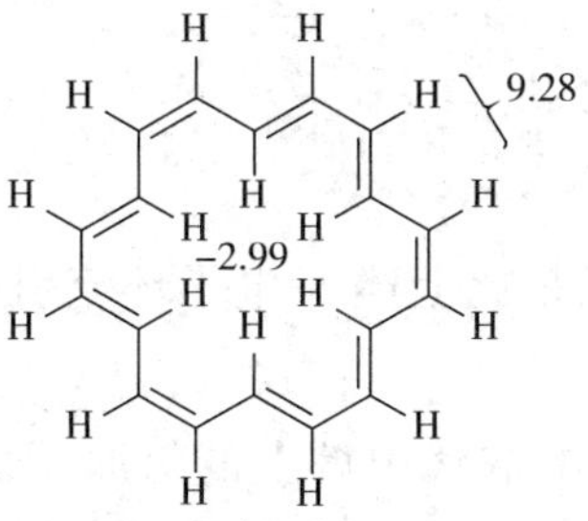

9.28　−2.99　　11.22　9.92　−4.40　　AcO 1.6　OCH_3

A 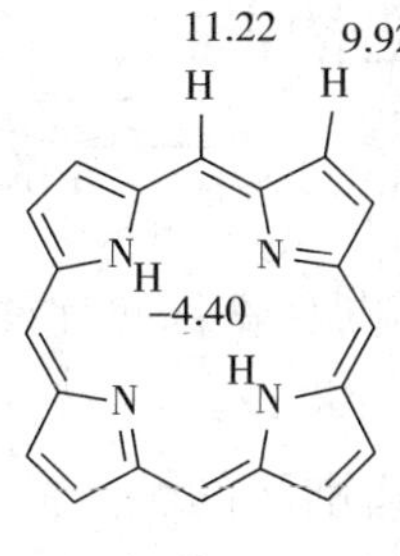　　B 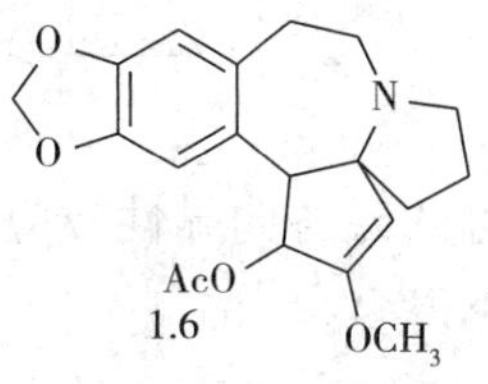　　C

（3）C≡C键的磁各向异性效应　炔基上的氢核具有一定酸性，如乙炔可以与氢氧化钙形成盐，说明其电子云密度较低，化学位移值应该较大，而实际上其化学位移值却很小，为 δ 1.8 ~ 3.0。如在下面化合物中其炔基上氢核的化学位移值仅为 δ 2.23，这是何故？ C≡C键同样具有磁各向异性效应，只是因为炔烃分子是直线型的筒状结构，sp杂化碳上的氢核正好位于 π 电子环流形成的诱导磁场的屏蔽区，如图1−11所示，所受实际磁场强度不增反减，故其化学位移值很低。

$H-C\equiv C-CH(OC(CH_3)_3)-C_5H_{11}$　　δ 2.23（溶剂CCl_4）

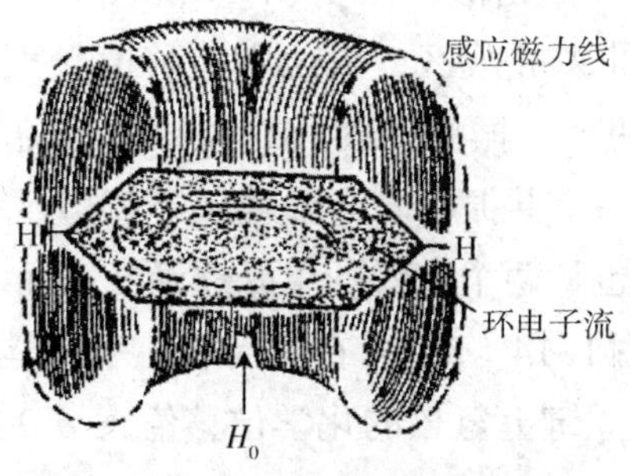

图1−10　苯环的电子环电流效应

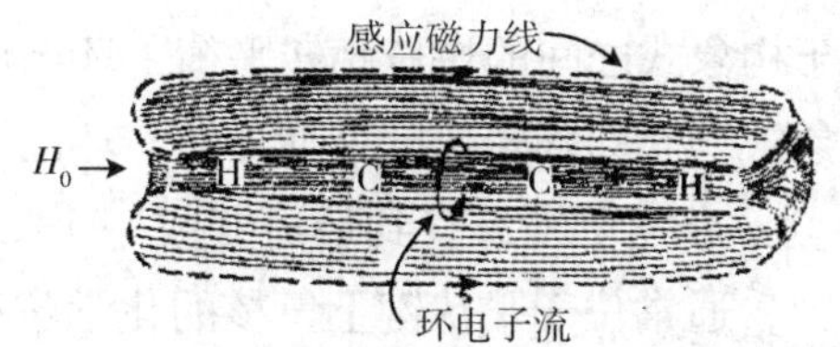

图1−11　炔烃电子的环电流效应

（4）环丙烷体系磁各向异性效应　由于三元环的键角很小，在化学性质和化学键电子云分布上具有部分双键性质，故环丙烷体系也具有磁各向异性效应。与芳环的磁各向异性效应相似，在环丙烷的上下方为屏蔽区，化学位移值减小；侧面则为去屏蔽区，化学位移值增大。如环丙烷上的氢核正好位于三元环的上下方，处于磁各向异性的屏蔽区，故其化学位移值很小（δ 0.22）。在环丙烷拼环戊烯分子中，由于H_a位于双键的上方（屏蔽区），其化学位移值由 δ 0.22大幅度降至 δ −0.17；H_b位于双键的侧面（去屏蔽区），其化学位移值则由 δ 0.22大幅度增至 δ 0.83。再如，在下列化合物中当H−5位于平伏键时，由于受到三元环屏蔽效应的影响（位于三元环的下方），其化学位移值仅为 δ 4.49；当H−5位于直立键时，由于不受三元环磁各向异性的影响，其化学位移值反而增至 δ 5.07（通常化学环境相同时，平伏键上氢核的化学位移值大于直立键上的氢核）。

杂氧、杂氮三元环均有与环丙烷相仿的磁各向异性效应，杂硫的三元环磁各向异性效应并不明显。如在下面化合物中，由于H–14位于环氧乙烷环的上方，处于屏蔽区，故其化学位移值仅为 δ 0.5～0.7。

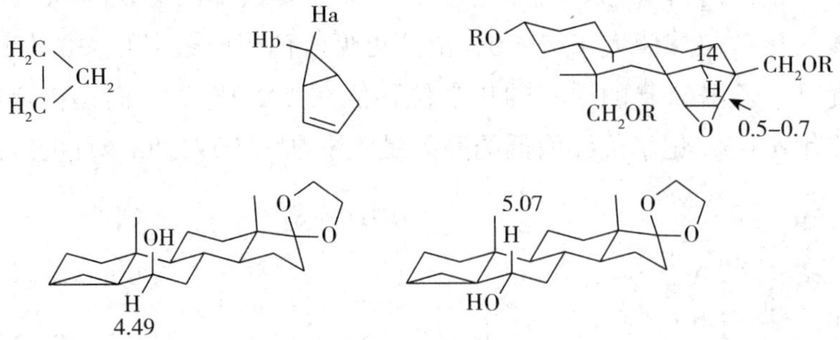

（5）单键的磁各向异性效应　C—C键也有磁各向异性效应，只是比上述π电子环流引起的磁各向异性效应要小得多。

如图1–12所示，因C—C键为去屏蔽圆锥区的轴，故当烷基相继取代甲烷上的氢原子后，C—C键的数目就会逐渐增多，剩下的氢核所受的去屏蔽效应也就会逐渐增强，自然其化学位移值也就会逐渐增大。

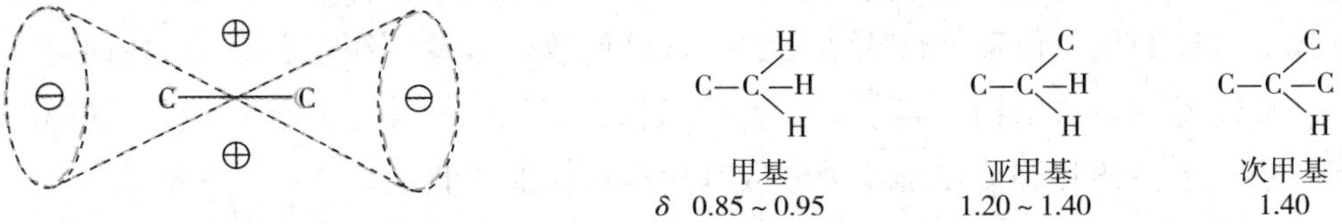

甲基　δ 0.85～0.95
亚甲基　1.20～1.40
次甲基　1.40

图1–12　C—C键的屏蔽区（+）与去屏蔽区（–）

再如，环己烷在–89℃时具有稳定的椅式构象，其氢核所受的屏蔽效应如图1–13所示。平伏键上的H_a和直立键上的H_b受C_1—C_2和C_1—C_6化学键屏蔽效应的影响大体相似，但受C_2—C_3和C_5—C_6化学键屏蔽效应的影响则并不相同。H_a正好位于C_2—C_3键和C_5—C_6键的去屏蔽区，故化学位移值较大；而H_b正好位于屏蔽区，故化学位移值较小。结果就是环己烷出现了两个共振峰［图1–14（a）］。当温度升高至室温时，由于构象式之间的快速翻转平衡，环己烷就只能出现一个共振峰。当温度从–89℃开始逐渐升高时，由于构象式之间的翻转速度逐渐加大，环己烷的共振信号也从两个尖锐的单峰逐渐变为两个宽单峰、一个馒头峰、一个宽单峰，直到最后变成一个尖锐的单峰［图1–14（b）］。在具有稳定椅式构象的环己烷类化合物中，通常位于平伏键上氢核的化学位移值比位于直立键上氢核的化学位移值大 δ 0.2～0.5。

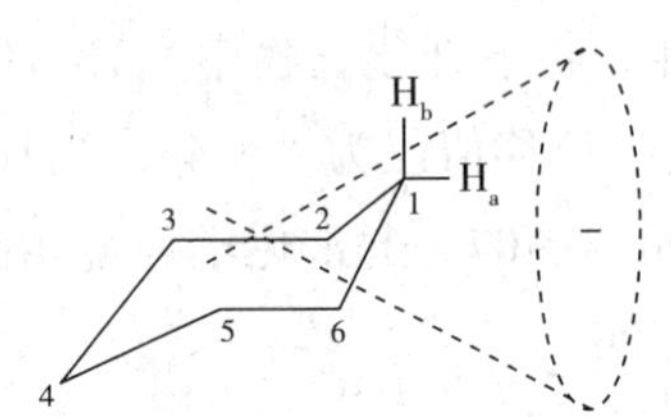

图1–13　刚性六元环平伏键氢核所受去屏蔽效应的影响

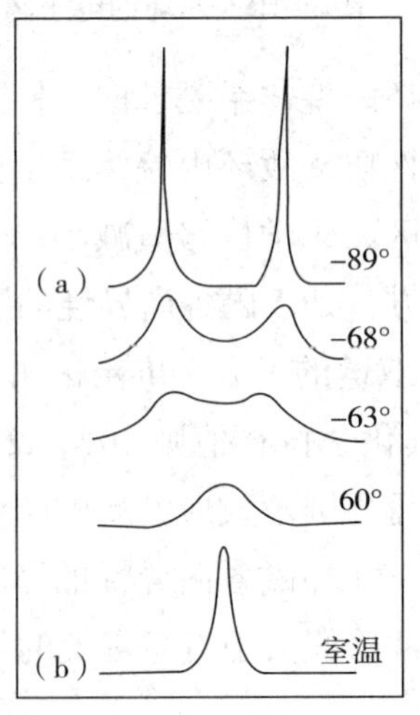

图1–14　环己烷的¹H核共振峰

3. 共轭效应对化学位移的影响　共轭效应分为 π－π 共轭和 p－π 共轭两种，与诱导效应只影响较近氢核的化学位移不同，共轭效应可影响较远碳上氢核的化学位移。吸电子基团取代基共轭效应会使相应氢核的化学位移值增大，供电子基团取代基共轭效应会使相应氢核的化学位移值变小。如乙烯被乙酰氧基取代后（在诱导效应中氧原子为吸电子基团，在共轭效应中氧原子为供电子基团），由于氧原子与双键的 p－π 共轭作用，使 H_c 和 H_b 的化学位移值减小；乙烯被羧基甲酯取代后，由于羰基与双键的 π－π 共轭作用，使 H_c 和 H_b 的化学位移值增大（H_a 化学位移值增大主要是羰基磁各向异性和吸电子诱导效应影响的结果）。通常在双取代 α、β 不饱和羰基类化合物中，β 位氢核的化学位移值大于 α 位，就是羰基与双键 π－π 共轭影响的结果。

苯环被供电子基团（如烷基、羟基、醚基、胺基等）取代后，由于发生了 p－π 共轭，会使其邻、对位氢核电子云密度增加，化学位移向高场移动。特别是 OR 和胺基的取代，会使其邻、对位氢核化学位移值大幅减小。如在 5,7,4'－三羟基二氢黄酮中，其 H－6 和 H－8 的化学位移值分别仅为 δ 5.90 和 δ 5.89。苯环被吸电子基团取代后，由于发生了 π－π 或 p－π 共轭，会使其邻、对位氢核电子云密度降低，化学位移值向低场移动。如苯乙酮和 7－羟基，3',4'－二甲氧基异黄酮，其邻、对位氢核的化学位移值（异黄酮的 A 环氢核）都有较大的增加，由于除了共轭效应外还有羰基的磁各向异性的影响，故邻位氢核化学位移值增加的幅度很大。通常羰基对邻位氢核化学位移值增大的范围为 δ 0.5～1.0。

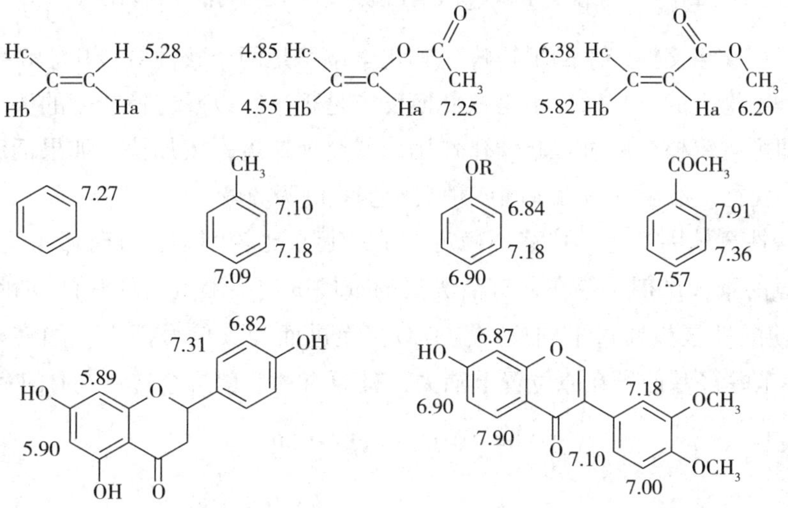

4. 空间效应（场效应）对化学位移的影响　当氢核在空间上与某些原子或原子团距离相近时，由于氢核上电子云与空间相近的原子或原子团上的电子云的负负相斥作用，氢核上的电子云将向与其直接连接的原子上转移（多数是碳原子），结果就是氢核的化学位移值增大，与其直接连接的碳的化学位移值减少。如 5 位具有 OR 取代基的香豆素类化合物 H－4 的化学位移值就比 5 位没有 OR 取代基的香豆素类化合物 H－4 的化学位移值大 δ 0.4。再如，在环己醇类化合物中，位于直立键羟基的 H－3 的化学位移值就比位于平伏键羟基的 H－3 的化学位移值大。

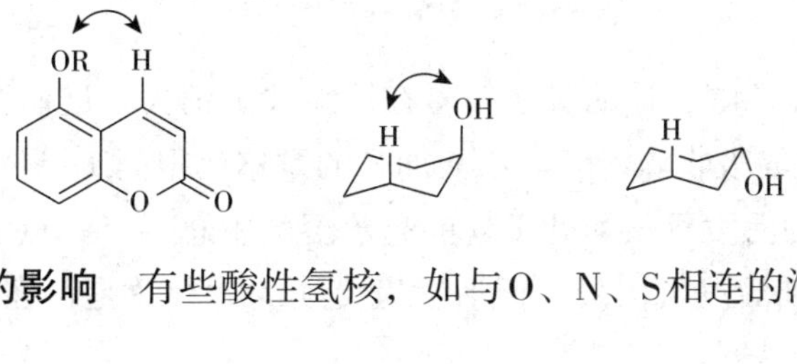

5. 氢核交换对化学位移的影响　有些酸性氢核，如与 O、N、S 相连的活泼氢（—OH，—COOH，—

NH_2、—SH等），彼此之间可发生如下所示的氢核交换：

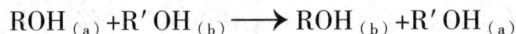

$$ROH_{(a)}+R'OH_{(b)} \longrightarrow ROH_{(b)}+R'OH_{(a)}$$

是否进行氢核交换及交换速度的快慢对氢核吸收峰化学位移及吸收峰的形状有很大影响。以乙酸与水的活泼氢交换为例，水的活泼氢化学位移值为 δ 4.8，乙酸的活泼氢化学位移值为 δ 13.2，当两者以1：1等摩尔混合时，交换后的活泼氢的化学位移值为 δ 7.2，出现的位置正好是乙酸活泼氢信号与水活泼氢信号差值的三分之一与水活泼氢信号的和（图1–15）。为何1：1等摩尔混合后，其活泼氢出现的位置不是乙酸活泼氢与水活泼氢位置的平均值呢？这是因为乙酸只有1个活泼氢，而水具有2个活泼氢，活泼氢交换后出现的位置是其权衡平均值。

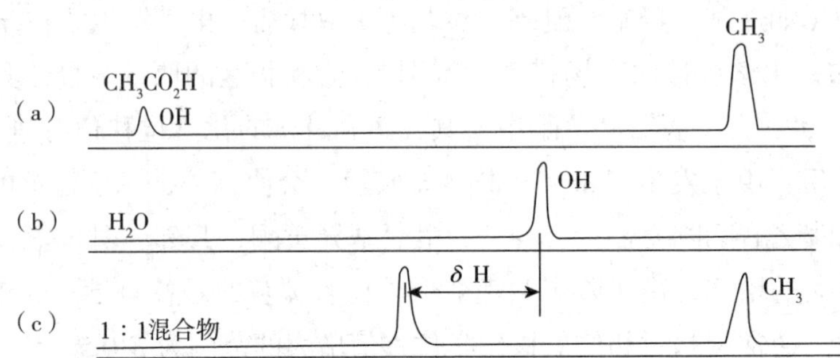

图1–15　乙酸、水和1：1的乙酸与水的混合物的¹H–NMR谱

通常，由酸性氢核快速交换产生的平均峰，其化学位移是两个酸性氢核化学位移的权衡平均值。酸性氢核的化学位移是不稳定的，它取决于氢核交换反应是否进行以及交换速度的快慢。在溶剂中加入酸或碱，或者加热，即可对氢核交换过程起催化作用，使交换速度大大加快。如果活泼氢之间交换速度较慢，则其吸收信号会变宽，甚至变为馒头峰或稍高于基线的吸收峰。

分子中存在的酸性氢核因其化学位移不稳定，识别起来比较困难，有时还干扰对其他信号的识别。如果加入含有活泼氢的氘代试剂（或在含有活泼氢的氘代试剂中测定），即可以消除。例如，在溶剂中加入重水（D_2O），使酸性氢核通过下列反应与D_2O交换进而使其信号消失。如在测试苄醇¹H–NMR谱时，加入D_2O，会使苄醇羟基信号在原位置上消失，其原有的氢信号会转移到HOD中（图1–16）。

$$ROH+D_2O \longrightarrow ROD+HOD$$

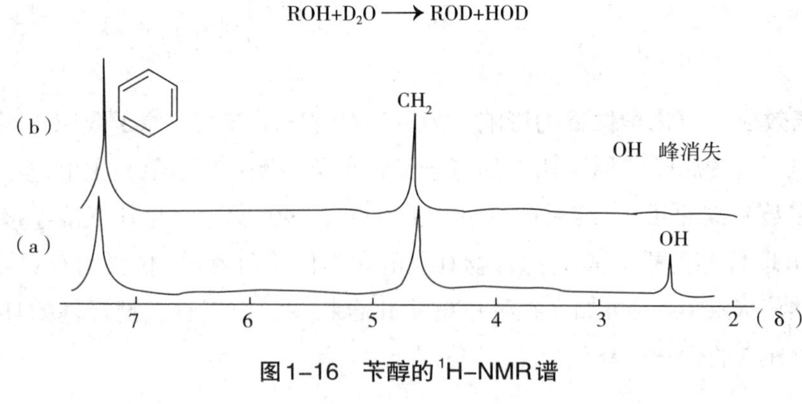

图1–16　苄醇的¹H–NMR谱

a.加D_2O前；b.加D_2O后

此外，也可通过加入三氟乙酸，让活泼氢信号在原位置上消失，进而在比三氟乙酸活泼氢化学位移值较小的位置上出现1个尖锐的吸收峰（三氟乙酸加入的摩尔比很高）。还可以采用双照射的方法，用一个电磁波照射水峰，让所有的活泼氢核均处于高能态（溶剂中总会有一点水，有时活泼氢虽然交换的速度较慢，在氢谱中可以观察到活泼氢信号，但活泼氢交换的过程总是存在的），无法发生跃迁，进而使

其吸收峰消失。

6. 氢键缔合对化学位移的影响　氢键缔合与不呈氢键缔合相比，其氢核的电子屏蔽作用减小，吸收峰向低场移动，化学位移值增大。

分子间氢键的形成及缔合程度与样品浓度、溶剂性等有关。样品浓度越高，分子间氢键缔合程度就越大，故其化学位移值也就越大。当样品用惰性溶剂稀释时，分子间氢键缔合程度会随着浓度的降低而降低，吸收峰也将会随着浓度的降低而向高场方向移动，其氢核化学位移值同样会随浓度的降低而减小。以苯酚为例，在溶液中存在下列平衡：

2 Ph—OH ⇌ Ph—O(H)—H—O—Ph

（未缔合）　　（氢键缔合）

由图1-17可以看出，随着苯酚浓度的增加，其活泼氢的化学位移值逐渐向低场移动，化学位移值逐渐增加。而苯基吸收峰则始终是一组多重峰，且化学位移值保持不变。

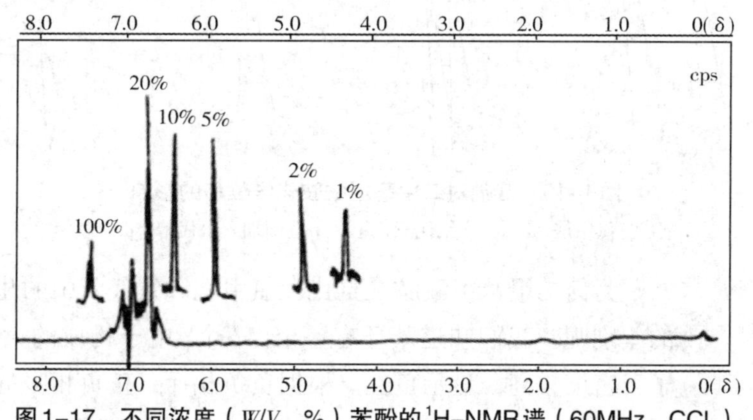

图1-17　不同浓度（W/V，%）苯酚的^{1}H-NMR谱（60MHz，CCl_4）

除分子间氢键外，分子内氢键的形成对氢核的化学位移也有很大的影响，而且分子内氢键更加稳定，且与样品浓度无关。

在测试溶剂没有活泼氢但含有少量水的情况下，有时由于氢核交换作用，不能形成分子内氢键的活泼氢常为宽单峰、馒头峰，甚至不出现，但能够形成分子内氢键的活泼氢则能以尖锐的单峰出现。如黄酮类化合物5位上的酚羟基，醌类化合物α位上的酚羟基，芳环羰基邻位上的酚羟基，可形成分子内氢键的烯醇羟基等。这类酚羟基化学位移值较大且尖锐，不仅在判断天然产物化学结构类型上有很大帮助，而且在HMBC谱中常能出现其相应的相关信号，对于判断化合物的取代情况是非常有用的。以3,5,7-三羟基黄酮为例，在氘代无水二甲基亚砜（DMSO-d_6）中测定时，三个酚羟基分别出现在δ 9.70（3-OH）、10.93（7-OH）及12.40（5-OH）处。显然，5-OH除正好位于羰基及苯环的去屏蔽区外，还因与羰基形成强烈的分子内氢键缔合，故位于最低场，三者很易识别。

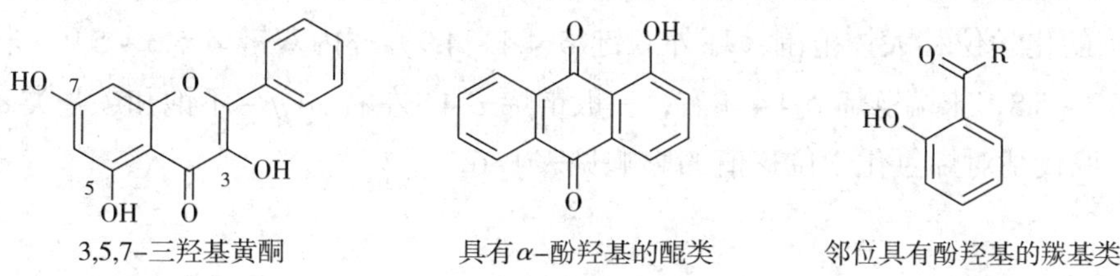

3,5,7-三羟基黄酮　　具有α-酚羟基的醌类　　邻位具有酚羟基的羰基类

7. 测试溶剂对化学位移的影响 样品与溶剂是否可形成分子间氢键，氢键的强度如何；样品与溶剂之间是否具有相互作用，作用力是大还是小等因素均可影响其化学位移。在有些情况下，这种影响还是很大的，所以在与已知化合物比对核磁共振数据时，其测试溶剂一定要相同。

二甲基甲酰胺存在以下互变异构体（或共振体）（图1–18）。在氘代三氯甲烷中 α–甲基的化学位移值大于 β–甲基，随着氘代苯浓度的升高 α–甲基的化学位移值逐渐变小，β–甲基的化学位移值逐渐增大。当测试溶剂为氘代苯时，则与氘代三氯甲烷相反，α–甲基的化学位移值小于 β–甲基（图1–19）。

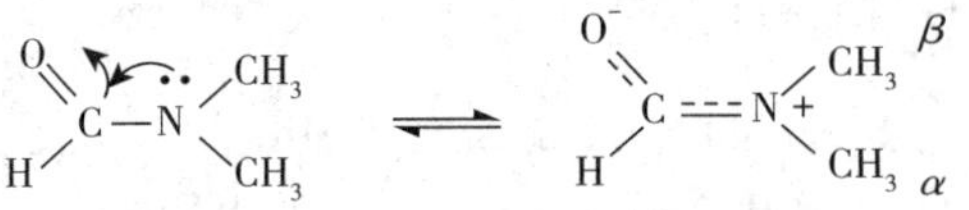

图1–18 二甲基甲酰胺互变异构体

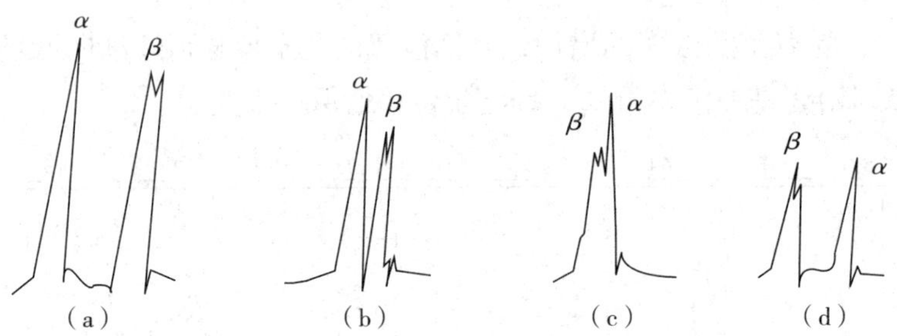

图1–19 溶剂对二甲基甲酰胺化学位移的影响

a. 氘代三氯甲烷；b、c. 在氘代三氯甲烷中逐渐加入氘代苯；d. 氘代苯

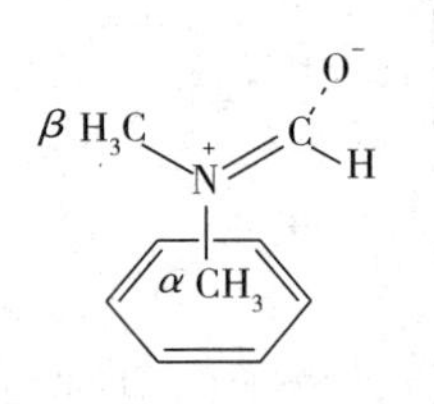

图1–20 二甲基甲酰胺互变异构体与苯的相互作用

为何二甲基甲酰胺在氘代三氯甲烷和氘代苯中的化学位移值会有这么大的差别呢？我们知道苯环有一个由6个p电子构成的大 π 键，在苯环内侧电子云密度较高，显示负性。根据负负相斥，正负相吸的原理，二甲基甲酰胺的互变异构体只能以图1–20的方式与苯相互作用，故在氘代苯中 α–甲基的化学位移值小于 β–甲基。在氘代三氯甲烷中，由于氧原子上的负电荷与 β–碳的电子云发生负负相斥的作用，碳上的电子云向氢核转移，使其氢核电子云密度增大，故 β–甲基的化学位移值小于 α–甲基。

苯是一个比较特殊的溶剂，对于有些类型化合物的化学位移值影响特别大，如含有甲氧基取代的香豆素、黄酮等类化合物。有时可通过这种溶剂位移效应排除一些异构体，详见后面相关章节。

（四）化学位移与官能团类型

综上所述，各类型氢核因所处化学环境不同，化学位移值就不相同。通过测得的化学位移值就可以大体推断出氢核的类型。

sp^3 杂化碳上氢核的化学位移大体范围：烷烃类化合物 δ 值在1左右，与双键、芳环和羰基等相连的 sp^3 杂化碳上氢核的 δ 值在2左右，连氧碳上的氢核 δ 值在3～4，连氮碳上的氢核 δ 值在3左右。

双键碳上氢核的化学位移大体范围：环外双键 δ 4.4～4.9，环内双键 δ 5.3～5.9，末端双键 δ 4.5～5.2，开链双键 δ 5.3～5.8，末端链烯 δ 4.4左右，一般链烯 δ 4.8左右。α,β–不饱和羰基类 α–H δ 5.3～5.6，β–H δ 6.5～7.0。取代基对烯氢化学位移值的影响见表1–6。

表 1-6　取代基对烯氢化学位移的影响

取代基	取代基位移值			取代基	取代基位移值		
R	*gem*	*cis*	*trans*	R	*gem*	*cis*	*trans*
—H	0	0	0	H—C═O	1.03	0.97	1.21
—Alkyl	0.44	−0.26	− 0.29				
—Alkyl-Ring[(1)]	0.71	−0.33	−0.30	N—C═O	1.37	0.93	0.35
—CH_2O，—CH_2	0.67	−0.02	−0.07				
—CH_2Cl，—CH_2Br	0.72	0.12	0.07	Cl—C═O	1.10	1.41	0.99
—CH_2S	0.53	−0.15	−0.15				
—CH_2N	0.66	−0.05	−0.23	—OR，R：aliph	1.18	−1.06	−1.28
—C≡C	0.50	0.35	0.10	—OR，R：conj[(2)]	1.14	−0.65	−1.05
—C≡N	0.23	0.78	0.58	—OCOR	2.09	−0.40	−0.67
—C═C	0.98	−0.04	−0.21	—Aromatic	1.35	0.37	−0.10
—C═C　conj[(2)]	1.26	0.08	−0.01	—Cl	1.00	0.19	0.03
—C═O	1.10	1.13	0.81	—Br	1.04	0.40	0.55
—C═O　conj[(2)]	1.06	1.01	0.95	—N　R：conj[(2)]	0.69	−1.19	−1.31
—COOH	1.00	1.35	0.74	—N　R：conj[(2)]	2.30	−0.73	−0.81
—COOH　conj[(2)]	0.69	0.97	0.39	—SR	1.00	−0.24	−0.04
—COOR	0.84	1.15	0.58	—SO_2	1.58	1.15	0.95
—COOR　conj[(2)]	0.68	1.02	0.33				

P(C═C)　注：（1）Alkyl-Ring系指双键为环的一部分；（2）指取代基或双键进一步与其他基团共轭；（3）Z_{gem}、Z_{cis}和Z_{trans}分别为取代基对处于偕位、顺式和反式位上烯氢化学位移的影响值；（4）基础值为 δ 5.28；（5）计算公式 $\delta_{H=}5.28+Z_{gem}+Z_{cis}+Z_{trans}$。

芳环、稠环、芳杂环等的化学位移值通常为 δ 6～9，个别的低于 δ 6，如5,7-二OR取代的二氢黄酮（醇）、黄烷等。常见的取代基对芳环化学位移值的影响见表1-7。

表 1-7　取代基对苯环芳氢化学位移值的影响（基本值7.27）

取代基	*o*	*m*	*p*
供电基团			
OH	−0.50	−0.14	−0.40
OCH_3	−0.43	−0.09	−0.37
CH_3	−0.17	−0.09	−0.18
吸电基团			
$COCH_3$	0.64	0.09	0.30

活泼氢的化学位移受溶剂及温度、浓度的影响较大，其大体的化学位移值和一般特征见表1-8。

表1-8 —OH、>NH、—SH氢核的化学位移范围及特征

基 团	δd	特 征
ROH	0.5～5.0	烯醇位移较大，可达11.0～16.0，易形成宽峰
ArOH	4.0～10.0	形成分子内氢键时可移至12.0左右
RCOOH，ArCOOH	10.0～13.0	
RNH_2，RNHR'	5.0～8.0	通常矮宽
$ArNH_2$，ArNHR'	3.5～6.0	通常矮宽，位移也大
$RCONH_2$，RCONHR'	5.0～8.5	通常矮宽而无法观测
RCONHCOR'	9.0～12.0	矮宽
RSH	1.0～2.0	
ArSH	3.0～4.0	
=NOH	10.0～12.0	多矮宽

二、峰面积与氢核数目

在^{1}H-NMR谱中，各吸收峰覆盖的面积与引起该吸收峰氢核的数目成正比。如在5,7,4'-三羟基二氢黄酮^{1}H-NMR谱中，δ 7.31（H-2'和H-6'）、6.82（H-3'和H-5'）、5.88（H-6和H-8）、5.34（H-2）、3.11（H_a-3）和2.70（H_e-3）吸收峰的面积比大体为2∶2∶2∶1∶1∶1（图1-21）。在选择积分标准时通常有以下原则：①尽量选择两侧能与其他吸收峰完全分开的吸收峰；②选择的优先顺序是CH_3>CH_2>CH；③尽量不选活泼氢吸收峰。

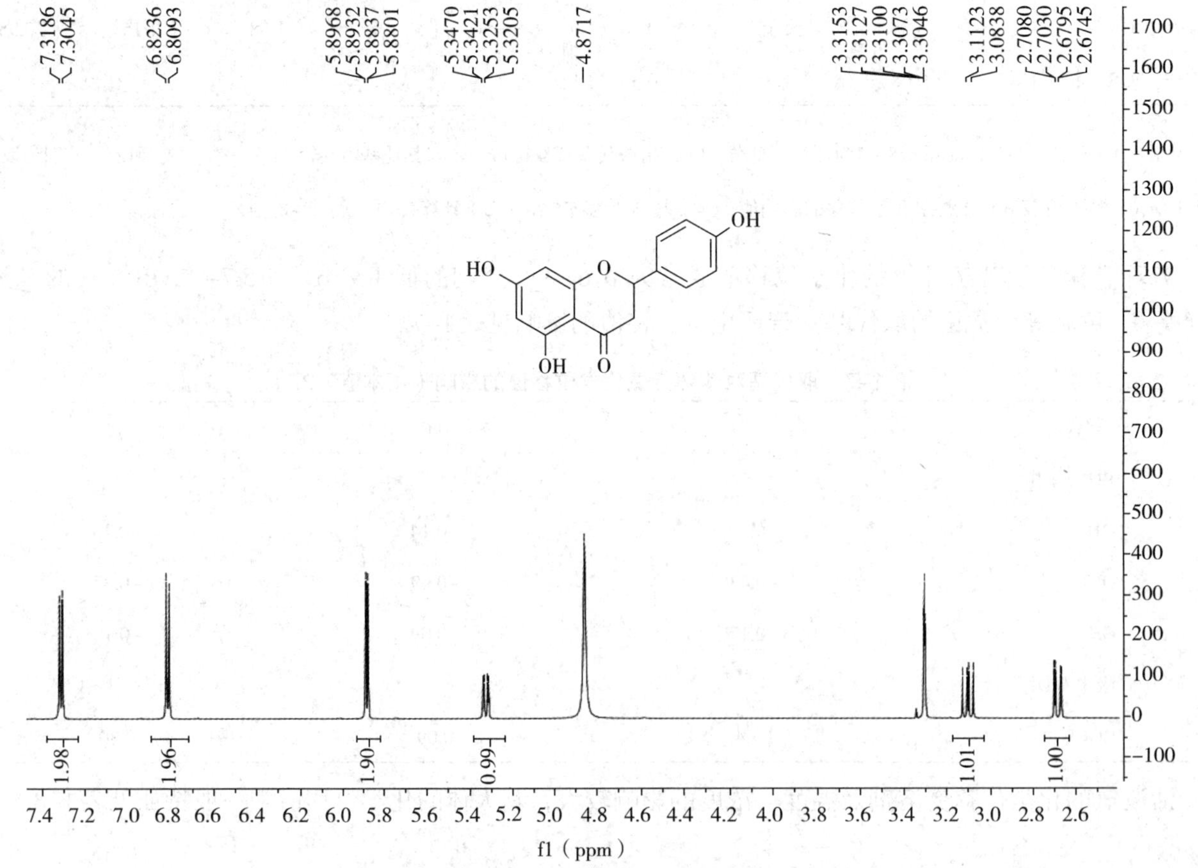

图1-21 5,7,4'-三羟基二氢黄酮^{1}H-NMR谱（600MHz，CD_3OD）

一般来讲，可从^{1}H-NMR谱上大体推断出该化合物含有的氢原子数目。但需要注意的是积分标准选择的必须正确，否则计算的氢原子数目就是错误的；如果是全对称的化合物，实际含有的氢原子数目与氢谱中计算的氢原子数目是成倍数关系的，如苯在氢谱中只呈现一个单峰，对二甲苯只呈现两个吸收峰（一个为甲基，另一个为苯环上的氢）；活泼氢积分偏低或根本就不出现；氢信号重叠严重时，难于准确地推断出该信号含有的氢原子数目，如图1-22中在δ 1.78～1.64的吸收峰，根据积分很难准确判断出具有几个氢原子（需结合2D-NMR才可准确判断出）；由于氮原子电四极矩的关系，有些化合物氮原子附近的氢核在氢谱中根本就不出现。如在化合物verticillinoid C和ebeiedinone的氢谱中（溶剂为氘代甲醇），H-18、H-22和H-26的氢信号就根本不出现。如果出现这种情况可以通过以下两种办法解决：①将测试溶剂改为氘代吡啶；②将化合物与酸形成盐后，再测定其氢谱（原因参见本章第三节）。

verticillinoid C

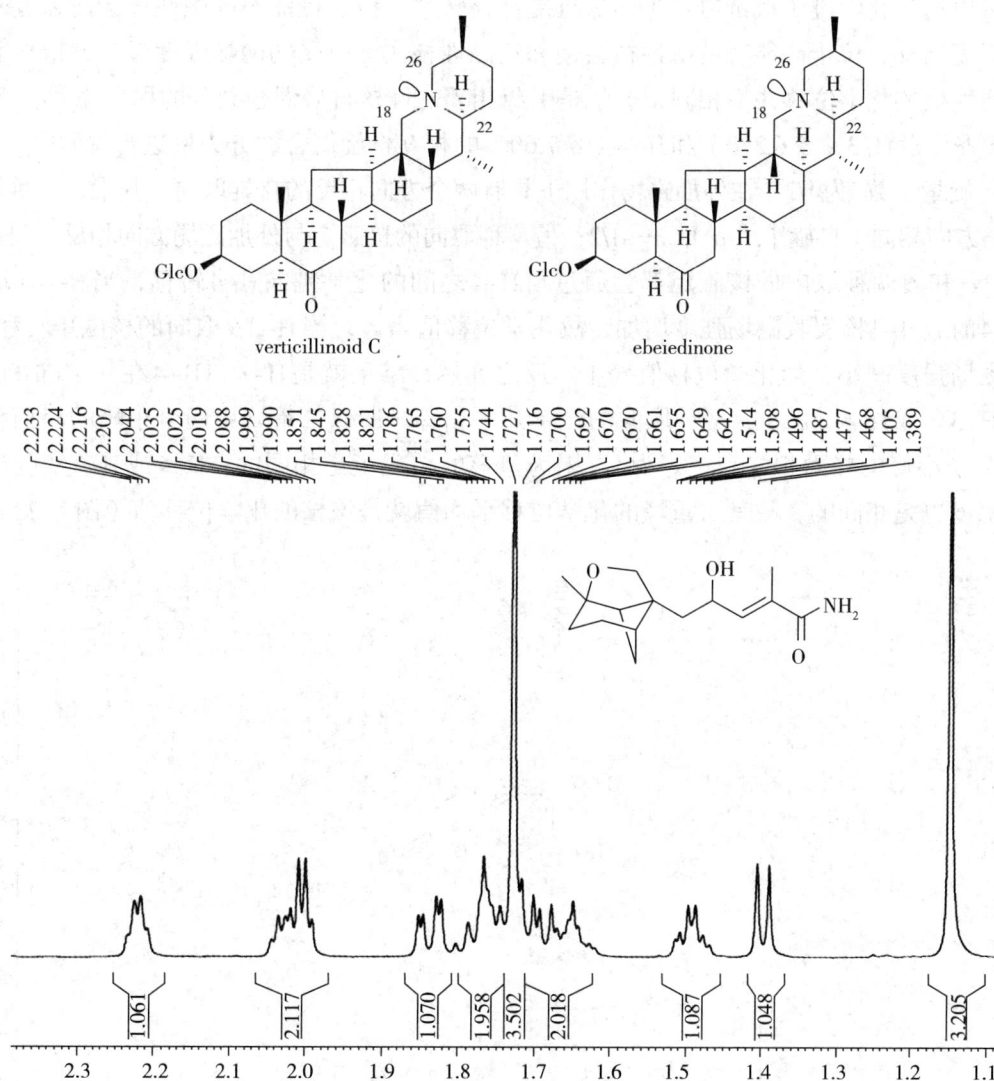

ebeiedinone

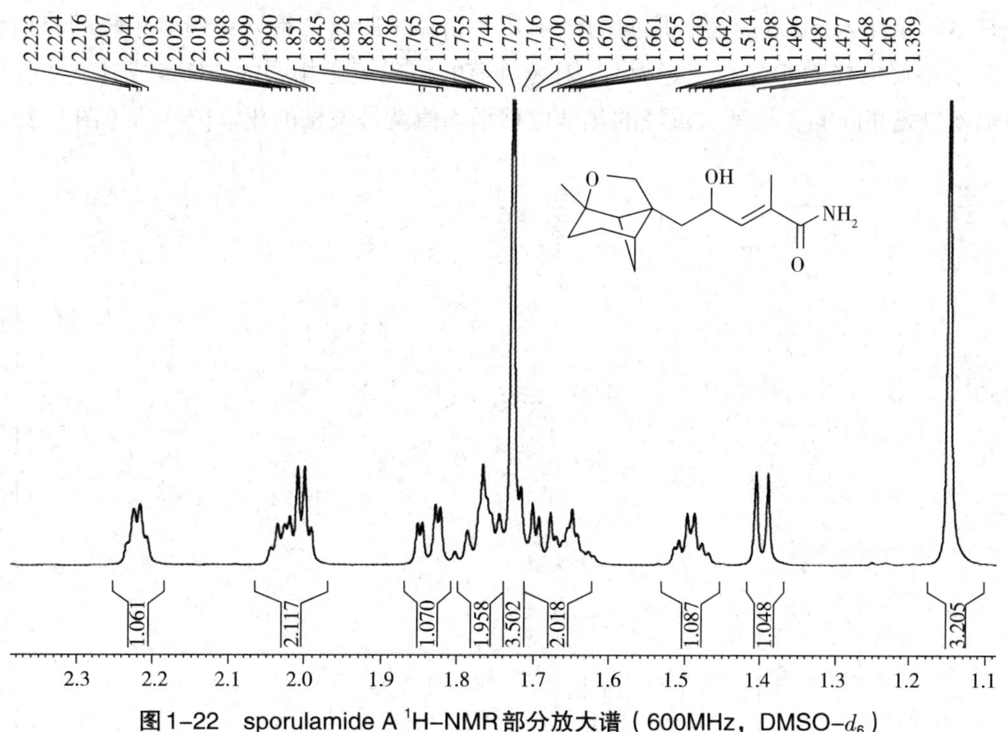

图1-22 sporulamide A ^{1}H-NMR部分放大谱（600MHz，DMSO-d_6）

三、自旋偶合与偶合常数

（一）自旋偶合与自旋裂分

在^{1}H-NMR谱图中，共振峰很多时候并不是单峰，而是二重峰、三重峰、四重峰或多重峰。以CH_3CH_2Br为例，CH_3是一组相当于三个氢核的三重峰，CH_2则是一组相当于两个氢核的四重峰。这是由于CH_3上的3个氢核与CH_2上的2个氢核相互干扰造成的。这种磁性核之间的相互干扰称为自旋－自旋偶合（spin-spin coupling），简称自旋偶合。由自旋偶合引起的谱线裂分称为自旋裂分。自旋偶合与裂分并不影响磁性核的化学位移值，但会对峰形产生重大影响，使核磁共振图谱变得复杂，同时又可为结构解析提供更多的信息。

1. 自旋偶合产生的原因 我们知道磁性核在外加磁场作用下，磁性核的核磁矩和自旋空间取向排列都是整齐有序的，而且自旋取向仅能以核磁矩与外磁场H_0方向一致的低能态或核磁矩与外磁场H_0方向相反的高能态两种能级状态存在。磁性核的自旋取向数为$2I+1$。以氢核为例，其自旋量子数I为1/2，在外加磁场作用下会形成两个方向相反的自旋取向。其中，一种取向的核磁矩与外加磁场方向相同（自旋↑或α），$m=+1/2$；另一种取向的核磁矩与外加磁场方向相反（自旋↓或β），$m=-1/2$。不同取向磁性核的核磁矩可以通过化学键（成键电子）向邻近磁性核转移。位于低能态的磁性核会使邻近磁性核实际感受的磁场强度增加，位于高能态的磁性核会使邻近磁性核实际感受的磁场强度减小，造成邻近同一组（同一个）磁性核的化学位移并不相同，这就是引起相邻磁性核自旋偶合裂分的根本原因。下面以6－甲氧基－7－羟基香豆素H－3（δ 6.270）和H－4（δ 7.60）的相互自旋偶合裂分为例进行说明。

^{1}H核的自旋量子数I为1/2，在外加磁场作用下具有两个方向相反的自旋取向。其中，一种取向的核磁矩与外加磁场方向相同（自旋↑或α），$m=+1/2$；另一种取向的核磁矩与外加磁场方向相反（自旋↓或β），$m=-1/2$。H－3α和β两种取向的核磁矩都会通过与H－4之间的化学键向H－4转移，当H－3α取向的核磁矩转移到H－4时，H－4核实收磁场强度增加，故化学位移值增大；当H－3β取向的核磁矩转移到H－4时，H－4核实收磁场强度减小，故化学位移值变小。反之亦然，结果就是H－3和H－4在^{1}H-NMR谱中都是二重峰。由于H－3（或H－4）α和β两种取向的概率几乎相等，所以二重峰中两个小峰的峰面积也就几乎相等，并且两个小峰的峰面积之和正好为1。因为氢核的核磁矩是相同的，H－4或H－3实受磁场强度增加或减少的幅度也是相同的，故其二重峰的化学位移平均值就是该核的化学位移值（图1－23）。

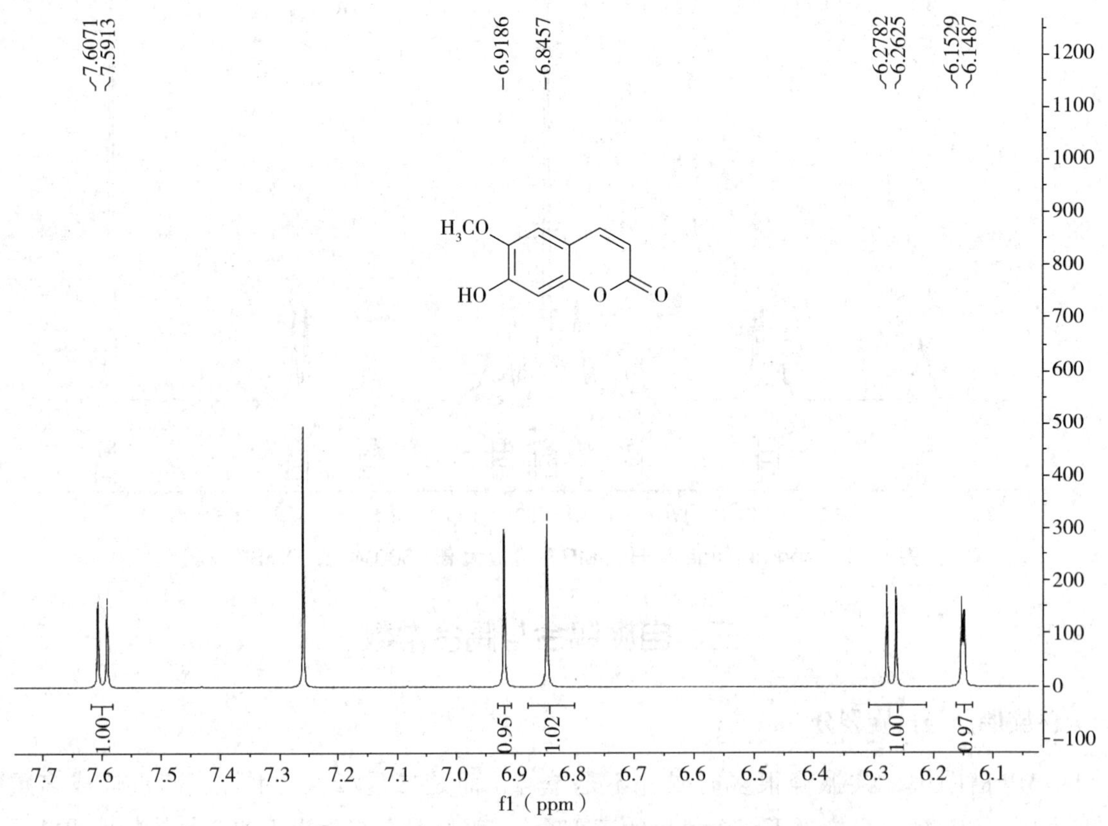

图1－23 6－甲氧基－7－羟基香豆素^{1}H－NMR部分放大谱（600MHz，$CDCl_3$）

在图1-23中，H-3或H-4的两个小峰间的距离称作自旋-自旋偶合常数（spin-spin coupling constant），简称偶合常数，用J来表示。J是自旋偶合的量度，用以表示两个核之间相互干扰的强度，单位是赫兹（Hz）或周/秒（c/s）。此例中，偶合常数为9.5Hz。磁性核的核磁矩是一个定值，与外加磁场强度无关。也就是说在两个相互干扰的磁性核之间，无论仪器的磁场强度是强还是弱，其核磁矩相互转移的程度都是相同的。所以，同一个化合物的同一组磁性核，即便是在不同磁场强度核磁共振仪上进行测定，它的偶合常数也是相同的。由于拉摩尔频率ω（$\omega=\mu H_0/2\pi$）与外加磁场强度有关，故同一个化合物的同一组磁性核，在不同磁场强度核磁共振仪上进行测定时，其共振频率是不同的。当然如果将其换算成化学位移单位时，其化学位移值就是相同的。

2.对相邻氢核有自旋偶合干扰作用的原子核　并非所有原子核对相邻氢核都有自旋偶合干扰作用。I=0的原子核，如有机化合物中常见的^{12}C、^{16}O等，因无自旋角动量，也无磁矩，故对相邻氢核不会有偶合干扰作用。

^{35}Cl、^{79}Br、^{127}I等原子核，虽然$I\neq0$，但因它们的电四极矩（electric quadropole moments）很大，会引起相邻氢核的自旋去偶作用（spin-decoupling），因此也看不到对相邻氢核的偶合干扰作用。

^{13}C、^{17}O等原子核，虽然I=1/2，对相邻氢核可以发生自旋偶合干扰，但因两者自然丰度比甚小（^{13}C为1.1%，^{17}O为0.04%），故影响甚微。以^{13}C为例，其自旋偶合干扰产生的影响在^1H-NMR谱中只在主峰两侧表现为“卫星峰”（图1-24），其强度甚弱，常被噪音所掩盖。当然，在用^{13}C、^{17}O人工标记的化合物中则又另当别论。

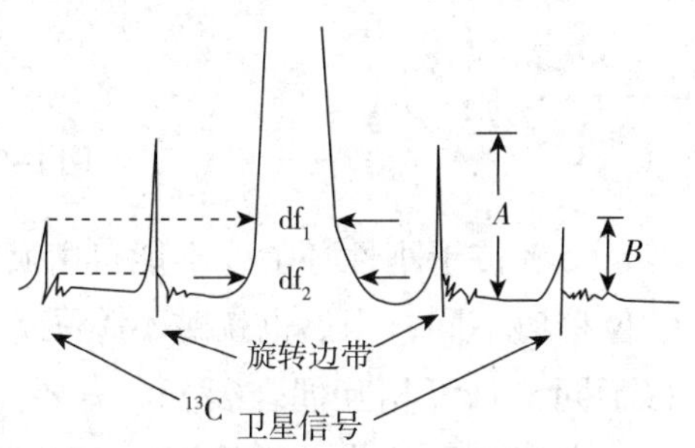

图1-24　^1H-NMR谱中的卫星信号

需要注意的是，当分子中含有^2D、^{19}F、^{31}P等磁性核时，它们是会与^1H核发生强烈的自旋偶合干扰作用的。

氢核的I=1/2，它们之间是可以发生强烈的自旋偶合作用的，这种相同磁性核之间的偶合称为同核偶合（homo-coupling）。在^1H-NMR谱中观察到的吸收峰的裂分主要是由氢核之间的同核偶合所引起的。

3.磁不等同氢核　化学环境相同的一组氢核称为化学等同氢核，化学等同氢核虽然其化学位移值相同，但能够发生自旋偶合裂分。如果一组化学等同氢核中的每个氢核对邻近氢核（磁性核）的磁环境都是相同的，即对组外磁性核表现出相同的偶合作用强度，则称为磁等同氢核。显然化学等同氢核不一定就是磁等同氢核，而磁等同氢核则一定是化学等同氢核。磁等同氢核相互之间虽也有自旋偶合作用，但并不产生自旋偶合裂分，只有那些磁不等同的氢核之间才会因自旋偶合而产生裂分。

常见的磁不等同氢核有以下几种。

（1）化学不等同氢核　因为其化学环境不同，化学位移值就不相同，这样的氢核一定是磁不等同氢核。

（2）位于末端双键上的两个氢核　由于双键不能自由旋转，位于末端双键上的两个氢核也是磁不等同氢核。以1,1-二氟乙烯为例，H_a及H_b两个氢核虽然是化学等同氢核，但对两个氟核的偶合作用并不相同。H_a对F_1的偶合为顺式偶合，对F_2的偶合则为反式偶合；H_b对F_1及F_2的偶合恰好相反。故H_a及H_b是磁不等同氢核，相互之间也可因自旋偶合而产生自旋裂分。

H_a、H_b—C=C—F_1、F_2（H_a、H_b连于同一碳，F_1、F_2连于另一碳）

（3）单键带有一定双键性质的氢核　若单键带有一定双键性质时，连在单键上的氢核或官能团也是磁不等同氢核。如在N,N-二甲基甲酰胺中，因p-π共轭作用使C—N键带有一定的双键性质，自由旋转受阻，因而使N上两个CH_3氢核的化学环境不同，化学位移值不同，当然也就磁不等同了。再如甲酰胺氮上的两个氢核也是磁不等同氢核，不仅化学位移不同，有时还会发生自旋偶合裂分。

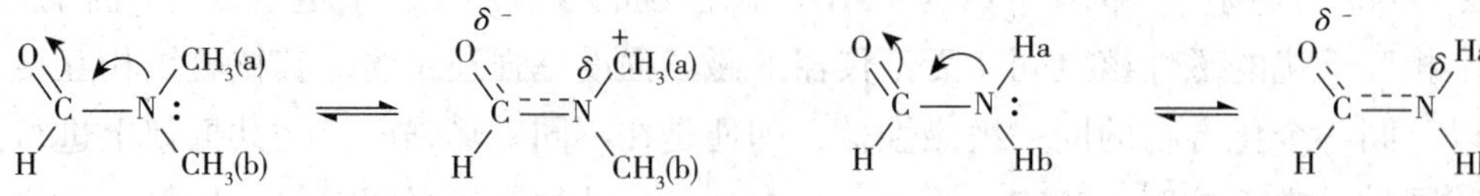

（4）与手性碳原子（C^*）相连的亚甲基　与手性碳原子相连的亚甲基上的两个氢核也是磁不等同的。以1-溴-1,2-二氯乙烷为例，虽然从表面上看其碳-碳单键是可以自由旋转的，但由于优势构象的问题，在室温下其碳-碳单键是不可以自由旋转的。如图1-25所示，其优势构象为（A）式，与C^*（X、Y、Z）相连的CH_2上的两个H所处的化学环境并不相同，既然连化学等同氢核都不是，那就更不可能是磁等同氢核了。

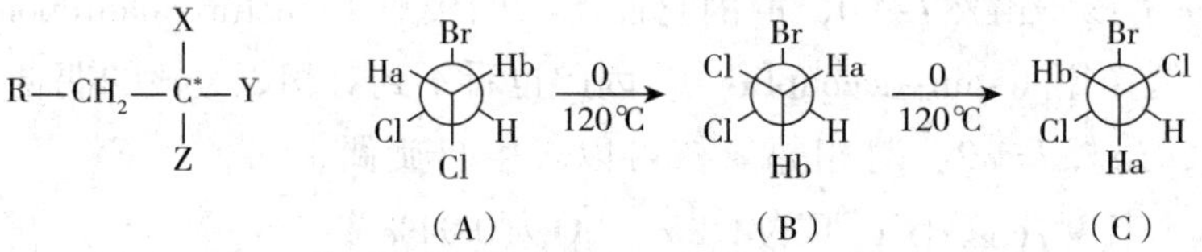

图1-25　Cl(Br)CH—CH_2Cl的Newman投影式

（5）位于刚性环上或不能自由旋转的单键上的亚甲基　位于刚性环上的亚甲基，化学环境不同，化学位移值不同，当然也就磁不等同。如具有优势构象的脂肪环上的亚甲基多数都是磁不全同的，化学位移不同，且可相互偶合裂分。需要注意的是，大环脂肪环类化合物，由于分子柔性较强，构象变化较大，有些亚甲基化学位移相同，不偶合裂分，属于磁等同氢核。位于不能自由旋转的单键上的亚甲基，其化学环境不同、化学位移值也就不同，并可相互偶合裂分，自然也不是磁等同氢核。

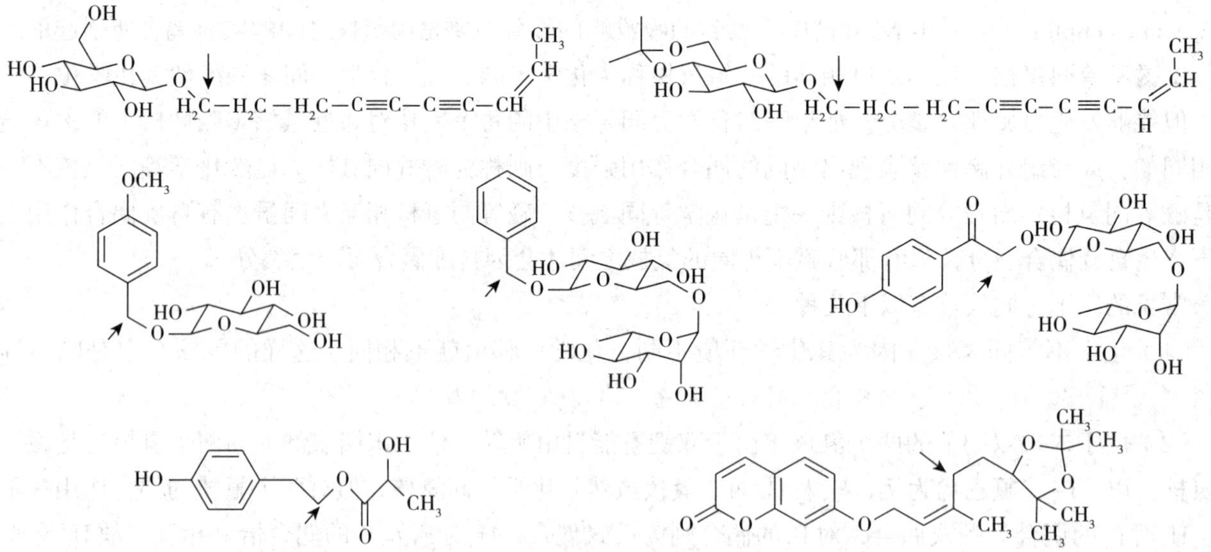

需要注意的是，有些化合物表面上看，单键可以自由旋转，其亚甲基上的氢核应该属于磁等同氢核。但实际上是该单键并不能自由旋转，亚甲基上的两个氢核化学环境并不相同，不但化学位移值不同，且可相互偶合裂分。以上化合物均属于该类化合物，其亚甲基上的两个氢核不但化学位移值不同，而且相互偶合裂分。如在fusarilin A分子中与酯羰基直接相连的亚甲基化学位移值分别为δ 1.91（1H，dt，J=7.8和14.4Hz）和2.10（1H，dt，J=7.8和14.4Hz），侧链上除与甲基直接相连的亚甲基是六重峰以

外其余的亚甲基也不是典型的五重峰（图1–26，图1–27）。再如对甲氧基苯甲醇–β–D–葡萄糖苷的亚甲基的化学位移值分别是 δ 4.73（1H，d，J=11.6Hz）和4.48（1H，d，J=11.6Hz）（图1–28）。从上述化合物的化学结构来看，造成亚甲基磁不全同的主要原因是与亚甲基相隔两根化学键（如与糖成苷）或三根化学键的碳原子是一个手性碳原子。而且随着与手性碳原子相隔的化学键数目的增多，亚甲基上两个氢核的化学位移值越近。

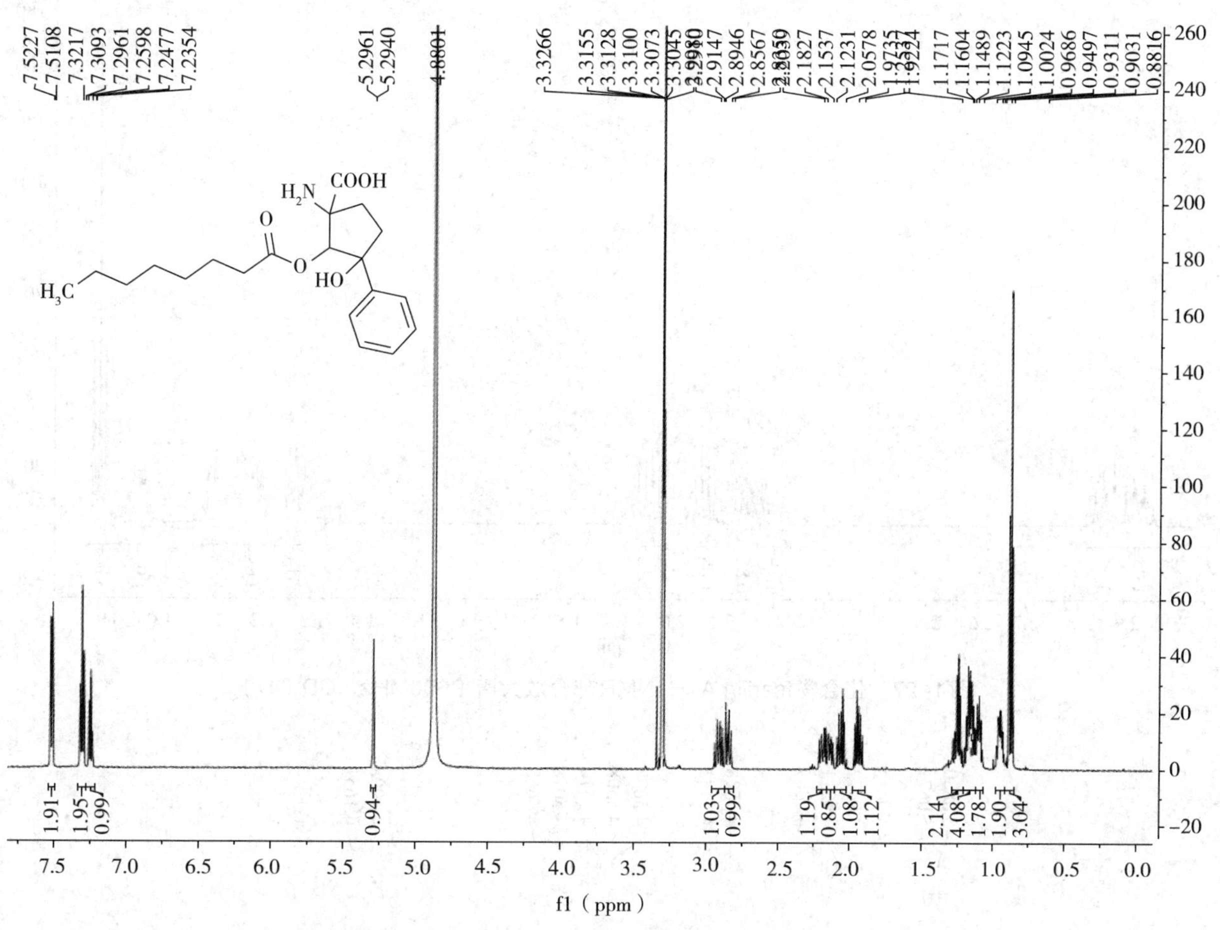

图1–26　化合物fusarilin A ^{1}H–NMR谱（600MHz，CD_3OD）

（6）对二取代芳环上互成间位的氢核　对二取代芳环上互成间位的两个氢核，如果两个取代基不同，这两个氢核则为磁不等同氢核。如在下列对二取代苯中，H_A与$H_{A'}$虽然是化学等同的，但H_A与H_X是邻位偶合，$H_{A'}$与H_X则为对位偶合，$H_{A'}$+H_A或$H_{X'}$+H_X形成的吸收峰并不是典型的二重峰，而且其偶合常数是邻位偶合常数与间位偶合常数的和，所以H_A和$H_{A'}$并不是磁等同氢核。

Cl
(X')H　　H(X)
(A')H　　H(A)
NO_2
$J_{A',X}$

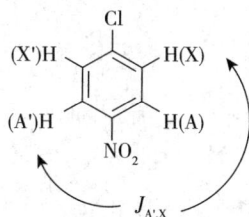

磁不等同氢核之间并非一定存在自旋偶合作用。由于自旋偶合作用是通过键合电子间相互传递而实现的，所以间隔化学键的数目越多，偶合作用就越弱。通常，磁不等同的两个（组）氢核，当间隔超过三根单键以上时（如1,2,2–三氯丙烷中的H_a和H_b），相互自旋偶合干扰的作用就很弱，可以忽略不计。

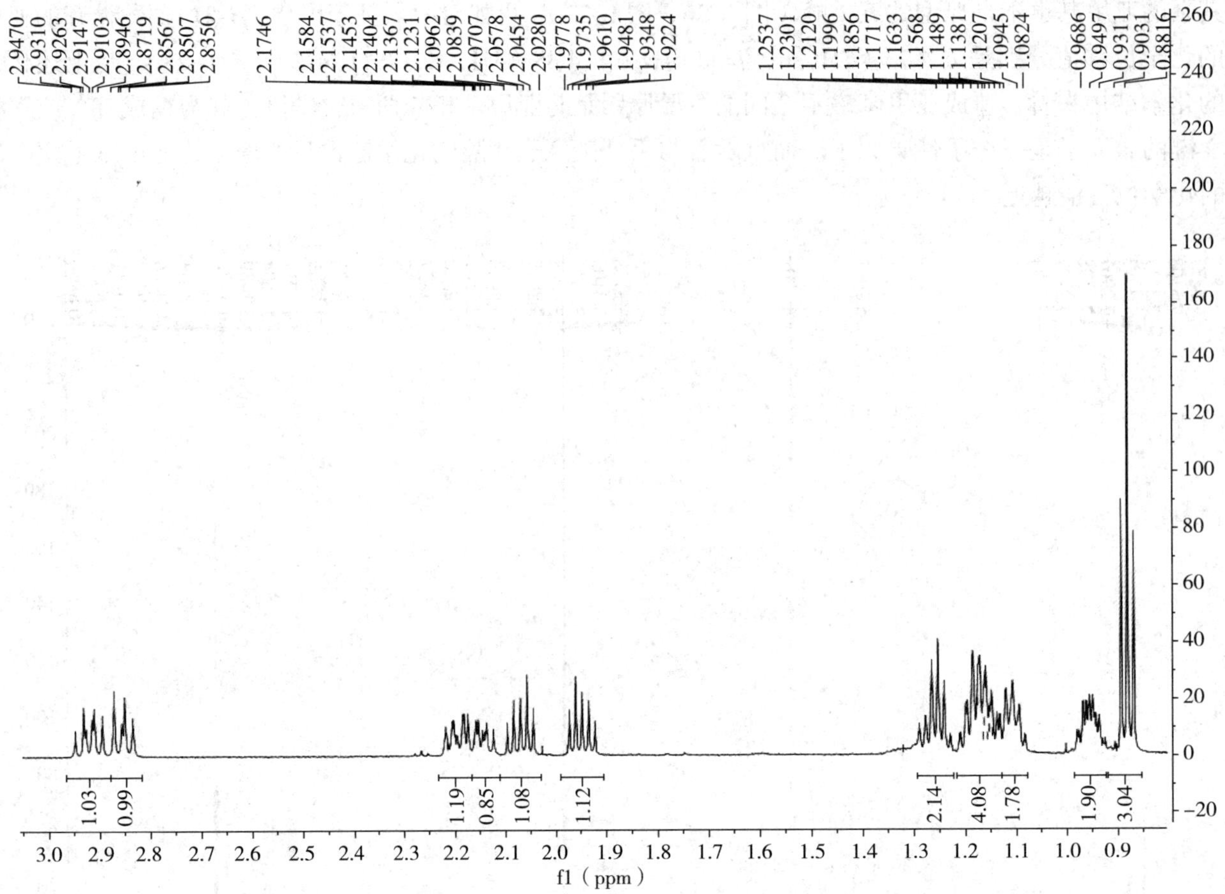

图1-27　化合物fsarilin A ^{1}H-NMR部分放大谱（600MHz，CD_3OD）

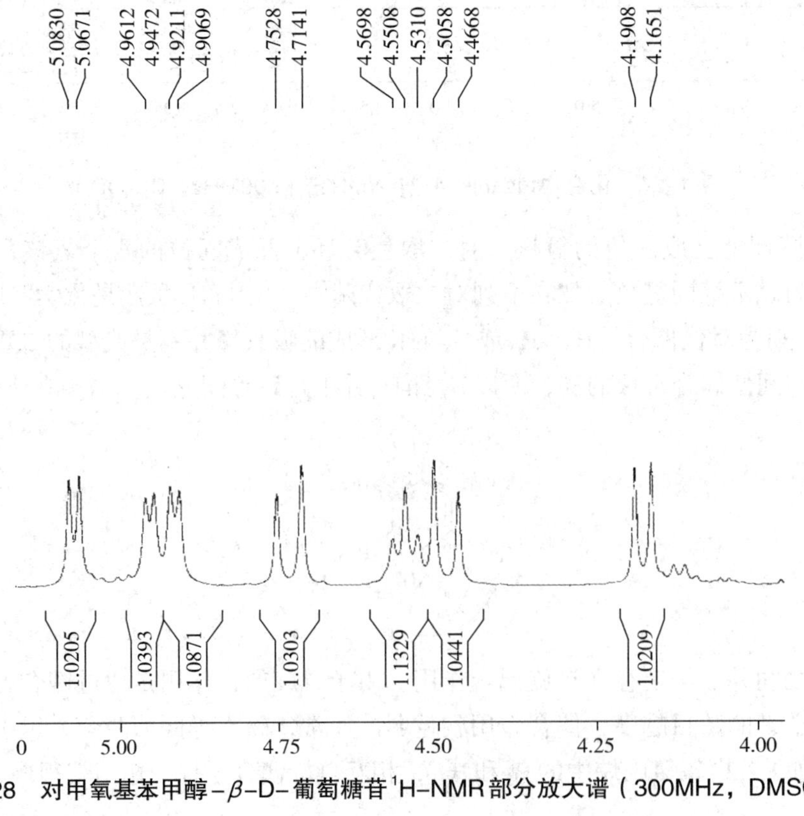

5.0830 5.0671 4.9612 4.9472 4.9211 4.9069 4.7528 4.7141 4.5698 4.5508 4.5310 4.5058 4.4668 4.1908 4.1651

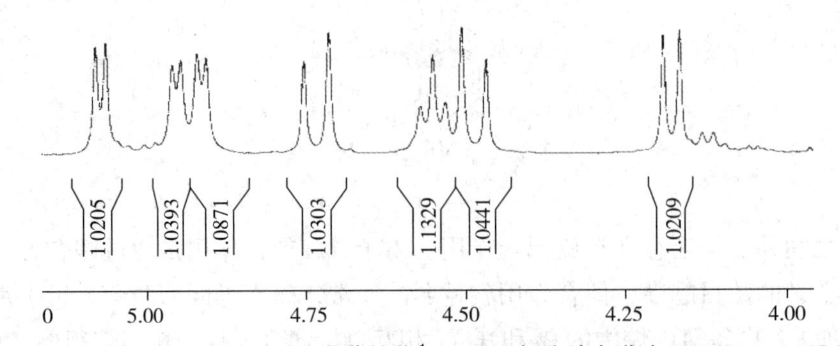

图1-28　对甲氧基苯甲醇-β-D-葡萄糖苷^{1}H-NMR部分放大谱（300MHz，DMSO-d_6）

4. 自旋偶合干扰核的自旋组合及对共振峰裂分的影响　对某个（组）氢核来说，其共振峰的小峰数目及各小峰面积之间的比例关系取决于干扰核的自旋取向共有几种排列组合。如在1,1,2-三氯乙烷分子中共有H_a和H_b两种类型氢核，对H_a来说，起干扰作用的氢核（H_b）有2个。如以α代表+1/2自旋取向，β代表-1/2自旋取向，则它们的自旋取向排列组合共有以下4种，见表1-9。因（c）和（d）两种自旋取向综合影响效果相同，故H_b对H_a的影响实际上只有3，H_a吸收峰将裂分为一个相当于一个质子的三重峰。其中，因为自旋取向组合综合影响为零出现的概率（$\alpha\beta$和$\beta\alpha$）是另外两种自旋取向组合（$\alpha\alpha$或$\beta\beta$）的2倍，故得到的小峰面积是另外两种自旋取向组合的2倍，三重峰小峰的相对面积比为1：2：1（图1-29）。

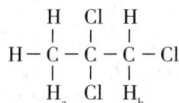

H　Cl　H
H−C−C−C−Cl
H_a　Cl　H_b

表1-9　1,1,2-三氯乙烷中H_b对H_a的影响

		自旋取向组合（spin combination）		总的影响（total effect）
		H_{b1}	H_{b2}	
H_a　H_{b1} Cl−C−C−H_{b2} Cl　Cl	（a）	α	α	$J/2+J/2=J$
	（b）	β	β	$-J/2+(-J/2)=-J$
	（c）	α	β	$J/2+(-J/2)=0$
	（d）	β	α	$-J/2+J/2=0$

同理，对H_b来讲，因为是磁等同氢核，相互之间的自旋偶合不会表现裂分，对它们自旋偶合干扰并使之裂分的只有H_a，故H_b将综合表现为一个相当于两个质子的二重峰，见表1-10和图1-30。

表1-10　1,1,2-三氯乙烷中H_a对H_b的综合影响

自旋取向组合H_a	总的影响
α	$+J/2$
β	$-J/2$

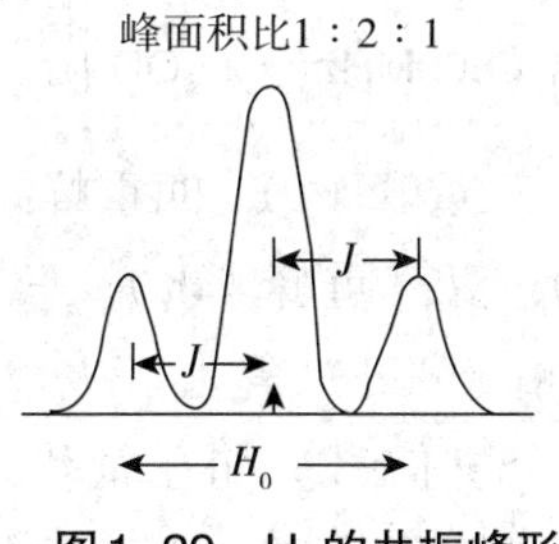

图1-29　H_a的共振峰形

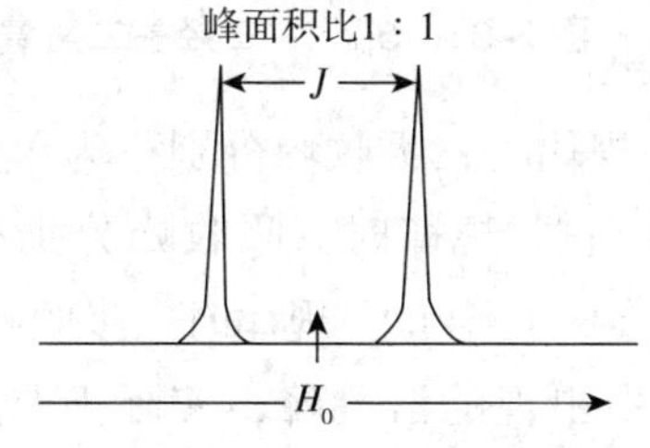

图1-30　H_b的共振峰形

磁性核因自旋偶合干扰而裂分的小峰数目（N）可由1-10式求出：

$$N=2nI+1 \tag{1-10}$$

式中，I为干扰核的自旋量子数；n为干扰核的数目。

对于氢核来说，I=1/2，故$N=n+1$，即当某组氢核有n个邻近的磁环境相同的氢核时，将出现"n+1"个小峰，这个规律称为"n+1"规律。可见某组氢核裂分成多重峰的数目与该组氢核本身数目无关，而与其邻近基团上的氢核数目有关。如在1,1,2-三氯乙烷中，与CH相邻的CH_2上有两个氢，CH就被CH_2裂分成（2+1=3）三重峰；而CH则使CH_2裂分成（1+1=2）二重峰。

当某组氢核与邻近的几组磁环境不同的氢核H_1，H_2，H_3，…偶合时，如果这几组邻近氢核与该氢核的偶合常数相同（$J_{H1,H}=J_{H2,H}=J_{H3,H}=\cdots$），则可把这些磁环境不同的邻近氢核的总数计为$n$，其裂分的小峰数目仍符合“$n+1$”规律，即该氢核将显示（$n_1+n_2+n_3+\cdots$）+1个小峰。如在$CH_3CH_2CH_2Cl$分子中，与甲基相连的$CH_2$将被相邻的$CH_3$和$CH_2$裂分成六重峰；如果这几组邻近氢核与该氢核的偶合常数不同（$J_{H1,H}\neq J_{H2,H}\neq J_{H3,H}\neq\cdots$），则该氢核将显示（$n_1+1$）（$n_2+1$）（$n_3+1$）…个峰。如在二氢黄酮中，H-2与$H_a$-3的偶合常数约为11Hz，H-2与$H_e$-3的偶合常数约为5Hz，$H_a$-3与$H_e$-3的偶合常数约为17Hz，故H-2、$H_a$-3和$H_e$-3均分别裂分成（1+1）×（1+1）＝4个小峰（图1-31）。

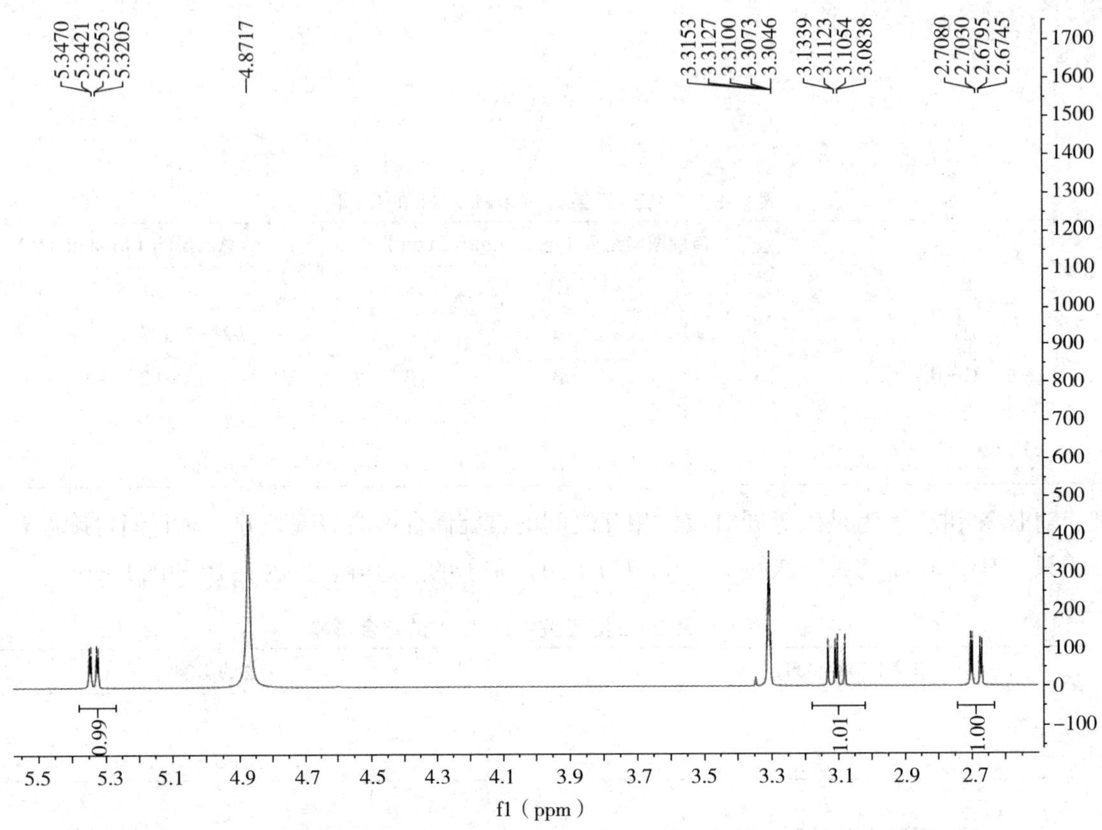

图1-31　5,7,4'-三羟基二氢黄酮^{1}H-NMR部分放大谱（600MHz，CD_3OD）

符合“$n+1$”规律时，吸收峰分别称为单峰（s）、双峰（d）、三重峰（t）、四重峰（q）、五重峰等。符合“（n_1+1）（n_2+1）”规律时，吸收峰分别称为双二重峰（dd）、双三重峰（dt）、三三重峰（tt）等。符合“（n_1+1）（n_2+1）（n_3+1）”规律时，吸收峰分别称为二二二重峰（ddd）等。

在氘代溶剂中出现的溶剂峰，实际上是没有氘代完全的残余氢信号。如在氘代丙酮中出现的氢信号，实际上是CD_3COCD_2H分子中的氢信号，与氢偶合的是氘，而不是氢。由于氘的自旋量子数是1，而不是1/2，故其裂分的小峰数目是$2n+1$。与其偶合的氘的数目是2，故其裂分的是一个五重峰（2×2+1=5）。

由“$n+1$”规律所得的吸收峰的精细结构中各小峰的相对面积比，基本上符合二项式（式1-11）展开后每项前的系数之比。

$$(X+1)^m \qquad (1\text{-}11)$$

$$m=n-1$$

上述规律可用Pascal三角图来表示（图1-32）。

n	小峰的相对强度比	峰数
0	1	单峰
1	1　1	二重峰
2	1　2　1	三重峰
3	1　3　3　1	四重峰
4	1　4　6　4　1	五重峰
5	1　5　10　10　5　1	六重峰
6	1　6　15　20　15　6　1	七重峰

图1-32　Pascal三角图（n为相邻干扰核的数目）

当小峰裂分的数目为"（n_1+1）（n_2+1）"时，吸收峰精细结构中各小峰的相对面积比并不能直接通过上式计算而得，需要将（n_1+1）和（n_2+1）拆开分别计算。即只有当偶合常数相同时所裂分的各小峰相对面积比才符合上述规律。

需要注意的是，只有当两组氢核的化学位移差值（以Hz为单位）与其偶合常数的比值足够大时才符合上述规律。如果这个比值不够大，相互偶合的信号的"内侧"峰会偏高，"外侧"峰会偏低。在两组相互偶合的吸收峰中，化学位移值较小的那一组峰的右侧称为外侧，化学位移值较大的那一组峰的左侧称为外侧。小峰的偏高或偏低也是指与相同类型的峰的比较，如在三重峰中是指1号峰与3号峰之间的比较，在四重峰中是指1号峰与4号峰之间的比较。上述效应称为"招手效应"（图1-33）。

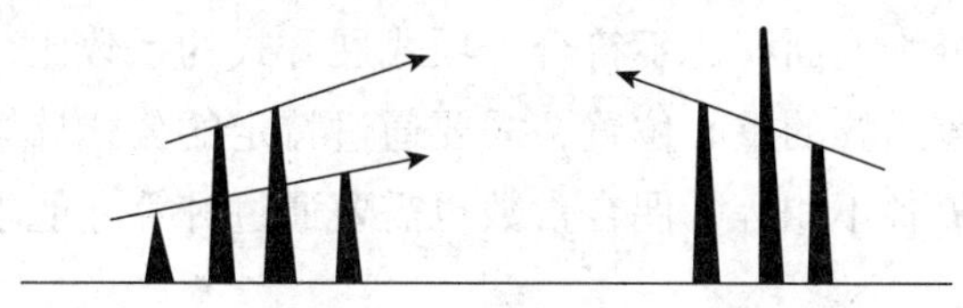

图1-33　两个（组）相互偶合的共振峰峰形

在偶合常数相同的情况下，"招手效应"可作为判断两组氢核是否偶合的一个依据。如在一组氢核吸收峰中，如果化学位移值较小的一侧小峰偏低，那么与它偶合的氢核的化学位移值应该比它大，而且其吸收峰中化学位移值较大的小峰应该偏低，反之亦然。

（二）自旋偶合系统分类

几个（组）相互偶合的氢核可以构成一个自旋偶合系统，系统内的核相互偶合，但不与系统外的任何核发生偶合。一个化合物分子中可以有几个自旋偶合系统，如在5,7,4′-三羟基二氢黄酮中，A环上2个氢核、B环上的4个氢核以及C环上的3个氢核可以各自构成一个自旋系统。

1.自旋偶合系统的分类和表示方法　自旋干扰作用的强弱与相互偶合的氢核之间的化学位移差值有关。若系统中两个（组）相互干扰的氢核化学位移差值$\Delta\nu$比偶合常数J大得多，即$\Delta\nu/J \geqslant 6$时，干扰作用较弱，称为低级偶合；反之，若$\Delta\nu \approx J$或$\Delta\nu < J$时，则干扰作用较强，称之为高级偶合。这里$\Delta\nu$和J都以Hz为单位，$\Delta\nu = \Delta\delta_{\mathrm{H}} \times$仪器磁场强度（MHz）。偶合常数是由磁性核自旋取向造成的，与仪器磁场强度无关。不同氢核化学位移共振频率的差值则是由核外电子屏蔽效应造成的，仪器的磁场强度越强，两组氢核的化学位移共振频率差值就越大。通过上式我们不难看出，仪器的磁场强度越强，核磁共振谱的复杂程度就越低。原来的高级偶合系统就会随着仪器磁场强度的增加而变为低级偶合系统，方便解析。

自旋偶合系统的表示方法如下。

（1）用大写英文字母代表系统中的各个（组）氢核，化学位移相同的氢核用同一个字母表示。

（2）几个（组）化学位移不同的氢核分别用不同的字母表示，其中把化学位移彼此差值较大的各个（组）氢核，如低级偶合系统中涉及的氢核，分别用英文字母表上相距较远的字母如A、M、X等来表示；把化学位移相差较小的各个（组）氢核，如高级偶合系统中涉及的氢核，分别用英文字母表上比较接近的字母如A、B、C等来表示。

（3）若某组氢核为磁等同时，在英文字母的右下角用阿拉伯数字标明该组氢核的数目，如A_2X_2、A_3X、A_3X_2等系统。

（4）若某组氢核为化学等同而磁不等同时，在字母的右上角加撇号以示区别，如具有不同取代基的对二取代苯上的两组氢核可以用AA′XX′（AA′BB′）或$A_2'X_2'$（$A_2'B_2'$）系统来表示。

2.低级偶合系统的特点 低级偶合系统因偶合干扰作用较弱，裂分的峰形比较简单，容易解析，低级偶合图谱又称为一级图谱，具有以下特点。

（1）相互偶合产生的裂分小峰数目符合n+1规律。

（2）小峰面积比大体符合二项式展开后各项前的系数比。

（3）各组峰的中点为其化学位移值，可由图上直接读取。

（4）偶合常数可通过裂分峰的峰间距直接计算。

3.高级偶合系统的特点 高级偶合系统因偶合干扰作用较强，裂分的峰形比较复杂，难于解析，高级偶合图谱又称为二级图谱，具有以下特点。

（1）相互偶合产生的裂分的小峰数目不符合n+1规律（但AB系统例外）。

（2）峰强变化不规则，裂分峰的面积比不符合二项式展开式的系数比，内侧峰多明显高于外侧峰。

（3）裂分峰的化学位移为该组峰的重心位置，需要通过特定的公式计算才能求得。

（4）很多时候裂分峰的间隔各不相等，偶合常数也需要通过计算才能求得（但AB系统例外）。

（三）常见的自旋偶合系统

1.二旋系统 包括AX、AB两个自旋偶合系统

（1）AX系统 在低级偶合的AX系统中共有4条谱线（图1-34），其中H_A和H_X各有两条，两线间距就是其偶合常数J_{AX}或J_{XA}；H_A和H_X的化学位移δ_{HA}和δ_{HX}各位于所属两线的中心；图中每组氢信号的两条谱线高度（面积）大体相等，即强度比为1∶1。

（2）AB系统 由图1-35可以看出，随着两个氢核化学位移差值或$\Delta\nu/J$的逐渐减小，两个内侧吸收峰的峰高逐渐增大，外侧吸收峰的峰高则逐渐减小。当$\Delta\nu/J$很小但不为零时，外侧吸收峰会小到可以淹没到噪音中去的程度。

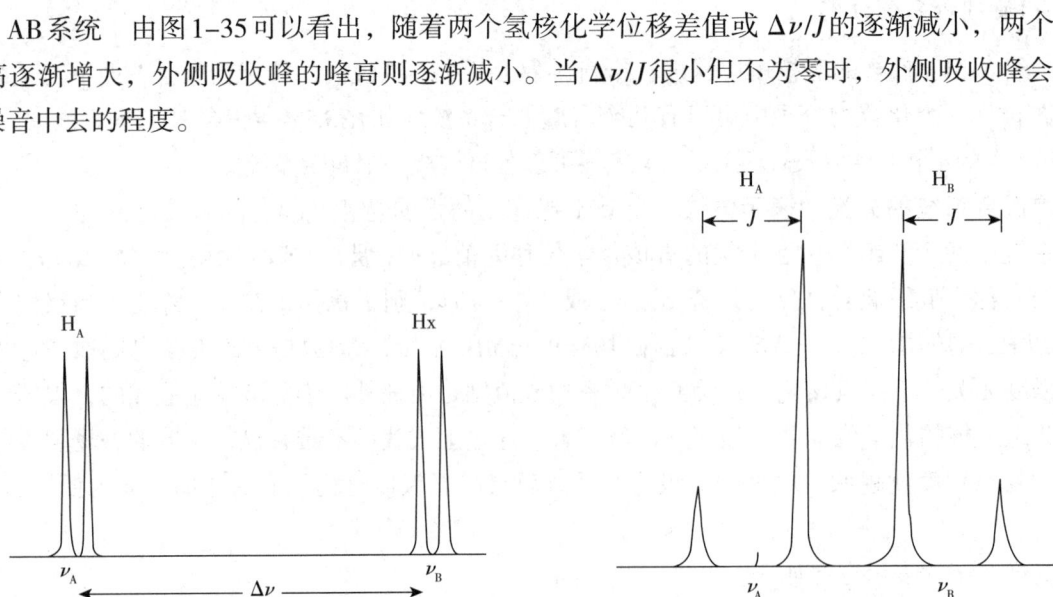

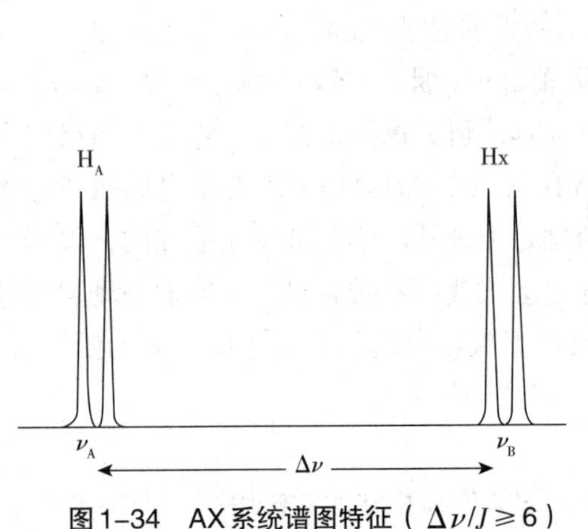

图1-34 AX系统谱图特征（$\Delta\nu/J \geqslant 6$）

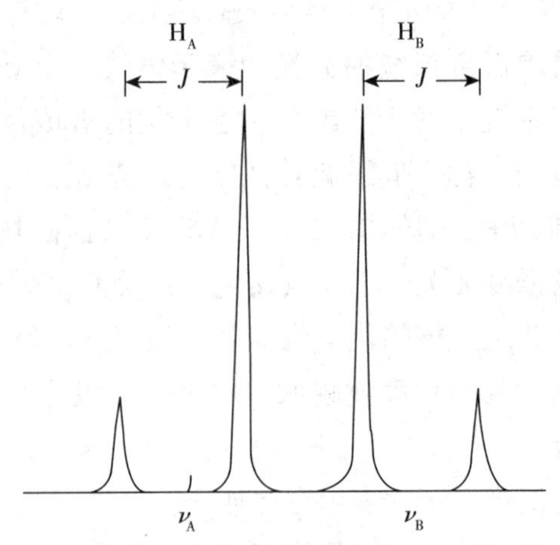

图1-35 AX系统→AB系统

此时，A、B两个氢核在氢谱中出现的将会是一个积分面积相当于两个氢核的类似于二重峰的信号。这个类似于二重峰的信号，并不是一个真正的二重峰，而是由AB两个氢核的内侧吸收峰构成的，两个吸收峰的间距也不是它们的偶合常数。如果计算它们的偶合常数，则需将图谱放大，并从噪音中找到它们的外侧吸收峰，才能计算出它们的偶合常数。如苯环上取代的亚甲二氧基，从理论上来讲亚甲二氧基上的两个氢核是磁不全同的，是要偶合裂分的。但由于该亚甲二氧基上的两个氢核化学位移差值很小，在氢谱上常表现为一个积分相当于两个氢的二重峰，其实它并不是一个真正的二重峰，峰间距也不是它的偶合常数。当然，有时亚基二氧基上的两个氢核化学位移也会相同，在氢谱中就是一个积分相当于两个氢核的单峰。

当两个氢核的 $\Delta\nu \approx J$ 或 $\Delta\nu < J$ 时就是AB系统（图1–36）。AB系统的谱线虽然仍为4条，即仍有两组二重峰组成，中心点周围4个小峰也大体对称分布，但强度并不相等。其特点是外侧峰明显偏低，内侧峰明显偏高。AB系统的偶合常数仍然是两个吸收峰间的差值，可由图谱直接计算获得。但化学位移值并不是两个吸收峰的平均值，而是其重心位置，需要通过下式计算获得。

化学位移差值　　$\Delta\nu_{AB}=\sqrt{(\nu_1-\nu_4)(\nu_2-\nu_3)}$

谱线相对强度比　　$I_2/I_1=I_3/I_4=(\nu_1-\nu_4)/(\nu_2-\nu_3)$

H_A 的化学位移　　$\nu_A=\nu_1-[(\nu_1-\nu_4)-\Delta\nu_{AB}]/2$

H_B 的化学位移　　$\nu_B=\nu_A-\Delta\nu_{AB}$

需要注意的是，AB系统的谱线永远不能发生交叉，即 $\nu_1-\nu_3=\nu_2-\nu_4\neq J_{AB}$（图1–37）。

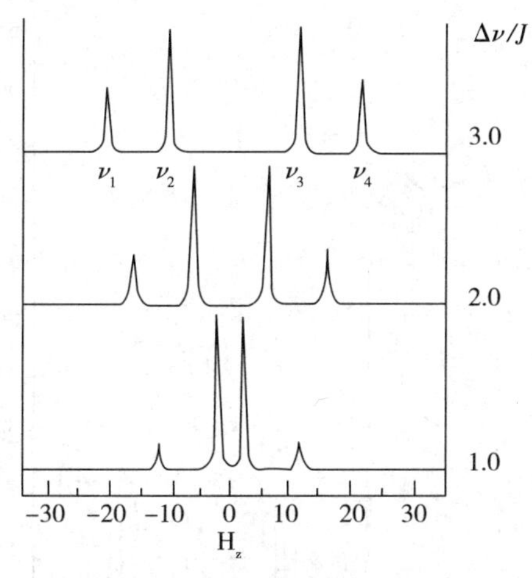

图1–36　AB系列谱图特征（$\Delta\nu/J\leqslant 1$）

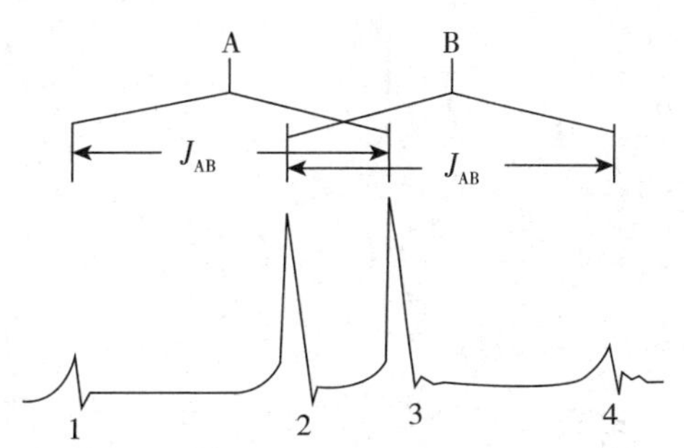

图1–37　AB系统错误解析方法

2. 三旋系统　包括 AX_2、AMX、ABX和ABC四个自旋偶合系统。

（1）AX_2 系统　在 AX_2 系统中共有两个化学位移值和一个偶合常数。两个 H_X 将 H_A 裂分成三重峰，三重峰中间位置就是其化学位移值，吸收峰的积分面积为1，两条谱线间的间距就是其偶合常数。H_A 将两个 H_X 裂分成二重峰，二重峰中间位置就是其化学位移值，吸收峰的积分面积为2，两峰间的裂距与 H_A 相同。

（2）AMX系统　在AMX系统中共有3个化学位移值和3个偶合常数，每个氢核的裂分峰数目按（n_1+1）（n_2+1）计算，理论上应能给出由12个小峰组成的3组双二重峰（dd峰）。在双二重峰中，第一条谱线与第二条谱线的间距为一个偶合常数，第一条谱线与第三条谱线的间距为另一个偶合常数，其化学位移值为每组峰的中间值（图1–38）。

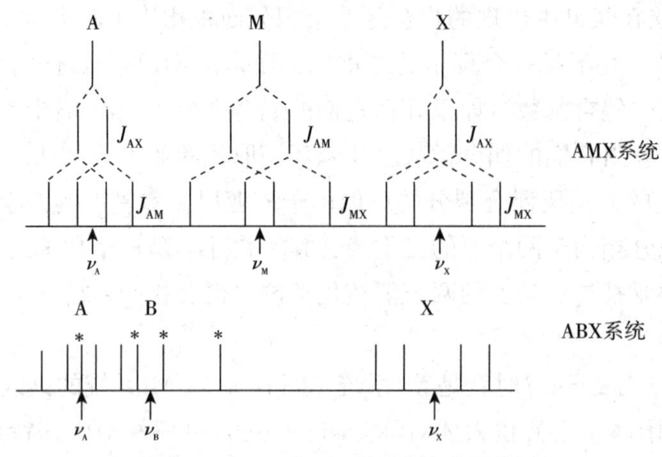

图1-38　AMX与ABX系统的谱图特征

如在5,7,4'-三羟基二氢黄酮中C环上的三个氢核构成了一个典型的AMX系统，H-2 δ 5.34（1H，dd，J=3.0Hz和12.9Hz），H_a-3 δ 3.11（1H，dd，J=12.9和17.1Hz），H_e-3 δ 2.69（1H，dd，J=3.0Hz和17.1Hz）（图1-39）。

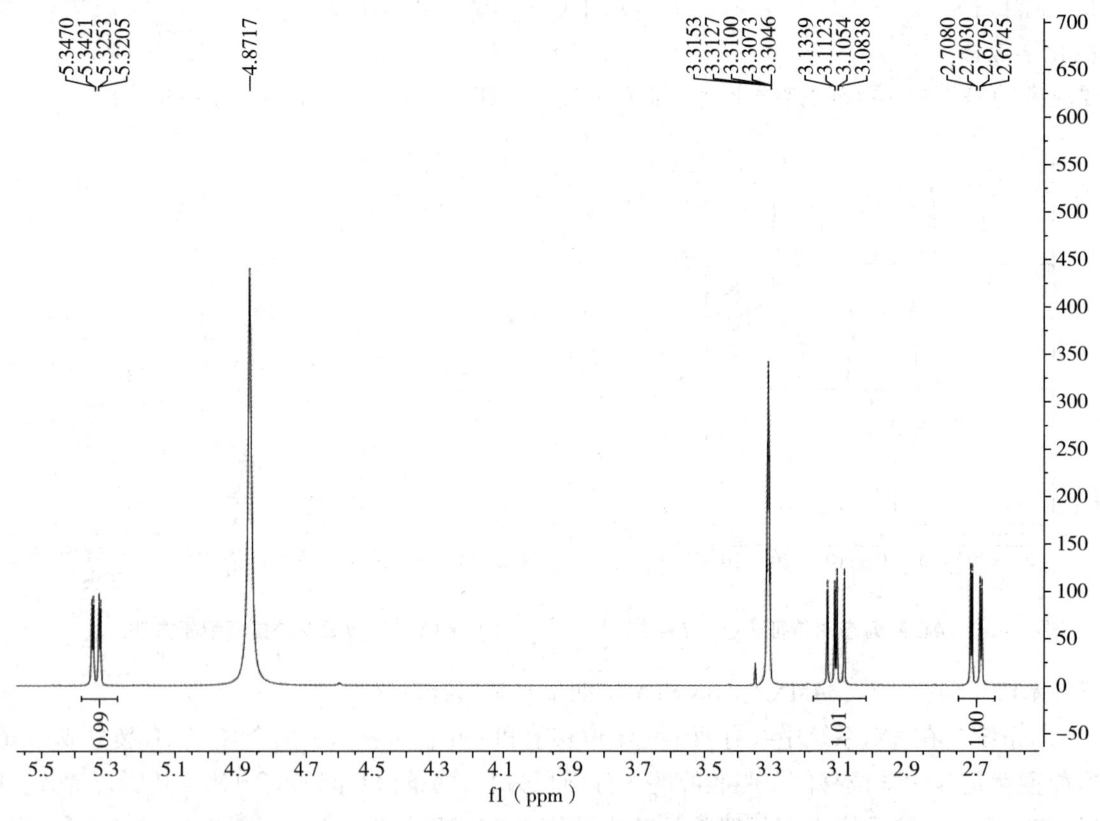

图1-39　5,7,4'-三羟基二氢黄酮 ^{1}H-NMR部分放大谱（600MHz，in CD_3OD）

在A氢核和X氢核都与M氢核偶合，而A氢核和X氢核相互之间并不偶合的情况下，出现的是8个小峰。即A氢核和X氢核分别是二重峰，M氢核则是双二重峰，此类系统仍称为AMX系统。如在3,5,7,3',4'-五羟基黄酮醇中，B环就构成了一个这样的三旋系统。H-2' δ 7.74（1H，d，J=2.1Hz），H-6' δ 7.64（1H，dd，J=2.1和8.5Hz），H-5' δ 6.88（1H，d，J=8.5Hz）（图1-40）。

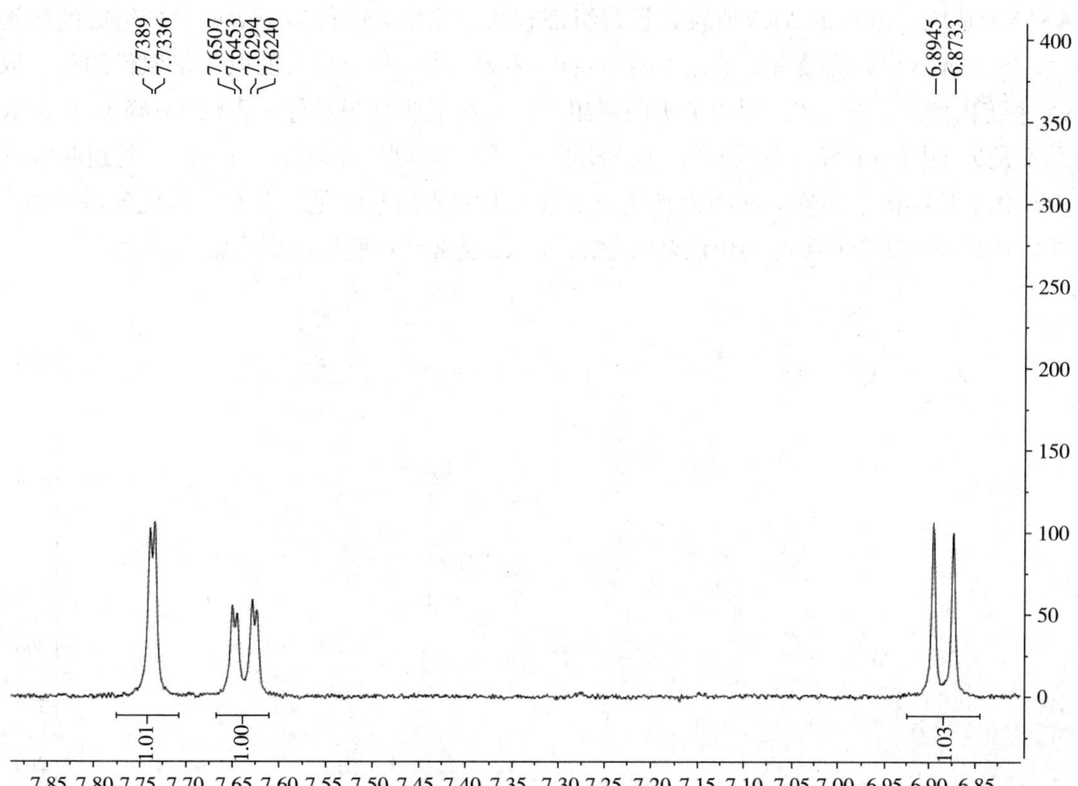

图1-40　3,5,7,3',4'-五羟基黄酮醇 ^{1}H-NMR部分放大谱（400MHz，in CD_3OD）

（3）ABX系统　由 $\Delta\nu \approx J$ 或 $\Delta\nu < J$ 的两个氢核和另外一个与它们两个氢核的 $\Delta\nu/J$ 比值都比较大的三个氢核构成的自旋系统称为ABX系统。ABX系统谱线裂分情况与AMX系统相似，最多可得14条谱线，但因其中两个综合峰（相当于两个核同时跃迁）往往难以观测，通常只显示12条谱线（小峰），如图1-38所示。其中，H_A 和 H_B 分别由两组对称的AB四重峰所组成，各占4条谱线（图1-38中AB部分标*的谱线为一个AB系统，其余谱线为另一个AB系统），它们的相对位置及强度遵从AB系统计算公式。H_X 的裂分情况及解析方法则与AMX系统相似。有时因部分重叠或简并，ABX系统显示的小峰数甚至可以少于12个。

（4）ABC系统　由 $\Delta\nu \approx J$ 或 $\Delta\nu < J$ 的三个氢核构成的自旋系统称为ABC系统。此类系统相互干扰严重，图形比较复杂，三个氢核的吸收峰难以归属，峰的裂距也不等于偶合常数。总的特点是中间峰高，两侧峰小，最多可显示15个小峰。如丙烯腈在60MHz核磁共振仪上显示14条谱线（图1-41）。

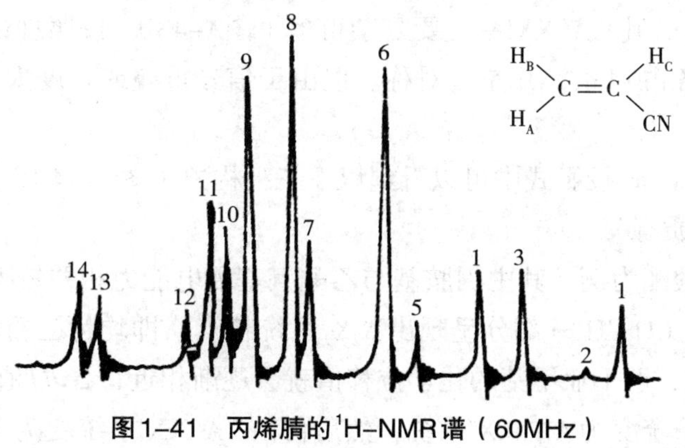

图1-41　丙烯腈的 ^{1}H-NMR谱（60MHz）

3. 四旋系统　包括AA′XX′和AA′BB′等两个自旋偶合系统。

（1）AA′XX′系统　由两组 $\Delta\nu/J$ 值较大且每组都有两个化学等同但磁不等同氢核组成的四旋系统称为AA′XX′系统。AA′XX′系统最常见的是由两个供电或吸电效应差异较大的取代基取代的对二取代苯基团。AA′XX′系统由两组积分面积各为2的吸收峰组成，每组吸收峰粗看像二重峰（d峰），但放大后仔细观察他们并不是典型的二重峰，在吸收峰的下部都有一些不规则的小峰（图1-42）。每组吸收峰两个峰的平均值为其化学位移值，两峰的间距为其偶合常数。但需要注意的是，在对二取代苯基团中，计算所得的偶合常数是其邻位偶合常数与间位偶合常数之和，故通常计算所得的偶合常数偏大。

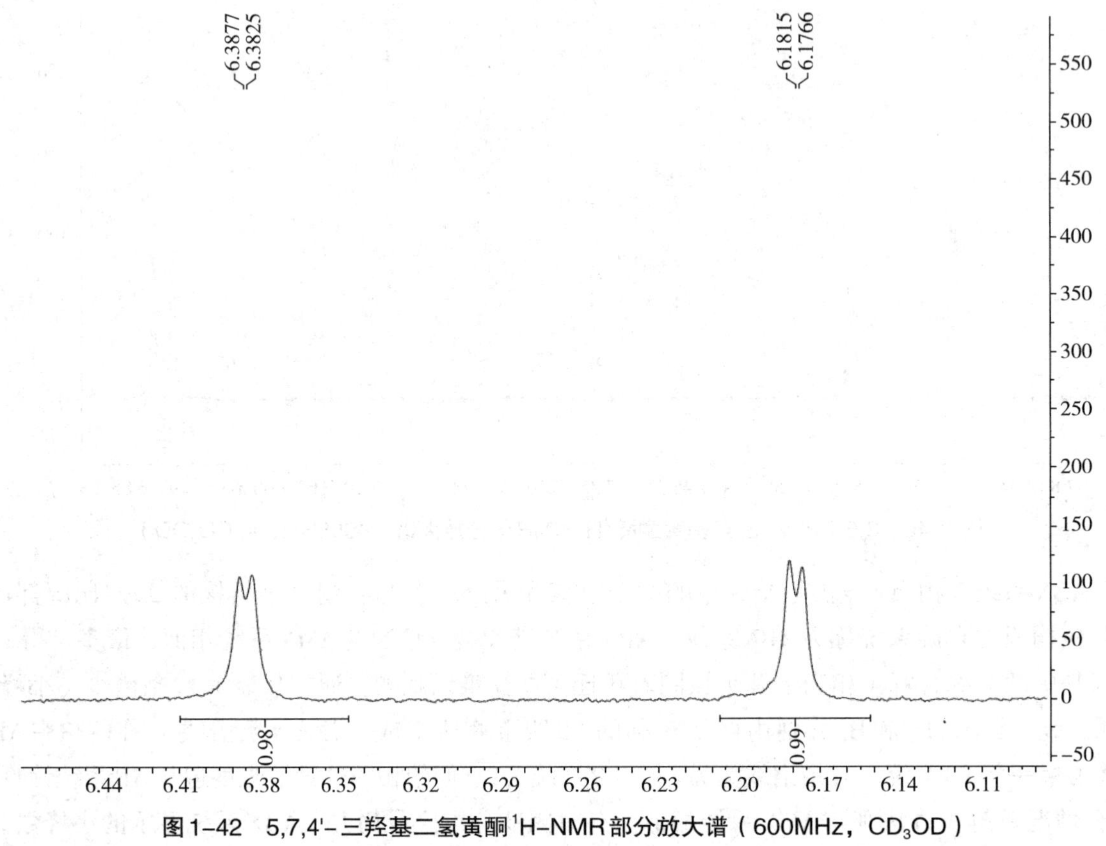

图1-42　5,7,4′-三羟基二氢黄酮 ^{1}H-NMR部分放大谱（600MHz，CD_3OD）

（2）AA′BB′系统　由两组 $\Delta\nu \approx J$ 或 $\Delta\nu < J$ 且每组都有两个化学等同但磁不等同氢核组成的四旋系统称为AA′BB′系统。AA′BB′系统最常见的是由两个供电或吸电效应差异小的取代基取代的对二取代苯基团和由两个对邻、对位影响之和与对间位影响相差不大且为同一个取代基的邻二取代苯基团。

AA′BB′系统由两组积分面积各为2的吸收峰组成，吸收峰的峰形粗看类似于AB系统，但在吸收峰的下部有许多不规则的小峰，比AA′XX′系统要复杂得多（图1-43）。按照理论计算AA′BB′系统应显示28条谱线，AA′和BB′部分各占14条，并左右对称。但由于信号重叠或强度太小，实际上往往观测不到28条谱线。

ZCH_2CH_2Y型结构在Newman投影式中可以看到以下三种构象（图1-44）。其中—CH_2CH_2—部分的图谱特点与取代基Y和Z的性质有关。

以2-二甲胺基乙醇乙酸酯为例，其中因胺基与乙酰氧基吸电能力相差较大，造成2个CH_2的化学位移值具有明显差别，所以—CH_2CH_2—部分呈现出A_2X_2系统特点，即均为三重峰，如图1-45（a）。随着两个取代基的性质逐渐相近，两个亚甲基的化学位移值就会逐渐相近，$\Delta\nu/J$ 值也会逐渐降低，亚甲基的吸收峰形就会逐渐由A_2X_2系统变为AA′XX′系统，然后再由AA′XX′系统变为AA′BB′系统。内侧峰逐渐变高，外侧峰逐渐变低，并随之出现一些新的小峰［图1-45（b）、（c）、（d）］。若 $\Delta\nu/J$ 值再小，直至两个CH_2化学位移完全相等时，就变成一个单峰了。

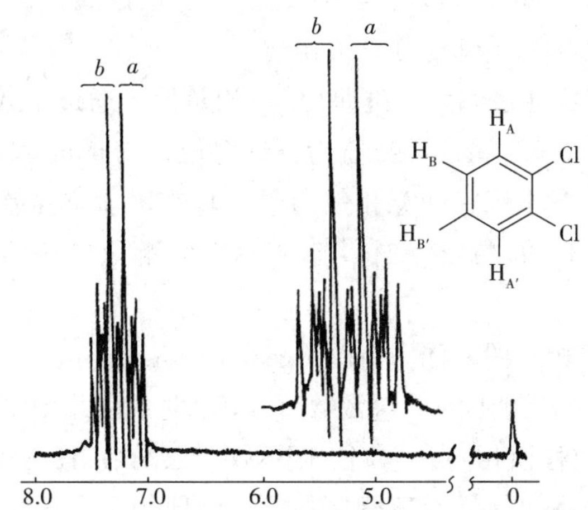

图1-43 邻二氯苯1H-NMR谱及放大谱（60MHz）

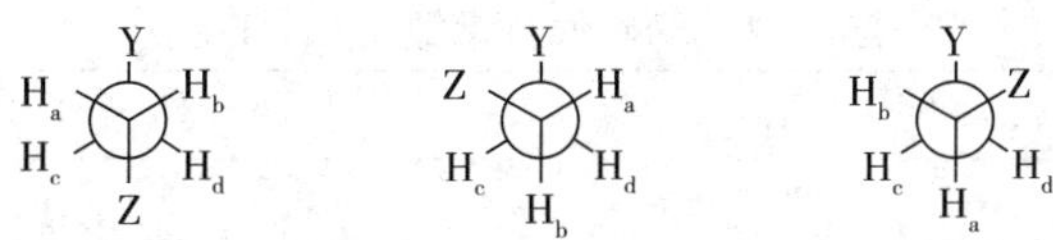

图1-44 ZCH_2CH_2Y型结构的Newman投影式

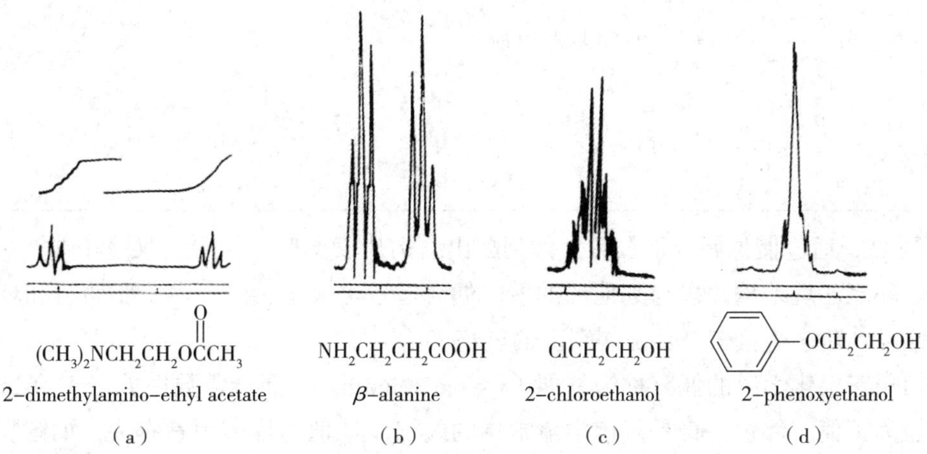

图1-45 ZCH_2CH_2Y型结构中AA′XX′系统转变为AA′BB′系统的过程（60MHz）

（四）偶合常数

两个（组）氢核之间的相互干扰称为自旋偶合，干扰作用的强度用偶合常数J表示。因磁性核间的相互干扰是通过成键电子传递的，所以偶合常数的大小与相互偶合核之间相隔的化学键数目、化学键电子云分布（如单键、双键、取代基的电负性、立体结构等）等因素有关，与外加磁场强度无关。偶合常数和化学位移、峰面积一样，都是^{1}H-NMR谱提供的重要结构解析参数。由于磁性核间相互干扰传递的路径是相同的，故两组相互干扰核的偶合常数是相同的，偶合常数只与磁性核的性质和传递路径有关，与其裂分成几重峰无关。即只要是相互偶合的磁性核，它的偶合常数就一定相等，此规则称为偶合互依规则。根据偶合互依规则，可以判断两组氢核是否偶合，进而推断其连接关系。需要注意的是，两组氢核发生偶合，偶合常数一定相同；但两组氢核偶合常数相同，并不表示该两组氢核就一定发生了偶合。这是因为在一个化合物中会有多个自旋系统，即便是在一个自旋系统中也会出现不同氢核之间的偶合常数相同的情况。如在丁酰基中（$COCH_2CH_2CH_3$）与羰基直接相连的亚甲基与另外一个亚甲基的偶合常数是7Hz，另外一个亚甲基与甲基的偶合常数也是7Hz，但不能根据偶合常数相等就认为甲基与羰基直接相连的亚甲基发生了偶合，进而推断甲基与其直接相连。

偶合常数J值有正有负，一般通过偶数个键偶合的J为负值，通过奇数个键偶合的J为正值，但在图谱上表现出来的裂距以及计算出来的偶合常数值为其绝对值，与正负号无关。对于A_mX_n系统，偶合常数只有一个，为H_A或H_B裂分的多重峰中任意相邻两个小峰的化学位移差值乘以仪器的兆周数，即$J=\Delta\delta_{裂分峰}\times$仪器的兆周数（MHz）。如在3,5,7,3',4'-五羟基黄酮醇氢谱中（图1-40），H-5'的偶合常数为（6.8945-6.8733）×400=8.4Hz。

1.偕偶 位于同一碳原子上相互偶合称为偕偶（geminal coupling），亦称为同碳偶合。偶合常数用$J_{偕}$（J_{gem}）或^2J表示，一般为负值，双键上的偕偶常数可为正值。需要指出的是，自旋偶合是始终存在的，但如果相互偶合的氢核的化学位移值相同，它们之间的偶合裂分在^{1}H-NMR谱中是不表现的。如长脂肪连化合物中的CH_2在图谱中通常表现为一个不规则单峰。偕偶的偶合常数变化范围较大，并与结构密切相关，通常其绝对值在0～16Hz，见表1-11。

表1-11 同碳偶合常数（$J_{偕}$，Hz）

类 型	J_{ab}	类 型	J_{ab}
>C(Ha)(Hb)	12～15	>C=C(Ha)(Hb)	0.5～3
(Ha)(Hb)C=N—OH	7.63～9.95（取决于溶剂）		
环氧乙烷 C(Ha)(Hb)（O）	5.4～6.3	环己烷 C(Ha)(Hb)	12.6

由表1-11可见，通过偕位偶合常数可大体判断出结构片段类型。如碳碳双键和碳氮双键的偕位偶合常数差异很大。环氧乙烷结构片段与其他环的偕位偶合常数也大不相同。由于脂肪链和环上的偕位偶合常数偏大，据此可判断这些氢核是否是同碳上的氢核。

2.邻偶 相隔三根化学键的偶合称为邻偶（vicinal coupling），偶合常数用$J_{邻}$（J_{vic}）或^3J表示，偶合常数的符号一般为正值。邻位偶合是氢谱中最常见的偶合，$J_{邻}$值与许多因素有关，如键长、取代基的电负性、两面角等有关。通常可以自由旋转的开链化合物，其邻位偶合常数为7Hz左右。环状化合物和不能自由旋转的开链化合物邻位偶合常数与两个氢核的两面角有关，可由Kaplus式计算求得（式1-12）：

$$J_{邻}(\text{Hz})=4.2-0.5\cos\phi+4.5\cos2\phi \quad (1-12)$$

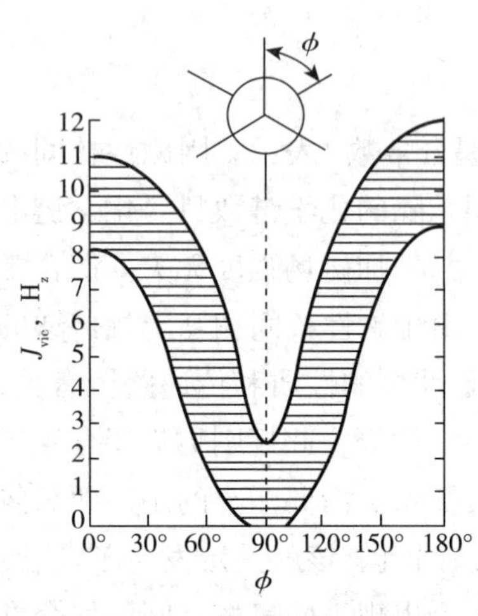

图1-46 $J_{邻}$与两面角的关系

由图1-46可知，当两个氢核的两面角为90°时，偶合常数最小，$J_{邻}$值约为0.3Hz；当两面角为0°或180°时，偶合常数最大，且$J^{180°}>J^{0°}$；从0°到90°，随着两面角增大，偶合常数逐渐减小；从90°到180°，随着两面角增大，偶合常数逐渐增大。如葡萄糖等常见的多数单糖苷类化合物，在优势构象中，糖上H-2位于直立键上，当端基碳为β-构型时，端基氢与H-2的两面角为180°，$^3J_{H1,H2}$值为7～8Hz；当端基碳为α-构型时，端基氢与H-2的两面角为60°，$^3J_{H1,H2}$值约为3Hz[图1-47(a)]。据此，可判断糖端基碳的构型。但是，甘露糖和鼠李糖等几个少数糖的苷，因其优势构象中H–2位于平伏键上，在α和β两种构型中H–1和H–2的二面角均为60°，故无法根据$^3J_{H1,\ H2}$值判断端基碳的构型［图1–47（b）］。

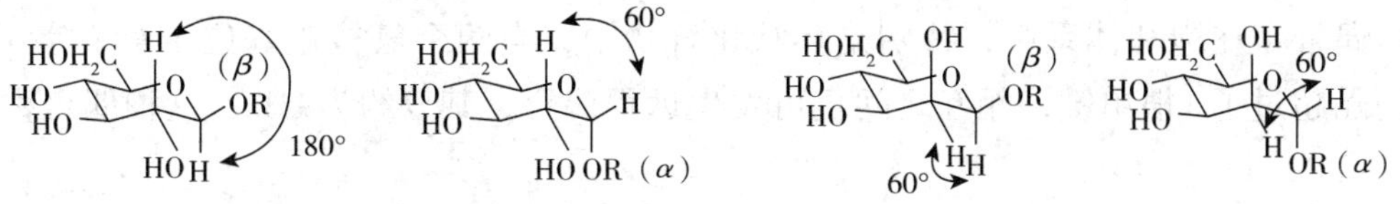

D–葡萄糖（a）　　　　D–甘露糖（b）

图1–47　端基氢$^3J_{H1,\ H2}$值与糖苷构型

由表1–12可见，邻偶偶合常数可用于推断立体结构和几何异构体。双键上的氢，反式的偶合常数多为15Hz，顺式的多为10Hz。需要注意的是，在共轭二烯中位于中间的两个氢的偶合常数也为10Hz。采用偶合常数推断双键的顺反异构体最可靠、方便和常用。但在链烯类化合物中，由于双键上两个氢的化学位移值非常接近，吸收峰过于复杂，难于判断其偶合常数，此时只能通过其他方法如碳谱等来推断其顺反异构体。在环己烷和环数再大一点的脂肪环中，双直立氢的偶合常数明显大于直立与平伏和平伏与平伏的偶合常数，据此可推断其相对构型。在三、四和五元脂肪环中，由于顺式和反式偶合常数相差不大，不能通过偶合常数来推断其相对构型。但如果已有大量的数据证实该类化合物顺反异构体偶合常数确有不同，且具有一定的规律性，也可以通过偶合常数来确定其相对构型。如环氧乙烷基团就可以通过偶合常数来推断其相对构型。需要注意的是醛基氢的邻位偶合常数只有2～3Hz，与一般邻偶偶合常数具有明显差别。

表1–12　邻位偶合常数（$J_{邻}$，Hz）

类型	J_{ab}	典型J_{ab}	类型	J_{ab}	典型J_{ab}
H_aC-CH_b （自由旋转） 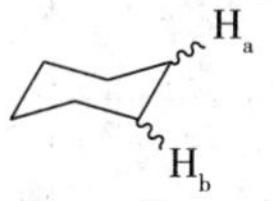 H_a H_b	6～8	7	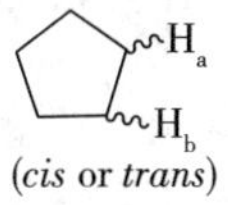 H_a H_b (*cis* or *trans*)	0～7	4～5
ax.–ax ax.–eq eq.–eq	6～14 0～5 0～5	8～10 2～3 2～3	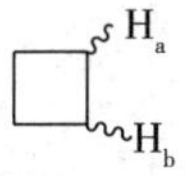 H_a H_b (*cis* or *trans*)	6～10	8
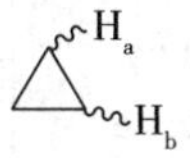 H_a H_b (*cis* or *trans*)		3～5	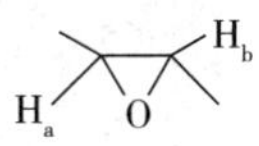 H_a O H_b		4
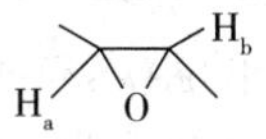 H_a O H_b		2.5	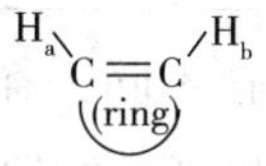 H_aC=CH_b (ring)	3mem. 4mem. 5mem. 6mem. 7mem. 8mem.	0.5～0.2 2.5～4.0 5.1～7.0 8.8～11.0 9～13 10～13
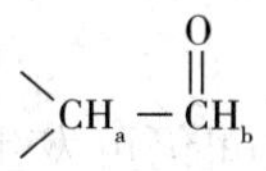 $CH_a-\overset{O}{\overset{\Vert}{C}}H_b$	1～3	2～3	$C=CH_a-CH_b=C$	9～13	10
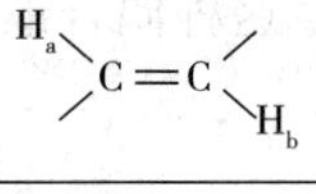 H_aC=CH_b	12～18	17	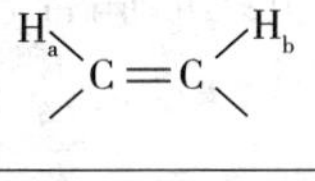 H_aC=CH_b	6～12	10

3.远程偶合　间隔3根以上化学键的偶合称为远程偶合（long range coupling），偶合常数用^4J、^5J等表示。远程偶合作用通常较弱，偶合常数一般在0～3Hz。饱和化合物中，间隔3根以上单键的远程偶合常数在0左右，一般可以忽略不计。常见的远程偶合有下面三种。

（1）W形偶合　在饱和体系中，特别是环状化合物中，当两个氢核正好位于英文字母“W”的两端时，虽然间隔超过了3根单键，相互之间仍可发生远程偶合，其^4J约为1Hz，这种偶合称为W形偶合（图1-48）。

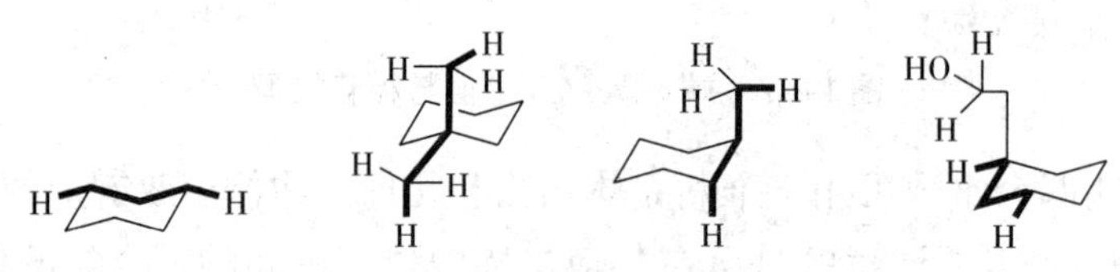

图1-48　W形偶合（^4J）

（2）π系统偶合　π系统如烯丙基、高烯丙基以及芳环系统中，因为π电子的存在，电子流动性较大，偶合作用能够传递到较远的距离，故即使超过了三根键，相互之间仍可发生偶合，但作用较弱（偶合常数为0～3Hz），见表1-13。在低分辨^{1}H-NMR谱中多不易观测出来，有时可由峰的宽窄（半峰宽，$W_{1/2}$）来推断。但在高分辨^{1}H-NMR谱上则比较明显。

表1-13　π系统中远程偶合常数（$J_远$，Hz）

类型		J_{ab}	典型J_{ab}	类型		J_{ab}	典型J_{ab}
H_a, H_b（苯环）	$J_邻$ $J_间$ $J_对$	6～10 1～3 0～1	8 2 ～0	4, 3, 5, 2, 6, N（吡啶）	$J_{(2-3)}$ $J_{(3-4)}$ $J_{(2-4)}$ $J_{(3-5)}$ $J_{(2-5)}$ $J_{(2-6)}$	5～6 7～9 1～2 1～2 0～1 0～1	5 8 1.5 1.5 1 ～0
4, 3, 5, 2, N, H（吡咯）	$J_{(1-2)}$ $J_{(1-3)}$ $J_{(2-3)}$ $J_{(3-4)}$ $J_{(2-5)}$	2～3 2～3 2～3 3～4 1.5～2.5		4, 3, 5, 2, O（呋喃）	$J_{(2-3)}$ $J_{(3-4)}$ $J_{(2-4)}$ $J_{(2-5)}$	1.3～2.0 3.1～3.8 0～1 1～2	1.8 3.6 ～0 1.5
H_a—C=C—CH_b	J_{ab}	0～3	1.5	H_aC—C=C—CH_b	J_{ab}	0～3	1.2
H_a—C=C—CH_b	J_{ab}	0～3	2				

由表1-13可知，与苯环邻位偶合不同，在吡啶环中邻位偶合常数的大小与氮原子的距离有关，与氮原子近的偶合常数较小，与氮原子距离远的偶合常数较大。在五元芳杂环中，邻位偶合常数与苯环相比明显偏低。在吡咯环中邻偶、间偶等偶合常数差距不大，无法通过偶合常数推断取代基的位置。在呋喃环中2,3位与3,4位邻位偶合常数差距较大，可以用于推断取代基的位置。

（3）折线形偶合　当两个氢核相隔5根化学键且正好位于折线的两端时，相互之间仍可发生远程偶合，其^5J约为1Hz，这种偶合称为折线形偶合。在天然产物中香豆素类化合物是发生这种偶合最多的化合物（图1-49）。

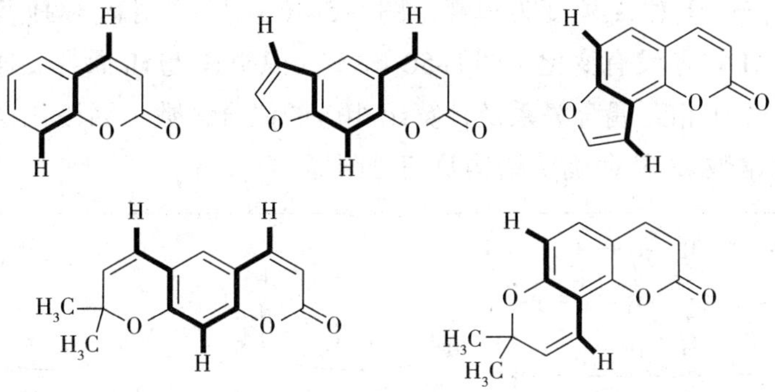

图1-49　折线形偶合（^5J）

四、氢谱测定技术

（一）溶剂

^{1}H-NMR测定中多采用氘代溶剂，目的是避免溶剂自身信号的干扰。但因氘代程度难以达到100%，溶剂中残存的微量^{1}H信号在谱图上仍可观测到，并且因化学位移各不相同，将分别出现在图谱的不同位置，见表1-14，在解析图谱时必须注意与试样信号相区别。另外，在采用氘代溶剂时，试样中的活泼氢信号有时也会与溶剂中的氘发生交换而从图谱上消失。试样信号的化学位移常因所用溶剂种类不同而发生改变。在信号重叠时，改变溶剂重新测定可能会收到意想不到的效果。

表1-14　^{1}H-NMR谱测定用溶剂及性状

溶剂名称	结构式	溶剂峰（δ）	多重峰数	水峰（δ）
氘代丙酮	$(CD_3)_2CO$	2.05	5	2.8
氘代三氯甲烷	$CDCl_3$	7.27	s	1.5
氘代二氧六环	$O{<}^{(CD_2)_2}_{(CD_2)_2}{>}O$	3.55	m	2.4
氘代环己烷	C_6D_{12}	1.38	s	–
氘代二甲基亚砜	$(CD_3)_2SO$	2.50	5	3.3
重水	D_2O	4.80	s	–
氘代二氯甲烷	CD_2Cl_2	5.35	t	–
氘代苯	C_6D_6	7.16	s	0.5
氘代吡啶	C_5D_6N	8.71，7.57，7.23	s，s，s	5.0
氘代甲醇	CD_3OD	3.30	5	4.8

（二）去偶实验

当某组吸收峰峰形复杂或与其他信号重叠严重无法判断其偶合常数，而在结构解析中又必须知道偶合常数时，可采用去偶方法得到解决。所谓去偶实验就是通过选择性照射某个（组）氢核并使之饱和（全部位于高能态），则由该氢核造成的偶合影响将会消除，使复杂的吸收峰变为较为简单的吸收峰，从而有利于推测出原来吸收峰的峰形和偶合常数。

以溴丙烷为例，其^{1}H-NMR谱如图1-50所示。a为正常图谱，共有三组信号，分别为H_b（3H，三重峰）、H_a（2H，六重峰）以及H_c（2H，三重峰）。b和c则分别为对H_a核和H_b核照射后测得的去偶谱。从去偶谱中可看出，照射H_a核，H_b和H_c均变为单峰［图1–50（b）］，说明H_b和H_c均与H_a偶合；照射H_b核，H_a由六重峰变成三重峰，H_c峰形没有变化［图1–50（c）］，说明H_a与H_b偶合。通过上述交叉去偶实验可以很直观地找出溴丙烷分子中相互偶合关系及计算出相应的偶合常数（因该化合物比较简单，在本例中不去偶也可计算出其偶合常数），从而确认结构及信号归属。

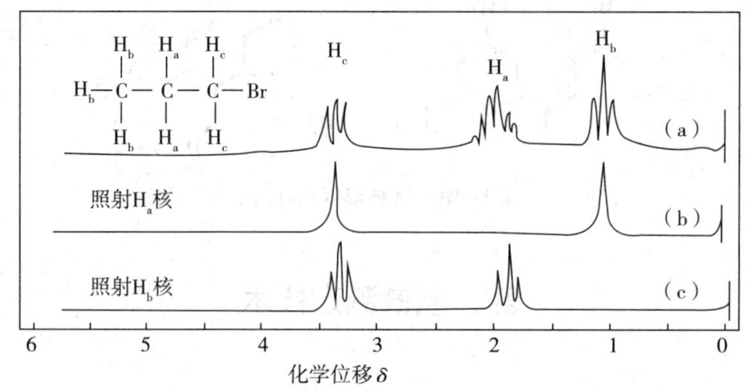

图1–50　溴丙烷的去偶实验

（三）核的Overhauser效应（NOE）

当两个（组）不同类型氢核位于相近空间距离时，照射其中一个（组）氢核使之完全处于高能态会使另一个（组）氢核的信号强度增强。这种现象称为核的Overhauser效应，简称NOE。NOE与空间距离的6次方成反比，其数值大小直接反映了相关氢核的空间距离，与相关氢核间隔化学键的数目及是否偶合无关，故可根据NOE确定分子中某些基团的空间相对位置、立体构型及优势构象，对研究分子的立体结构具有重要的意义。

NOE强弱通常以照射后信号增强的百分率来表示。以图1–51所示丹皮酚为例，照射—OCH_3氢核，其邻位H_a和H_b核因空间距离与其相近，发生了NOE，信号强度较照射前增加了约30%。通过这一实验确认了甲氧基只能取代在4位上，进而排除了其他异构体。

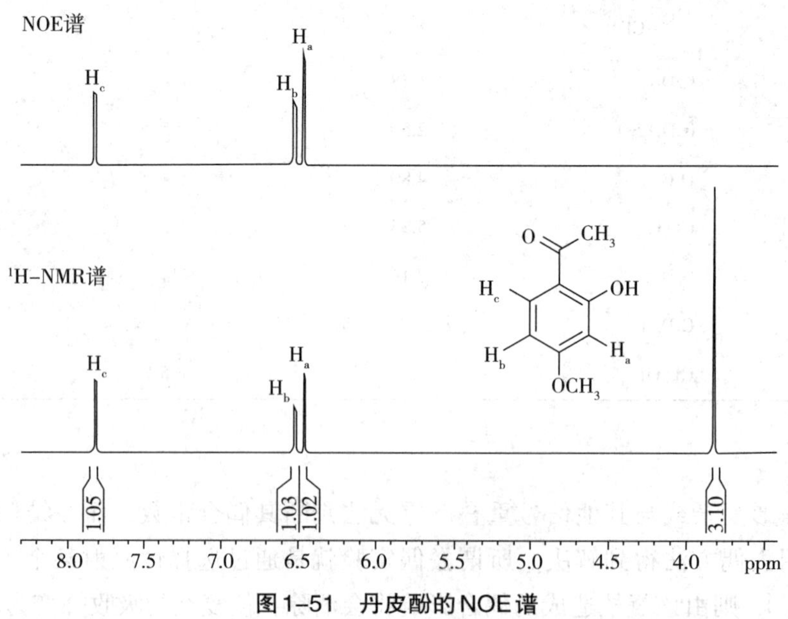

图1–51　丹皮酚的NOE谱

（四）NOE差谱

在样品测试中，首先测定正常的^{1}H–NMR谱，然后测试其NOE谱，用NOE谱减去正常的氢谱，获得的谱就称为NOE差谱。当某个（组）氢核的吸收峰与其他信号严重重叠且在结构解析中又必须通过NOE实验才能将异构体排除时，可采用NOE差谱的方法解决这一问题。如β-紫罗兰酮存在下列两个异构体，由于H-7信号与其他吸收峰严重重叠，无法通过NOE实验排除异构体。但通过NOE差谱的方法就可以很好地解决此问题。

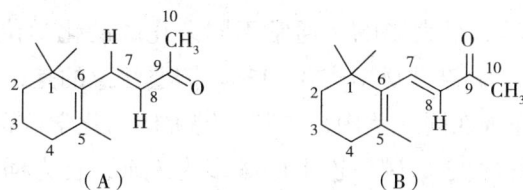

（A）　　　　（B）

先测定β-紫罗兰酮正常的氢谱，然后照射10-CH_3测定NOE谱，用NOE谱减去正常的氢谱就可得到β-紫罗兰酮的NOE差谱，如图1-52。由图1-52可知，H-7与10-CH_3具有较强的NOE作用，从而确定β-紫罗兰酮的化学结构是A式，而不是B式。此外，从β-紫罗兰酮的NOE差谱中也可计算出H-7的偶合常数。也就是说，对于信号严重重叠的吸收峰，如果必须知道它的偶合常数才能确定其结构时，也可通过NOE差谱的方法给予解决。

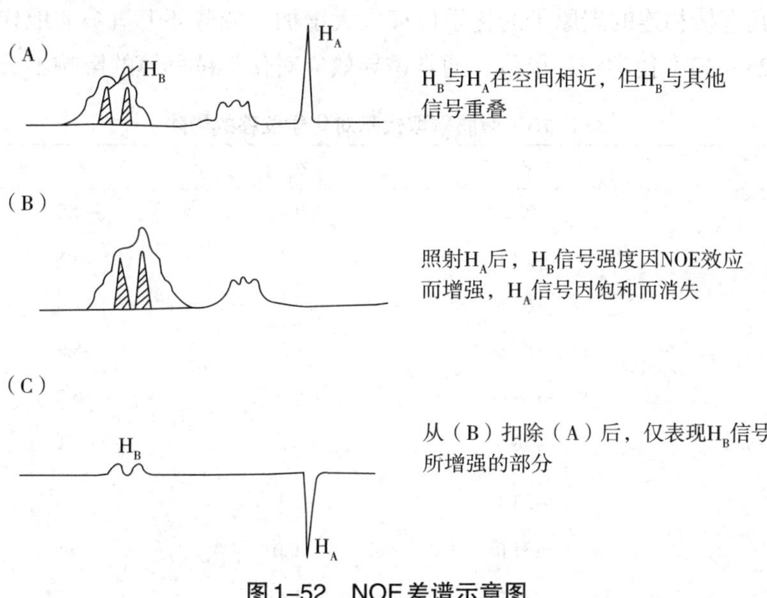
（A）
H_A
H_B
H_B与H_A在空间相近，但H_B与其他信号重叠
（B）
照射H_A后，H_B信号强度因NOE效应而增强，H_A信号因饱和而消失
（C）
H_B
H_A
从（B）扣除（A）后，仅表现H_B信号所增强的部分

图1-52　NOE差谱示意图

PPT

第三节　碳核磁共振（^{13}C-NMR）

^{13}C核与^{1}H核一样也是I=1/2的磁性核，具有磁共振现象，遵循相同的核磁共振基本原理。通过磁共振技术测得的有机化合物^{13}C核磁共振信号谱图称为碳谱。有机化合物主要由碳和氢原子构成，通过碳谱和氢谱了解碳和氢原子的化学环境及磁环境，无疑对于确定有机化合物的结构是十分有利的。

一、影响化学位移的因素

和氢谱一样，碳的化学位移为频率轴换成的无单位标量，以δ（ppm）表示。^{13}C核化学位移的测量同^{1}H核一样也要采用内标，通常是四甲基硅烷。

^{13}C核化学位移与其在分子中的化学环境有关，影响的大小用屏蔽系数σ_i表示，它包括数种因素的加和：

$$\sigma_i=\sigma_d+\sigma_p+\sigma_a+\sigma_m$$

式中，σ_d为核外电子屏蔽系数；σ_p为磁各向异性屏蔽系数；σ_a为邻近基团屏蔽系数；σ_m为介质屏蔽系数。

（一）杂化方式对化学位移的影响

碳的杂化方式对化学位移具有很大影响。通常不同杂化碳的化学位移范围大体是：sp^3杂化碳 δ_C 0 ~ 100，sp^2杂化碳 δ_C 100 ~ 200，sp杂化碳 δ_C 70 ~ 130。需要注意的是，与氢谱不同，在碳谱中双键上碳的化学位移值与芳环、芳杂环等在同一范围；碳碳三键上碳的化学位移值通常不会大于100，所在范围与直接连氧的sp^3杂化碳相同；由于碳碳三键上的碳多为季碳，且为桶状结构，故弛豫时间较长，吸收信号较矮。

（二）诱导效应对化学位移的影响

诱导效应主要与取代基电负性有关，取代基电负性越强或越多，碳原子上电子云密度就越低，化学位移值也就越大，见表1–15。如CH_4（δ_C–2.5），CH_3Br（δ_C 20.0），CH_3Cl（δ_C 24.9），CH_3F（δ_C 80.0）；CH_3Cl（δ_C 24.9），CH_2Cl_2（δ_C 52.0），$CHCl_3$（δ_C 77.0）。当芳环与电负性强的原子相连时，由于强烈的吸电子作用，会使与其直接相连的碳原子的化学位移大大增加。如芳环上氢被氧取代后，与氧直接相连的碳的化学位移会增大25 ~ 30个化学位移单位。通常诱导效应对化学位移值的影响不会超过3根化学键。

表1–15　脂肪碳取代基对化学位移的影响

取代基	Z_α	Z_β	Z_γ	Z_δ
$—CH_3$（—R烷基）	+9.1	+9.4	–2.5	0.3
—F	+70.1	+7.8	–6.8	0.0
$—NO_2$	+61.6	+3.1	–4.6	–0.9
$—OCOCH_3$	+52.0	+6.5	–6.0	0.0
—O—（—OH）	+49.0	+10.1	–6.2	0.0
$—NH_2$（—N<）	+28.3	+11.3	–5.1	0.0
—COCl	+33.1	+2.3	–3.6	0.0
—Cl	+31.0	+10.0	–5.1	–0.5
$—N^+R_3$	+30.7	+5.4	–7.2	–1.4
$—N^+H_3$	+26.0	+7.5	–4.6	+5.1
—CH═O	+29.9	–0.6	–2.7	0.0
$—COO^-$	+24.5	+3.5	–2.5	0.0
—COOR	+22.6	+2.0	–2.8	0.0
—COOH	+20.1	+2.0	–2.8	0.0
>C═O	+22.5	+3.0	–3.0	0.0
$—CONR_2$	+22.0	+2.6	–3.2	–0.4
>C═C<	+19.5	+6.9	–2.1	0.4
—S—（—SH）	+10.6	+11.4	–3.6	–0.4
—C≡C—	+4.4	+5.6	–3.4	+0.6
—C≡N	+3.1	+2.4	+3.3	+0.5

（三）共轭效应对化学位移的影响

共轭会使共轭体系中的电子云密度平均化，进而影响其相关碳的化学位移。共轭效应类型不同，对碳核化学位移的影响也不同。共轭效应分为π-π共轭、p-π共轭和超共轭三种，各类共轭效应对相关碳化学位移的影响如下。

1. π-π共轭效应对化学位移的影响　碳碳双键共轭使两侧碳的化学位移值减小，中间碳的化学位移值增大。如丁二烯两侧碳的化学位移值由乙烯的 δ_C 123.5降至 δ_C 116.6，中间碳则增至 δ_C 137.2。双键与羰基共轭后，羰基碳的化学位移值减小，双键上α-碳化学位移值减小，β-碳化学位移值增大。如α,β-不饱和丁烯醛羰基碳的化学位移由乙醛的 δ_C 201降至 δ_C 191.4，α-碳的化学位移值则由丁二烯的 δ_C 137.2降至 δ_C 132.8，β-碳化学位移值则增至152.1。芳环与羰基共轭后，也会使羰基碳的化学位移值减小，如苯乙酮羰基碳的化学位移值由丙酮的 δ_C 206.5降至 δ_C 196.6。

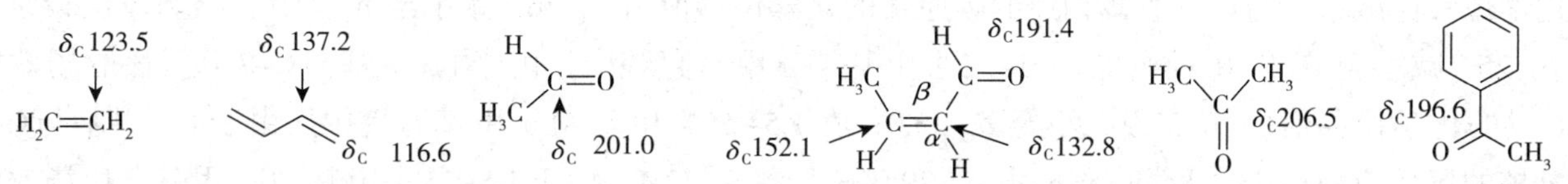

δ_C123.5 $H_2C{=}CH_2$　δ_C137.2 δ_C 116.6　H H_3C C=O δ_C 201.0　H δ_C191.4 H_3C C=O β C=C α δ_C152.1 H H δ_C132.8　H_3C CH_3 C O δ_C206.5　δ_C196.6 O CH_3

2. p-π共轭效应对化学位移的影响　羰基碳与杂原子发生p-π共轭后，由于存在下列共振体，使羰基碳的电子云密度大幅降低，故其化学位移值大大降低。如羧酸、酯、酰胺、酰卤、酸酐等羰基碳的化学位移值与醛或酮相比都大大降低。当杂原子与芳环发生p-π共轭后，供电基团会使邻对位电子云密度大大降低，使其化学位移值大幅减小。如苯酚邻对位碳的化学位移值分别由 δ_C 128.5降至 δ_C 116.0和 δ_C 120.6。

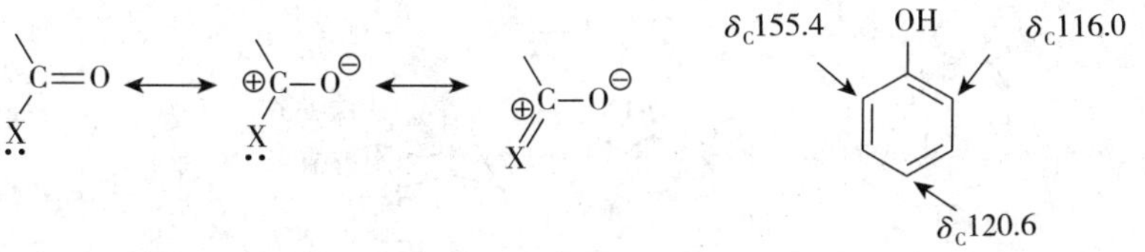

C=O X ⟷ ⊕C-O⊖ X ⟷ ⊕C-O⊖ X　δ_C155.4 OH δ_C116.0 δ_C120.6

3. 超共轭效应对化学位移的影响　当第二周期的杂原子N、O、F等处在被观察碳核的γ位并且为对位交叉时，由于杂原子与碳碳单键发生了超共轭，增加了γ位碳原子的电子云密度，进而使γ位碳原子的化学位移值减小2～6个化学位移单位。由表1-15可看出，此效应并不局限于杂原子，即便取代的是碳原子，γ位碳化学位移值也会减小，只不过减小的幅度较小。此效应和下面简绍的场效应统称为γ效应。

X α C C β C γ　X C α C β C γ

（四）空间效应对化学位移的影响

碳核化学位移对分子几何形状非常敏感，即便是相隔几根化学键，如果空间上相互靠近，也会相互发生强烈影响，这种近距离的非成键相互作用称为空间效应。空间效应分为位阻效应和场效应两种。

1. 位阻效应对化学位移的影响　当两个基团在空间距离上较近且共轭效应不能正常发挥时，将会使相应碳的化学位移值发生改变。如由于甲基使苯环与羰基的共平面发生了扭曲，影响了羰基与苯环的共轭，使羰基碳的化学位移增加。2-甲基苯乙酮和2,6-二甲基苯乙酮羰基碳的化学位移值由苯乙酮的 δ_C 196.6分别增加至 δ_C 199.0和 δ_C 205.5，其中2,6-二甲基苯乙酮羰基碳的化学位移值已经与正常酮羰基碳相当了。羰基碳化学位移值增加的幅度与羰基和苯环间的扭曲角 ϕ 成正比。

CH_3 H_3C CH_3

δ_C196.6 O CH_3 ϕ=0

δ_C199.0 O CH_3 $\phi\approx28°$

δ_C205.5 O CH_3 $\phi\approx50°$

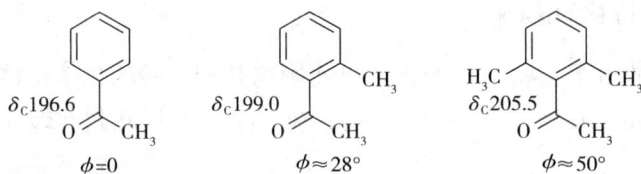

2. 场效应对化学位移的影响 当两个原子或原子团在空间上距离较近时，由于核外电子的负负相斥作用，会使电子云沿着化学键向与其直接相连的碳原子转移，造成相应的氢原子核外电子云密度降低和碳原子核外电子云密度增加，进而使相应的氢核化学位移值增加和碳核化学位移值减小，此效应称为场效应。场效应在取代基相对构型的确定和几何异构体的排除上具有重要的作用。

如在刚性的环己烷体系中，当羟基位于直立键上时，由于与 γ 位碳原子上两个直立键上的氢核在空间上距离较近，使 γ 位氢原子和羟基的氧原子的电子云向与其直接连接的碳原子上转移，造成其相应碳的化学位移值减小。与羟基直接相连的碳原子的化学位移值由 δ_C 76.6减小至 δ_C 71.1，羟基 γ 位碳原子由 δ_C 25.7减小至 δ_C 21.0。再如在1,5–二去甲基–1β甲基葑烷中，由于1β甲基与C–7上氢核的场效应使C–7的化学位移值由 δ_C 38.9减小至 δ_C 35.0；在1,5–二去甲基–1α甲基葑烷中，由于1α甲基与C–3上氢核的场效应使C–3的化学位移值由 δ_C 29.0减小至 δ_C 22.4；由于1,5–二去甲基–1α甲基葑烷场效应强于1,5–二去甲基–1β甲基葑烷，甲基的化学位移值也由 δ_C 22.3减小至 δ_C 17.4。5α–H甾体类化合物C–19化学位移值小于5β–H甾体类化合物，3β羟基5β–H甾体类C–3化学位移值小于3β羟基5α–H甾体类，齐墩果酸型三萜类化合物C–24和C–30化学位移值分别小于C–23和C–29，30位羧基化学位移值小于29位，α–D–葡萄糖C–1（94.7）、C–3（76.8）和C–5（75.4）化学位移值分别小于β–D–葡萄糖C–1（98.6）、C–3（78.4）和C–5（78.6）等均是场效应影响的结果。由此可见场效应也是一个确定相对构型的好方法。

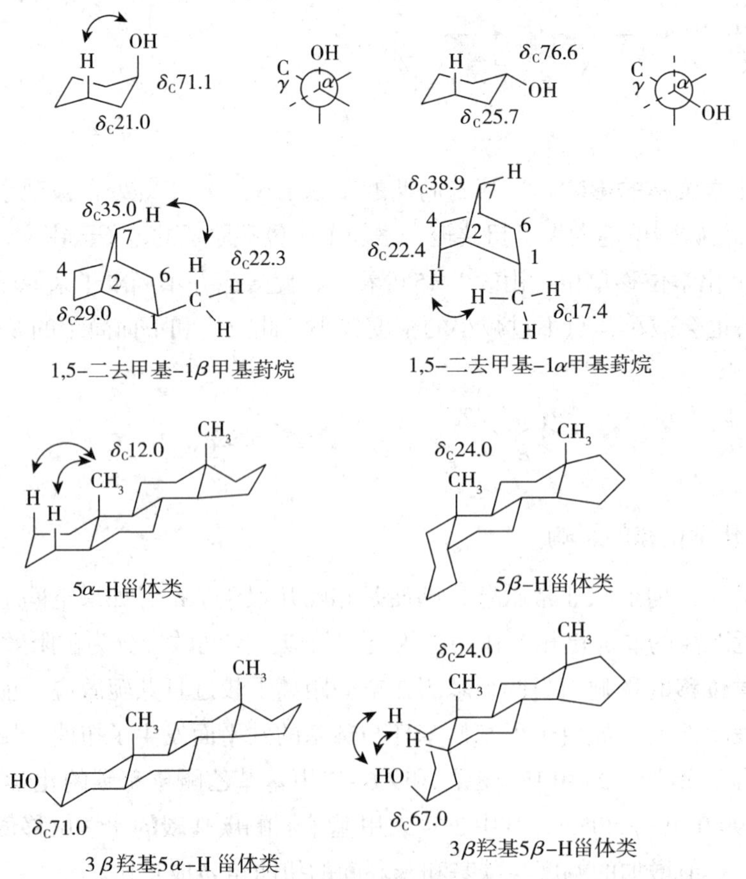

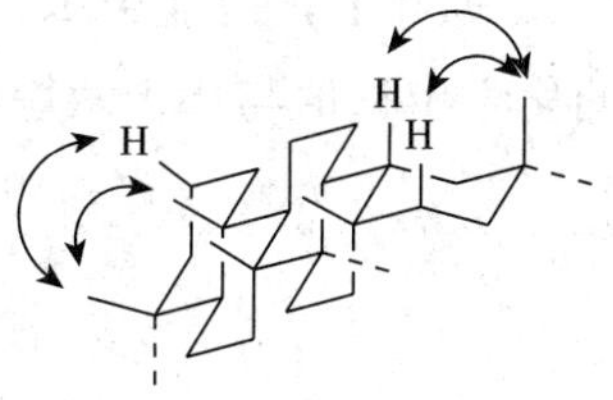

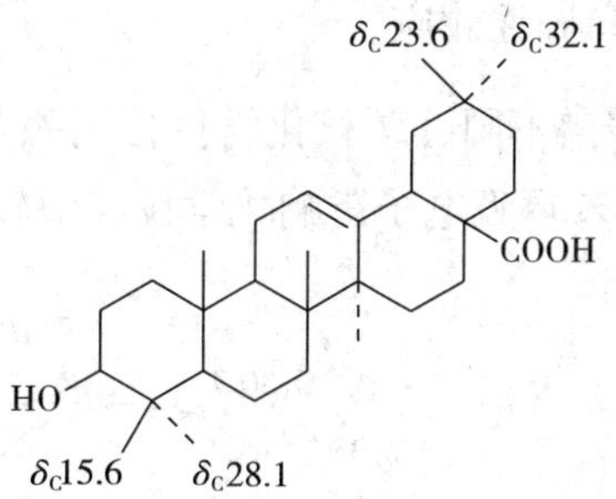

δ_C23.6 δ_C32.1

COOH

HO

δ_C15.6 δ_C28.1

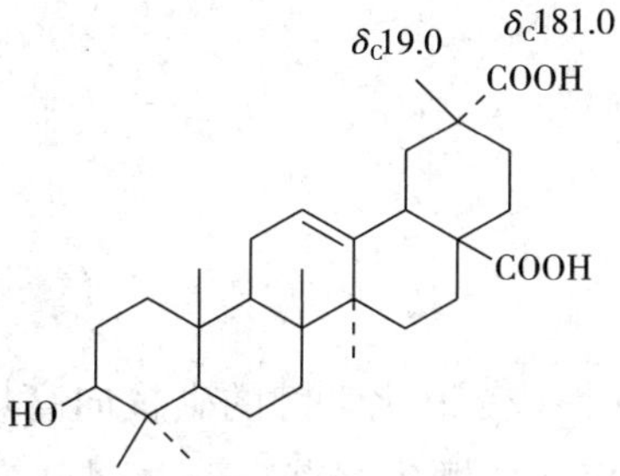

δ_C19.0 δ_C181.0

COOH

COOH

HO

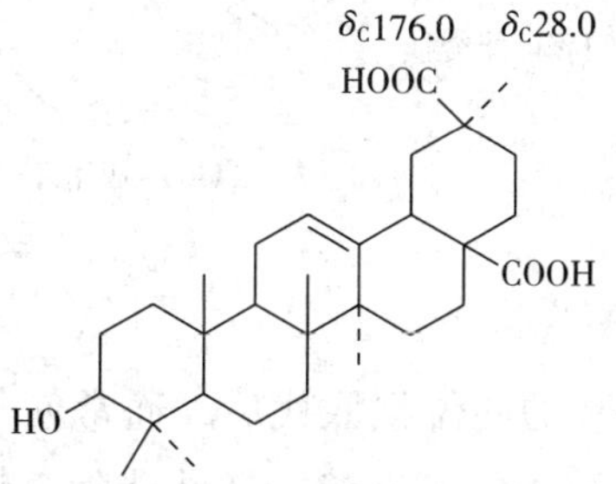

δ_C176.0 δ_C28.0

HOOC

COOH

HO

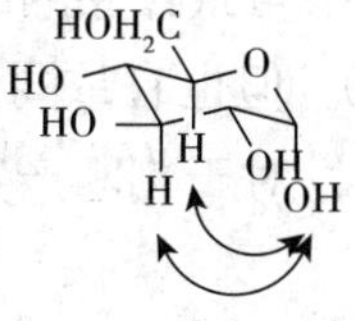

α-D-葡萄糖

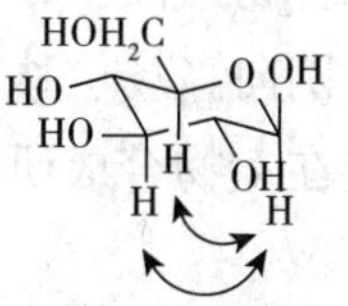

β-D-葡萄糖

双键类化合物同样也存在场效应，当两个取代基为顺式时，由于空间距离较近氢原子或原子团的电子云会向与其直接相连的碳原子转移，造成相应碳核的化学位移值减小。如在顺式己烯-2化合物中，甲基的化学位移值由 δ_C 16.5减小至 δ_C 11.4，相应亚甲基的化学位移值也由 δ_C 34.1减小至 δ_C 28.2。此效应可用于判断双键的顺反异构体，尤其是在双键上氢核偶合常数无法确定时，可采用此方法判断双键顺反异构体。

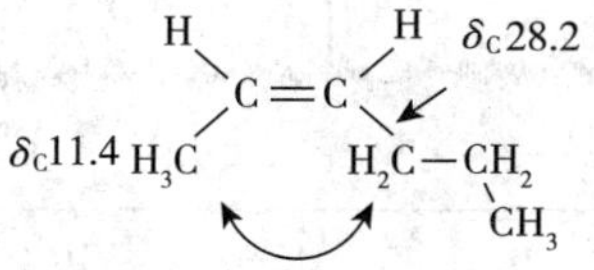

δ_C28.2 δ_C11.4

顺式己烯-2

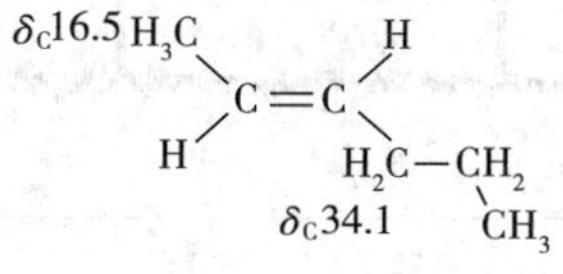

δ_C16.5 δ_C34.1

反顺式己烯-2

（五）氢键效应

由于氢核与杂原子形成的共价键电子对偏向杂原子，故酚羟基、烯醇羟基等活泼氢具有一定的酸性。当活泼氢与羰基形成分子内氢键时，羰基碳的电子云密度会有所降低，导致羰基碳化学位移值增大。如苯甲醛与酚羟基形成分子内氢键后，羰基碳的化学位移值由 δ_C 192增加至 δ_C 197。再如苯乙酮与酚羟基形成分子内氢键后，羰基碳的化学位移值由 δ_C 195.7增加至 δ_C 204.1。

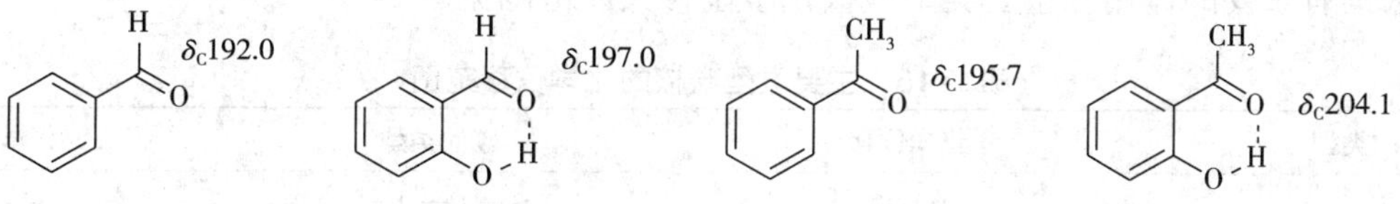

δ_C192.0 δ_C197.0 δ_C195.7 δ_C204.1

（六）磁的各向异性效应

与氢核磁共振谱不同，碳核化学位移受磁各向异性影响很小。如在1,4–12亚甲苯中，除与苯环直接相连的α、β碳受苯环吸电子影响化学位移值较大外，其余碳的化学位移值与环十六烷相差不大。

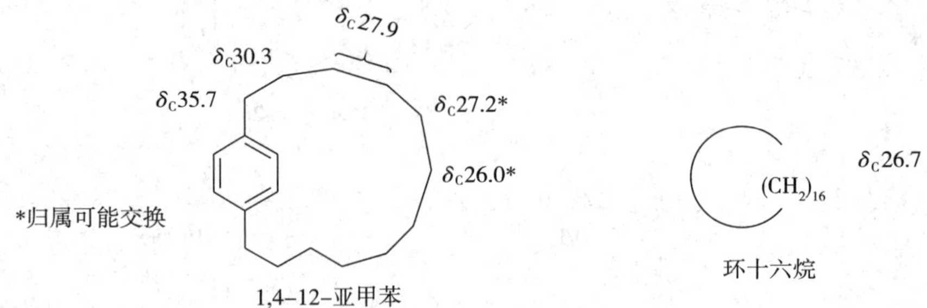

（七）同位素效应

当原子X被较重的同位素取代后，通常使与X间隔1根或2根化学键的碳核向高场位移。主要是由于重同位素降低了分子的基态势能，并伴随着键长的缩短，使顺磁屏蔽项σ_p减小。如在2–甲基–环己酮及其2,6–二氘代产物的混合物谱图中，可以观察到氘代产物中与氘核相隔2～3根化学键的CH_3、C–3、C–4、C–5、C–6较氘代前分别向高场位移0.03～0.14（图1–53）。但也有重同位素使碳核向低场位移的情况，如羰基碳。同位素效应在生物合成研究和反应机理研究中，对于判断产物是否被同位素取代具有重要的作用。

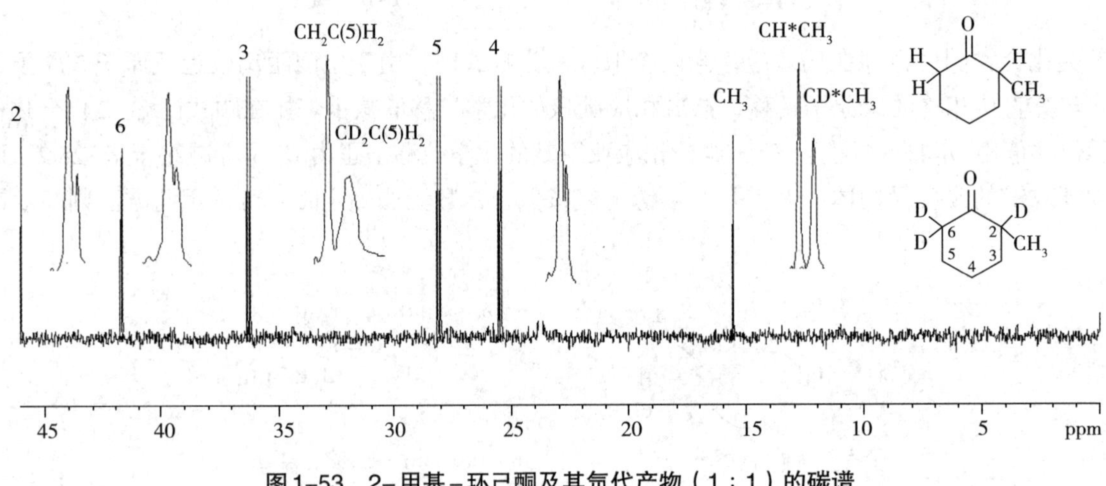

图1–53　2–甲基–环己酮及其氘代产物（1∶1）的碳谱

二、各类型碳核的化学位移

（一）碳核化学位移的大体范围

碳核的化学位移与碳的化学环境密切相关，了解不同类型碳核化学位移的大体范围，对于解析化合物的化学结构具有重要的作用。主要类型碳核化学位移大体范围见表1–16。

表1–16　主要类型碳核的化学位移范围

碳的类型	化学位移	碳的类型	化学位移
RCH_3	0～40	—O—C—O—	90～110

续表

碳的类型	化学位移	碳的类型	化学位移
RCH_2R	10 ~ 50	>C=C<	100 ~ 170
$RCHR_2$	15 ~ 50	>C=O	170 ~ 210
R_2CR_2	30 ~ 50	—Ar	100 ~ 170
—C—X	10 ~ 65	—C≡N	120 ~ 130
—C—O—	50 ~ 90	—COOR	160 ~ 185
—C≡C—	60 ~ 90	$—CONR_2$	150 ~ 180

（二）取代基对芳环碳化学位移的影响

常见取代基对芳环碳化学位移的影响见表1–17。由表1–17可看出，天然产物常见的OR取代基，由于强的吸电子作用会使与其直接相连的碳的化学位移值大幅增加，由于p–π 共轭效应会使邻、对位化学位移值大幅减小。通常单OR取代的芳环，与OR直接相连的碳的化学位移值大于150。邻二OR取代的芳环，与OR直接相连的碳的化学位移值在145左右，通常小于150。间二OR取代的芳环，与OR直接相连的碳的化学位移值大于150，两氧间的碳的化学位移值在100 ~ 110。间三OR取代的芳环，与OR直接相连的碳的化学位移值大于150，两氧间的碳的化学位移值在95 ~ 105。当取代基较多时，用表1–17中参数计算出的化学位移值误差较大。

表1–17　苯的取代基位移

取代基	Z_i	Z_o	Z_m	Z_p	取代基	Z_i	Z_o	Z_m	Z_p
—OH	+26.9	−12.5	+1.8	−7.9	—CHO	+9.0	+1.2	+1.2	+6.0
—OMe	+30.2	−15.5	0.0	−8.9	—COMe	+7.9	−0.3	−0.3	+2.9
—OAc	+23.0	−6.4	+1.3	−2.3	—CN	−19.0	+1.4	−1.5	+1.4
$—NH_2$	+19.2	−12.4	+1.3	−9.5	$—NO_2$	+19.6	−5.3	+0.8	+6.0
$—NMe_2$	+22.6	−15.6	+1.0	−11.5	—Me	+9.1	+0.6	−0.2	−3.1
$—CH_2OH$	+12.3	−1.4	−1.4	−1.4	—Et	+15.4	−0.6	−0.2	−2.8
$—CH{=}CH_2$	+9.5	−2.0	+0.2	−0.5	—Ar	+14.0	−1.1	+0.5	−1.0
$—CO_2H$	+2.1	+1.5	0.0	+5.1	—Cl	+6.2	+0.4	+1.3	−1.9
$—CO_2Me$	+1.3	−0.5	−0.5	+3.5	—Br	−5.5	+3.4	+1.7	−1.6

注：苯的基本值为128.7；Z_i直接连接位；Z_o邻位；Z_m间位；Z_p对位。

三、碳核的偶合裂分

^{13}C为磁性核，与^{1}H核一样也会与磁性核发生自选偶合和自旋裂分。由于^{13}C核天然丰度仅为1.1%，两个^{13}C核相互之间直接连接的概率只有0.1%，故^{13}C–^{13}C之间的同核偶合在天然产物及有机化合物碳核磁共振谱中基本观测不到（用^{13}C合成的特殊化合物除外）。但由天然丰度很高的^{1}H、^{2}D（测试溶剂及特殊标记的化合物）、^{19}F和^{31}P等其他核所引起的异核偶合却能表现出极有价值的偶合裂分，其偶合常数见表1–18。

表1–18　^{19}F、^{31}P、^{2}D与^{13}C核的偶合常数

化合物	^{1}J（Hz）	^{2}J（Hz）	^{3}J（Hz）	^{4}J（Hz）
CH_3CF_3	271			

续表

化合物	^1J(Hz)	^2J(Hz)	^3J(Hz)	^4J(Hz)
CF_2H_2	235			
CF_3COOH	284	43.7		
C_6H_5F	245	21.0	7.7	3.3
$(C_4H_9)_3P$	10.9	11.7	12.5	
$(CH_3CH_2)_4P^+Br^-$	49.0	4.3		
$(C_6H_5)_3P^+CH_3I^-$	88.0 $^1J_{CH3}$=52	10.9		
$C_2H_5(P{=}O)(OC_2H_5)_2$	143	7.1(J_{COP})	6.9(J_{COP})	
$(C_6H_5)_3P$	12.4	19.6	6.7	
$CDCl_3$	31.5			
$CD_3(C{=}O)CD_3$	19.5			
$(CD_3)_2SO$	22.0			
C_6D_6	25.5			

(一)^{1}H引起的^{13}C核偶合裂分

^{13}C吸收峰与^{1}H核偶合裂分产生的裂分峰的数目仍然遵守$2nI+1$规律。^{1}H核的I=1/2，故裂分峰数目为n+1。裂分峰的数目、表示方法和小峰间峰高比例等与氢核磁共振谱相同，只是其偶合常数比^{1}H核与^{1}H核之间的偶合常数大多了，如$^1J_{CH}$的值为120–250Hz，$^2J_{CH}$、$^3J_{CH}$等远程偶合常数也比氢核远程偶合常数大多了。裂分峰的表示方法仍然用s、d、t、q、dd、dt、qd、tt、tq等来表示。如在邻苯二甲酸乙酯的质子非去偶谱中，甲基首先被与其直接相连的3个氢核裂分成q峰，然后每一个小峰再被亚甲基上的2个氢核裂分成t峰，呈现出来的是一个tq峰。从轮廓上看是一个典型的四重峰，每个小峰又有一个典型的三重峰构成(图1–54)。

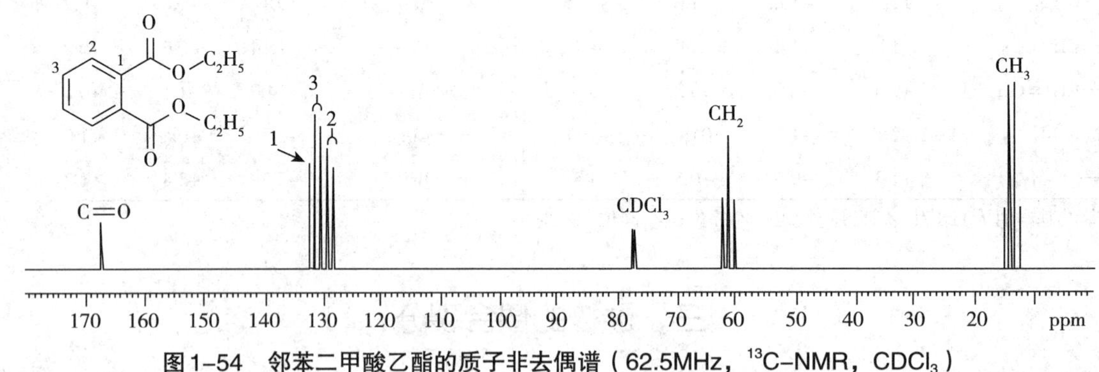

图1–54 邻苯二甲酸乙酯的质子非去偶谱(62.5MHz，^{13}C–NMR，$CDCl_3$)

(二)^{19}F引起的^{13}C核偶合裂分

^{19}F是新药研究中常见的原子，而且天然丰度为100%，由氟引起的碳核的偶合裂分对于确定氟原子的取代位置和化合物是否含有氟原子具有重要的作用，同时也提示我们，含氟的化合物的碳核磁共振谱的谱线数目比含有的碳原子的数目要多。^{19}F的自旋量子数也为1/2，对碳核裂分的小峰数目也遵循n+1规律。如在马来酸左氧氟沙星的碳核磁共振谱中出现的并不是22条谱线(该化合物含有22个碳原子)，而是27条谱线，比预定的多了5条谱线，而且δ 157.1，153.8，140.9，140.8，130.5，130.4，120.8，120.7，103.5，103.1等十条谱线明显比其他谱线小(图1–55)。这是因为C–7a(δ 120.8，120.7)，C–8(δ

103.5，103.1），C-9（δ 157.1，153.8），C-10（δ 130.5，130.4），C-10a（δ 140.9，140.8）等5个碳原子分别被C-9上的^{19}F核偶合裂分为两条谱线。其中C-9与^{19}F核的偶合常数为$^{1}J_{CF}$=245Hz，C-8、C-10的偶合常数为$^{2}J_{CF}$=23.0Hz，C-7a、C-10a、C-7a的偶合常数为$^{3}J_{CF}$=7.0Hz。由于受到1′位和4位N原子的影响，C-7a与C-10a的偶合常数并不完全相同。

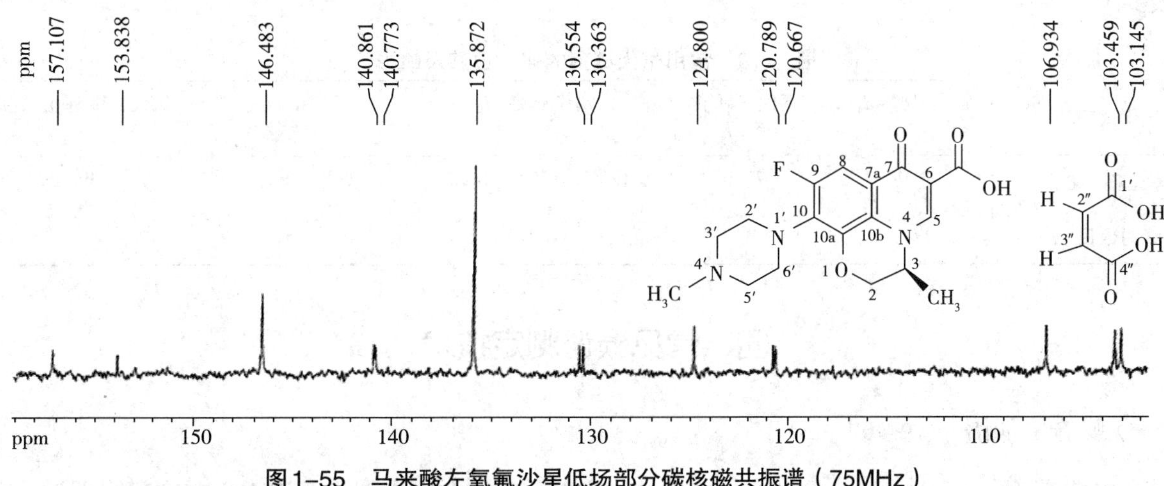

图1-55 马来酸左氧氟沙星低场部分碳核磁共振谱（75MHz）

（三）^{31}P引起的^{13}C核偶合裂分

磷是天然产物中比较常见的原子，与氟一样天然丰度也是100%，自旋量子数也为1/2，对碳核裂分的小峰数目也遵循n+1规律。如在富马酸替诺福韦二吡呋酯的碳核磁共振谱中，磷核分别将C-7、C-8裂分为二重峰，其中C-8为相隔一根化学键的偶合，偶合常数很大（δ 64.25、65.35，$^{1}J_{PC}$=165.1Hz）；C-7为相隔三根化学键的偶合，偶合常数较小（δ 80.06、80.14，$^{3}J_{PC}$=10.9Hz）（图1-56）。这也提示我们，含磷的化合物碳核磁共振谱中出现的谱线数目比含有的碳原子数目要多，同时根据谱线的裂分情况也可以推断磷原子的取代位置。

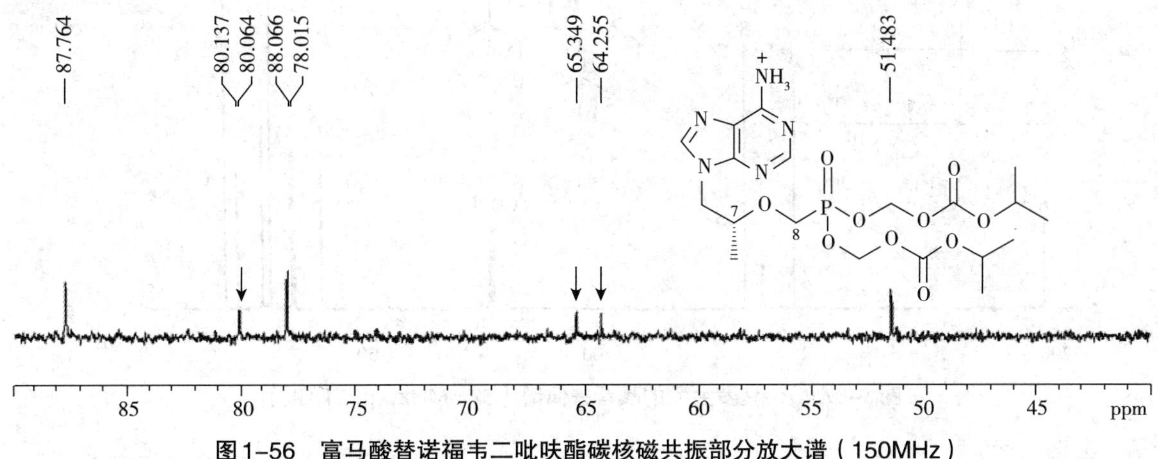

图1-56 富马酸替诺福韦二吡呋酯碳核磁共振部分放大谱（150MHz）

（四）^{2}D引起的^{13}C核偶合裂分

核磁共振测试所用溶剂大多为氘代溶剂，氘也是生物合成研究和化学反应机理研究常用的标记同位素。氘的自旋量子数为1，对^{13}C核偶合裂分的小峰数目符合2n+1规律。与氢核磁共振谱不同，在氢核磁共振谱中出现的溶剂峰是没有氘代完全的氢核残留峰，在碳核磁共振谱中出现的溶剂峰是溶剂中的^{13}C

核与氘核偶合裂分后形成的吸收峰。如在氘代丙酮中，出现的是^{13}C核与3个氘原子偶合裂分的吸收峰，由于与氘的偶合符合$2n+1$规律，故出现的吸收峰是七重峰（2×3+1=7）。了解测试用溶剂的化学位移和吸收峰的裂分对于判断样品化学位移是否正确具有重要作用。即如果溶剂峰不在预定的位置，提示所认定的内标吸收峰可能出现了问题，如果没有内标也可用溶剂峰作为内标。常见测试溶剂的化学位移及峰形见表1–19。

表1–19　常用氘代试剂的化学位移及峰形

氘代试剂	氘代甲醇–d_4	氘代三氯甲烷–d_1	氘代吡啶–d_5	氘代丙酮–d_6	氘代二甲基亚砜–d_6
化学位移（δ）	49.0	77.0	123.5，135.5，149.2	29.8，206.5	39.7
峰的数目	7	t	t，t，t	7，s	7

四、常见碳谱测定技术

（一）噪音去偶谱

噪音去偶谱（proton noise decoupling spectrum，PND）又称全氢去偶谱（COM）或宽带去偶谱。由于^{13}C核天然丰度仅为1.1%，对^{1}H核的偶合常数$^{1}J_{CH}$、$^{2}J_{CH}$、$^{3}J_{CH}$又较大，如果不对氢核的偶合作用进行去偶，所得图谱不仅灵敏度低，测试所需时间很长，而且图谱非常复杂，难于解析。在实际工作中常用一个能够覆盖到所有氢核共振频率的脉冲照射氢核，使之达到饱和状态，消除一切氢核对碳核的偶合作用。这样得到的碳谱即化合物中每个化学不等价的碳核均表现为一个尖锐单峰，不仅大大简化了谱图和解析难度，也增加了碳信号的强度，节省了测试时间（图1–57）。

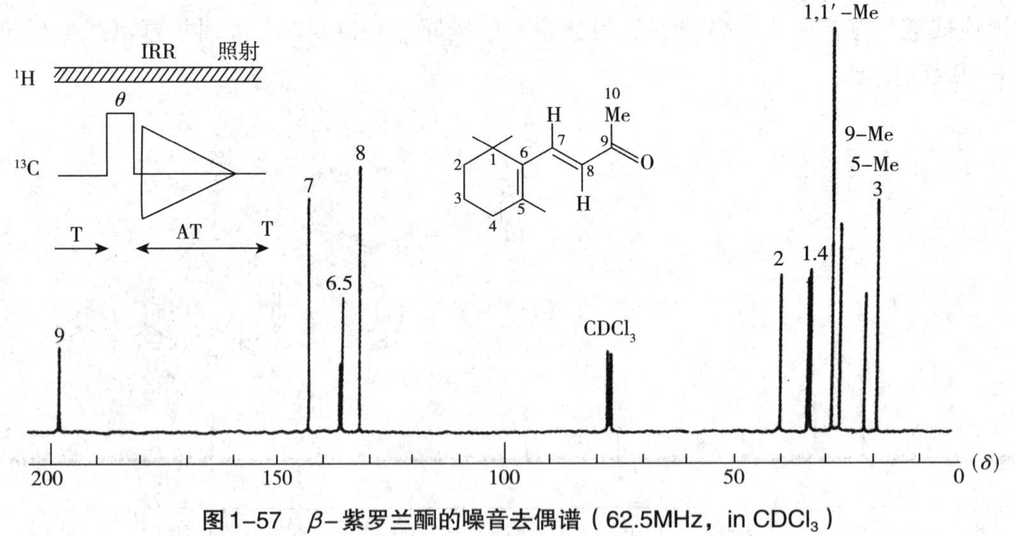

图1–57　β–紫罗兰酮的噪音去偶谱（62.5MHz，in CDCl$_3$）

（二）偏共振去偶谱

噪音去偶谱（off resonance decoupling spectrum，OFR）的优势是图谱简单、信号较强、易于解析，缺点是无法判断碳信号的类型（如CH_3、CH_2、CH、C）。偏共振去偶谱是用偏离所有^{1}H核共振频率一定距离的电磁辐射照射氢核，去掉所有氢核对碳核的远程偶合，只保留与碳原子直接相连的氢与碳核的残留偶合裂分。残留裂分的特点是既保留相隔一根化学键的氢核与碳核偶合裂分的小峰数目，又大大减小了偶合常数，简化了图谱。所以通过裂分小峰的数目可以判断碳的类型，如甲基碳为q峰，亚甲基碳为t峰，次甲基碳为d峰，季碳为s峰（图1-58）。现在碳的类型判断方法已被下面介绍的DEPT谱或2D-NMR谱所取代，偏共振去偶谱已经很少使用了。

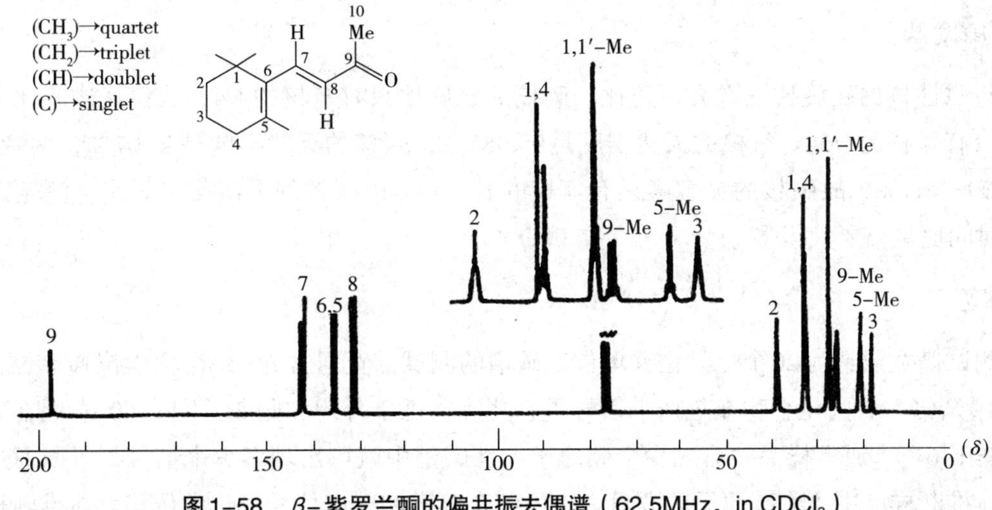

图1-58　β-紫罗兰酮的偏共振去偶谱（62.5MHz，in $CDCl_3$）

（三）无畸变极化转移技术

在OFR谱中，因为还部分保留^{1}H核的偶合影响，造成灵敏度较低，且信号裂分间有可能重叠，给结构解析带来一定困难。目前在识别不同类型的碳信号时已多改用DEPT（distortionless enhancement by polarization transfer，无畸变极化转移技术）和INEPT（insensitive nuclear enhanced by polarization transfer，极化转移增强非灵敏核技术）或APT（attached proton test，碳结合为质子的测定技术）等技术。三者均是采用特殊脉冲将灵敏度高的^{1}H核磁化转移至灵敏度低的^{13}C核上，从而大大提高了灵敏度。谱图上不同类型的碳信号均呈单峰，由于碳信号的方向与θ有关，据此可判断碳信号的类型。当$\theta=45°$时，季碳信号不出现，其余碳信号均向上。当$\theta=90°$时，只出现CH信号。当$\theta=135°$时，季碳信号不出现，CH_3、CH信号向上，CH_2信号向下（图1-59）。

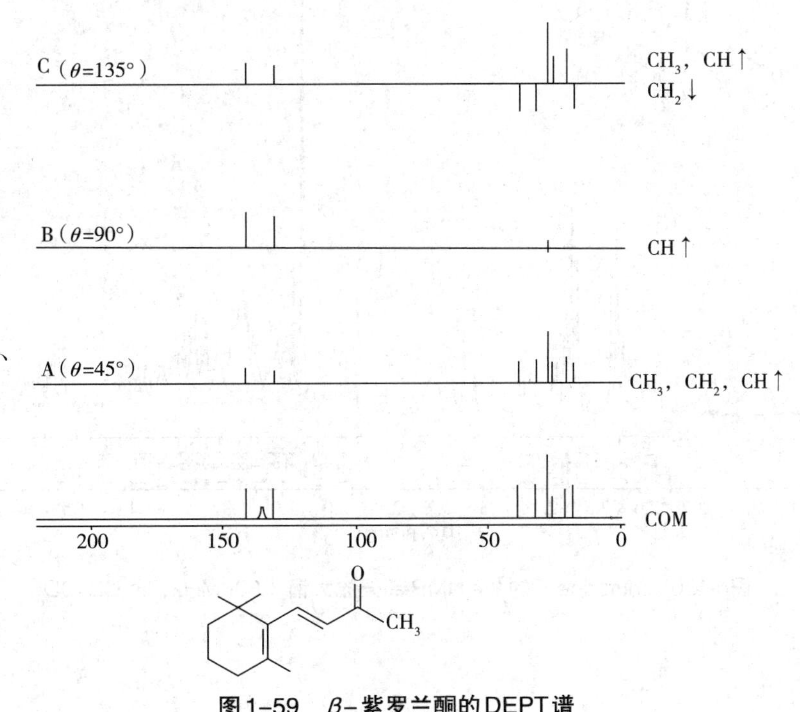

图1-59　β-紫罗兰酮的DEPT谱

五、碳谱特点

（一）灵敏度低

灵敏度与磁性核的磁旋比三次方成正比，碳核的磁旋比只有氢核的1/4，故仅从磁旋比来讲，碳核的灵敏度就只有氢核的1/64。氢核的天然丰度是99.985%，碳核的天然丰度是1.107%，两者相差近100倍。1/64×100=1/6400，故碳核的灵敏度只有氢核的1/6000。由碳核的灵敏度可看出，测定碳谱所需的样品数量或时间比氢谱要大得多。

（二）谱宽

氢谱的测试谱宽通常为20个化学位移单位，碳谱的测试谱宽通常为250个化学位移单位，碳谱的谱宽是氢谱的10余倍。有些化合物在氢谱中信号重叠严重，难于分辨和归属（图1–60）。但在碳谱中信号很少重叠（图1–61）。通常样品中有多少个碳原子，在碳谱中就可出现多少个信号，可以通过碳谱碳信号的个数大体推断样品中含有碳原子的数目。也可结合氢谱和碳谱信号的化学位移大体推断样品中的氧原子数目。需要注意的是，全对称结构样品中碳原子的数目是碳信号的倍数。如果样品中含有对称结构片段，化学位移相同的碳信号则会重叠。

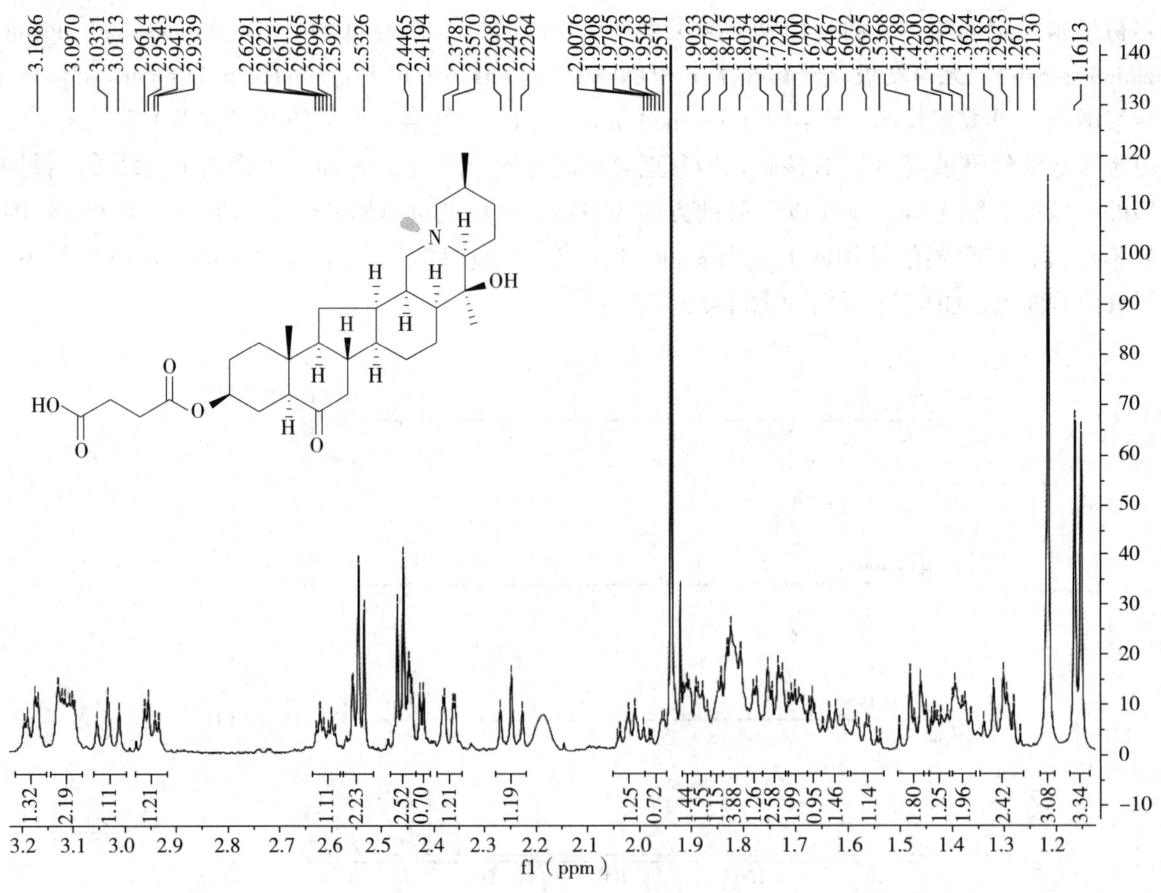

图1–60　frititorine E的 ^{1}H–NMR部分放大谱（600MHz，in CD_3OD）

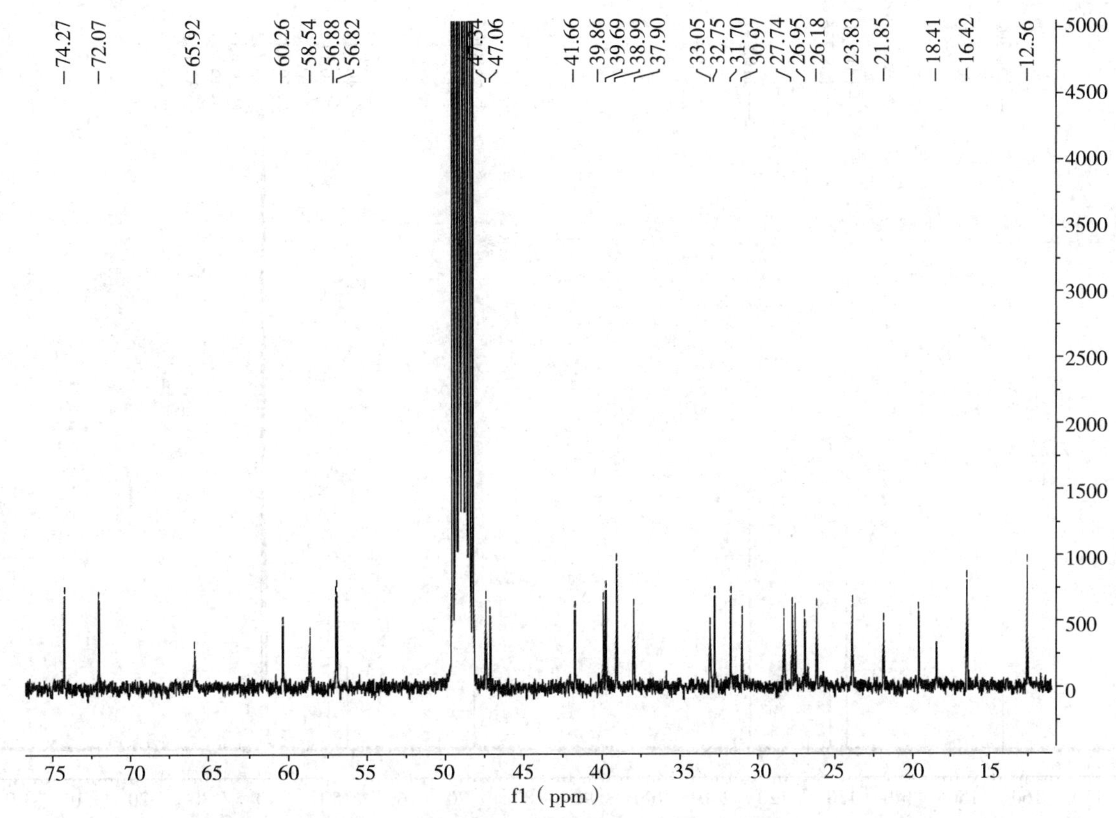

图1-61 frititorine E的 ^{13}C-NMR部分放大谱（150MHz，in CD_3OD）

（三）提供的信息少

在碳谱中能给我们提供的信息只有化学位移，只有在特殊情况下才会测试其偶合常数和弛豫时间。如在苷中位于内侧的鼠李糖、甘露糖等苷键构型的测定中，如果没有其他更好的方法，才会去测定其端基碳氢的偶合常数。在宽带去偶谱中，由于与碳原子直接相连的氢原子数目和邻近氢原子数目不同，对碳原子的NOE效应就不同，同时由于碳原子的类型和化学环境不同，其弛豫时间也不相同（纵向弛豫时间 T_1，$C>CH_3>CH>CH_2$），故碳信号的高度与碳原子的数目不成正比，无法通过信号高度判断碳原子的数目。但如果在同类碳信号中，其信号高于其他信号2倍以上，还是可以大体判断出碳原子数目的。如在 α-羟基对羟基苯丙酸甲酯碳谱中，δ 131.4和116.0碳信号明显高于 δ 72.5（均为CH碳信号），其高度几乎是其2倍，据此可推断 δ 131.4和116.0信号均为2个碳原子（图1-62）。

（四）氮四极矩对碳信号的影响

由于氮原子的核外电子的非对称性，受氮原子电四极矩的影响，会使氮原子附近碳原子信号变宽，甚至消失。如在苯甲酸阿格列汀的碳谱中可以观察到 δ_C 55.5（C-15），51.2（C-19），46.4（C-16），29.6（C-17），22.2（C-18）的信号明显变宽（图1-63）。再如在ebeiedinone碳谱中C-26、C-22和C-18信号根本就不出现，即便是延长测试时间增加累计次数，或增加脉冲间隔时间其碳信号也不出现。遇到此类情况一个办法是将测试溶剂更换为氘代吡啶，另一个办法则是将样品与酸成盐后再进行测定。造成碳信号和氢信号消失的原因可能与氮孤电子对有关。酸与孤电子对成盐可以破坏氮原子的电四极矩作用。由于吡啶存在以下共振体（图1-64），正电部分可与氮原子孤电子对相吸，故也能破坏氮原子的电四极矩作用。

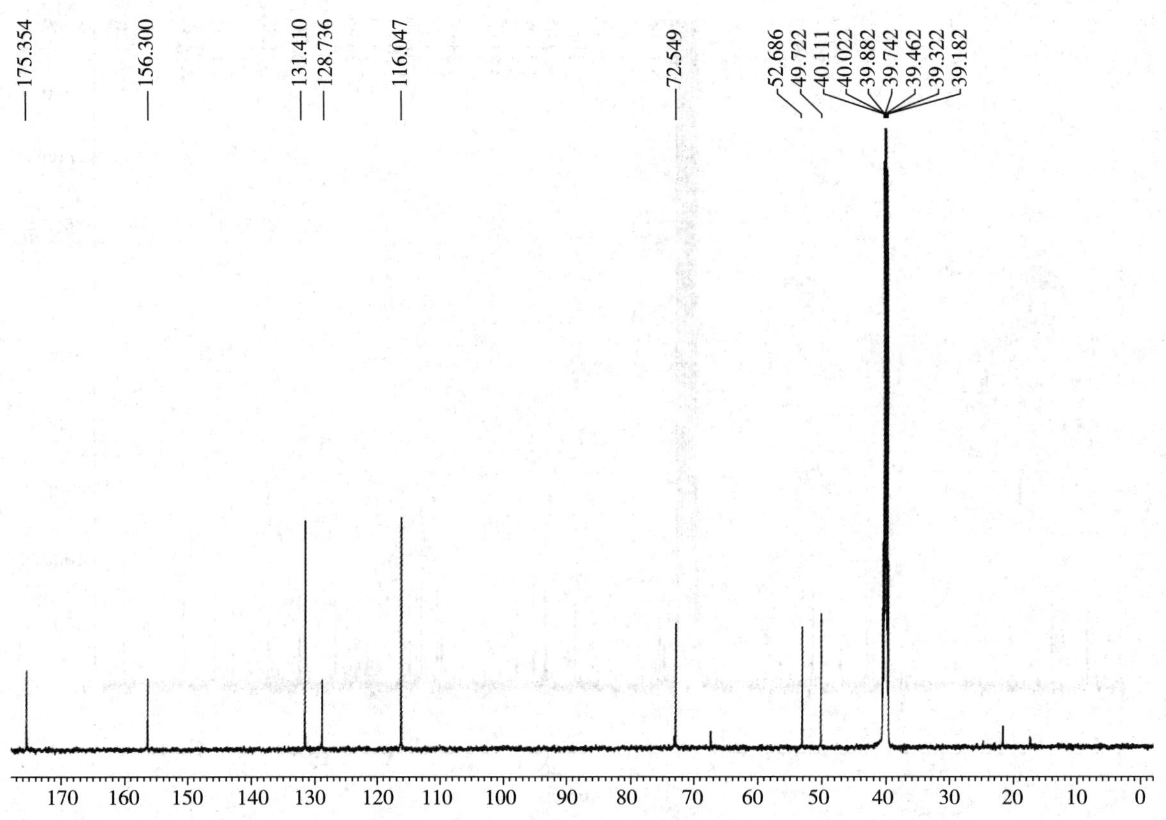

图1-62 α-羟基对羟基苯丙酸甲酯的 ^{13}C-NMR谱（75MHz，in DMSO-d_6）

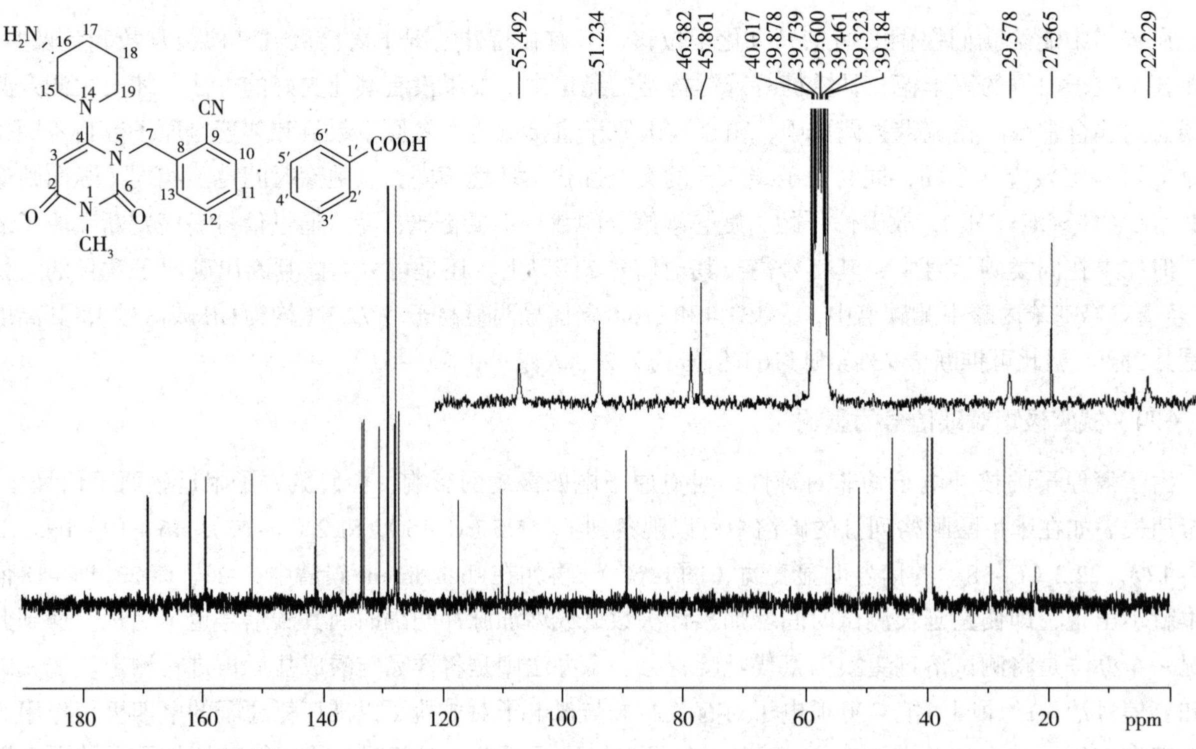

图1-63 苯甲酸阿格列汀的碳谱（150MHz，氘代二甲基亚砜）

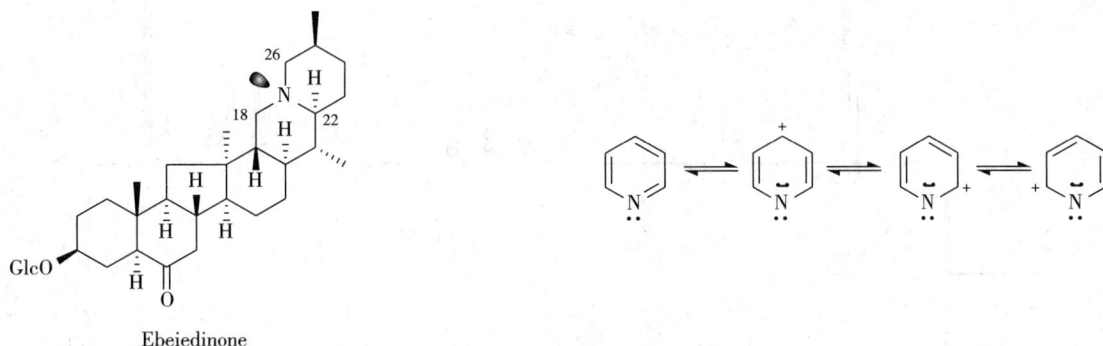

Ebeiedinone

图1-64　吡啶的共振体

思考

如何综合应用^{1}H核磁共振谱提供的化学位移、偶合常数、积分面积和^{13}C核磁共振谱提供的化学位移等信息推断有机化合物含有的结构片段及可能的化学结构?

PPT

第四节　二维核磁共振谱

二维核磁共振谱（two dimensional NMR spectroscopy，2D-NMR）是阐明复杂分子结构的有力工具，根据所使用的脉冲序列和提供的结构信息大体上可分为四类，即偶合常数分辨谱、同核位移相关谱、异核位移相关谱和空间相关谱。偶合常数分辨谱一般提供的信息并不比一维谱多，只是将化学位移 δ 和自旋偶合 J 分辨开来，并在二维的两个频率轴上展开，使一维上过分拥挤的谱得到分散。主要用于识别生物大分子或混合体系中质子信号的偶合常数，在简单小分子化合物结构解析中很少使用，故本书不作介绍。

一、基础知识

（一）二维核磁共振谱的记录方法

2D-NMR信号的记录方法有多种，其中最常用的是等高线图（contour plot）。等高线图类似于普通地图的地形图，是将堆积图以平行于 F_1 和 F_2 平面的不同高度进行连续平切绘制而成，如图1-65所示。等高线图最中心的圆圈或点表示峰的位置，圆圈的数目表示峰的强度。最外圈表示信号某一定强度截面，第二、第三、第四圈等分别表示强度依次增高的截面。该图优点是可以观察到信号准确频率位置，绘制方便等。缺点是难以把握截面的选择，若截面选择过低，信号面积太大，并会出现噪声信号和因信号间干涉而产生的低强度信号，干扰谱图分析［图1-65（a）］；若截面选择过高，有些强度较小的信号可能被忽略。所以需要协调处理，优化绘图条件［图1-65（b）］，或以不同高度平切画出多张谱图，以清楚地观察强信号和弱信号。如果采用核磁数据处理软件自己处理图谱，则可在电脑上随意调整截面高度，克服截面高度难以把握的缺陷，充分利用图谱提供的各种信息。

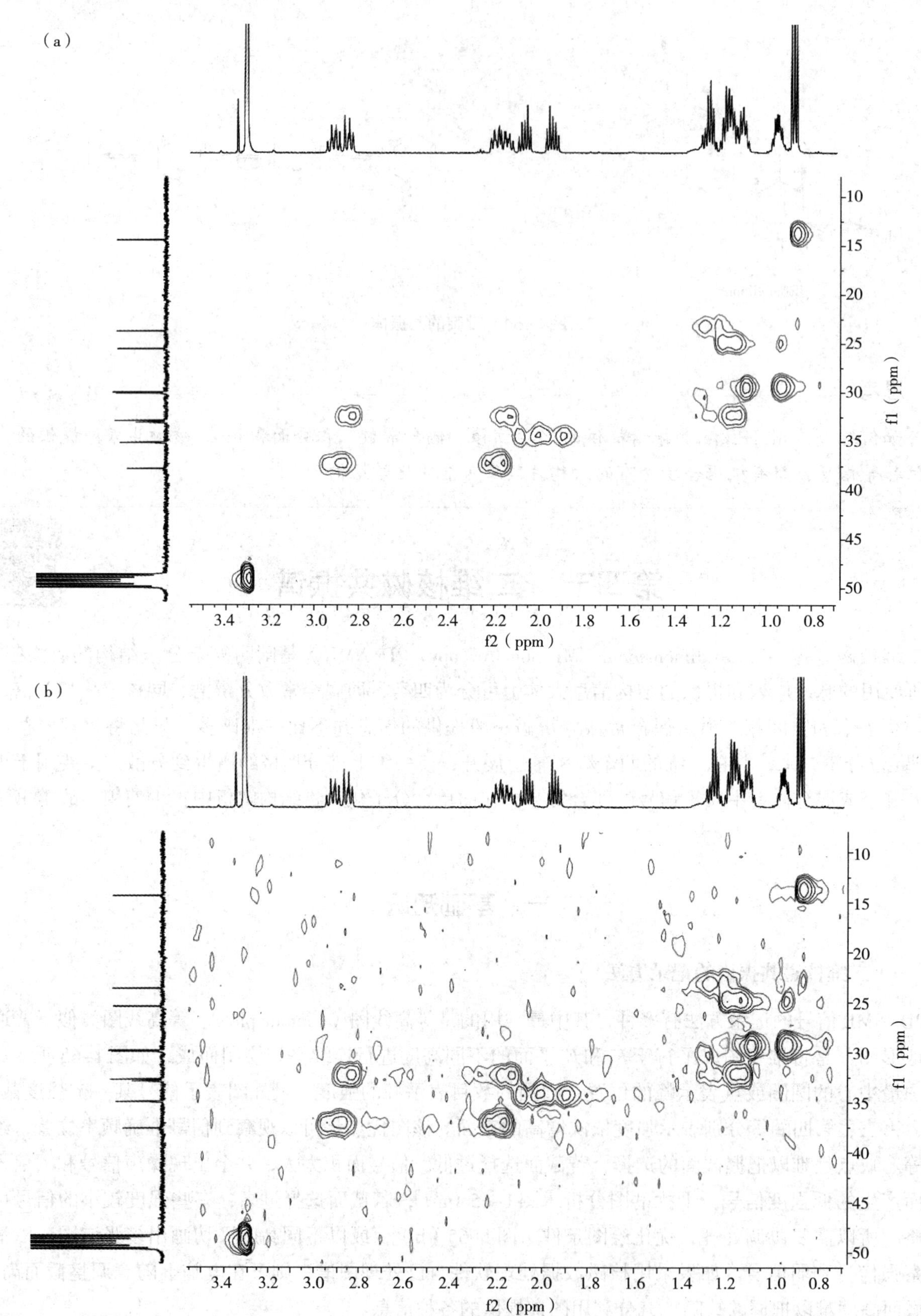

图 1–65　fusarilin A HSQC 谱的等高线图部分放大图（600MHz，in CD_3OD）

a. 截面选择过低；b. 截面选择适当

（二）共振峰的命名

位于对角线上的信号称为对角峰或自峰，位于非对角线上的信号称为相关峰或交叉峰。对角峰在频率轴F_1和F_2轴上的投影，就是常规的1D-NMR谱（图1-66）。只有同核相关谱和空间相关谱才有对角峰，异核相关谱没有对角峰。

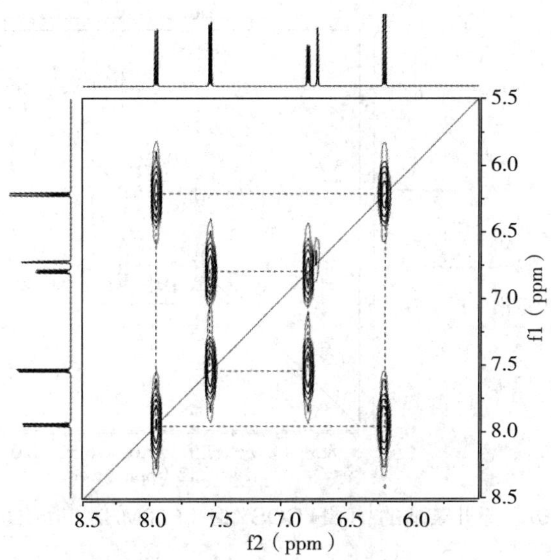

图1-66　7-羟基香豆素的^{1}H-^{1}H COSY局部放大谱（600MHz，DMSO-d_6）

二、同核位移相关谱

同核位移相关谱（homonuclear shift correlation through the chemical bond，2D-COSY）主要包括^{1}H-^{1}H和^{13}C-^{13}C（INADEQUATE）相关谱两种。由于^{13}C天然丰度很低，两个^{13}C核直接相连的几率很小，INADEQUATE谱基本不用。故只介绍^{1}H-^{1}H相关谱和TOCSY谱。

（一）氢-氢化学位移相关谱

氢-氢化学位移相关谱（^{1}H-^{1}H COSY）是指同一自旋偶合系统内质子之间的偶合关系。主要用于确定质子间的偶合关系和连接顺序。从一个确定的质子出发，通过偶合相关峰可对同一自旋偶合系统内的所有信号进行归属，并确定其连接关系。

^{1}H-^{1}H COSY谱在F_1轴和F_2轴方向的投影均为氢谱，一般列于上方和左侧。COSY谱一般为正方形，位于正方形对角线上的信号是对角峰，对角峰在F_1或F_2轴上的投影就是其^{1}H-NMR谱。位于对角线外的信号是相关峰，分别出现在对角线两侧，并与对角线相对称。相关峰反映的是信号间的偶合关系。在图谱解析中，偶合关系的确定方法共有四种（图1-67）。其中最常用的是A法和D法。

A法：从信号2向下引一条垂线与相关峰a相遇，再从a向左引一条水平线与信号1相遇，表示信号1和2之间存在偶合关系。

B法：先从信号2向下引一垂线与a相遇，再从a向右引一条水平线至对角峰[1]，再由[1]向上引一垂线至信号1。

C法：按照与B方式相反的方向进行。

D法：从COSY谱的高磁场侧解析时，除C方式外，常采用D方式，即从信号2向右引一条水平线穿过对角峰[2]至相关峰a′，再从相关峰a′向上引一条垂线穿过对角峰[1]与信号1相遇，表示信号2与信号1

之间存在偶合关系。

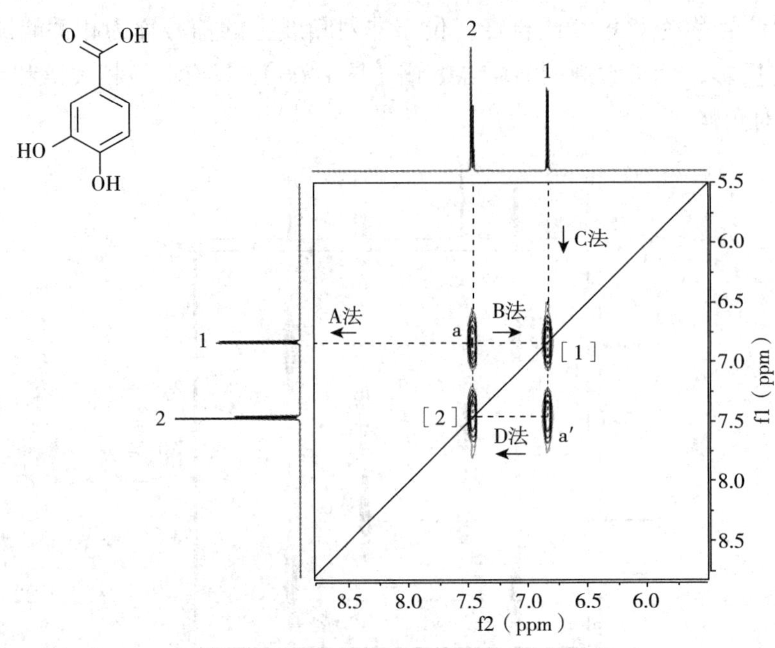

图1-67 原儿茶酸的 ^{1}H-^{1}H COSY谱（600MHz，in CD_3OD）

通过 ^{1}H-^{1}H COSY谱，从任一相关峰即可找到相应的两组峰的偶合关系。因为测定的是氢信号，故 ^{1}H-^{1}H COSY谱是二维谱中最容易测定的一种，数毫克样品，2～3小时就可得到一张理想的图谱。

需要注意的是 ^{1}H-^{1}H COSY谱仅能判断出氢核之间是否具有偶合裂分关系，并不能判断出其是偕偶、邻偶还是远程偶合。只有结合偶合常数、信号裂分的峰形等才能判断出其连接关系。如果两组氢核间的两面角为90°，因其偶合常数接近于零，即便是相邻碳上的氢核在 ^{1}H-^{1}H COSY谱中也不会出现相关信号。如果两组氢核间的化学位移值差值较小，即便偶合常数较大，由于其相关信号与对角峰靠得太近，难于判断，故也很难判断其是否有相关信号。所以，在 ^{1}H-^{1}H COSY谱上即便没有相关信号，也不能认为两组氢信号上的碳原子一定不能直接相连。

因为二维谱上方和左侧的一维谱都是在测试完二维谱后才放上去的，所以在解析图谱时，首先要观察一下一维谱放的位置是否合适，是否发生了偏移。如果放的位置不合适或发生了偏移，要么难于解析，要么得出错误的结论。首先通过一维核磁共振谱推测哪个吸收峰应该具有相关信号，在该吸收峰的正下方是否具有相关信号，主要的相关信号是否在吸收峰的正下方和正右方，确定无疑后再进行解析。

由图1-68可见，δ_H 0.8吸收峰积分为3提示其是一个甲基，裂分为三重峰且偶合常数为7.1Hz，提示其与亚甲基直接相连。在 ^{1}H-^{1}H COSY谱中 δ_H 0.8吸收峰与积分为2且偶合常数也为7.1Hz的 δ 1.7吸收峰相关，提示 δ_H 0.8的甲基与 δ_H 1.7的亚甲基直接相连。δ_H 1.7吸收峰被裂分为六重峰，提示该亚甲基还应该与另外一个亚甲基相连。在 ^{1}H-^{1}H COSY谱中 δ_H 1.7吸收峰分别与 δ_H 0.8和积分为2且偶合常数也为7.1Hz的 δ_H 2.3吸收峰相关，提示 δ_H 1.7的亚甲基分别与 δ_H 0.8的甲基和 δ_H 1.7的亚甲基相连。δ_H 2.3吸收峰被裂分成三重峰，且在 ^{1}H-^{1}H COSY谱中除与 δ_H 1.7信号相关外，再无其他相关峰，提示该亚甲基另一头连接的是季碳。其化学位移值为 δ_H 2.3，提示其连接的碳应该是 sp^2 杂化碳。在氢谱中并没有观察到芳环和双键上的氢核吸收峰，说明该丙基应该与羰基直接相连。δ_H 1.0吸收峰积分为3提示是一个甲基，裂分为三重峰且偶合常数为7.2Hz，提示其与亚甲基直接相连。在 ^{1}H-^{1}H COSY谱中 δ_H 1.0吸收峰与积分为2且偶合常数也为7.2Hz的 δ_H 4.1吸收峰相关，提示 δ_H 1.0的甲基与 δ_H 4.1的亚甲基直接相连。

δ_H 4.1吸收峰裂分为四重峰，且除与 δ_H 1.0吸收峰相关外，再无其他相关信号，说明其除与 δ_H 1.0的甲基相连外，另一头应该与季碳或氧原子相连。考虑到在氢谱中除上述信号外再无其他信号，说明他只能与氧原子相连，即该化合物具有一个乙氧基。综上所述，该化合物只能是丁酸乙酯。

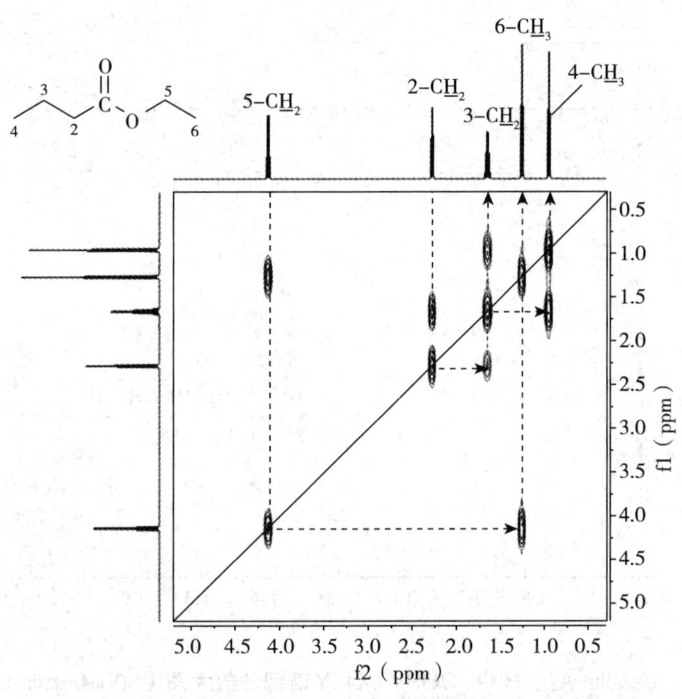

图1-68　丁酸乙酯的 ^{1}H-^{1}H COSY谱（600MHz，in $CDCl_3$）

由图1-69可见，δ_H 0.88吸收峰积分为3提示是一个甲基，被裂分成三重峰且偶合常数为7.0Hz，提示该甲基与亚甲基相连。在 ^{1}H-^{1}H COSY谱中与积分为2的 δ_H 1.20吸收峰相关，提示 δ_H 0.88的甲基与 δ_H 1.20的亚甲基相连。δ_H 1.20的亚甲基被裂分成六重峰，提示该亚甲基另一头应该与一个亚甲基相连，但在 ^{1}H-^{1}H COSY谱中该信号除与 δ_H 0.88信号相关外，再无其他相关信号，提示该亚甲基应该与 δ_H1.17的亚甲基相连。因为 δ_H 1.20信号与 δ_H1.17信号化学位移差值较小，故其与 δ_H1.17的相关信号被埋在对角峰中了。δ_H 1.95和 δ 2.05各为（1H，dt，J=15.6Hz和7.2Hz），偶合常数15.6Hz提示其为偕位偶合，在 ^{1}H-^{1}H COSY谱中 δ_H 1.95信号与 δ_H 2.05信号相关，提示存在一个磁不全同的亚甲基。该亚甲基化学位移值较大，提示其可能与sp^{2}杂化碳相连；被裂分成dt峰，提示可能与亚甲基相连。在 ^{1}H-^{1}H COSY谱中 δ_H 1.95和 δ_H 2.05信号均与 δ_H 1.17（4H，m）信号相关，提示与其相连的亚甲基的化学位移值应该是 δ_H 1.17左右。δ_H 0.95（2H，m）信号分别与 δ_H 1.17和1.09（2H，m）信号相关，提示 δ_H 0.95的亚甲基分别与 δ_H 1.09亚甲基和 δ_H 1.17左右的亚甲基相连。δ_H 2.14（1H，m）信号与 δ_H 2.85（1H，dt，J=13Hz和9.6Hz）信号相关，提示其为一个磁不全同的亚甲基。δ_H 2.20（1H，m）信号与 δ_H 2.92（1H，dt，J=12.6Hz和9.6Hz）信号相关，提示其为另一个磁不全同的亚甲基。但通过图谱进一步往下切割，发现 δ_H 2.14和 δ_H 2.85也分别与 δ_H 2.20和 δ_H 2.92信号相关，结合偶合常数为9.6Hz，提示该两个磁不全同的亚甲基直接相连。通过对氢谱和 ^{1}H-^{1}H COSY谱的分析，可以推断该化合物存在以下结构片段，CH_3—CH_2—CH_2、CH_2—CH_2（其中一个亚甲基为磁不全同亚甲基）和CH_2—CH_2—CH_2，其中 δ 1.16只有4个氢信号，提示上述片段中有一个亚甲基是重复的。此外还含有一个CH_2—CH_2（两个亚甲基均为磁不全同亚甲基）片段。

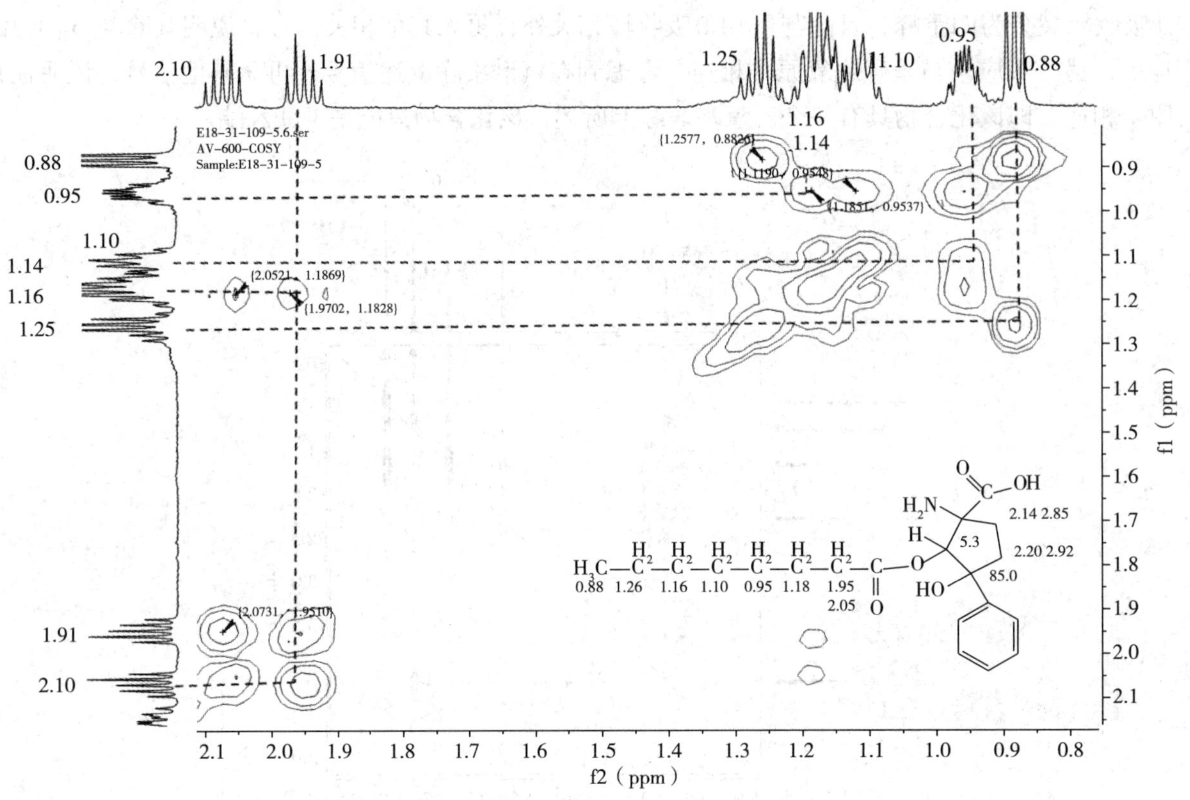

图1-69 fusarilin A的^{1}H-^{1}H COSY COSY谱部分放大图（600MHz, in CD3OD）

（二）全相关谱

全相关谱（total correlation spectroscopy，TOCSY）的同类谱有Hartmann–Hahn谱（homonulear Hartmann–Hahn spectroscopy，HOHAHA），他们都属于接力相干转移实验。所谓“接力相干转移”就是说磁化矢量在磁场中进动时产生的相干作用被转移到直接偶合的核之后，又被进一步转移到下一个相邻核。这种分子内氢偶合链的接力相干信息，可以用同核的Hartmann–Hahn交叉极化来激发。TOCSY谱和HOHAHA谱脉冲序列有所不同，但图谱外观和解析方法均相同。故下面仅介绍TOCSY谱的解析方法。

TOCSY谱的外观与COSY谱类似，通常为正方形，图的上方和左侧（也可放在右侧）是一维氢谱，对角线上是对角峰，相关峰位于对角线两侧。与COSY谱不同的是在吸收峰的正下方或右侧COSY谱仅出现与该吸收峰具有偶合裂分的相关信号，而在TOCSY谱中出现的则是除了与其具有直接偶合裂分的相关信号外，还会出现磁化矢量多次接力所产生相关信号。即无论该吸收峰与其他吸收峰之间是否具有偶合裂分关系，只要是在同一个自旋偶合裂分系统中，且磁化矢量能够多次接力下去，都会出现其相应的相关信号。

TOCSY实验在混合期内，磁化矢量被锁定在y轴上，通过同核标量偶合，从一个自旋偶合质子传到相邻的质子，再传到下一个相邻的质子，以此类推，能量的传递是通过自旋锁定来进行的。对于整个自旋体系，自旋锁定即混合时间越长，磁化矢量传递越远。通常20～40毫秒，可传递3～4根化学键；50～90毫秒，可传递5～6根化学键；100～150毫秒，可传递到整个自旋偶合系统中。

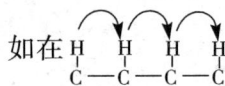

如在 H H H H（C—C—C—C）自旋偶合裂分系统中，相邻氢核间都具有自旋偶合裂分关系，可以通过TOCSY实验把相邻氢的自旋偶合裂分关系传递下去，使同一个自旋偶合裂分系统的氢核间都出现相关信号，从

而能够在氢谱中明确找到该自旋偶合系统中的所有氢核吸收峰，并结合COSY谱和吸收峰的峰形准确归属该自旋偶合裂分系统内的所有氢信号。如在某分子中具有两个独立的自旋偶合裂分系统，其中一个由AMPX 4个氢核组成，另一个则由amx 3个氢核组成，其TOCSY谱示意图（图1-70）。从图中可以看出，在A氢核下方不仅具有与其有直接偶合裂分的M氢核的相关信号，而且有与其没有直接偶合裂分但在同一个自旋偶合系统中的P氢核和X氢核的相关信号。其他氢核亦如此，每一个自旋偶合系统都可以形成一个方形的网络。

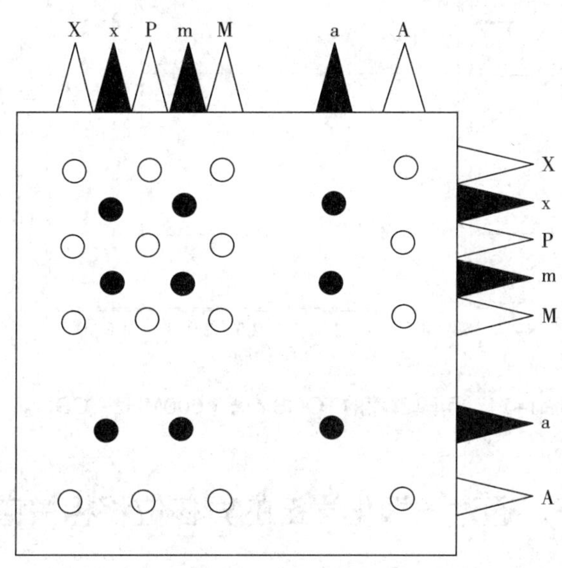

图1-70　含AMPX和amx两个自旋偶合裂分系统分子的TOCSY谱示意图

TOCSY是接力谱的发展，灵敏度高，可以给出多级接力谱信息，得到2、3、4、5根化学键的相关信号。从任一吸收峰出发，都可以找到几个相关信号。如H_1/H_2，H_1/H_3，H_1/H_4等，因而克服了一些COSY谱中由于吸收峰重叠难于解析的困难。

图1-71是丁酸乙酯的TOCSY谱，从图中可以看到在C-4氢核吸收峰下面不仅有与其具有偶合裂分的C-3氢核的相关信号，还有与其没有偶合裂分的C-2氢核的相关信号。C-2氢核吸收峰下面亦如此。结合COSY谱和氢谱的峰形及积分强度很容易能够判断出在该化合物中存在一个丙基。当然在这个简单的化合物中是不需要COSY和TOCSY谱的，有氢谱就足够了。但在复杂的化合物中，COSY和TOCSY谱有时是会起到很大作用的。

TOCSY谱对于解析具有多个偶合链、氢信号严重重叠的复杂分子是非常有用的。特别是对于由许多亚结构单元组成的天然化合物如寡糖、糖苷、肽和大环内酯等类化合物，可以为残基确认和残基内或环内信号归属提供有力的帮助。需要注意的是，TOCSY谱多级接力的传递效果与氢核间的偶合常数大小成正比。偶合常数大，传递远，相关信号多；偶合常数小，传递距离近，相关信号少。如在β-葡萄糖分子中由于所有氢核均位于直立键上，相邻氢核间偶合常数J=8Hz左右，所以TOCSY传递可以从1位传到6位。在β-半乳糖中由于4位氢位于平伏键上，4位氢与3位和5位氢偶合常数较小，TOCSY传递只能到第4位。而在α-鼠李糖中由于1位和2位氢都是平伏键，偶合常数较小，因此TOCSY传递仅能传到第2位。由此可见，由于TOCSY传递的距离与偶合常数有关，即便在TOCSY谱中没有相关信号，也不能说它们就一定不是一个自旋偶合系统。但如果有相关信号，那它们肯定是一个自旋偶合系统。

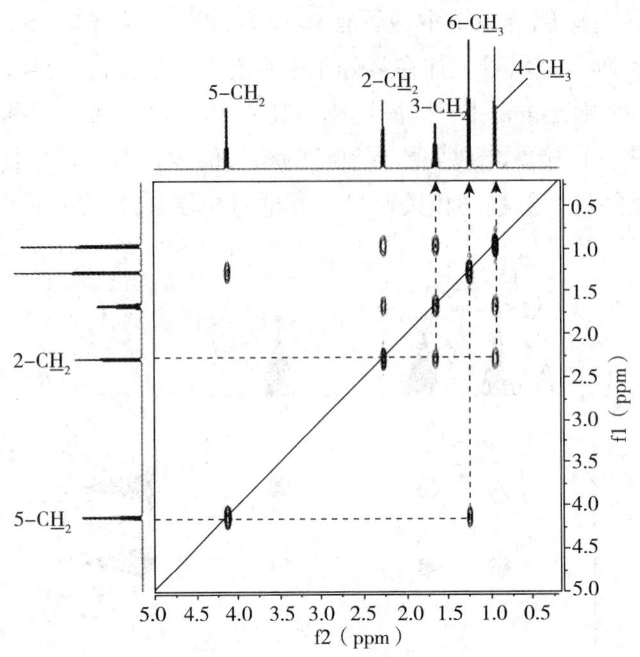

图1-71　丁酸乙酯的TOCSY谱（600MHz，$CDCl_3$）

三、通过一根化学键的异核位移相关谱

通过检测磁旋比和低自然丰度的核来获得通过1根化学键的异核相关的二维实验，主要是^{13}C-^{1}H直接相关谱（HETCOR谱）。但由于直接观测的是^{13}C核，具有灵敏度低、样品需要量大、测试时间长等缺陷，现在已经不用。采用反转模式下的实验通过检测^{1}H核来获得通过一根化学键的异核相关关系，因为直接观测的是天然丰度很高的^{1}H核，具有灵敏度高、所需样品数量较少、测试时间较短等优点，是目前最为常用的实验。此类实验包括HMQC谱和HSQC谱。

HMQC是检测^{1}H的异核多量子相干相关谱（^{1}H-detected heteronuclear multiple quantum coherence，HMQC），因其分辨率和对键合于^{12}C上氢核信号抑制效果均较差等缺陷，没有HSQC谱应用的广泛。而且其图谱外观和解析方法均与HSQC相同，故下面仅对HSQC谱的解析方法做介绍。

HSQC是检测^{1}H的异核单量子相干相关谱（^{1}H-detected heteronuclear single quantum coherence，HSQC），用于检测具有^{1}J偶合的^{13}C-^{1}H相关。氢核是被观测的核（F_2轴方向），而^{13}C核处于间接维（F_1轴方向），图谱上显示的是直接相连的^{13}C-^{1}H相关信号。

HSQC谱一般为长方形，上方是氢谱，左侧是碳谱，没有对角峰，也不具有对称性，相关信号均出现在长方形内。从氢谱吸收峰向下引一条垂线到相关信号中心，然后从相关信号中心向左引一条平行线到达某一个碳信号，就可找到与该氢核直接相连的碳核。同样也可以从碳信号出发向右引一条平行线到达相关信号中心，然后从该中心出发向上引一条垂线到达某一组氢信号，就可找到与该碳核直接相连的氢核（图1-72）。如果碳核没有相关信号则说明该碳是季碳，如果氢核没有相关信号则说明该氢核是活泼氢。HSQC谱不仅能准确地确认与碳原子直接相连的氢核的化学位移和偶合裂分的峰形，结合氢谱综合判断还能确认碳的类型（如C、CH、CH_2、CH_3）和辨认出活泼氢。对于磁不全同亚甲基上的两个氢核，有时由于信号重叠严重或偶合常数差异不大在氢谱上难于确认是否是同一个碳上的两个氢核，采用HSQC方法判断是一个非常方便的办法。同时由于氢核信号重叠严重且积分偏差较大难于判断是几个氢核时，通过HSQC谱有时就能很方便地判断出来。此外，如果埋藏在溶剂信号中的碳信号是季碳以外的其他碳信号，通过HSQC谱也能很容易被发现。

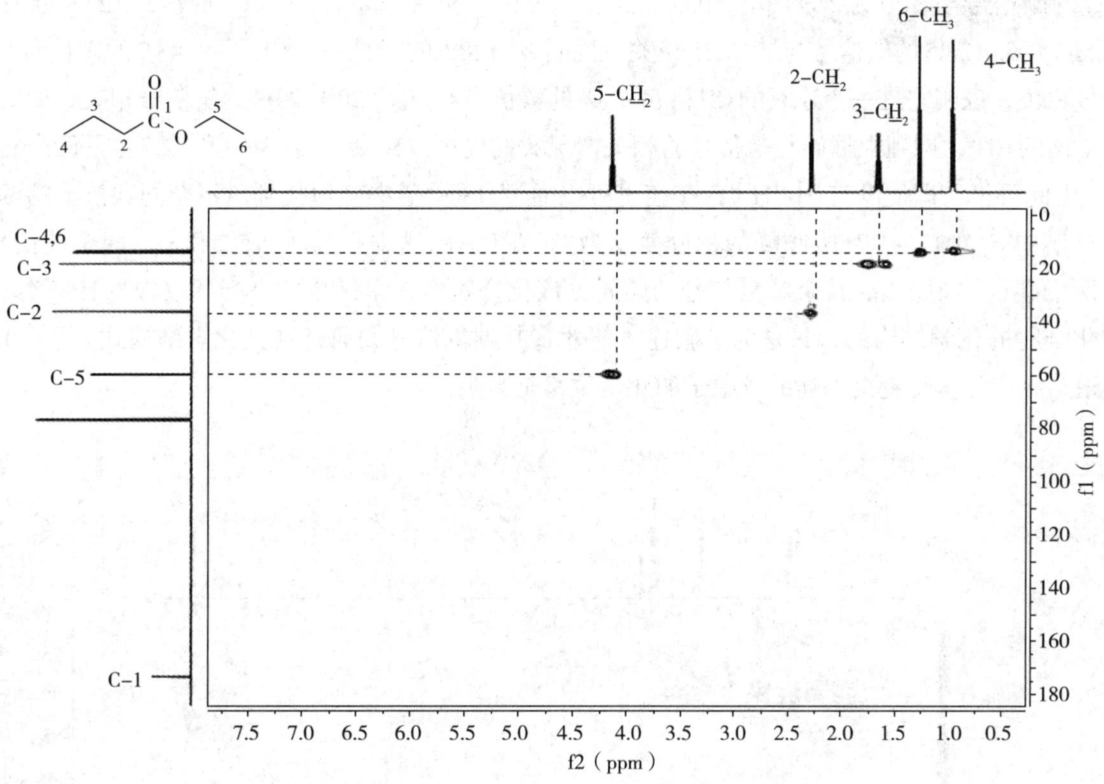

图1-72　丁酸乙酯的HSQC谱（600MHz，in $CDCl_3$）

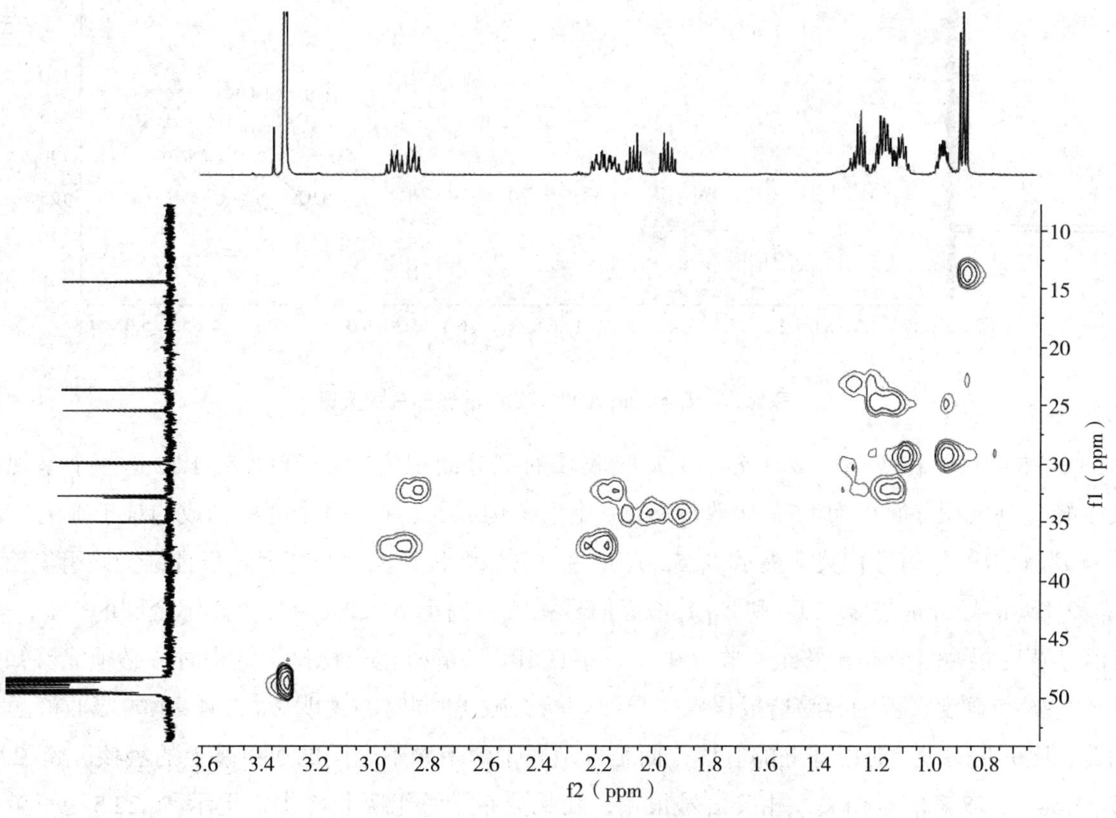

图1-73　fusarilin A的HSQC高场部分放大谱

由图1–73和1–74可以看出，δ_C 173.1、172.3、142.2、85.0和70.3碳信号无相关信号，说明它们是季碳；δ_C 128.7的碳信号与积分为2的 δ_H 7.31的氢信号相关，说明它们是2个CH。同理 δ_C 127.9也为2个CH（δ_H 7.56）。δ_C 128.5的碳信号与 δ_H 7.25相关，说明 δ_C 128.5的碳是一个CH。δ_C 83.7的碳信号与 δ_H 5.3的氢信号相关，说明它是一个连氧的CH；δ_C 37.4的碳信号与 δ_H 2.20和2.92的氢信号相关，说明它是一个磁不全同的CH_2，同理根据碳与氢信号的相关情况我们也可以判断出 δ_C 34.9和32.7也是两个磁不全同的CH_2。由此可见，即便没有^1H–^1H COSY谱也可以通过HSQC谱准确地找到磁不全同碳核上的两个氢信号。在氢谱中 δ_H 1.13 ~ 1.21吸收峰的积分面积为4，在HSQC谱中只与 δ_C 25.2和32.5两个碳信号相关，说明这两个碳也均为CH_2。其余碳氢信号的归属见该化合物的化学结构式，当然仅根据HSQC谱是确定不了该化合物的化学结构的，只是为了叙述方便才将其碳氢信号归属标在其化学结构式上了。HSQC谱只能知道与相应氢信号直接相连的碳原子的化学位移是多少。

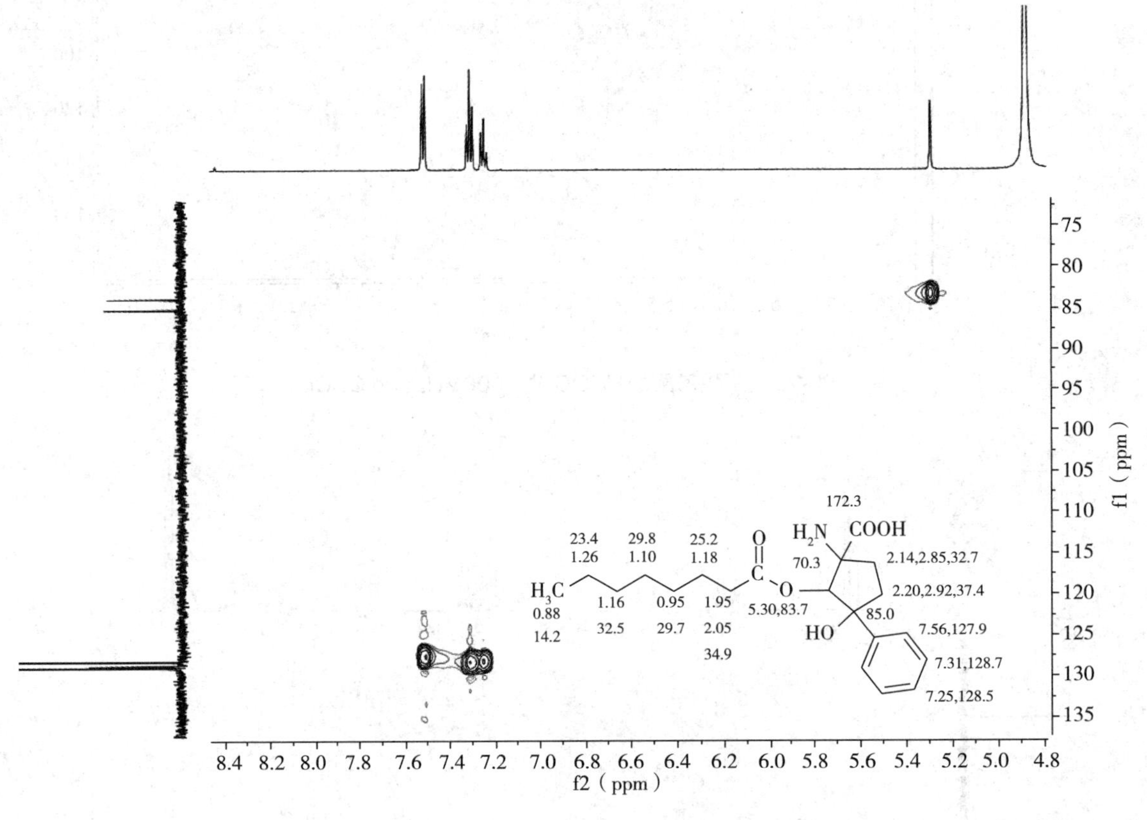

图1–74　fusarilin A的HSQC低场部分放大谱

由图1–75可见，在氢谱中 δ_H 1.64 ~ 1.78吸收峰的积分面积为7.5，其中 δ_H 1.72是一个呈现单峰的甲基吸收峰，剩余积分面积为4.5的吸收峰是由5个氢核构成的还是由4个氢核构成的难于确定。δ_C 52.0碳信号与 δ_H 1.99的氢信号相关，提示 δ_C 52.0为一个CH，而且其氢信号宽度较窄且位于该组氢信号的右侧。δ_C 22.4碳信号分别与 δ_H 2.04和 δ_H 1.40氢信号相关，提示 δ_C 22.4为一个磁不全同的CH_2，而且 δ_H 2.04氢信号宽度很宽且分布于整组吸收峰中（采用HMBC谱解析化合物化学结构时，必须能够知道氢信号的准确位置和宽度，否则容易造成误判，导致解析失败）。同时亦说明 δ_H 2.04 ~ 1.99吸收峰虽然积分面积为2，但并不是一个亚甲基上的氢核，而是分别属于两个磁不全同的亚甲基上的氢核。δ_C 22.5碳信号与 δ_H 1.64 ~ 1.78氢信号相关，相关信号很宽，几乎分布于整组吸收峰中，提示 δ_C 22.5为一个磁不全同的CH_2。δ_C 32.3碳信号分别与 δ_H 1.75和 δ_H 1.50氢信号相关，提示 δ_C 32.3为一个磁不全同的CH_2。δ_C

32.3碳信号分别与 δ_H 1.75和 δ_H 1.50氢信号相关，提示 δ_C 32.3为一个磁不全同的CH_2。δ_C 40.8碳信号分别与 δ_H 1.82和 δ_H 1.70氢信号相关，提示 δ_C 40.8为一个磁不全同的CH_2。综上可看出，在 δ_H 1.64 ~ 1.78一组吸收峰中除甲基信号外，还包括 δ_C 22.5碳上的2个氢信号、δ_C 32.3碳上的1个氢信号和 δ_C 40.8碳上的1个氢信号，也就是说，剩余积分面积为4.5的吸收峰是由4个氢核构成的。

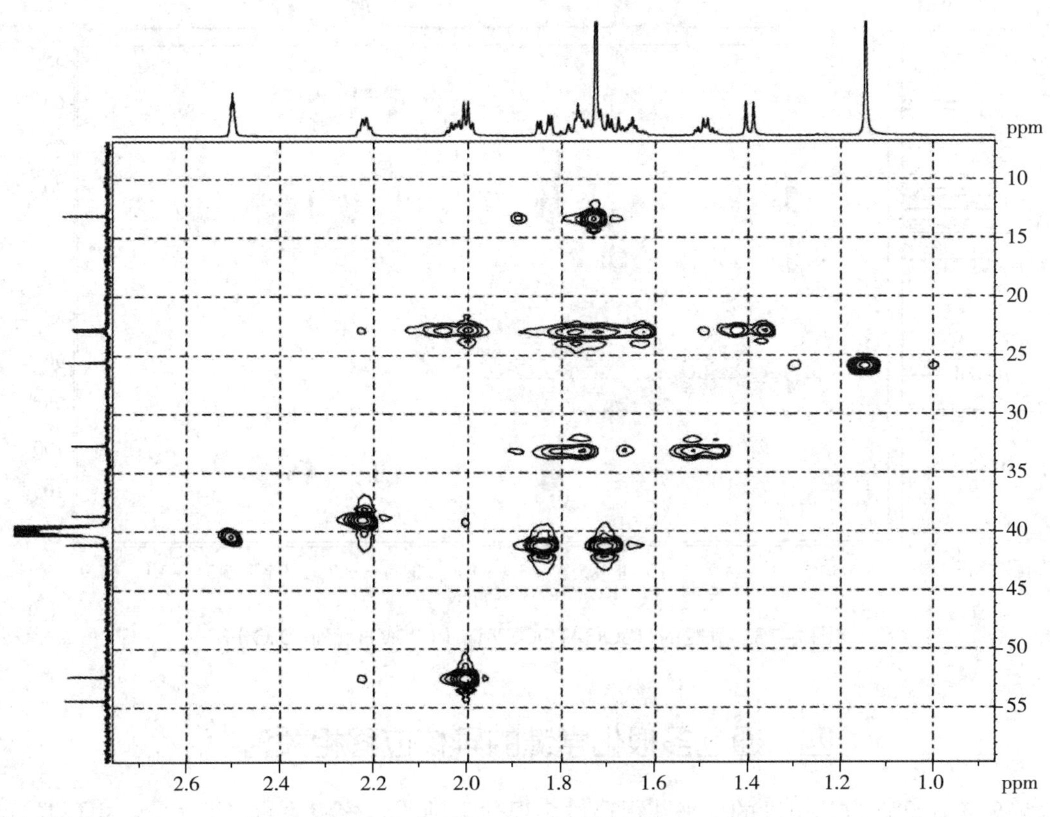

图1-75　sporulamide A HSQC高场部分放大谱

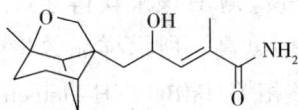

HSQC-TOCSY谱为混合多量子谱，对于具有若干独立自旋偶合系统的复杂分子的结构解析有十分重要的作用。HSQC-TOCSY谱外观与HSQC谱类似，图谱多为长方形，上方是氢谱，左边是碳谱，无对角峰，图谱也不对称，相关峰位于长方形内，解析方法与HSQC谱相同。与HSQC谱不同的是在氢信号的下方具有该自旋偶合系统中所有碳的相关信号，同样在碳信号的右方也具有该自旋偶合系统中所有氢的相关信号）(图1-76)。由图1-76可以看出，在 β-D-半乳糖端基碳（δ 103.0）的右方具有与H-1、H-2、H-3和H-4的相关信号；在 β-D-葡萄糖端基碳（δ 95.6）的右方具有与H-1、H-2、H-3、H-4、H-5和H-6的相关信号；在 α-D-葡萄糖端基碳（δ 91.9）的右方具有与H-1、H-2、H-3、H-4、H-5和H-6的相关信号。HSQC-TOCSY谱对于碳和或氢信号重叠严重，且又有多个自旋偶合系统构成的复杂化合物的碳氢信号准确归属具有重要的作用。

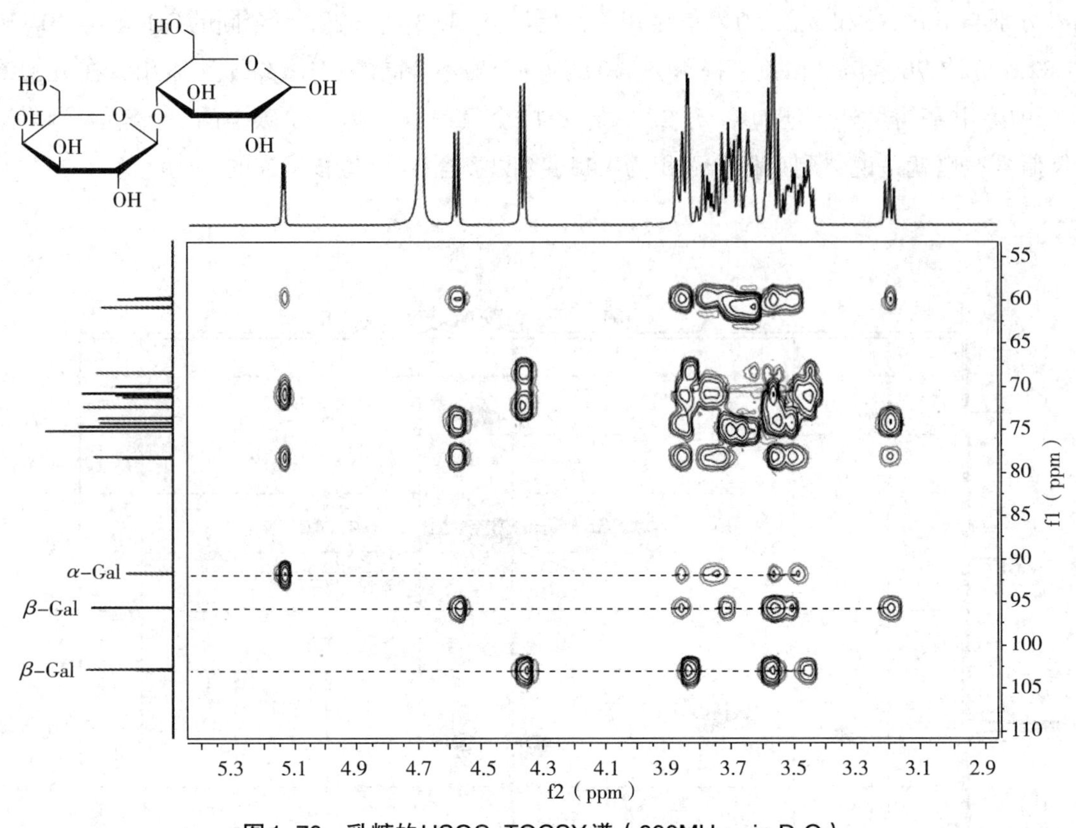

图1-76 乳糖的HSQC-TOCSY谱（600MHz，in D_2O）

四、通过多根化学键的异核位移相关谱

通过检测磁旋比和低自然丰度的核来获得通过多根化学键的异核相关的二维实验，主要是远程^{13}C-^{1}H相关谱（COLOC谱）。由于直接观测的核是^{13}C，具有灵敏度低、样品需要量大、测试时间长等缺陷，现在已经不用。采用反转模式下的实验通过检测^{1}H核来获得通过多根化学键的异核相关关系，因为直接观测的是天然丰度很高的^{1}H核，具有灵敏度高、所需样品数量较少、测试时间较短等优点，是目前最为常用的方法，此类方法主要是远程异核相关HMBC（^{1}H-detected heteronuclear multiple bond correlation，HMBC）谱。

HMBC谱能突出表现相隔2根化学键（$^{2}J_{CH}$）和相隔3根化学键（$^{3}J_{CH}$）碳氢之间的偶合，但由于技术上的原因，有时尚不能完全去掉与其直接相连的碳氢之间的偶合（$^{1}J_{CH}$），在解析图谱时要注意区别。与其直接相连的碳氢之间偶合（$^{1}J_{CH}$）的相关信号的特点是该相关信号由两个相关信号组成，而且两个信号的中心正好位于氢核吸收峰的正下方，其相关的碳原子也是HSQC谱中与其相关的碳原子。在图1-77中，4-CH_3、6-CH_3和5-CH_2氢信号下方均有$^{1}J_{CH}$相关信号。氢信号化学位移值相差较大时，在HMBC谱中判断$^{1}J_{CH}$相关信号并不难。但如果氢信号化学位移差值很小时，$^{1}J_{CH}$相关信号有时会正好位于其他氢信号的正下方，究竟是其他氢信号的相关信号，还是该氢信号的$^{1}J_{CH}$相关信号，有时并不好判断，此时需要综合考虑各种信息进行判断。

HMBC谱外观上与HSQC谱类似，一般为长方形，上方是氢谱，左侧是碳谱，没有对角峰，也不具有对称性，相关信号均出现在长方形内。从氢谱吸收峰向下引一条垂线到相关信号中心，然后从相关信号中心向左引一条平行线到达某一个碳信号，就可找到与该氢核相隔2根或3根化学键的碳核。同样也可以从碳信号出发向右引一条平行线到达相关信号中心，然后从该中心出发向上引一条垂线到达某一组氢信号，就可找到与该碳核相隔2根或3根化学键的氢核。在HMBC谱上出现的相关信号是无法判断其是相隔2根化学键的相关信号，还是相隔3根化学键的相关信号，需要结合碳谱、氢谱、HSQC谱等提供的相关信息来综合判断。在解析HMBC谱时，由于甲基含有的氢原子数目多且被裂分的峰数少，故其氢信号高且窄，在HMBC谱中所有的相关信号几乎都能出现，所以常从甲基的相关信号开始解析。

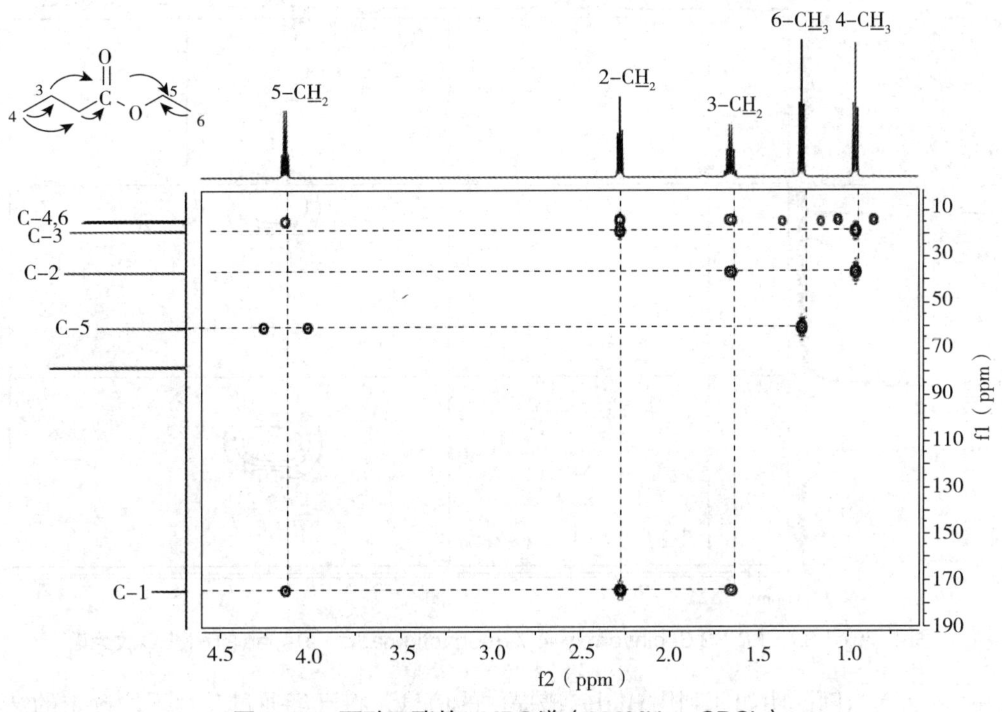

图1-77　丁酸乙酯的HMBC谱（600MHz，$CDCl_3$）

需要注意的是，并不是所有的相隔2根化学键和3根化学键的相关信号都能出现。有些相关信号不出现是因为其$^2J_{CH}$和或$^3J_{CH}$过大或过小造成的，此类情况可通过改变HMBC谱测定的相关参数来提高相应相关信号的强度。因为HMBC谱是通过检测^{1}H核来获得其相关信号的，如果氢核被裂分成矮而宽的多重峰，那么就检测不到该氢核的相关信号。如果用氘代二甲基亚砜作为测试溶剂，由于二甲基亚砜黏度较大且能与活泼氢形成分子间氢键，活泼氢的信号比较尖锐，在HMBC谱上常能出现其相关信号。在有些情况下活泼氢相关信号的有无，将直接关系到有机化合物化学结构确定的正确与否。如黄酮类化合物C-5位酚羟基相关信号能够确定取代基是在C-6位还是在C-8位。另一个需要注意的是在HMBC谱中并不是所有的相关信号都是相隔2根或3根化学键的相关信号，相隔4根化学键的W形偶合和相隔5根化学键的折线形偶合，如果其$^4J_{CH}$和$^5J_{CH}$合适，则会出现相当明显的相关信号。如在（3*S*，6*R*）3,6-dihydroxy-4,7-megastigmadien-9-one中，虽然H-2和H-11均与C-8相隔5根化学键，但由于它们均具有较大的相隔5根化学键的折线型偶合常数，故在其HMBC谱中（图1-78），H-2和H-11与C-8均具有明显的相关信号。再如在isololiolide的HMBC谱中也具有多个相隔4根和5根化学键的相关信号。

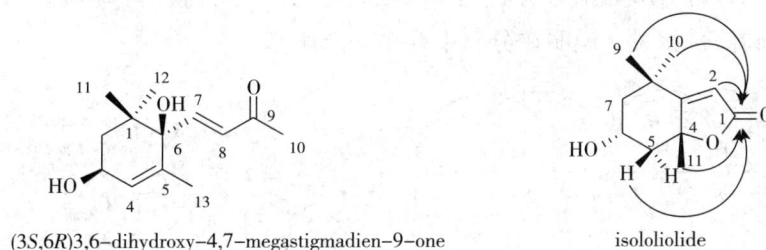

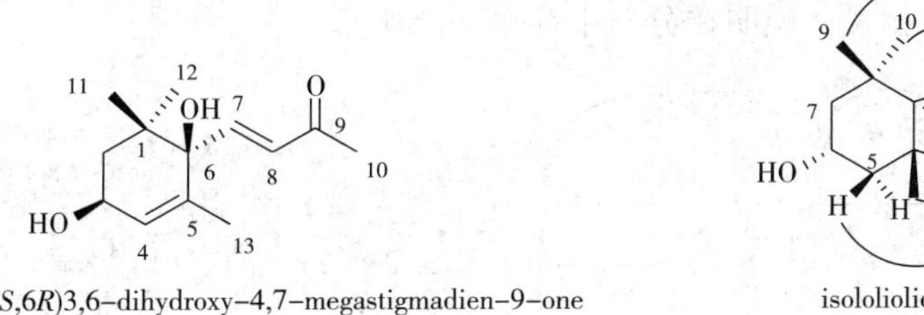

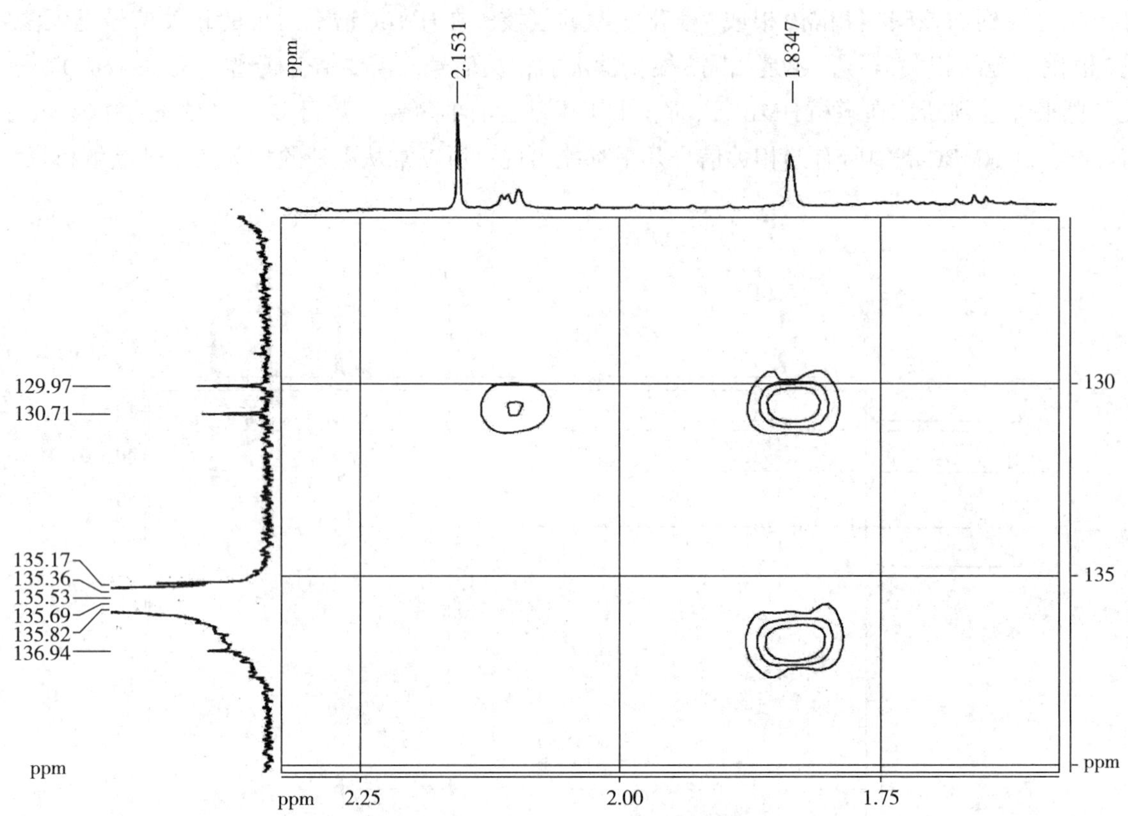

图1-78 （3*S*，6*R*）3,6-dihydroxy-4,7-megastigmadien-9-one的HMBC放大谱

下面以fusarilin A为例说明如何利用HMBC谱提供的信息，将已经通过其他手段确定的结构片段连接起来，并最终确定化合物的化学结构。通过氢谱、碳谱、^{1}H-^{1}H COSY谱、HSQC谱、NOESY谱和质谱等已经确定fusarilin A存在以下结构片段。

四个季碳，分别为 δ_C 173.1、172.3、83.7、70.3。

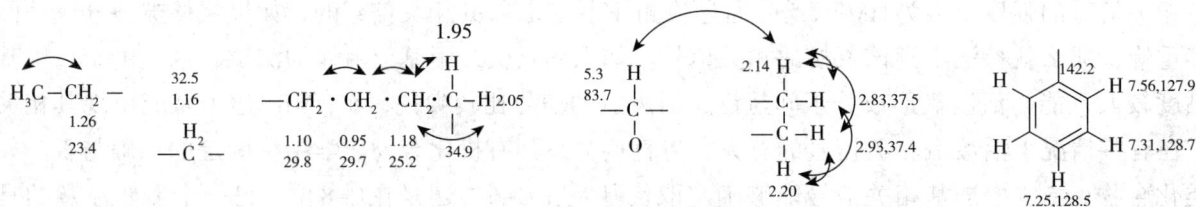

H_3C-CH_2- 1.26 23.4　　32.5 1.16 $-\overset{H_2}{C}-$　　$-CH_2\cdot CH_2\cdot CH_2\cdot C-H$ 1.95 2.05 (1.10 29.8, 0.95 29.7, 1.18 25.2, 34.9)　　5.3 83.7 $-\overset{H}{C}-O$　　2.14 H, 2.83,37.5, 2.93,37.4, 2.20 H　　H 7.56,127.9；H 7.31,128.7；H 7.25,128.5；142.2

由图1-79可看出，在 δ_H 0.88吸收峰下方和 δ_C 14.2左侧有两个相关信号，该信号并不在 δ_H 0.88吸收峰的正下方，但其中心位置却正好位于 δ_H 0.88吸收峰的正下方且与其相关的碳信号就是该甲基的碳信号，说明这两个信号是该甲基的$^1J_{CH}$相关信号。δ_H 0.88氢信号分别与 δ_C 23.4和32.5的碳信号相关，其中已通过氢谱中吸收峰裂分的多重度和^{1}H-^{1}H COSY谱及HSQC谱知道甲基与 δ_C 23.4直接相连，说明与 δ_C 32.5的相关信号是$^3J_{CH}$相关信号，即乙基与 δ_C 32.5的碳直接相连。δ_H 1.26氢信号分别与 δ_C 32.5、29.8和14.2碳信号相关，δ_H 1.10氢信号分别与 δ_C 32.5、25.2和23.4碳信号相关，δ_H 1.95和2.05氢信号分别与 δ_C 29.7和25.2碳信号相关，说明在分子中存在一个庚基。

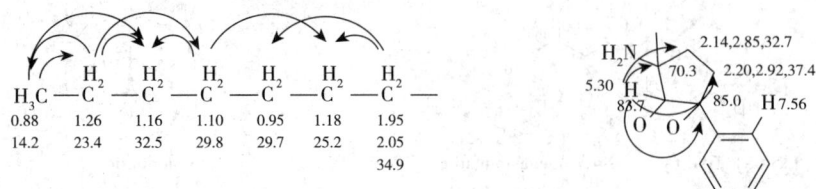

$H_3C-\overset{H_2}{C}-\overset{H_2}{C}-\overset{H_2}{C}-\overset{H_2}{C}-\overset{H_2}{C}-\overset{H_2}{C}-$
0.88 14.2；1.26 23.4；1.16 32.5；1.10 29.8；0.95 29.7；1.18 25.2；1.95 2.05 34.9

H_2N 70.3　2.14,2.85,32.7　2.20,2.92,37.4　5.30 H 83.7　85.0　H 7.56　O　O

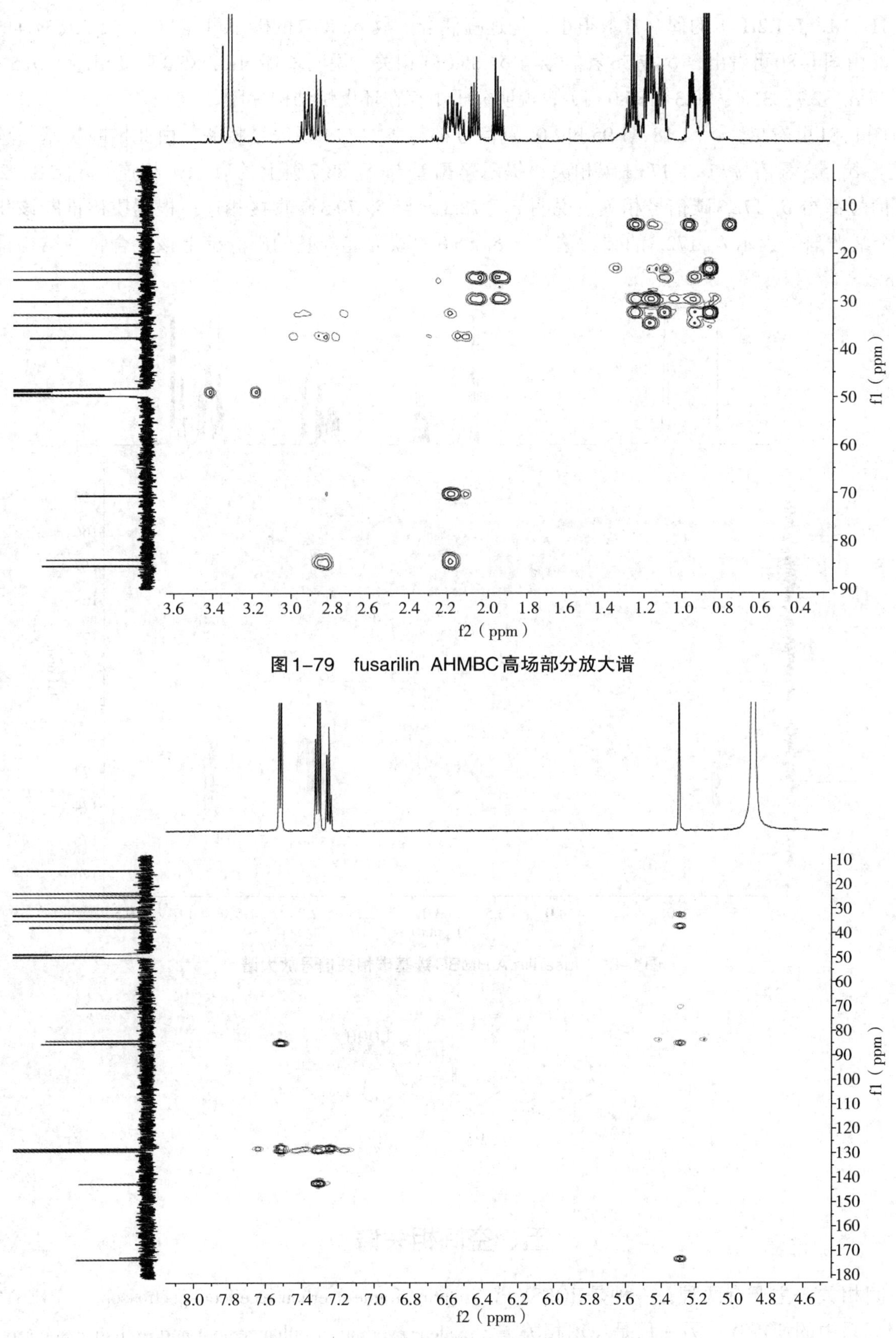

图 1-79　fusarilin AHMBC 高场部分放大谱

图 1-80　fusarilin A HMBC 低场部分放大谱

根据化学位移可知 δ_C 173.1 和 172.3 是羰基碳信号（羧酸、酯、酰胺等），δ_C 83.7 是直接连氧碳信号，通过质谱已知该化合物含有一个氨基，由此推断 δ_C 70.3 是一个直接与氨基相连的碳信号。由于 δ_H 5.3 吸收峰（1H，d，J=1.2Hz）的偶合常数很小，是远程偶合，故 δ_C 83.7的碳不可能与 δ_C 32.7或37.4的碳直接相连。由图1-80可看出，δ_H 7.56氢信号与 δ_C 85.0碳相关，说明苯环与 δ_C 85.0直接相连。δ_H5.3氢信号分别与 δ_C 32.7、37.4、70.3和85.0相关，说明分子中存在环戊烷结构片段。

由图1-81可看出，δ_H 1.18、1.95和2.05氢信号都与 δ_C 173.1碳信号相关，由此推断庚基与羰基直接相连。δ_H 5.3氢信号与 δ_C 173.1碳相关，提示辛酰基与 δ_C 83.7碳上的氧原子相连。δ_H 5.3、2.14和2.85氢信号都与 δ_C 172.3碳信号相关，说明 δ_C 172.3碳与 δ_C 70.3碳直接相连。根据质谱推断该化合物具有2个活泼氢，提示 δ_C 172.3的碳为羧基，δ_C 85.0的碳为连羟基的碳。综上该化合物的结构推定为fusarilin A。

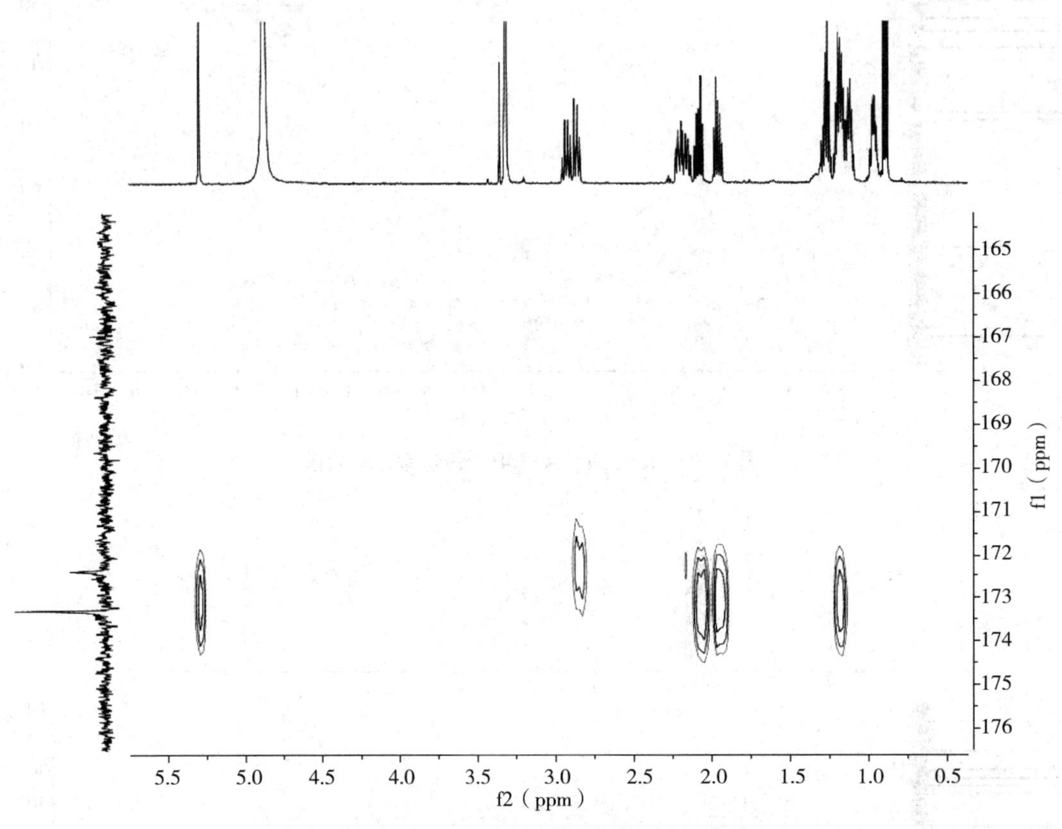

图1-81　fusarilin A HMBC羰基碳相关信号放大谱

172.3 COOH
H_2N 70.3
2.14,2.85,32.7
23.4 1.26　29.8 1.10　25.2 1.18
83.7,5.3　173.1　85.0
2.20,2.92,37.4
H_3C 0.88 14.2　1.16 32.5　0.95 29.7　1.95 2.05 34.9
HO 142.2
7.56,127.9
7.31,128.7
7.25,128.5

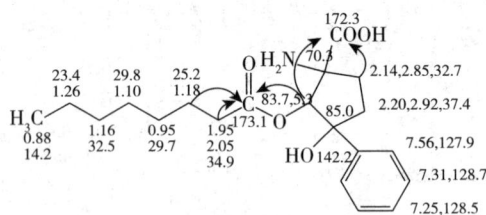

五、空间相关谱

空间相关谱主要有两种，一种是ROESY谱（rotating frame overhauser effect spectroscopy，ROESY），即旋转坐标系中的NOESY；另一种是NOE相关谱（nuclear overhauser enhancement and exchange spectroscopy，NOESY谱）。当化合物分子量较大时，有时在NOESY谱中其NOE的增益强度近乎为零，难于从NOESY谱上得到立体结构的相关信息。此时需要通过ROESY获得有关立体结构的相关信息。ROESY对于相对分子质量在800～2000的复杂生物有机化合物，往往能得到较多的NOE相关信号，是一种解决中等大小化合物立体结构的理想技术。尤其在复杂天然糖苷、环肽、大环内酯等类化合物的结构测定中被广泛应用。ROESY谱的解析方法和图谱的样式与NOESY谱相同，只是适用的化合物的分子量有所不同，故下面仅对NOESY谱做一介绍。

我们知道当用一个电磁波照射其中某一个氢核并使之饱和时，与该氢核在空间上较近的氢核的积分面积会有所增加，氢核面积增加的大小与该氢核与被照射的氢核的空间距离的6次方成反比。在确定有机化合物立体结构时，我们往往需要知道多组氢核与其他氢核的空间关系，如果对每组氢核都做一次NOE测试，那就太麻烦了，且存在遗漏的风险。NOESY谱就相当于对化合物的每组氢核都做了一次NOE，只是灵敏度较差，但对于确定有机化合物的立体结构就方便多了。

NOESY谱和ROESY谱都属于同核相关二维技术，是为了在二维谱上观察NOE效应而开发出来的一种技术。NOESY谱通常也为正方形，在上方和左侧均为氢谱，也有对角峰和相关峰，只是相关峰表示的并不是氢核间的偶合关系，而是氢核间的NOE关系，其解析方法与^{1}H–^{1}H COSY相同。NOESY谱的最大作用是在一张谱图中同时给出了所有氢核间的NOE信息，只要氢核间的空间距离小于0.4nm时便可观察到相关信号。在测定NOESY谱时，应当注意适当设定混合时间以尽量增大NOE效应。此外，由于弛豫时间的关系，脉冲间隔的等待时间也必须设定得大一些。故与^{1}H–^{1}H COSY谱相比，测定起来比较困难，需要更多的时间和样品。

需要注意的是当两组氢核化学位移差值较小时，在图谱中即便存在NOE相关信号，由于相关信号距对角峰太近，也难于观察到；相邻两个碳上氢核的距离小于0.4nm，通常是会出现相关信号的，所以不能根据其有相关信号就认为它们在环上不是双直立氢核，但如果没有相关信号，则可以认为它们在环上是双直立氢核；由于在核磁共振谱测试过程中，或多或少总会发生氢核交换，所以活泼氢的相关信号是不能用于判断氢核间的相互空间关系的。由于相关信号的大小与空间距离成反比，可由相关信号的大小大体推测其在空间的距离远近。同时亦可作为它们是否是同碳上的氢核或相邻两个碳上的氢核的一个佐证。

NOESY谱在确定有机化合物立体结构方面具有重要的作用，如既可判断有机化合物的优势构象、相对构型，也可排除同分异构体和几何异构体等。

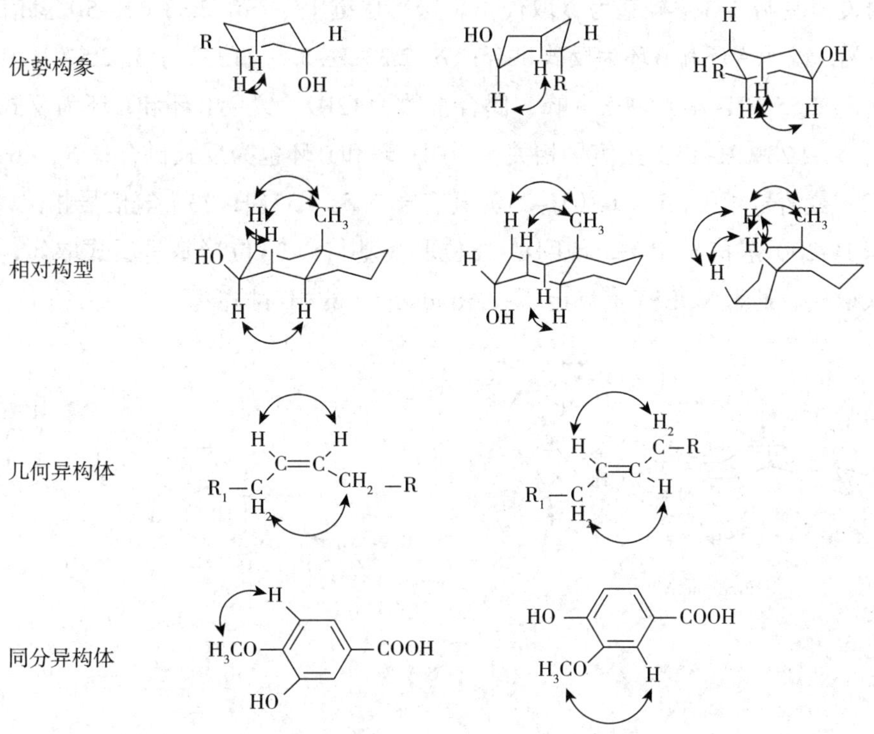

优势构象

相对构型

几何异构体

同分异构体

由图1-82可见，δ_H 3.82（3H，s）甲氧基氢信号与 δ_H 7.28（1H，d，J=2Hz，H-2）氢信号相关，说明甲氧基只能取代在3位，而不可能取代在4位。δ_H 7.13（1H, dd, J=8.2和2Hz, H-6）氢信号与 δ_H 6.82（1H，d，J=8.2Hz，H-5）氢信号相关，说明H-5和H-6呈邻位取代。

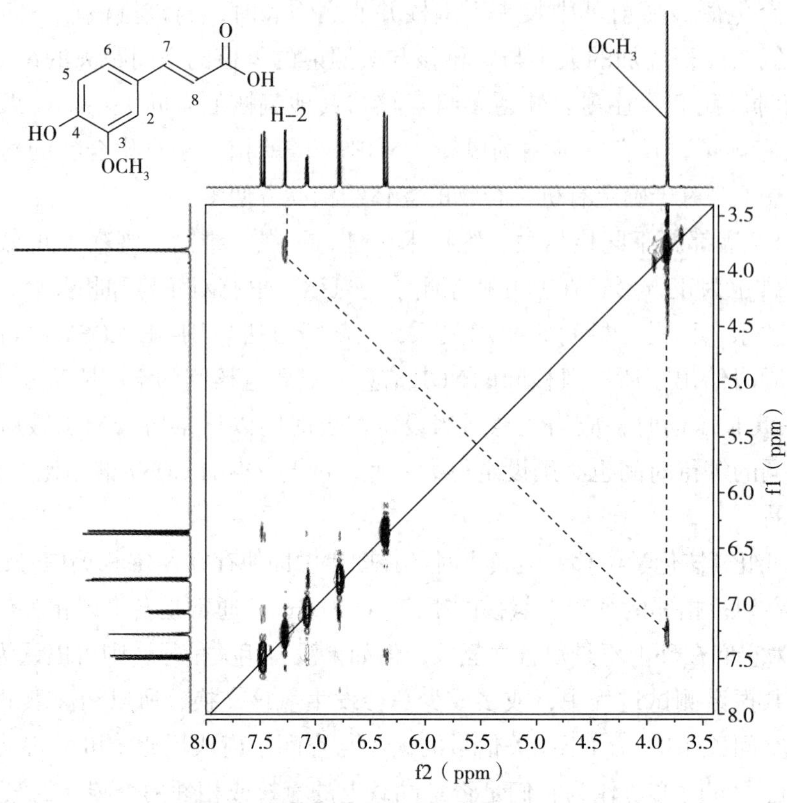

图1-82　阿魏酸的NOESY谱（600MHz，CD_3OD）

由图1-83可见，在veratradiene A NOESY谱中 δ_H 3.55（H-3）氢信号分别与 δ_H 2.33（H-5）和1.87（H-1_a）氢信号相关，说明C-3位羟基为β取代（位于平伏键上）；δ_H 2.33（H-5）氢信号不与 δ_H 0.72（H-19）氢信号相关，说明A环和B环为反式拼合；δ_H 2.33(H-5）氢信号与 δ_H 2.57(H-9）氢信号相关，且在^{1}H-NMR谱中 δ_H 2.55（H-7a）为三重峰，偶合常数为12Hz，说明B环和C环为反式拼合；δ_H 2.15（H-15）氢信号与 δ_H 2.28（H-13）氢信号相关，说明C环和D环也为反式拼合；δ_H 1.01（H-24）氢信号与 δ_H 2.30(H-22）氢信号相关，δ_H 1.63(H-25）氢信号与 δ_H 3.33(H-23）氢信号相关，δ_H 3.33(H-23）氢信号与 δ_H 3.05（H-20）氢信号相关，说明C-22位取代基与C-23位羟基呈反式取代，C-23位羟基与C-25位甲基呈顺式取代。通过NOESY谱确定了veratradiene A的相对构型。

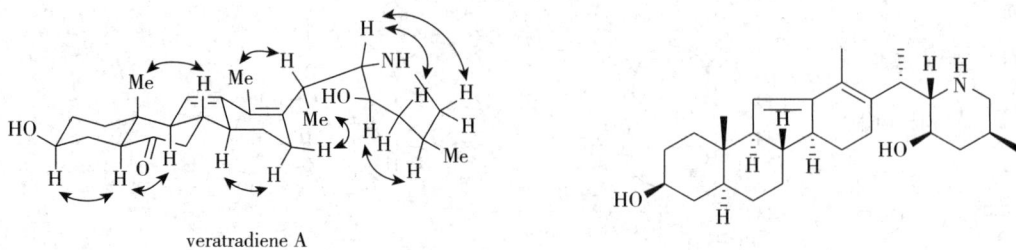

veratradiene A

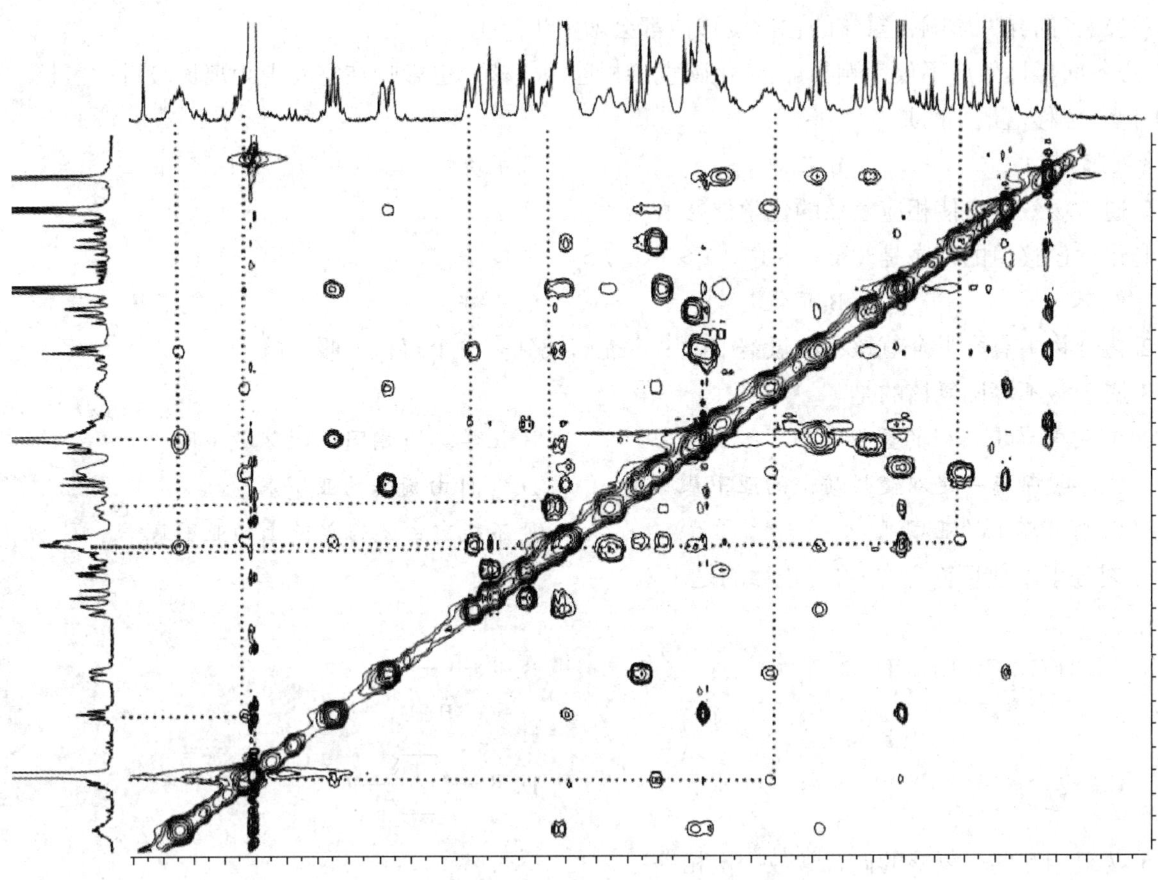

图1-83　veratradiene A NOESY部分放大谱

目标检测

1. 磁性核具有哪些特点？
2. 获得理想核磁共振谱磁性核必备的条件是（　）。
   A. 自旋量子数I大于1　　B. 在天然界丰度较高
   C. 有均匀的球形电荷分布　　D. 核磁共振谱线窄
3. 核磁共振有扫场和扫频两种测试方法（　）。
4. 能够获得可用于有机化合物结构确定的核磁共振谱的基础是（　）。
   A. 原子核具有磁性　　B. 核外电子可产生屏蔽效应
   C. 低能态原子核数目大于高能态　　D. 高能态磁性核能够发生弛豫
5. 下列说法正确的是（　）。
   A. 化学位移值小的一侧称为低频
   B. 化学位移值大的一侧称为高场
   C. 化学位移值用频率表示在不同场强仪器上测定是相同的
   D. 化学位移值用δ表示在不同场强仪器上测定是相同的
6. 化学位移值最大的是（　）。
   A. 甲烷　　B. 二氯甲烷　　C. 三氯甲烷　　D. 一氯甲烷

7. 受磁各向异性影响，氢核的化学位移值都会增大（ ）。

8. 磁各向异性效应不仅影响与 sp^2 杂化碳直接相连的氢核，也影响在空间上距离比较近的氢核（ ）。

9. 化学位移值最小的是（ ）。

A. 苯　B. 乙炔　C. 吡啶　D. 乙烯

10. 通常场效应会使相应氢核的化学位移值增大（ ）。

11. 化学位移值的顺序是（ ）>（ ）>（ ）>（ ）。

A. 苯　B. 甲氧基　C. 乙烷　D. 氮甲基

12. 化合物中有多少个氢核，在氢谱中就一定能够找到多少个氢核的吸收峰（ ）。

13. 属于磁不等同氢核的是（ ）。

A. 化学环境不同的氢核　B. 化学环境相同但磁环境不同

C. 单键带有一定双键性质上的亚甲基　D. 能自由旋转的亚甲基

E. 刚性环上的亚甲基　F. 不能自由旋转单键上的亚甲基

14. 裂分小峰数目符合"n+1"规律的是（ ）。

A. $CH_3CH_2CH_2CH_2CH_3$　B. 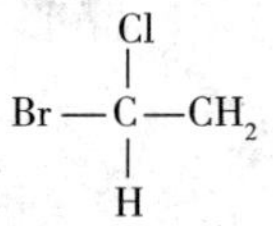 Br—C(Cl)(H)—CH_2

C. HO-环己烷（椅式）　D.  R_1—苯环—R_2

15. 两组相互偶合氢核的偶合常数一定相等（ ）。

16. 通常能通过偶合常数判断相对构型的是（ ）。

A. 被取代的三元环　B. 被取代的四元环

C. 被取代的五元环　D. 被取代的六元环

17. 可与氢核发生自旋偶合裂分的磁性核是（ ）。

A. ^{19}F　B. ^{13}C　C. ^{31}P　D. ^{17}O

18. 在碳谱中化学位移最大的是（ ）。

A. 苯环　B. 羰基碳　C. 炔基碳　D. 烷基碳

19. 在碳谱中化学位移最大的是（ ）。

A. 氯甲烷　B. 碘甲烷　C. 溴甲烷　D. 氟甲烷

20. 在碳谱中羰基碳化学位移值的顺序是（ ）>（ ）>（ ）>（ ）。

A. 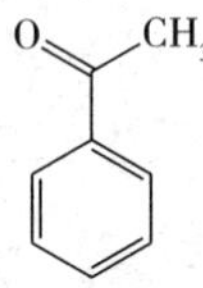 苯乙酮（O、CH_3）　B. 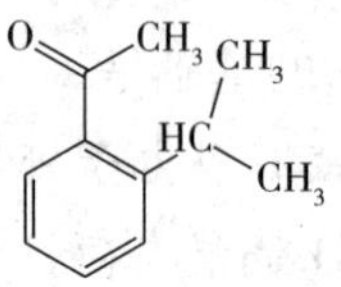 邻异丙基苯乙酮（O、CH_3；HC、CH_3、CH_3）　C. 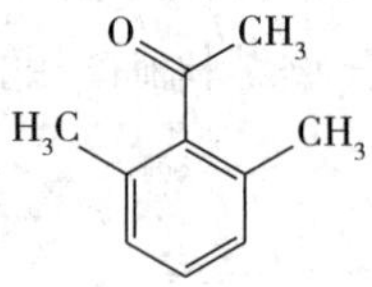 2,6-二甲基苯乙酮（O、CH_3；H_3C、CH_3）　D. 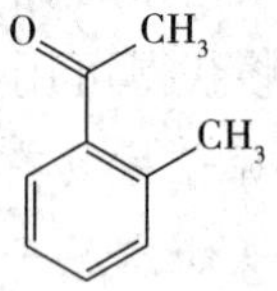 邻甲基苯乙酮（O、CH_3；CH_3）

21. 能出现碳化学位移值 δ_C 小于100的是（ ）。

A. 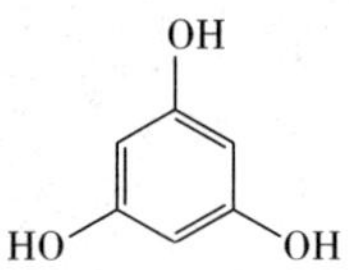 间苯三酚（OH、HO、OH）　B. 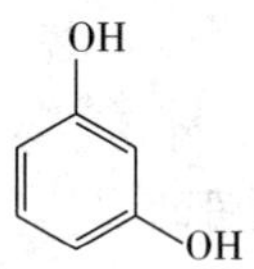 间苯二酚（OH、OH）　C. 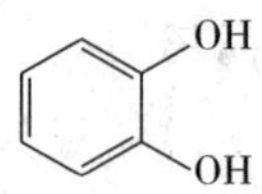 邻苯二酚（OH、OH）　D. 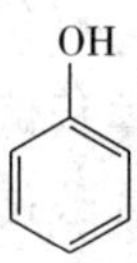 苯酚（OH）

22. 碳谱的谱线数目多于化合物含有碳原子数目的化合物有（ ）。

A. 含氧的化合物　B. 含氮的化合物　C. 含硫的化合物　D. 含氟的化合物

23. 能区别碳的类型的是（　）。

A. PND谱　　B. COM谱　　C. DEPT谱　　D. OFR谱

24. 氢谱的灵敏度为何是碳谱的6000余倍？

25. 具有对角峰的谱是（　）。

A. $^{1}H-^{1}H$ COSY谱　　B. HSQC谱　　C. HMBC谱　　D. HMQC谱

26. $^{1}H-^{1}H$ COSY谱可用于确定偕偶、邻偶和远程偶合（　）。

27. 在$^{1}H-^{1}H$ COSY谱上没有相关信号，就一定说明不存在偶合关系（　）。

28. HSQC谱和HMQC谱可用于判断碳的类型和活泼氢信号（　）。

29. 在HMBC谱中所有的$^{2}J_{CH}$、$^{3}J_{CH}$相关信号均能出现（　）。

30. 在HMBC谱中出现的相关信号都是$^{2}J_{CH}$、$^{3}J_{CH}$的相关信号（　）。

31. NOESY谱和ROESY谱也属于同核相关谱的一种，也具有对角峰和图谱对称等特点（　）。

32. ROESY谱通常适合于相对分子质量在800 ~ 2000的有机化合物的立体结构的测定（　）。

第二章　苯丙素类化合物

学习目标

通过本章学习，掌握香豆素和木脂素类化合物波谱学规律；熟悉常见类型的香豆素和木脂素的波谱解析过程。

具有发现、总结并灵活运用苯丙素类化合物各种谱学方法中蕴藏的规律，快速从图谱中获取关键信息，寻找多重证据进行逻辑推理的能力；具备解析苯丙素类化合物化学结构的基本能力。

能够运用分析与比较、归纳与演绎、批判性与逻辑性等科学思维方式进行结构推理，树立探索求真、严谨实证、怀疑与反思的科学精神去解决复杂有机化合物结构问题的价值观。

苯丙素类化合物是指含有一个或多个C_6-C_3（苯环与三个直链碳相连）结构单元的天然有机化合物，包括简单苯丙素类、香豆素类、木脂素类等。

PPT

第一节　香豆素类化合物

伞形花内酯

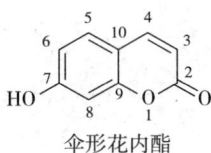

香豆素类化合物是指邻羟基桂皮酸内酯类成分。它们都具有苯骈-α吡喃酮母核基本骨架。由莽草酸途径生物合成而来的香豆素类化合物，7位多具有含氧官能团，7-羟基香豆素（伞形花内酯）可以被认为是香豆素类化合物的母核。香豆素类化合物在紫外光照射下多呈现蓝色或紫色荧光，在碱性溶液中荧光增强。

一、香豆素类化合物的结构分类

香豆素母核上常有羟基、烷氧基、苯基和异戊烯基等取代基。根据香豆素结构中取代基的类型和位置，可以将它们分为四类。仅在香豆素苯环上有取代基的称为简单香豆素。苯环上异戊烯基与酚羟基形成吡喃环的香豆素称为吡喃香豆素，根据母核与吡喃环的角度不同，又可分为线型吡喃香豆素和角型吡喃香豆素。苯环上异戊烯基与酚羟基形成呋喃环的香豆素称为呋喃香豆素，根据母核与吡喃环的角度不同，也可分为线型呋喃香豆素和角型呋喃香豆素。凡是无法归属于以上三种类型的香豆素都被称为其他香豆素，如α-吡喃酮环上有取代的香豆素或香豆素的二聚体及三聚体等。

二、香豆素类化合物谱学特点

（一）^{1}H-NMR谱特点

1. H-3和H-4　为一对顺式烯质子，它们的化学位移值分别为δ 6.10～6.50和δ 7.50～8.30。H-4化学位移值与C-5位上是否具有OR取代基有关，由于C-5位上OR取代基与H-4在空间上距离较近，存在较强的场效应，会使H-4的化学位移值向低场方向移动，故当C-5位上具有OR取代基时，H-4的化学位移

值通常大于 δ 7.90；C-5位上没有OR取代基时，H-4的化学位移值通常小于 δ 7.90。此规律可作为判断C-5位上是否具有OR取代基的依据之一。

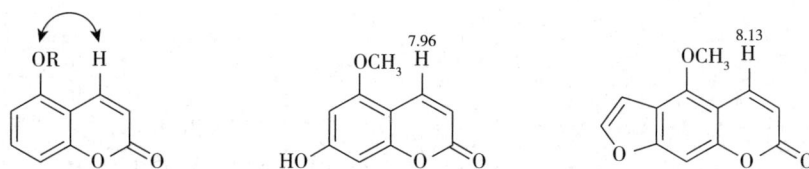

H-3和H-4相互偶合，均为d峰，偶合常数为9.5Hz左右。在顺式烯质子类化合物中，偶合常数为9.5Hz左右的并不多见，这也是判断其是否是香豆素类化合物的主要依据之一。当C-8位无取代基时，H-4与H-8具有折线形远程偶合，远程偶合常数约为1.0Hz。当仪器分辨率较高时，H-4呈现的是dd峰。当仪器分辨率较低时，H-4呈现的则是br.d峰。当H-4呈现br.d峰时，如何判断其是br.d峰还是d峰呢？我们知道在^{1}H-NMR谱中，氢核的数目与吸收峰面积成正比，同样氢核数目的一组峰，由于br.d峰变宽，其高度就会变低。当H-4吸收峰的高度明显低于H-3吸收峰时，则表明H-4呈现的是br.d峰（图2-1，图2-2）。H-4是否具有折线形远程偶合，也是判断C-8位是否具有取代基的依据之一。

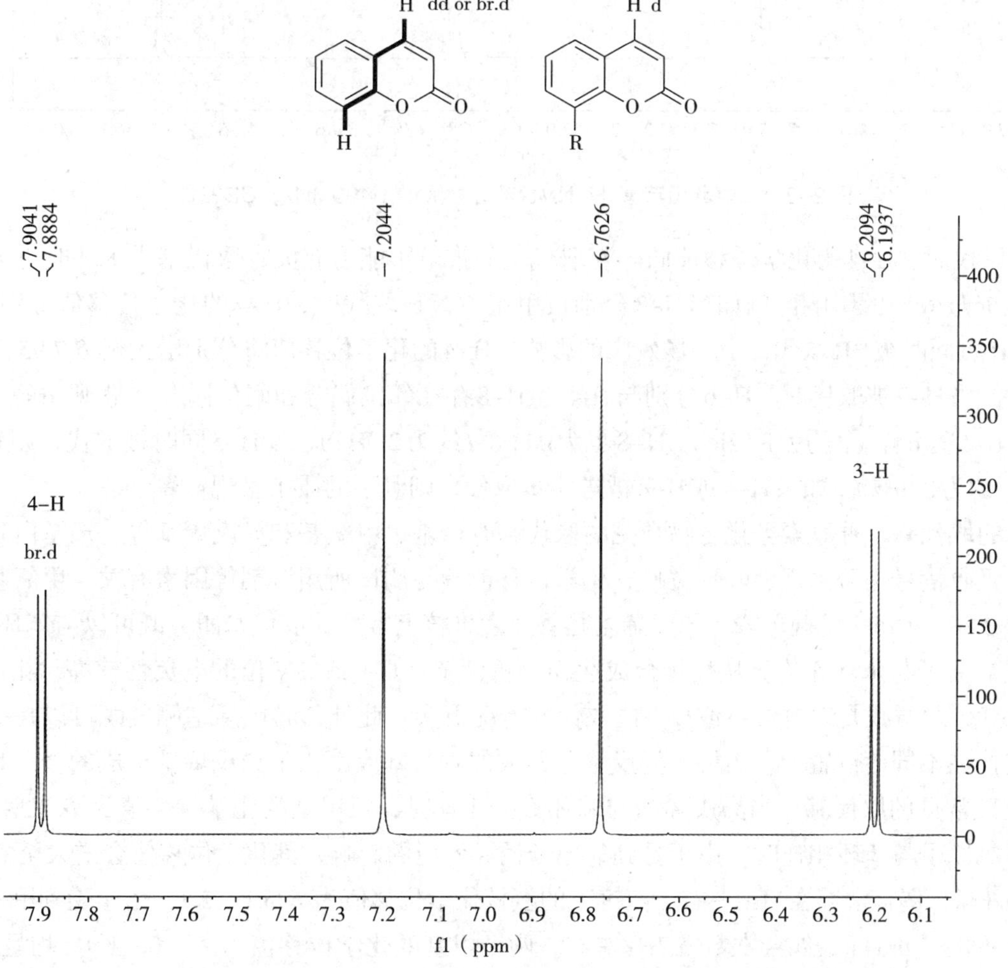

图2-1　6-甲氧基-7-羟基香豆素^{1}H-NMR部分放大谱（600MHz，DMSO-d_6）

当H-4分别被甲基、苯环、甲氧基取代时，H-3的化学位移值分别为 δ 6.15、6.00、5.55，由此可见，取代基推电子能力越大，其化学位移值就越小。需要注意的是，由于C-4位上的苯环与吡喃酮环不在同一个平面上，H-3受到苯环磁各向异性屏蔽效应的影响，其化学位移值不但没有增加，反而减小了。

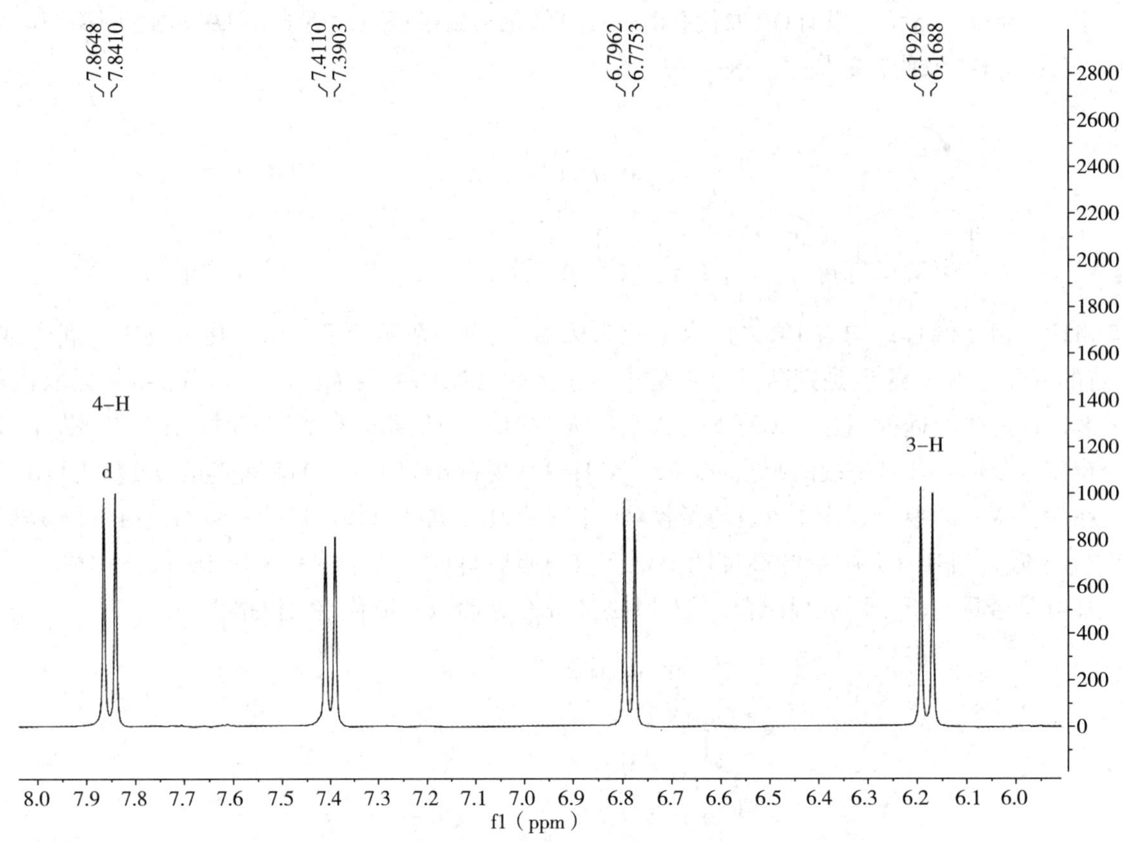

图2-2 二氢欧山芹素 ^{1}H-NMR部分放大谱（400MHz，CD_3OD）

H-3被取代时，H-4的化学位移值同样与取代基的推电子能力有关，取代基为苯环时也会受到苯环磁各向异性屏蔽效应的影响。例如当H-3分别被甲基、苯环取代时，H-4的化学位移值分别为 δ 7.65、7.50；如果H-5同时被OR取代，由于场效应的影响，H-4的化学位移值将分别增大至 δ 7.95、7.98。

2.苯环 当H-7被取代时，H-6分别与H-5和H-8存在邻位偶合和间位偶合，呈现dd峰（*J*约为8.0和2.0Hz），H-5为d峰（*J*约为8.0Hz），H-8也为d峰（*J*约为2.0Hz）。若H-5同时被取代，则H-6与H-8均为d峰（*J*约为2.0Hz）。如果H-6或H-8被进一步取代，则剩下的质子呈现s峰。

3.常见的取代基 香豆素类化合物常见的取代基有羟基、甲氧基和异戊烯基等。羟基由于受氢核交换的影响，吸收信号是否出现、峰形宽瘦、化学位移值等与测试所用溶剂等因素有关。甲氧基化学位移值通常在 δ 3.80～4.25，呈现单峰。异戊烯基是香豆素母核上常见的取代基团，既可以与苯环直接相连，也可以通过氧原子与苯环相连。从生物合成途径分析，苯环C-6或C-8位的电负性较高，相比于C-5位更易于烷基化，故异戊烯基在C-6或C-8位取代的情况更多。此外，异戊烯基侧链既可以是一个，也可以是多个连接在不同的位置上。由两个异戊烯基构成的香叶基或由三个异戊烯基构成的金合欢基也是香豆素母核上较常见的取代基。当异戊烯基与苯环直接相连时，亚甲基的化学位移值为 δ 3.3～3.8；当异戊烯基通过氧原子与苯环相连时，由于受到氧原子诱导效应的影响，其化学位移值会增大至 δ 4.3～5.0，呈现的均为d峰，偶合常数在7Hz左右。双键上的氢核化学位移值为 δ 5.1～5.7，由于受到甲基远程偶合的影响，呈现的是br.t峰，偶合常数在7Hz左右。两个甲基的化学位移值为 δ 1.6～1.9，均呈现s峰。当异戊烯基C-3位通过氧原子与苯环相连时，末端双键上的两个氢核的化学位移值在 δ 5.1左右，呈现的是m峰。双键上的次甲基氢核的化学位移值在 δ 6.25左右，呈现的是dd峰，偶合常数在10和18Hz左右。两个甲基的化学位移值在 δ 1.5左右，多数情况下呈现一个积分面积为6的s峰。

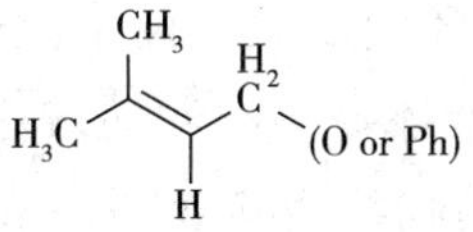

	$-CH_3$	=CH-	$-CH_2O-/-CH_2-Ph$
a	1.6–1.9	5.1–5.7	4.3–5.0 / 3.3–3.8
	(3H, s)	(1H, br.t, J=7Hz)	(2H, d, J=7Hz)

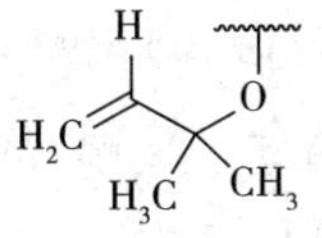

	$-CH_3$	$=CH_2$	=CH-
b	1.5	5.1	6.25
	(6H, s)	(2H, m)	(1H, dd, J=18Hz, 10Hz)

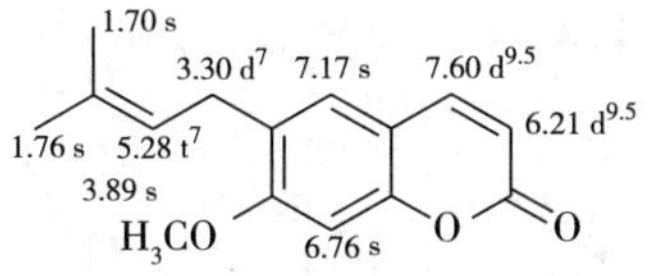

软木花椒素

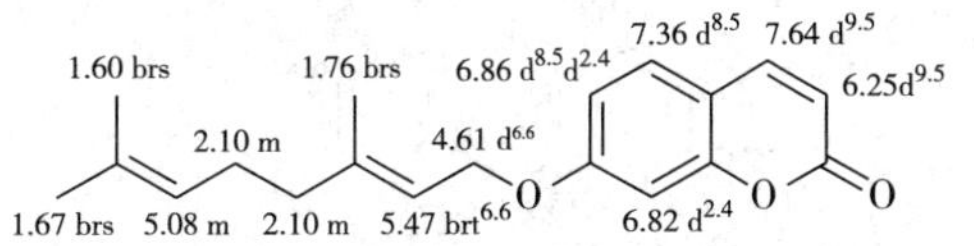

葡萄内酯

4.呋喃香豆素　呋喃环上H–2′与H–3′的偶合常数约为2.1Hz。H–2′受氧原子诱导效应的影响在较低场，化学位移值在δ 7.70左右。H–3′的信号在稍高场，线型呋喃香豆素H–3′的化学位移值在δ 6.80左右，角型则在δ 7.10左右。角型H–3′化学位移值较大的原因可能与H–3′和内酯环上氧原子之间存在的场效应有关。H–3′除了与H–2′发生邻位偶合外，还会受到折线型远程偶合影响，通常呈现为dd峰或br.d峰。线型呋喃香豆素H–3′与H–8发生远程偶合，角型呋喃香豆素则是H–3′与H–6发生远程偶合，远程偶合常数较小，约为0.9Hz。

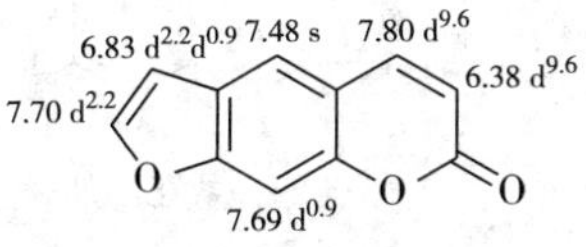

补骨脂素 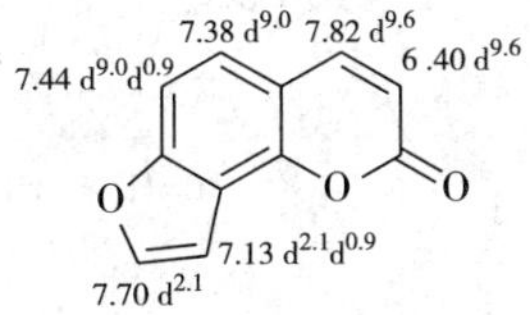　　异补骨脂素 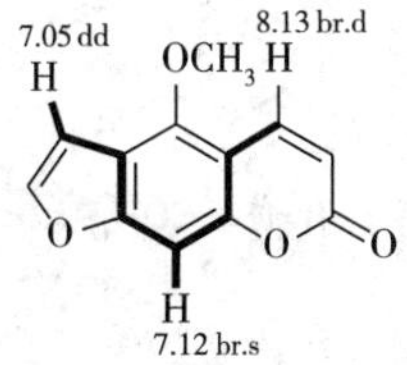　　佛手柑内酯

5.二氢呋喃香豆素　是呋喃香豆素呋喃环被氢化的产物，与呋喃香豆素相比不但双键消失，而且多了一个异丙基或异丙醇基。二氢呋喃香豆素H–3′的化学位移值为δ 3.2～3.4，理论上C–3′位上的两个氢核是磁不全同氢核，是要偶合裂分的，但实际上多数情况下该两个氢核呈现的是一个d峰，偶合常数在8.5Hz左右。当C–2′位上的取代基是异丙醇基时，H–2′的化学位移值为δ 4.7～4.8，呈现的是一个t峰，偶合常数在8.5Hz左右；两个甲基的化学位移值为δ 1.2～1.4，均呈现单峰。当C–2′位上的取代基异丙醇基被酰化时，H–2′的化学位移值约为δ 5.10～5.25，呈现的也是一个t峰，偶合常数在8.5Hz左右；两个甲基的化学位移值为δ 1.5～1.7，均呈现单峰。需要注意的是，这两个甲基的化学位移值位于双键上甲基化学位移值范围内。

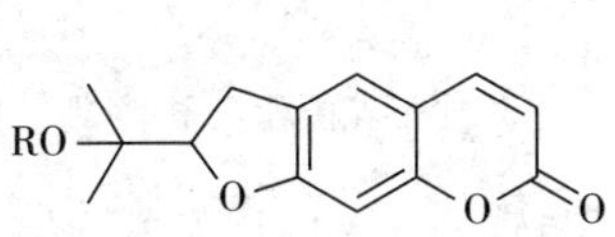

R=H or COR_1 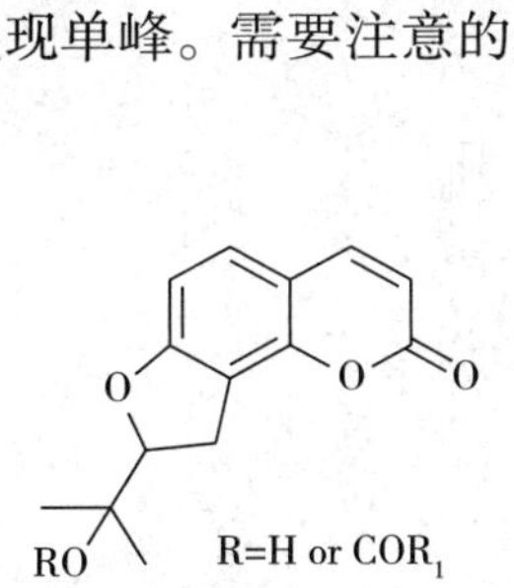　　R=H or COR_1

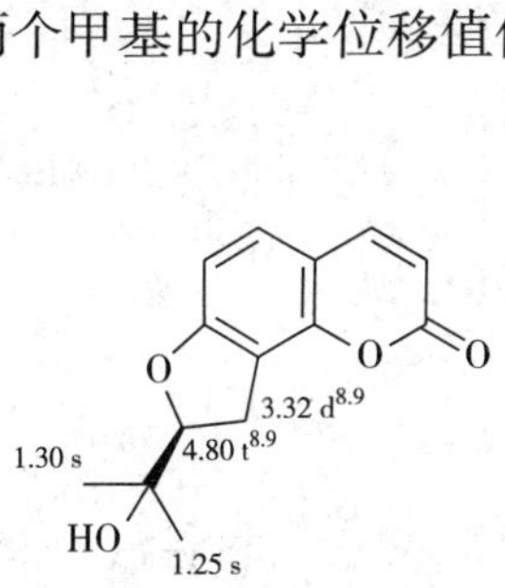

二氢欧山芹素

6.吡喃香豆素　是指母核7–羟基（或5–羟基）与C–6位或C–8位碳上取代的异戊烯基环合形成吡

喃环的一系列化合物。顺式烯氢质子H-3′与H-4′的偶合常数与环内双键上两个氢核的偶合常数类似，约为10.0Hz。H-3′的化学位移值在 δ 5.70左右。H-4′由于受到苯环磁各向异性效应的影响，其化学位移值较大，线型吡喃香豆素H-4′化学位移值约为 δ 6.30，角型的则约为 δ 6.80。角型H-4′化学位移值较大的原因可能与H-4′和内酯环上氧原子之间存在的场效应有关。当C-8位无取代时，线型吡喃香豆素H-4′会与H-8发生折线形远程偶合，呈现的是dd峰或br.d峰，远程偶合常数很小，仅为0.4Hz左右。当C-6位无取代时，角型吡喃香豆素H-4′会与H-6发生折线形远程偶合，呈现的也是dd峰或br.d峰。两个甲基的化学位移值在 δ 1.45～1.65，呈现的是一个积分为6个氢的单峰信号。

美洲花椒素

邪蒿内酯

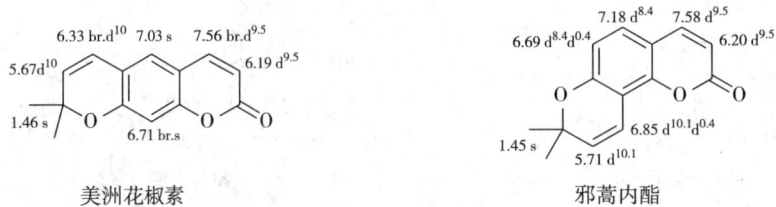

7.二氢吡喃香豆素 是吡喃香豆素吡喃环双键被氧化或水合的产物。H-4′化学位移值为 δ 2.0～3.4，两个氢核是磁不全同氢核，呈现的是dd峰，偶合常数为5Hz和18Hz。当C-3′为羟基取代时，H-3′化学位移值为 δ 3.8～3.9，呈现的是dd或t峰，偶合常数为5～6Hz。当C-3′羟基被酰化时，H-3′化学位移值为 δ 5.0～5.7，呈现的也是dd或t峰，偶合常数为5～6Hz。两个甲基的化学位移值为 δ 1.33～1.40，均为单峰。

R=H or COR_1

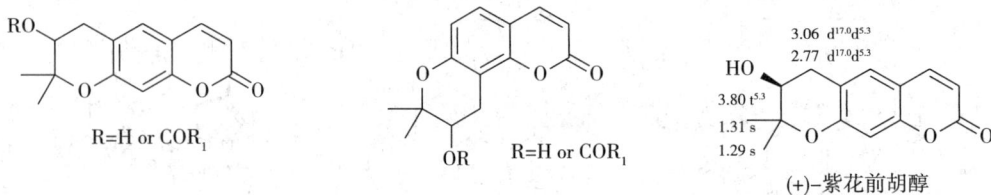

R=H or COR_1

(+)-紫花前胡醇

（二）^{13}C-NMR谱特点

1.简单香豆素 香豆素母核上有9个碳原子，均是sp^2杂化碳，在碳谱中出现在 δ 98～165的区间。由于受到内酯羰基吸电子共轭作用的影响，在碳谱中C-4、C-5、C-7和C-9位于低场，而C-3、C-6、C-8和C-10则位于高场。需要注意的是，内酯羰基C-2的信号在 δ 160左右，易与苯环直接连氧碳信号混淆。多数香豆素类化合物的C-3和C-4上没有取代基，化学位移值较为固定，受羰基共轭效应的影响，C-3出现在较高场 δ 110～115，C-4则在较低场 δ 143～147。香豆素7位多有含氧取代基，C-3的化学位移值约为112，C-4的化学位移值一般为144±1。

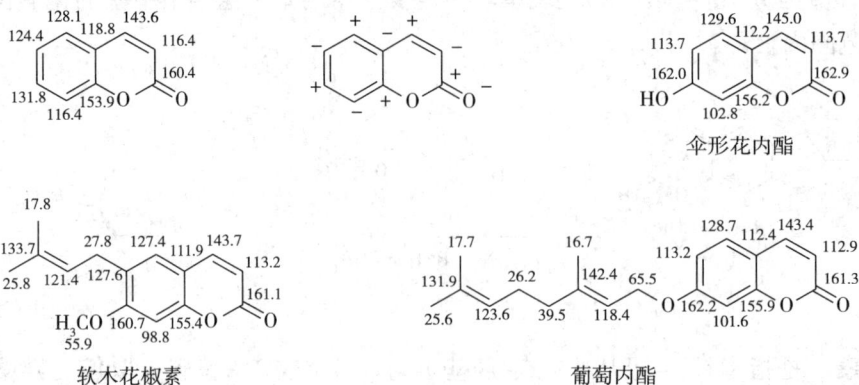

伞形花内酯

软木花椒素

葡萄内酯

绝大多数香豆素类化合物的7位连有含氧取代基团，使C-7化学位移大幅向低场移动，出现在 δ 160左右。C-9也连有氧原子，其信号也在较低场。香豆素苯环上的取代基对各个碳原子的化学位移值具有较大影响，尤其连氧取代基，如—OH、—OCH_3等。此类取代基的位移效应规律是使直接连氧碳的化学位移向低场移动约30个化学位移单位，邻位和对位碳分别向高场移动约13个和8个化学位移单位。香豆素母核上常见的异戊烯基取代基的位移效应可以类比 n-Bu，会使直接相连的碳信号向低场位移大约10个化学位移单位，对其他位置的碳信号影响则较弱（图2-3）。

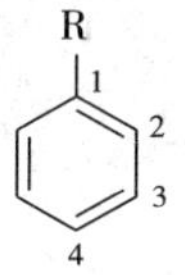

$$\delta_{Ci} = 128.5 + Zi$$

R	Z_1	Z_2	Z_3	Z_4
OH	28.8	−12.8	1.4	−7.4
OCH_3	33.5	−14.4	1.0	−7.7
n-Bu	10.9	−0.2	−0.2	−2.8

图2-3　取代基对单取代苯环 ^{13}C 化学位移的影响

2.呋喃香豆素　基本骨架含有11个碳信号，二氢呋喃香豆素的基本骨架含有14个碳信号。呋喃香豆素中呋喃环C-2′和C-3′的化学位移值分别在 δ 146和 δ 106左右。需要注意的是，C-2′虽然直接与氧原子相连，但其化学位移值却小于 δ 150，角型呋喃香豆素C-9的化学位移值也偏小，这可能与其内酯环上氧原子和H-3′之间存在的场效应有关。

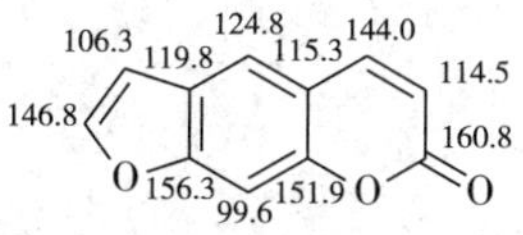

补骨脂素 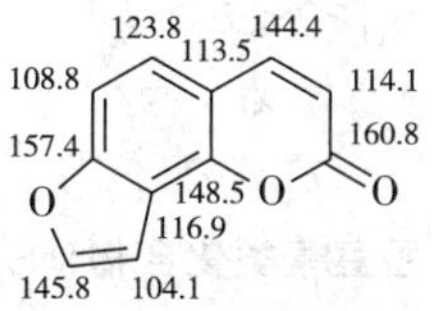　　异补骨脂素 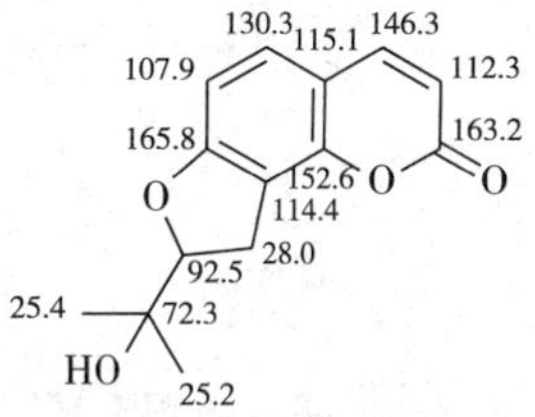　　二氢欧山芹素

3.吡喃香豆素　吡喃香豆素的基本骨架含有14个碳信号，其中11个碳信号为 sp^2 杂化碳信号。二氢吡喃香豆素的基本骨架也含有14个碳信号，但 sp^2 杂化碳信号只有9个。与角型呋喃香豆素类似，角型吡喃香豆素C-9的化学位移值也偏小。当甲氧基两侧均有取代基时，甲氧基的化学位移值通常大于 δ 60。如鲁望桔内酯中甲氧基的化学位移值为 δ 60.9，这可能与甲氧基和两侧取代基之间存在较强的场效应，使甲氧基上氧原子的电子云向苯环转移有关，造成甲氧基化学位移值增大，而与其直接相连的苯环碳原子化学位移值变小。

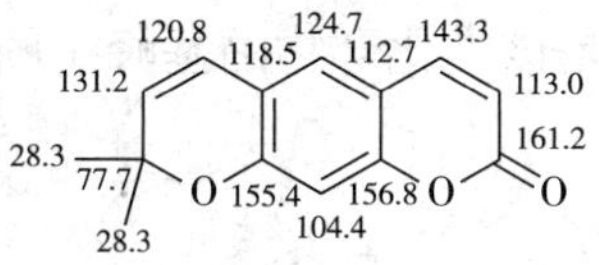

美洲花椒素 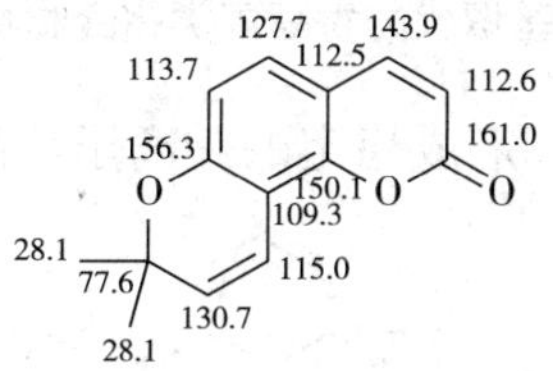　　邪蒿内酯 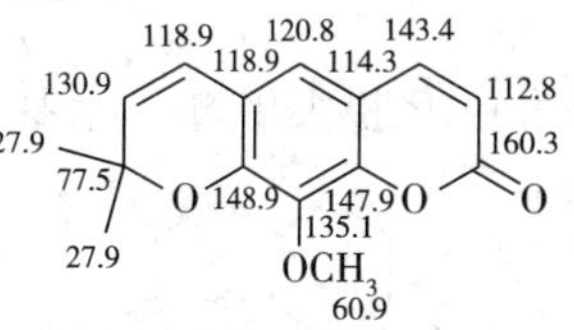　　鲁望桔内酯

（三）MS特点

在EI-MS中，香豆素苷元类化合物一般具有较强的分子离子峰。由于此类化合物含有内酯环和OR取代基，易通过重排消除等方式连续脱去CO，在质谱中呈现一系列失去CO的碎片离子（图2-4）。

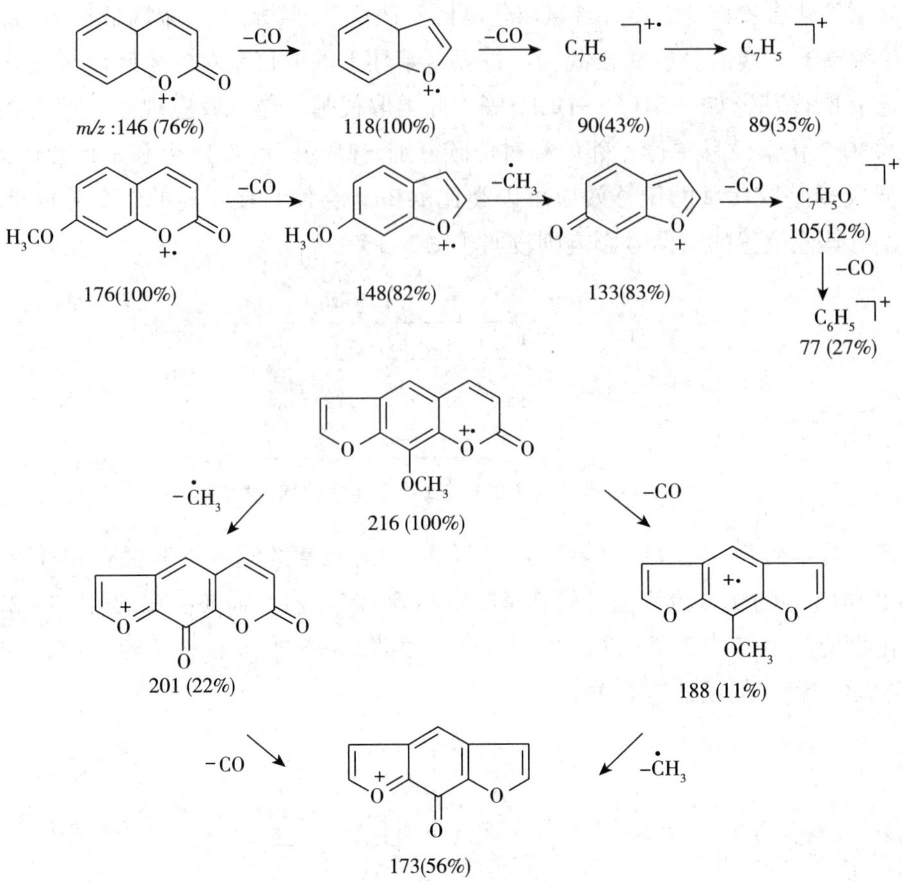

m/z :146 (76%) —(−CO)→ 118(100%) —(−CO)→ C_7H_6 90(43%) → C_7H_5 89(35%)

H_3CO 176(100%) —(−CO)→ 148(82%) —(−$\dot{C}H_3$)→ 133(83%) —(−CO)→ C_7H_5O 105(12%) —(−CO)→ C_6H_5 77 (27%)

OCH_3 216 (100%) —(−$\dot{C}H_3$)→ 201 (22%); —(−CO)→ 188 (11%); 201 —(−CO)→ 173(56%); 188 —(−$\dot{C}H_3$)→ 173(56%)

图2-4　香豆素类化合物MS裂解规律

香豆素苯环的6位或8位上有异戊烯基取代时，可失去甲基自由基形成稳定的共轭离子，或发生β断裂形成稳定的草鎓离子碎片（图2-5）。

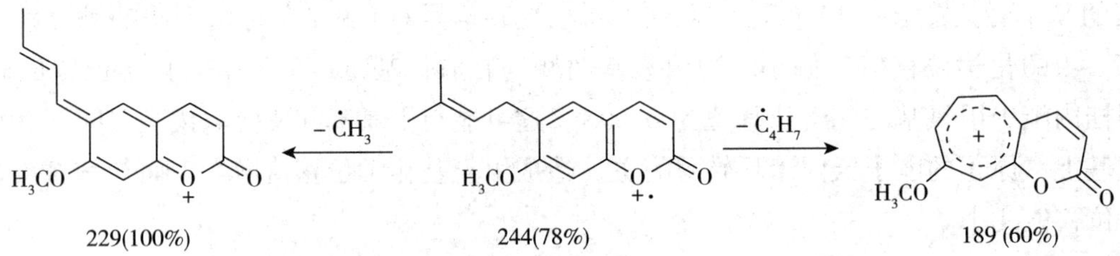

229(100%) ←(−$\dot{C}H_3$)— 244(78%) —(−$\dot{C}_4H_7$)→ 189 (60%)

图2-5　异戊烯基取代的香豆素类化合物MS裂解规律

吡喃香豆素脱去甲基自由基后，由于可形成稳定的鎓离子，故常常是该类化合物的基峰（图2-6）。

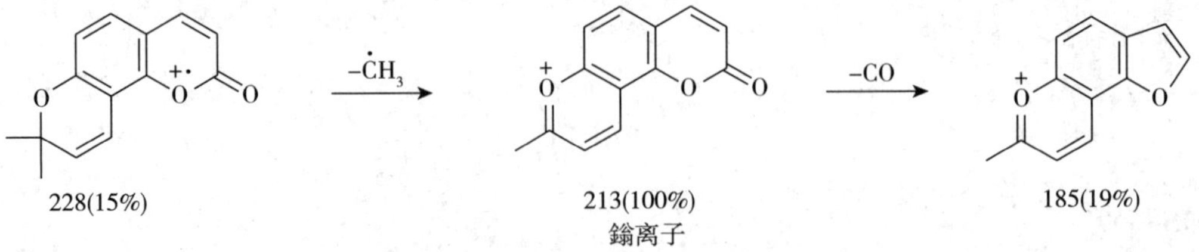

228(15%) —(−$\dot{C}H_3$)→ 213(100%) 鎓离子 —(−CO)→ 185(19%)

图2-6　吡喃香豆素类化合物MS裂解规律

思考

在^{1}H-NMR和^{13}C-NMR图谱中通过哪些信号可以快速识别香豆素类化合物？

三、A香豆素类化合物结构解析

（一）7–羟基香豆素

在[1]H–NMR谱中 δ_H 6.17（1H，d，*J*=9.4Hz）和7.83（1H，d，*J*=9.4Hz）吸收峰提示该化合物是一个香豆素类化合物（图2–7）。在[13]C–NMR谱中有 δ_C 163.7、163.2、157.3、146.1、130.7、114.5、113.2、112.4和103.4一共9个碳信号，不仅进一步证实该化合物是一个香豆素类成分，而且提示该化合物除活泼氢基团取代外再无其他取代基（图2–8）。^{1}H–NMR谱中 δ_H 7.44（1H, d, *J*=8.5Hz）、6.78（1H, dd, *J*=8.5, 2.3Hz）和6.70（1H，d，*J*=2.3Hz）吸收峰提示香豆素的母核是一个1,2,4三取代母核。除上述信号外，在氢谱中再无其他信号，说明香豆素母核上的取代基只能是酚羟基。

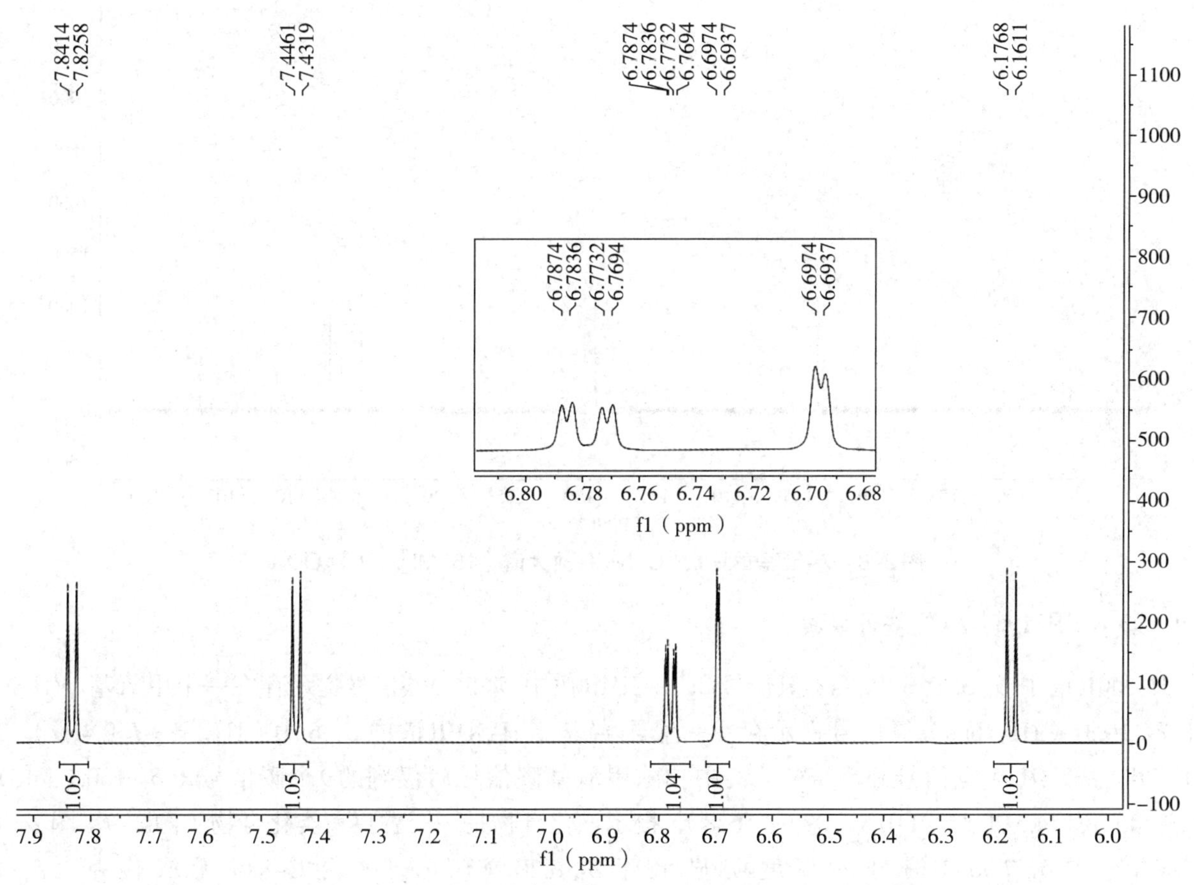

图2–7　7–羟基香豆素[1]H–NMR放大谱（600MHz，CD_3OD）

如果酚羟基取代在C–6位，H–5、H–7和H–8都会受到一个邻位OR基团的影响，三个氢信号的化学位移值差别不会太大。如果酚羟基取代在C–7位，H–8会受到两个邻位OR基团的影响，H–6会受到一个邻位OR基团和一个对位OR基团的影响，H–5与两个OR基团均呈间位，OR基团对H–5的化学位移值影响有限，故当酚羟基取代在C–7位时，H–8和H–6的化学位移值会偏小，H–5的化学位移值会偏大，这与实际情况相符，故酚羟基应该连在C–7位。此外，如果酚羟基取代在C–6位，两个OR取代基团互成对位取代，C–6和C–9位的化学位移值是不可能大于 δ_C 155的。如果酚羟基取代在C–7位，两个OR取代基团互成间位取代，C–6和C–9位的化学位移值均会大于 δ_C 155。该化合物的氢谱数据和碳谱数据均与酚羟基取代在C–7位上的特点相符，故将该化合物的结构推定为7–羟基香豆素。

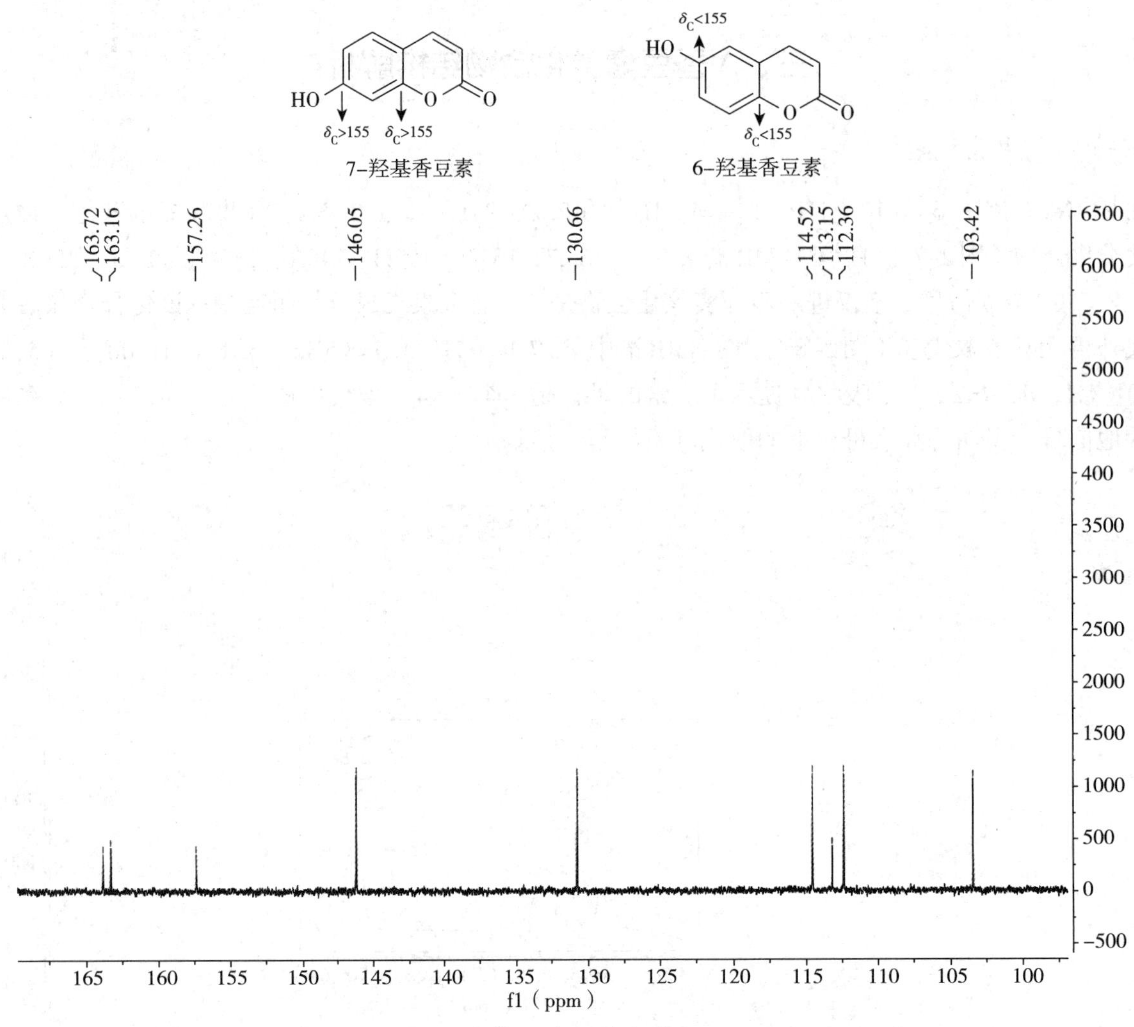

图2-8　7-羟基香豆素 ^{13}C-NMR 放大谱（150MHz，CD_3OD）

（二）6-甲氧基-7-羟基香豆素

^{1}H-NMR谱中 δ_H 3.80（3H，s）氢信号和 ^{13}C-NMR谱中 δ_C 56.0碳信号提示存在一个甲氧基。^{1}H-NMR谱中 δ_H 10.31（1H，br.s）氢信号提示存在一个酚羟基。^{1}H-NMR谱中 δ_H 6.20（1H，d，J=9.4Hz）、7.90（1H，d，J=9.4Hz）氢信号和 ^{13}C-NMR谱中扣除甲氧基碳信号后仅剩的9个碳信号（δ_C 160.7、151.2、149.5、145.3、144.5、111.7、110.5、109.6、102.8），提示该化合物是一个香豆素类化合物（图2-9，图2-10）。^{1}H-NMR谱中 δ_H 7.90氢信号的高度明显低于 δ_H 6.20氢信号，提示C-8位无取代基。δ_H 7.20（1H，s）和6.76（1H，s）氢信号，提示在苯环上存在两个互成对位的氢核。有时由于仪器的分辨率不够高造成原本的d峰信号变成了s峰，δ_H 7.20 和6.76 氢信号有无可能是互成间位的氢核呢？通过化学位移值的计算，就可发现并不是这种情况。当两个氢核互成间位时，H-6和H-8均与两个OR基团呈邻位并与一个OR基团呈对位的取代模式，H-6和H-8化学位移值的差别应该不大，而且当C-5位上具有OR取代基时，H-4的化学位移值也应该大一些。当两个氢核互为对位时，H-8与两个OR基团相邻，H-5只与一个OR基团相邻，故H-5的化学位移值要比H-8大得多，同时H-4的化学位移值也较小，这完全与氢谱相符。综上所述，可将该化合物推断为6-甲氧基-7-羟基香豆素或7-甲氧基-6-羟基香豆素。

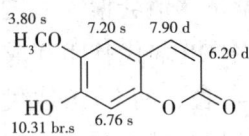

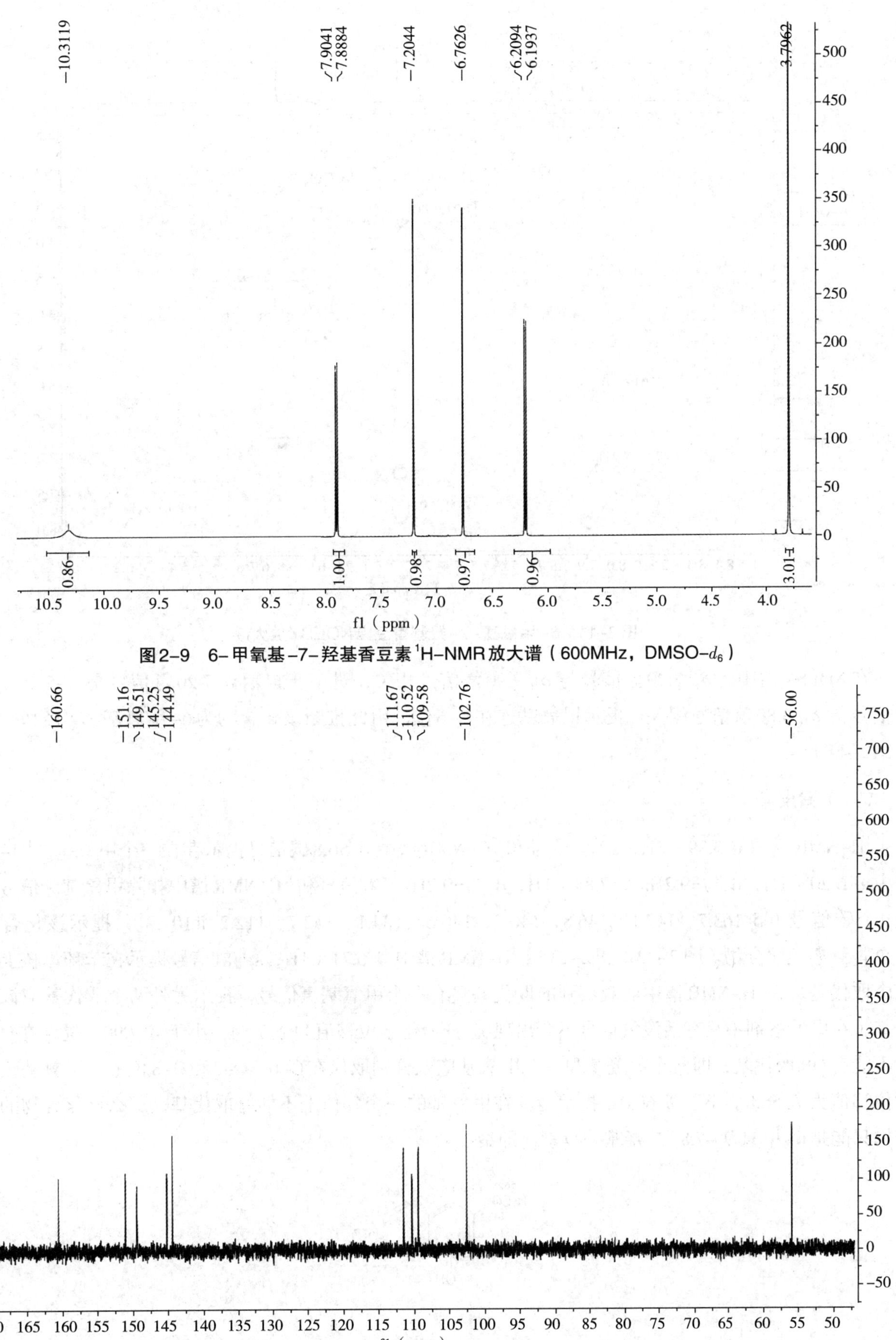

图2-9　6-甲氧基-7-羟基香豆素 ^{1}H-NMR放大谱（600MHz，DMSO-d_6）

图2-10　6-甲氧基-7-羟基香豆素 ^{13}C-NMR放大谱（150MHz，DMSO-d_6）

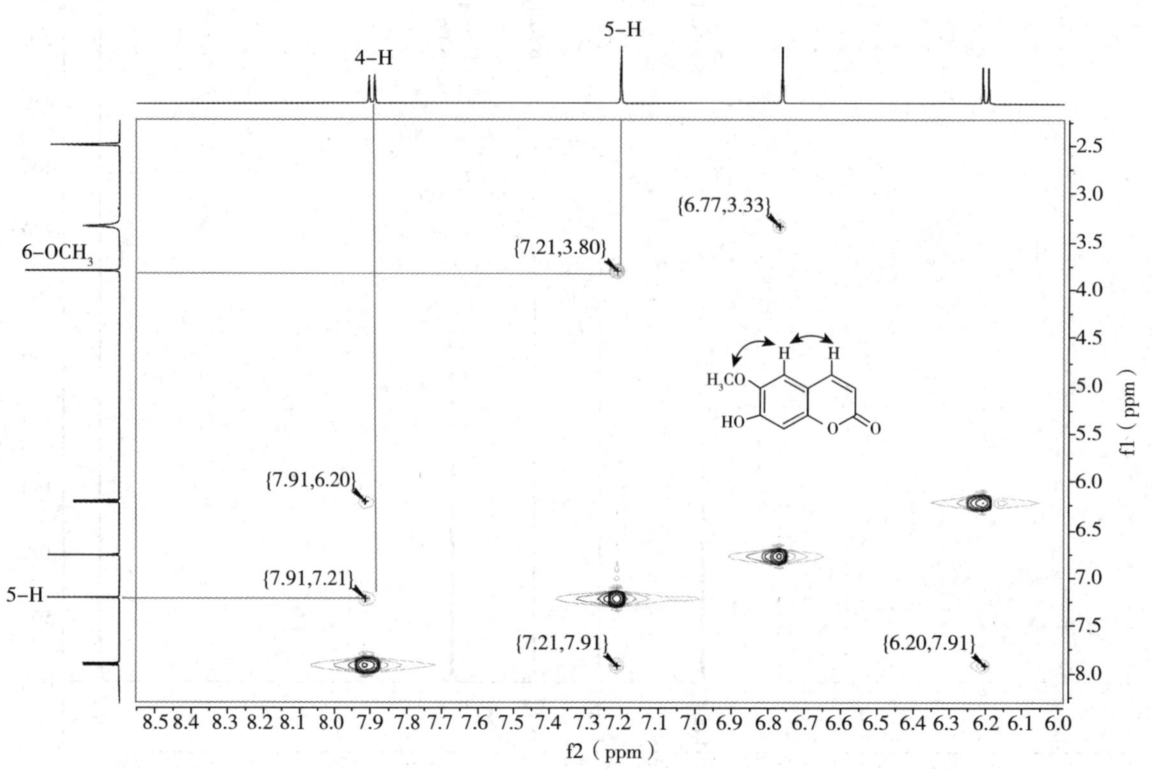

图2–11　6–甲氧基–7–羟基香豆素NOESY放大谱

在NOESY谱中，δ_H 7.20氢信号与δ_H 7.90氢信号相关，进一步提示δ_H7.20氢信号是H–5，δ_H 7.20氢信号与δ_H 3.80氢信号相关，提示甲氧基连在C–6位，由此推断该化合物为6–甲氧基–7–羟基香豆素（图2–11）。

（三）秦皮素

^{1}H–NMR谱中δ 3.89（3H，s）氢信号和^{13}C–NMR谱中δ 56.8碳信号提示存在一个甲氧基。^{1}H–NMR谱中δ 6.20（1H，d，J=9.2Hz）、7.84（1H，d，J=9.2Hz）氢信号和^{13}C–NMR谱中扣除甲氧基碳信号后仅剩9个碳信号（δ 163.7、147.1、146.8、140.7、140.6、134.1、112.7、112.2和101.0），提示该化合物是一个香豆素类化合物（图2–12，图2–13）。^{1}H–NMR谱中δ 6.71（1H，s）氢信号提示在苯环母核上具有三个取代基。在^{1}H–NMR谱中能观察到的取代基只有一个甲氧基氢信号，提示另外两个取代基应该是酚羟基（在甲醇溶剂中只有活泼氢信号不会出现）。H–4化学位移值为δ 7.84，小于δ 7.90，提示在C–5位上不能有OR取代基，即两个酚羟基和一个甲氧基应该分别取代在C–6、C–7和C–8位上。甲氧基碳的化学位移值为δ 56.8，小于δ 60.0，提示至少在甲氧基的一个邻位上不能有取代基，那么该化合物的化学结构只能是6–甲氧基–7,8–二羟基香豆素，即秦皮素。

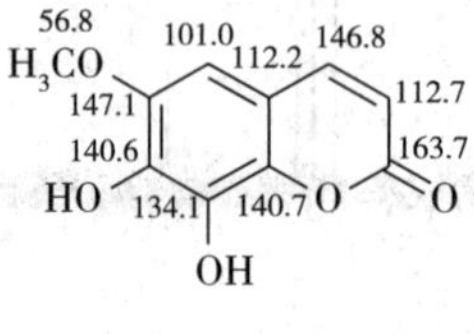

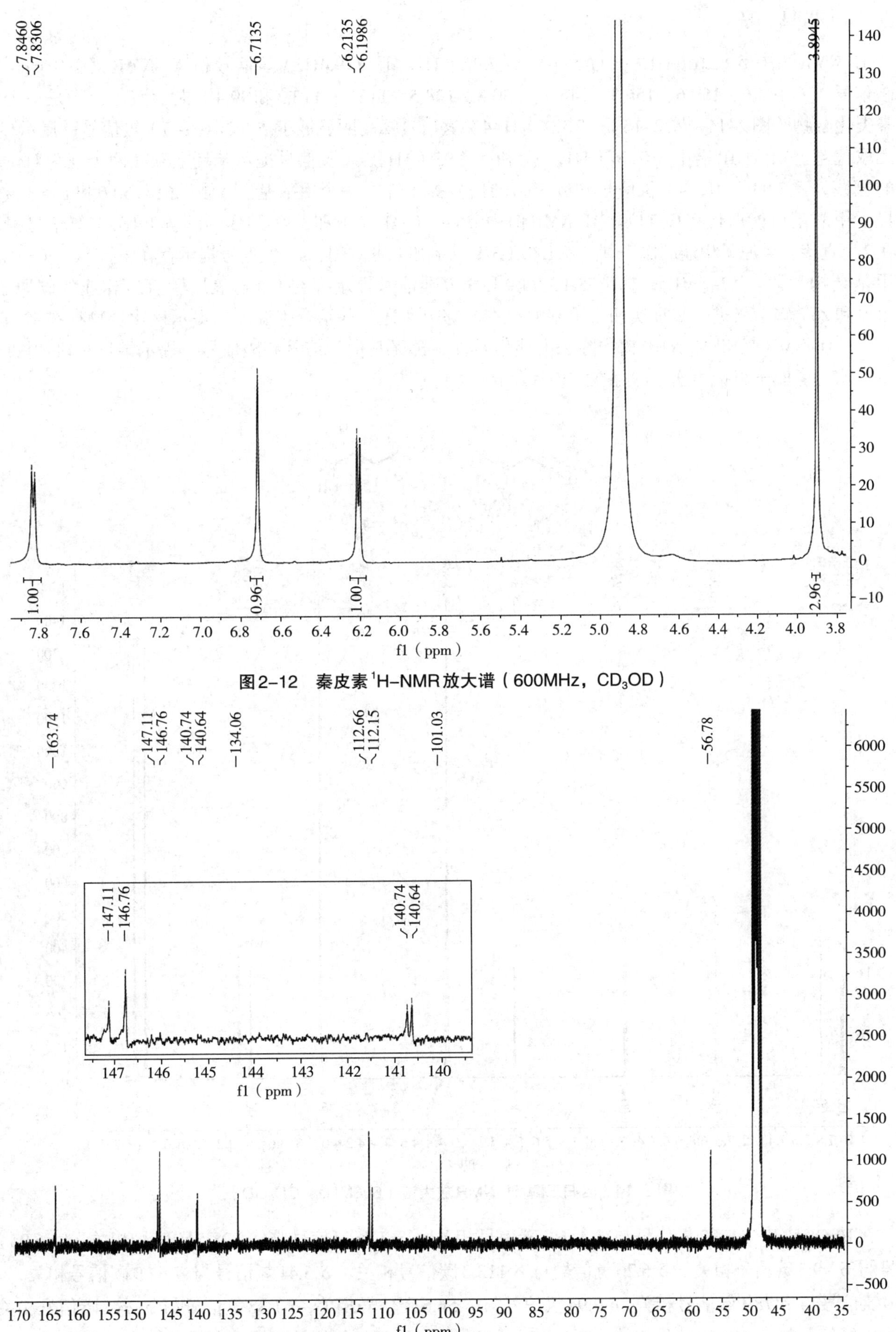

图2-12　秦皮素 ^{1}H-NMR放大谱（600MHz，CD_3OD）

图2-13　秦皮素 ^{13}C-NMR放大谱（150MHz，CD_3OD）

（四）当归三醇

^{1}H-NMR谱中 δ 6.26（1H，d，*J*=9.4Hz）、7.92（1H，d，*J*=9.4Hz）氢信号和^{13}C-NMR谱中9个sp^2杂化碳信号（δ 163.6、160.6、156.3、146.3、130.8、128.5、113.4、113.3和99.4）提示该化合物是一个香豆素类化合物（图2-14，图2-15）。δ 7.92（H-4）氢信号峰高明显低于 δ 6.26（H-3）氢信号，提示C-8位无取代基。^{1}H-NMR谱中 δ 7.76（1H，s）和 δ 6.95（1H，s）氢信号提示苯环上存在两个互为对位取代的氢核，δ 3.94（3H，s）氢信号和 δ 56.6碳信号提示存在一个甲氧基。δ 163.6、160.6和156.3碳信号提示甲氧基可能取代在C-7位。^{1}H-NMR谱中 δ5.41（1H，s）和3.40（1H，d，*J*=1.4Hz）氢信号提示存在2个直接与氧原子相连的次甲基，δ 1.30（3H，s）和1.38（3H，s）氢信号提示存在2个—O—C—CH_3的甲基结构片段。^{13}C-NMR谱中 δ 78.1、74.9和67.9碳信号提示存在3个与氧原子直接相连的碳原子，δ 26.9和26.8碳信号进一步证实两个甲基的存在。综上所述，并结合生源关系提示该化合物存在结构片段a。在^{1}H-NMR谱和^{13}C-NMR谱中除去上述信号外，再无其他氢信号和碳信号，提示结构片段a中3个氧原子均与氢原子直接相连，即存在结构片段b。

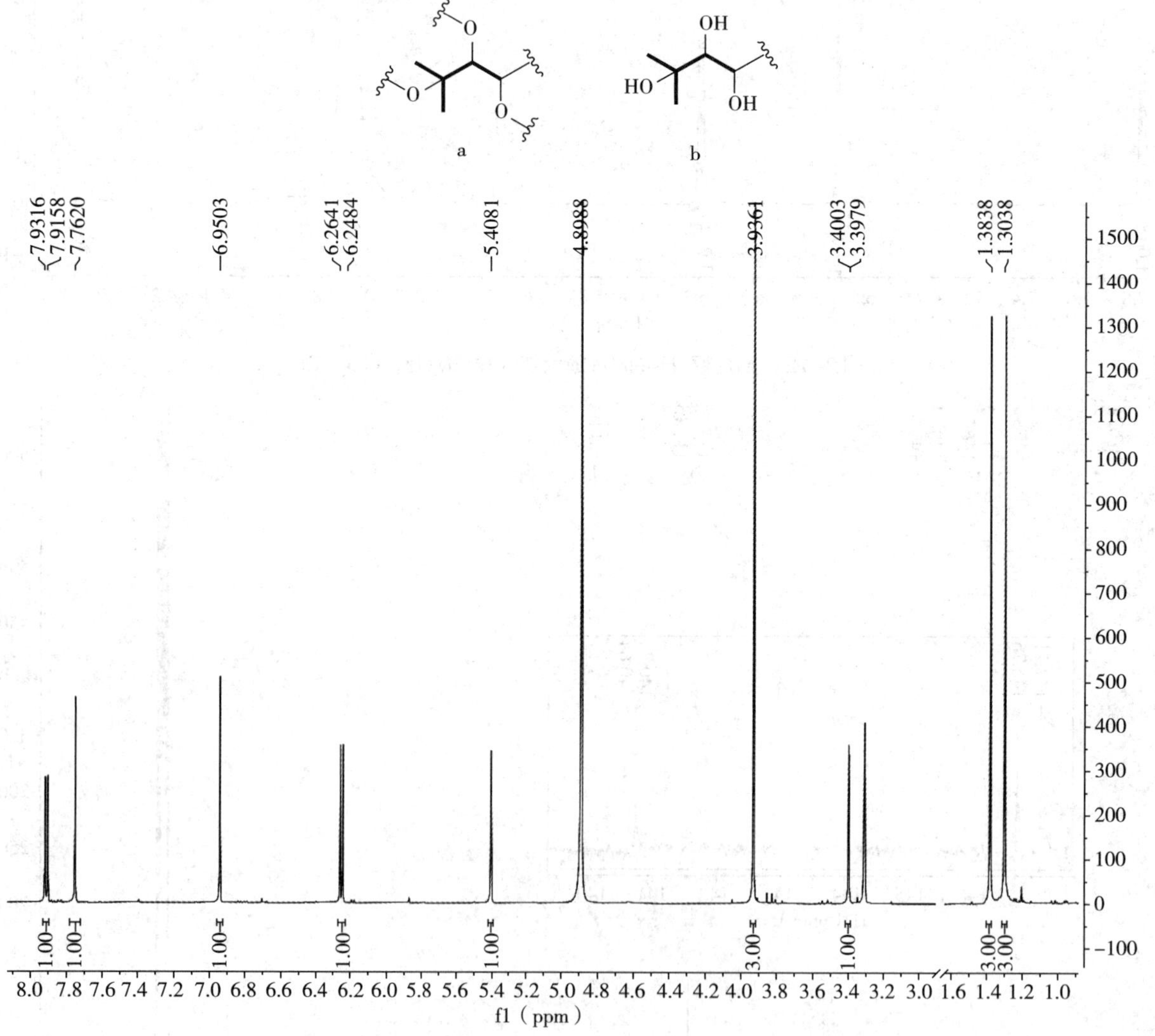

图2-14　当归三醇^{1}H-NMR放大谱（600MHz，CD_3OD）

在HSQC谱中 δ 7.92氢信号与 δ 146.3碳信号相关，δ 7.76氢信号与 δ 128.5碳信号相关，δ 6.95氢信号与 δ 99.4碳信号相关，δ 6.26氢信号与 δ 113.3碳信号相关，δ 5.41氢信号与 δ 67.9碳信号相关，δ 3.40氢信号与 δ 78.1碳信号相关，δ 3.94氢信号与 δ 56.6碳信号相关，δ 1.38氢信号与 δ 26.8碳信号相关，δ 1.30氢信号与 δ 26.9碳信号相关（图2-16）。其余碳信号不与氢信号相关，表明它们均为季碳。

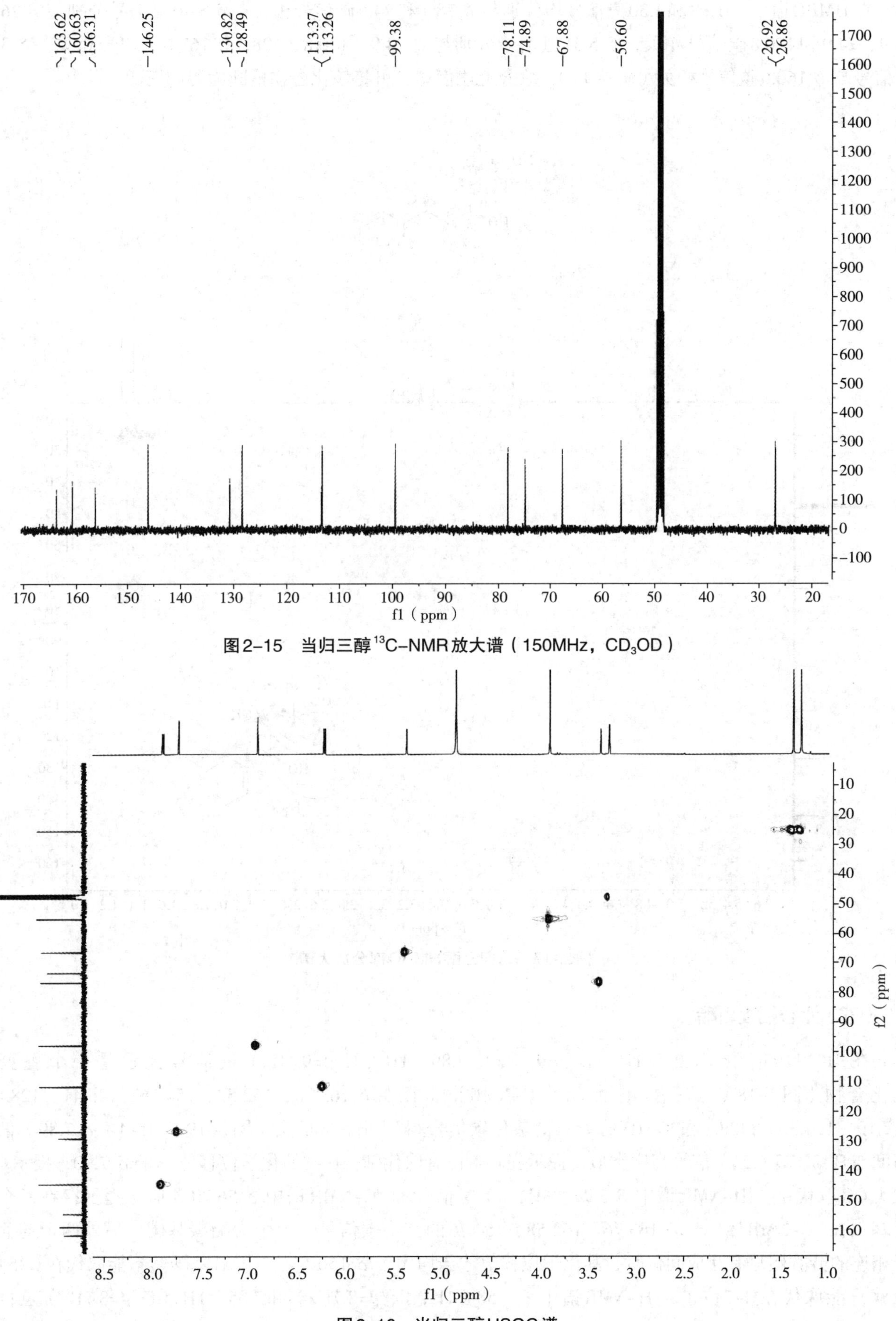

图2-15　当归三醇 ^{13}C-NMR放大谱（150MHz，CD_3OD）

图2-16　当归三醇HSQC谱

在HMBC谱中 δ 1.38和1.30氢信号均分别与 δ 78.1和74.9碳信号相关，δ 3.40氢信号分别与 δ 26.8、26.9、74.9和130.8碳信号相关，δ 5.41氢信号分别与 δ 74.9、130.8、128.5和160.6碳信号相关，δ 3.94氢信号与 δ 160.6碳信号相关（图2–17）。综合上述信息，可将该化合物推断为当归三醇。

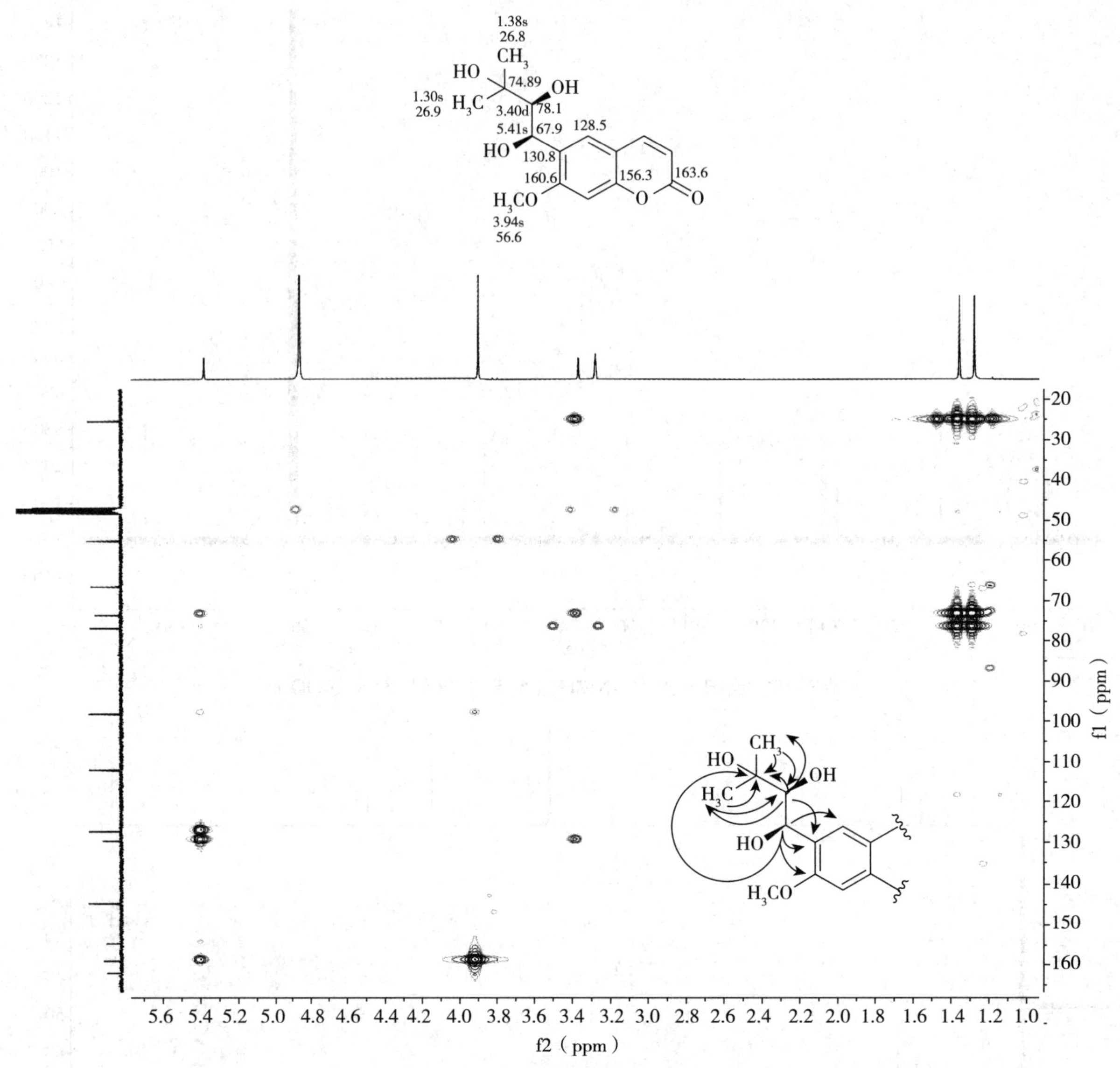

图2–17 当归三醇HMBC部分放大谱

（五）水合橘皮内酯

在^{1}H–NMR谱中 δ 6.24（1H，d，*J*=9.4Hz）、7.89（1H，d，*J*=9.4Hz）氢信号提示是一个香豆素类化合物（图2–18）。这一推测也可由^{13}C–NMR谱中存在 δ 163.76、162.58、154.76、146.41、128.44、117.19、114.38、113.01和109.03的9个sp^2杂化碳信号得到进一步证实（图2–19）。H–4（δ 7.89）信号高度与H–3（δ 6.24）信号高度类似，提示在C–8位有取代基。H–4的化学位移值小于 δ 7.90，提示C–5位无OR取代基。^{1}H–NMR谱中 δ 3.94（3H，s）氢信号和^{13}C–NMR谱中 δ 56.70碳信号提示存在一个甲氧基。在^{13}C–NMR谱中，δ 163.76、162.58、154.76的三个碳信号，一个为酯羰基碳，另外两个与氧原子相连的芳香碳只有互成间位时，其化学位移值才会均大于 δ 150左右。甲氧基既然不能取代在C–5位，也就只能取代在C–7位了。^{1}H–NMR谱中 δ 7.50（1H，d，*J*=8.7Hz）和7.05（1H，d，*J*=8.7Hz）氢信号提示存在两个互为邻位的氢核。δ 3.67（1H，dd，*J*=9.4，3.6Hz）提示存在一个O-CH取代基，δ 3.06（1H，dd，*J*=9.4，12Hz）、3.02（1H，dd，*J*=3.6，12Hz）氢信号提示存在一个磁不全同的亚甲基。根据偶合常数可将次甲基和亚甲基连成一个结构片段（—OCHCH$_2$—）。δ 1.30（3H，s）和1.27（3H，s）氢信号提示存在两个—O—C—CH$_3$甲基。由^{13}C-NMR谱可知，扣除香豆素母核和甲氧基碳信号后，还剩余δ 78.77、74.13、26.28、25.63、25.45共5个碳信号，综合^{1}H-NMR谱所提供的信息，可以推断该化合物存在结构片段a或b。

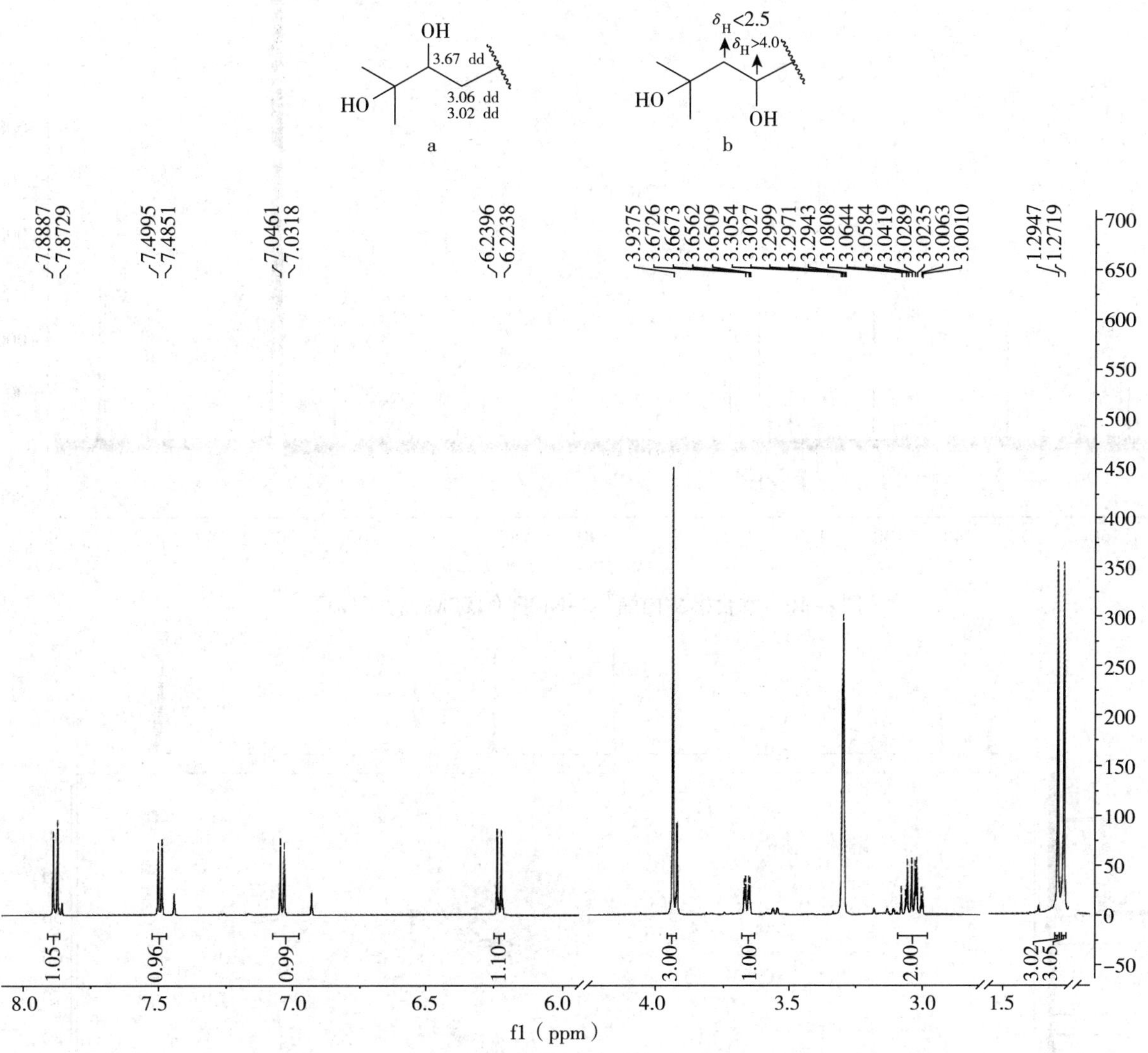

图2-18 水合橘皮内酯^{1}H-NMR放大谱（600MHz，CD$_3$OD）

在HSQC谱中δ 7.89氢信号δ 146.41碳信号相关，δ 7.50氢信号δ 128.44碳信号相关，δ 7.05氢信号δ 109.03碳信号相关，δ 6.24氢信号δ 113.01碳信号相关，δ 3.94氢信号δ 56.07碳信号相关，δ 3.67氢信号δ 78.77碳信号相关，δ 3.06氢信号δ 26.28碳信号相关，δ 1.30氢信号δ 25.63碳信号相关，δ 1.27氢信号δ 25.45碳信号相关（图2-20）。

在HMBC谱中δ 1.30和1.27氢信号均分别与δ 78.77和74.13碳信号相关，说明存在的结构片段是a，而不是结构片段b（图2-21）。δ 3.94氢信号与δ 162.58碳信号相关，δ 3.06氢信号分别与δ 74.13、78.77、117.19、154.76和162.58碳信号相关，提示结构片段a连接在C-8位，甲氧基连接在C-7位。综上可将该化合物结构推定为水合橘皮内酯。

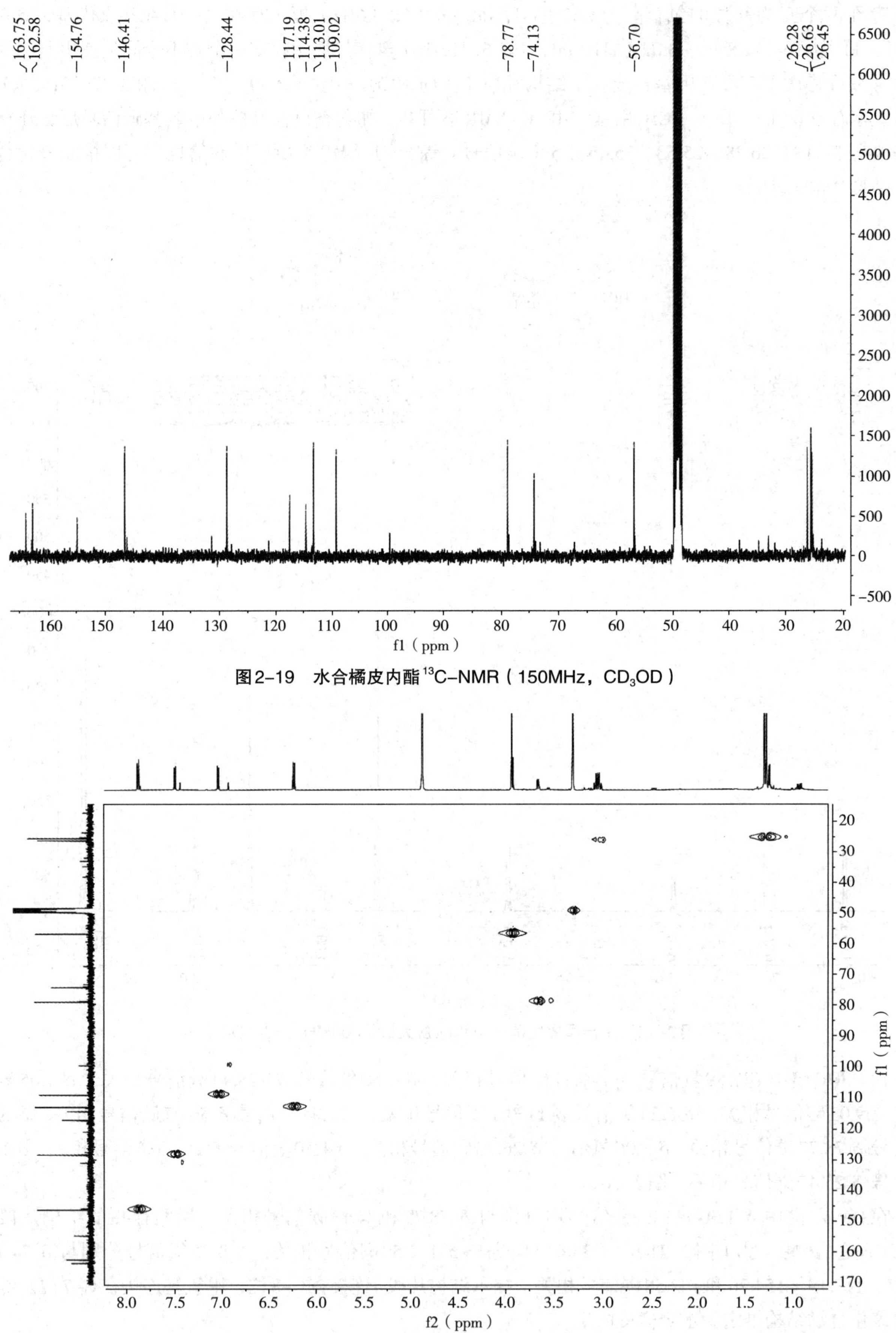

图2-19　水合橘皮内酯^{13}C-NMR（150MHz，CD_3OD）

图2-20　水合橘皮内酯HSQC谱

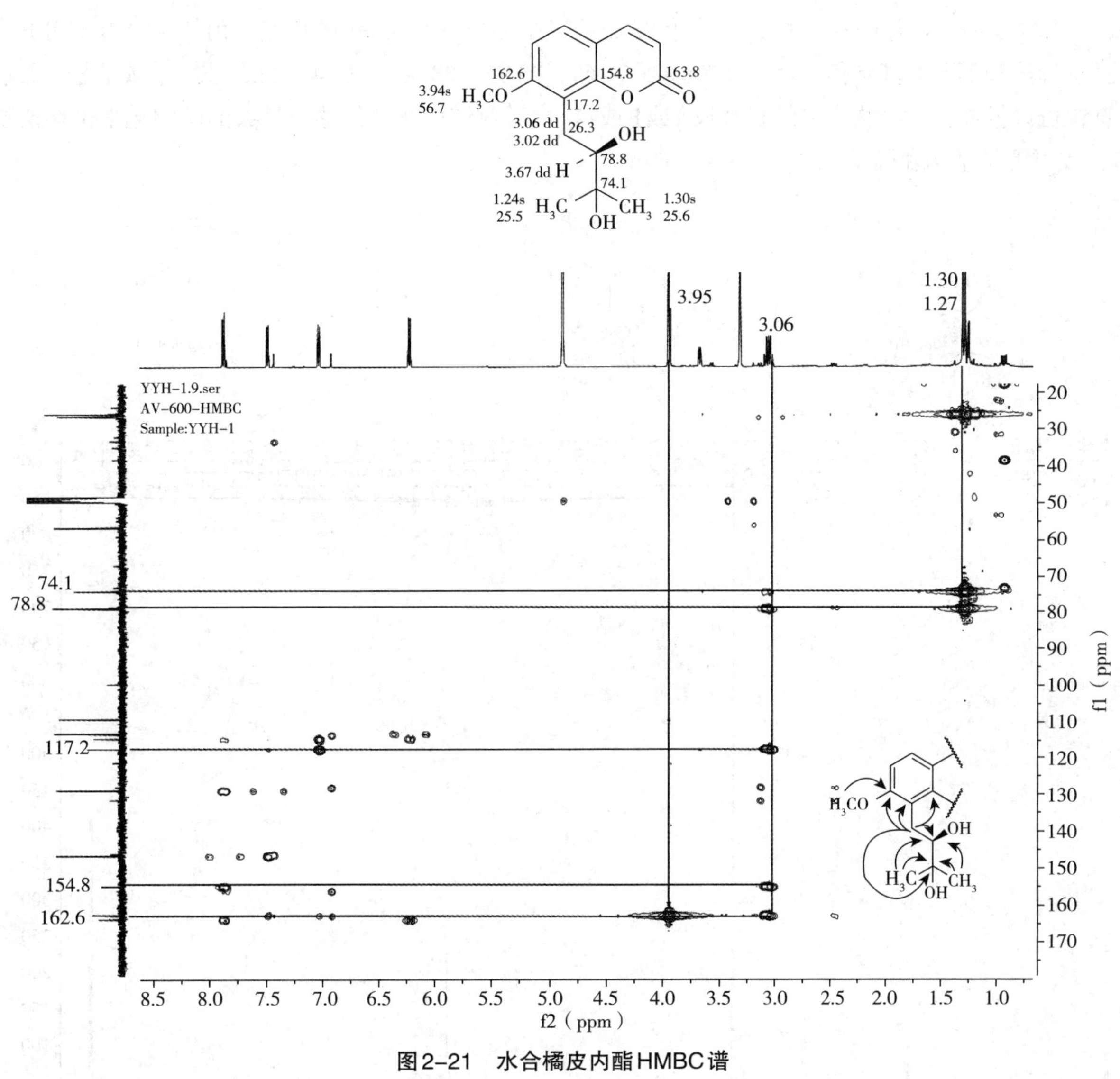

图2-21　水合橘皮内酯HMBC谱

（六）二氢欧山芹素-*O*-*β*-D-葡萄糖苷

^{1}H-NMR谱中 *δ* 4.60（1H，d，*J*=7.8Hz）氢信号和^{13}C-NMR谱中 *δ* 98.69、77.93、77.29、74.90、71.20、62.18的6个碳信号提示存在一个 *β*-葡萄糖基。端基碳的化学位移值偏低，提示其可能是一个叔醇苷。在陆生植物中绝大多数葡萄糖均为D-构型，提示存在的是一个-*O*-*β*-D-葡萄糖基。^{1}H-NMR谱中 *δ* 6.18（1H，d，*J*=9.5Hz）、7.85（1H，d，*J*=9.5Hz）氢信号提示是一个香豆素类化合物（图2-22）。这也可由^{13}C-NMR谱 中 *δ* 165.34、163.0、152.31、146.08、130.03、115.27、114.25、112.12和107.62的9个sp^2杂化碳信号得到进一步证实（图2-23）。H-4（*δ* 7.85）信号高度与H-3（*δ* 6.18）信号高度类似，提示在C-8位有取代基。H-4的化学位移值小于 *δ* 7.90，提示C-5位无OR取代基。^{13}C-NMR谱中 *δ* 165.34、163.0、152.31碳信号提示在母核上存在一个OR取代基，而且直接与氧原子相连的碳原子只能是互成间位（三个碳信号中，一个为酯羰基碳信号，一个为连氧的9位碳信号，另一个OR取代的碳只能与C-9互 成间位时其化学位移值才会大于 *δ* 150左右）。OR取代基既然不能取代在C-5位，也就只能取代在C-7位了。^{1}H-NMR谱中 *δ* 7.39（1H，d，*J*=8.0Hz）和6.76（1H，d，*J*=8.0Hz）氢信号提示存在两个互为邻位的氢核。在HSQC谱中 *δ* 3.49（1H，m）和3.31（1H，m）氢信号均与 *δ* 28.06碳信号相关，提示存在一个磁不全同的亚甲基。^{1}H-NMR谱中 *δ* 4.92（1H，dd，*J*=8.4，9.6Hz）氢信号提示存在一个直接与氧原子相连的次

甲基，δ 1.37（3H，s）和1.36（3H，s）氢信号提示存在两个—O—C—CH_3甲基。由^{13}C-NMR谱可知，扣除香豆素母核和葡萄糖基碳信号后，还剩余δ 91.69、78.95、28.06、23.54、22.19共5个碳信号，综合上述信息，可以推断该化合物存在结构片段a或b或c。由于侧链中化学位移值最大的碳的化学位移值是δ 91.69，故只能是结构片段c。

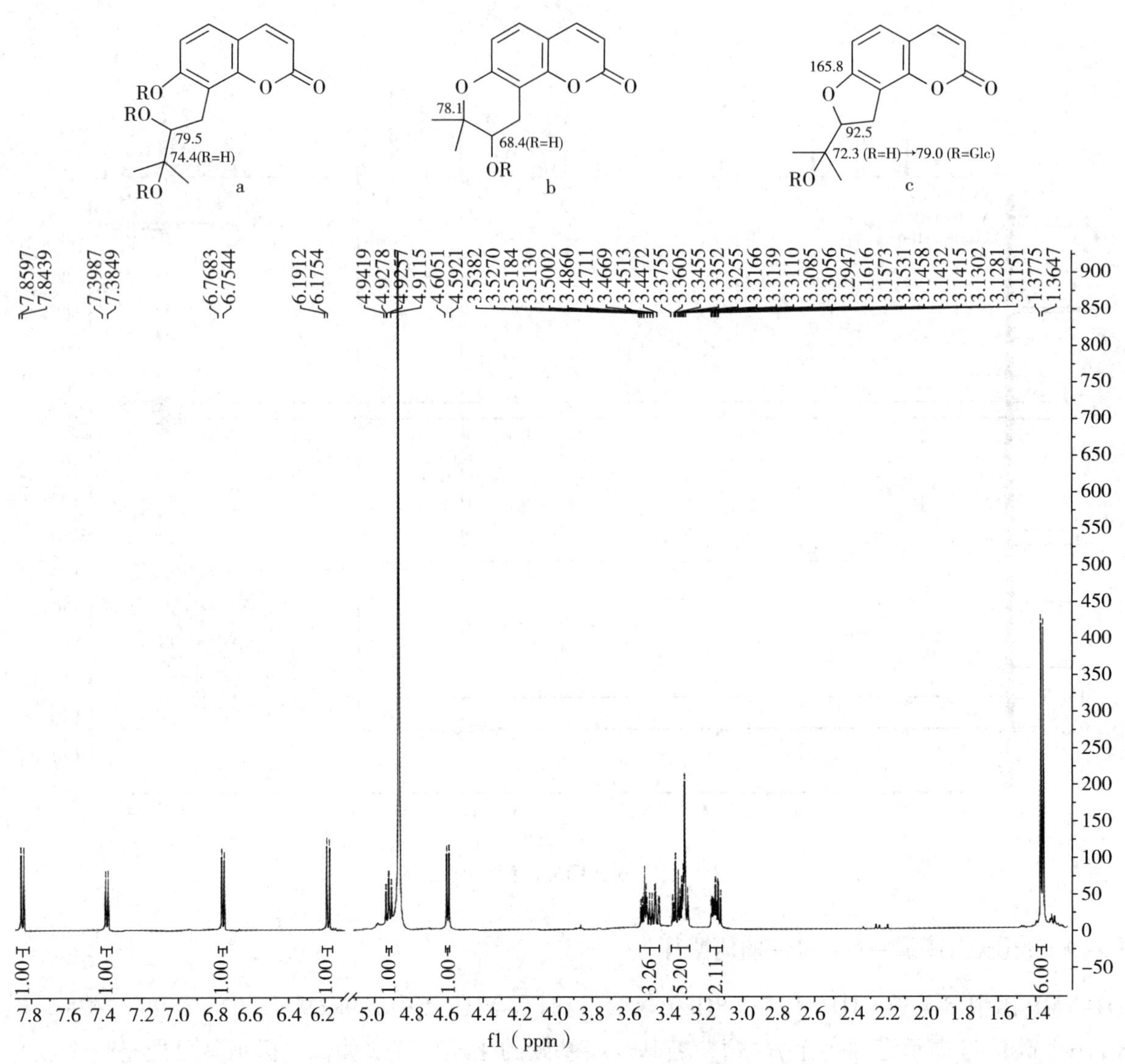

图2-22 二氢欧山芹素-*O*-*β*-D-葡萄糖苷^{1}H-NMR放大谱（600MHz，CD_3OD）

在HSQC谱中δ 7.85氢信号δ 146.08碳信号相关，δ 7.39氢信号δ 130.03碳信号相关，δ 6.76氢信号δ 107.62碳信号相关，δ 6.18氢信号δ 112.12碳信号相关，δ 4.92氢信号δ 91.69碳信号相关，δ 4.60氢信号δ 98.69碳信号相关，δ 3.49和3.31氢信号δ 28.06碳信号相关，δ 1.37氢信号δ 23.54碳信号相关，δ 1.36氢信号δ 22.19碳信号相关（图2-24）。

在HMBC谱中δ 1.37和1.36氢信号均分别与δ 91.69和78.95碳信号相关，δ 3.49和3.31氢信号分别与δ 165.34、152.31、115.27、91.69和78.95碳信号相关，δ 4.92氢信号分别与δ 165.34、115.27、28.06、23.54和22.19碳信号相关，δ 4.60氢信号与δ 78.95碳信号相关（图2-25）。综合上述信息，可将该化合物的化学结构推断为二氢欧山芹素-*O*-*β*-D-葡萄糖苷。由于糖与叔醇成苷后，糖端基碳的化学位移值相比于单糖端基碳化学位移值变化幅度非常小，故该化合物糖端基碳的化学位移值仅为δ 98.69。

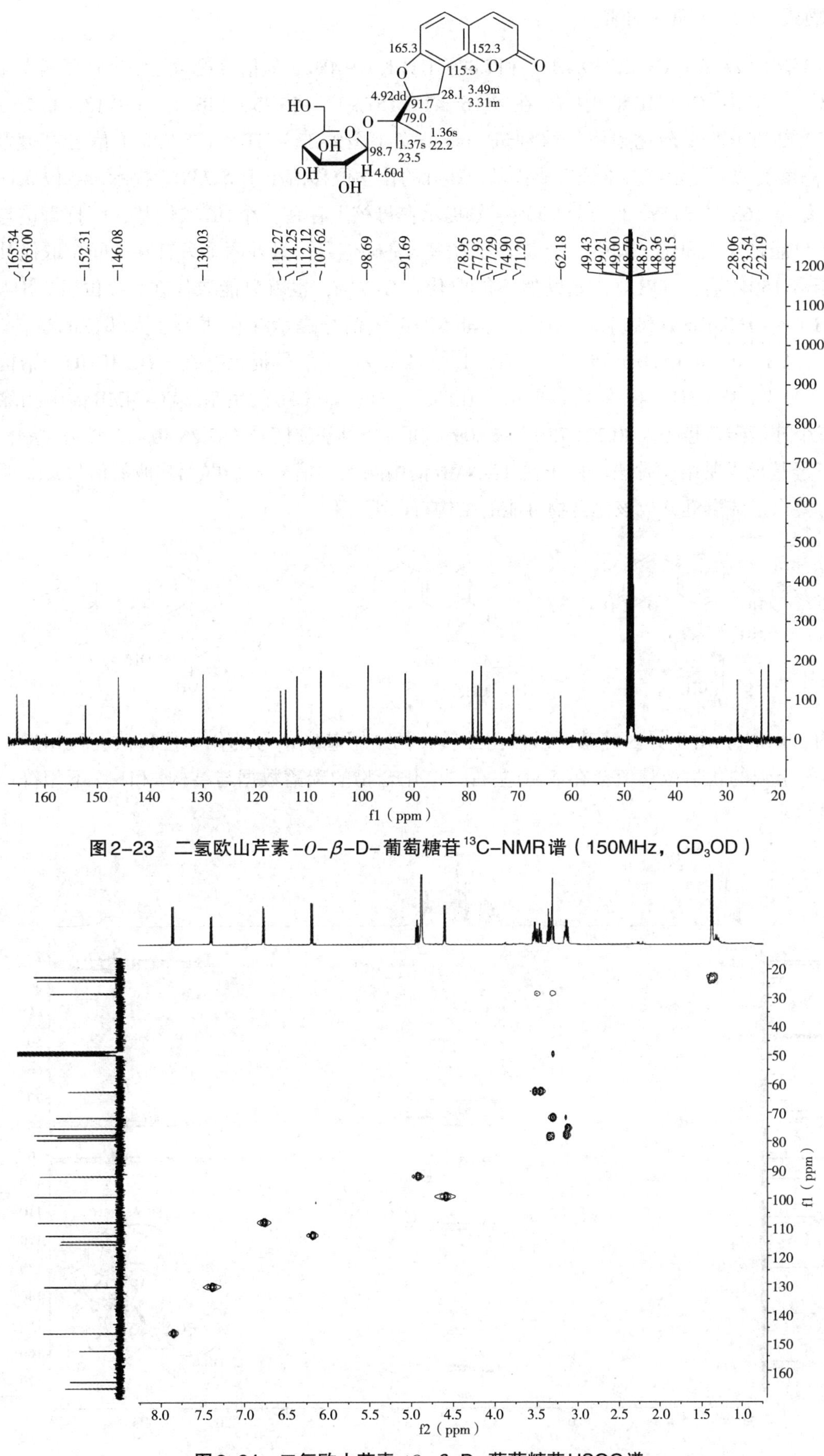

图2-23 二氢欧山芹素-*O*-*β*-D-葡萄糖苷 ^{13}C-NMR谱（150MHz，CD_3OD）

图2-24 二氢欧山芹素-*O*-*β*-D-葡萄糖苷HSQC谱

（七）顺式-（+）-凯林内酯

^{1}H-NMR谱中 δ 6.26（1H, d, *J*=9.4Hz）和7.88（1H, d, *J*=9.4Hz）氢信号提示是一个香豆素类化合物（图2-26）。这也可由^{13}C-NMR谱中存在 δ 163.41、157.93、155.75、146.26、130.13、115.80、113.74、112.84和112.72共9个sp^2杂化碳信号得到进一步证实（图2-27）。H-4（δ 7.88）信号高度与H-3（δ 6.26）信号高度类似，提示在C-8位有取代基。H-4的化学位移值小于 δ 7.90，提示C-5位无OR取代基。^{13}C-NMR谱中 δ 163.41、157.93、155.75碳信号提示在母核上存在一个OR取代基，而且直接与氧原子相连的碳原子只能是互成间位（其中一个碳信号为酯羰基碳信号，另外两个只有互成间位取代其化学位移值才会大于 δ 150左右）。OR取代基既然不能取代在C-5位，也就只能取代在C-7位了。^{1}H-NMR谱中 δ 7.46（1H, d, *J*=8.6Hz）和6.78（1H, d, *J*=8.6Hz）氢信号提示存在两个互为邻位的氢核。^{1}H-NMR谱中 δ 5.11（1H, d, *J*=4.8Hz）和3.77（1H, d, *J*=4.8Hz）氢信号提示存在—OCHCHO—结构片段，δ 1.44（3H, s）和1.43（3H, s）氢信号提示存在两个—O—C—CH_3的甲基。^{13}C-NMR谱中扣除母核碳信号，仅剩三个连氧碳信号（δ 80.22、73.10、62.09）和两个甲基碳信号（δ 26.86、21.48）。综合上述分析，提示存在三羟基异戊基结构片段。由于在^{1}H-NMR谱中除上述信号外，再无其他氢信号，表明氧原子要么是羟基，要么形成醚键，故该化合物可能的结构有以下三种。

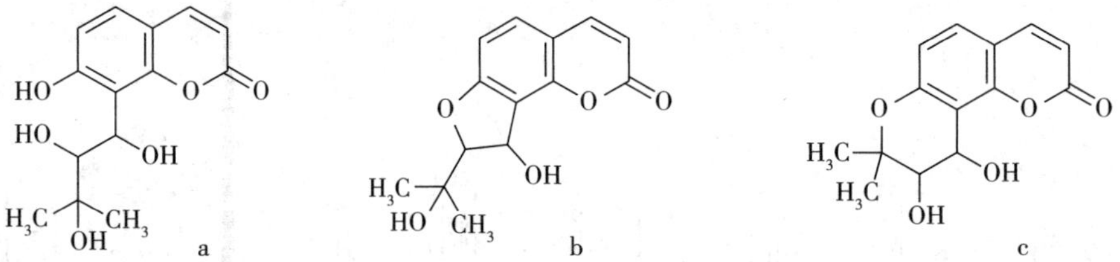

在结构a和b中，由于异丙醇基可以自由旋转，两个甲基碳信号的化学位移值会很相近。而且在结构b中，有一个碳的化学位移值会在 δ 90左右。该化合物的碳谱数据与结构a和b均不相符，故该化合物应该是结构c。

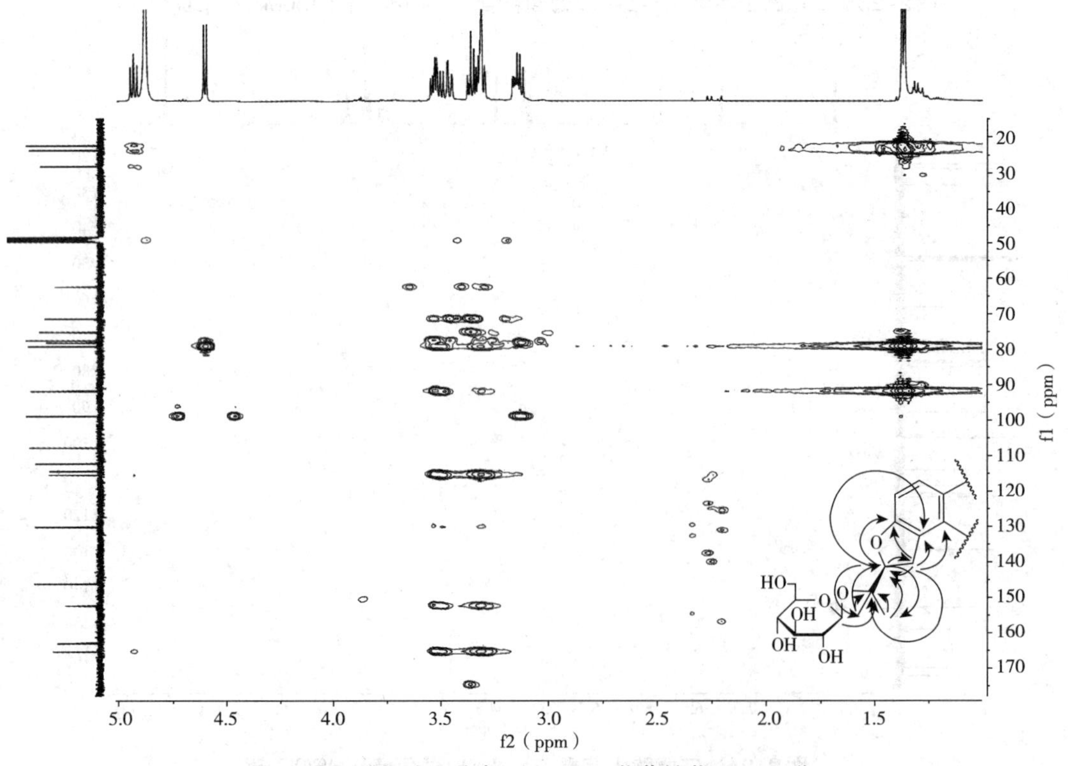

图2-25 二氢欧山芹素-*O*-β-D-葡萄糖苷HMBC谱

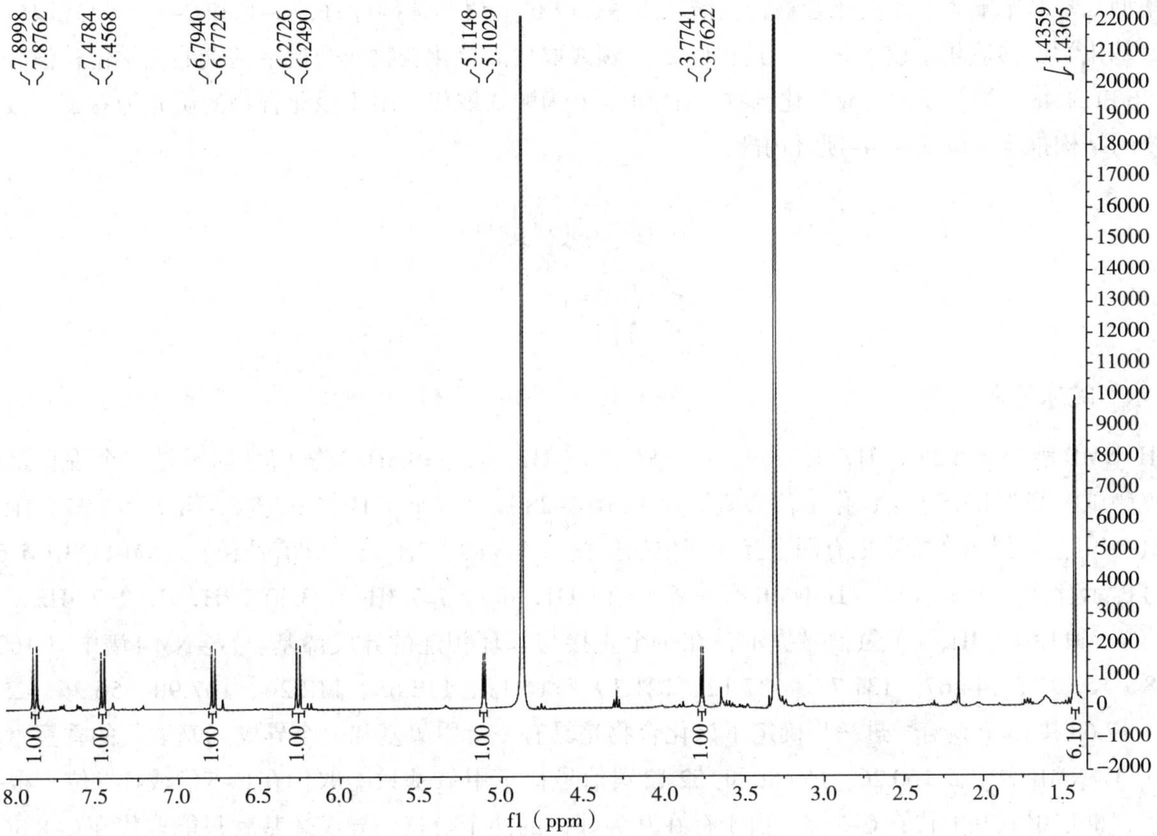

图2-26　顺式-（+）-凯林内酯^{1}H-NMR谱（400MHz，CD_3OD）

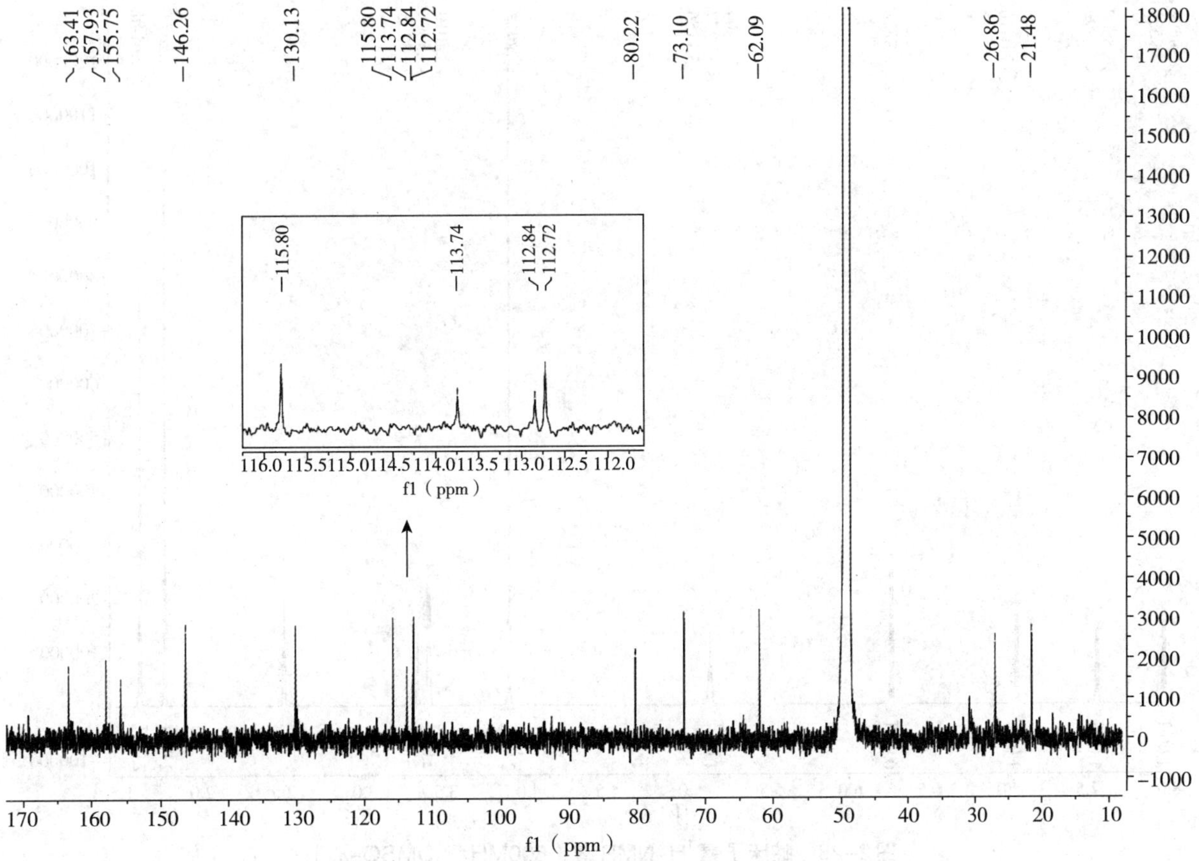

图2-27　顺式-（+）-凯林内酯^{13}C-NMR谱（100MHz，CD_3OD）

角型二羟基吡喃香豆素类化合物，当偕二甲基化学位移值非常接近时，C-1′和C-2′为反式取代；当偕二甲基化学位移值相差较大时，C-1′和C-2′为顺式取代。该化合物两个偕甲基碳的化学位移值分别是 δ 26.86和21.48，相差较大，故该化合物C-1′和C-2′为顺式取代。由于该化合物的旋光为右旋，故将该化合物的结构推定为顺式-(+)-凯林内酯。

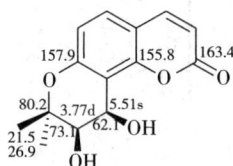

（八）蛇床子素

^{1}H-NMR谱中 δ 6.26（1H，d，*J*=9.5Hz）和7.96（1H，d，*J*=9.5Hz）氢信号提示是一个香豆素类化合物（测试溶剂为DMSO-d_6，化学位移值偏大）(图2-28)。δ 7.55（1H，d，*J*=8.4Hz）和7.05（1H，d，*J*=8.4Hz）氢信号提示在苯环上有两个互为邻位的氢核。δ 3.89（3H，s）氢信号和^{13}C-NMR谱中 δ 56.26碳信号提示存在一个甲氧基。^{1}H-NMR谱中 δ 5.12（1H，br.t，*J*=7.3Hz）、3.40（2H，d，*J*=7.3Hz）、1.77（3H，s）和1.61（3H，s）氢信号提示存在一个直接与苯环相连的异戊烯基。^{13}C-NMR谱中 δ 160.26、159.68、152.12、144.67、131.77、127.12、121.19、116.11、112.65、112.26、107.98、56.26、25.44、21.42、17.68共15个碳信号进一步确定了该化合物是具有一个甲氧基和一个异戊烯基取代的香豆素类化合物。^{13}C-NMR谱中 δ 160.26、159.68和152.12碳信号提示甲氧基只能取代在C-5位或C-7位，根据生源关系，推定甲氧基取代在C-7位。由于存在互为邻位的两个氢核，异戊烯基就只能取代在C-8位。综上，可将该化合物推定为蛇床子素。

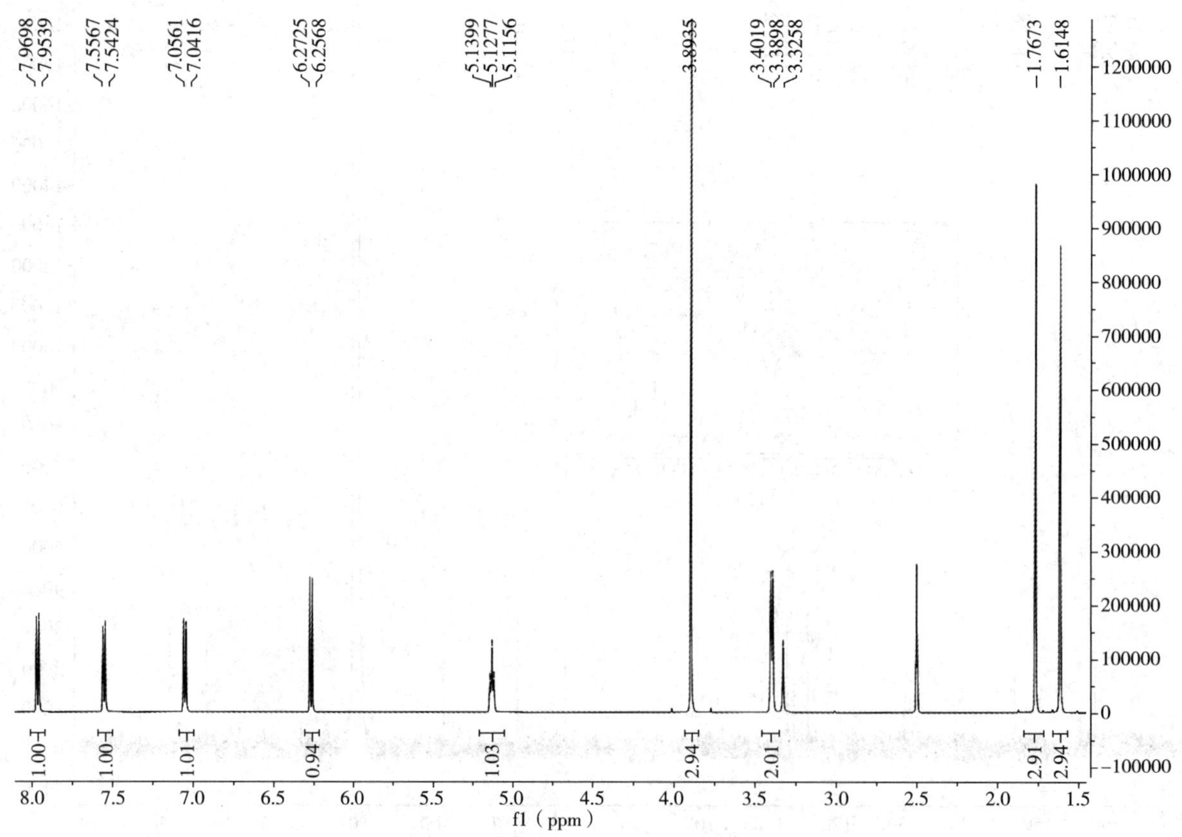

图2-28　蛇床子素^{1}H-NMR谱（600MHz，DMSO-d_6）

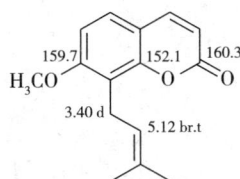

（九）珊瑚菜素

^{1}H-NMR谱中 δ 6.32（1H, d, J=9.6Hz）和8.17（1H, d, J=9.6Hz）氢信号提示是一个香豆素类化合物，δ 8.07（1H，d，J=1.8Hz）和7.36（1H，d，J=1.8Hz）氢信号提示是一个呋喃香豆素类化合物（图2-29）。δ 5.49（1H，br.t，J=7.2Hz）、4.74（2H，d，J=7.2Hz）、1.68（3H，s）和1.62（3H，s）氢信号提示存在一个与氧原子相连的异戊烯基，δ 4.17（3H，s）氢信号提示存在一个甲氧基。^{13}C-NMR谱中 δ 159.62、150.12、146.28、144.36、143.70、139.74、138.87、125.71、119.78、114.14、112.41、106.70、105.66、69.53、60.74、25.43、17.76共17个碳信号也进一步证实了该化合物是含有1个甲氧基和1个直接连氧的异戊烯基的呋喃香豆素类化合物。综上，可将该化合物可能的结构推定为以下几个。

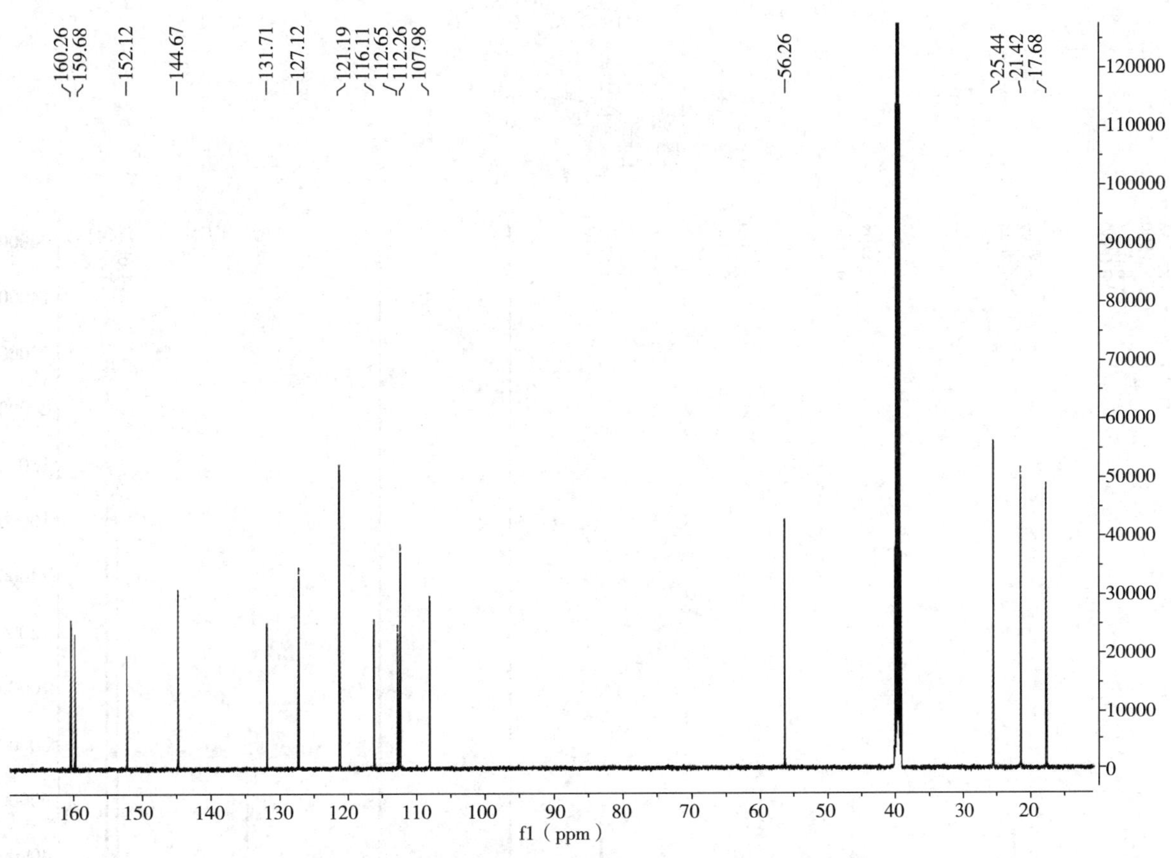

图2-29 蛇床子素^{13}C-NMR谱（150MHz，DMSO-d_6）

a b c

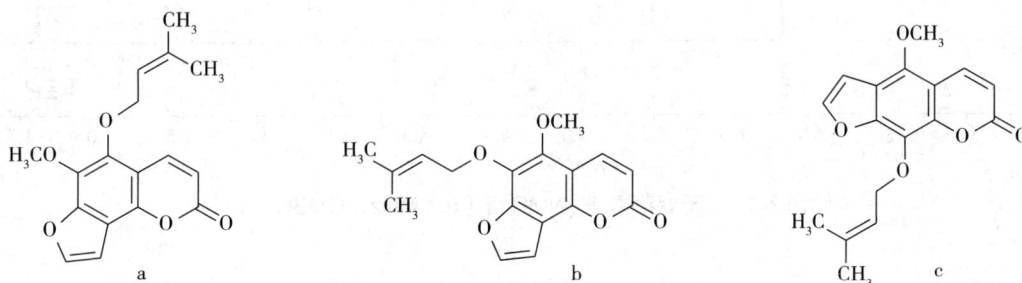

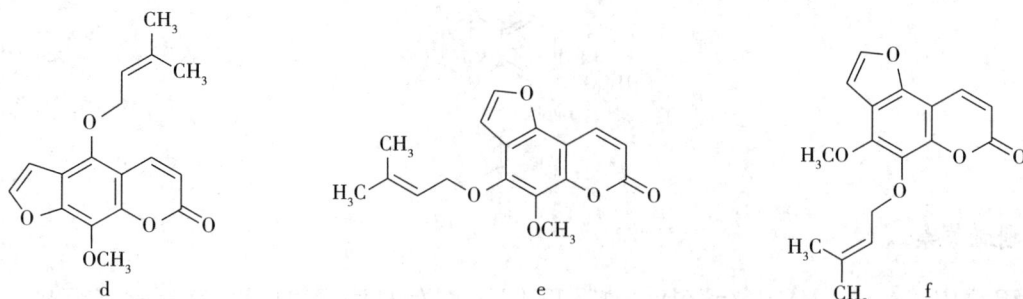

d e f

由于6种取代模式碳信号特点过于相近，无法通过^{1}H-NMR谱和^{13}C-NMR谱提供的信息排除异构体。需要通过NOE实验或NOESY谱才能最终确定其化学结构。由于该化合物^{1}H-NMR谱（图2-30）和^{13}C-NMR（图2-31）谱数据与文献中报道的蛇床子素基本一致，故将该化合物鉴定为珊瑚菜素。

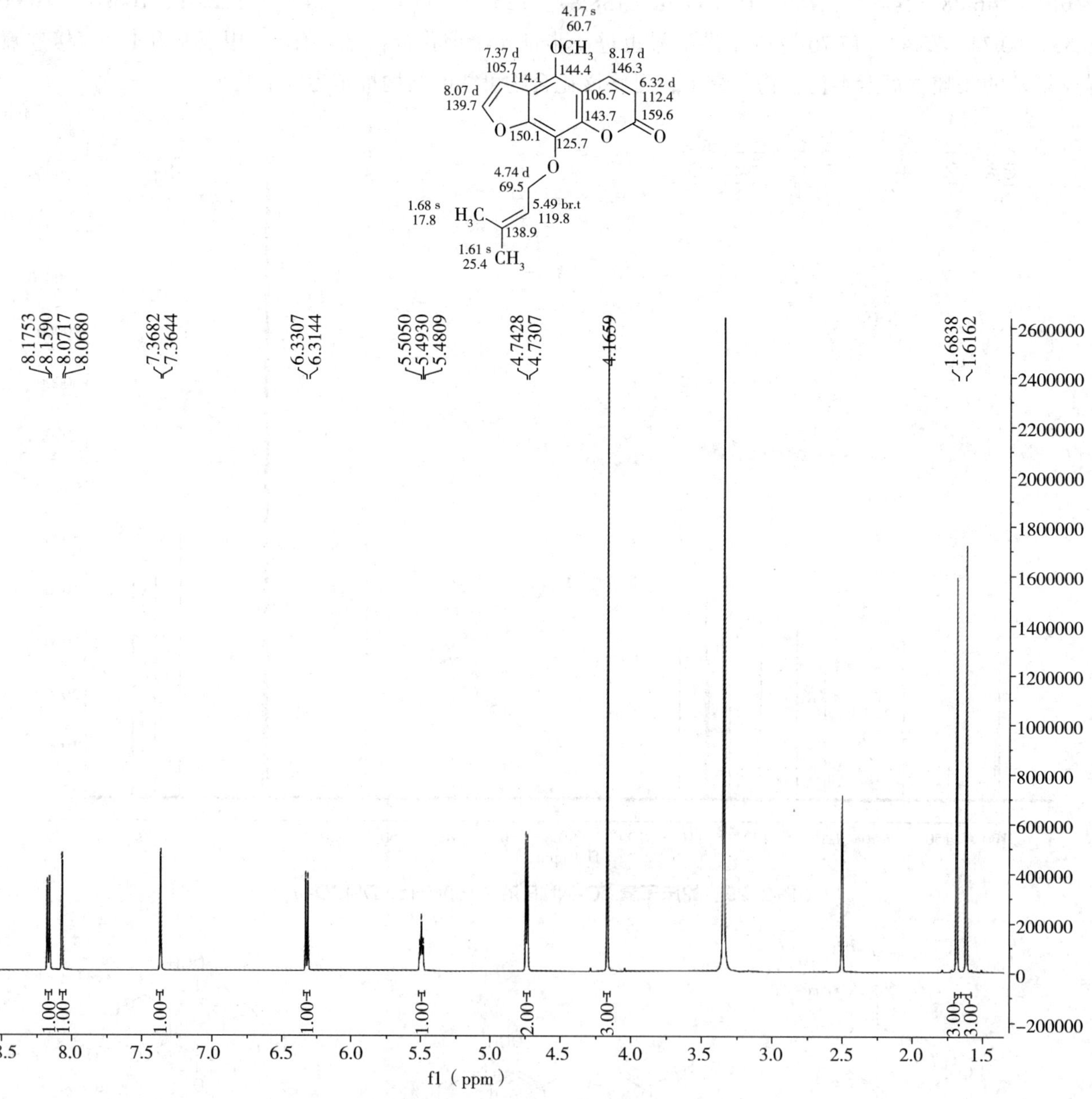

图2-30 珊瑚菜素^{1}H-NMR谱（600MHz，DMSO-d_6）

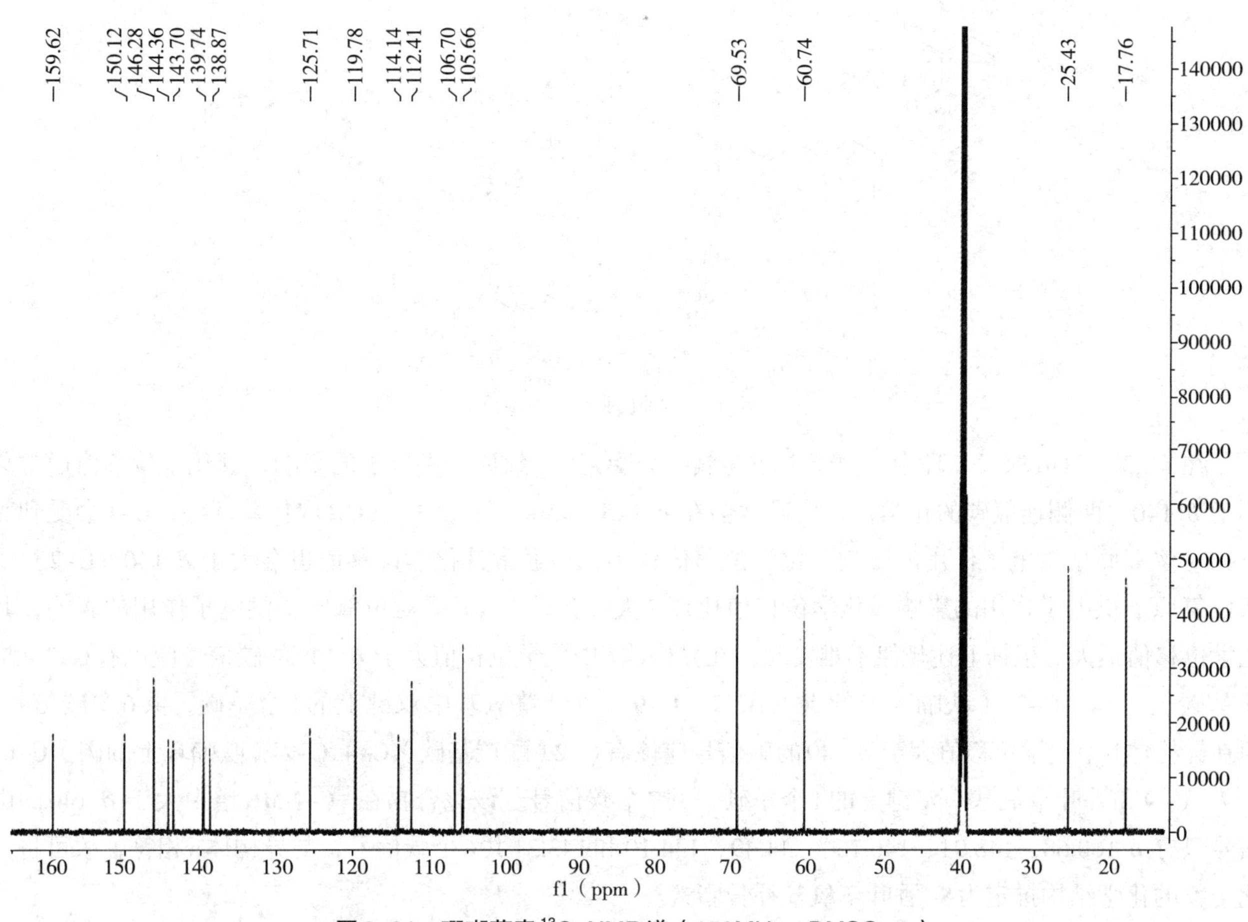

图2–31　珊瑚菜素 ^{13}C–NMR谱（150MHz，DMSO–d_6）

（十）8–香叶草氧基补骨脂素

^{1}H–NMR谱中 δ 6.36（1H, d, J=9.6Hz）和7.76（1H, d, J=9.6Hz）氢信号提示是一个香豆素类化合物，δ 7.68（1H, d, J=2.1Hz）和6.81（1H, d, J=2.1Hz）氢信号进一步提示是一个呋喃香豆素类化合物，δ 7.35（1H, s）氢信号提示在苯环上有一个氢核（图2–32）。H–4化学位移值小于 δ 7.90提示在C–5位不可能有OR取代基。δ 5.59（1H, br.t, J=7.2Hz）和5.03（2H, d, J=7.2Hz）氢信号提示存在1个 –O–CH_2CH=C–结构片段，δ 5.00（1H, m）氢信号提示存在CH=C结构片段，δ 1.69（3H, s）、1.64（3H, s）和1.56（3H, s）氢信号提示存在3个连在双键上的甲基，δ 2.0（4H, m）氢信号提示存在2个连在双键上的亚甲基。结合 ^{13}C–NMR谱给出了 δ 160.68、148.91、146.75、144.49、144.10、143.31、131.86、131.72、125.97、123.91、119.57、116.62、114.84、113.36、106.86、70.24、39.72、26.50、25.78、17.79、16.68共21个碳信号，其中sp^2杂化的碳信号有15个，直接与氧原子相连的碳信号 δ 70.24提示存在1个与氧原子相连的香叶草基（图2–33）。在双键上，当两个取代基呈顺式取代时，由于会受到场效应的影响，其与双键直接相连的碳的化学位移值会减小。在该化合物的 ^{13}C–NMR谱中有两个甲基的化学位移值较小（δ 17.79和16.68），说明在香叶草基中OR基团与甲基呈顺式取代。当2个异戊烯基分别与母核相连时，应该具有4个甲基氢信号；只有将两个异戊烯基连接起来再与母核相连时，才会只出现3个甲基氢信号。综上不难看出该化合物是一个C–5位无OR取代基且连有香叶草氧基的呋喃香豆素类化合物，其可能的异构体只能有2个，即异构体a和b。

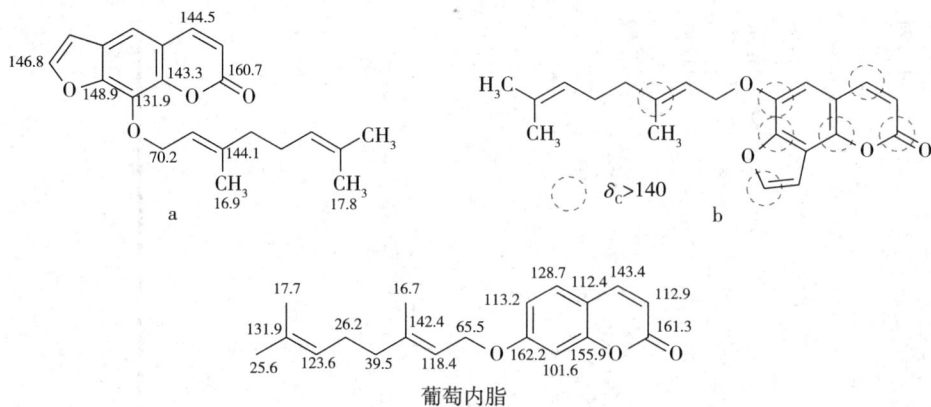

a　　δ_C>140　　b

葡萄内脂

在1,2,3-三OR取代苯环中，由于中间连氧碳会受到2个氧原子供电子的影响，其化学位移值通常会小于δ 140，两侧连氧碳的化学位移值通常会在δ 145～150。在1,2,4-三OR取代苯环中，C-1会受到邻位和对位氧原子供电子作用的影响，化学位移值较小，但通常其化学位移值也会大于δ 140；C-2只受邻位氧原子供电子作用的影响，化学位移值比C-1大一些；C-4只受对位氧原子供电子作用的影响，其化学位移值最大。根据上述规律不难发现，在异构体a中化学位移值大于δ 140的碳信号应该有C-2（酯羰基碳）、C-4、C-2′（呋喃环上的碳）、C-7、C-9和香叶草氧基中双键上的1个季碳，共6个碳信号；而在异构体b中化学位移值大于δ 140的碳信号应该有C-2（酯羰基碳）、C-4、C-2′（呋喃环上的碳）、C-6、C-7、C-9和香叶草氧基中双键上的1个季碳，共7个碳信号。该化合物在^{13}C-NMR谱中大于δ 140的碳信号只有δ 160.68、148.91、146.75、144.49、144.10和143.31共6个碳信号，与异构体a相符，故可将该化合物的化学结构推定为8-香叶草氧基补骨脂素。

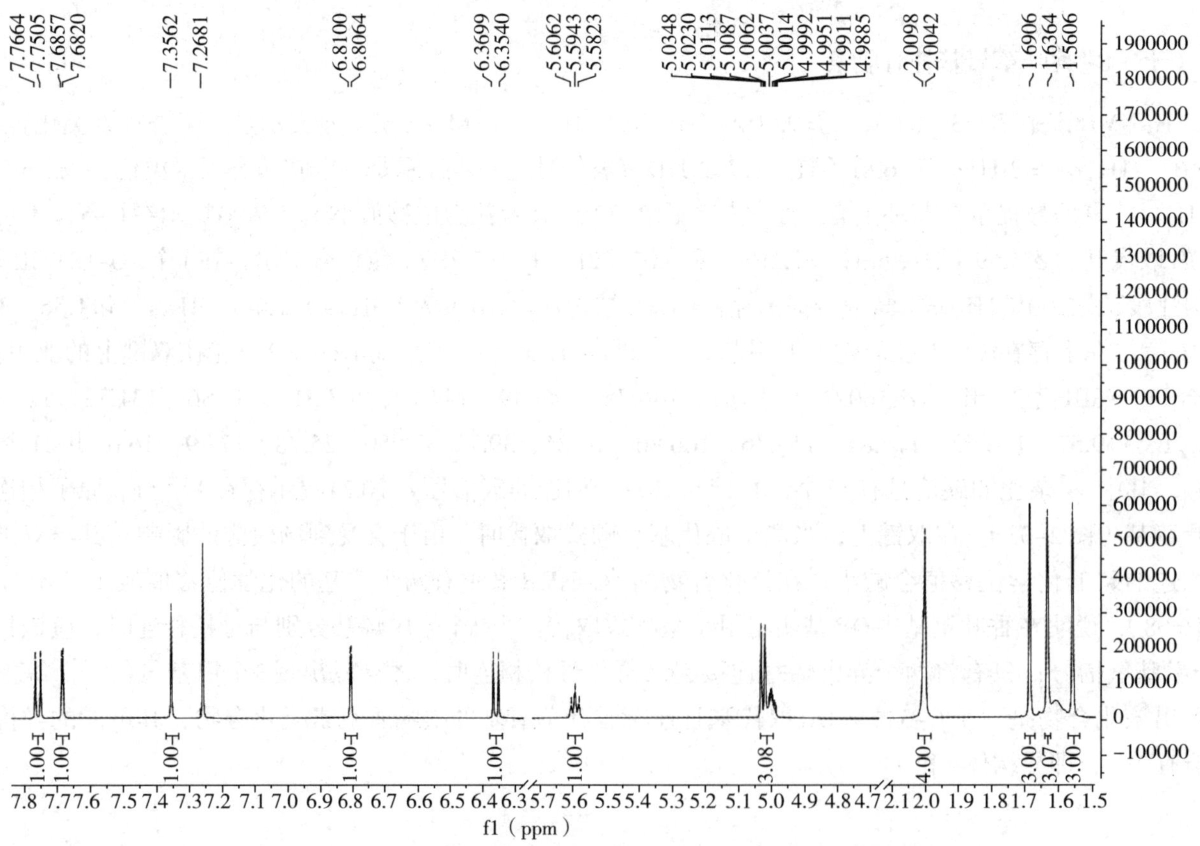

图2-32　8-香叶草氧基补骨脂素^{1}H-NMR谱（600MHz，$CDCl_3$）

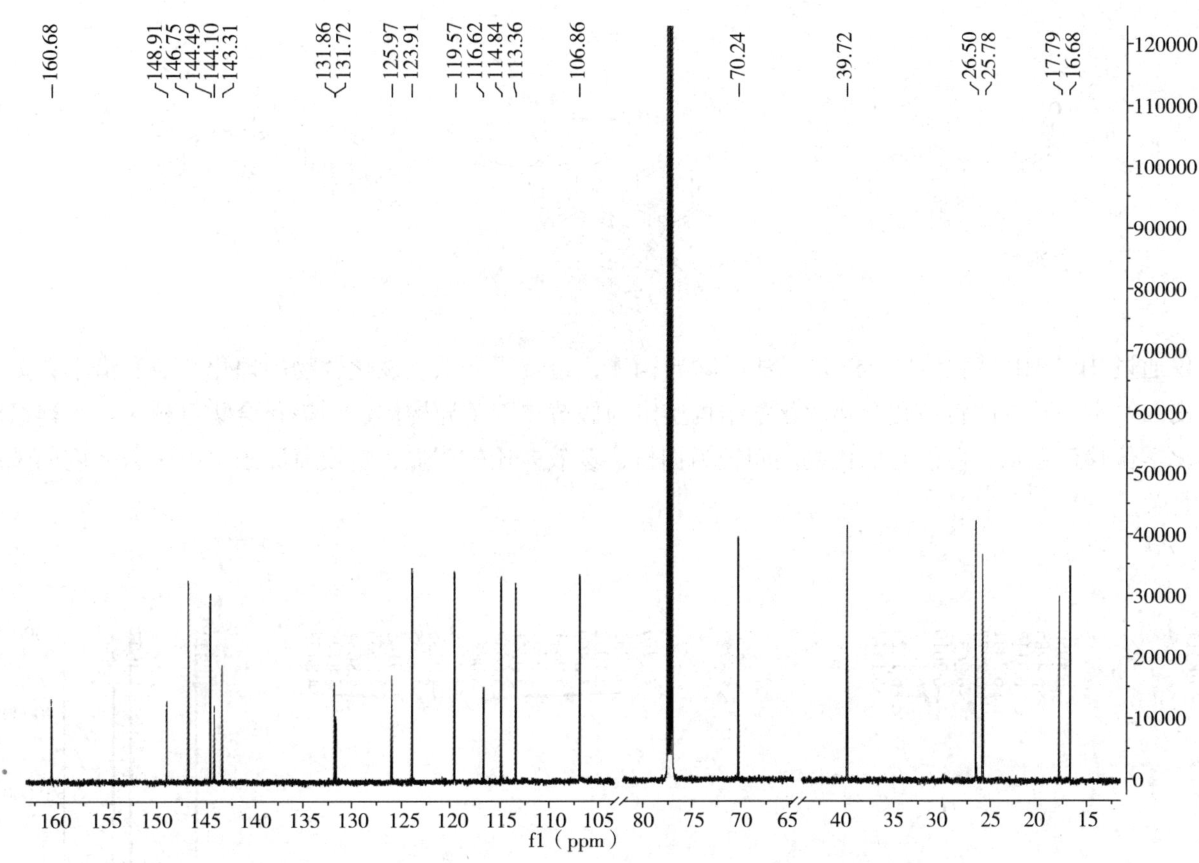

图2-33　8-香叶草氧基补骨脂素 ^{13}C-NMR谱（150MHz，$CDCl_3$）

（十一）假黄皮因

^{1}H-NMR谱中 δ 5.43（1H，br.s）氢信号提示存在1个酚羟基。δ 6.29（1H，dd，*J*=10.6，17.4Hz）、6.18（1H，dd，*J*=10.6，17.4Hz）、5.09（1H，dd，*J*=1.2，17.4Hz）、5.07（1H，dd，*J*=1.2，10.6Hz）、4.93（1H，dd，*J*=1.2，17.4Hz）、4.86（1H，dd，*J*=1.2，10.6Hz）氢信号提示存在2个连在季碳上的末端双键，结合 δ 1.47（6H，s）和1.43（6H，s）4个连在季碳上的甲基氢信号提示存在2个通过C-3位连接到 sp^2 杂化碳上的异戊烯基。δ 6.49（1H，d，*J*=9.9Hz）和5.68（1H，d，*J*=9.9Hz）氢信号提示存在1个环内双键，结合 δ 1.63（6H，s）2个连在季碳上的甲基信号（化学位移值偏大）和埋藏于氘代三氯甲烷中的 δ 77.02碳信号提示该化合物是一个吡喃香豆素类化合物（图2-34）。在 ^{13}C-NMR谱中共给出了 δ 160.18、154.97、153.47、150.25、146.45、145.77、133.30、129.92、129.21、115.64、115.34、112.11、108.08、106.03、104.15、77.02、41.06、40.39、29.85（2）、27.34（2）和26.24（2）共24个碳信号（由于 δ 29.85、27.34和26.24碳信号明显高出其他碳信号1倍以上，所以推测其是各代表2个碳的信号），扣除2个异戊烯基10个碳信号，剩余14个碳信号，也进一步证实该化合物确为吡喃香豆素类化合物（图2-35）。6个甲基在氢谱和碳谱中的信号均以成对的形式出现，也说明该化合物是连有2个通过C-3位连接到母核上的异戊烯基的吡喃香豆素类化合物。根据化学位移值和信号的裂分情况可以推断 ^{1}H-NMR谱中 δ 7.83（1H，s）氢信号是H-4，C-3位具有取代基。在 ^{13}C-NMR谱中化学位移值大于 δ 150的碳信号有4个，即 δ 160.18、154.97、153.47和150.25，其中 δ 160.18是酯羰基碳信号，提示该化合物苯环的取代模式类似于间苯三酚。综上所述，该化合物可能的化学结构有以下三种。

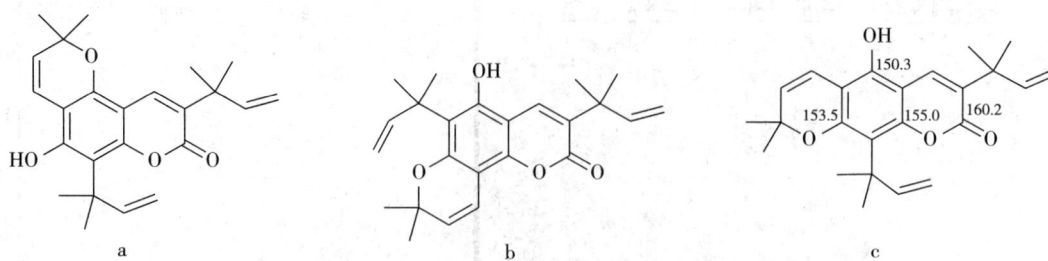

a　　b　　c

仅通过 ^{1}H-NMR 谱和 ^{13}C-NMR 谱无法排除异构体，经查阅文献，该化合物的理化性质和谱学数据与假黄皮因基本一致，故将该化合物的化学结构鉴定为假黄皮因（异构体c）。该化合物母核上三个连氧碳信号化学位移值偏低，可能与取代基之间较为拥挤，场效应比较明显，造成氧原子上电子云密度向苯环转移有关。

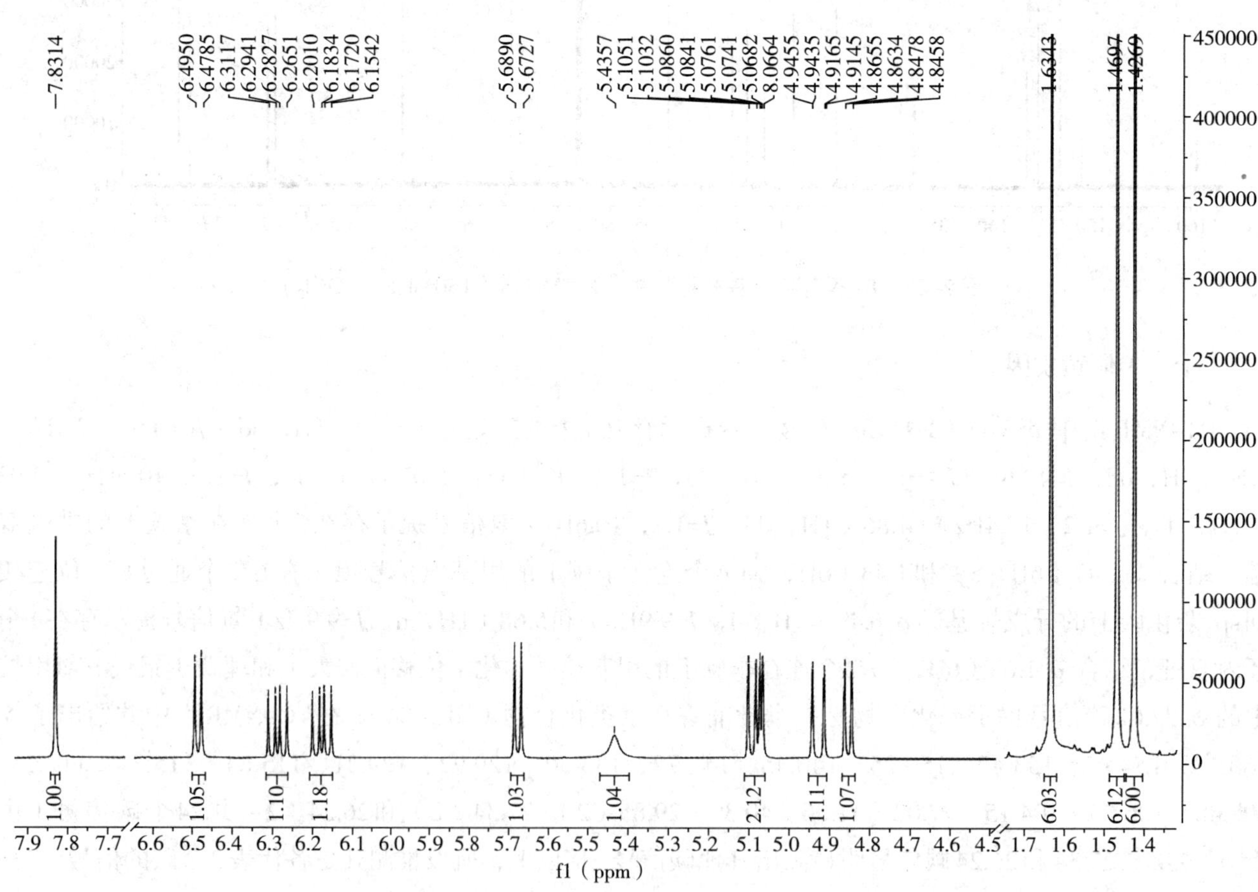

图2-34　假黄皮因 ^{1}H-NMR 部分放大谱（600MHz，$CDCl_3$）

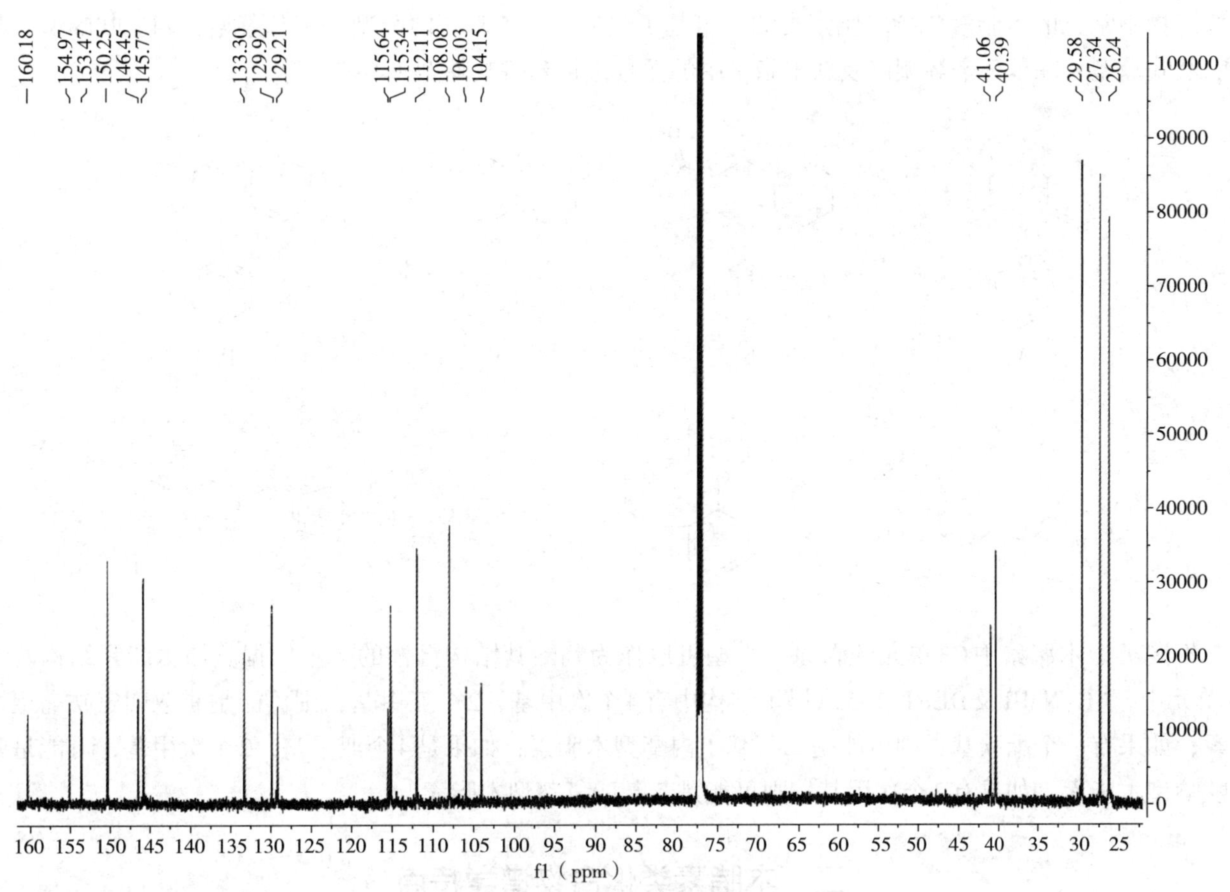

图2-35　假黄皮因 ^{13}C-NMR谱（150MHz，$CDCl_3$）

药知道

联苯双酯

五味子是我国传统中药，始载于《神农本草经》，具有收敛固涩、益气生津、补肾宁心等功效，主要含有木脂素、酚酸等成分。五味子中的木脂素对病毒性肝炎具有良好的治疗效果，由于其含量较低、结构复杂等，无法满足人类的需求。通过对五味子中的木脂素构效关系、结构修饰、全合成等研究，我国创制出了一种治疗肝炎的降酶药物——联苯双酯。联苯双酯是治疗病毒性肝炎和药物性肝损伤引起转氨酶升高的常用药物，具有保护肝细胞、增加肝脏解毒功能等作用。尤其是其降酶作用，效果明显，且毒性低，副作用小。

PPT

第二节　木脂素类化合物

木脂素是一类由苯丙素（C6-C3单元）氧化聚合而成的天然产物（通常是通过8位碳原子连接而成），多数是二聚体，少数是三聚体和四聚体。因此多数木脂素类结构母核具有18个碳原子（其中三聚体含27个碳原子，四聚体含36个碳原子）。

一、木脂素类化合物的结构分类

木脂素类结构可以分成木脂素类、新木脂素类、降木脂素类、寡聚木脂素和杂类木脂素四个类型。

天然产物中常见的木脂素包括木脂素类的二苄基丁烷型、二苄基丁内酯型、芳基萘型、四氢呋喃型、骈双四氢呋喃型、联苯环辛烯型以及新木脂素中的尤普迈特苯骈呋喃型（A–G）等。

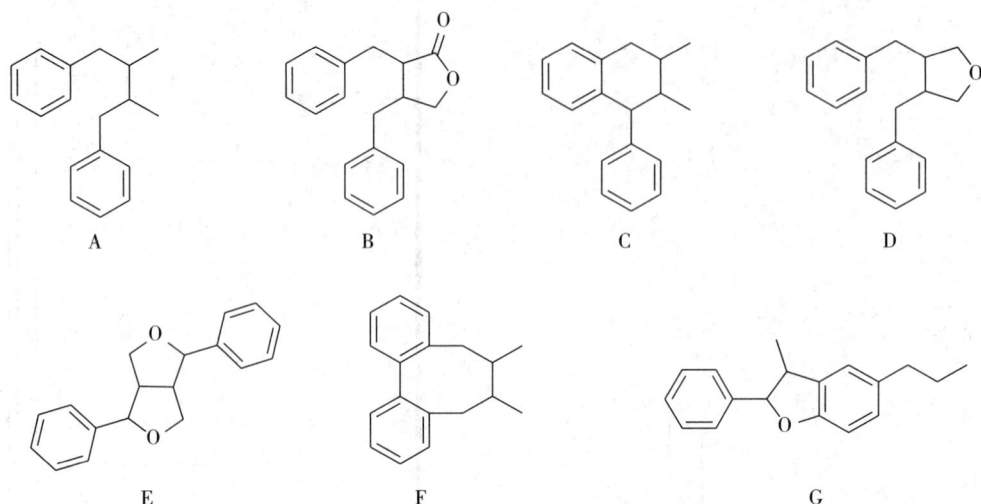

A　　B　　C　　D

E　　F　　G

不同类型木脂素中C3单元的碳原子类型可以作为判断其结构母核的一个依据。如木脂素结构两个C3单元中，^{13}C-NMR及DEPT-135谱提示结构中有4个次甲基，2个亚甲基，则可能是骈双四氢呋喃型木脂素；如果有一个酯羰基，则可能是二苄基丁内酯型木脂素；如果是4个亚甲基，2个次甲基，可能是四氢呋喃型木脂素，如果有3个次甲基，则可能是芳基四氢萘型木脂素。

二、木脂素类化合物谱学特点

（一）木脂素类化合物氢谱特点

1.芳基四氢萘′型木脂素　在芳基四氢萘型木脂素中，A环和B环并不在同一个平面上，H-5由于受到B环屏蔽效应的影响，造成其化学位移值明显偏小（δ 6.09）；H-7′由于受到两个芳环的去屏蔽效应影响，造成其化学位移值明显偏大（δ 4.03）。

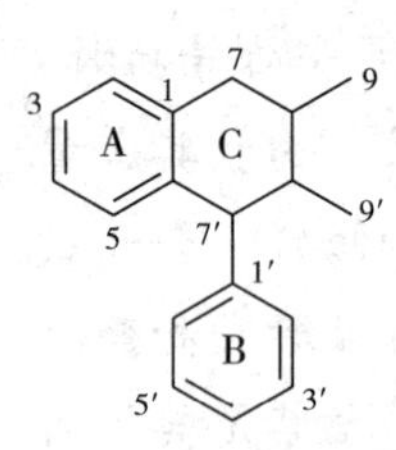

2.芳基四氢萘内酯型木脂素　在芳基四氢萘内酯型木脂素化合物中，总体包括两个特征区域，第一个是2个C6单元的低场芳香区（δ 6.1～8.5），能够呈现出至少可归属于两个多取代苯环的质子共振信号，其化学位移和偶合常数与芳香环上的取代模式密切相关。第二个是C环和D环上特征的高场氢信号（δ 1.6 ～5.2）。

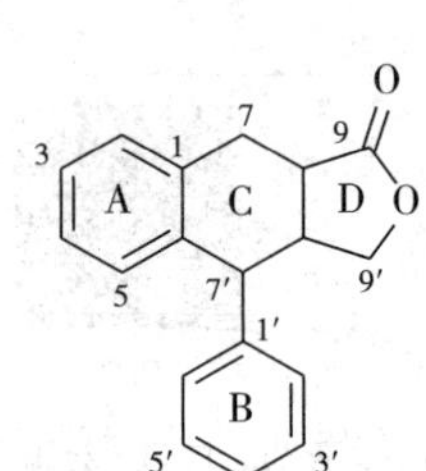

当C-7连接2个H时，C-7位的2个H均出现在较高场，且为磁不等价。多数芳基萘内酯型木脂素B环位于α位，通常7α-H位于较低场。H-7α的化学位移值在δ 2.8～3.3，H-7β的化学位移值在δ 2.5～2.8，与H-8，H-8′的信号接近，有时重叠在一起。当C-7位被羟基取代时，H-7的化学位移值在δ 4.6左右。

3.芳基萘内酯型木脂素　分为内酯环上向（A）和内酯环下向（B）两类。内酯环向上时，H-7由于受到羰基磁各向异性影响，化学位移较大，为δ 8.20～8.70；H-9′由于受到B环屏蔽效应的影响，化学位移值较小，为δ 5.08～5.23。内酯环向下时，H-7由于不会受到羰基磁各向异性影响，故化学位移较小，为δ 7.60～7.70；同样H-9由于不会受到B环屏蔽效应的影响，化学位移值较大，为δ 5.32～5.52。

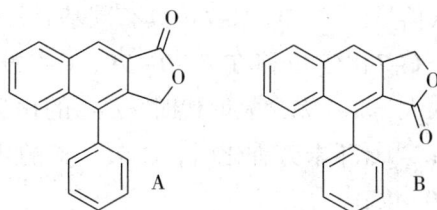

4. 联苯环辛烯类木脂素　C-4和C-11位有两个芳香质子，其他位置多被含氧取代基取代，包括甲氧基，亚甲二氧基，羟基和酯基等。H-4和H-11都为s峰，化学位移在δ 6.4～7.0，结构对称时两个质子化学等价。八元环的C-7、C-8位无羟基取代时，2个甲基为顺式，呈现2个不等价的双峰（δ 0.7 -1.0，J=7.0Hz）；当C-7位被羟基取代时，C-7位甲基为单峰，δ 1.1-1.3。

5. 骈双四氢呋喃型木脂素　当苯环取向（直立或平伏）不同时，H-7/H-7′，H-8/H-8′的化学位移值和J_{7-8}，$J_{7'-8'}$明显不同（图2-36），可以作为判断苯环取向的依据。

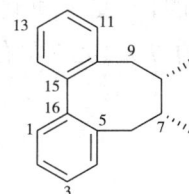

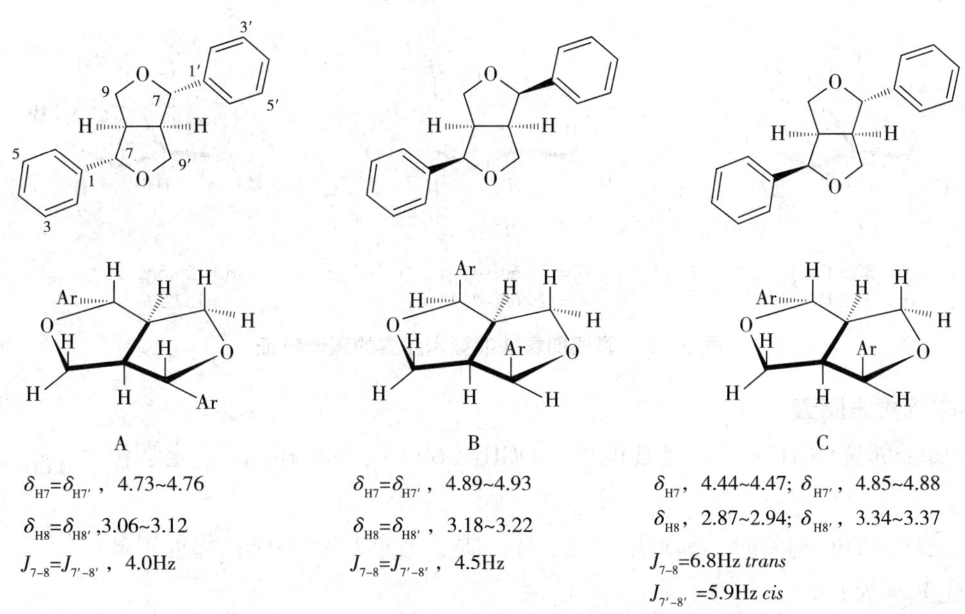

图2-36　骈双四氢呋喃型木脂素的氢谱特征

该类化合物相对构型的确定，既可以根据氢核偶合常数、NOESY相关信号等方法进行确定，还可以根据H-9和H-9′的化学位移差来判定。对于8位没有其他取代的骈双四氢呋喃型木脂素，当Δδ_{H-9}和Δ$\delta_{H-9'}$在0.30～0.40，则7-H/8-H、7′-H/8′-H均为反式；当Δδ_{H-9}在0.25～0.36，Δ$\delta_{H-9'}$>0.50时，则7-H/8-H为反式、7′-H/8′-H为顺式；当Δδ_{H-9}和Δδ_{H-9}′均< 0.20时，则7-H/8-H、7′-H/8′-H均为顺式。

（二）木脂素类化合物碳谱特点

1. 骈双四氢呋喃型木脂素　该类化合物^{13}C-NMR谱通常包括3个特征区域。第一个特征区域是2个C6单元的低场芳香区（δ 100～160），能够呈现出可归属于2个多取代苯环的12个碳信号，其化学位移与芳香环上的取代基团和取代模式密切相关。第二个特征区域是甲氧基、连氧次甲基、亚甲基（δ 55～80）等，是芳环上甲氧基以及两个C3单元被羟基或甲氧基取代后相应碳信号共振区。第三个特征区域是非连氧的次甲基区域（δ 40～48），即C3单元无氧化取代的共振信号区。母核上常见的取代基，如—OCH_2O—碳信号约δ 101，—OCH_3碳信号约δ 56（3′，5′）或约60（4′）；酯羰基碳信号δ_C

170～180，1个与氧相连的亚甲基碳信号约 δ 70。C-7位具有羰基时，C-7化学位移在 δ 180～200；C-7有含氧取代基如羟基、葡萄糖基，C-7化学位移在 δ 70～79；C-7没有取代基时，C-7化学位移在 δ 32～35；C-8受C-7取代基的影响很大，C-7无含氧取代时，C-8的化学位移在 δ 33左右，C-7有含氧取代时，C-8的化学位移为 δ 40～45；当C环未芳香化时，C-7′，8′的化学位移在 δ 43～45，当C环芳香化时，C-7′，8′的化学位移在 δ 110～130。

在^{13}C-NMR谱中，苯环取向（直立或平伏键）不同时，C-7/C-7′和C-8/C-8′的化学位移也明显不同，而且不受苯环上取代基的影响。当4（或4′）位为羟基，苯环处于平伏键（虚线）时，对应的C-1位上的 δ 为132.3左右；直立键（实线）对应的 δ 为129.0左右（图2-37）。

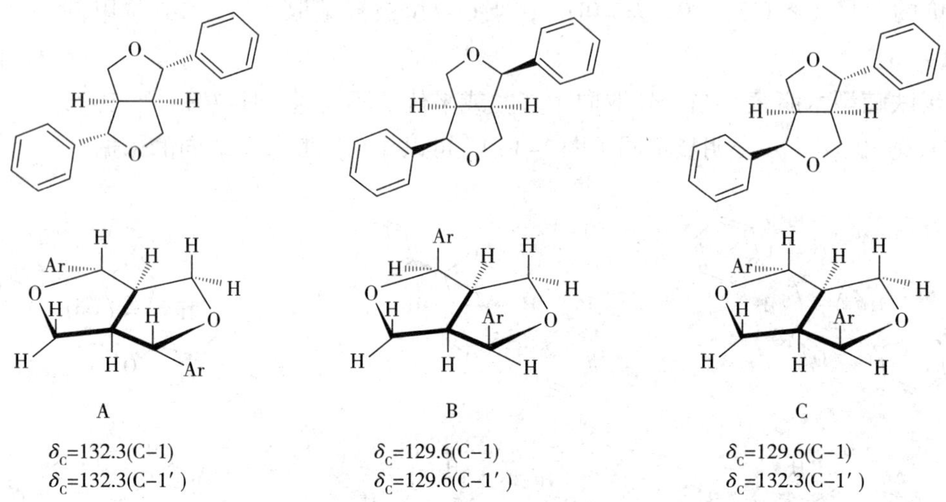

图2-37 骈双四氢呋喃型木脂素的碳谱特征

2.联苯环辛烯类木脂素

（1）芳香质子邻位OCH_3（55）比其他位的OCH_3（60）向高场移动5个化学位移单位。

（2）当八元环为TBC构象时，邻近甲基为a时，质子化芳碳为110.6；邻近甲基为e时，质子化芳碳为107.3。

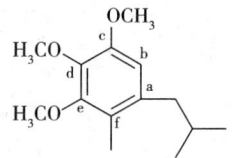

（3）C-6和C-9有OH、OCOR时；6β或9α，C-6或C-9 ≥ 80；6α或9β，C-6或C-9 ≥ 73。

3.各类木脂素骨架碳谱特点 各类木脂素骨架的碳谱特点，芳基萘类木脂素（A），7-7′-四氢呋喃型木脂素（B），7-9′-四氢呋喃型木脂素（C），9-9′-四氢呋喃型木脂素（D），骈双四氢呋喃型木脂素（E），尤普迈特苯骈呋喃型（F），二氧六环型木脂素（G）。

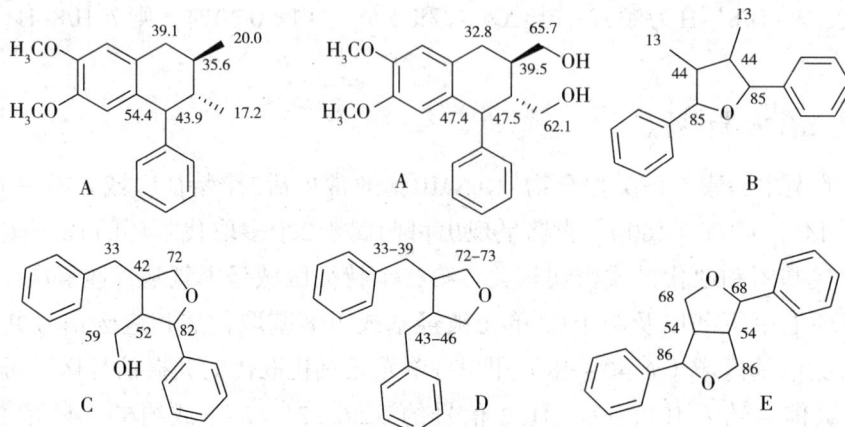

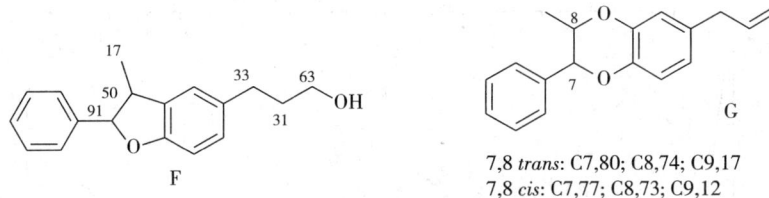

F

G

7,8 *trans*: C7,80; C8,74; C9,17
7,8 *cis*: C7,77; C8,73; C9,12

（三）木脂素类化合物圆二色谱特点

1.芳基四氢萘类木脂素　该类化合物大都给出两个cotton效应，一个在280～290nm区，另外一个在230～245nm区。一般情况下，这两个区的cotton效应符号相反。C-7′的构型可由280～290nm区内的cotton效应确定，7′α-芳基为正的cotton效应，7′β-芳基则为负的cotton效应。

2.联苯环辛烯木脂素类　由于联苯旋转受阻引起分子的立体异构，联苯环辛烯木脂素可分为联苯*S*-和*R*-构型两个系列（图2-38）。八元环构象多数为扭曲的船椅式（TBC），部分为扭曲的船式（TB）。多数联苯*S*-型比旋度为（-），R型化合物比旋度为（+），但单以比旋度来确定绝对构型，证据不足，需结合圆二色谱的Cotton效应推定。若在250nm左右出现负的Cotton效应，表明为*S*-构型，正的Cotton效应为R构型，同时，在220nm左右出现一个相反的Cotton效应加以佐证。

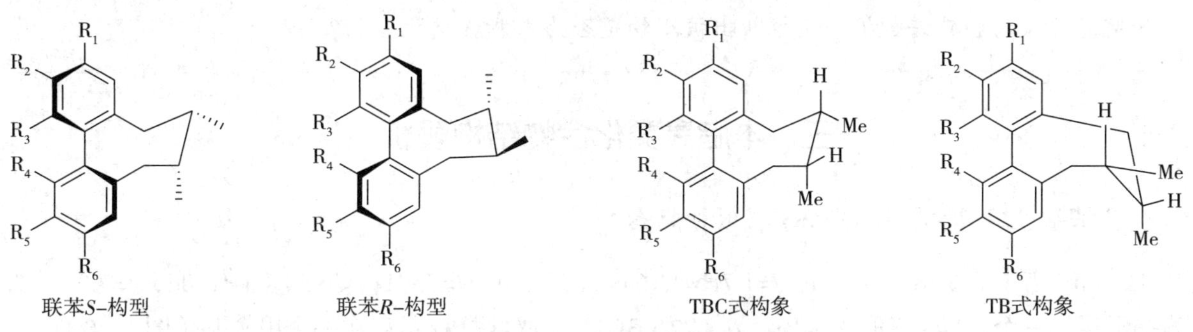

图2-38　联苯环辛烯型的构型及构象

3.二苄基丁内酯型木脂素　当该类化合物9′位两个氢的化学位移值相同时，两个苄基处于顺式，如A和C型，而当9′位两个氢的化学位移值不相同时，两个苄基处于反式，如B和D型。在CD谱中，当233nm附近和276nm附近的cotton曲线符号均为负时，其绝对构型为A型（8*S*，8′*R*）或D型（8*R*，8′*R*）；当233nm附近和276nm附近的cotton曲线符号均为正时，其绝对构型为B型（8*S*,8′*S*）或C型（8*R*,8′*S*）。

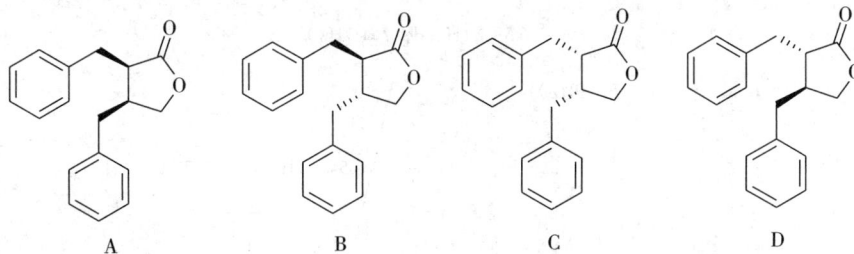

A　　B　　C　　D

4.尤普迈特苯骈四氢呋喃型木脂素　该类化合物7、8位的构型可由220～240nm（7′、8′位若成双键，则相应红移）处的cotton效应来确定（图2-39）。化合物A的CD光谱在239nm处给出负的cotton效应，在221nm处给出正的cotton效应，确定7、8位碳的构型为7*R*、8*S*。化合物B的7、8位碳的构型为7*S*、8*R*。

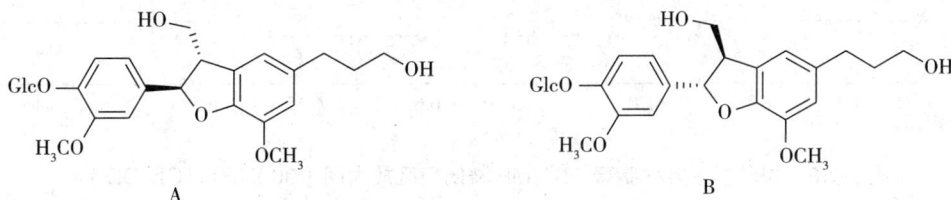

A　　B

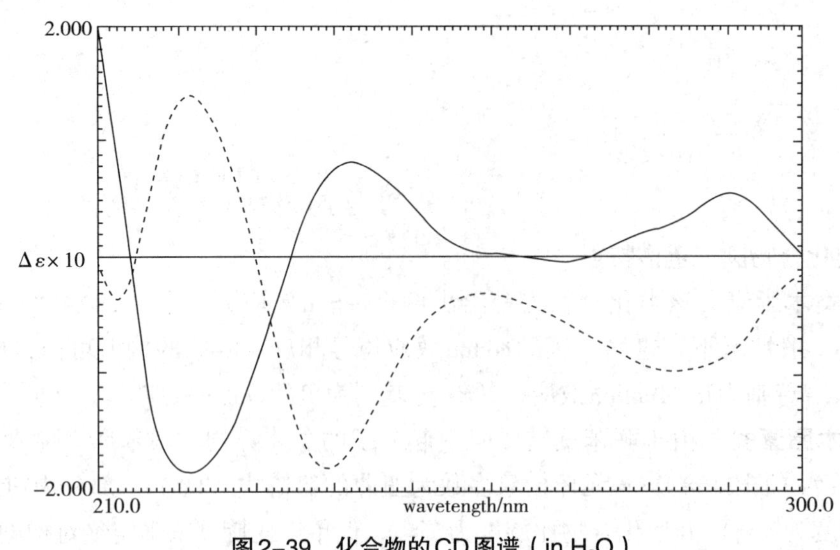

图2-39　化合物的CD图谱（in H_2O）

思考

如何通过氢谱和碳谱数据快速推断出被测物是否为木脂素类化合物？

三、木脂素类化合物结构解析

（一）二苄基丁烷型木脂素-裂环异落叶松脂素

在^{1}H-NMR谱中 δ 6.58（1H，d，J=1.7Hz）、6.66（1H，d，J=7.9Hz）、6.54（1H，dd，J=7.9，1.7Hz）吸收峰提示存在一个1,2,4-三取代苯环，δ 3.72（3H，s）吸收峰提示存在一个甲氧基（图2-40）。

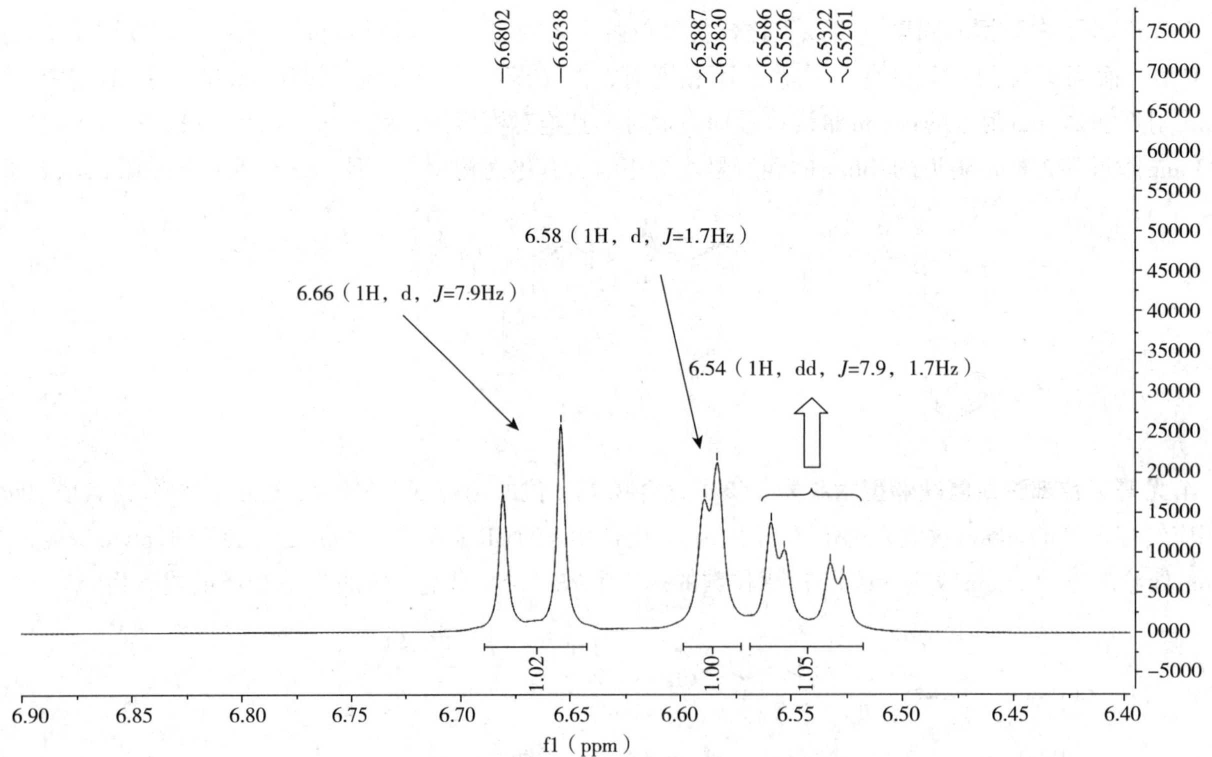

图2-40　裂环异落叶松脂素^{1}H-NMR谱低场区放大图（300MHz，CD_3OD）

在 ^{13}C-NMR谱中 δ 148.7、145.4、133.8、122.7、115.7、113.3和56.1的碳信号进一步确证了1,2,4-三取代苯环和甲氧基结构片段的存在。苯环上的碳信号化学位移值均小于 δ 150，提示无单OR基团或间二、对二OR基团取代。δ 148.7和145.4碳信号提示苯环上存在两个相邻的OR基团取代，其中一个是甲氧基，另一个则是酚羟基（当测试溶剂为氘代甲醇时，在氢谱中只有活泼氢不出现吸收信号）（图2-41）。

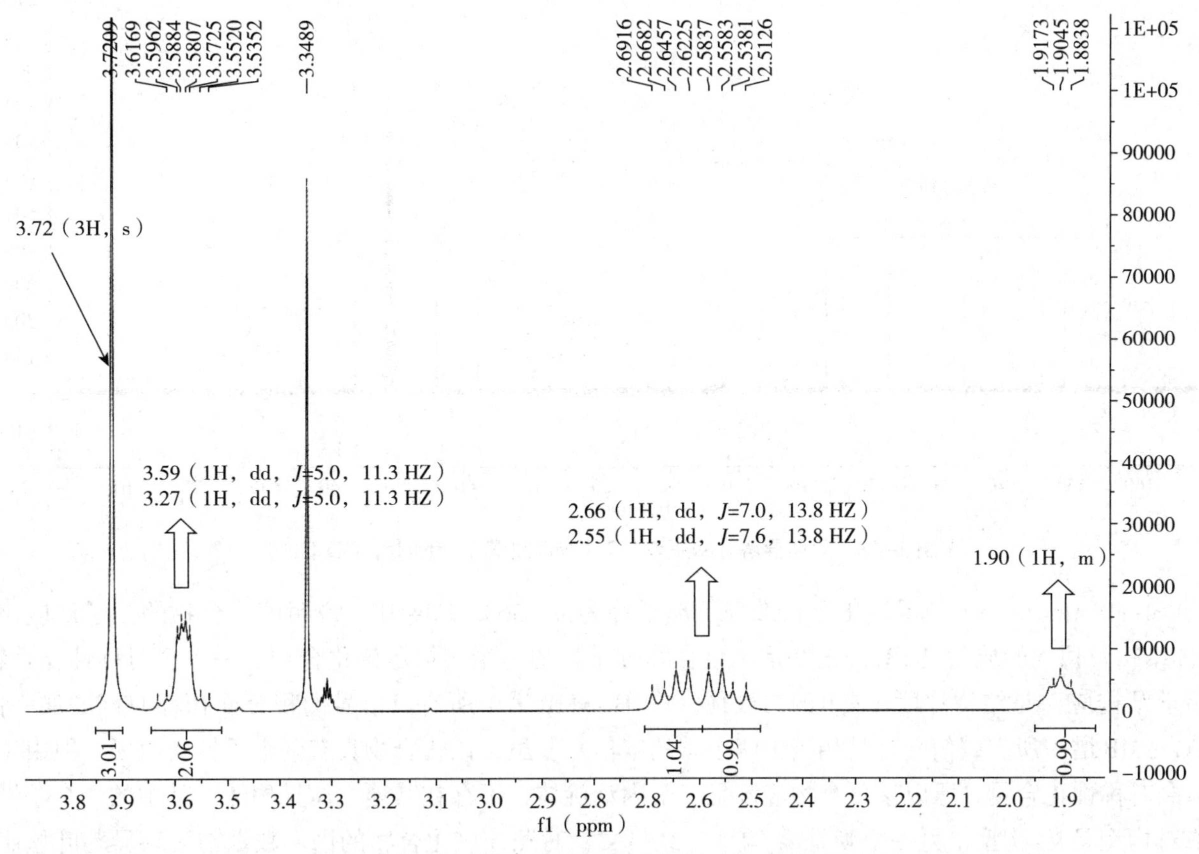

图2-41　裂环异落叶松脂素 ^{1}H-NMR谱高场区放大图（300MHz，CD_3OD）

在 ^{1}H-NMR谱中 δ 2.66（1H，dd，J=7.0，13.8Hz）和 δ 2.55（1H，dd，J=7.6，13.8Hz）吸收峰提示存在一个与苯环相连的磁不等同亚甲基，δ 3.59（1H，dd，J=5.0，11.3Hz）和 δ 3.57（1H，dd，J=5.0，11.3Hz）吸收峰提示存在一个与氧原子相连的磁不全同亚甲基，δ 1.90（1H，m）吸收峰提示存在一个次甲基。

在 ^{13}C-NMR谱中 δ 62.0、44.0和36.0碳信号进一步确证了两个次甲基和一个亚甲基的存在（图2-42）。在 ^{1}H-NMR谱和 ^{13}C-NMR谱中除上述信号外再无其他信号，说明三个sp^{3}杂化碳的连接方式只能是—CH_2CHCH_2OH。综上所述，该化合物存在结构片段A或B。

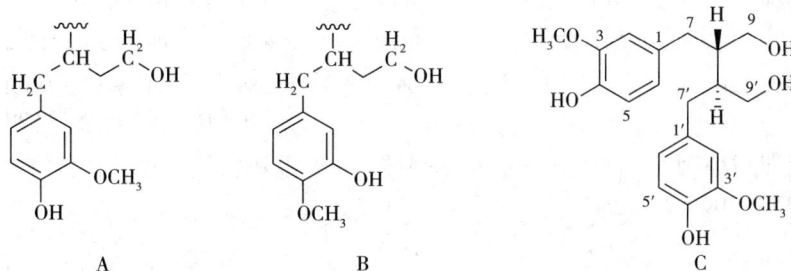

A　　B　　C

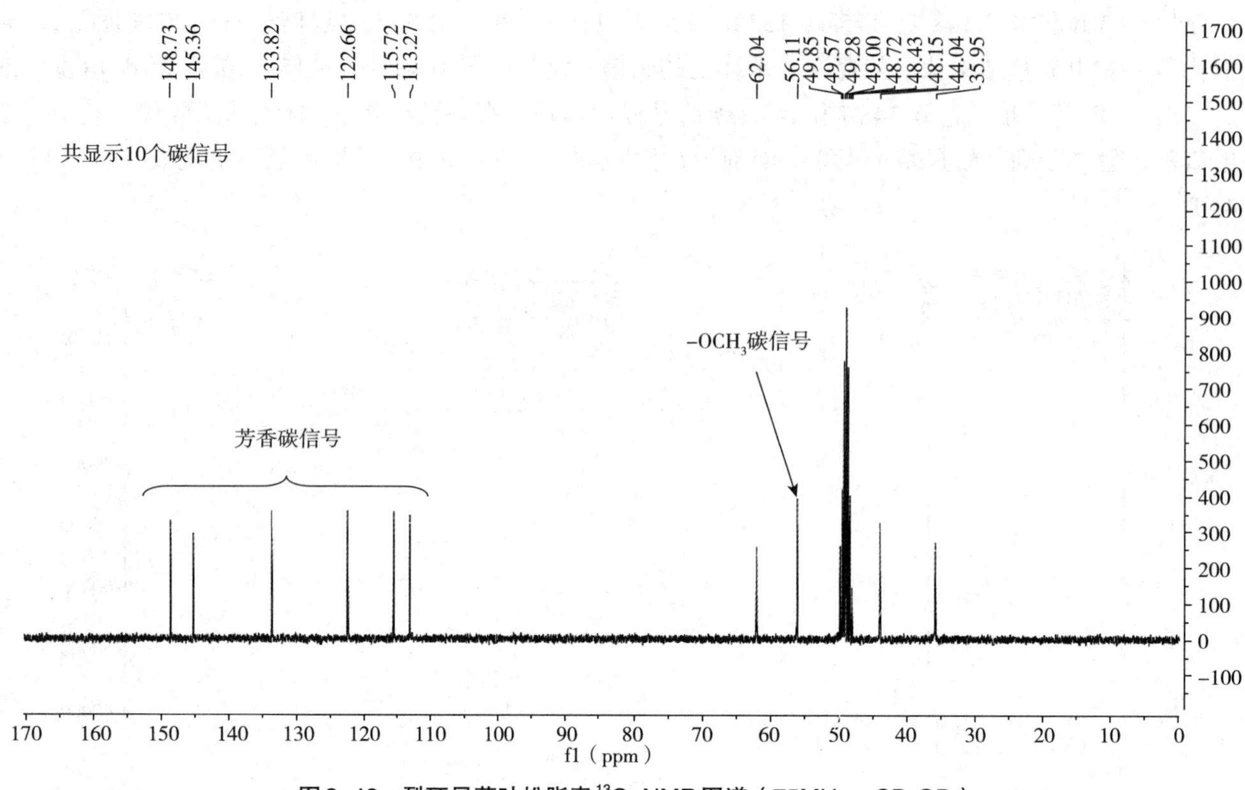

图2-42　裂环异落叶松脂素 ^{13}C-NMR图谱（75MHz，CD_3OD）

ESI-MS（positive）测得该化合物准分子离子峰为m/z 363.0 $[M+H]^+$，说明该化合物的分子量应该是362。结构片段A的质量是181，正好是该化合物分子量的一半，提示该化合物是一个全对称性化合物，其化学结构应该是结构片段A或B的二聚体。在^{1}H-NMR谱中所有氢信号的积分面积都应该增加一倍，在^{13}C-NMR谱中所有碳信号都是相当于两个碳的碳信号。虽然该化合物具有两个手性碳原子，但由于是一个全对称性化合物，所以该化合物应该是一个内消旋体，不存在其他立体异构体，其中的一个手性碳的绝对构型是*R*-构型，另一个则是*S*-构型。经与文献对照，该化合物的谱学数据与裂环异落叶松脂素基本一致，故将该化合物结构推定为裂环异落叶松脂素（结构C），其核磁数据归属见表2-1。

表2-1　裂环异落叶松脂素和的罗汉松脂酚的^{1}H-NMR和^{13}C-NMR数据（in CD_3OD）

编号	裂环异落叶松脂素		罗汉松脂酚	
	d_H	d_C	d_H	d_C
1		133.8		130.8
2	6.58（1H，d，J=1.7Hz）	113.3	6.67（1H，br.s）	114.0
3		148.7		149.0
4		145.4		146.3
5	6.66（1H，d，J=7.9Hz）	115.7	6.71（1H，d，J=8.0Hz）	116.2
6	6.54（1H，dd，J=7.9，1.7Hz）	122.7	6.59（1H，dd，J=8.0，1.6Hz）	123.1
7	2.58（2H，m）	36.0	2.89（1H，dd，J=5.6，13.9Hz） 2.80（1H，dd，J=6.8，13.9Hz）	35.4
8	1.90（1H，m）	44.0	2.67（1H，m）	47.8
9	3.58（2H，m）	62.0		181.6
1′		133.8		131.4
2′	6.58（1H，d，J=1.7Hz）	113.3	6.56（1H，d，J=2.0Hz）	113.4

续表

编号	裂环异落叶松脂素		罗汉松脂酚	
	d_H	d_C	d_H	d_C
3′		148.7		149.1
4′		145.4		146.4
5′	6.66（1H，d，*J*=7.9Hz）	115.7	6.68（1H，d，*J*=8.0Hz）	116.1
6′	6.54（1H，dd，*J*=7.9，1.7Hz）	122.7	6.50（1H，dd，*J*=8.0，2.0Hz）	122.3
7′	2.58（2H，m）	36.0	2.52（2H，m）	38.9
8′	1.90（1H，m）	44.0	2.46（1H，m）	42.6
9′	3.58（2H，m）	62.0	3.92（1H，dd，*J*=8.9，7.5Hz） 4.16（1H，dd，*J*=8.9，7.1Hz）	72.9
—OCH_3	3.72（3H，s）	56.1	3.79（3H，s）	56.4
—OCH_3	3.72（3H，s）	56.1	3.78（3H，s）	56.3

（二）二苄基丁内酯型木脂素-罗汉松脂酚

在^{1}H-NMR谱中δ 6.71（1H，d，*J*=8.0Hz）、6.67（1H，br.s）、6.59（1H，dd，*J*=8.0，2.0Hz）和δ 6.68（1H，d，*J*=8.0Hz），6.56（1H，d，*J*=2.0Hz），6.50（1H，dd，*J*=8.0，2.0Hz）氢信号提示在结构中存在二个1,2,4-三取代苯环（图2-43）。在^{13}C-NMR谱中δ 149.1、149.0、146.4、146.3、131.4、130.8、123.1、122.3、116.2、116.1、114.0、113.4等12个碳信号不仅进一步确证了两个1,2,4-三取代苯环的存在，而且提示这两个1,2,4-三取代苯环均具有邻二氧取代基（图2-44）。在^{1}H-NMR谱中δ 3.79（3H，s）和3.78（3H，s）氢信号提示存在两个甲氧基，这可由^{13}C-NMR谱中δ 56.4和56.1碳信号得到进一步证实。在^{13}C-NMR谱中共给出了20个碳信号，扣除两个甲氧基碳信号外，剩余18个碳信号，提示该化合物可能是一个木脂素类化合物。

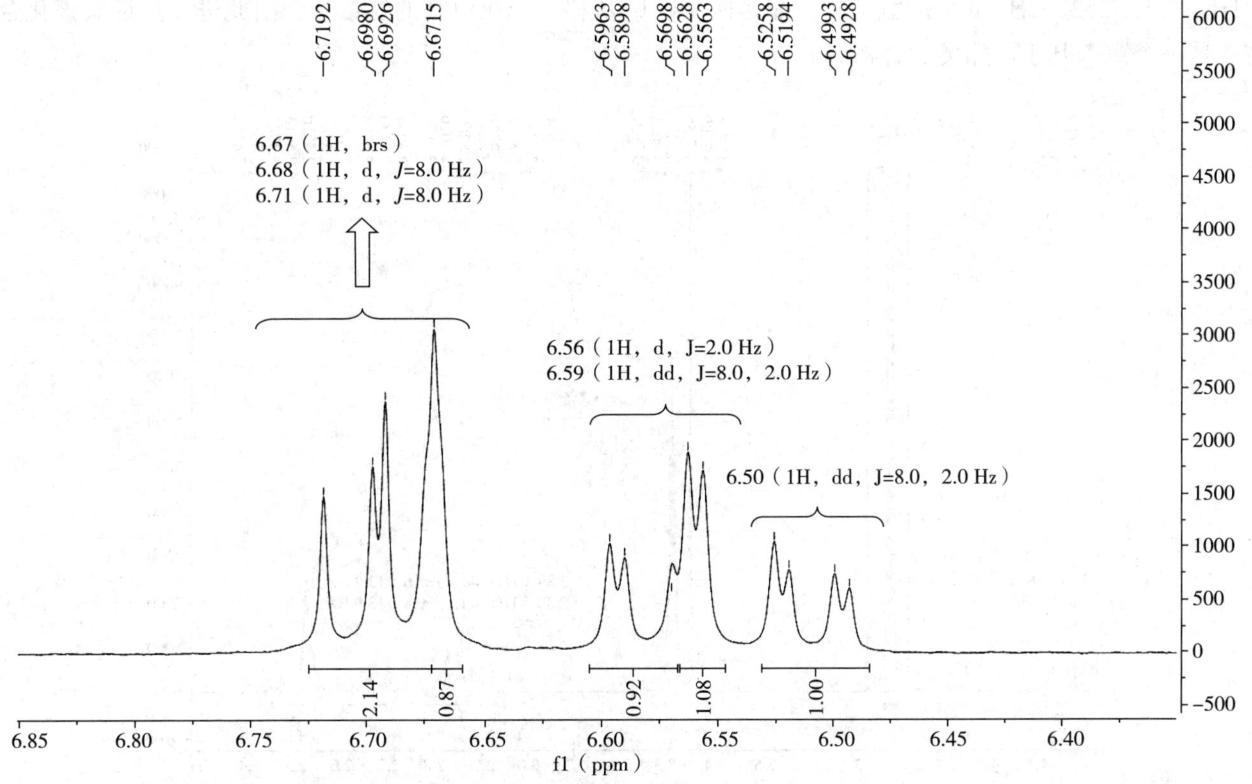

图2-43 罗汉松脂酚^{1}H-NMR谱低场区放大谱（300MHz，CD_3OD）

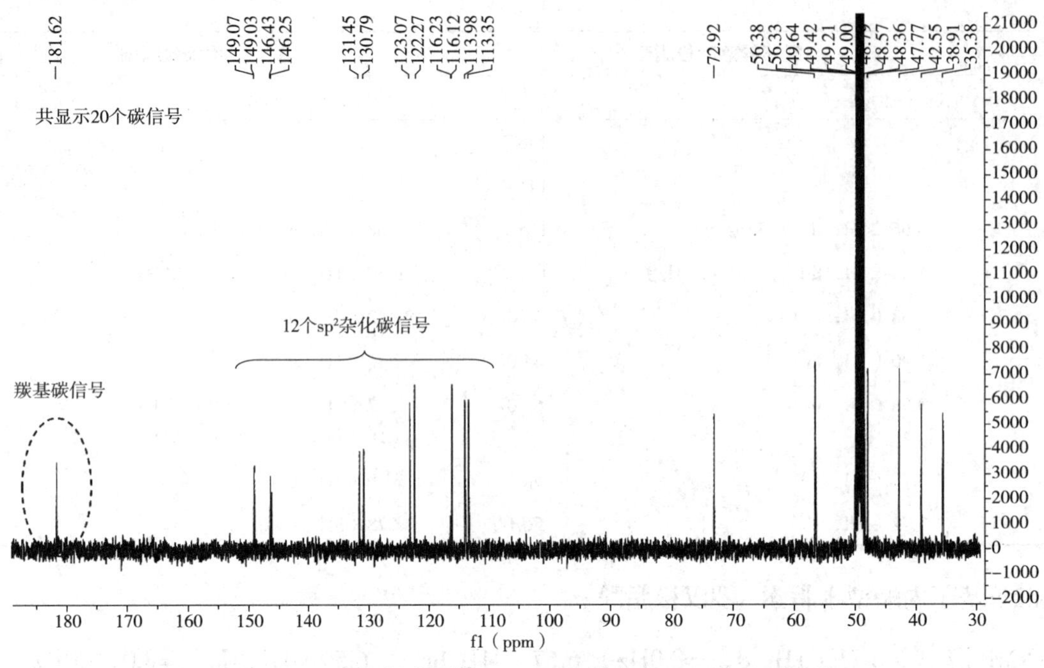

图2-44　罗汉松脂酚^{13}C-NMR图谱（75MHz，CD_3OD）

在^{1}H-NMR谱中δ 4.16（1H，dd，J=7.1，8.9Hz）和3.92（1H，dd，J=7.5，8.9Hz）氢信号提示存在一个磁不全同的—CH—CH_2—O—亚甲基（图2-45），结合^{13}C-NMR谱中δ 181.62的酯羰基碳信号和72.92与氧原子直接相连的碳信号以及该化合物具有两个1，2，4三取代苯环等信息，提示该化合物可能是一个二苄基丁内酯类化合物。在^{1}H-NMR谱中δ 2.89（1H，dd，J=5.6，13.9Hz）和2.80（1H，dd，J=6.8，13.9Hz）氢信号提示存在一个磁不全同的—CH—CH_2—亚甲基。在^{13}C-NMR谱中化学位移值小于50的碳信号只有δ 47.77、42.55、38.91、35.38等4个碳信号，说明在^{1}H-NMR谱中δ 2.67（1H，m）、2.46（1H，m）、2.52（2H，m）的氢信号只能是两个次甲基和一个亚甲基的氢信号，由此进一步证实该化合物就是一个二苄基丁内酯类化合物。

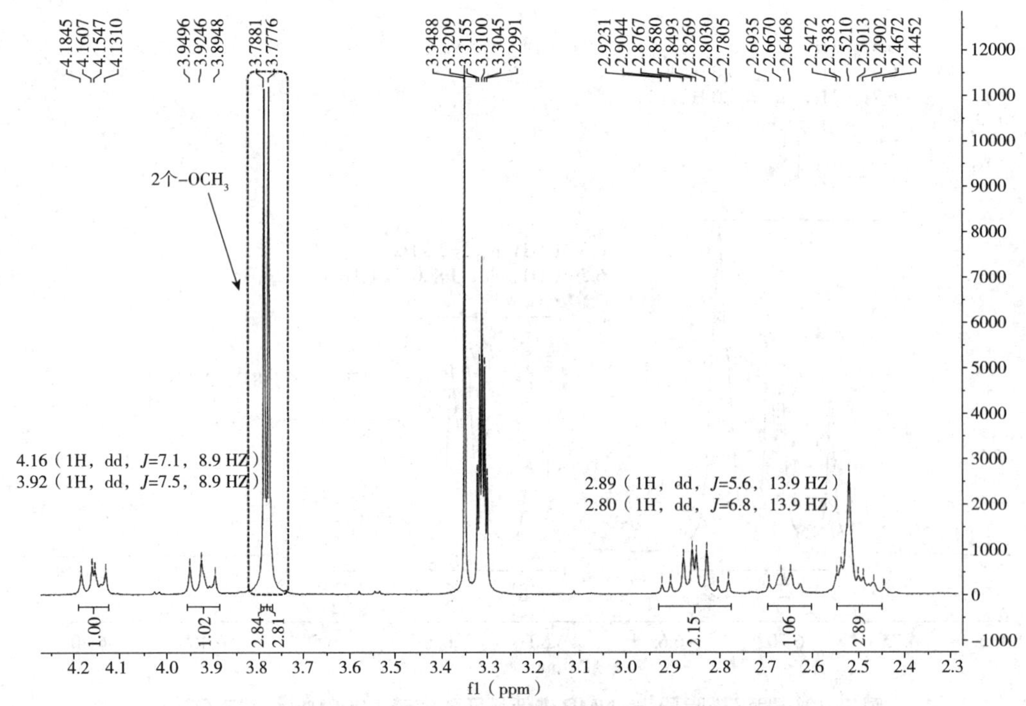

图2-45　罗汉松脂酚^{1}H-NMR谱高场部分放大谱（300MHz，CD_3OD）

据文献报道，在二苄基丁内酯类化合物中，当H-9′两个氢的化学位移值分别在 δ 3.9和 δ 4.2时，H-8和H-8′为反式；当H-9′两个氢的化学位移值均出现在 δ 4.0～4.1时，H-8和H-8′为顺式。该化合物H-9′两个氢的化学位移值分别在 δ 3.91和 δ 4.18，说明该化合物H-8和H-8′为反式取代。

由 ^{13}C-NMR谱可知，该化合物含有两个具有邻二氧取代的1,2,4-三取代苯环片段，但在 ^{1}H-NMR谱中只出现了两个甲氧基氢信号，另外的两个OR基团只能是酚羟基（在氘代甲醇溶剂中，只有活泼氢不出现信号）。由于两个具有邻二氧取代的1,2,4-三取代苯环片段碳的化学位移值极为相近，提示这两个苯环的取代模式相同，故该化合物应该只有以下两种异构体。经与文献对比该化合物的谱学数据与罗汉松脂酚基本一致，故将该化合物的化学结构解析为罗汉松脂酚（异构体A）。

A　　　　B

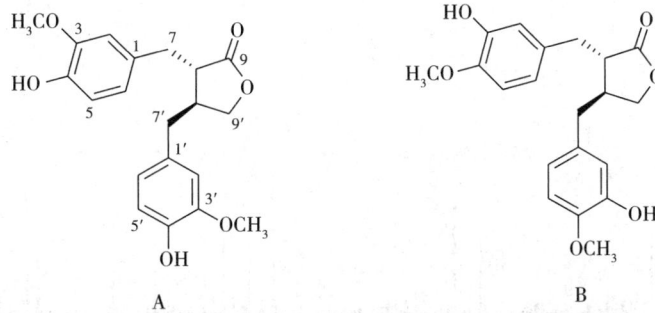

（三）芳基四氢萘型木脂素-异落叶松脂醇-9′-葡萄糖苷

ESI-MS（positive）测得其准分子离子峰为 m/z 545.4 [M+Na]$^+$，提示该化合物分子量为522。结合 ^{1}H-NMR和 ^{13}C-NMR谱数据，推测该化合物分子式为 $C_{26}H_{34}O_{11}$，计算其不饱和度为10。在 ^{1}H-NMR谱中 δ 3.95（1H，d，J=7.8Hz，H-1″）、3.92（1H，brd，J=11.6Hz，H-6″）、3.42（1H，d，J=11.6Hz，H-6″）氢信号（图2-46）和 ^{13}C-NMR谱中 δ 104.1、76.8、76.7、73.5、70.1、61.1碳信号（图2-47）提示在该化合物中存在一个葡萄糖基。

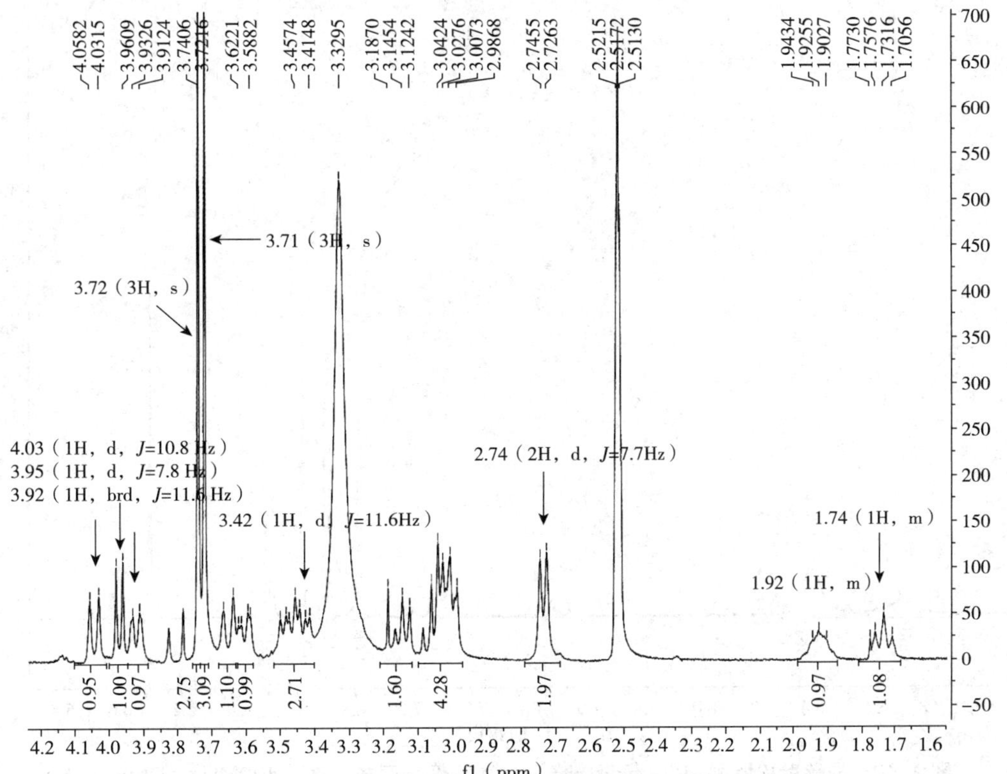

图2-46　异落叶松脂醇-9′-葡萄糖苷 ^{1}H-NMR高场区放大图（400MHz，DMSO-d_6）

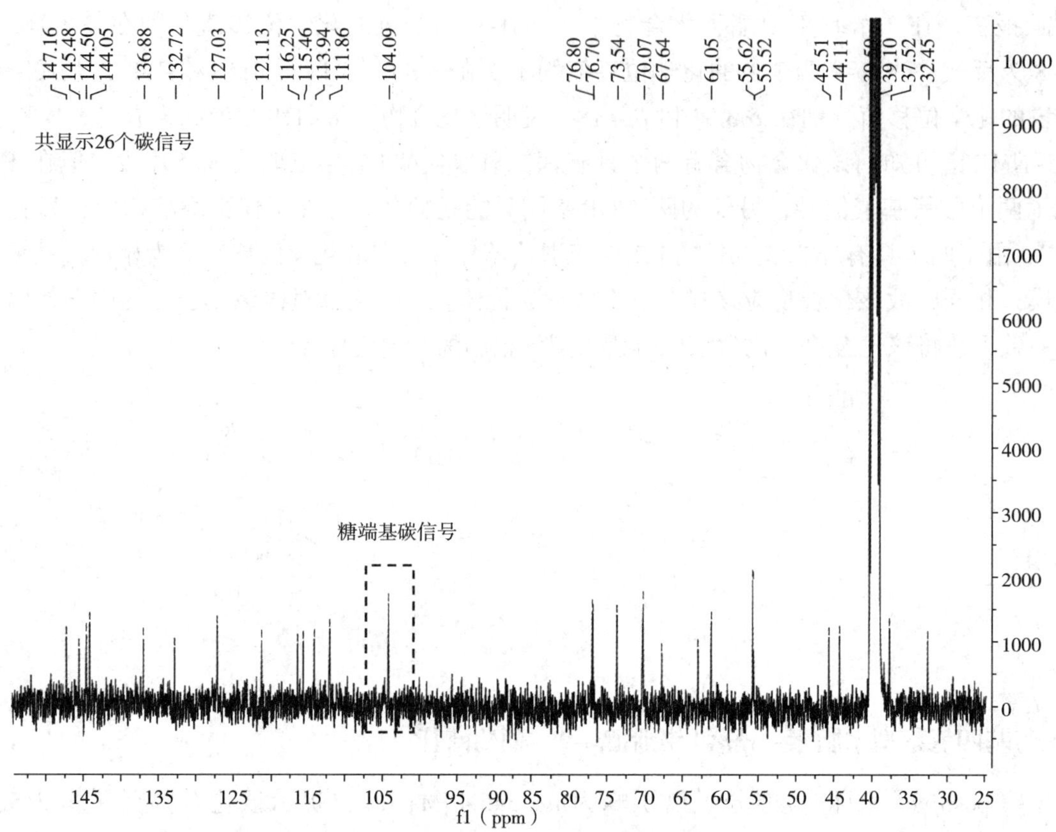

图2-47 异落叶松脂醇-9′-葡萄糖苷 ^{13}C-NMR图（100MHz，DMSO-d_6）

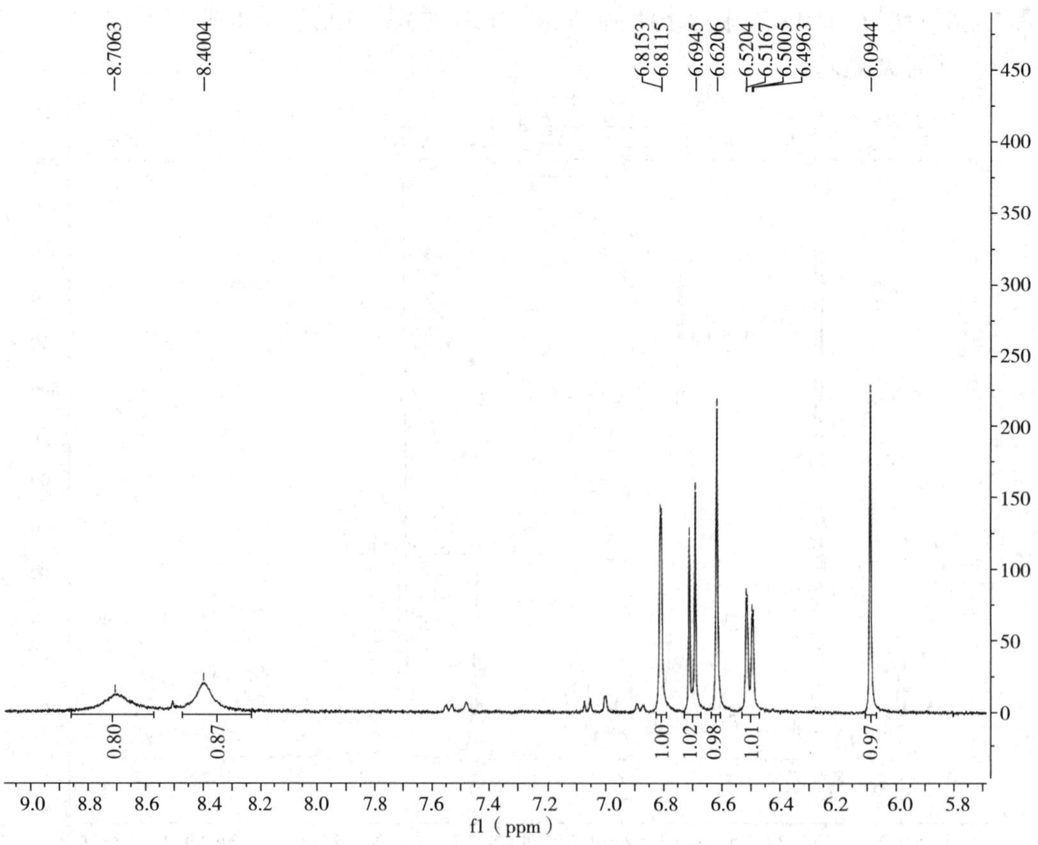

图2-48 异落叶松脂醇-9′-葡萄糖苷 ^{1}H-NMR低场区放大图（400MHz，DMSO-d_6）

在^{1}H-NMR谱中δ 8.71（1H，br.s）和8.40（1H，br.s）氢信号提示存在两个酚羟基，δ 3.72（3H，s）和3.71（3H，s）氢信号提示存在两个甲氧基，这可由^{13}C-NMR谱中δ 55.6和55.5两个碳信号得到进一步证实。在^{13}C-NMR谱中共给出了26个碳信号，扣除6个糖上的碳信号和2个甲氧基碳信号，还剩余18个碳信号。在剩余的18个碳信号中有12个sp^2杂化碳信号，提示该化合物是一个木脂素类化合物。在^{1}H-NMR谱中δ 6.62（1H，s）和6.09（1H，s）氢信号提示存在一个1，2，4，5-四取代的苯环，δ 6.81（1H，d，J=1.6Hz）、6.70（1H，d，J=8.0Hz）和6.51（1H，dd，J=1.6，8.0Hz）氢信号提示存在一个1,2,4-三取代的苯环。在^{13}C-NMR谱中δ 147.2、145.5、144.5和144.1碳信号提示在两个苯环中均具有邻二氧取代基。在^{1}H-NMR谱中δ 3.65（1H，d，J=11.6Hz）和3.44（1H，d，J=11.6Hz）氢信号提示存在一个与氧原子相连的磁不全同的亚甲基，δ 3.61（1H，dd，J=3.6，10.8Hz）和3.48（1H，dd，J=6.8，10.8Hz）氢信号提示存在另外一个与氧原子相连的磁不全同的亚甲基，这可由^{13}C-NMR谱中δ 67.6和62.8碳信号得到进一步证实。具有一个邻二位直接与骨架相连和一个只有一位直接与骨架相连的苯环结构片段，且含有两个与氧原子相连的磁不全同亚甲基的木脂素类化合物只能是芳基萘类，故推断该化合物是一个芳基萘类化合物。^{1}H-NMR谱中δ 4.03（1H，d，J=10.8Hz）、2.73（2H，m）、1.92（1H，m）、1.73（1H，t，J=10.8Hz）氢信号和^{13}C-NMR谱中δ 45.5、44.1、37.5、32.5碳信号提示存在一个亚甲基和三个次甲基。综上所述，可将该化合物的平面结构推定为A。

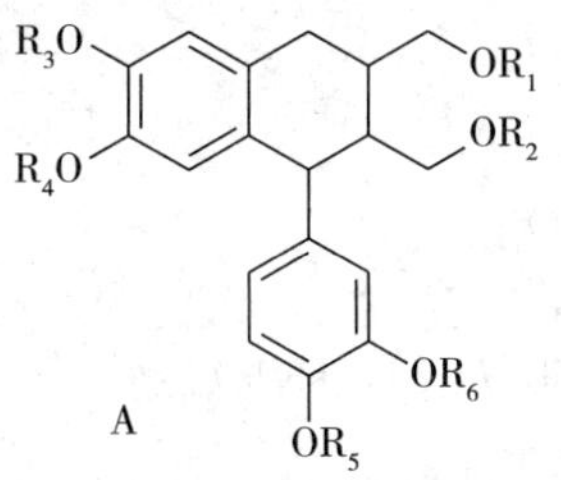

A

R_1或R_2=β-葡萄糖基或H
R_3或R_4或R_5或R_6=CH_3或H

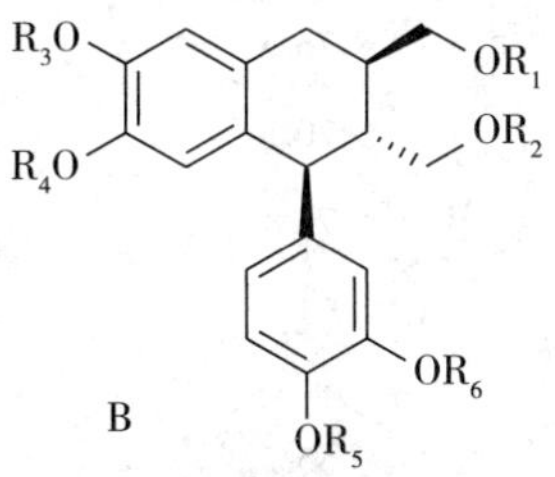

B

R_1或R_2=β-葡萄糖基或H
R_3或R_4或R_5或R_6=CH_3或H

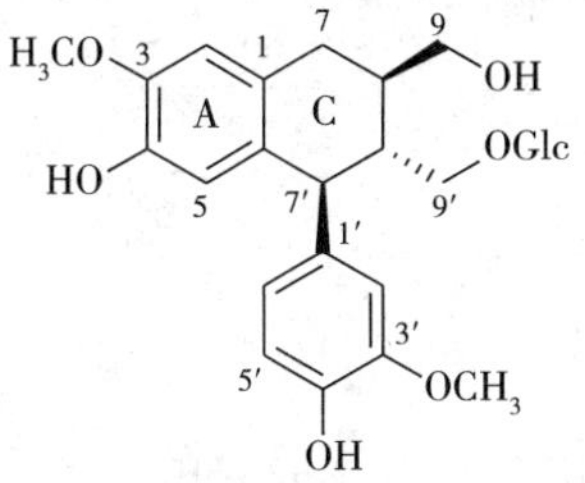

异落叶松脂醇-9′-O-葡萄糖苷

H-7′与H-8′的偶合常数为10.8Hz，提示H-7′与H-8′互为反式取代。H-8′为一个类三重峰，偶合常数为10.8Hz，提示H-8′与H-8也是互为反式取代，进而推定该化合物的相对构型为B。在CD图谱中290nm（$\Delta\varepsilon$-1.27）呈现负的Cotton效应，提示7′位为S-构型，进而推定该化合物的绝对构型为7′S，8R，8′R。该化合物谱学数据与文献中报道的异落叶松脂醇-9′-葡萄糖苷基本一致，故将该化合物的化学结构推定为异落叶松脂醇-9′-葡萄糖苷，其核磁数据归属见表2-2。

表2-2　异落叶松脂醇-9′-葡萄糖苷和forsythialanside E的^{1}H-NMR和^{13}C-NMR数据

编号	异落叶松脂醇-9′-葡萄糖苷		forsythialanside E	
	δ_H	δ_C	δ_H	δ_C
1		127.1		129.0
2	6.60（1H，s）	111.9	7.04（1H，overlapped）	112.9
3		145.5		148.7
4		144.1		147.6
5	6.08（1H，s）	116.3	6.78（1H，d，J=8.2Hz）	115.7
6		132.8	6.85（1H，dd，J=8.2，1.7Hz）	121.7
7	2.74（2H，d，J=7.7Hz）	32.5	4.39（1H，s）	90.8
8	1.92（1H，m）	37.6		91.6

续表

编号	异落叶松脂醇-9′-葡萄糖苷		forsythialanside E	
	δ_H	δ_C	δ_H	δ_C
9	3.41（1H，dd，J=11.6，4.7Hz） 3.63（1H，d，J=11.3Hz）	62.8	3.62（1H，m） 4.21（1H，d，J=9.2Hz）	76.9
1′		136.9		134.6
2′	6. 80（1H，d，J=1.6Hz）	114.0	7.04（1H，overlapped）	111.3
3′		147.2		150.7
4′		144.6		147.1
5′	6. 69（1H，d，J=8.0Hz）	115.5	7.16（1H，d，J=8.4Hz）	117.9
6′	6. 49（1H，dd，J=8.0，1.6Hz）	121.2	6.90（1H，dd，J=8.4，1.4Hz）	119.3
7′	4. 03（1H，d，J=10.8Hz）	45.6	5.20（1H，d，J=5.9Hz）	82.5
8′	1. 74（1H，m）	44.2	3.14（1H，m）	58.7
9′	3. 46（1H，m） 3. 59（1H，m）	67.6	3.17（1H，m） 3.91（1H，m）	69.1
1″	3.95（1H，d，J=7.8Hz）	104.1	4.90（1H，d，J=7.3Hz）	102.9
2″		73.6	3.51（1H，m）	74.9
3″		76.9	3.42（1H，m）	78.2
4″		70.1	3.41（1H，m）	71.4
5″		76.8	3.47（1H，m）	77.9
6″		61.1	3.63（1H，m） 3.70（1H，dd，J=12.1，4.9Hz）	62.5
—OCH_3	3. 72（3H，s）	55.7	3.87（3H，s）	56.4
—OCH_3	3. 70（3H，s）	55.6	3.88（3H，s）	56.8

（四）骈双四氢呋喃型木脂素-forsythialanside E

高分辨质谱HRESI-MS（positive）测得其准分子离子峰$[M+Na]^+$为m/z 559.1790，进而确定其分子式为$C_{26}H_{32}O_{12}$，计算其不饱和度为11。^{1}H-NMR谱中δ 4.90（1H，d，J=7.3Hz，H-1″）、3.87（1H，m，H-6″）、3.70（1H，dd，J=12.1，4.9Hz，H-6″）氢信号（图2-49）和^{13}C-NMR谱中δ 102.9、78.2、77.9、74.9、71.4、62.5碳信号（图2-50）提示在该化合物中存在一个β-葡萄糖基。酸水解后，对糖进行衍生化，衍生化产物与D-葡萄糖对照品衍生化物HPLC保留值一致，说明该糖基为β-D-葡萄糖基。

^{1}H-NMR谱中δ 3.88（3H，s）和3.87（3H，s）氢信号提示存在2个甲氧基，这可由^{13}C-NMR谱中δ 56.8和56.4碳信号得到进一步证实。从分子式中扣除6个糖上的碳信号和2个甲氧基碳信号，剩余18个碳信号，且有12个sp^2杂化的碳信号，提示该化合物为一个木脂素类化合物。

^{1}H-NMR谱中δ 7.16（1H，d，J=8.4Hz）、6.90（1H，dd，J=8.4，1.4Hz）、7.04（2H，br.s）、6.85（1H，dd，J=8.2，1.7Hz）和6.78（1H，d，J=8.2Hz）氢信号提示存在2个1,2,4-三取代苯环（图2-51），^{13}C-NMR谱中δ 150.76、148.70、147.56和147.10碳信号提示2个1,2,4-三取代苯环均具有邻二氧取代基。扣除2个苯环和糖的不饱和度，还剩余2个不饱和度，结合剩余的6个碳信号化学位移值均大于δ 50，而且其中大于δ 80的碳信号就有3个，提示其为一个骈双四氢呋喃型木脂素。

在HSQC谱中δ 5.20（1H，d，J=5.9Hz）氢信号与δ 82.5碳信号相关，提示δ 82.5碳是一个与氧原子直接相连的次甲基；δ 4.39（1H，s）氢信号与δ 90.8碳信号相关，提示δ 90.8碳是一个与氧原子直接相连的次甲基；δ 4.21（1H，d，J=9.2Hz）和3.62（1H，d，J=9.2Hz）氢信号分别与δ 76.9碳信号相关，

提示 δ 76.9碳是一个直接与氧原子相连的磁不全同的亚甲基；δ 3.91（1H，m）和3.17（1H，m）氢信号分别与 δ 69.1碳信号相关，提示 δ 69.1碳是一个直接与氧原子相连的磁不全同的亚甲基；δ 3.14（1H，m）氢信号与 δ 58.7碳信号相关，提示 δ 58.7的碳是一个次甲基（图2-52）。

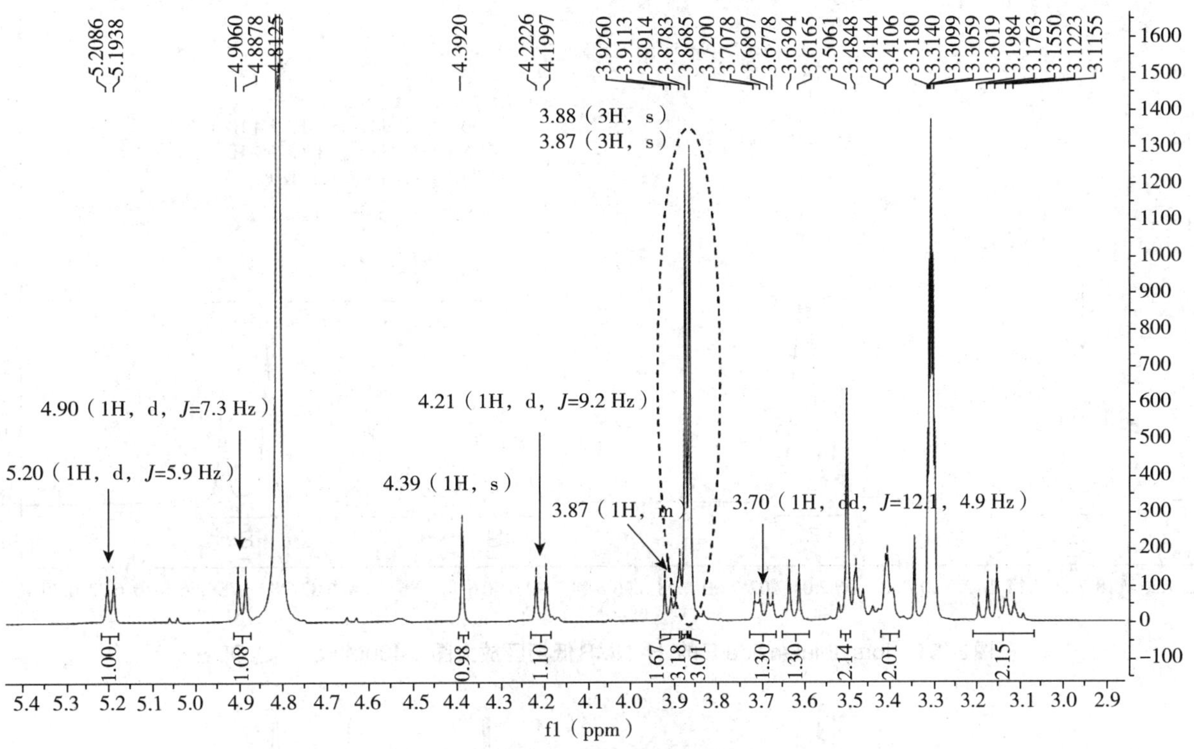

图2-49 forsythialanside E的 ^{1}H-NMR高场区放大图（400MHz，CD_3OD）

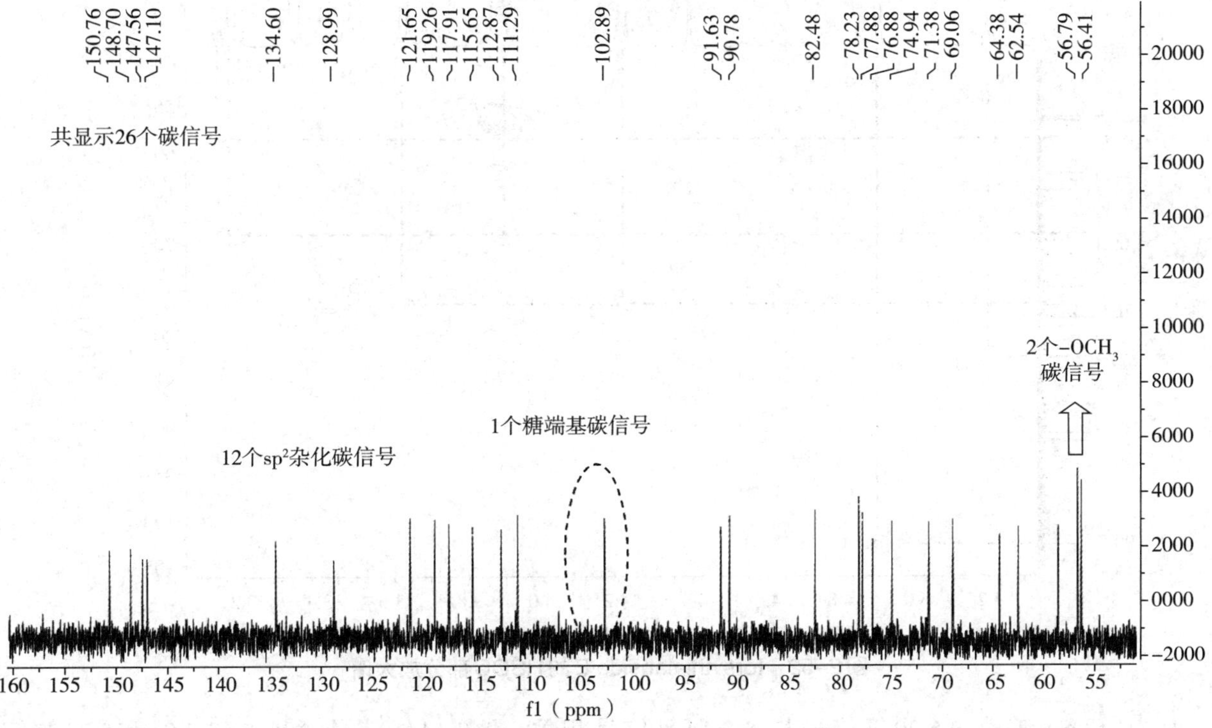

图2-50 forsythialanside E的 ^{13}C-NMR谱（100MHz，CD_3OD）

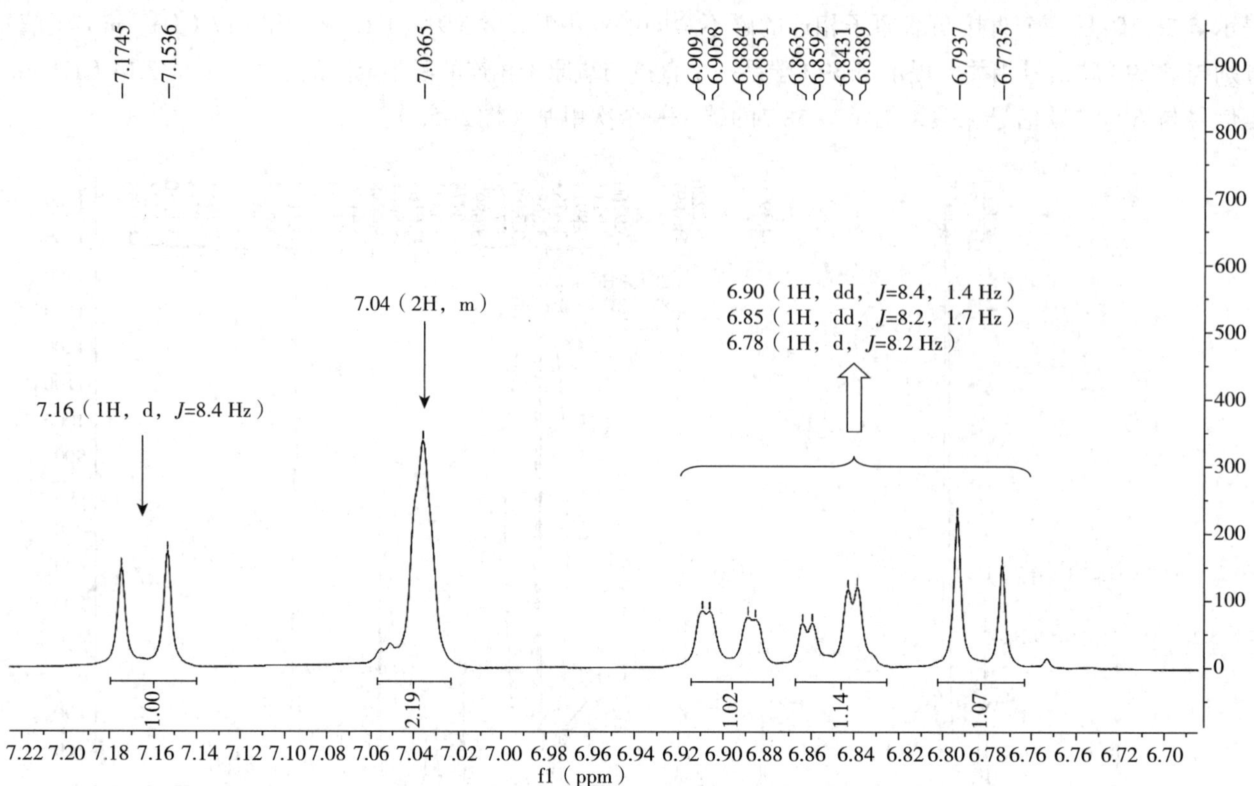

图2-51　forsythialanside E的^{1}H-NMR低场区放大图（400MHz，CD_3OD）

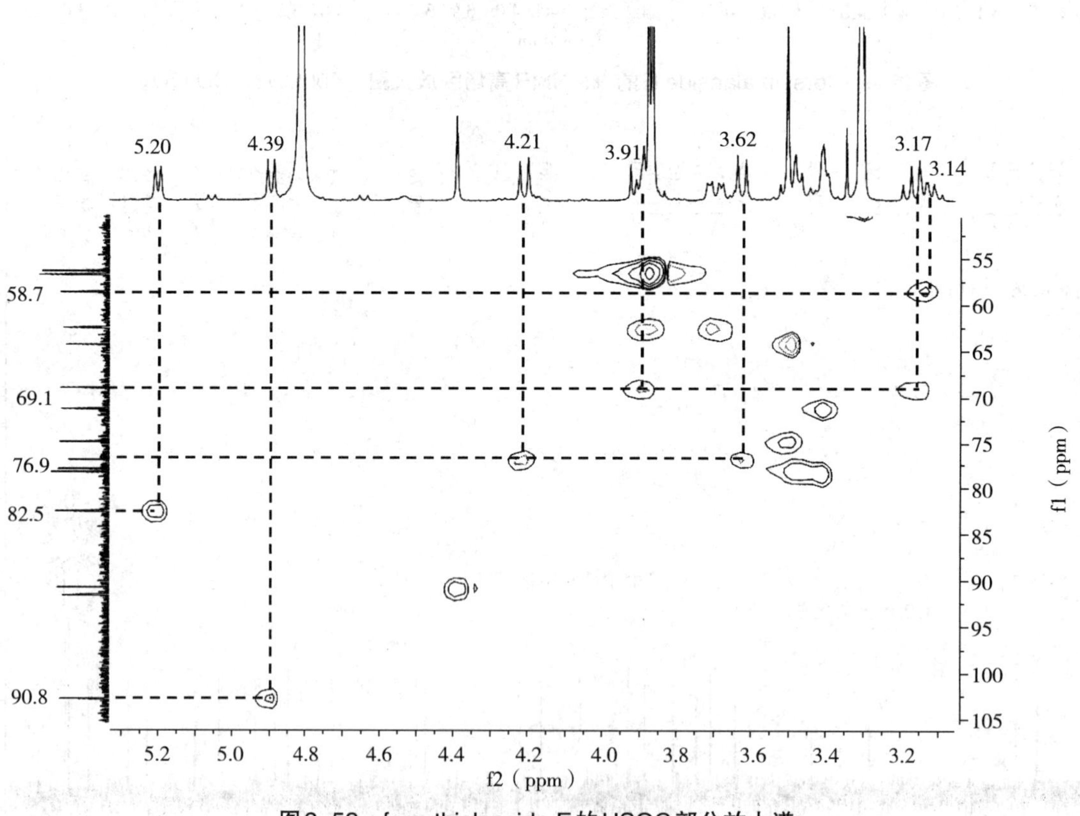

图2-52　forsythialanside E的HSQC部分放大谱

^{1}H-^{1}H COSY谱中δ 5.20氢信号与δ 3.14氢信号相关，δ 3.14氢信号分别与δ 3.91和5.20氢信号相关（图2-53），提示结构中存在结构片段A。母核剩余的碳只有3个，即与氧直接相连的磁不全同的

亚甲基 δ 76.9、与氧直接相连的次甲基 δ 90.8和与氧直接相连的季碳91.6，这3个碳只能组成结构片段B。

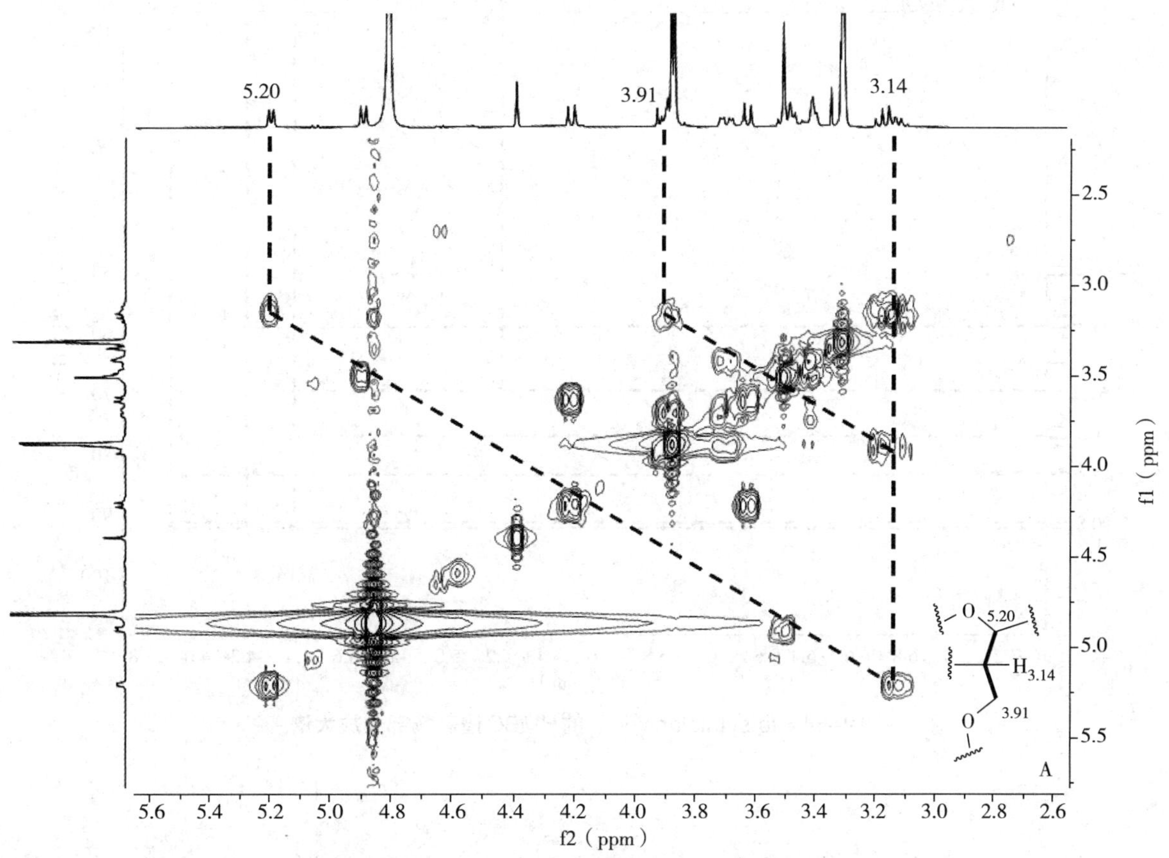

图2-53　forsythialanside E的^{1}H-^{1}H COSY部分放大谱

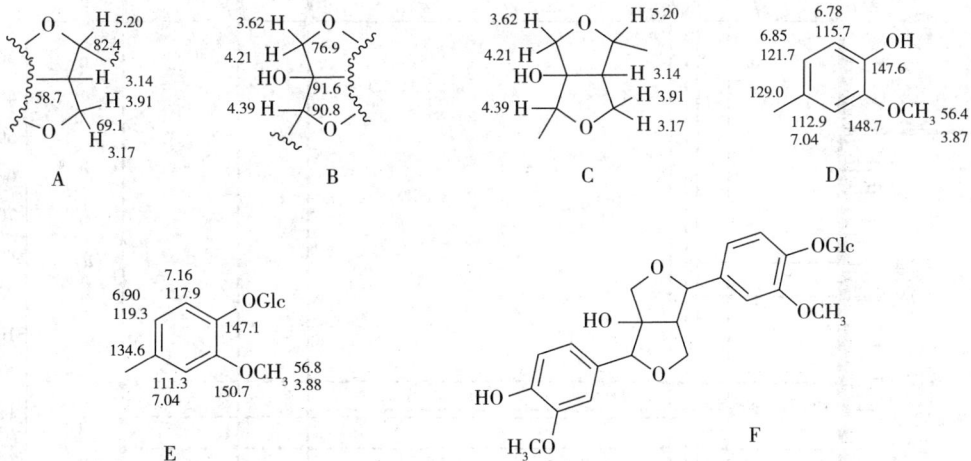

在HMBC谱中 δ 5.20的氢信号分别与 δ 58.7和69.1碳信号相关；δ 4.39氢信号分别与 δ 76.9和91.6碳信号相关；δ 4.21氢信号分别与 δ 58.7、82.4和90.8碳信号相关；δ 3.91氢信号分别与 δ 91.6、90.8和82.4碳信号相关（图2-54）。依据HMBC谱中碳氢信号相关关系，可将结构片段A和B连接成结构片段C。

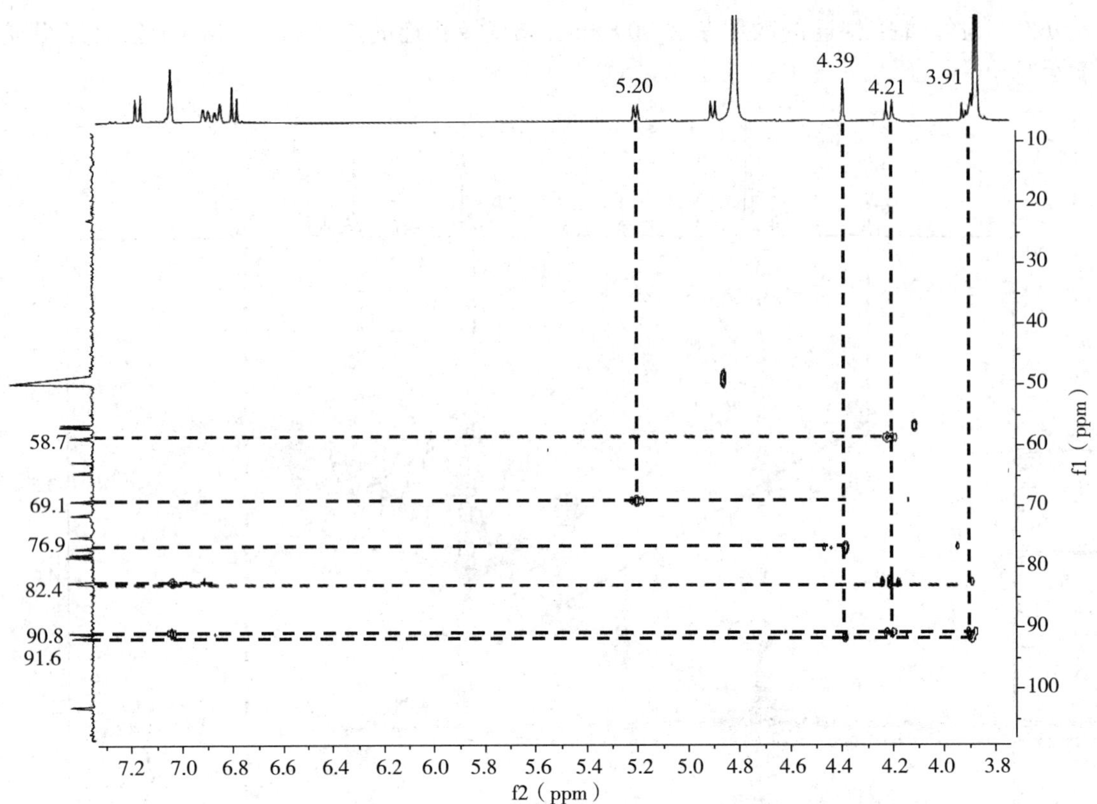

图2-54　forsythialanside E的HMBC谱高场部分放大谱

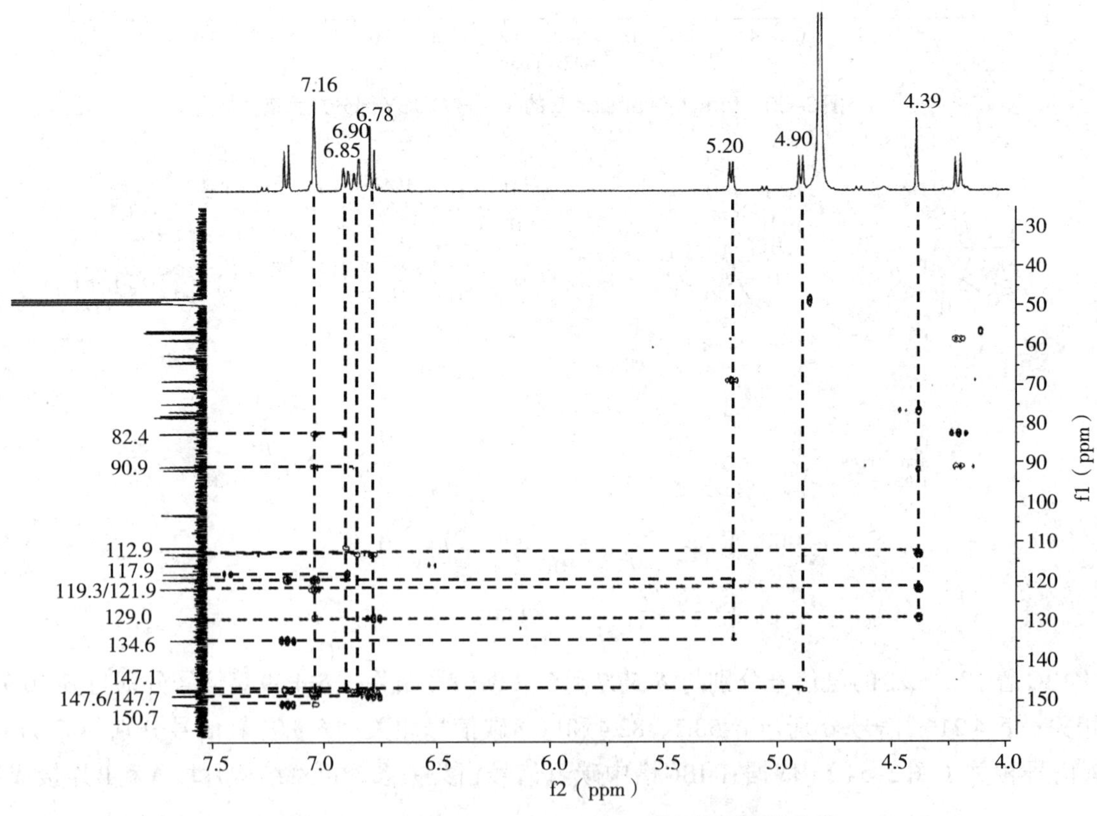

图2-55　forsythialanside E HMBC谱低场部分放大谱

在HMBC谱中 δ 6.85氢信号分别与 δ 147.6和112.9碳信号相关； δ 6.78氢信号分别与 δ 147.6、

148.7和129.0碳信号相关；δ 3.87氢信号与δ 148.7碳信号相关，据此可推测片段D（图2-55）。δ 7.16氢信号分别与δ 147.1、150.7和119.3碳信号相关；δ 6.90氢信号分别与δ 147.1和117.9碳信号相关；δ 3.88氢信号与δ 150.7碳信号相关；δ 4.90氢信号与δ 147.1碳信号相关。据此可推测结构中含有片段E。δ 6.90氢信号与δ 82.4碳信号相关，δ 5.20氢信号与δ 134.6和119.3碳信号相关，说明结构片段E与结构片段C中δ 82.4碳直接相连。δ 6.85氢信号与δ 90.9碳信号相关，δ 4.39氢信号与δ 129.0、121.7和112.9碳信号相关，说明结构片段D与结构片段C中δ 90.8碳直接相连。依据该化合物分子式，经计算现在还剩余2个氢原子。在氘代甲醇中测试^{1}H-NMR谱，只有活泼氢不出现吸收信号，故推断δ 147.6的C原子直接与酚羟基相连，δ 91.6的C原子直接与醇羟基相连。综上所述，可确定该化合物的平面结构F。

在NOESY谱（图2-56）中δ 3.87和3.88氢信号均与δ 7.04氢信号相关，进一步说明2个甲氧基分别取代在苯环的3和3′位上。δ 5.20氢信号与δ 3.62氢信号相关，说明这2个氢位于同侧。δ 4.21氢信号与δ 4.39氢信号相关，δ 4.39氢信号与δ 3.17氢信号相关，说明这3个氢位于同侧。δ 5.20氢的偶合常数为5.9Hz，说明δ 5.20氢和δ 3.14氢互为反式。在骈双四氢呋喃型木脂素类化合物中两个四氢呋喃环均为顺式骈合。综上所述将该化合物鉴定为forsythialanside E。

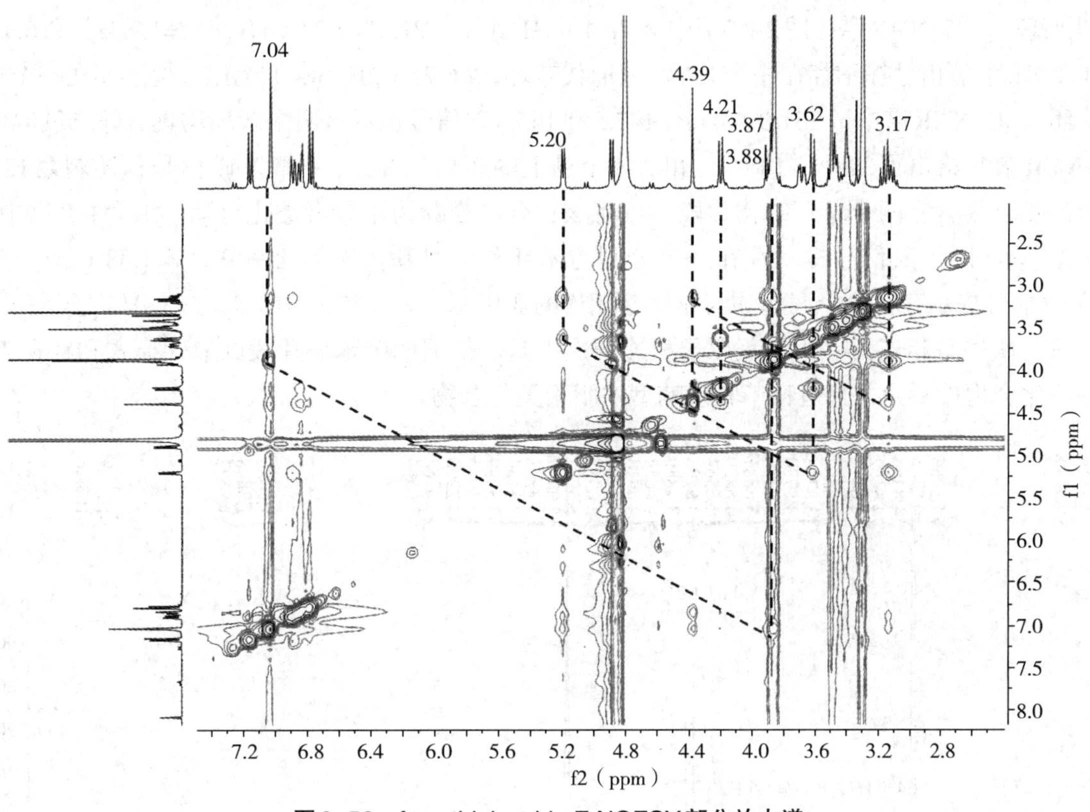

图2-56　forsythialanside E NOESY部分放大谱

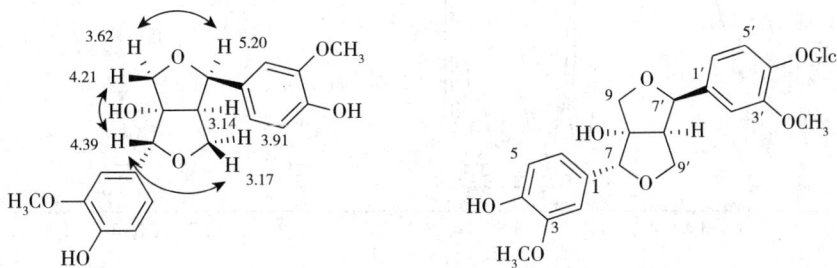

（五）尤普迈特苯骈呋喃型-forsythialanside C

高分辨质谱HRESI-MS（positive）测得其准分子离子峰$[M+Na]^+$为m/z 691.2565，进而确定其分子式为$C_{32}H_{44}O_{15}$，计算其不饱和度为11。^{1}H-NMR谱中δ 4.88（1H，d，J=7.6Hz）氢信号和^{13}C-NMR谱中δ 102.8、78.2、77.9、74.9、71.3、62.5碳信号提示存在一个β-葡萄糖片段（图2-57，图2-58）。^{1}H-NMR谱中δ 4.64（1H，d，J=1.5Hz）、1.21（3H，d，J=6.2Hz）氢信号提示存在一个甲基五碳糖基。在常见的甲基五碳糖中，L-夫糖和D-鸡纳糖2位的羟基位于平伏键上，端基氢的偶合常数均较大，故该甲基五碳糖基只能是鼠李糖基。鼠李糖基是不能通过端基氢核偶合常数和端基碳的化学位移值来判断其苷键构型的，由于α-鼠李糖苷C-3和C-5位化学位移值明显小于β-鼠李糖苷（α-鼠李糖甲苷，102.6、72.7、72.1、73.8、69.5、18.6；β-鼠李糖甲苷，102.6、72.1、75.3、73.7、73.4和18.5），故可通过碳的化学位移值来判断鼠李糖的苷键构型。^{13}C-NMR谱中δ 101.8、72.5、72.4、74.0、69.8和18.0碳信号提示该糖基是一个α-鼠李糖基。酸水解后，对糖进行衍生化，衍生化产物与D-葡萄糖和L-鼠李糖对照品衍生化物HPLC保留值一致，说明两个糖基分别为β-D-葡萄糖基和α-L-鼠李糖基。

^{1}H-NMR谱中δ 3.87（3H，s）和3.83（3H，s）的氢信号和^{13}C-NMR谱中δ 56.8和56.7碳信号提示存在2个甲氧基。^{1}H-NMR谱（图2-59）中δ 7.14（1H，d，J=8.3Hz）、7.03（1H，d，J=1.9Hz）和6.93（1H，dd，J=8.3，1.9Hz）氢信号提示存在一个1,2,4-三取代苯环，δ 6.72（2H，br.s）氢信号提示存在一个1,2,3,5-四取代苯环。^{13}C-NMR谱中δ 151.0、147.6、147.5和145.3碳信号提示这两个苯环均具有邻二氧取代基团。

^{13}C-NMR谱共给出了32个碳信号，扣除12个糖上的碳信号和2个甲氧基碳信号，还剩余18个碳信号，结合该化合物含有两个苯环结构片段，可将该化合物推断为木脂素类化合物。^{1}H-NMR谱中δ 2.67（2H，brt，J=6.9Hz）氢信号提示存在一个分别与苯环和亚甲基相连的亚甲基，δ 1.88（2H，五重峰，J=6.9Hz）氢信号提示存在一个两边均与亚甲基相连的亚甲基，δ 5.55（1H，d，J=5.9Hz）氢信号提示存在一个一头与次甲基相连另一头与氧原子相连的次甲基。依据两个苯环片段的取代模式和存在2个亚甲基，可将该化合物推断为尤普迈特苯骈呋喃型木脂素类化合物。

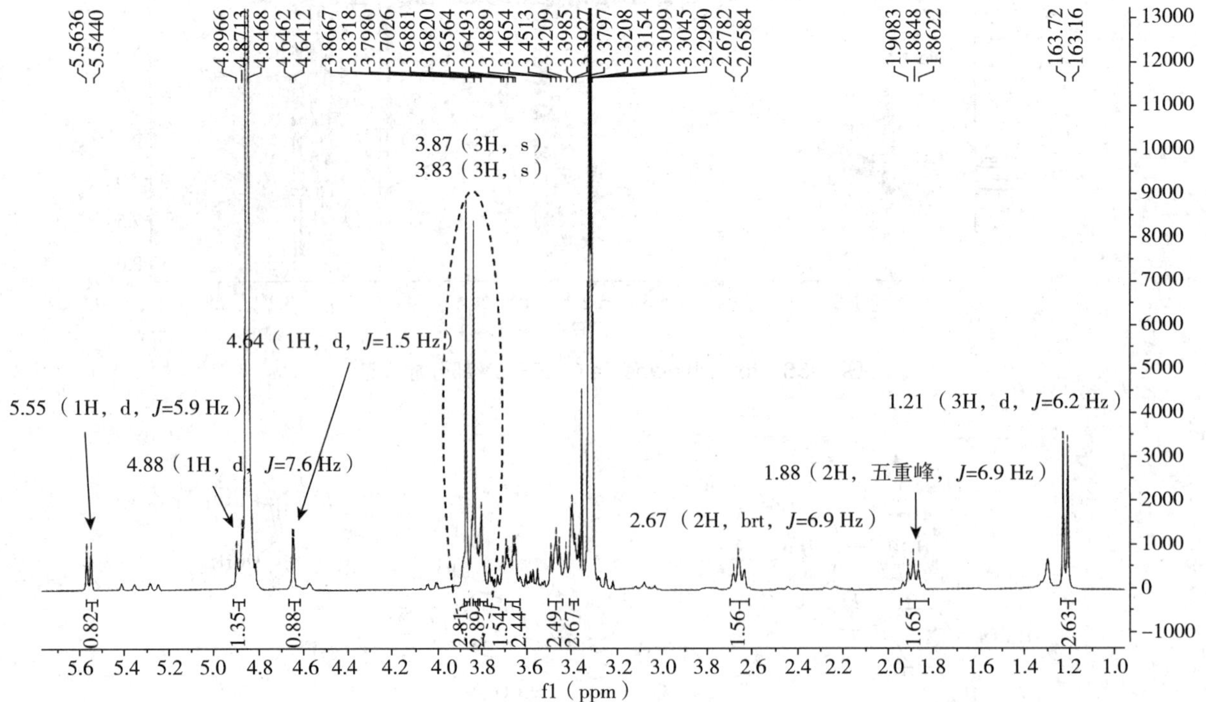

图2-57　forsythialanside C的^{1}H-NMR高场部分放大谱（300Hz，CD_3OD）

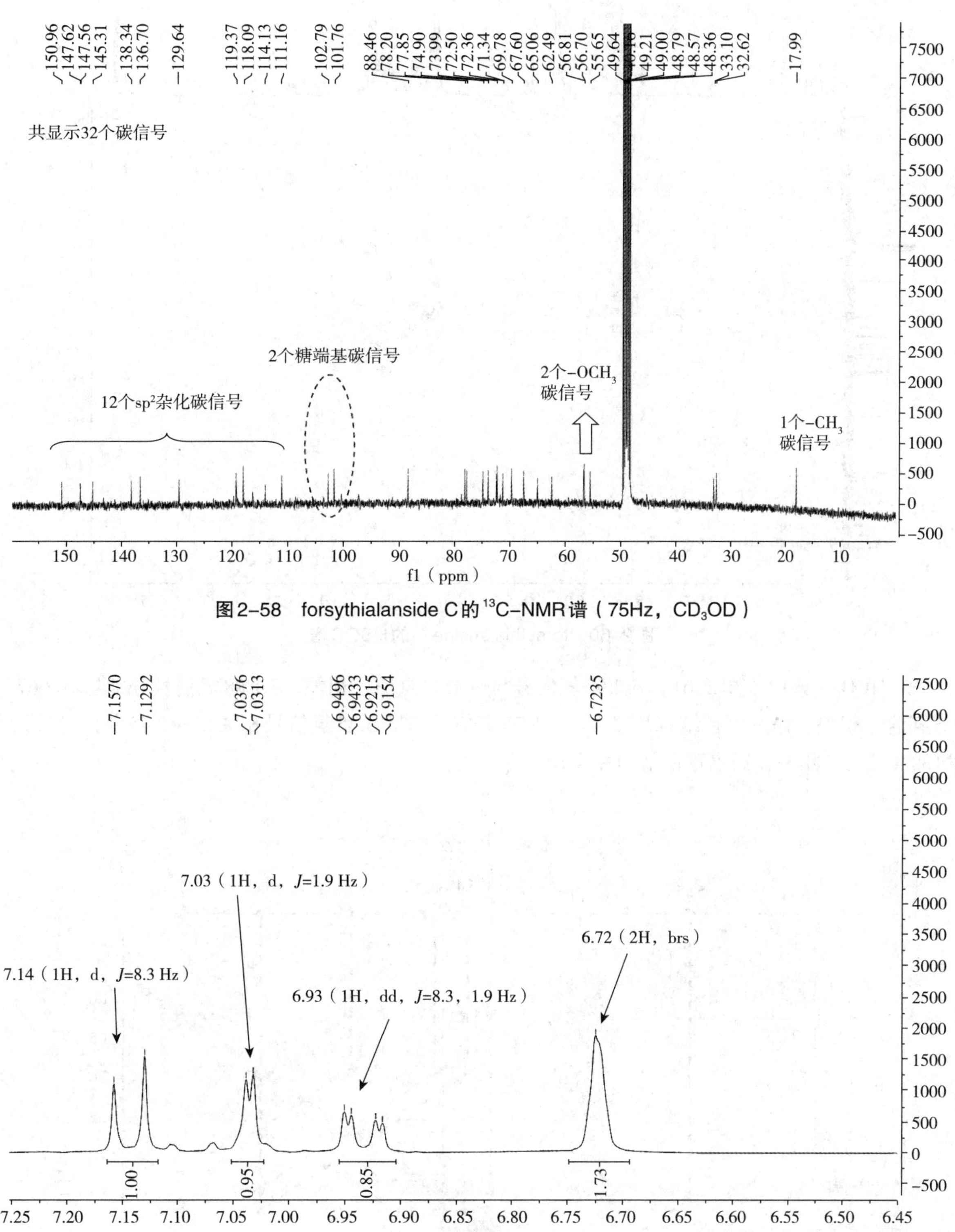

图2-58　forsythialanside C的 ^{13}C-NMR谱（75Hz，CD_3OD）

图2-59　forsythialanside　C的 ^{1}H-NMR低场放大谱（300Hz，CD_3OD）

在HSQC谱中 δ 1.88氢信号与 δ 32.6碳信号相关，δ 2.67氢信号与 δ 33.1碳信号相关，δ 3.45（1H，m）氢信号与 δ 55.7碳信号相关，δ 5.55氢信号与 δ 88.5碳信号相关。δ 3.84（1H，m）和3.76（1H，m）氢信号与 δ 65.1碳信号相关，δ 3.66（1H，m）和3.38（1H，m）氢信号与 δ 67.6碳信号相关，提示存在2个与氧原子相连的磁不全同的亚甲基（图2-60）。

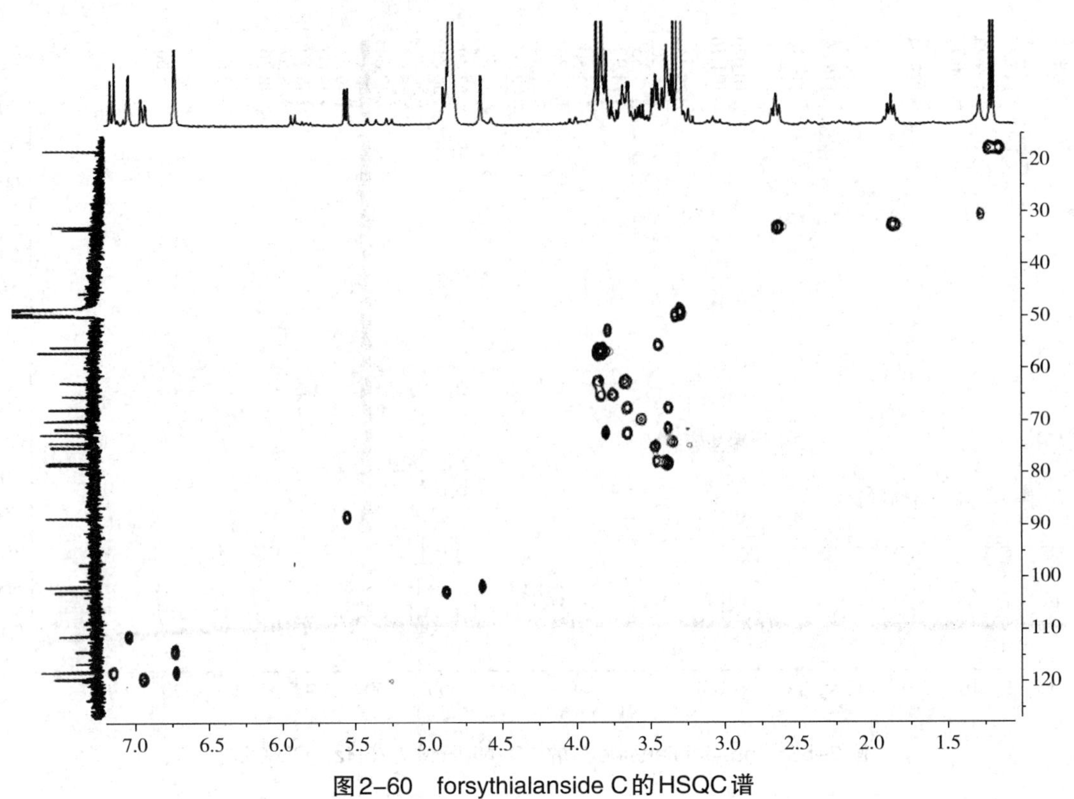

图2-60 forsythialanside C的HSQC谱

在^{1}H-^{1}HCOSY谱中（图2-61）δ 2.67氢信号与δ 1.88氢信号相关，δ 1.88氢信号分别与δ 2.67、3.38和3.66氢信号相关，提示存在结构片段A。δ 5.55氢信号与δ 3.45氢信号相关，δ 3.45氢信号分别与δ 5.55和3.84氢信号相关，提示存在结构片段B。

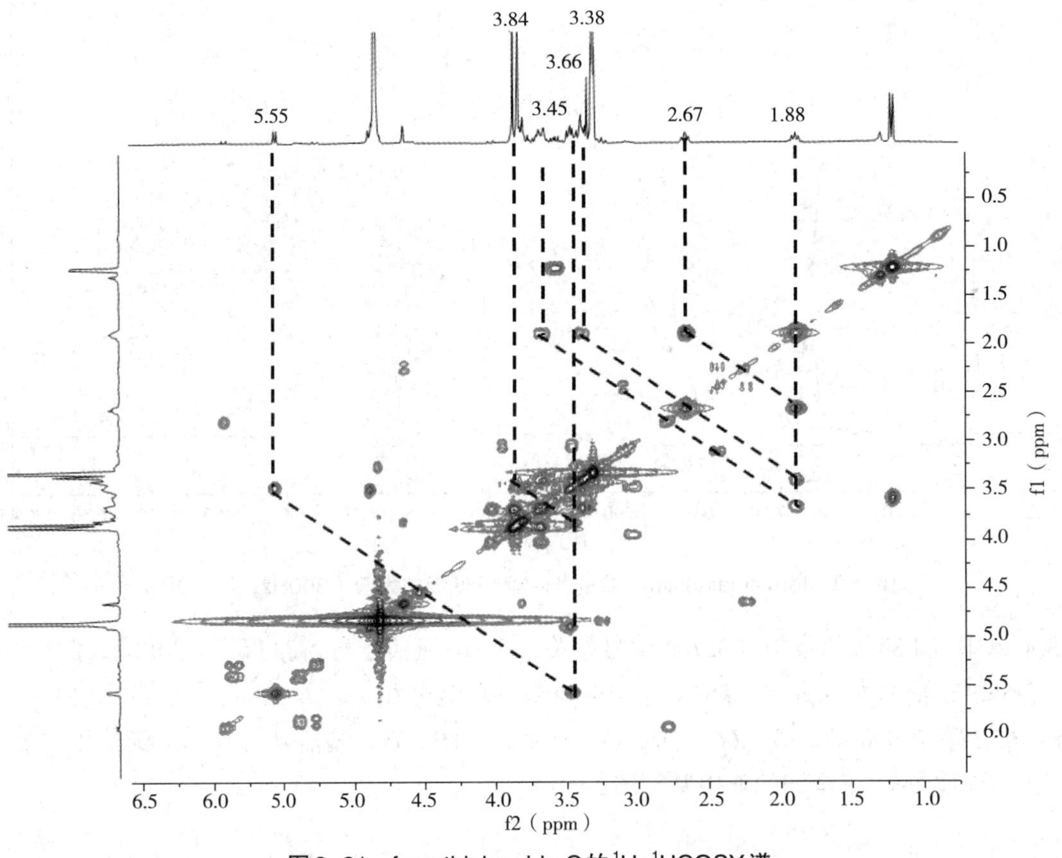

图2-61 forsythialanside C的^{1}H-^{1}HCOSY谱

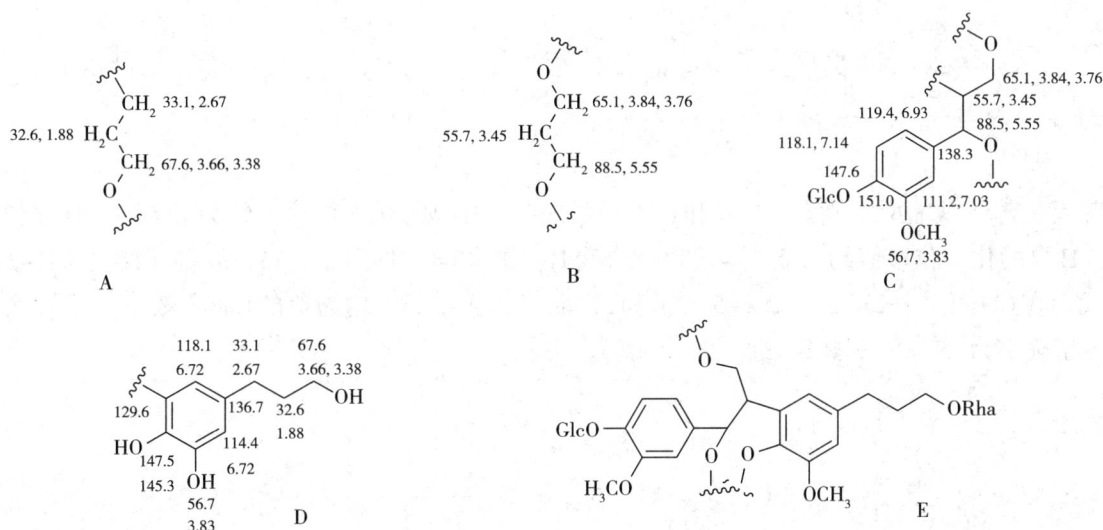

A　　B　　C

D　　E

在HMBC谱中δ 3.83氢信号与δ 151.0碳信号相关，δ 4.88氢信号与δ 147.6碳信号相关，δ 7.14氢信号分别与δ 151.0、147.6、138.3和119.4碳信号相关，δ 7.03氢信号分别与δ 151.0、147.6、119.4和88.5碳信号相关，δ 6.93氢信号分别与δ 147.6、118.1、111.2和88.5碳信号相关，提示存在结构片段C。δ 3.87氢信号与δ 145.3碳信号相关，δ 4.64氢信号与δ 67.6碳信号相关，δ 2.67氢信号分别与δ 136.7、118.1、114.1、67.6和32.6碳信号相关，δ 6.72氢信号分别与δ 147.5、145.3和33.1碳信号相关，提示存在结构片段D（图2-62）。δ 5.55氢信号分别与δ 119.4、111.2和65.1碳信号相关，δ 3.84和3.76氢信号分别与δ 88.5碳信号相关，δ 3.45氢信号分别与δ 138.3和129.6碳信号相关，提示结构片段C和D可连接成结构片段E。结构片段E与该化合物分子式相比，多了1个氧原子，少了1个不饱和度和1个氢原子，据此可将该化合物平面结构推定。

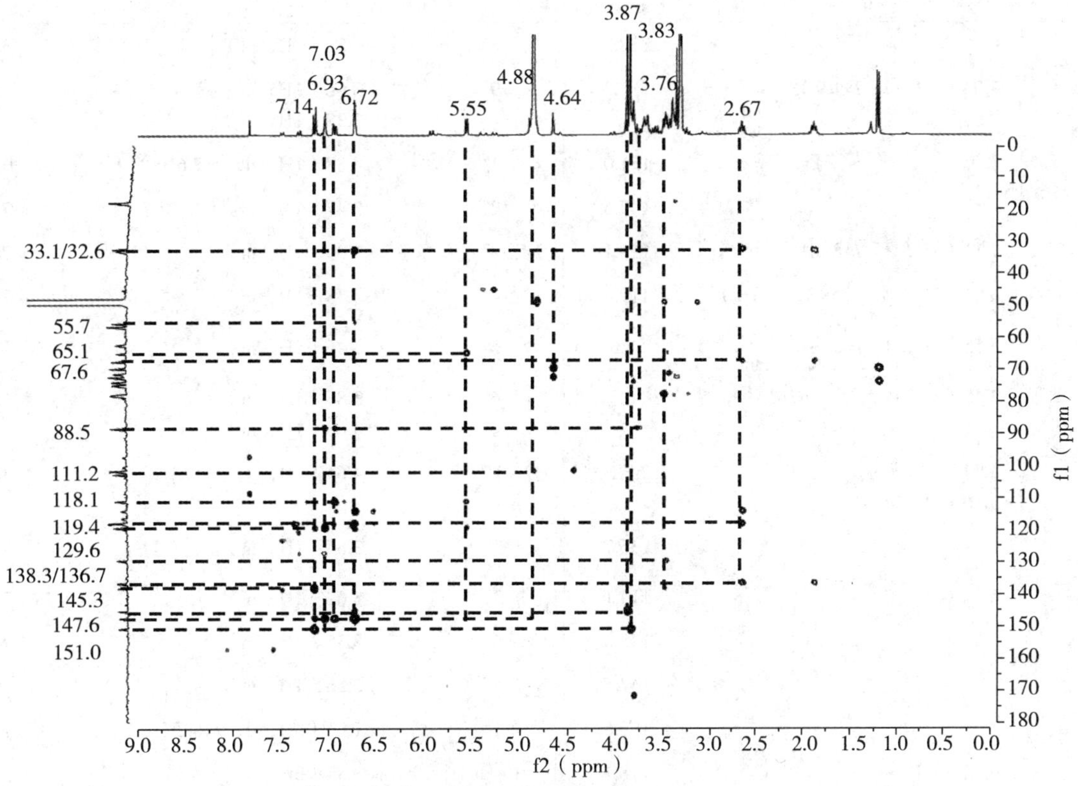

图2-62　forsythialanside C的HMBC部分放大谱

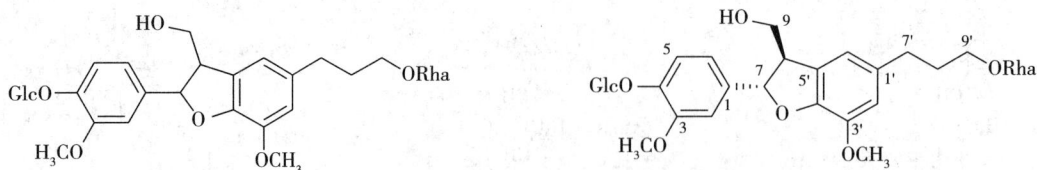

尤普迈特苯骈呋喃型木脂素，H-7和H-8为反式时，H-7的化学位移值约为 δ 5.57；H-7和H-8为顺式时，H-7的化学位移值约为 δ 5.84。该化合物H-7的化学位移为 δ 5.55，故将其H-7和H-8推定为反式取代。在CD图谱中238nm（Δε-5.42）和275nm（Δε-1.26）均为负的Cotton效应，故将该化合物的绝对构型确定为7*S*，8*R*（图2-63）。

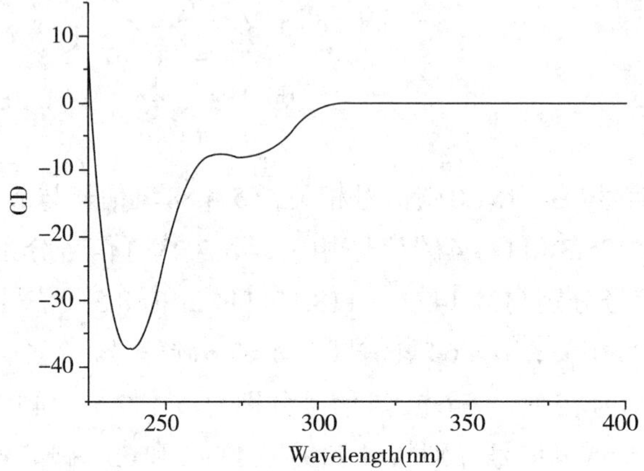

图2-63　forsythialanside C的CD图谱

表2-3　Forsythialanside C的 ^{1}H-NMR和 ^{13}C-NMR数据（in CD_3OD）

编号	forsythialanside C δ_H	forsythialanside C δ_C	编号	forsythialanside C δ_H	forsythialanside C δ_C
1		138.3	8′	1.88（2H，m）	32.6
2	7.03（1H，d，*J*=1.9Hz）	111.2	9′	3.66（1H，m） 3.38（1H，m）	67.6
3		151.0	1″	4.88（1H，d，*J*=7.6Hz）	102.8
4		147.6	2″	3.47（1H，m）	74.9
5	7.14（1H，d，*J*=8.3Hz）	118.1	3″	3.39（1H，m）	78.2
6	6.93（1H，dd，*J*=8.3，1.9Hz）	119.4	4″	3.38（1H，m）	71.3
7	5.55（1H，d，*J*=5.9Hz）	88.5	5″	3.46（1H，m）	77.9
8	3.45（1H，m）	55.7	6″	3.85（1H，m） 3.68（1H，m）	62.5
9	3.84（1H，m） 3.76（1H，m）	65.1	1‴	4.64（1H，d，*J*=1.5Hz）	101.8
1′		136.7	2‴	3.66（1H，m）	72.5
2′	6.72（1H，br.s）	114.1	3‴	3.67（1H，m）	72.4
3′		145.3	4‴	3.35（1H，m）	74.0
4′		147.5	5‴	3.56（1H，m）	69.8
5′		129.6	6‴	1.21（3H，d，*J*=6.2Hz）	18.0
6′	6.72（1H，br.s）	118.1	3′-OCH_3	3.87（3H，s）	56.8
7′	2.67（2H，m）	33.1	3-OCH_3	3.83（3H，s）	56.7

（六）8-*O*-4′型-（1*S*，2*R*）-1-（4′-hydroxy-3′-methoxyphenyl）-2-[4″-（3-hydroxy propyl）-2″，6″-dimethoxyphenoxy]propane-1,3-diol

ESI-MS（positive）测得其准分子离子峰为*m/z* 431[M+Na]$^+$，提示该化合物的分子量为408。结合^{1}H-NMR谱和^{13}C-NMR谱数据推定其分子式为$C_{21}H_{28}O_8$，不饱和度为8。

^{1}H-NMR谱中δ 3.80（6H，s）、3.82（3H，s）氢信号和^{13}C-NMR谱中δ 56.6（比同类信号高1倍，提示为2个碳信号）、56.4碳信号提示含有3个甲氧基（图2-64，图2-65）。由于2个甲氧基的氢信号和碳信号均重叠，提示可能具有对称结构片段。^{1}H-NMR谱中δ 6.53（2H，s）氢信号和^{13}C-NMR谱中δ 154.4、106.9碳信号比同类信号高1倍，提示均为2个碳信号，说明该化合物存在一个四取代对称的苯环结构片段。

^{13}C-NMR谱中δ 154.4、139.9、134.8、106.9碳信号提示四取代苯环结构片段应为结构片段A。^{1}H-NMR谱（图2-66）中δ 6.98（1H，d，*J*=1.7Hz）、6.74（1H，d，*J*=8.0Hz）及6.78（1H，dd，*J*=1.7，8.0Hz）的氢信号和^{13}C-NMR谱中δ 148.7、146.9、133.8、120.6、115.8、111.5碳信号提示存在一个具有邻二氧取代的1,2,4-三取代苯环，即结构片段B。^{1}H-NMR谱中δ 3.56（2H，t，*J*=6.4Hz）氢信号提示存在一个一头与氧原子相连另一头与亚甲基相连的亚甲基，δ 1.82（2H，tt，*J*=6.4，7.6Hz）氢信号提示存在一个两头均与亚甲基相连的亚甲基，δ 2.63（2H，t，*J*=7.5Hz）氢信号提示存在一个一侧与苯环相连另一侧与亚甲基相连的亚甲基，由此推断该化合物存在结构片段C。^{13}C-NMR谱中δ 62.2、35.4和33.4碳信号进一步确定了结构片段C的存在。^{1}H-NMR谱中δ 4.91（1H，d，*J*=4.9Hz）氢信号提示存在1个与氧原子相连的次甲基，δ 4.17（1H，m）氢信号提示存在1个与氧原子相连的次甲基，δ 3.87（1H，dd，*J*=5.6，12.0Hz）和3.54（1H，dd，*J*=3.6，12.0Hz）氢信号提示存在1个与氧原子相连的磁不全同的亚甲基，由此推断该化合物存在结构片段D。^{13}C-NMR谱中δ 87.5、74.0和61.5碳信号进一步确定了结构片段D的存在。

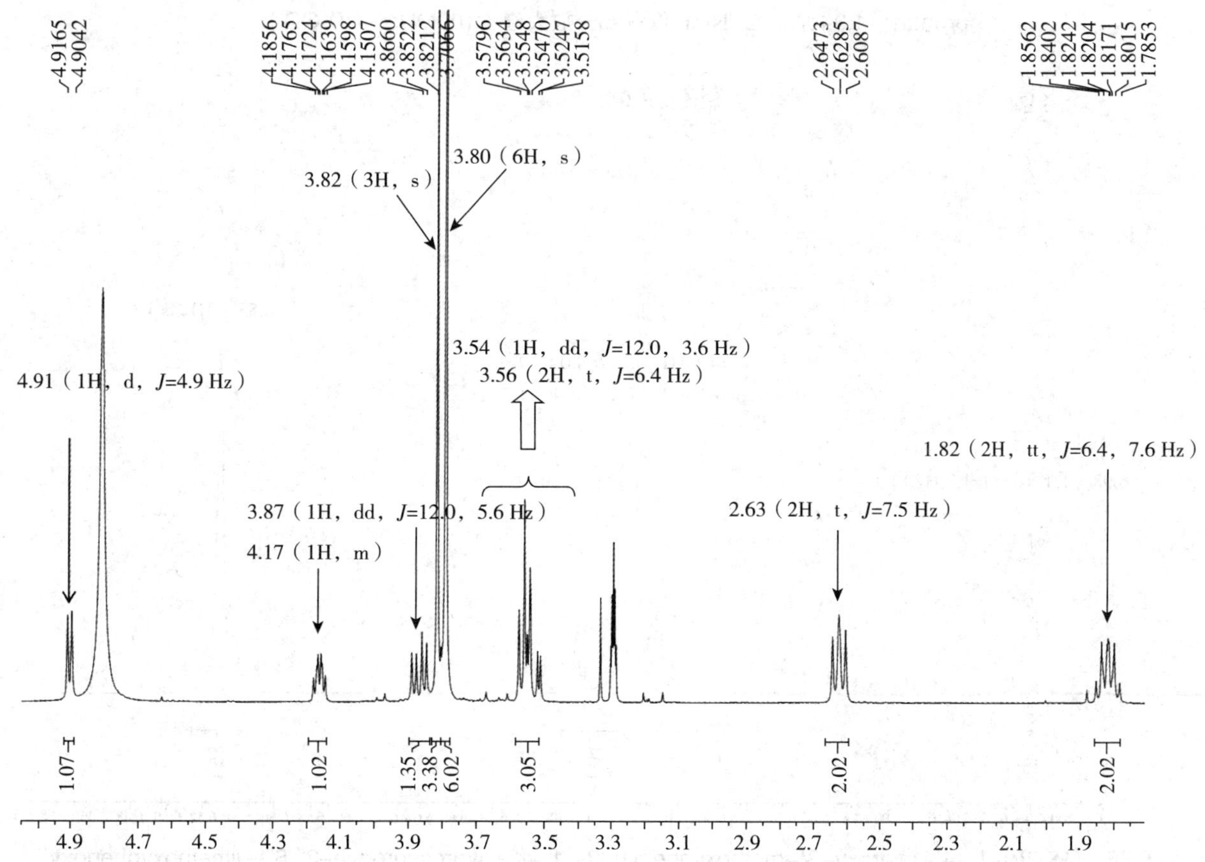

图2-64 （1*S*，2*R*）-1-（4′-hydroxy-3′-methoxyphenyl）-2-[4″-（3-hydroxypropyl）-2″,6″-dimethoxyphenoxy]propane-1,3-diol ^{1}H-NMR高场部分放大谱（400MHz，CD_3OD）

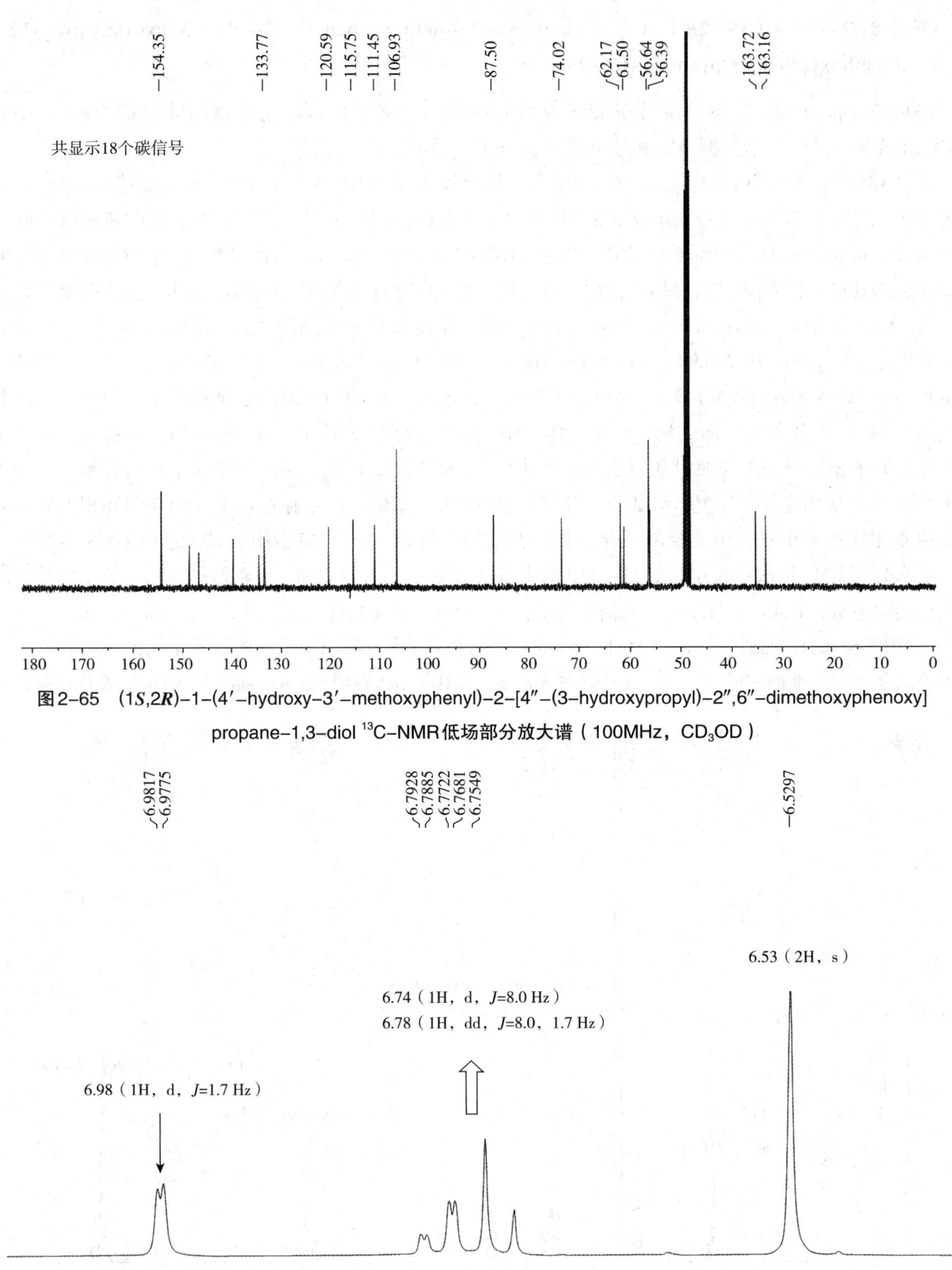

图2-65 (1*S*,2*R*)-1-(4′-hydroxy-3′-methoxyphenyl)-2-[4″-(3-hydroxypropyl)-2″,6″-dimethoxyphenoxy] propane-1,3-diol ^{13}C-NMR低场部分放大谱（100MHz，CD_3OD）

图2-66 (1*S*,2*R*)-1-(4′-hydroxy-3′-methoxyphenyl)-2-[4″-(3-hydroxypropyl)-2″,6″-dimethoxyphenoxy] propane-1,3-diol ^{1}H-NMR低场部分放大谱（400MHz，CD_3OD）

该化合物的母核具有18个碳原子，且有2个苯环，由此推断该化合物可能是一个木脂素类化合物。由于在^{13}C-NMR谱中甲氧基的化学位移值均小于δ 60，故R不可能为甲氧基。根据现有木脂素类化合物的结构类型和推断出的结构片段，推测该化合物应该是一个8-*O*-4′型木脂素。

在NOESY谱中δ 2.63氢信号与δ 6.53氢信号相关，提示片段A与片段C相连，进而获得结构片段E。δ 4.91氢信号与δ 6.98和6.78氢信号相关，δ 3.79氢信号与δ 6.98氢信号相关，提示片段B与片段D相连，进而获得结构片段F。由该化合物分子式可知，现在还剩余4个，提示该化合物具有4个羟基。由于该化合物属于8-*O*-4′型木脂素，故可获得该化合物的平面结构G。

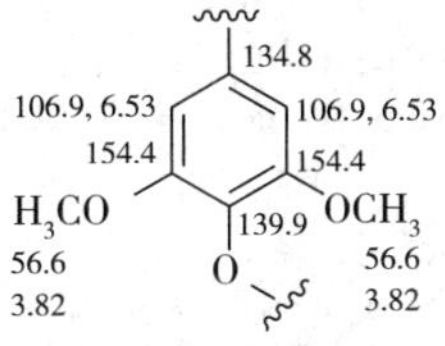

A 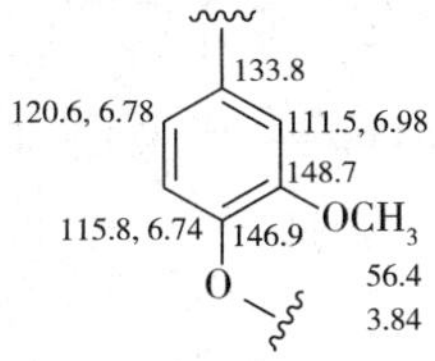　B 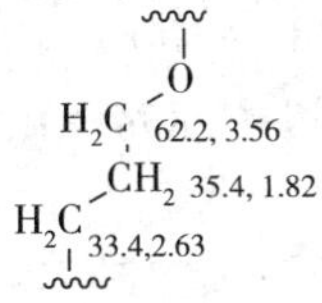　C 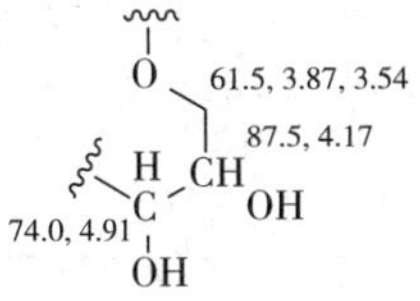　D

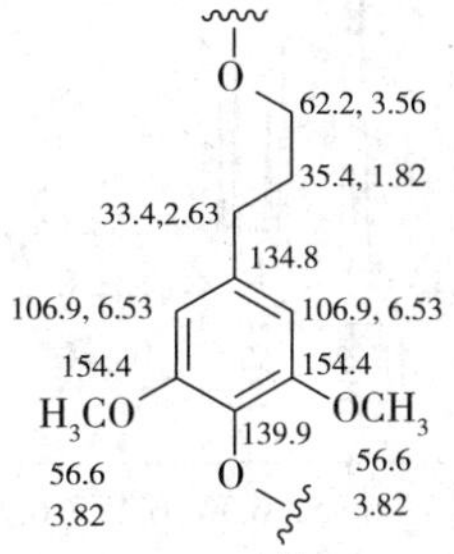

E 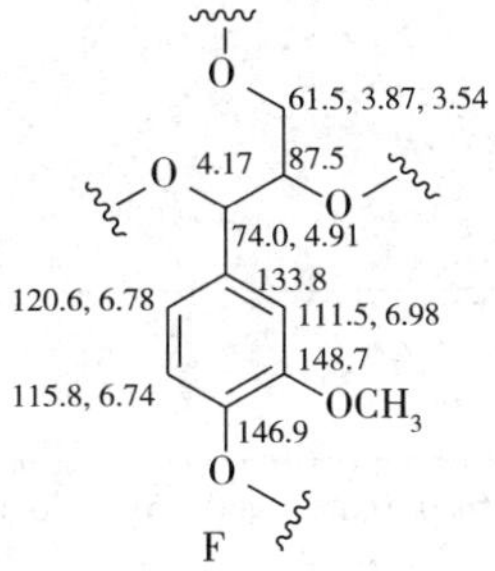　F 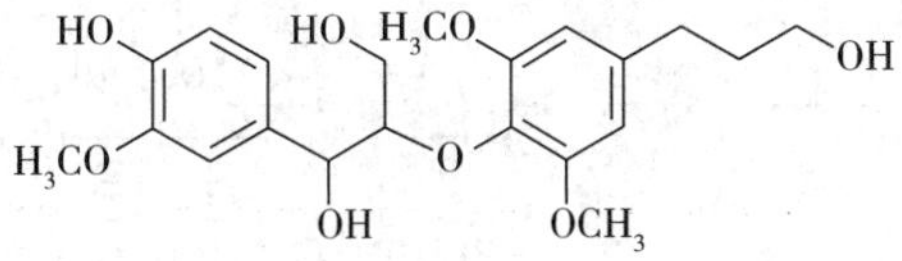　G

H-9a与H-9b的化学位移差值大于δ 0.25时，H-7和H-8为苏式取代；H-9a与H-9b的化学位移差值小于δ 0.1时，H-7和H-8为赤式取代。该化合物H-9a与H-9b的化学位移差值为δ 0.27，说明H-7和H-8为苏式取代，进而确定了其相对构型。在CD谱中，230nm呈现负的cotton（$\Delta\varepsilon$-2.67，MeOH）效应，故推断其绝对构型为7*S*，8*R*。

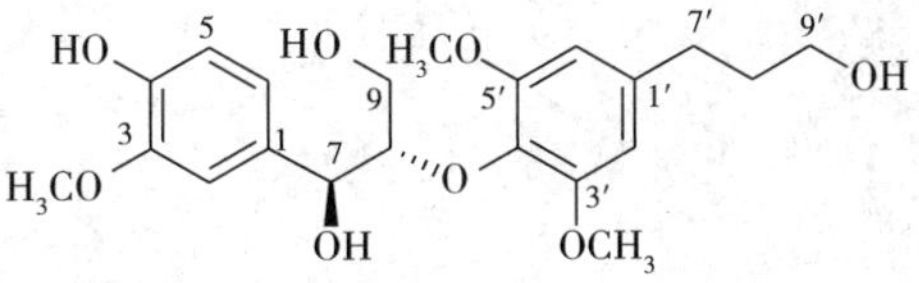

（七）二氧六环型木脂素-3-methoxy-4,8-epoxy-7,3-oxyneolignan-4,9,1-triol

高分辨质谱HRESI-MS（negative）测得其准分子离子峰$[M-H]^-$为*m/z* 303.0878，进而确定其分子式为$C_{16}H_{16}O_6$，计算其不饱和度为9。

^{1}H-NMR谱中δ 6.98（1H, d, *J*=1.8Hz）、6.87（1H, dd, *J*=8.1, 1.8Hz）、6.82（1H, d, *J*=8.1Hz）和δ 6.76（1H, d, *J*=8.7Hz）、6.35（1H, d, *J*=2.8Hz）、6.31（1H, dd, *J*=8.7, 2.8Hz）氢信号，提示存在两个1,2,4-三取代苯环结构片段（图2-67）。^{13}C-NMR谱中δ 152.7、149.2、148.3、145.5、138.1、129.7、121.6、118.0、116.3、112.1、109.3和104.6碳信号，提示一个1,2,4-三取代苯环具有邻二氧取代基，另一个1,2,4-三取代苯环则是三个取代基均为OR基团，即结构片段A和结构片段B（图2-68）。^{1}H-NMR谱中δ 3.86（3H, s）氢信号和^{13}C-NMR谱中δ 56.5碳信号提示存在一个甲氧基。^{1}H-NMR谱中δ 4.85（1H, d, *J*=8.0Hz）、3.94（1H, ddd, *J*=8.0, 4.7, 2.6Hz）（图2-69）氢信号和^{13}C-NMR谱中δ 79.6、78.0碳信号提示存在2个直接与氧原子相连的次甲基。^{1}H-NMR谱中δ 3.64（1H, dd, *J*=12.2, 2.6Hz）、3.45（1H, dd，J=12.2，4.7Hz）氢信号和^{13}C-NMR谱中 δ 62.2碳信号提示存在一个羟甲基。

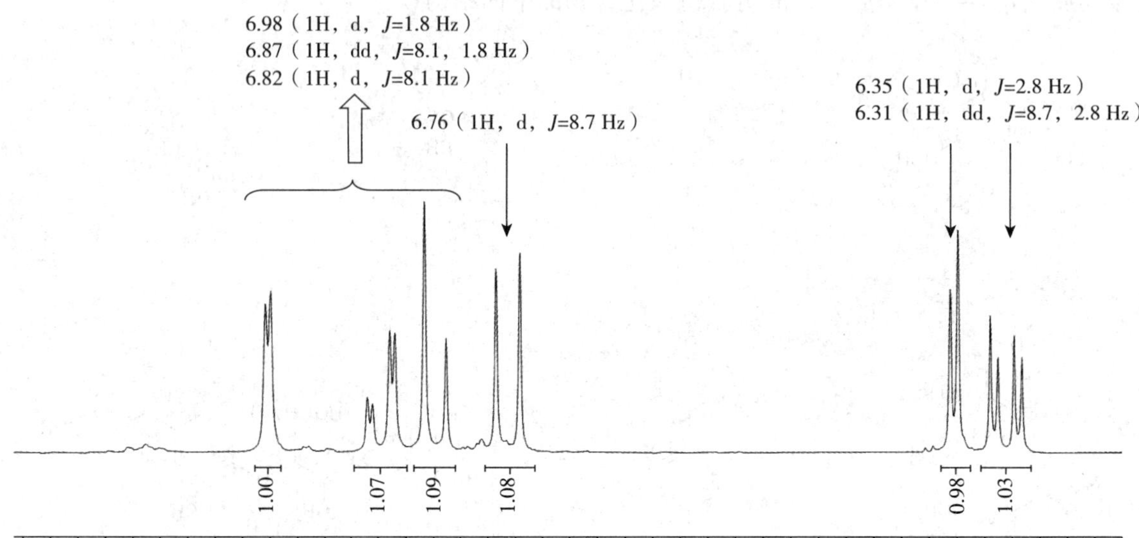

图2-67　3-methoxy-4,8-epoxy-7,3-oxyneolignan-4,9,1-triol的^{1}H-NMR低场放大谱（400MHz，CD_3OD）

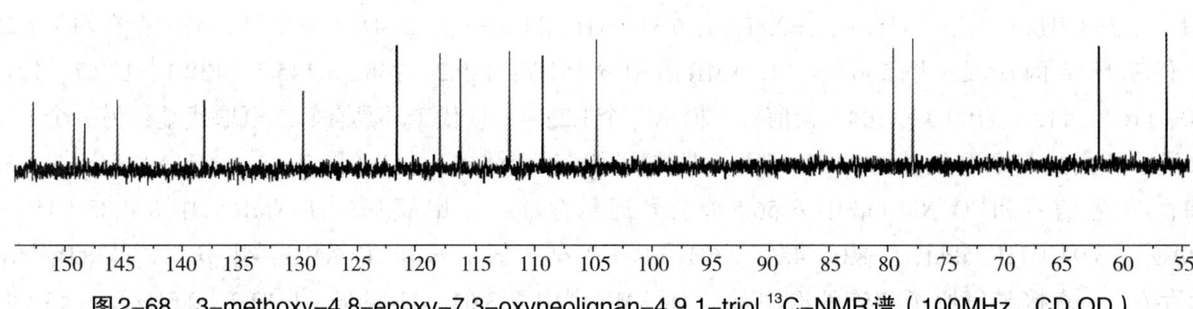

图2-68　3-methoxy-4,8-epoxy-7,3-oxyneolignan-4,9,1-triol ^{13}C-NMR谱（100MHz，CD_3OD）

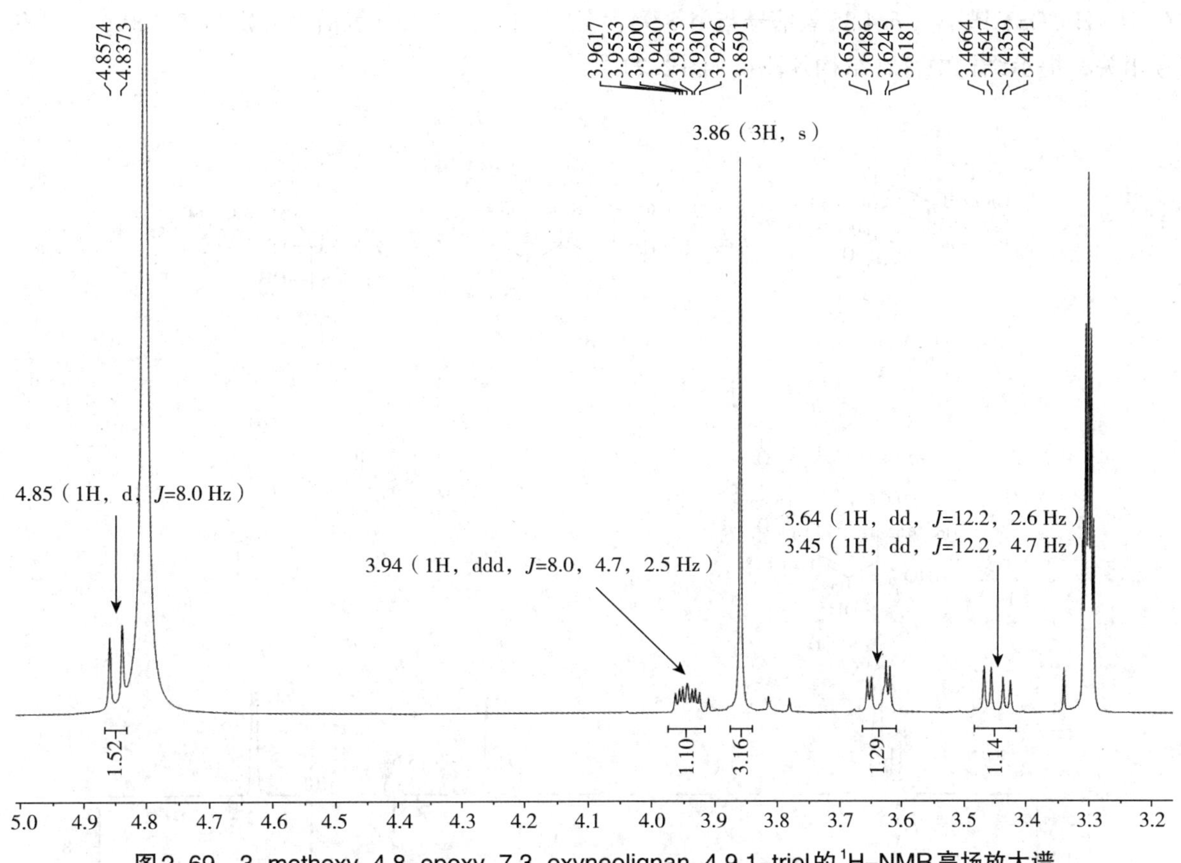

图2-69　3-methoxy-4,8-epoxy-7,3-oxyneolignan-4,9,1-triol的^{1}H-NMR高场放大谱

在HSQC谱中，δ 6.98、6.87、6.82氢信号分别与δ 112.1、121.6、116.3碳信号相关。δ 6.76、6.35、6.31氢信号分别与δ 109.3、104.6、118.0碳信号相关。δ 4.85、3.94氢信号分别与δ 78.0、79.6碳信号相关。δ 3.86氢信号与δ 56.5碳信号相关。δ 3.64和3.45氢信号与δ 62.2碳信号相关（图2-70）。

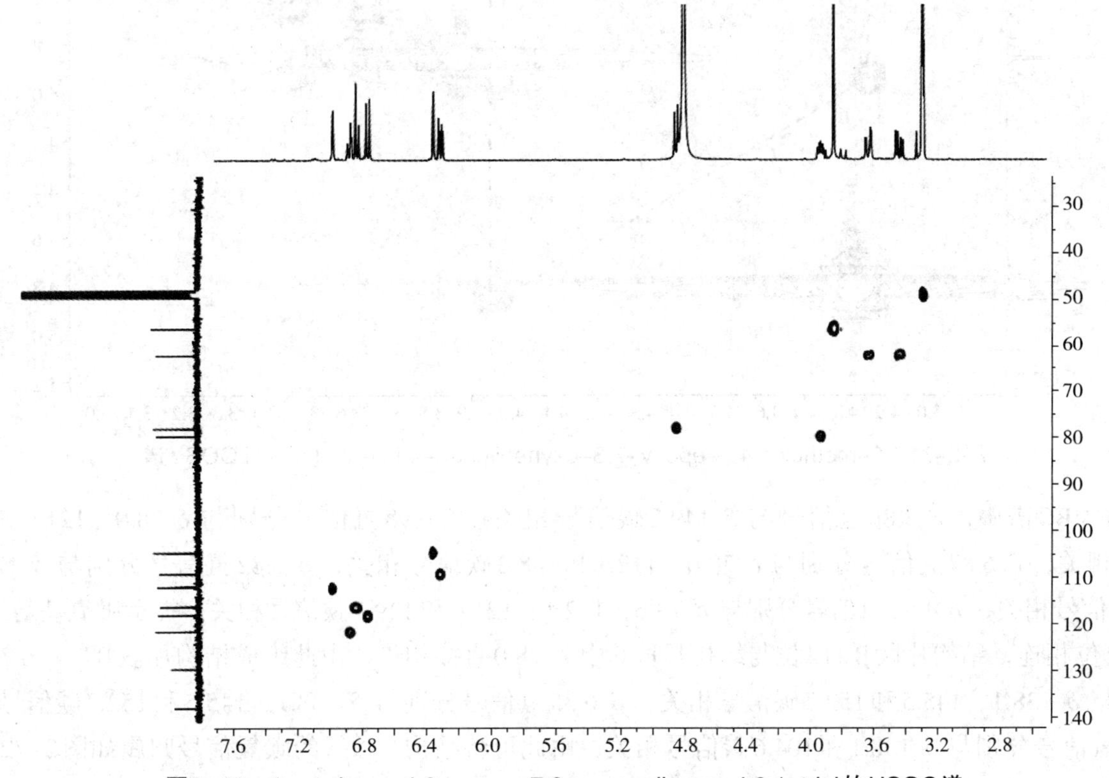

图2-70　3-methoxy-4,8-epoxy-7,3-oxyneolignan-4,9,1-triol的HSQC谱

在$^1H-^1H$ COSY谱中，δ 4.85氢信号与δ 3.94氢信号相关，δ 3.94氢信号分别与δ 4.85、3.64和3.45氢信号相关，提示结构中存在结构片段C（图2-71）。

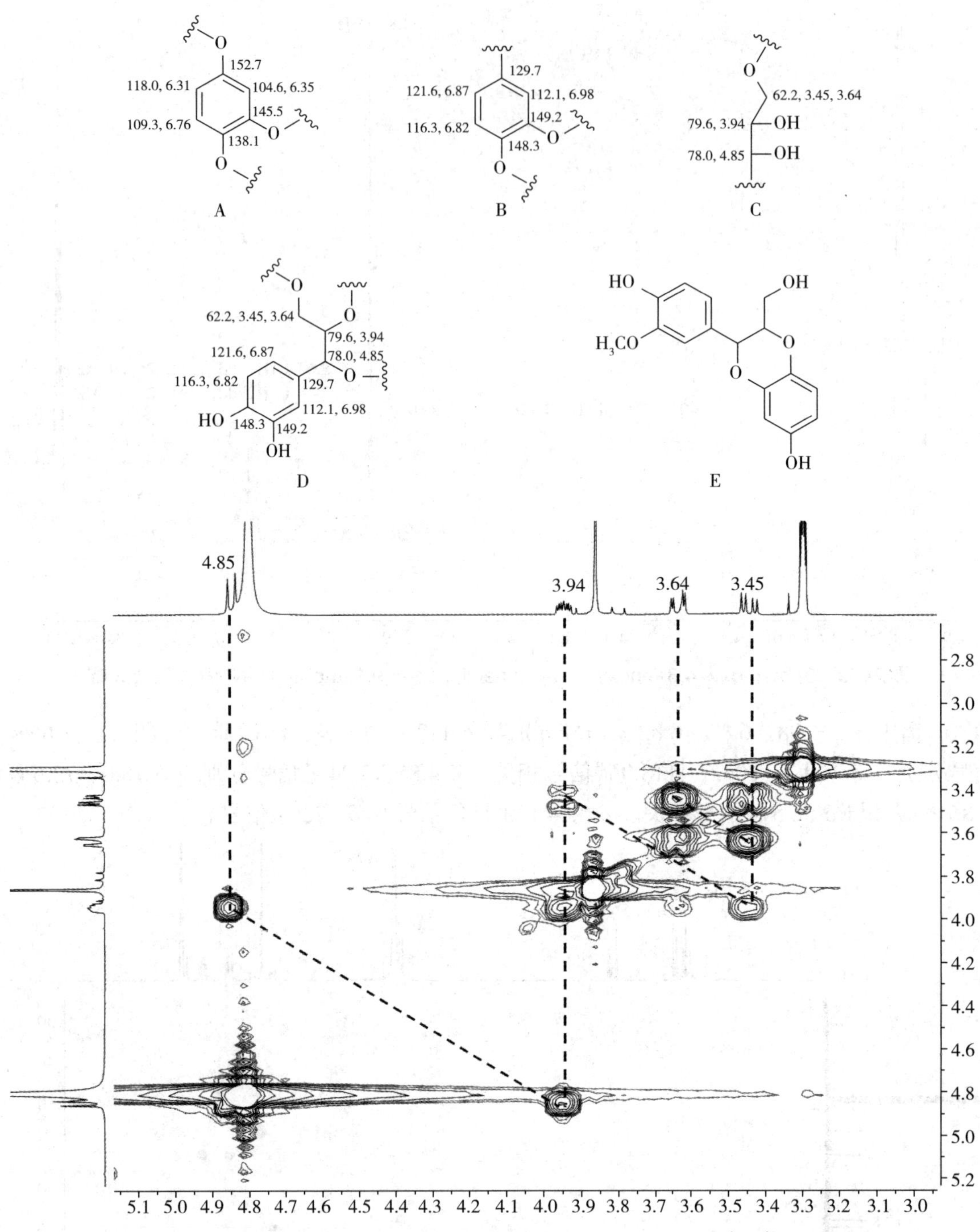

图2-71　3-methoxy-4,8-epoxy-7,3-oxyneolignan-4,9,1-triol $^1H-^1H$ COSY谱

在HMBC谱中，δ 3.86氢信号与δ 149.2碳信号相关，δ 6.98氢信号分别与δ 78.0、121.6和148.3碳信号相关，δ 6.87氢信号分别与δ 78.0、112.1和148.3碳信号相关，δ 6.82氢信号分别与δ 129.7和149.2碳信号相关，δ 4.85氢信号分别与δ 79.6、112.1、121.6和129.7碳信号相关，提示甲氧基与结构片段B中2位相连，结构片段B的4位与结构片段C中δ 78.0直接相连，由此组成结构片段D。δ 6.76氢信号分别与δ 138.1、145.5和152.7碳信号相关，δ 6.35氢信号分别与δ 138.1、145.5和152.7碳信号相关，δ 6.31氢信号分别与δ 138.1和104.6碳信号相关，由此可将结构片段A的碳氢信号归属如图2-72所示。

结构片段A和D中含有的C、H、O原子数目及不饱和度与该化合物分子式相比，多了2个氧原子，少了2个氢原子和1个不饱和度，据此可确定该化合物的平面结构，如E所示。

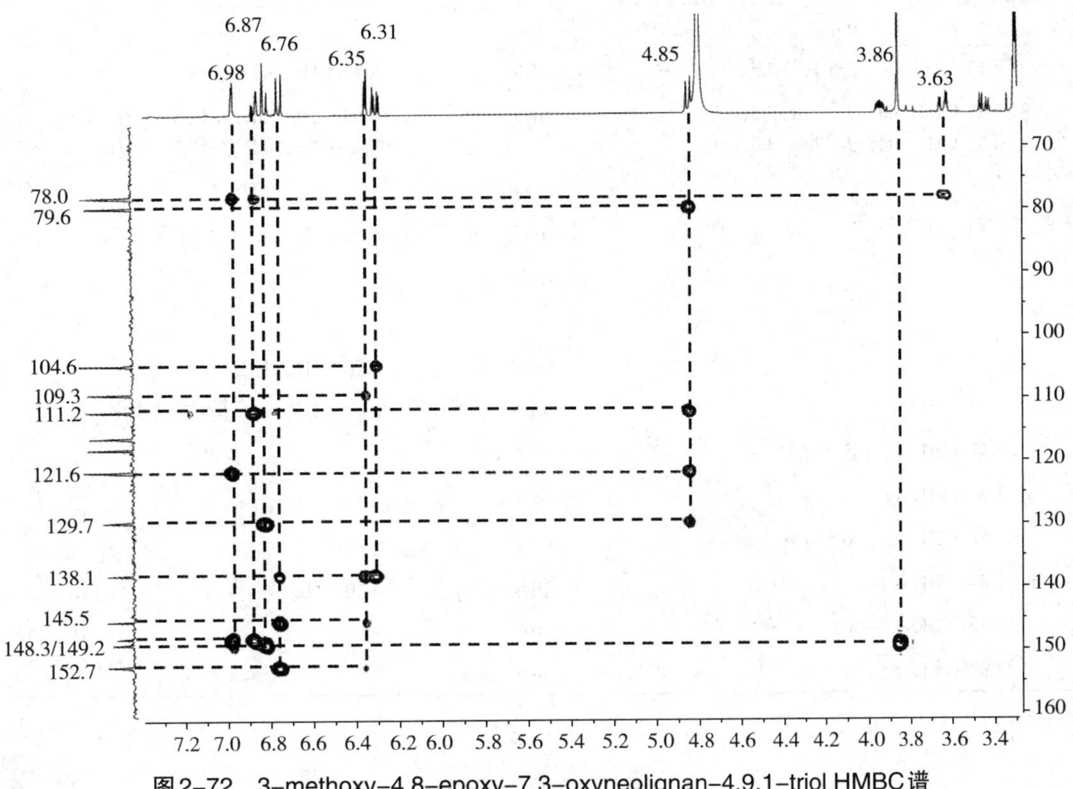

图2-72　3-methoxy-4,8-epoxy-7,3-oxyneolignan-4,9,1-triol HMBC谱

^{1}H-NMR谱中 δ 4.85氢信号偶合常数为8.0Hz，提示H-7与H-8互为反式取代。在CD图谱中，232nm显示负的cotton（Δε−1.6，MeOH）效应，由此推断该化合物的绝对构型为7*R*，8*R*。

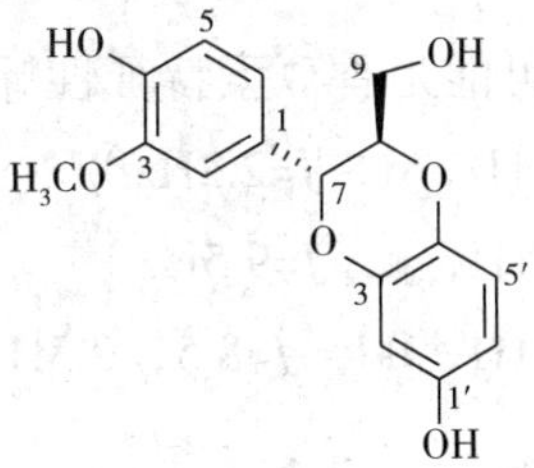

表2-4　(1*S*,2*R*)-1-(4′-hydroxy-3′-methoxyphenyl)-2-[4″-(3-hydroxypropyl)-2″,6″-dimethoxyphenoxy]propane-1,3-diol和3-methoxy-4,8-epoxy-7,3-oxyneolignan-4,9,1-triol的^{1}H-NMR和^{13}C-NMR数据（in CD_3OD）

编号	(1*S*,2*R*)-1-(4′-hydroxy-3′-methoxyphenyl)-2-[4″-(3-hydroxypropyl)-2″,6″-dimethoxyphenoxy]propane-1,3-diol		3-methoxy-4,8-epoxy-7,3-oxyneolignan-4,9,1-triol	
	δ H	δ C	δ H	δ C
1		133.8		129.7
2	6.98（1H，d，*J*=1.7Hz）	111.5	6.98（1H，d，*J*=1.8Hz）	112.1
3		148.7		149.2
4		146.9		148.3
5	6.74（1H，d，*J*=8.0Hz）	115.8	6.82（1H，d，*J*=8.1Hz）	116.3
6	6.78（1H，dd，*J*=8.0，1.7Hz）	120.6	6.87（1H，dd，*J*=8.1，1.8Hz）	121.6
7	4.91（1H，d，*J*=4.9Hz）	74.0	4.85（1H，d，*J*=8.0Hz）	78.0

续表

编号	(1*S*,2*R*)-1-(4′-hydroxy-3′-methoxyphenyl)-2-[4″-(3-hydroxypropyl)-2″,6″-dimethoxyphenoxy]propane-1,3-diol		3-methoxy-4,8-epoxy-7,3-oxyneolignan-4,9,1-triol	
	δ_H	δ_C	δ_H	δ_C
8	4.17（1H，dt，*J*=5.3，3.7Hz）	87.5	3.94（1H，ddd，J=8.0，4.7，2.5Hz）	79.6
9	3.87（1H，dd，*J*=12.0，5.5Hz） 3.54（1H，dd，*J*=12.0，3.3Hz）	61.5	3.64（1H，dd，*J*=12.2，2.5Hz） 3.45（1H，dd，*J*=12.2，4.7Hz）	62.2
1′		134.8		152.7
2′	6.53（1H，s）	106.9	6.35（1H，d，*J*=2.8Hz）	104.6
3′		154.4		145.5
4′		139.9		139.1
5′		154.4	6.76（1H，d，*J*=8.7Hz）	109.3
6′	6.53（1H，s）	106.9	6.31（1H，dd，*J*=8.7，2.8Hz）	118.0
7′	2.63（2H，t，*J*=7.5Hz）	33.4		
8′	1.82（2H，m）	35.4		
9′	3.56（2H，t，J=6.5Hz）	62.2		
—OCH_3	3.84（3H，s）	56.4	3.86（3H，s）	56.5
—OCH_3	3.82（3H，s）	56.6		
—OCH_3	3.82（3H，s）	56.6		

目标检测

答案解析

一、单选题

1. 在^{1}H-NMR图谱中，下列氢信号中可能是香豆素特征性烯质子信号的是（　　）。

A. 6.83（1H，d，*J*=2.2Hz）、7.70（1H，d，*J*=2.2Hz）

B. 6.21（1H，d，*J*=9.5Hz）、7.60（1H，d，*J*=9.5Hz）

C. 6.70（1H，d，*J*=2.3Hz）、6.78（1H，dd，*J*=8.5，2.3Hz）、7.44（1H，d，*J*=8.5Hz）

D. 6.84（1H，s）、6.92（1H，s）

2. 7-OH香豆素C-3和C-4的化学位移值常出现的区域是（　　）。

A. δ 140-150、δ 110-115　　B. δ 120-130、δ 120-130

C. δ 110-115、δ 143-147　　D. δ 130-140、δ 100-110

3. 联苯环辛烯木脂素八元环构象多数为扭曲的（　　），部分为扭曲的（　　）。

A. 船椅式　　B. 船式　　C. 椅式　　D. 信封式

4. 五味子甲素属于木脂素中的（　　）。

A. 联苯环辛烯型　　B. 二芳基丁内酯型

C. 苯骈四氢呋喃型　　D. 骈双四氢呋喃型

5. 木脂素类结构的氢谱中总体包括两个特征区域，第一个是低场芳香区（δ_H 6.1～8.5），能够呈现出至少可归属于（　　）个多取代苯环的质子共振信号，其化学位移和偶合常数与芳香环上的取代基和取代模式密切相关。

A. 一　　B. 二　　C. 三　　D. 四

6. 对于C-7连接2个H的芳基四氢萘内酯型木脂素，C-7位的2个H均出现在（　），且为（　）。

A. 较高场，化学不等价　　B. 较低场，化学不等价

C. 较高场，化学等价　　D. 较低场，化学等价

二、判断题

7. 木脂素是一类由苯丙素氧化聚合而成的天然产物，多数是二聚体，少数是三聚体和四聚体（　）。

8. 芳基四氢萘内酯型木脂素对C-7的2个H均出现在较高场区，且为化学不等价（　）。

9. 芳基萘内酯类结构，当内酯环向上时H-7化学位移比内酯环向下时处于高场（　）。

10. 联苯环辛烯类结构的联苯上C-4和C-11位有两个芳香质子，且H-4和H-11都为s峰（　）。

11. 骈双四氢呋喃型木脂素的^{1}H-NMR谱中，即使苯环取向不同，H-7/H-7'，H-8/H-8'的化学位移均相同（　）。

三、多选题

12. 7,8-二羟基-6-甲氧基香豆素与糖成苷后，可以判断糖的连接位点的方法是（　）。

A. MS　　B. ^{1}H-NMR

C. ^{13}C-NMR与苷化位移规律　　D. HMBC

13. 下列化合物中碳谱δ 155-165的区域可能会出现三个及三个以上碳信号的是（　）。

A.

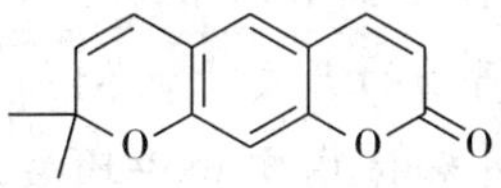

B.

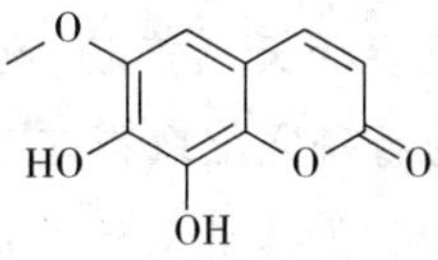

C.

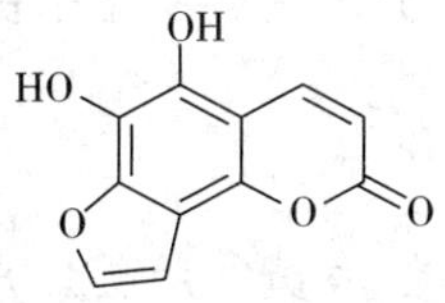

D.

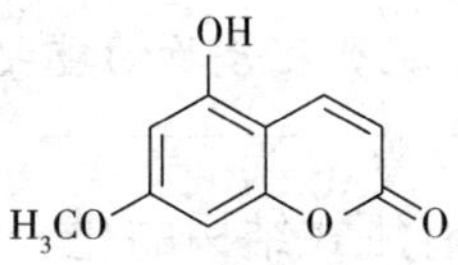

14. 下列属于木脂素类结构类型的是（　）。

A. 二芳基丁内酯型　　B. 芳基四氢萘型

C. 苯骈四氢呋喃型　　D. 骈双四氢呋喃型

四、简答题

15. 请依据化合物的碳谱和氢谱信息解析化合物的结构。

^{1}H-NMR（300MHz，$CDCl_3$）：δ 7.63（1H，d，J=9.5Hz）、7.35（1H，d，J=8.6Hz）、6.86（1H，d，J=8.6Hz）、6.25（1H，d，J=9.5Hz）、4.09（1H，dd，J=8.1，4.7Hz）、3.94（3H，s）、3.21（1H，dd，J=13.7，8.1Hz）、2.92（1H，dd，J=13.7，4.7Hz）、1.44（3H，s）、1.30（3H，s）、1.26（3H，s）、1.21（3H，s）。^{13}C-NMR（75MHz，$CDCl_3$）：δ 161.0，160.7，153.3，143.8，127.1，114.9，113.1，113.0，107.7，106.6，81.9，80.5，58.2，28.7，27.1，26.1，23.2，23.0。

第三章　醌类化合物

PPT

学习目标

知识目标：通过本章学习，掌握醌类化合物的分类、母核结构和核磁共振谱学特点；熟悉常见的醌类化合物和结构鉴定过程。

技能目标：能够迅速从醌类化合物的谱图中提炼出关键信息，确定母核类型、官能团种类和取代位置，总结并灵活运用谱图中的核磁规律，通过严谨的推理解析出化合物的结构。

素质目标：培养对核磁数据进行解释和评判性分析的能力，锻炼观察细节的能力，从谱图中发现关键信息并以严谨的逻辑思维攻克复杂有机化合物结构解析的难题。

药知道

醌类化合物

醌类化合物是一类重要的天然产物，它们广泛存在于自然界中，在医药领域具有广泛的应用。我国科学家在醌类化合物的研究上取得了显著成就，特别是在抗肿瘤药物的开发上。例如，研究人员通过结构优化成功开发了多种新型醌类抗肿瘤药物，这些药物在体外和体内实验中均展现出了优异的抗癌活性。此外，醌类化合物在抗菌、抗病毒以及抗阿尔茨海默病等治疗领域也显示出巨大潜力。这些研究成果体现了醌类化合物的重要性及广泛的应用前景。

醌类化合物是一类具有醌式结构的化合物，在药用植物中广泛分布，如大黄、芦荟、丹参、紫草等。根据含有醌式结构的母核不同，醌类化合物可分为苯醌、萘醌、菲醌、蒽醌。

第一节　苯醌的结构鉴定

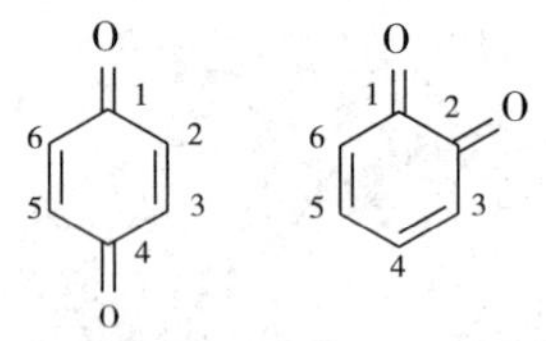
图3-1　苯醌的结构类型

苯醌分为对苯醌（1,4-苯醌）和邻苯醌（1,2-苯醌）两大类（图3-1），由于邻苯醌的结构不稳定，所以在自然界中不常见。

一、氢谱特点

在无取代基的情况下，对苯醌中的质子化学位移值在 δ_H 6.79附近，邻苯醌中的质子化学位移分别为 δ_H 6.45和 δ_H 7.12。在含有取代基的情况下，取代基对醌环上质子的化学位移影响显著。由于自然界中邻苯醌不常见，因此这里主要讨论对苯醌中取代基对醌环上质子化学位移的影响。在具有单一取代基的情况下，对苯醌中的供电取代基使得其同一侧质子的化学位移显著向高场移动。如2-甲氧基-1,4-苯醌中，H-3的化学位移受到甲氧基的影响向高场移动到 δ_H 5.92附近，而处于甲氧基另外一侧的H-5及H-6的化学位移受甲氧基的影响较小，略微向高场移动到 δ_H 6.70附近（图3-2）。同理，甲基（烷基）取代由于供电作用较弱，对醌环中质子化学位移的影响较羟基及甲氧基弱。如2-甲基-1,4-苯醌中H-3的化学位移受到甲基的影响向高场移动到 δ_H 6.63附近，而甲基对位的H-5及H-6的化学位移则几乎不受影响，均在 δ_H 6.78附近。

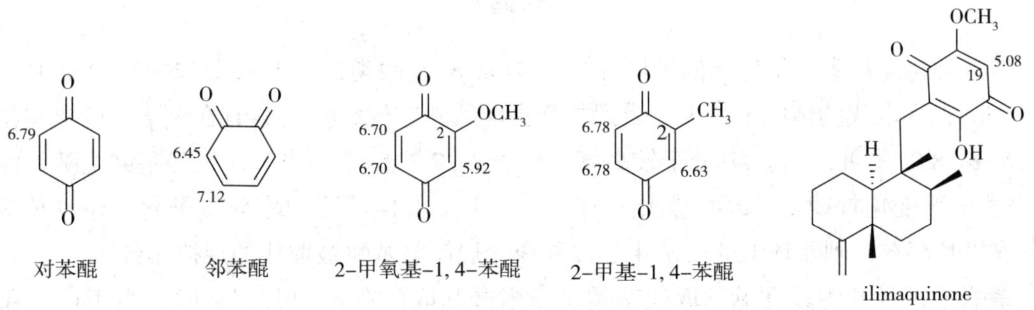

图3-2　部分苯醌类结构的^{1}H-NMR化学位移值

当醌环上具有多个取代基时，醌环上质子的化学位移值同时还受到空间环境的影响，变化更为复杂，但整体化学位移趋势与单取代基情况下一致。如ilimaquinone中H-19处于甲氧基的邻位，化学位移向高场移动，然而由于ilimaquinone中H-19处于更复杂的空间环境，和普通甲氧基取代情况相比H-19向高场位移的幅度较大，处于 δ_H 5.08处（图3-2）。

二、碳谱特点

醌类化合物的^{13}C-NMR特征主要集中体现在羰基的化学位移上。对苯醌在无取代基的情况下，两个羰基碳的化学位移值均在 δ_C 187.2左右，醌环上的碳化学位移值均在 δ_C 136.8左右。当醌环上有—OH或—OR取代时，与—OH或—OR邻近的羰基碳化学位移向高场小幅度移动，与—OH或—OR邻近的醌环上的碳向高场移动～30个化学位移单位，而与-OH或-OR直接相连的碳的化学位移向低场移动～20个化学位移单位。醌环一侧的—OH或—OR对另一侧未取代的碳化学位移值影响不大。若醌环上有烷基取代，由于其供电作用较弱，它对羰基碳和醌环上的碳化学位移的影响弱于连氧基团。如对苯醌的2位被甲基取代后，C-2的化学位移向低场移动至 δ_C 144.6处，邻位未取代的碳化学位移向高场移动至 δ_C 133.3处（图3-3）。

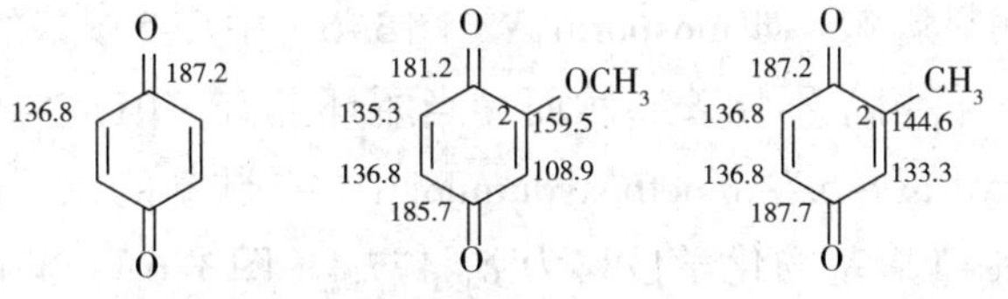

图3-3　部分苯醌类结构的^{13}C-NMR化学位移值

第二节　萘醌的结构鉴定

萘醌主要分为1,4-萘醌（α-萘醌）、1,2-萘醌（β-萘醌）及2,6-萘醌（*amphi*-萘醌）三种类型（图3-4），绝大多数的萘醌及其衍生物属于1,4-萘醌。

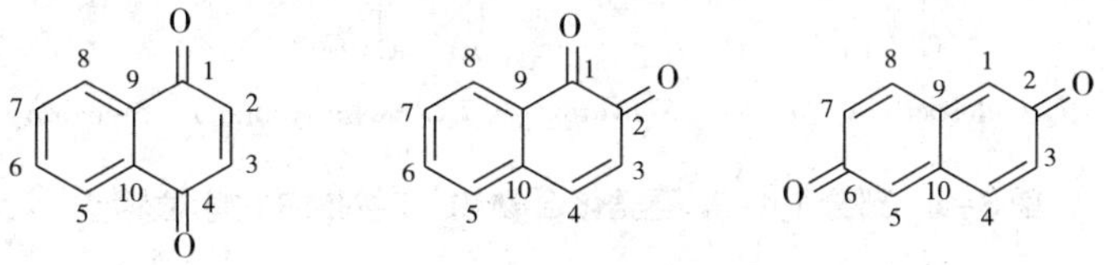

图3-4　萘醌的结构类型

一、氢谱特点

在1,4-萘醌类化合物中，苯环上的氢可分为α-H及β-H两类，位于5、8位的氢为α-H，位于6、7位的氢为β-H。在无取代的情况下，由于受到羰基去屏蔽效应的影响，α-H在氢谱中的化学位移值处在较低场，位于δ_H 8.07附近，而β-H处于较高场，位于δ_H 7.70附近。当苯环被羟基或烷基取代后，α-H及β-H的化学位移变化规律与苯环中变化规律基本一致。1,4-萘醌的醌环质子化学位移值为δ_H 6.95，若醌环上有取代基存在，则醌环上的质子化学位移变化规律与苯醌被取代的规律一致。

在1,4-萘醌中，羟基为较常见的取代基类型。当羟基取代在α-H位置上时，由于可以和羰基形成分子内氢键，酚羟基活泼氢信号的化学位移处在较低场，约为δ_H 12.2，β-酚羟基化学位移与α-酚羟基相比处在较高场。如胡桃醌中，α-酚羟基的化学位移值为δ_H 12.11（图3-5）。除了羟基外，甲基、甲氧基等也是常见的取代基。甲基氢的化学位移值约为δ_H 2.1～2.9，甲氧基氢的化学位移值为δ_H 3.8～4.2。如5-羟基-2-甲氧基-1,4-萘醌中，5-OH活泼氢的化学位移位于δ_H 12.20，2-OCH_3的氢化学位移为δ_H 3.93（图3-5）。

图3-5 部分1,4-萘醌类结构的^{1}H-NMR化学位移值

二、碳谱特点

在无取代的情况下，1,4-萘醌中的羰基碳化学位移出现在δ_C 184.6附近。醌环上的烷基取代基对C-1及C-4羰基的化学位移没有明显影响。如ulosporin A（图3-6）中C-5羰基的化学位移为δ_C 183.0，与无取代情况下δ_C 184.6的化学位移相差不显著。然而，当醌环上有-OH或-OR取代时，与-OH或-OR邻近的羰基向高场移动。如5-hydroxy-6,7-dimethoxydunniol中C-1羰基的化学位移为δ_C 181.0，5-hydroxy-6,7-dimethoxy-α-dunnione中C-1羰基的化学位移为δ_C 177.4（图3-6）。当1,4-萘醌结构中具有α-羟基取代时，其同侧的羰基由于受到与α-羟基形成的分子内氢键的影响，化学位移向低场移动～5.4个化学位移单位，出现在δ_C 190.0处。如5-hydroxy-6,7-dimethoxydunniol中C-4羰基的化学位移为δ_C 190.9，5-hydroxy-6,7-dimethoxy-α-dunnione中C-4羰基的化学位移为δ_C 188.3（图3-6）。因此，可以根据羰基的化学位移判断α-羟基的存在及位置。

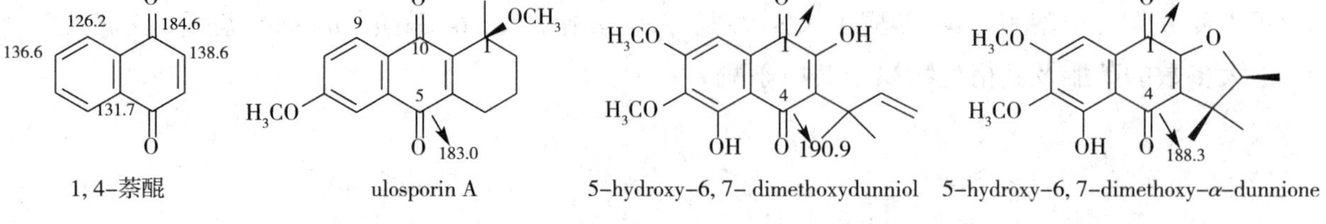

1, 4-萘醌　ulosporin A　5-hydroxy-6, 7- dimethoxydunniol　5-hydroxy-6, 7-dimethoxy-α-dunnione

图3-6 部分1,4-萘醌类化合物的^{13}C-NMR化学位移值

三、结构解析

实例1 某醌类化合物3-1为黄色粉末，^{1}H NMR（$CDCl_3$，400MHz）δ_H：12.11（1H，s），7.60（1H，d，J=7.2Hz），7.51（1H，d，J=7.2Hz），7.40（1H，br. d，J=7.1Hz），7.32（1H，t，J=7.1Hz），6.90（1H，br. d，J=7.1Hz）。^{13}C NMR（$CDCl_3$，100MHz）δ_C：190.5，184.4，161.6，139.8，138.8，136.7，131.9，124.7，119.3，115.1。

该醌类化合物的碳谱中给出10个碳信号，包括两个羰基碳信号 δ_C 190.5及184.4，且氢谱中均为处于低场区的苯环或双键氢信号，根据碳谱中碳信号数目及氢谱中氢的化学位移值判断该醌类化合物为萘醌类化合物，且母核上没有烷基取代。氢谱中 δ_H 7.60（1H，d，J=7.2Hz），7.51（1H，d，J=7.2Hz）信号互相偶合，推测为取代在醌环上的邻位氢信号；δ_H 7.40（1H，br. d，J=7.1Hz），7.32（1H，t，J=7.1Hz），6.90（1H，br. d，J=7.1Hz）信号为典型的苯环邻三取代结构片段特征质子信号，因此推测这三个氢为取代在萘醌苯环上的氢，且苯环上还存在一个取代基，由于碳谱中只有母核的10个碳信号，且氢谱中存在 δ_H 12.11（1H，s）的活泼氢信号，故苯环上的取代基为羟基。碳谱中的两个羰基碳信号 δ_C 190.5及184.4化学位移差异较大，说明其中一个羰基与 α-OH形成分子内氢键，使羰基碳化学位移向低场移动，进一步证实了 α-酚羟基取代的存在。因此，化合物3-1被确定为5-羟基-1,4-萘醌（胡桃醌），其信号归属如图3-7所示。

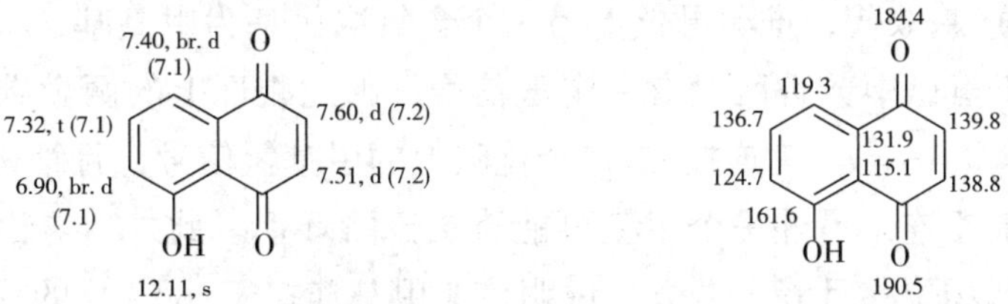

图3-7 化合物3-1的化学结构及NMR信号归属

实例2 某醌类化合物3-2，其^{1}H（DMSO-d_6，500MHz）及^{13}C（DMSO-d_6，125MHz）NMR谱图如图3-8及图3-9所示。

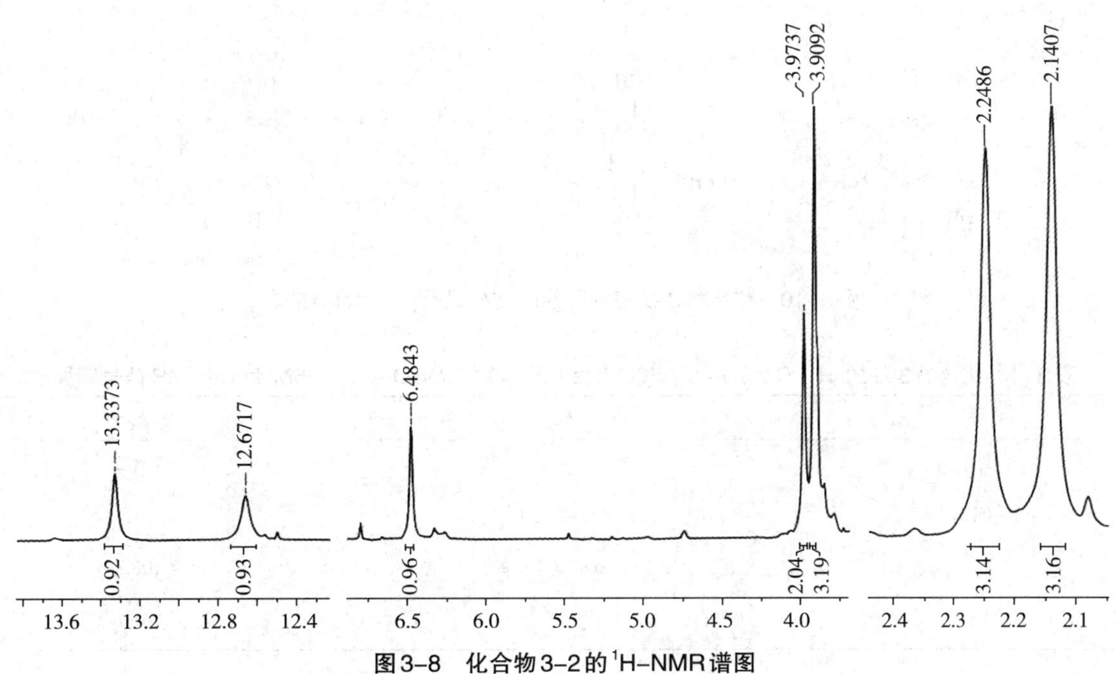

图3-8 化合物3-2的^{1}H-NMR谱图

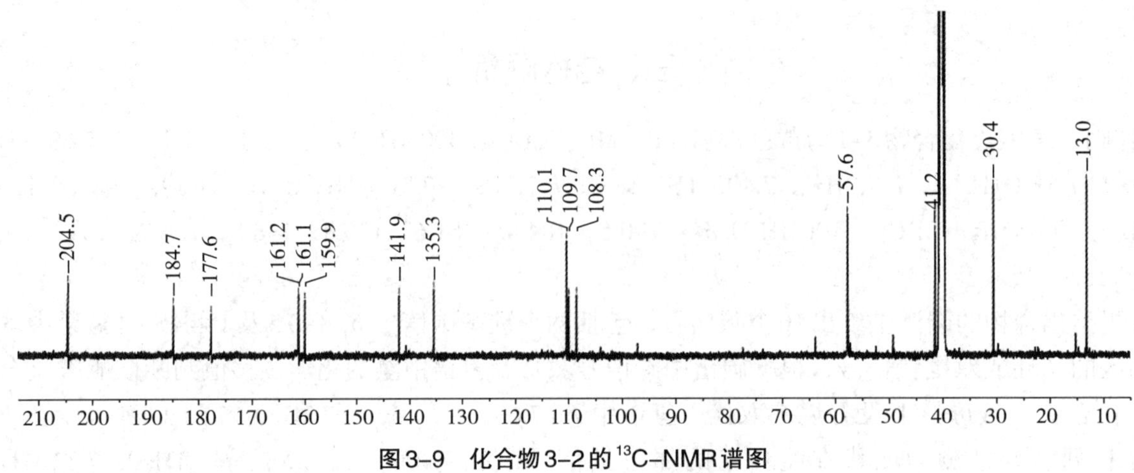

图3-9 化合物3-2的 ^{13}C-NMR谱图

该化合物的碳谱中共有15个碳信号，δ_C 204.5为酮羰基碳信号，δ_C 184.7，177.6为醌环上的羰基碳信号，δ_C 161.2，161.1，159.9，141.9，135.3，110.1，109.7，108.3均为sp^{2}杂化碳信号，结合氢谱中的酚羟基氢信号 δ_H 13.34（1H，s），12.67（1H，s）可推测化合物B属于具有两个 α-酚羟基取代的萘醌化合物。氢谱中的 δ_H 6.48（1H，s）为苯环 β 位或醌环上的氢信号，由于该氢信号向高场位移，推测两个邻位均为含氧取代基，故推测其位于苯环 β 位。δ_H 3.91/ δ_C 57.6（3H，s）为甲氧基信号，δ_C 161.2，161.1，159.9的碳化学位移值说明结构中母核上连有3个含氧取代基，由于氢谱和碳谱中存在甲氧基信号，因此除了两个 α-酚羟基取代，推测母核上另一个含氧取代基为甲氧基，根据前述推测，甲氧基应取代在苯环的 β 位。由于氢谱中芳香区只有一个氢信号，因此醌环上的两个碳都应连有取代基。氢谱中 δ_H 2.25（3H，s），2.14（3H，s）为连接在sp^{2}杂化碳上的甲基氢信号，且结构中含有一个酮羰基，推测其中一个甲基与酮羰基相连，另外一个甲基可能连接于醌环上。此外，氢谱中还存在 δ_H 3.97（2H，s）的氢信号，由于其向低场位移且峰未裂分，说明该亚甲基连接于sp^{2}杂化的季碳上，推测其一侧连接酮羰基，另一侧连接醌环。上述推测确定了化合物3-2的苯环和醌环上的取代形式，但两侧取代基的相对位置未确定，因此化合物3-2可能的结构有B1、B2两种（图3-10），需通过二维核磁谱图进一步确认。最终，通过查找文献的方式确定化合物B为javanicin，并对化合物3-2进行氢、碳信号的全归属（表3-1）。

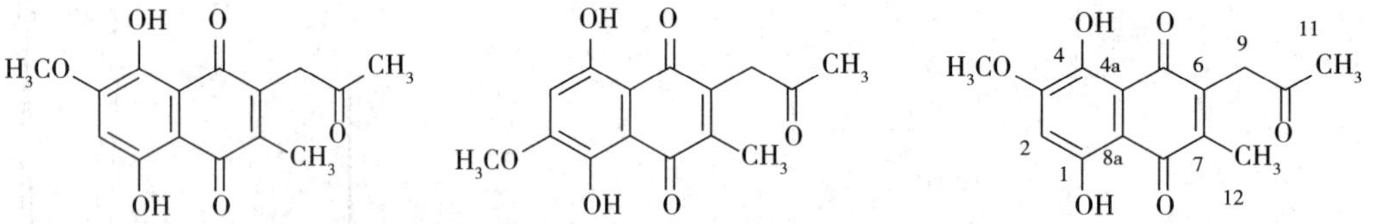

B1　　B2　　javanicin

图3-10 化合物3-2两种可能的结构式及javanicin结构

表3-1 化合物3-2的 ^{1}H（DMSO-d_6，500MHz）及 ^{13}C（DMSO-d_6，125MHz）-NMR信号归属

编号	δ_H	δ_C
1	–	161.2
1-OH	13.34（s）	–
2	6.48（s）	108.3
3	–	161.1

续表

编号	δ_H	δ_C
4	–	159.9
4-OH	12.67（s）	–
4a	–	141.9
5	–	177.6
6	–	110.1
7	–	109.7
8	–	184.7
8a	–	135.3
9	3.97（s）	41.2
10	–	204.5
11	2.14（s）	30.4
12	2.25（s）	13.0
13	3.91（s）	57.6

实例3　某化合物3-3，Feigl反应呈阳性，$[\alpha]_D^{20}$+57.143（c 0.070，MeOH）。其^{1}H（DMSO-d_6，500MHz）及^{13}C（DMSO-d_6，125MHz）NMR谱图如图3-11及图3-12所示。HSQC及HMBC谱图如图3-13至3-15所示。

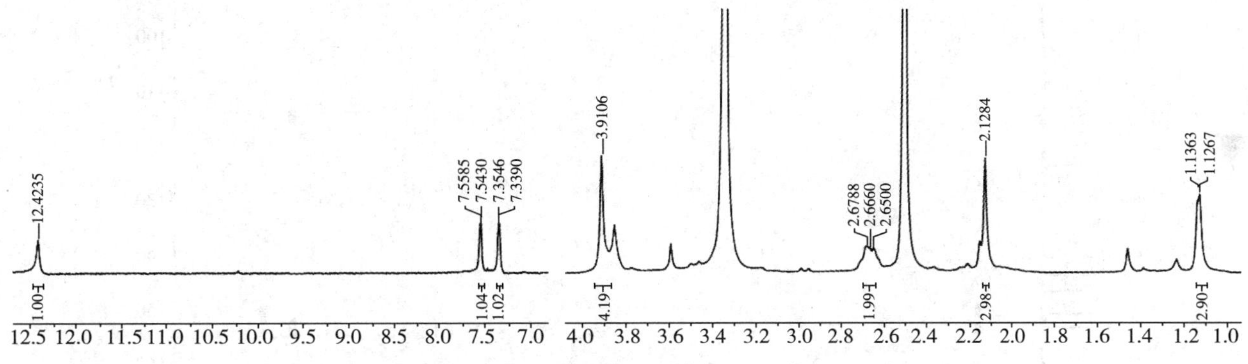

图3-11　化合物3-3的^{1}H-NMR谱图

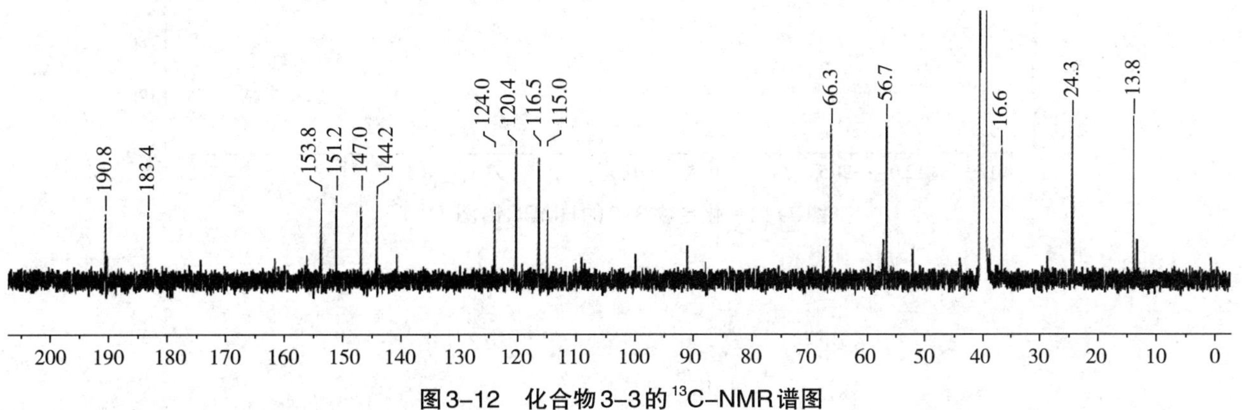

图3-12　化合物3-3的^{13}C-NMR谱图

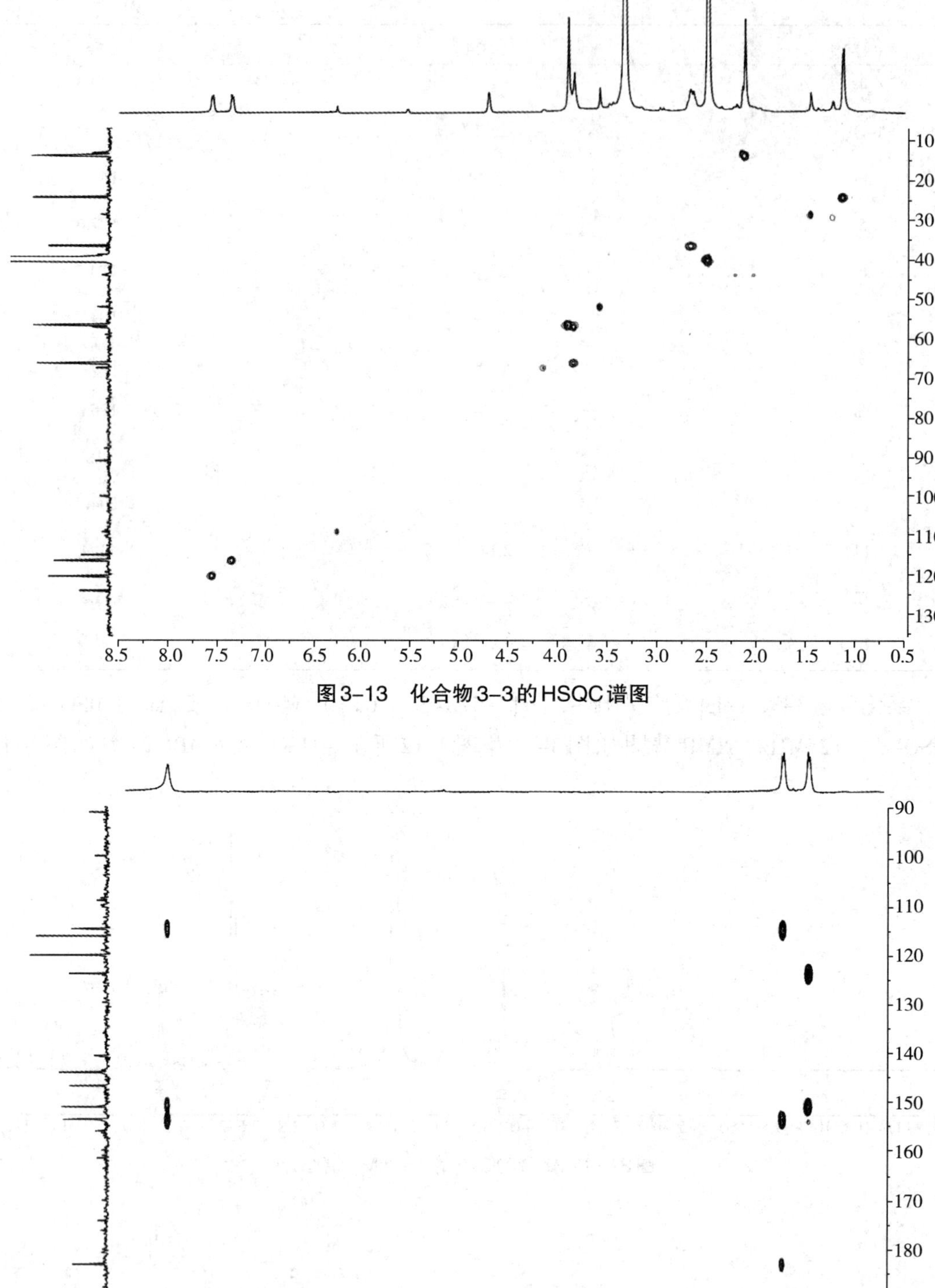

图3-13　化合物3-3的HSQC谱图

图3-14　化合物3-3的HMBC谱图（1）

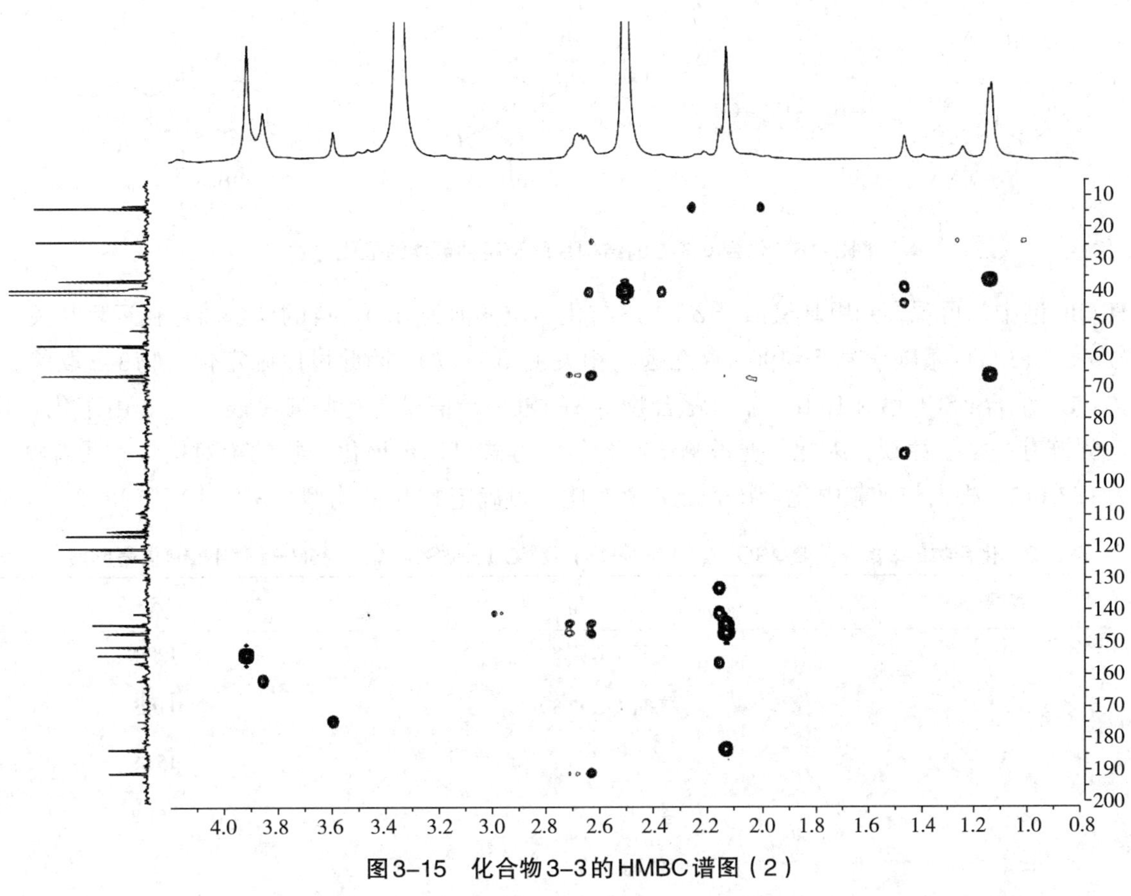

图3-15　化合物3-3的HMBC谱图（2）

化合物3-3的Feigl反应呈阳性，说明其属于醌类化合物。碳谱中共给出了15个碳信号，其中包括了 δ_C 190.8，183.4的羰基碳信号和 δ_C 153.8，151.2，147.0，144.2，124.0，120.4，116.5，115.0的 sp^2 杂化碳信号，可判断该化合物的母核为萘醌，氢谱中的 δ_H 12.42（1H，s）为酚羟基氢信号，且化学位移值为 δ_C 190.8的羰基与酚羟基形成分子内氢键。碳谱中 δ_C 153.8，151.2两个碳信号表明化合物C中含有邻二氧取代的结构，由于氢谱和碳谱中存在 δ_H 3.91（3H，s）/ δ_C 56.7的甲氧基信号，因此判断甲氧基连接于苯环上酚羟基的邻位。氢谱中 δ_H 7.55（1H，d，J=7.8Hz），7.34（1H，d，J=7.8Hz）为苯环上邻位取代的氢，此外氢谱中没有醌环上的质子信号，因此醌环上应有两个取代基团。化学位移值为 δ_H 2.13（3H，s）的氢信号为连接于 sp^2 杂化碳上的甲基，推测该甲基取代在醌环上。根据上述推断，该化合物的母核及部分取代基种类如片段a所示。根据峰的峰型及偶合常数判断，氢谱中化学位移值为 δ_H 1.13（3H，d，J=5.0Hz）的甲基与次甲基相连。此外，根据化学位移值推测 δ_H 2.67（2H，m）亚甲基连接于醌环上，由于亚甲基的两个氢所处的化学环境不同，两个氢互相偶合，且与邻位碳上的氢偶合，造成该亚甲基氢信号峰形为m。HSQC谱中可以看到化学位移值为 δ_C 66.3的碳信号与 δ_H 3.86的氢信号有相关，该氢信号由于与甲氧基氢信号重叠且有杂质的干扰，在氢谱上不易识别，因此需要二维谱确定，从化学位移值上判断该碳原子为连氧碳，碳原子上可能连有羟基。根据上述推断，该化合物醌环取代基侧链部分的组成如片段b所示（图3-16）。将片段a、b和甲基相连，可得到化合物3-3的两种取代方式C1、C2。取代基的相对位置需要根据HMBC谱进一步确定。

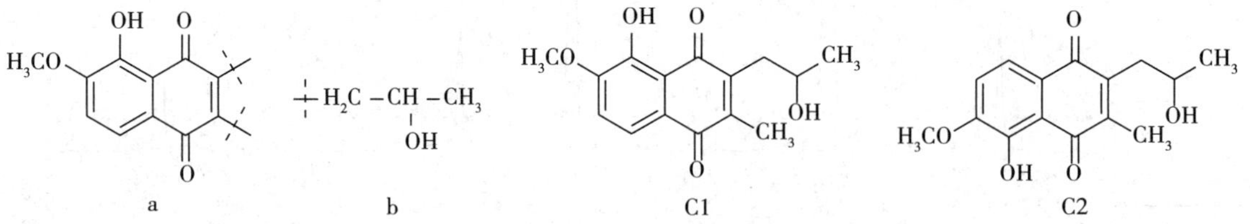

图3-16　化合物3-3的结构片段及两种可能的取代方式

在HMBC谱中，可观察到甲基氢信号 δ_H 2.13与化学位移值为 δ_C 183.4的羰基碳存在远程相关，亚甲基氢信号 δ_H 2.13与羰基碳信号 δ_C 190.8存在远程相关（图3-17），因此可以确定化合物3-3取代基的取代方式为C1。结合HSQC谱和HMBC谱对化合物3-3的氢、碳信号进行归属（表3-2）。由于化合物3-3的取代基侧链有一个手性碳，因此，通过测试旋光值的方式可确定该化合物的绝对构型。化合物3-3的旋光值为+57.143，根据与文献中化合物的旋光值对比，可确定10位的构型为*S*（图3-17）。

表3-2　化合物3-3的 ^{1}H（DMSO-d_6，500MHz）及 ^{13}C（DMSO-d_6，125MHz）-NMR信号归属

编号	δ_H	δ_C
1	7.55（d，7.8）	120.4
2	7.34（d，7.8）	116.5
3	–	153.8
4	–	151.2
4-OH	12.42（s）	–
4a	–	115.0
5	–	190.8
6	–	147.0
7	–	144.2
8	–	183.4
8a	–	124.0
9	2.67（m）	36.6
10	3.86（m，overlapped）	66.3
11	1.13（d，5.0）	24.3
12	2.13（s）	13.8
13	3.91（s）	56.7

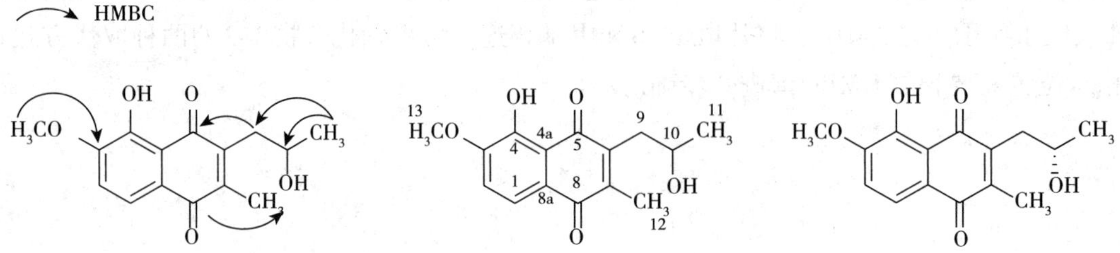

图3-17　化合物3-3的关键HMBC相关和结构

第三节 菲醌的结构鉴定

菲醌的结构母核主要分为三种：邻菲醌（Ⅰ）、邻菲醌（Ⅱ）和对菲醌三种类型（图3-18），菲醌及其衍生物在中药丹参中较为多见。

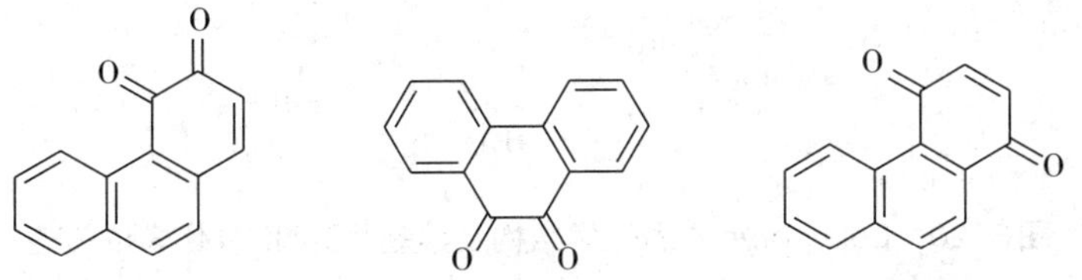

邻菲醌（Ⅰ）　　邻菲醌（Ⅱ）　　对菲醌

图3-18 菲醌的结构类型

一、碳谱特点

和1,4-萘醌、9,10-蒽醌结构中经常出现 α-酚羟基取代并同羰基形成分子内氢键的情况不同，菲醌类化合物结构中羟基与酮羰基生成分子内氢键的概率较低，因而通常情况下三种菲醌结构母核中两个羰基的化学位移之间没有明显差异。如邻菲醌*R*-（+）-salmiltiorin E中两个羰基的化学位移均在 δ_C 181.0附近，2-acetyl-bulbophyllanthrone中两个羰基的化学位移均在 δ_C 180.0附近；对菲醌calanquinone C中两个羰基化学位移均在 δ_C 186.0附近（图3-19）。可以看出，通常情况下邻菲醌两种母核中羰基碳的化学位移值（δ_C ~ 181.0）要小于对菲醌中羰基碳的化学位移值（δ_C ~ 186.0）。

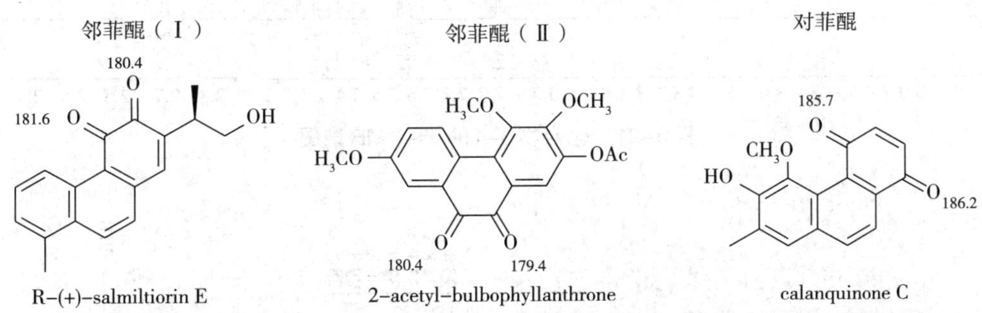

图3-19 三种菲醌结构母核代表性化合物的化学结构及羰基 ^{13}C-NMR化学位移值

此外，醌类化合物，尤其是菲醌及蒽醌类化合物经常通过C—C键形成二聚体结构。需要注意的是，上述总结的规律在醌类二聚体结构当中有些情况下并不完全适用。如邻菲醌二聚体类化合物leucobryn A（图3-20）中两对羰基的化学位移值在 δ_C 192.0及192.7处，两个羰基的化学位移值十分接近，这与我们总结的规律是相符的。但其化学位移值 δ_C 192.0及192.7与在单倍体化合物2-acetyl-bulbophyllanthrone中观察到 δ_C ~ 180.0的化学位移差距较大。

二、结构解析

实例4 从丹参根茎的提取物中获得一个醌类化合物3-4。其 ^{1}H（$CDCl_3$，600MHz）及 ^{13}C（$CDCl_3$，150MHz）NMR谱图如图3-21及图3-22所示。HSQC及HMBC谱图如图3-23至3-27所示。

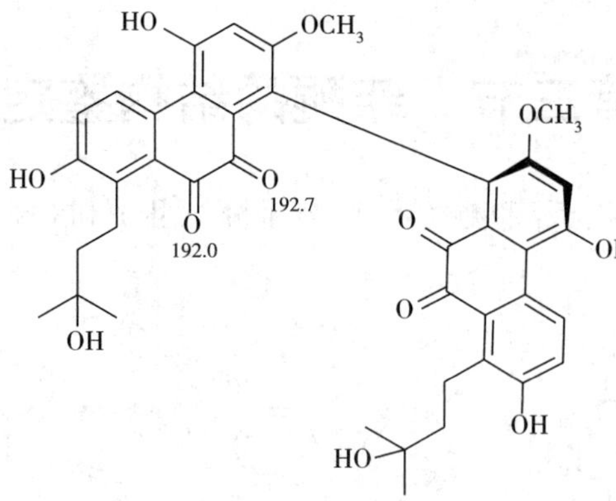

图3-20　Leucobryn A的化学结构及羰基 ^{13}C-NMR化学位移值

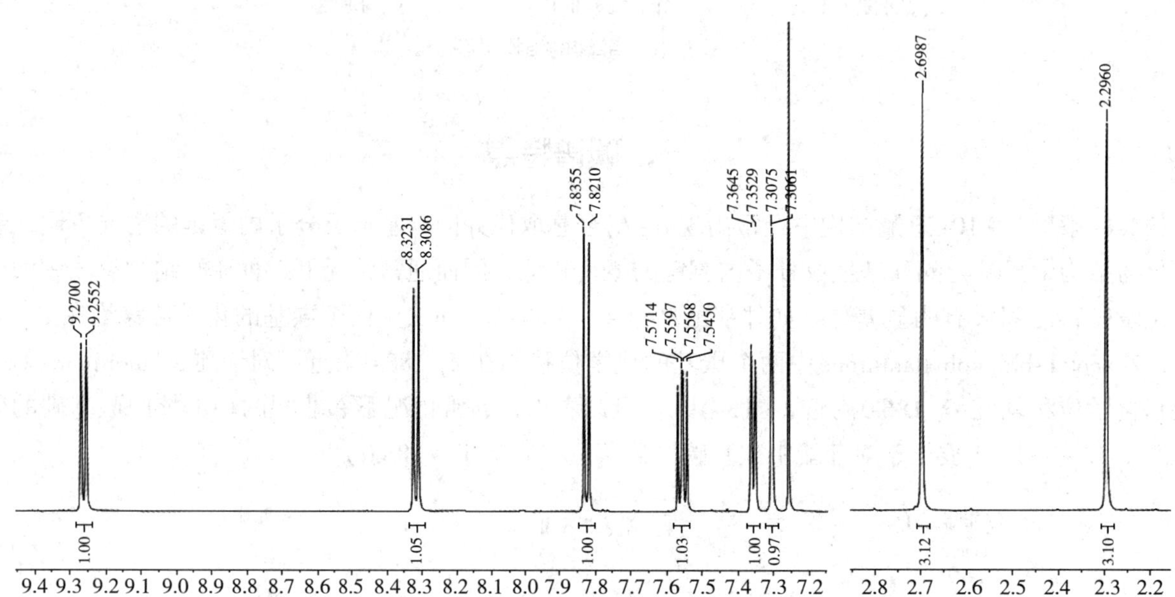

图3-21　化合物3-4的 ^{1}H-NMR谱图

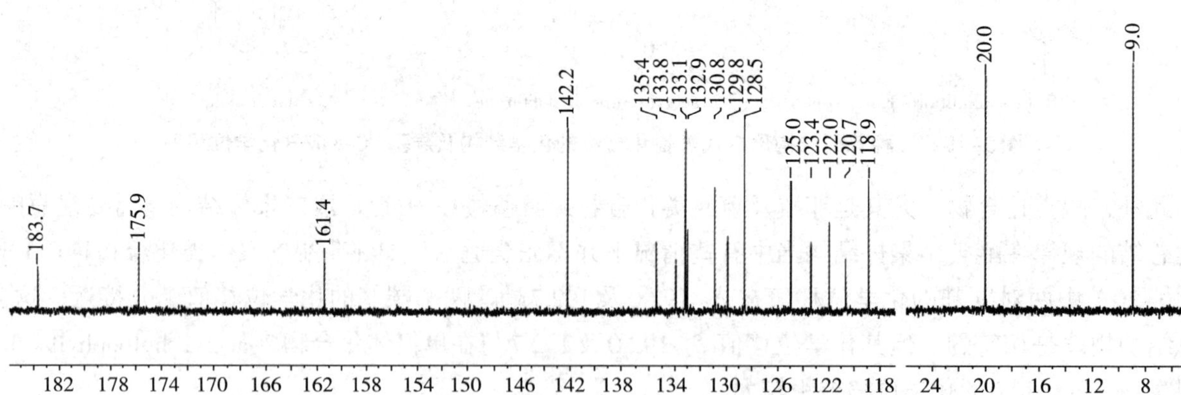

图3-22　化合物3-4的 ^{13}C-NMR谱图

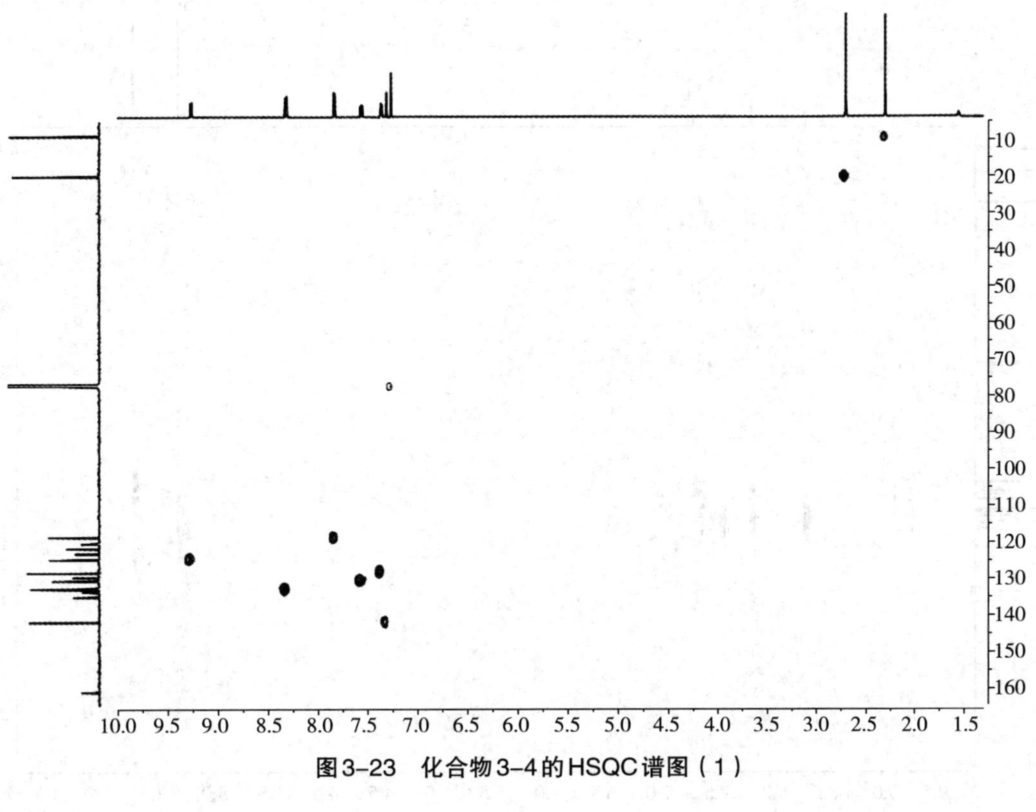

图3-23　化合物3-4的HSQC谱图（1）

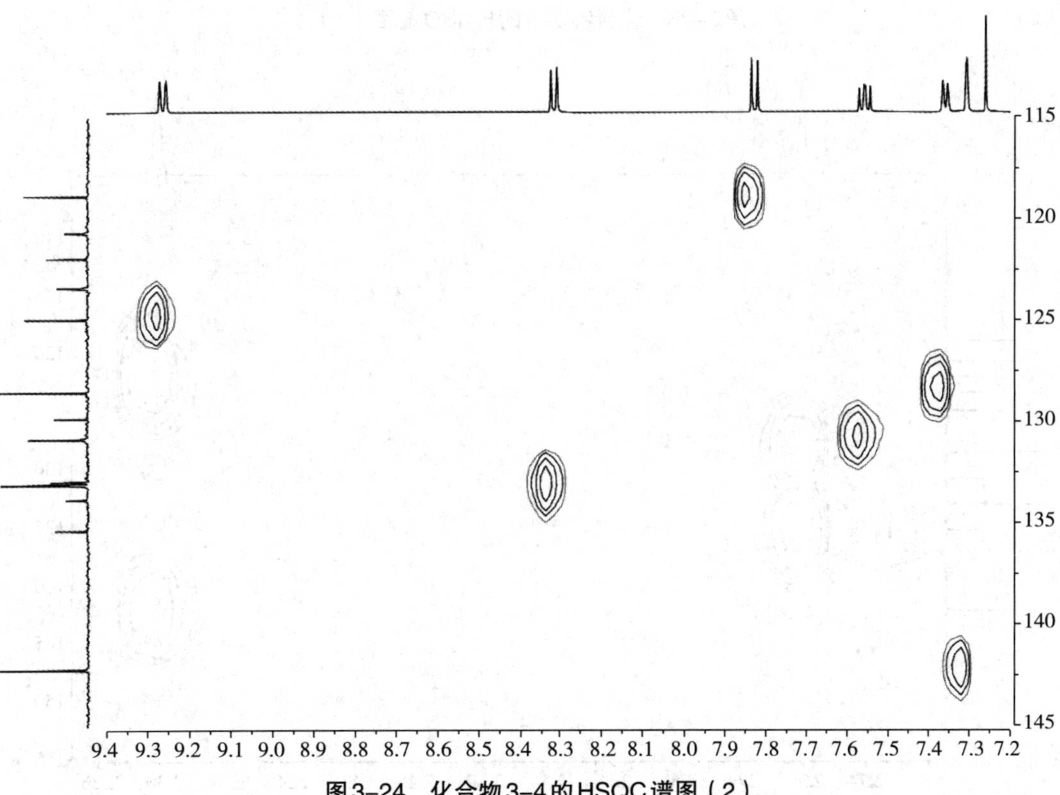

图3-24　化合物3-4的HSQC谱图（2）

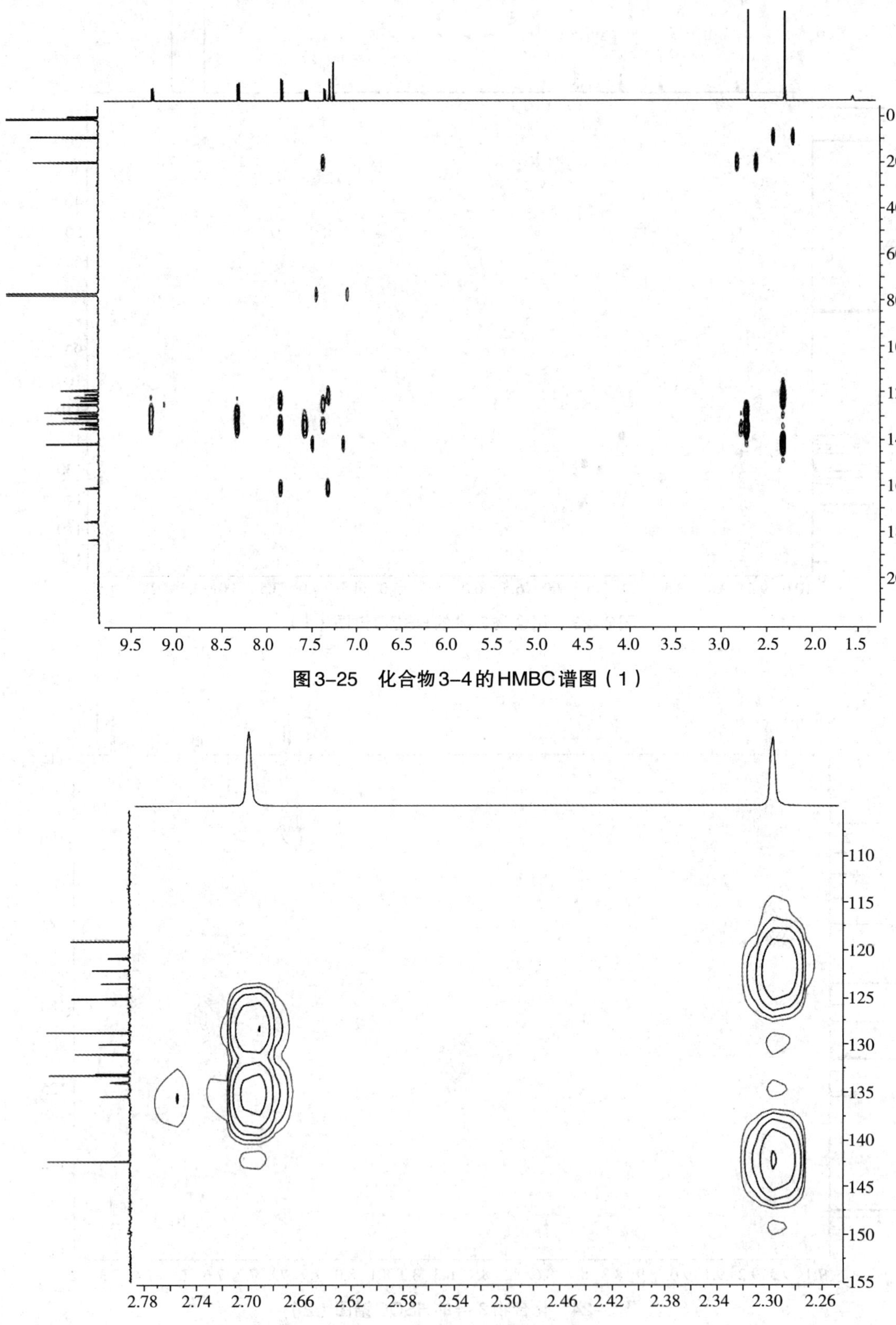

图3-25 化合物3-4的HMBC谱图（1）

图3-26 化合物3-4的HMBC谱图（2）

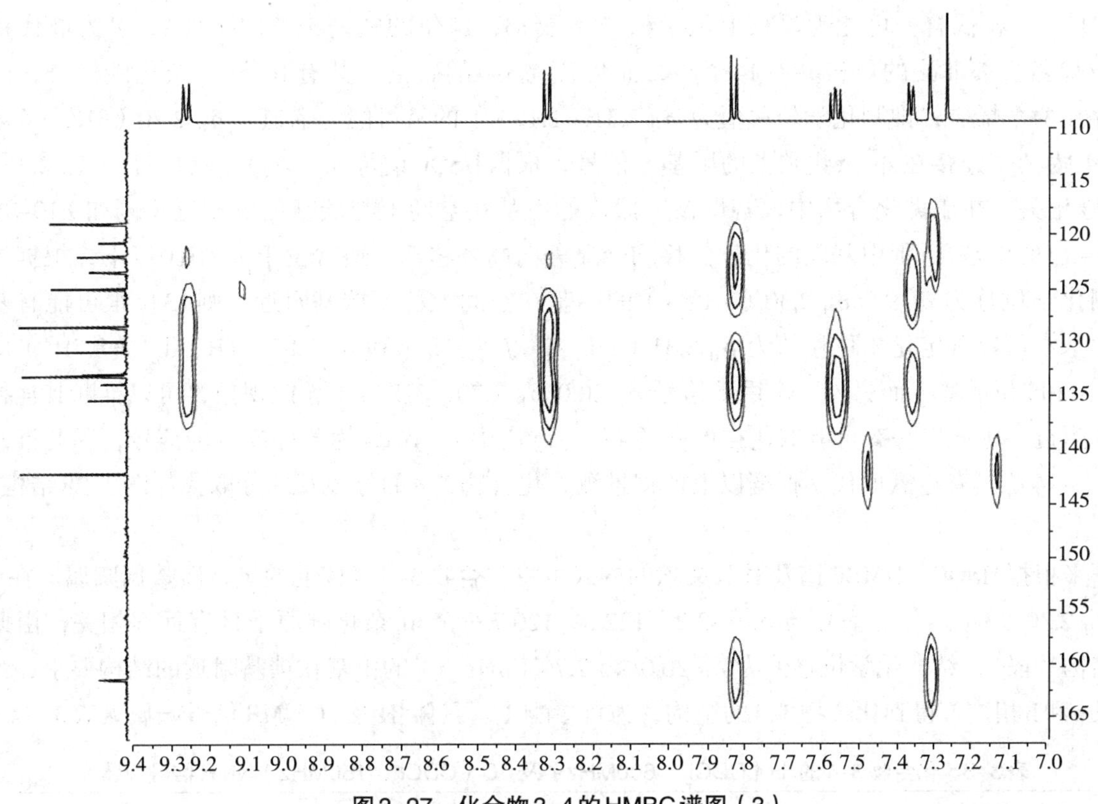

图3-27　化合物3-4的HMBC谱图（3）

该化合物的碳谱中共给出18个碳信号，包括16个sp^2杂化的碳信号（δ_C 183.7，175.9，161.4，142.2，135.4，133.8，133.1，132.9，130.8，129.8，128.5，125.0，123.4，122.0，120.7，118.9）和2个sp^3杂化的碳信号（δ_C 20.0，9.0）。δ_C 183.7，175.9为两个羰基碳信号，δ_C 175.9的化学位移值与9,10-蒽醌中羰基的化学位移值相差较大，故排除该醌类化合物母核为蒽醌的可能。由氢谱中化学位移值为δ_H 7.31～9.26的氢信号数量及碳谱中化学位移值为δ_C 118.9～161.4的芳碳信号数量可知，化合物中很可能含有两个苯环，结合该化合物由丹参提取得到，因此推测该醌类化合物的母核为邻菲醌（Ⅰ）。另外，氢谱中化学位移值为δ_H 9.26的氢信号与一般的芳环氢信号相比处在较低场，推测该质子可能位于羰基的负屏蔽区，且由于在空间距离上与羰基更接近，吸电效应更强，因此化学位移值要比普通的芳环质子的化学位移值大。这也进一步说明了该化合物的母核可能为邻菲醌（Ⅰ）。通过查阅文献得知，化合物3-4的核磁数据与文献中化合物*R*-(+)-salmiltiorin E的核磁数据在A环、B环的部分有很大程度的相似（图3-28），故确定化合物3-4的结构母核为邻菲醌（Ⅰ）。

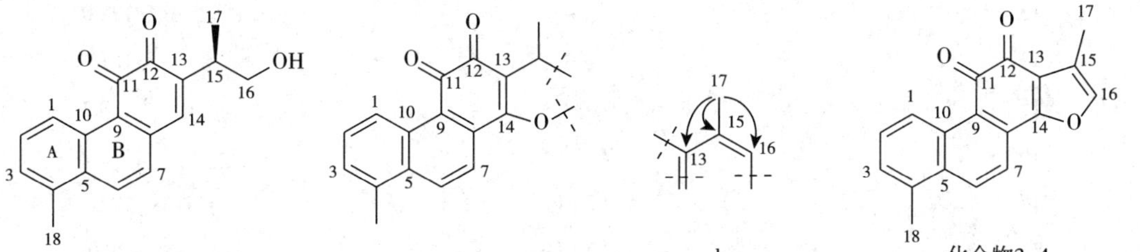

R-(+)-salmiltiorin E　　a　　b　　化合物3-4

图3-28　化合物3-4解析过程

在氢谱中，δ_H 9.26（1H，d，*J*=8.9Hz），7.56（1H，dd like）与7.36（1H，d，*J*=7.0Hz）为取代在A环上相互偶合的三个相邻质子，推测4位具有一个取代基。δ_H 8.31（1H，d，*J*=8.7Hz）与δ_H 7.83（1H， d，J=8.7Hz）互相偶合，可能为母核上位于6，7位或13，14位的氢。δ_H 7.31（1H，s）为取代在苯环上的氢或烯氢。邻菲醌的母核共有14个碳，而化合物3-4的碳谱上共有16个sp^2杂化碳信号，说明结构中还存在两个烯碳，推测化学位移值为δ_H 7.31（1H，s）的氢可能为烯氢。δ_H 2.70（3H，s）和2.30（3H，s）为两个连接在sp^2杂化碳上的甲基氢信号，根据HSQC谱可知，δ_C 9.0碳信号与δ_H 2.30（3H，s）氢信号相关。在醌类化合物中，若母核上取代的甲基在空间上与羰基位置相近（例如9,10-蒽醌中取代在α-位的甲基），则甲基碳的化学位移则会显著向高场移动，通常位于δ_C 10.0以下，根据这一规律，推测化学位移为δ_C 9.0/δ_H 2.30（3H，s）的甲基在空间上位于羰基附近，则13位很可能有基团取代，由此基本可以确定化学位移值为δ_H 8.31（1H，d，J=8.7Hz）和δ_H 7.83（1H，d，J=8.7Hz）的氢为取代在6位和7位的氢，而另外一个甲基信号δ_C 20.0/δ_H 2.70（3H，s）无此现象，可以推断其连接位置不在羰基附近，则该甲基有可能取代在母核的4位。碳谱中δ_C 161.4为芳环连氧碳信号，因此推测化合物3-4在C-14位具有连氧取代。根据以上数据推测，化合物3-4的母核及部分取代如图3-28结构片段a所示。

接下来根据HSQC、HMBC谱及对照文献的方式可将化合物3-4母核上的氢、碳数据归属。在HMBC谱中，δ_H 2.30（3H，s）氢信号与δ_C 142.2，122.0，120.7三个sp^2杂化碳原子具有远程相关，由此可以推断出结构片段b，结合化学位移值为δ_C 20.0/δ_H 2.70（3H，s）的甲基在羰基附近的结构要求，最终将结构片段a和b相连，得到化合物3-4的结构，为丹参酮Ⅰ。具体^{1}H及^{13}C NMR信号归属见表3-3。

表3-3 化合物3-4的^{1}H（$CDCl_3$，600MHz）及^{13}C（$CDCl_3$，150MHz）NMR信号归属

编号	δ_H	δ_C
1	9.26（d，8.9）	125.0
2	7.56（dd like）	130.8
3	7.36（d，7.0）	128.5
4	–	135.4
5	–	132.9
6	8.31（d，8.7）	133.1
7	7.83（d，8.7）	118.9
8	–	129.8
9	–	123.4
10	–	133.8
11	–	183.7
12	–	175.9
13	–	122.0
14	–	161.4
15	–	120.7
16	7.31（s）	142.2
17	2.30（s）	9.0
18	2.70（s）	20.0

第四节 蒽醌的结构鉴定

蒽醌为醌类化合物中主要的结构类型，主要分为单蒽核类和双蒽核类，双蒽核类可看作单蒽核类的二聚体。天然蒽醌以9,10-蒽醌最为常见，并常常连接羟基、羧基、羟甲基、甲基等取代基团，羟基为最常见的取代基类型。如图3-29所示，9,10-蒽醌根据羟基分布的不同，又可分为大黄素型（羟基分布在两侧的苯环上）和茜草素型（羟基分布在一侧的苯环上）。

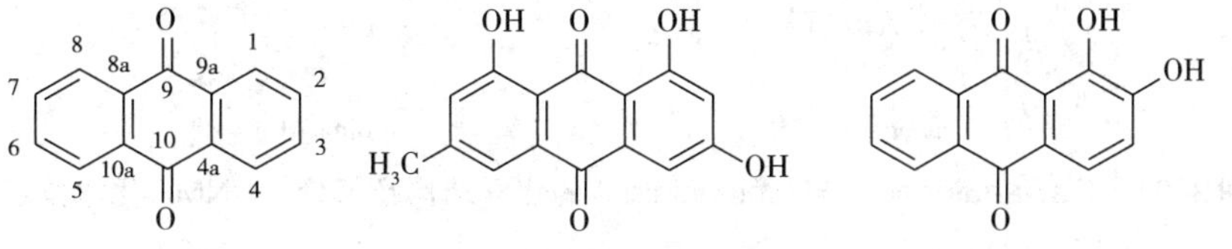

图3-29　9,10-蒽醌的结构及结构类型

一、氢谱特点

与1,4-萘醌类似，9,10-蒽醌中位于1、4、5、8位的氢为α-H，位于2、3、6、7位的氢为β-H。同样地，由于羰基去屏蔽效应的影响，α-H在氢谱中的化学位移值处在较低场，位于δ_H 8.07附近，而β-H处于较高场，位于δ_H 7.70附近。如umbellata Q（图3-30）中H-1及H-2的信号分别为δ_H 8.13（dd，J=8.0，1.5Hz）及δ_H 7.86（td，J=8.0，1.5Hz）。当苯环被羟基及烷基取代后，α-H及β-H的化学位移变化规律与苯环中变化规律基本一致。如umbellata A（图3-30）中C-2位被羟基取代后，H-1及H-3的化学位移显著向高场移动，分别出现在δ_H 7.43及δ_H 7.17处。而H-4处于羟基的间位，其化学位移未受明显影响，出现在δ_H 8.07处；C-6位被羟甲基取代后对C-5、C-7、C-8位质子的影响较小，H-5、H-7、H-8的信号分别出现在δ_H 8.13、7.79、8.11处。

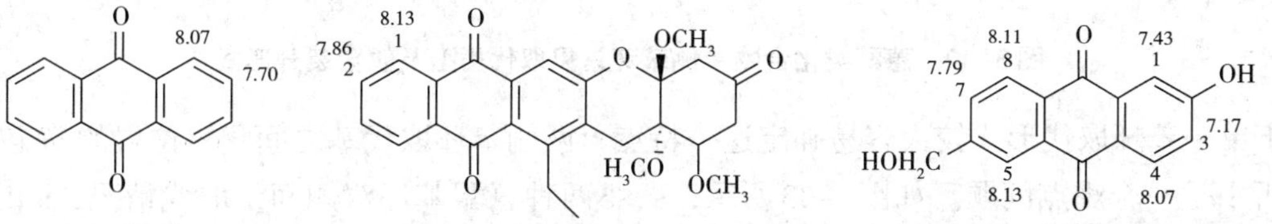

图3-30　Umbellata Q及umbellata A的化学结构及部分^{1}H-NMR化学位移值

羟基为较常见的取代基类型，其中苯环上的α-酚羟基可以与羰基形成分子内氢键，氢键的强弱程度决定了α-酚羟基活泼氢信号的化学位移。因此，α-酚羟基的数目可以通过化学位移来进行推断，具体参考规律如下：①只有一个α-羟基时，其化学位移值大于δ_H 12.25。②当两个羟基位于同一羰基的α-位时，通常情况下会减弱活泼氢分子内氢键的强度，其信号在δ_H 11.6~12.1。然而有一些结构中两个α-羟基虽然同时位于同一个羰基的α-位，但其中一个或两个α-羟基的邻位取代基中也含有羰基，此时α-羟基有可能形成额外的分子内氢键而使得化学位移值大于δ_H 11.6~12.1。如galvaquinone B（图3-31）中C-4的α-酚羟基与C-12羰基形成了额外的分子内氢键，使得其化学位移处于δ_H 12.50，而不是通常认为的δ_H 11.6~12.1区间。与此对应的，C-5的α-酚羟基的化学位移为δ_H 12.13，与预期的δ_H 11.6~12.1范围相符。③由于β-羟基可以形成分子间氢键，所以β-羟基化学位移值浮动范围较大。如lupinacidin A（图3-31）中β-羟基（3-OH）的化学位移在δ_H 12.77附近，而不是通常认为的小于δ_H 11.4。

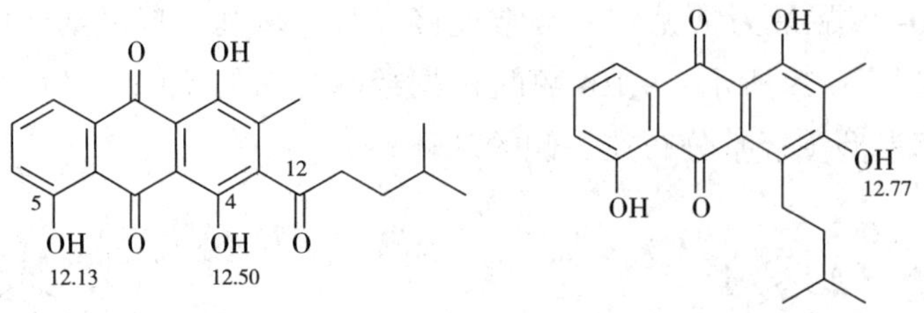

图3-31　Galvaquinone B与lupinacidin A的化学结构及部分[1]H-NMR化学位移值

除羟基取代外，醌类化合物的苯环上经常出现的取代基还有甲基、甲氧基、羟甲基及异戊烯基等。这些质子的化学位移与其在其他芳香化合物中所展现出的化学位移值相近。需要注意的是，甲基的取代位置（α-/β-）对其化学位移具有显著的影响，其原因是处于α位的取代甲基质子受到羰基的去屏蔽效应影响，其化学位移处于较低场δ_H 2.7～2.8，β位的取代甲基质子则处于相对较高场δ_H 2.1～2.5。

蒽醌类成分两侧苯环的取代形式比较固定，如单取代、邻二取代、间位取代及对位取代等（图3-32），可根据苯环上质子的偶合常数来确定具体的取代类型。例如邻位质子偶合常数为～8.2Hz，间位偶合常数较小或在某些情况下看不到裂分从而呈现为宽单峰等（图3-32）。而具体某个苯环氢信号的位置归属可以根据同等条件下（如均为酚羟基邻位质子等）α位质子化学位移大于β位质子化学位移这一经验规律进行初步信号归属。

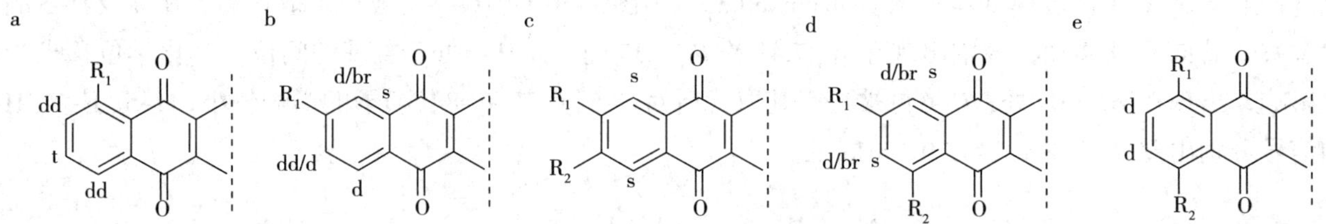

图3-32　蒽醌类化合物单侧苯环常见取代类型及偶合裂分形式

相对于单一苯环取代形式较为容易确定这一特点，两侧苯环取代基之间相对位置的确定在蒽醌类化合物的解析中是一个难点问题。如图3-33所示，a、b两种蒽醌苯环双侧间位取代情况，a和b两个结构母核在氢谱中给出的偶合裂分方式完全相同，因而需要二维谱图进行进一步的确认。在确认醌环两侧取代基之间相对位置的时候，可以分别利用两侧苯环α-质子与其邻近羰基的HMBC远程相关信号来确定各自苯环质子与两个羰基的位置关系，从而可以明确两侧苯环取代基之间的相对位置。如图3-33中结构母核a中会出现两个α-质子与同一个羰基的HMBC远程相关信号，而结构母核b中会出现两个α-质子分别与两个羰基各自的HMBC远程相关信号。然而很多时候蒽醌类结构中没有α-质子的存在，这就使得解决上述问题变得非常困难。此时我们可以尝试调节HMBC信号的强度以寻找β-质子与两个羰基之间的HMBC远程相关来代替α-质子的相关信号。虽然β-质子与其距离最近的羰基碳原子相隔4根化学键，但由于芳香系统结构的特殊性，某些情况下β-质子与其距离最近的羰基碳原子的HMBC相关信号也是可以被观察到的。

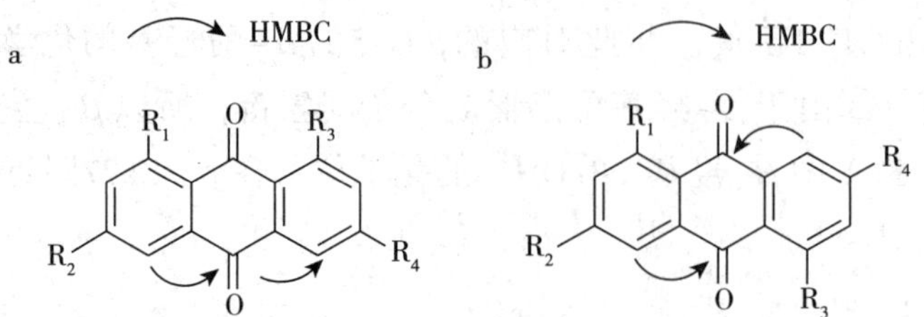

图3-33　蒽醌双侧苯环间位取代两种结构式及其关键碳-氢远程相关信号

二、碳谱特点

9,10-蒽醌中的羰基碳在结构中无取代的情况下化学位移出现在 δ_C 182.5附近。α-酚羟基取代同1,4-萘醌中一样，分子内氢键的作用会使 α-酚羟基同侧羰基向低场位移，出现在 δ_C 187.6处。当两个 α-酚羟基同时与同一个羰基形成分子内氢键时，羰基的化学位移和单独一个 α-酚羟基取代情况相比会进一步向低场位移。如rhodocomatulin 5,7-dimethyl ether（图3-34）中C-10羰基的化学位移在 δ_C 185.2，而rhodocomatulin 7-methyl ether中C-10羰基的化学位移在 δ_C 188.8。二者化学结构几乎完全相同，造成二者C-10羰基化学位移差异（$\Delta\delta_C$ 3.6）的原因为C-5酚羟基活泼氢。Rhodocomatulin 7-methyl ether由于两个 α-酚羟基同时与C-10羰基形成分子内氢键，导致其C-10羰基化学位移较rhodocomatulin 5,7-dimethyl ether进一步向低场位移约3.6个化学位移单位。

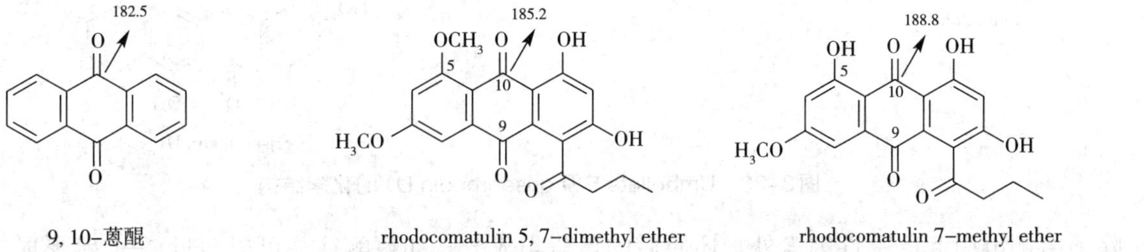

9, 10-蒽醌　　rhodocomatulin 5, 7-dimethyl ether　　rhodocomatulin 7-methyl ether

图3-34　Rhodocomatulin 5,7-dimethyl ether及rhodocomatulin 7-methyl ether的化学结构及部分 ^{13}C-NMR化学位移值

9,10-蒽醌在两侧苯环上经常连有羟基、羟甲基、甲氧基、甲基、乙酰氧基等取代基团。其中甲氧基信号出现在 δ_C 56.2，与羧基甲酯信号 δ_C ~ 52.1具有较明显的区别。需要十分注意的是，9,10-蒽醌甲基的取代位置对甲基本身的化学位移有着十分显著的影响。若甲基处于9,10-蒽醌的 α-位（C-1/4/5/8），则该甲基的 ^{1}H NMR化学位移正常，处于 δ_H 2.2附近。然而，α-位甲基的 ^{13}C NMR化学位移则会显著向高场位移，通常位于 δ_C 10.0以下，而不是通常认为的 δ_C 20.0附近，这一点与 α-位质子的化学位移移动趋势是相反的（α-位质子向低场移动，化学位移值偏大）。与此对应的是 β-位取代甲基无此现象。即同样是处于9,10-蒽醌的 α-位，邻位羰基对 ^{1}H核与 ^{13}C核磁各向异性的结果是相反的，原因可能与 ^{1}H核与 ^{13}C核的原子半径不同有关。因此，可以根据蒽醌中甲基 ^{13}C NMR信号来判断苯环上甲基的取代位置。如图3-35所示的蒽醌类成分，该化合物 ^{1}H NMR谱图给出 δ_H 2.35及 δ_H 2.11两个甲基信号，^{13}C NMR谱图给出 δ_C 16.5及 δ_C 8.3两个 sp^3 杂化碳原子信号和14个 sp^2 杂化碳原子信号。这种情况就可以根据两个甲基的化学位移值确定结构中含有一个 α-甲基和一个 β-甲基。这两个甲基是否存在于同一个苯环上及相互的位置关系则需要更进一步的二维谱图分析。

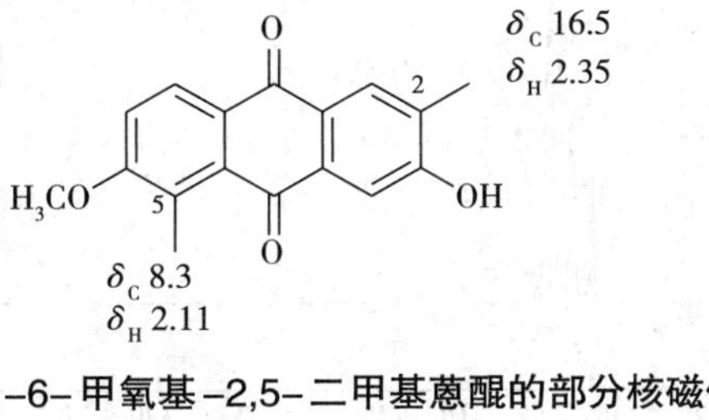

图3-35　3-羟基-6-甲氧基-2,5-二甲基蒽醌的部分核磁信号归属情况

三、立体构型的确定

蒽醌类成分结构母核不存在手性因素，但醌环两侧苯环经常以C—C键的方式连接具有手性中心的侧链，或者连接的侧链本身无手性但与邻位酚羟基发生环合后生成具有手性中心的环状结构。如茜草科巴戟天（羊角藤）属植物羊角藤（*Morinda umbellata* L.）以全株入药，其地上部分中分离得到的umbellata S具有额外的吡喃环状结构（图3-36），该结构中C-2为手性碳原子，最终研究者通过ECD计算的方法确定了其手性构型。对于蒽醌结构中由侧链环合后生成的手性中心通常由于结构整体具有较好的刚性，因而一般用计算ECD的方法就可以十分准确地确定该类蒽醌结构的立体构型。

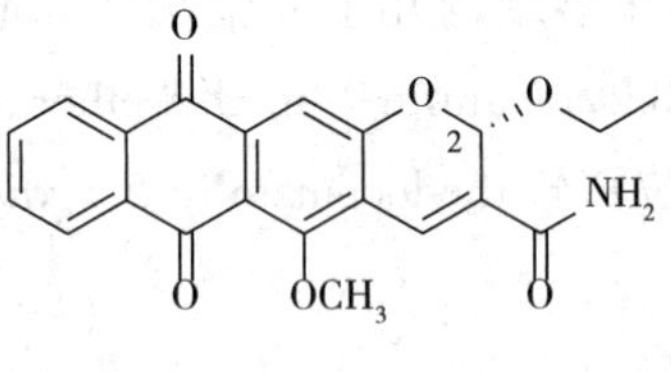

umbellata S 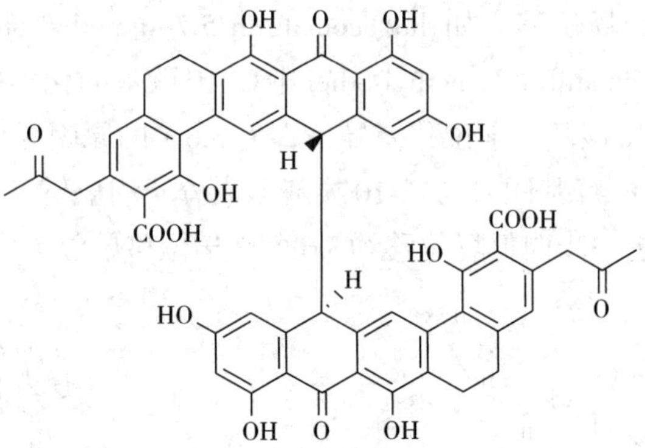　　griseorhodin D1

图3-36　Umbellata S及griseorhodin D1的化学结构

除了由侧链引起的手性因素外，还原后的蒽醌类成分，如蒽酮往往可以通过C—C键形成二聚体结构，此时部分二聚体结构由于空间因素的影响会干扰C—C键的自由旋转，产生旋转异构体（rotamers）。如griseorhodin D中连接两部分蒽酮结构的C—C键的旋转就会受到阻碍生成旋转异构体griseorhodin D1及griseorhodin D2，二者可以通过HPLC进行分离，并且在NMR谱图上表现出微小的差异。需要注意的是，griseorhodin D1及griseorhodin D2被分离后经过一段时间的放置会相互转换。

四、结构解析

实例5　某蒽醌类化合物3-5为黄色粉末，其^{1}H（$CDCl_3$，600MHz）及^{13}C（$CDCl_3$，150MHz）-NMR谱图如图3-37及图3-38所示。

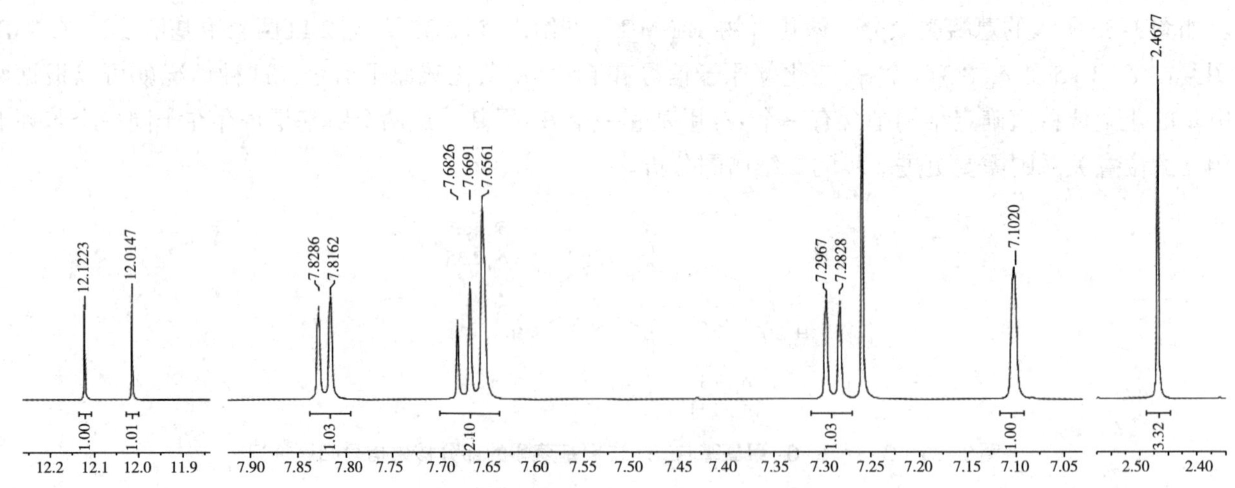

图3-37　化合物3-5的^{1}H-NMR谱图

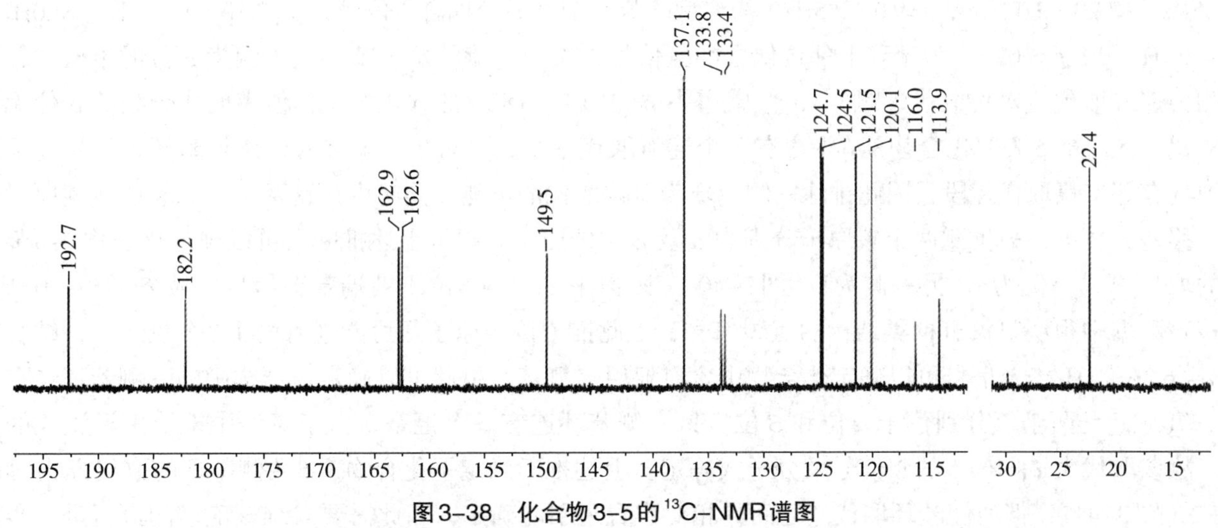

图3-38 化合物3-5的^{13}C-NMR谱图

化合物3-5的碳谱中共有14个sp^2杂化碳信号及1个sp^3杂化碳信号，结合氢谱中的δ_H 2.47（3H，s）信号初步推断该结构为含有甲基取代的蒽醌类化合物。碳谱中的δ_C 162.9，162.6为蒽醌中被羟基取代的碳，且两个取代羟基之间非邻二取代关系（若为邻二取代，则被取代的碳化学位移值在δ_C 140～150）。碳谱中的δ_C 192.7，182.2表明醌环结构片段的两个羰基中只有一个与α-OH形成分子内氢键。氢谱中两个活泼氢质子信号δ_H 12.1（s），12.0（s）的化学位移值均小于δ_H 12.25，处于δ_H 11.6～12.1区间，因而推测化合物3-5结构中两个α-OH均与同一个羰基形成分子内氢键。由于苯环上存在甲基取代，因此δ_H 7.66（1H，s），7.10（1H，s）为分布与甲基两侧处在苯环间位的质子。此外，可以注意到氢谱中δ_H 7.66的积分为1.26，而δ_H 7.67～7.68处的积分为0.79，因而可以确定δ_H 7.66处的单峰与δ_H 7.67～7.68的峰重叠，即δ_H 7.67～7.68处应为t峰的一部分，而非谱图中展现出的d峰。通过上述分析，可确定氢谱中δ_H 7.81（br d），7.67（t），7.28（br d）三个氢信号为苯环上典型的邻三取代氢信号。由此可推断出化合物3-5的结构为1,8-二羟基-3-甲基-蒽醌（大黄酚）。化合物的氢、碳信号归属可进一步通过HSQC、HMBC等二维核磁谱图确定。此外，在碳谱中，季碳的碳信号高度通常低于伯、仲、叔碳的信号高度，据此可辅助化合物碳信号的归属。化合物3-5的NMR数据归属如图3-39所示。

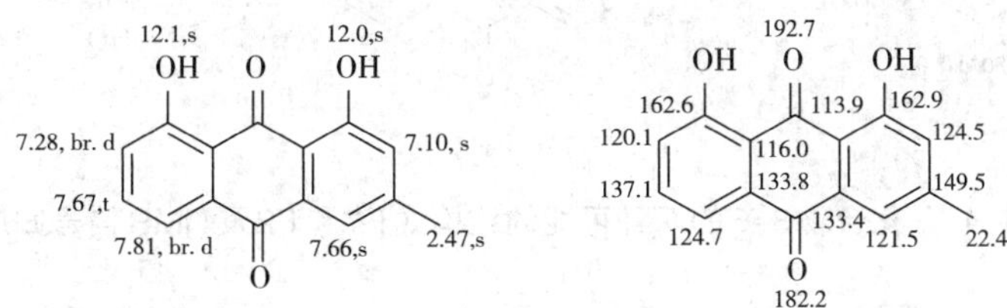

图3-39 化合物3-5的化学结构及NMR信号归属

实例6 某蒽醌类化合物3-6，ESI-MS中给出*m/z* 291.0263 $[M+Na]^+$的准分子离子峰，^{1}H NMR（DMSO-d_6,500MHz）δ_H：8.03（1H,d,*J*=9.0Hz），7.80（1H,d,*J*=8.0Hz），7.46（1H,d,*J*=2.5Hz），7.33（1H,d,*J*=8.0Hz），7.20（1H，dd，*J*=9.0，2.5Hz），6.36（2H，s）；^{13}C NMR（DMSO-d_6，125MHz）δ_C：181.8，180.2，164.5，154.9，148.4，136.0，130.1，127.6，125.8，124.1，122.2，116.8，113.0，112.6，104.6。HMBC谱图中给出δ_H 8.03与δ_C 180.2及δ_H 7.80与δ_C 181.8的远程相关信号。

碳谱中共有15个碳信号，氢谱中氢信号的积分为7，说明化合物中共有15个碳原子和至少7个氢原子。根据ESI-MS中给出的准分子离子峰，可确定该蒽醌类化合物3-6的分子式为$C_{15}H_8O_5$，说明除母核外，结构中的取代基还包括1个碳原子和3个氧原子。氢谱中δ_H 8.03（1H，d，*J*=9.0Hz），7.46（1H，d，

J=2.5Hz)，7.20（1H，dd，J=9.0，2.5Hz）为典型的苯环ABX系统偶合氢信号，δ_H 7.80（1H，d，J=8.0Hz），7.33（1H，d，J=8.0Hz）为苯环上邻位偶合的氢信号，说明蒽醌的两个苯环上一侧为β位的单取代，另一侧为邻二取代或对位取代（图3-40）。碳谱中δ_C 181.8，180.2的碳化学位移值表明化合物的α位无羟基取代，δ_C 164.5表明化合物3-6中含有一个连氧取代基，δ_C 154.9，148.4两个连氧苯环碳信号提示结构中具有邻二氧取代片段，因此排除一侧苯环为对位取代的可能，同时由于这两个邻二氧取代碳原子化学位移差异较大，故推测两个碳原子分别为α及β位碳原子。根据上述推断，可以确定化合物3-6苯环上的取代方式一侧为a，另一侧为b（图3-40）。碳谱中δ_C 104.6位于糖端基碳信号区域δ_C 95～105内，但核磁数据中很明显没有糖类结构的氢碳信号，因此推测该碳原子很可能连有两个2个氧原子，结合氢谱δ_H 6.36（2H，s）信号可以确定化合物中含有亚甲二氧基。由此可以确定，结构中的一侧苯环连有亚甲二氧基，且两个氧分别位于α位和β位，另一侧苯环连有一个羟基，由于氢谱中未给出活泼氢的信号，故该取代由δ_C 164.5的碳信号及分子式确定。上述推断确定了化合物3-6两侧苯环的取代方式为F1或F2（图3-41），但两侧苯环取代基之间的相对位置还不能确定，因此需要二维核磁谱图进行进一步的确认。在HMBC谱中，δ_H 8.03与δ_C 180.2以及δ_H 7.80与δ_C 181.8分别具有远程相关，从而确定了两侧苯环中羟基和亚甲二氧基的准确取代位置，最终结合HMBC和HSQC信号对化合物3-6的^{1}H及^{13}C NMR数据进行了全归属（图3-41）。

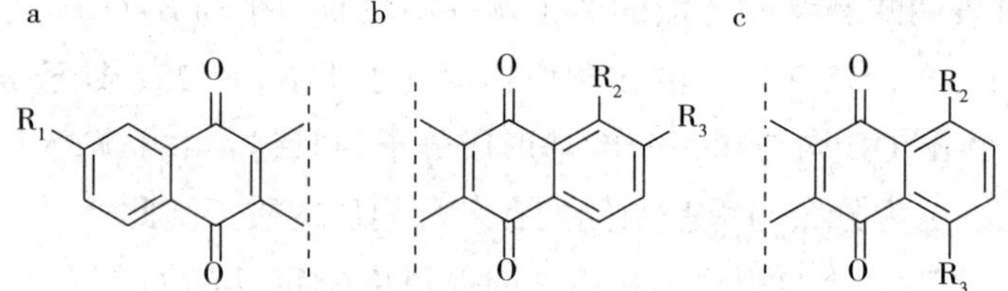

图3-40 化合物3-6苯环上可能的取代方式

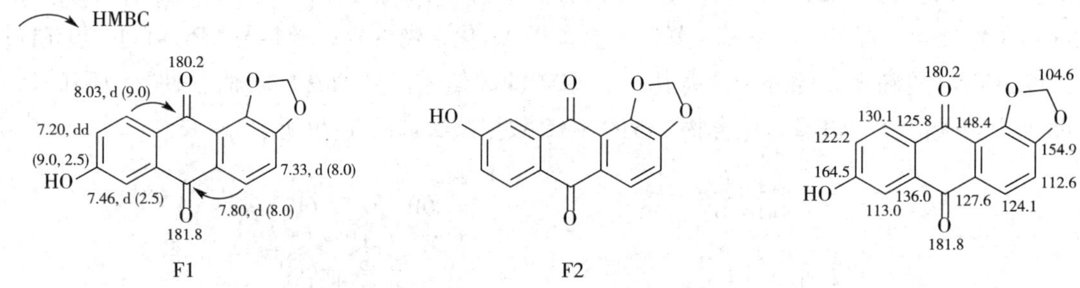

图3-41 化合物3-6的两种可能的结构式F1和F2及NMR信号归属

目标检测

1.某蒽醌类化合物氢谱中出现了邻位偶合系统信号δ_H 7.89（d），7.53（d），通过文献对比确定两个质子分别处于α和β位，如何判断两个质子的归属？

2.现有化合物1～3，其中化合物1具有δ_C 189.3，183.2的碳信号；化合物2具有δ_C 186.8，183.5的碳信号；化合物3具有δ_C 182.1，182.5的碳信号，请回答化合物1～3可能分别对应下列A～C哪种结构母核？

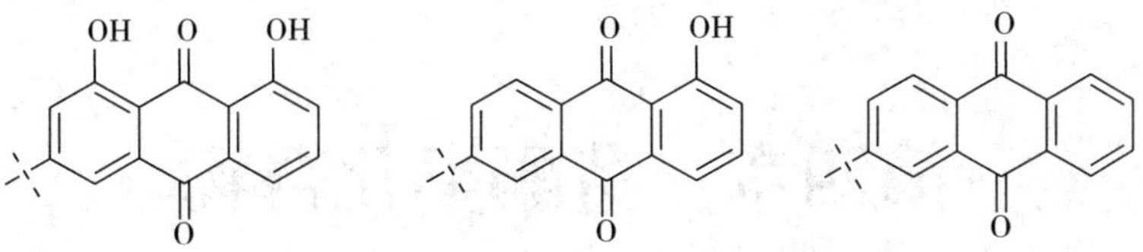

A　　B　　C

3. 在解析结构新颖的醌类化合物时，能否通过羰基的化学位移初步推测该化合物的基本结构母核属于蒽醌还是菲醌？

4. 当苯醌的醌环上有—OR取代时，醌环上碳的化学位移值如何变化？

5. 2-甲基-1,4-苯醌与2-甲氧基-1,4-苯醌相比，哪个化合物的3位H的化学位移值更小，为什么？

6. 在1,4-萘醌中，α-H和β-H化学位移值有何差异，原因是什么？

7. 在1,4-萘醌类化合物中，如何判断α-OH的存在？

8. 若9,10-蒽醌类化合物的核磁谱图中出现了甲基氢信号，如何判断甲基是否连接于苯环上？如何判断甲基在苯环上的取代位置？

9. 在某9,10-蒽醌类化合物的碳谱中观察到δ_H 2.32/δ_C 9.0的甲基信号，该甲基取代在什么位置？

10. 在9,10-蒽醌类化合物中，若其中一个羰基碳两侧都有α-OH取代，则该羰基碳的化学位移值如何变化？

第四章　黄酮类化合物

学习目标

通过本章学习，掌握黄酮类化合物波谱学规律、特点等，具备综合运用各类波谱学技术确定黄酮类化合物化学结构的能力。能够从事与黄酮及代谢、降解产物结构确定相关的科研工作。

黄酮类化合物是一类重要的天然有机化合物，具有结构多样性，由于存在交叉共轭系统而具有不同的颜色，可以作为天然色素使用。黄酮类化合物具有生物活性多样性，是很多中药或天然药物的有效成分，如黄芩中具有保肝作用的黄芩苷和黄芩素、水飞蓟中具有保肝作用的水飞蓟素、苹果根皮中具有降糖作用的根皮苷，以及具有雌激素样作用的大豆异黄酮等。灯盏花素是根据《滇南本草》以及民间验方中灯盏花具有治疗卒中和卒中后遗症的记载，开发成的治疗心血管病的药物。槐米作为一种重要的食材和药材，早在周朝时期就已经开始被广泛应用；《神农本草经》和《千金一方》等著作中，详细描述了槐米的药用特性和制作方法；现代研究发现槐米中的芦丁具有保护血管作用，并是以芦丁为先导化合物经结构修饰研制了用于治疗缺血性脑血管病的药物——曲克芦丁。黄酮类化合物在医药、保健、化妆品、农药等领域具有广泛的应用价值。

药知道

槐花

槐花为豆科植物槐*Sophora japonicum*（L.）的干燥花及花蕾，前者习称“槐花”，后者习称“槐米”。槐花及槐米的记载历史悠久，早在周朝时期就已经开始被广泛应用，唐代以前多被作为染料使用，唐代以后作为一种重要的食材和药材使用。

槐米在开花成熟后色泽金黄，是一种用以染色的天然、无毒染料，早在《诗经》中就有记载槐米的这种用途，“绿衣黄裳”中的黄裳就是经由槐米染色而成的。槐米及槐花作为药食同源的植物，其可以广泛地运用于食品中。李时珍说：“槐花未开时，形状如米粒，炒过又经水煎后呈黄色，味道很鲜美。”如制作的槐米茶，为降温消暑最佳饮料，槐米炒蛋、槐米粥等具有清热解毒之功效。

槐实在《神农本草经》中列为上品，在《日华子本草》中首次记载槐花。《本草纲目》：“炒香频嚼，治失音及喉痹。又疗吐血，烟血，崩中漏下。”《中国药典》：槐花具有凉血止血，清肝泻火的功效。用于便血，痔血，血痢，崩漏，吐血，衄血，肝热目赤，头痛眩晕。

槐花含有黄酮类、皂苷、多糖、少量鞣质等化学成分。现代药理学研究表明，槐花具有止血、降血糖、抗氧化、保护胃肠、抗菌、增强免疫力、抗病毒、降血压、抗肿瘤等作用。黄酮类是槐花的主要有效成分，其中芦丁含量最高，可达20%以上。芦丁经波谱分析确定结构为5,7,3′,4′－四羟基黄酮醇-3-*O*-(6-鼠李吡喃糖基)-葡萄吡喃糖苷。芦丁药理作用广泛，具有抗心肌损伤、抗炎、抗氧化、抗菌、抗病毒、抗肿瘤等作用。芦丁水溶性差、生物利用度低，限制了其在临床上的应用。经羟乙基化修饰研制成的曲克芦丁，又名维脑路通、维生素P_4、三羟乙基芦丁，广泛应用于缺血性脑血管疾病的治疗，如治疗慢性静脉供血不足引起的心脑血管疾病及慢性静脉功能不全等疾病、痔疮、微血管病变、视网膜病变等。曲克芦丁是以天然药物有效成分为先导化合物开发成药的成功案例。

PPT

第一节　波谱特点

黄酮类化合物结构类型多样（图4-1），多数类型具有紫外特征，可以利用紫外光谱对结构类型进行初步判断。核磁共振氢谱和碳谱是黄酮类化合物结构鉴定的主要手段，应用广泛。具有手性的黄酮类化合物，如二氢黄酮类、二氢黄酮醇类、二氢异黄酮类、紫檀素类、鱼藤酮类、黄烷醇类等，常通过圆二色谱确定绝对构型。

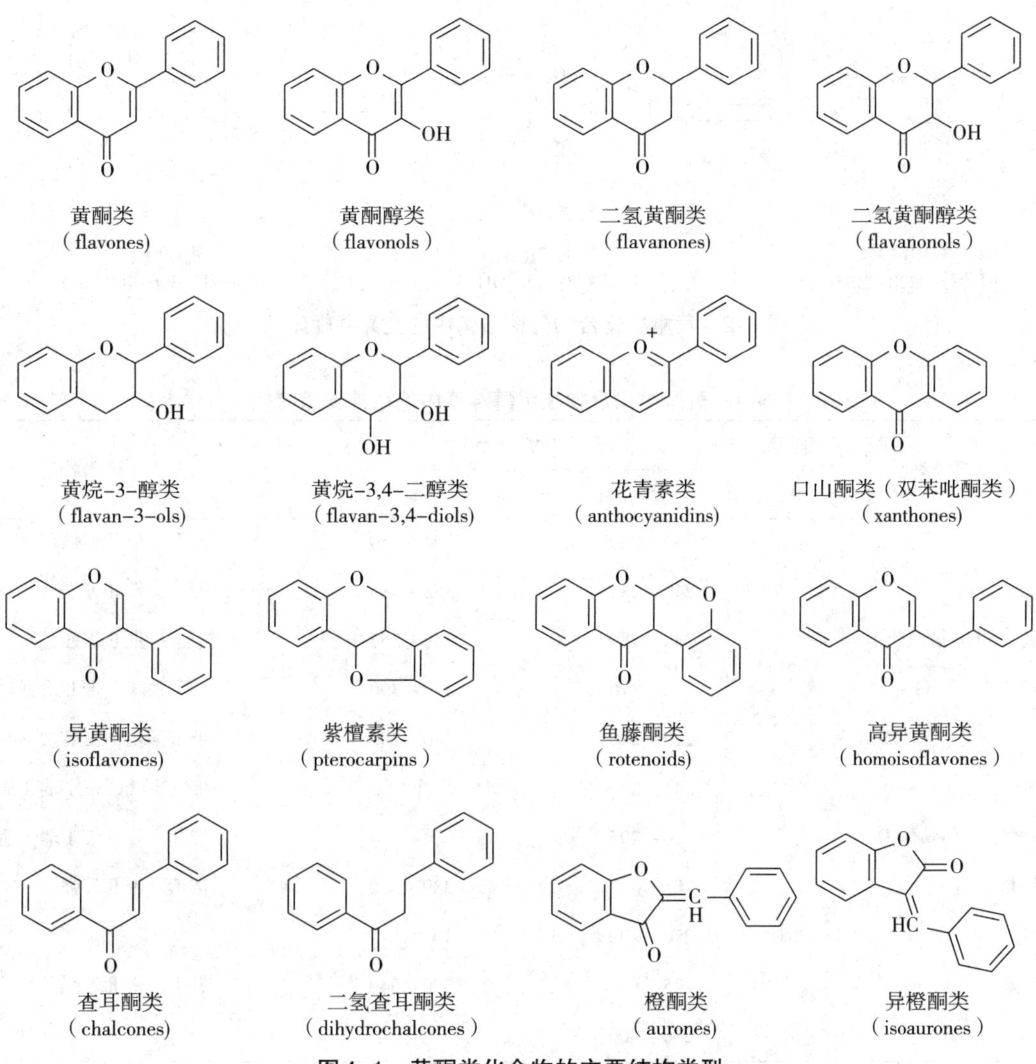

图4-1　黄酮类化合物的主要结构类型

一、紫外光谱特点

黄酮类化合物多具有交叉共轭体系，因而其紫外光谱具有特征。在黄酮类化合物的分离或纯度分析过程中，常通过HPLC-DAD技术获得化合物的紫外光谱，根据紫外光谱的最大吸收峰位和峰强的不同可以初步判断黄酮类化合物的结构类型。

黄酮、黄酮醇等多数黄酮类化合物，因分子中存在桂皮酰基及苯甲酰基组成的交叉共轭体系（图4-2），故在200～400nm的区域内存在两个主要的紫外吸收带，即峰带Ⅰ（300～400nm）及峰带Ⅱ

（220～280nm）。对于黄酮、黄酮醇类化合物，其紫外光谱的特征是峰带Ⅰ与峰带Ⅱ强度相当。对于查耳酮、橙酮类化合物，由于其桂皮酰基共轭性强，峰带Ⅰ为强峰。对于二氢黄酮、二氢黄酮醇类，由于C-2和C-3位还原，破坏了桂皮酰基共轭系统，因而带Ⅰ峰强减弱形成肩峰；同样，异黄酮类由于B环位于C-3位，也不存在桂皮酰基系统，其峰的形状与二氢黄酮类相似，所不同的是，异黄酮类的带Ⅱ偏低波长。所以，根据带Ⅰ、带Ⅱ的峰位及形状（或强度），可以推测黄酮类化合物结构类型（表4-1，图4-3）。

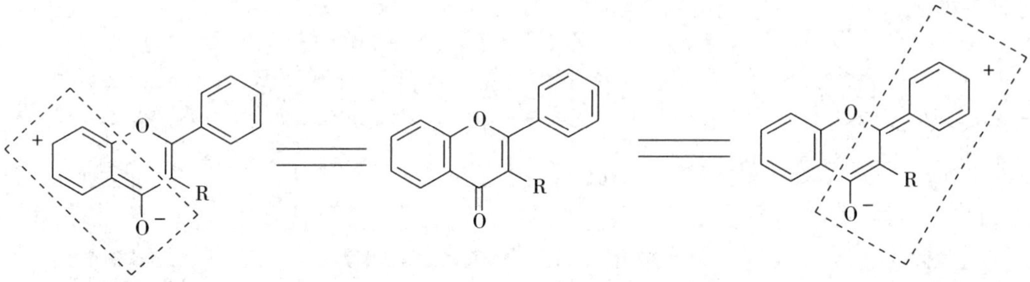

苯甲酰基
（峰带II，220~280nm）

黄酮（R=H）
黄酮醇（R=OH）

桂皮酰基
（峰带I，300~400 nm）

图4-2　黄酮类化合物母核结构中的交叉共轭体系

表4-1　黄酮类化合物在甲醇溶液中的紫外光谱特征

黄酮类型	UV（nm）		谱带峰形
	峰带Ⅱ	峰带Ⅰ	
黄酮	240～280	304～350	带Ⅰ、带Ⅱ等强
黄酮醇	240～280	352～385	带Ⅰ、带Ⅱ等强
黄酮醇（3-OH被取代）	240～280	328～357	带Ⅰ、带Ⅱ等强
查耳酮	220～270	340～390	带Ⅰ强峰，带Ⅱ次强峰
橙酮	220～270	340～390	带Ⅰ强峰，带Ⅱ次强峰
异黄酮	245～270	肩峰	带Ⅱ主峰，带Ⅰ弱（肩峰）
二氢黄酮、二氢黄酮醇	270～295	肩峰	带Ⅱ主峰，带Ⅰ弱（肩峰）
紫檀素类	205	289～310	带Ⅰ、带Ⅱ等强
黄烷醇类	270～290		
花色素类	275	500～540	带Ⅰ、带Ⅱ等强
𠮿酮	200～400		

对于特殊类型的黄酮类化合物，其紫外光谱有其特殊性。如紫檀素类，属于特殊类型的异黄酮，结构母核中不存在桂皮酰基及苯甲酰基组成的交叉共轭体系，只有两个孤立的苯环体系，因此主要有两个吸收峰205nm和280nm附近（甲醇）。当紫檀素的8,9-位存在二氧亚甲基时，会导致吸收峰红移到310nm附近。黄烷醇类化合物一般在280nm附近有吸收峰。以儿茶素和表儿茶素为例，儿茶素仅在284nm处有一较强的吸收带，表儿茶素仅在279nm处有一弱吸收带。花色素类由于具有2-苯基苯骈吡喃𬭩盐的高度共轭体系，故在500～540nm和275nm附近有2个最大吸收峰。𠮿酮类化合物具有苯骈色原酮母核，其紫外光谱一般在200～400nm有4～5个吸收带，最大吸收峰常出现在235、255、280、300、360nm左右。吸收峰位和分子中的含氧取代基的数目和位置有关。

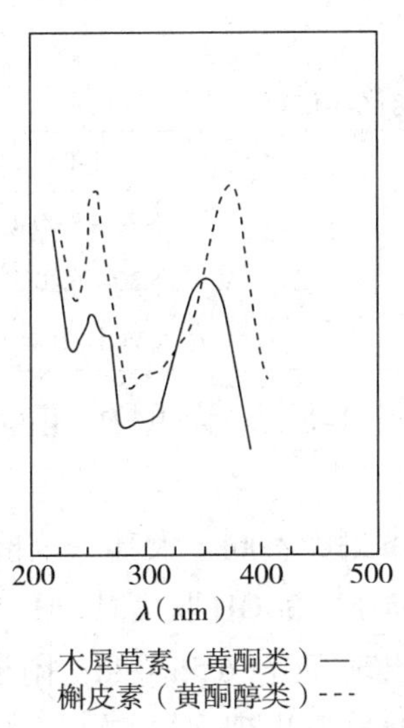

木犀草素（黄酮类）—
槲皮素（黄酮醇类）---

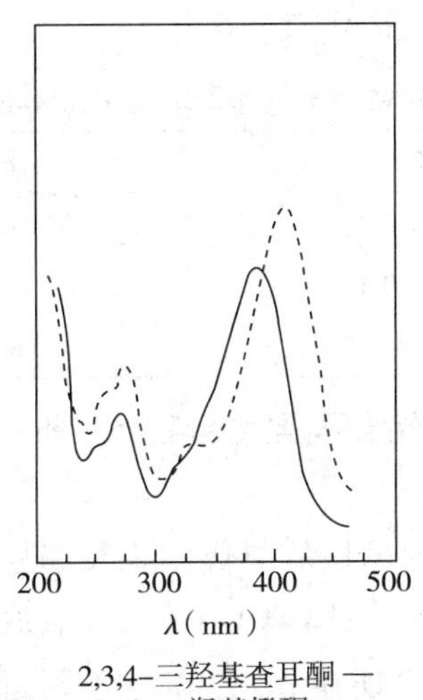

2,3,4-三羟基查耳酮 —
3′,4′-二羟基橙酮 ---

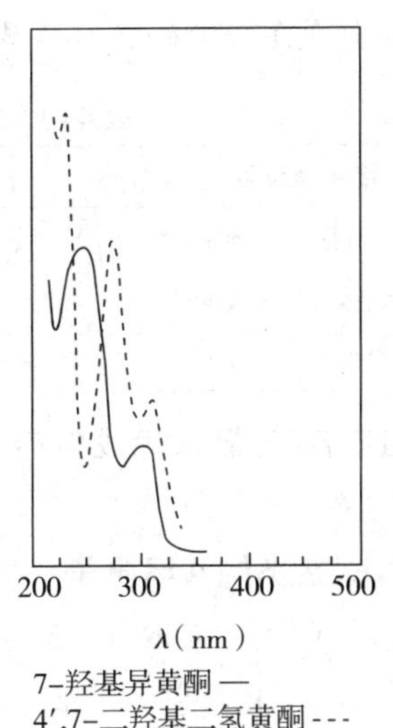

7-羟基异黄酮 —
4′,7-二羟基二氢黄酮 ---

图4-3 主要类型黄酮的代表化合物的UV谱图

二、氢谱特点

核磁共振氢谱为黄酮类化合物结构分析的一种重要方法。根据氢谱中芳香区的特征信号，确定黄酮母核A、B的取代模式；根据C环的特征氢信号，可以确定黄酮类化合物的结构类型。测试黄酮类化合物的核磁共振谱所用溶剂有氘代二甲基亚砜（DMSO-d_6）、氘代三氯甲烷、氘代吡啶等，具体情况因溶解度而异。常用溶剂为无水DMSO-d_6，在DMSO-d_6中测试氢谱可以获得活泼质子信号，如5-OH、7-OH、4′-OH等，对结构判断有帮助。

按黄酮类A、B、C环的取代特征，归纳黄酮类化合物的核磁共振氢谱规律。

（一）A环质子

黄酮类A环常见的取代模式包括5,7-二氧取代、7-氧取代，偶有5，6，7-或6，7，8-三氧取代的情况。

1. 5,7-二氧取代黄酮类化合物 A环质子H-6和H-8分别作为二重峰（d，J=ca.2.5Hz）出现在 δ_H 5.70～6.90区域内，一般H-8化学位移比H-6大（二氢黄酮类可能例外）。二氢黄酮类、黄烷醇类的H-6和H-8偏高场，在 δ_H 5.70～6.00区域内。当7-OH成苷或甲醚化时，则H-6和H-8信号均向低磁场位移0.2～0.4个化学位移单位（表4-2）。

表4-2 5,7-二氧取代黄酮类化合物中H-6及H-8的化学位移

化合物类型	H-6	H-8
黄酮、黄酮醇、异黄酮	6.00～6.20d	6.30～6.50d
黄酮、黄酮醇、异黄酮的7-*O*-糖苷	6.20～6.40d	6.50～6.90d
二氢黄酮、二氢黄酮醇	5.75～5.95d	5.90～6.10d
二氢黄酮、二氢黄酮醇7-*O*-糖苷	5.90～6.10d	6.10～6.40d
黄烷醇	5.75～5.95d	5.90～6.10d
花青素/花色苷	6.77d左右	7.00d左右

2. 7-氧取代黄酮类化合物 H-5因受C-4位羰基强负屏蔽效应的影响，位于比其他芳香质子较低的磁场，作为一个d峰出现在 δ_H 8.00（J=ca.9.0Hz）左右。H-6表现为一个dd峰（J=ca.9.0，2.5Hz）。H-8为一个裂距较小的d峰（J=2.5Hz）。与5,7-二羟基黄酮类化合物比较，在7-羟基黄酮类化合物中H-6及

H–8均将出现在较低磁，并且相互位置可能颠倒（表4–3）。

表4–3 在7–氧取代黄酮类化合物中H–5、H–6及H–8的化学位移

化合物类型	H–5	H–6	H–8
黄酮、黄酮醇、异黄酮	7.90 ~ 8.20 d	6.70 ~ 7.10 dd	6.70 ~ 7.00 d
二氢黄酮、二氢黄酮醇	7.70 ~ 7.90 d	6.40 ~ 6.50 dd	6.30 ~ 6.40 d
紫檀素类	7.30 d（H–1）	6.55 dd（H–2）	6.35 d（H–4）

3. 5,6,7–三氧取代或6,7,8–三氧取代黄酮类化合物 A环只有H–8或H–6，均为单峰，化学位移在δ_H 6.30左右。

4. 紫檀素类的A环质子 紫檀素类的母核的取代模式及编号与其他黄酮类不同，大部分紫檀素类的A环取代模式为3–氧取代、3,4–二氧取代（图4–4）。（1）3–氧取代A环质子：3–OH取代时，H–1、H–2、H–4质子形成ABX偶合系统，其中H–1出现在δ_H 7.30（d）附近，H–2出现在δ_H 6.55（dd）附近，H–4出现在δ_H 6.35（d）附近。（2）3,4–二氧取代：当3–OH、4–OCH_3取代时，H–1则出现在δ_H 7.10（d）附近，H–2出现在δ_H 6.60（d）附近。当3–OH、4–OH取代时，H–1则出现在δ_H 6.90（d）附近，H–2出现在δ_H 6.60（d）附近。

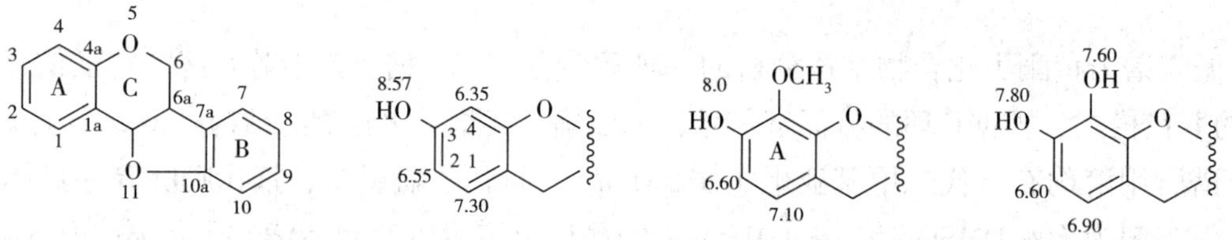

图4–4 紫檀素类母核结构及具有不同取代基的紫檀素A环的¹H NMR化学位移

（二）B环质子

黄酮类B环常见的取代模式包括4′–氧取代、3′,4′–二氧取代、3′,4′,5′–三氧取代，偶有2′,4′–二氧取代的情况。从生源关系看，黄酮类的B环不存在3′,5′–二氧取代的模式，文献中鉴定为3′,5′–二氧取代的模式，基本都是3′,4′–二氧取代模式的误判。

1. 4′–氧取代黄酮类化合物 这种取代模式的B环质子分为H–2′,6′及H–3′,5′两组，构成AA′BB′系统，其谱形类似一个AB偶合系统（2H，d，*J*=ca.8.5Hz），出现在δ_H 6.50 ~ 7.90处，大体上位于比A环质子稍低的磁场区。由于4′–OR取代基对H–3′,5′的屏蔽作用，以及C环对H–2′,6′的负屏蔽效应，H–3′,5′的化学位移总是比H–2′,6′的化学位移值小。H–2′,6′二重峰的具体峰位取决于C环的氧化水平（表4–4），如黄酮和黄酮醇类，C–2和C–3位为双键，对H–2′,6′的负屏蔽效应强，使H–2′,6′的化学位移偏低场，可达到δ_H 8.0，而二氢黄酮和二氢黄酮醇类，C–2和C–3位加氢还原，负屏蔽效应减弱，导致H–2′,6′偏高场。花色苷的H–2′,6′的氢信号出现在δ_H 8.34 ~ 8.67的区域内，H–3′,5′出现在δ_H 6.96 ~ 7.75的区域内。

表4–4 在4′–氧取代黄酮类化合物中H–2′,6′及H–3′,5′的化学位移

化合物类型	H–2′,6′	H–3′,5′
二氢黄酮类	7.10 ~ 7.30 d	6.50 ~ 7.10 d
二氢黄酮醇类	7.20 ~ 7.40 d	
异黄酮类	7.20 ~ 7.50 d	
查耳酮类（H–2,6及H–3,5）	7.40 ~ 7.60 d	

续表

化合物类型	H-2′,6′	H-3′,5′
橙酮类	7.60 ~ 7.80 d	6.50 ~ 7.10 d
黄酮类	7.70 ~ 7.90 d	
黄酮醇类	7.90 ~ 8.10 d	
花青素/花色苷	8.30 ~ 8.70	6.90 ~ 7.80

2. 3′,4′-和2′,4′-二氧取代黄酮类化合物　对于3′,4′-二氧取代黄酮及黄酮醇，H-5′出现在δ_H 6.70 ~ 7.10（d，J=8.5Hz），H-2′（d，J=2.5Hz）及H-6′（dd，J=8.5，2.5Hz）的信号由于C环的负屏蔽作用向低场位移，出现在δ_H 7.20 ~ 7.90范围内，两信号有时相互重叠不好分辨，即三个信号从低场到高场的顺序是H-2′（间偶d）/H-6′（dd），H-5′（邻偶d）。依据H-2′及H-6的化学位移，可以区别黄酮及黄酮醇的3′,4′-位上是3′-OH，4′-OCH_3还是3′-OCH_3，4′-OH取代（表4-5）。

表4-5　在3′,4′-二氧取代黄酮类化合物中H-2′及H-6′的化学位移

化合物类型	H-2′	H-6′
黄酮（3′,4′　-OH及3′-OH，4′-OCH_3）	7.20 ~ 7.30 d	7.30 ~ 7.50 dd
黄酮醇（3′,4′　-OH及3′-OH，4′-OCH_3）	7.50 ~ 7.70 d	7.60 ~ 7.90 dd
黄酮醇（3′-OCH_3，4′-OH）	7.60 ~ 7.80 d	7.40 ~ 7.60 dd
黄酮醇（3′,4′-OH，3′-*O*-糖）	7.20 ~ 7.50 d	7.30 ~ 7.70 dd

对于花青素类，由于C环的负屏蔽作用更强，所以H-2及H-6′的化学位移更偏低场。H-5′出现在δ_H 6.90 ~ 7.20区域内（d，J=8.5 ~ 9.0Hz），H-2′出现在δ_H 7.90 ~ 8.20区域内（d，J=2.0 ~ 2.4Hz），H-6′出现在δ_H 7.80 ~ 8.40（dd）区域内。

对于3′,4′-二氧取代异黄酮、二氢黄酮及二氢黄酮醇，由于C环对其影响很小，H-2′、H-5′及H-6′将作为一个复杂的多重峰（常常组成两组峰）出现在δ_H 6.70 ~ 7.10区域内。三者的峰形与偶合常数与3′,4′-二氧取代黄酮及黄酮醇的情形相同，但有时由于峰相互重叠难以分辨。特殊情况下，有的二氢黄酮醇类化合物的H-2′、H-5′及H-6′呈现1个1H和1个2H的两个单峰，类似3′，5′-二取代模式的峰型，易于将B环误判为3′,5′-二取代模式。这种异常情况是由于两组氢信号的化学位移差值与其偶合常数十分相近导致的，此时由氢谱难以确定B环的取代模式，但可通过碳谱来确定。

对于2′,4′-二氧取代黄酮及黄酮醇类，H-6′（d，J=8.5Hz）在偏低场，H-3′和H-5′（dd，J=8.5，2.5Hz）偏高场，三个信号从低场到高场的顺序是H-6′（邻偶d），H-5′（dd），H-3′（间偶d）。H-3′信号一般出现在δ 6.40 ~ 7.10，H-5′出现在δ 6.30 ~ 7.00，H-6′出现在δ 7.10 ~ 7.80区域内。根据这些信号的偶合裂分和化学位移顺序，可以区别3′,4′-和2′,4′-二氧取代模式。

3. 3′,4′,5′-三氧取代黄酮类化合物　当B环有3′，4′，5′-三氧取代时，如果C-3′和C-5′的取代基相同，则H-2′及H-6′以一个2H单峰出现在δ_H 6.50 ~ 7.50范围内。但C-3′和C-5′的取代基不同时，如3′-OH或5′-OH甲基化或苷化，则H-2′及H-6′将分别以不同的化学位移作为一个d峰（J=ca.2.0Hz）出现。对于花青素类，H-2′与H-6′出现在δ_H 7.60 ~ 8.10范围内。

4. B环其他取代模式的质子　紫檀素类化合物B环上的取代主要在8-位和9-位。

（1）8-或9-氧取代模式　当B环中只有9-OCH_3取代时，H-7、H-8、H-10三个质子呈明显的ABX偶合系统，其中H-7出现在δ_H 7.20附近，H-8出现在δ_H 6.50附近，H-10出现在δ_H 6.40附近。

（2）8,9-二氧取代模式　以最为常见的8,9-亚甲二氧基取代为例，此时H-7、H-10处于对位且呈两个单峰，H-7出现在δ_H 6.90附近，H-10出现在δ_H 6.40附近。

（三）C环质子

C环质子的特征信号是区别各类型黄酮类化合物的主要依据。

1.黄酮类 H-3以单峰信号出现在 δ_H 6.30 ~ 6.80（s）处。易与在5,6,7-或5,7,8-三氧取代黄酮中H-8或H-6信号相混，应当注意区别。在8-甲氧基黄酮中，H-6因与8-OCH_3有远程偶合，致使信号变宽，峰强变弱，据此可与H-3相区别。

2.异黄酮类 异黄酮上的H-2，因位于4-羰基的β-位，受羰基共轭负屏蔽作用和1-位氧原子的吸电作用，故作为一个单峰出现在比一般芳香质子较低的磁场区（δ_H 7.60 ~ 8.70）。该信号随溶剂的不同而变化，在DMSO-d_6作溶剂时，可位移到低场 δ_H 8.30 ~ 8.70处，在$CDCl_3$中一般出现在 δ_H 7.60 ~ 7.90，在C_5D_5N中出现在 δ_H 8.20 ~ 8.40。H-2为辨认异黄酮母核的特征信号，如鹰嘴豆芽素A（5,7-二羟基-4′-甲氧基异黄酮）的^{1}H NMR（DMSO-d_6）谱中H-2化学位移为 δ_H 8.36。

3.二氢黄酮类 H-2作为一个双二重峰（dd）出现在 δ_H 5.20处，与两个磁不等价的H-3的偶合常数分别为J_{trans}=ca.11.0Hz和J_{cis}=ca.5.0Hz。两个H-3信号，因相互偕偶（J=17.0Hz）及与H-2的邻偶，分别作为dd峰出现，中心位于 δ_H 2.80处，但往往相互重叠。

4.二氢黄酮醇类 H-2位于 δ_H 4.90（d）左右，H-3位于 δ_H 4.30（d）左右。在天然存在的二氢黄酮醇中，H-2及H-3多为反式双直立键，二者的偶合常数为J=ca.11.0Hz；当H-2和H-3为顺式时，J=ca.5.0Hz。据此可确定C-2及C-3的相对构型，其绝对构型可通过圆二色谱确定。当3-OH成苷时，则使H-2及H-3信号均向低磁场位移（表4-6）。据此可以帮助判断二氢黄酮醇苷中糖的结合位置。

表4-6 黄酮类化合物的H-2及H-3的化学位移

化合物类型	H-2	H-3
黄酮类	无	6.30 ~ 6.80 s
异黄酮类	7.60 ~ 7.90（$CDCl_3$） 8.50 ~ 8.70（DMSO-d_6）	无
二氢黄酮	5.00 ~ 5.50 dd	2.80 dd 左右
二氢黄酮醇	4.80 ~ 5.00 d	4.10 ~ 4.60 d
二氢黄酮醇-3-O-糖苷	5.00 ~ 5.60 d	4.30 ~ 4.60 d
查耳酮	7.30 ~ 7.70（H-β）	6.70 ~ 7.40（H-α）
橙酮		6.50 ~ 6.70（6.37 ~ 6.94，DMSO-d_6）
黄烷-3-醇	4.50 ~ 4.90 d	3.80 ~ 4.20 m
黄烷-3,4-二醇	4.50 ~ 4.90 d	3.80 ~ 4.20 dd

5.查耳酮类和二氢查耳酮类 在查耳酮中，H-α以及H-β为反式双键上质子，分别作为二重峰（J=ca.17.0Hz）出现在 δ_H 6.70 ~ 7.40（H-α）及7.30 ~ 7.70（H-β）处。在二氢查耳酮中，H-α和H-β一般出现两组三重峰（t）信号，即H-α δ_H 3.1 ~ 3.5和H-β δ_H 2.7 ~ 2.9。

6.橙酮类 在橙酮中，苄基质子则作为一个单峰出现在 δ_H 6.50 ~ 6.70处。如以DMSO-d_6作溶剂，则该信号将移至 δ_H 6.37 ~ 6.94。

7.紫檀素类 紫檀素类的C环与其他类不同，C环包括3个碳原子C-6、C-6a和C-11a。紫檀素类分为3个亚类。

（1）紫檀烷类 两个磁不等同的H-6质子信号存在偕偶，分别为 δ_H 3.40 ~ 3.80（t，J=11Hz）和 δ_H 3.90 ~ 4.40（dd，J=11.0，5.0Hz）处；H-6a和H-11a分别为 δ_H 3.00 ~ 3.70和 δ_H 5.30 ~ 5.60（d，J=6.8Hz）处。

（2）6a-羟基紫檀烷类 H-6的两个信号均以d峰（J=11.0Hz）分别出现在 δ_H 3.90 ~ 4.40和 δ_H 4.10 ~ 4.50处；H-11a以单峰出现在 δ_H 5.2 ~ 5.8处。

（3）紫檀烯类 H–6的两个质子以单峰出现在 δ_H 5.5左右。

8.鱼藤酮类 有四环结构，中间的两个吡喃环上氢信号特征如下（图4–5）。

（1）鱼藤酮类：H–6a和H–12a分别出现在 δ_H 4.70 ~ 5.20和 δ_H 3.90 ~ 4.50处；磁不等同的两个H–6分别出现在 δ_H 4.20 ~ 4.60和 δ_H 4.70 ~ 4.80处，峰形随C–6a和C–12a的构型不同而不同。

（2）12a–羟基鱼藤酮类：12a–H被OH取代，该信号消失；H–6a出现在 δ_H 4.50 ~ 4.70处；H_{ax}–6和H_{eq}–6分别出现在 δ_H 4.50和 δ_H 4.70左右，可以d峰或dd峰出现，二氢之间的偕偶 J=12.0Hz。

（3）去氢鱼藤酮：H–6一般出现在 δ_H 5.10左右。

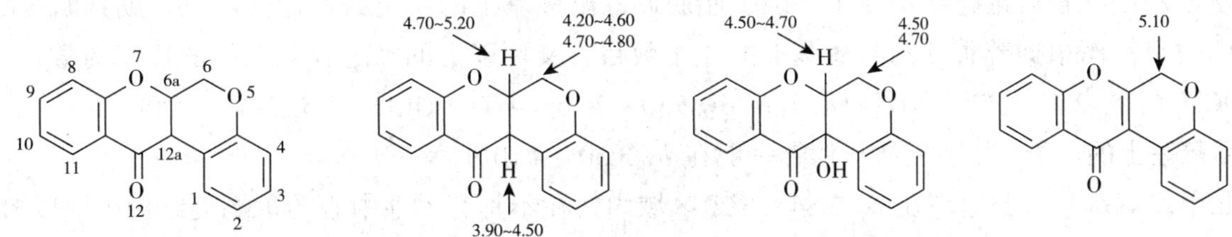

图4–5 鱼藤酮类母核结构及不同亚类中间环的 ^{1}H NMR化学位移

9.黄烷醇类 黄烷–3–醇类和黄烷–3,4–二醇类，H–2和H–3为连氧次甲基上质子，化学位移分别在 δ_H 4.50 ~ 4.90（d）和3.80 ~ 4.20（ddd或m）；黄烷–3–醇类的H_2–4存在偕偶，分别在 δ_H 2.50 ~ 2.80（dd）和 δ_H 2.70 ~ 3.00（dd），黄烷–3,4–二醇类的H–4在 δ_H 4.40 ~ 4.90。

10.花色苷类 H–4常作为单峰出现在 δ 8.8 ~ 9.1处，有时为二重峰（J=0.8Hz），为H–4与H–8的远程偶合所致。

（四）糖上的质子

对于黄酮类化合物的单糖苷类，糖上端基质子H–1″的化学位移一般位于 δ_H 4.00 ~ 6.00。随着苷元类型、成苷位置、糖的种类的不同，H–1″的化学位移显著不同，详见表4–7。如黄酮醇–3–*O*–葡萄糖苷的H–1″在 δ_H 5.70 ~ 6.00，而二氢黄酮醇–3–*O*–葡萄糖苷的H–1″在 δ_H 4.10 ~ 4.30。对于黄酮类化合物的葡萄糖苷来说，3–OH上连接的糖端基质子的化学位移一般位于 δ_H 5.70 ~ 6.00，可以很容易地与4′–OH、5–OH及7–OH上连接的糖端基质子信号（δ_H 4.80 ~ 5.20）相区别。黄酮醇3–*O*–葡萄糖苷与3–*O*–鼠李糖苷（H–1″ δ_H 5.00 ~ 5.10）也可以清晰地区分。对6–去氧糖苷（如鼠李糖苷）来说，糖上的6–CH_3是很易识别的，它作为一个d峰（J=6.5Hz）出现在 δ_H 0.80 ~ 1.20处。

表4–7 黄酮苷类化合物上糖的端基质子信号

化合物	糖上H–1″
黄酮醇–3–*O*–葡萄糖苷	5.70 ~ 6.00
黄酮类–7–*O*–葡萄糖苷	4.80 ~ 5.20
黄酮类–4′–*O*–葡萄糖苷	
黄酮类–5–*O*–葡萄糖苷	
黄酮类–6–及8–C–糖苷	
黄酮醇–3–*O*–鼠李糖苷	5.00 ~ 5.10
二氢黄酮醇–3–*O*–葡萄糖苷	4.10 ~ 4.30
二氢黄酮醇–3–*O*–鼠李糖苷	4.00 ~ 4.20

（五）其他取代基的质子

1.羟基质子 当以DMSO–d_6为溶剂时，5–OH、7–OH/4′–OH、3–OH质子信号将分别出现在 δ_H 12.40、

10.93及9.70左右，这些信号将因在试样中加入重水（D_2O）而消失。其中，5-OH信号（一般在 δ_H 12.00～13.00）作为黄酮类化合物的特征信号。

2.甲基质子 有的黄酮类化合物的6-位和8-位有甲基取代，其中，6-CH_3质子信号恒定地出现在比8-CH_3质子偏高场的区域，化学位移小0.20左右。如异黄酮6-CH_3和8-CH_3化学位移分别为 δ_H 2.04～2.27及2.14～2.45。

3.乙酰氧基的质子 通常，脂肪族乙酰氧基上（如糖上乙酰基）的质子信号出现在 δ_H 1.65～2.10处，而芳香族乙酰氧基上的质子信号则出现在 δ_H 2.30～2.50处，两者很容易区分。有时将黄酮类化合物制备成乙酰化物后进行结构测定，根据脂肪族乙酰氧基上的质子数目往往可以帮助判断黄酮苷中结合糖的数目；而根据芳香族乙酰氧基上的质子数目，又可以帮助确定苷元上的酚羟基的数目。一般5-*O*-$COCH_3$在 δ_H 2.45左右，7-*O*-$COCH_3$在 δ_H 2.30～2.35，4-*O*-$COCH_3$在 δ_H 2.30～2.35。

4.甲氧基上的质子 甲氧基质子信号一般在 δ_H 3.50～4.10处。

5.亚甲二氧基 一般出现在 δ_H 5.84～6.20区域内。在不具有手性中心的黄酮类结构中，以2H单峰出现；在具有手性中心的黄酮类结构中（如紫檀素类），则为磁不等同氢核，二者化学位移不同各以单峰出现，偶见各以双峰（*J*=1～2Hz）出现。

三、碳谱特点

黄酮类化合物^{13}C-NMR不仅用于判断黄酮类化合物骨架类型，还可以利用某些特征信号的化学位移判断取代模式和取代基位置。

（一）黄酮类化合物骨架的碳核特征

根据黄酮类化合物的母核的^{13}C-NMR谱数据，可以判断是否为黄酮类化合物，以及推断骨架类型。

对于具有典型的C6-C3-C6单位的黄酮类化合物，其母核部分有15个碳，其中包括1个羰基碳信号和至少12个芳香碳信号，这是黄酮类化合物最典型特征和判断依据。对于黄酮类、黄酮醇类、异黄酮类、查耳酮类、橙酮类等类型，母核部分的碳谱给出15个sp^2杂化碳信号，而二氢黄酮类、二氢黄酮醇类和二氢异黄酮类母核给出13个sp^2杂化碳信号和2个sp^2杂化碳信号。根据黄酮母核中央三个碳原子信号的化学位移以及碳的类型（季碳和次甲基碳，通过DEPT谱确定），可以进一步推断黄酮类化合物的骨架类型（表4-8）。如，根据羰基信号的化学位移大于 δ_C 185.0，可推测属于查耳酮类或二氢黄酮类、二氢黄酮醇类、二氢异黄酮类，进一步通过两个sp^3杂化碳信号的化学位移，判断是二氢黄酮类（C-2在 δ_C 78.0左右，C-3在 δ_C 43.0左右）、二氢黄酮醇类（C-2在 δ_C 82.0左右，C-3在 δ_C 71.0左右）还是二氢异黄酮类（C-2在 δ_C 71.0左右；C-3在 δ_C 49.0左右）。对于A、B环取代模式相同的黄酮和黄酮醇类化合物，其主要区别是黄酮类比黄酮醇类多一个化学位移大于 δ_C 160.0的碳信号。

有些特殊类型的黄酮类化合物不具有典型的C6-C3-C6单位，如鱼藤酮类（C6-C4-C6）、高异黄酮（C6-C4-C6）、屾酮类（C6-C1-C6）等，其中间部分的碳原子数不是3个，同样可以根据碳信号数目及相应的化学位移判断其结构类型（表4-8）。值得注意的是对于同类型化合物，与邻羟基形成氢键缔合的羰基要比非缔合羰基向低场位移大约5个化学位移单位。如屾酮类化合物的C-9羰基，非缔合时化学位移在 δ_C 174.0～175.0；有1个酚羟基缔合时（1-羟基屾酮或8-羟基屾酮），C-9化学位移在 δ_C 179.0～180.0；有2个酚羟基缔合时（1,8-二羟基屾酮），C-9化学位移在 δ_C 184.0～185.0。所以可以根据羰基信号的化学位移，判断特殊位置的羟基的取代情况，如黄酮类的5-羟基，屾酮类的1-羟基或/和8-羟基等。

表4-8　黄酮类化合物结构中的中央碳原子的 ^{13}C-NMR信号特征

C-4	C-2（C-β）	C-3（C-α）	归属
168.6～169.8（s）	137.8～140.7（d）	122.1～122.3（s）	异橙酮类
174.5～184.0（s）	160.5～163.2（s）	104.7～111.8（d）	黄酮类
	149.8～155.4（d）	122.3～125.9（s）	异黄酮类
	147.9（s）	136.0（s）	黄酮醇类
174.0～185.0（s）（C-9）	无	无	𠮿酮类
180.0～181.0（s）	152.0～155.0（d）	120.0～122.0（s）	高异黄酮类
182.5～182.7（s）	146.1～147.7（s）	111.6～111.9（d）	橙酮类
188.0～197.0（s）	136.9～145.4（d）	116.6～128.1（d）	查耳酮类
	75.0～80.3（d）	42.8～44.6（t）	二氢黄酮类
	82.7（d）	71.2（d）	二氢黄酮醇类
	70.0～72.0（t）	47.0～51.0（d）	二氢异黄酮类
191.0～197.0（s）（C-12）	76.0～78.0（d）（C-6a）	67.0～68.0（s）（C-12a）	12a-羟基鱼藤酮类
76.7～84.5（d）（C-11a）	65.7～70.0（t）（C-6）	39.2～43.7（d）（C-6a）	紫檀素类
23.7～28.4（t）	79.1～82.9（d）	68.7～71.8（d）	黄烷-3-醇类
74.5～77.2（d）	79.1～82.9（d）	68.7～71.8（d）	黄烷-3,4-二醇类

（二）黄酮类化合物取代模式的确定

黄酮类化合物中芳香碳原子的信号特征可以用来确定取代基的取代模式，但不能据此确定骨架的类型。

1. A、B环上—OH及—OCH_3取代　黄酮类母核的A、B环上引入取代基时，引起的位移大致符合简单苯衍生物的取代基位移效应。—OH及—OCH_3的引入将使α-碳信号大幅度地向低场位移（约+30个化学位移单位左右），邻位碳原子（β-碳）及对位碳则向高场位移。间位碳虽也向低场位移，但幅度很小。须强调指出，黄酮母核上引入5-OH时，不仅影响A环碳原子的化学位移，还因5-OH与4-位C＝O形成分子内氢键缔合，故可使C-4、C-2信号向低场位移（分别为+4.5及+0.9），而C-3信号向高场位移（-2.0）。显然，5-OH如果被甲基化或苷化，氢键缔合遭到破坏，则C-4、C-2信号将分别向高场位移。

2. 5,7-二羟基黄酮类C-6及C-8信号的特征　对大多数5,7-二羟基黄酮类化合物来说，C-6及C-8信号出现在 δ_C 90.0～100.0范围内，且C-6信号总是比C-8信号出现在较低场。在二氢黄酮中两者差别较小，约差0.9个化学位移单位；但在黄酮及黄酮醇中差别较大，约为4.8个化学位移单位。如山柰酚（3,5,7,4-四羟基黄酮）的C-6和C-8信号分别为 δ_C 98.2和93.4；2*S*-高北美圣草素（2*S*-5,7,4-四羟基-3-甲氧基二氢黄酮）的C-6和C-8信号分别为 δ_C 96.6和95.7。

3. 6-位取代基和8-位取代基位置的确定　由于5,7-二羟基黄酮类化合物A环具有间苯三酚结构，C-6位及C-8位容易发生烷基化，常有烷基取代（如异戊烯基、甲基、香叶烷基、薰衣草烷基等）或形成碳苷。被甲基取代的碳原子将向低场位移6.0～9.6个化学位移单位，但未被取代的碳原子信号则无大的改变。C-6或C-8位有无烷基取代可以很容易地通过C-6、C-8碳信号是否发生位移而加以确定。例如，6-异戊烯基-芹菜素的C-6和C-8信号分别为 δ_C 111.0和94.3，C-6较芹菜素（C-6 δ_C 98.8；C-8 δ_C 93.8）向低场位移12.2个化学位移单位，而C-8基本不变；所以根据该化合物存在 δ_C 94.3碳信号，可以确定C-8没有被取代，则异戊烯基取代在C-6位。再如，生松素（5,7-二羟基二氢黄酮）的C-6、C-8信号分别为 δ_C 96.1和95.1，其6-C-甲基及8-C-甲基衍生物的C-6、C-8信号分别为 δ_C 102.1和94.7，δ_C 95.7和101.9。

同理，6-C-糖苷或8-C-糖苷或6,8-二碳糖苷也可据此进行鉴定。因为C-6或C-8位结合成碳糖苷时将使相应的C-6或C-8信号向低场位移约10个化学位移单位，但未被取代的碳原子信号则无多大改变。如肥皂黄素（芹菜素-6-*C*-*β*-*D*-葡萄糖基-7-*O*-*β*-*D*-葡萄糖苷）的C-6和C-8信号分别为 δ_C 110.6和93.8，其中 δ_C 110.6信号是由芹菜素的 δ_C 98.8（C-6）向低场位移11.8个化学位移单位导致的，表明C-6有取代；而芹菜素-6,8-*C*-双葡萄糖苷的C-6和C-8信号分别为 δ_C 108.0和104.0，表明C-6和C-8均形成碳苷。

对黄酮化合物来说，不论是C-6或C-8，当连有一个烷基取代基时，通过化学位移小于 δ_C 100的碳信号化学位移即可确定取代基的连接位置，如化学位移为 δ_C 98.2，则说明C-6未被取代，烷基取代在C-8位；如化学位移为 δ_C 93.4，烷基取代在C-6位。但对二氢黄酮和二氢黄酮醇来说，由于C-6及C-8的化学位移相差较小，很难用上述方法来确定烷基是结合在C-6上还是在C-8上。另外，即使是黄酮类化合物，当C-6、C-8同时连接不同烷基取代基时，也难于确定哪一个取代基结合在C-6上、哪一个取代基结合在C-8上。此时常采用HMBC等二维核磁共振技术进行取代基位置的确定。

4. B环的取代模式的确定 天然来源的二氢黄酮、二氢黄酮醇、黄烷类化合物的B环上常有3′,4′-二氧取代或2′,4′-二氧取代（很少有3′,5′-二取代模式），此时，两种取代模式的B环上的质子构成的ABX系统在黄烷类化合物中差异很小。如前所述，特殊情况下，仅根据氢谱数据会把B环3′,4′-二氧取代模式错误地定为3′,5′-二取代模式。如若确定是2′,4′-二氧取代还是3′,4′-二氧取代或3′,5′-二取代模式，须根据B环上两个连氧芳香碳信号确定，具体数据如图4-6所示。

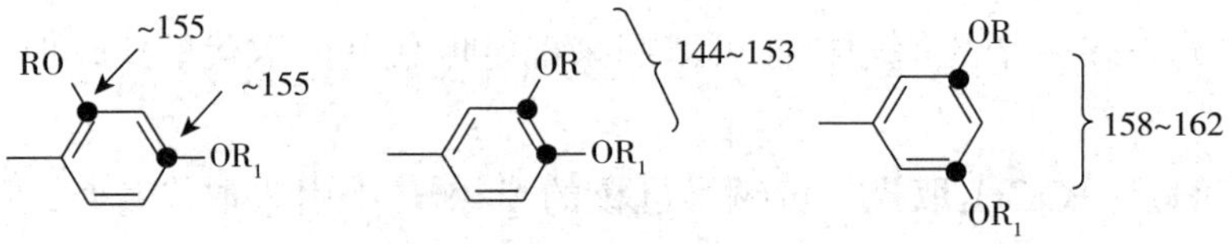

RO ~155 ~155 OR_1　　OR OR_1 144~153　　OR OR_1 158~162

图4-6　黄酮类B环的取代基模式及连氧碳的化学位移

5.取代基的化学位移 黄酮类母核上常见的取代基有甲氧基、甲基、异戊烯基等。

（1）甲氧基　甲氧基的碳信号一般位于 δ_C 55.0 ~ 60.0。如甲氧基相邻的位置没有或只有1个取代基，则甲氧基一般在 δ_C 55 ~ 56；如甲氧基相邻的两个位置均有取代基，则甲氧基一般在 δ_C 60.0 ~ 62.0。黄酮醇类的3-OCH_3一般在 δ_C 60.0左右。

（2）甲基　在C-6和C-8常有甲基取代，6-CH_3和8-CH_3一般出现在高场区 δ_C 6.0 ~ 10.0。其中6-CH_3比8-CH_3位于较高场区。

（3）异戊烯基　代表的化学位移值为 δ_C 131.0（C-3″），122.0（C-2″），25.0（C-4″），22.0（C-1″），18.0（C-5″）。

（4）亚甲二氧基　常出现在 δ_C 100.0 ~ 101.0（t）。

（三）黄酮类化合物*O*-糖苷中糖的连接位置判断

黄酮类等酚性化合物在形成*O*-糖苷后，无论苷元及糖均将产生相应的苷化位移。但因苷元上成苷的酚羟基位置以及糖的种类不同，苷化位移幅度也不相同。据此，可以判定糖在苷元上的结合位置。

1.糖的苷化位移及端基碳的信号 酚苷中，糖上端基碳的苷化位移为+4.0 ~ +6.0。黄酮苷类化合物当苷化位置在苷元的7或2、3、4-位时，糖的C-1″信号位于 δ_C 100.0 ~ 102.5范围内。但5-*O*-葡萄糖苷及7-*O*-鼠李糖苷例外，相应的糖的C-1″信号分别出现在 δ_C 104.3及99.0处。

黄酮类低聚糖苷的 ^{13}C NMR中，糖的端基碳信号出现在 δ_C 98.0 ~ 109.0区域内，常与C-6、C-8、C-3及C-10混在一起而不易区别。这种情况下可采用HMBC等二维核磁共振技术进行确认。

2.苷元的苷化位移 对判断黄酮类化合物*O*-糖苷中糖的连接位置来说，苷元的苷化位移具有非常重要的意义。通常，苷元糖苷化后 α- 碳原子向高场位移，其邻位及对位碳原子则向低场位移，且对位碳原子的位移幅度大而且恒定。在7-OH、3-OH、3-OH及4-OH糖苷化后均可看到这个现象（表4-9）。因此，对于判断糖在苷元母核上的连接位置来说，苷元 α- 碳原子的对位及邻位碳原子的苷化位移比 α- 碳原子本身的苷化位移具有更确切的指导意义。

表4-9 黄酮类化合物 ^{13}C-NMR谱上的苷化位移

糖的种类和位置	苷化位移														
	2	3	4	5	6	7	8	9	10	1′	2′	3′	4′	5′	6′
7-*O*-糖					+0.8	−1.4	+1.1		+1.7						
7-*O*-鼠李糖					+0.8	−2.4	+1.0		+1.7						
3-*O*-糖	+9.2	−2.1	+1.5	+0.4					+1.0	−0.8	+1.1	−0.3	+0.7	−0.4	+1.5
3-*O*-鼠李糖	+10.3	−1.1	+2.0	+0.6					+1.1						
5-*O*-葡萄糖	−2.8	+2.2	−6.0	−2.7	+4.4	−3.0	+3.2	+1.4	+4.3	−1.3	−1.2	−0.4	−0.8	−1.0	−1.2
3′-*O*-葡萄糖	−0.5	+0.4									+1.6	0	+1.4	+0.4	+3.2
4′-*O*-葡萄糖	+0.1	+1.0								+3.7	+0.4	+2.0	−1.2	+1.4	0

注：表中数据为苷元的苷化位移平均值。

黄酮醇的3-OH糖苷化后，对C-2引起的苷化位移比一般邻位效应要大得多。还有，7-OH及3-OH与鼠李糖成苷时，C-7或C-3信号的苷化位移比一般糖苷要大一些，据此也可与一般糖苷相区别。5-OH糖苷化后，除可看到与上述相同的苷化位移效应外，还因5-OH与4-位C═O的氢键缔合受到破坏，故对C环碳原子也将发生巨大的影响。C-2、C-4信号明显地向高场位移，而C-3信号则移向低场，其结果正好与氢键缔合时看到的情况相反。另外，同一糖在B环上成苷比在A环上成苷时，苷化位移明显。综上所述，比较苷及苷元中相应碳原子的化学位移可判断糖在苷元上的连接位置。

四、圆二色谱特点

圆二色谱是目前有机化合物绝对构型测定时普遍采用的方法，特别是对于具有手性中心和发色团的黄酮类化合物尤为适用，如二氢黄酮类、二氢黄酮醇类、二氢异黄酮类、紫檀素类、鱼藤酮类、黄烷醇类等。Desmond Slade等学者对圆二色谱法在黄酮类化合物绝对构型确定中的应用，做了详细的总结。下面仅对二氢黄酮类、二氢黄酮醇类、二氢异黄酮类、黄烷-3-醇类化合物的圆二色谱特征与绝对构型的规律做一介绍。

（一）二氢黄酮类

二氢黄酮类化合物的C-2为手性碳原子，其绝对构型有 *S*、*R* 两种。二氢黄酮类化合物在300～340nm处有紫外吸收，是C环上羰基的 $n \rightarrow \pi^*$ 跃迁所引起的，当ECD显示正Cotton效应时，可推定C-2的绝对构型为 *S*；当显示负Cotton效应时，可推定C-2的绝对构型为 *R*。

（二）二氢黄酮醇类

二氢黄酮醇类化合物具有C-2、C-3两个手性中心，存在四种立体构型：（2*R*，3*R*）、（2*S*，3*S*）、（2*R*，3*S*）和（2*S*，3*R*）。在自然界中以（2*R*，3*R*）构型最为常见。

确定二氢黄酮醇C-2、C-3的绝对构型主要分为两步：①首先根据 ^{1}H NMR偶合常数 $J_{2,3}$ 判断C-2和C-3的相对构型。当H-2和H-3处于反式时，$J_{H-2,3}$ 约为11.0Hz；处于顺式时，$J_{H-2,3}$ 约为3.0Hz。对于反式构型，当H-2和H-3处于反式双直立键时，构型比较稳定，其绝对构型可能为（2*R*，3*R*）或（2*S*，3*S*）；对于顺式构型，当H-2处于直立键，而H-3处于平伏键时，构型比较稳定，其绝对构型可能为（2*R*，3*S*）或（2*S*，3*R*）。②根据ECD谱线的Cotton效应符号判断C-2的绝对构型，从而推定C-3的绝对构型。当显示正Cotton效应时，判断C-2的绝对构型为*R*-构型；当显示负Cotton效应时，C-2的绝对构型为*S*（表4-10）。

表4-10　二氢黄酮醇C-2和C-3的立体构型及波谱特征

NMR $J_{2,3}$	结果	相对构型	ECD $n\rightarrow\pi^*$（300～340nm）	结果	绝对构型
11.0Hz	*trans*	（2*R*，3*R*）或（2*S*，3*S*）	+	2*R*	（2*R*，3*R*）
			-	2*S*	（2*S*，3*S*）
3.0Hz	*cis*	（2*R*，3*S*）或（2*S*，3*R*）	+	2*R*	（2*R*，3*S*）
			-	2*S*	（2*S*，3*R*）

落新妇苷（astilbin，Ⅰ）及其非对映异构体异落新妇苷（isoastilbin，Ⅱ）、新落新妇苷（neoastilbin，Ⅲ）和新异落新妇苷（neoisoastilbin，Ⅳ）（图4-7），为二氢黄酮醇的3-*O*-鼠李糖苷，它们的H-2、H-3的核磁信号、比旋光度及ECD的吸收见表4-11。其中，落新妇苷由^{1}H-NMR中H-2和H-3的偶合常数$J_{2,3}$=9.8Hz，确定H-2和H-3处于反式双直立键；ECD谱（图4-7）中，在293nm处呈负的Cotton效应，326nm处呈正的Cotton效应，表明其C-2和C-3的绝对构型为（2*R*，3*R*）。

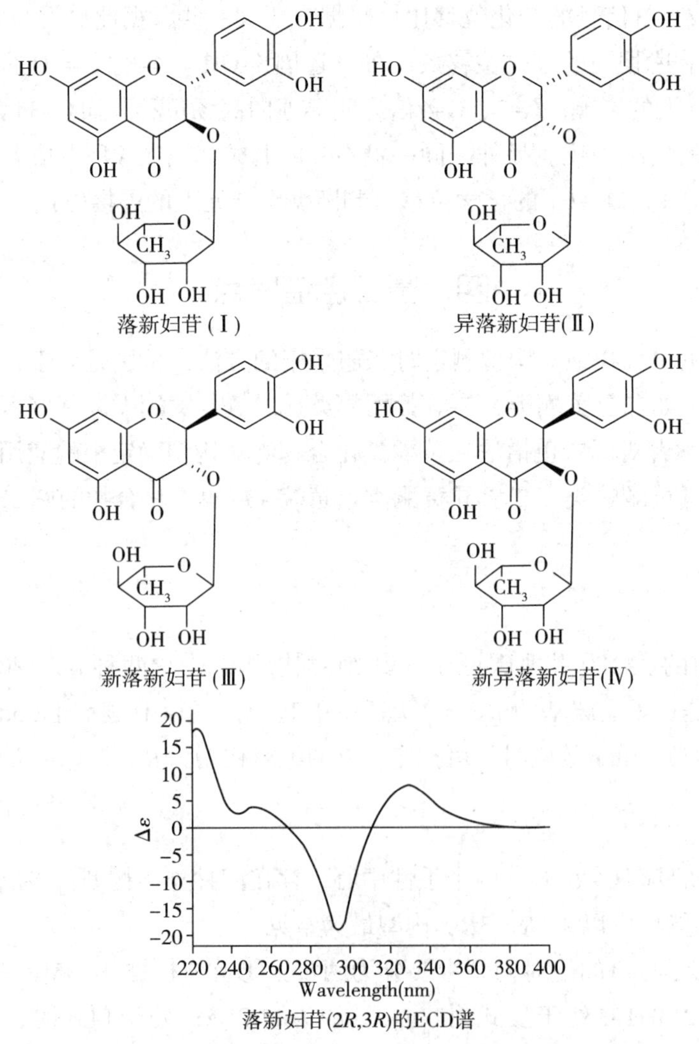

图4-7　落新妇苷及三种异构体的结构和落新妇苷的ECD谱

表4-11　落新妇苷（Ⅰ）及其非对映异构体（Ⅱ～Ⅳ）的H-2、H-3的核磁信号、比旋光度及ECD的特征

化合物	Ⅰ（2*R*，3*R*）	Ⅲ（2*R*，3*S*）	Ⅱ（2*S*，3*S*）	Ⅳ（2*S*，3*R*）
H-2	5.24（d，9.8Hz）	5.53（d，2.6Hz）	5.10（d，10.9Hz）	5.45（d，2.1Hz）
H-3	4.63（d，9.8Hz）	4.22（d，2.6Hz）	4.71（d，10.9Hz）	4.10（d，2.1Hz）
$[\alpha]_D$	−13.5	+65.4	−85.6	−144.6
ECD[θ]（nm）	-4.9×10^4（293）	-4.1×10^4（299）	$+4.1\times10^4$（292）	$+4.9\times10^4$（295）
	$+1.4\times10^4$（326）	$+1.4\times10^4$（341）	-1.6×10^4（332）	-1.3×10^4（341）

（三）二氢异黄酮类

二氢异黄酮在320～352nm处有紫外吸收，是C环上羰基的$n\rightarrow\pi^*$跃迁所引起的，当显示正的Cotton效应时，可以推定C-3的绝对构型为*R*；当显示负的Cotton效应时，C-3的绝对构型为*S*。

有些黄酮类化合物、结构变化后不符合经验规则的化合物、同时存在多种异构体的化合物等，均可借助计算ECD光谱解决绝对构型确定的问题。

（四）黄烷-3-醇类

黄烷-3-醇类具有两个芳基发色团，即A环和B环，这些发色团的吸收带位于280nm（^1L_b跃迁）和240nm（^1L_a跃迁）。两个芳基发色团在这个区域内均给出两个吸收带。黄烷-3-醇类具有两个手性中心，因而有四个异构体，分别为（2*R*，3*S*）、（2*S*，3*R*）、（2*R*，3*R*）和（2*S*，3*S*）。黄烷-3-醇类的绝对构型可以通过NMR数据和ECD谱中^1L_b跃迁或^1L_a跃迁产生的Cotton效应（CE）来判断（表4-12）。

表4-12　黄烷-3-醇类的立体构型与Cotton效应

绝对构型	NMR：$J_{2,3}$	螺旋性	CE ^1L_a（ca. 240nm）	CE ^1L_b（ca. 280nm）
（2*R*，3*S*）	*trans*	*P*	正性	负性
（2*R*，3*R*）	*cis*	*P*	负性	负性
（2*S*，3*R*）	*trans*	*M*	负性	正性
（2*S*，3*S*）	*cis*	*M*	正性	正性

思考

如何应用氢谱、碳谱特征判断黄酮类化合物的结构类型，确定A、B环的取代模式？

PPT

第二节　结构解析

一、化合物4-1结构解析

化合物4-1的^{13}C-NMR谱中给出了15个骨架碳信号（图4-8，表4-13），且含有1个羰基碳信号，提示该化合物为黄酮类化合物。羰基碳的化学位移值为δ177.3，提示其为黄酮、异黄酮或黄酮醇类化合物。在^{1}H-NMR谱中没有发现异黄酮H-2和黄酮H-3的特征信号（图4-9），说明该化合物是一个黄酮醇类化合物。在^{1}H-NMR谱中氢信号δ 7.63（1H，d，*J*=2.1Hz）、7.53（1H，dd，*J*=8.4Hz，2.1Hz）和6.78（1H，d，*J*=8.4Hz），提示B环为3′,4′-或2′,4′-二取代。氢信号δ6.28（1H，d，*J*=2.0Hz）和6.08（1H， d，J=2.0Hz），提示A环为5,7-二氧取代。在^{1}H-NMR谱中除上述氢信号外，再无其他氢信号，所用的测试溶剂又为CD_3OD，所以该化合物所有取代基均应该为OH。B环如果为3′,4′-二羟基取代,H-2′和H-5′分别与一个酚羟基相邻，H-6′与一个酚羟基呈对位取代，三个氢受酚羟基的影响大体相当。由于在黄酮类化合物中H-2′和H-6′的化学位移值大于H-3′、H-4′和H-5′，故仅有间位偶合的氢（H-2′）和具有邻位、间位偶合的氢（H-6′）的化学位移值应该位于低场，仅有邻位偶合的氢（H-5′的化学位移值应该位于高场。同时在^{13}C-NMR谱中化学位移值大于δ150的芳香碳信号应该有3个（不包括羰基碳），在δ145～150应该至少有2个碳信号（芳环邻二氧取代的碳的化学位移值在此区域）。B环如果为2′，4′-二羟基取代，H-3′受两个邻位酚羟基影响，H-5′受一个邻位酚羟基和一个对位酚羟基影响，H-6′基本不受酚羟基影响，故仅有邻位偶合的氢（H-6′）的化学位移值应该位于低场，仅有间位偶合的氢（H-3′）和具有邻位、间位偶合的氢（H-5′）的化学位移值应该位于高场；同时在^{13}C-NMR谱中化学位移值大于δ150的芳香碳信号应该有5个（不包括羰基碳）。该化合物在^{1}H-NMR和^{13}C-NMR谱中呈现的特点与B环为3′,4′-二羟基取代相一致。综上，该化合物确定为5,7,3′,4′-四羟基黄酮醇，即槲皮素。

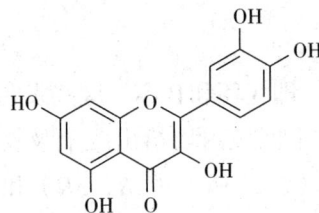

化合物4-1槲皮素的结构

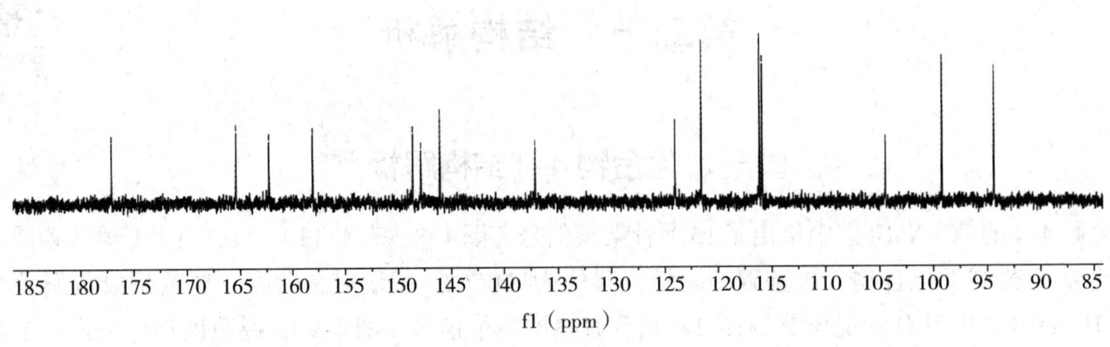

图4-8 化合物4-1的^{13}C-NMR部分放大谱（150MHz，CD_3OD）

表4-13　化合物4-1和4-2的核磁数据

No.	化合物4-1（CD_3OD）		化合物4-2（DMSO-d_6）	
	δ_H（J in Hz）	δ_C	δ_H（J in Hz）	δ_C
2		148.8		163.5
3		137.2	6.88（1H，s）	103.5
4		177.3		181.7
5		162.5		157.3
6	6.08（1H，d，2.0）	99.2	6.18（1H，br.s）	98.8
7		165.6		164.5
8	6.28（1H，d，2.0）	94.4	6.49（1H，br.s）	94.0
9		158.2		161.3
10		104.5		103.1
1′		121.7		120.3
2′	7.63（1H，d，2.1）	116.2	7.55（1H，br.s）	110.1
3′		146.2		150.7
4′		148.0		148.0
5′	6.78（1H，d，8.4）	116.0	6.93（1H，d，8.9）	115.7
6′	7.53（1H，dd，8.4，2.1）	124.1	7.56（1H，dd，8.9，2.0）	121.4
3′ -OCH_3			3.88（3H，s）	55.9

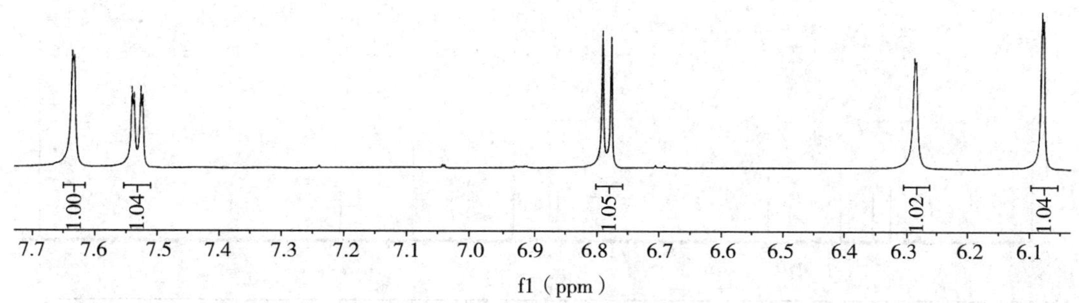

图4-9　化合物4-1的^{1}H-NMR部分放大谱（600MHz，CD_3OD）

二、化合物 4-2 的结构解析

化合物4-2为黄色固体（二氯甲烷），难溶于甲醇，微溶于二氯甲烷。紫外灯254nm下呈暗斑，10%硫酸乙醇溶液显黄色，推测为黄酮类化合物。

化合物4-2的^{13}C-NMR（150MHz，DMSO-d_6）中共给出16个碳信号（图4-10，表4-13），包括14个芳香碳、1个羰基和1个甲氧基碳信号，提示该化合物为黄酮类化合物。其中羰基碳的化学位移值为 δ_C 181.7，提示该化合物为黄酮、异黄酮或黄酮醇类化合物。在^{1}H-NMR谱中可见黄酮H-3的特征信号 δ_H 6.88（1H，s，H-3）（图4-11），说明该化合物是一个黄酮类化合物。化合物4-2的^{1}H-NMR（600MHz，DMSO-d_6）谱中给出两组芳香氢信号，其中 δ_H 7.56（1H，dd，J=8.9，2.0Hz，H-6′），7.55（1H，br.s，H-2′），6.93（1H，d，J=8.9Hz，H-5′），提示存在3′，4′或2′，4′-二取代的B环；δ_H 6.49（1H，br.s，H-8），6.18（1H，br.s，H-6），提示存在5,7-二取代的A环；此外，信号 δ_H 3.88（3H，s），提示存在一个甲氧基。基于与化合物4-1相同的原因，确定B环为3′，4′-二羟基取代。同时在^{13}C-NMR谱中除了C-2、C-5、C-7、C-9等四个化学位移值大于 δ150的连氧芳香碳信号外，在 δ145～150存在两个邻连氧的芳香碳信号为 δ_C 150.7、148.0，进一步确定B环的3′，4′-二氧取代模式。NOESY谱中，甲氧基信号 δ_H 3.88（3H，s）与 δ_H 7.55（1H，br.s，H-2′）有相关，提示甲氧基连接在C-3′位。综上，该化合物鉴定为5,7,4′-三羟基-3′-甲氧基黄酮，即柯伊利素（chrysoeriol）。

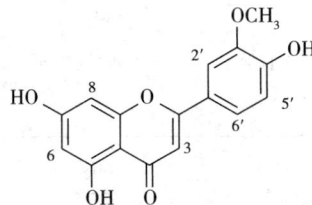

化合物4-2柯伊利素的结构

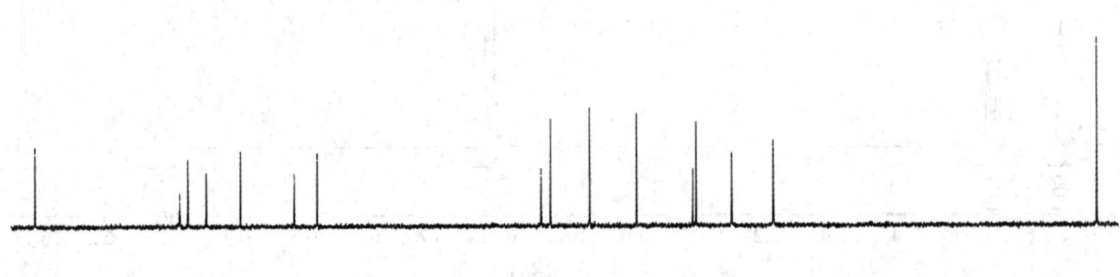

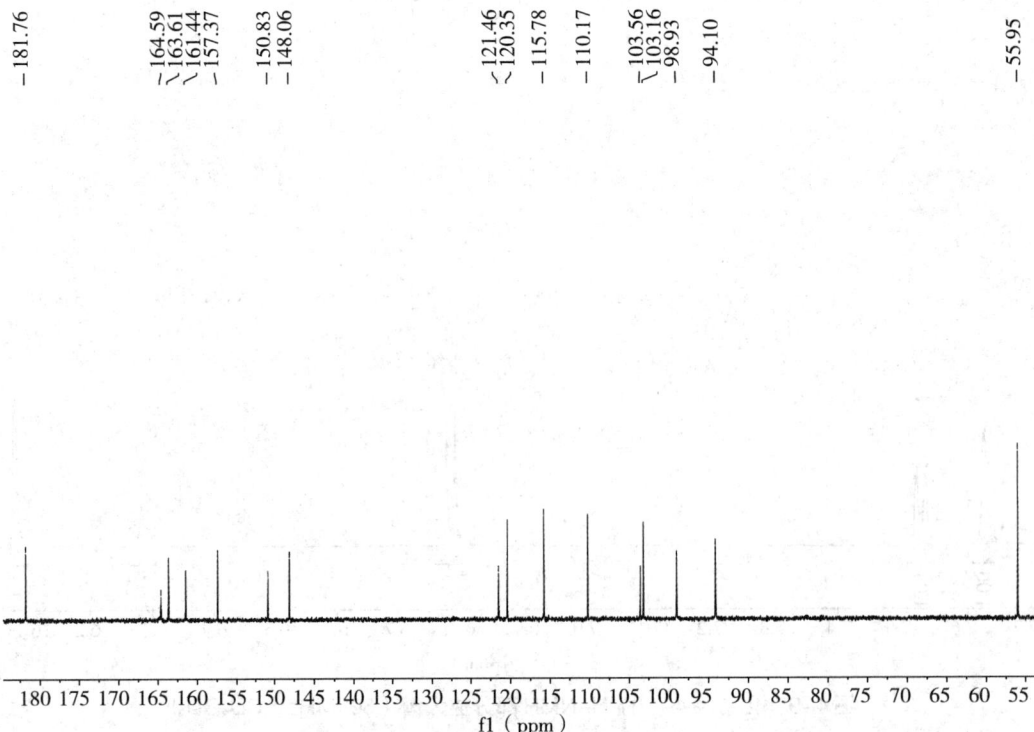

图4-10　化合物4-2的^{13}C-NMR部分放大谱（150MHz，DMSO-d_6）

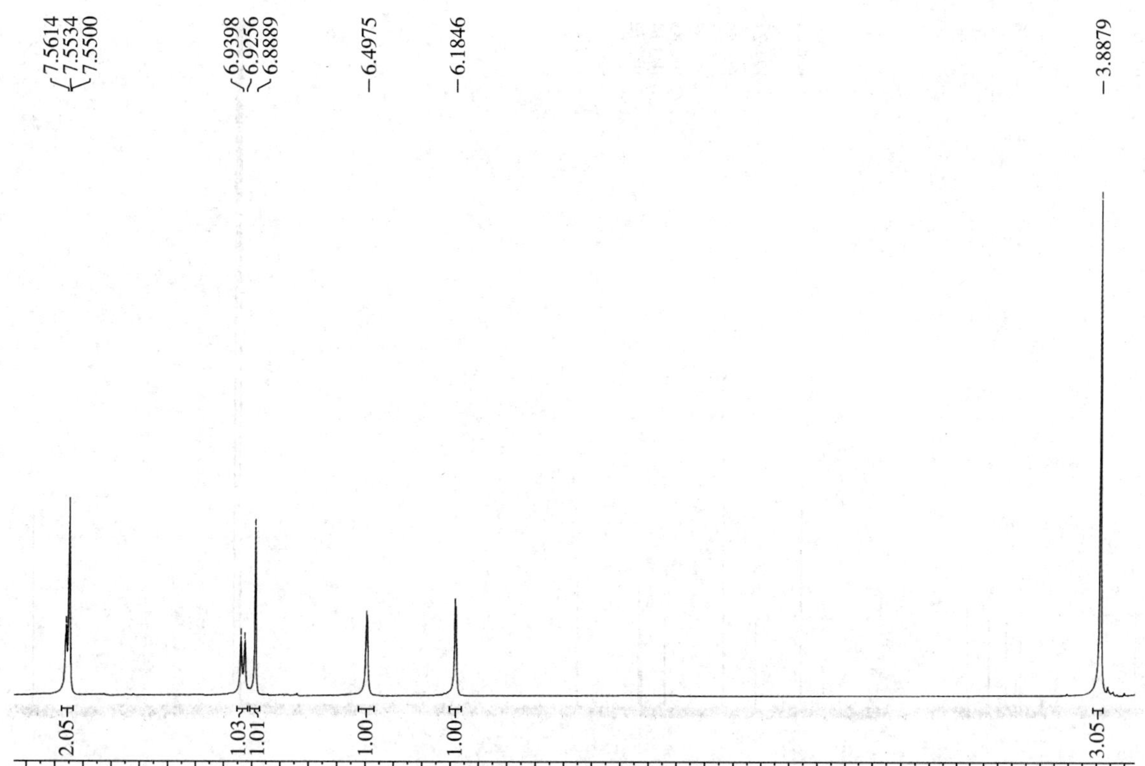

图4-11　化合物4-2的^{1}H-NMR部分放大谱（600MHz，DMSO-d_6）

三、化合物4-3的结构解析

化合物4-3为黄色固体（二氯甲烷），难溶于甲醇，微溶于二氯甲烷。紫外灯254nm下呈暗斑，10%硫酸乙醇溶液显黄色，推测为黄酮类化合物。

化合物4-3的^{13}C-NMR（150MHz，DMSO-d_6）中，共给出16个碳信号（图4-12，表4-14），包括14个芳香碳或烯碳、1个羰基和1个甲基，提示该化合物为黄酮类化合物。其中羰基碳的化学位移值为δ_C 181.5，提示该化合物为黄酮、异黄酮或黄酮醇类化合物。^{1}H-NMR（600MHz，DMSO-d_6）中（图4-13），δ_H 7.90（2H，d，J=8.7Hz，H-2′,6′），6.92（2H，d，J=8.7Hz，H-3′,5′），提示存在4′-取代的B环。此外还存在两个芳香氢或烯氢信号δ_H 6.54（1H，s，H-8），6.75（1H，s，H-3），其中一个为黄酮3位氢信号，另一个为A环上H-6或H-8质子信号，确定该化合物为黄酮类化合物；此外，氢信号δ_H 1.98（3H，s），提示存在一个甲基。在^{1}H-NMR谱中除上述氢信号外，再无其他氢信号；且^{13}C-NMR中存在5个化学位移值大于δ150的芳香碳信号，除C-2、C-9碳信号外，还存在3个连氧碳，推测均为OH取代。如果A环的C-6未被取代，则C-6化学位移值为δ98；如果C-8未被取代，则C-8化学位移值约为δ93。根据该化合物存在δ93.0的化学位移值，确定C-8未被取代，则甲基取代在C-6位。故化合物4-3鉴定为6-甲基芹菜素（6-methylapigenin）。

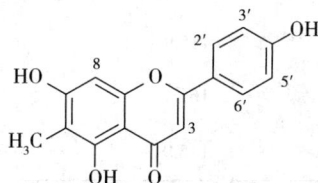

化合物4-3（6-甲基芹菜素）的结构

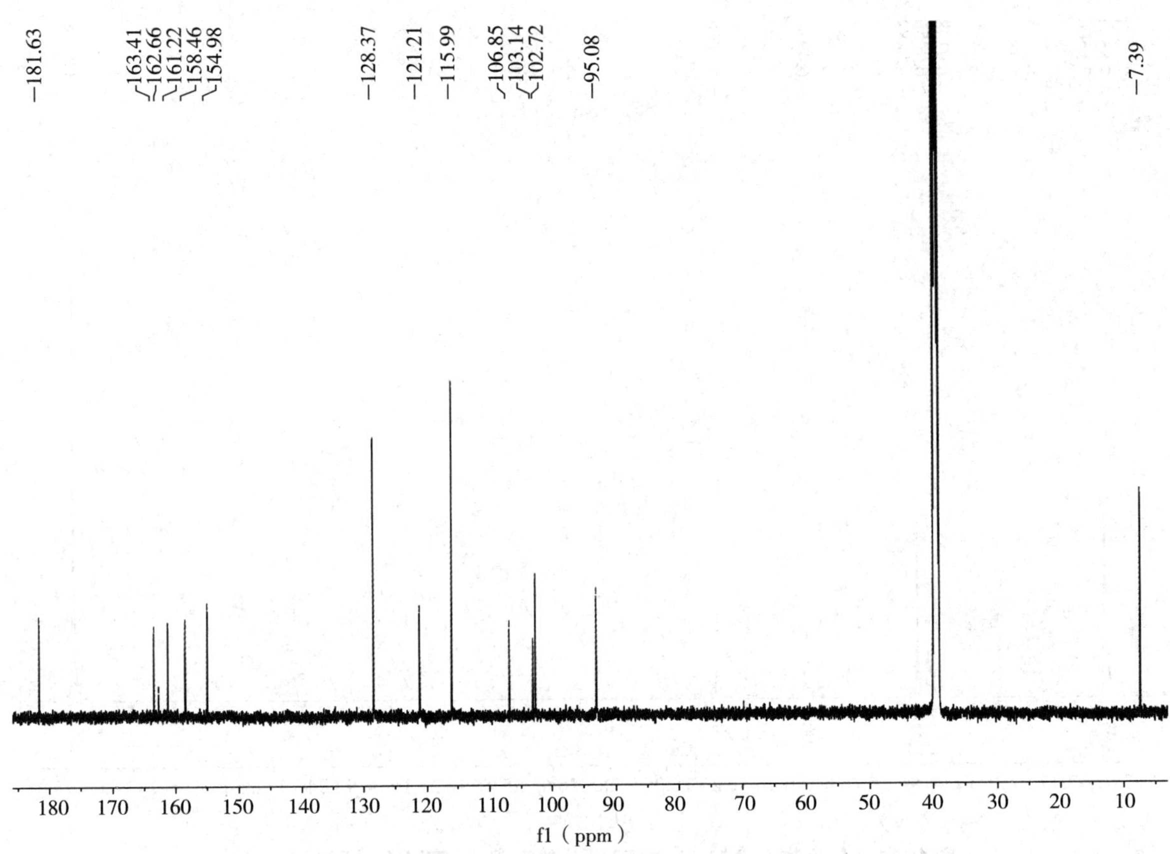

图4-12　化合物4-3的 ^{13}C-NMR部分放大谱（150MHz，DMSO-d_6）

表4-14　化合物4-3和4-4的核磁数据

No.	化合物4-3（DMSO-d_6）		化合物4-4（DMSO-d_6）	
	δ_H（J in Hz）	δ_C	δ_H（J in Hz）	δ_C
2		162.6		146.7
3	6.75（1H，s）	102.6		135.9
4		181.5		176.0
5		158.4		160.8
6		106.8	6.19（1H，d，2.0）	98.3
7		163.3		164.0
8	6.54（1H，s）	93.0	6.48（1H，d，2.0）	93.7
9		154.9		156.2
10		103.1		103.1
1′		121.1		122.0
2′	7.90（1H，d，8.7）	128.3	7.75（1H，d，2.1）	111.7
3′	6.92（1H，d，8.7）	115.9		148.9
4′		161.1		147.4
5′	6.92（1H，d，8.7）	115.9	6.93（1H，d，8.5）	115.6

续表

No.	化合物 4–3（DMSO-d_6）		化合物 4–4（DMSO-d_6）	
	δ_H（J in Hz）	δ_C	δ_H（J in Hz）	δ_C
6′	7.90（1H，d，8.7）	128.3	7.68（1H，dd，8.5，2.0）	121.8
3–OH			9.43（1H，s）	
5–OH			12.46（1H，s）	
7–OH			10.83（1H，s）	
4′–OH			9.77（1H，s）	
3′–OCH_3			3.84（3H，s）	55.8
6–CH_3	1.98（3H，s）	7.3		

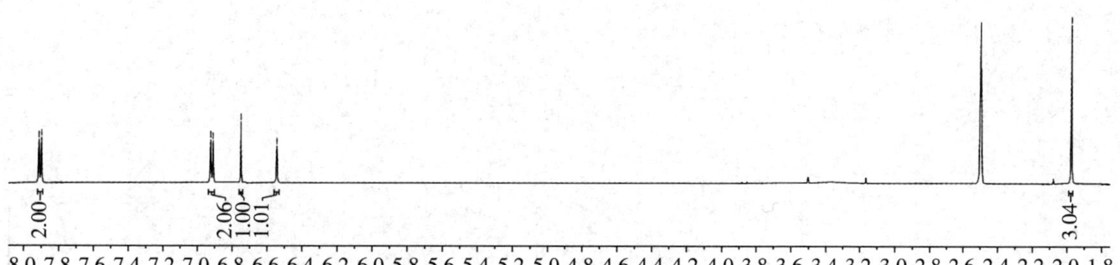

图 4–13　化合物 4–3 的 ^{1}H–NMR 部分放大谱（600MHz，DMSO-d_6）

四、化合物 4–4 的结构解析

化合物4–4为黄色无定形粉末（甲醇），紫外254nm下呈暗斑，365nm下观察有暗褐色荧光，体积分数为10%的硫酸乙醇溶液显色为黄色。HR-ESI-MS：m/z 315.0506 [M–H]$^-$（calcd. for $C_{16}H_{11}O_7$，315.0510），确定分子式为$C_{16}H_{12}O_7$。

该化合物的^{13}C-NMR（150MHz，DMSO-d_6）给出16个碳信号（图4–14，表4–14），包括1个羰基碳信号 δ_C 176.0（C–4）；7个连氧的芳香碳信号 δ_C 164.0（C–7）、160.8（C–5）、156.2（C–9）、148.9（C–3′）、147.4（C–4′）、146.7（C–2）和135.9（C–3）；7个sp^{2}杂化的碳信号 δ_C 122.0（C–1′）、121.8（C–6′）、

115.6（C-5′）、111.7（C-2′）、103.1（C-10）、98.3（C-6）和93.7（C-8）；1个甲氧基碳信号 δ_C 55.8（—OCH_3），提示其为黄酮、异黄酮或黄酮醇类化合物。^{1}H-NMR（600MHz，DMSO-d_6）（图4-15）给出4个酚羟基质子信号 δ_H 12.46（1H，s，5-OH）、10.83（1H，s，7-OH）、9.77（1H，s，4′-OH）和9.43（1H, s, 3-OH）和1个甲氧基质子信号 δ_H 3.84（3H, s, -OCH_3），表明存在4个酚羟基和1个甲氧基取代，其中 δ_H 12.46（1H, s）为5-OH质子信号；一对间位偶合的芳香质子信号 δ_H 6.48（1H, d, J=2.0Hz, H-8）和6.19（1H，d，J=2.0Hz，H-6），表明A环为5,7-二氧取代，根据H-6、H-8的化学位移，判断为5,7-二羟基取代；一组ABX偶合系统的芳香质子信号 δ_H 7.75（1H，d，J=2.1Hz，H-2′）、7.68（1H，dd，J=8.5，2.0Hz，H-6′）和6.93（1H，d，J=8.5Hz，H-5′），根据它们的化学位移和偶合裂分，确定B环为3′，4′-二氧取代模式，取代基为羟基和甲氧基，根据H-5′的化学位移 δ_H 6.93（小于 δ_H 7.0），确定3′-甲氧基-4′-羟基取代。参照文献，确定该化合物的结构为5,7,4′-三羟基-3′-甲氧基黄酮醇，即异鼠李素。

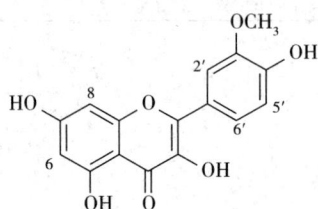

化合物4-4（异鼠李素）的结构

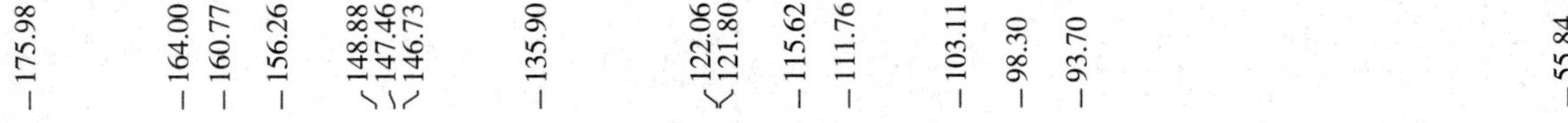

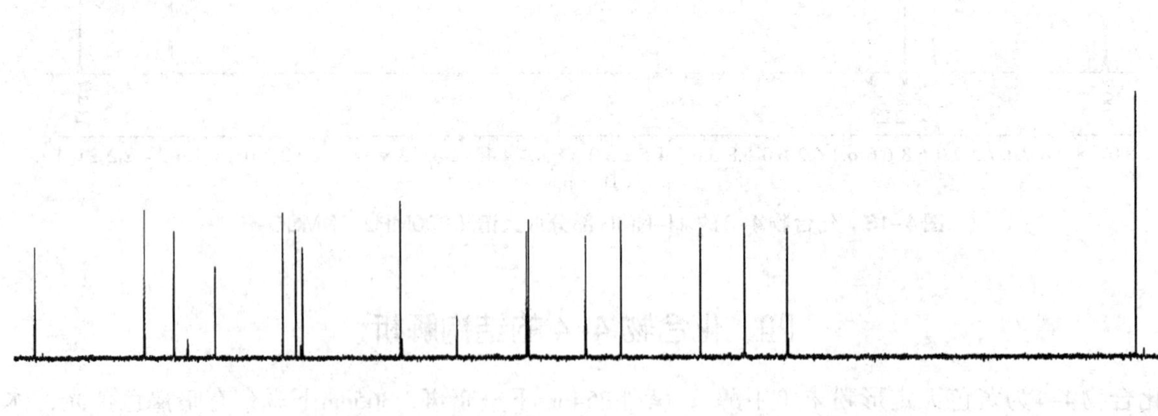

图4-14　化合物4-4的^{13}C-NMR部分放大谱（150MHz，DMSO-d_6）

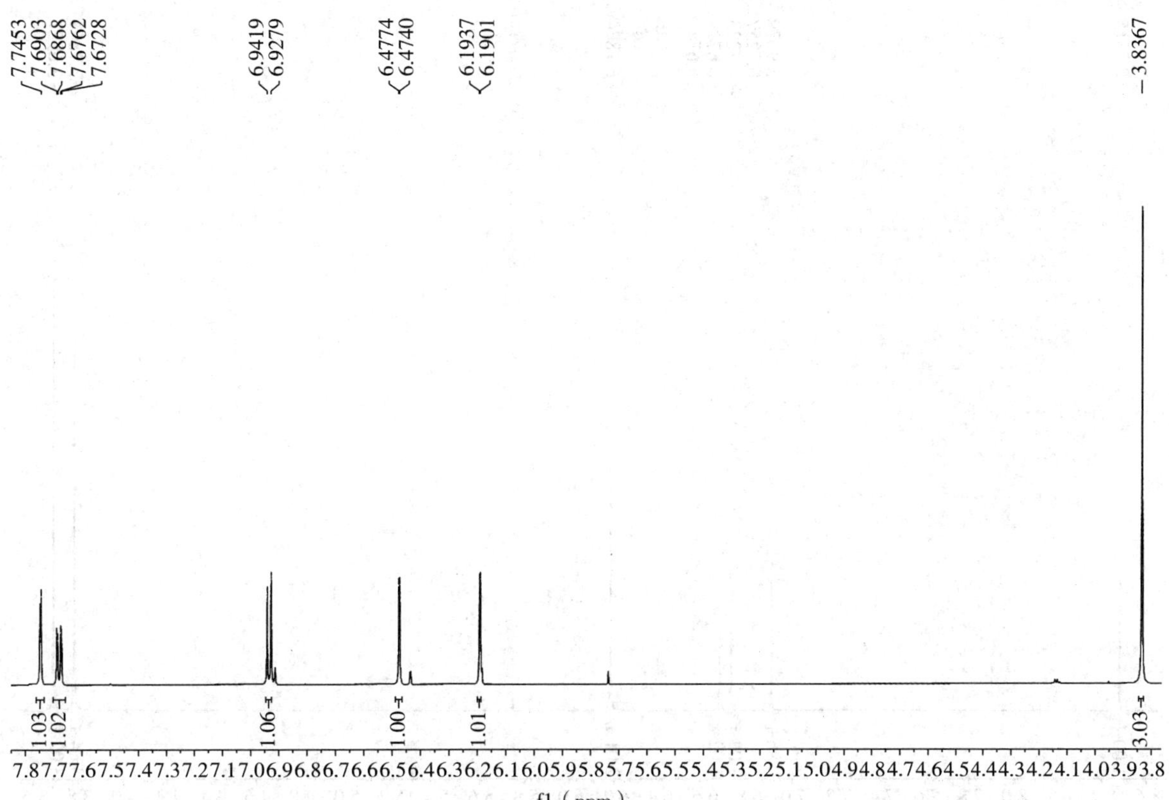

图4–15 化合物4–4的¹H–NMR部分放大谱（600MHz，DMSO–d_6）

五、化合物4–5的结构解析

化合物4–5为橙黄色针状结晶（甲醇）。易溶于二氯甲烷、丙酮、甲醇等溶剂，紫外254nm下呈明显暗斑。^{1}H–NMR（600MHz，DMSO–d_6）谱中（图4–16，表4–15）给出异黄酮H–2特征质子信号 δ 8.48（1H，s），提示可能为异黄酮类成分；^{13}C–NMR（150MHz，DMSO–d_6）给出18个碳信号（图4–17），包括1个羰基碳信号 δ 180.7，14个sp^2杂化碳信号，以及1个亚甲二氧基的碳信号 δ 103.0和2个甲氧基碳信号 δ 60.0，55.9，确认该化合物为异黄酮类成分。^{1}H–NMR中 δ 12.90（1H，s）为与羰基发生氢键缔合的酚羟基质子信号，提示存在5–OH；δ 9.30（1H，s，3′–OH）为未发生氢键缔合的酚羟基质子信号；δ 6.91（1H，s，H–8）为芳香质子单峰信号，提示存在五取代苯环，推测为A环质子；根据该芳香质子的偏低场的化学位移，推测为H–8信号；δ 6.72（1H，d，J=2.0Hz，H–6′），6.68（1H，d，J=2.0Hz，H–2′）为间位偶合的两个芳香质子双峰信号，提示存在1,3,4,5–四取代苯环，即B环为3′,4′,5′–三取代，且不呈对称性；此外，δ 6.18（2H，s）提示存在亚甲二氧基；δ 3.79（3H，s），3.69（3H，s）为2个甲氧基质子信号。^{13}C–NMR中2个甲氧基碳信号 δ 60.0，55.9，其中 δ_C 60为取代在C–4′的甲氧基信号（芳环上甲氧基邻位均有取代基时，化学位移在 δ_C 60左右），另一个取代在C–3′或C–5′上。与文献比较，其波谱数据与dichotomitin基本一致，故确定化合物为白射干素（dichotomitin）。

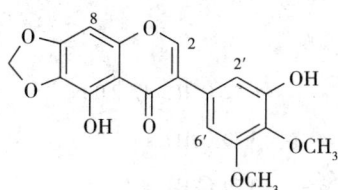

化合物4–5（白射干素）的结构

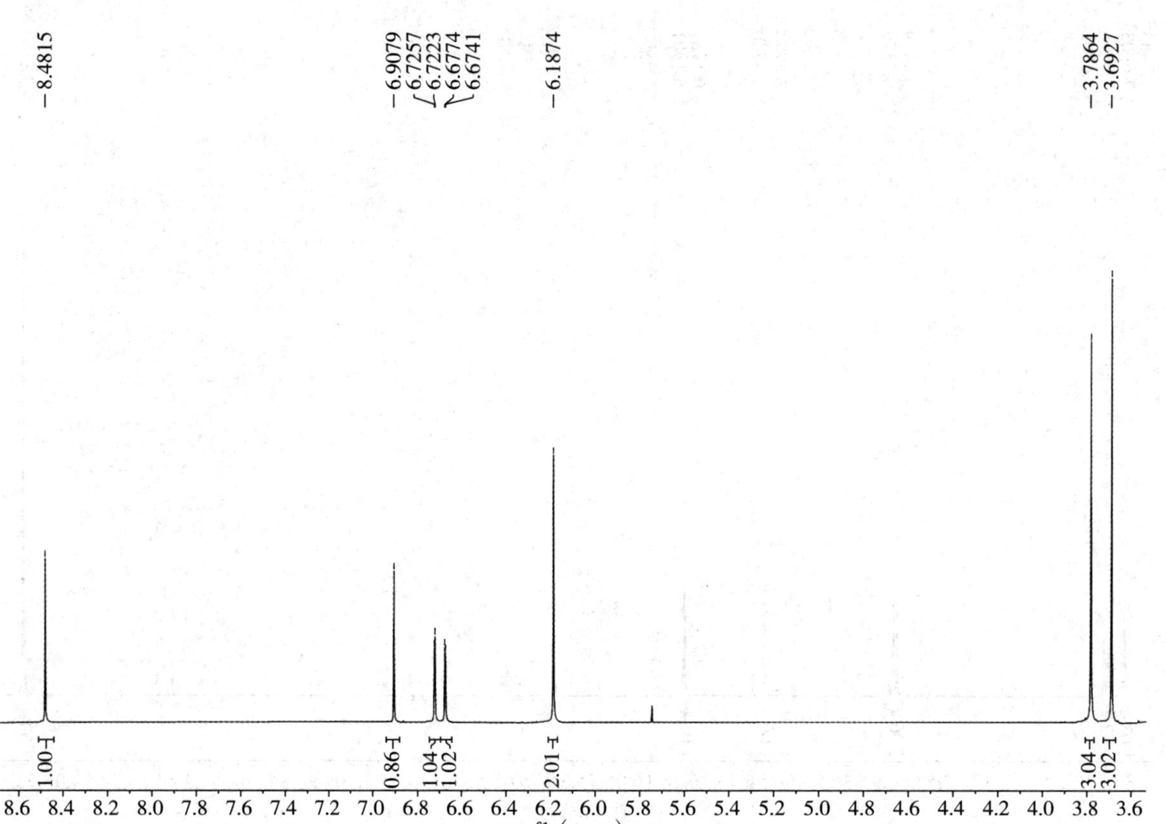

图4-16 化合物4-5的^{1}H-NMR部分放大谱（600MHz，DMSO-d_6）

表4-15 化合物4-5的核磁数据

No.	δ_H（J in Hz）	δ_C
2	8.48（1H，s）	155.3
3	–	122.2
4	–	180.7
5	–	154.1
6	–	129.8
7	–	153.0
8	6.91（1H，s）	89.7
9	–	150.3
10	–	107.5
1′	–	125.8
2′	6.68（1H，d，2.0）	110.4
3′	–	150.3
4′	–	136.5
5′	–	154.1
6′	6.72（1H，d，2.0）	104.6
4′-OCH_3	3.70（3H，s）	60.0
5′-OCH_3	3.79（3H，s）	55.9

续表

No.	δ_H（J in Hz）	δ_C
6-OCH_2O-7	6.19（2H，s）	103.0
5-OH	12.90（1H，s）	-
3′-OH	9.30（1H，s）	-

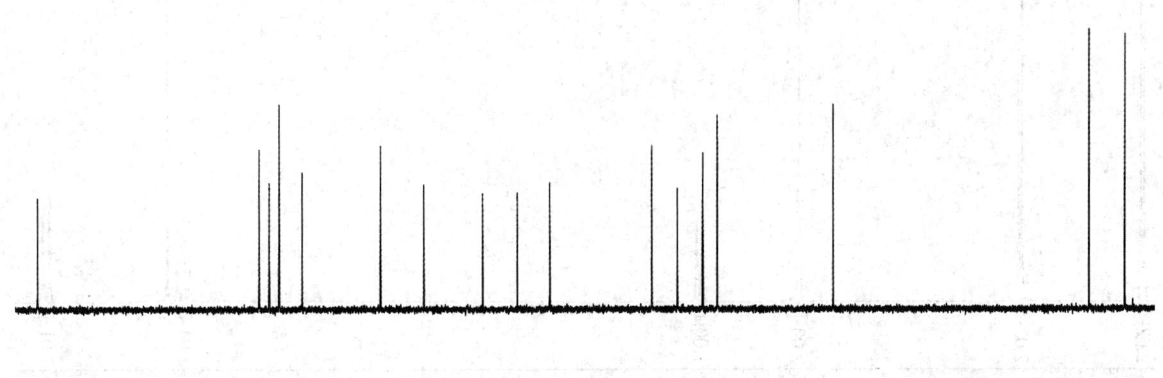

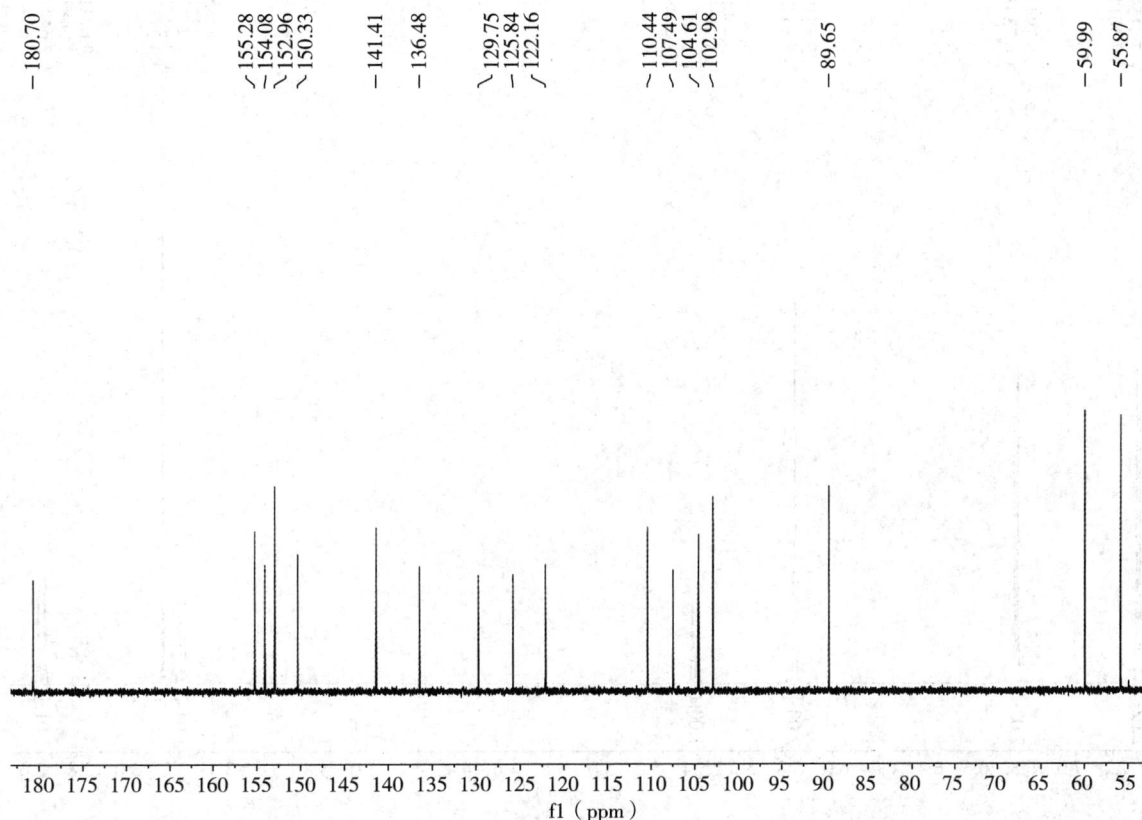

图4-17　化合物4-5的 ^{13}C-NMR部分放大谱（150MHz，DMSO-d_6）

六、化合物4-6的结构解析

化合物4-6为灰白色固体（二氯甲烷），难溶于甲醇，微溶于二氯甲烷。紫外灯254nm下呈暗斑，10%硫酸乙醇溶液显黄色，推测为黄酮类化合物。

^{1}H-NMR（600MHz，DMSO-d_6）谱中（图4-18，表4-16），δ_H 5.41（1H，dd，J=12.7，2.8Hz，H-2），3.23（1H，dd，J=17.0，12.7Hz，H-3），2.65（1H，dd，J=17.0，2.8Hz，H-3），为二氢黄酮C环特征氢信号，表明该化合物为二氢黄酮类化合物。δ_H 7.31（2H，d，J=8.5Hz，H-2′，6′），6.78（2H，d，J=8.5Hz，H-3′，5′），提示存在对取代苯基，推测为4′-氧取代的B环上氢信号；δ_H 5.84（1H，s，H-8），5.83（1H，s，H-6），提示A环为5,7-二取代，其偏高场的化学位移值也说明该化合物为二氢黄酮。在 ^{1}H-NMR谱中除上述氢信号外，再无其他氢信号，所以该化合物所有取代基均应该为OH。以上核磁信号与文献对照基本一致，化合物4-6鉴定为5,7,4′-三羟基-二氢黄酮，即柚皮素（naringenin）。

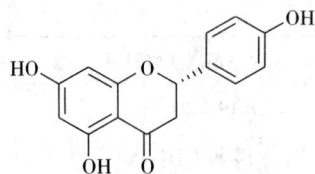

化合物4-6（柚皮素）的结构

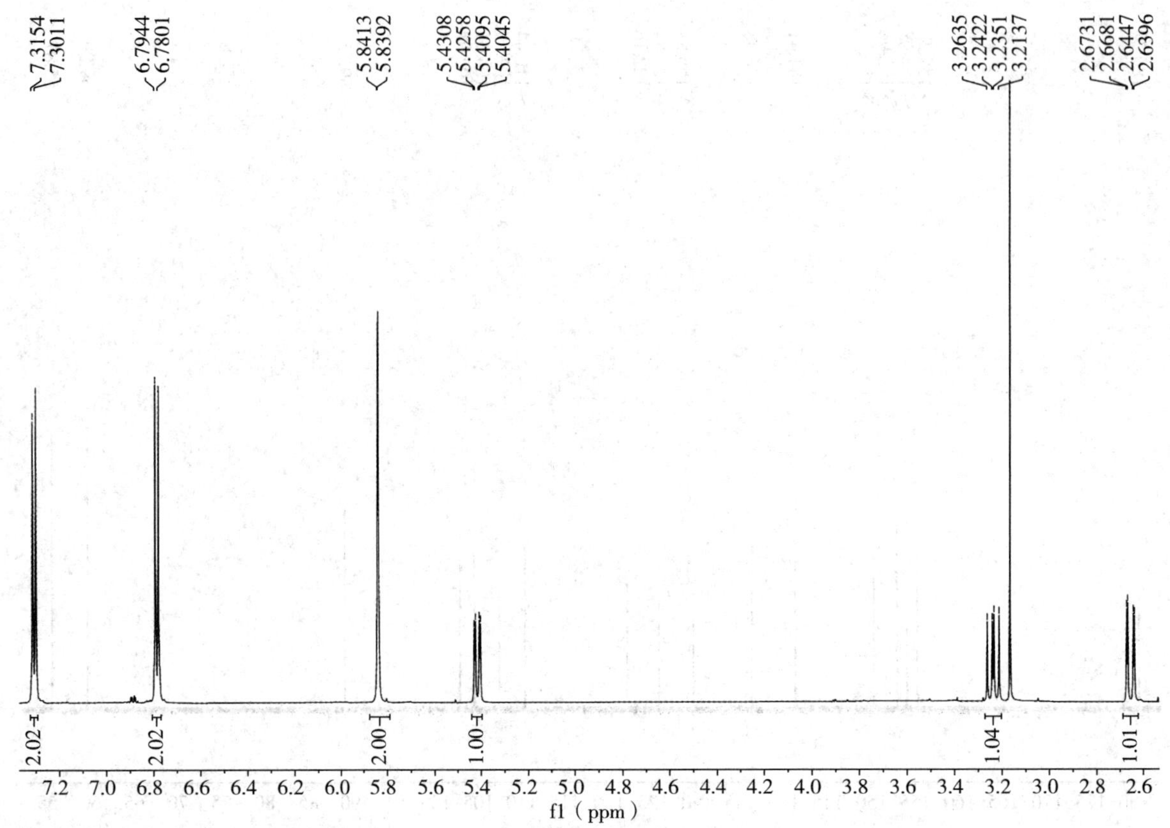

图4-18　化合物4-6的 ^{1}H-NMR部分放大谱（600MHz，DMSO-d_6）

表4-16　化合物4-6和4-7的核磁数据

No.	化合物4-6（DMSO-d_6）	化合物4-7（DMSO-d_6）	
	δ_H（J in Hz）	δ_H（J in Hz）	δ_C
2	5.41（1H，dd，12.7，2.8）	5.05（1H，d，11.6）	82.9
3	3.23（1H，dd，17.0，12.7） 2.65（1H，dd，17.0，2.8）	4.59（1H，dd，11.6，5.5）	71.5
4			197.9
5			163.3
6	5.83（1H，s）	5.92（1H，d，2.1）	96.1
7			166.8
8	5.84（1H，s）	5.87（1H，d，2.1）	95.0
9			162.6
10			106.5

续表

No.	化合物4-6（DMSO-d_6）	化合物4-7（DMSO-d_6）	
	δ_H（J in Hz）	δ_H（J in Hz）	δ_C
1′			129.5
2′	7.31（1H，d，8.5）	7.32（1H，dd，8.6，2.0）	127.6
3′	6.78（1H，d，8.5）	6.80（1H，dd，8.6，2.0）	114.9
4′			157.8
5′	6.78（1H，d，8.5）	6.80（1H，dd，8.6，2.0）	114.9
6′	7.31（1H，d，8.5）	7.32（1H，dd，8.6，2.0）	127.6
3-OH		5.76（1H，d，6.1）	
5-OH		11.91（1H，br.s）	
7-OH		10.82（1H，br.s）	
4′-OH		9.56（1H，br.s）	

七、化合物 4-7 的结构解析

化合物4-7为无色针状结晶（甲醇），10%硫酸乙醇试剂显黄色。^{13}C-NMR（150MHz，DMSO-d_6）谱中（图4-19，表4-16）显示1个羰基碳信号 δ_C 197.9（C-4），12个芳香碳信号 δ_C 166.8（C-7），163.3（C-5），162.6（C-9），157.8（C-4′），129.5（C-1′），127.6（C-2′，6′），114.9（C-3′，5′），106.5（C-10），96.1（C-6），95.0（C-8），以及2个脂肪碳信号，提示为黄酮类化合物；且根据羰基碳信号化学位移 δ_C 197.9（C-4），以及2个连氧脂肪碳信号 δ_C 82.9（C-2）和71.5（C-3），确定该化合物为二氢黄酮醇类。^{1}H-NMR（600MHz，DMSO-d_6）谱中（图4-20），显示3个酚羟基的信号 δ_H 11.91（1H，br.s，5-OH），10.82（1H，br.s，7-OH）和9.56（1H，br.s，4′-OH），其中 δ_H 11.91（1H，br.s）提示存在5-OH；δ_H 5.05（1H，d，J=11.6Hz，H-2），4.59（1H，dd，J=11.6，5.5Hz，H-3），以及 δ_H 5.76（1H，d，J=6.1Hz，3-OH），为二氢黄酮醇类化合物典型的H-2、H-3及3-OH质子信号；δ_H 7.32（2H，dd，J=8.6，2.0Hz，H-2′，6′），6.80（2H，dd，J=8.6，2.0Hz，H-3′，5′），提示存在4′-氧取代的B环；δ_H 5.92（1H，d，J=2.1Hz，H-6）和5.87（1H，d，J=2.1Hz，H-8），提示存在5,7-二羟基取代的A环；根据以上信息，推测该化合物为5,7,4′-三取代二氢黄酮醇。在^{1}H-NMR谱中2个酚羟基信号 δ_H 10.82（1H，br.s）和9.56（1H，br.s）应分别取代在C-7位和C-4′位，即化合物确定为5,7,4′-三羟基二氢黄酮醇。根据H-2和H-3的偶合常数J=11.6Hz，确定二者为反式。与二氢山柰酚的NMR数据对照基本一致，该化合物鉴定为二氢山柰酚（dihydrokaempferol）。该化合物的比旋光度接近为零，故为对映异构体混合物。

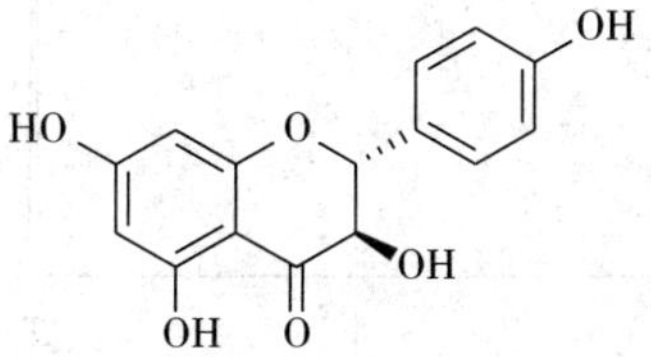

化合物4-7（二氢山柰酚）的结构

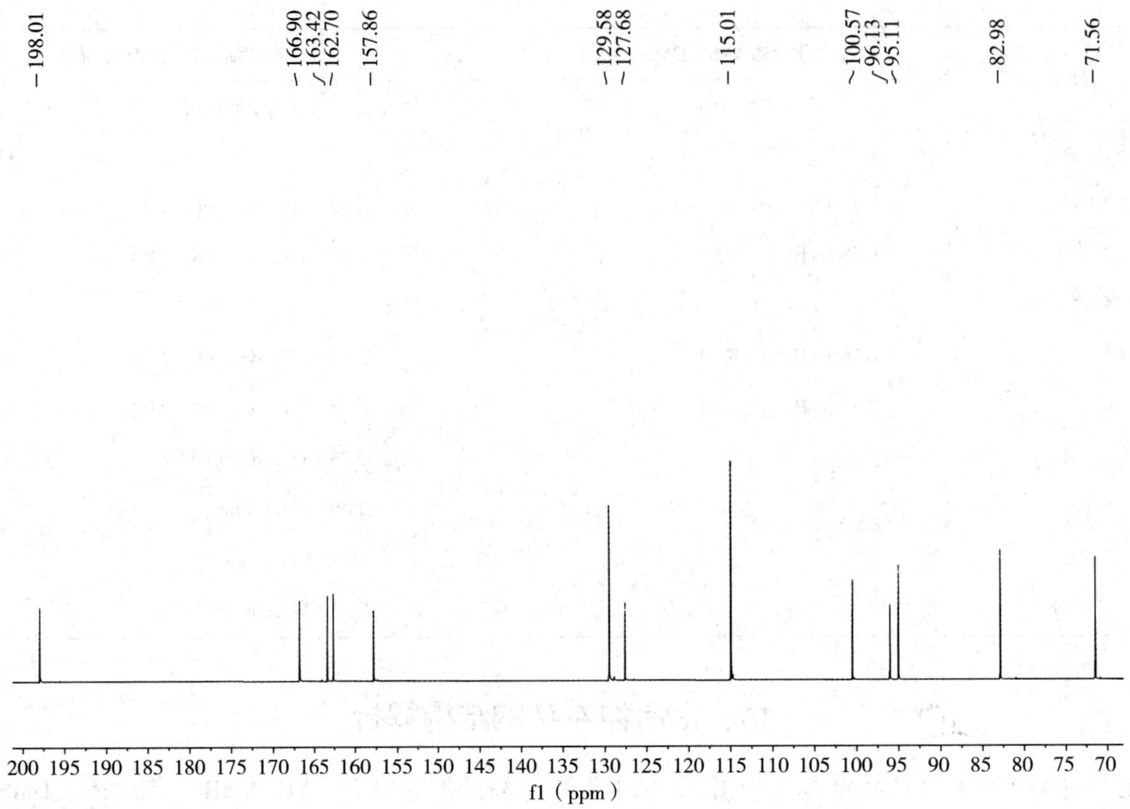

图4-19 化合物4-7的^{13}C-NMR部分放大谱（150MHz，DMSO-d_6）

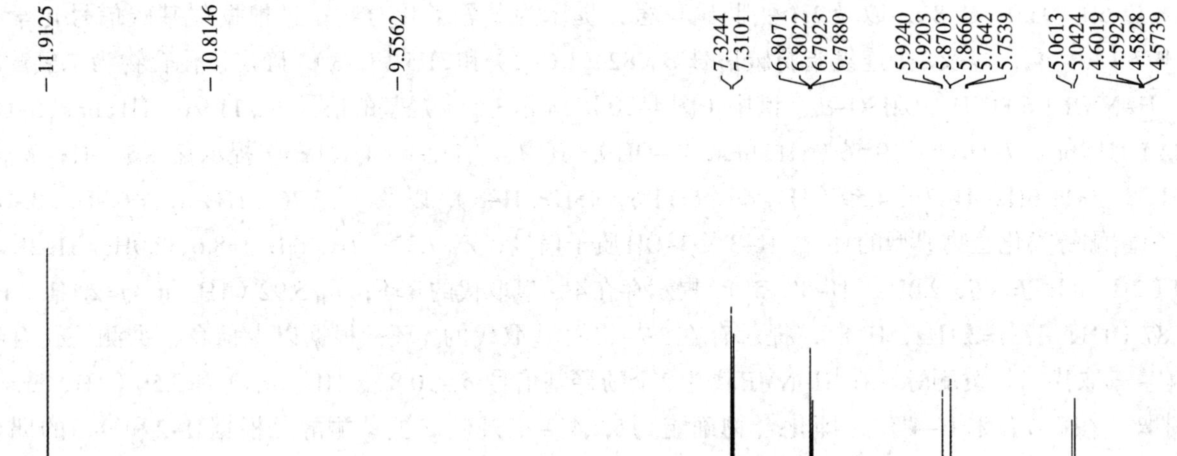

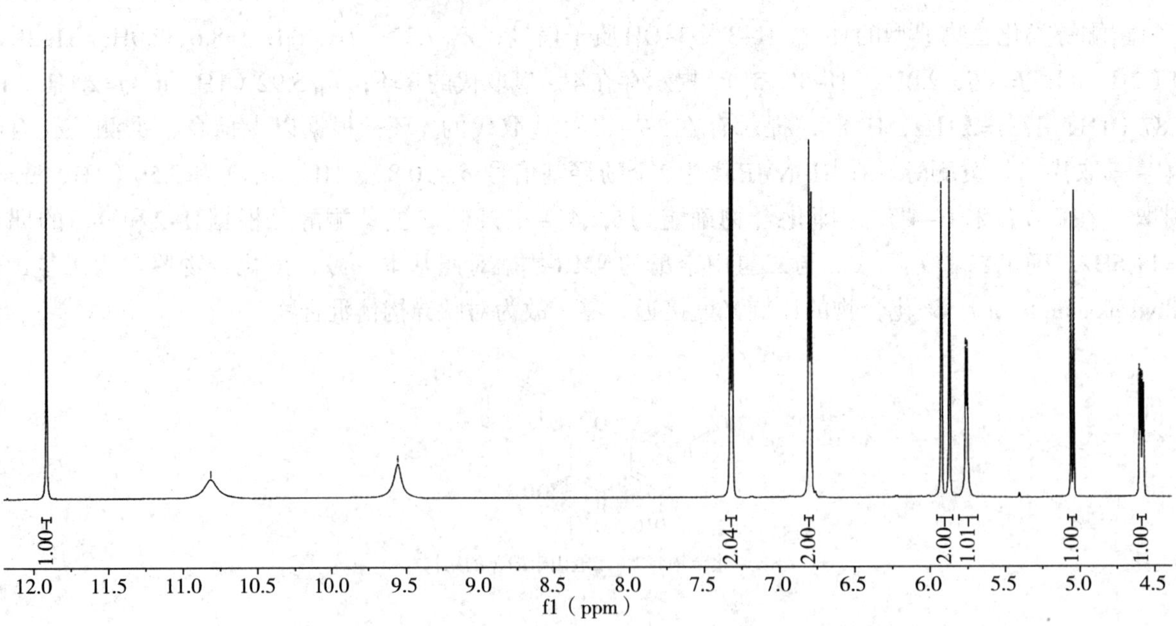

图4-20 化合物4-7的^{1}H-NMR部分放大谱（600MHz，DMSO-d_6）

八、化合物 4-8 的结构解析

化合物4-8为白色固体（甲醇），易溶于甲醇、二氯甲烷等。紫外灯254nm下呈暗斑，10%硫酸乙醇溶液显黄色，推测为黄酮类化合物。该化合物的^{13}C-NMR（150MHz，DMSO-d_6）谱中（图4-21，表4-17），共含有15个碳信号，包括12个芳香碳，2个连氧次甲基 δ_C 80.9和66.2，及1个非连氧亚甲基 δ_C 27.8，推测为黄酮类化合物；由于未见羰基信号，确定其为黄烷醇类。^{1}H-NMR（600MHz，DMSO-d_6）谱中（图4-22），δ_H 6.72（1H，s，H-2′），6.68（1H，d，J=7.8Hz，H-5′），6.59（1H，d，J=7.8Hz，H-6′），提示B环为3′，4′-二取代；δ_H 5.88（1H，s，H-8），5.68（1H，s，H-6），提示A环为5,7-二取代；δ_H 4.48（1H，d，J=7.5Hz，H-2），3.81（1H，m，H-3），2.66（1H，dd，J=16.0，5.3Hz，H-4），2.35（1H，dd，J=16.0，8.0Hz，H-4），为黄烷-3-醇的C环的特征氢信号。根据H-2与H-3的偶合常数J=7.5Hz，确定H-2与H-3互为反式；该化合物的比旋光度为：$[\alpha]_D^{20}$ -24（c 0.2，CH_3OH）。以上核磁数据与文献对照基本一致，化合物4-8鉴定为儿茶素（catechin）。

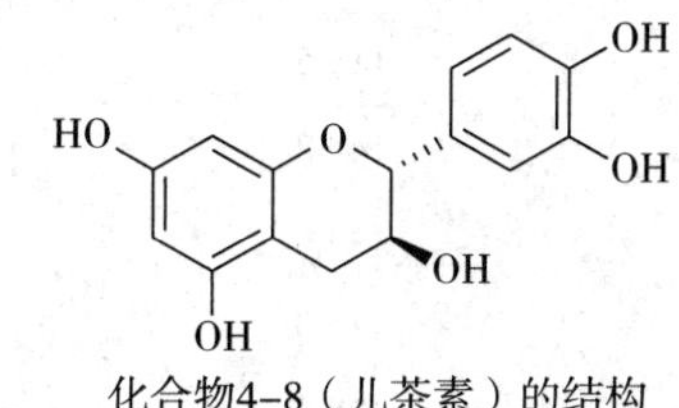

化合物4-8（儿茶素）的结构

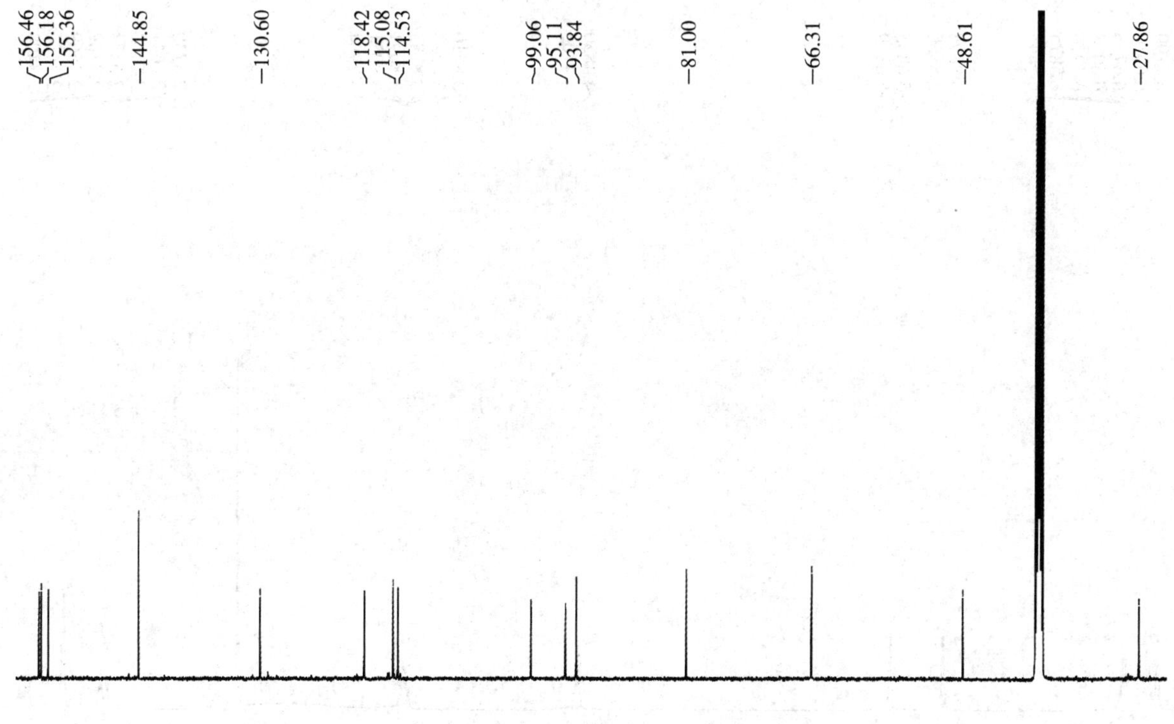

图4-21　化合物4-8的^{13}C-NMR部分放大谱（150MHz，DMSO-d_6）

表4-17 化合物4-8和4-9的核磁数据

No.	化合物4-8（DMSO-d_6）		化合物4-9（Pyridine-d_5）	
	δ_H（J in Hz）[a]	δ_C [a]	δ_H（J in Hz）[b]	δ_C [b]
2	4.48（1H，d，7.5）	80.9	5.37（1H，s）	80.4
3	3.81（1H，m）	66.2	4.72（1H，m）	67.2
4	2.66（1H，dd，16.0，5.3） 2.35（1H，dd，16.0，8.0）	27.8	3.55（1H，dd，16.4，3.4） 3.41（1H，dd，16.4，4.3）	30.0
5		156.1		158.9
6	5.68（1H，s）	95.0	6.66（1H，d，2.2）	96.9
7		156.4		159.0
8	5.88（1H，s）	93.8	6.68（1H，d，2.2）	96.1
9		155.3		157.9
10		99.0		100.5
1′		130.5		132.4
2′	6.72（1H，s）	114.5	7.91（1H，d，1.9）	116.4
3′		144.8		147.2
4′		144.8		147.1
5′	6.68（1H，d，7.8）	115.0	7.26（1H，dd，7.9）	116.6
6′	6.59（1H，d，7.8）	118.3	7.33（1H，dd，7.9，1.9）	119.7

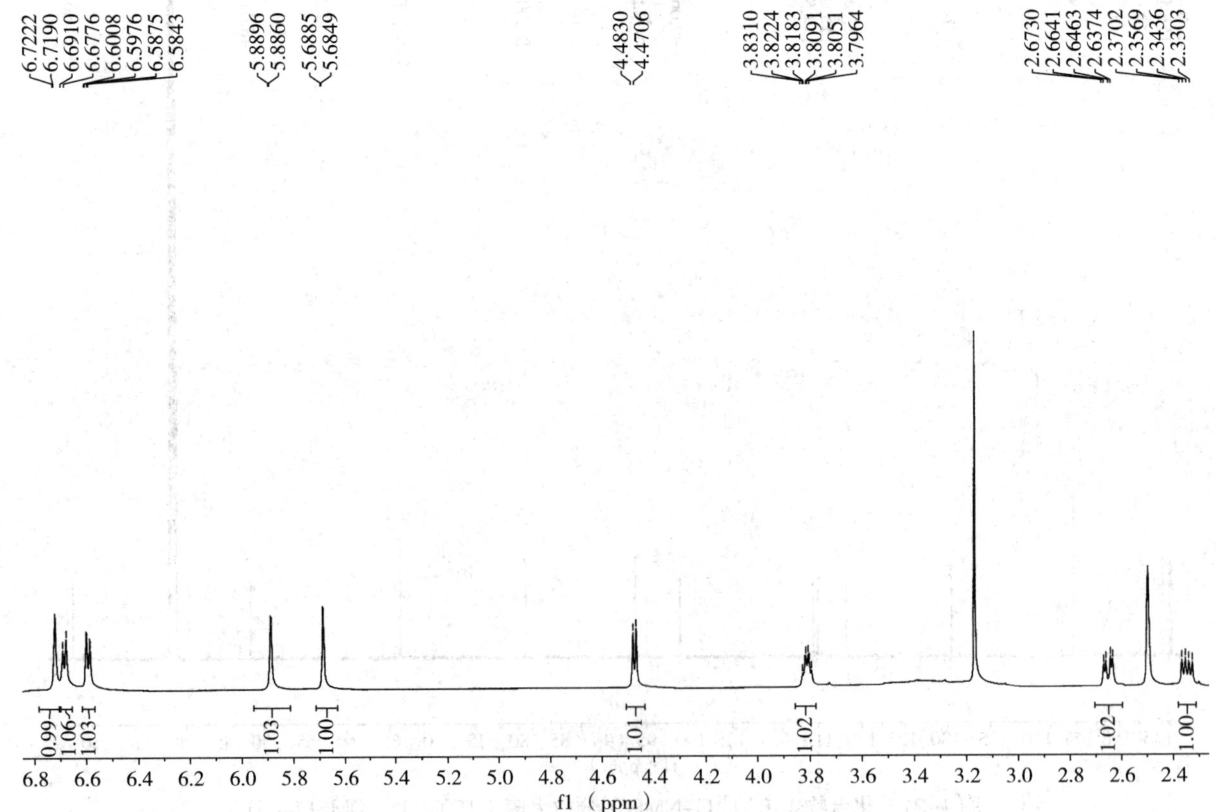

图4-22 化合物4-8的[1]H-NMR部分放大谱（600MHz，DMSO-d_6）

九、化合物 4-9 的结构解析

化合物4-9为无色固体（甲醇），易溶于甲醇、二氯甲烷等。紫外灯254nm下呈暗斑，10%硫酸乙醇显黄色。该化合物的^{13}C-NMR（150MHz，Pyridine-d_5）谱中，共给出15个碳信号（图4-23，表4-17），包括12个芳香碳，2个连氧次甲基 δ_C 80.4和67.2，及1个非连氧亚甲基 δ_C 30.0，推测为黄酮类化合物；由于未见羰基信号，确定其为黄烷醇类。^{1}H-NMR（600MHz，Pyridine-d_5）谱中（图4-24），δ_H 7.91（1H，d，J=1.9Hz，H-2′），7.33（1H，dd，J=7.9，1.9Hz，H-6′），7.26（1H，d，J=7.9Hz，H-5′），提示存在3′,4′-二取代的B环；δ_H 6.68（1II，d，J=2.2Hz，H-8），6.66（1H，d，J=2.2Hz，H-6），提示存在5,7-二取代的A环；碳谱中3个化学位移值在 δ_C 155～160区间的连氧芳碳信号（A环的3个连氧碳）和2个化学位移值在 δ_C 145～150区间的连氧芳碳信号（B环的2个邻连氧碳），确定了上述推测的A和B环的取代模式。氢谱中，δ_H 5.37（1H，br.s，H-2），4.72（1H，m，H-3），3.55（1H，dd，J=16.4，3.4Hz，H-4），3.41（1H，dd，J=16.4，4.3Hz，H-4），为黄烷-3-醇的C环特征氢信号；结合三个脂肪碳信号，确定化合物为黄烷-3-醇类。在^{1}H-NMR谱中除上述氢信号外，再无其他氢信号，所以该化合物所有取代基均应该为OH，即确定为5,7,4′-三羟基黄烷-3-醇。值得注意的是该化合物的氢谱采用Pyridine-d_5作为测试溶剂，其氢谱中的信号普遍向低场位移约1个化学位移单位。该化合物含有2个手性中心，即2位和3位，由于H-2信号 δ_H 5.37（1H，br.s）呈宽单峰，提示H-2和H-3互为顺式；该化合物的比旋光度为：$[\alpha]_D^{20}$ -40（c 0.2，CH_3OH）。以上核磁数据与文献对照基本一致，化合物4-9鉴定为表儿茶素（epicatechin）。

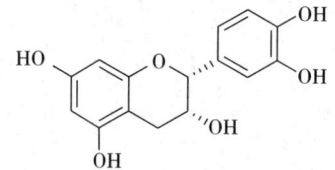

化合物4-9（表儿茶素）的结构

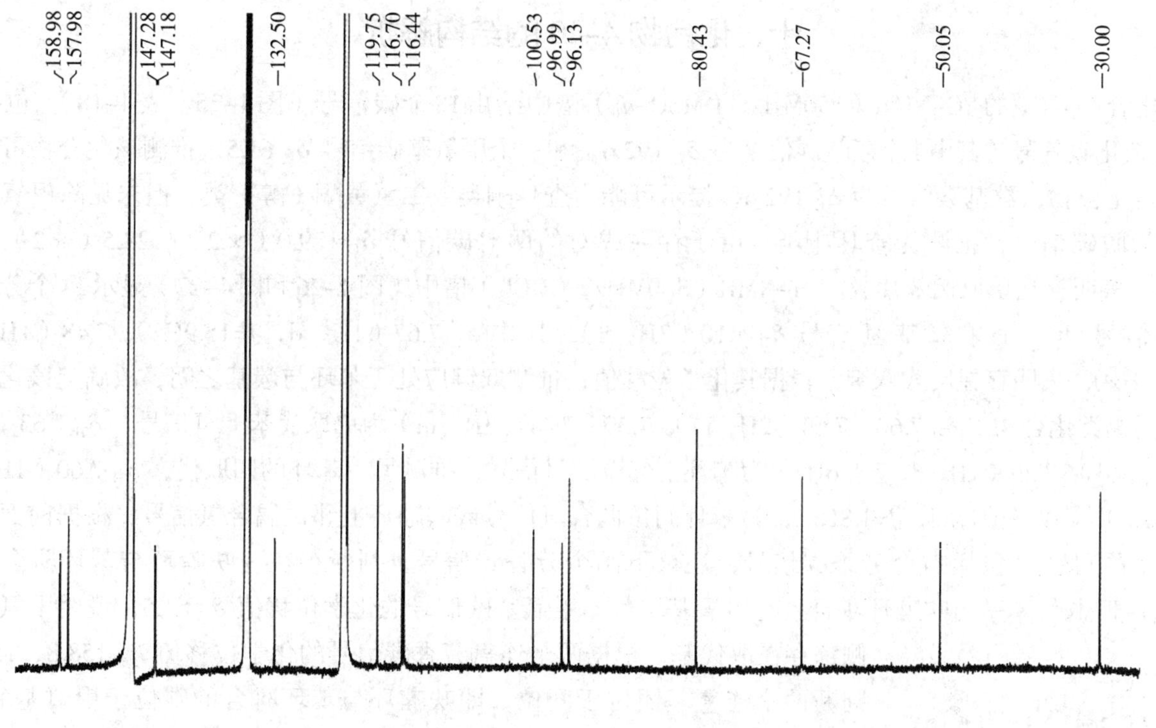

图4-23　化合物4-9的^{13}C-NMR部分放大谱（150MHz，Pyridine-d_5）

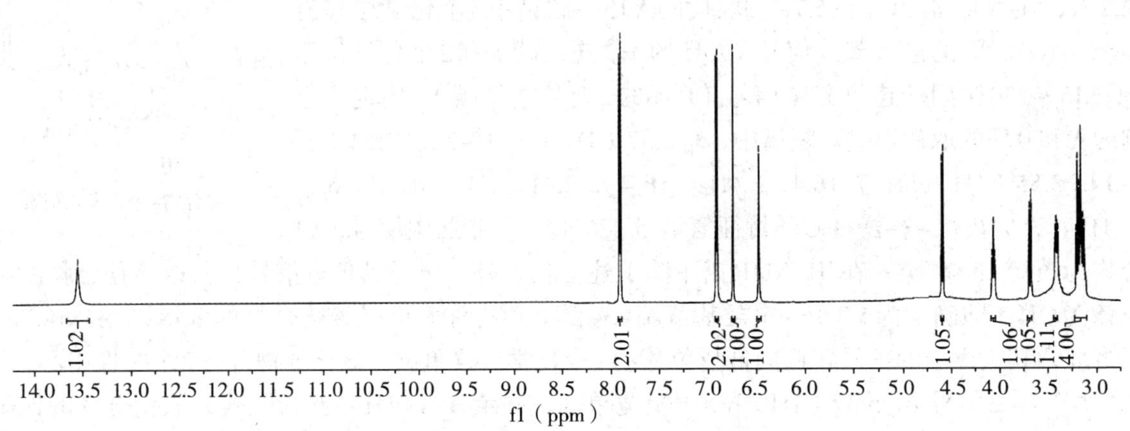

图4-24　化合物4-9的^{1}H-NMR部分放大谱（600MHz，Pyridine-d_5）

十、化合物4-10的结构解析

化合物4-10的^{13}C-NMR（150MHz，DMSO-d_6）谱中给出18个碳信号（图4-25，表4-18），包括17个sp^{2}杂化碳信号（其中1个羰基碳信号为δ_C 192.6）和一个甲氧基碳信号δ_C 61.5，推测该化合物可能为黄酮类化合物；羰基碳信号为δ_C 192.6，提示可能为查耳酮类或二氢黄酮（醇）类，但未见除甲氧基之外的脂肪碳信号，推测为查耳酮类；由于存在成对的两对碳信号δ_C 129.0（×2），128.5（×2）以及130.4，表明存在单取代苯片段。^{1}H-NMR（300MHz，$CDCl_3$）谱中（图4-26和图4-27）显示11个芳香或烯氢信号和一个甲氧基氢信号δ_H 4.10（3H，s），其中δ_H 7.67（1H，d，J=15.9Hz）、7.48（1H，d，J=15.9Hz），表明存在反式双键，根据其化学位移值，推测双键应处于苯环与羰基之间，故确定该化合物为查耳酮类化合物。δ_H 7.60～7.64（2H，m），7.39～7.41（3H，m）为单取代苯上氢信号，δ_H 7.63（1H，overlapped），7.29（1H，d，J=8.6Hz）为苯环上邻位的氢信号，推测另一苯环的四取代；δ_H 7.60（1H，d，J=1.8Hz），7.00（1H，d，J=1.8Hz），为苯环间位偶合氢信号或呋喃环上邻位偶合氢信号，根据前面确定的查耳酮母核已包括14个芳香碳信号，还余下两个芳香碳信号，判断存在一呋喃环与苯环骈合，即1,2,3,4-四取代苯基与呋喃环骈合且有甲氧基取代。甲氧基碳信号的化学位移值δ_C 61.5，说明甲氧基两侧都存在取代基；根据两个连氧芳香碳信号的化学位移值δ_C 158.8，153.7，判断两个连氧基团位于间位，即呋喃环与苯环骈合的碳位于甲氧基邻位，氧位于甲氧基间位。根据邻位偶合氢信号（δ_H 7.63）和甲氧基氢信号（δ_H 4.10）的偏低场的化学位移值，判断该苯基与羰基相连，则双键与单取代苯相连，从而确定了化合物的结构，即ovalitenin A。

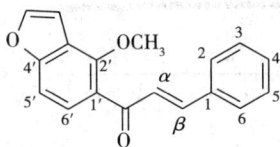

化合物4-10（ovalitenin A）的结构

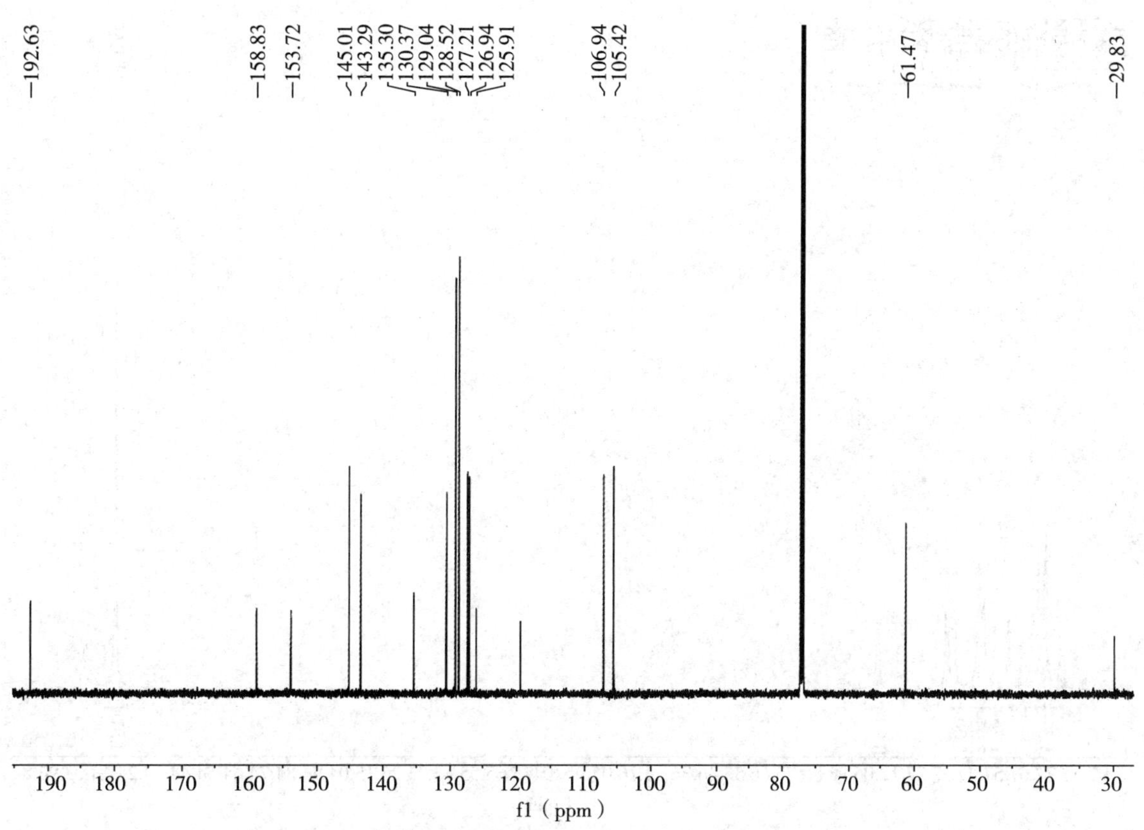

图4-25　化合物4-10的 ^{13}C-NMR放大谱（150MHz，$CDCl_3$）

表4-18　化合物4-10的核磁数据

No.	δ_H (J in Hz)	δ_C
1		135.3
2	7.60-7.64（1H，m）	128.5
3	7.39-7.41（1H，m）	129.0
4	7.39-7.41（1H，m）	130.4
5	7.39-7.41（1H，m）	129.0
6	7.60-7.64（1H，m）	128.5
C=O	–	192.6
α	7.48（1H，d，15.9）	127.2
β	7.67（1H，d，15.9）	143.3
1′	–	125.9
2′		153.7
3′	–	119.3
4′	–	158.8
5′	7.29（1H，d，8.6）	106.9
6′	7.63（1H，overlapped）	126.9
7′	7.00（1H，d，1.8）	105.4
8′	7.60（1H，d，1.8）	145.0
2′-OCH_3	4.10（3H，s）	61.5

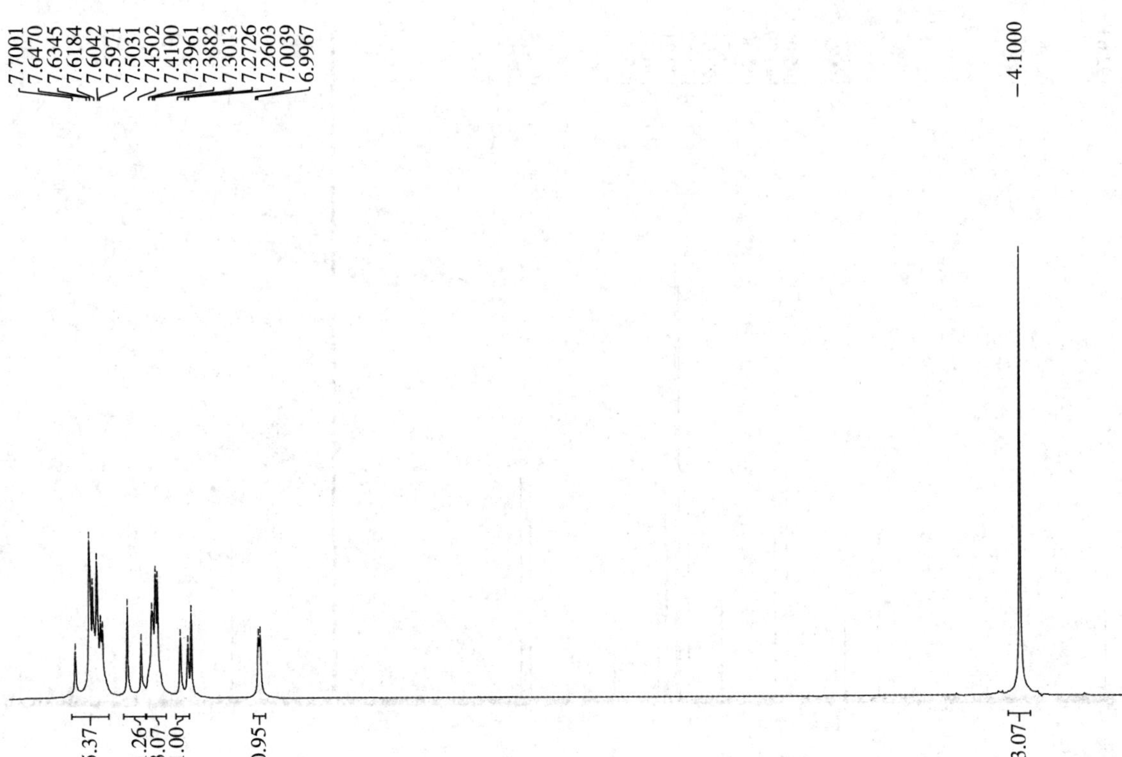

图4-26　化合物4-10的[1]H-NMR放大谱（300MHz，$CDCl_3$）

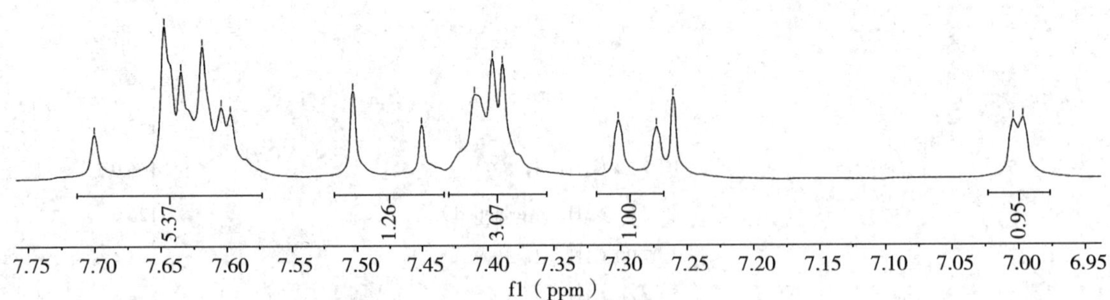

图4-27　化合物4-10的[1]H-NMR芳香区放大谱（300MHz，$CDCl_3$）

十一、化合物4-11的结构解析

化合物4-11为黄色针状结晶（石油醚-丙酮），紫外254nm下呈暗斑，365nm下呈橙红色的荧光。10% 硫酸乙醇溶液显色后黄色加深，提示该化合物可能为黄酮类化合物。化合物的^{13}C-NMR（150MHz，DMSO-d_6）谱中给出18个碳信号（图4-28，表4-19），包括一组异戊烯基的碳信号 δ_C 130.6，124.3，25.5，20.9，17.7，剩余的13个sp^2杂化碳信号，其中1个羰基碳信号为 δ_C 179.7，推测该化合物为异戊烯基取代的𠮿酮。

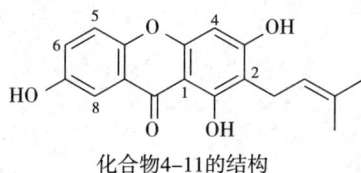

化合物4-11的结构

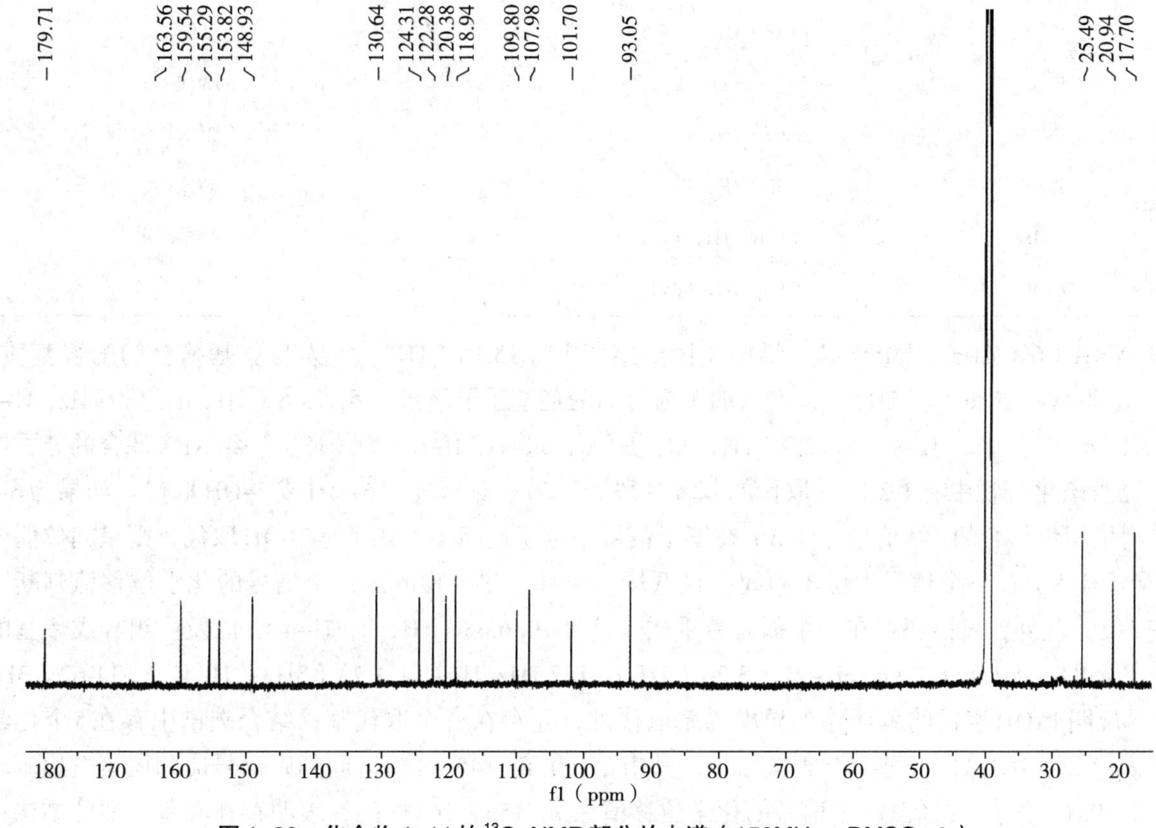

图4-28 化合物4-11的^{13}C-NMR部分放大谱（150MHz，DMSO-d_6）

表4-19 化合物4-11的核磁数据

No.	δ_H（J in Hz）	δ_C
1	–	159.5
2	–	109.8
3	–	163.5
4	6.43（1H，s）	93.0

续表

No.	δ_H（J in Hz）	δ_C
4a	–	155.2
5	7.46（1H，d，9.0）	118.9
6	7.27（1H，dd，9.0，3.0）	122.2
7	–	153.8
8	7.41（1H，d，3.0）	107.9
8a	–	120.4
9	–	179.7
9a	–	101.7
10a	–	148.9
1′	3.23（2H，d，7.5）	20.9
2′	5.18（1H，t，7.5）	124.3
3′	–	130.6
4′	1.62（3H，s）	25.5
5′	1.73（3H，s）	17.7
1-OH	13.16（1H，s）	–
7-OH	9.96（1H，br.s）	–

^{1}H-NMR（600MHz，DMSO-d_6）谱中（图4-29），δ_H 13.16（1H，s）为与羰基缔合的酚羟基质子，确定1-OH取代。δ_H 9.96（1H，br.s，7-OH）为游离酚羟基质子信号。δ_H 7.46（1H，d，J=9.0Hz，H-5）、7.41（1H，d，J=3.0Hz，H-8）和7.27（1H，dd，J=9.0，3.0Hz，H-6）为苯环上一组ABX偶合的芳香质子信号，说明该化合物中有1,2,4-三取代的苯环片段，即另一侧苯环为6-OH或7-OH取代。如果为6-OH取代，则呈间位偶合的d峰信号（H-5）在三个信号中位于最高场；如果是7-OH取代，则呈间位偶合的d峰信号（H-8）在三个信号中位于中间或最低场。根据该化合物的这三个信号的化学位移值判断羟基取代在7位。此外，氢谱还存在一个孤立芳香质子信号 δ_H 6.43（1H，s，H-4），以及一组异戊烯基的质子信号 δ_H 5.18（1H，t，J=7.1Hz，H-2′）、3.23（2H，d，J=7.1Hz，H-1′）、1.73（3H，s，H-4′）和1.62（3H，s，H-5′），说明1-OH所在的苯环除了异戊烯基取代外，还存在一个取代基；结合碳谱中存在5个化学位移值在 δ_C 145～164区间的连氧芳香碳信号，其中2个在 δ_C 145～155区间的碳信号应归属于左边苯环上C-7和C-10a的信号，剩余的3个信号的化学位移值在 δ_C 155～164区间，表明存在间苯三酚的结构；由于氢谱中无其他质子信号，则右侧苯环为1,3-二羟基取代。根据该环上孤立芳氢信号的化学位移，可以判断该氢所在位置，从而确定异戊烯基取代的取代位置。如果该芳氢的化学位移为 δ_H 6.40左右，则为H-4，那么异戊烯基取代在C-2位；如果该芳氢的化学位移为 δ_H 6.20左右，则为H-2，那么异戊烯基取代在C-4位，这个特征与5,7-二羟基取代黄酮A环的规律一致。根据该化合物的孤立芳香质子信号 δ_H 6.38（1H，s，H-4）的化学位移，确定该氢为H-4，则异戊烯基取代在C-2位。故该化合物结构确定为1,3,7-三羟基-2-（3-甲基-2-丁烯基）-𠮿酮。

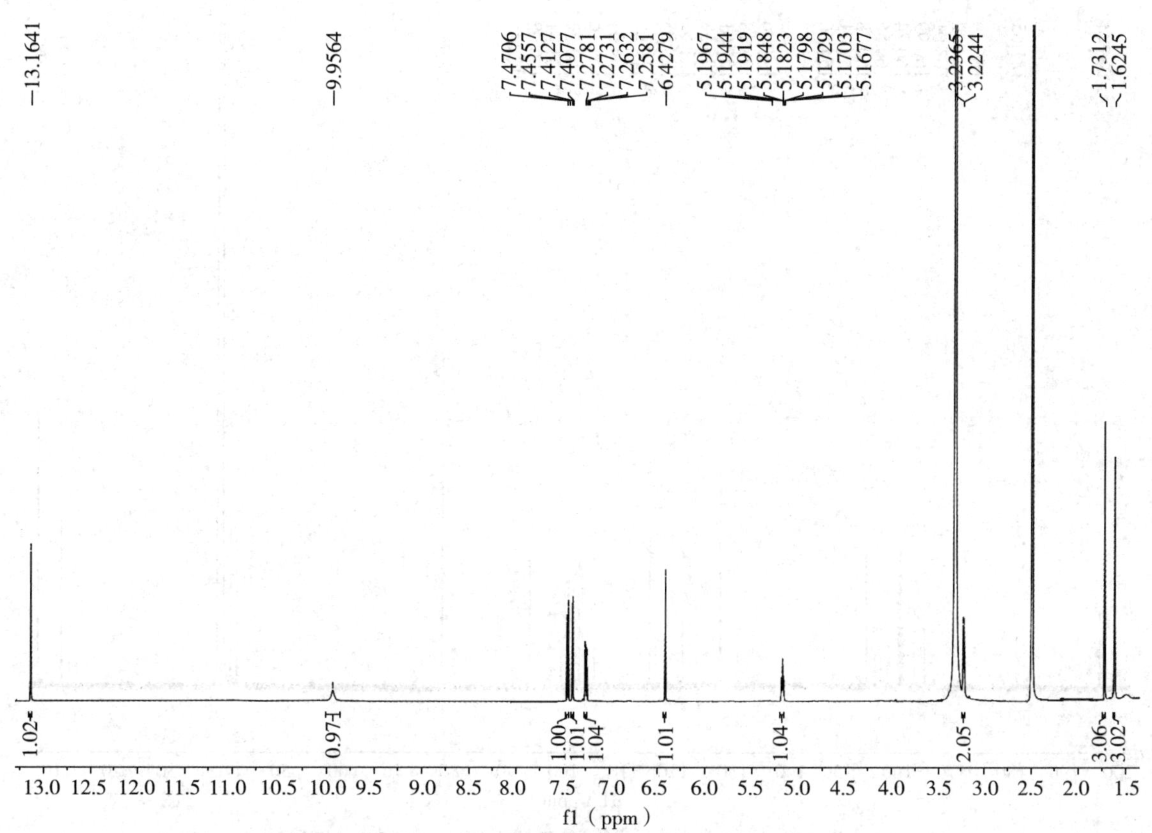

图4-29 化合物4-11的 ^{1}H-NMR部分放大谱（600MHz，DMSO-d_6）

十二、化合物4-12的结构解析

化合物4-12为淡黄色固体（二氯甲烷），难溶于甲醇，微溶于二氯甲烷。紫外灯254nm下有暗斑，10%硫酸乙醇溶液显橘红色。^{13}C-NMR（150MHz，DMSO-d_6）显示31个碳信号（图4-30，表4-20），包括26个芳香碳、2个羰基（δ_C 196.3，181.6）、1个连氧次甲基、1个非连氧亚甲基和1个甲基；结合 ^{1}H-NMR（600MHz，DMSO-d_6）谱中四组芳香质子信号（图4-31），推测该化合物为双黄酮类化合物，且由黄酮-二氢黄酮组成。^{1}H-NMR（600MHz，DMSO-d_6）中，δ_H 5.43（1H，dd，J=12.9，2.1Hz，H-2），3.30（1H，m，H-3），2.66（1H，d，J=16.2Hz，H-3），为二氢黄酮的C环质子特征信号，表明存在1个二氢黄酮单元；δ_H 6.70（s，H-3″），为黄酮的C环H-3特征质子信号，确证另一个单元为黄酮。δ_H 13.11（1H，s），12.41（1H，s）提示两个黄酮单元均有5-OH取代；δ_H 7.62（2H，d，J=8.0Hz，H-2‴，6‴），6.78（2H，d，J=8.0Hz，H-3‴，5‴），提示其中一个B环为4‴-氧取代；δ_H 7.46（1H，br. s，H-2′），7.36（1H，d，J=8.3Hz，H-6′），6.93（1H，d，J=8.3Hz，H-5′），提示另一个B环为3′，4′-二取代；δ_H 6.16（s，H-6″），6.01（s，H-8），为黄酮的A环芳香氢信号且分布在两个单元的A环上，其中信号 δ_H 6.01（s，H-8）偏高场（化学位移在 δ_H 6.0左右），推测为二氢黄酮单元A环芳香氢信号，则 δ_H 6.16（s，H-6″）为黄酮单元A环芳香氢信号；另外，信号 δ_H 1.87（3H，s），提示存在1个甲基。在 ^{1}H-NMR谱中除上述氢信号外，再无其他氢信号，所以该化合物除存在一个甲基外，其他取代基均应该为OH。

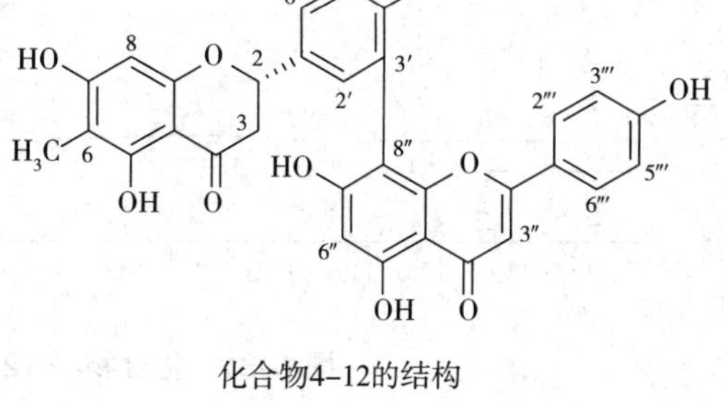

化合物4-12的结构

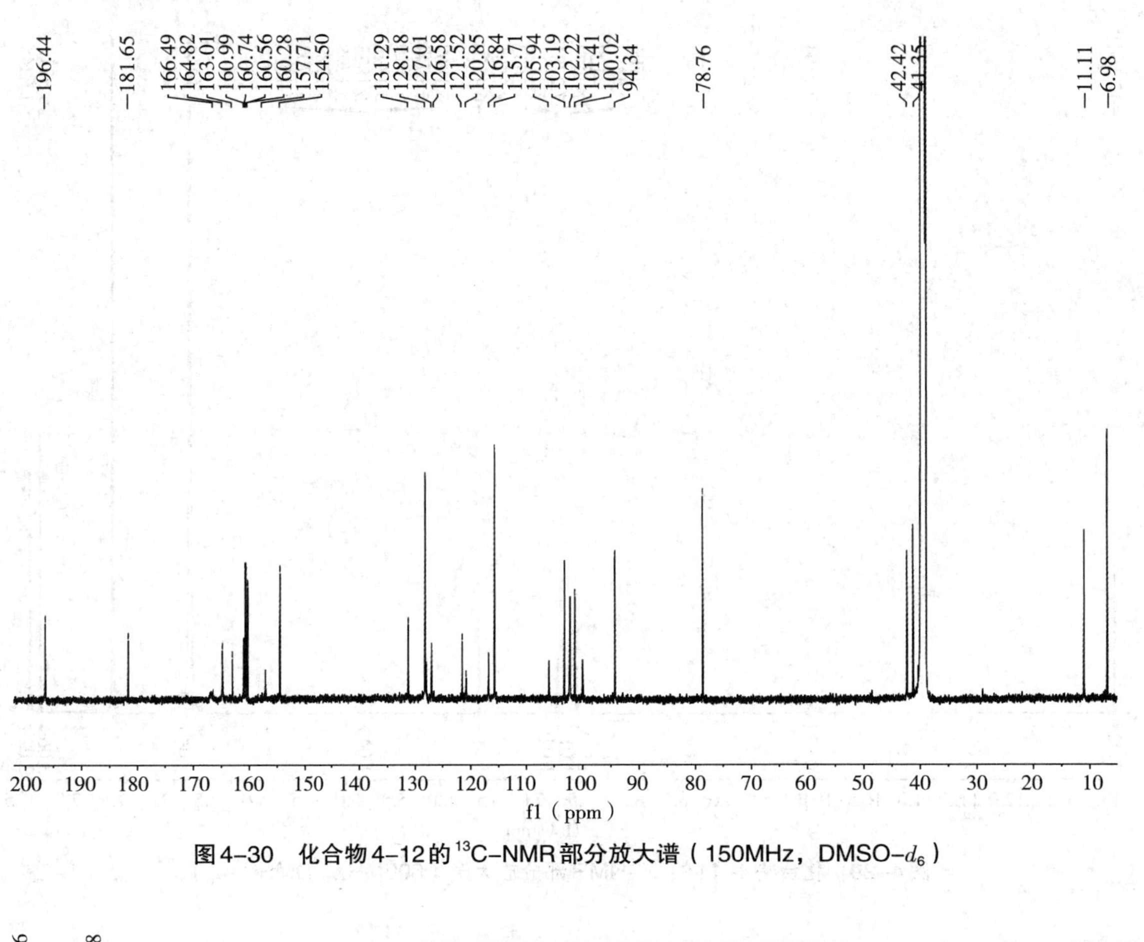

图4-30　化合物4-12的^{13}C-NMR部分放大谱（150MHz，DMSO-d_6）

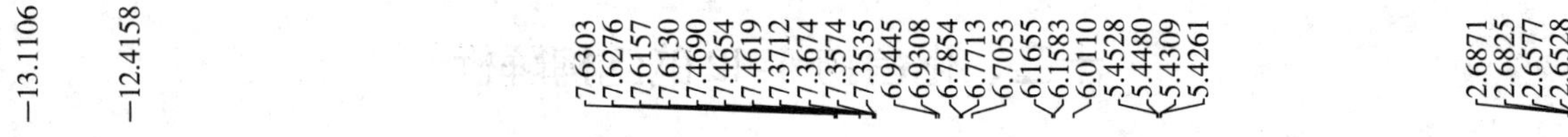

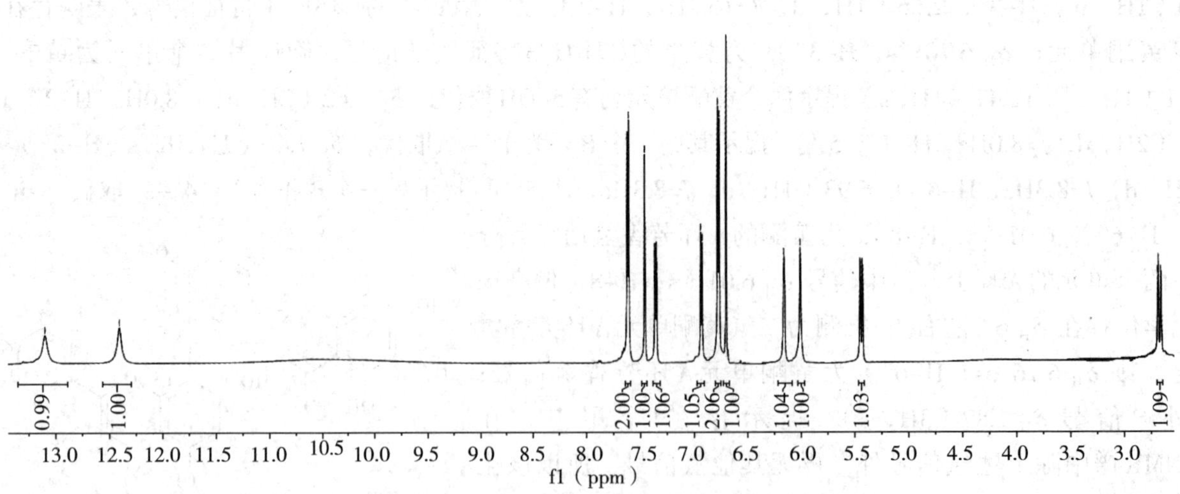

图4-31　化合物4-12的^{1}H-NMR部分放大谱（600MHz，DMSO-d_6）

表4-20　化合物4-12的核磁数据（DMSO-d_6）

No.	δ_H（J in Hz）	δ_C	No.	δ_H（J in Hz）	δ_C
2	5.43（1H，dd，12.9，2.1）	78.7	2″		162.9
3	3.30（1H，m） 2.66（1H，d，16.2）	42.4	3″	6.70（1H，s）	102.1
4		196.3	4″		181.6
5		160.7	5″		160.2
6		103.1	6″	6.16（1H，s）	99.9
7		164.7	7″		166.7
8	6.01（1H，s）	94.3	8″		105.9
9		160.7	9″		*
10		101.3	10″		102.1
1′		127.9	1‴		121.4
2′	7.46（1H，br. s）	131.2	2‴	7.62（2H，d，8.0）	128.1
3′		120.8	3‴	6.78（2H，d，8.0）	115.7
4′		157.0	4‴		160.9
5′	6.93（1H，d，8.3）	116.7	5‴	6.78（2H，d，8.0）	115.7
6′	7.36（1H，d，8.3）	126.9	6‴	7.62（2H，d，8.0）	128.1
6-CH_3	1.87（3H，s）	6.9			
5-OH	12.41（1H，s）		5″-OH	13.11（1H，s）	

注：*信号缺失。

HMBC谱中（图4-32），δ_H 6.01（s，H-8）与 δ_C 164.7（C-7）、160.7（C-5）碳信号相关，δ_H 1.87（3H，s）与 δ_C 164.7（C-7）、160.7（C-5）、103.1（C-6）碳信号相关，说明甲基与化学位移值为 δ_C 103.1的碳相连，根据该碳的化学位移值（δ_C 103.1），确定了甲基连接在6位（如果甲基连在8位上，则C-8化学位移值在 δ_C 98左右，该化合物的碳谱不存在此信号）；δ_H 7.46（1H，br. s，H-2′）与C-2、C-1′、C-4′相关，确定这个氢信号为二氢黄酮单元的B环H-2′质子，这个信号为ABX偶合系统中一个质子，说明二氢黄酮单元的B环为3′，4′-二取代。黄酮单元的A环氢信号 δ_H 6.16（s，H-6″）与化学位移为 δ_C 99.9碳相连，表明该信号为C-6″；另外，二氢黄酮单元B环的H-2′还与 δ_C 105.9存在远程相关，根据其化学位移值，归属为黄酮单元的C-8″信号，从而确定二氢黄酮单元B环的C-3′与黄酮单元A环的C-8″通过单键相连。该化合物的比旋光度为 $[\alpha]_D^{20}$ −38（c 0.3，CH_3OH）；ECD谱图中，332nm处显示了正的Cotton效应（π→π*），287nm处显示了负的Cotton效应（n→π*），由此确定了二氢黄酮单元的绝对构型为2S。以上核磁数据与文献对照基本一致，化合物4-12鉴定为umcephabiovin E。

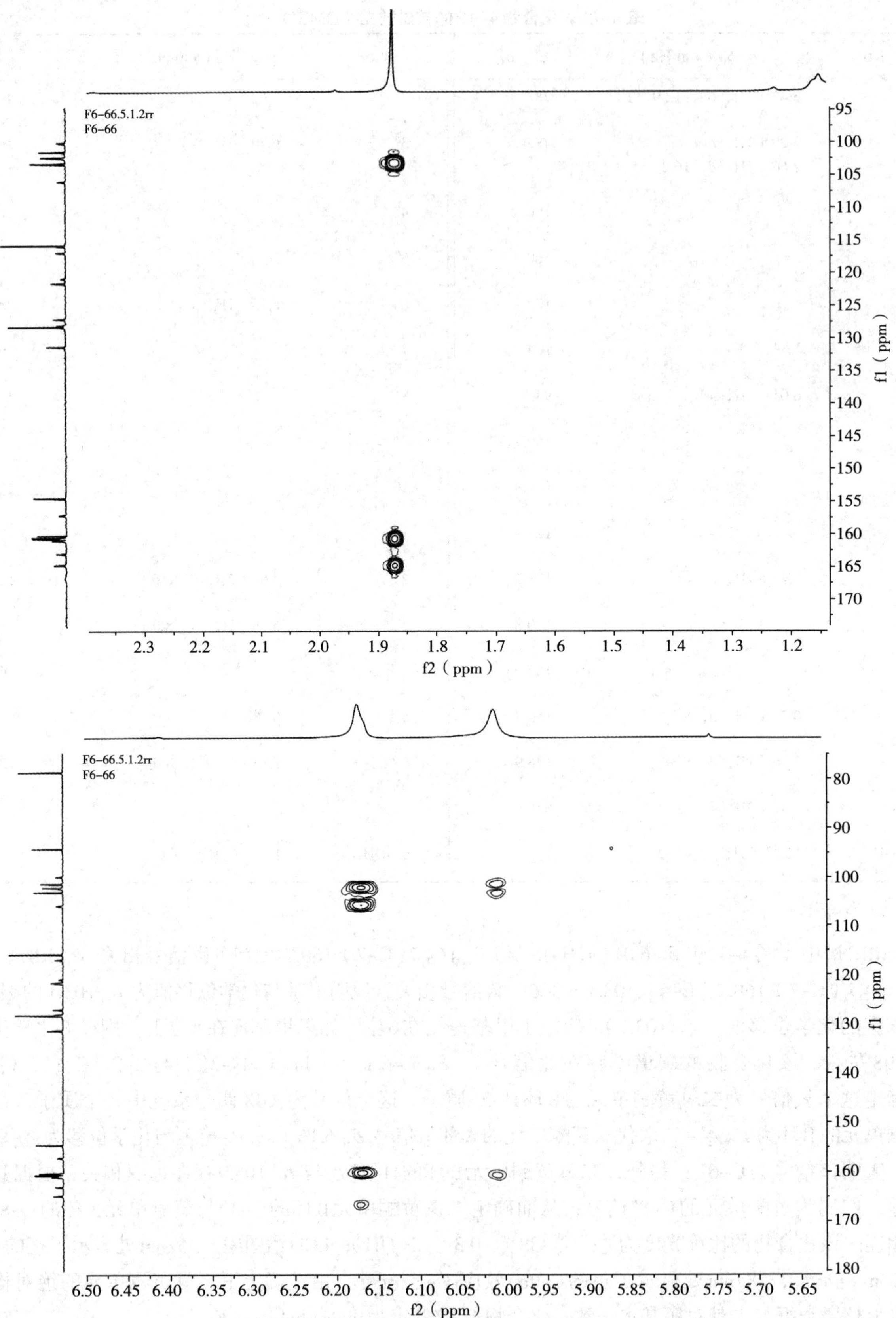
F6-66.5.1.2rr
F6-66
f1（ppm）
f2（ppm）
F6-66.5.1.2rr
F6-66
f1（ppm）
f2（ppm）

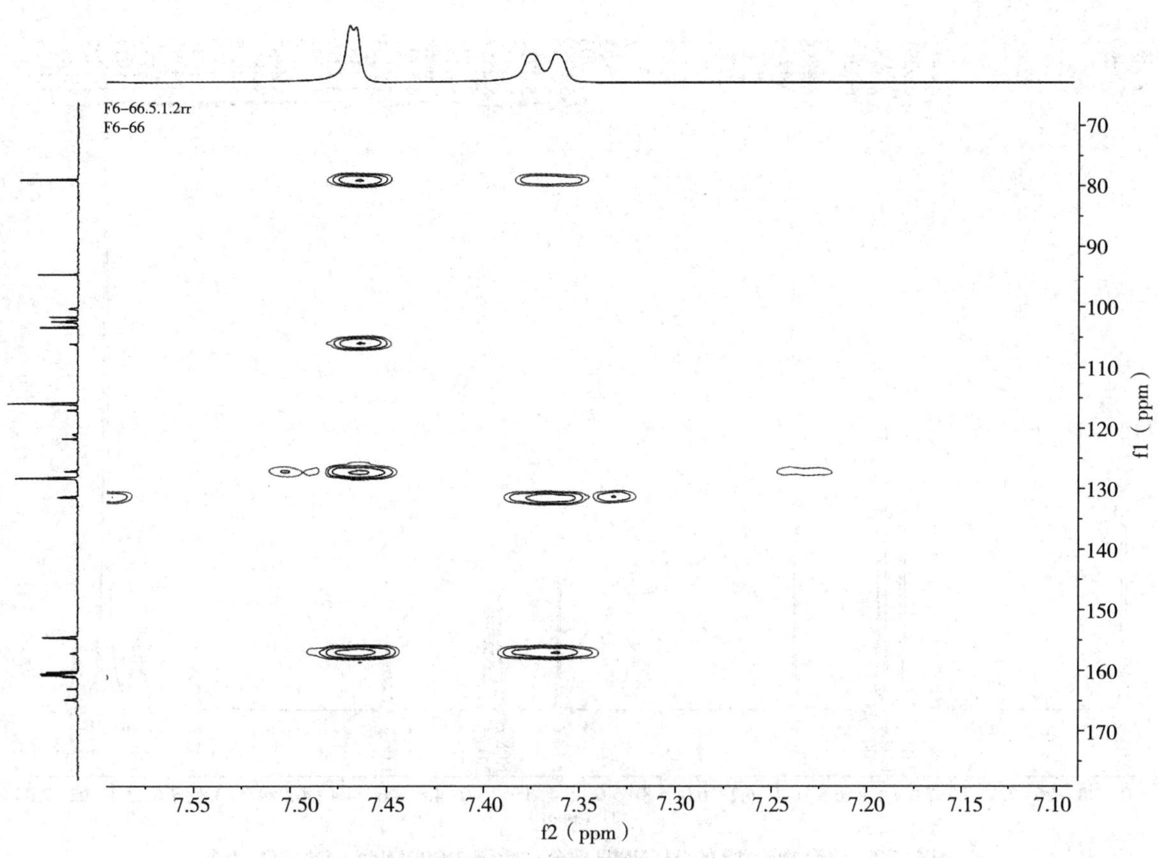

图4-32　化合物4-12的HMBC部分放大谱（600MHz，DMSO-d_6）

十三、化合物4-13的结构解析

化合物4-13为黄色无定形粉末（甲醇），易溶于甲醇。紫外灯254nm下呈暗斑，10%硫酸乙醇溶液显黄色，推测为黄酮类化合物。该化合物的^{1}H-NMR（600MHz，DMSO-d_6）谱中（图4-33，表4-21），δ_H 7.95（2H，d，J=8.8Hz），6.93（2H，d，J=8.8Hz），提示存在对取代苯基；δ_H 6.83（1H，d，J=2.1Hz），6.44（1H，d，J=2.1Hz），为苯环上间位偶合质子，提示存在1,2,3,5-四取代苯环；δ_H 6.86（1H，s，H-3），推测为黄酮3位氢信号。^{13}C-NMR（150MHz，DMSO-d_6）谱中（图4-34），共给出21个碳信号，包括15个sp^{2}杂化碳信号和6个归属于葡萄糖的碳信号，表明该化合物为黄酮苷类化合物。根据H-3（δ_H 6.86）信号和羰基碳信号δ_C 181.9，确定苷元为黄酮。根据氢谱信号δ_H 7.95（2H，d，J=8.8Hz，H-2′，6′），6.93（2H，d，J=8.8Hz，H-3′，5′），确定B环为4′-羟基取代；氢信号δ_H 6.83（1H，d，J=2.1Hz，H-8），6.44（1H，d，J=2.1Hz，H-6），表明A环为5,7-二取代；故确定苷元为5,7,4′-三羟基黄酮，即芹菜素。根据H-6、H-8化学位移值比5,7-二羟基取代的黄酮的相应值均向低场位移0.2～0.4化学位移单位，故确定葡萄糖连接在C-7位，且为氧苷。δ_H 5.38（1H，d，J=4.8Hz）为葡萄糖的端基氢信号，结合葡萄糖的碳信号，确定为β-吡喃糖。以上核磁信号与文献对照基本一致，化合物4-13鉴定为芹菜素 7-O-β-吡喃葡萄糖苷（apigenin 7-O-β-glucopyranoside）。

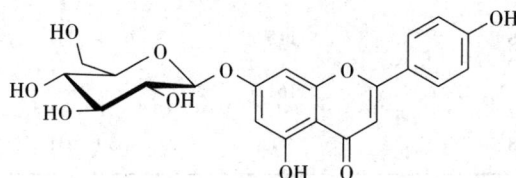

化合物4-13的结构

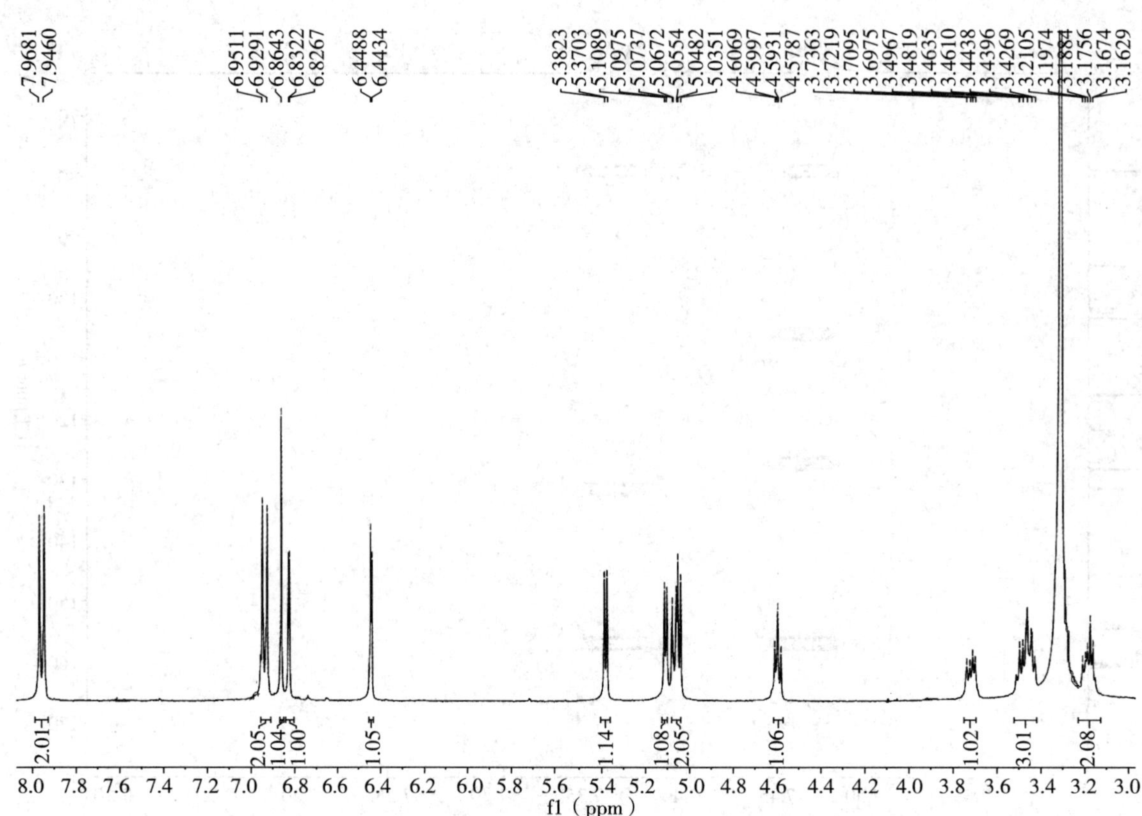

图4-33　化合物4-13的 ^{1}H-NMR部分放大谱（600MHz，DMSO-d_6）

表4-21　化合物4-13和4-14的核磁数据

No.	化合物4-13（DMSO-d_6）		化合物4-14（DMSO-d_6）	
	δ_H（J in Hz）	δ_C	δ_H（J in Hz）^{b}	δ_C^{b}
2		162.9	–	164.21
3	6.86（1H，s）	103.0	6.75（1H，s）	102.67
4		181.9	–	181.80
5		156.9	–	103.05
6	6.44（1H，d，2.1）	99.4	–	161.31
7		164.2	–	108.98
8	6.83（1H，d，2.1）	94.8	–	163.35
9		161.0	6.48（1H，s）	93.75
10		105.3	–	156.31
1′		121.0	–	121.04
2′/6′	7.95（2H，d，8.8）	128.6	7.37（1H，d，8.5）	128.41
3′/5′	6.93（2H，d，8.8）	115.9	6.84（1H，d，8.5）	116.02
4′		161.3	–	160.68
1″	5.38（1H，d，4.8）	99.8	4.59（1H，d，9.8）	73.14

续表

No.	化合物4-13（DMSO-d_6）		化合物4-14（DMSO-d_6）	
	δ_H（J in Hz）	δ_C	δ_H（J in Hz）^{b}	δ_C^{b}
2″	3.16（1H，m）	73.0	3.18（1H，m）	70.63
3″	3.46（1H，m）	76.4	3.21（1H，m）	79.01
4″	3.18（1H，m）	69.5	3.15（1H，m）	70.18
5″	3.42（1H，m）	77.1	3.12（1H，m）	81.56
6″	3.72（1H，dd，10.2，5.5） 3.48（1H，m）	60.5	3.68（1H，dd，11.9，2.1） 3.41（1H，dd，11.9，6.0）	61.49
5-OH			13.00（1H，s）	
6″-OH			4.06（1H，s）	

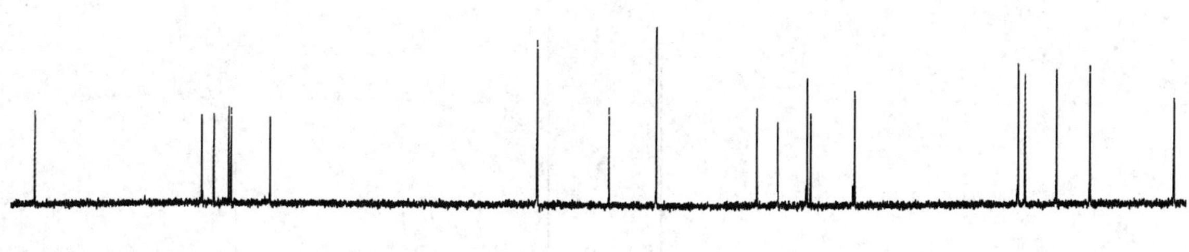

图4-34　化合物4-13的^{13}C-NMR部分放大谱（150MHz，DMSO-d_6）

十四、化合物4-14的结构解析

化合物4-14为黄色针状结晶（甲醇）。^{13}C-NMR（150MHz，DMSO-d_6）谱中给出21个碳信号（图4-35，表4-21），其中1个羰基碳信号 δ 181.80，14个为芳香或烯碳信号，以及6个连氧脂肪碳信号，推测该化合物为黄酮苷类化合物。^{1}H-NMR（600MHz，DMSO-d_6，图4-36，表4-21）谱中 δ 12.00（1H，s）为一个与羰基缔合的酚羟基质子信号，为5-OH质子信号；1组AA′BB′偶合的芳香质子信号 δ 7.37（2H，d，

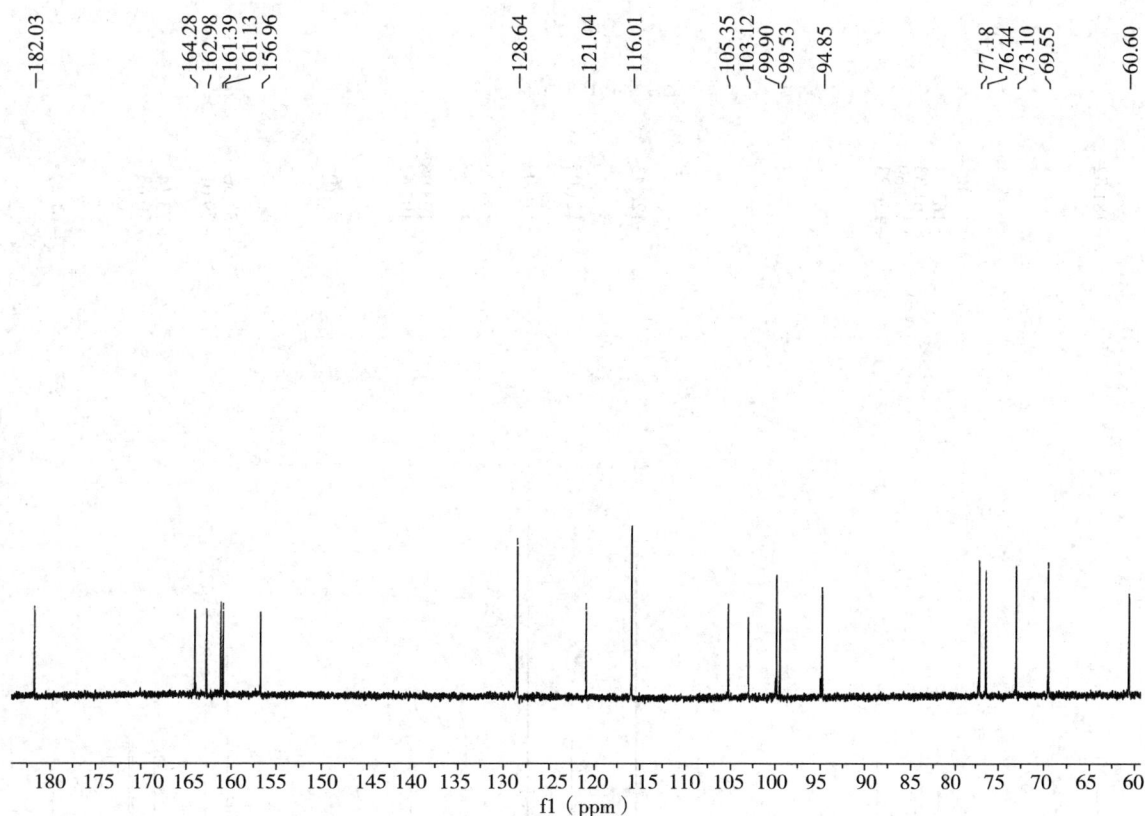

J=8.5Hz，H-2′，6′）和6.84（1H，d，J=8.5Hz，H-3′，5′），表明4′-OH取代；还有2个孤立的芳香或烯氢质子信号 δ 6.75（1H，s，H-3），6.48（1H，s，H-8），推测一个为A环上质子，一个为H-3信号；还有一组糖上质子信号 δ 4.59（1H，d，J=9.8Hz，H-1″），3.68（1H，dd，J=11.9，2.1Hz，H-6″），3.41（1H，dd，J=11.9，6.0Hz，H-6″），3.21（1H，m，H-3″），3.18（1H，m，H-2″），3.15（1H，m，H-4″），3.12（1H，m，H-5″），结合碳谱数据 δ 81.56，79.01，73.14，70.63，70.18，61.49，提示为 β-葡萄糖碳苷。根据 ^{13}C NMR谱中存在碳信号 δ 93.75，确定8-位未取代，结合HMBC谱显示的糖端基质子信号 δ 4.59（H-1″）与 δ 163.35（C-7），161.31（C-5），108.98（C-6）相关，确定葡萄糖基位于C-6位，且形成碳苷。该化合物的核磁数据与文献中牡荆苷基本一致，故该化合物结构确定为牡荆苷（vitexin）。

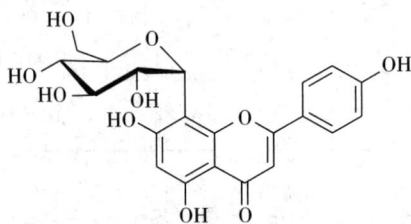

化合物4-14的结构

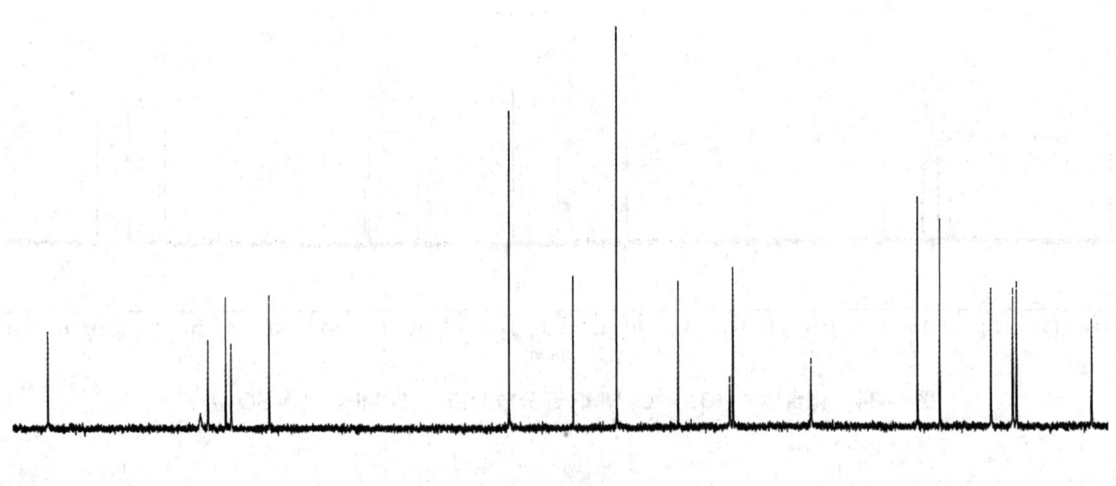

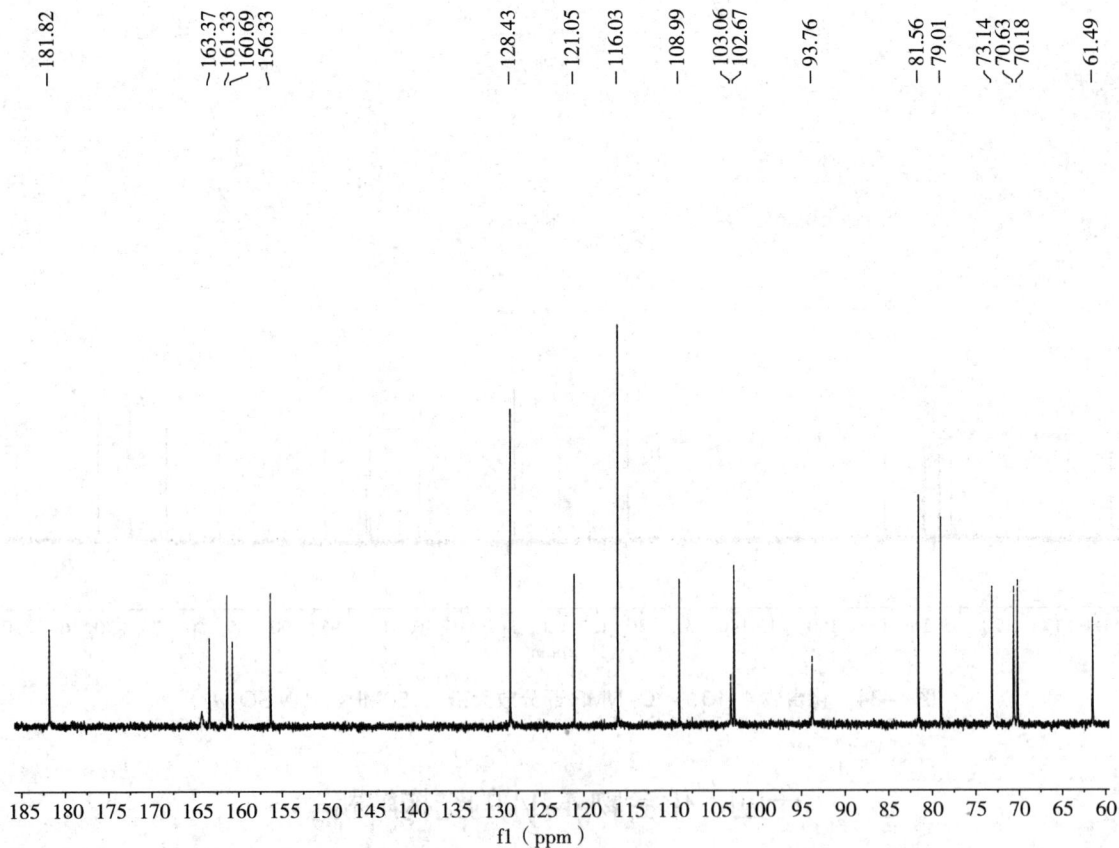

图4-35　化合物4-14的 ^{13}C-NMR部分放大谱（150MHz，DMSO-d_6）

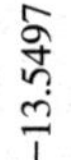

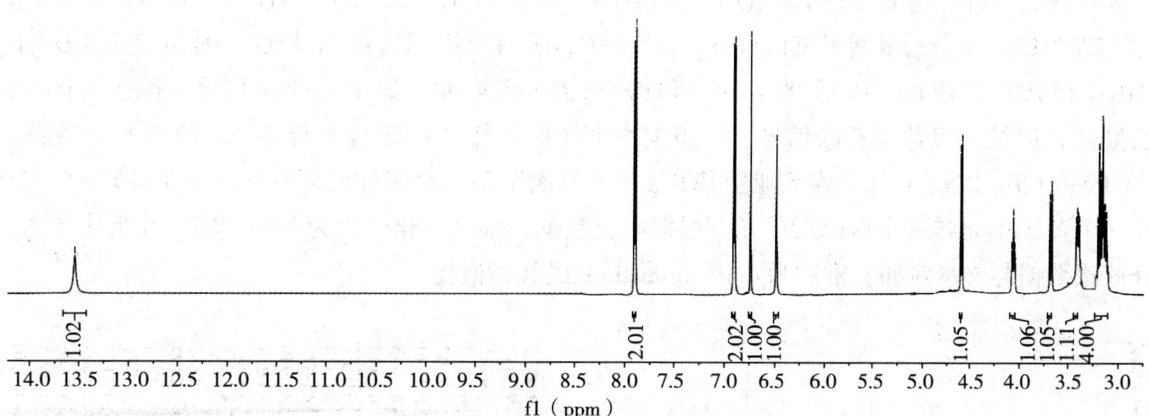

图4-36 化合物4-14的^{1}H-NMR部分放大谱（600MHz，DMSO-d_6）

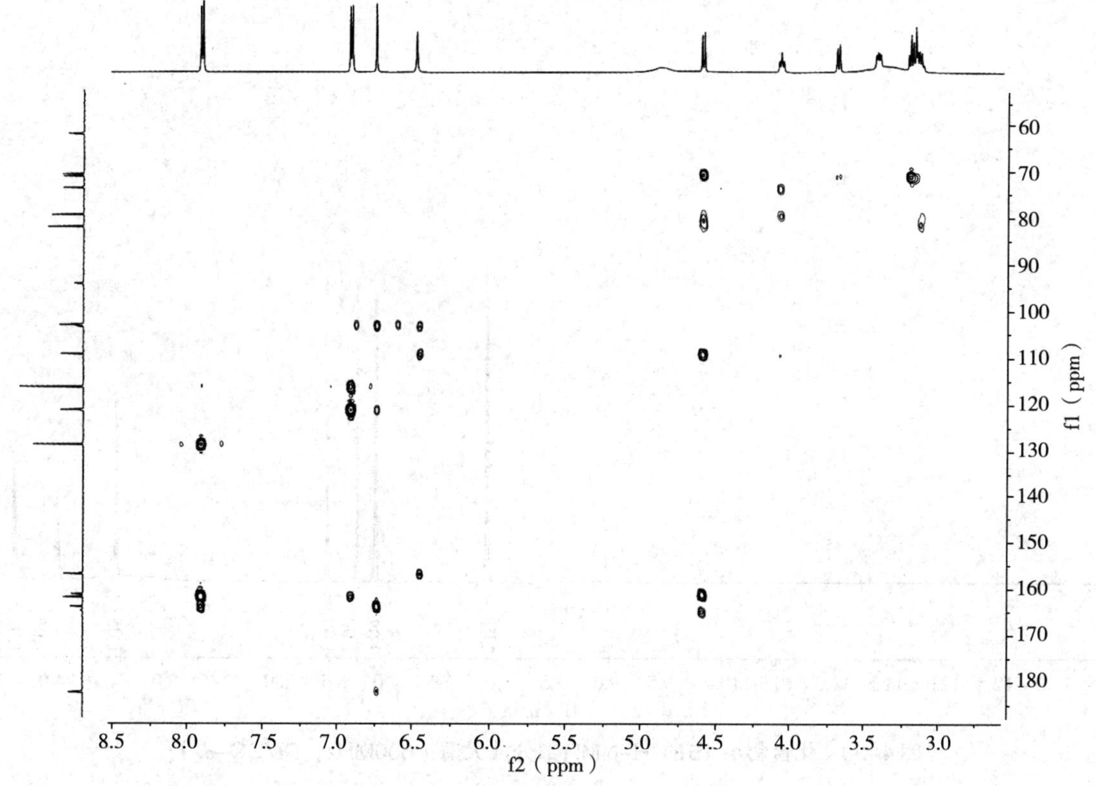

图4-37 化合物4-14的HMBC部分放大谱（150MHz，DMSO-d_6）

十五、化合物 4–15 的结构解析

化合物4–15为微黄色固体，易溶于甲醇。紫外灯254nm下呈暗斑，10%硫酸乙醇溶液显黄色。HR-ESI–MS显示分子离子峰*m/z* 837.2216 $[M+Na]^+$（cacld for $C_{39}H_{42}O_{19}Na$，837.2218），确定分子式为$C_{39}H_{42}O_{19}$，不饱和度为19。

^{1}H–NMR（600MHz，DMSO–d_6）谱中（图4–38，表4–22），δ_H 7.92（2H，d，*J*=8.4Hz，H–2′，6′），6.92（2H，d，*J*=8.4Hz，H–3′，5′）为一个AA′ BB′偶合系统，提示存在对取代苯基；δ_H 7.04（1H，s，H–2″），6.88（1H，d，*J*=8.0Hz，H–6″），6.81（1H，d，*J*=8.0Hz，H–5″）为一个ABX偶合系统，提示存在1,3,4–三取代苯片段；另外，还有2个芳香氢信号δ_H 6.69（1H，s，H–6），6.62（1H，s，H–3），1个甲氧基信号δ_H 3.77（3H，s），1个乙酰基甲基信号δ_H 1.87（3H，s）；1个甲基信号δ_H 1.03（3H，d，*J*=6.0Hz，H–6⁗）。^{13}C–NMR（150MHz，DMSO–d_6）（图4–39）和HSQC谱（图4–40）显示39个碳信号，除去1个甲氧基和一组乙酰基，以及一组葡萄糖碳信号、一组鼠李糖碳信号外，还有24个碳信号，包括20个芳香碳或烯碳、1个羰基（δ_C 175.5）、1个连氧亚甲基和2个连氧次甲基，表明苷元部分存在三个苯环和一个双键，即包括一个黄酮单元和一个苯丙素单元。根据以上数据，推测该化合物为黄酮木脂素苷类化合物。将苷元部分核磁数据与文献对照，推测为scutellaprostin B或其类似物。

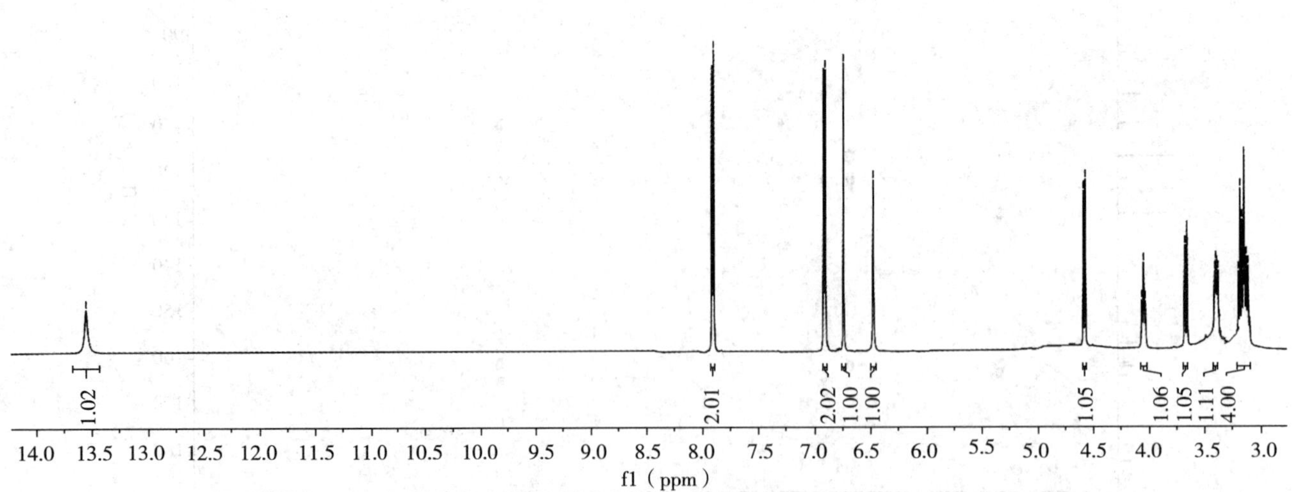

图4–38　化合物4–15的^{1}H–NMR部分放大谱（600MHz，DMSO–d_6）

表4-22　化合物4-15的核磁数据

No.	δ_H (J in Hz)	δ_C	No.	δ_H (J in Hz)	δ_C
2		159.9	7″	5.12 (1H, d, 7.7)	76.9
3	6.62 (1H, br.s)	105.7	8″	4.33 (1H, m)	77.6
4		175.5	9″	3.69 (1H, m) 3.45 (1H, m)	60.0
5		149.0	1‴	5.28 (1H, d, 6.8)	97.7
6	6.69 (1H, br.s)	99.1	2‴	3.64 (1H, m)	76.1
7		146.9	3‴	3.45 (1H, m)	76.7
8		126.6	4‴	3.67 (1H, m)	73.3
9		146.3	5‴	3.66 (1H, m)	70.4
10		108.7	6‴	4.27 (1H, m), 3.94 (1H, m)	63.2
1′		121.1	$COCH_3$		170.0
2′/6′	7.92 (2H, d, 8.4)	127.9	$COCH_3$	1.87 (3H, s)	20.5
3′/5′	6.92 (2H, d, 8.4)	115.9	1⁗	5.23 (1H, s)	99.3
4′		160.7	2⁗	3.30 (1H, m)	69.9
1″		126.7	3⁗	3.40 (1H, m)	70.2
2″	7.04 (1H, br.s)	111.8	4⁗	3.10 (1H, m)	72.2
3″		147.6	5⁗	3.71 (1H, m)	68.4
4″		147.2	6⁗-CH_3	1.03 (3H, d, 6.0)	17.9
5″	6.81 (1H, d, 8.0)	115.3	OCH_3	3.77 (3H, s)	55.7
6″	6.88 (1H, d, 8.0)	120.6			

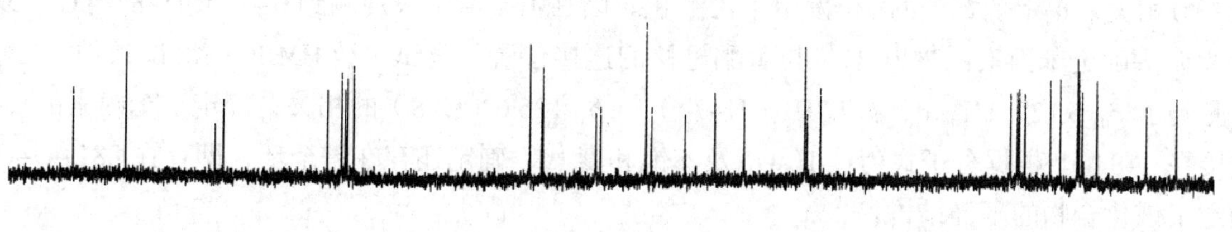

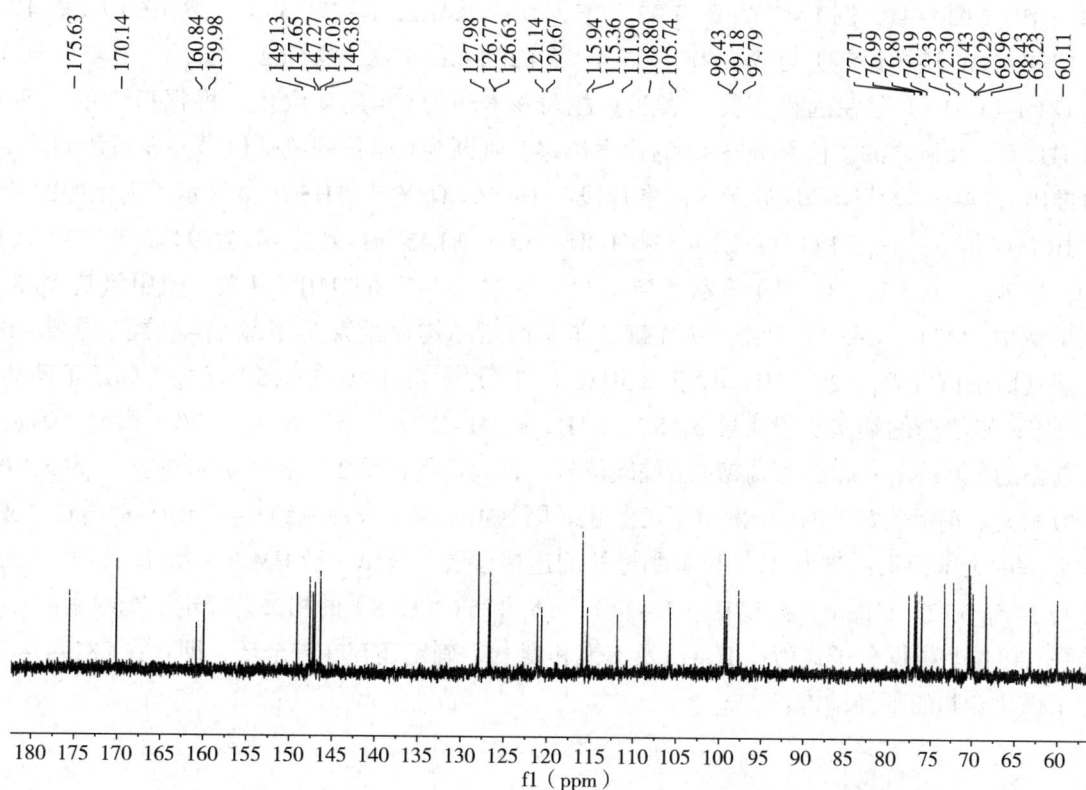

图4-39　化合物4-15的^{13}C-NMR部分放大谱（150MHz，DMSO-d_6）

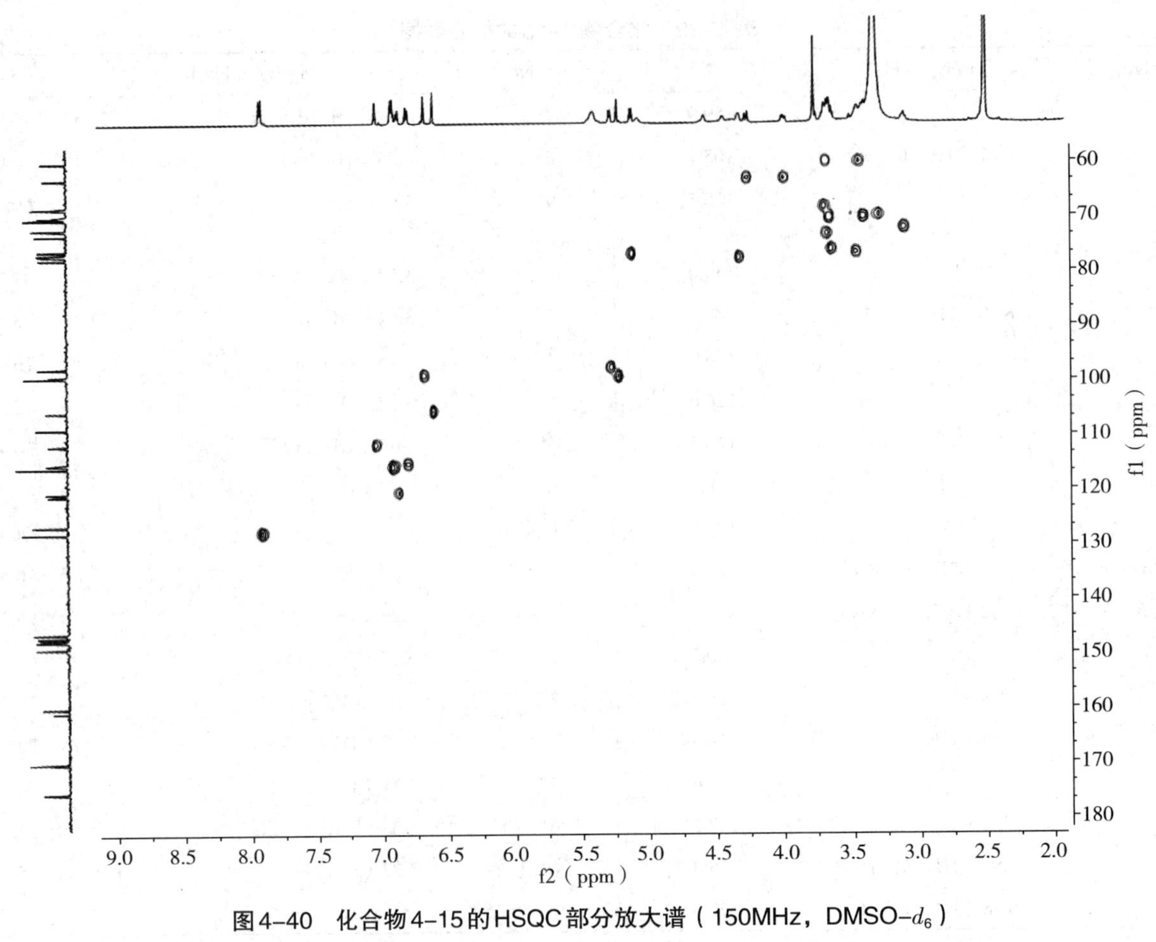

图4-40　化合物4-15的HSQC部分放大谱（150MHz，DMSO-d_6）

HMBC谱中（图4-41，图4-42），δ_H 7.92（2H，d，J=8.4Hz，H-2′，6′）与δ_C 160.7（C-4′），6.92（2H，d，J=8.4Hz，H-3′，5′）与δ_C 160.7（C-4′）、121.1（C-1′），δ_H 6.62（1H，s，H-3）与δ_C 159.9（C-2）、121.1（C-1′）存在远程相关，表明黄酮母核B环为4′-羟基取代。根据孤立的芳香氢信号δ_H 6.69（1H，s）及所连的碳信号δ_C 99.1的化学位移，判断为C-6位的氢碳信号，表明黄酮的6位未取代；从而推出1,3,4-三取代苯基应属于苯丙素片段。^{1}H-^{1}H COSY谱和HSQC谱显示了丙三醇的片段，并归属了NMR核磁信号：δ_H 5.12（H-7″），4.33（H-8″），3.69和3.45（H-9″）；δ_C 76.9（C-7″），77.6（C-8″），60.0（C-9″），其中δ_H 5.12（H-7″）显示了与C-1″、C-2″、C-6″的HMBC相关，且甲氧基δ_H 3.77与这个苯基上的碳δ_C 147.6（C-3″）相关，从而确定了苯丙素结构片段为3-甲氧基-4-羟基苯基-丙三醇。葡萄糖的端基质子信号δ_H 5.28（1H，d，J=6.8Hz，H-1‴）与δ_C 149.0（C-5）相关，确定了葡萄糖与苷元的5位相连；鼠李糖的端基质子信号δ_H 5.23（1H，s，H-1⁗）与δ_C 76.7（C-2‴）相关，确定了鼠李糖连在葡萄糖的2位；δ_C 63.2为葡萄糖的6位碳信号，且向低场位移2个化学位移单位，δ_H 1.87（3H，s）与δ_C 170.0相关，提示葡萄糖的6位发生了乙酰化。因HMBC谱中未观测到H-7″或H-8″与C-7或C-8的相关，故无法确定苯丙素的7″与8″位与黄酮母核的连接位置。尝试更改HMBC的测试条件，在J_{CH}=4Hz时，观测到了δ_H 5.12（1H，d，J=7.7Hz，H-7″）与δ_C 126.6（C-8）的相关，确定了苯丙素的C-7″通过醚键连接在C-8位。根据分子式为$C_{39}H_{42}O_{19}$及不饱和度19，确定还存在一个环，即存在C8″-O-C7醚键，由此确定了该化合物的平面结构。

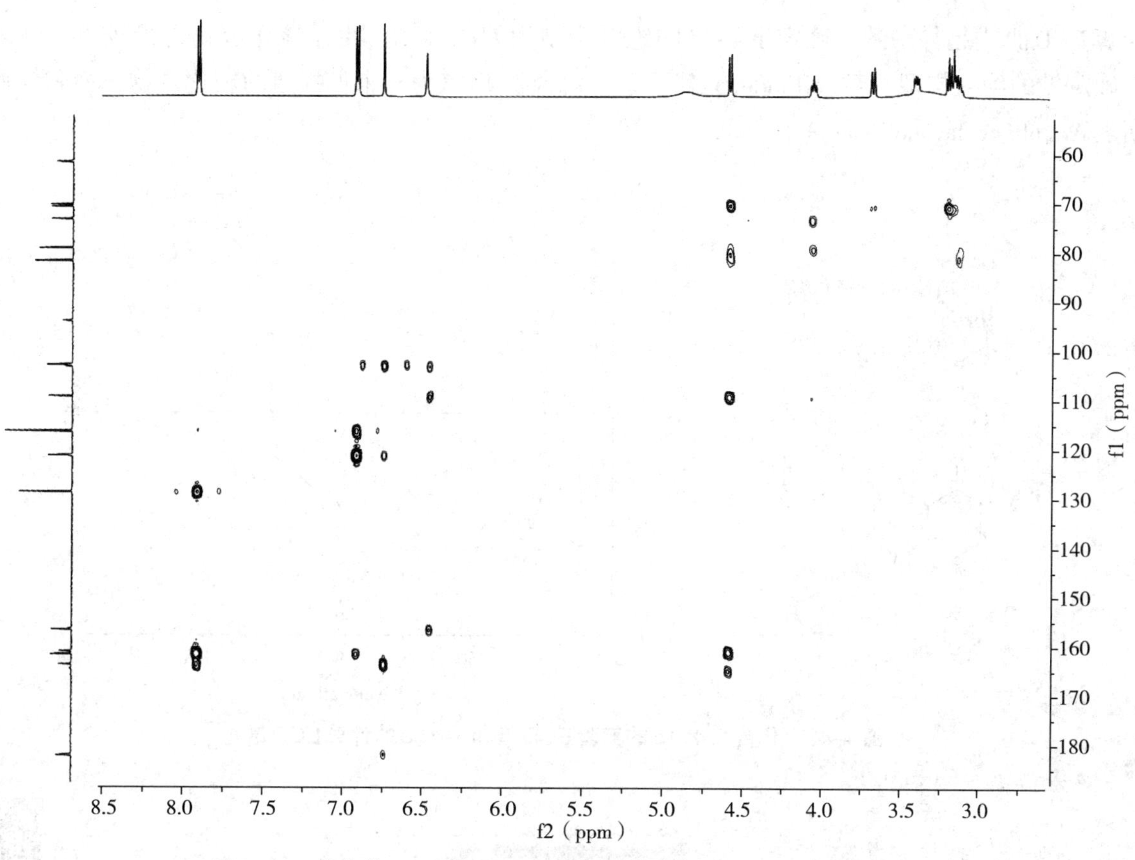

图4-41　化合物4-15的HMBC部分放大谱（150MHz，DMSO-d_6）

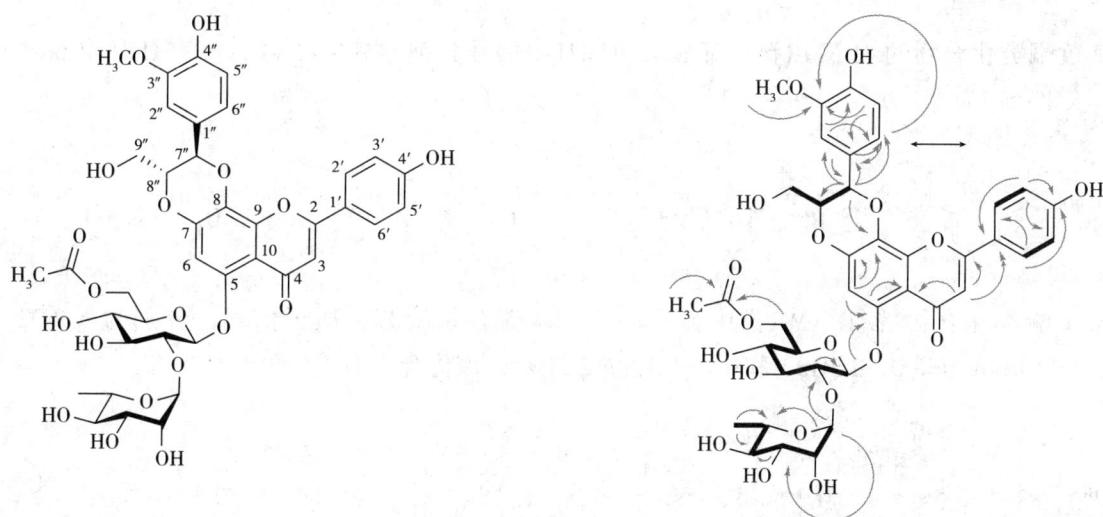

图4-42　化合物4-15的结构和关键的HMBC相关

δ_H 5.28（1H，d，J=6.8Hz，H-1‴）和5.23（1H，s，H-1⁗）为葡萄糖和鼠李糖的端基氢信号，结合碳谱信号，提示两个糖为β-葡萄糖和α-鼠李糖；苷元的苯丙素部分含有2个手性中心，根据$J_{H-7'', 8''}$=7.7Hz判断H-7″与H-8″互为反式。该化合物的比旋光度为$[\alpha]_D^{20}$-38（c 0.5，CH_3OH）；ECD（CH_3OH）λ_{max}（log ε）：232（-5.78），247（-1.24），264（-4.37），279（-3.04），296（-5.83），337（-1.36）nm。由于该化合物的糖链部分为双糖，其对ECD影响不大，为了简化ECD计算，并考虑到苷元5-OH可以和羰基形成氢键，因此采用苷元5-甲醚化物（4-15a）作为模拟化合物，在B3LYP/6-31G（d，p）的基组水平下进行ECD计算（图4-43）。化合物4-15的实测ECD与4-15a（7″R，8″R）构

型的计算ECD曲线趋势一致，确定了4-15的绝对构型为7″*R*，8″*R*。由于该化合物得量较少，并未进行水解以确定糖的绝对构型。经SciFinder文献检索，化合物4-15为一未见报道的新化合物，命名为篦子黄酮木脂素A（oliveriflavonolignan A）。

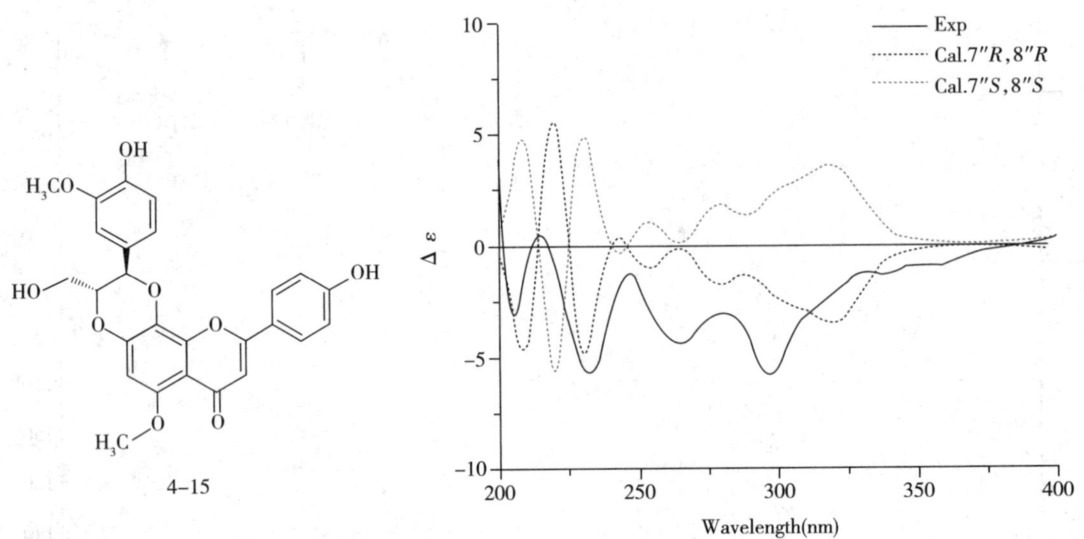

图4-43　化合物4-15的实验ECD谱和4-15a的计算ECD谱

答案解析

目标检测

1.某黄酮类化合物的^{1}H NMR谱中显示H-6和H-8信号分别为δ 6.42（d，*J*=2.2Hz）和6.60（d，*J*=2.2Hz)，该化合物为（　）。

A. 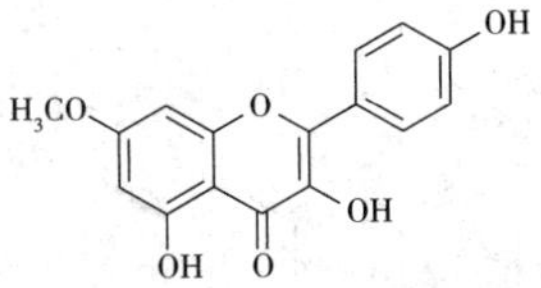　　B. 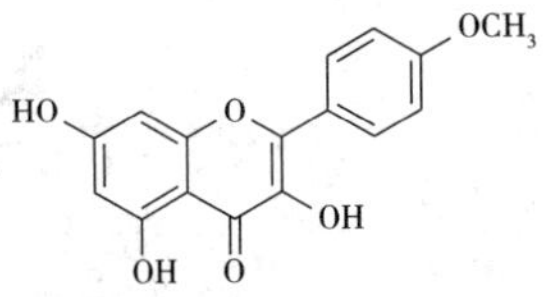　　C. 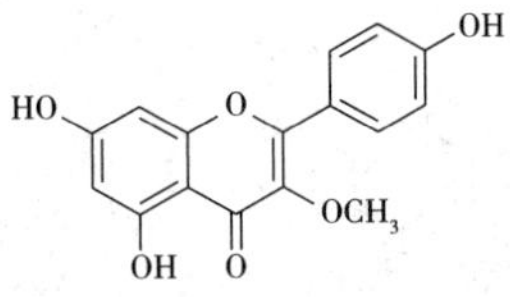　　D.

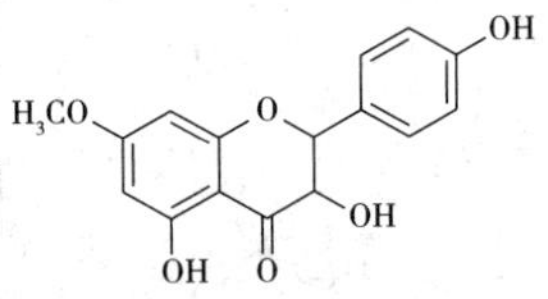

2.某黄酮类化合物的1H NMR谱中显示一组ABX偶合系统芳香质子信号，分别为δ 8.02（d，*J*=8.0Hz）、7.03（dd，*J*=8.0，2.2Hz）和6.90（d，*J*=2.2Hz），该化合物为（　）。

A. 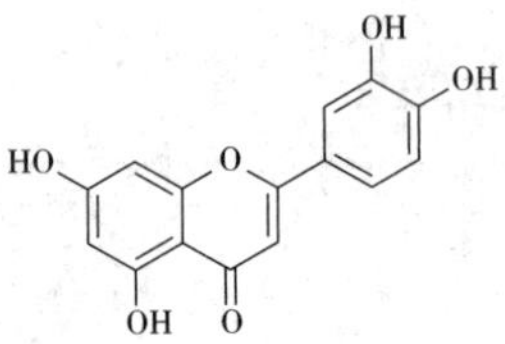　　B. 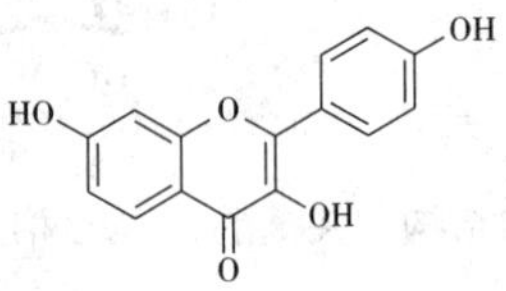　　C. 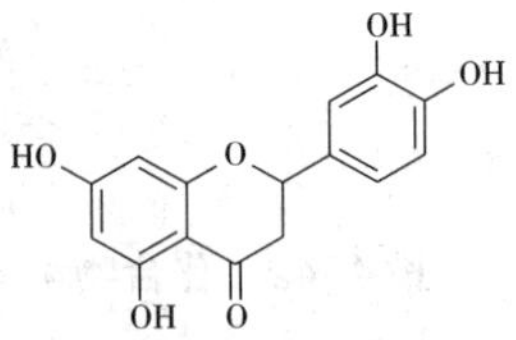　　D.

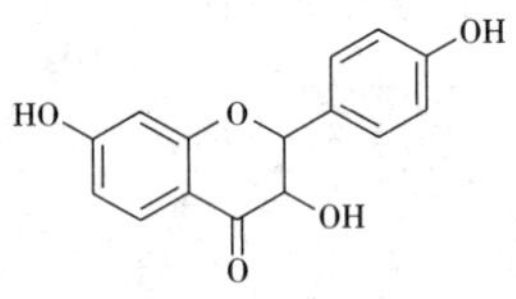

第五章　二萜类化合物

PPT

学习目标

通过本章学习，在二萜类化合物基本定义、结构类型基础上，掌握代表性化合物结构解析方法、步骤，具备解析多类型二萜化合物能力，能够鉴定并解析相应类型的结构。

第一节　概　述

二萜（diterpenoids）是指骨架由4个异戊二烯单位构成，含20个碳原子的化合物类群，生物合成途径为甲戊二羟酸途径，由焦磷酸香叶基香叶酯衍生而成，几乎都呈环状结构。由于二萜类分子量较大，挥发性差，绝大多数不能随水蒸气蒸馏，个别挥发油中发现的二萜成分，也是在其高沸点馏分中。二萜多以树脂、内酯或苷等形式存在于自然界，属于二萜类的植物醇为叶绿素的组成部分，在绿色植物中广泛分布，植物的乳汁及树脂多以二萜类化合物为主成分，在松科中分布尤为普遍。除植物醇和二萜生物碱外，其他二萜类化合物在五加科、马兜铃科、菊科、橄榄科、杜鹃花科、大戟科、豆科、唇形科、防已科和茜草科等也有分布点。另在菌类的代谢物及海洋生物中也发现不少二萜类化合物，海洋生物中的二萜类化合物多存在于热带藻类和腔肠动物柳珊瑚和软珊瑚中。

二萜类化合物的生物、药理活性广泛，包括抗菌、抗病毒、抗溃疡、抗疟、抗癌等。当前作为单体制剂已经成功开发成为药物用于临床的代表性成分如紫杉醇、穿心莲内酯、冬凌草甲素等，以活性部位入药的如银杏内酯等。

第二节　二萜的生物合成及主要结构分类

二萜化合物是由焦磷酸香叶基香叶酯（geranylgeranyl pyrophosphate，CGPP）衍生而成，GGPP脱去焦磷酸基形成环化正碳离子后，经反式1,2-加成或移位反应，即可衍生成各种二萜类化合物。二萜的主要结构类型及生源关系如下所示。二萜化合物的结构按其分子中碳环的多少分为无环（链状）、单环、双环、三环、四环及五环等类型化合物，天然无环及单环二萜较少，双环及三环二萜数量较多。双环二萜有半日花烷型（labdane）二萜、克罗烷（clerodane）二萜、银杏内酯（ginkgolide）等；三环二萜主要有松香烷（abietane）、海松烷型（pimarane）、玫瑰烷（rosane）、卡萨烷（cassane）、dolabrane、闭花木烷（cleistanthane）、桃拓烷（totarane）、海绵烷（spogiann）、壳梭孢菌素（fusicoccin）、意烯萜烷型（icetexane）、罗汉松烷（podocarpane）、5/7/6型、5/6/7环系二萜等；四环二萜包括贝叶烷（beyeane）、贝壳杉烷（kaurane）、赤霉烷（gibberellane）、阿替生烷（atisane）及乌头烷（aconane）等骨架的二萜及其对映体。其中，四环二萜包括对映体，如对映-贝壳杉烷（*ent*-kaurane）、对映-赤霉烷（*ent*-gibberellane）、对映-阿替烷（*ent*-atisane）及对映-乌头烷（*ent*-aconane）的骨架化合物在天然产物中也有较多发现。

近年来二萜类的研究进展也较快，天然存在的二萜化合物骨架有126种，通过天然产物辞典（dictionary of natural products，http：//dnp.chemnetbase.com）数据库检索发现有18000余种二萜类化合物。

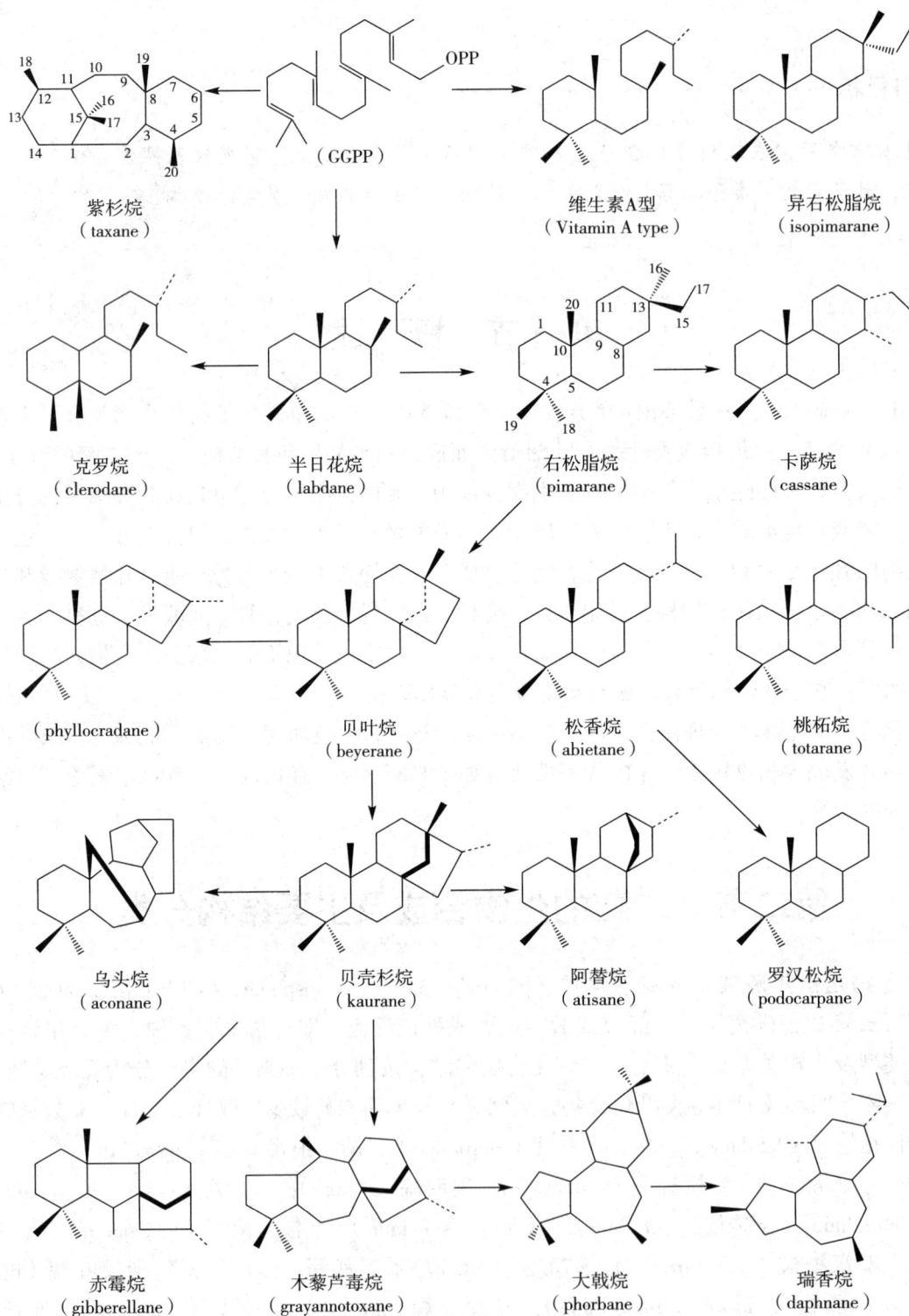

紫杉烷（taxane） （GGPP） 维生素A型（Vitamin A type） 异右松脂烷（isopimarane）

克罗烷（clerodane） 半日花烷（labdane） 右松脂烷（pimarane） 卡萨烷（cassane）

（phyllocradane） 贝叶烷（beyerane） 松香烷（abietane） 桃柘烷（totarane）

乌头烷（aconane） 贝壳杉烷（kaurane） 阿替烷（atisane） 罗汉松烷（podocarpane）

赤霉烷（gibberellane） 木藜芦毒烷（grayannotoxane） 大戟烷（phorbane） 瑞香烷（daphnane）

二萜类化合物的骨架类型及生物合成途径

本章主要列举几种较为常见的二环二萜、三环二萜类、四环二萜化合物的解析过程，并对其核磁谱特点进行总结。

第三节　内酯型双环二萜

内酯型双环二萜内酯类化合物一般都含有五元 α,β-不饱和内酯环结构，具有半日花烷（*ent*-labdane）的双环骨架结构，两个结构片段通过两个碳原子相连接，这两个碳原子可以是 sp^3 杂化的也可以是 sp^2 杂化。不饱和内酯环、环外双键以及醇羟基等基团，在红外光谱中都可显示其特征吸收峰。立体化学研究中，利用X射线单晶衍射确定穿心莲内酯的绝对构型为：A、B两个六元环为反式稠合，20位角甲基为 α 取向，5位氢为 β 取向，9位氢为 β 取向。

化合物5-1结构解析

白色粉末（甲醇），$[\alpha]_D^{25}$ +50.0°（c 0.10，MeOH）；（+）HR-EI-MS显示其准分子离子峰为385.1955 $[M+Na]^+$（计算值为385.1955），分子式为 $C_{21}H_{30}O_5$。该化合物的IR（KBr，cm^{-1}）、^1H-NMR（$CDCl_3$，600MHz）、^{13}C-NMR（$CDCl_3$，150MHz）、HSQC、HMBC、NOESY谱图如下，试解析其结构。

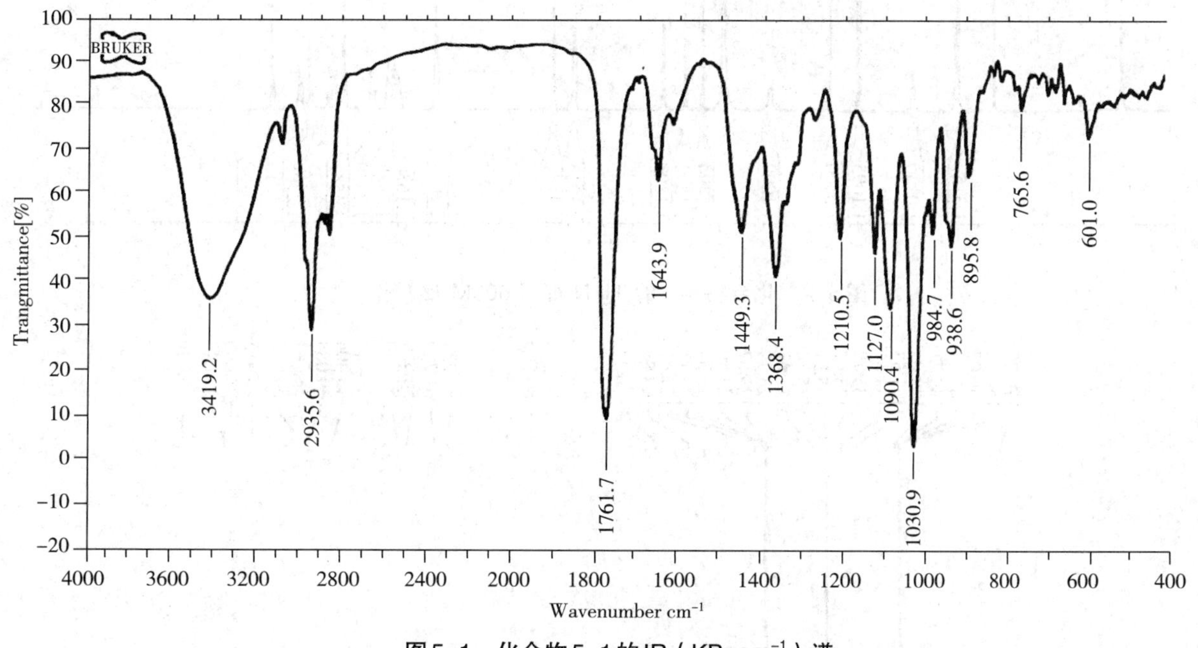

图5-1　化合物5-1的IR（KBr,cm^{-1}）谱

答案：3α，18-dihydroxy-15-methoxy-8（17）,11,13-*ent*-labdatrien-16,15-olide，结构如下，其核磁共振数据见表5-1。

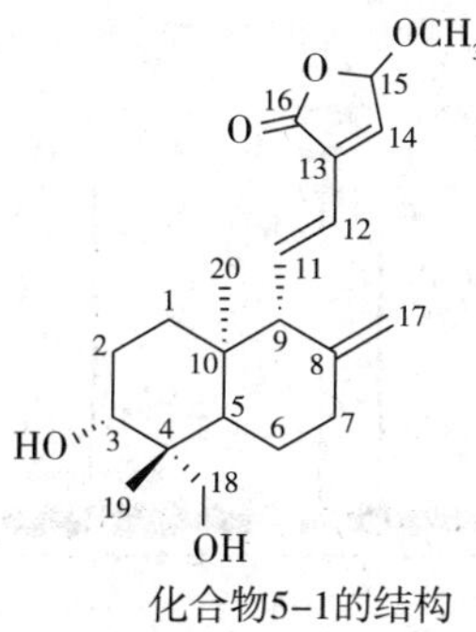

化合物5-1的结构

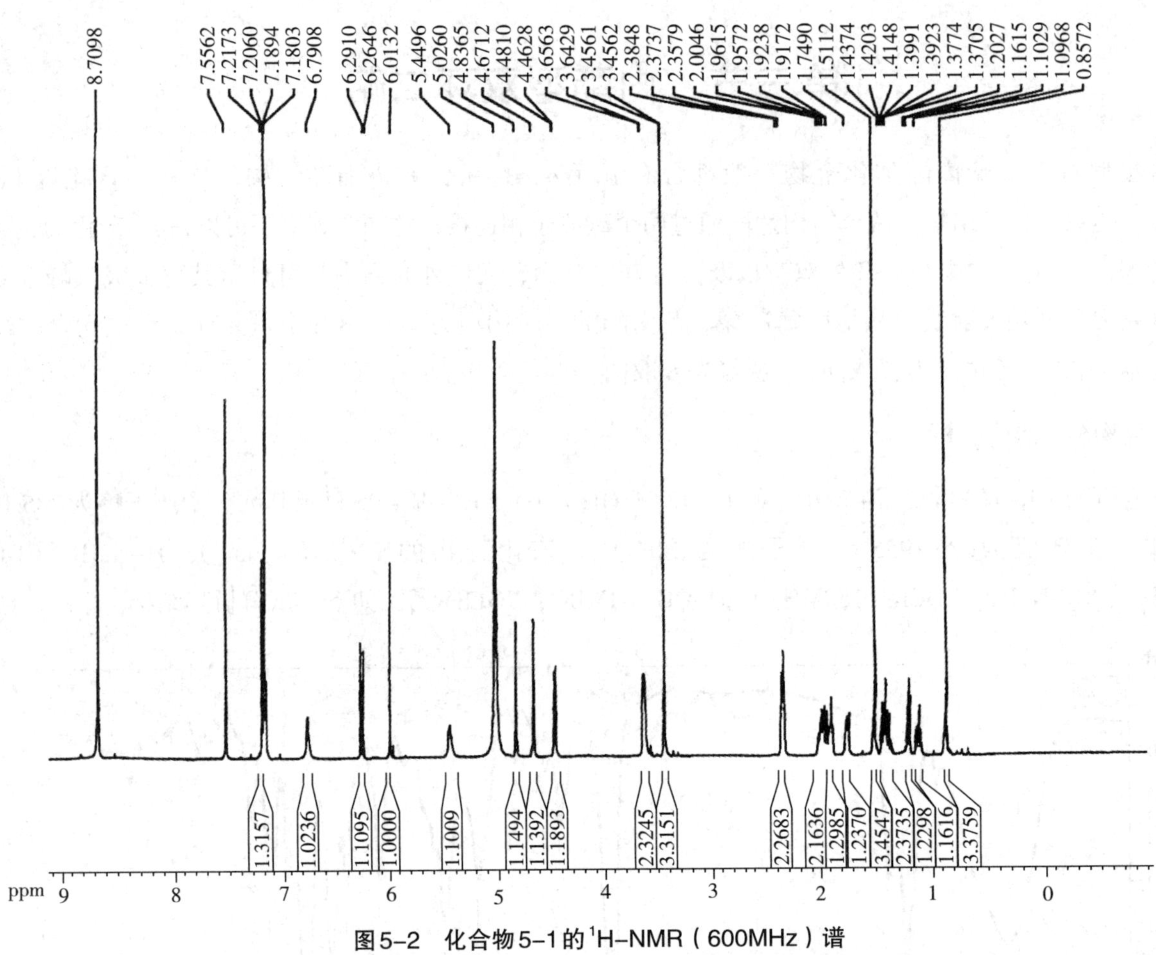

图5-2　化合物5-1的^{1}H-NMR（600MHz）谱

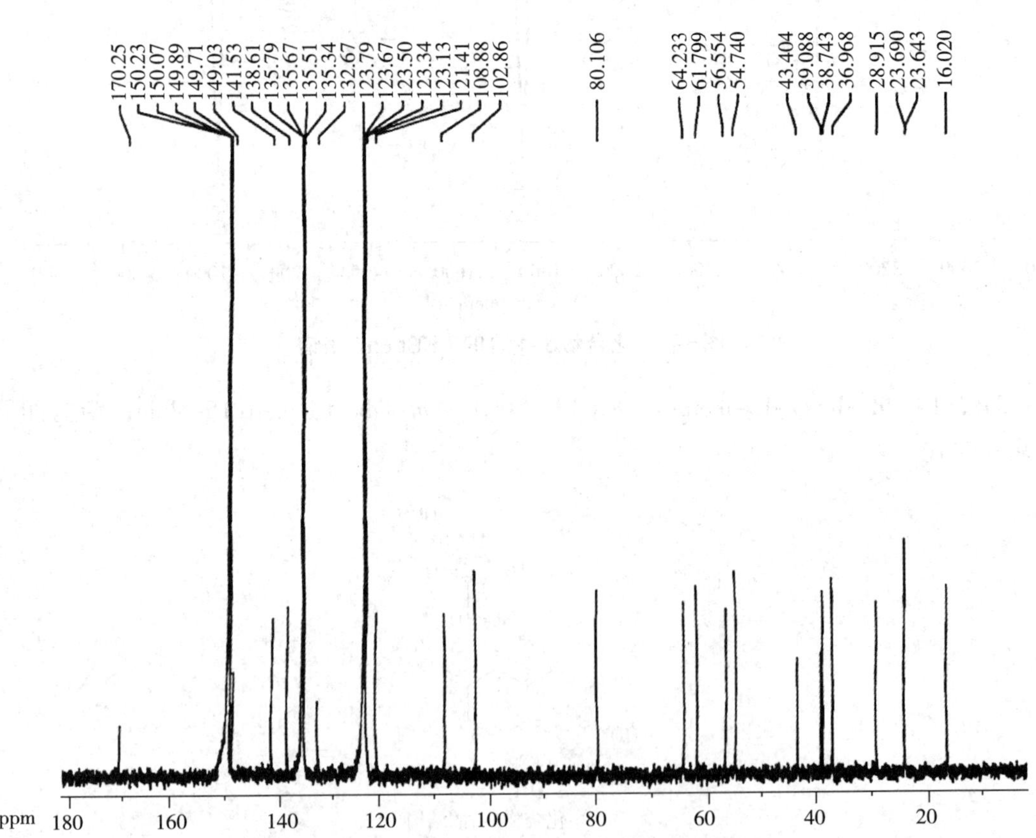

图5-3　化合物5-1的^{13}C-NMR（150MHz）谱

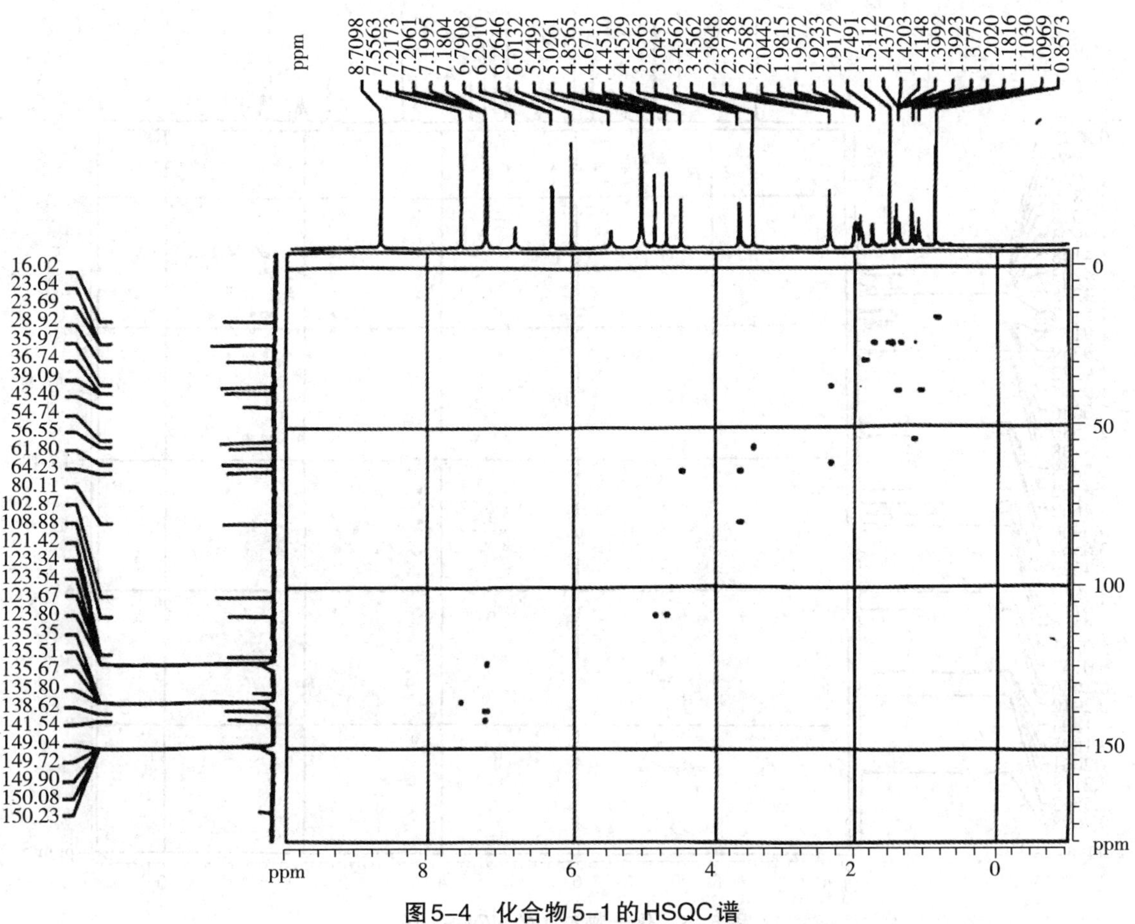

图5-4　化合物5-1的HSQC谱

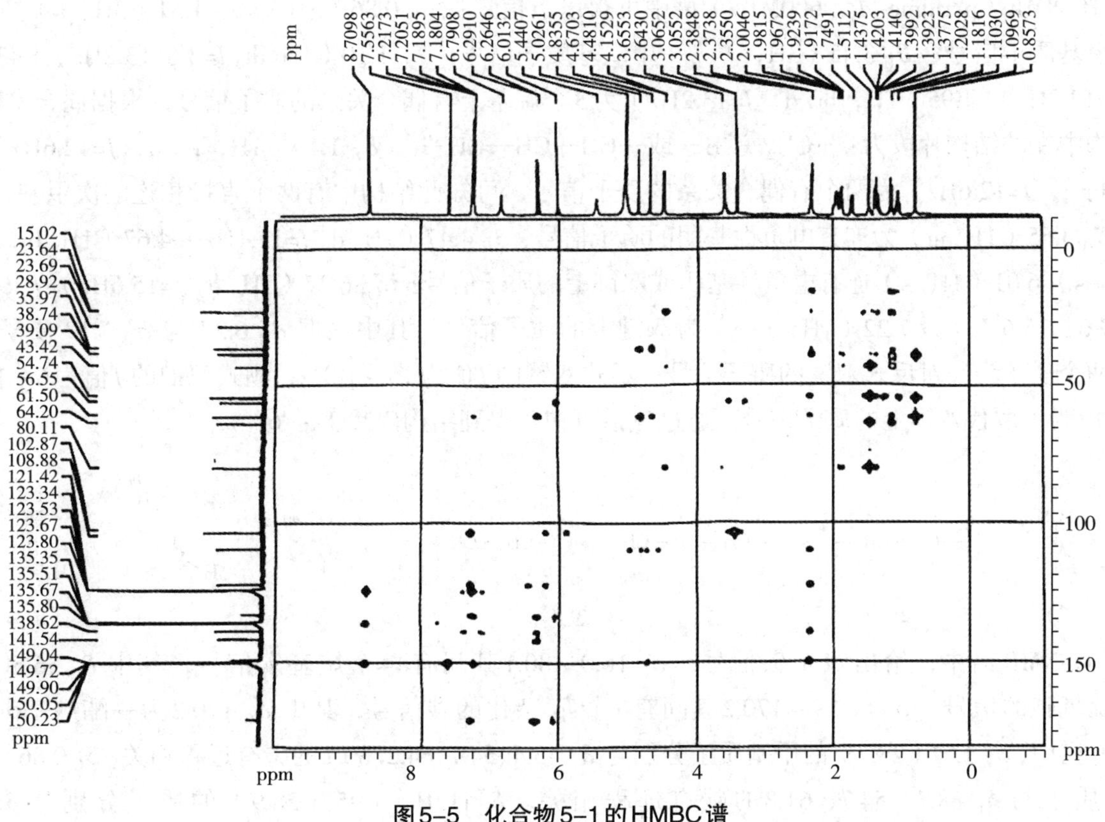

图5-5　化合物5-1的HMBC谱

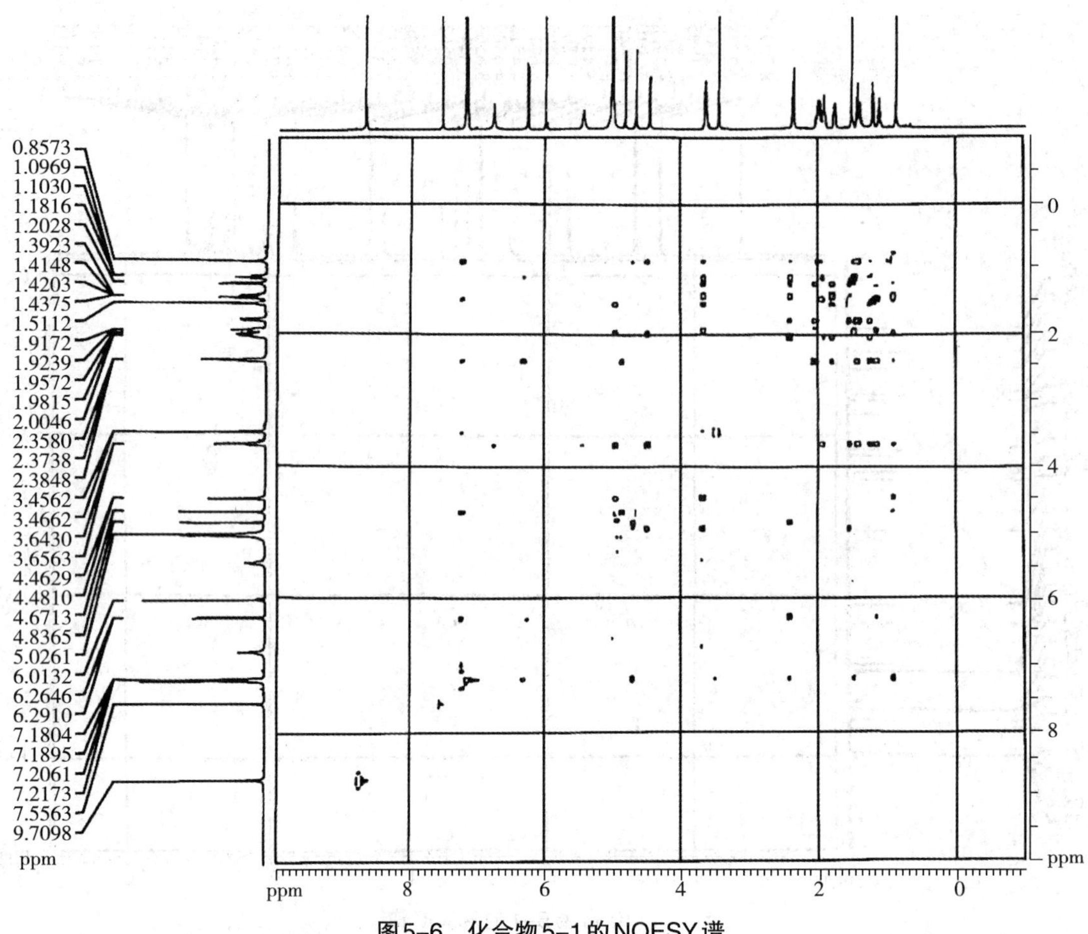

图5-6　化合物5-1的NOESY谱

在^{1}H-NMR（pyridine-d_5，600MHz）谱中可得以下信息：δ_H 0.86（3H，s）、1.51（3H，s）为2个季碳上的甲基质子信号；δ_H 3.45（3H，s）为一甲氧基质子信号；δ_H 1.10（1H，dt，J=3.6，13.2Hz）、1.43（1H，br.d，J=13.2Hz）、1.95（1H，br. d，J=13.2Hz）为3个烷基上有偶合关系的质子信号，根据偶合常数初步推测结构中在的结构片段为：—CH_2—CH—或—CH—CH—CH—；δ_H 1.19（1H，br. d，J=12.6Hz）、1.76（1H，br.d，J=12.6Hz）为两个有偶合关系的质子信号，可知此结构中有两个直接相连的次甲基：-CH-CH-；δ_H 3.65（1H，m）为连有电负性基团的质子信号，δ_H 4.47（1H，d，J=11.1Hz），4.67（1H，br.s），4.84（1H，br.s），6.01（1H，s）连有电负性基团或双键上的质子信号：δ_H 6.27（1H，d，J=15.6Hz），7.19（1H，dd，J=9.6，15.6Hz）及7.22（1H，br.s）为双键上的质子信号，其中根据δ_H 6.27与δ_H 7.19质子的J值可知此两个质子为一对反式双键的质子信号（反式双键的J值为15～18Hz，顺式双键的J值为6～12Hz），δ_H 7.22应为三取代双键上的质子信号。通过氢谱可初步得到结构碎片①～⑥。

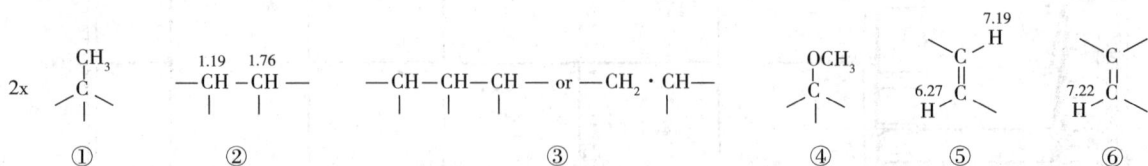

2x CH_3–C<　　—CH(1.19)—CH(1.76)—　　—CH—CH—CH— or —CH_2·CH—　　OCH_3–C<　　C(7.19 H)=C(6.27 H)　　C=C(7.22 H)

①　②　③　④　⑤　⑥

在^{13}C-NMR谱中，给出21个碳信号，δ_C 16.0～80.1其间有14个烷基碳信号，其中δ_C 56.5、64.2、80.1为烷氧碳的信号，δ_C 102.9～170.2其间有7个sp^2杂化的碳信号，其中δ_C 170.2为一酯羰基碳信号。在HMBC谱中，δ_C 1.51（23.7）的甲基质子分别与δ_C 43.4、54.7、64.2、80.1的碳有远程相关，δ_C 0.86（3H，s）的甲基质子与δ_C 38.7、54.7、61.8的碳有远程相关，δ_C [1.91，1.95]（28.9）的质子分别与δ_C 39.1、

43.4、80.1的碳有远程相关，δ_C 4.47、3.65（64.2）的质子分别与 δ_C 23.7、43.4、54.7、80.1的碳有远程相关，得出结构片段A；而末端双键上的烯氢质子 δ_C 4.67、4.84（108.9）与 δ 37.0、61.8的碳有远程相关，δ_C 1.98、2.38（37.0）的质子与 δ_C 54.7、61.8的碳有远程相关，δ_C 1.19（54.7）的质子与 δ_C 23.6的碳有远程相关，可得结构片段B；通过共用碳原子 δ_C 54.7、61.8将片段A、B进行连接，得出结构片段C。

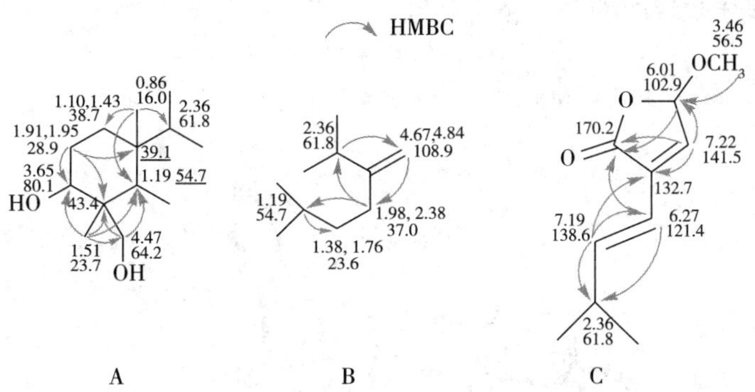

在HMBC谱中亦可得出如下信息：反式双键上的烯氢质子 δ_H 7.19（138.6）分别与 δ_C 61.8、121.4、132.7的碳信号有远程相关；δ_H 6.27（121.4）的质子分别与 δ_C 61.8、138.6、170.2的碳有远程相关；而 δ_H 7.22（141.5）的烯氢质子分别与 δ_C 102.9、132.7、170.2的碳有远程相关，δ_H 6.01（102.9）的质子分别与 δ_C 170.2的碳有远程相关，结合甲氧基质子 δ_H 3.46（56.5）与 δ_C 102.9的碳有相关，可得结构片段D；片段C及D通过共用碳原子 δ_C 61.8进行连接，即得出此化合物的平面结构F，碳氢信号归属见表5-1。

表5-1　化合物5-1的核磁共振数据

Position	^{1}H-NMR（J in Hz）	^{13}C-NMR	Position	^{1}H-NMR（J in Hz）	^{13}C-NMR
1	1.10（1H，dt，13.2，3.6） 1.43（1H，br. d，13.2）	38.7	12	6.27（1H，d，15.6）	121.4
2	1.91（1H，m） 1.95（1H，br. d，13.2）	28.9	13	—	132.7
3	3.65（1H，m）	80.1	14	7.22（1H，br. s）	141.5
4	—	43.4	15	6.01（1H，s）	102.9
5	1.19（1H，br. d，12.6）	54.7	16	—	170.2
6	1.38（1H，m） 1.76（1H，br. d，12.6）	23.6	17	4.84（1H，br. s） 4.67（1H，br. s）	108.9
7	1.98（1H，dt，13.8，6.6） 2.38（1H，m）	37.0	18	4.47（1H，d，10.9） 3.65（1H，o）	64.2
8	—	149.0	19	1.51（3H，s）	23.7
9	2.36（1H，br. d，10.5）	61.8	20	0.86（3H，s）	16.0
10	—	39.1	20-OCH_3	3.46（3H，s）	56.5
11	7.19（1H，dd，15.6，9.6）	138.6			

注：* 测试溶剂为pyridine-d_5。

相对构型的确定：在NOESY谱中，H-20（0.86）与H-18、H-2a、H-6a、H-11有NOE相关，18-CH_2OH与H-2a和H-6a有NOE效应，可以确定20-CH_3及18-CH_2OH同时处于a键；H-1a与H-9有相关，故H-9处于a键；3-H与19-CH_3、H-1a、H-5a有NOE效应，确定H-3处于a键，3-OH处于e键，由此确定了此化合物的相对构型。综合上述信息，将此化合物鉴定为3α,18-dihydroxy-15-methoxy-8(17),11,13-*ent*-labdatrien-16,15-olide，为穿心莲内酯类二萜。

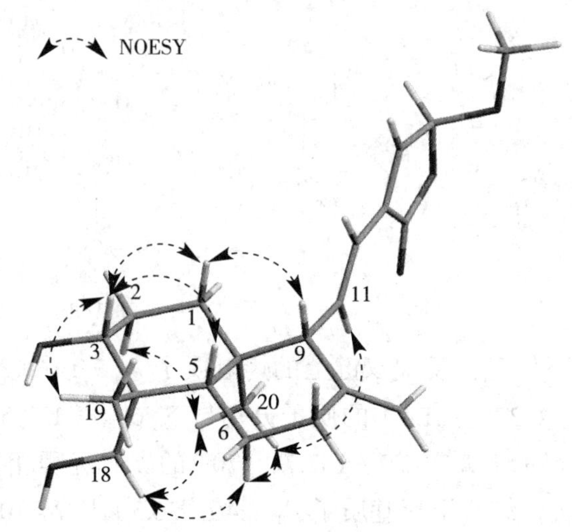

主要的NOE相关及化合物5-1的结构

化合物5-2结构解析

无色片状结晶（甲醇），m.p.207-208 ℃；$[\alpha]_D^{20}$ -27°（c 0.22，MeOH）；(+) HR-EI-MS显示其准分子离子峰为373.1992$[M+Na]^+$（计算值为373.1991），分子式为$C_{20}H_{30}O_5$，该化合物的IR（KBr，cm^{-1}）、^{1}H-NMR（$CDCl_3$，600MHz）、^{13}C-NMR（$CDCl_3$，150MHz）、HSQC、HMBC、NOESY谱图如下，试解析其结构。

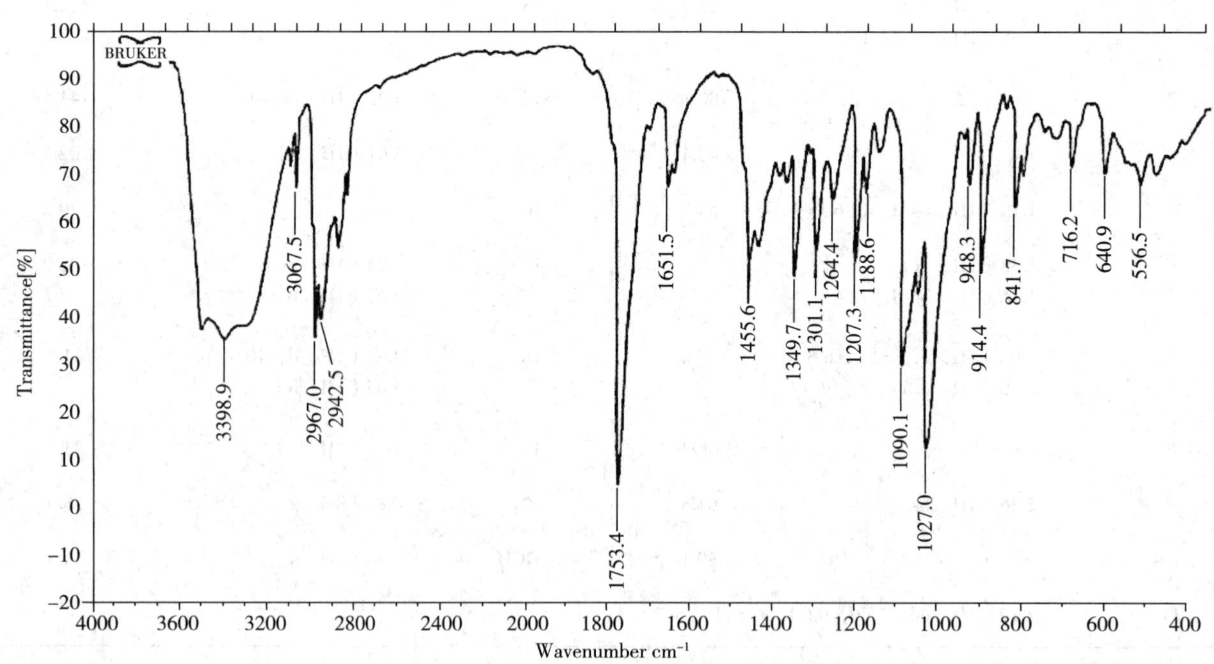

图5-7　化合物5-2的IR (KBr, cm^{-1})谱

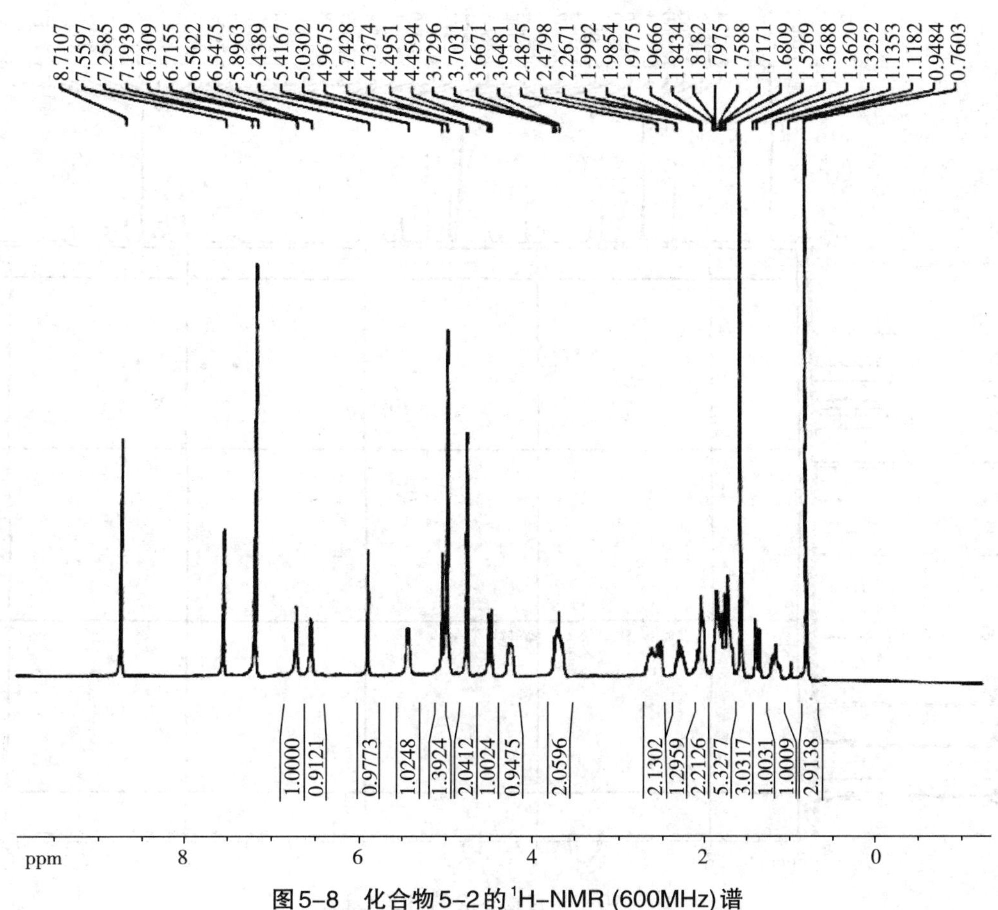

图5-8　化合物5-2的 ^{1}H-NMR (600MHz) 谱

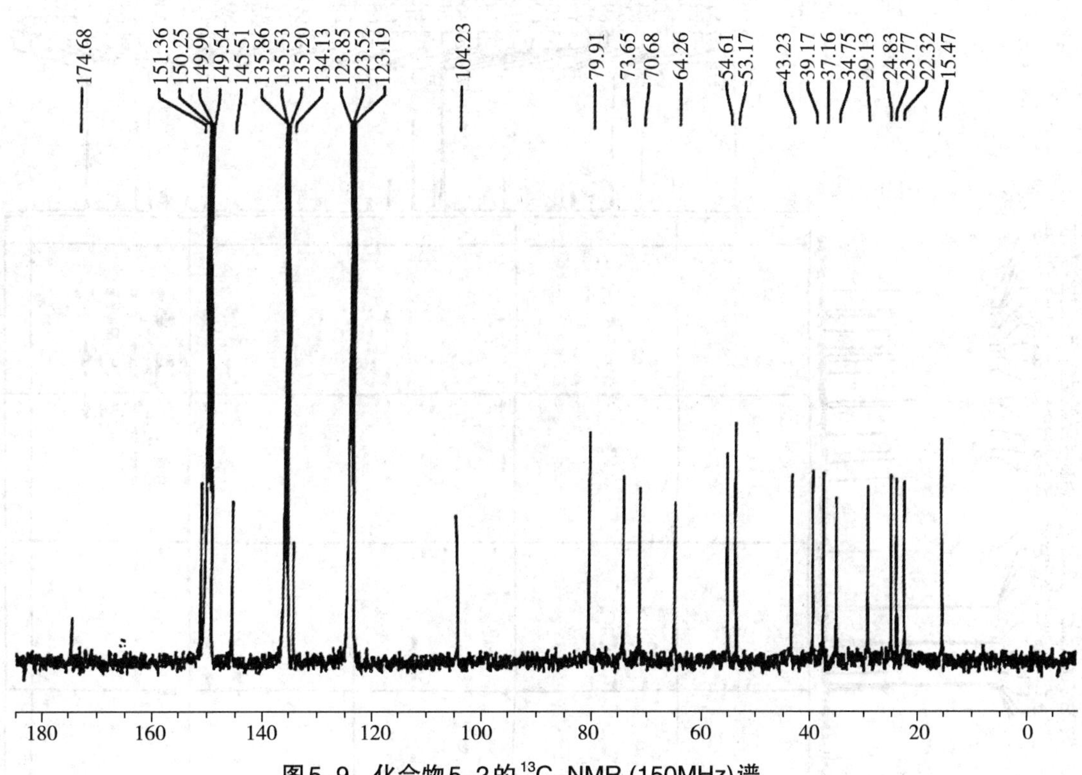

图5-9　化合物5-2的 ^{13}C-NMR (150MHz) 谱

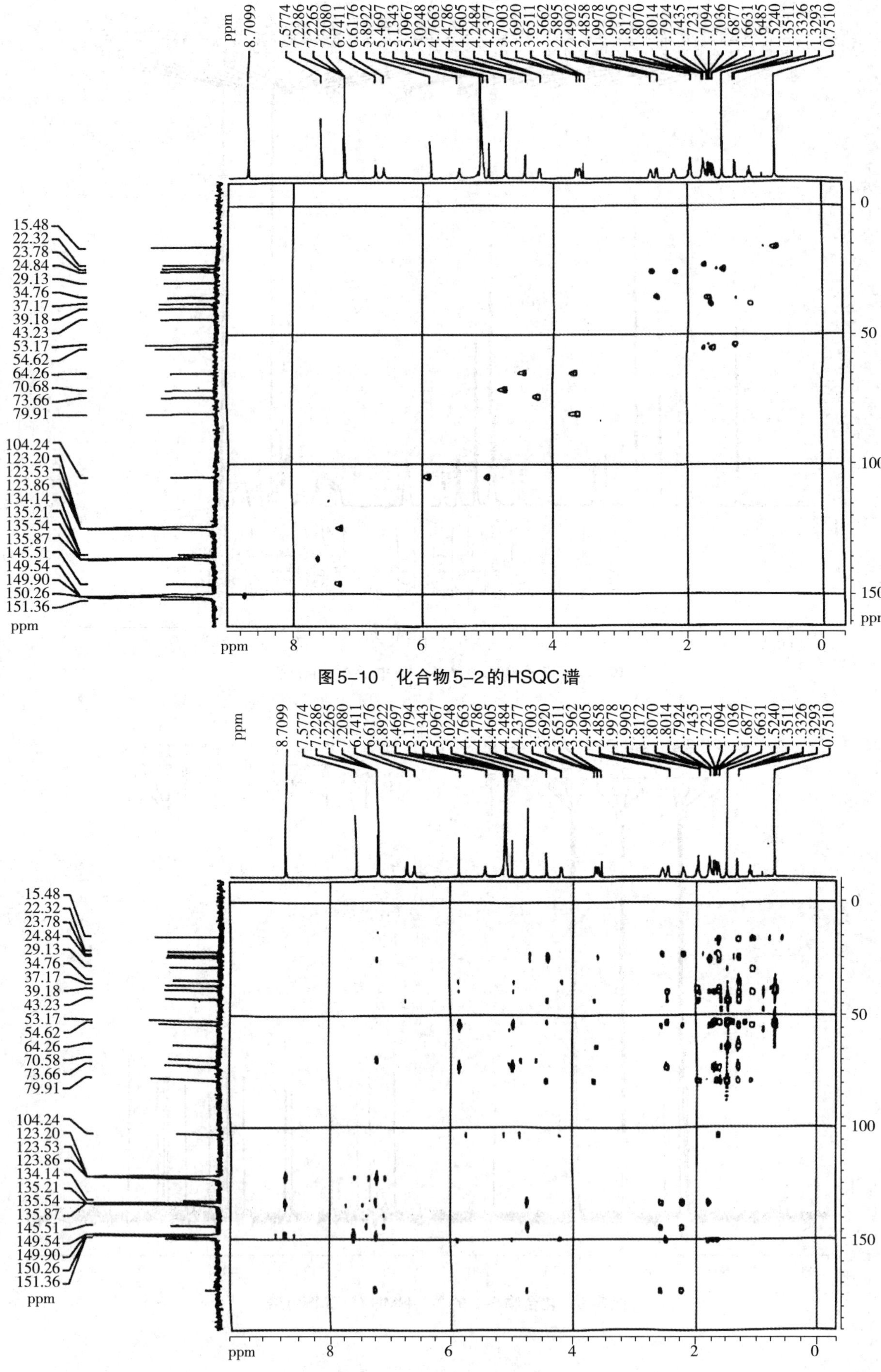

图5-10　化合物5-2的HSQC谱

图5-11　化合物5-2的HMBC谱

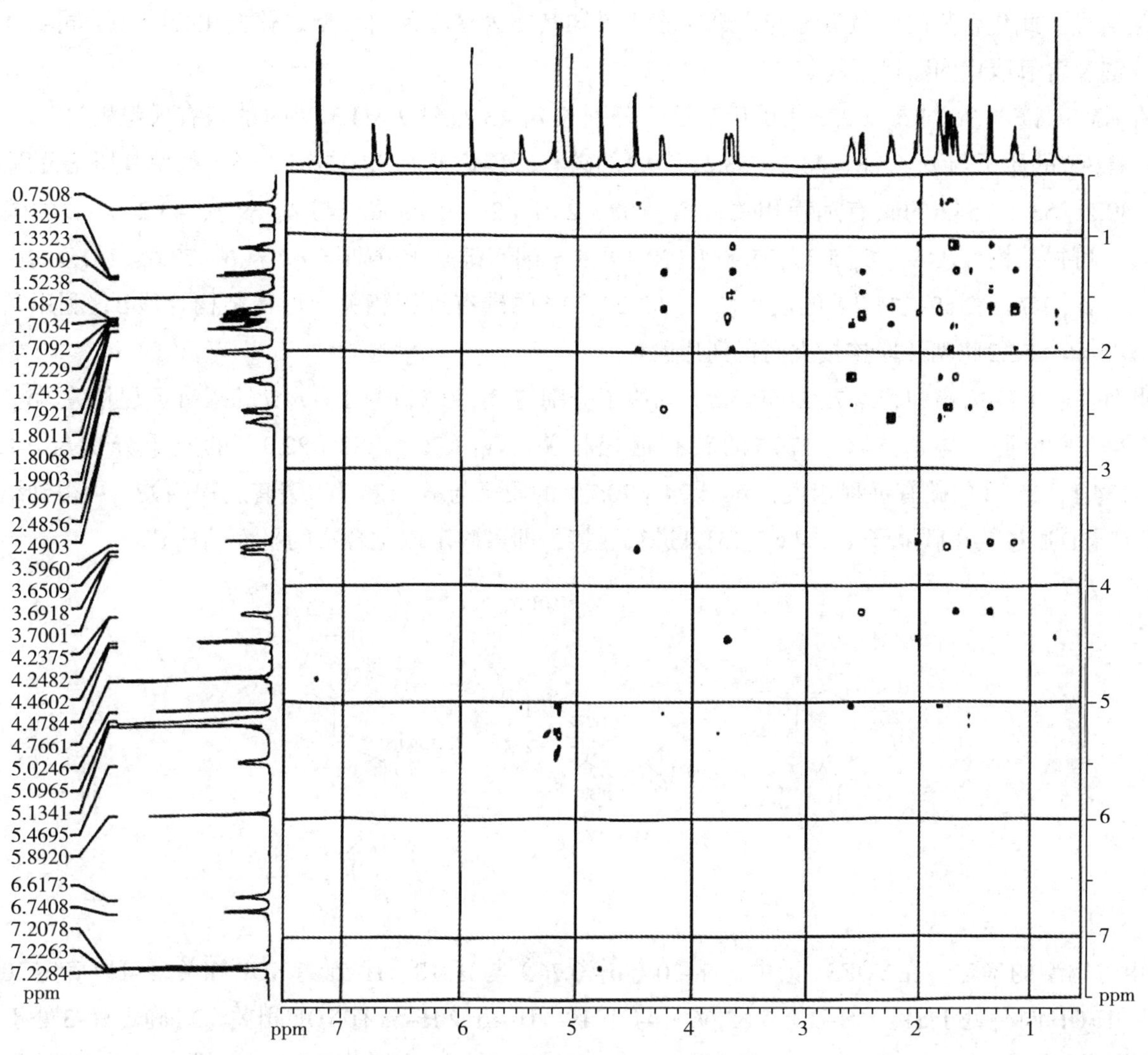

图5-12　化合物5-2的NOESY谱

答案：（7*R*）-羟基-14-去氧穿心莲内酯，结构如下，其核磁共振数据见表5-2。

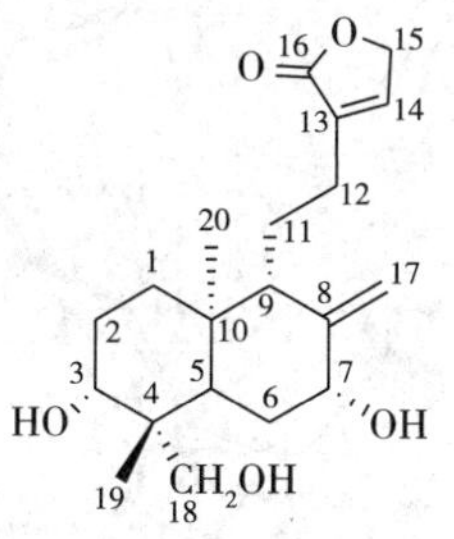

化合物5-2的结构

在^{1}H-NMR（pyridine-d_5，600MHz）谱中可得以下信息：δ_H 0.76（3H，s）、1.53（3H，s）为2个季碳上的甲基质子信号；δ_H 3.66（2H，m）、4.25（1H，br. s）、4.74（2H，br. s）、4.47（1H，d，*J*=10.8Hz）为烷氧碳上的质子或烯氢质子信号；δ_H 5.03（1H，s）、5.90（1H，s）、7.22（1H，br. s）为双键上的质子信号。

^{13}C-NMR（pyridine-d_5，150MHz）谱给出20个碳信号，δ_C 15.5-79.9有15个烷基碳信号，其中δ_C 64.3，70.7，73.6，79.9为4个烷氧碳信号；δ_C 104.2-174.7有5个sp^{2}杂化的碳信号，其中δ_C 174.7为一酯

羰基碳信号。此化合物的碳氢数据与文献比较，可知其亦为穿心莲内酯型二萜类化合物，不同之处是结构中双键及含氧取代的数目不同。

在HMBC谱中，δ_H 1.53（23.8）的甲基质子分别与 δ_C 43.2、53.2、64.3、79.9的碳有远程相关，δ_H 3.66、4.47（64.3）的质子与 δ_C 23.8、43.2、53.2、79.9的碳有远程相关，δ_H 0.76（15.5）的甲基质子分别与 δ_C 37.2、39.2、53.2、54.6的碳有远程相关，δ_H 1.98、2.01（29.1）的质子与 δ_C 39.2、43.2、79.9的碳有远程相关，可得结构片段A；δ_H 5.03、5.90（108.4）的末端双键质子分别与 δ_C 54.6、73.6、151.4的碳有远程相关，δ_H 1.73、2.50（34.7）的质子与 δ_C 53.2、73.6的碳有远程相关，可得结构片段B；利用共用碳原子 δ_C 54.6、53.2将两片段连接进而得到片段C。

此外，在HMBC谱中，δ_H 7.22（145.5）的质子分别与 δ_C 70.7、134.1、174.7的碳有远程相关，δ_H 2.24、2.57（24.8）的质子与 δ_C 54.6、174.7的碳有远程相关，δ_H 1.79、1.82（22.3）的质子分别与 δ_C 54.6、24.8、134.1、151.1的碳有远程相关，δ_H 4.74（70.7）的质子与 δ_C 174.7的碳有远程相关，可得到结构片段D；C与D通过共用碳原子 δ_C 54.6、151.4进行连接，即可确定该化合物的平面结构F。

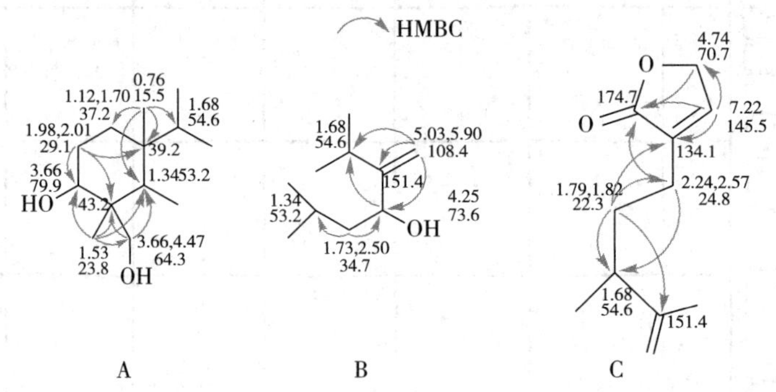

相对构型的确定：在NOESY谱中，H-20（δ_H 0.76）与H-18、H-2a有NOE相关，可以确定20-CH_3及18-CH_2OH同时处于a键，H-3（δ_H 3.66）与H-19、H-1a及H-5a有NOE相关，可确定H-3处于a键，3-OH处于e键，H-7（δ_H 4.25）与H-5（δ_H 1.34）有NOE相关，可确定H-7处于a键，而7-OH处于e键，从而确定了此化合物的构型，即（7*R*）-羟基-14-去氧穿心莲内酯，碳、氢数据归属见表5-2。

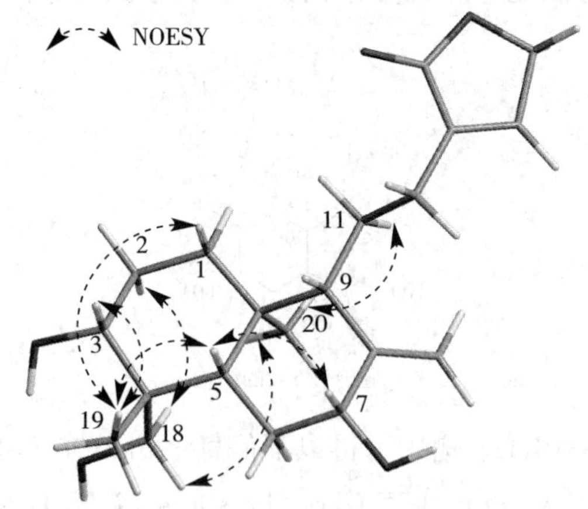

主要的NOE相关及化合物5-2的结构

表5-2　化合物5-2的核磁共振数据

Position	^{1}H-NMR (J in Hz)	^{13}C-NMR	Position	^{1}H-NMR (J in Hz)	^{13}C-NMR
1	1.12（1H，dt，5.1，12.6） 1.70（1H，m）	37.2	11	1.79（1H，m） 1.82（1H，m）	22.3
2	1.98（1H，m） 2.01（1H，m）	29.1	12	2.24（1H，m） 2.57（1H，m）	24.8
3	3.66（1H，m）	79.9	13	—	134.1
4	—	43.2	14	7.22（1H，br. s）	145.5
5	1.34（1H，dd，2.0，12.9）	53.2	15	4.74（2H，br. s）	70.7
6	1. 73（1H，br. d，10. 8） 2.50（1H，br. d，12. 9）	34.7	16	—	174.7
7	4.25（1H，dd，5.4，10.8）	73.6	17	5.03（1H，br. s） 5.90（1H，br. s）	104.2
8	—	151.4	18	4.47（1H，d，10.8） 3.66（1H，m）	64.3
9	1.68（1H，br. d，10.8）	61.8	19	1.53（3H，s）	23.8
10	—	39.2	20	0.76（3H，s）	15.5

* 测试溶剂为pyridine-d_5

化合物5-3结构解析

无色油状（甲醇），$[\alpha]_D^{25}$+39.9°　（c 0.60，MeOH）；（+）HR-EI-MS显示器准分子离子峰为401.1934 $[M+Na]^+$（计算值为401.1935），分子式为$C_{21}H_{30}O_6$，该化合物的IR（KBr，cm^{-1}）、^{1}H-NMR（$CDCl_3$，400MHz）、^{13}C-NMR（$CDCl_3$，100MHz）、HSQC、^{1}H-^{1}H COSY、HMBC、NOESY谱图如下，试解析其结构。

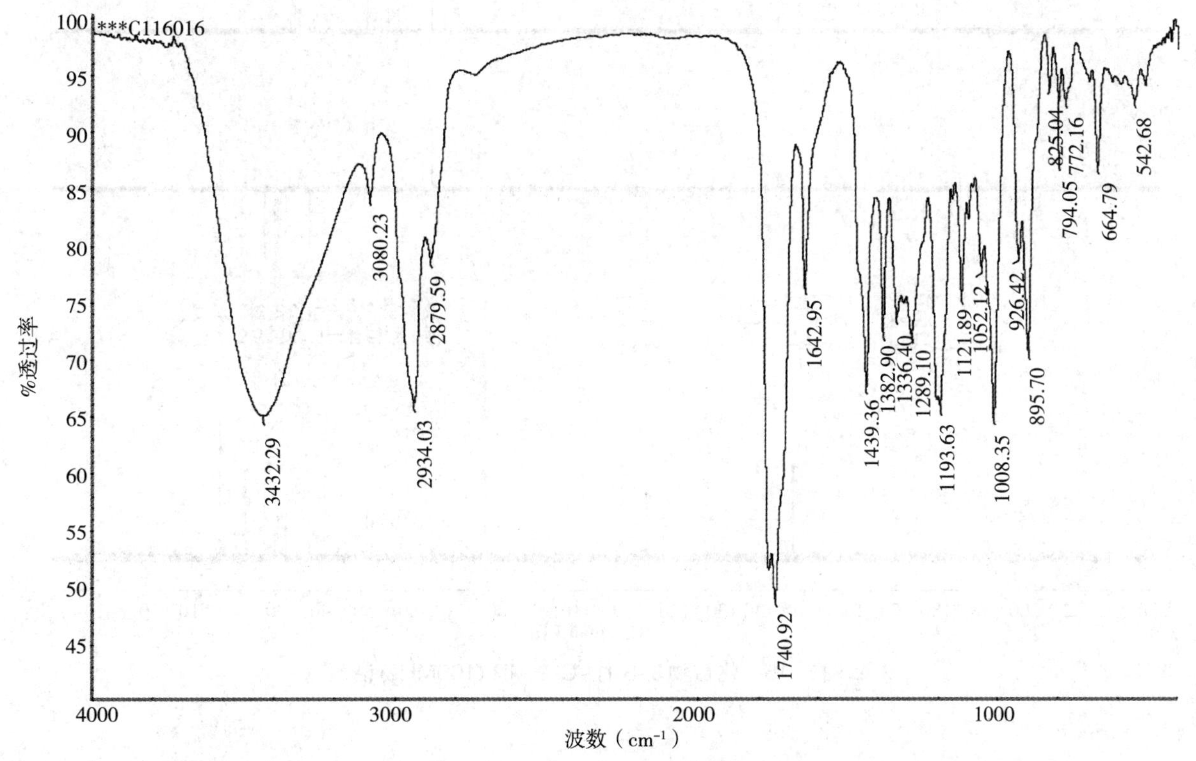

图5-13　化合物5-3的IR (KBr, cm^{-1}) 谱

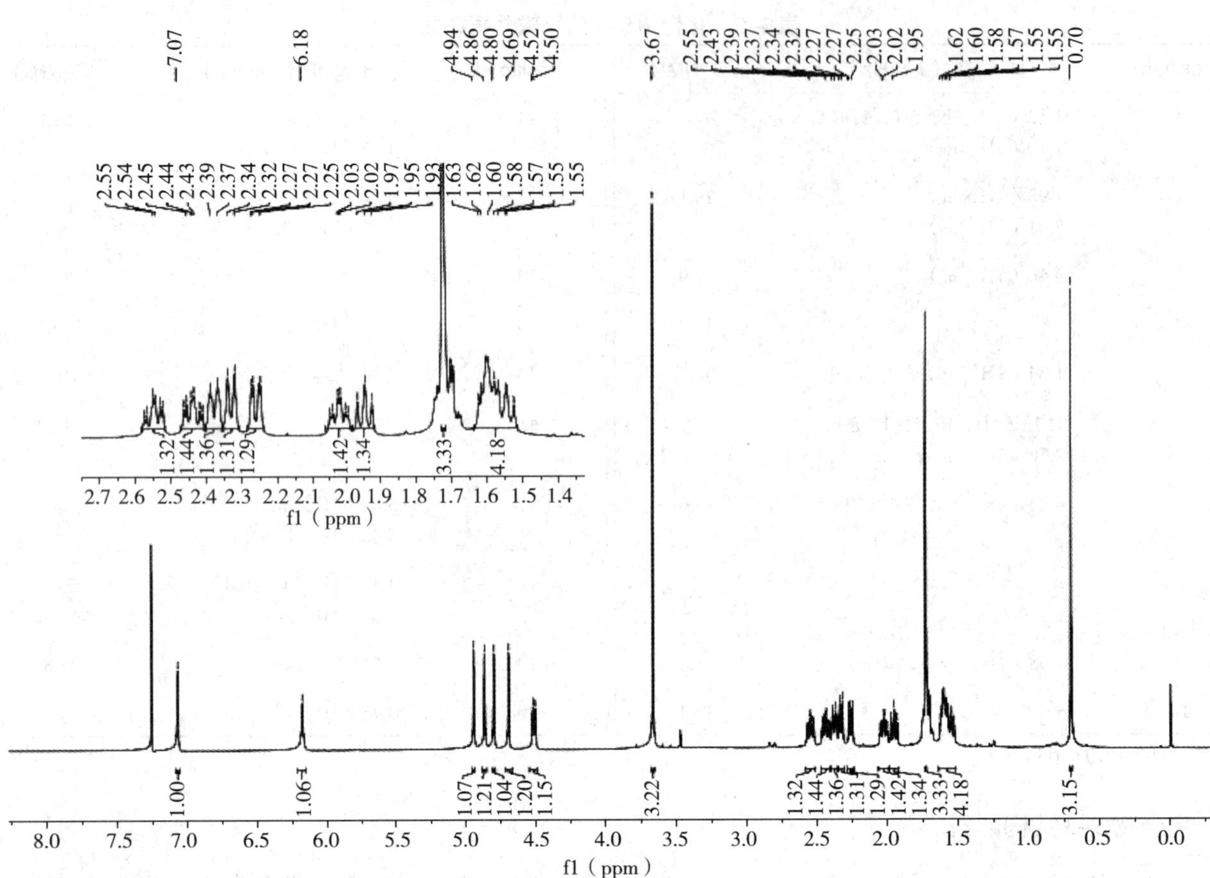

图5-14　化合物5-3的 ^{1}H-NMR (400MHz)谱

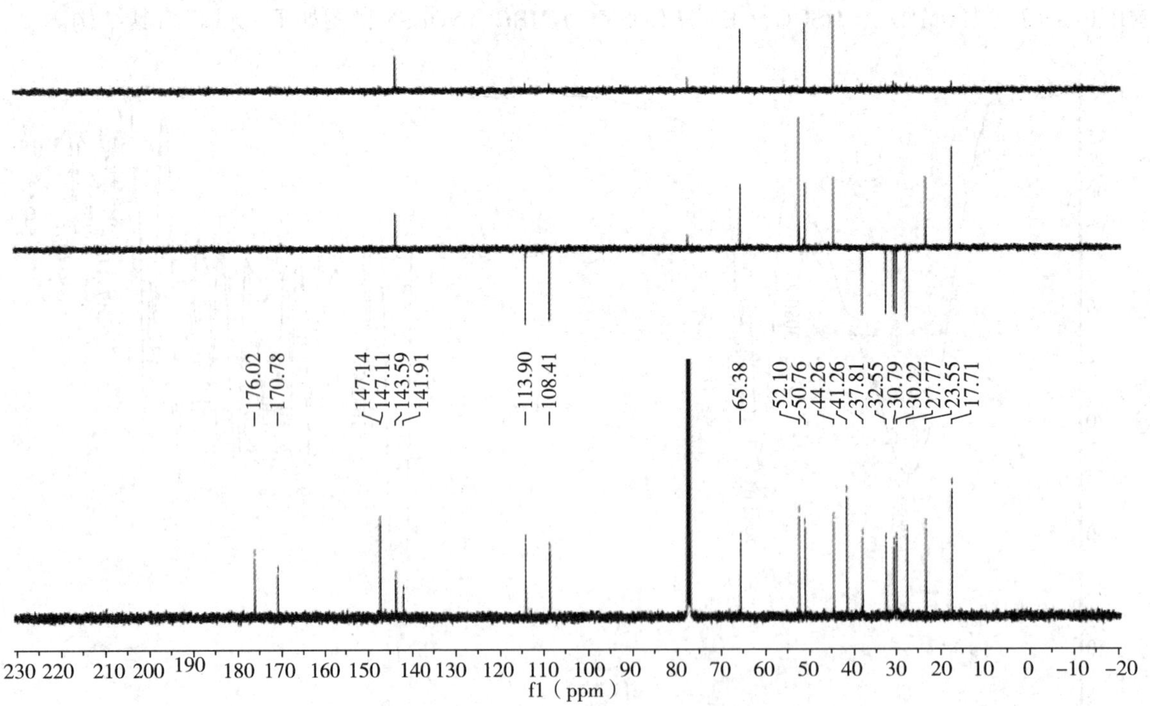

图5-15　化合物5-3的 ^{13}C-NMR (100MHz)谱

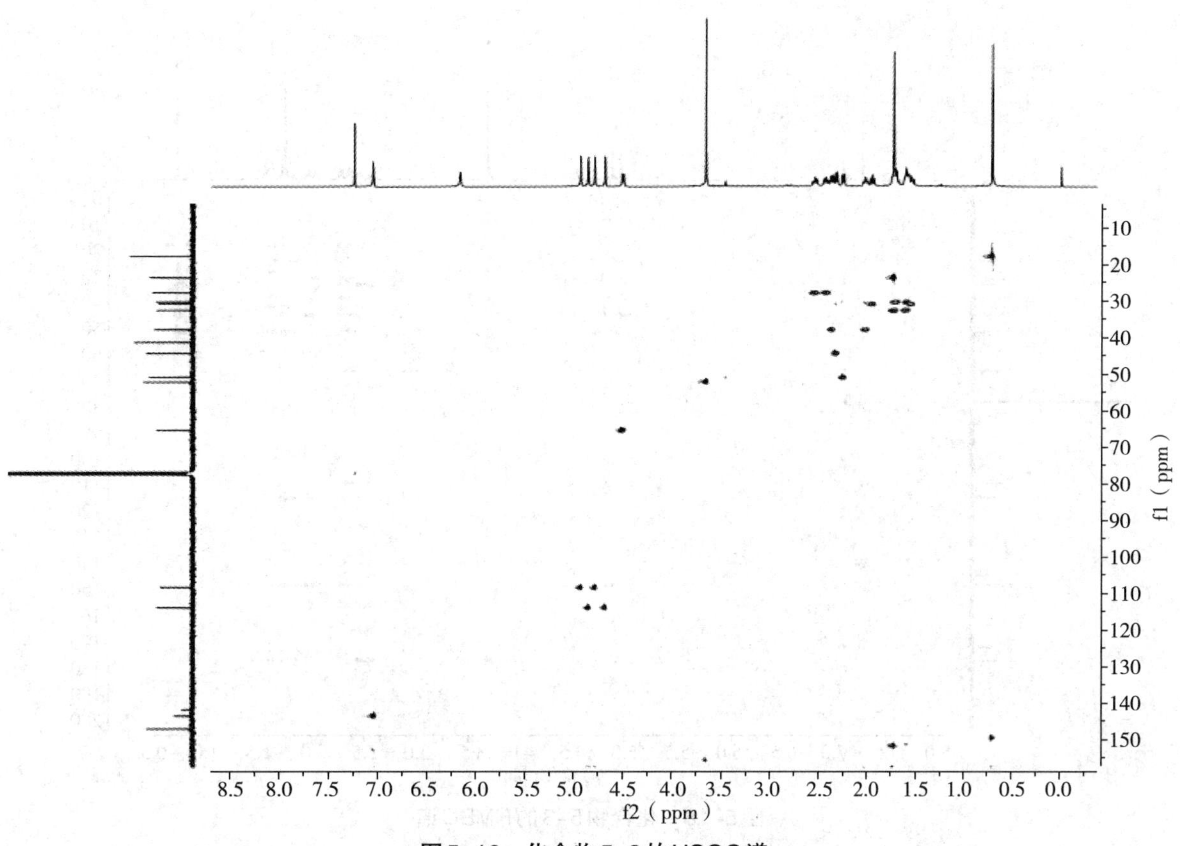

图5-16　化合物5-3的HSQC谱

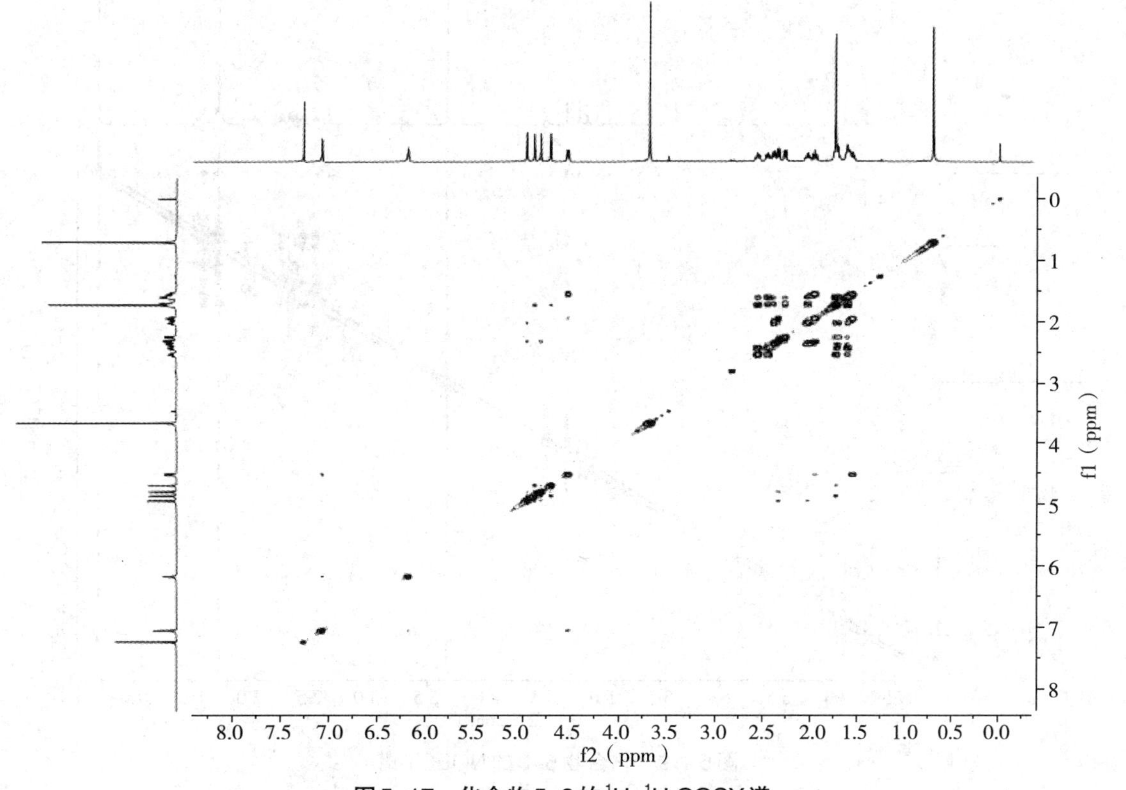

图5-17　化合物5-3的 $^{1}H-^{1}H$ COSY谱

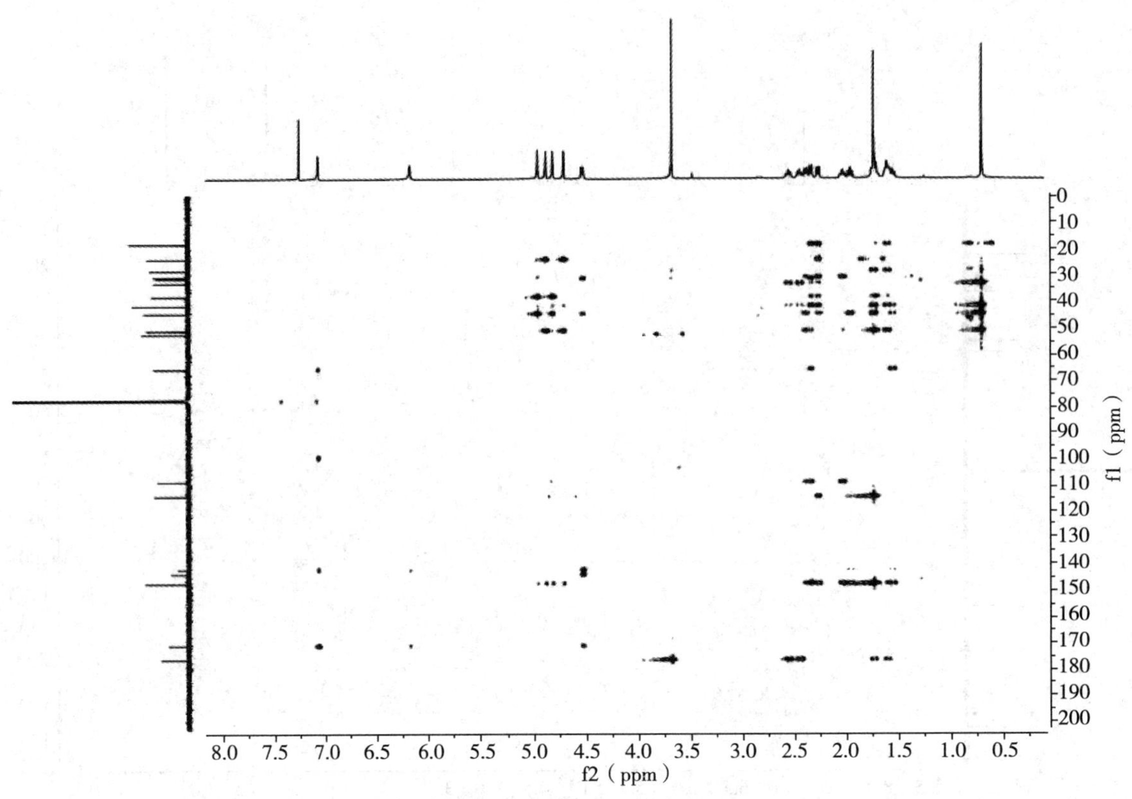

图5-18　化合物5-3的HMBC谱

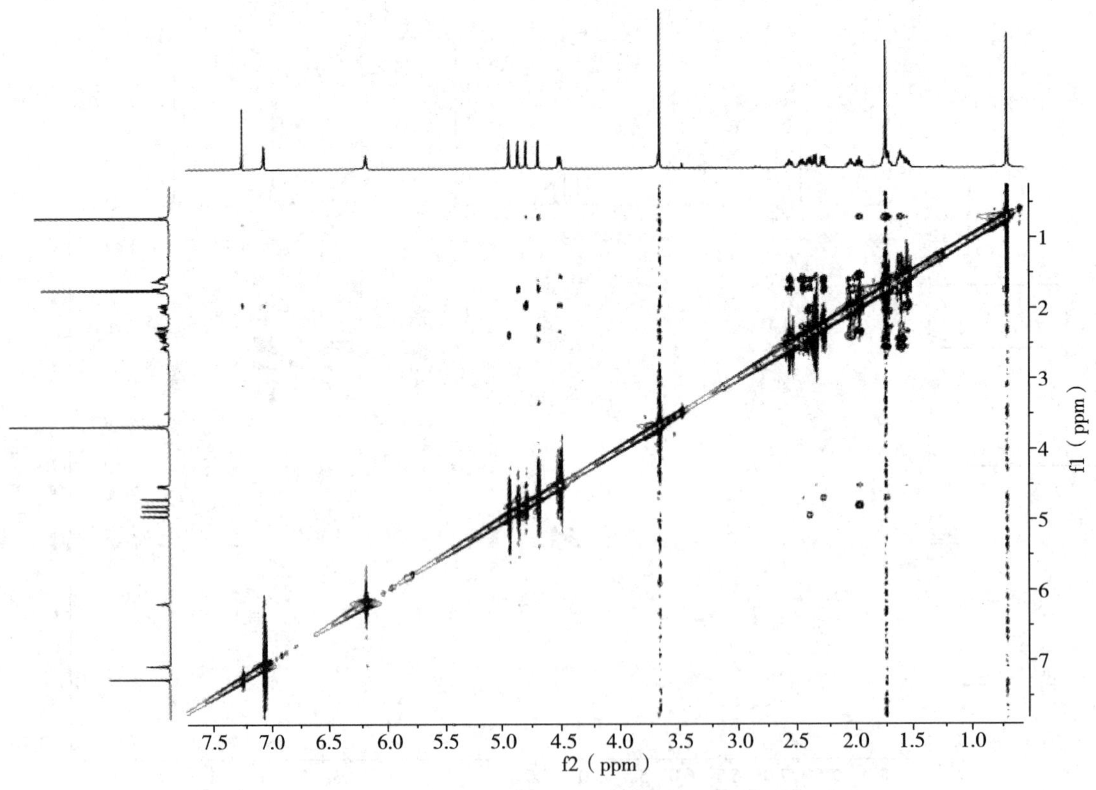

图5-19　化合物5-3的NOESY谱

解析思路：

1.对^{1}H-NMR（$CDCl_3$，600MHz）分析　δ_H: 0.70（3H，s）、1.62（3H，s）为2个甲基质子信号，δ_H 3.67（3H，s）为1个甲氧基的质子信号，δ_H 4.69（1H，s）、4.80（1H，s）、4.86（1H，s）、4.94（1H，s）为4个烯氢质子信号，δ_H 4.51（1H，d，J=10.5Hz）δ_H 6.18（1H，s）为连有电负性基团的质子信号，δ_H 7.07（1H，s）为具有芳香性环上的烯氢质子信号。

2.^{13}C-NMR（CD_3OD，150MHz）分析　碳谱中给出21个碳信号，结合DEPT谱，可知结构中含有3个甲基碳、7个亚甲基碳、5个次甲基碳、4个季碳信号、2个羰基碳信号。根据该化合物的碳谱、质谱，确定其为一分子的二萜。因二萜内酯中五元不饱和内酯环（C-13、14、15、16位）的特征碳信号在δ：128.0（季C）/140.0（C═C），145.0（CH/C═C），70.0（$\underline{C}H_2O$—）/100（—O$\underline{C}H_2O$—），172.0（酯羰基$\underline{C}OOR$）前后。结合^{1}H、^{13}C和HSQC谱，去除1分子甲氧基的碳信号，则在剩余20个碳信号中找到4个二萜内酯特征碳信号δ：98.8，141.9，143.6，170.8。结合其二维谱推测二萜内酯的母核结构。

答案：12*R*,16*S*-dihydroxy-15,16-olid-3,4-seco-labda-4(18),8(7),13(14)-trien-3-oic acid methyl ester（nudifloid D），结构如下，其核磁共振数据见表5-3。

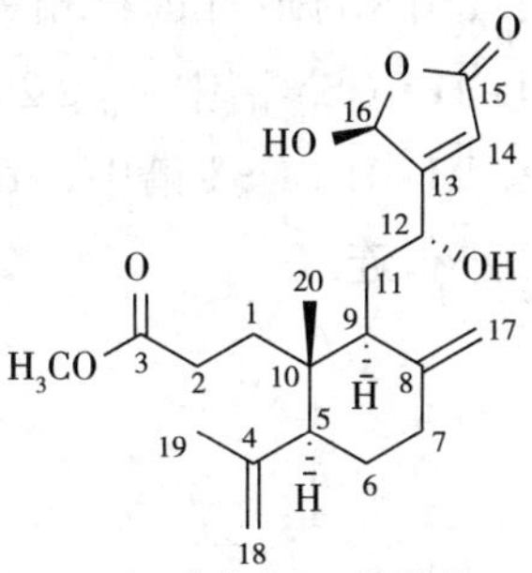

化合物5-3的结构

表5-3　化合物5-3的核磁共振数据

Position	^{1}H-NMR（J in Hz）	^{13}C-NMR	Position	^{1}H-NMR（J in Hz）	^{13}C-NMR
1	1.72（1H，m） 1.60（1H，m）	32.6	12	4.51（1H，d，10.5）	65.4
2	2.55（1H，m） 2.43（1H，m）	27.8	13	—	141.9
3	—	176.0	14	7.07（1H，s）	143.6
4	—	147.1	15	—	170.8
5	2.25（1H，m）	50.8	16	6.18（1H，s）	98.8
6	1.71（1H，m） 1.59（1H，m）	30.2	17	4.94（1H，s） 4.80（1H，s）	108.4
7	2.38（1H，m） 2.03（1H，td，13.0，4.8）	37.8	18	4.86（1H，s） 4.69（1H，s）	113.9
8	—	147.1	19	1.73（3H，s）	23.6
9	2.33（1H，d，11.5）	44.2	20	0.70（3H，s）	17.7
10	—	41.3	20-OCH_3	3.67（3H，s）	52.1
11	1.95（m） 1.56（m）	30.8			

注：* 测试溶剂为pyridine-d_5。

在^{1}H-NMR（pyridine-d_5，600MHz）谱中可得以下信息：δ_H 0.70（3H，s）为1个季碳上的甲基质子信号；1.62（3H，s）为1个烯碳上的甲基质子信号；δ_H 3.67（3H，s）为1个甲氧基质子信号；δ_H 4.69（1H，s）、4.80（1H，s）、4.86（1H，s）、4.94（1H，s）为4个端基烯氢信号；δ_H 4.51（1H，d，J=10.5Hz）为连氧叔碳上质子信号；δ_H 6.18（1H，s）为呋喃内酯环上的连氧质子信号；δ_H 7.07（1H，s）为呋喃内酯环上的烯氢质子信号。

在^{13}C-NMR谱中，给出21个碳信号，δ_C 176.0、170.8为2个酯羰基碳信号，δ_C 147.1×2、143.6、141.9、108.4、113.9为6个sp^{2}杂化的碳信号，δ_C 98.8、65.4、52.1为3个烷氧碳的信号，以及10个烷基碳信号。

在HMBC谱中，δ_H 1.72（32.6）、2.55（27.8）和3.67（52.1）的质子信号均与δ_C 176.0的碳有远程相关，得出结构片段A；δ_H 0.70（17.7）的甲基质子信号分别与δ_C 32.6、44.2、50.8、41.3的碳有远程相关，δ_H 1.73（23.6）的甲基质子信号分别与δ_C 50.8、113.9、147.1的碳有远程相关，δ_H 4.97/4.80（108.4）的端基烯烃质子信号分别与δ_C 37.8、44.2、147.1的碳有远程相关，得出结构片段B，通过共用碳原子δ 32.6将片段A、B进行连接；δ_H 4.51（65.4）的质子信号分别与δ_C 141.9、143.6的碳有远程相关，δ_H 6.18（98.8）的质子信号分别与δ_C 141.9、170.8的碳有远程相关，δ_H 7.07（143.6）的质子信号分别与δ_C 141.9、170.8的碳有远程相关，结合^{1}H-^{1}H COSY谱中δ_H 2.25（50.8）/1.71（30.2）/2.38（37.8）三个碳上的氢信号有相关，得出结构片段C。在^{1}H-^{1}H COSY谱中，δ_H 2.33（44.2）/1.95（41.3）/4.61（65.4）三个碳上的氢信号有相关，可将片段B、C进行连接。

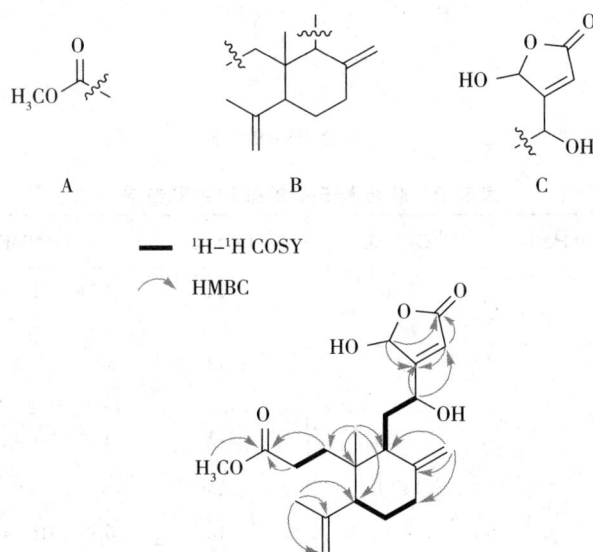

A　　B　　C

^{1}H-^{1}H COSY
HMBC

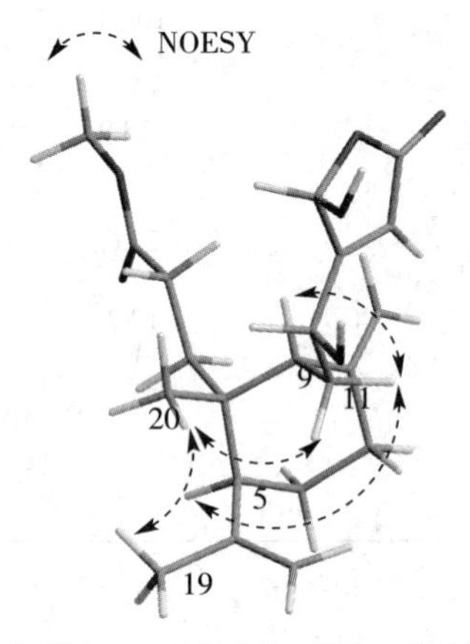

主要的NOE相关及化合物5-3的结构

相对构型的确定：在NOESY谱中，H-9（2.33）与H-5（2.25）、H-11α（1.95）有NOE相关，H-20（2.33）与H-11β（1.56）有NOE相关，提示H-5和H-9为α取向，H-20为β取向。由于2个醇羟基均在侧链上，无法用NOESY谱确定其相对构型，因此采用计算ECD的方法，对可能存在的构型进行计算，并与实测ECD值进行对比，由此确定了此化合物的绝对构型。综合上述信息，将此化合物鉴定为12*R*，16*S*-dihydroxy-15,16-olid-3,4-seco-labda-4（18）,8（17）,13（14）-trien-3-oic acid methyl ester，为半日花烷型二萜。

第四节　卡萨烷类化合物

卡萨烷二萜类化合物以三环或四环为主，母核结构中常含有3～5个甲基，多与季碳相连；C-5位大多有羟基取代；A、B环常有乙酰氧基或羟基取代；四环卡萨烷二萜的D环常为呋喃环或α，β-不饱和内酯环。

化合物5-4结构解析

白色粉末（甲醇），$[\alpha]_D^{20}$ -19°（c 0.5, MeOH）（+）HR-ESI-MS显示其准分子离子峰为303.2326 $[M+H]^+$（计算值为303.2319），分子式为$C_{20}H_{30}O_2$，其^{1}H-NMR（$CDCl_3$，600MHz）、^{13}C-NMR（$CDCl_3$，150MHz）、HSQC、HMBC、NOESY谱图如下，试解析其结构。

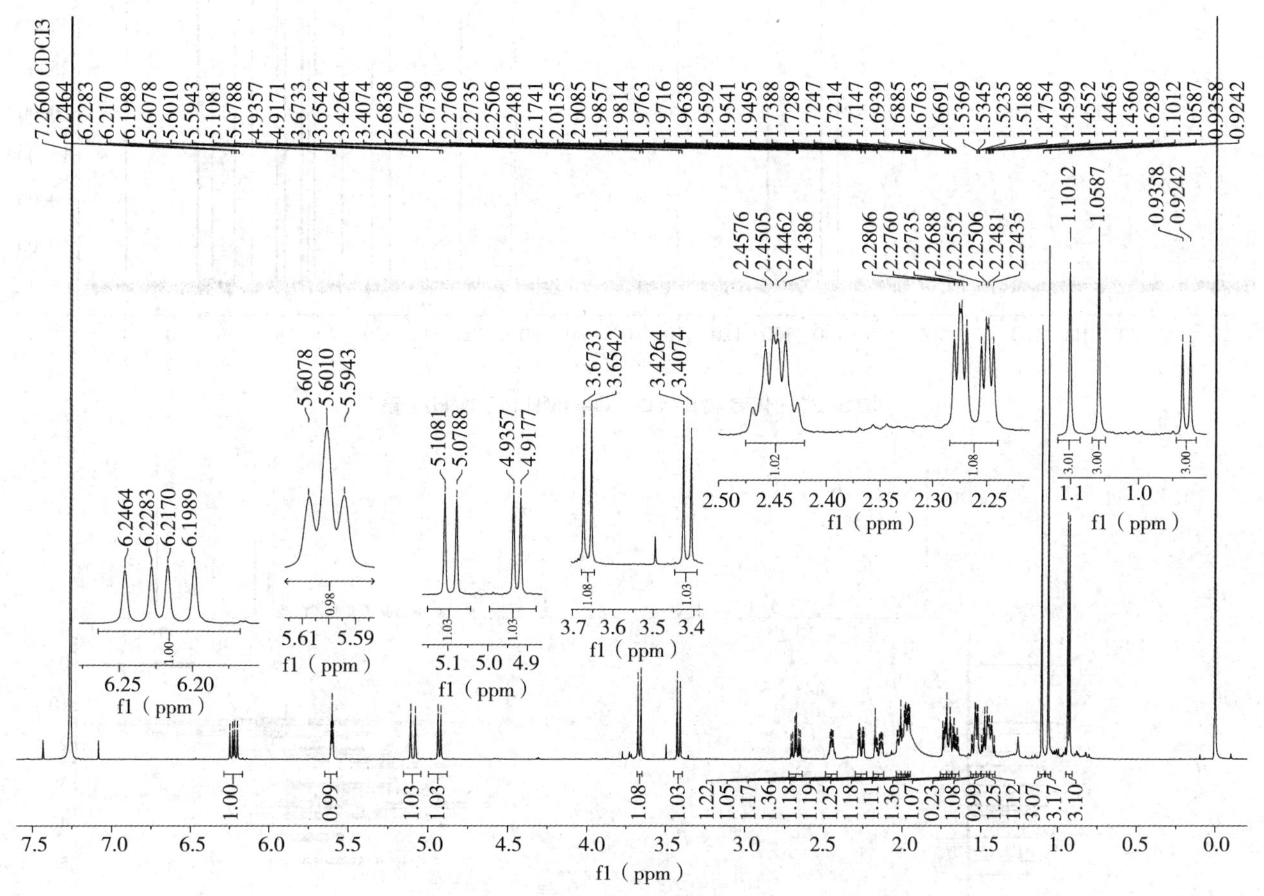

图5-20　化合物5-4的^{1}H-NMR (600MHz)谱

解析思路：

途径一　根据高分辨质谱给出的分子式$C_{20}H_{30}O_2$，计算该化合物不饱和度为6，除去1个羰基（δ_C 219.2）和2组双键[δ_H 4.93（1H，d，J=10.9Hz），5.09（1H，d，J=17.6Hz），5.60（1H，t，J=4.0Hz），6.22（1H，dd，J=17.6，10.9Hz）；对应的δ_C 110.0，127.8，138.6，142.0两组双键，结构中还含有3个环结构，则化合物为一个三元环二萜衍生物。再根据高场甲基氢信号、碳信号的化学位移，推断为卡萨烷型二萜，以甲基为入手点，结合HMBC对结构进行推导。

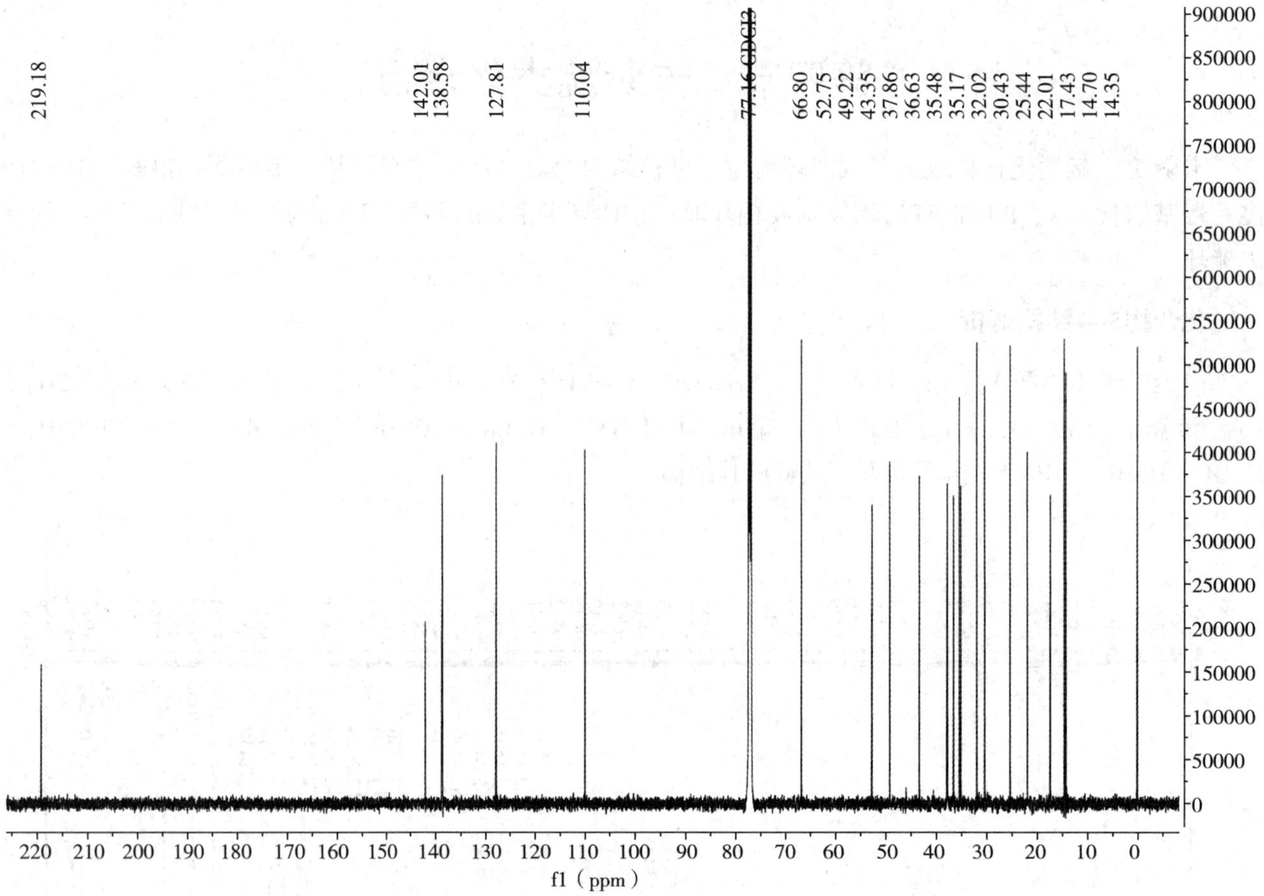

219.18 142.01 138.58 127.81 110.04 77.16 CDCl3 66.80 52.75 49.22 43.35 37.86 36.63 35.48 35.17 32.02 30.43 25.44 22.01 17.43 14.70 14.35

f1（ppm）

图5-21 化合物5-4的^{13}C-NMR (150MHz)谱

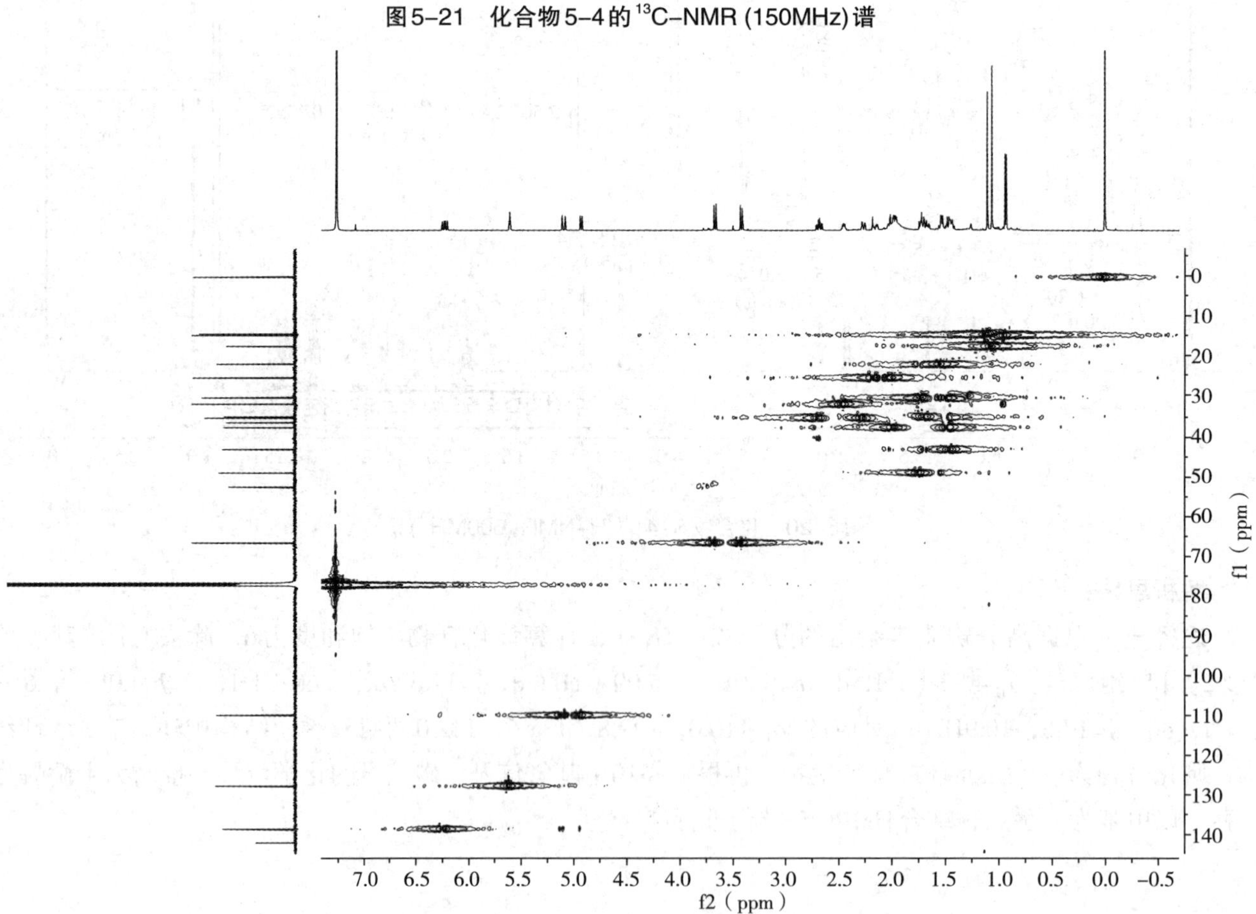

图5-22 化合物5-4的HSQC谱

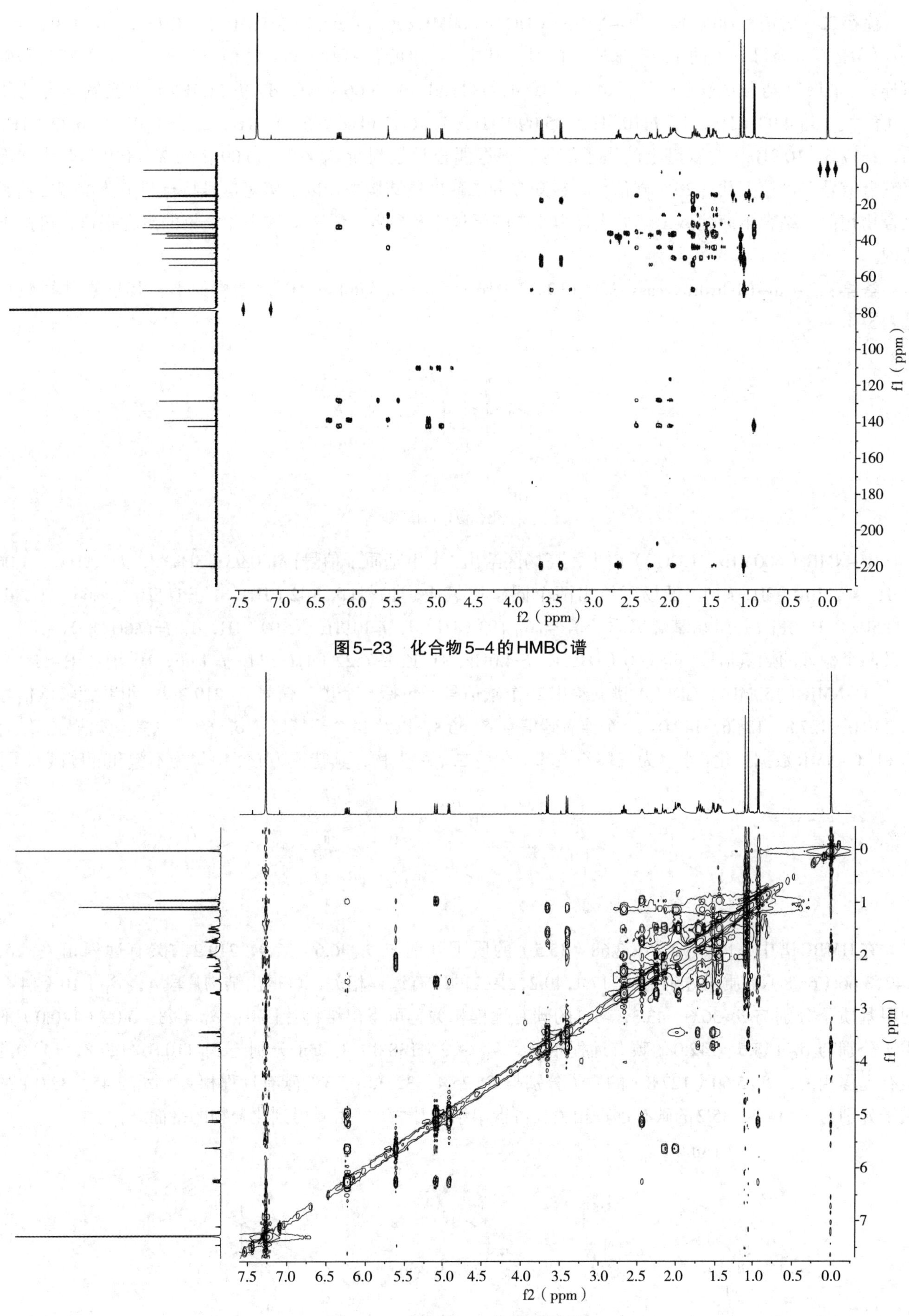

图5-23　化合物5-4的HMBC谱

图5-24　化合物5-4的NOESY谱

途径二 对信号加以分析，^{1}H-NMR（$CDCl_3$，600MHz）δ_H：0.93（3H，d，J=7.0Hz），1.06（3H，s），1.10（3H，s）为母核上的3个甲基质子信号，其中2个单峰信号和1个双峰信号，提示2个甲基与季碳相连，1个甲基与叔碳相连。δ_H 3.42（1H，d，J=11.5Hz），3.66（1H，d，J=11.5Hz）为连氧碳上的质子信号。δ_H 4.93（1H，d，J=10.9Hz），5.09（1H，d，J=17.6Hz），5.60（1H，t，J=4.0Hz），6.22（1H，dd，J=17.6，10.9Hz）为双键上的质子信号，根据偶合常数判断 δ_H 4.93，5.09和6.22为1组单取代末端双键上信号。母核上共有20个碳信号，在众多的二萜母核结构中，以上碳氢信号特点与卡萨烷型二萜类化合物相似，结合卡萨烷型二萜类化合物波谱解析规律及参考文献中对该类化合物的研究报道，可推出结构。

答案： 3-oxo-18-hydroxycass-12（13）,15（16）-en（caesalpinin JF），结构如下，其核磁共振数据见表5-4。

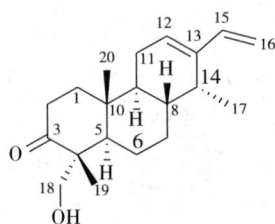

化合物5-4的结构

^{1}H-NMR（600MHz，$CDCl_3$）谱中，高场区给出3个甲基质子信号[δ_H 0.93（3H，d，J=7.0Hz），1.06（3H，s），1.10（3H，s）]；低场区给出两个同碳连氧质子信号[δ_H 3.42（1H，d，J=11.5Hz），3.66（1H，d，J=11.5Hz），H_2-18]，一组端基烯氢质子信号[δ_H 4.93（1H，d，J=10.9Hz），5.09（1H，d，J=17.6Hz），H_2-16）]，以及两个额外的烯氢信号[δ_H 5.60（1H，t，J=4.0Hz，H-12），6.22（1H，dd，J=17.6，10.9Hz，H-15）]。

^{13}C-NMR（150MHz，$CDCl_3$）谱共给出20个碳信号，包括一个羰基信号 δ_C 219.2，一组共轭烯碳信号 δ_C 110.0，127.8，138.6，142.0，一个连氧碳信号 δ_C 66.8，以及14个高场区（δ_C<60）的烷基碳信号。结合^{1}H和^{13}C-NMR数据，化合物4为三环乙烯基卡萨烷二萜衍生物，其特征为15, 16位为不饱和的碳碳双键。

① ② ③ ④ ⑤

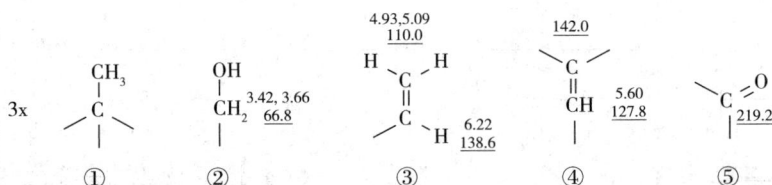

在HMBC谱中，由 δ_H 2.26，2.68（35.5）的质子分别与 δ_C 36.6，37.9，219.2的碳有远程相关，δ_H 3.42,3.66（66.8）的质子分别与 δ_C 17.4,49.2,219.2的碳有远程相关，可得出结构片段A；δ_H 1.10（14.4）的甲基质子分别与 δ_C 36.6，43.3，49.2的碳有远程相关，可得出结构片段B；δ_H 4.93，5.09（110.0）的质子分别与 δ_C 138.6，142.0的碳有远程相关，δ_H 6.22（138.6）的质子分别与 δ_C 110.0，127.8，142.0的碳有远程相关，δ_H 5.60（127.8）的质子分别与 δ_C 25.4，32.0，43.3的碳有远程相关，δ_H 2.45（32.0）的质子分别与 δ_C 14.7，35.2的碳有远程相关，可得出结构片段C。由此得到化合物的平面结构。

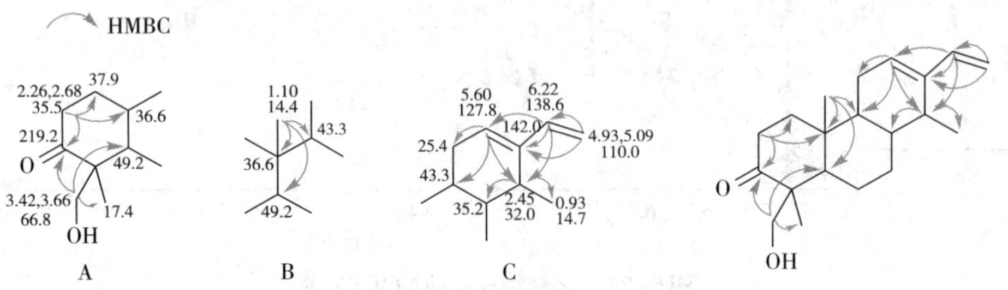

此化合物的相对构型通过NOESY谱得到了确定。在NOESY谱中，H_3-17（δ_H 0.93）的甲基质子与H-09（δ_H 1.43）质子信号有NOE相关，H_2-18（δ_H 3.42，3.66）的质子信号与H-09（δ_H 1.43）质子信号有NOE相关，提示17-CH_3,18-CH_2OH均为α取向；H_3-20（δ_H 1.10）的甲基质子信号与H-8（δ_H 1.70）的质子有NOE相关，提示20-CH_3为β取向。以上NOE相关信号可确定该化合物的相对构型。

通过上述信息可将该化合物鉴定为3-oxo-18-hydroxycass-12（13）,15（16）-en（caesalpinin JF），氢、碳谱数据归属见表5-4。

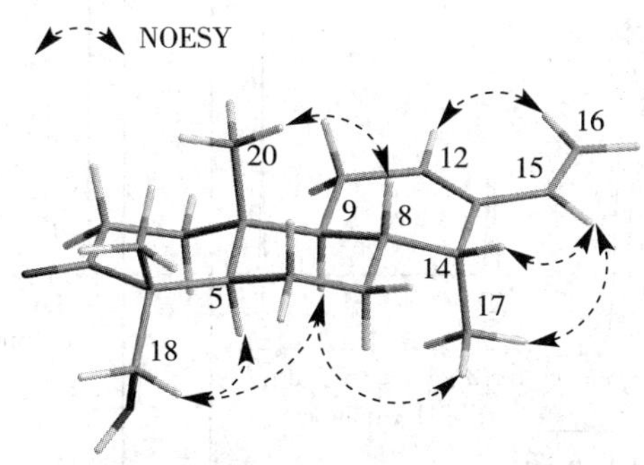

主要的NOE相关及化合物5-4的结构

表5-4　化合物5-4的核磁共振数据

Position	^{1}H-NMR（*J* in Hz）	^{13}C-NMR	Position	^{1}H-NMR（*J* in Hz）	^{13}C-NMR
1	1.97（1H，m） 1.45（1H，m）	37.9	11	2.15（1H，m） 1.99（1H，m）	25.4
2	2.68（1H，m） 2.26（1H，ddd，15.2，4.2，2.8）	35.5	12	5.60（1H，t，4.0）	127.8
3	—	219.2	13	—	142.0
4	—	52.8	14	2.45（1H，dd，7.0，4.4）	32.0
5	1.73（1H，m）	49.2	15	6.22（1H，dd，17.6，10.9）	138.6
6	1.54（1H，m） 1.52（1H，m）	22.2	16	5.09（1H，d，17.6） 4.93（1H，d，10.9）	110.0
7	1.70（1H，m） 1.46（1H，m）	30.4	17	0.93（1H，d，7.0）	14.7
8	1.70（1H，m）	35.2	18	3.66（1H，d，11.4） 3.42（1H，d，11.4）	66.8
9	1.43（1H，m）	43.3	19	1.06（3H，s）	17.4
10	—	36.6	20	1.10（3H，s）	14.4

注：* 测试溶剂为$CDCl_3$。

化合物5-5结构解析

无色粉末（甲醇），$[\alpha]_D^{20}$ −15°（*c* 0.3，MeOH）（+）HR-ESI-MS显示其准分子离子峰为411.1775 $[M+Na]^+$（计算值为411.1778），分子式为$C_{22}H_{28}O_6$，该化合物的^{1}H-NMR（$CDCl_3$，600MHz）、^{13}C-NMR（$CDCl_3$，150MHz）、HSQC、HMBC、NOESY谱图如下，试解析其结构。

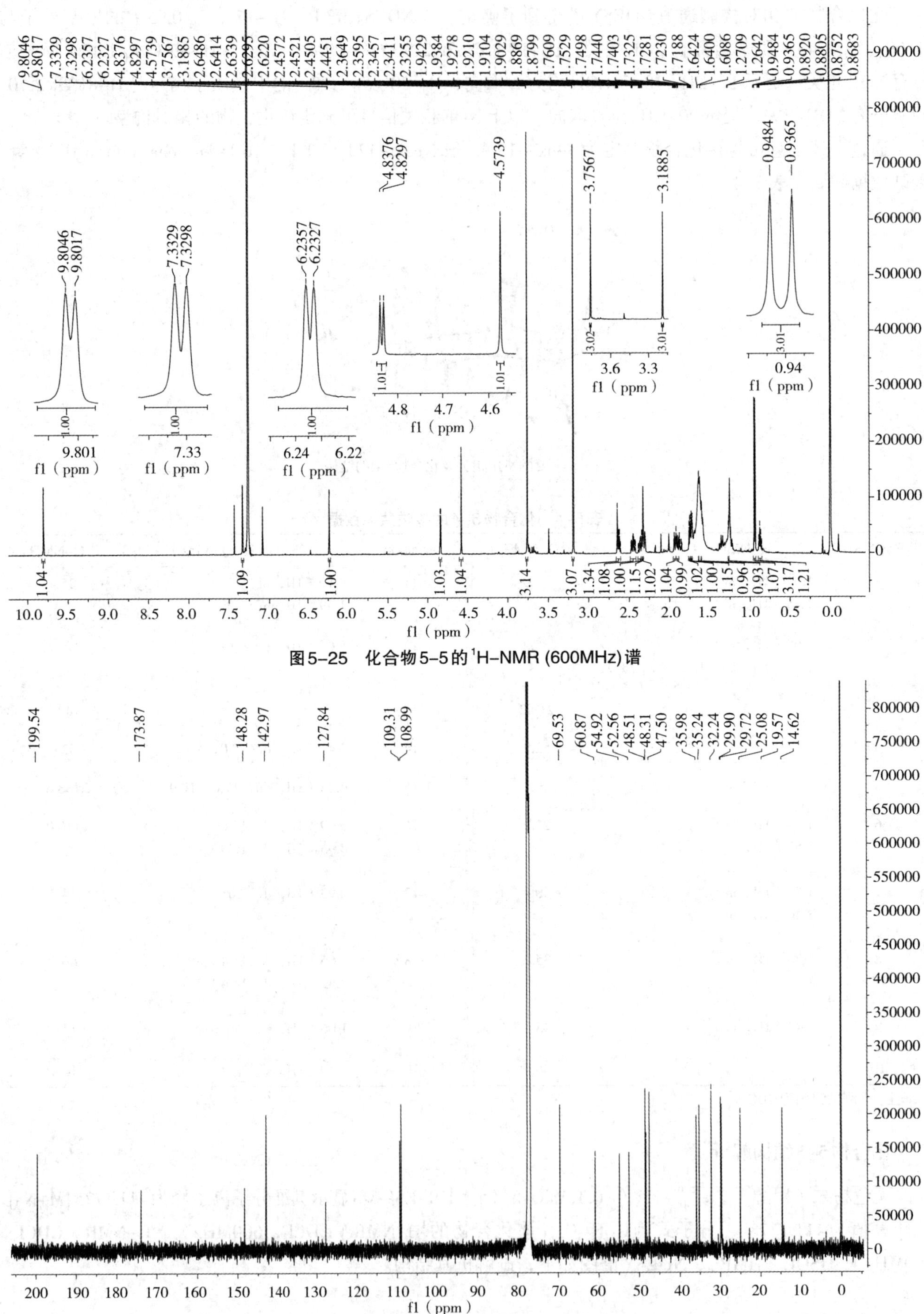

图5-25　化合物5-5的^{1}H-NMR (600MHz)谱

图5-26　化合物5-5的^{13}C-NMR (150MHz)谱

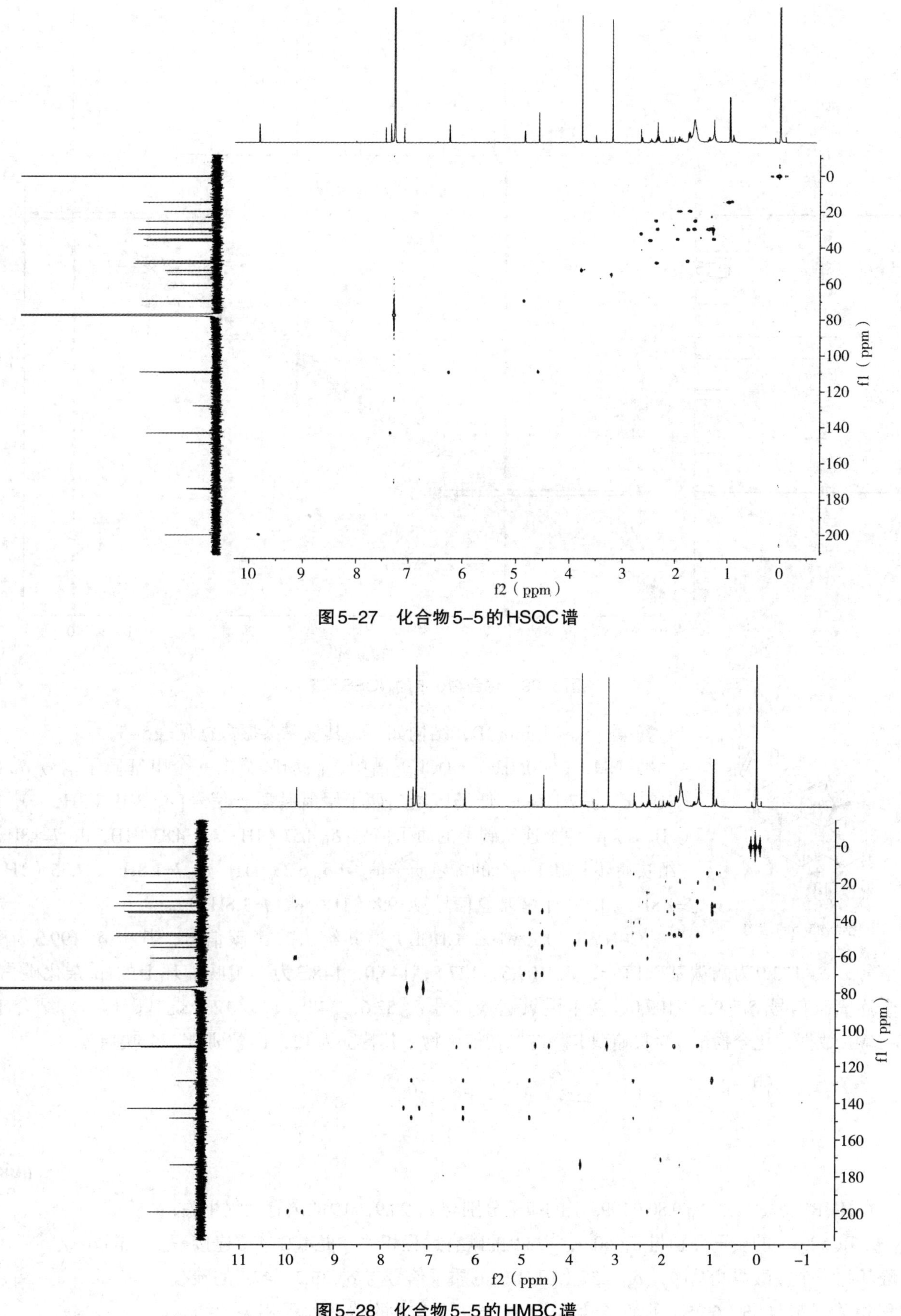

图5-27　化合物5-5的HSQC谱

图5-28　化合物5-5的HMBC谱

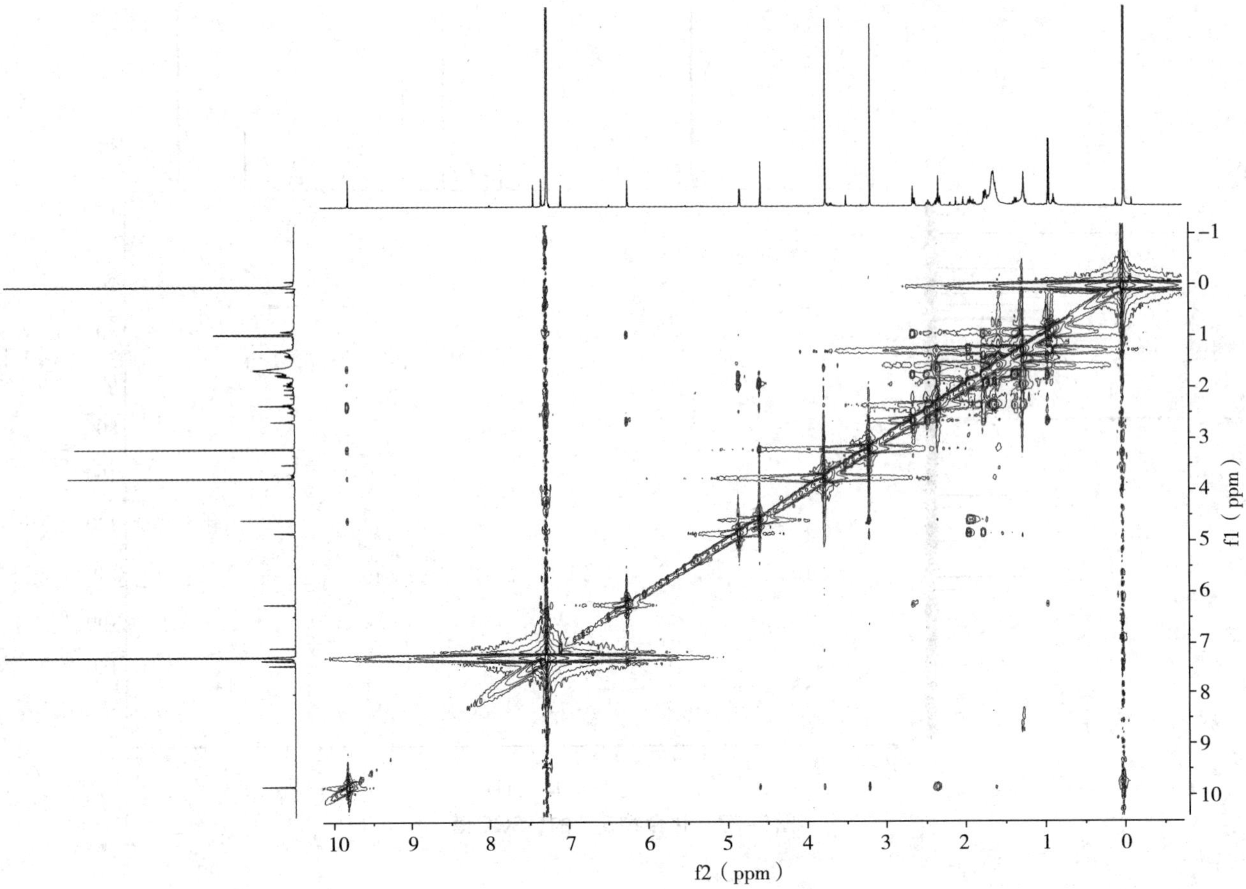

图5-29　化合物5-5的NOESY谱

答案：caesalpinin JD，结构如下，其核磁共振数据见表5-5。

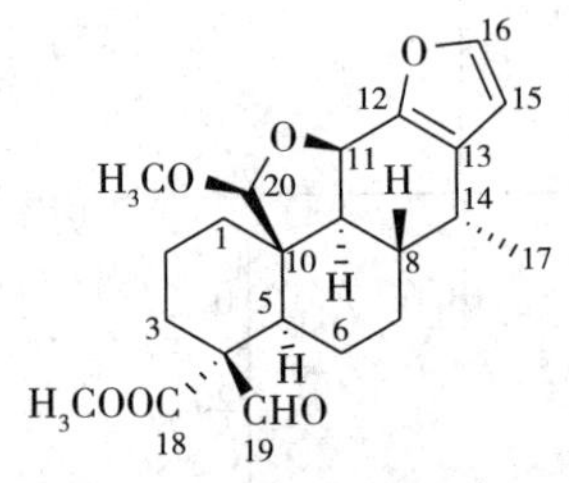

化合物5-5的结构

^{1}H-NMR（600MHz，$CDCl_3$）谱中，高场区给出一个甲基质子信号 δ_H 0.94（3H，d，J=7.1Hz）；低场区给出两个甲氧基质子信号[δ_H 3.19（3H，s），3.76（3H，s）]，两个连氧碳上的质子信号[δ_H 4.57（1H，s），4.83（1H，d，J=4.8Hz）]，一组呋喃环上相互偶合的烯氢质子信号[δ_H 6.23（1H，d，J=1.8Hz），7.33（1H，d，J=1.8Hz）]，一个醛基氢信号 δ_H 9.8（1H，d，J=1.8Hz）。

^{13}C-NMR（150MHz，$CDCl_3$）谱共给出22个碳信号，其中 δ_C 199.3为醛基碳信号，δ_C 173.9为酯羰基碳信号，δ_C 109.3，127.8，143.0，148.3为一组呋喃环上的sp^2杂化碳信号，两个连氧碳信号 δ_C 69.5，109.0，两个甲氧基碳信号 δ_C 52.6，54.9，以及12个烷基碳信号。结合^{1}H和^{13}C-NMR数据，化合物5-5为呋喃型卡萨烷二萜衍生物，其特征为12，13位骈合一个呋喃环。

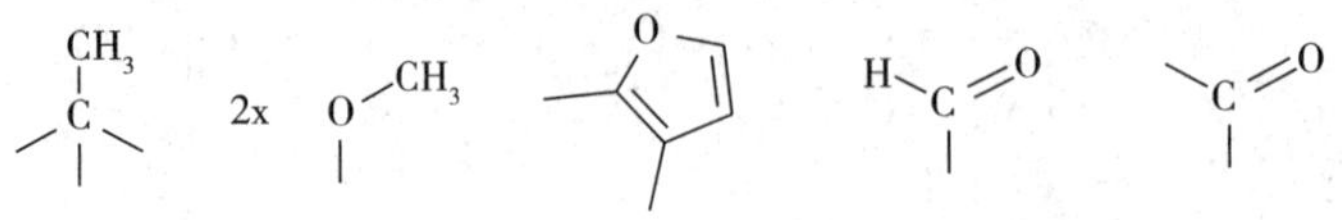

①　②　③　④　⑤

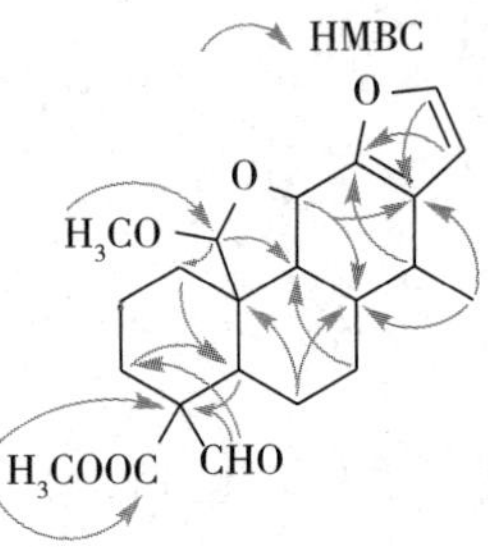

在HMBC谱中，由 δ_H 9.80（199.3）的质子分别与 δ_C 29.9，60.9的碳有远程相关，δ_H 3.76（52.6）的质子分别与 δ_C 60.9，173.9的碳有远程相关，提示C-4位连接一个醛基和一个羧酸甲酯基团；δ_H 4.57（109.0）的质子信号与 δ_C 35.2，47.5的碳有远程相关，δ_H 4.83（69.5）的质子信号与 δ_C 36.0，127.8的碳有远程相关，结合该化合物不饱和度，推测C-11与C-20位间形成了醚环结构，此外 δ_H 3.19（54.9）

的质子信号与 δ_C 109.0的碳有远程相关，提示20位连接1个甲氧基。由此得到化合物的平面结构。

此化合物的相对构型通过NOESY谱得到了确定。在NOESY谱中，20-OCH_3（δ_H 3.19）的甲基质子与H-8（δ_H 2.45）和H-19（δ_H 9.80）质子信号有NOE相关，提示20-OCH_3和4-CHO均为β取向；H_3-17（δ_H 0.94）的甲基质子信号与H-9（δ_H 1.76）的质子有NOE相关，提示17-CH_3为α取向。以上NOE相关信号可确定该化合物的相对构型。

通过上述信息可将该化合物鉴定为caesalpinin JD，氢、碳谱数据归属见表5-5。

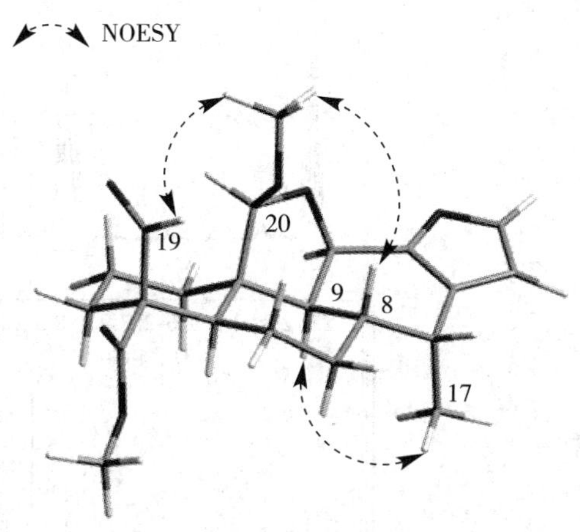

主要的NOE相关及化合物5-5的结构

表5-5　化合物5-5的核磁共振数据

Position	^{1}H-NMR（*J* in Hz）	^{13}C-NMR	Position	^{1}H-NMR（*J* in Hz）	^{13}C-NMR
1	1.27（1H，m） 1.94（1H，m）	35.2	12	—	148.3
2	1.73（1H，m） 1.92（1H，m）	19.6	13	—	127.8
3	1.74（1H，m） 2.33（1H，m）	29.9	14	2.63（1H，m）	32.2
4	—	60.9	15	6.23（1H，d，1.8）	109.3
5	2.36（1H，m）	48.5	16	7.33（1H，d，1.8）	143.0
6	1.61（1H，m） 2.34（1H，m）	25.1	17	0.94（1H，d，7.1）	14.6
7	1.27（1H，m） 1.64（1H，m）	29.7	18	—	173.9
8	2.45（1H，m）	36.0	19	9.80（1H，d，1.8）	199.3
9	1.76（1H，m）	47.5	20	4.57（3H，s）	109.0
10	—	48.3	18-OCH_3	3.76（3H，s）	52.6
11	4.83（1H，d，4.8）	69.5	20-OCH_3	3.19（3H，s）	54.9

注：* 测试溶剂为$CDCl_3$。

化合物5-6结构解析

白色结晶（甲醇），$[\alpha]_D^{20}$ +26.4°（*c* 0.3，MeOH），(+) HR-ESI-MS显示其准分子离子峰为317.2117 $[M+H]^+$（计算值为317.2111），分子式为$C_{20}H_{28}O_3$，该化合物的^{1}H-NMR（$CDCl_3$，600MHz）、^{13}C-NMR（$CDCl_3$，150MHz）、HSQC、HMBC、NOESY谱图如下，试解析其结构。

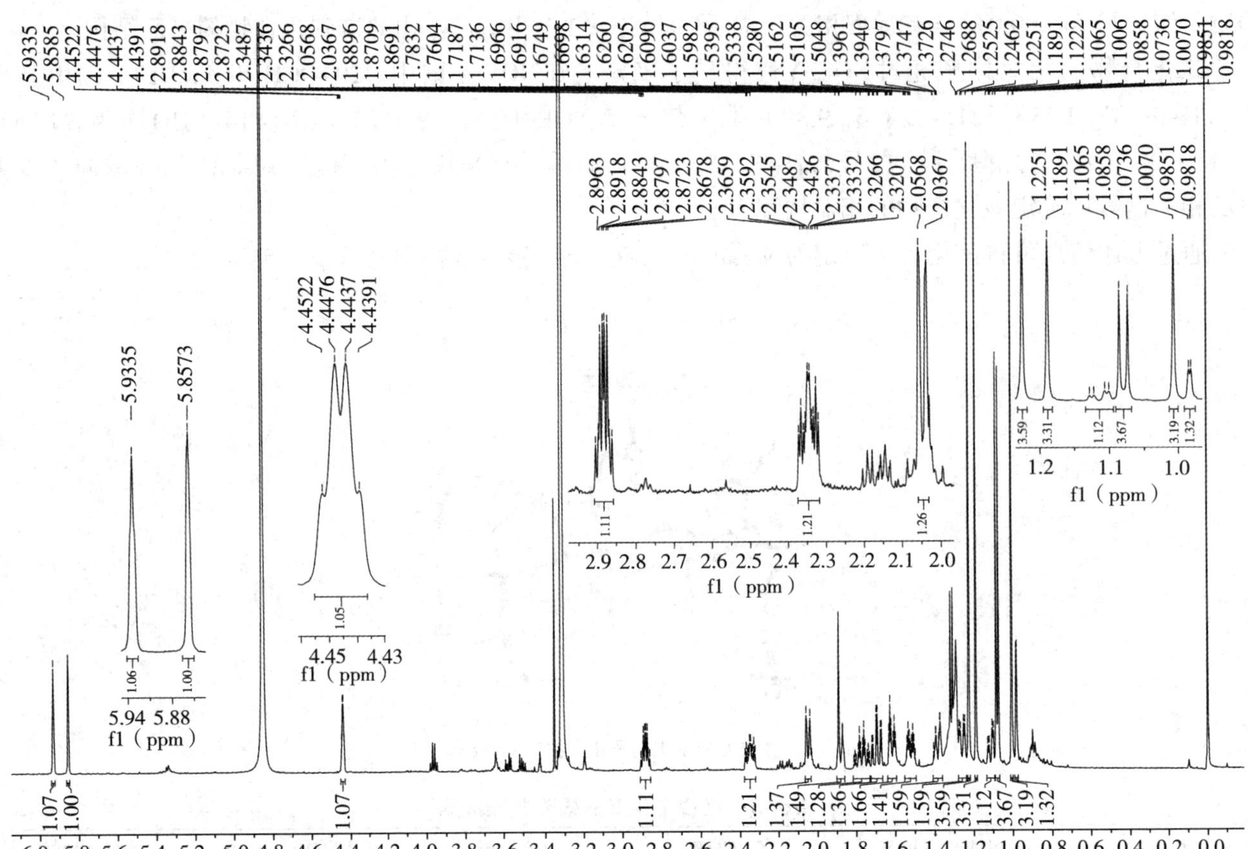

图5-30 化合物5-6的^{1}H-NMR (600MHz)谱

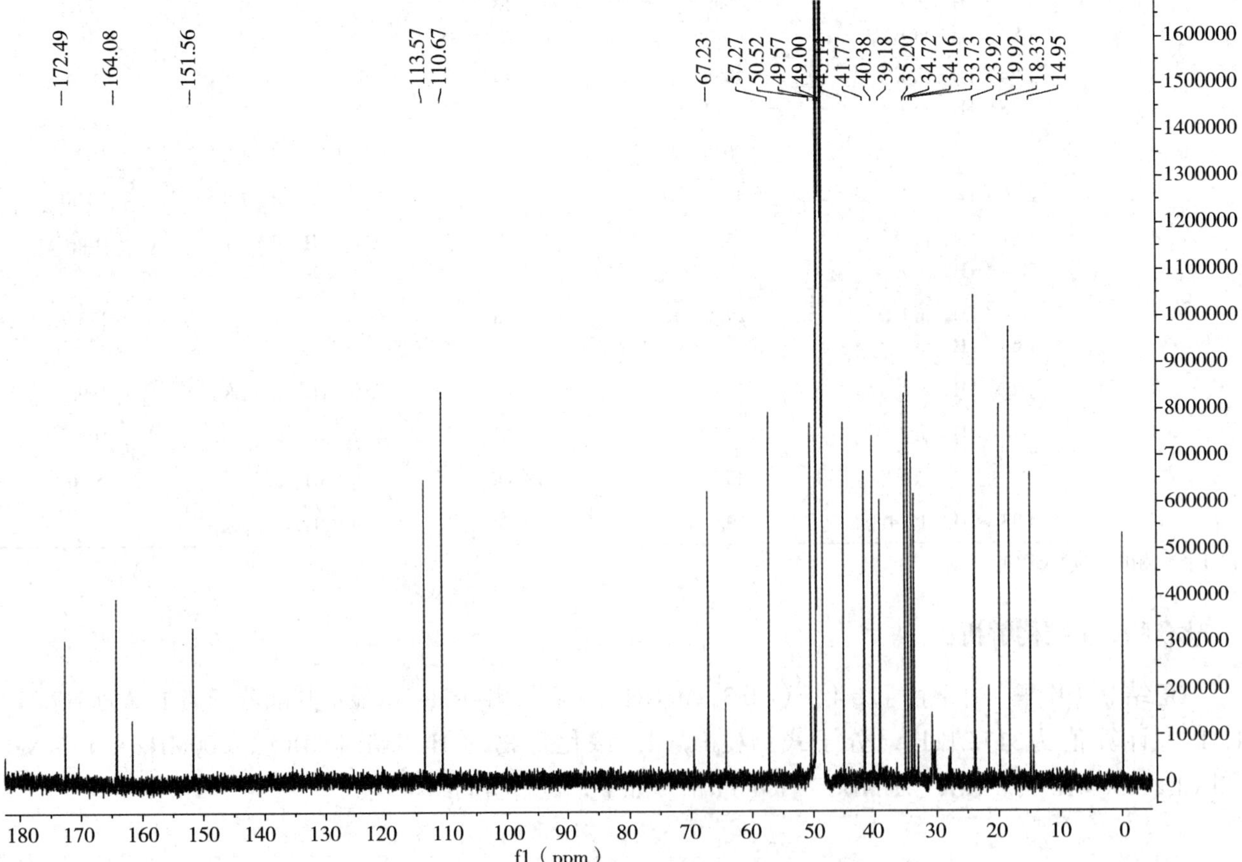

图5-31 化合物5-6的^{13}C-NMR (150MHz)谱

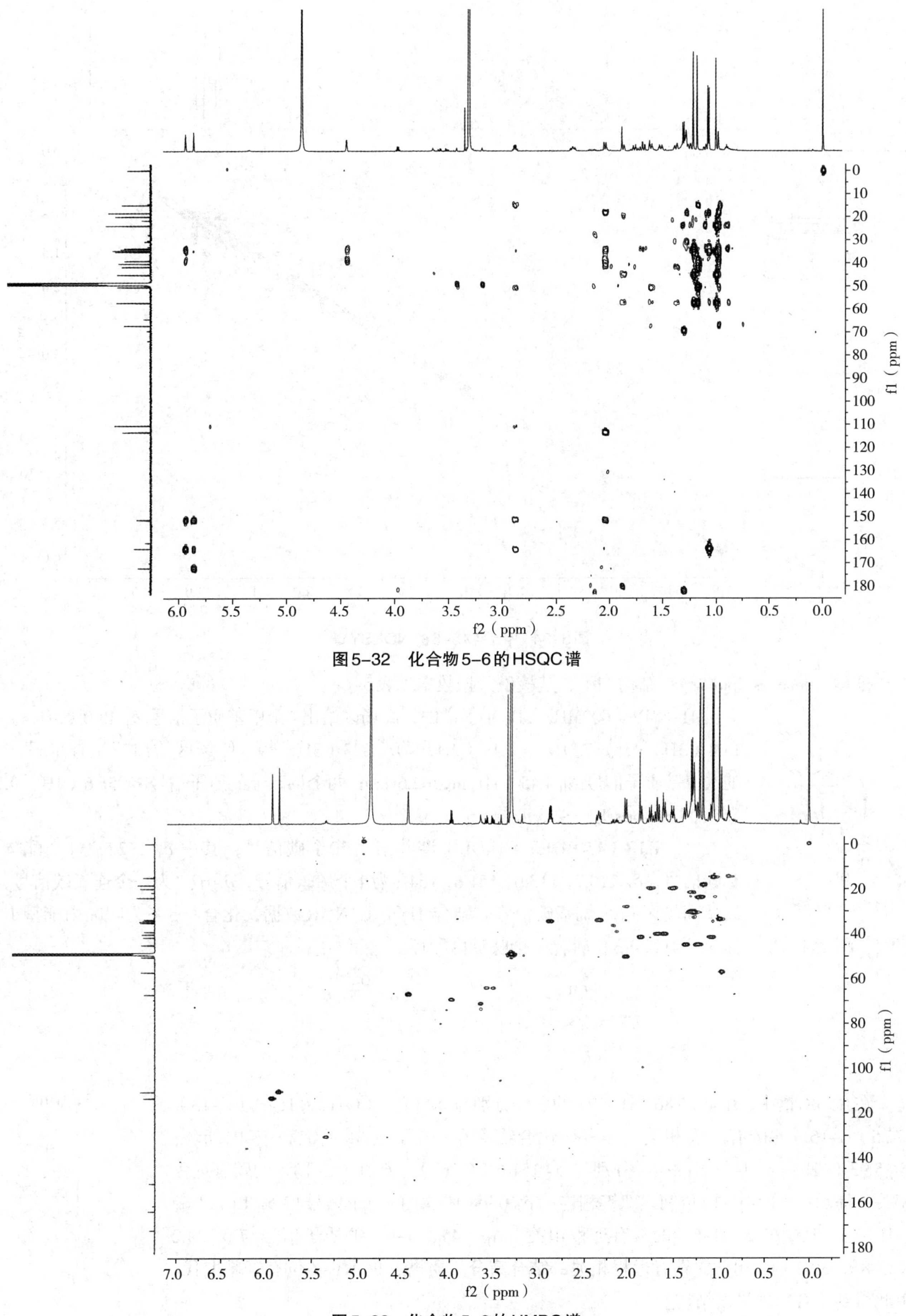

图5-32　化合物5-6的HSQC谱

图5-33　化合物5-6的HMBC谱

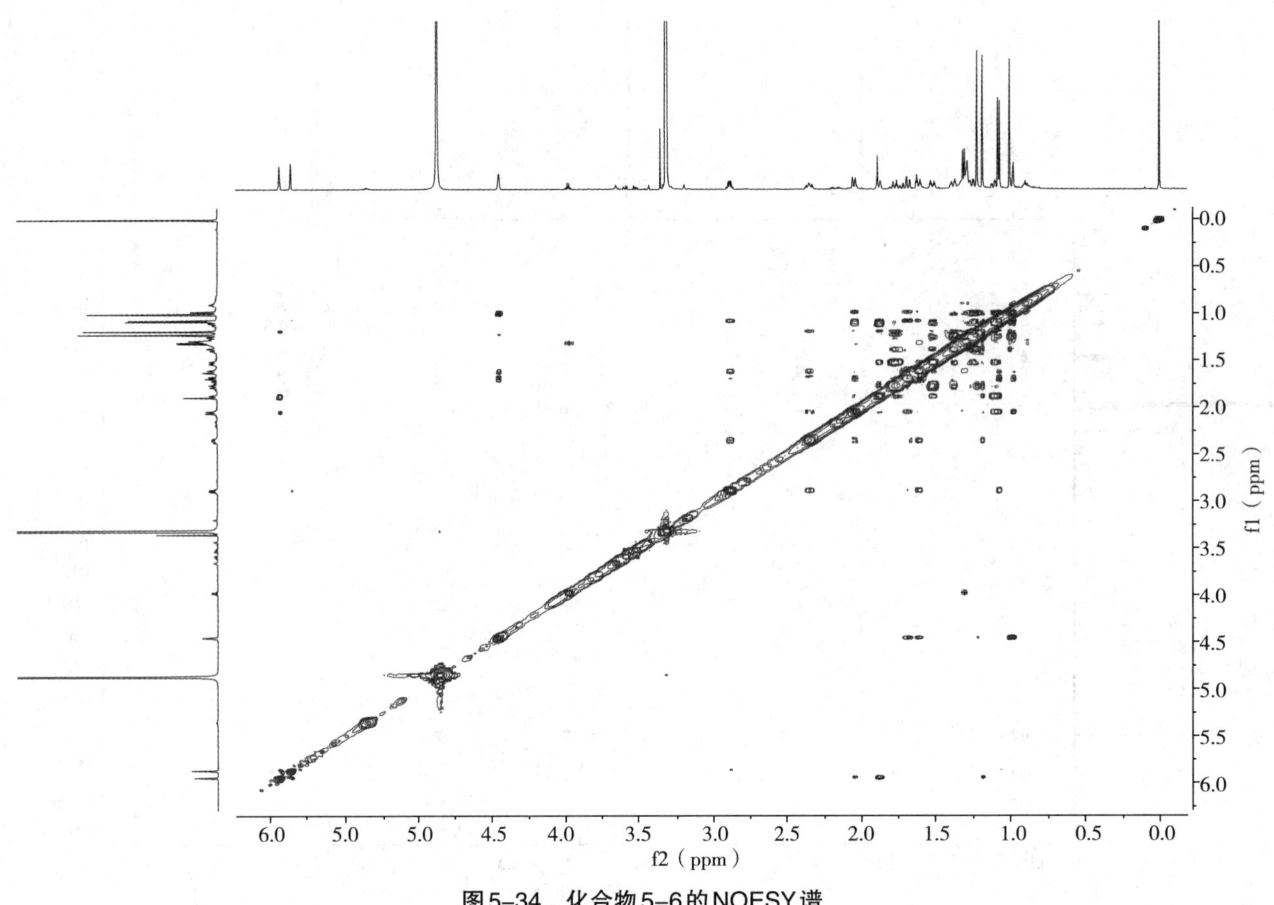

图5-34　化合物5-6的NOESY谱

答案： neocaesalpin WA，结构如下，其核磁共振数据见表5-6。

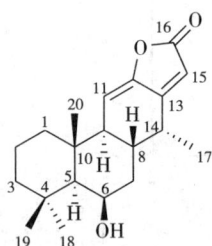

化合物5-6的结构

^{1}H-NMR（600MHz，CD_3OD）谱中，高场区给出4个甲基质子信号 δ_H 1.00（3H，s），1.08（3H，d，J=7.3Hz），1.19（3H，s），1.23（3H，s）；低场区给出一个连氧碳上的次甲基质子信号 δ_H 4.45（1H，m，J=2.6Hz）；两个烯碳上的质子信号 δ_H 5.86（1H，s），5.93（1H，br.s）。

^{13}C-NMR（150MHz，CD_3OD）谱共给出20个碳信号，其中 δ_C 172.5为1个酯羰基碳信号，δ_C 110.7，113.6，151.6，164.1为4个烯碳信号，δ_C 67.2为一个连氧碳信号，以及高场区14个烷基碳信号。结合[1]H和[13]C-NMR数据，化合物5-6为呋喃内酯型卡萨烷二萜衍生物，其特征为12，13位骈合一个呋喃内酯环。

4x　2x

①　②　③　④

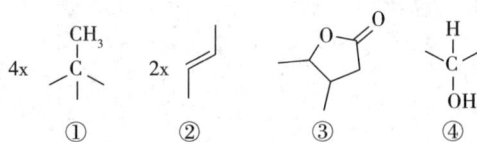

在HMBC谱中，由 δ_H 5.86（H-15）的质子分别与 δ_C 151.6（C-12），164.1（C-13），172.5（C-16）的碳有远程相关，提示该化合物存在一个 α，β-不饱和 γ-内酯环；δ_H 5.93（1H，s，H-11）的质子分别与 δ_C 151.6（C-12），164.1（C-13）的碳有远程相关，提示C-11与C-12位间以双键相连；δ_H 0.98（H-5）的质子信号与 δ_H 1.61，1.69（H_2-7）和 δ_C 67.2（C-6）的碳有远程相关，δ_H 4.45（H-6）的质子信号与 δ_C 34.2（C-8），39.2（C-10）的碳有远程相关，结合高分辨质谱，提示C-6位有羟基取代。由此得到化合物的平面结构。

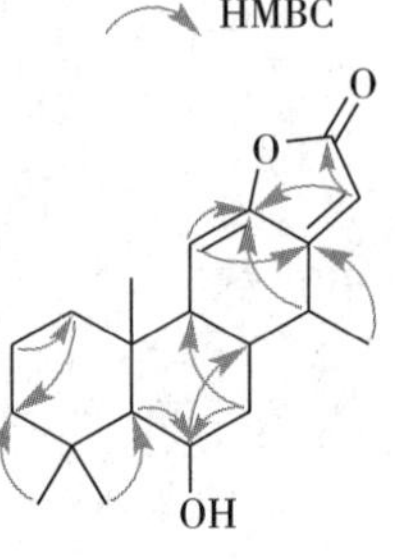

此化合物的相对构型通过NOESY谱和氢信号的偶合常数得到了确定。在NOESY谱中，J_{H-6}=2.6Hz，提示H-6质子为β取向。CH_3-17（δ_H 1.08）的甲基质子信号与H-9（δ_H 2.05）质子信号有NOE相关，提示CH_3-17为α取向。以上NOE相关信号可确定该化合物的相对构型。化合物5-6的晶体在丙酮-甲醇（1∶1）混合溶剂系统中重结晶获得。经铜靶X射线单晶衍射分析实验，证实了化合物5-6的结构并归属其绝对构型为5*S*，6*R*，8*S*，9*R*，10*R*，14*R*。

通过上述信息可将该化合物鉴定为neocaesalpin WA，氢、碳谱数据归属见表5-6。

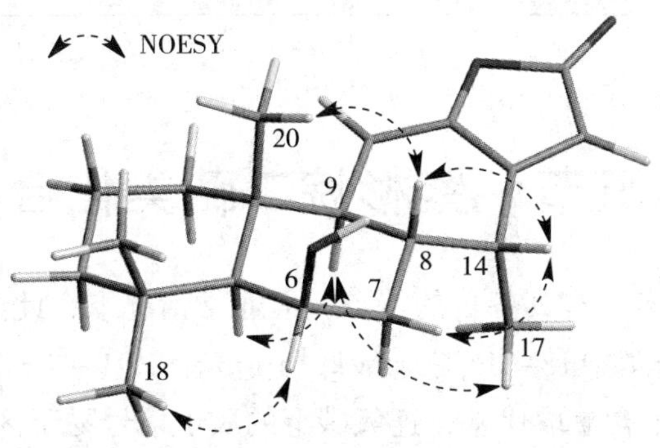

主要的NOE相关及化合物5-6的结构

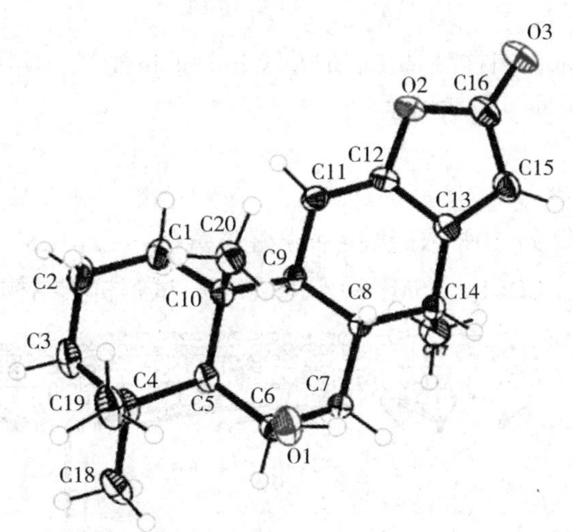

化合物5-6的单晶结构

表5-6　化合物5-6的核磁共振数据

Position	^{1}H-NMR（*J* in Hz）	^{13}C-NMR	Position	^{1}H-NMR（*J* in Hz）	^{13}C-NMR
1	1.10（1H，m） 1.88（1H，m）	41.8	7	1.61（1H，m） 1.69（1H，m）	40.4
2	1.52（1H，m） 1.77（1H，m）	19.9	8	2.35（1H，m）	34.2
3	1.25（1H，m） 1.39（1H，m）	45.1	9	2.05（1H，d，12.1）	50.5
4	—	35.2	10	—	39.2
5	0.98（1H，d，2.6）	57.3	11	5.93（1H，br.s）	113.6
6	4.45（1H，m，2.6）	67.2	12	—	151.6

续表

Position	^{1}H-NMR（J in Hz）	^{13}C-NMR	Position	^{1}H-NMR（J in Hz）	^{13}C-NMR
13	—	164.1	17	1.08（3H，d，7.3）	15.0
14	2.88（1H，qd，7.3，4.6）	34.7	18	1.00（3H，s）	33.7
15	5.86（1H，s）	110.7	19	1.23（3H，s）	23.9
16	—	172.5	20	1.19（3H，s）	18.3

注：* 测试溶剂为CD_3OD。

第五节　紫杉烷二萜类化合物

紫杉烷型二萜骨架类型较多，有其各自的特点，但通常情况下，此类化合物都有4个甲基，并且大多在C-11、12位有双键，4个甲基中18-CH_3位于最低场（δ_H：1.91～2.37），而19-CH_3位于最高场（δ_H：0.66～1.45），化合物中常有多个含氧取代基，连氧碳上的质子信号易于区分。应注意的是：C4-C20位含有双键的6/8/6环状碳骨架紫杉烷二萜类最为常见，其中H-3α是特征信号，化学位移在δ_H：2.57～3.27左右，表现为d峰。

取代基有乙酰基、苯甲酰基、肉桂酰基（cinn）、Winterstein酰基、*N*-苯甲酰基-3′-苯基-异丝氨酰基、Phenyisoserinate取代基、木糖、葡萄糖基等。

化合物5-7结构解析

无色棱柱状结晶（三氯甲烷），10%浓硫酸-香草醛显黄色，m. p. 252～253℃，该化合物的^{1}H-NMR（$CDCl_3$，300MHz）、^{13}C-NMR（$CDCl_3$，75MHz）谱图如下，试解析其结构。

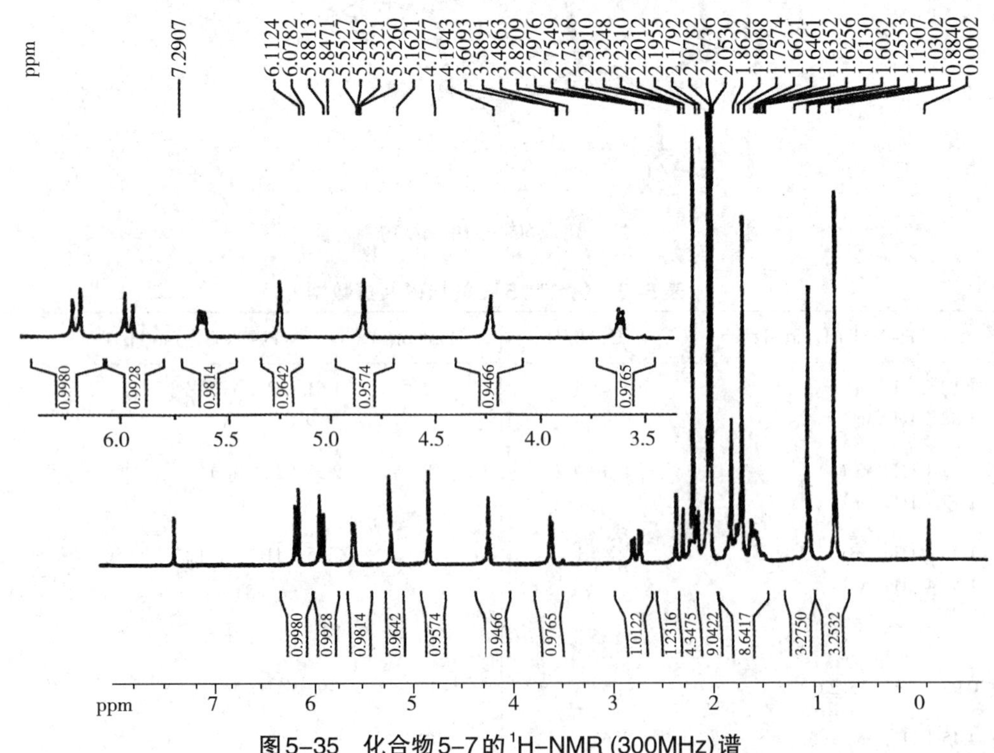

图5-35　化合物5-7的^{1}H-NMR (300MHz) 谱

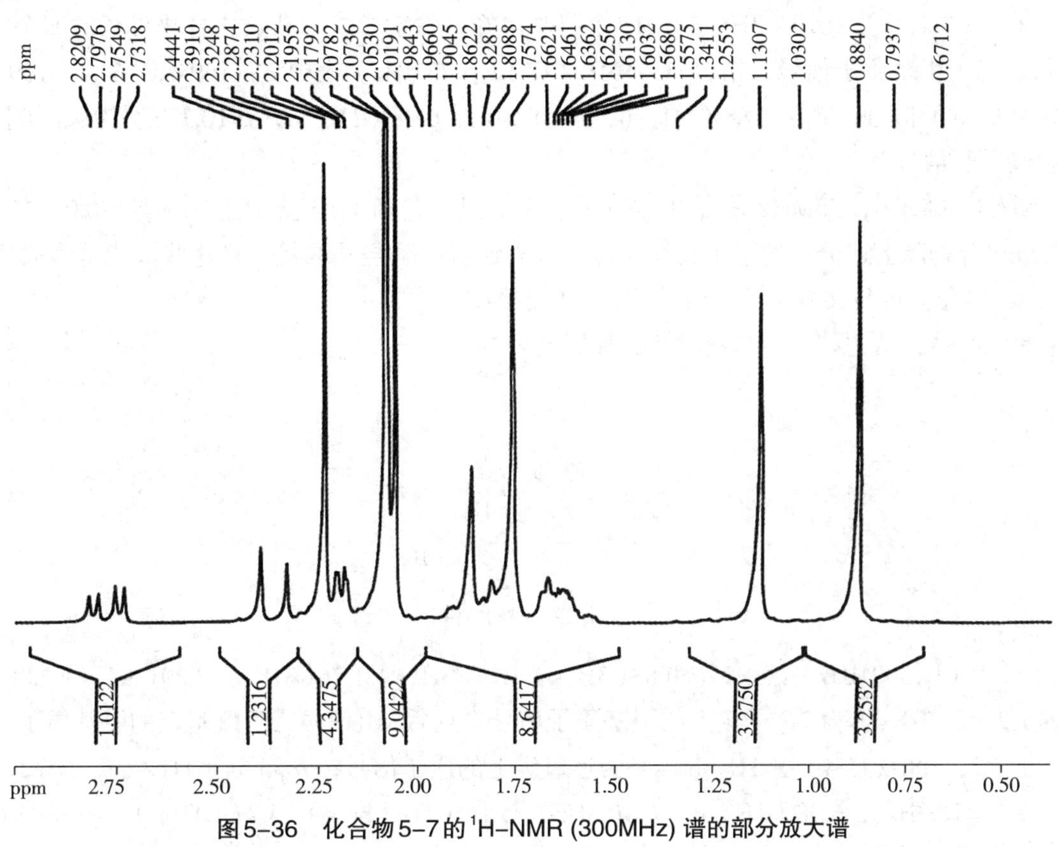

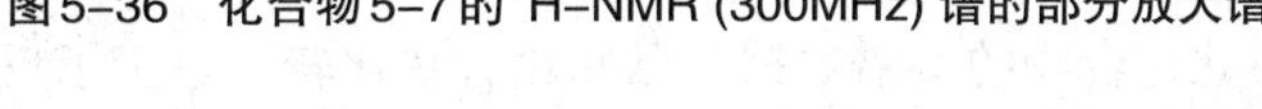

图5-36　化合物5-7的 ^{1}H-NMR (300MHz) 谱的部分放大谱

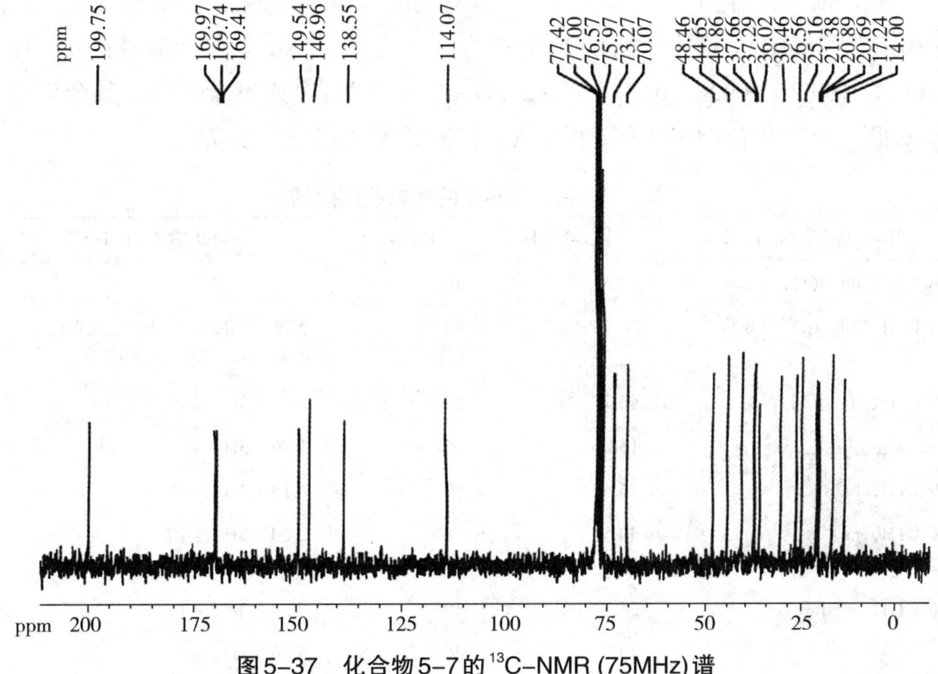

图5-37　化合物5-7的 ^{13}C-NMR (75MHz) 谱

解析思路：

1.^{1}H-NMR（$CDCl_3$,300MHz）　δ_H：3.58（1H，d，J=6.2Hz）为紫杉烷类化合物3位质子的特征信号；δ_H：4.77（1H，s），5.16（1H，s）为环外双键的两个烯氢质子信号，可确定该化合物为 C_4–C_{20} 位含有双键的6/8/6环状碳骨架紫杉烷二萜类化合物；δ_H：0.88（3H，s）、1.13（3H，s）、1.76（3H，s）、2.29（3H，s）、2.08

（3H，s）、2.09（3H，s）、2.10（3H，s）为7个甲基单峰，除紫杉烷二萜类化合物母核的四个特征甲基质子外还剩余三个甲基质子信号，结合^{13}C-NMR（$CDCl_3$，75MHz）谱中 δ：169.4，164.7，169.9可知其为3个乙酰甲基质子信号；δ_H：5.88（1H，d，J=10.3Hz）、6.08（1H，d，J=10.3Hz）为9，10位有含氧取代时的叔碳质子信号。

2.^{13}C-NMR（$CDCl_3$，75MHz） 给出26个碳信号，其中包括4个连氧碳信号 δ_C：70.0、73.2、76.0、76.6，说明该化合物除上述分析的三个乙酰氧基取代外还有一个羟基取代，且这些取代基多取代在C-2、5、7、9、10、13位。可与文献对照，做数据对比确定结构。

答案：紫杉宁A，结构如下，其核磁共振数据见表5-7。

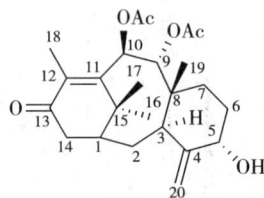

化合物5-7的结构

^{1}H-NMR（$CDCl_3$,300MHz）谱中，δ_H 0.88（3H,s）、1.13（3H,s）、1.76（3H,s）、2.29（3H,s）、2.08（3H,s）、2.09（3H,s）、2.10（3H,s）为7个季碳上的甲基质子信号，且后3组信号为乙酰基上的甲基质子；δ_H 3.58（1H，dd，J=6.2，1.8Hz）、4.19（1H，br. s）为连氧碳上的质子信号；δ_H 5.54（1H，dd，J=6.2，1.8Hz）、5.88（1H，d，J=10.3Hz）、6.08（1H，d，J=10.3Hz）、5.16（1H，br. s）、4.77（1H，br. s）为双键上的质子或连氧碳上的质子信号；此化合物的氢谱数据与已知化合物比较，除少了反式双键质子和芳香质子信号外，其余信号一致，推测化合物5-7为C_4 ~ C_{20}位有双键的6/8/6环状碳骨架紫杉烷类二萜。

^{13}C-NMR（$CDCl_3$，75MHz）谱中，给出26个碳信号，其中8个sp^{2}杂化的信号：δ_C 114.1、138.6×2、149.5、169.4、169.7、169.9、199.8；δ 70.0、73.2、76.0、76.6为4个连氧碳信号，其余为sp^{3}杂化碳信号。

通过与文献对照，鉴定化合物5-7为紫杉宁A。核磁共振数据见表5-7。

表5-7　化合物5-7的核磁共振数据

Position	^{1}H-NMR（J in Hz）	^{13}C-NMR	Position	^{1}H-NMR（J in Hz）	^{13}C-NMR
1	2.26（1H，dd，6.2，1.8）	48.5	13	—	199.8
2	5.54（1H，dd，6.2，1.8）	70.7	14	2.76（1H，dd，19.8，7.2） 2.46（1H，d，19.8）	36.0
3	3.58（1H，d，6.2）	40.7	15	—	37.7
4	—	138.6	16	1.76（3H，s）	25.2
5	4.19（1H，br. s）	76.6	17	1.13（3H，s）	37.4
6	1.66（1H，m） 2.02（1H，overlap）	30.5	18	2.20（3H，s）	14.0
7	1.76（1H，overlap）	26.5	19	0.89（3H，s）	17.2
8	—	44.6	20	5.16（1H，s） 4.77（1H，s）	114.1
9	5.88（1H，d，10.3）	76.0	2-$OCOCH_3$	2.07（3H，s）	169.4，21.4
10	6.08（1H，d，10.3）	73.2	9-$OCOCH_3$	2.07（3H，s）	169.9，20.9
11	—	149.5	10-$OCOCH_3$	2.08（3H，s）	169.7，20.7
12	—	138.6			

注：* 测试溶剂为pyridine-d_5。

化合物5-8结构解析

无色棱柱状结晶（三氯甲烷），10%浓硫酸-香草醛显黄色，m. p. 264～266℃，该化合物的^{1}H-NMR（$CDCl_3$，300MHz）、^{13}C-NMR（$CDCl_3$，75MHz）谱图如下，试解析其结构。

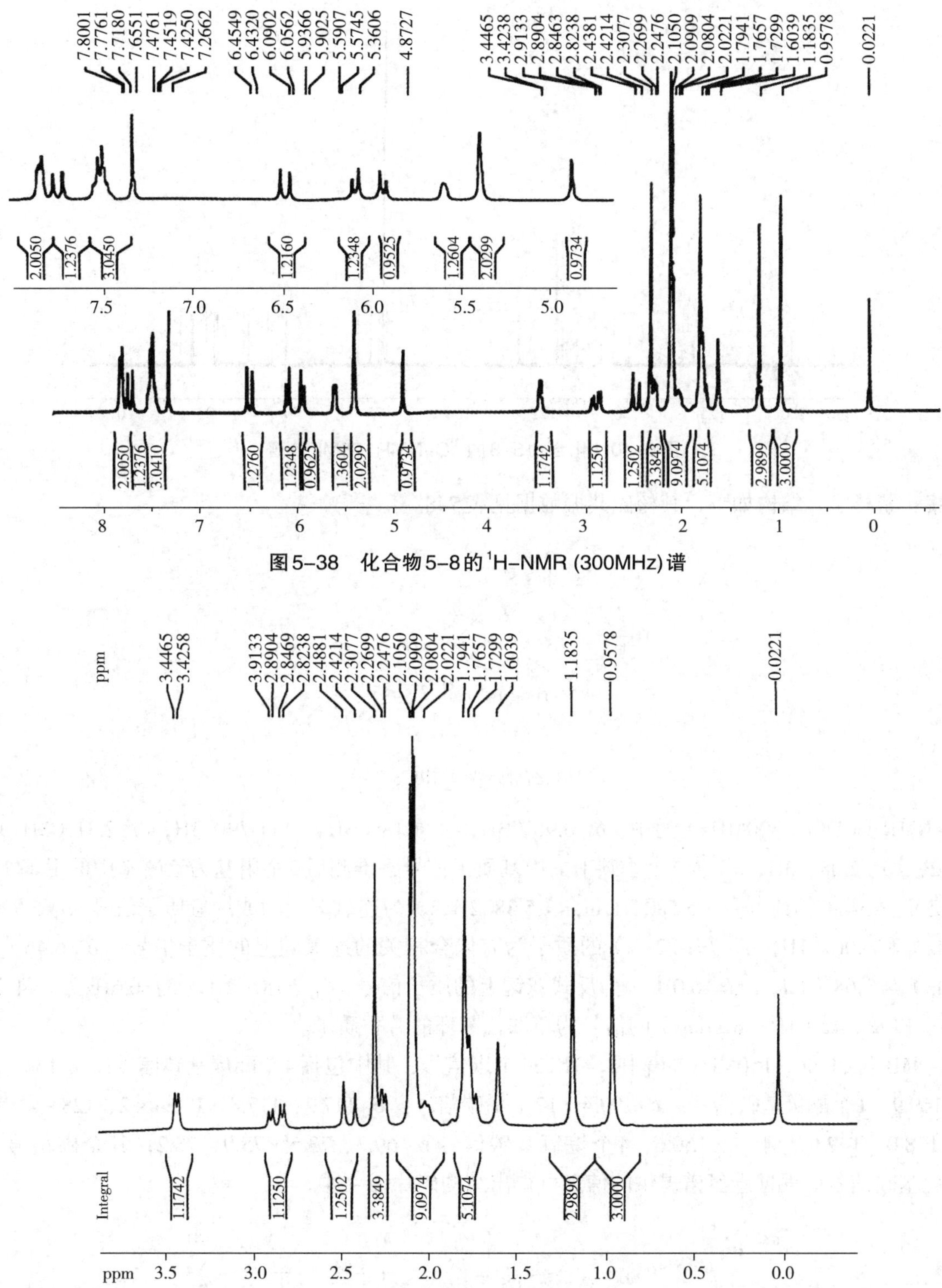

图5-38　化合物5-8的^{1}H-NMR (300MHz) 谱

图5-39　化合物5-8的^{1}H-NMR (300MHz) 谱的部分放大谱

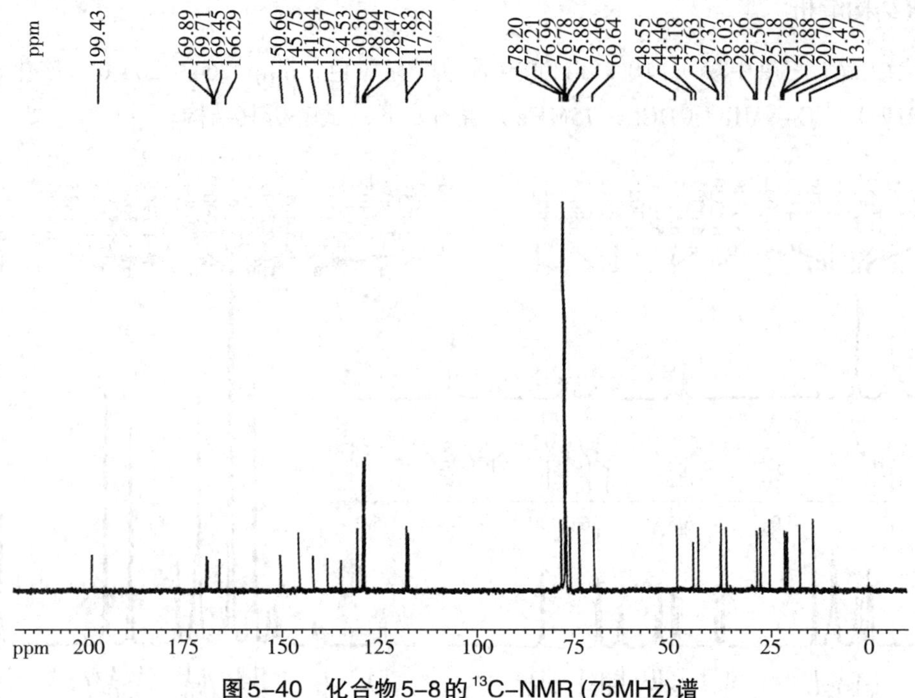

图5-40 化合物5-8的^{13}C-NMR (75MHz)谱

答案：紫杉宁，结构如下，其核磁共振数据见表5-8。

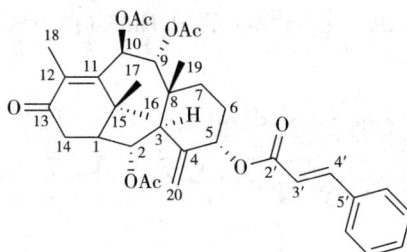

化合物5-8的结构

^{1}H-NMR（$CDCl_3$，300MHz）谱中，δ_H 0.96（3H，s）、1.18（3H，s）、1.79（3H，s）、2.31（3H，s）、2.07（3H×2，s）、2.08（3H，s）为7个季碳上的甲基质子信号，推测后3个甲基为乙酰基中的甲基（与化合物9比较）；δ_H 4.87(1H，br. s)、5.58(1H，br. s)、5.38(2H，s)为连氧碳上的或烯氢质子信号，δ_H 5.92(1H，d，J=10.2Hz)和6.06（1H，d，J=10.2Hz）的质子为有偶合相关的连氧碳上的质子信号，δ_H 6.46（1H，d，J=16.0Hz）与7.68（1H，d，J=16.0Hz）为反式双键上的质子信号，δ_H 7.78（2H，d，J=6.6Hz），7.44（2H，d，J=6.6Hz）以及7.42（1H，overlap）的信号为单取代苯环的芳香质子。

^{13}C-NMR（$CDCl_3$，150MHz）谱中，给出35个碳信号，其中包括4个酯羰基碳信号：δ_C 166.3、169.4、169.7、169.9；1个酮羰基碳信号：δ_C 199.4；12个烯碳信号：δ_C 117.2、117.8、128.4×2、128.9×2、130.4、134.6、138.0、142.0、145.7、150.6；4个烷氧基碳信号 δ_C 69.7、73.5、75.9、78.2；其余碳信号均为sp^3杂化的烷基碳信号。根据碳氢谱提供的信息可得出结构碎片①～④。

① ② ③ ④

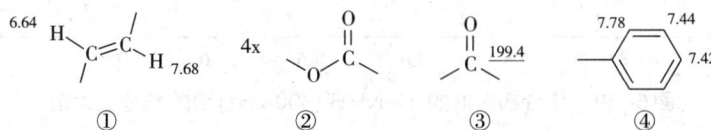

根据核磁数据可知，该化合物为C_4～C_{20}位含有双键的6/8/6环状碳骨架紫杉烷类化合物，且结构中

含有肉桂酰基片段：δ_H 7.78（2H，d，J=6.6Hz）、7.44（2H，d，J=6.6Hz）、7.42（1H，o）的单取代苯环上AA′BB′X质子特征信号以及 δ_H 7.68（1H，d，J=16.0Hz）、δ 6.64（IH，d，J=16.0Hz）的反式双键上的质子信号是肉桂酰基上的质子信号。

通过理化性质和波谱数据分析，并与文献[3]对照，鉴定化合物5-8为紫杉宁。核磁共振数据见表5-8。

表5-8　化合物5-8的核磁共振数据

Position	^{1}H-NMR（J in Hz）	^{13}C-NMR	Position	^{1}H-NMR（J in Hz）	^{13}C-NMR
1	2.26（1H，dd，6.2，2.0）	48.6	17	1.18（3H，s）	37.4
2	5.58（1H，dd，6.2，2.0）	69.7	18	2.31（3H，s）	14.0
3	3.44（1H，d，6.2）	43.2	19	0.96（3H，s）	17.5
4	—	142.0	20	5. 38（1H，s） 4.87（1H，s）	117.8
5	5.38（1H，s）	78.2	2′	—	166.3
6	2.02（1H，overlap） 1.76（1H，overlap）	28.4	3′	6.64（1H，d，16.0）	117.2
7	1.76（2H，overlap）	27.5	4′	7.68（1H，d，16.0）	145.7
8	—	44.5	5′	—	134.6
9	5.92（1H，d，10.2）	75.9	6′	7.78（1H，d，6.6）	128.4
10	6.06（1H，d，10.2）	73.5	7′	7.44（1H，d，6.6）	128.9
11	—	150.6	8′	7.42（1H，overlap）	130.4
12	—	138.0	9′	7.44（1H，d，6.6）	128.9
13	—	199.4	10′	7.78（1H，d，6.6）	128.4
14	2.87（1H，dd，20.0，6.9） 2.46（1H，d，20.0）	36.1	2-OCOCH$_3$	2.07（3H，s）	169.4，20.7
15	—	37.7	9-OCOCH$_3$	2.07（3H，s）	169.9，21.4
16	1.79（3H，s）	25.2	10-OCOCH$_3$	2.08（3H，s）	169.7，20.9

注：* 测试溶剂为pyridine-d_5。

化合物5-9结构解析

无色棱柱状结晶（三氯甲烷），10%浓硫酸-香草醛显粉红色，m. p. 264～266℃，该化合物的^{1}H-NMR（CDCl$_3$，600MHz）、^{13}C-NMR（CDCl$_3$，150MHz）、HSQC、HMBC谱图如下，试解析其结构。

答案： taxacin，结构如下，其核磁共振数据见表5-9。

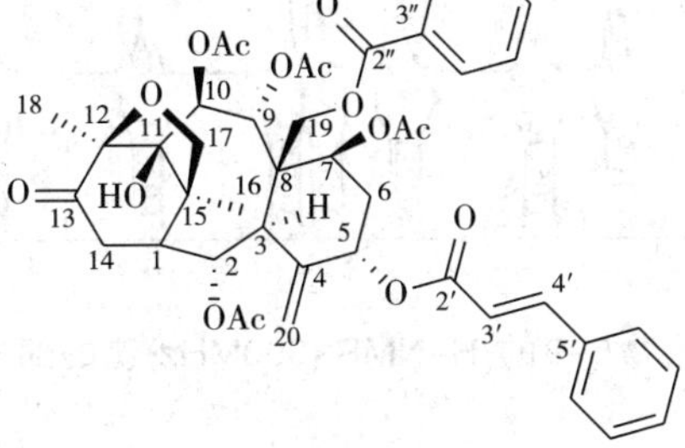

化合物5-9的结构

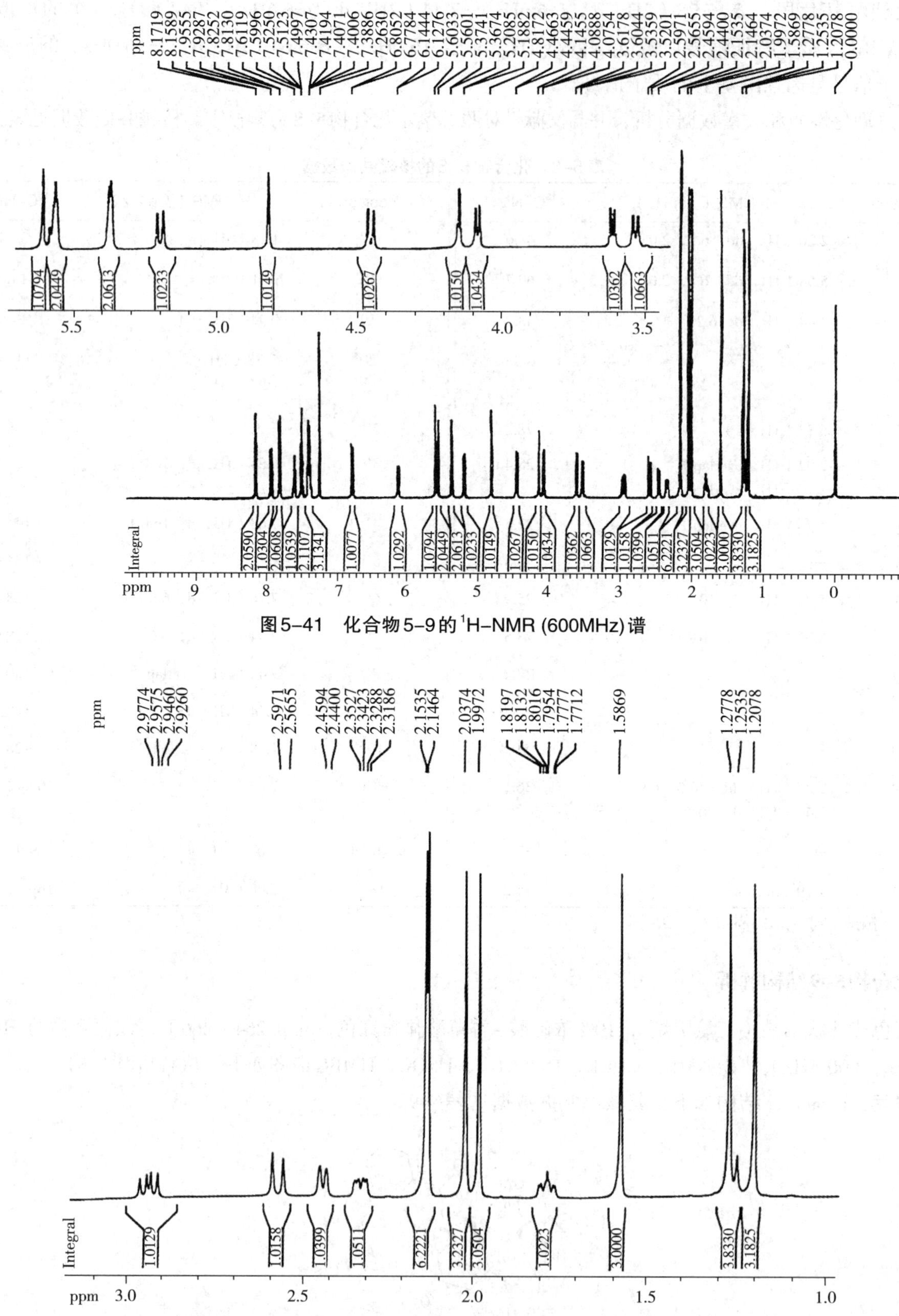

图5-41　化合物5-9的 ^{1}H-NMR (600MHz) 谱

图5-42　化合物5-9的 ^{1}H-NMR (600MHz) 谱的部分放大谱（1）

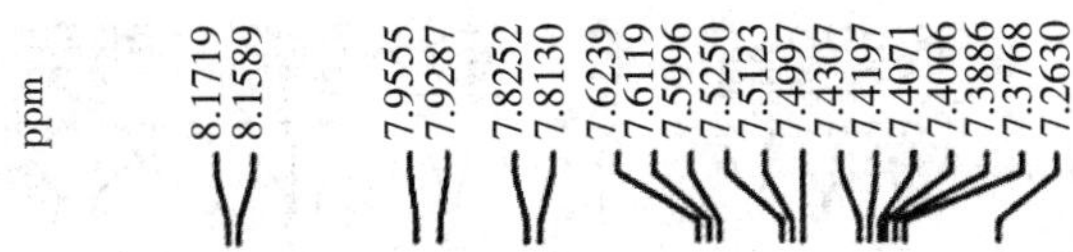

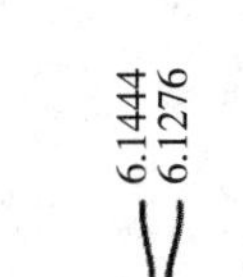

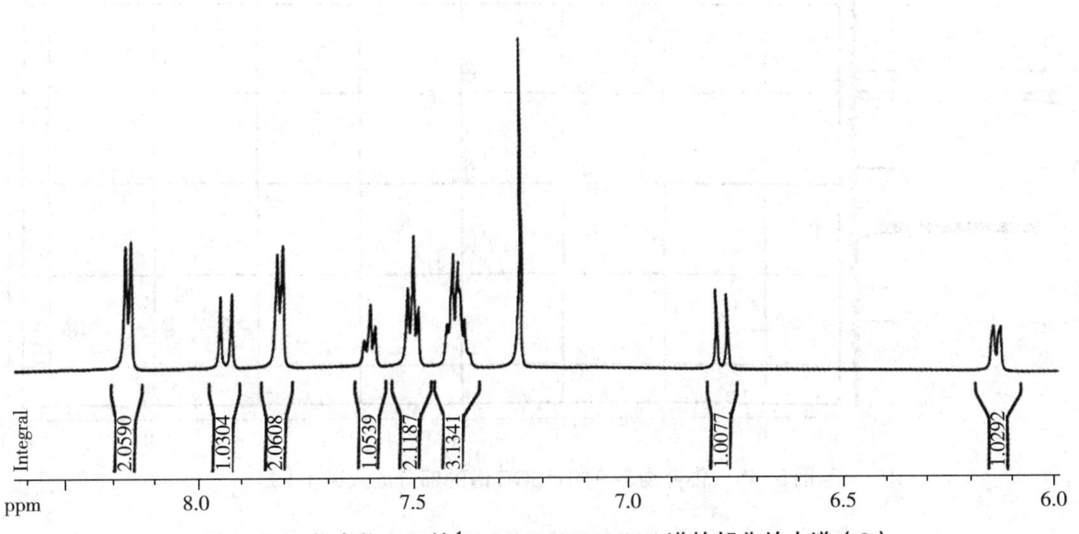

图5-43　化合物5-9的^{1}H-NMR (600MHz)谱的部分放大谱（2）

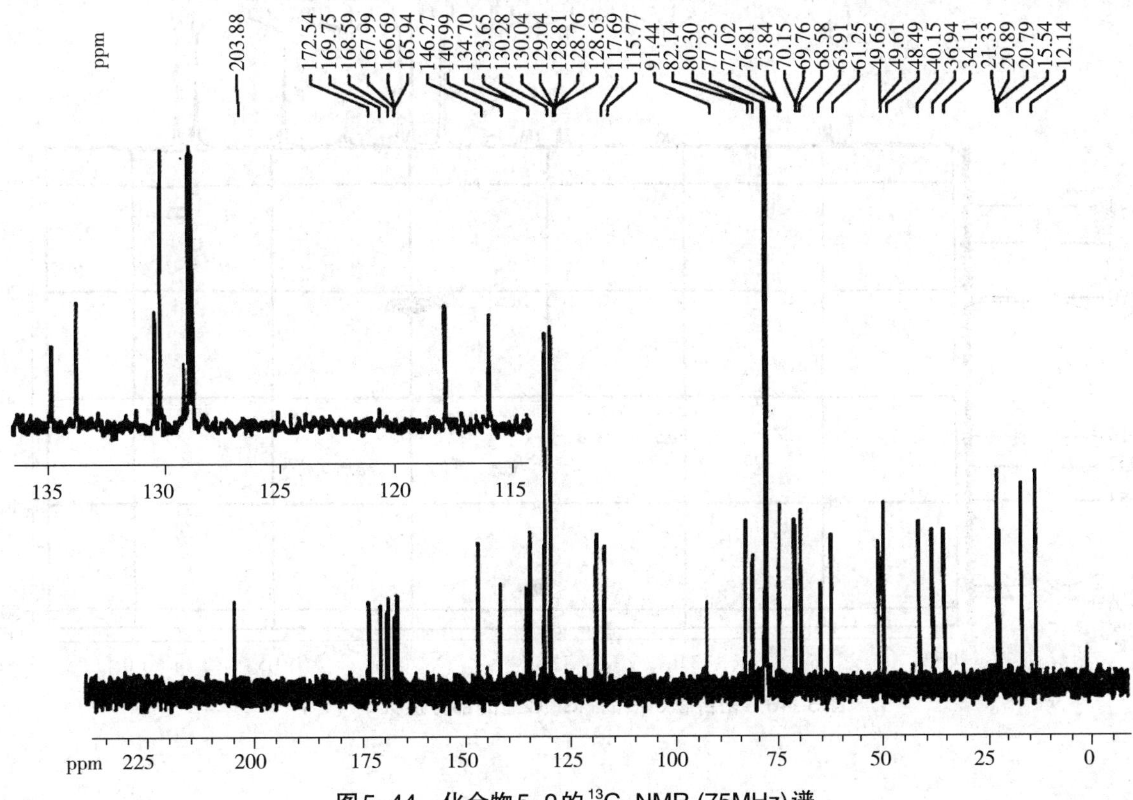

图5-44　化合物5-9的^{13}C-NMR (75MHz)谱

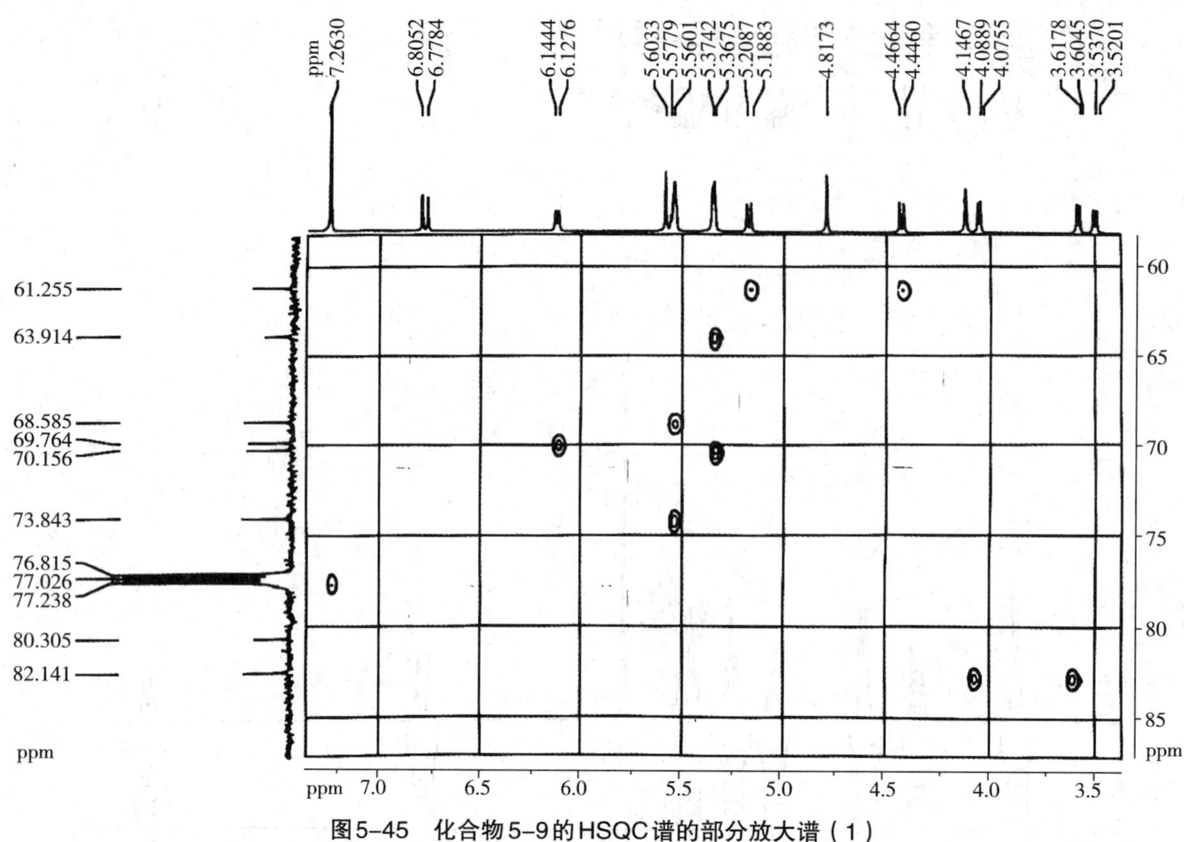

图5-45 化合物5-9的HSQC谱的部分放大谱（1）

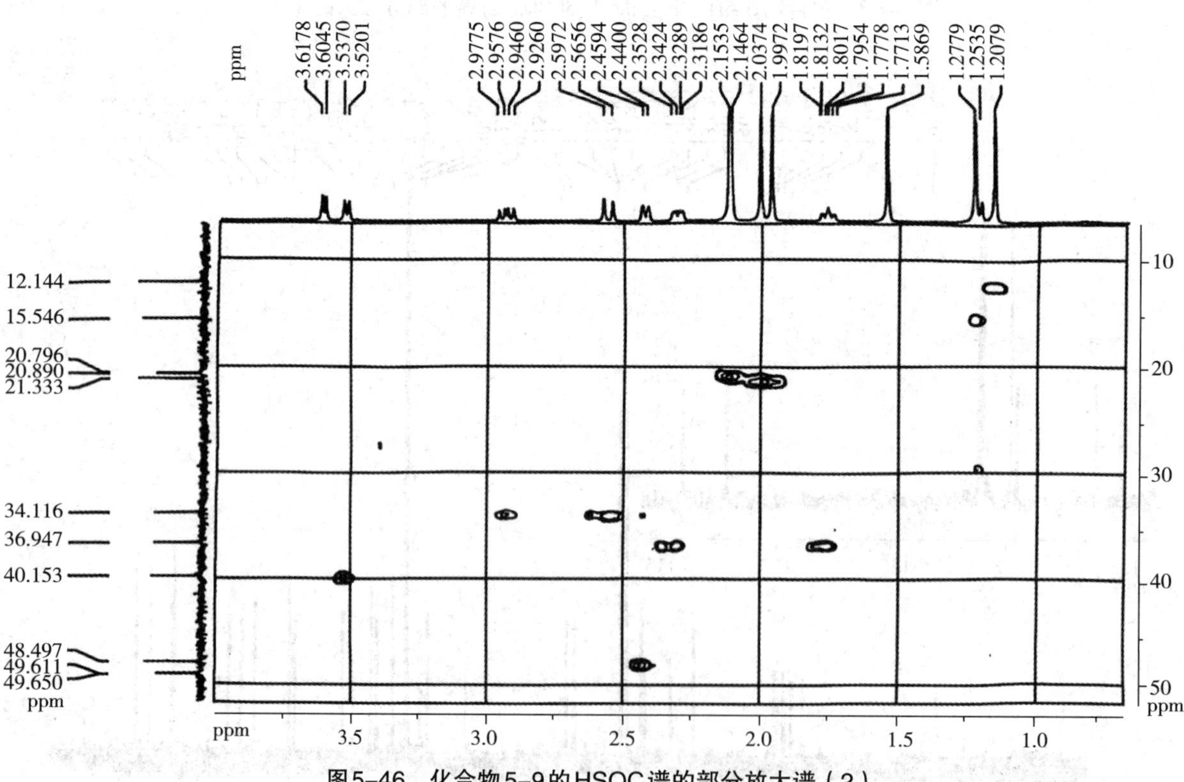

图5-46 化合物5-9的HSQC谱的部分放大谱（2）

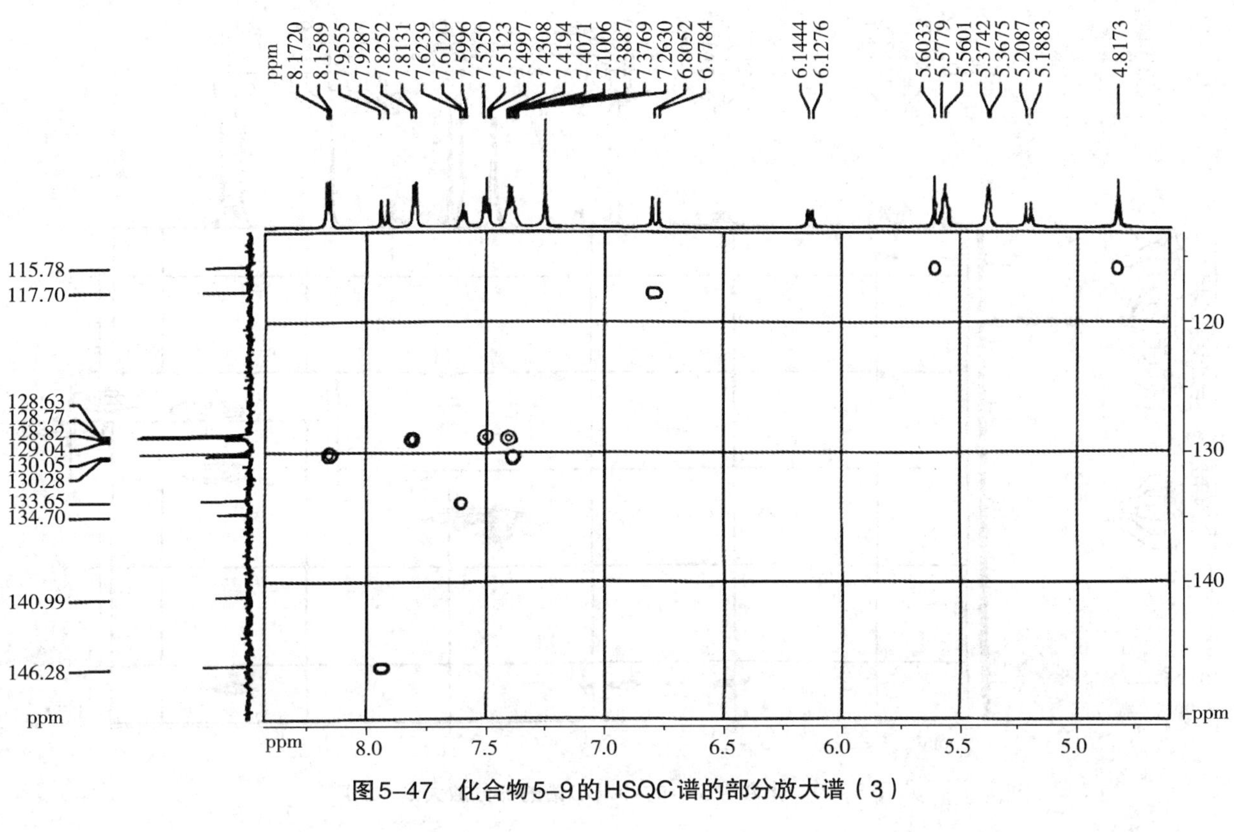

图5-47　化合物5-9的HSQC谱的部分放大谱（3）

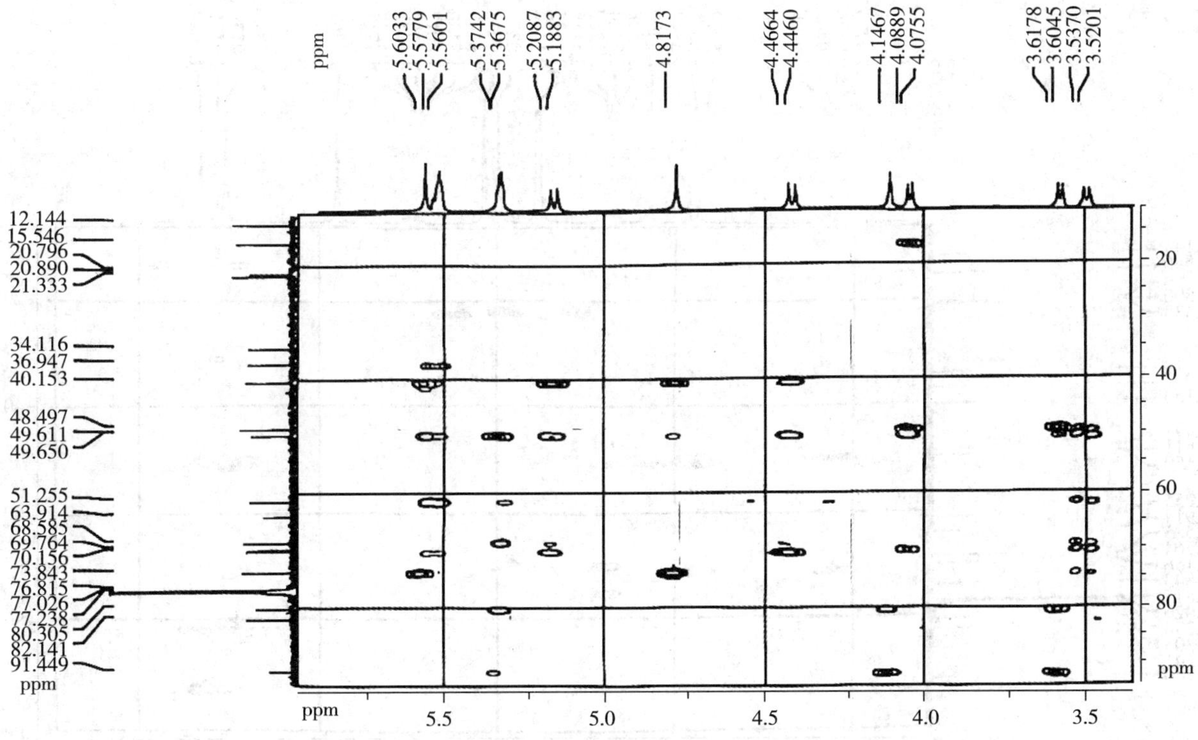

图5-48　化合物5-9的HMBC谱的部分放大谱（1）

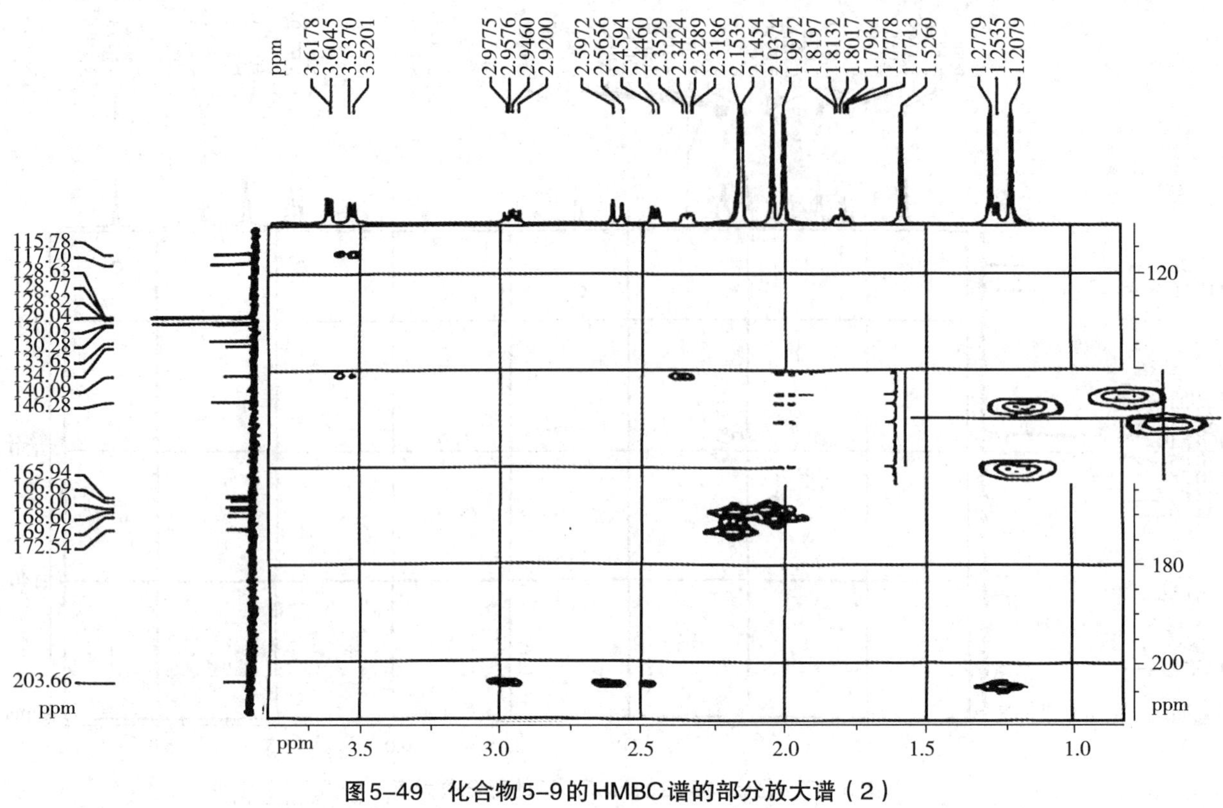

图5-49　化合物5-9的HMBC谱的部分放大谱（2）

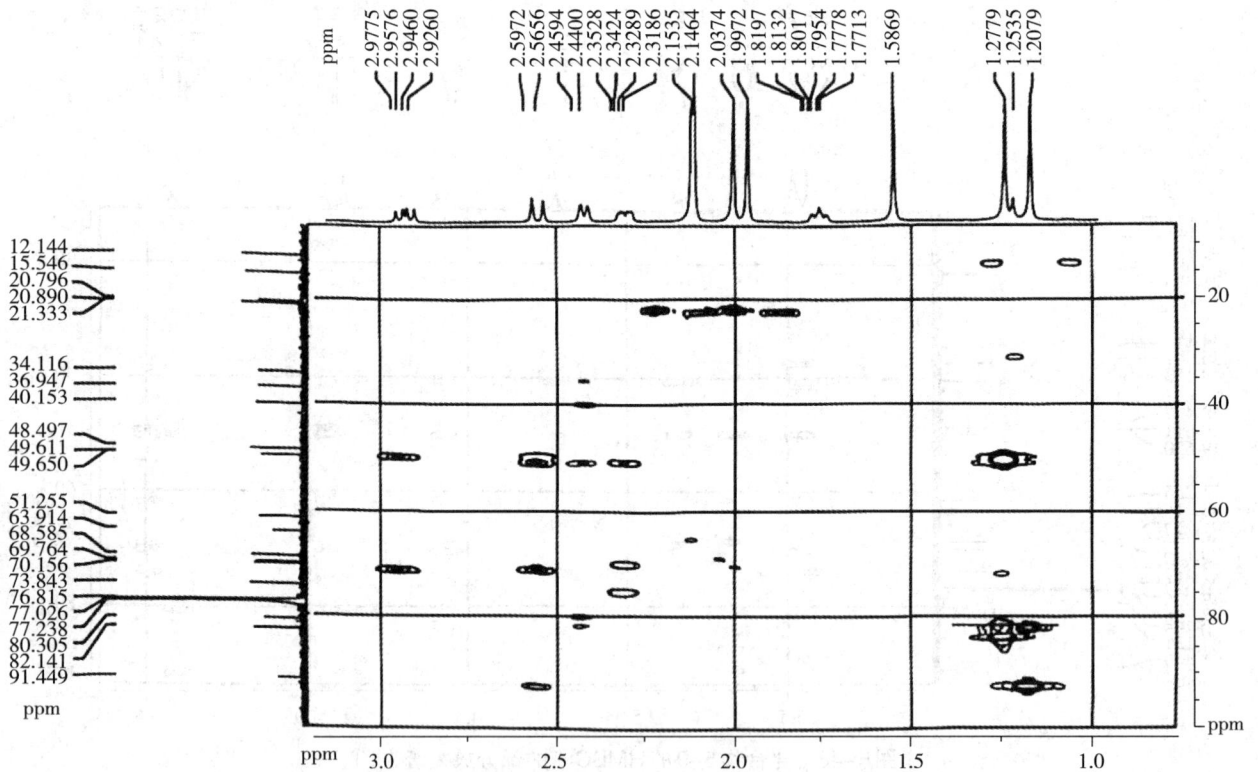

图5-50　化合物5-9的HMBC谱的部分放大谱（3）

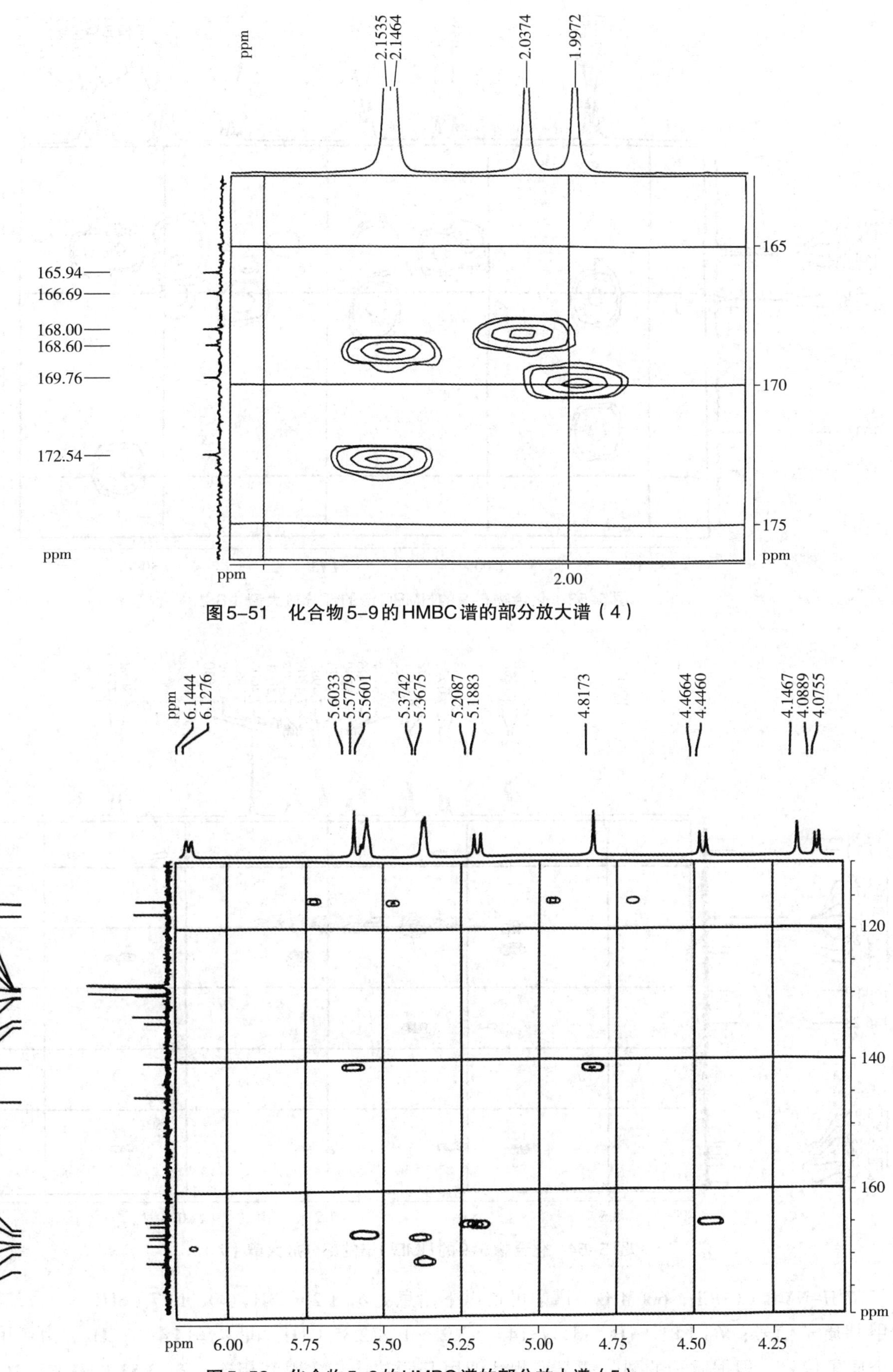

图5-51　化合物5-9的HMBC谱的部分放大谱（4）

图5-52　化合物5-9的HMBC谱的部分放大谱（5）

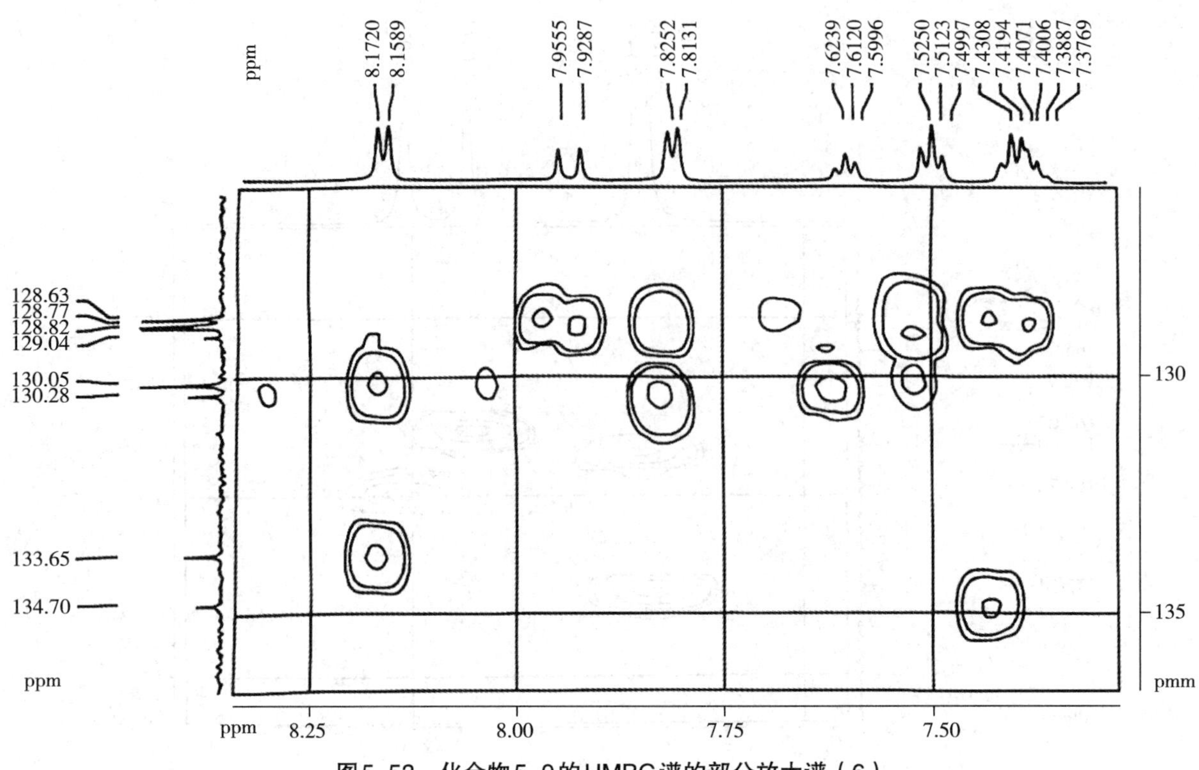

图5-53　化合物5-9的HMBC谱的部分放大谱（6）

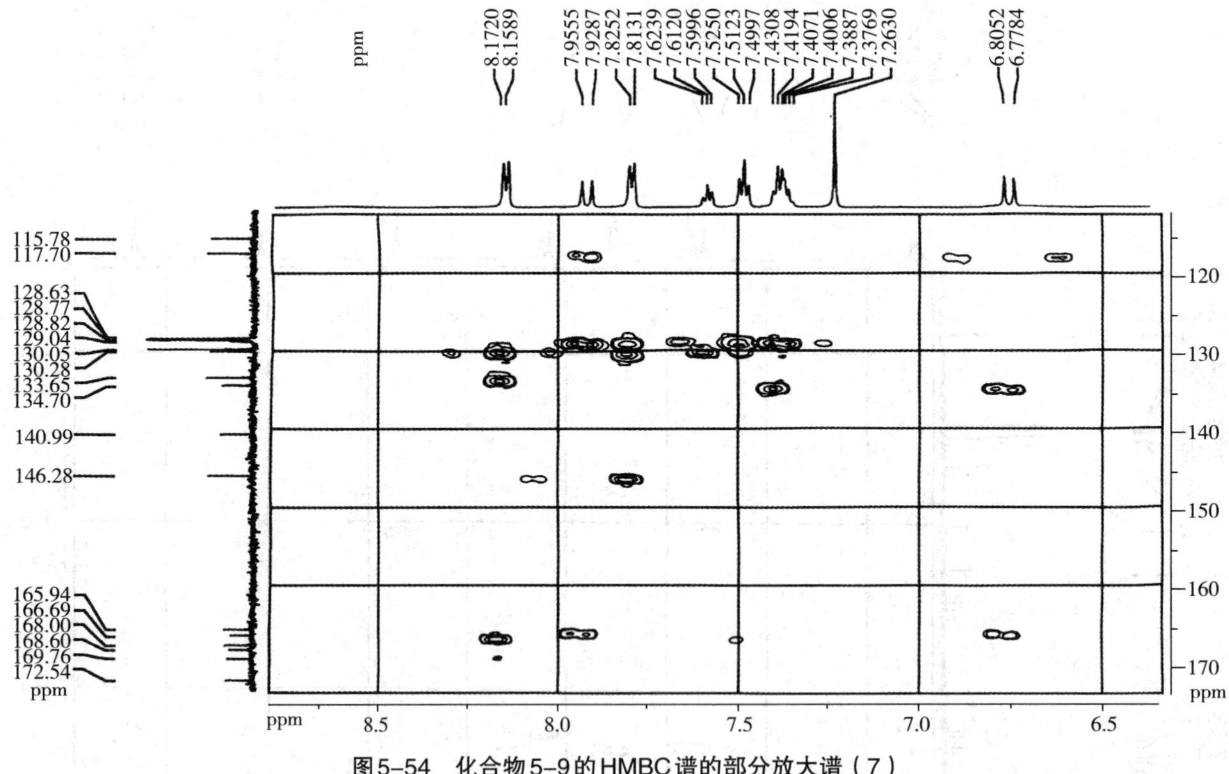

图5-54　化合物5-9的HMBC谱的部分放大谱（7）

在^{1}H-NMR（$CDCl_3$，600MHz）谱中可得以下信息：δ_H 1.20（3H，s）、1.27（3H，s）为2个季碳上的甲基质子信号；δ_H 1.81（1H，td，J=14.4，3.9Hz）和2.35（1H，dd，J=14.4，6.2Hz）为亚甲基上的两个质子信号，根据质子的裂分情况推测此亚甲基两端均与次甲基相连；δ_H 3.53（1H，d，J=10.1Hz）的次甲基质子信号与δ_H 6.14（1H，d，J=10.1Hz）的质子有偶合相关，推测后者为连氧碳上或烯氢质

子；δ_H 4.81（1H，s）、5.60（1H，s）、5.36（1H，s）、5.37（1H，s）、5.56（1H，m）、5.57（1H，m）为连氧碳上或烯碳上的质子信号；δ_H 3.62（1H，d，J=8.0Hz）、4.08（1H，d，J=8.0Hz）以及 δ_H 4.46（1H，d，J=12.0Hz）、5.20（1H，d，J=12.0Hz）分别为两组连氧的亚甲基碳上的质子；δ_H 6.79（1H，d，J=16.1Hz）与7.94（1H，d，J=16.1Hz）为反式双键上的质子信号；δ_H 7.52（2H，d，J=7.4Hz）、7.43（3H，m）与7.59（1H，t，J=7.3Hz）、7.82（2H，d，J=7.3Hz）、8.16（2H，d，J=7.3Hz）应为两组单取代苯环上的质子信号。

^{13}C-NMR（$CDCl_3$，150MHz）谱给出44个碳信号中，其中 δ_C 15.5–79.9有15个烷基碳信号，其中 δ_C 64.3，70.7，73.6，79.9为4个烷氧碳信号；δ_C 104.2～174.7有5个sp^{2}杂化的碳信号，其中 δ_C 174.7为一酯羰基碳信号。

综合碳氢谱信息并结合HMQC谱可知结构中含有结构碎片①～⑨。

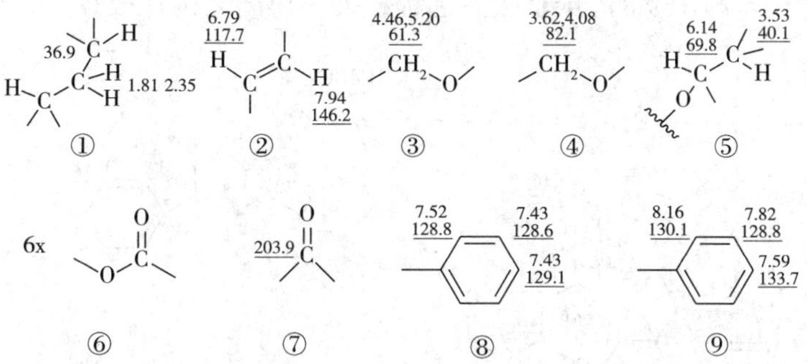

在HMQC谱中未见与 δ_H 1.59的质子有相关的碳信号，故此信号为杂质信号。在HMBC谱中：4个甲基质子信号 δ_H 2.00、2.03、2.14、2.15分别与 δ_C 169.8、168.0、172.5、168.6的羰基碳存在相关，可知结构中含有4个乙酰基片段，其甲基质子的化学位移也符合此结论（乙酰基上甲基质子的化学位移为2.0左右）。

此外，在HMBC谱中，δ_H 1.20（12.1）的甲基质子与 δ_C 80.3、91.5、203.9的碳有远程相关，δ_H 2.58（34.1）的质子与 δ_C 48.5、69.8、91.5、203.9的碳有远程相关，得出结构片段A；δ_H 1.27（15.5）的甲基质子与 δ_C 48.5、49.6、82.1的碳有远程相关，δ_H 3.62，4.08（82.1）的质子与 δ_C 49.6、80.3的碳有远程相关，δ_H 5.36（63.9）的连氧碳上的质子与 δ_C 80.3、91.5的碳有远程相关，δ_H 2.45（48.5）的质子与 δ_C 40.1的碳有远程相关，可得结构片段B；将片段A、B通过共用碳原子 δ_C 69.8、80.3进行连接，得到结构片段C。

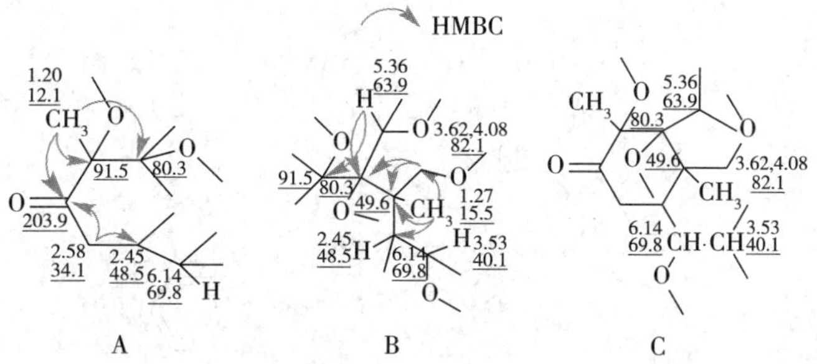

在HMBC谱中，δ_H 4.81、5.60（115.8）的烯氢质子与 δ_C 40.1、73.8、141.0的碳有远程相关，δ_H 3.53（40.1）的质子与 δ_C 73.8、141.0的碳有远程相关，δ_H 5.56（73.8）的质子与 δ_C 165.9的碳有远程相关，可得结构片段D；δ_H 1.81、2.35（36.9）的质子与 δ_C 49.7、68.6、73.8的碳有远程相关，δ_H 3.53（40.1）的质子与 δ_C 61.3、68.6、70.2的碳有远程相关，δ_H 5.36（63.90）的质子与 δ_C 49.7的碳有远程相关，可

得结构片段E；通过共用碳原子 δ_C 40.1、73.8将片段D、E相连，可得结构片段F。

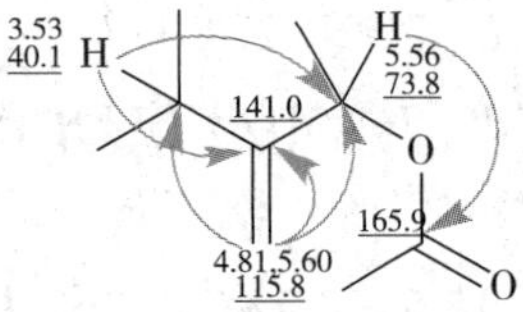

HMBC

D 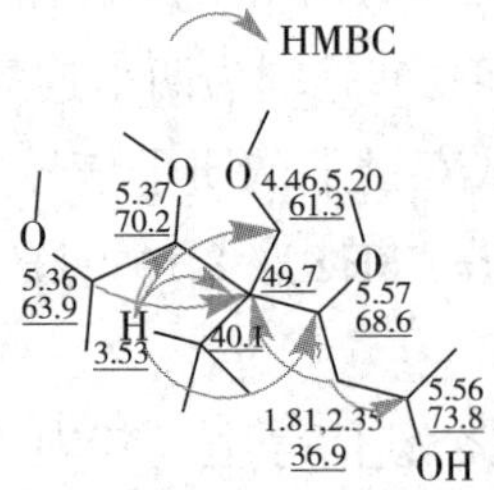　　E 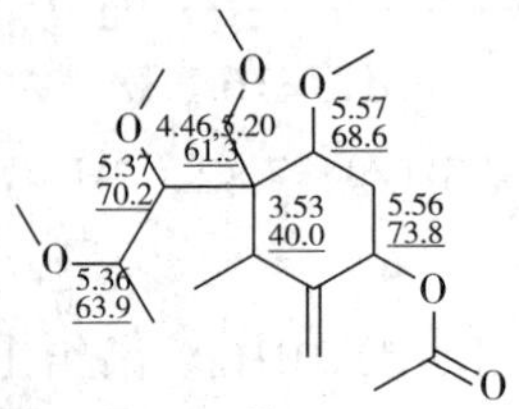　　F

而片段C和F可通过共用碳原子 δ_C 63.9、40.1进行连接，同时根据 δ_H 5.36的质子与 δ_C 168.6的酯羰基有远程相关，δ_H 5.37的质子与 δ_C 172.5的羰基碳有远程相关，δ_H 5.57的质子与 δ_C 168.0的羰基碳有远程相关，δ_H 6.14的质子与 δ_C 169.8的羰基碳有远程相关，得出结构片段G。

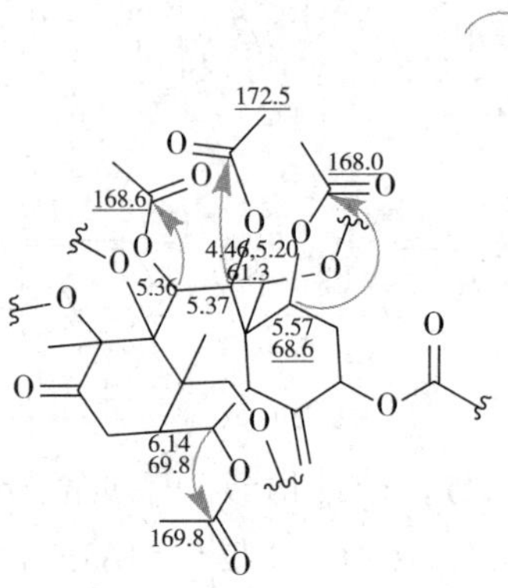

HMBC

G 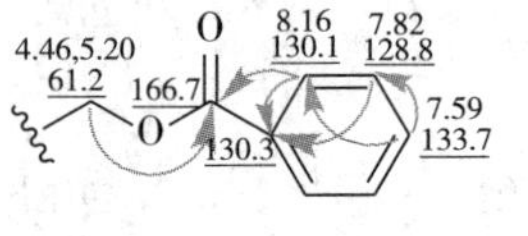　　H 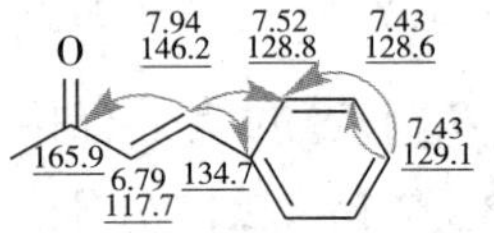　　I

此外，在HMBC谱中，δ_H 4.46（δ_C 61.3）的质子与 δ_C 166.7的碳有远程相关，δ_H 7.59（δ_C 133.7）的芳香质子与 δ_C 128.8、130.1的碳有远程相关，δ_H 7.82（δ_C 128.8）的芳香质子与 δ_C 130.3的碳有远程相关，δ_H 8.16（δ_C 130.1）的芳香质子与 δ_C 130.3、166.7的碳有远程相关，可得结构片段H；δ_H 7.43（δ_C 129.1）的芳香质子与 δ_C 128.6、128.8的碳有远程相关，结构碎片②中反式双键上的质子 δ_H 7.94（δ_C 146.2）与 δ_C 128.8、134.7、165.9的碳有远程相关，δ_H 6.79（δ_C 117.7）的质子与 δ_C 165.9的酯羰基碳信号有远程相关，可得结构片段I；通过共用碳原子 δ_C 61.3、165.9将片段G、H、I进行连接，得出结构片段J。

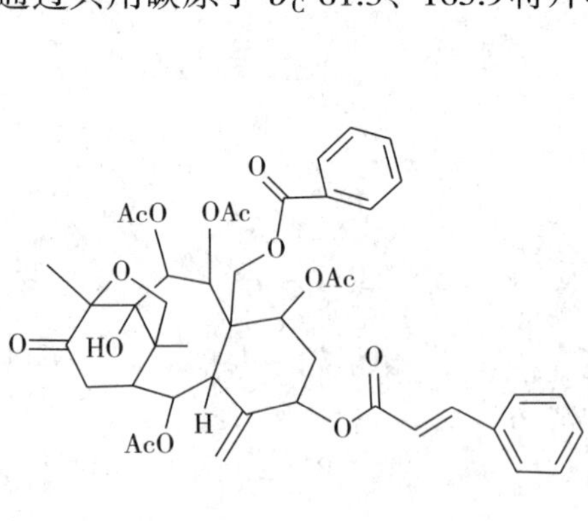

J

至此，碳谱中已无未归属碳信号，而由于连氧亚甲基碳信号 δ_C 82.1较正常的相应碳信号处于低场，结合文献可知，C-12、17通过氧原子相连，形成醚氧环，进而确定了此化合物的结构，为 C_4 ~ C_{20} 位含有双键的6/8/6环状碳骨架的紫杉烷二萜类化合物对照，鉴定为taxacin，其碳、氢信号归属见表5-9。

表5-9　化合物5-9的核磁共振数据

Position	^{1}H-NMR（J in Hz）	^{13}C-NMR	Position	^{1}H-NMR（J in Hz）	^{13}C-NMR
1	2.45（1H，d. 11.4）	48.5	19	4.46（1H，d，12.0） 5.20（1H，d，12.0）	61.3
2	6.14（1H，d，10.1）	69.8	20	4.81（1H，s） 5.60（1H，s）	115.8
3	3.53（1H，d，10.1）	40.1	2′	—	165.9
4	—	141.0	3′	6.79（1H，d，16.1）	117.7
5	5.56（1H，m）	73.8	4′	7.94（1H，d，16.1）	146.2
6	2.35（1H，dd，14.4，6.2） 1.81（1H，td，14.4，3.9）	36.9	5′	—	134.7
7	5.57（1H，m）	68.6	6′	7.52（1H，m）	128.8
8	—	49.7	7′	7.43（1H，m）	128.6
9	5.37（1H，s）	70.2	8′	7.43（1H，m）	129.1
10	5.36（1H，s）	63.9	9′	7.43（1H，m）	128.6
11	—	80.3	10′	7.52（1H，m）	128.8
12	—	91.5	2″	—	166.7
13	—	203.9	3″	—	130.3
14	2.58（1H，d，19.0） 2.95（1H，dd，19.0，12.0）	34.1	4″	8.16（1H，m）	130.1
15	—	49.6	5″	7.82（1H，m）	128.8
16	1.27（3H，s）	15.5	6″	7.59（1H，m）	133.7
17	3.62（1H，d，8.0） 4.08（1H，d，8.0）	82.1	7″	7.82（1H，m）	128.8
18	1.20（3H，s）	12.1			

* 测试溶剂为pyridine-d_5

第六节　贝壳杉烷型二萜类化合物

贝壳杉烷型二萜结构中环A/B，B/C环互为反式稠合，C-8，13，14及C-15，16构成一五元桥环。此外，C-15，16之间多见双键、羟基、羟甲基、烷基等取代基，如在植物冬凌草中二萜衍生物多为对映-贝壳杉烷型二萜。

化合物5-10结构解析

白色粉末（甲醇），m.p. 256～258℃，$[\alpha]_D^{20}$ −52°（c 0.1，MeOH），Molisch反应阳性，酸水解检出葡萄糖。紫外225nm下有最大吸收。（+）HR-FAB-MS显示其准分子离子峰为513.2632 $[M+H]^+$（计算值为513.2612），分子式为$C_{26}H_{40}O_{10}$，该化合物的^{1}H-NMR（$CDCl_3$，300MHz）、^{13}C-NMR（$CDCl_3$，75MHz）、HSQC、^{1}H-^{1}H COSY、HMBC、NOESY谱图如下，试解析其结构。

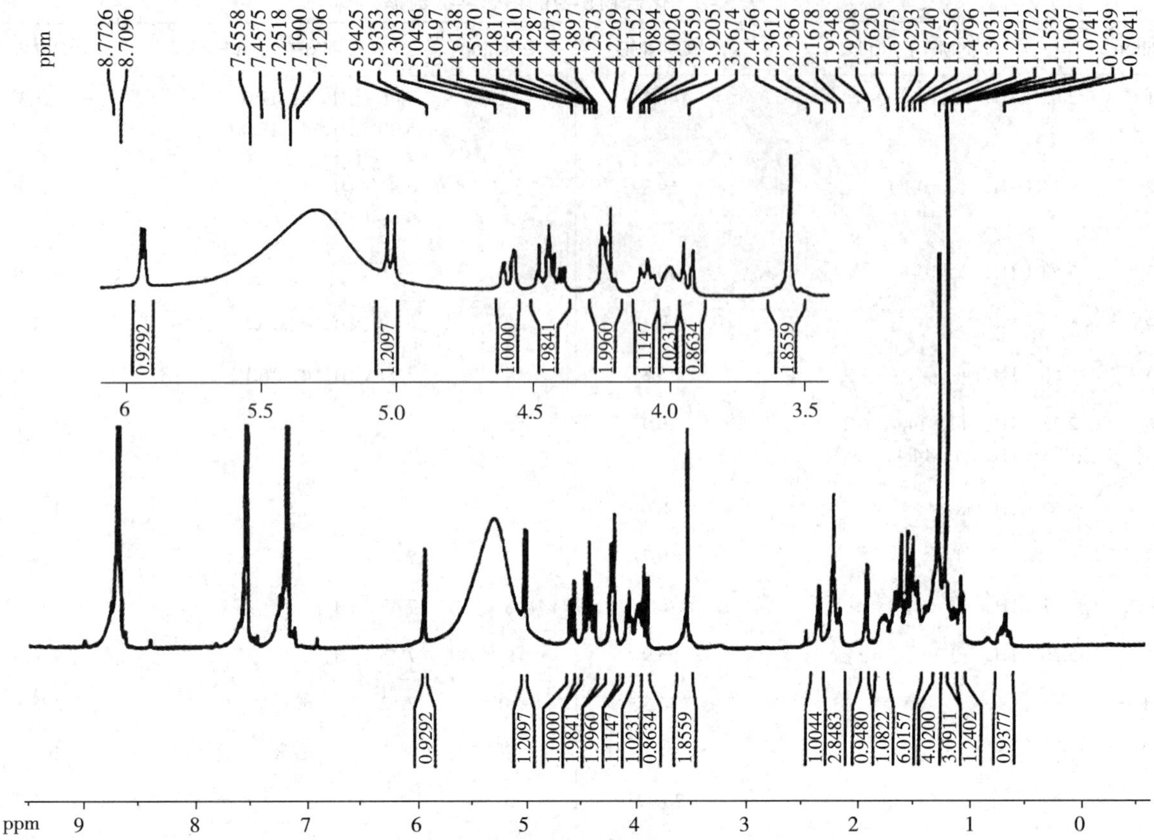

图5-55　化合物5-10的 ^{1}H-NMR (300MHz)谱

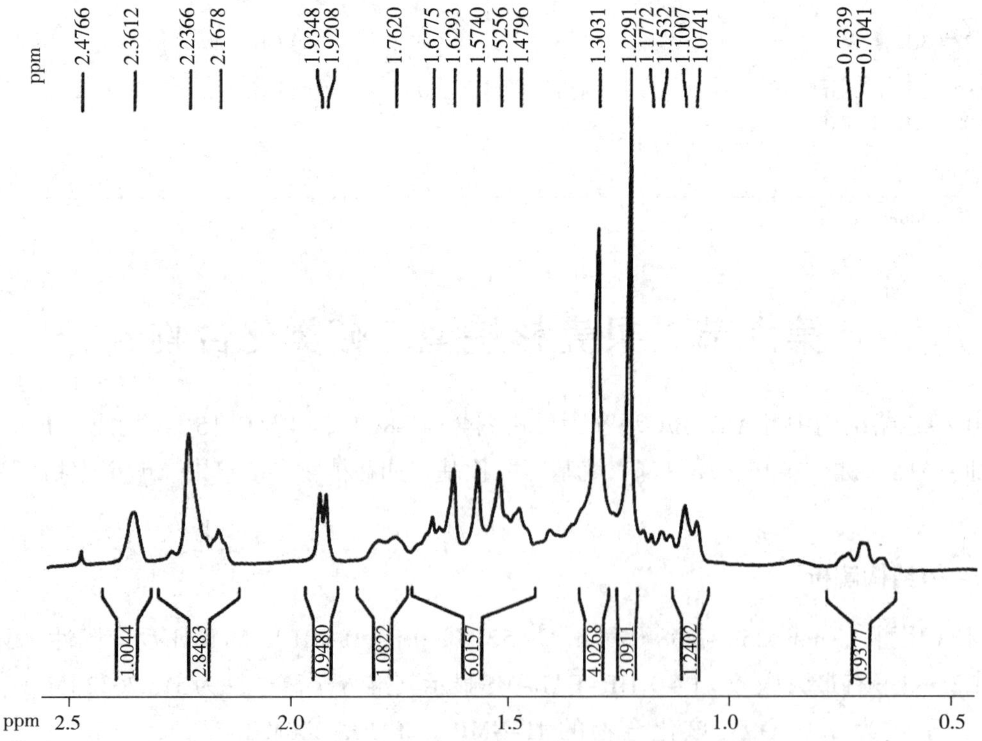

图5-56　化合物5-10的 ^{1}H-NMR (300MHz)谱的部分放大谱（1）

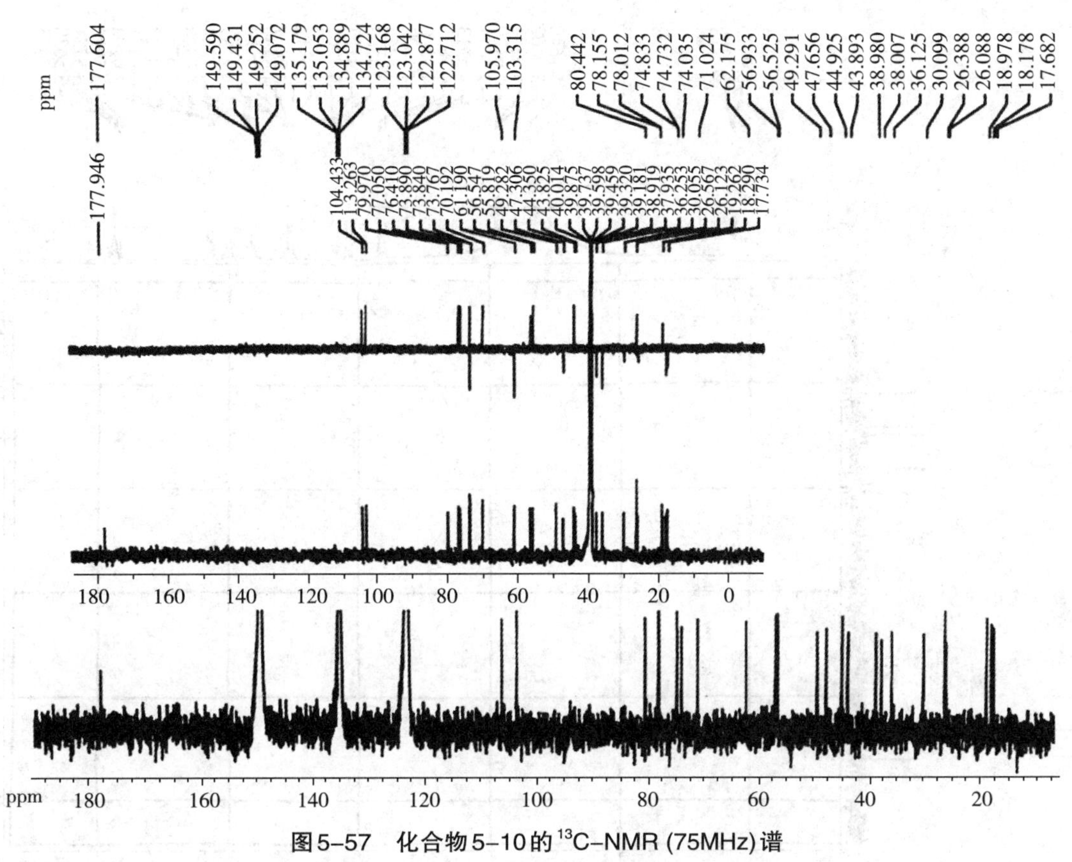

图5-57　化合物5-10的 ^{13}C-NMR (75MHz) 谱

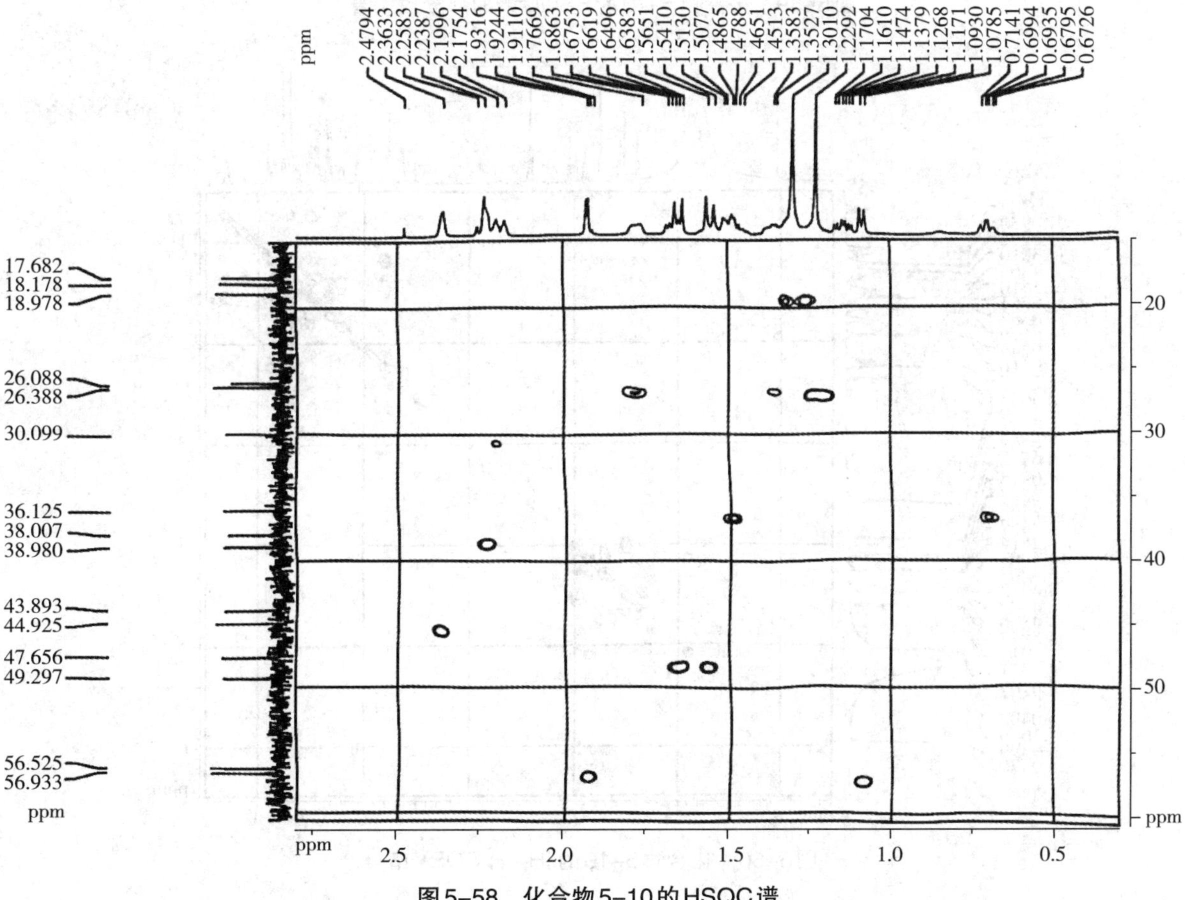

图5-58　化合物5-10的HSQC谱

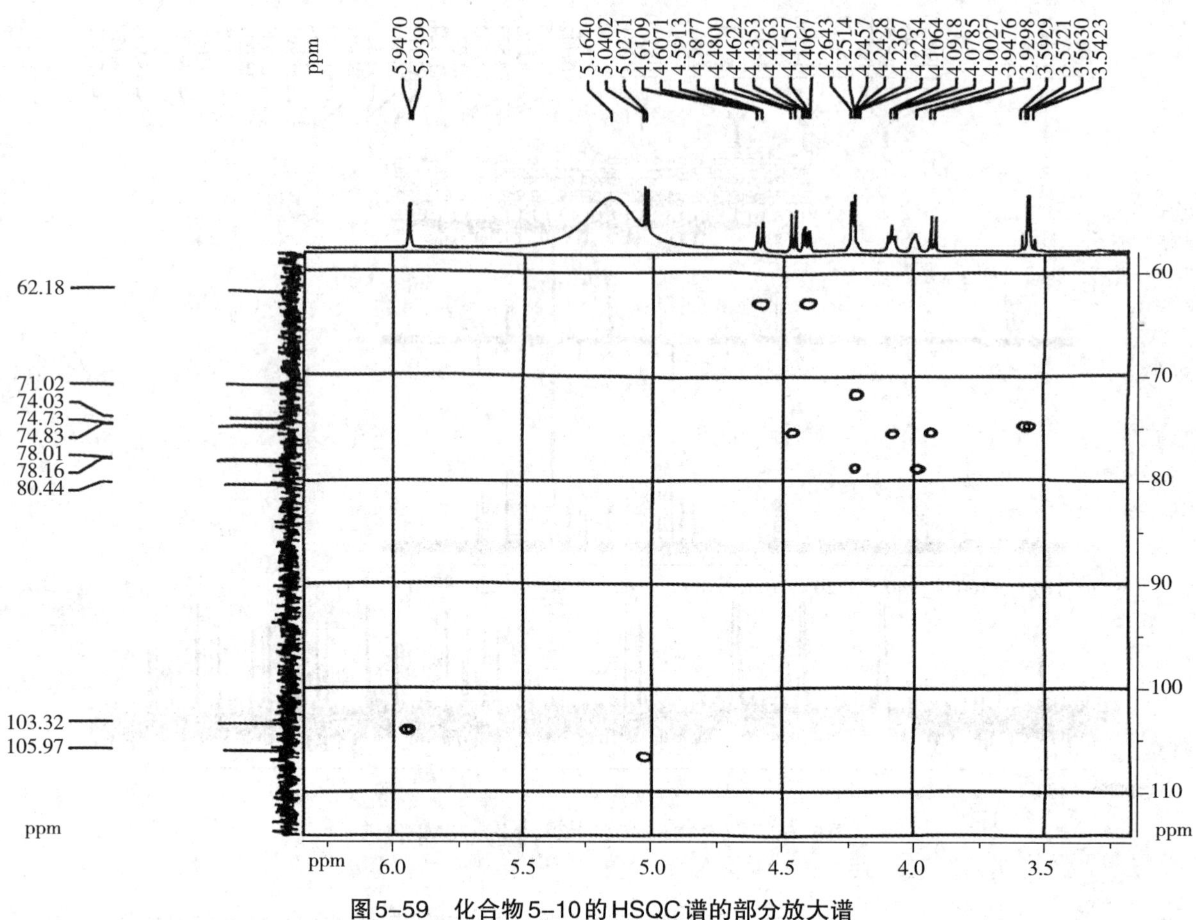

图5-59　化合物5-10的HSQC谱的部分放大谱

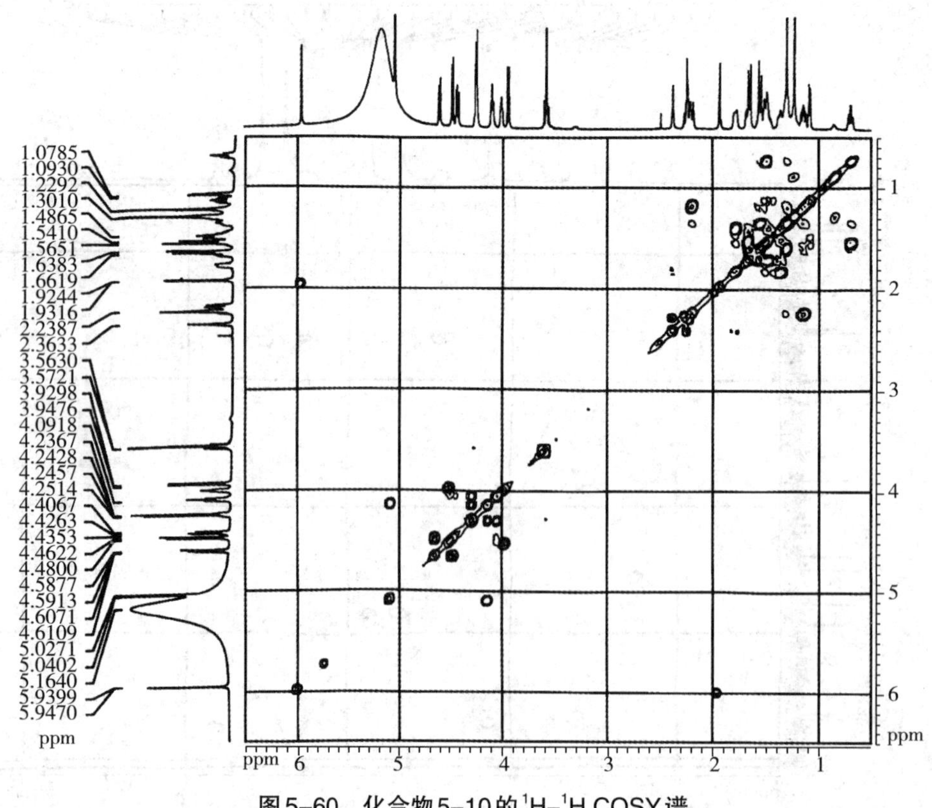

图5-60　化合物5-10的$^1H-^1H$ COSY谱

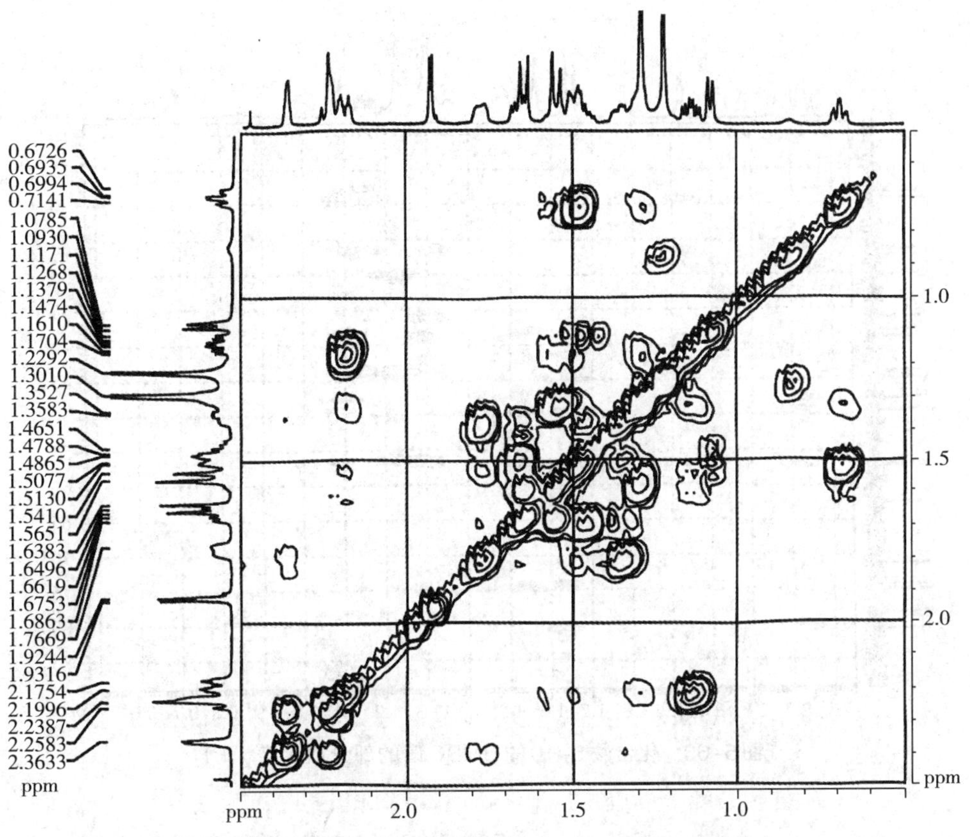

图5-61　化合物5-10的 ^{1}H-^{1}H COSY谱的部分放大谱

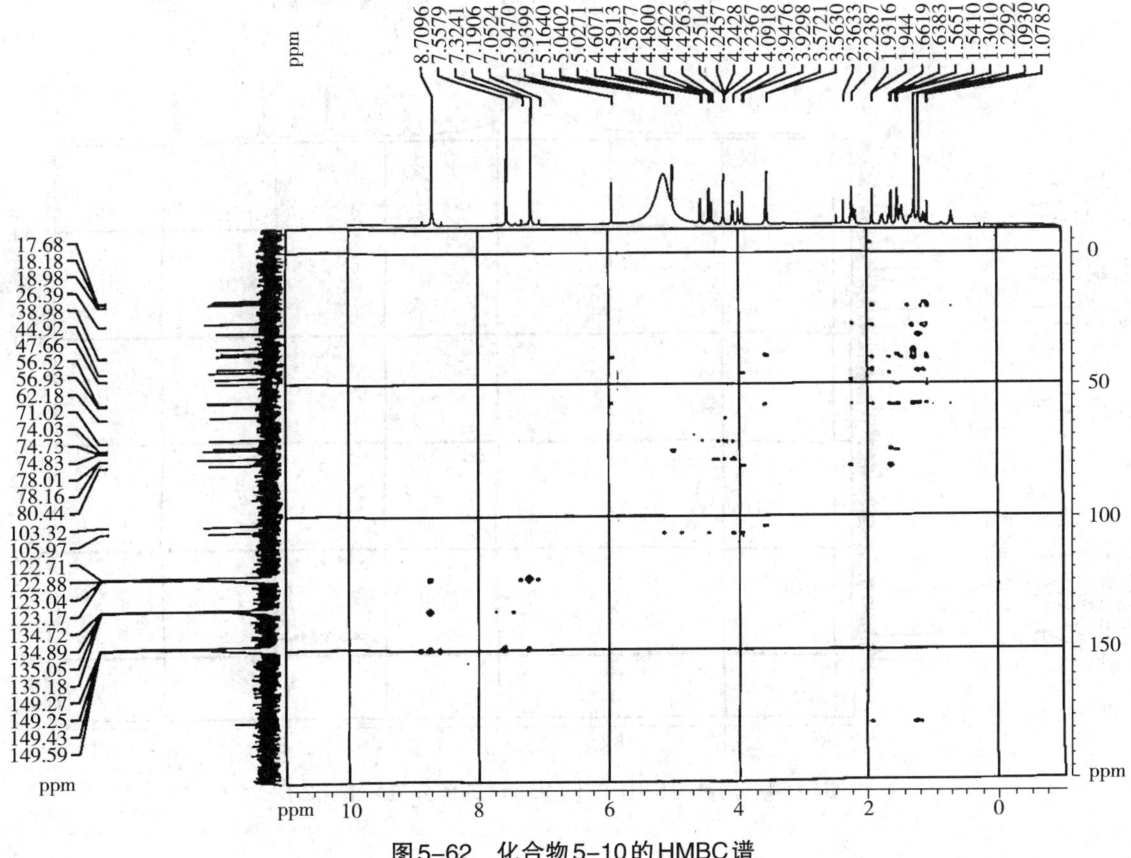

图5-62　化合物5-10的HMBC谱

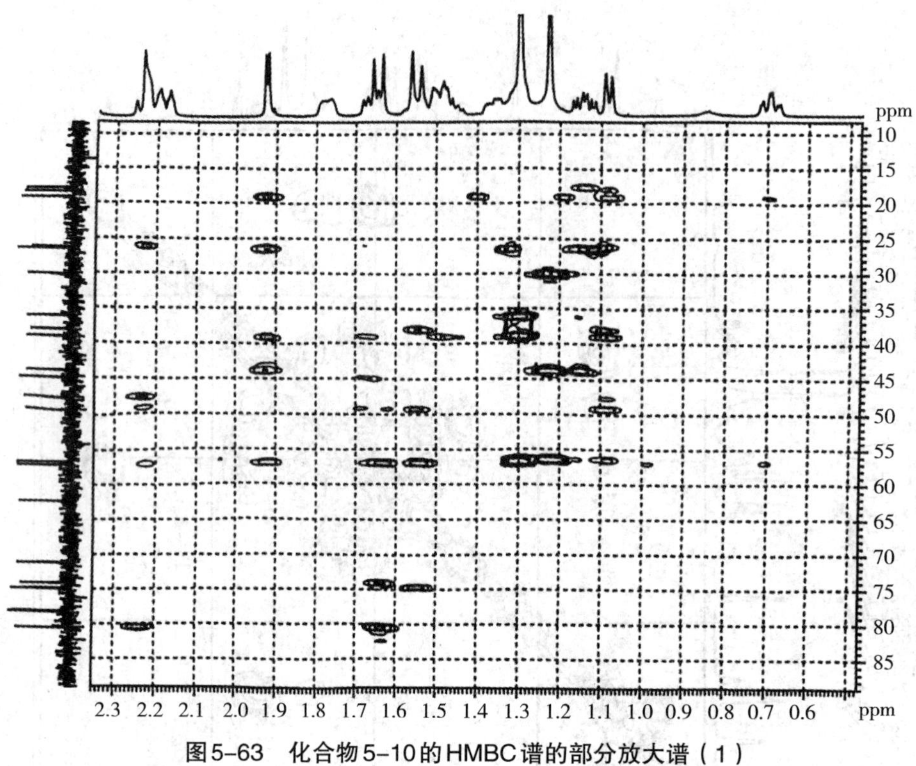

图5-63　化合物5-10的HMBC谱的部分放大谱（1）

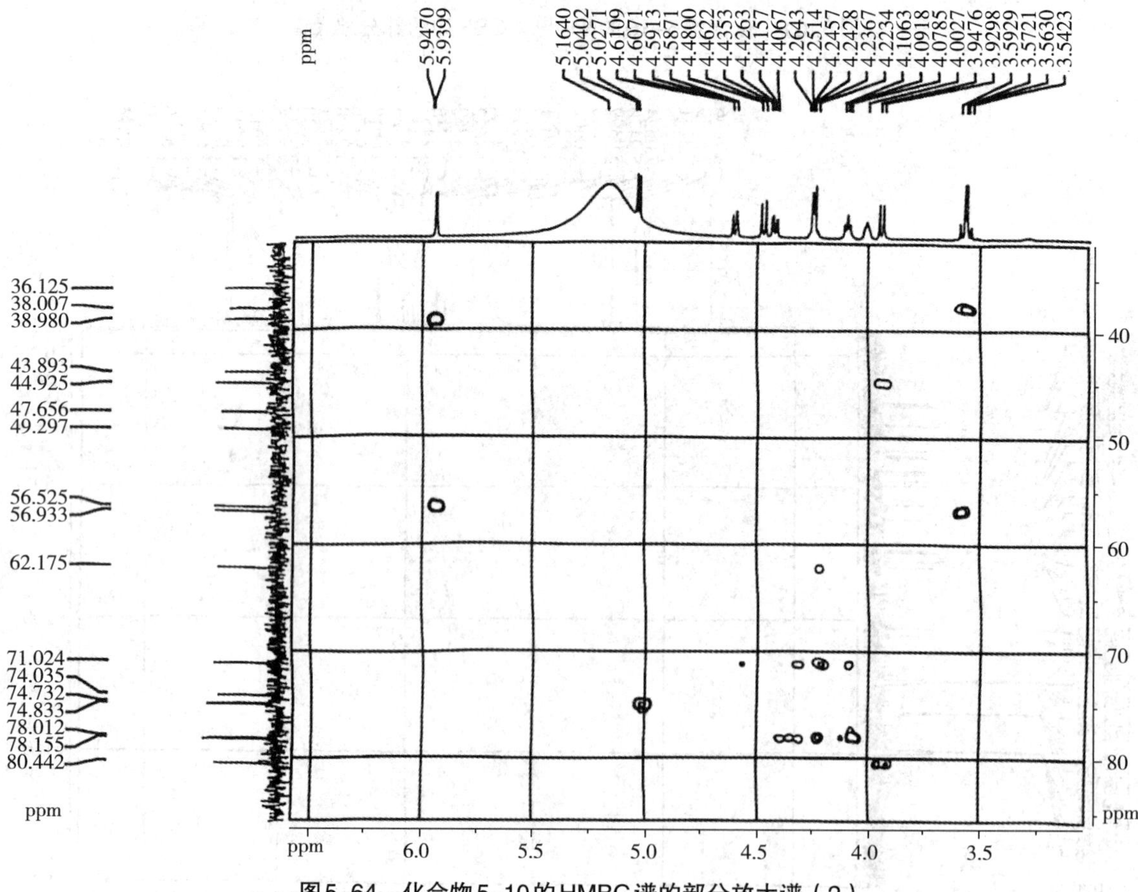

图5-64　化合物5-10的HMBC谱的部分放大谱（2）

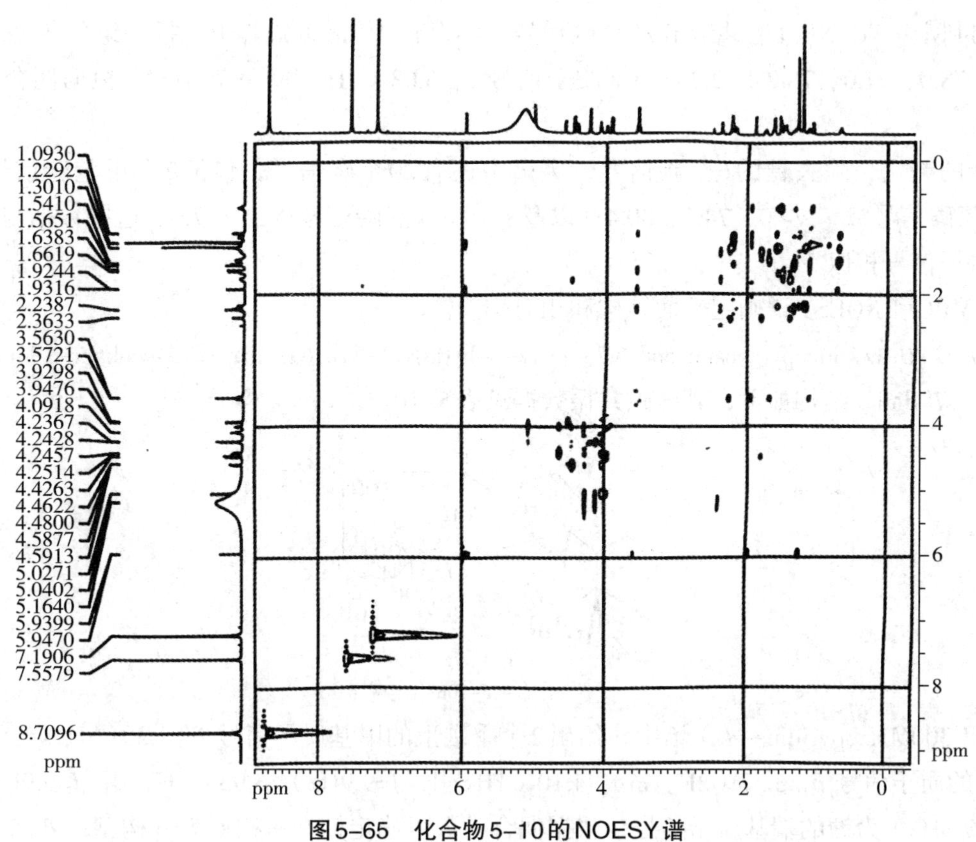

图5-65　化合物5-10的NOESY谱

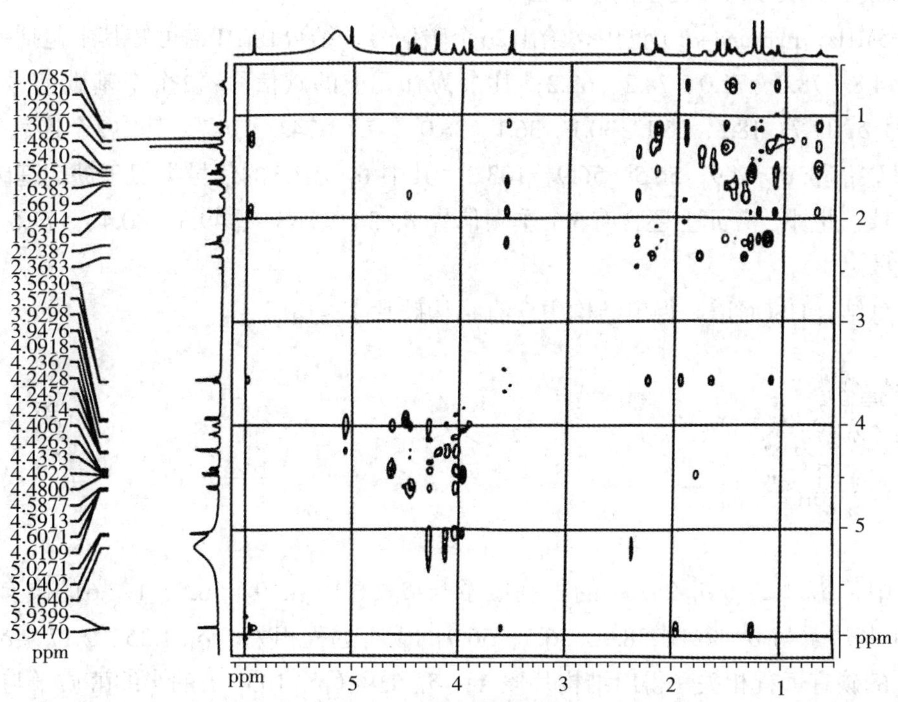

图5-66　化合物5-10的NOESY谱的部分放大谱（6）

解析思路：

1.根据氢、碳谱，可知结构由一分子的糖及一分子的二萜醇形成的苷。

2.对糖的判定：^{13}C-NMR谱共给出26个碳信号，结合DEPT谱可知其中包括一组葡萄糖的碳信号 δ_C 105.9、74.8、78.0、71.0、78.2、62.2，端基质子信号 δ_H 5.03（1H，d，J=7.8Hz），根据偶合常数确定为β构型葡萄糖。

3.对二萜的判定：除去糖的6个碳信号，碳谱中还有20个碳信号，包括2个甲基碳信号 δ_C：26.6、18.9；3个连氧碳信号 δ_C：74.0、74.7、80.4；以及1个酯羰基碳信号 δ_C：177.6。这些数据与对映贝壳杉烷二萜骨架特征信号相似。

4.通过HMBC和NOESY谱确定平面结构和相对构型。

答案： 17-O-β-D-glucopyranoside ent-6,7-epoxy-6-hydroxyl-5α,6α,9α-6,7-secokaur-19-oic acid-6,19-lactone-16α，17-diol，结构如下，其核磁共振数据见表5-10。

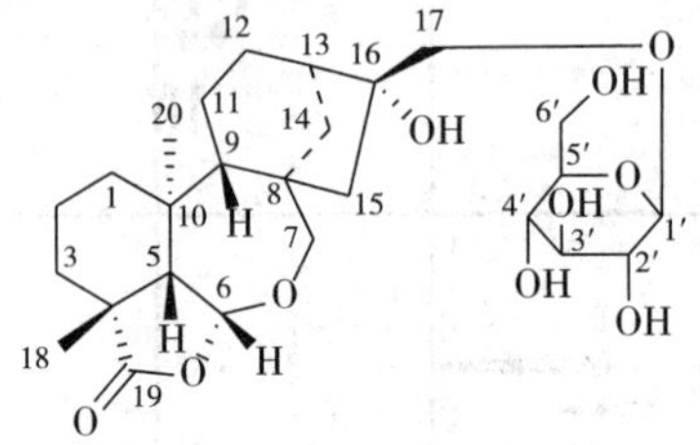

化合物5-10的结构

^{1}H-NMR（300MHz，pyridine-d_5）谱中，给出2个季碳上的甲基质子信号 δ_H 1.30（3H，s）、1.23（3H，s）；4个连氧碳上的质子信号 δ_H 3.57（2H，m）、4.10（1H，d，J=9.9Hz）、3.93（1H，d，J=9.9Hz）；δ_H 5.03（1H，d，J=7.8Hz）为糖的端基质子信号，根据偶合常数可确定糖端基构型为β构型；δ_H 5.94（1H，d，J=4.3Hz）为连氧碳上的质子或双键上的质子信号。

^{13}C-NMR（75MHz，pyridine-d_5）谱中，给出26个碳信号，结合DEPT谱可知其中包括一组葡萄糖的碳信号 δ_C 105.9、74.8、78.0、71.0、78.2、62.2；其余为苷元上的碳信号：2个甲基碳信号 δ_C 26.6、18.9；9个亚甲基碳信号 δ_C 17.7、18.2、26.1、30.1、36.1、38.0、47.7、74.0、74.7，其中2个连氧碳信号 δ_C 74.0、74.7；4个次甲基碳信号 δ_C 44.9、56.5、56.9、103.3，其中 δ_C 103.3的信号类似于糖端基碳信号，可知其为半缩醛的碳信号；此外，苷元上还含有5个季碳信号 δ_C 38.9、43.9、49.3、80.4、177.6，其中 δ_C 177.6为一酯羰基碳信号。

根据碳氢信息结合HSQC谱，得出结构中含有结构碎片①～⑤。

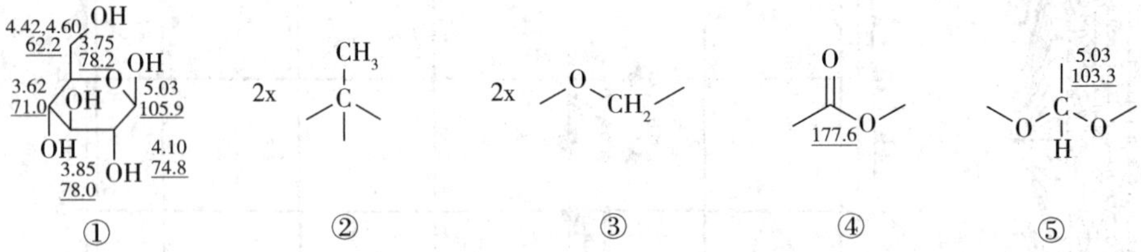

① ② ③ ④ ⑤

在HMBC谱中，δ_H 1.23（δ_C 26.6）的甲基质子与 δ_C 30.1、43.9、56.5、177.6的碳有远程相关，δ_H 1.30（18.9）的甲基质子与 δ_C 36.1、38.9、56.5、56.9的碳有远程相关，δ_H 1.35、2.17（δ_C 18.2）的质子与 δ_C 30.1、36.1的碳有远程相关，得出结构片段A；δ_H 5.94（δ_C 103.3）的半缩醛质子与 δ_C 38.9、56.5、74.0、177.6的碳有远程相关，δ_H 3.57（δ_C 74.0）的亚甲基质子与 δ_C 38.1、56.9、103.3的碳有远程相关，δ_H 1.08（δ_C 56.9）质子与 δ_C 38.1、49.3的碳有远程相关，可以得出片段B；片段A、B通过共用碳原子 δ_C 56.5、56.9、177.6进行连接，得到结构片段C。

此外，在HMBC谱中，δ_H 1.08（δ_C 56.9）的质子与 δ_C 17.7、26.1、38.1、49.3的碳有远程相关，δ_H 2.24（δ_C 38.1）的质子与 δ_C 26.1、44.9、47.7、80.4的碳有远程相关，可得结构片段D；同时，δ_H 1.55、1.64（δ_C

47.7）的质子与 δ_C 44.9、49.3、74.0的碳有远程相关，δ_H 3.93、4.10（δ_C 74.7）的质子与 δ_C 44.9、47.7、80.4的碳有远程相关，得出结构片段E；将D、E片段通过共用碳原子 δ_C 44.9、49.3、80.4进行连接，得到结构片段F。

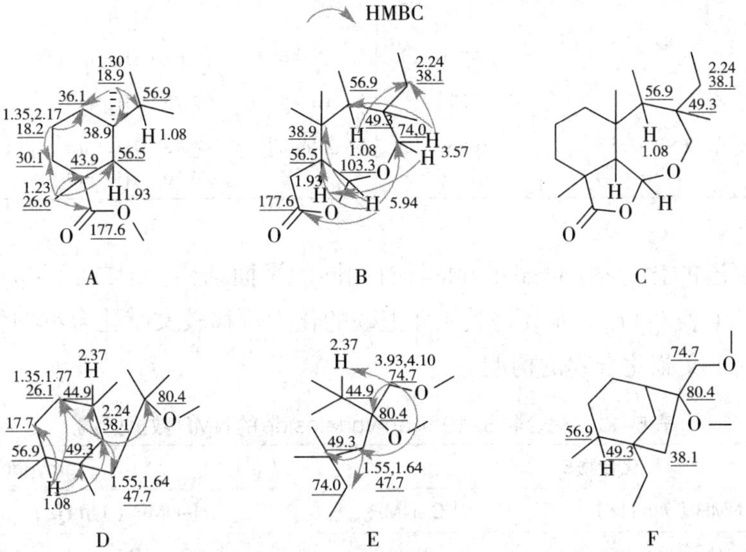

HMBC

A　　B　　C

D　　E　　F

进而通过共用碳原子 δ_C 56.9、49.3将片段C、F连接，同时根据HMBC谱中的糖端基质子 δ_H 5.03（δ_C 105.9）与苷元 δ_C 74.7的碳有远程相关，得到此化合物的平面结构G。经与文献对照，可知其为对映-贝壳杉烷型二萜的衍生物（表5-10）。

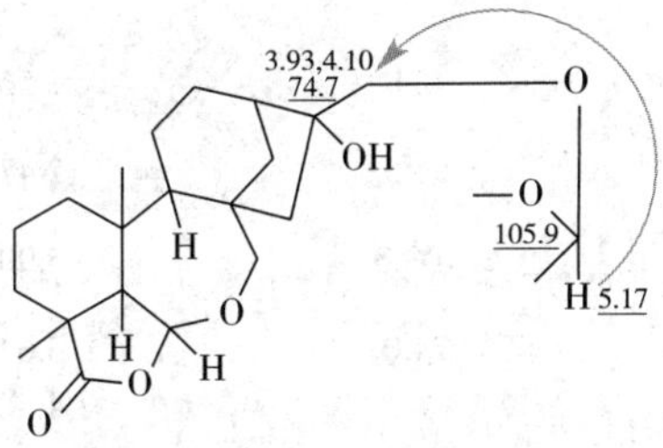

G

表5-10　化合物5-10的核磁共振数据

Position	^{1}H-NMR（J in Hz）	^{13}C-NMR	Position	^{1}H-NMR（J in Hz）	^{13}C-NMR
1	0.68（1H，m） 1.46（1H，m）	36.1	9	1.08（1H，d，8.7）	56.9
2	1.35（1H，m） 2.17（1H，m）	18.2	10	—	38.9
3	1.17（1H，m） 2.18（1H，m）	30.1	11	1.45（1H，m） 1.67（1H，m）	17.7
4	—	43.9	12	1.77（1H，m） 1.35（1H，m）	26.1
5	1.93（1H，d，4.3）	56.5	13	2.37（1H，s）	44.9
6	5.94（1H，d，4.3）	103.3	14	2.24（2H，m）	38.1
7	3.57（2H，m）	74.0	15	1.55（1H，m） 1.64（1H，m）	47.7
8	—	49.3	16	—	80.4

续表

Position	^{1}H-NMR（J in Hz）	^{13}C-NMR	Position	^{1}H-NMR（J in Hz）	^{13}C-NMR
17	3.93（1H，d，9.9） 4.10（1H，d，9.9）	74.7	Glc-2′	4.10（1H，m）	74.8
18	1.23（3H，s）	26.6	Glc-3′	3.85（1H，m）	78.0
19	—	177.6	Glc-4′	3.62（1H，m）	71.0
20	1.30（3H，s）	18.9	Glc-5′	3.75（1H，m）	78.2
Glc-1′	5.03（1H，d，7.8）	105.9	Glc-6′	4.42（1H，m） 4.60（1H，m）	62.2

* 测试溶剂为pyridine-d_5

该化合物与文献报道的化合物amygdaloside具有相同的平面结构，但二者在pyridine-d_5溶剂中的碳、氢数据具有较大的差异（表5-11），尤其是其A环上碳的化学位移较文献化合物向低场位移 δ_H 3～5，推测此化合物的构型有别于文献化合物的构型。

表5-11　化合物5-10和amygdaloside的NMR数据归属

Position	化合物5-10		amygdaloside	
	^{1}H-NMR（J in Hz）	^{13}C-NMR	^{1}H-NMR（J in Hz）	^{13}C-NMR
1	0.68（1H，m） 1.46（1H，m）	36.1	0.95（1H，m） 1.52（1H，m）	31.3
2	1.35（1H，m） 2.17（1H，m）	18.2	1.57（1H，m） 1.65（1H，m）	15.7
3	1.17（1H，m） 2.18（1H，m）	30.1	1.67（1H，m）	23.7
4	—	43.9	1.56（1H，m）	44.3
5	1.93（1H，d，4.3）	56.5	2.47（1H，d，8.8）	50.5
6	5.94（1H，d，4.3）	103.3	5.90（1H，d，8.8）	103.6
7	3.57（2H，m）	74.0	3.62（2H，d，11.6） 4. 47（2H，d，12.8）	75.1
8	—	49.3	—	50.5
9	1.08（1H，d，8.7）	56.9	1.13（1H，m）	57.6
10	—	38.9	—	38.7
11	1.45（1H，m） 1.67（1H，m）	17.7	1.51（1H，m） 1.54（1H，m）	19.1
12	1.77（1H，m） 1.35（1H，m）	26.1	1.44（1H，m） 1.81（1H，m）	26.1
13	2.37（1H，s）	44.9	2.40（1H，m）	45.8
14	2.24（2H，m）	38.1	2.02（1H，d，11.6） 2.24（1H，m）	37.4
15	1.55（1H，m） 1.64（1H，m）	47.7	1.55（1H，m） 1.64（1H，m）	50.4
16	—	80.4	—	81.0
17	3.93（1H，d，9.9） 4.10（1H，d，9.9）	74.7	3.96（1H，d，11.6） 4.47（1H，d，11.4）	75.2

续表

Position	化合物5-10		amygdaloside	
	^{1}H-NMR（J in Hz）	^{13}C-NMR	^{1}H-NMR（J in Hz）	^{13}C-NMR
18	1.23（3H，s）	26.6	1.38（3H，s）	27.8
19	—	177.6	—	179.4
20	1.30（3H，s）	18.9	1.03（3H，s）	19.1
Glc-1′	5.03（1H，d，7.8）	105.9	5.03（1H，d，7.8）	106.5
Glc-2′	4.10（1H，m）	74.8	4.09（1H，m）	75.5
Glc-3′	3.85（1H，m）	78.0	4.24（1H，m）	78.8
Glc-4′	3.62（1H，m）	71.0	4.24（1H，m）	71.7
Glc-5′	3.75（1H，m）	78.2	4.00（1H，m）	78.6
Glc-6′	4.42（1H，m） 4.60（1H，m）	62.2	4.42（1H，m） 4.59（1H，m）	62.8

化合物5-10的相对构型由NOSEY（600MHz，pyridine-d_5）谱确定：H-5与H-la、H-18、H-9有相关；H-6与H-18有相关；此外，H-20与H-le、H-14有相关，提示H-5、H-18、H-6、H-9在环的同侧，而与H-20处于环的异侧，由此可知，H-6为β取向。此结论亦可通过6位质子的偶合常数加以验证：当H-6为α取向时，与H-5处于同侧，二面角约30°，两者的偶合常数很小（小于5Hz）；当H-6为β取向时，与H-5处于异侧，二面角接近180°，两者的偶合常数很大（5～8Hz），而根据此化合物中6位质子的J=4.2Hz（文献化合物J=8.4Hz）可知其6位质子是β取向。此外，16位羟基的相对构型可由贝壳杉烷型二萜结构中C-13、16、17的化学位移数值确定，当16-OH为β取向时，C-13、16、17的化学位移分别为δ 41.7、78.8、70.4，而当16-OH为α取向时，C-13、16、17的化学位移分别为δ 45.7、81.7、66.9，此化合物的C-13、16、17的化学位移分别是δ 44.9、80.4、74.7，故确定此化合物的16-OH为α取向。

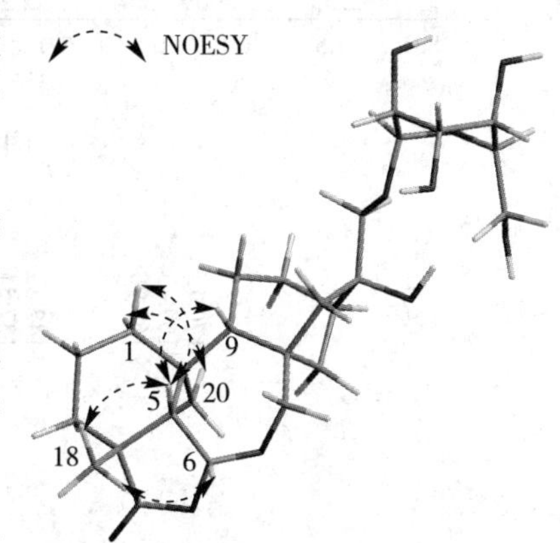

主要的NOE相关及化合物5-10的结构

综上所述，化合物10被鉴定为17-O-β-D-glucopyranoside ent-6,7-epoxy-6-hydroxy1-5α,6α,9α-6,7-secokaur-19-oic acid-6,19-lactone-16α,17-diol。

第七节　大戟烷二萜类化合物

大戟烷二萜为一类大环二萜，具有5/7/6/3环的基本骨架，这类化合物结构复杂多样，经过修饰衍生为多种结构新颖的二萜，包括千金烷（Lathyrane）、麻风树烷（jatrophane）、巨大戟醇（ingenol）、premyrsinane等二萜，主要来自大戟科大戟属植物。

化合物5-11结构解析

无色块状晶体（甲醇），$[\alpha]_D^{20}$ -26°（c 0.3，MeOH），(-) HR-ESI-MS显示其准分子离子峰为537.2498 $[M-H]^+$（计算值为537.2494），分子式为$C_{31}H_{38}O_8$，该化合物的^{1}H-NMR（$CDCl_3$，600MHz）、^{13}C-NMR（$CDCl_3$，150MHz）、HSQC、HMBC、NOESY谱图如下，试解析其结构。

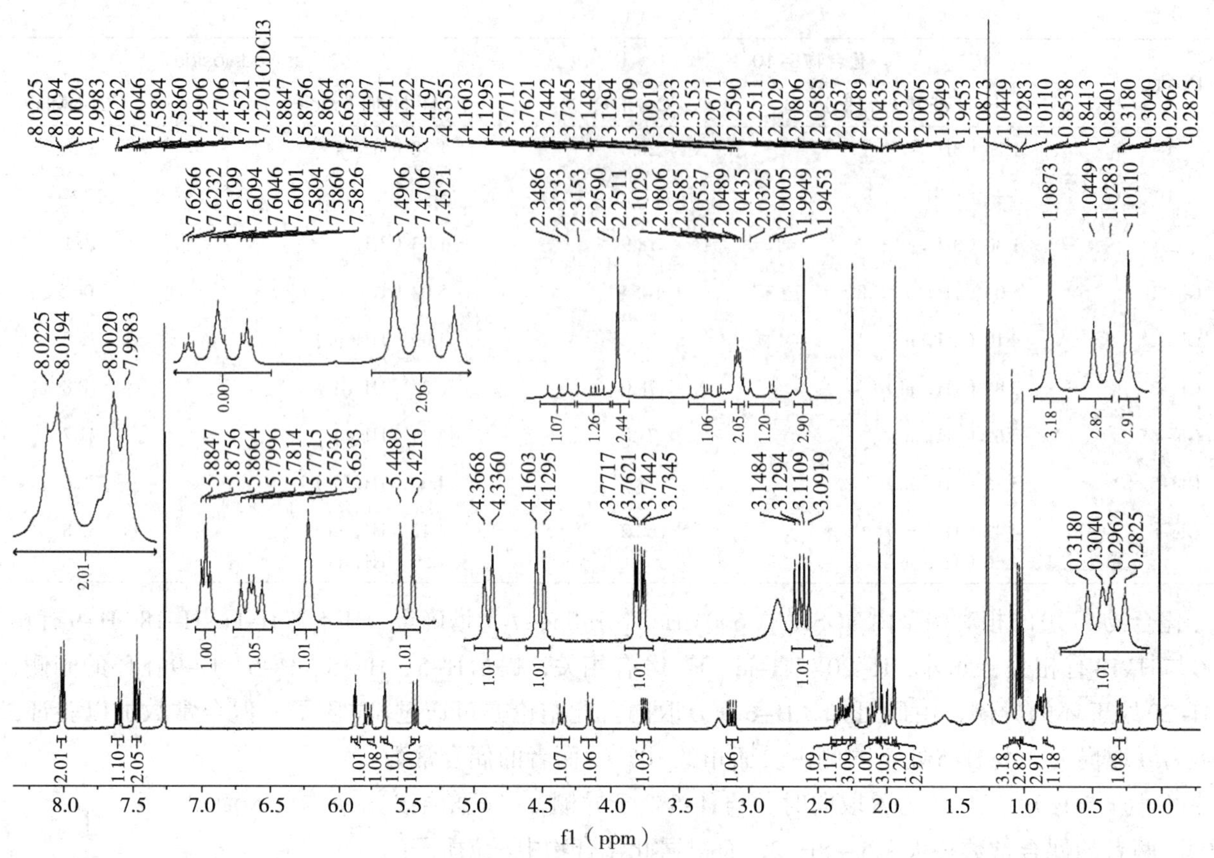

图5-67　化合物5-11的¹H-NMR (600MHz)谱

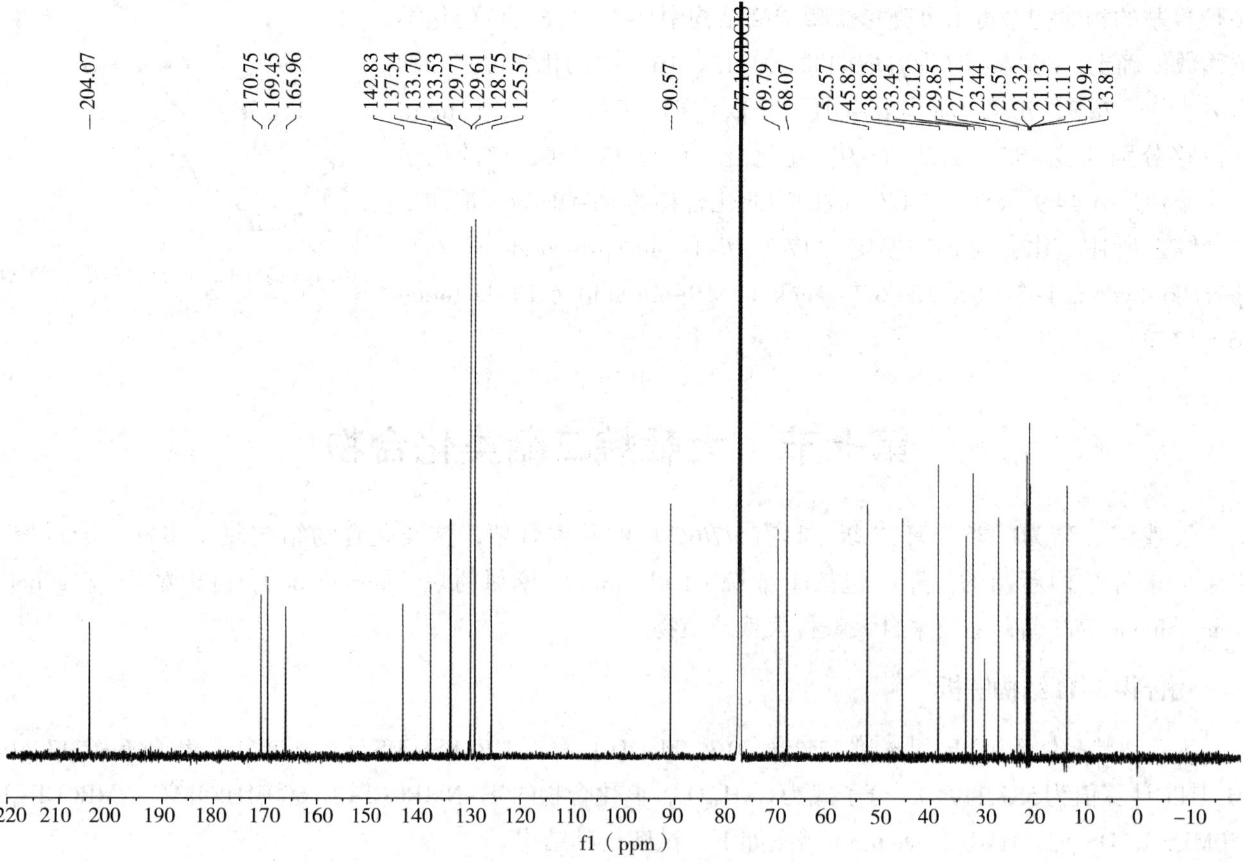

图5-68　化合物5-11的¹³C-NMR (150MHz)谱

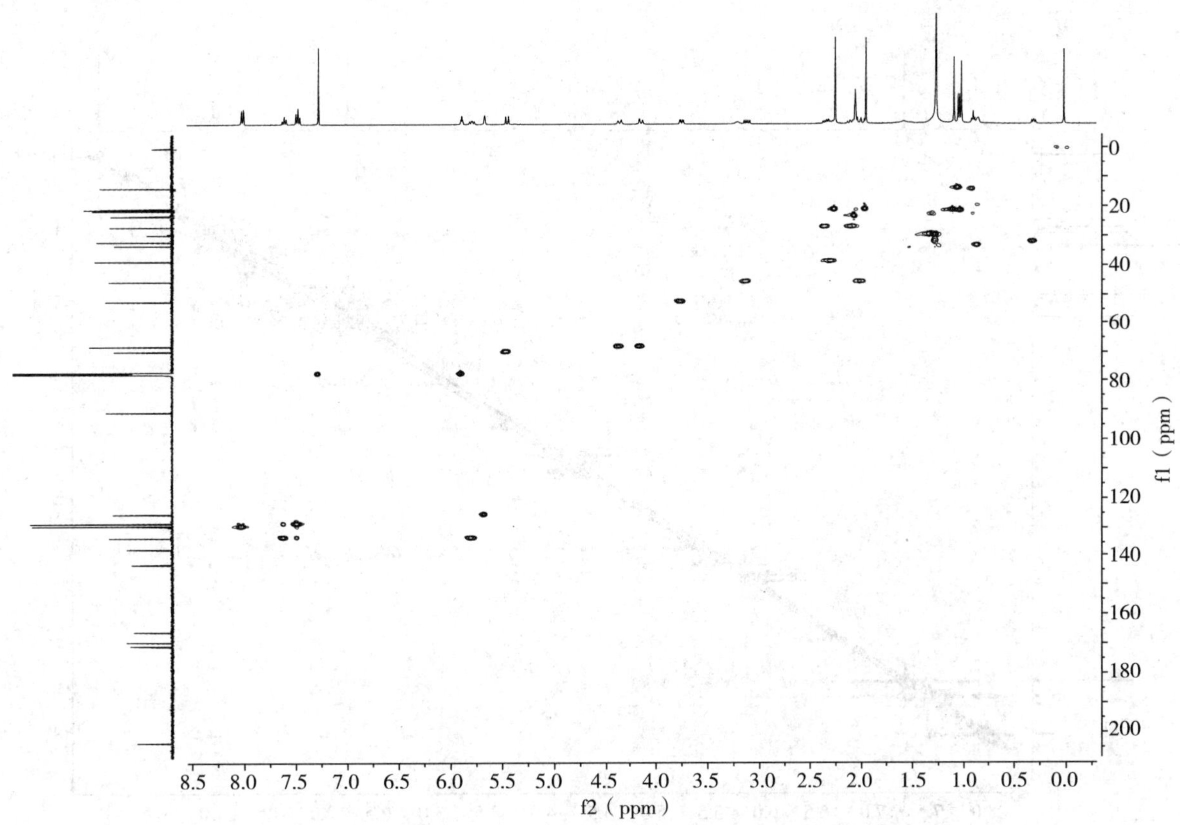

图5-69 化合物5-11的HSQC谱

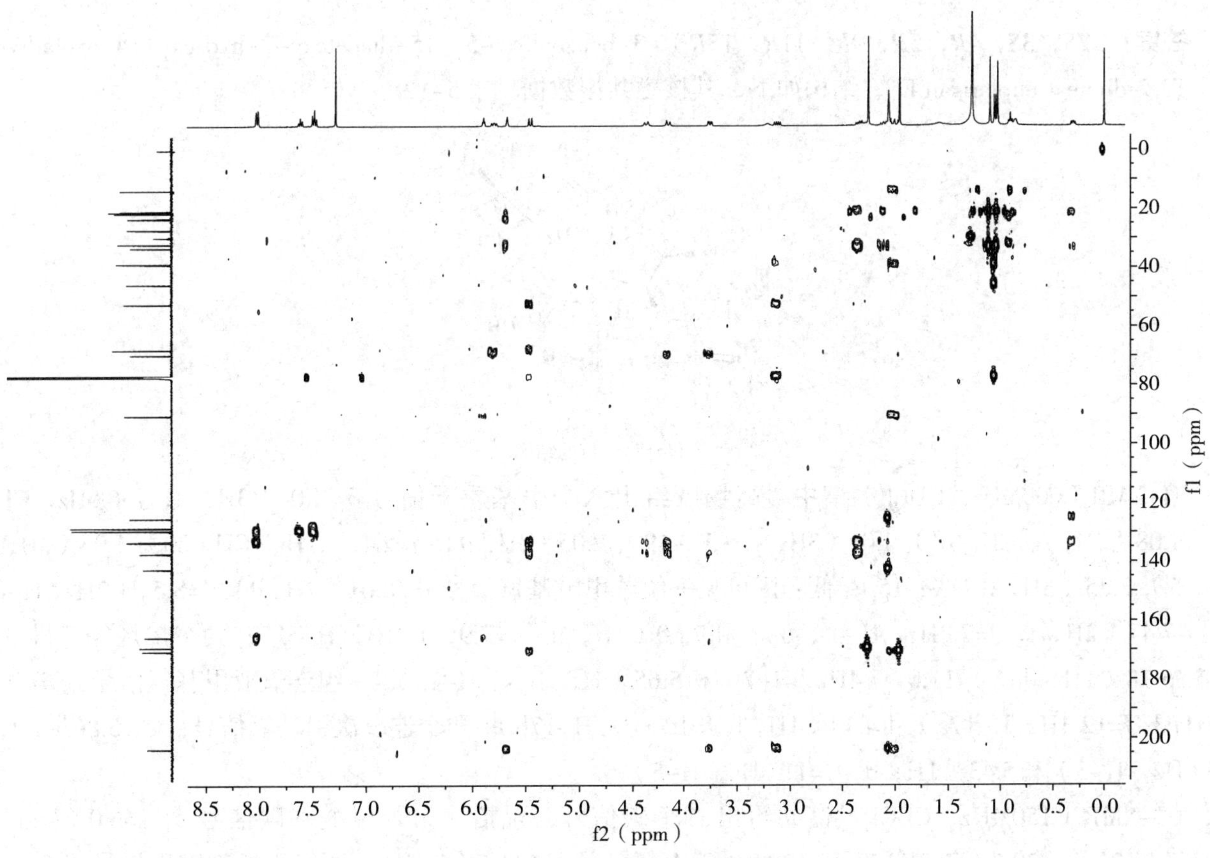

图5-70 化合物5-11的HMBC谱

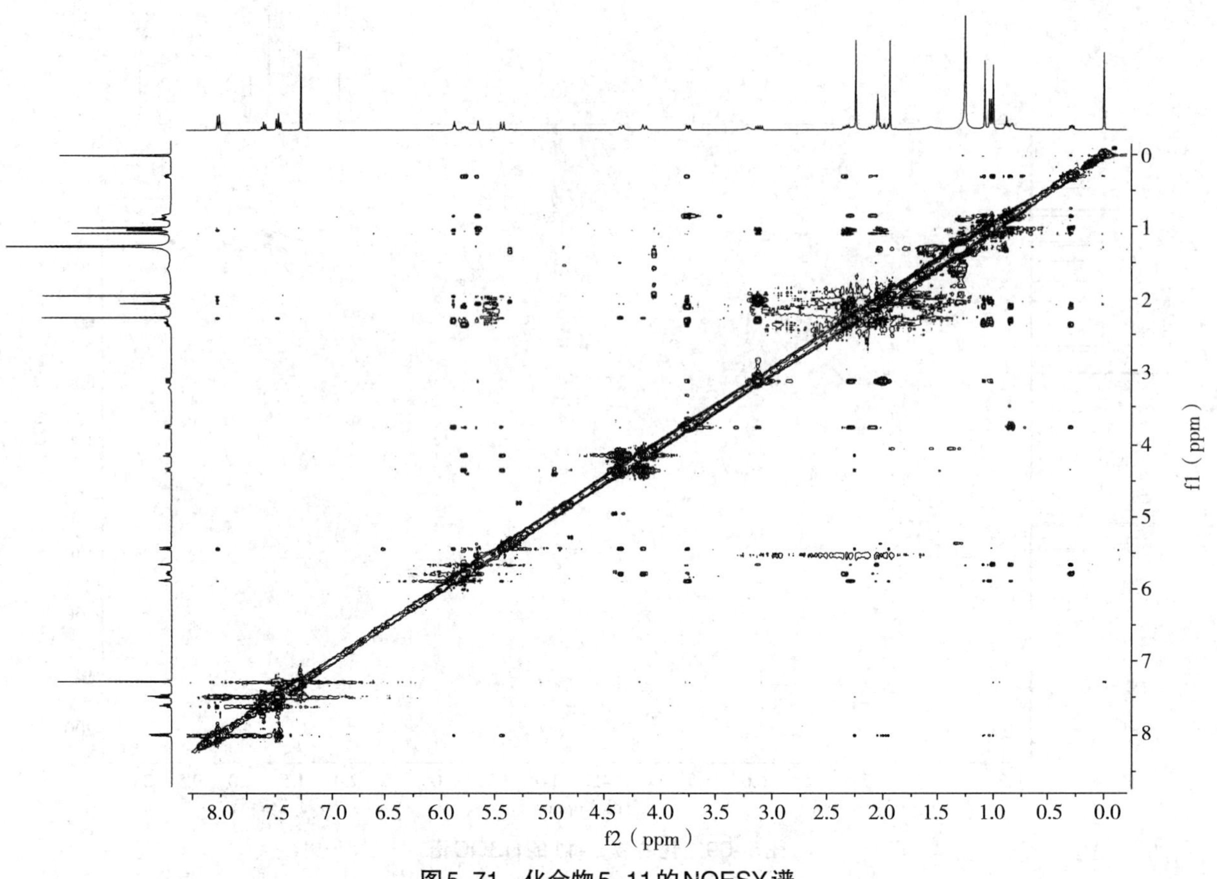

图5-71　化合物5-11的NOESY谱

答案：（2*S*，3*S*，4*R*，5*R*，9*R*，11*R*，15*R*）-3-benzoyloxy-5，15-diacetoxy-7-hydroxy-14-oxolathyra-6*Z*，12*Z*-diene（euplarisan E），结构如下，其核磁共振数据见表5-12。

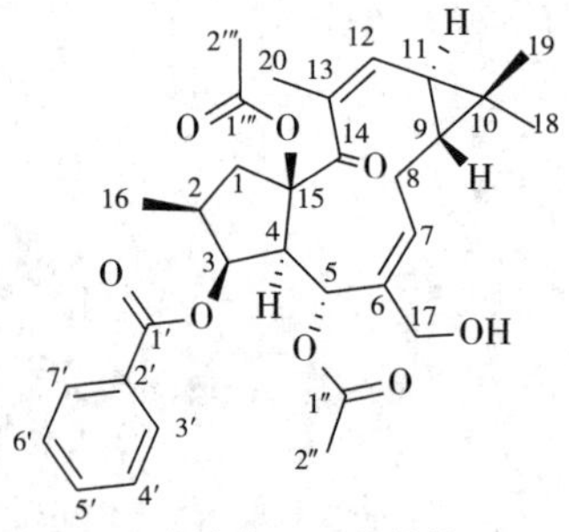

化合物5-11的结构

^{1}H-NMR（600MHz，$CDCl_3$）谱中，高场区给出六个甲基质子信号 δ_H 1.04（3H，d，*J*=6.6Hz，CH_3-16）、1.08（3H，s，CH_3-18）、1.01（3H，s，CH_3-19）、2.05（3H，dd，*J*=2.4，1.1Hz，CH_3-20）、1.95（3H，s，OAc-5），2.25（3H，s，OAc-15）；低场区可见一组苯甲酰基氢信号 δ_H 8.01（2H，dd，*J*=8.5，1.2Hz，H-3′，7′）、7.47（2H，t，*J*=7.9Hz，H-4′，6′）和7.60（1H，tt，*J*=7.9，1.2Hz，H-5′）；两个烯烃氢信号分别为 δ_H 5.78（1H，dd，*J*=11.0，7.4Hz，H-7）和5.65（1H，br.s，H-12）；一组连氧亚甲基氢信号：δ_H 4.35（1H，d，*J*=12.3Hz，H-17a）和4.14（1H，d，*J*=12.3Hz，H-17b）；两个连氧次甲基氢信号：δ_H 5.86（1H，t，*J*=3.6Hz，H-3）和5.43（1H，d，*J*=11.0Hz，H-5）。

^{13}C-NMR（150MHz，$CDCl_3$）谱共给出31个碳信号，包括一组苯甲酰基碳信号 δ_C 166.0（C-1′），129.8（C-2′），129.7（C-3′，7′），128.8（C-4′，6′）和133.6（C-5′）；两组乙酰基键碳信号：δ_C 21.2和170.8（OAc-5），δ_C 21.2 和169.5（OAc-15）；一个羰基碳信号：δ_C 204.1（C-14）；二组烯烃碳信

号：δ_C 137.6（C–6），133.8（C–7）和 δ_C 125.6（C–12），142.9（C–13）；四个连氧碳信号：δ_C 77.4（C–3），69.9（C–5），90.6（C–15）和68.1（C–17）；以及11个高场区（δ_C<60）的烷基碳信号。进一步根据HSQC相关信息将碳氢信号归属，推测化合物1为带有一个苯甲酰基和两个乙酰基的lathyrane型二萜类，为大戟烷二萜的重要类型。并通过HMBC谱确证了结构片段和取代基的连接方式。

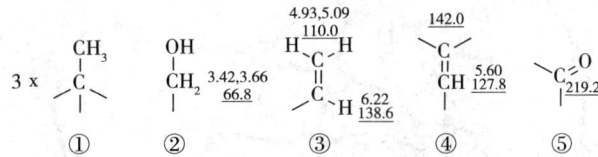

3 x CH_3　OH CH_2 3.42,3.66 66.8　4.93,5.09 110.0 H C H C H 6.22 138.6　142.0 C CH 5.60 127.8　C O 219.2

①　②　③　④　⑤

在HMBC谱中，由 δ_H 5.86（H–3）、8.01（H–3′,7′）的质子分别与 δ_C 166.0（C–1′）的碳有远程相关，提示苯甲酰基连接在C–3位；δ_H 4.35（H–17a）、4.14（H–17b）的质子信号与 δ_C 137.6（C–6）和133.8（C–7）的碳信号有远程相关，但是与 δ_C 169.5（C–1″）的碳没有远程相关，提示乙酰基接在C–15位。由此得到化合物的平面结构。

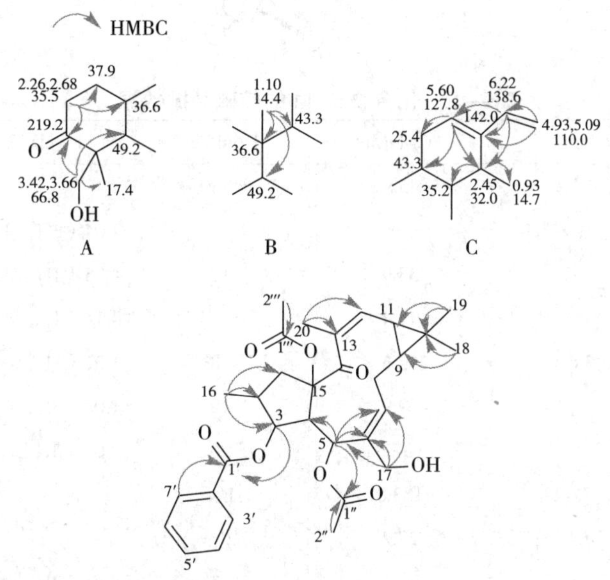

此化合物的相对构型通过NOESY谱得到了确定。在NOESY谱中，H–4（δ_H 3.75）的质子信号与H–2（δ_H 2.28）和H–3（δ_H 5.86）的质子信号有NOE相关，提示H–2和H–3均为 α 取向；H–5（δ_H 5.43）的质子信号与 CH_3–2‴（δ_H 2.25）的甲基质子信号相关，提示H–5为 β 取向。CH_3–19（δ_H 1.01）的甲基质子信号与H–9（δ_H 0.30）的质子信号相关，CH_3–18（δ_H 1.08）的甲基质子信号与H–11（δ_H 0.84）的质子信号相关，提示H–9为 β 取向，H–11为 α 取向。其中H–9为 β 取向的lathyrane型二萜自然界中少见。为确定其构型，我们从二氯甲烷：甲醇（10：1）溶剂中得到了该化合物的晶体，通过单晶X射线分析（Flack参数为0.05），证实了H–9为 β 取向，即9*R*。以上NOE相关信号和单晶X射线分析可确定该化合物的绝对构型。

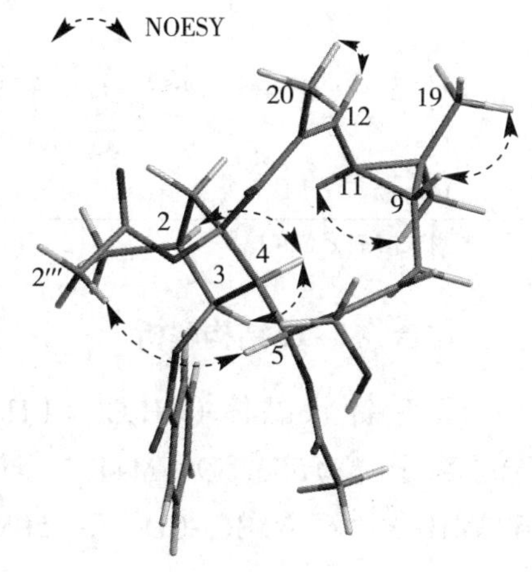

主要的NOE相关及化合物5-11的结构

通过上述信息可将该化合物鉴定为（2*S*，3*S*，4*R*，5*R*，9*R*，11*R*，15*R*）–3–benzoyloxy–5，15–diacetoxy–7–hydroxy–14–oxolathyra–6*Z*，12*Z*–diene，命名为euplarisan E，氢、碳谱数据归属见表5–12。

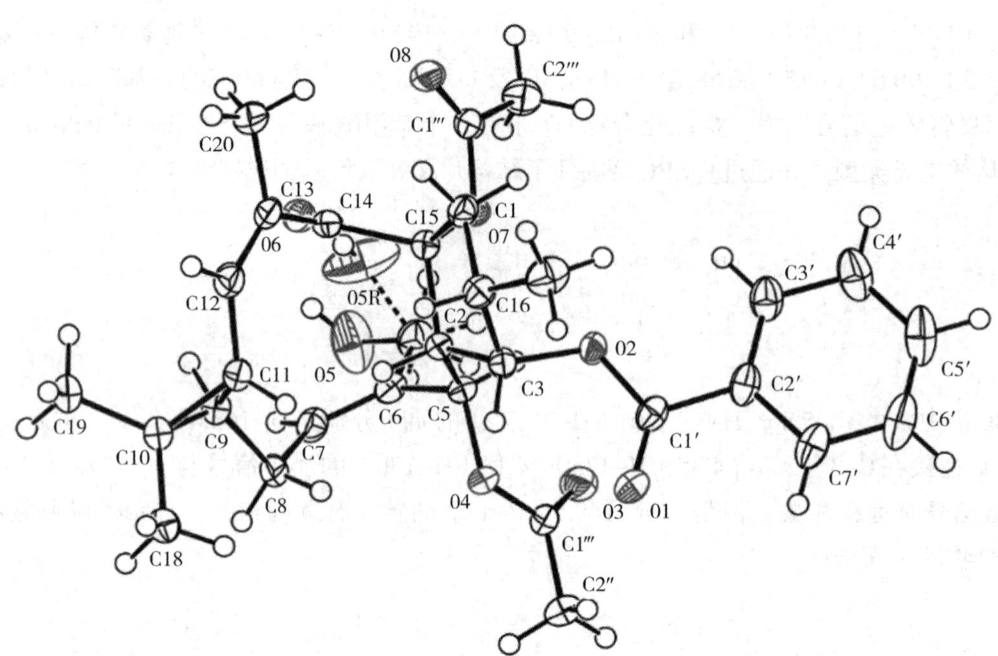

表5-12　化合物5-11的核磁共振数据

Position	^{1}H-NMR（J in Hz）	^{13}C-NMR	Position	^{1}H-NMR（J in Hz）	^{13}C-NMR
1	3.12（1H，dd，15.0，7.7）	45.9	15		90.6
	2.00（1H，dd，15.0，12.8）		16	1.04（3H，d，6.6）	13.9
2	2.28（1H，m）	38.9	17	4.35（1H，d，12.3）	68.1
3	5.86（1H，t，3.6）	77.4		4.14（1H，d，12.3）	
4	3.75（1H，dd，11.0，3.6）	52.6	18	1.01（3H，s）	21.6
5	5.43（1H，d，11.0）	69.9	19	1.08（3H，s）	21.4
6		137.6	20	2.05（3H，t，1.9）	23.5
7	5.78（1H，dd，11.0，7.4）	133.8	1′		166.0
8	2.34（1H，dd，13.3，7.4）	27.2	2′		129.8
	2.10（1H，m）		3′，7′	8.01（2H，dd，8.5，1.2）	129.7
9	0.30（1H，dd，8.5，5.7）	32.2	4′，6′	7.47（2H，t，7.9）	128.8
10		21.0	5′	7.60（1H，tt，7.9，1.2）	133.6
11	0.84（1H，m）	33.5	1″		170.8
12	5.65（1H，br.s）	125.6	2″	1.95（3H，s）	21.18
13		142.9	1‴		169.5
14		204.1	2‴	2.25（3H，s）	21.2

* 测试溶剂为$CDCl_3$。

化合物5-12结构解析

无色针状晶体（CH_2Cl_2：CH_3OH 10：1），$[\alpha]_D^{20}$ -53°（c 0.5，MeOH），（+）HR-ESI-MS显示其准分子离子峰为553.2799 [M+H]$^+$（计算值为553.2796），分子式为$C_{32}H_{40}O_8$，该化合物的^{1}H-NMR（$CDCl_3$，600MHz）、^{13}C-NMR（$CDCl_3$，150MHz）、HSQC、HMBC、NOESY谱图如下，试解析其结构。

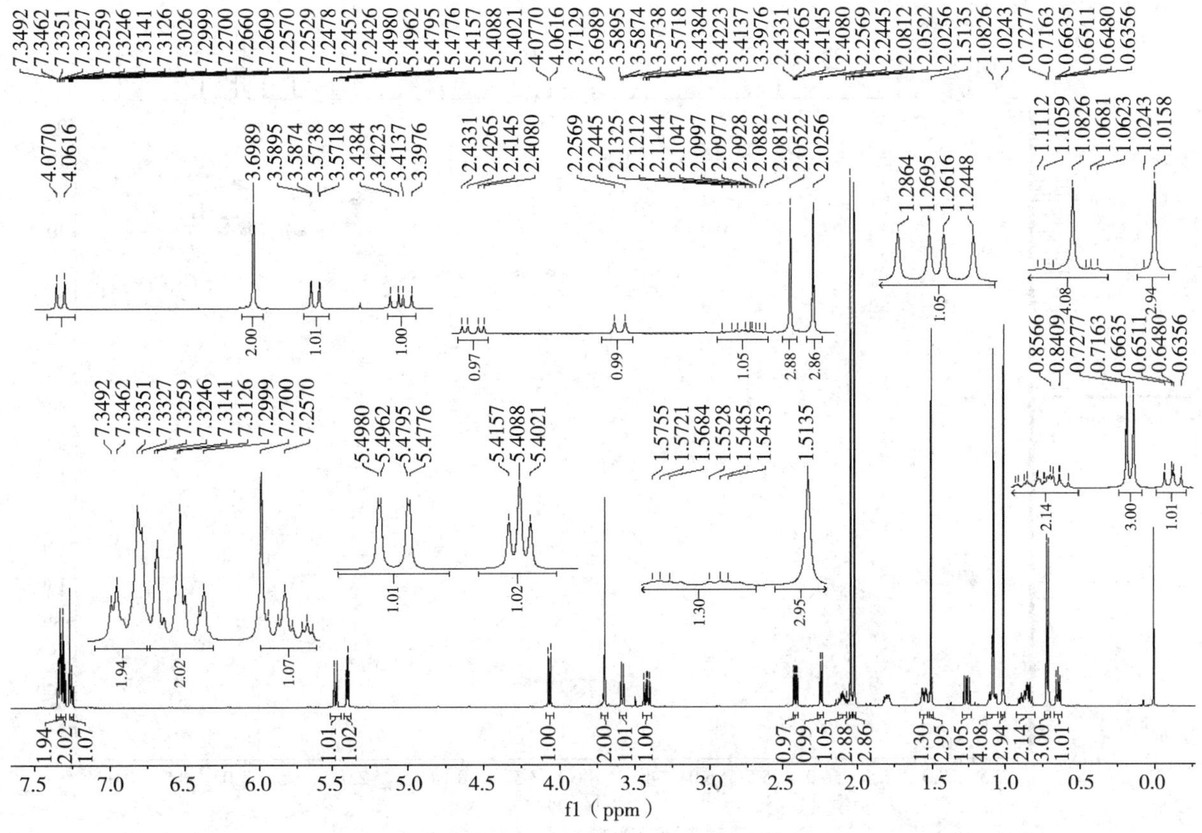

图5-72　化合物5-12的 ^{1}H-NMR (600MHz) 谱

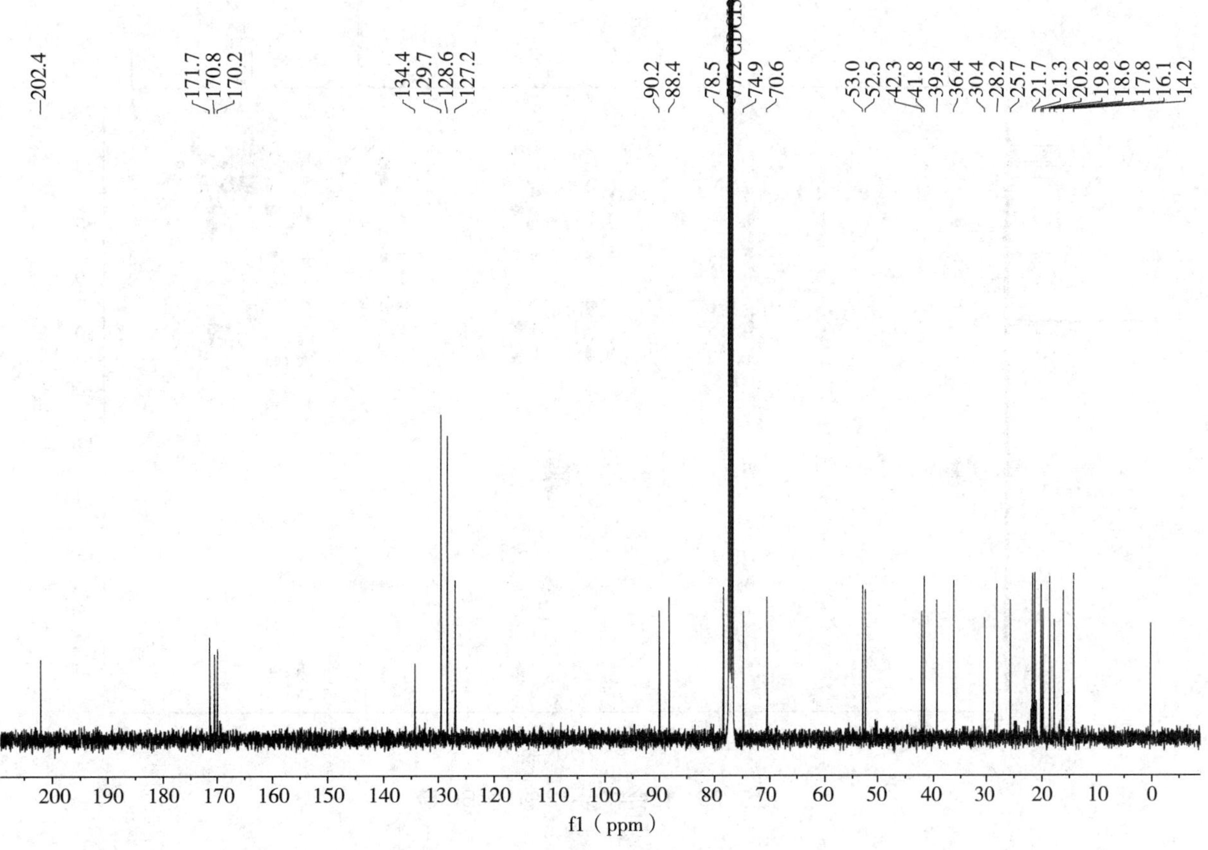

图5-73　化合物5-12的 ^{13}C-NMR (150MHz) 谱

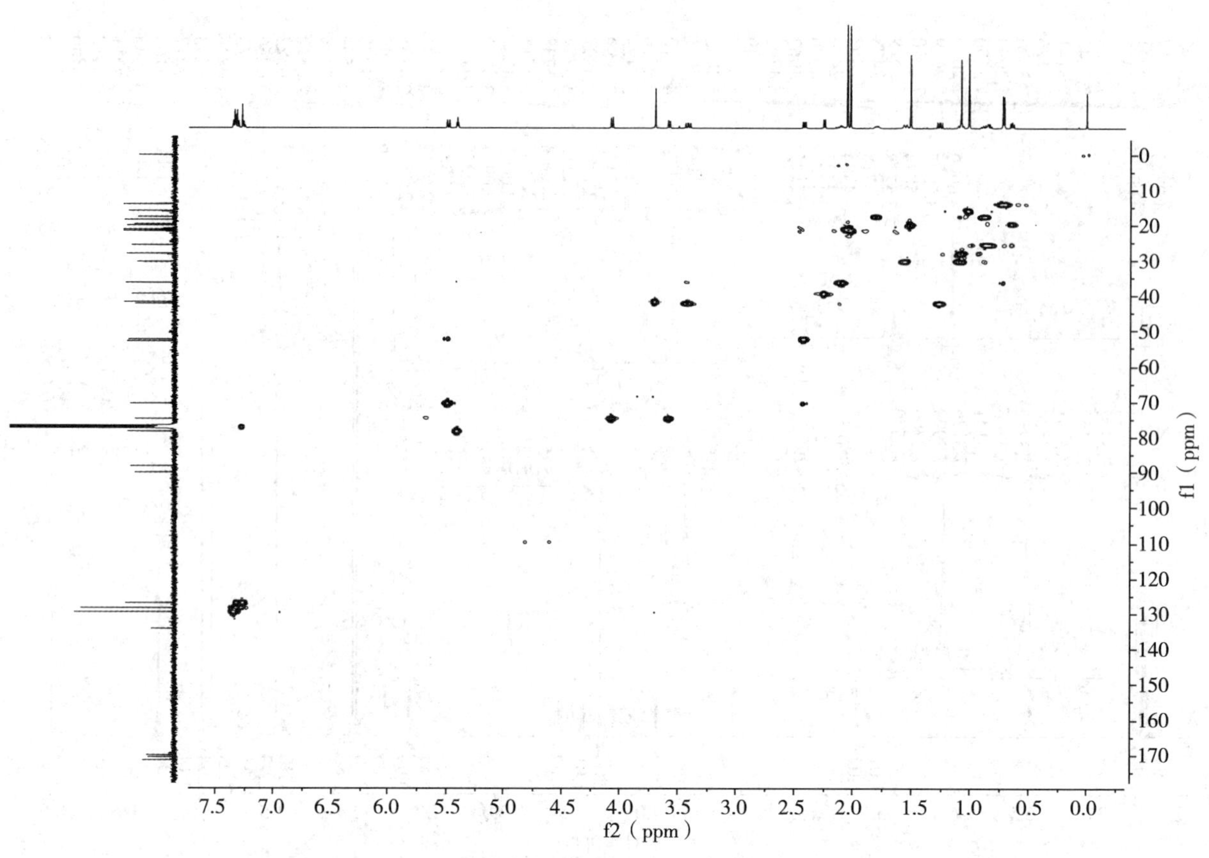

图5-74　化合物5-12的HSQC谱

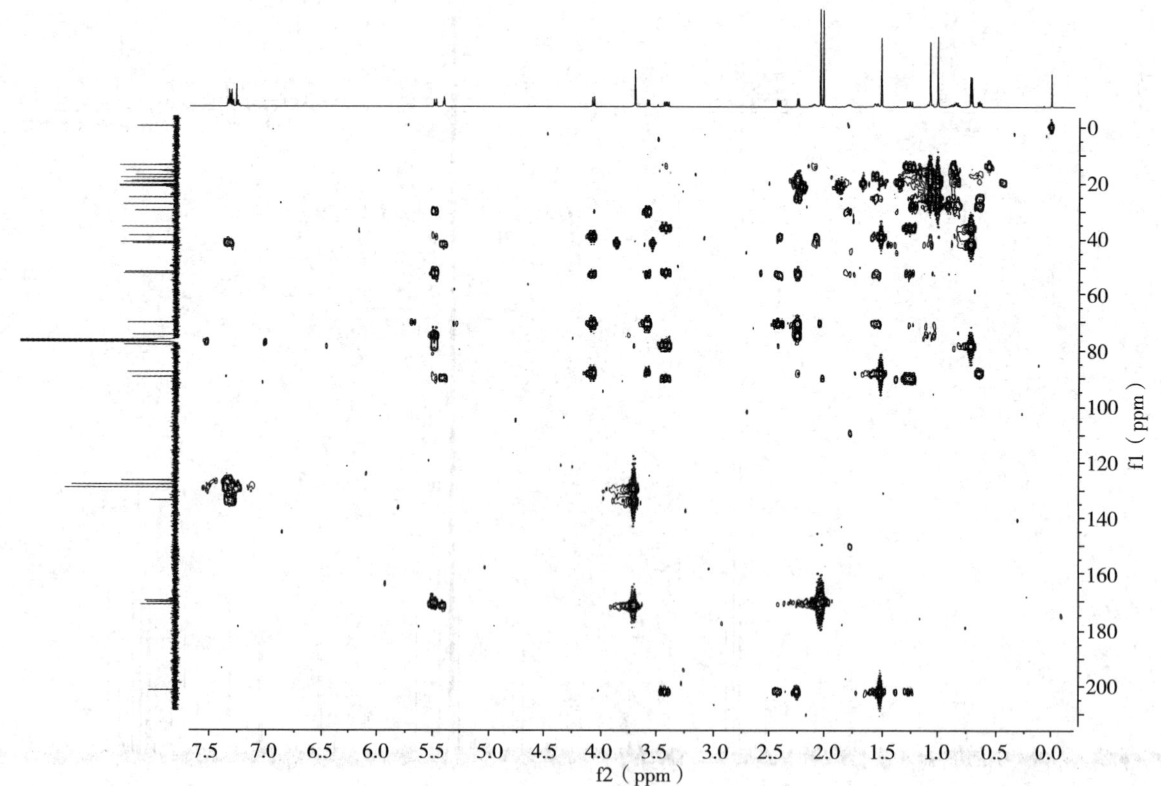

图5-75　化合物5-12的HMBC谱

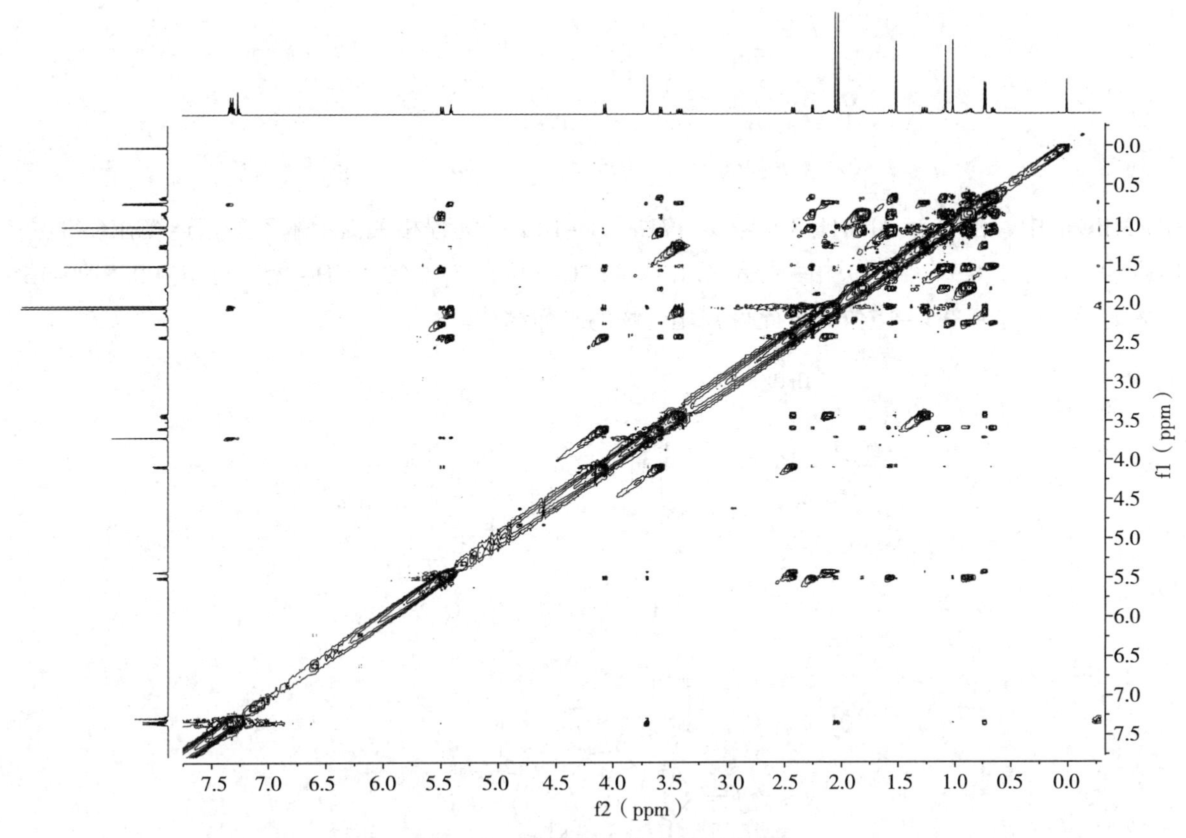

图5-76　化合物5-12的NOESY谱

答案：（2*S*，3*S*，4*R*，5*R*，9*R*，11*R*，15*R*）-3-benzoyloxy-5，15-diacetoxy-7-hydroxy-14-oxolathyra-6*Z*，12*Z*-diene（euplarisan H，结构如下，其核磁共振数据见表5-13。

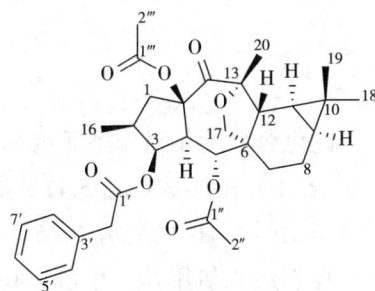

化合物5-12的结构

^{1}H-NMR（600MHz，$CDCl_3$）谱中，高场区给出6个甲基质子信号 δ_H 0.72（3H，d，*J*=6.9Hz，CH_3-16）、1.08（3H，s，CH_3-18）、1.02（3H，s，CH_3-19）、1.51（3H，s，CH_3-20）、2.05（3H，s，OAc-5）、2.03（3H，s，OAc-15）；低场区可见一组苯乙酰基氢信号 δ_H 3.70（2H，br.s，H_2-2′）、7.43（2H，m，H-4′，8′）、7.31（2H，m，H-5′，7′）和7.26（1H，m，H-6′）；2个连氧次甲基氢信号：δ_H 5.41（1H，t，*J*=4.1Hz，H-3）和5.49（1H，dd，*J*=11.1，0.7Hz，H-5）；一组连氧亚甲基氢信号：δ_H 4.07（1H，d，*J*=9.3Hz，H-17a）和3.58（1H，d，*J*=9.3Hz，H-17b）。

^{13}C-NMR（150MHz，$CDCl_3$）谱共给出32个碳信号，包括一个羰基碳信号：δ_C 202.5（C-14）；一组苯乙酰基碳信号 δ_C 171.8（C-1′）、41.9（C-2′）、134.0（C-3′）、129.8（C-4′，8′）、128.7（C-5′，7′）和127.5（C-6′）；两组乙酰基键碳信号：δ_C 21.3和170.9（OAc-5）以及 δ_C 21.8和170.3（OAc-15），五个连氧碳信号：δ_C 78.5（C-3）、70.6（C-5）、88.4（C-13）、90.2（C-15）和75.0（C-17）；以及14个高场区（δ_C<60）的烷基碳信号。进一步根据HSQC相关信息将碳氢信号归属，推测化合物5-12为带有一个苯乙酰基和两个乙酰基的premyrsinane二萜，为大戟烷二萜的重要类型。并通过HMBC谱确证了结构片段和取代基的连接方式。

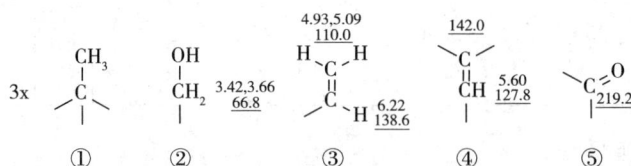

在HMBC谱中，由 δ_H 5.41（H–3）与 δ_C 171.8（C–1′）的远程相关提示苯乙酰基连接在C–3位；δ_H 5.49（H–5）与 δ_C 170.9（C–1″）相关提示乙酰基接在C–5位；δ_H 2.03（CH_3–2‴）与 δ_C 90.2（C–15）的远程相关提示乙酰基接在C–15位。由此得到化合物的平面结构。

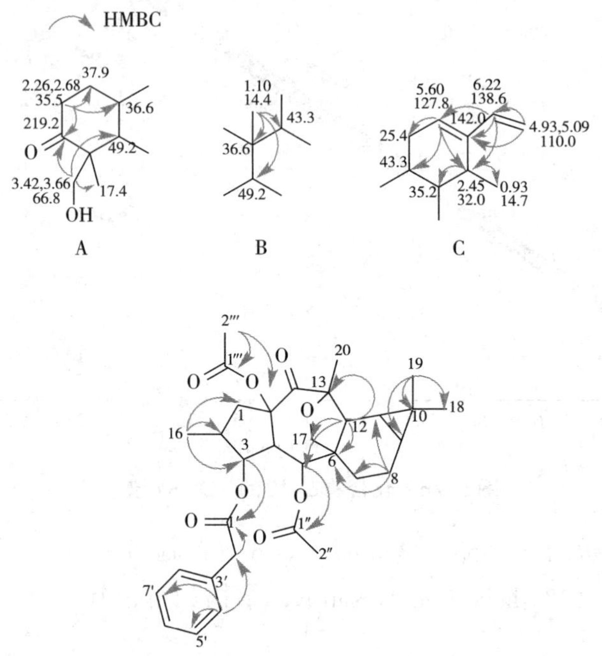

此化合物的相对构型通过NOESY谱得到了确定。在NOESY谱中，H–4（δ_H 2.42）的质子信号与H–2（δ_H 2.11）和H–3（δ_H 5.41）的质子信号有NOE相关，提示H–2和H–3均为 α 取向；H–5（δ_H 5.49）的质子信号与H–12（δ_H 2.25）、CH_3–2‴（δ_H 2.03）的质子信号相关，提示H–5为 β 取向。为确定其构型，我们从二氯甲烷：甲醇（10：1）溶剂中得到了该化合物的晶体，并通过单晶X射线分析证实了上述结构。

通过上述信息可将该化合物鉴定为（2*S*，3*S*，4*R*，5*R*，6*R*，9*S*，11*S*，12*R*，13*R*，15*R*）–5，15–diacetoxy–3–phenylacetylpremyrsinol，命名为euplarisan H，氢、碳谱数据归属见表5–13。

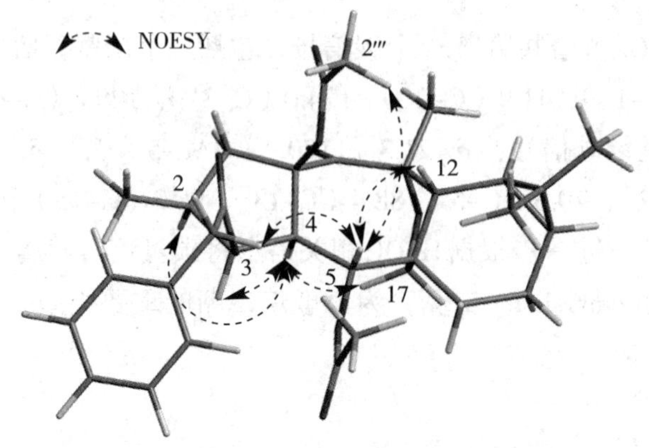

主要的NOE相关及化合物5–12的结构

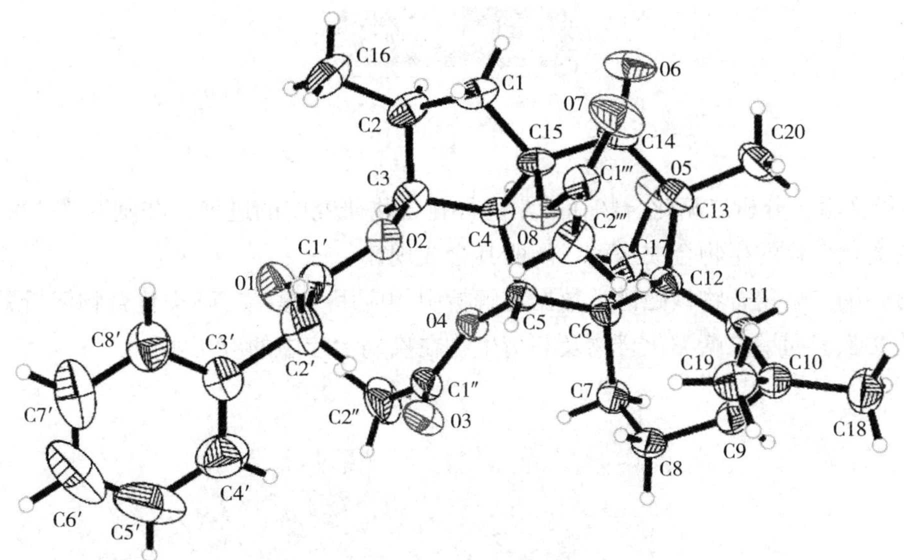

表5-13　化合物5-12的核磁共振数据

Position	^{1}H-NMR（J in Hz）	^{13}C-NMR	Position	^{1}H-NMR（J in Hz）	^{13}C-NMR
1	42.3	3.42（1H，dd，14.8，9.6）	15	90.2	
		1.27（1H，dd，14.8，10.5）	16	14.3	0.72（3H，d，6.9）
2	36.4	2.11（1H，m）	17	75.0	4.07（1H，d，9.4）
3	78.5	5.41（1H，t，4.1）			3.58（1H，dd，9.4，1.2）
4	52.5	2.42（1H，dd，11.1，3.9）	18	28.2	1.08（3H，s）
5	70.6	5.49（1H，dd，11.1，0.7）	19	16.1	1.02（3H，s）
6	53.0		20	20.2	1.51（3H，s）
7	30.5	1.56（1H，m）	1′	171.8	
		1.08（1H，m）	2′	41.9	3.70（2H，br.s）
8	17.8	1.80（1H，m）	3′	134.0	
		0.87（1H，m）	4′,8′	129.8	7.34（2H，m）
9	25.8	0.87（1H，m）	5′,7′	128.7	7.31（2H，m）
10	18.7		6′	127.5	7.26（1H，m）
11	19.9	0.65（1H，dd，9.3，7.5）	1″	170.9	
12	39.6	2.25（1H，d，7.5）	2″	21.3	2.05（3H，s）
13	88.4		1‴	170.3	
14	202.5		2‴	21.8	2.03（3H，s）

* 测试溶剂为$CDCl_3$

思考

C_{20}单元如何能形成骨架新颖、结构多样的二萜结构?

目标检测

答案解析

1. 查阅近5年文献，分析二萜化合物在药学先导化合物研究中的进展，并阐明其研究思路。
2. 学习二萜类化合物的生物合成途径，阐明其合成规律。
3. 通过学习归纳二萜化合物核磁谱学数据在解析中的应用，总结二萜类化合物解析思路和技巧。
4. 查阅相关文献，列举二萜类化合物及其衍生物在疾病治疗中的应用实例。

第六章　三萜类化合物

学习目标

通过本章学习，掌握常见三萜类化合物的结构特征以及核磁共振氢谱、碳谱的特点和规律，具备综合应用多种波谱技术以及三萜波谱特点和规律解析三萜类化合物的能力，能够从事与三萜类药物及其衍生物结构鉴定、分析相关的科研工作。

三萜（triterpenoids）大多是一类由30个碳原子所组成的萜类化合物，分子中含有6个异戊二烯单位，以游离态（三萜苷元）或结合态（三萜皂苷、三萜酯）广泛分布于植物，特别是双子叶植物中，如人参、西洋参、三七、桔梗、黄芪、油橄榄、甘草、女贞、白头翁、地榆、白扁豆、大枣等。此外，在羊毛脂、白僵蚕、鲨鱼、海参、软珊瑚等动物及海洋生物中也分离鉴定了多种类型的三萜类化合物。该类成分具有抗炎、抗肿瘤、抗菌、抗病毒、降血糖、降血压、防治心脑血管疾病以及提高机体免疫力等多种生物活性。

第一节　波谱特点

PPT

一、基本骨架类型

三萜包括由角鲨烯、氧化角鲨烯或双氧化角鲨烯等经不同酶催化、骨架重组而形成的骨架为30个碳原子的化合物以及在此基础上通过碳碳键断裂降解形成的碳原子数不足30个的类似物。一般根据骨架结构中碳环的有无和环数的多少，将三萜苷元分为链型、单环、双环、三环、四环以及五环三萜；也可根据骨架所含碳原子的数目，将其分为三萜和降三萜。其中，四环三萜和五环三萜最为常见。

（一）常见四环三萜的基本骨架类型和特征

四环三萜主要包括达玛烷（dammarane）型、原萜烷（protostane）型、甘遂烷（tirucallane）型、大戟烷（euphane）型、羊毛甾烷（lanostane）型、环阿屯烷（cycloratane）型和葫芦素烷（cucurbitane）型等。如图6–1所示，四环三萜的基本母核为环戊烷骈多氢菲，它们的C–17位一般被8个碳原子组成的侧链所取代。观察A、B、C、D各环的稠合方式发现，除葫芦素烷型四环三萜为A/B、C/D反式稠合、B/C顺式稠合外，其他类型四环三萜的A/B、B/C、C/D均为反式稠合。这些三萜最多含有8个甲基，其中5个为角甲基。环阿屯烷型三萜因10–CH_3（C–19）与C–9环合导致母核只有4个角甲基。四环三萜中甲基取代位置和取向、17–侧链取向以及C–20位构型的特点如下：

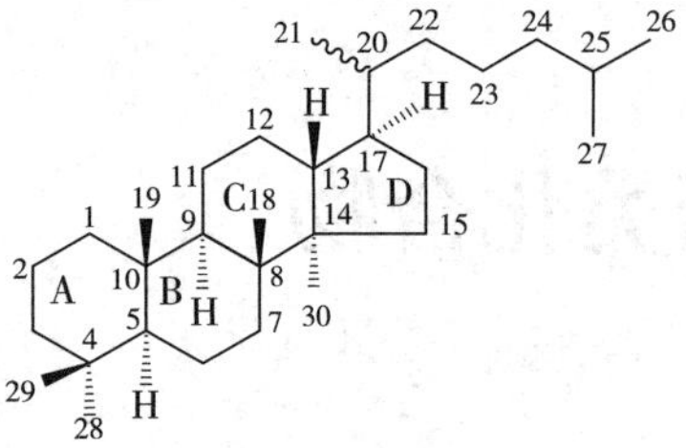
达玛烷型

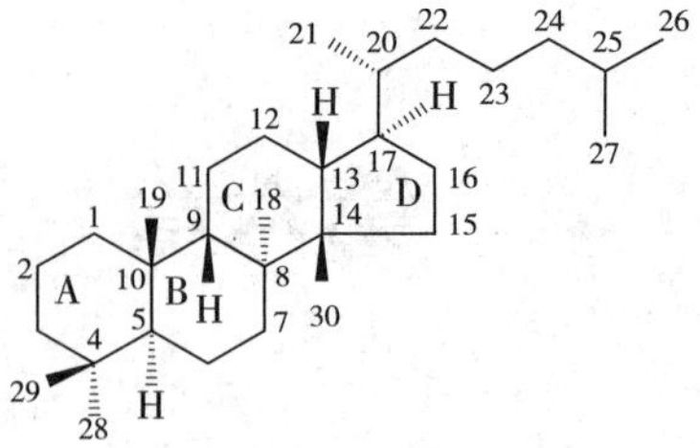
原萜烷型

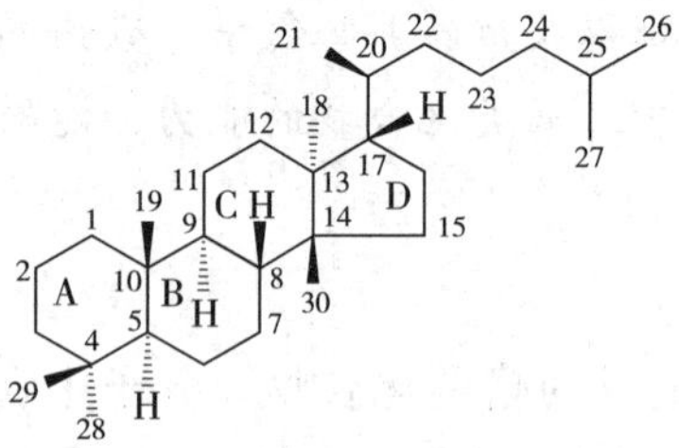
甘遂烷型

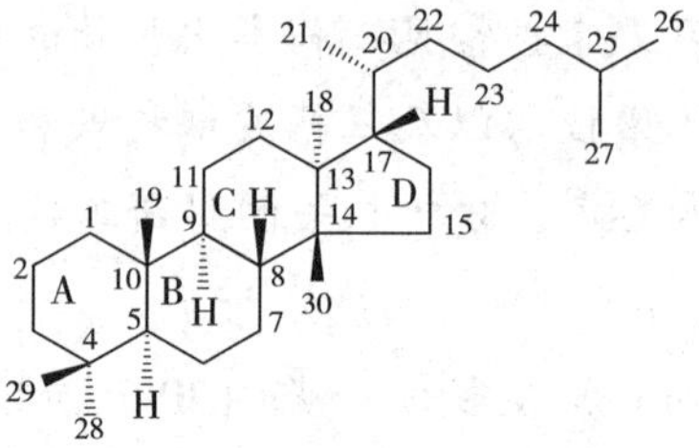
大戟烷型

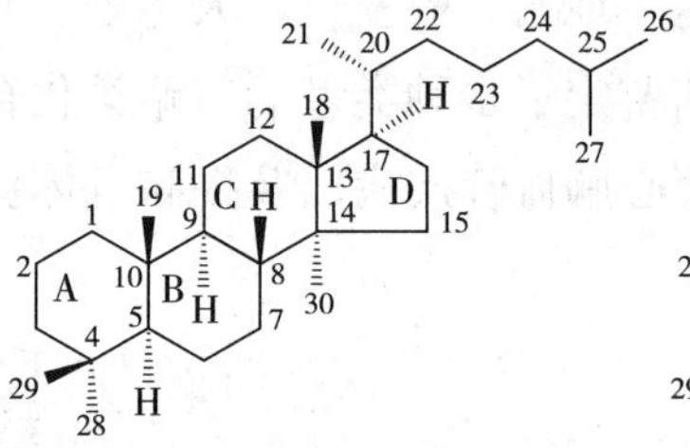
羊毛甾烷型

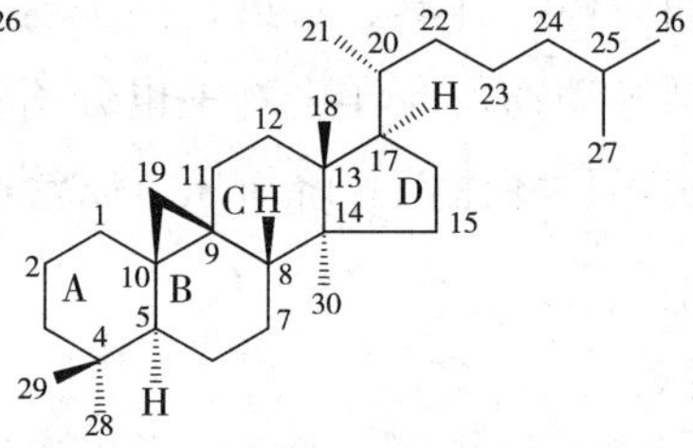
环阿屯烷型

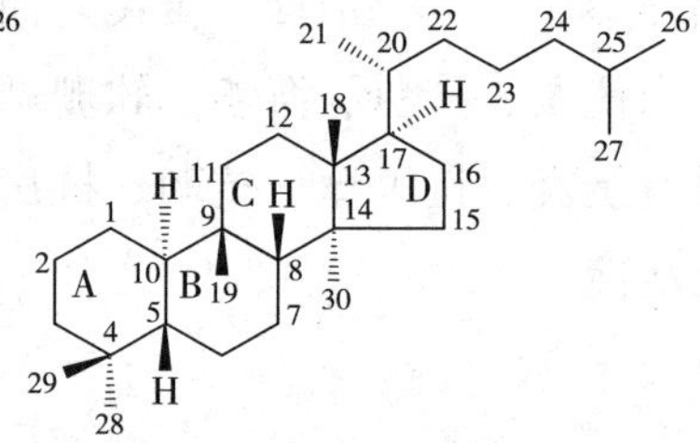
葫芦素烷型

图6-1　常见四环三萜的基本骨架

1. 达玛烷型和原萜烷型三萜　达玛烷型和原萜烷型三萜具有相同的平面结构，环上5个甲基的取代位置为C-4、C-4、C-8、C-10和C-14。二者的不同之处如下：在达玛烷型三萜中8-CH_3、10-CH_3为β取向，14-CH_3为α取向，17-侧链为β取向，H-9为α取向，H-13为β取向，C-20位为*R*-或*S*-构型；在原萜烷型三萜中除8-CH_3、14-CH_3、H-9、H-13的取向与达玛烷型三萜相反、C-20位为*R*-构型外，其余相同。

2. 甘遂烷型、大戟烷型和羊毛甾烷型三萜　甘遂烷型、大戟烷型和羊毛甾烷型三萜具有相同的平面结构，环上5个甲基的取代位置为C-4、C-4、C-10、C-13和C-14。三者的区别在于：在甘遂烷型三萜中，13-CH_3为α取向，10-CH_3、14-CH_3为β取向，17-侧链为α取向，C-20位为*S*-构型；在大戟烷型三萜中，环上各个手性中心的构型与甘遂烷型三萜相同，而C-20位为*R*-构型；在羊毛甾烷型三萜中除13-CH_3、14-CH_3、17-侧链的取向与大戟烷型三萜相反外，其余相同。

3. 环阿屯烷型三萜　环阿屯烷型三萜除了C-19与C-9环合外，其他各位置氢及取代基的构型与羊毛甾烷型三萜一致。

4. 葫芦素烷三萜　葫芦素烷型三萜仅A、B环上的取代基与羊毛甾烷型三萜不同（C-9位有β-CH_3、H-8为β取向、H-10为α取向）外，其余相同。

（二）常见五环三萜的基本骨架类型和特征

五环三萜主要包括齐墩果烷（oleanane）型、乌苏烷（ursane）型、木栓烷（friedelane）型、羽扇豆烷（lupane）型、何帕烷（hopane）型和异何帕烷（isohopane）型等。如图6-2所示，根据E环的大小，可将它们分为两大组：

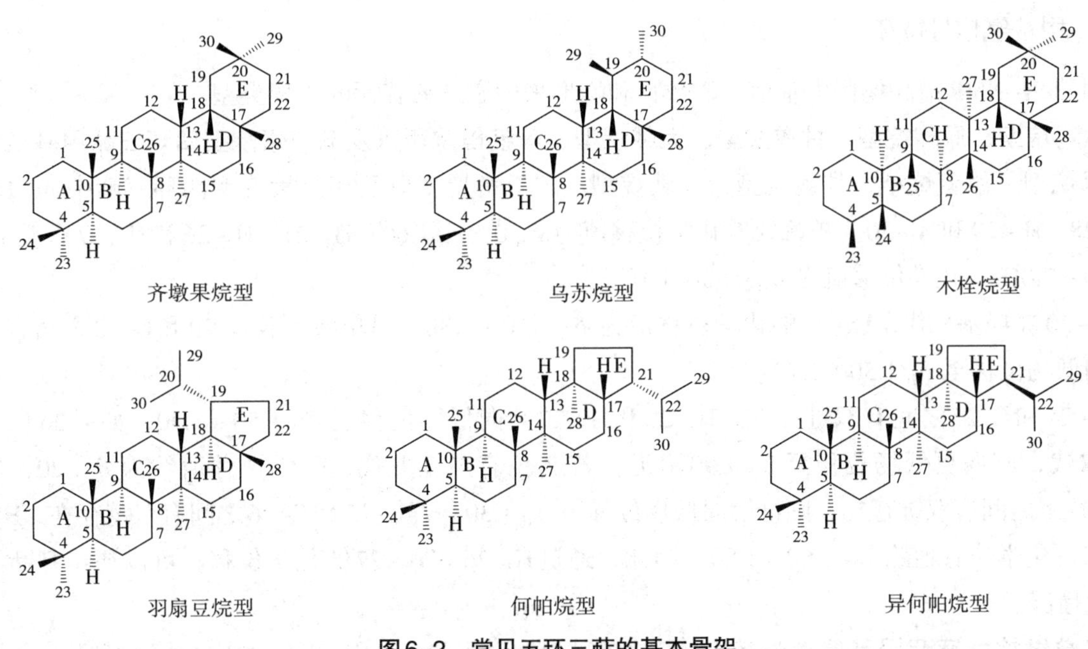

图6-2　常见五环三萜的基本骨架

1.齐墩果烷型、乌苏烷型以及木栓烷型三萜　齐墩果烷型、乌苏烷型以及木栓烷型三萜的基本骨架为多氢蒎，A/B、B/C、C/D环均为反式稠合，D/E为顺式稠合，环上最多有8个角甲基。在齐墩果烷型三萜中，8个角甲基的取代位置为C-4、C-4、C-8、C-10、C-14、C-17、C-20以及C-25，8-CH_3、10-CH_3以及17-CH_3为β取向，14-CH_3为α取向；乌苏烷型与齐墩果烷型的主要区别之处为20位的偕二甲基消失，在C-19和C-20位各有1个甲基取代，19-CH_3和20-CH_3分别为β和α构型，其余与齐墩果烷型三萜相同；木栓烷型三萜的C-4、C-5、C-9、C-14位均有β-CH_3取代，C-13位有α-CH_3取代。

2.羽扇豆烷型、何帕烷型以及异何帕烷型三萜　羽扇豆烷型、何帕烷型以及异何帕烷型三萜的A/B、B/C、C/D、D/E环均为反式稠合。与上述三种五环三萜的区别之处在于E环为五元碳环，且在E环上有异丙基取代，环上最多有6个甲基取代。羽扇豆烷型三萜A、B、C、D环上各甲基以及氢的取向与齐墩果烷型三萜一致，异丙基以α构型取代于C-19位；何帕烷型三萜的E环不同于羽扇豆烷型三萜，H-17为β构型，C-18位有α-CH_3取代，异丙基以α构型取代于C-21位；而异何帕烷型三萜为何帕烷型三萜在C-21位的构象异构体，异丙基为β构型。

药知道

三七

中药三七［*Panax notoginseng* (Burk) F. H. Chen］为五加科人参属植物，以其根及根茎入药。作为传统中医常用名贵药材之一。三七具有散瘀止血、消肿定痛之功效，富含达玛烷型三萜皂苷类成分。三七总皂苷已被制成多种制剂，如血栓通注射液、血塞通分散片等，用于临床治疗心脑血管疾病。

二、氢谱特点

三萜苷元核磁共振氢谱最明显的特征是高场区有多个甲基氢信号。苷元有双键、氧取代时，常在中低场区出现烯氢、连氧碳上氢的特征信号。

（一）甲基氢信号特征

可利用^{1}H-NMR谱高场区甲基信号的数目和峰形来确定三萜苷元的骨架类型。

1.达玛烷型、原萜烷型、甘遂烷型、大戟烷型、羊毛甾烷型以及葫芦素烷型四环三萜甲基氢信号特征 达玛烷型、原萜烷型、甘遂烷型、大戟烷型、羊毛甾烷型以及葫芦素烷型四环三萜中H_3-18、H_3-19、H_3-28、H_3-29和H_3-30为单峰，其化学位移值为δ_H 0.50～1.60；H_3-21、H_3-26和H_3-27一般呈双峰，J值为6.0～7.0Hz，化学位移值为δ_H 0.80～1.10。

若C-20被羟基取代，H_3-21的化学位移值为δ_H 1.10～1.30，呈单峰；若C-20和C-22之间有双键存在，则向低场位移至δ_H 1.50～1.70。

若C-24和C-25之间有双键存在，H_3-26和H_3-27则向低场位移至δ_H 1.50～1.70，如果23位上继续有羰基取代，则向更低场位移至δ_H 1.90附近；若25位有羟基取代，化学位移值约为δ 1.20，若此时C-23和C-24之间有双键存在，则继续向低场位移至δ_H 1.30；若C-25和C-26之间有双键存在，H_3-27向低场位移，化学位移值为δ_H 1.60～1.80。因此，通过H_3-26和H_3-27的化学位移，可以初步判断23～25位的取代情况。

2.齐墩果烷型三萜甲基氢信号特征 齐墩果烷型三萜苷元的^{1}H-NMR谱中最多出现8个角甲基氢信号，化学位移值为δ_H 0.70～1.60，这是齐墩果烷型三萜的^{1}H-NMR谱的特征性信号。其C-3位常被β-OH取代，或以3-酮的形式存在。3β-OH取代将使C-23甲基的化学位移值向低场位移约0.2个化学位移单位；3-酮羰基的存在使C-23～C-26甲基的化学位移值均向低场位移0.1～0.2个化学位移单位。少数甲基会被氧化成羟甲基、醛基或羧基等，相应的甲基数目减少。齐墩果烷型三萜28位的甲基极易被羧基、羟基或醛基取代，这些基团的存在使H_3-26的化学位移值向高场发生位移，羧基、羟甲基以及醛基依次使其化学位移值减小0.01～0.05、0.0.5～0.10、0.15～0.25个化学位移单位。

3.乌苏烷型和木栓烷型三萜甲基氢信号特征 乌苏烷型三萜的^{1}H-NMR谱中一般会出现两个甲基的二重（d）峰信号，J值为5.5～7.0Hz，化学位移值为δ_H 0.75～1.00，归属为H_3-29和H_3-30的信号。其余位置甲基氢信号与齐墩果烷型三萜的基本一致。而木栓烷型三萜的H_3-23因与4位次甲基氢发生偶合，在^{1}H-NMR谱中会裂分成双峰，偶合常数以及化学位移值与乌苏烷型三萜氢的d峰类似。

4.羽扇豆烷型、何帕烷型以及异何帕烷型三萜甲基氢信号特征 羽扇豆烷型、何帕烷型以及异何帕烷型三萜的H_3-29和H_3-30一般呈双峰，J值为6.0～7.0Hz。多数情况下该类型三萜的C-22与C-29之间形成双键，烯丙偶合使H_3-30呈现宽单峰（br. s），化学位移值为δ_H 1.60～1.80。

5.取代基上甲基氢信号特征 三萜苷类常含有鼠李糖基，其甲基的化学位移值为δ_H 1.40～1.90，虽然也是d峰，由于化学位移值的不同，可以与四环三萜以及齐墩果烷型除外的五环三萜甲基氢的d峰信号（δ_H 0.75～1.00）进行区分。同时，个别三萜苷元或苷上的羟基可能被乙酰化，或是羧基被甲酯化，乙酰基中甲基氢的化学位移为δ_H 1.80～2.10，甲酯部分的甲基氢信号为δ_H 3.60～3.80。

（二）氧取代碳上氢的信号特征及其对取代位置构型确定的指导作用

1.氧取代碳上氢的信号特征 三萜类化合物骨架上多有氧取代，如达玛烷型三萜在C-1、C-2、C-3、C-6、C-11、C-12、C-15、C-16、C-20、C-23、C-24、C-25、C-26或C-27，齐墩果烷型三萜在C-2、C-3、C-6、C-12、C-13、C-16、C-22、C-23、C-24、C-25、C-27、C-28、C-29或C-30位均可能有羟基取代。羟基取代使直接相连碳上氢的化学位移值增大至δ_H 3.15～4.80。如果该羟基继续被乙酸或咖啡酸、肉桂酸、苯甲酸等有机酸酰化，氧取代碳上氢的化学位移值将向低场位移1个化学位移单位，为δ_H 4.00～5.80。因此，可以根据氢化学位移值的变化判断氧取代情况。

2.氧取代碳上氢的化学位移值大小对判断周围碳原子取代情况的指导作用 可通过氧取代碳上氢的化学位移值大小推测其周围碳原子的取代情况。例如，以氘代吡啶为溶剂，对C-2无羟基取代的齐墩果烷型三萜-3*β*-*O*-糖苷类成分进行测定，如果C-23和C-24均为甲基，则H-3的化学位移值为 δ_H 3.25~3.50；如果C-23或C-24其一为醛基或羟甲基，则H-3的化学位移值为 δ_H 4.10~4.35；而当C-23或C-24其一被氧化为羧基时，H-3的化学位移值约为 δ_H 4.70。因此，可以通过H-3的化学位移值大小，推测C-4的取代情况。该规律同样适用于A、B、C环骈合方式以及取代类似的乌苏烷型、羽扇豆烷型、何帕烷型、异何帕烷型以及达玛烷型三萜皂苷。

3.氧取代碳上氢的偶合裂分以及化学位移值对含氧基团空间取向判断的指导作用 四环及五环三萜的C-3位多有羟基取代，C-4位一般为季碳。C-2位无取代基时，若H-3呈现dd峰（*J*约为5.0和11.0Hz），可知H-3处于直立键（a键），3-OH为*β*取向；若H-3呈br. s或三重（t）峰（*J*为2.0~3.0Hz），可知H-3处于平伏键（e键），3-OH为*α*取向。

C-2和C -3位同时被羟基取代，C-4为季碳时，以maslinic acid、augustic acid、bredemolic acid及3-epi-maslinic acid为例（图6-3），若H-3为d峰，$J \geq 9.0$Hz，H-2和H-3均处于a键，2-OH、3-OH分别为*α*和*β*取向；若H-3为br. s或d峰（*J*为2.0~3.0Hz），H-2和H-3分别处于a键和e键，两个羟基均为*α*取向；若H-3为d峰，$6.0\text{Hz} \leq J \leq 9.0$Hz，H-2和H-3均处于e键，两个羟基为2*β*和3*α*取向；若H-3为d峰，*J*约为4.0Hz，H-2和H-3分别处于e键和a键，两个羟基均为*β*取向。为了进一步对2*α*，3*β*和2*β*，3*α*、2*α*，3*α*和2*β*，3*β*进行区分，还可以结合H-2、H-3的化学位移值，特别是化学位移差值进行判断（表6-1）。

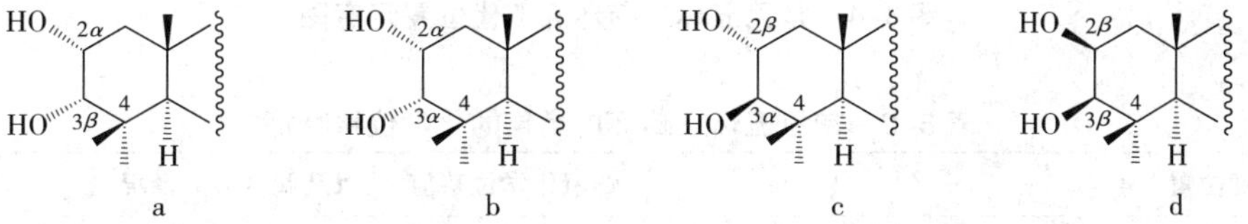

a b c d

图6-3 Maslinic acid（a）、3-*epi*-maslinic acid（b）、bredemolic acid（c）和augustic acid（d）的A环取代情况

表6-1 Maslinic acid、augustic acid、bredemolic acid及3-*epi*-maslinic acid中氢的化学位移特征

	Maslinic acid（2*α*，3*β*）	3-*epi*-Maslinic acid（2*α*，3*α*）	Bredemolic acid（2*β*，3*α*）	Augustic acid（2*β*，3*β*）
δ_{H-2}	4.11	4.21	4.36	4.41
δ_{H-3}	3.41	3.77	4.00	3.44
$\Delta\delta_{H2-H3}$	0.7	0.56	0.36	0.97
$J_{H2,3}$	9.4	2.6	7.5	4.0

以上规律适用于A、B环骈合方式相同以及C-4有两个甲基取代的乌苏烷型、羽扇豆烷型、何帕烷型、异何帕烷型及达玛烷型三萜苷元3-羟基或2,3-二羟基取向的判断。

（三）烯氢信号特征

三萜类化合物的苷元中一般会有一个或多个双键存在，烯氢信号也是三萜类化合物[1]H-NMR谱的特征信号之一，其化学位移值一般为 δ_H 4.30~6.00。

1.达玛烷型、原萜烷型、甘遂烷型、大戟烷型、羊毛甾烷型、环阿屯烷型和葫芦素烷型三萜的烯氢信号特征 达玛烷型、原萜烷型、甘遂烷型、大戟烷型、羊毛甾烷型、环阿屯烷型和葫芦素烷型等四环三萜的共同特点是在17位被8个碳原子组成的侧链（C-20~C-27）取代。其中，C-20与C-21、C-20与C-22、C-23与C-24、C-24与C-25、C-25与C-26之间均可能形成双键。当双键形成于C-20与C-21或

C-25与C-26之间，且C-22或C-24为亚甲基时，H_2-20、H_2-26为末端烯氢，呈两个吸收峰，常以br. s的形式出现在 δ_H 4.60～5.00范围；当双键形成于C-20与C-22或C-24与C-25之间，侧链其他位置无取代时，H-22与H-24的化学位移值为 δ_H 5.00～5.20，此时，如果CH_3-27氧化为羧基，H-24的信号显著向低场位移，化学位移值为 δ_H 6.00～6.20；当双键形成于C-23与C-24之间时，多为反式取代，H-23与H-24之间的偶合常数一般为15.0～16.0Hz，化学位移值为 δ_H 5.50～5.70。

2. 羽扇豆烷型、何帕烷型和异何帕烷型三萜的烯氢信号特征 羽扇豆烷型、何帕烷型、异何帕烷型五环三萜结构中一般含有环外末端双键，其末端双键烯氢（H_2-29）与上述四环三萜20与26位间的末端烯类似，常以两个br. s形式出现在 δ_H 4.60～5.00范围。

3. 齐墩果烷、乌苏烷、羽扇豆烷、何帕烷和异何帕烷型三萜环中的烯氢信号特征 齐墩果烷、乌苏烷、羽扇豆烷、何帕烷和异何帕烷型五环三萜的环中存在双键，常形成 Δ^{12}-单烯三萜、11-oxo-Δ^{12}-单烯三萜、$\Delta^{9(11),12}$-同环双烯三萜和 $\Delta^{11,13(18)}$-异环双烯三萜（图6-4），各氢的化学位移值范围以及偶合裂分情况见表6-2。

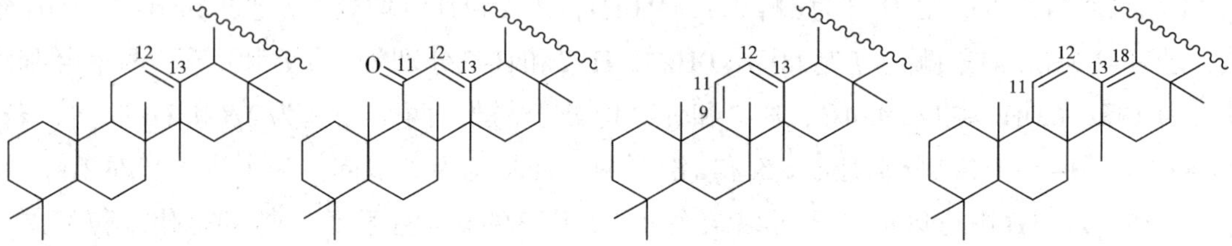

Δ^{12}-单烯三萜　11-oxo-Δ^{12}-单烯三萜　$\Delta^{9(11),12}$-同环双烯三萜　$\Delta^{11,13(18)}$-异环双烯三萜

图6-4 常见五环三萜环烯取代位置示意图

表6-2 常见五环三萜环内烯氢的化学位移特征

三萜及双键位置	烯氢化学位移值 δ_H 以及偶合裂分情况
Δ^{12}-单烯三萜	H-12：4.90～5.60 br. s或t（3.0～4.0Hz）
11-oxo-Δ^{12}-单烯三萜	H-12：5.50～5.60 s
$\Delta^{9(11),12}$-同环双烯三萜	H-11：5.50～5.60 d（3.0～4.0Hz），H-12：5.50～5.60 d（3.0～4.0Hz）
$\Delta^{11,13(18)}$-异环双烯三萜	H-11：5.40～5.60 dd（2.0～3.0Hz，9.0～11.0Hz），H-12：6.40～6.80 d（9.0～11.0Hz）

利用以上特征，可以区分和鉴别具有不同类型烯氢的三萜类化合物的苷元。

（四）其他氢信号特征

环阿屯烷型三萜的^{1}H-NMR谱的显著特征是C-19亚甲基的两个质子均以d峰出现在高场区，化学位移值为 δ_H 0.30和0.60左右，其偶合常数一般为J=3.5～5.0Hz，是区别于其他三萜的显著特征。A环、B环及C-11位的取代基将影响它们的化学位移值。当C-3为羰基时，受羰基影响，两氢的化学位移值分别为 δ_H 0.55和0.80左右；当结构中含有 Δ^2，3-oxo片段时，两氢的化学位移值分别向低场位移约0.40和0.80个化学位移单位。

三、碳谱特点

由于苷元及取代基的不同，与^{1}H-NMR谱相比，三萜类化合物的^{13}C-NMR谱中碳的化学位移值分布范围较宽，可以为 δ_C 10.0～230.0，信号很少重叠。^{13}C-NMR谱的测定对三萜类化合物的解析至关重要。下面，对三萜苷元的主要碳谱特征进行介绍。

（一）饱和脂肪碳信号特征

大多数三萜苷元的结构中含有20个以上饱和脂肪碳（甲基、亚甲基、次甲基、季碳），出现在 δ_C 8.5～60.0范围内，是三萜类化合物的碳谱特征之一。

甲基碳信号的化学位移值为 δ_C 8.5～34.0。环阿屯烷型三萜由于C-9、C-10与C-19之间三元环的存在，形成了C-19位的三元环亚甲基，化学位移值一般为 δ_C 28.0～31.0，该化学位移值受其周围取代基或取代基构型的影响较大，当C-6位有双键时，C-19向高场位移，化学位移值约为 δ_C 21；当C-7位有双键、同时C-11位有 β-OH取代时，C-19向高场位移，化学位移值约为 δ_C 19，而11位有 α-OH取代对其几乎没有影响。

此外，三萜结构中一般存在多个饱和脂肪季碳，可以通过 ^{13}C-NMR谱中 δ_C 30.0～54.0范围内季碳信号的数目辅助确定苷元的类型。如，齐墩果烷型、木栓烷型母核结构在此区域一般会有6个季碳信号；乌苏烷型、羽扇豆烷型、何帕烷型、异何帕烷型有5个季碳信号，而达玛烷型、原萜烷型、甘遂烷型、大戟烷型、羊毛甾烷型以及葫芦素烷型四环三萜仅有4个季碳信号。环阿屯烷型三萜由于C-9、C-10与C-19之间三元环的存在，在高场区也会出现5个季碳信号，但也正是由于三元环的存在，使C-9和C-10的化学位移值与其他类型三萜相比，向高场位移，分别为 δ_C 19.0～22.0和25.0～32.0。

（二）氧取代碳信号特征及其对取代位置构型确定的指导作用

三萜类化合物的苷元中一般存在氧取代，可以是羟基及其衍生物或者羰基。被羟基及其衍生物酯、醚或糖基取代碳的化学位移值一般为 δ_C 60.0～90.0，可以通过此区域出现的碳信号的个数推测结构中被氧取代碳原子的最少个数。醛基、酮羰基、羧基以及酯羰基等羰基碳的化学位移值为 δ_C 170.0～225.0，其中，醛基碳的化学位移值一般为 δ_C 190.0～210.0，共轭情况下 $\delta_C<200.0$；饱和酮羰基碳的化学位移值为 δ_C 200.0～220.0，共轭情况下为 δ_C 195.0～205.0；羧基和酯羰基碳的化学位移值为175.0～181.0，这些特征碳信号在 ^{13}C-NMR谱中较容易识别。同时，类似于 ^{1}H-NMR谱，可以根据氧取代及其邻近位置碳的化学位移值，确定氧取代的位置和构型。

1. 3-羟基构型的确定　多数三萜的C-3位会有羟基取代，在此基础上进一步与有机酸反应被酰化，或引入糖基形成氧苷。3-羟基的构型以及酰化对其周围碳原子，特别是A环及A环取代基碳原子的化学位移值有较大影响。以羽扇豆烷型三萜类化合物6-1～6-5（图6-5）为例，与3位无羟基取代的相应化合物相比，3-氧取代后C-2～C-4信号均向低场位移，C-1、C-5、C-23与之相反（6-2～6-5 *vs* 6-1）；3β-氧取代一般使C-24的化学位移值显著降低5～7个化学位移单位（6-2、6-4 *vs* 6-1），而 α-氧取代对C-24的化学位移值几乎没有影响（6-3、6-5 *vs* 6-1）。此外，3β-OH取代与相应的3α-OH取代化合物相比，前者C-3的化学位移值更大，二者的差值约为3个化学位移单位；3β-OH的 γ 效应使C-1和C-5化学位移相对处在低场，与3α-OH相比，3β-OH取代使C-1、C-5分别向低场位移3.0～3.6和5.0～7.0（6-3 *vs* 6-2；6-5 *vs* 6-4）个化学位移单位；3β-OH取代，C-24的化学位移值一般为 δ_C 15.0～18.0，而3α-OH取代，C-24的化学位移值一般为 δ_C 21.0～23.0。上述规律对3-*O*-酰基及3-*O*-三萜皂苷同样适用。如表6-3所示，3-OH被酰化后，乙酰化位置碳的化学位移值一般增大2.0～3.0个化学位移单位，C-2、C-4向高场位移2.1～3.5和0.3～2.4（6-2 *vs* 6-4；6-3 *vs* 6-5）化学位移单位。因此，可以通过A环及A环取代基碳原子的化学位移值推测3-OH的构型以及是否发生了酰化。

2. 2,3-二羟基构型的确定　对于大多数2,3-二羟基取代的四环及五环三萜，C-2的化学位移值总是小于C-3的化学位移值，二者分别在 δ_C 65.8～69.6和 δ_C 78.3～85.7范围。表6-4所示为以maslinic acid、augustic acid、bredemolic acid及3-*epi*-maslinic acid为例，不同组合构型的2,3-二羟基取代对C-2及C-3

的化学位移的影响。此外，2位羟基的引入，会对C-1产生吸电诱导作用，使C-1的化学位移值明显增大，为 δ_C 43.5 ~ 50.5。该规律也适用于A、B环骈合方式与之相同、C-4有两个甲基取代的乌苏烷型、齐墩果烷型、羽扇豆烷型、何帕烷型、异何帕烷型及达玛烷型三萜苷元中2,3-二羟基取向的判断。

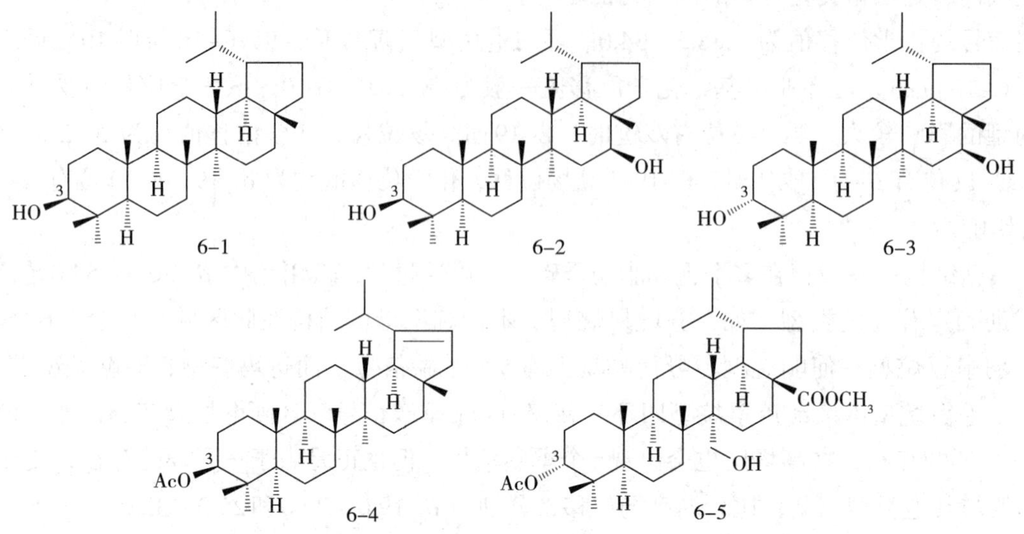

图6-5　羽扇豆烷型三萜化合物6-1 ~ 6-5的结构

表6-3　羽扇豆烷型三萜6-1 ~ 6-5中3-氧取代引起的取代基效应

化合物	取代基	C-1	C-2	C-3	C-4	C-5	C-23	C-24
6-1	无取代	40.3	18.7	42.1	33.2	56.3	33.4	21.6
6-2	3β-OH	38.7	27.4	78.9	38.5	55.3	28.0	15.4
6-3	3α-OH	35.0	25.0	75.9	37.1	48.7	28.0	22.1
6-4	3β-OAc	37.3	23.5	81.0	37.7	55.5	28.0	16.6
6-5	3α-OAc	34.1	22.9	78.3	36.8	50.4	27.7	21.7

表6-4　Maslinic acid、3-*epi*-maslinic acid、bredemolic acid及augustic acid中碳的化学位移特征

	Maslinic acid（2α,3β）	3-*epi*-Maslinic acid（2α,3α）	Bredemolic acid（2β,3α）	Augustic acid（2β,3β）
δ_{C-2}	69.0	66.5	71.1	71.8
δ_{C-3}	84.3	79.7	78.7	78.7
$\Delta\delta_{C3-C2}$	15.3	13.2	7.6	6.9

3.C-4位有氧取代时取代基构型的确定　三萜C-4位两个甲基中的一个可以被羟基取代，也可以被氧化为醛基或羧基。以齐墩果烷、乌苏烷、羽扇豆烷、何帕烷以及异何帕烷型五环三萜的3-β-*O*-糖苷为例，羟甲基、醛基或羧基可以处于平伏键（C-23），也可以处于直立键（C-24）（图6-6），此时，C-3 ~ C-5、C-23、C-24化学位移值如表6-5所示。因此，可以通过C-3 ~ C-5、C-23和C-24的化学位移值判断该羟甲基、醛基或羧基的构型。

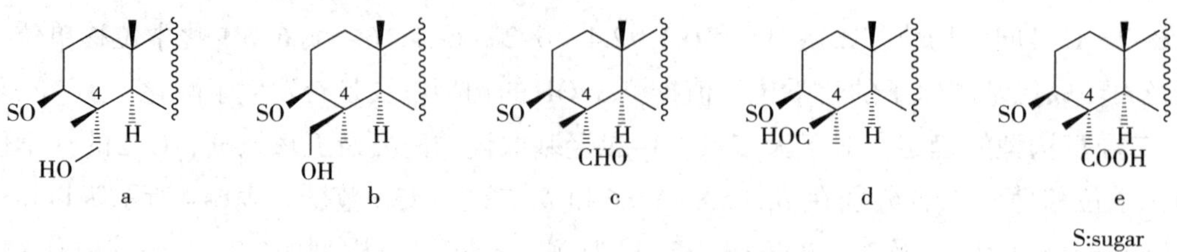

图6-6　4位不同氧取代三萜皂苷结构示意图

表6-5　4位取代基对3β-O-三萜皂苷中C-3～C-5、C-23、C-24的化学位移值的影响（in C_5D_5N）

No.	a	b	c	d	e
3	～82.0	～91.0	～82.0	～87.0	～85.0
4	～43.5	～44.0	～55.5	～53.5	～53.0
5	～47.5	～56.0	～48.0	～57.5	～52.0
23	～64.5	～23.0	～207.0	～21.5	～180.5
24	～13.5	～63.5	～10.5	～206.5	～12.5

（三）烯碳信号特征

烯碳是三萜类化合物^{13}C-NMR谱中的特征信号之一，其化学位移值一般为δ_C 108.0～160.0。根据^{13}C-NMR谱中烯碳的个数和化学位移值，可推测一些三萜苷元中的双键位置。

1.达玛烷型、原萜烷型、甘遂烷型、大戟烷型、羊毛甾烷型以及葫芦素烷型四环三萜的烯碳信号特征　这些三萜的共同特点是在侧链上极易形成双键。以达玛烷型三萜为例，双键可以形成于20与21，20与22，22与23，23与24，24与25以及25与26位之间，不同位置烯碳的化学位移值如图6-7所示。

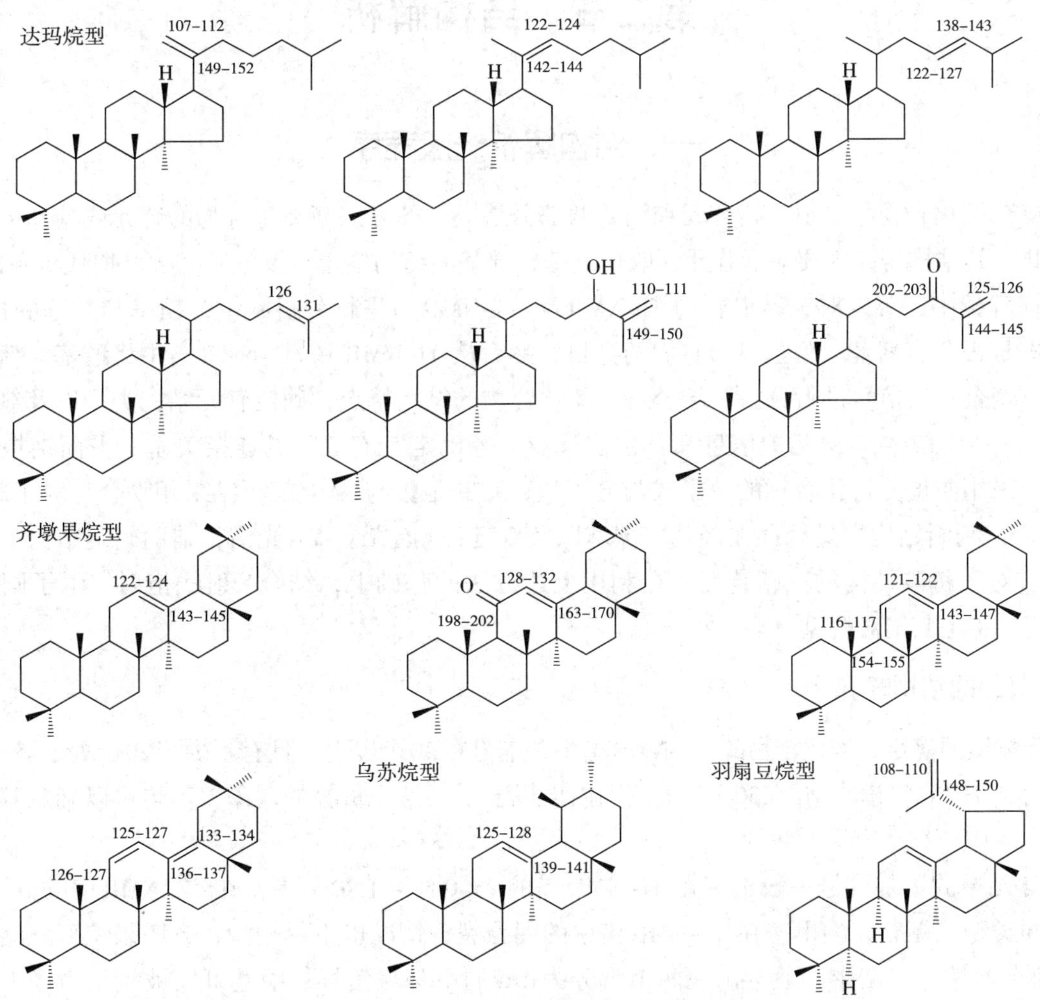

图6-7　常见四环、五环三萜类化合物骨架上烯碳的化学位移

2.齐墩果烷型和乌苏烷型三萜的烯碳信号特征　常见齐墩果烷型和乌苏烷型三萜中双键位置以及对应的碳信号范围如图6-7所示。其中，12与13位双键在齐墩果烷型和乌苏烷型三萜较为常见。对于齐墩

果烷型三萜，C-12和C-13的化学位移值分别为 δ_C 122.0～124.0和 δ_C 143.0～145.0；而对于乌苏烷型三萜，二者的化学位移值分别为 δ_C 125.0～128.0和139.0～141.0，可以作为两种类型五环三萜的特征信号。有些齐墩果烷型和乌苏烷型三萜的11位有羰基，与12位双键共轭，此时，C-11、C-12、C-13的化学位移值依次为 δ_C 198.0～202.0、128.0～132.0和163.0～171.0，受苷元类型影响较小。但是，3-OH的构型对12、13位化学位移值的影响很大，如3α-OH-11-oxo-Δ^{12}-乌苏烯中C-12和C-13的化学位移值分别为 δ_C 131和164左右，而3β-OH-11-oxo-Δ^{12}-乌苏烯的则分别为 δ_C 128和171左右。

3.羽扇豆烷型、何帕烷型、异何帕烷型三萜的烯碳信号特征 这些类型三萜一般在20与29位之间存在末端双键，C-20和C-29的化学位移值分别为 δ_C 148～150和108～110，该双键的化学位移几乎不受周围取代基的影响，非常具有特征性。

思考

如何利用核磁共振谱区分不同类型的三萜苷元？

PPT

第二节　结构解析

一、结构解析一般程序

三萜皂苷类化合物主要由三萜苷元和糖基两部分组成，部分三萜类化合物的苷元或糖基可能有酰基取代。因此，其结构研究主要包括苷元、取代酰基、糖基的结构鉴定以及酰基、糖基取代位置的确定。

在结构解析中，首先对三萜皂苷的^{1}H-NMR和^{13}C-NMR谱进行分析，结合糖基和酰基的核磁特征，确定结构中是否含有糖基、酰基以及它们的数目；然后从^{1}H-NMR和^{13}C-NMR谱中将酰基、糖基相关数据剥离，对剩余碳氢信号进行分析，结合三萜类化合物的结构特点，确定苷元结构类型以及氧取代、双键取代情况；利用2D-NMR相关信息和苷化位移规律等确定它们之间的连接关系、平面结构及相对构型。最后，采用质谱分析化合物的分子式与分子量，判断是否与NMR解析结果相吻合。对于新化合物，测定IR光谱，判断结构中是否存在羟基、羰基以及双键；测定UV-Vis光谱，辅助确定结构中是否存在共轭体系。对于特殊结构的三萜苷元，在利用上述方法的基础上，结合X射线衍射、电子圆二色光谱（ECD）等，鉴定其绝对构型。

（一）苷元的结构解析

1.苷元类型的确定 若化合物的^{13}C-NMR谱中碳信号在30个以上，且有不少于20个处于 δ_C 8.5～60.0范围；同时，^{1}H-NMR谱在 δ_H 0.50～3.00范围内出现多个氢信号重叠的现象，基本可以确定其为三萜类化合物。

三萜苷元中的甲基信号一般出现在^{1}H-NMR谱的 δ_H 0.50～1.80范围，在^{13}C-NMR谱的 δ_C 8.5～34.0范围；不同类型三萜苷元的甲基在^{1}H-NMR谱中的偶合裂分情况也不尽相同，齐墩果烷型三萜各甲基均为s峰，而乌苏烷型三萜中一般会出现两个裂分为d峰的甲基氢信号；甲基可以被氧化为羟甲基、末端烯、醛基，则分别在^{1}H-NMR谱的 δ_H 3.20～4.50范围内出现羟甲基质子信号、在 δ_H 4.60～4.90范围内出现两个末端烯的信号（一般均为br. s峰）、在 δ_H 9.0～10.0范围内出现醛基氢信号，对应^{13}C-NMR谱中的信号分别出现在 δ_C 63.0～75.0、110.0～150.0和200.0～210.0范围；此外，甲基可以被氧化为羧基，其碳信号出现在 δ_C 175.0～178.0范围。

不同类型三萜苷元在 δ_C 30.0～54.0范围内季碳信号的数目不同，可以采用DEPT谱或HSQC谱或HMQC谱确定它们的数目。

同时，如图6-7所示，不同类型的三萜类化合物，含有的烯碳数目及其化学位移均有较明显的特征。

以上甲基及其衍生官能团的相关信息、δ_C 30.0～54.0范围内季碳信号信息以及 δ_C 107.0～155.0范围内的烯碳信号信息相结合，可以用于三萜苷元类型的确定。

此外，通过 δ_H 3.15～5.80范围氢信号个数结合 δ_H 50.0～110.0范围碳信号个数，推测氧取代碳原子个数以及可能的取代基；通过偶合裂分情况判断氧取代基团的构型。

2. 苷元平面结构的确定　天然药物所含三萜类成分多为文献报道的常见类型，且同属植物常含有类似的化学成分。因此，在1D-NMR谱解析的基础上，结合三萜类化合物的生源合成途径，并与文献报道数据相比较，基本可以确定三萜苷元的骨架类型。对无法确定骨架类型的三萜，可进一步对其进行 ^{1}H-^{1}H COSY、HSQC/HMQC、HMBC等二维谱的测定，最终确定其平面结构。

3. 苷元相对构型与绝对构型的确定　三萜苷元基本骨架各手性中心碳原子的相对构型较为稳定，生合成过程中氧原子的引入，使结构中出现醇羟基取代碳、醛基以及羧基，会导致新的手性中心的出现。此时，可以结合取代基对化学位移值以及偶合常数的影响来判断手性中心的构型。对于新结构的三萜衍生物，利用NOESY谱与Chem3D模拟，结合 ^{1}H-NMR谱中给出的偶合常数，确定化合物的相对构型，并结合文献报道确定其绝对构型。对于稀有类型的三萜，可以通过X-射线单晶衍射、ECD谱、Mosher反应及有机合成等方法确定其绝对构型。

（二）糖基的结构解析

天然三萜常与葡萄糖、甘露糖、半乳糖、鼠李糖、木糖、阿拉伯糖以及葡萄糖糖醛酸或半乳糖醛酸等形成苷的形式存在于自然界。

1. 糖基的氢谱和碳谱特征　糖的端基碳多具有缩醛结构。因此，^{1}H-NMR谱中端基氢的化学位移值较大（δ_H 4.00～6.00），具有很强的特征性；糖基C-2～C-5/C-6的氢信号一般出现在 δ_H 3.00～4.00范围，被酰化或苷化后向低场位移至 δ_H 4.00～5.00；三萜皂苷中常有鼠李糖基取代，甲基氢的化学位移值为 δ_H 1.40～1.90，呈现d峰，偶合常数 J=6.0～7.0Hz。^{13}C-NMR谱中端基碳信号大多出现在 δ_C 95.0～111.0，其余连氧碳信号处于 δ_C 60.0～90.0范围；糖醛酸羰基碳的化学位移一般为 δ_C 173.0，可以用于与三萜酸COOH-28碳信号（δ_C 176.0～178.0）进行区分；甲基五碳糖中甲基碳的化学位移为 δ_C 18.0～20.0。

2. 糖基数目的确定　根据糖基的氢谱和碳谱特征，一般将 ^{1}H-NMR谱 δ_H 4.00～6.00范围内出现的糖端基氢信号以及 ^{13}C-NMR谱 δ_C 95.0～110.0范围内出现的碳信号相结合，推测结构中取代糖基的数目。再结合 ^{13}C-NMR谱 δ_C 60.0～90.0以及 δ_C 18.0～20.0范围碳原子的数目，进一步推测结构中五碳糖和六碳糖的个数。

3. 糖基信号的归属　综合应用 ^{1}H-NMR、^{13}C-NMR、^{1}H-^{1}H COSY和HSQC谱，对各糖基信号进行归属。对于含有3个以上糖基或者糖基氢信号严重重叠的皂苷，需要进一步测试化合物的TOCSY谱或HSQC-TOCSY谱，完成糖基的信号归属。

4. 糖基构型的确定　根据归属后的碳氢信号，对糖基C-2～C-6/C-5的化学位移值的相对大小趋势进行分析，与常见糖基（葡萄糖、鼠李糖、甘露糖、半乳糖、木糖等）的核磁数据进行对比，推测可能含有的糖基。

采用酸或碱对三萜皂苷进行水解得到糖基，并对糖基进行衍生化处理，得到衍生化产物，与糖标准品在相同反应条件下的产物进行气相色谱、高效液相色谱或薄层色谱的色谱行为（如保留时间、比移值等）对照，判断糖基的绝对构型（D或L构型）。最后，借助端基氢的偶合常数或者端基碳氢的偶合常数来判断糖的端基碳的相对构型（α或β构型）。

（三）糖基与糖基、糖基与苷元以及/或它们与其他基团连接位置的确定

1.通过化合物位移值变化规律推测糖基等取代基的取代位置 除了常见的四环和五环三萜苷元，三萜皂苷的母核上还会出现多个复杂的取代基，如乙酰基、香豆酰基、咖啡酰基、当归酰基取代；部分母核结构在酶的作用下，开环裂解形成衍生物。三萜皂苷的糖部分，除了常见的糖基，有时部分羟基被桂皮酰基、阿魏酰基等取代，形成糖衍生物，增加了结构的复杂性。

无论是苷元还是糖基的羟基被酰化后，会使酰化位置的氢信号向低场位移约1个化学位移单位、碳向低场位移2.0~12.0个化学位移单位，而使相邻位置碳和氢的化学位移值略微发生变化（一般情况下向高场位移）。三萜皂苷中糖基常与苷元形成氧苷或酯苷而产生苷化位移，可以通过苷化位移确定苷化位置。例如，当三萜苷元中3-OH与糖形成氧苷，C-3的化学位移值一般增大8.0~10.0，糖端基碳的化学位移值增大3.0~8.0；当三萜苷元中的羧基（如L-28位羧基）与糖形成酯苷，羰基碳的化学位移值一般减小2.0~5.0，糖端基碳的化学位移为δ_C 95.0~96.0。因此，可以根据酰化位移或苷化位移初步推测酰基、糖基等的取代位置。

2.通过波谱技术确定糖基等取代基的取代位置 在利用^{1}H-NMR、^{13}C-NMR、^{1}H-^{1}H COSY、HSQC、TOCSY或HSQC-TOCSY谱对苷元以及糖上的信号归属后，一般采用HMBC谱来确定糖与苷元的连接位置、糖与糖的连接顺序和位置。

二、结构解析实例

（一）2α-羟基白桦脂酸

^{1}H-NMR谱在δ_H 0.90~2.80范围内除了存在多个亚甲基、次甲基等氢信号外，在^{13}C-NMR谱中共有30个碳信号，其中25个处于高场区（δ_C<60），提示其为三萜类化合物（图6-8）；低场区出现的δ_C 109.9（C-29）和151.3（C-20）为羽扇豆烷型或何帕烷型或异何帕烷型三萜中20与29位之间的末端双键的特征碳信号，提示其为羽扇豆烷型或何帕烷型或异何帕烷型三萜类化合物。δ_C 179.0（C-28）为羧基碳信号。

在DEPT 135° 谱中共给出了10个CH_2信号、13个CH_3和CH信号（图6-9）。其中，δ_C 109.9进一步确证了末端烯键的存在；δ_C 68.8（C-2），83.7（C-3）提示结构中含有2个连氧次甲基。与^{13}C-NMR谱宽带去偶谱比对，确定结构中存在7个季碳，其中5个处于δ_C 30.0~60.0范围，进一步提示该化合物为羽扇豆烷型、何帕烷型或异何帕烷型三萜。

还存在δ_H 0.91（3H，s，H_3-25）、1.05（6H，s，H_3-24、26）、1.06（3H，s，H_3-27）、1.25（3H，s，H_3-23）和1.79（3H，s，H_3-30）等6个角甲基氢信号（图6-10）。其中，δ_H 1.79比较特殊，可能为连接在烯碳上的甲基氢信号，结合δ_H 4.77、4.93（1H each，both br. s，H_2-29）和δ_C 109.9（C-29）、151.3（C-20），进一步确证该化合物是一个双键存在于20与29位之间的羽扇豆烯或何帕烯或异何帕烯类化合物。

^{1}H-NMR谱中出现的δ_H 3.38（1H，d，J=9.3Hz，H-3）、4.08（1H，ddd，J=4.6、9.3、11.6Hz，H-2）信号提示结构中存在"C—CH（OH）—CH（OH）—CH_2—"片段（图6-11）。结合上述三种三萜衍生物的结构特点，确定该化合物的C-2、C-3位均被羟基取代，与^{13}C-NMR谱中给出的氧取代碳信号δ_C 68.8、83.7相吻合。根据2,3-二羟基取代的上述三萜类化合物C-2总是小于C-3的化学位移值规律，可知δ_C 68.8、83.7分别为C-2和C-3的碳信号。结合表6-1和6-4中所总结的化学位移值与构型的相关性规律，

确定这两个羟基的构型为2α，3β。

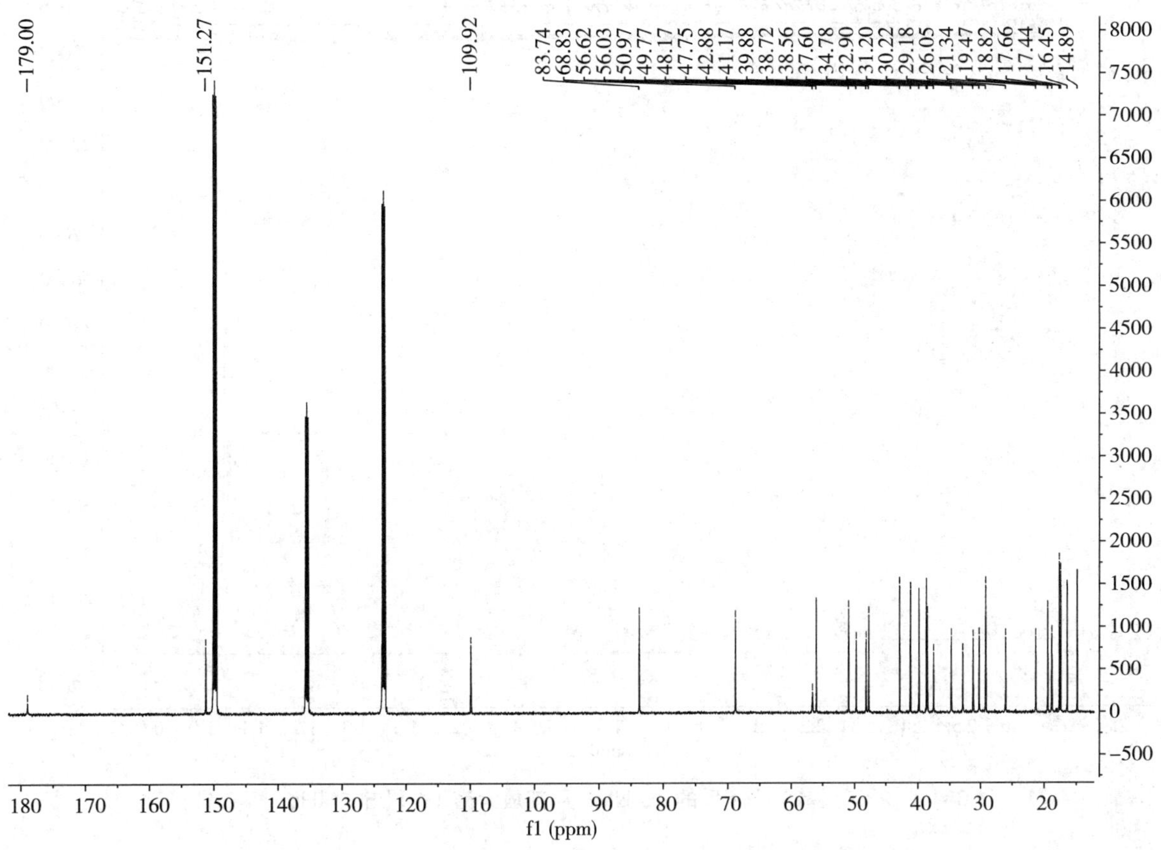

图6-8　2α-羟基白桦脂酸的^{13}C-NMR谱（125MHz，C_5D_5N）

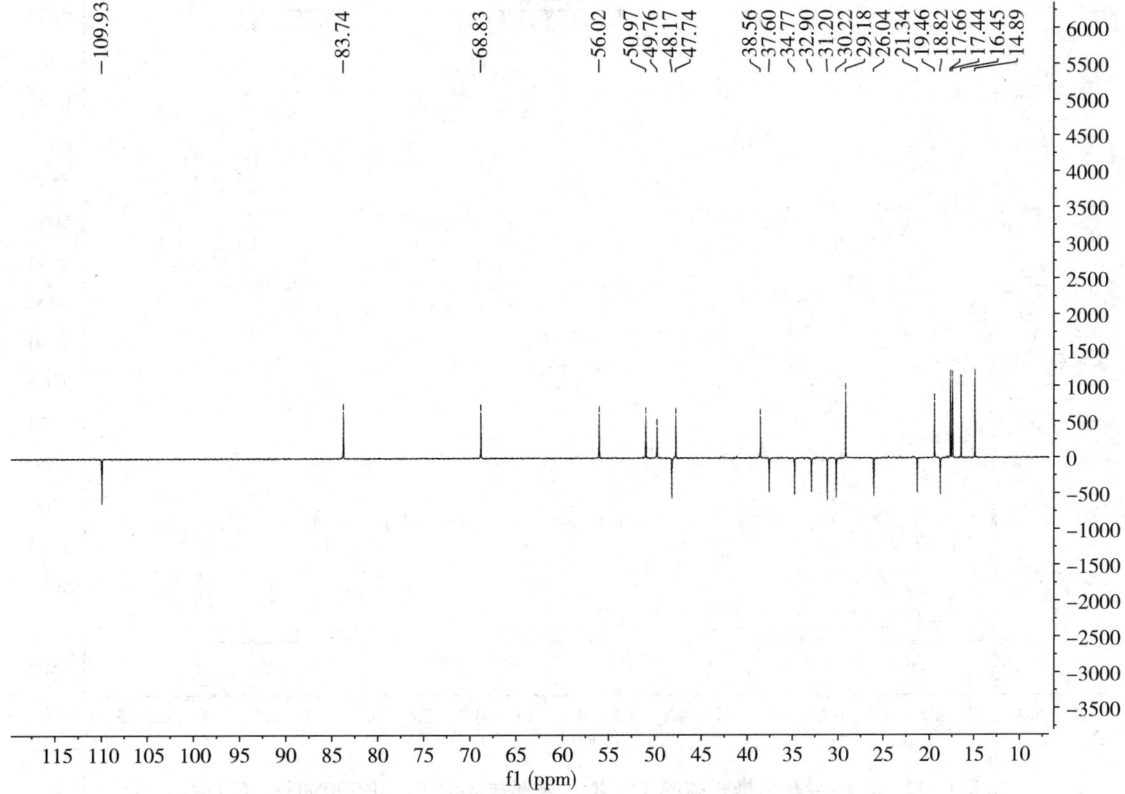

图6-9　2α-羟基白桦脂酸的DEPT 135°局部放大谱（125MHz，C_5D_5N）

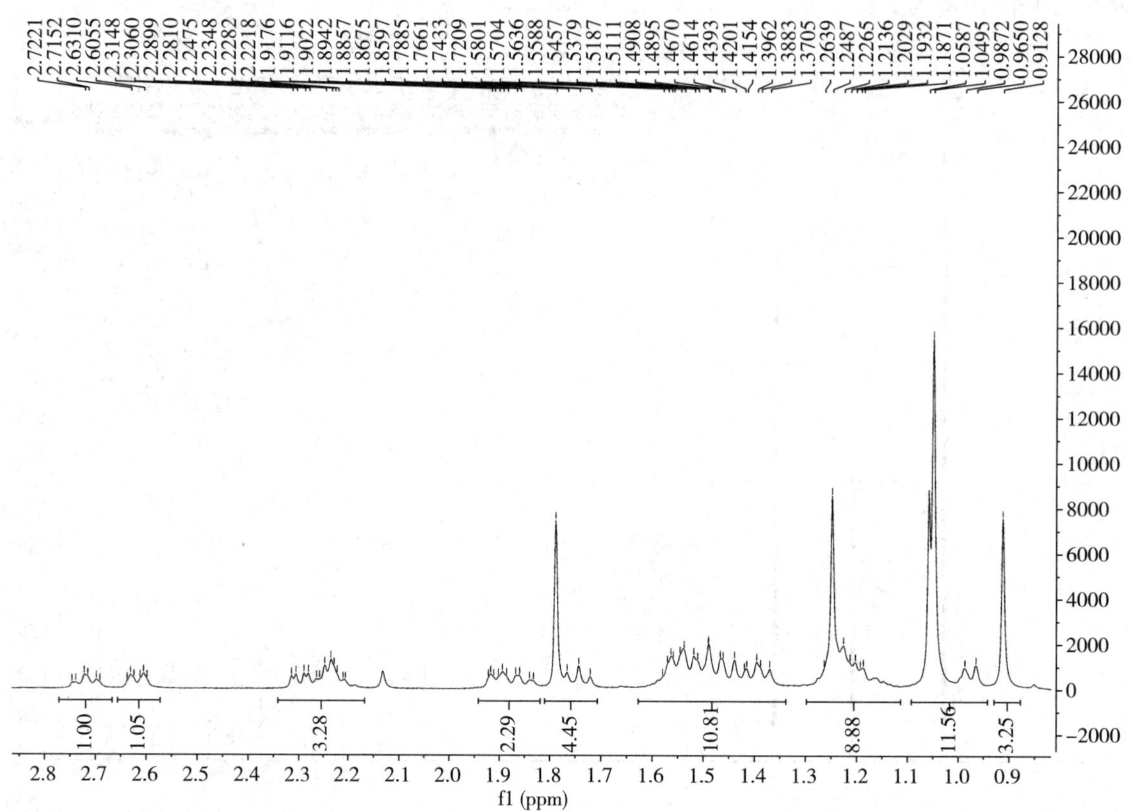

图6-10　2α-羟基白桦脂酸的 ^{1}H-NMR局部放大谱（1）（500MHz，C_5D_5N）

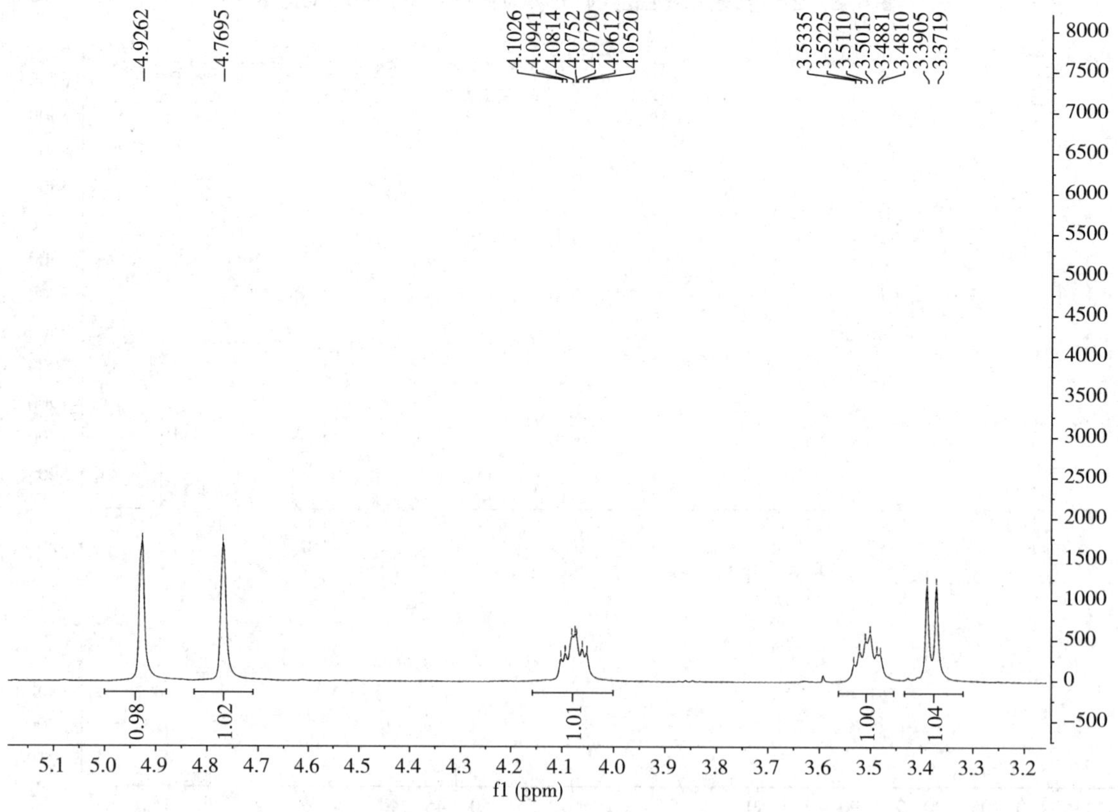

图6-11　2α-羟基白桦脂酸的 ^{1}H-NMR局部放大谱（2）（500MHz，C_5D_5N）

最后，经Scifinder检索该化合物的结构，获得文献信息，并比对核磁数据，鉴定其为2α-羟基白桦脂酸。

2α-羟基白桦脂酸的核磁共振波谱数据归属如下：^{1}H-NMR（500MHz，C_5D_5N）δ_H 0.91（3H，s，H_3-25），1.05（6H，s，H_3-24、26），1.06（3H，s，H_3-27），1.25（3H，s，H_3-23），1.79（3H，s，H_3-30），3.38（1H，d，J=9.3Hz，H-3），4.08（1H，ddd，J=4.6、9.3、11.6Hz，H-2），4.77、4.93（1H each，both br. s，H_2-29）；^{13}C-NMR（125MHz，C_5D_5N）δ_C 14.9（C-27），16.5（C-26），17.4（C-24），17.7（C-25），18.8（C-6），19.5（C-30），21.3（C-11），26.1（C-12），29.2（C-23），30.2（C-15），31.2（C-21），32.9（C-16），34.8（C-7），37.6（C-22），38.6（C-13），38.7（C-10），39.9（C-4），41.2（C-8），42.9（C-14），47.8（C-19），48.2（C-1），49.8（C-18），51.0（C-9），56.0（C-5），56.6（C-17），68.8（C-2），83.7（C-3），109.9（C-29），151.3（C-20），179.0（C-28）。

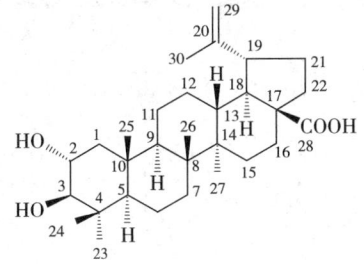

（二）euscaphic acid

^{13}C-NMR谱共给出了30个碳信号，其中25个介于δ_C 16.0～55.0，提示其为三萜类化合物；低场区出现的δ_C 180.8（C-28），极可能为羧基碳信号（图6-12）。由此，推测其为三萜酸衍生物。

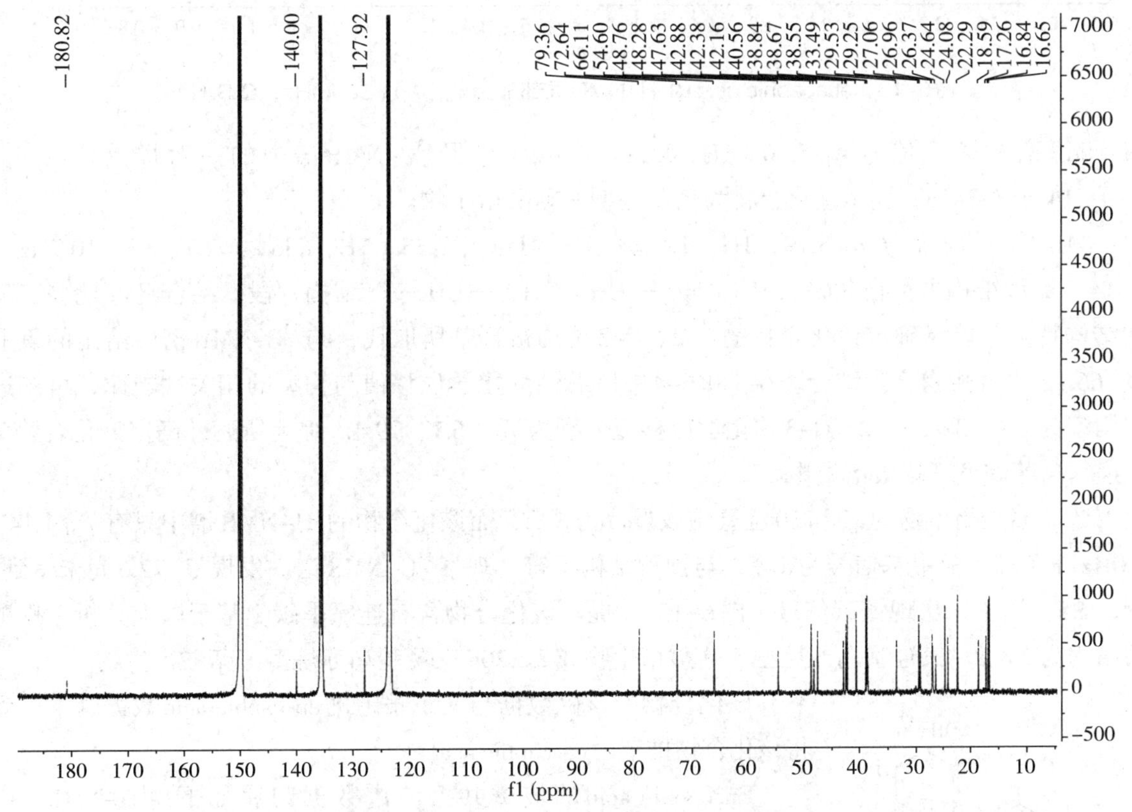

图6-12　euscaphic acid的^{13}C-NMR谱（125MHz，C_5D_5N）

^{1}H-NMR谱在δ_H 0.90～2.50范围内有多个饱和脂肪碳上的氢信号，δ_H 0.92（3H，s，H_3-24）、0.99（3H，s，H_3-25）、1.13（3H，s，H_3-26）、1.14（3H，d，J=6.0Hz，H_3-30）、1.29（3H，s，H_3-23）、1.43（3H，s，H_3-29）和1.66（3H，s，H_3-27）等7个信号为三萜甲基的特征信号（图6-13）。δ_H 1.14（3H，d，J=6.0Hz，H_3-30）的存在，基本排除了该化合物为齐墩果烷型三萜酸的可能性，极可能为乌苏烷型或木栓烷型三萜酸。

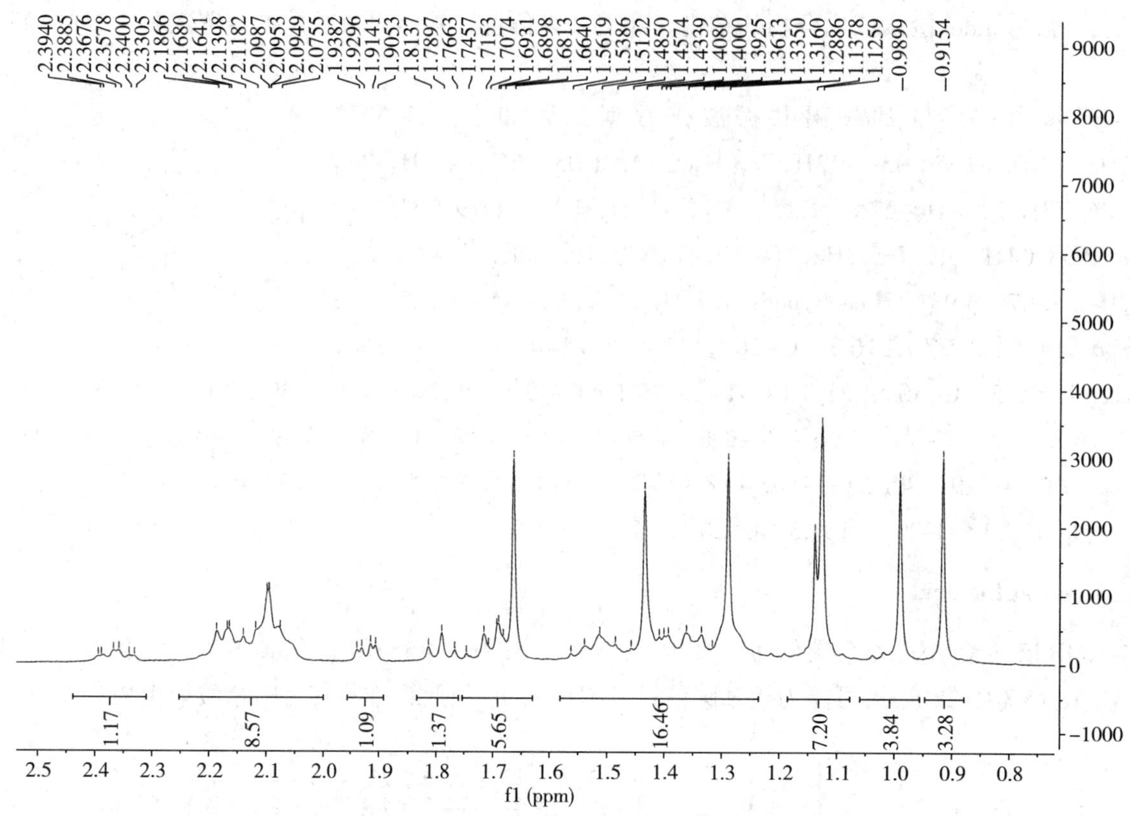

图6-13　euscaphic acid的^{1}H-NMR局部放大谱（1）（500MHz，C_5D_5N）

^{1}H-NMR谱中烯氢信号 δ_H 5.60（1H，br. s，H-12）以及^{13}C-NMR谱中的一对烯碳信号 δ_C 127.9（C-12）、140.0（C-13）提示该化合物为乌苏烷型三萜酸衍生物。

^{1}H-NMR谱中的氢信号 δ_H 3.79（1H，d，J=2.7Hz，H-3）、4.33（1H，ddd，J=2.7、3.3、10.7Hz，H-2）（图6-14）提示结构中存在"C—CH（OH）—CH（OH）—CH_2—"结构片段。结合乌苏烷型三萜酸衍生物的结构特点，能够确定该化合物的C-2、C-3位均被羟基所取代，与^{13}C-NMR谱中给出的氧取代碳信号 δ_C 66.1、79.4相吻合。结合表6-1和6-4中所总结的化学位移值与构型的相关性规律，可知这两个羟基的构型为2α，3α，C-2、C-3的化学位移值分别为 δ_C 66.1、79.4。综上所述，确定该化合物为2α，3α-二羟基乌苏烷型三萜酸衍生物。

大多数乌苏酸衍生物的29和30位氢应该裂分为d峰，而该化合物的^{1}H-NMR谱中只有 δ_H 1.14（3H，d，J=6.0Hz，H_3-30）的甲基信号为d峰，与预测结构不符。观察^{13}C-NMR谱，发现 δ_C 72.6尚未得到归属，在DEPT 135° 谱中未出现该碳信号（图6-15），提示该化合物含有连氧季碳。基于以上分析，推测该化合物的结构为2,3,19-三羟基乌苏烷型三萜酸衍生物或2,3,20-三羟基乌苏烷型三萜酸衍生物。

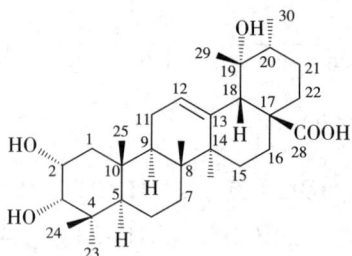

该化合物的核磁数据与文献报道的euscaphic acid数据基本一致，故将该化合物推定为euscaphic acid。

Euscaphic acid的核磁共振波谱数据归属如下：^{1}H-NMR（C_5D_5N，500MHz）δ_H 0.92、0.99、1.13、1.29、1.43、1.66（3H each，all s，H_3-24、25、26、23、29、27），1.14（3H，d，J=6.0Hz，H_3-30），3.79（1H，d，J=2.7Hz，H-3），4.33（1H，ddd，J=2.7、3.5、11.5Hz，H-2），5.60（1H，br. s，H-12）；^{13}C-NMR（C_5D_5N，125MHz）δ_C 16.7（C-25），16.8（C-30），17.3（C-26），18.6（C-6），22.3（C-24），24.1（C-11），24.6（C-27），26.4（C-16），27.0（C-21），27.1（C-29），29.3（C-15），29.5（C-23），33.5（C-7），38.6（C-22），38.7（C-10），38.8（C-4），40.6

（C–8），42.2（C–14），42.4（C–20），42.9（C–1），47.6（C–9），48.3（C–17），48.8（C–5），54.6（C–18），66.1（C–2），72.7（C–19），79.4（C–3），127.9（C–12），140.0（C–13），180.8（C–28）。

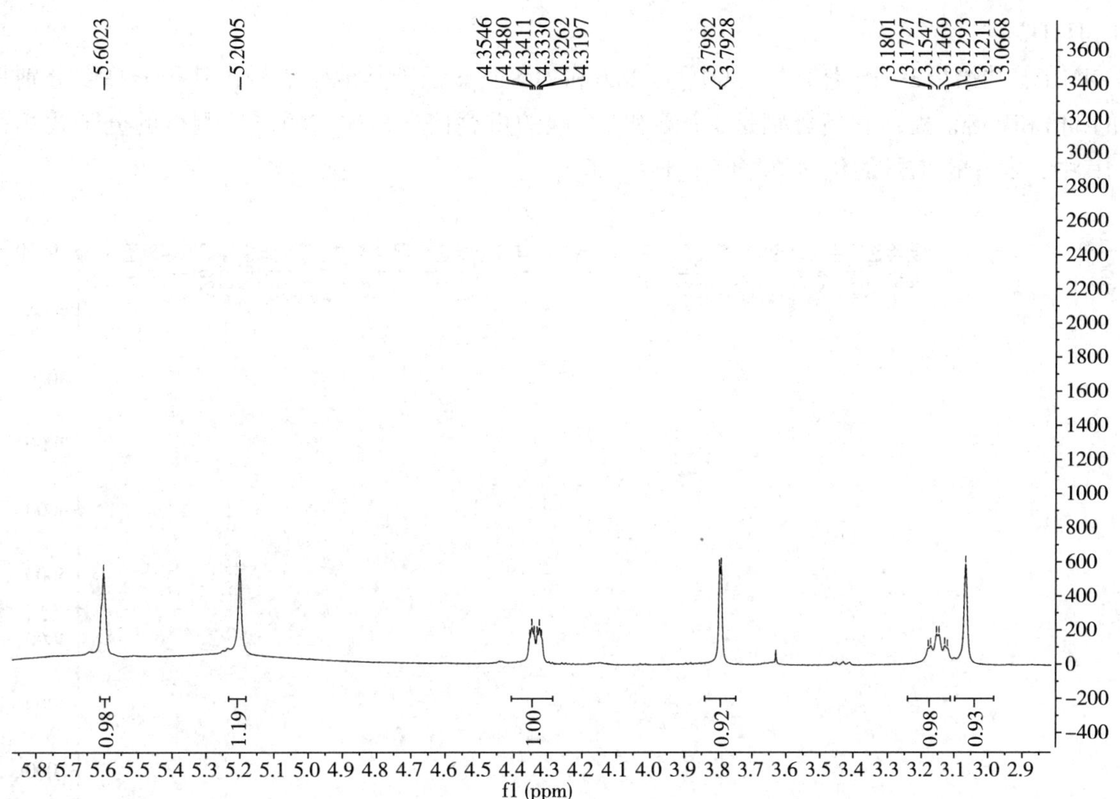

图6–14　euscaphic acid的 ^{1}H–NMR局部放大谱（2）（500MHz，C_5D_5N）

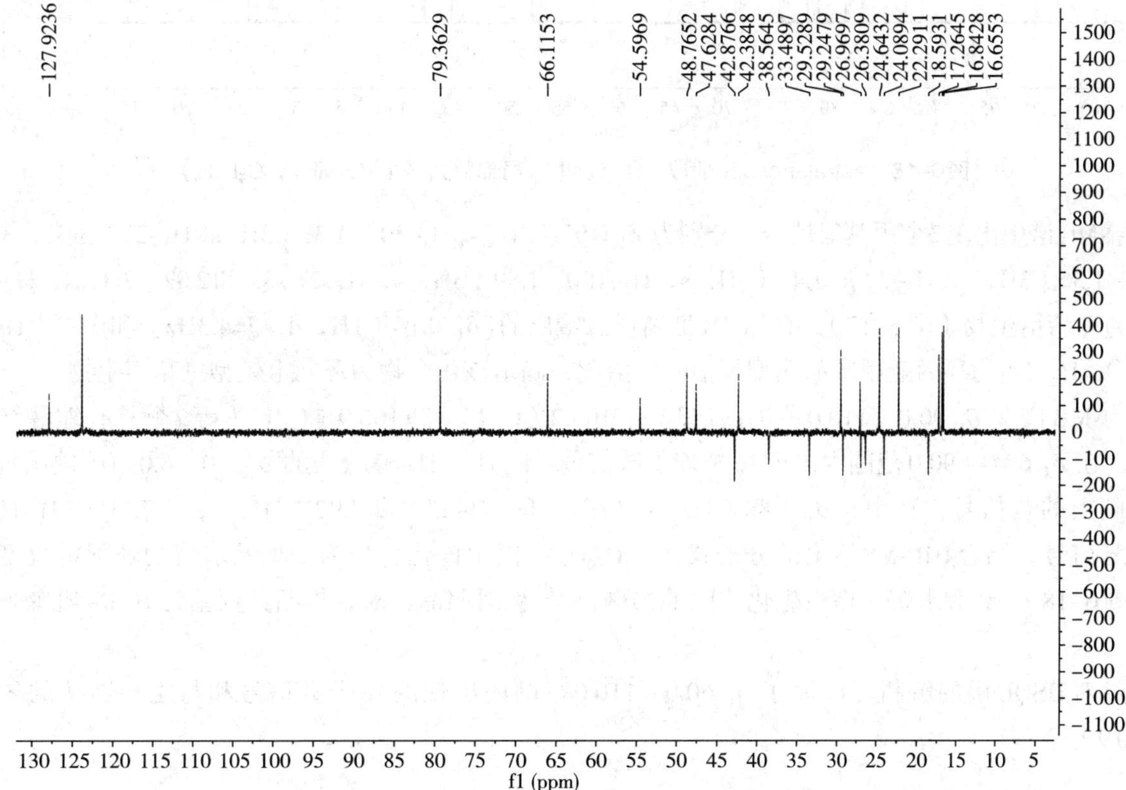

图6–15　euscaphic acid的DEPT 135°谱（125MHz，C_5D_5N）

（三）astralanosaponin A_1

HR-MS测得其准分子离子峰为*m/z* 849.4439 $[M+Cl]^-$（calcd for $C_{42}H_{70}O_{15}Cl$，849.4409），故确定其分子式为$C_{42}H_{70}O_{15}$。

^{13}C-NMR谱共给出39个碳信号，其中 δ_C 28.6和71.8明显强于其他碳信号，其积分高度分别是同类碳信号的3倍和2倍，提示它们分别是3个碳和2个碳的重叠信号，这与质谱所测得的分子式相符（图6-16）。其中，24个碳信号的化学位移值小于 δ_C 60。

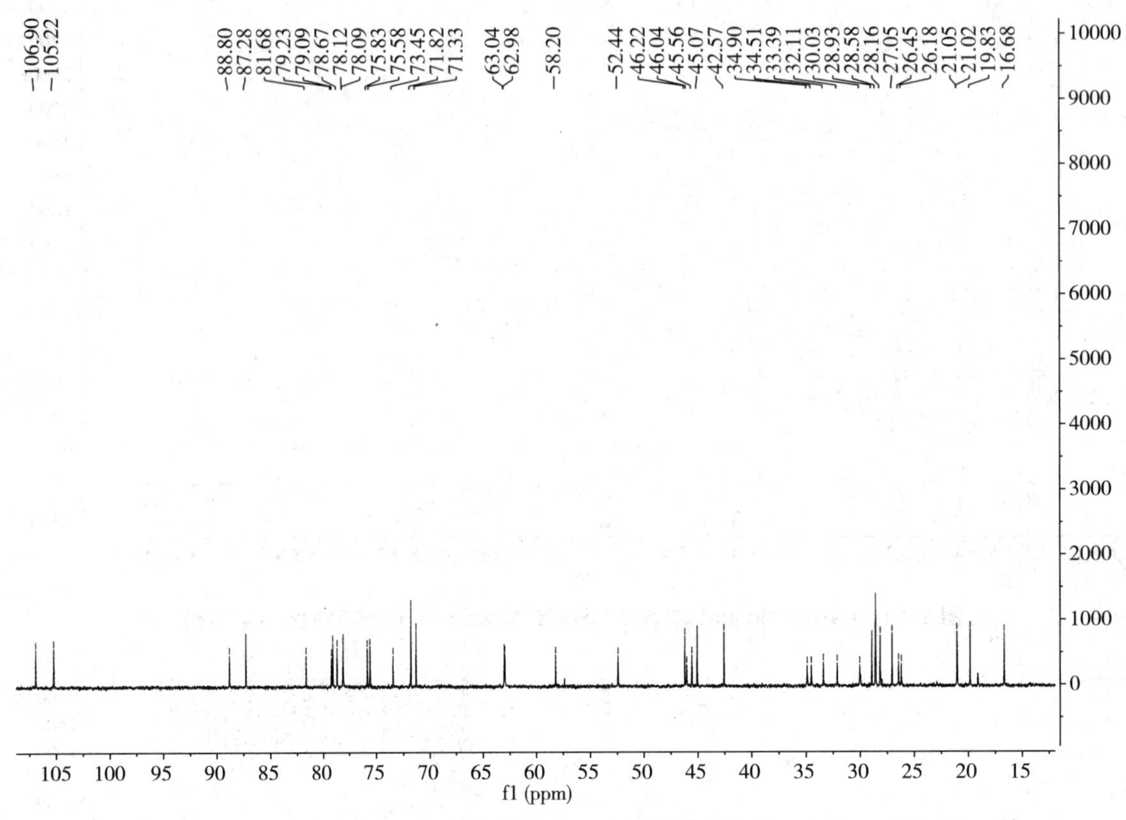

图6-16　astralanosaponin A_1的^{13}C NMR局部放大谱（125MHz，C_5D_5N）

^1H-NMR谱中出现7个甲基氢信号，分别为 δ_H 0.97（3H，s，H_3-30）、1.31（3H，s，H_3-21）、1.32（3H，s，H_3-26）、1.36（3H，s，H_3-29）、1.41（3H，s，H_3-18）、1.59（3H，s，H_3-27） 和2.02（3H，s，H_3-28），提示其为三萜衍生物（图6-17）。^1H-NMR谱高场区给出的[δ_H 0.14（1H，d，*J*=4.3Hz）和0.57（1H，d，*J*=4.3Hz），H_2-19]为环丙亚甲基的典型氢信号。由此，确定该化合物为环阿屯烷型三萜衍生物。

^{13}C-NMR谱在 δ_C 90.0～110.0范围内出现 δ_C 105.2（C-1″）和106.9（C-1′）等2个具有缩醛结构的碳信号，在 δ_C 60.0～90.0范围内出现16个连氧碳信号；同时，^1H-NMR谱的 δ_H 3.0～6.0范围内出现多个氧取代碳上的氢信号，其中，δ_H 4.88（1H，d，*J*=7.7Hz，H-1″）和4.93（1H，d，*J*=7.8Hz，H-1′）为糖端基氢信号。结合HR-MS给出的分子式，$C_{42}H_{70}O_{15}$，提示该化合物为二糖基取代的环阿屯烷型三萜皂苷（图6-18）。经酸水解、糖衍生化、HPLC分析和与糖对照品比对，推断其糖基为β-D-吡喃葡萄糖糖基。

通过对HSQC谱的解析，归属了 δ_C 60.0～110.0范围内出现的18个碳信号和与之相连接的氢信号（图6-19）。

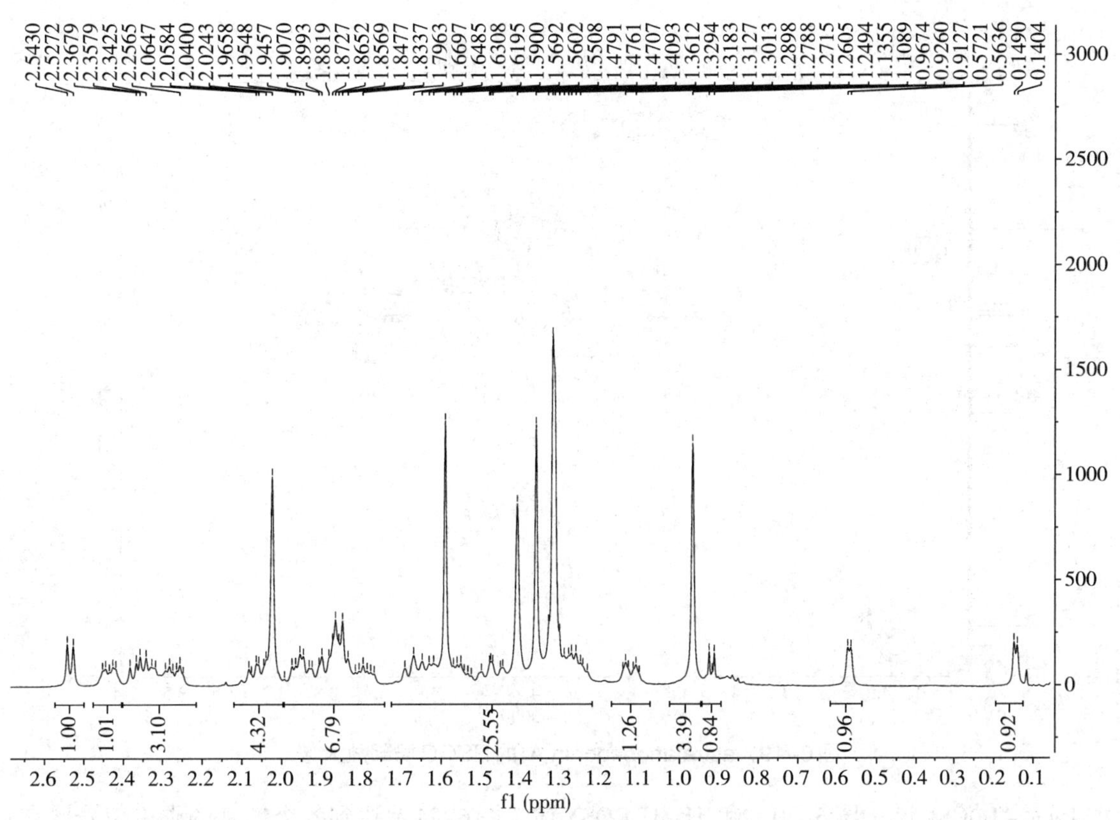

图6-17　astralanosaponin A_1的^{1}H NMR局部放大谱（1）（500MHz，C_5D_5N）

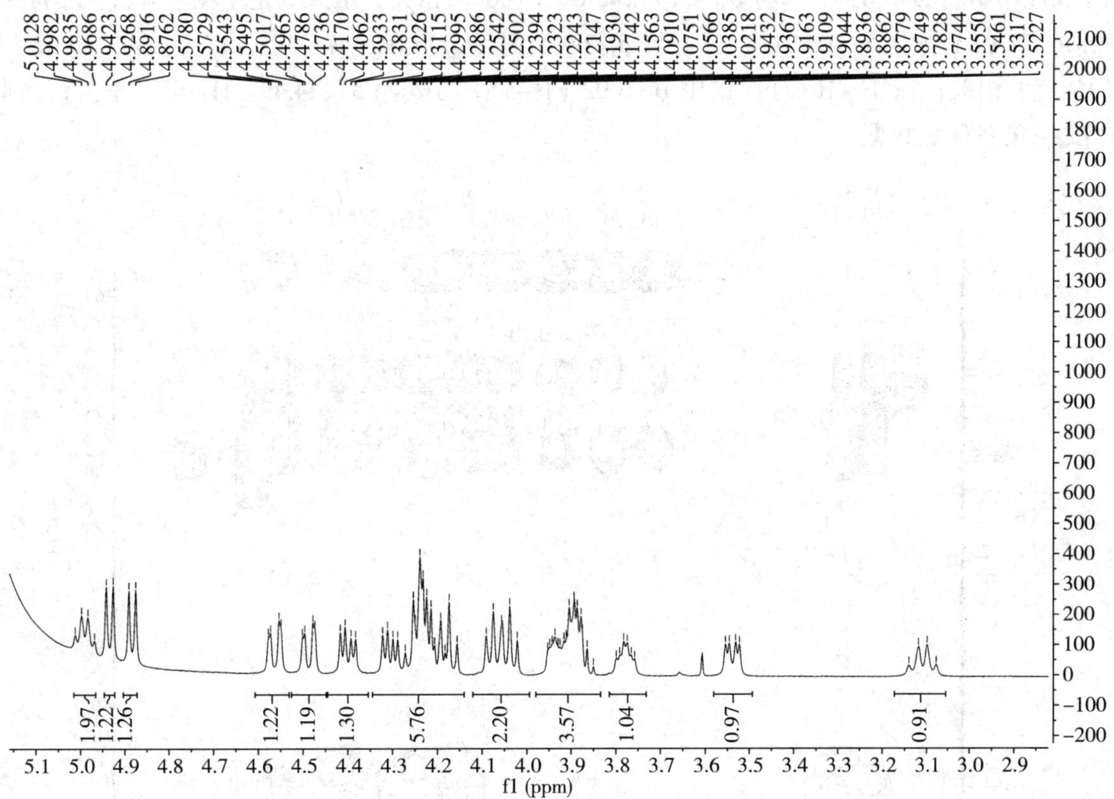

图6-18　astralanosaponin A_1的^{1}H-NMR局部放大谱（2）（500MHz，C_5D_5N）

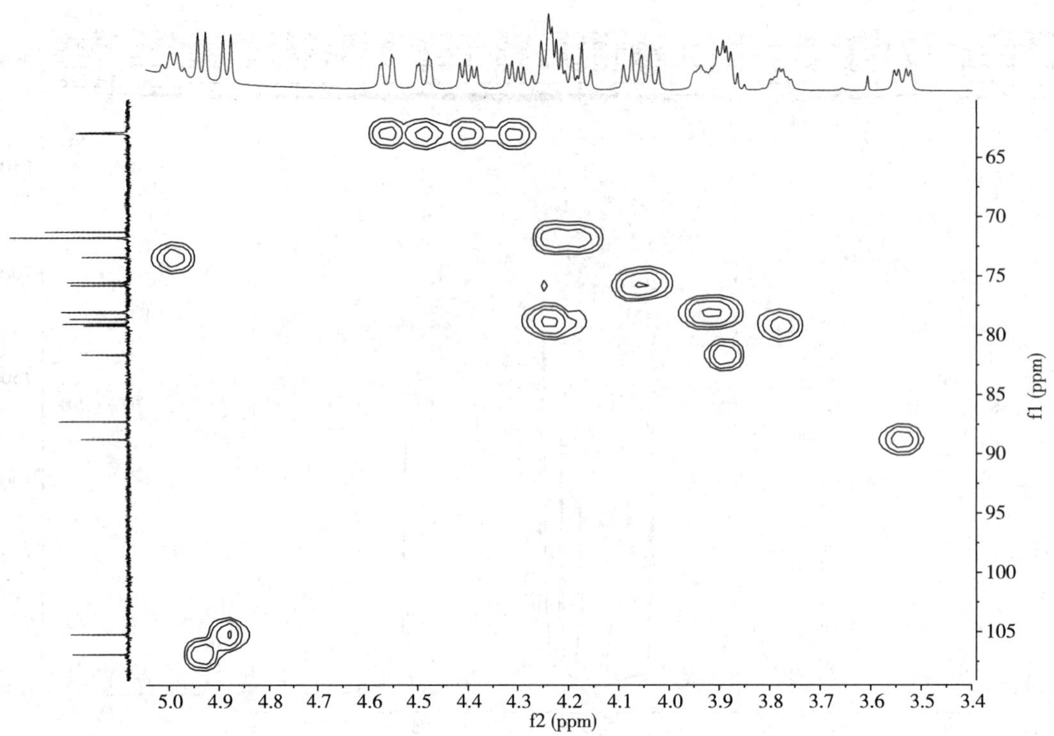

图6-19 astralanosaponin A_1的HSQC局部放大谱

通过HSQC-TOCSY谱（图6-20）和$^1H-^1H$ COSY谱（图6-21）找到各个糖基的碳氢信号。在HSQC-TOCSY谱中δ_C 106.9（C-1′）与δ_H 3.94（H-5′）、4.08（H-2′）、4.24（H-3′、4′）和4.93（H-1′）相关；在$^1H-^1H$ COSY中δ_H 3.94（H-5′）与δ_H 4.40和4.56（H_2-6′）相关，由此确定了糖基片段-1的各碳氢信号。在HSQC-TOCSY谱中δ_C 105.2（C-1″）与δ_H 3.92（H-5″）、4.04（H-2″）、4.17（H-4″）、4.22（H-3″）和4.88（H-1″）相关；在$^1H-^1H$ COSY谱中δ_H 3.92（H-5″）与δ_H 4.31、4.49（H_2-6″）相关，由此确定了糖基片段-2的各碳氢数据。

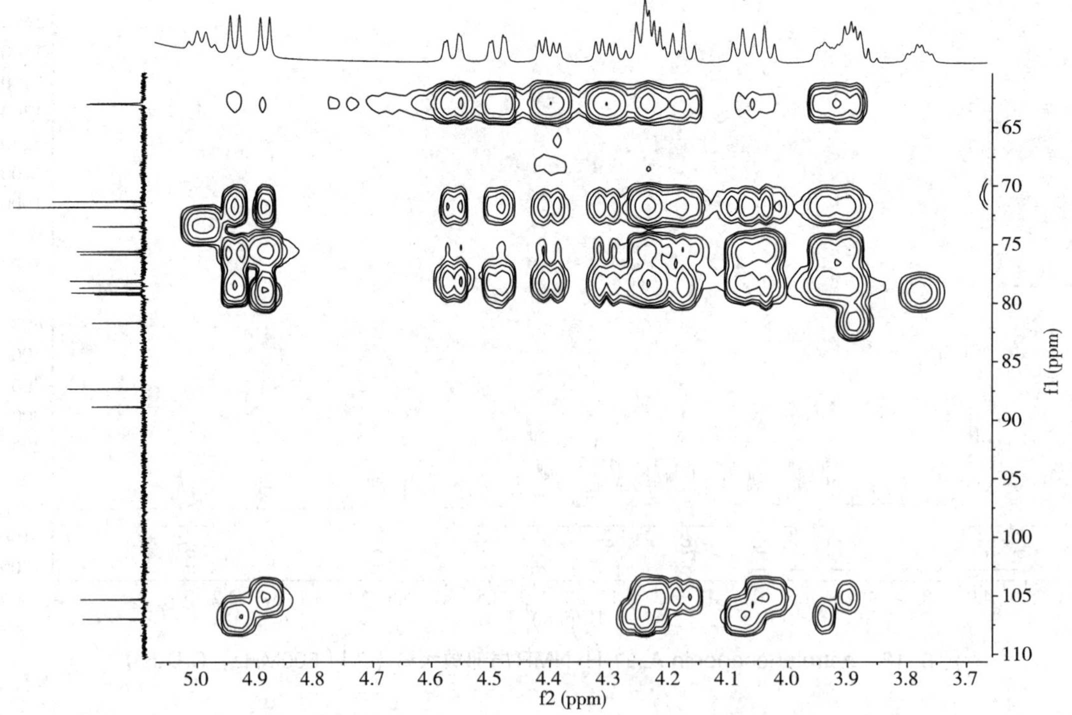

图6-20 astralanosaponin A_1的HSQC-TOCSY局部放大谱

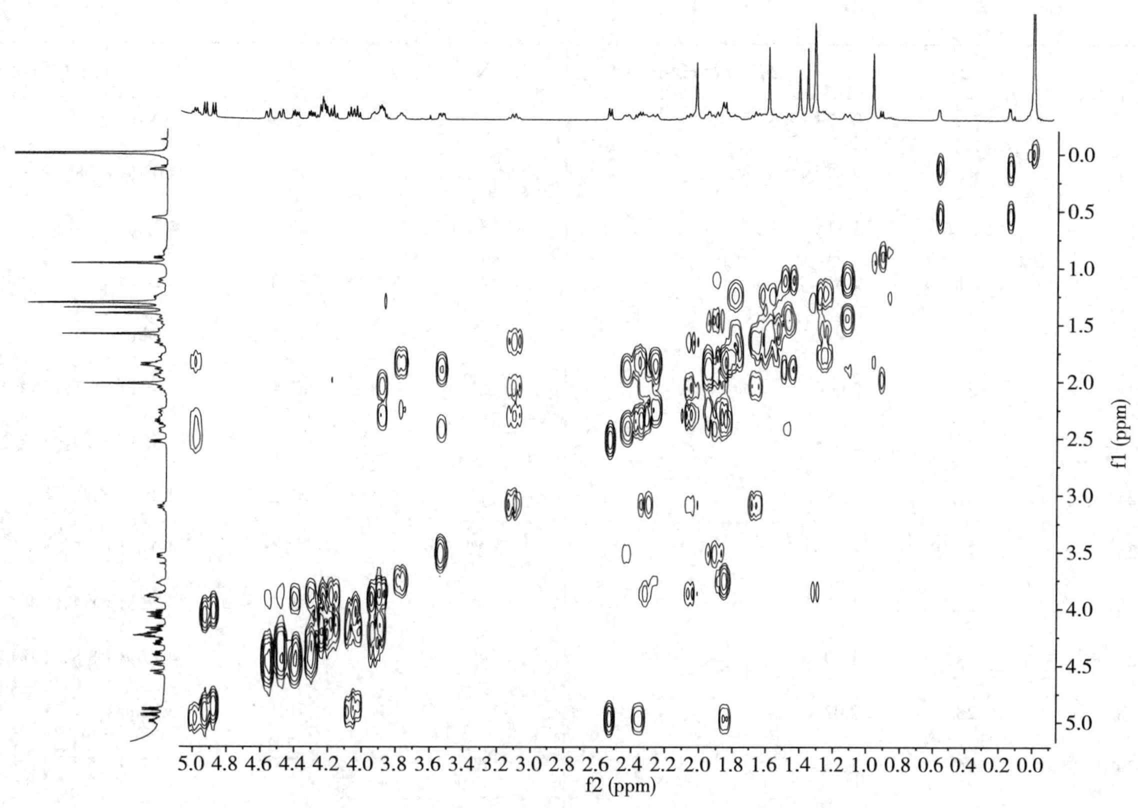

图6-21　astralanosaponin A_1的^{1}H-^{1}H COSY局部放大谱

通过对δ_C 60.0～110.0范围出现的碳、氢信号的归属（表6-6），不仅找到了2个β-D-吡喃葡萄糖基的碳氢信号，还发现苷元中存在4个连氧次甲基，其氢信号分别为δ_H 3.54（1H，dd，J=4.5、11.7Hz，H-3）、3.78（1H，ddd，J=3.9、8.4、8.4Hz，H-6）、3.88（1H，m，H-24）和4.99（1H，q like，*ca.* J=8Hz，H-16），对应的碳信号分别为δ_C 88.8（C-3）、79.2（C-6）、81.7（C-24）和73.5（C-16）；同时，找到了两个氧取代季碳信号，即δ_C 71.3（C-25）和87.3（C-20）。综上所述，说明该化合物为一个六氧取代的环阿屯烷型三萜衍生物。

表6-6　astralanosaponin A_1的NMR数据（500MHz，C_5D_5N）

No.	δ_C	δ_H（J in Hz）	No.	δ_C	δ_H（J in Hz）
1	32.1	1.12m	10	28.9	—
		1.48m	11	26.2	1.27m
2	30.0	1.91m			1.80m
		2.44m	12	33.4	1.59m
3	88.8	3.54dd（4.5，11.7）	13	45.1	—
4	42.6	—	14	46.2	—
5	52.4	1.85d（8.8）	15	46.0	1.85m
6	79.2	3.78ddd（3.9，8.4，8.4）			2.36dd（7.7，12.7）
7	34.5	1.87m	16	73.5	4.99 q like（*ca.* 8）
		2.27m	17	58.2	2.53d（7.9）
8	45.6	1.96dd（4.6，10.1）	18	21.0	1.41 s
9	21.1	—	19	28.6	0.14d（4.3）

续表

No.	δ_C	δ_H (J in Hz)	No.	δ_C	δ_H (J in Hz)
		0.57d（4.3）	1′	106.9	4.93d（7.8）
20	87.3	—	2′	75.8	4.08dd（7.8，9.3）
21	28.6	1.31s	3′	78.7	4.24m
22	34.9	1.67m	4′	71.8	4.24m
		3.11m	5′	78.1	3.94m
23	26.5	2.06m	6′	63.0	4.40dd（5.1，11.6）
		2.34m			4.56dd（2.4，11.6）
24	81.7	3.88m	1″	105.2	4.88d（7.7）
25	71.3	—	2″	75.6	4.04dd（7.7，8.4）
26	27.1	1.32 s	3″	79.1	4.22dd（8.4，8.8）
27	28.2	1.59 s	4″	71.8	4.17dd（8.8，9.0）
28	28.6	2.02 s	5″	78.1	3.92m
29	16.7	1.36 s	6″	63.0	4.31dd（5.5，11.5）
30	19.8	0.97 s			4.49dd（2.5，11.5）

在^{1}H–^{1}H COSY谱中可以观测到H_2–2与H_2–1和H–3相关，H–5与H_2–6相关，H_2–7与H_2–6和H–8相关，H_2–11与H_2–12相关，H–16与H_2–15和H–17相关；H_2–23与H_2–22和H–24相关（图6–21）。在HMBC谱中 δ_H 1.41（H_3–18）与 δ_C 33.4（C–12）、45.1（C–13）、46.2（C–14）和58.2（C–17）相关，δ_H 0.14和0.57（H_2–19）均与 δ_C 21.1（C–9）、26.2（C–11）、28.9（C–10）、32.1（C–1）、45.6（C–8）和52.4（C–5）相关，δ_H 1.31（H_3–21）与 δ_C 34.9（C–22）、58.2（C–17）和87.3（C–20）相关，δ_H 1.32（H_3–26）与 δ_C 28.2（C–27）、71.3（C–25）和81.7（C–24）相关，δ_H 1.59（H_3–27）与 δ_C 27.1（C–26）、71.3（C–25）和81.7（C–24）相关，δ_H 2.02（H_3–28）与 δ_C 16.7（C–29）、42.6（C–4）、52.4（C–5）和88.8（C–3）相关，δ_H 1.36（H_3–29）与 δ_C 28.6（C–28）、42.6（C–4）、52.4（C–5）和88.8（C–3）相关，δ_H 0.97（H_3–30）与 δ_C 45.1（C–13）、45.6（C–8）、46.1（C–15）和46.2（C–14）相关，δ_H 4.93（H–1′）与 δ_C 88.8（C–3）相关，4.88（H–1″）与 δ_C 79.2（C–6）相关（图6–22，图6–23）。由此，可推断出该化合物的平面结构（图6–24）。

与cycloastragenol–3–*O*–β–D–glucopyranoside的碳谱数据比对，发现除C–5～C–8及C–19外，其他碳的化学位移值基本一致，提示该化合物中C–3、C–16的羟基均为β构型、C–20和C–24的绝对构型分别为*R*和*S*。

在NOESY谱（图6–25）中，δ_H 3.54（H–3）与 δ_H 2.02（H_3–28）相关，δ_H 2.02（H_3–28）与 δ_H 1.85（H–5）相关，δ_H 1.36（H_3–29）与 δ_H 3.78（H–6）、δ_H 0.14和0.57（H_2–19）相关，提示6–OH为α构型（图6–26）。综上所述，推定该化合物的结构为cycloastragenol 3，6–di–*O*–β–D–glucopyranoside，并命名为astralanosaponin A_1。

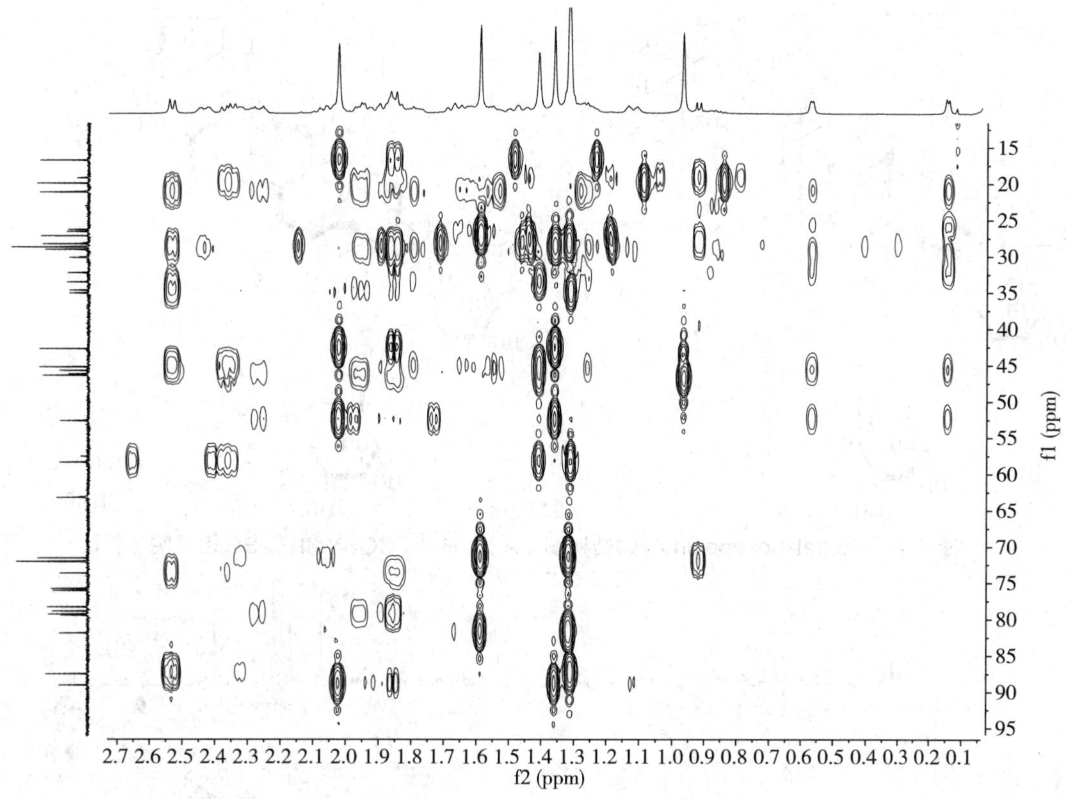

图6-22　astralanosaponin A_1的HMBC局部放大谱（1）

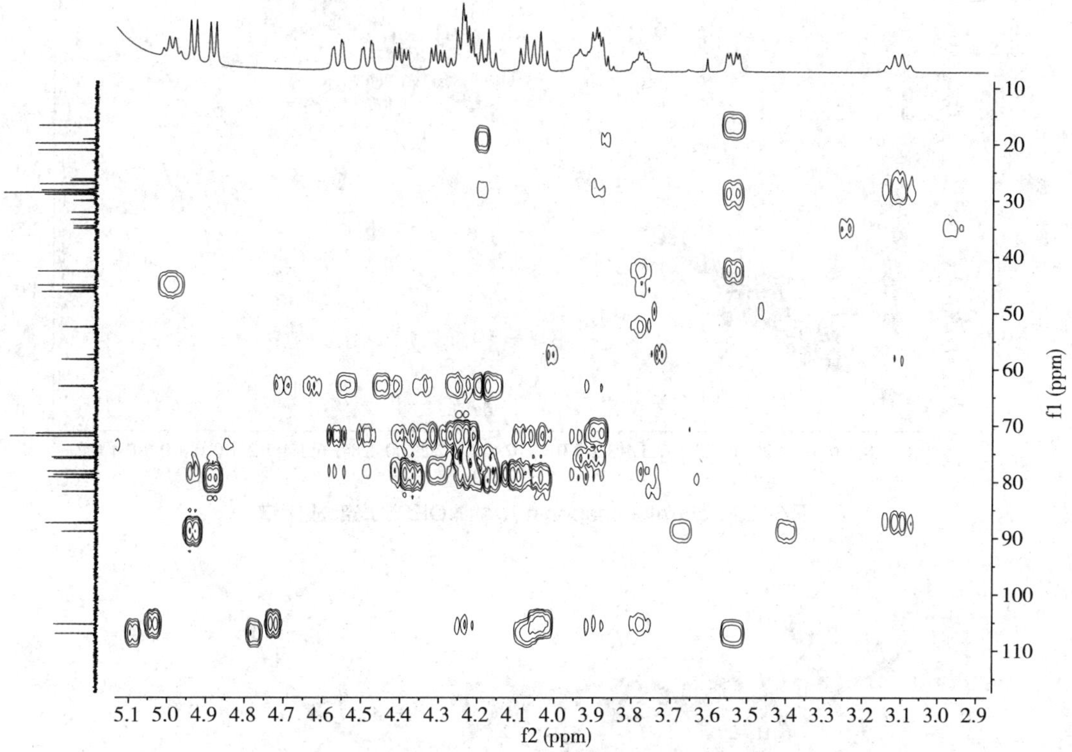

图6-23　astralanosaponin A_1的HMBC局部放大谱（2）

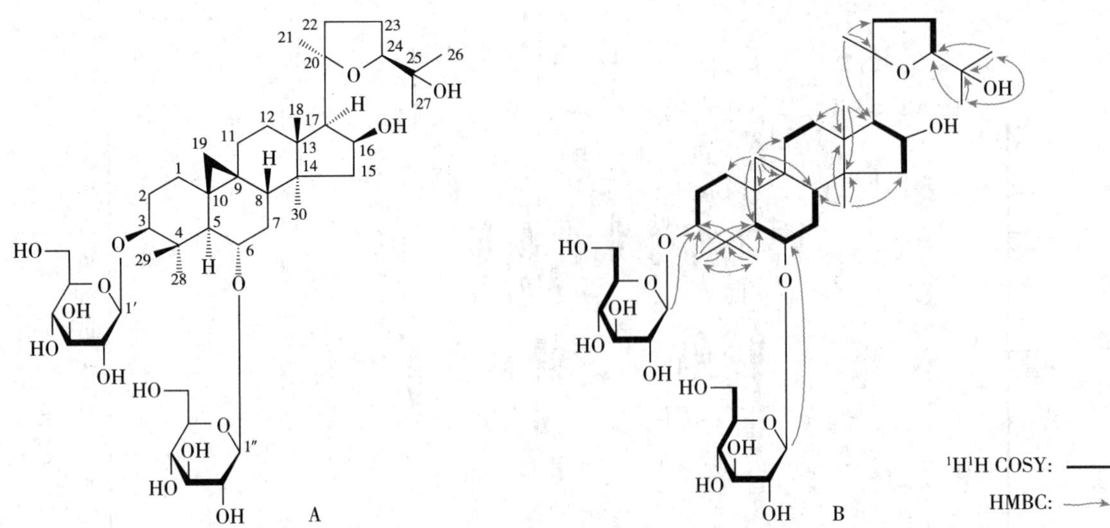

图6-24　astralanosaponin A_1 的结构图（A）、^{1}H–^{1}H COSY和HMBC相关图（B）

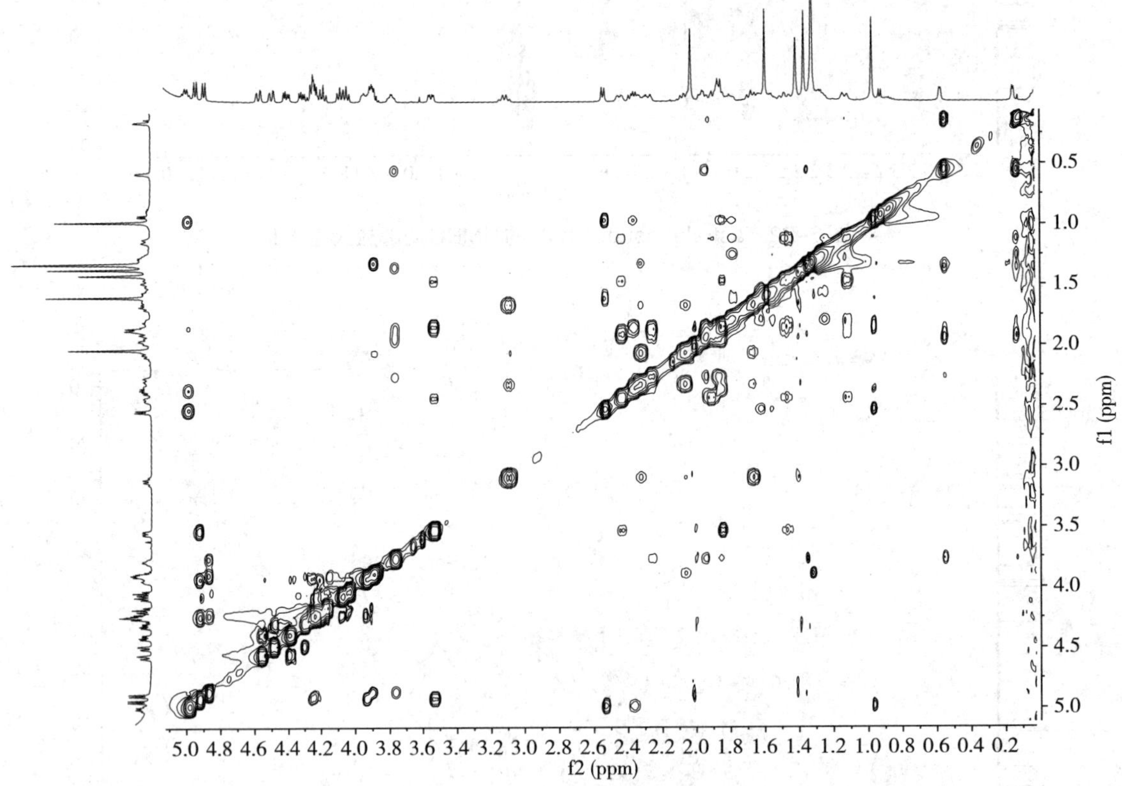

图6-25　astralanosaponin A_1 的NOESY局部放大谱

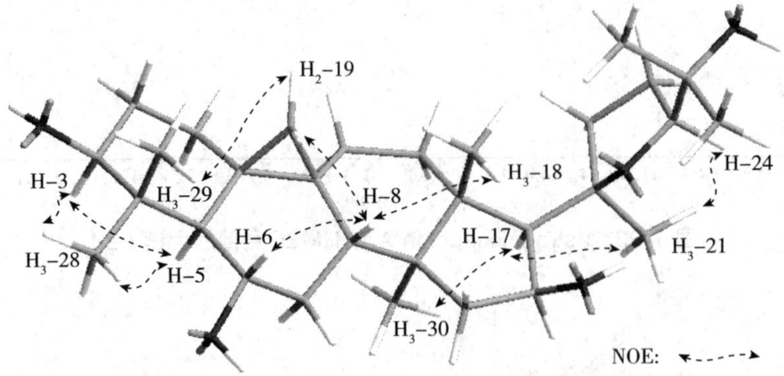

图6-26　astralanosaponin A_1 苷元部分的NOE相关图

（四）aeswilsaponin IA

经HR-MS测定，确定该化合物分子式为$C_{38}H_{60}O_{13}$。^{13}C-NMR谱中高场区（δ_C<60）有23个碳信号，提示其为三萜衍生物（图6-27）。

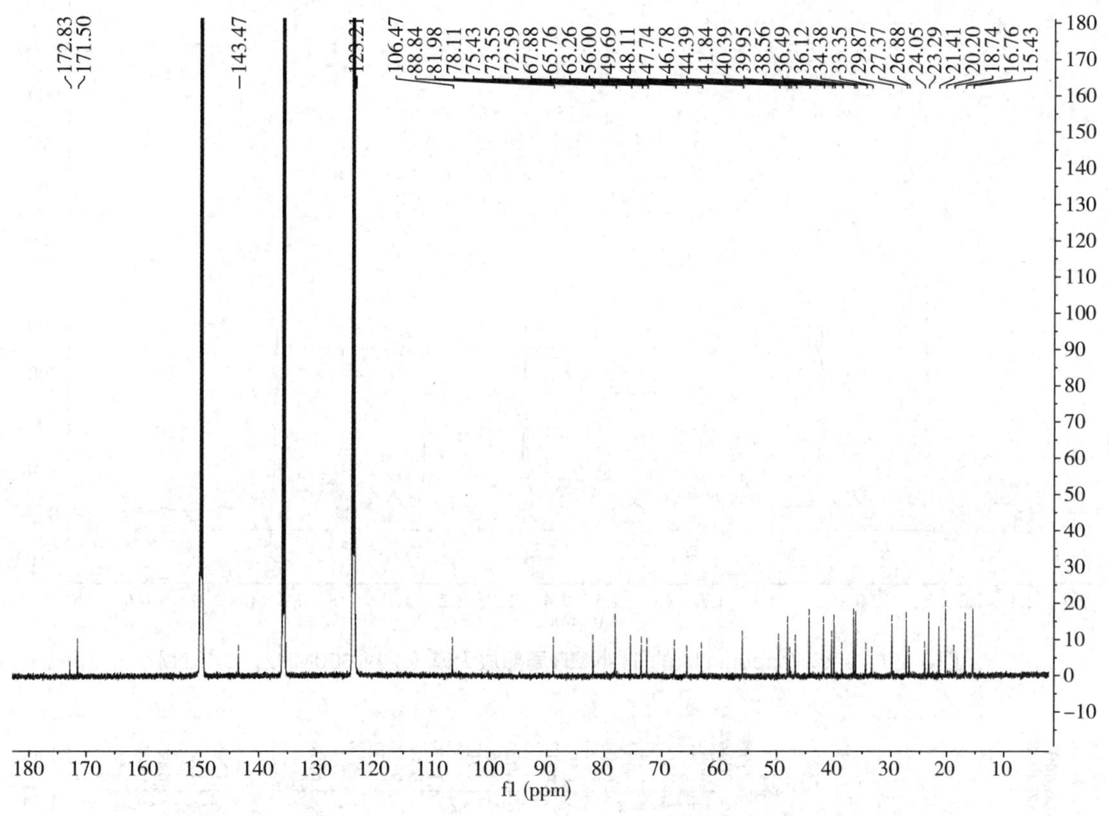

图6-27　aeswilsaponin IA的^{13}C-NMR局部放大谱（150MHz，C_5D_5N）

^{1}H-NMR谱在δ_H 0.70～2.30范围内给出7个孤立的甲基信号，分别为δ_H 0.79（3H，s，H_3-25）、0.84（3H，s，H_3-26）、1.13（3H，s，H_3-29）、1.32（3H，s，H_3-30）、1.57（3H，s，H_3-23）、1.89（3H，s，H_3-27）和2.09（3H，s，H_3-2″）（图6-28）。^{1}H-NMR谱中甲基信号δ_H 2.09和^{13}C-NMR谱中的酯羰基信号[δ_C 171.5（C-1″）]提示结构中存在1个乙酰基。^{1}H-NMR谱δ_H 2.90～6.50范围内（图6-29）的氢信号δ_H 3.67、4.41（1H each，both d，J=11.2Hz，H_2-24），3.69、3.98（1H each，both d，J=10.3Hz，H_2-28）提示结构中存在2个与季碳相连的羟甲基；δ_H 5.38（1H，br. s，H-12）与^{13}C-NMR谱中的δ_C 123.2（C-12）、143.5（C-13），提示结构中存在1个三取代烯键。以上为齐墩果烯型三萜苷元的特征信号，即提示该化合物是一个齐墩果烯型三萜类化合物。δ_H 3.64（1H，dd，J=5.1、10.8Hz，H-3）提示齐墩果烯型三萜苷元的C-3位有β-OH取代；δ_H 4.84（1H，d，J=10.0Hz，H-22）和6.43（1H，d，J=10.0Hz，H-21）提示结构中含有2个邻二氧取代的次甲基，且δ_H 6.43的次甲基可能被酰基取代；δ_H 4.88（1H，br. s，H-16）为苷元上的另1个次甲基氢信号，以上信息提示该化合物为六羟基取代齐墩果烯型三萜衍生物。

通过HSQC谱将碳信号和与之相连的氢信号进行归属，见图6-30和表6-7。由质谱和^{13}C-NMR谱测定结果可知，该化合物含有38个碳原子，除去齐墩果烯型三萜苷元的碳信号以及乙酰基的碳信号，还剩余6个碳信号，即δ_C 73.6（C-4′）、75.4（C-2′）、78.1（C-3′）、78.1（C-5′）、106.5（C-1′）和172.8（C-6′）。结合^{1}H-NMR谱中的δ_H 5.21（1H，d，J=7.9Hz，H-1′）以及糖基碳谱的化学位移值规律，提示结构中含有1个β-D-吡喃葡萄糖醛酸基。该化合物经酸水解，糖的衍生物制备，HPLC分析和与葡萄糖醛酸对照品衍生化物比对，推定该化合物含有β-D-吡喃葡萄糖醛酸基。

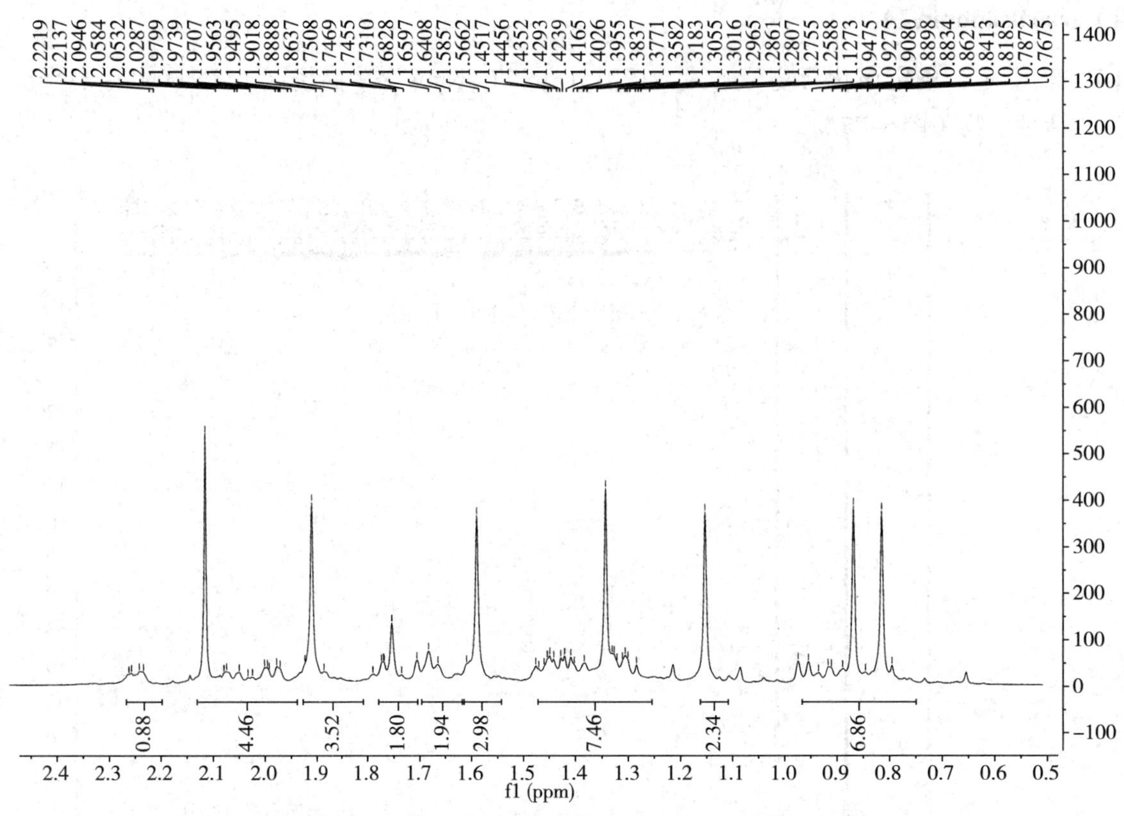

图6-28　aeswilsaponin IA的 ^1H-NMR局部放大谱（1）（600MHz，C_5D_5N）

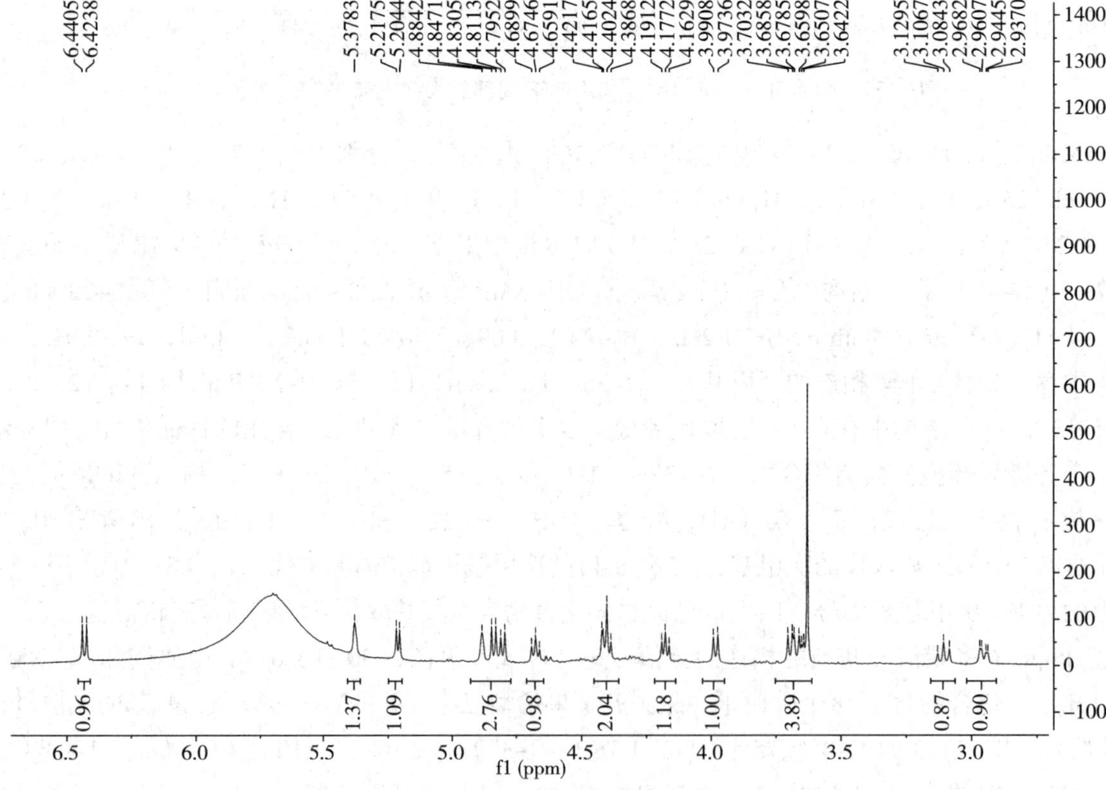

图6-29　aeswilsaponin IA的 ^1H-NMR局部放大谱（2）（600MHz，C_5D_5N）

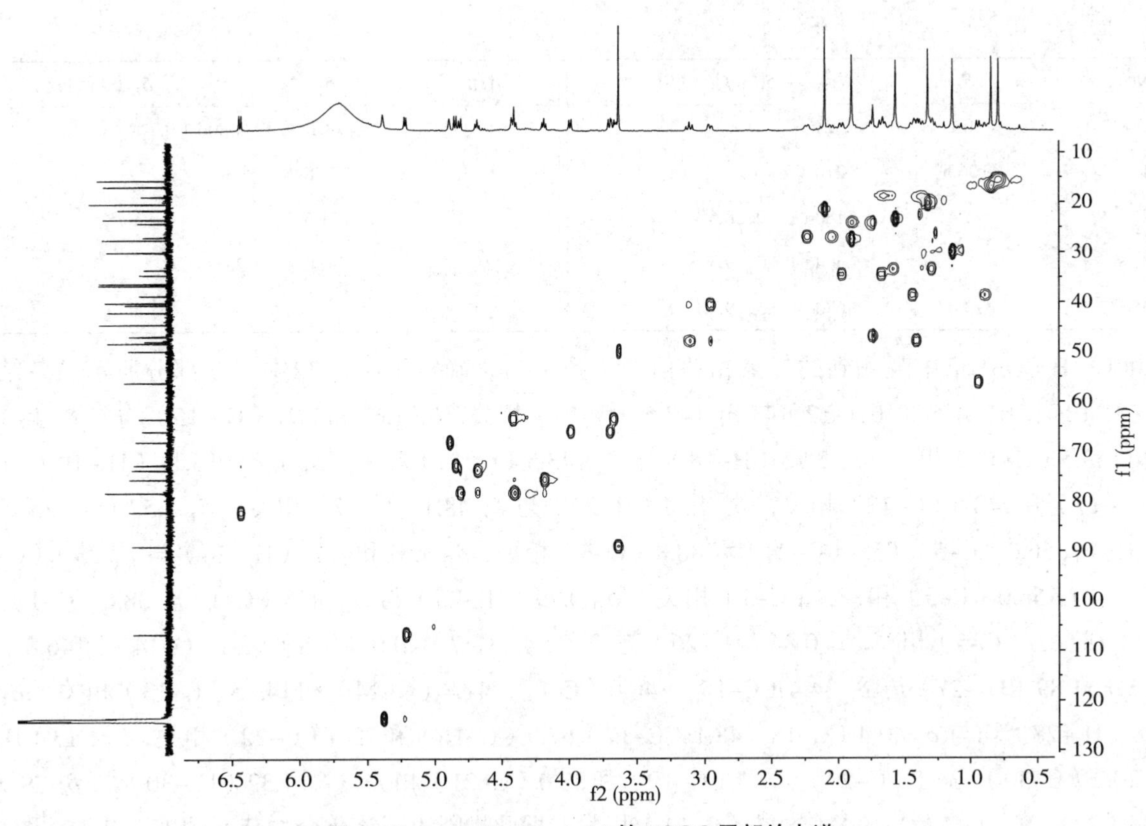

图6-30　aeswilsaponin IA的HSQC局部放大谱

表6-7　化合物aeswilsaponin IA的NMR数据（600MHz，C_5D_5N）

No.	δ_C	δ_H（J in Hz）	No.	δ_C	δ_H（J in Hz）
1	38.6	0.89m	15	34.4	1.67 br.d（*ca.* 14）
		1.42m			1.97dd（4.1，14.2）
2	26.9	2.04m	16	67.9	4.88 br. s
		2.23m	17	48.1	—
3	88.8	3.64dd（5.1，10.8）	18	40.4	2.95dd（4.5，14.2）
4	44.4	—	19	47.7	1.41dd（4.5，13.4）
5	56.0	0.94 br.d（*ca.* 12）			3.11dd（13.4，14.2）
6	18.7	1.37m	20	36.1	—
		1.65m	21	82.0	6.43d（10.0）
7	33.4	1.28m	22	72.6	4.84d（10.0）
		1.58m	23	23.3	1.57 s
8	40.0	—	24	63.3	3.67d（11.2）
9	46.8	1.73m			4.41d（11.2）
10	36.5	—	25	15.4	0.79 s
11	24.1	1.75m	26	16.8	0.84 s
		1.89m	27	27.4	1.89 s
12	123.2	5.38 br. s	28	65.8	3.69d（10.3）
13	143.5	—			3.98d（10.3）
14	41.8	—	29	29.9	1.13 s

续表

No.	δ_C	δ_H（J in Hz）	No.	δ_C	δ_H（J in Hz）
30	20.2	1.32 s	5′	78.1	4.80d（9.7）
1′	106.5	5.21d（7.9）	6′	172.8	—
2′	75.4	4.18dd（7.9，8.6）	1″	171.5	—
3′	78.1	4.40dd（8.6，9.3）	2″	21.4	2.09 s
4′	73.6	4.67dd（9.3，9.7）			

由^{1}H–^{1}H COSY谱中观测到的氢氢相关信号（图6–31）确定了图6–32中粗线部分所示的各结构片段。在HMBC谱中 δ_H 5.38（H–12）与 δ_C 143.5（C–13）相关，δ_H 1.67和1.97（H_2–15）均与 δ_C 48.1（C–17）和143.5（C–13）相关，δ_H 2.95（H–18）与 δ_C 143.5（C–13）相关，δ_H 1.41和3.11（H_2–19）均与 δ_C 48.1（C–17）和143.5（C–13）相关，δ_H 4.84（H–22）与 δ_C 48.1（C–17）相关，δ_H 1.57（H_3–23）与 δ_C 44.4（C–4）、56.0（C–5）、63.3（C–24）和88.8（C–3）相关，δ_H 3.67和4.41（H_2–24）与 δ_C 23.3（C–23）、44.4（C–4）、56.0（C–5）和88.8（C–3）相关，δ_H 0.79（H_3–25）与 δ_C 36.5（C–10）、38.6（C–1）、46.8（C–9）和56.0（C–5）相关，δ_H 0.84（H_3–26）与 δ_C 33.4（C–7）、40.0（C–8）、41.8（C–14）和46.8（C–9）相关，δ_H 1.89（H_3–27）与 δ_C 34.4（C–15）、40.0（C–8）、41.8（C–14）和143.5（C–13）相关，δ_H 3.69和3.98（H_2–28）均与 δ_C 40.4（C–18）、48.1（C–17）、67.9（C–16）和72.6（C–22）相关，δ_H 1.13（H_3–29）与 δ_C 20.2（C–30）、36.1（C–20）、47.7（C–19）和82.0（C–21）相关，δ_H 1.32（H_3–30）与 δ_C 29.9（C–29）、36.1（C–20）、47.7（C–19）和82.0（C–21）相关，据此推断出了该化合物苷元的平面结构（图6–32，图6–33）。在HMBC谱中 δ_H 6.43（H–21）与 δ_C 171.5（C–1″）相关，δ_H 5.21（H–1′）与 δ_C 88.8（C–3）相关，推断其乙酰基和β–D–吡喃葡萄糖醛酸基分别与苷元的C–21和C–3位相连接。

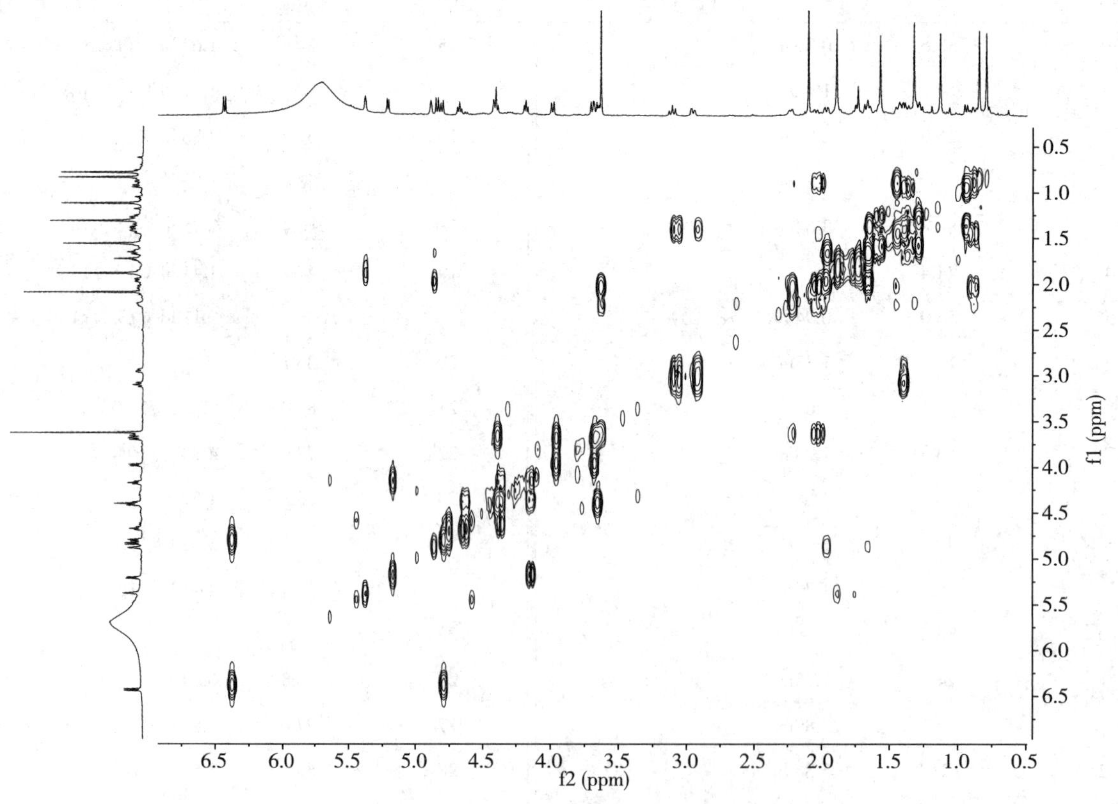

图6–31　aeswilsaponin IA的^{1}H–^{1}H COSY局部放大谱

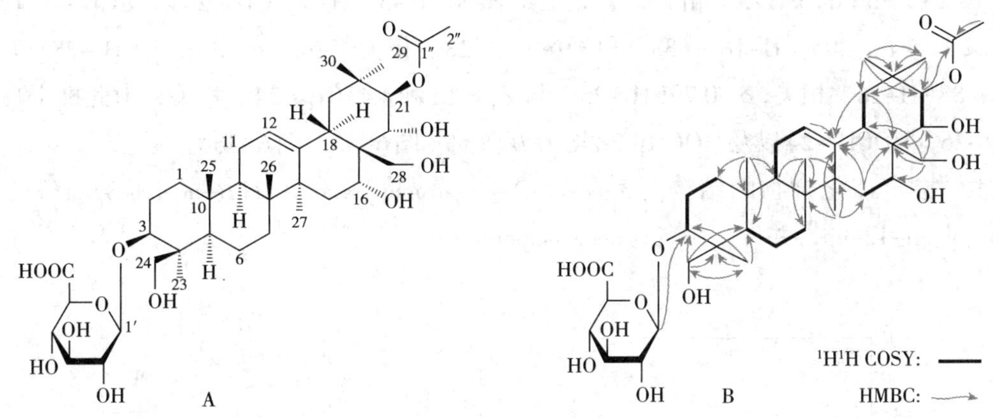

图6-32　aeswilsaponin IA的结构图（A）、HMBC和^{1}H-^{1}H COSY相关图（B）

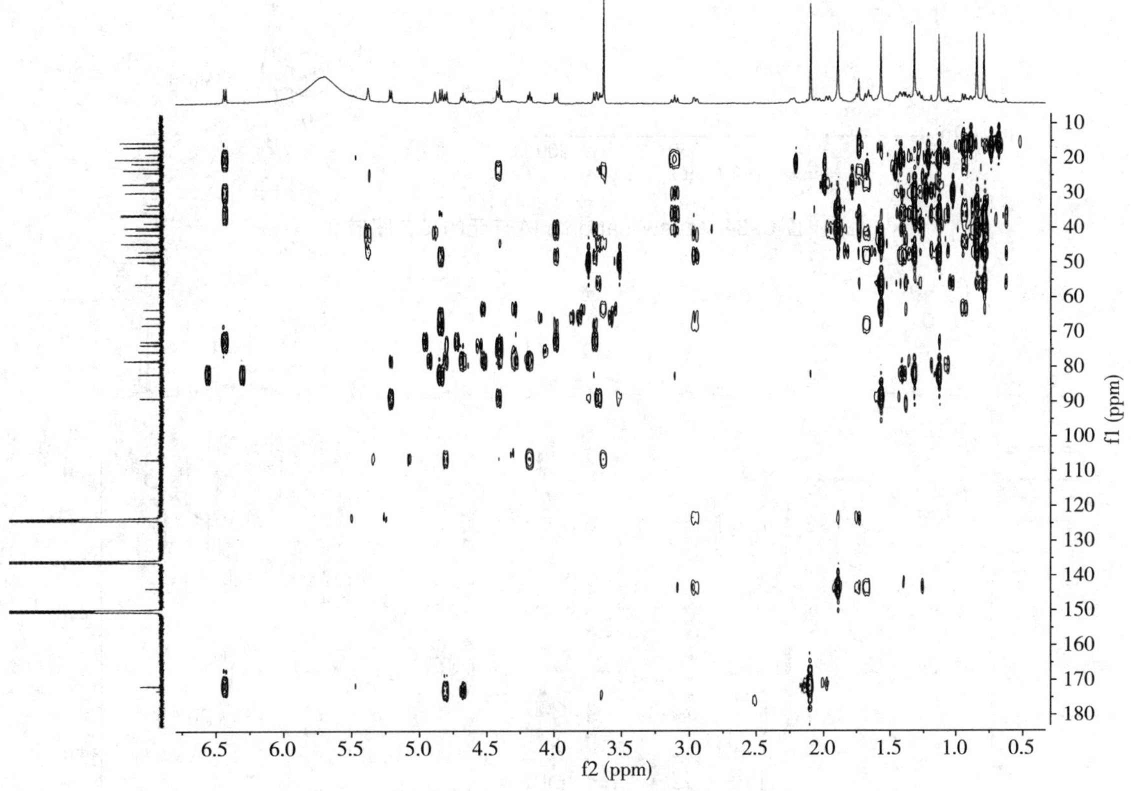

图6-33　aeswilsaponin IA的HMBC局部放大谱

H-21与H-22之间的偶合常数J=10.0Hz，提示二者互为反式取代。为了确定该化合物绝对构型，依次对其进行碱水解、酸水解、Snatzke′s反应以及NOESY谱测定。该化合物经1% NaOH水溶液水解，脱去乙酰基，得到(3β，16α，21β，22α)-16,21,22,24,28-pentahydroxyolean-12-en-3-O-β-D-glucopyranosiduronic acid。在此基础上，继续经1m HCl水溶液水解，得到苷元。随后，对苷元进行了Snatzke′s反应{四乙酸二钼[$Mo_2(AcO)_4$]诱导的圆二色性（ICD）反应}，生成了苷元的钼络合物，该络合物的ICD图谱于315nm处呈负Cotton效应（图6-34），据此确定了邻二醇的绝对构型为21R，22R。

在NOESY谱中δ_H 6.43（H-21）与δ_H 3.11（H-19α）相关，δ_H 3.11（H-19α）与δ_H 1.89（H_3-27）相关，δ_H 1.89（H_3-27）与δ_H 1.73（H-9）相关，δ_H 1.73（H-9）与δ_H 0.94（H-5）相关，δ_H 0.94（H-5）

与 δ_H 1.57（H_3-23）和3.64（H-3）相关，由此推定H-3、H-5、H-9、CH_3-23以及CH_3-27均为α取向。δ_H 4.84（H-22）与 δ_H 2.95（H-18）、3.69和3.98（H_2-28）相关，δ_H 3.69和3.98（H_2-28）均与 δ_H 0.84（H_3-26）和4.88(H-16）相关，δ_H 0.79(H_3-25）与 δ_H 3.61和4.41(H_2-24）相关，由此推定H-16、H-18、CH_3-25、CH_3-26、$HOCH_2$-24以及$HOCH_2$-28均为β取向（图6-35，图6-36）。

综上所述，推定该化合物的结构为3-*O*-β-D-glucuronopyranosyl-21β-acetyl-3β,16α,21β,22α,24,28-hexahydroxyolean-12-en，并将其命名为aeswilsaponin IA。

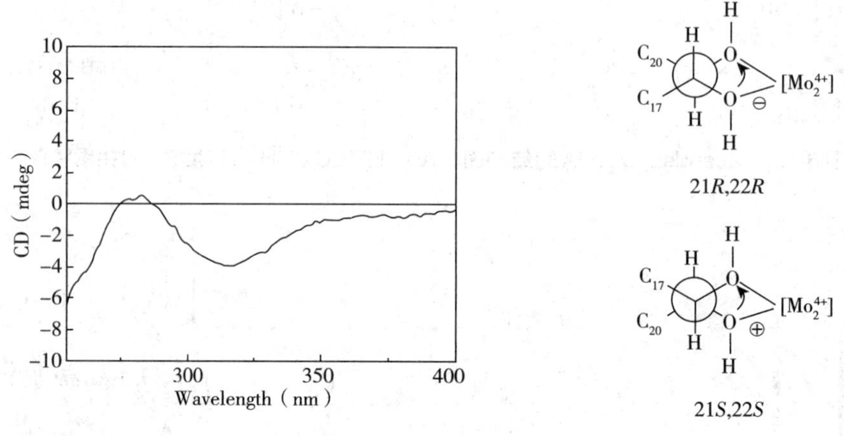

图6-34　aeswilsaponin IA苷元的ICD图谱

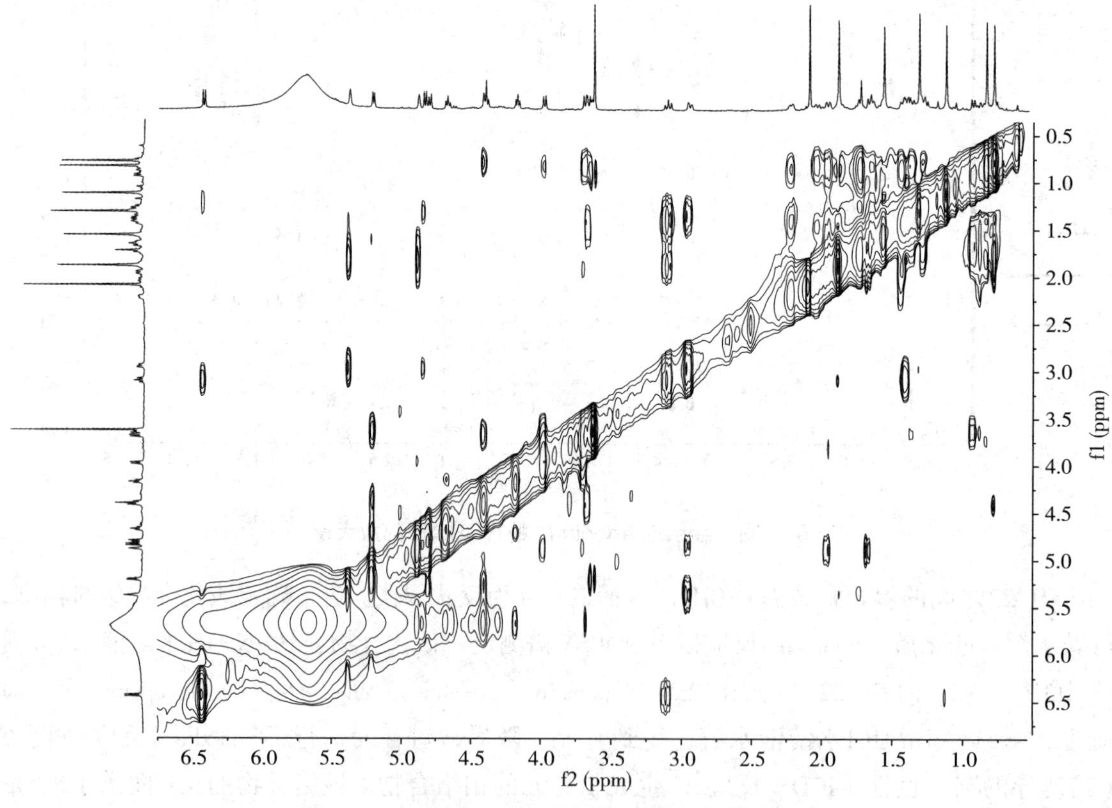

图6-35　aeswilsaponin IA的NOESY局部放大谱

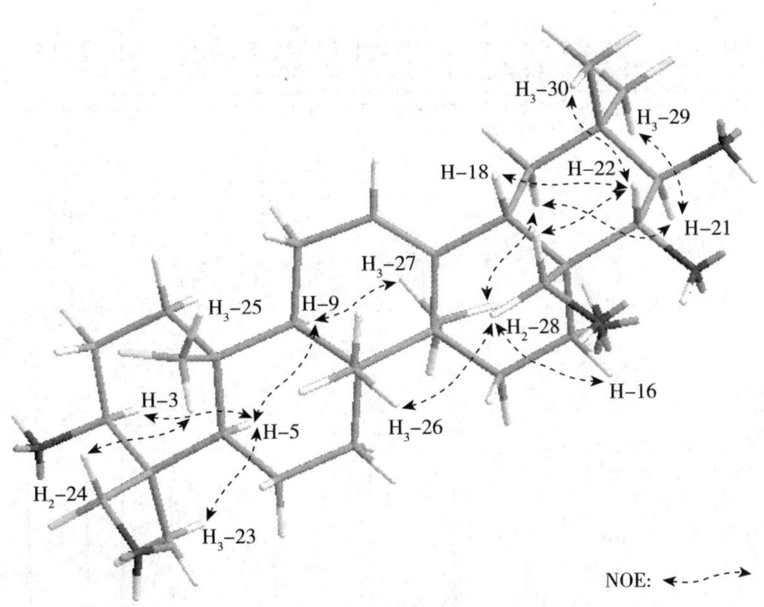

图6-36 aeswilsaponin IA苷元部分的NOE相关图

（五）notoginsenoside NL-I

HR-MS测得其分子式为$C_{47}H_{78}O_{17}$。在^{13}C-NMR谱中共给出47个碳信号，其中24个位于δ_C 15.5～56.5之间（图6-37）。^{1}H-NMR谱在δ_H 0.60～2.50范围内有多个CH_3、CH_2以及CH等饱和脂肪碳上的氢信号，δ_H 0.82（3H，s，H_3-19）、0.94（3H，s，H_3-18）、1.01（3H，s，H_3-29）、1.11（3H，s，H_3-30）、1.31（3H，s，H_3-28）、1.51（3H，s，H_3-21）、1.68（3H，s，H_3-26）和1.83（3H，s，H_3-27）等提示结构中存在8个甲基。其中，δ_H 1.68和1.83可能为与烯碳相连接的甲基信号（图6-38）。通过以上信息初步推定该化合物为1个三萜类化合物。

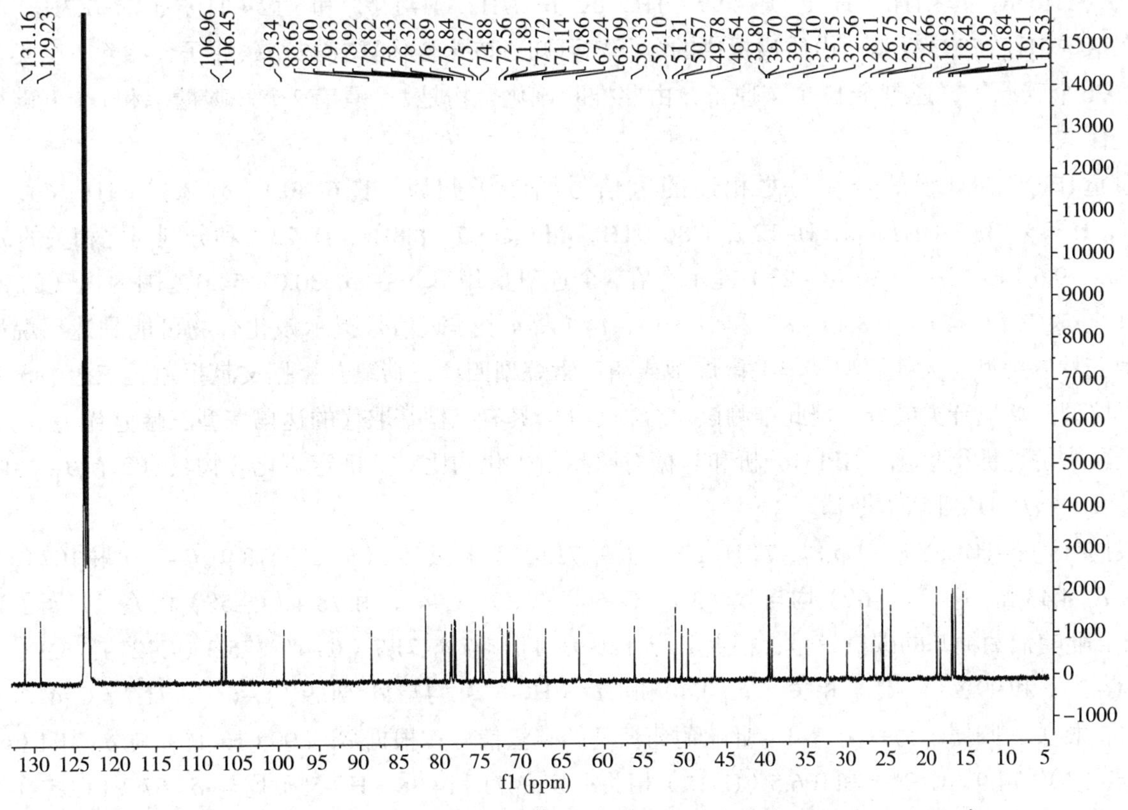

图6-37 notoginsenoside NL-I的^{13}C-NMR局部放大谱（125MHz，C_5D_5N）

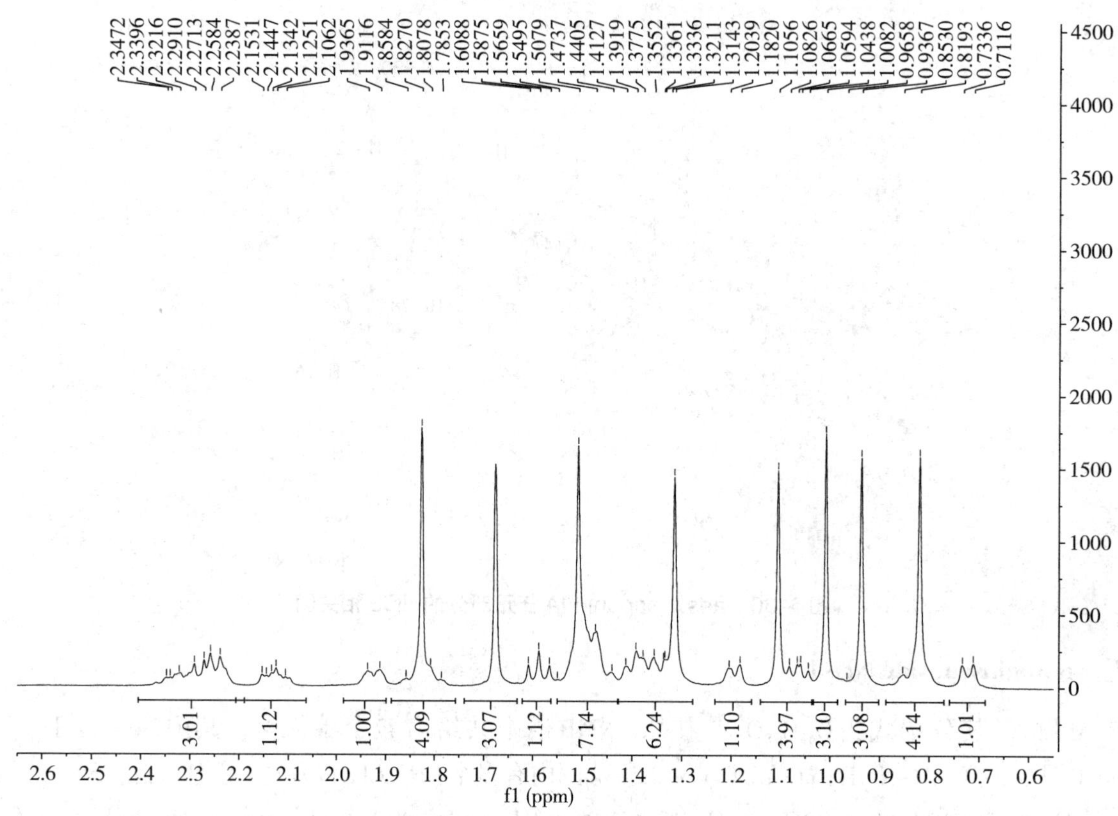

图6-38　notoginsenoside NL-I的^{1}H-NMR局部放大谱（1）（500MHz，C_5D_5N）

^{13}C-NMR谱在 δ_C 90.0 ~ 110.0范围内有3个具有缩醛结构的碳信号，在 δ_C 60.0 ~ 90.0范围内有17个直接与氧原子相连的碳信号。^{1}H-NMR谱在 δ_H 3.0 ~ 6.0范围内给出了多个连氧碳上的氢信号（图6-39）。δ_H 4.97（1H，d，J=8.1Hz，H-1′）、4.99（1H，d，J=7.7Hz，H-1‴）和5.12（1H，d，J=7.7Hz，H-1″）提示在结构中存在3个糖基。由质谱提供的分子式可知，该化合物具有47个碳原子，扣除三萜类化合物骨架的30个碳原子，还剩余17个碳原子，由此推断该化合物是1个具有2个六碳糖基和1个五碳糖基的三萜皂苷。

通过HSQC谱对碳信号和与之相连的氢信号给予了归属（图6-40）。δ_H 3.37（1H，dd，J=4.5、11.8Hz，H-3）、3.67（1H，m，H-12）、4.86（1H，dd，J=8.7、8.8Hz，H-23）和分别与之相关的 δ_C 88.7（C-3），79.6（C-12）、72.6（C-23）提示存在3个连氧次甲基。在 δ_C 30.0 ~ 54.0范围内出现的 δ_C 37.1（C-10）、39.7（C-4）、39.8（C-8）和51.3（C-14）等4个季碳信号提示该化合物可能是达玛烷型、原萜烷型、甘遂烷型、大戟烷型、羊毛甾烷型或葫芦素烷型四环三萜皂苷。据文献报道，三七中含有大量的达玛烷型三萜皂苷类成分，据此推测该化合物是1个具有三糖基取代的达玛烷型三萜皂苷。

经酸水解，糖衍生化，HPLC分析和与糖对照品衍生化物比对，确定该化合物具有2个 β-D-吡喃葡萄糖基和1个 β-D-吡喃木糖基。

根据HSQC-TOCSY谱中 δ_H 4.97（H-1′）与 δ_C 71.9（C-4′）、75.8（C-2′）、78.9（C-3′）和107.0（C-1′）相关，δ_H 4.43和4.63（H_2-6′）均与 δ_C 63.1（C-6′）、71.9（C-4′）和78.4（C-5′）相关，归属了其中一个 β-D-吡喃葡萄糖基的碳氢信号；根据 δ_H 5.12（H-1″）与 δ_C 71.7（C-4″）、75.3（C-2″）、76.9（C-5″）、78.8（C-3″）和99.3（C-1″）相关，δ_H 4.40和4.77（H_2-6″）均与 δ_C 70.9（C-6″）、71.7（C-4″）和76.9（C-5″）相关，归属了另一个 β-D-吡喃葡萄糖基的碳氢信号；根据 δ_H 4.99（H-1‴）与 δ_C 71.1（C-4‴）、78.3（C-3‴）、74.9（C-2‴）和106.5（C-1‴）相关；δ_H 3.71和4.38（H_2-5‴）均与 δ_C 67.2（C-5‴）和71.1

(C-4‴)相关，归属了 β-D-吡喃木糖基中各碳氢信号（图6-41）。

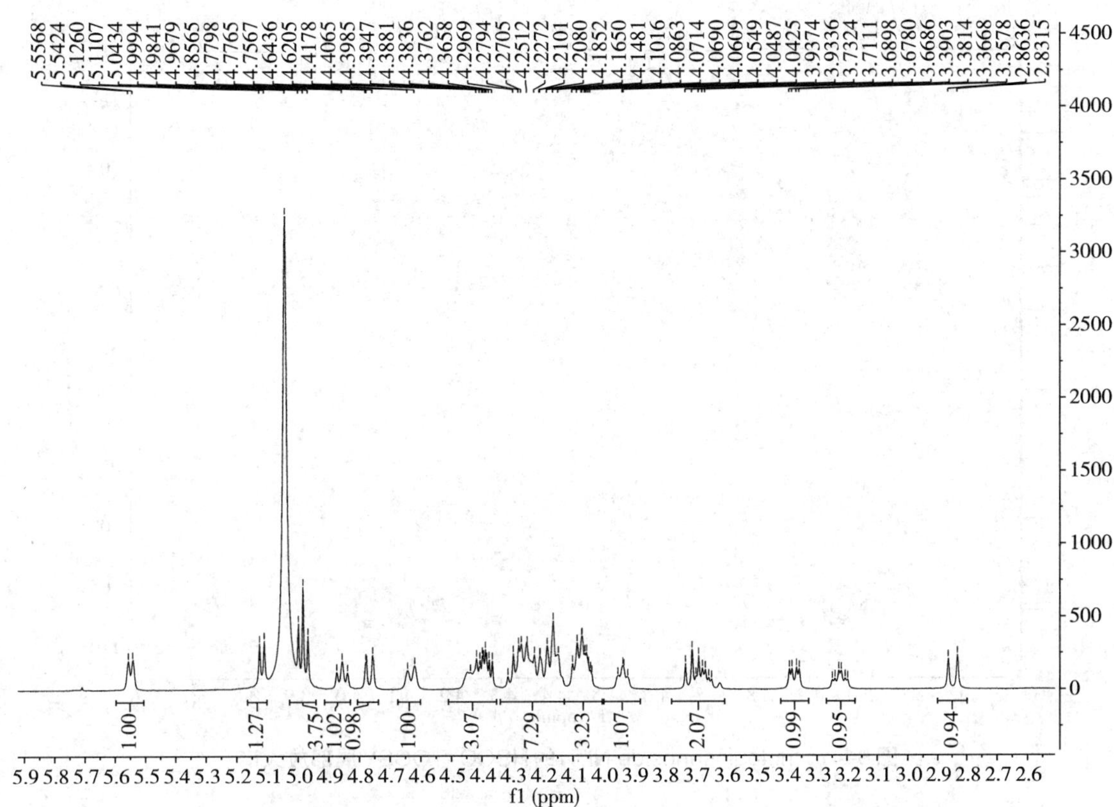

图6-39 notoginsenoside NL-I的 ^{1}H-NMR局部放大谱（2）（500MHz，C_5D_5N）

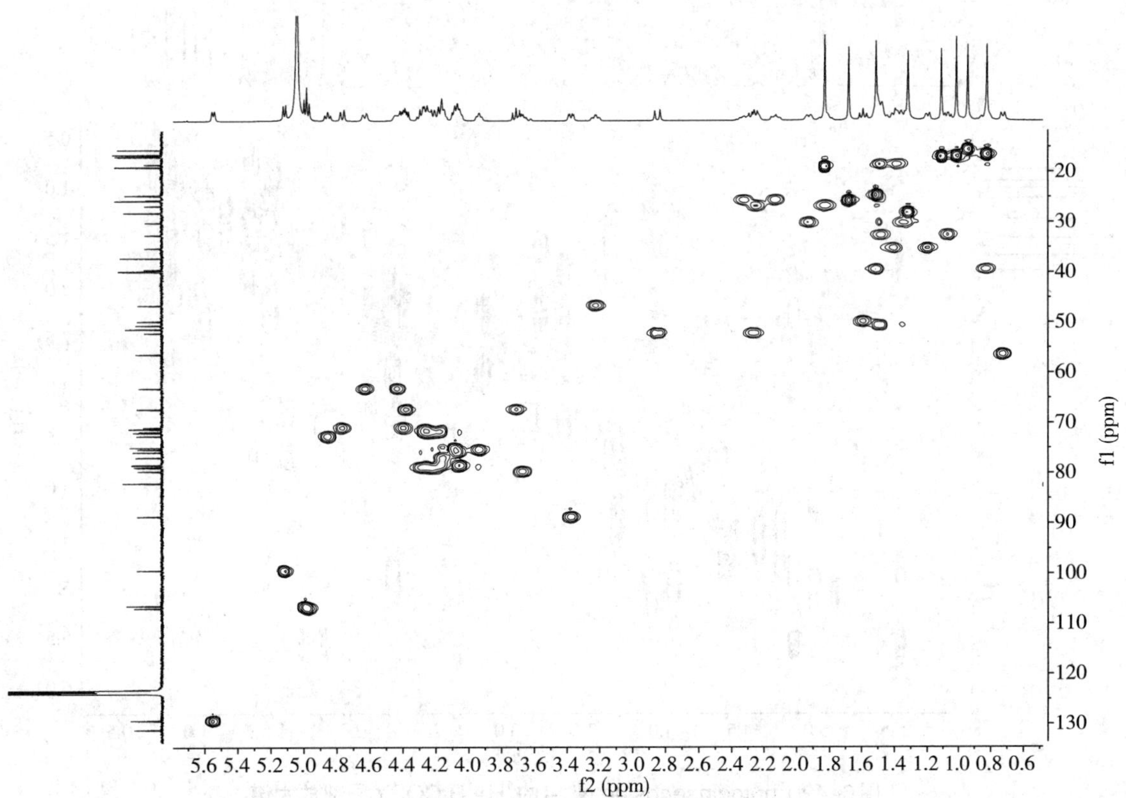

图6-40 notoginsenoside NL-I的HSQC局部放大谱

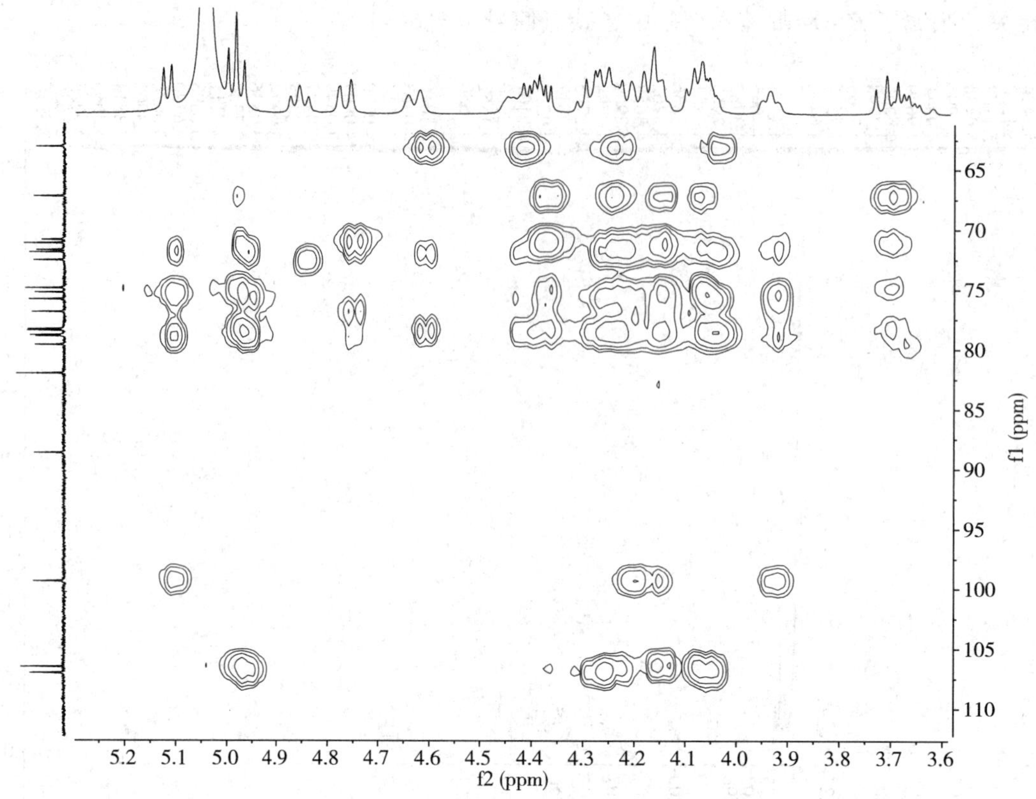

图6-41　notoginsenoside NL-I的HSQC-TOCSY局部放大谱

通过$^{1}H-^{1}H$ COSY谱中的氢氢相关信号（图6-42），确定了图6-43中粗线部分所示的各结构片段。

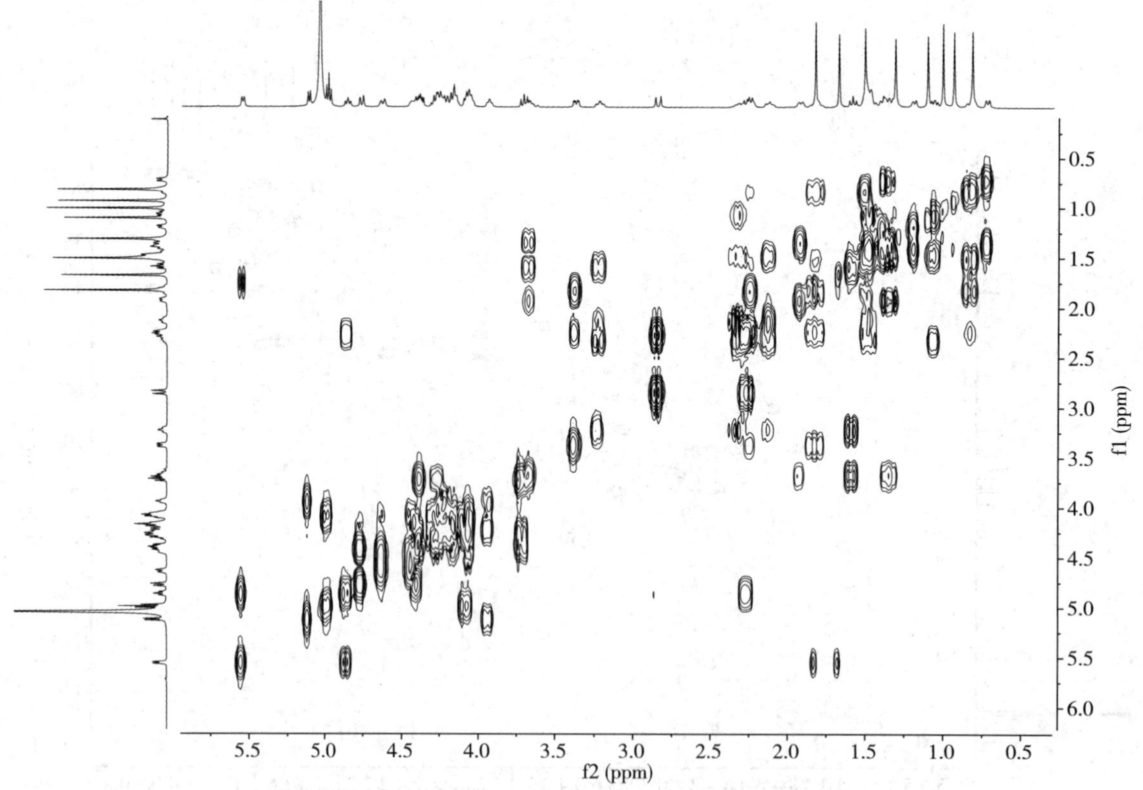

图6-42　notoginsenoside NL-I的$^{1}H-^{1}H$ COSY局部放大谱

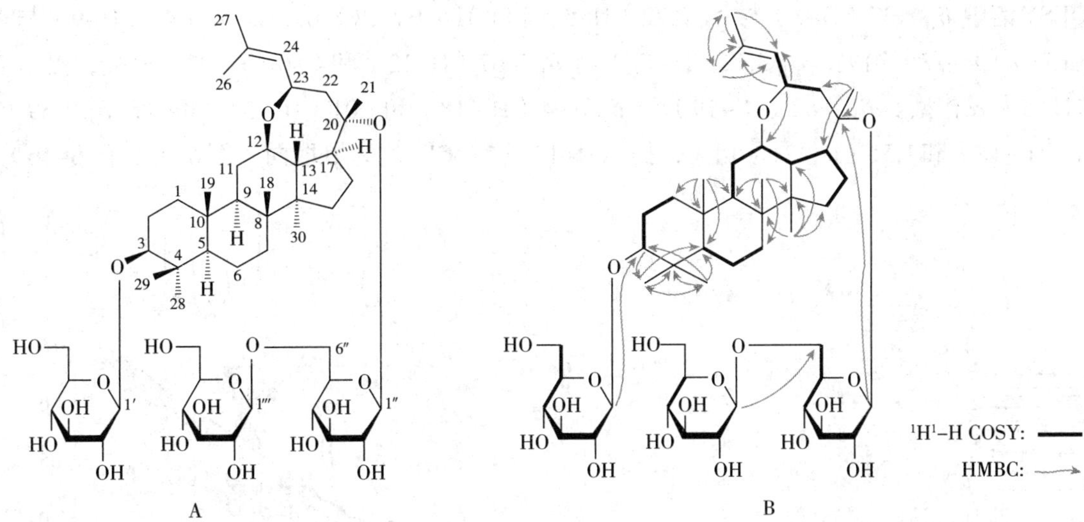

图6-43　notoginsenoside NL-I的结构图（A）、^{1}H-^{1}H COSY和HMBC相关图（B）

在HMBC谱中 δ_H 0.94（H_3-18）与 δ_C 35.2（C-7）、39.8（C-8）、50.6（C-9）和51.3（C-14）相关，δ_H 0.82（H_3-19）与 δ_C 37.1（C-10）、39.4（C-1）、50.6（C-9）和56.3（C-5）相关，δ_H 1.51（H_3-21）与 δ_C 46.5（C-17）、52.1（C-22）和82.0（C-20）相关，δ_H 4.86（H-23）与 δ_C 79.6（C-12）、129.2（C-24）和131.2（C-25）相关，δ_H 1.68（H_3-26）与 δ_C 18.9（C-27）、129.5（C-24）和131.2（C-25）相关；δ_H 1.83（H_3-27）与 δ_C 25.7（C-26）、129.2（C-24）和131.2（C-25）相关，δ_H 1.31（H_3-28）与 δ_C 16.8（C-29）、39.7（C-4）、56.3（C-5）和88.7（C-3）相关，δ_H 1.01（H_3-29）与 δ_C 28.1（C-28）、39.7（C-4）、56.3（C-5）和88.7（C-3）相关，δ_H 1.11（H_3-30）与 δ_C 32.6（C-15）、39.8（C-8）、49.8（C-13）和51.3（C-14）相关，δ_H 4.97（H-1′）与 δ_C 88.7（C-3）相关，δ_H 5.12（H-1″）与 δ_C 82.0（C-20）相关，δ_H 4.99（H-1‴）与 δ_C 70.9(C-6″）相关（图6-43，图6-44）。据此确定该化合物的平面结构为3β,20-二羟基-12,23-环氧-达玛-24-烯-20-*O*-β-D-吡喃木糖基（1→6）-β-D-吡喃葡萄糖基-3-*O*-β-D-吡喃葡萄糖苷。

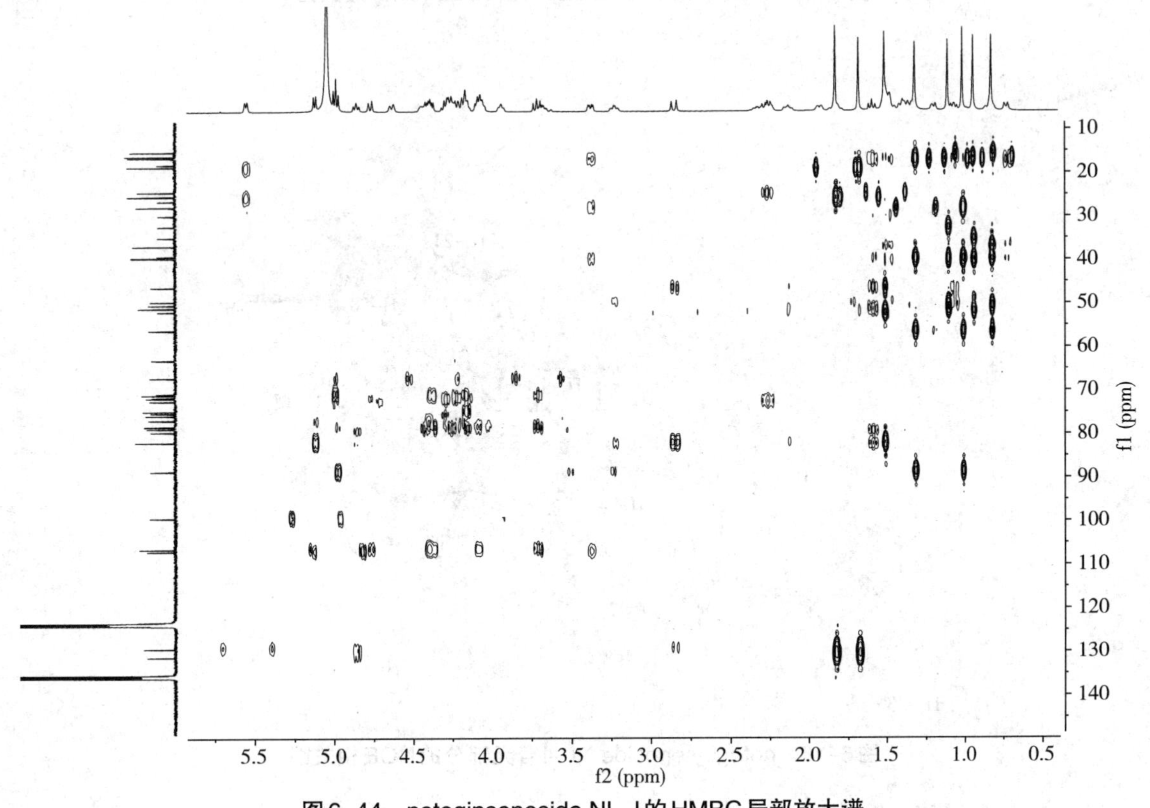

图6-44　notoginsenoside NL-I的HMBC局部放大谱

在NOESY谱中 δ_H 3.37（H–3）与 δ_H 0.72（H–5）和1.31（H_3–28）相关，δ_H 1.49（H–9）与 δ_H 0.72（H–5）和3.67（H–12）相关，δ_H 3.22（H–17）与 δ_H 3.67（H–12）和4.86（H–23）相关，提示C–12和C–23上的H均为 α 构型。δ_H 0.82（H_3–19）与 δ_H 0.94（H_3–18）和1.01（H_3–29）相关，δ_H 1.59（H–13）与 δ_H 0.94（H_3–18）和1.51（H_3–21）相关，提示H–13及21–CH_3均为 β 取向（图6–45，图6–46）。

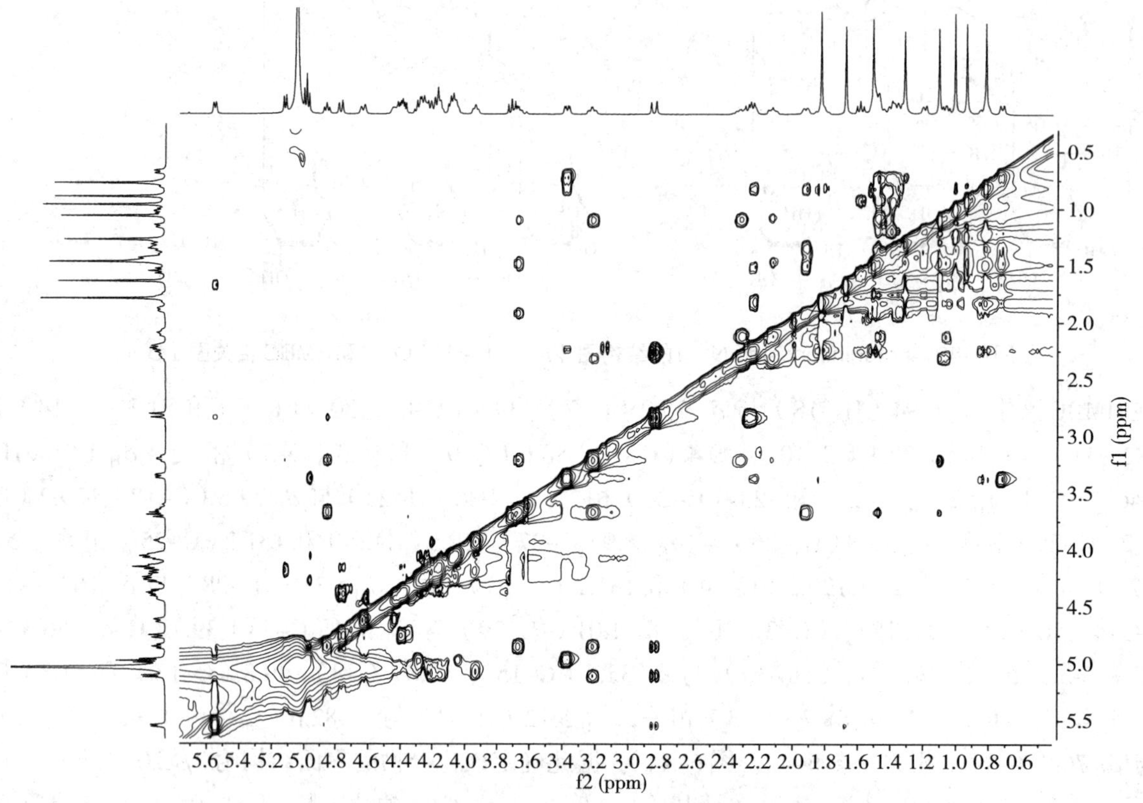

图6–45　notoginsenoside NL–I的NOESY局部放大谱

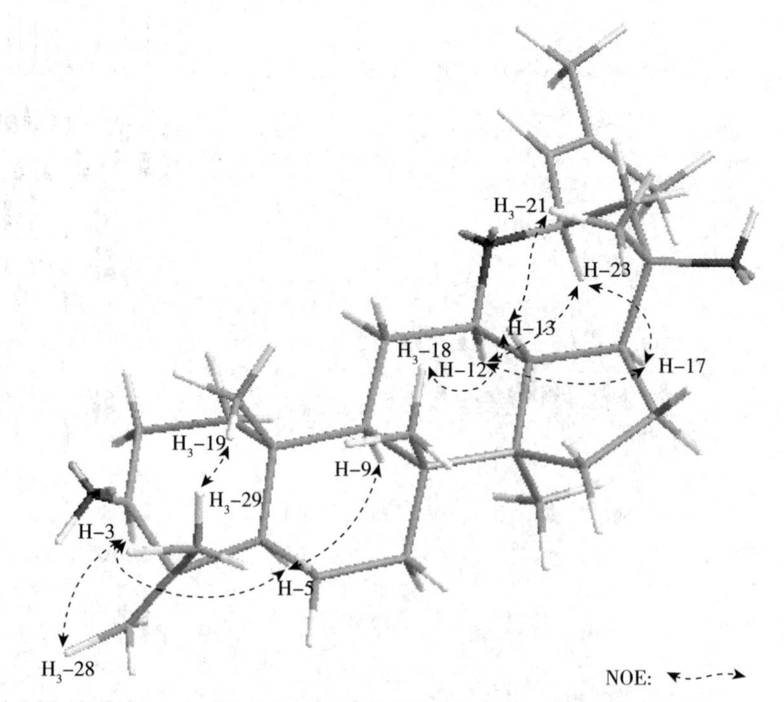

图6–46　notoginsenoside NL–I苷元部分的NOE相关图

表6-8　notoginsenoside NL-I的NMR数据（600MHz，C_5D_5N）

No.	δ_C	δ_H（J in Hz）	No.	δ_C	δ_H（J in Hz）
1	39.4	0.82m	23	72.6	4.86dd（8.7，8.8）
		1.50m	24	129.2	5.55d（7.2）
2	26.8	1.83m	25	131.2	—
		2.25m	26	25.7	1.68 s
3	88.7	3.37dd（4.5，11.8）	27	18.9	1.83 s
4	39.7	—	28	28.1	1.31 s
5	56.3	0.72 br.d（*ca.* 11）	29	16.8	1.01 s
6	18.4	1.35m	30	17.0	1.11 s
		1.49m	1′	107.0	4.97d（8.1）
7	35.2	1.19m	2′	75.8	4.06dd（7.5，8.1）
		1.39m	3′	78.9	4.28dd（7.5，8.8）
8	39.8	—	4′	71.9	4.25m
9	50.6	1.49m	5′	78.4	4.05m
10	37.1	—	6′	63.1	4.43m
11	30.1	1.35m			4.63 br.d（*ca.* 12）
		1.93m	1″	99.3	5.12d（7.7）
12	79.6	3.67m	2″	75.3	3.94dd（7.7，7.9）
13	49.8	1.59dd（10.8，10.8）	3″	78.8	4.22dd（7.9，8.6）
14	51.3	—	4″	71.7	4.17dd（8.6，8.6）
15	32.6	1.06m	5″	76.9	4.15m
		1.48m	6″	70.9	4.40dd（5.9，11.0）
16	25.6	2.13m			4.77 br.d（*ca.* 11）
		2.32m	1′″	106.5	4.99d（7.7）
17	46.5	3.22ddd（4.3，10.8，10.8）	2′″	74.9	4.09dd（7.7，7.7）
18	15.5	0.94 s	3′″	78.3	4.16dd（7.7，8.0）
19	16.5	0.82 s	4′″	71.1	4.26m
20	82.0	—	5′″	67.2	3.71dd（10.7，10.7）
21	24.7	1.51 s			4.38dd（5.3，10.7）
22	52.1	2.26dd（8.8，16.1）			
		2.85d（16.1）			

综上所述，推定该化合物的结构为（20*S*，23*R*）-3*β*,20-二羟基-12*β*,23-环氧-达玛-24-烯-20-*O*-*β*-D-吡喃木糖基（1→6）-*β*-D-吡喃葡萄糖基-3-*O*-*β*-D-吡喃葡萄糖苷，并将其命名为notoginsenoside NL-I。

目标检测

1.下列化合物母核结构属于的三萜类型是（　）。

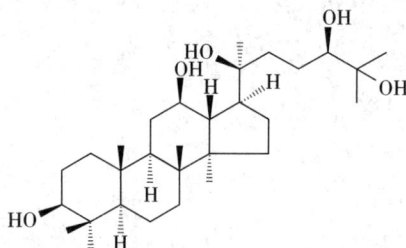

A.齐墩果烷型　　B.达玛烷型　　C.大戟烷型　　D.羽扇豆烷型

2.下列三萜类化合物中C-17位常有8个碳原子侧链取代的是（　）。

A.达玛烷型三萜　　B.乌苏烷型三萜

C.羽扇豆烷型三萜　　D.环阿尔廷烷型三萜

E.何帕烷型三萜

3.关于a、b、c化合物中2位和3位核磁数据描述正确的是（　）。

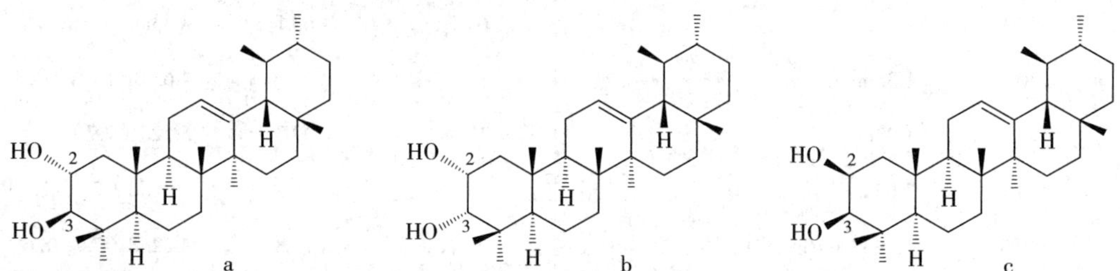

A.化合物a中C-2、C-3的化学位移值分别约为 δ_C 69.0和84.0

B.化合物b中C-2、C-3的化学位移值之差约为13

C.化合物c中C-2、C-3的化学位移值之差约为7

D.a、b、c中C-2与C-3相比，C-2的化学位移值更大

E.b和c中H-2和H-3的相对构型一致，故b和c中H-2的偶合裂分情况相同

4.下图所示化合物a和b中C-3、C-28、C-1′以及C-2′的化学位移值描述正确的是（　）。

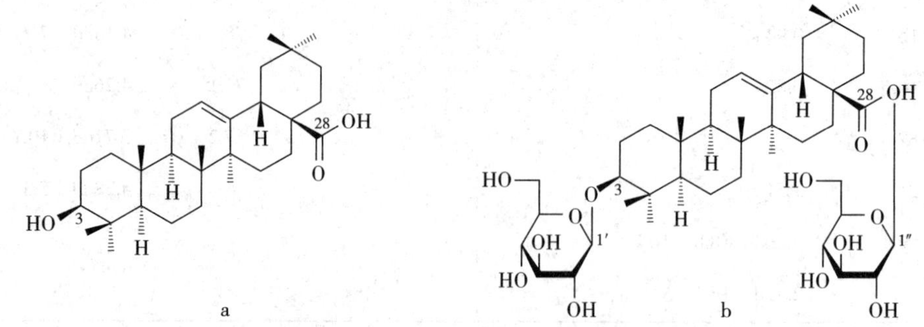

A.b与a相比，C-3的化学位移值向低场位移8～10个化学位移单位

B.b与a相比，C-28的化学位移值向低场位移2～5个化学位移单位

C.C-1′与C-1″的化学位移值均大于100

D.C-1′与C-1″的化学位移值均小于100

E.C-1′的化学位移值大于100，而C-1″的化学位移值小于100

5.从和田大枣中分离得到某化合物6-6，其核磁共振谱如图6-47～6-52所示，试解析其结构。

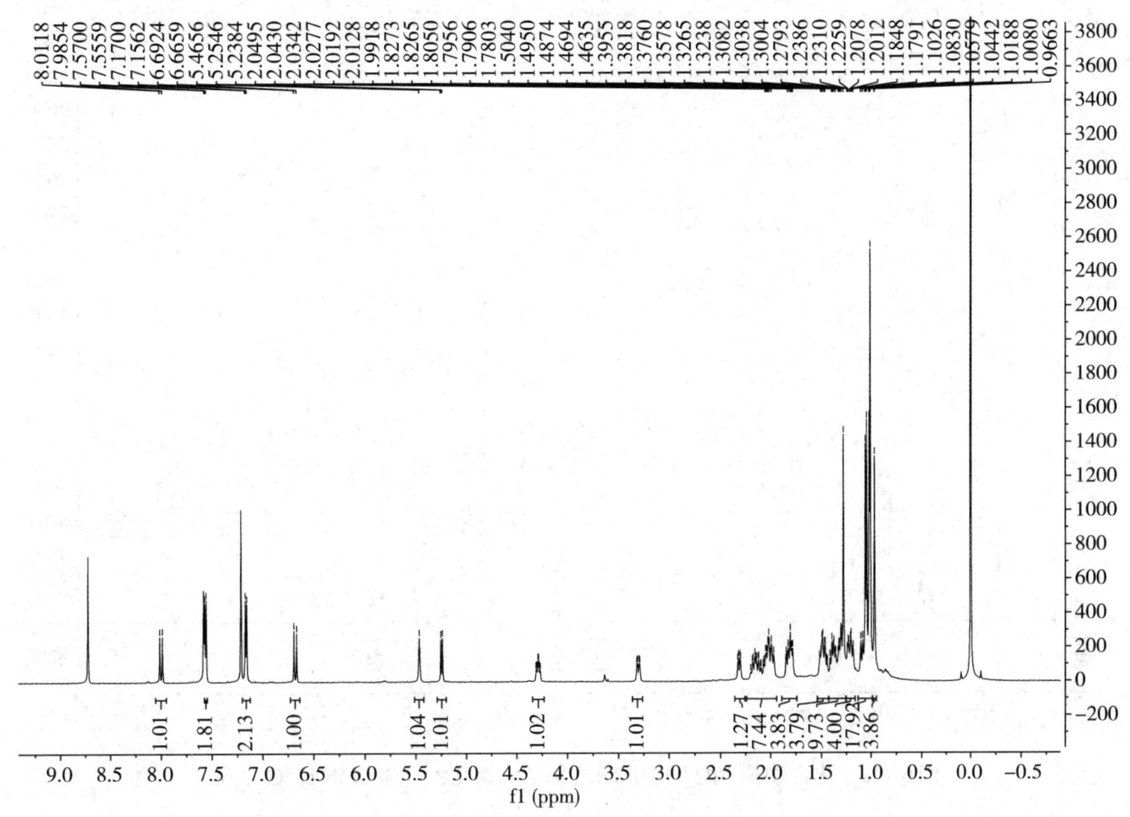

图6-47　化合物6-6的 ^{1}H-NMR谱（600MHz，C_5D_5N）

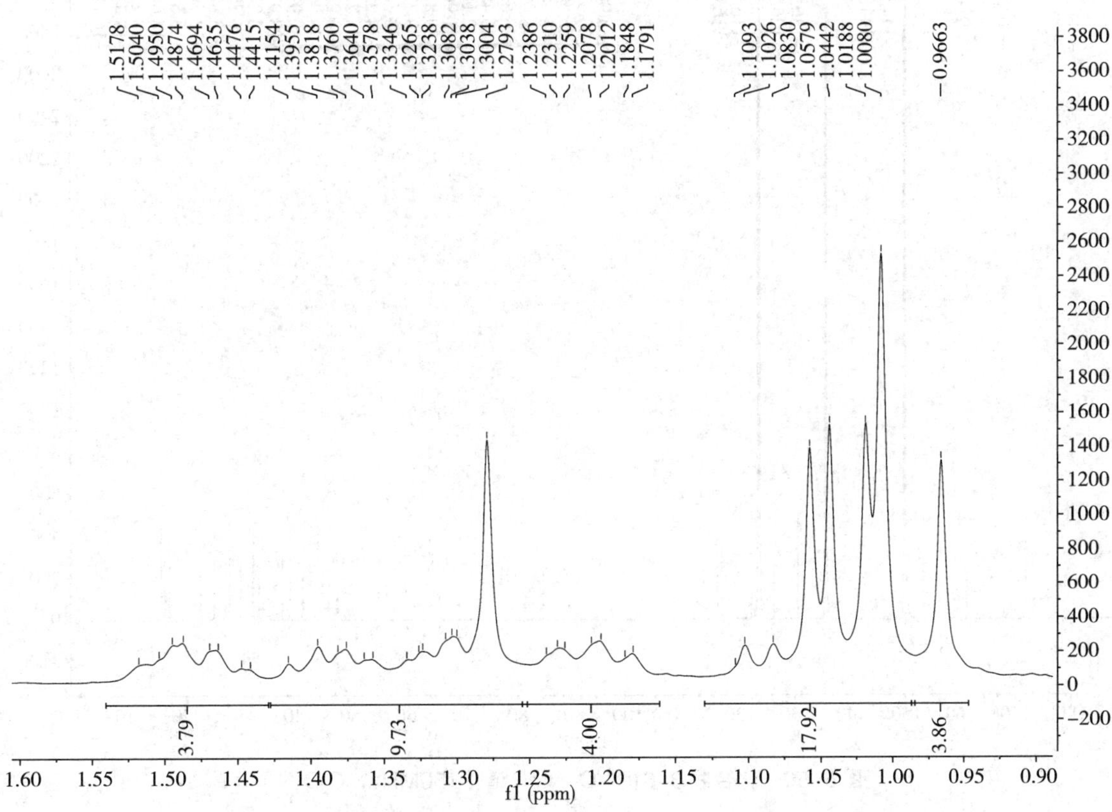

图6-48　化合物6-6的 ^{1}H-NMR局部放大谱（1）（600MHz，C_5D_5N）

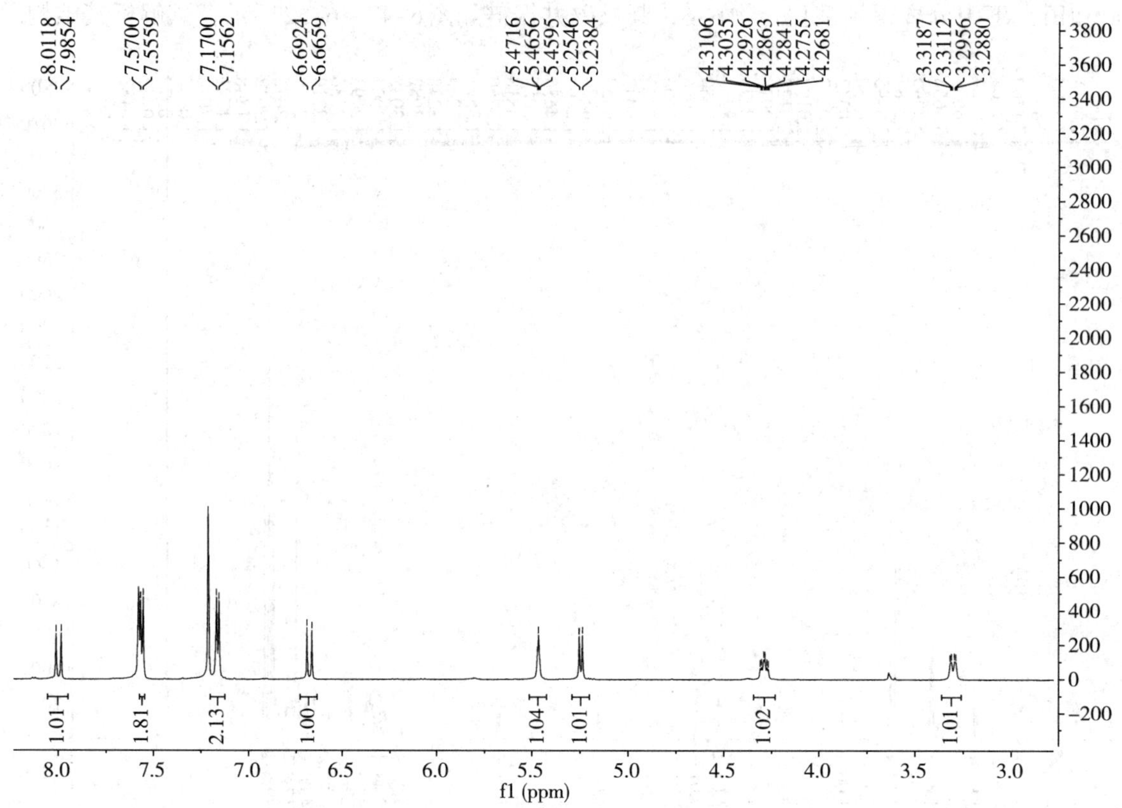

图6-49　化合物6-6的^{1}H-NMR局部放大谱（2）（600MHz，C_5D_5N）

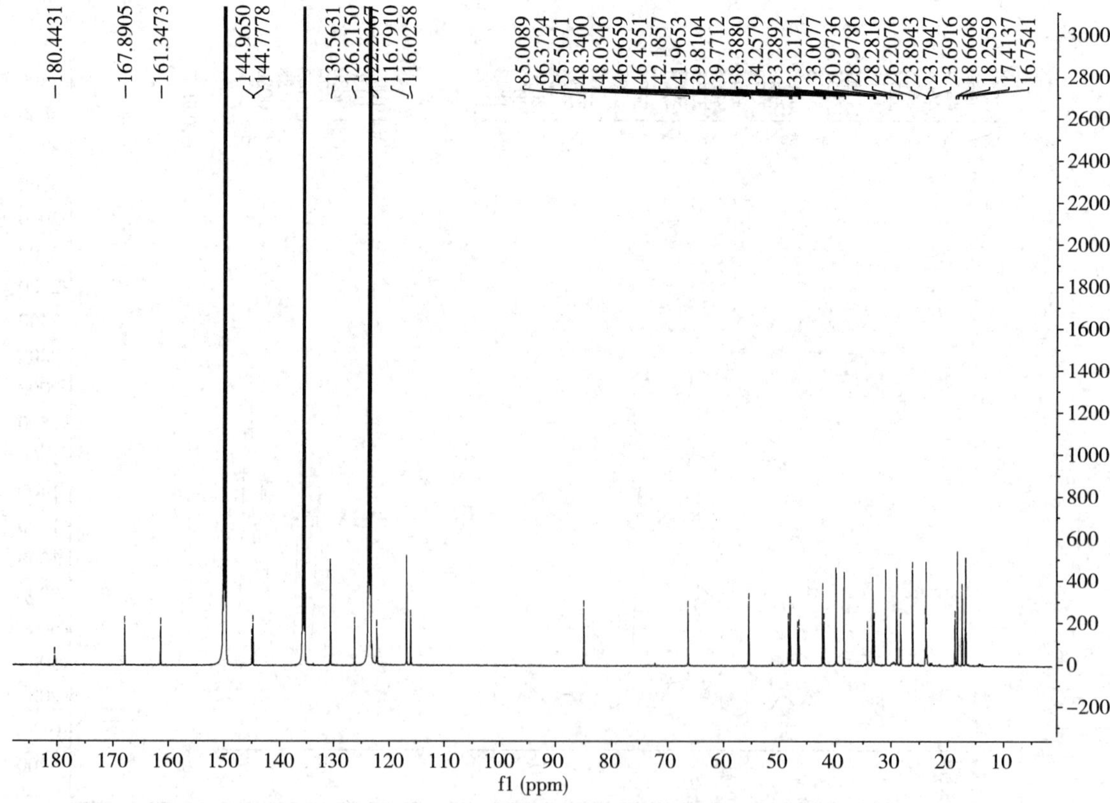

图6-50　化合物6-6的^{13}C-NMR谱（150MHz，C_5D_5N）

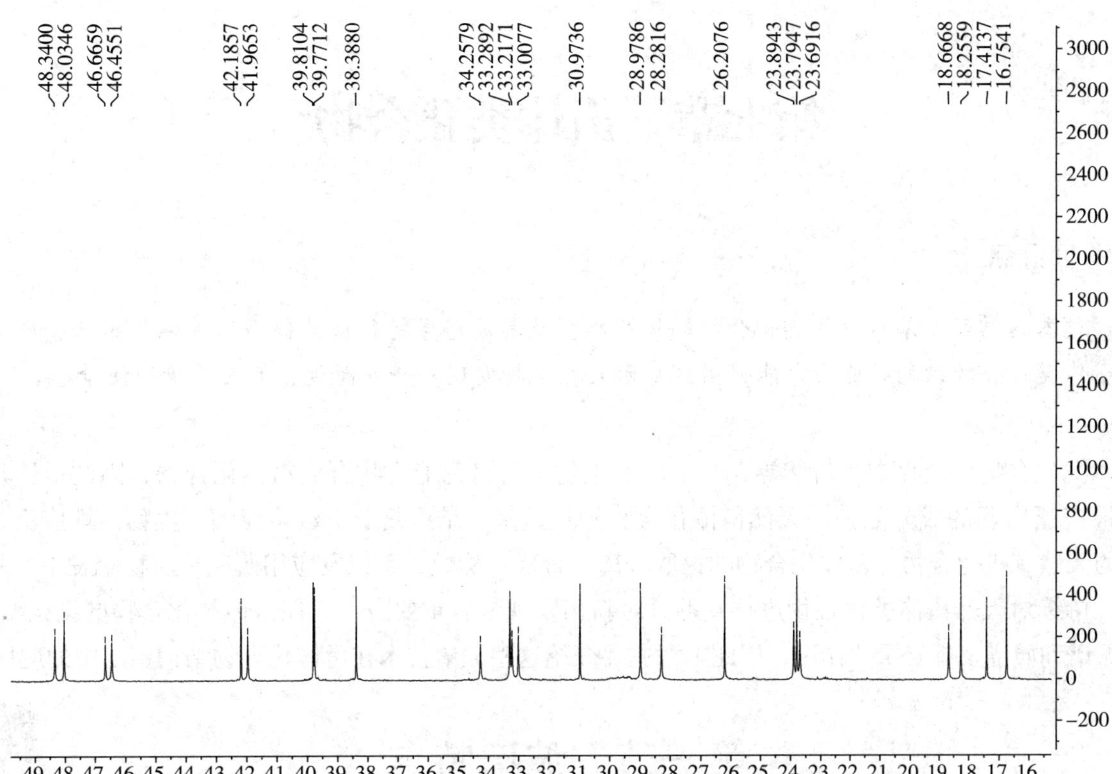

图6-51　化合物6-6的 ^{13}C-NMR局部放大谱（150MHz，C_5D_5N）

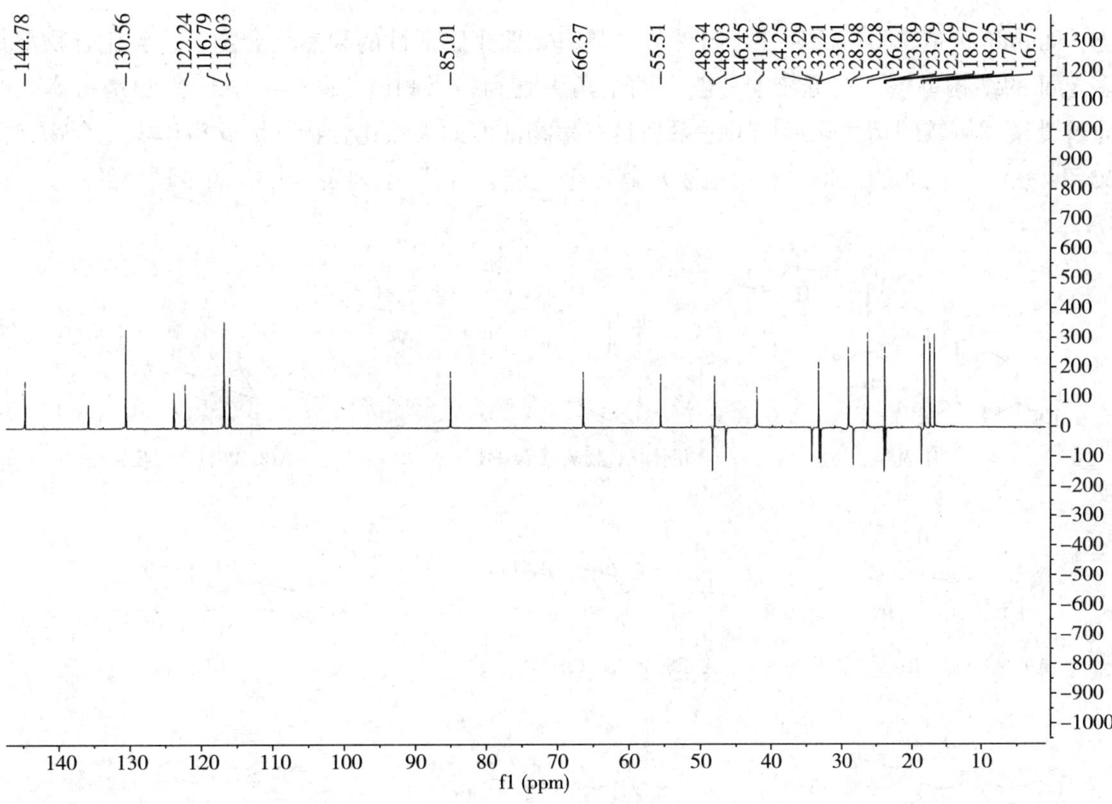

图6-52　化合物6-6的DEPT 135°谱（150MHz，C_5D_5N）

第七章　甾体类化合物

学习目标

通过本章学习，掌握甾体类化合物的结构类型及其波谱学特征；具备运用核磁共振谱和质谱等解析甾体类化合物结构的能力；能够树立基于天然产物发现和研发高效、低毒药物的使命感。

甾体类化合物广泛存在于自然界，几乎所有生物体自身都能生物合成甾体化合物，因此甾体是天然产物中最广泛出现的成分之一。天然甾体化合物种类繁多、结构复杂、数量庞大、生物活性广泛，是一类重要的天然有机化合物。甾体化合物的提取分离、合成、构效关系以及应用研究是药物研发中非常活跃的领域。持续对天然甾体类化合物进行发掘，对新药发现具有重要意义。在甾体类化合物的结构鉴定中，核磁共振谱和质谱发挥着重要作用，因此本章主要介绍这些波谱技术在甾体化合物结构鉴定中的应用。

第一节　波谱特点

PPT

一、基本骨架类型

甾体（steroids）是一类广泛存在于自然界、具有重要生物活性的天然化合物。这类化合物都具有环戊烷骈多氢菲的结构母核，在母核上一般有两个角甲基和一个侧链（图7–1）。胆固醇是甾体类的基本结构，通过骨架和侧链的衍生化形成了一系列具有生物活性的天然化合物，因此甾体类化合物又称类固醇。中文名“甾”字上面的“巛”形象地表示其三个支链，“田”字则表示其有四个稠合的环。

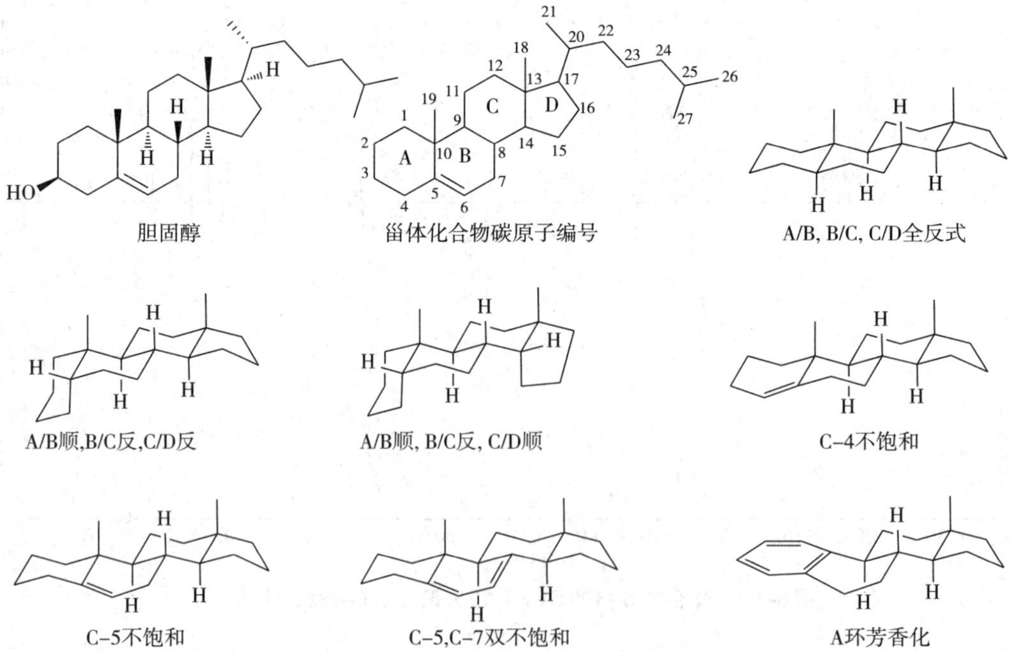

胆固醇　甾体化合物碳原子编号　A/B, B/C, C/D全反式

A/B顺,B/C反,C/D反　A/B顺, B/C反, C/D顺　C–4不饱和

C–5不饱和　C–5,C–7双不饱和　A环芳香化

图7–1　甾体类化合物的结构及母核的立体化学

甾体化合物的四个环之间，每两个环以碳碳单键稠合时，可以是顺式的，也可以是反式的。在天然甾体类化合物中，A/B环有顺式或反式稠合，B/C环大都是反式稠合，C/D环有顺式或反式稠合（图7-1）。根据其侧链结构的不同，可以进一步分为植物甾醇、C21甾体、甾体皂苷、强心苷、昆虫变态激素类、胆酸类、性激素类和皮质激素类等多种类型，上述中的某些类型母核或侧链进一步氧化、开环或环合，又可形成一些结构独特的类型，如油菜素甾醇类（brassinosteroids）和醉茄内酯类（withanolides）等（图7-2）。

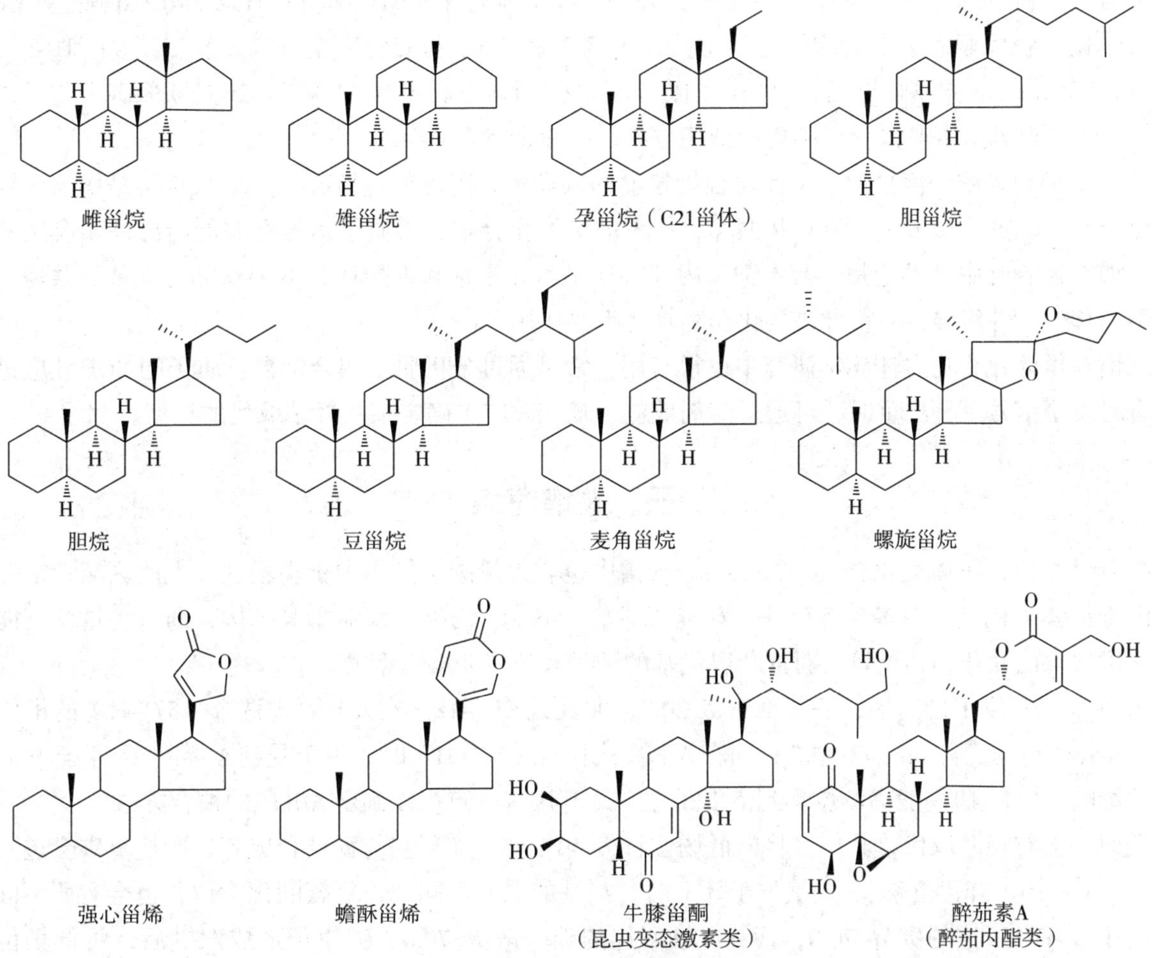

雌甾烷　雄甾烷　孕甾烷（C21甾体）　胆甾烷

胆烷　豆甾烷　麦角甾烷　螺旋甾烷

强心甾烯　蟾酥甾烯　牛膝甾酮（昆虫变态激素类）　醉茄素A（醉茄内酯类）

图7-2　各种类型的甾体类化合物

天然甾体类化合物的角甲基和侧链大都是β-构型。C-3位一般有羟基取代，甾体母核的其他位置还常有羟基、羰基、双键、环氧醚键等功能基取代。

二、氢谱特点

甾体类化合物核磁共振氢谱的整体外貌特征与三萜类尤其是四环三萜类非常相似，在δ 1～2.5存在一系列连续的峰包，这是甾体骨架上为数众多的次甲基与亚甲基质子共振信号相互重叠的结果。在此峰包上，介于δ 0.6～1.5处常可观察到尖锐的甲基质子信号，因而整体上呈现出“小山上长小树”的特征。但是对于无侧链的甾体化合物来说，其氢谱中甲基个数最多有3个，对于有侧链的甾体化合物，其侧链上的甲基多与叔碳或仲碳相连，故在氢谱中虽然甲基信号的总数多于3个，但季碳上的甲基个数也最多有3个，通过这些特征可以将甾体与三萜类化合物区别开来。

尽管甾体的氢谱信号重叠比较普遍，也难以作全面解释，但其骨架固定，骨架类型有限，能够确定取代基的类型及其位置对解决甾体化合物的结构具有重要意义，因此在氢谱中需关注甲基质子信号、联氧碳上的质子信号、芳香及烯烃质子信号等。

甾体化合物CH_3-18和CH_3-19两个角甲基位于δ 1.0左右，为两个尖锐的单峰，其化学位移与各个环的稠合方式有关，因此常用于判定环的稠和方式。一般来说，当角甲基质子与稠合位置的质子处于反式共平面时，该甲基质子位于较高场（$\delta<0.80$）；反之，则位于较低场（$\delta>0.90$）。除角甲基外，其他甲基质子信号一般也位于δ 1.0左右，多呈现出裂分，如甾体皂苷中CH_3-21和CH_3-27均为d峰。

甾体化合物中联氧碳上的质子化学位移介于δ 3.5~5.5，与峰包完全分离，易于辨认。H-3一般在δ 3.70~3.90（m），羟基成苷后，该信号向低场位移。甾体皂苷中H-16和H_2-26是联氧碳上质子，位于较低场，容易辨认。羟基酰化后则更向低场位移，一般在δ 4.0~4.5。

芳香质子和烯质子信号位于甾体化合物氢谱的低场区，因此很容易辨认。雌激素类是甾体中含有苯环的化合物，因此在δ 6.5~8.0有共振峰，可考虑该类化合物。烯质子信号有时能给出许多有用的结构信息，如在强心苷中，不论是五元不饱和内酯环还是六元不饱和内酯环，由于双键与羰基的共轭，烯质子化学位移规律性很强，对推导该类化合物具有重要作用。

氢谱在甾体化合物立体化学研究中也很有用，常可通过分析质子偶合常数及质子的NOE效应进行确定，有时质子信号重叠严重时，可通过溶剂效应（吡啶效应）确定某些羟基取代的构型。

三、碳谱特点

与氢谱类似，甾体类化合物的核磁共振碳谱中也有大量碳信号集中于高场区，在此区域特征并不明显。由于甾体类化合物中多含有羟基、双键、羰基、不饱和内酯、螺缩酮等结构，通过将这些官能团中碳化学位移与已知化合物比较，对推断取代基的种类和位置非常有帮助。

角甲基一般位于最高场，一般低于δ 20.0，尤其是CH_3-18。在A/B顺式稠合（5β-H）的甾体化合物中，CH_3-19一般位于δ 24.0左右；而在A/B反式稠合（5α-H）时，由于受到A-环上碳原子γ-gauche效应的影响，CH_3-19一般高场位移到δ 12.0左右，利用这一点可以确定A/B环的稠合方式。

碳原子上有羟基取代，其信号将向低场位移δ 40~45，如羟基与糖结合成苷，则连氧碳会进一步低场位移δ 6~10（苷化位移）。羟基位于环上时，羟基的取向不同，连氧碳的化学位移也会有所不同，一般情况下α-OH所连的碳$\delta<70.0$，而β-OH所连的碳一般$\delta>70.0$。碳原子形成双键后，将低场位移至δ 115~150；碳原子形成羰基后，将位移至δ 200左右；螺缩酮环中，缩酮碳C-22一般位于δ 109。

PPT

第二节　结构解析

一、Chonemorphol A（1）和chonemorphoside A（2）的结构解析

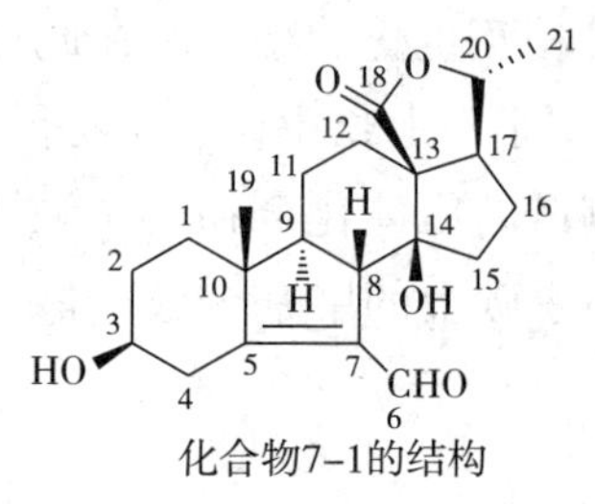

化合物7-1的结构

化合物7-1为无色针状晶体，在硅胶薄层板上以CH_2Cl_2/CH_3OH（20：1）展开，R_f=0.41。在波长为254nm的紫外光下有暗斑，喷茴香醛-硫酸溶液加热后显示淡蓝色斑点。

从该化合物的HRESIMS谱（图7-3）中可观察到m/z为383.1826的离子峰，推测为其准分子离子$[M+Na]^+$峰，据此可推断出该化合物的分子式为$C_{21}H_{28}O_5$（$C_{21}H_{28}O_5Na$的计算值为383.1829）。

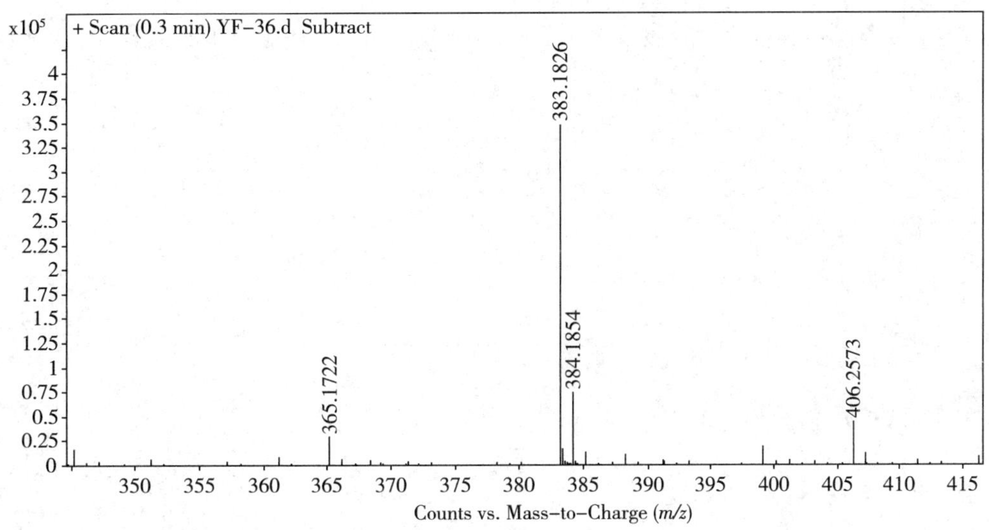

图7-3　化合物7-1的HR-ESI-MS

从其^{1}H NMR谱（图7-4和图7-5，表7-1）中可以观察到2个甲基质子信号（δ_H 0.83, s和1.35, d, J=6.3Hz), 2个连氧次甲基质子的信号（δ_H 3.75, m和4.52, q, J=6.4Hz)，一个可交换质子信号（δ_H 5.69, s)，一个醛基质子信号（δ_H 9.87，s）以及高场区的一系列复杂的饱和CH_2和CH的信号。

从^{13}C NMR谱（图7-6，表7-1）能够观察到21个碳信号，结合HSQC数据确定其中包括2个羰基碳（一个醛羰基和一个酯羰基），2个四取代双键碳原子信号，2个甲基信号（δ_C 15.6和21.3)，7个亚甲基信号，5个次甲基信号（包括2个连氧的碳信号δ_C 70.7和83.4）和3个季碳信号（包括一个连氧季碳信号δ_C 82.3)。上述^{1}H和^{13}C NMR谱的特征提示化合物1是一个C21甾体类化合物。

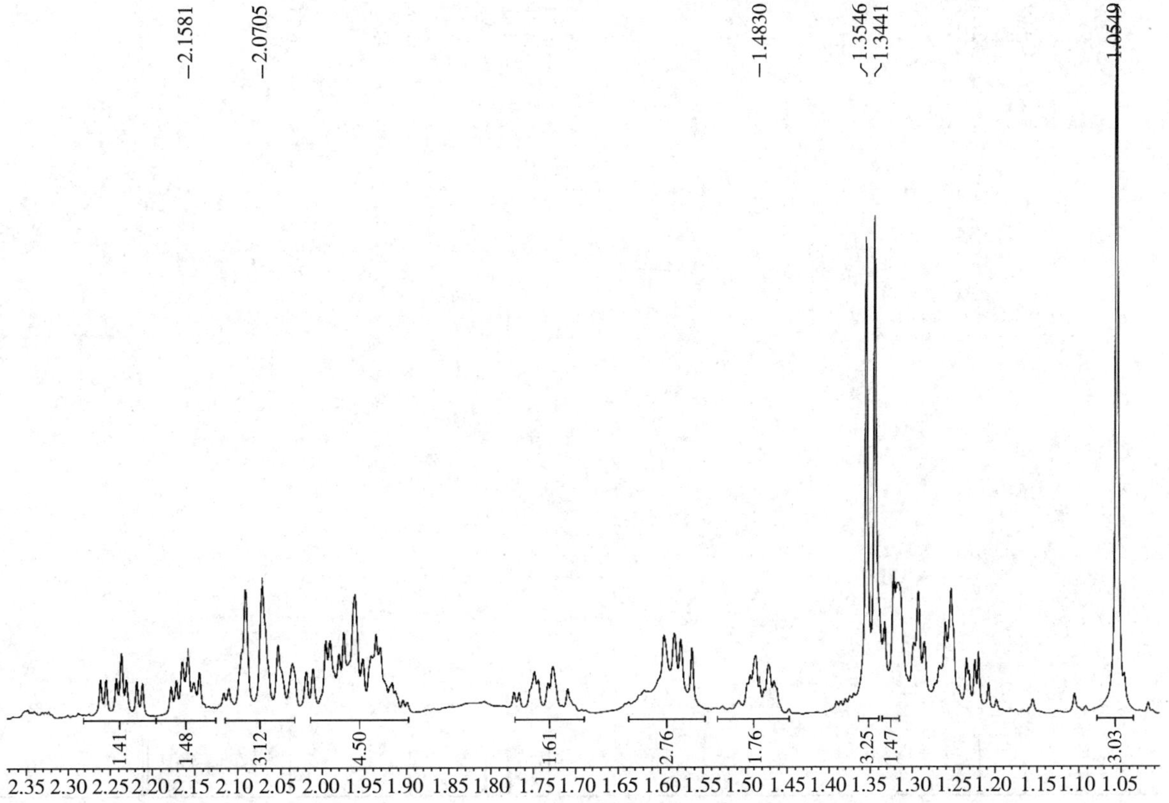

图7-4　化合物7-1的^{1}H-NMR部分放大图

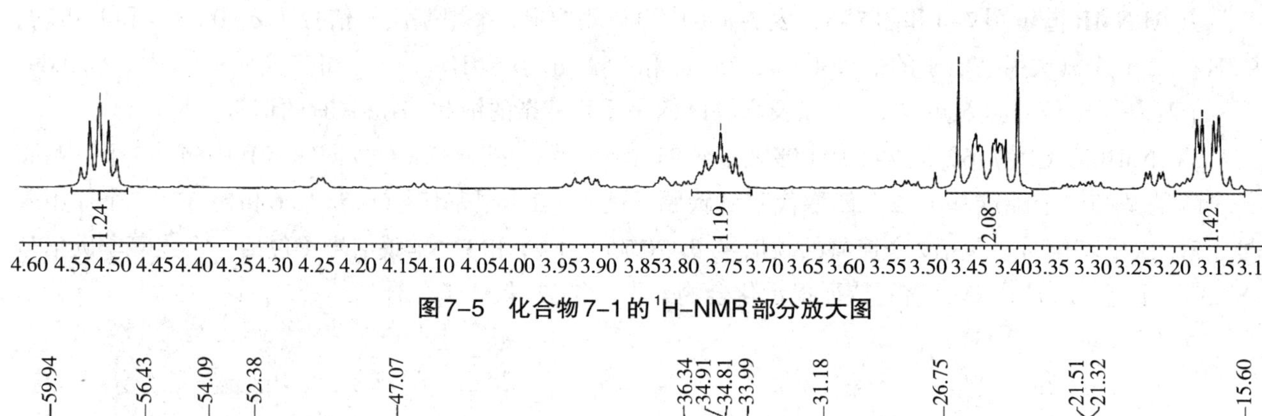

图7-5 化合物7-1的 ^1H-NMR部分放大图

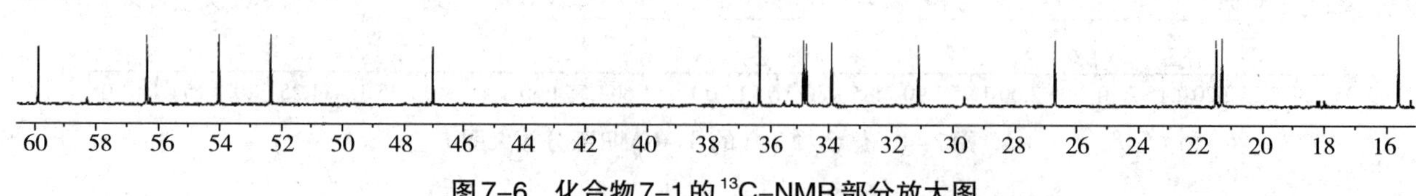

图7-6 化合物7-1的 ^{13}C-NMR部分放大图

表7-1　化合物7-1和7-2的 ^1H 和 ^{13}C NMR数据[a]

position	1[a]		2[a]	
	δ_C	δ_H	δ_C	δ_H
1	36.3	1.29，m	36.4	1.29，m
		1.97，m		1.96，m
2	31.2	1.98，m	29.2	2.11，m
		1.74，m		1.79，m
3	70.7	3.75，m	77.0	3.75，m
4	34.0	3.43，m	31.2	3.43，m
		2.24，m		2.26，m
5	176.5		176.4	
6	188.9	9.87，s	188.7	9.87，s
7	137.1		137.1	
8	52.4	3.16，dd（12.3，4.0）	52.3	3.16，m
9	54.1	1.32，m	54.1	1.32，m
10	47.1		47.3	
11	21.5	1.48，m	21.3	1.47，m
		2.07，m		2.06，m
12	34.8	1.58，m	34.8	1.30，m
		2.08，m		1.96，m
13	59.9		59.9	
14	82.3		82.2	
15	34.9	1.96，m	34.9	1.96，m
		1.31，m		1.30，m
16	26.7	2.00，m	26.8	2.00，m
		1.91，m		1.91，m
17	56.4	2.16，td（7.7，4.1）	56.3	2.16，m
18	178.8		178.7	
19	15.6	1.05，s，3H	15.5	1.04，s，3H
20	83.4	4.52，dq（6.9，6.4）	83.4	4.51，dq（6.9，6.4）
21	21.3	1.35，d（6.3），3H	21.5	1.35，d（6.4），3H
14-OH		5.69，s		5.67，s
1′			98.4	4.63，dd（9.6，2.1）
2′			35.5	2.33，dq（12.3，2.0）
				1.51，m
3′			80.6	3.21，m
4′			75.4	3.18，dd（8.8，2.4）
5′			71.7	3.32，m
6′			17.9	1.34，d（6.1），3H
3′-OCH_3			56.4	3.40，s，3H

注：[a]在 $CDCl_3$ 中测定，括号内为偶合常数，单位为Hz。

从其HSQC谱（图7-7，图7-8）和^{1}H-^{1}H COSY（图7-9）可以观察到有三个自旋偶合片段H_2-1/H_2-2/H-3/H_2-4，H-8/H-9/H_2-11/H_2-12，以及H_2-15/H_2-16/H-17/H-20/H_3-21（图7-10）。通过HMBC谱（图7-11）中的H_3-19/C-1，C-5，C-9和C-10；H_2-4/C-5，以及H-6（δ_H 9.87）/C-5（δ_C 176.5），C-7（δ_C 137.1）和C-8等相关信号可确定B环为一个6-位醛基与5-位双键共轭的环戊烯，并且通过C-5和C-10与A环相互稠合（图7-10）。

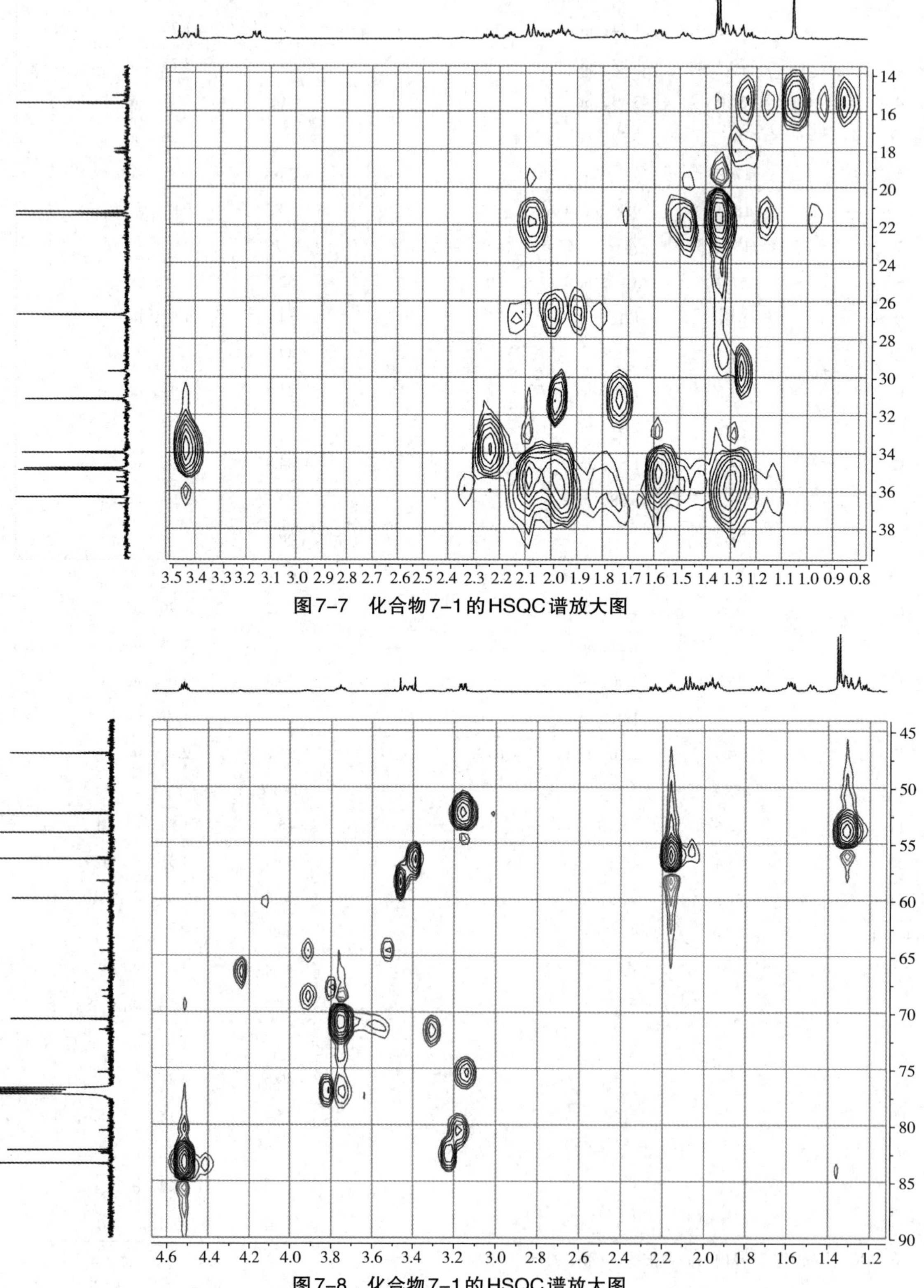

图7-7　化合物7-1的HSQC谱放大图

图7-8　化合物7-1的HSQC谱放大图

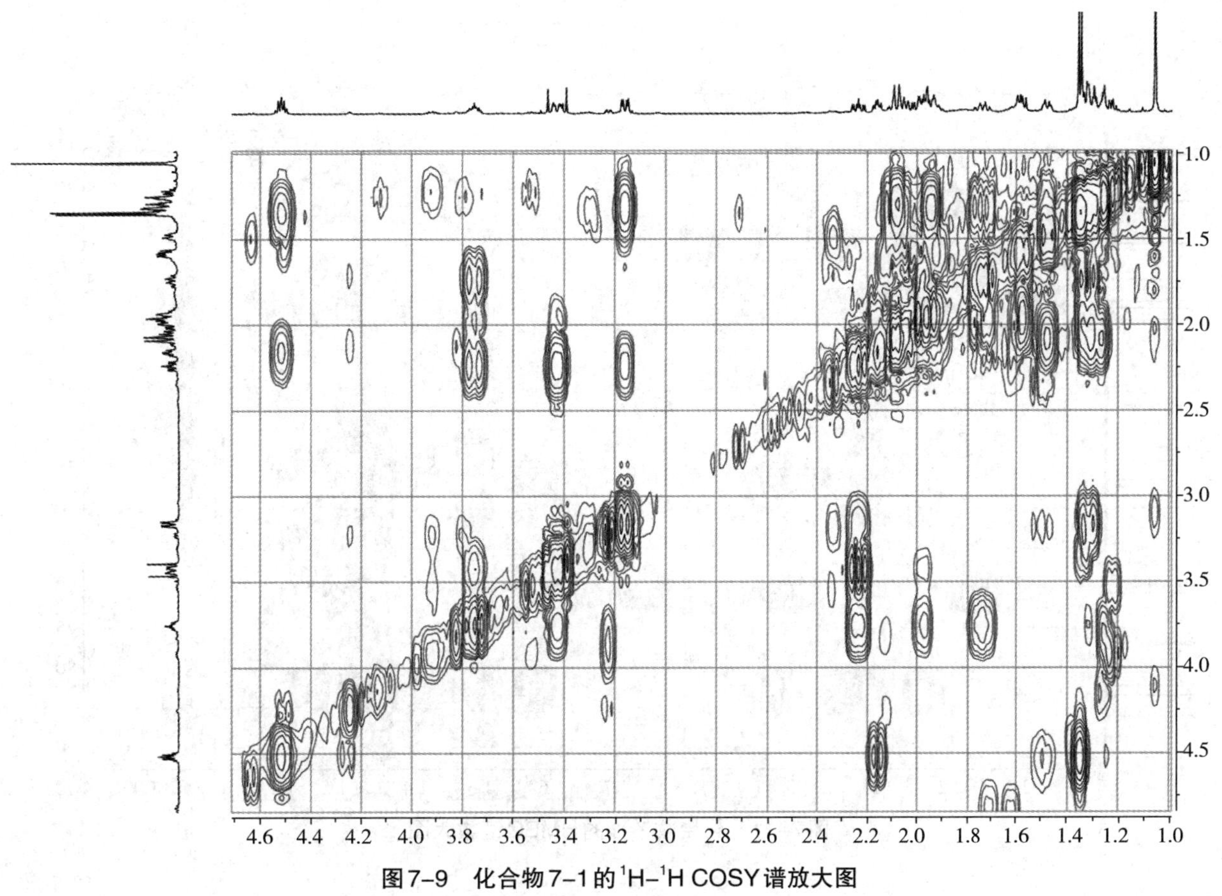

图7-9　化合物7-1的 $^{1}H-^{1}H$ COSY谱放大图

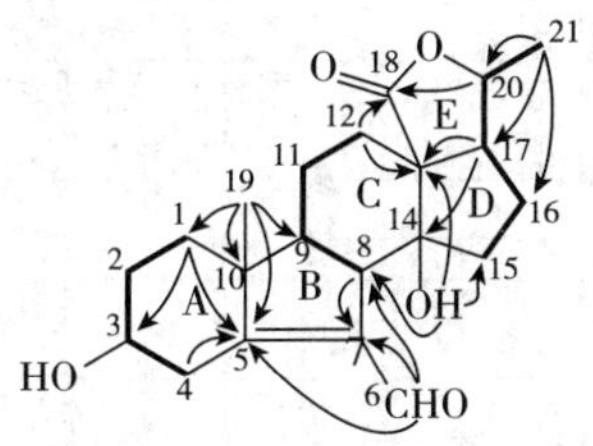

图7-10　化合物7-1的关键 $^{1}H-^{1}H$ COSY（—）和HMBC（H→C）相关

结合HMBC谱（图11-13）中的OH-14/C-8，C-13，C-14，C-15; H_2-12/C-13以及H-17/C-13等相关信号可以将C环通过C-13（δ_C 59.9）和C-14（δ_C 82.3）与D环连接起来。通过C-18（δ_C 178.8）和C-20（δ_C 83.4）的化学位移值，以及HMBC谱中的 H_2-12/C-18；H-20/C-18；以及 H_3-21/C-17和C-20等相关信号可以确定E环是一个18,20-内酯环，且通过C-13和C-17与D环连接（图7-10）。由此可以确定化合物7-1的平面结构为一个B环缩环以及E环为 γ-内酯环的 C_{21} 甾体化合物。

该化合物的相对构型主要是通过NOESY谱（图7-14）确定。由 H_3-19/H-8; H-8/OH-14和OH-14/H-20等NOE相关信号可证明这些质子都在环平面的同一侧，为 β-构型。相反，H-3/H-1α; H-1α/H-9; H-9/H-15α 以及H-17/H_3-21等信号可确定这些质子都在另一侧，即 α-构型（图7-15）。

进一步采用铜靶射线的X射线单晶衍射技术（图7-16），证实了以上结论并确定了化合物7-1中各手性中心的构型分别为3*S*，8*S*，9*S*，10*R*，13*S*，14*S*，17*S*和20*R*，Flack参数为0.08（18）。综合以上，可以确定化合物7-1的结构为3*S*,14*S*-dihydroxy-6-oxo-5（6→7）abeo-pregn-5（7）-en-18,20*R*-lactone，并将其命名为chonemorphol A。

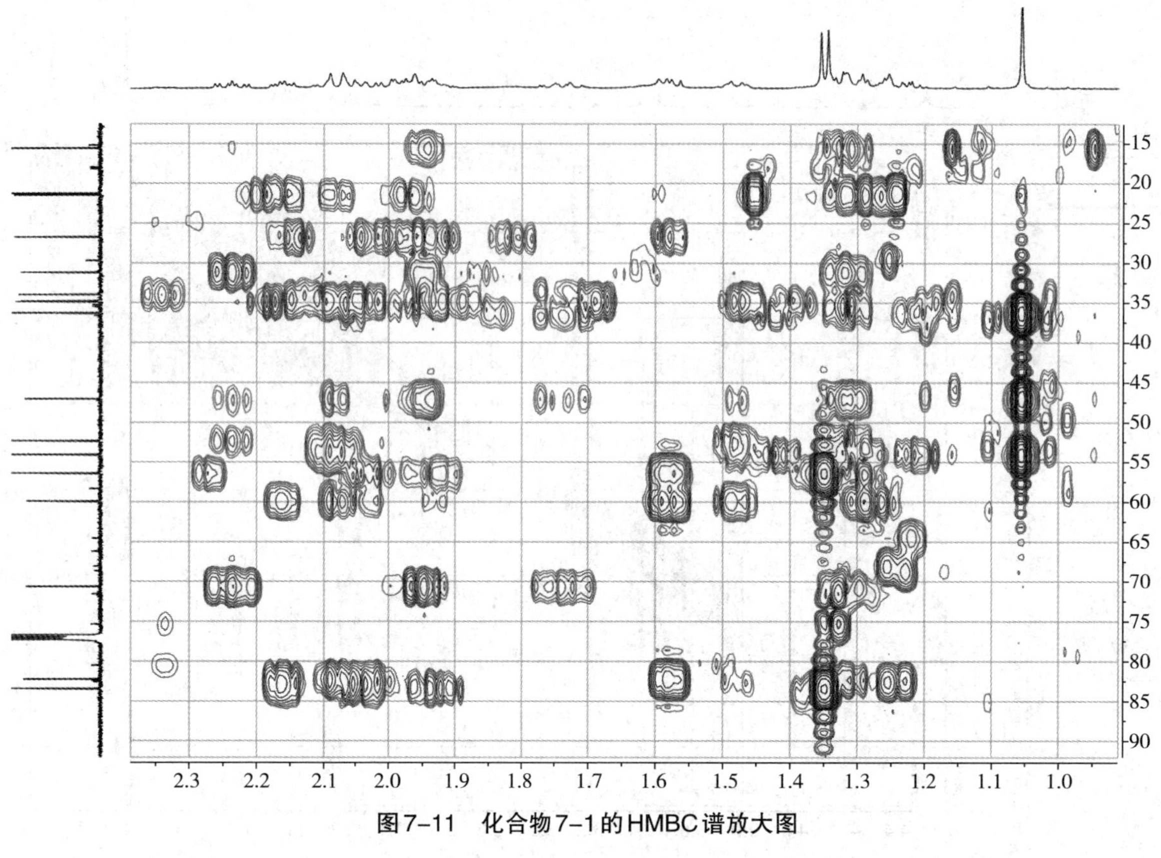

图7-11　化合物7-1的HMBC谱放大图

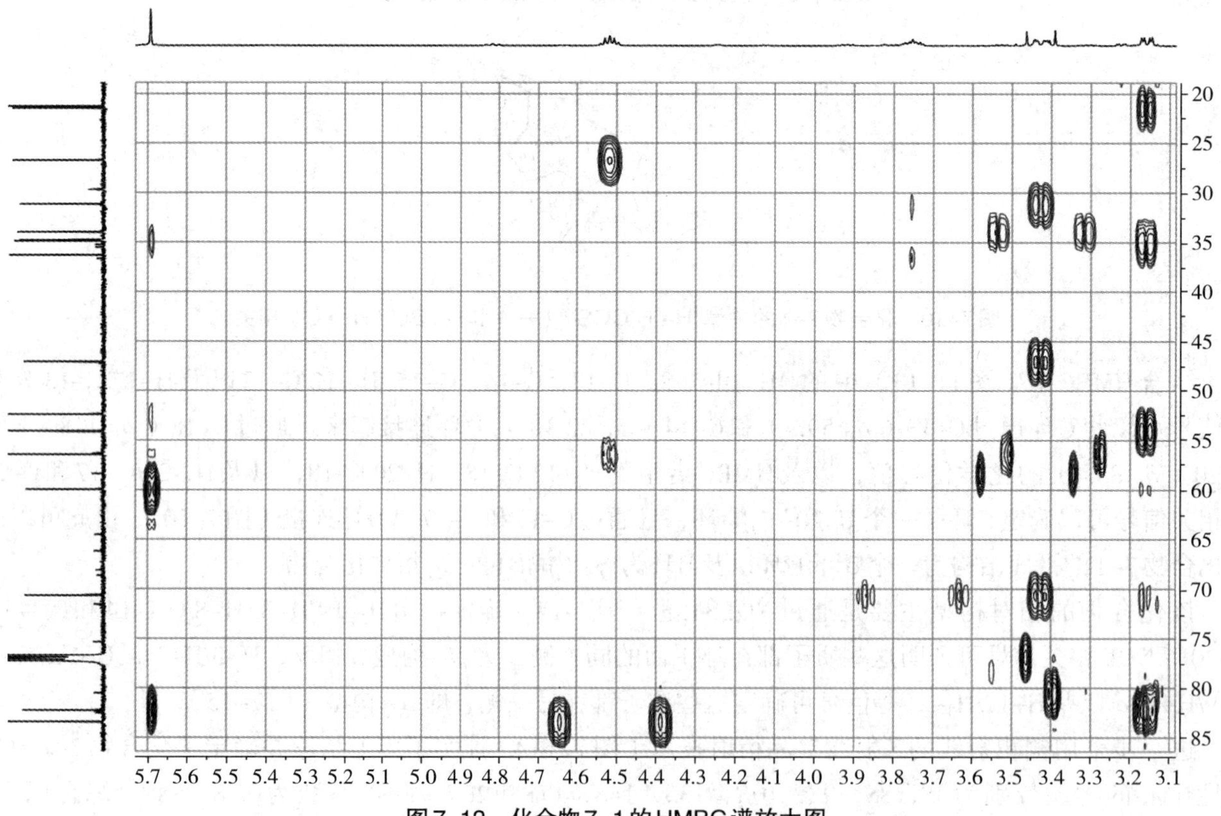

图7-12　化合物7-1的HMBC谱放大图

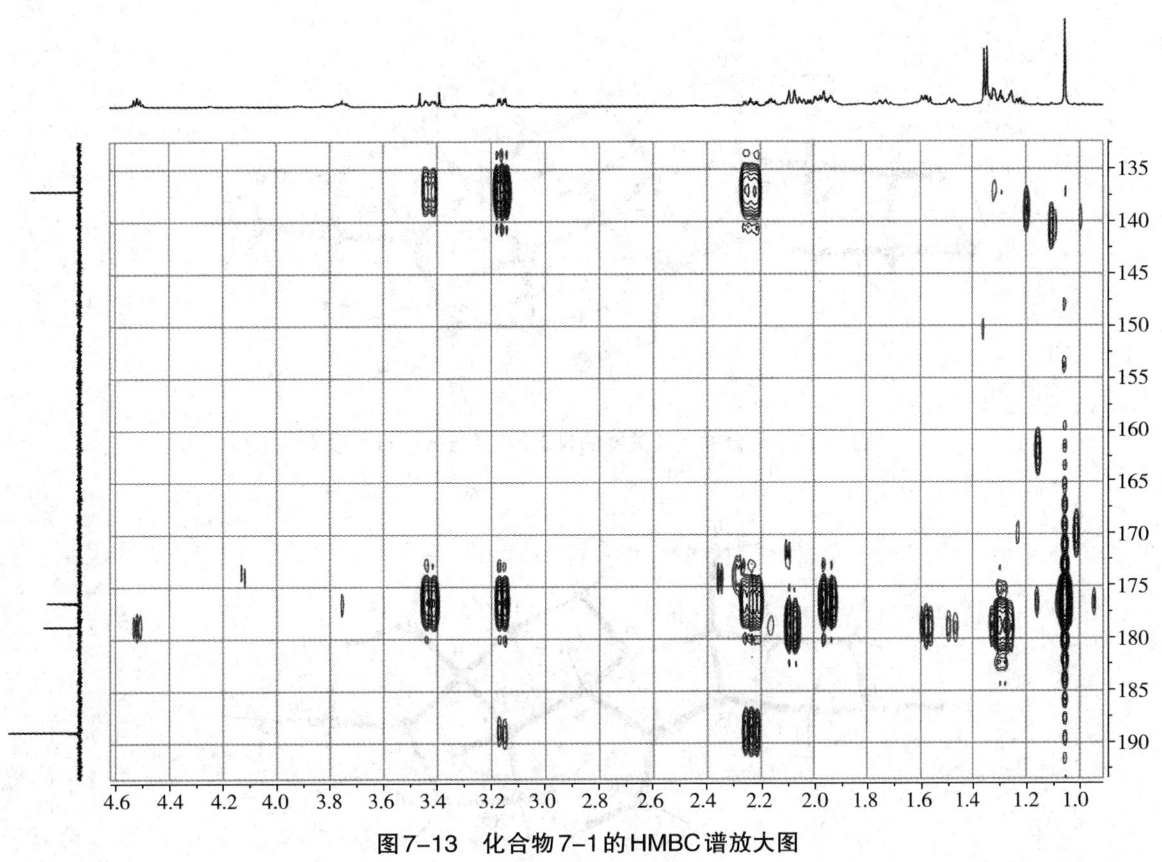

图7-13 化合物7-1的HMBC谱放大图

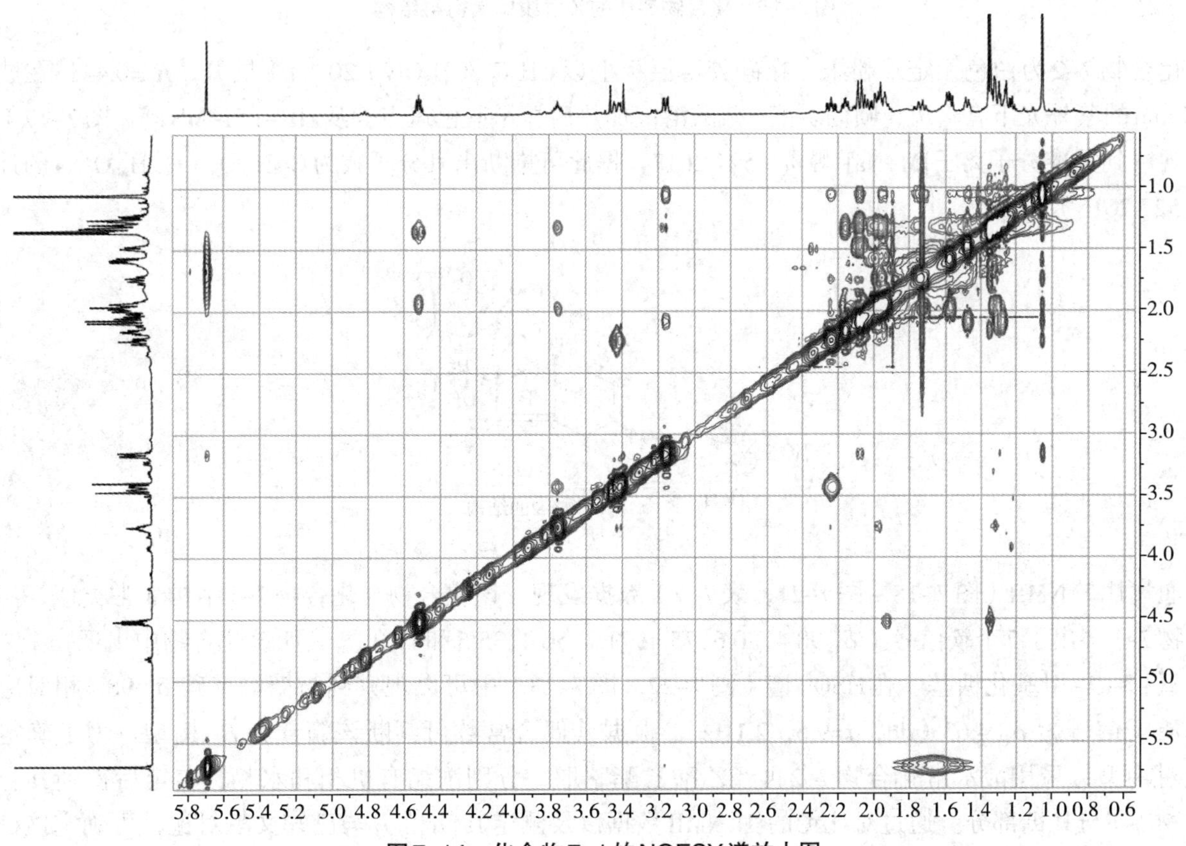

图7-14 化合物7-1的NOESY谱放大图

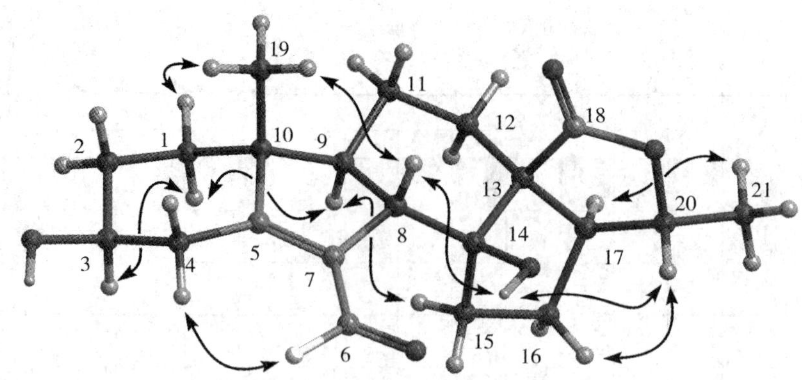

图7-15　化合物7-1关键的NOESY（H⟷H）相关

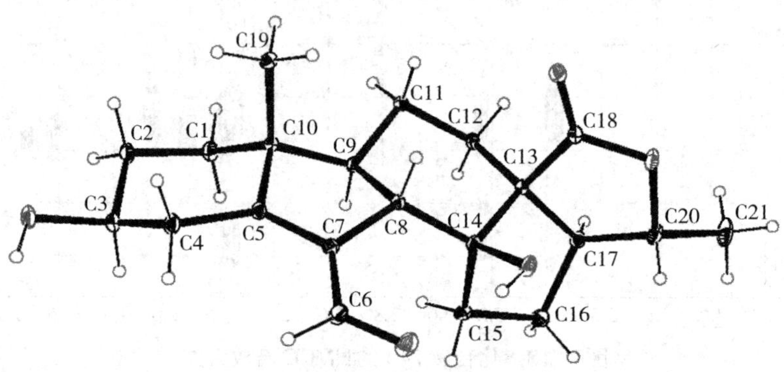

图7-16　化合物7-1的X射线单晶衍射结构

化合物7-2为白色无定形粉末，在硅胶薄层板上以CH_2Cl_2/CH_3OH（20：1）展开，R_f=0.44。在波长为254nm的紫外光下有暗斑，喷茴香醛-硫酸溶液加热后显示蓝色斑点。从HR-ESI-MS谱（图7-17）上可以观察到其准分子离子$[M+Na]^+$峰*m/z* 527.2617，据此可推断出其分子式为$C_{28}H_{40}O_8$（$C_{28}H_{40}O_8Na$的计算值为527.2615）。

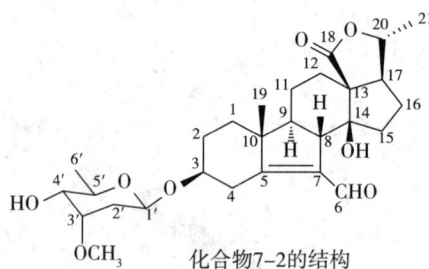

化合物7-2的结构

通过比较NMR（图7-18～图7-21，表7-1）数据发现，该化合物与化合物7-1结构非常类似，但比化合物7-1多出了7个碳信号（δ_C 98.4，80.6，75.4，71.7，56.4，35.5和17.9），表明该化合物中出现一个2,6-二去氧-3-*O*-甲基化糖基。在HSQC谱（图7-22，图7-23）中可以观察到与糖端基碳δ_C 98.4相对应的端基质子信号为δ_H 4.63（dd，*J*=9.6，2.1Hz），根据其偶合常数可判断该糖苷为*β*-构型。为了确定糖的绝对构型，采用酸水解化合物7-2再经乙酸乙酯萃取，分别浓缩有机相和水相，鉴定后得到其苷元化合物7-1与其糖部分。通过对比糖的^{1}H NMR数据以及测定其$[\alpha]^{20}_D$并与已知文献对比，可确定该糖为D-cymarose。此外，HMBC谱（图7-24～图7-27）中H-3（δ_H 3.75）/C-1′（δ_C 98.4）和H-1′（δ_H 4.63）/C-3（δ_C 77.0）等相关信号表明*β*-D-cymarose连接于C-3位。该化合物的立体化学可由NOESY图谱（图

7-28）进一步确认。由此，该化合物确定为3*S*,14*S*-dihydroxy-6-oxo-5（6→7）abeo-pregn-5（7）-en-18，20*R*-lactone 3-*O*-*β*-D-cymaropyranoside，并将其命名为chonemorphoside A。

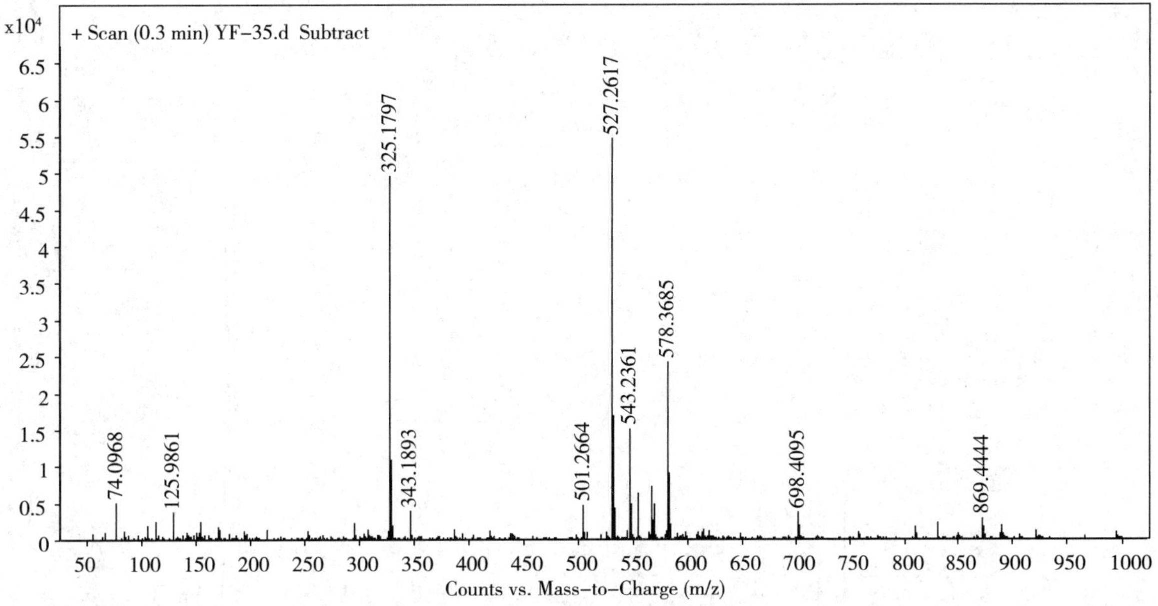

图7-17　化合物7-2的HR-ESI-MS

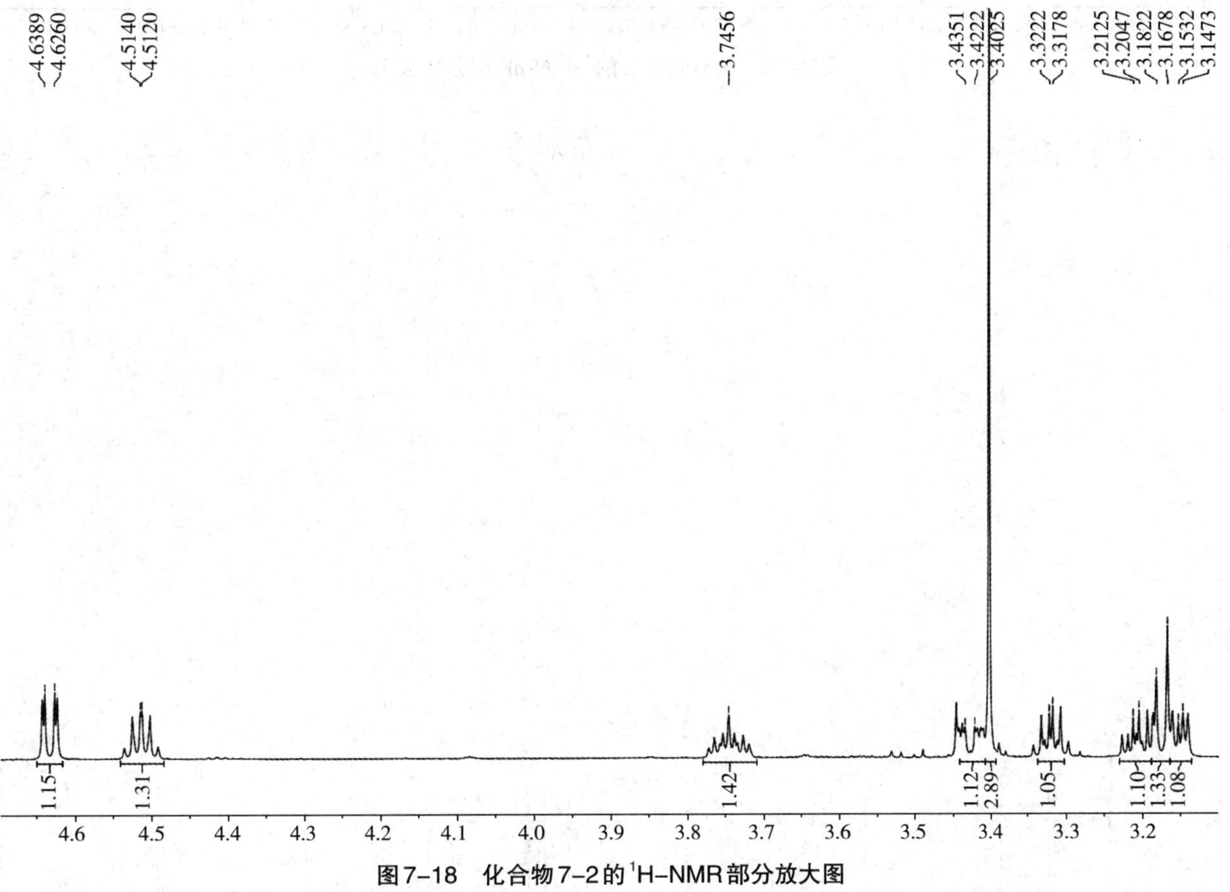

图7-18　化合物7-2的 ¹H-NMR部分放大图

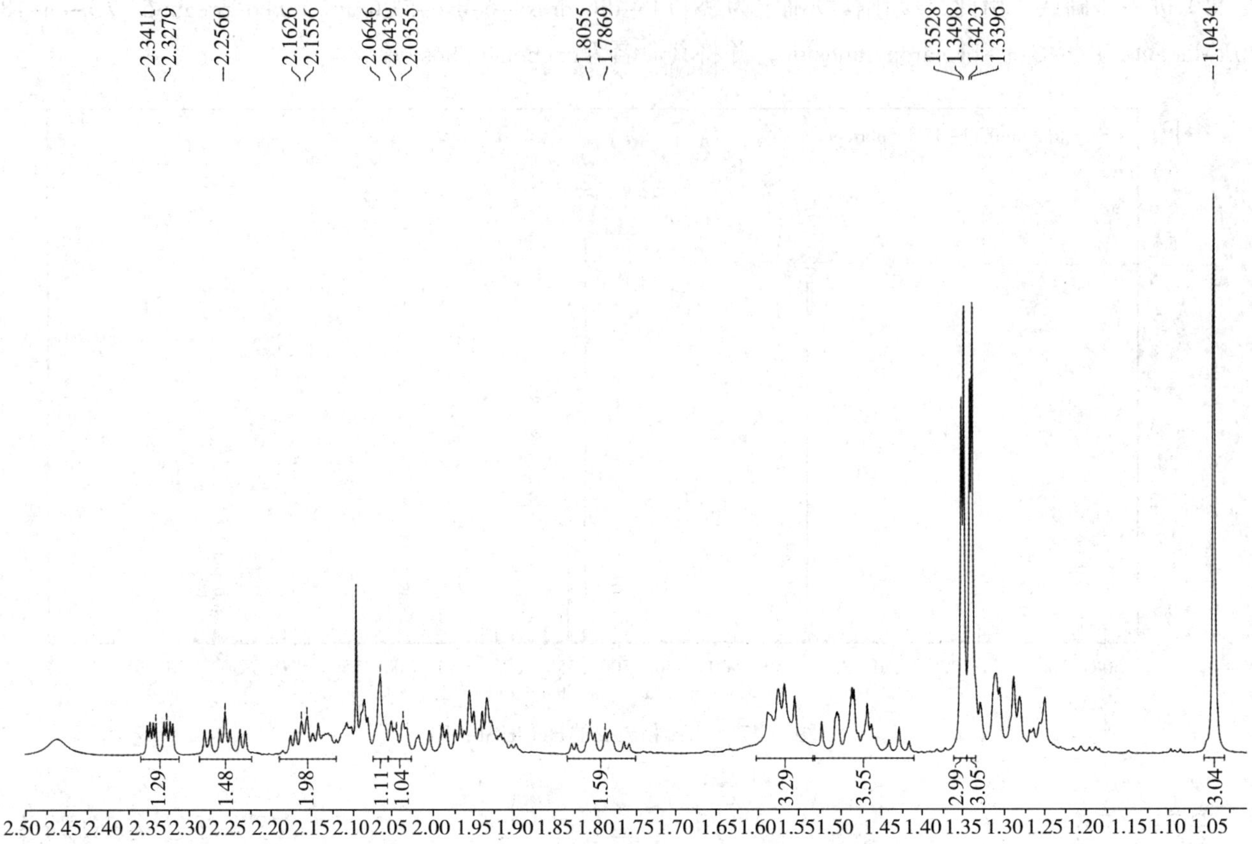

图7-19　化合物7-2的^{1}H-NMR部分放大图

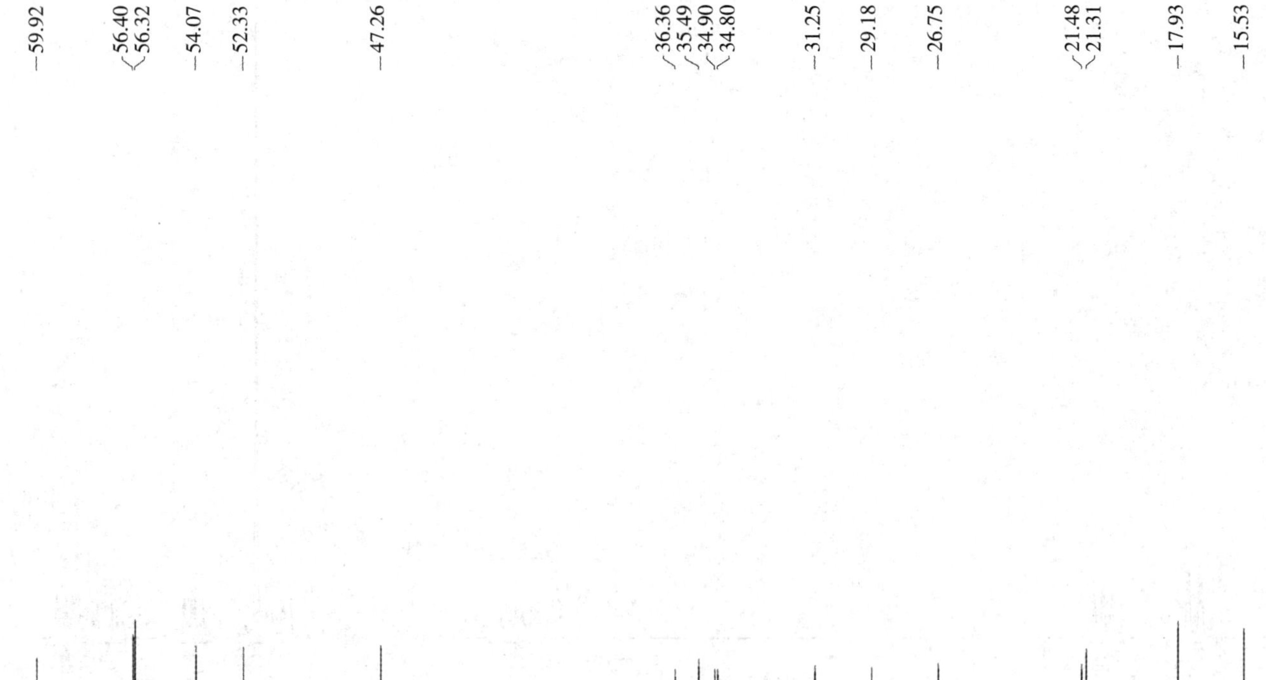

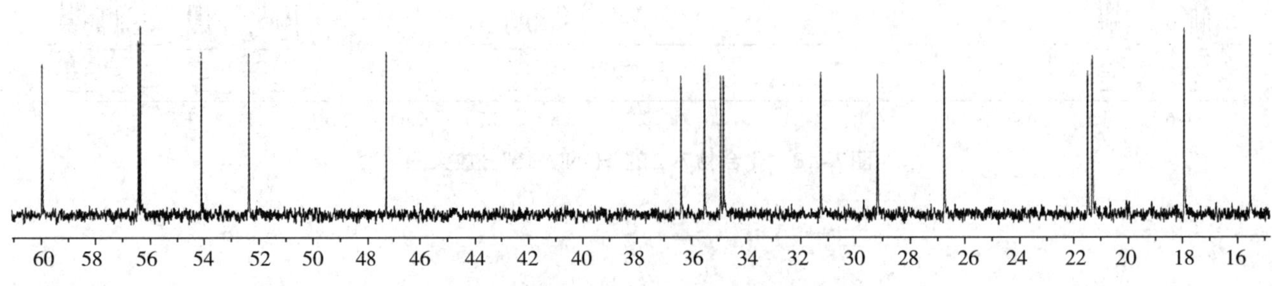

图7-20　化合物7-2的^{13}C-NMR部分放大图

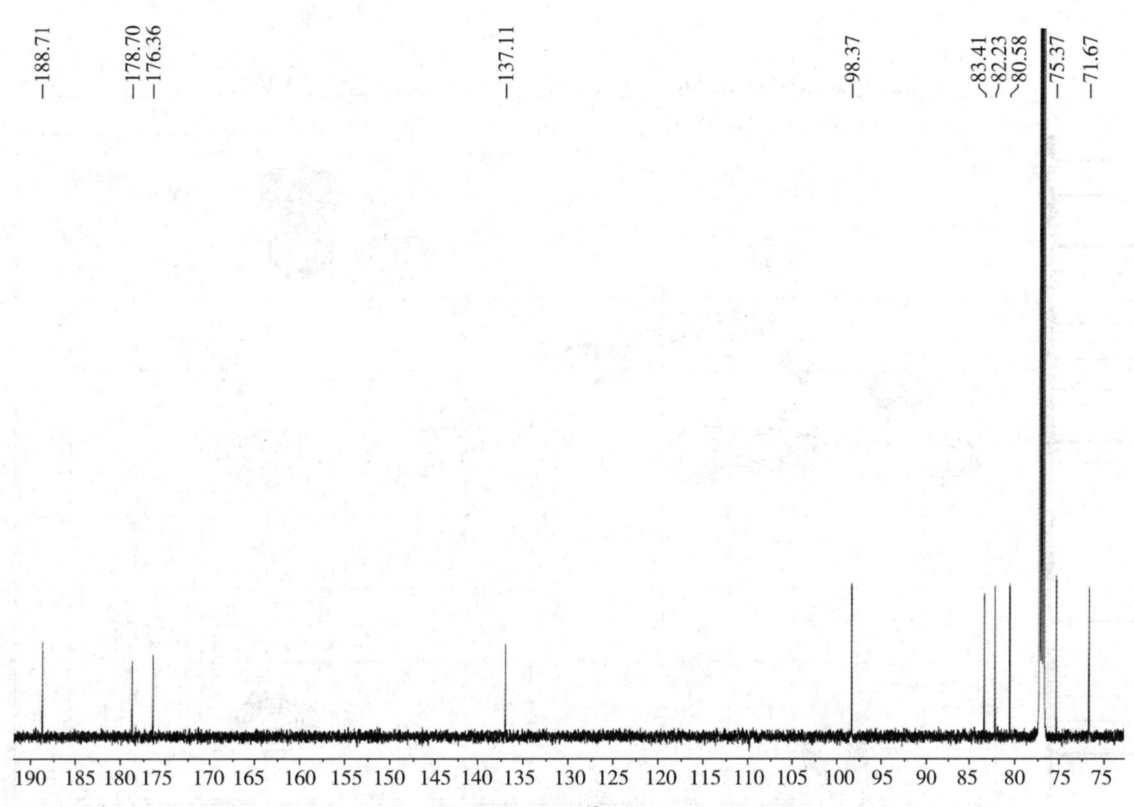

图7-21　化合物7-2的^{13}C-NMR部分放大图

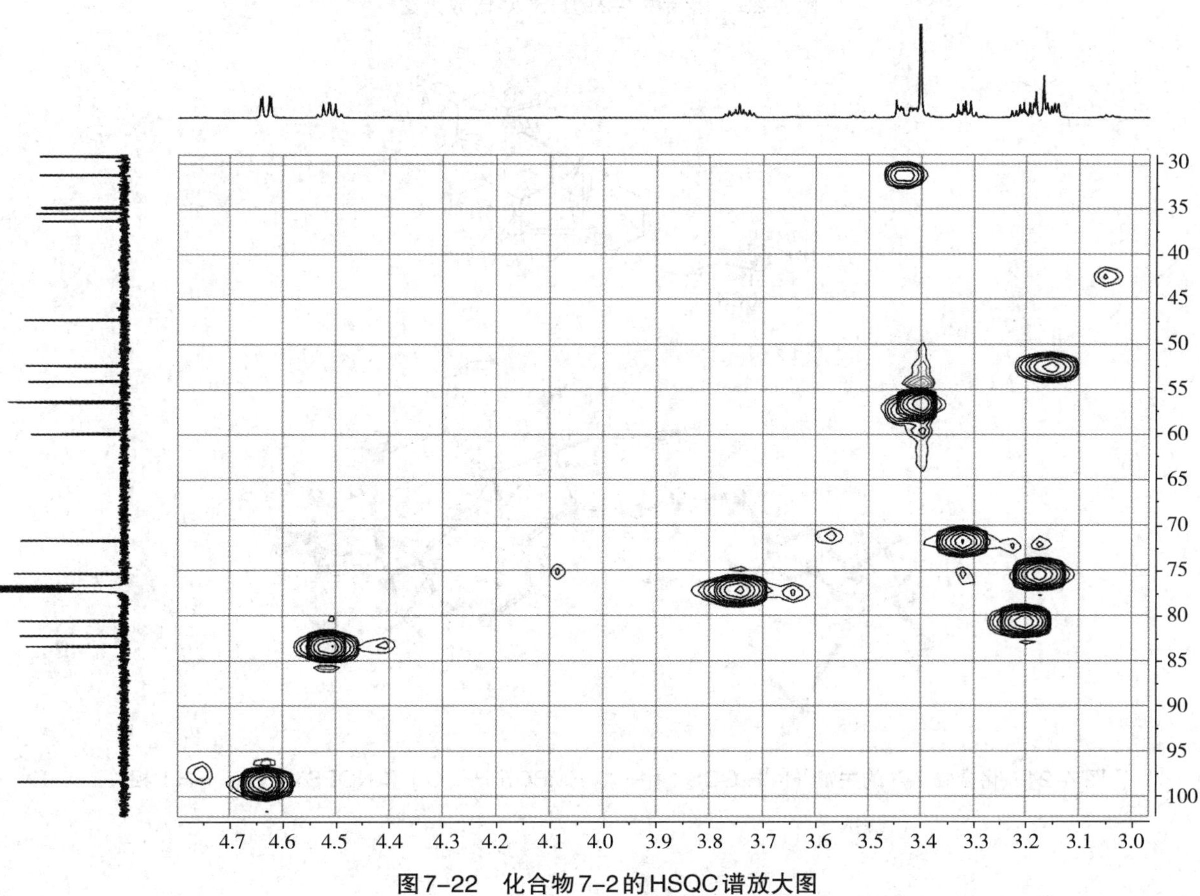

图7-22　化合物7-2的HSQC谱放大图

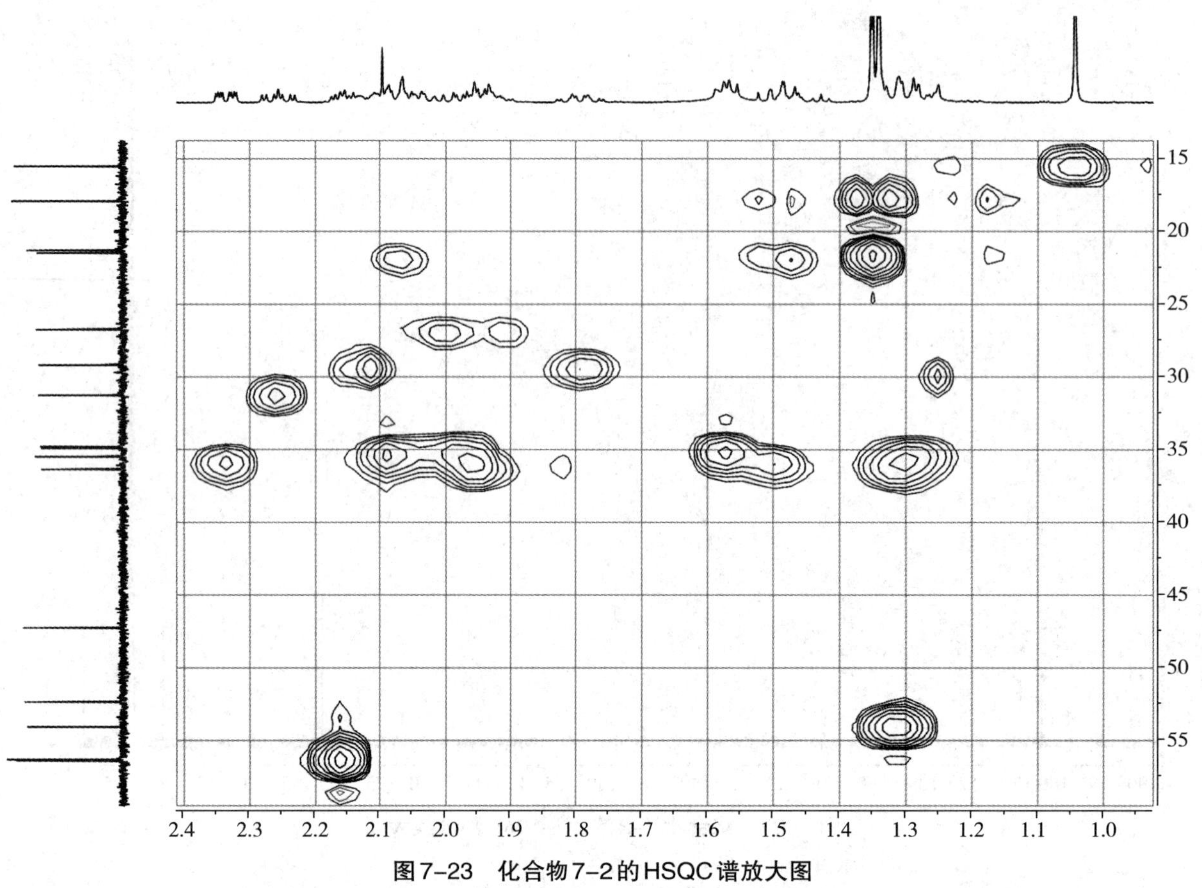

图7-23 化合物7-2的HSQC谱放大图

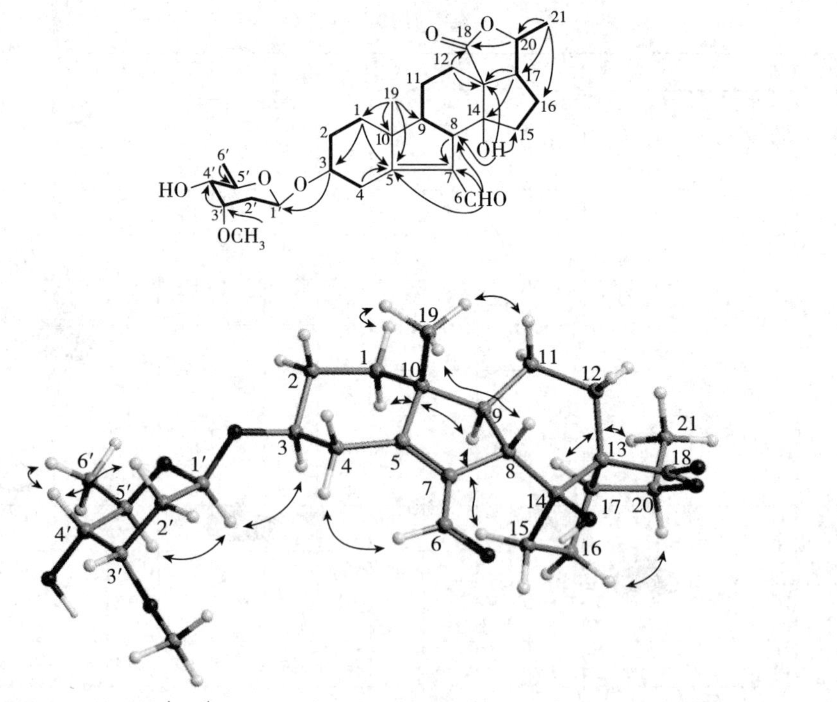

图7-24 化合物7-1的关键 ¹H-¹H COSY（—）、HMBC（H→C）和NOESY（H⟷H）相关

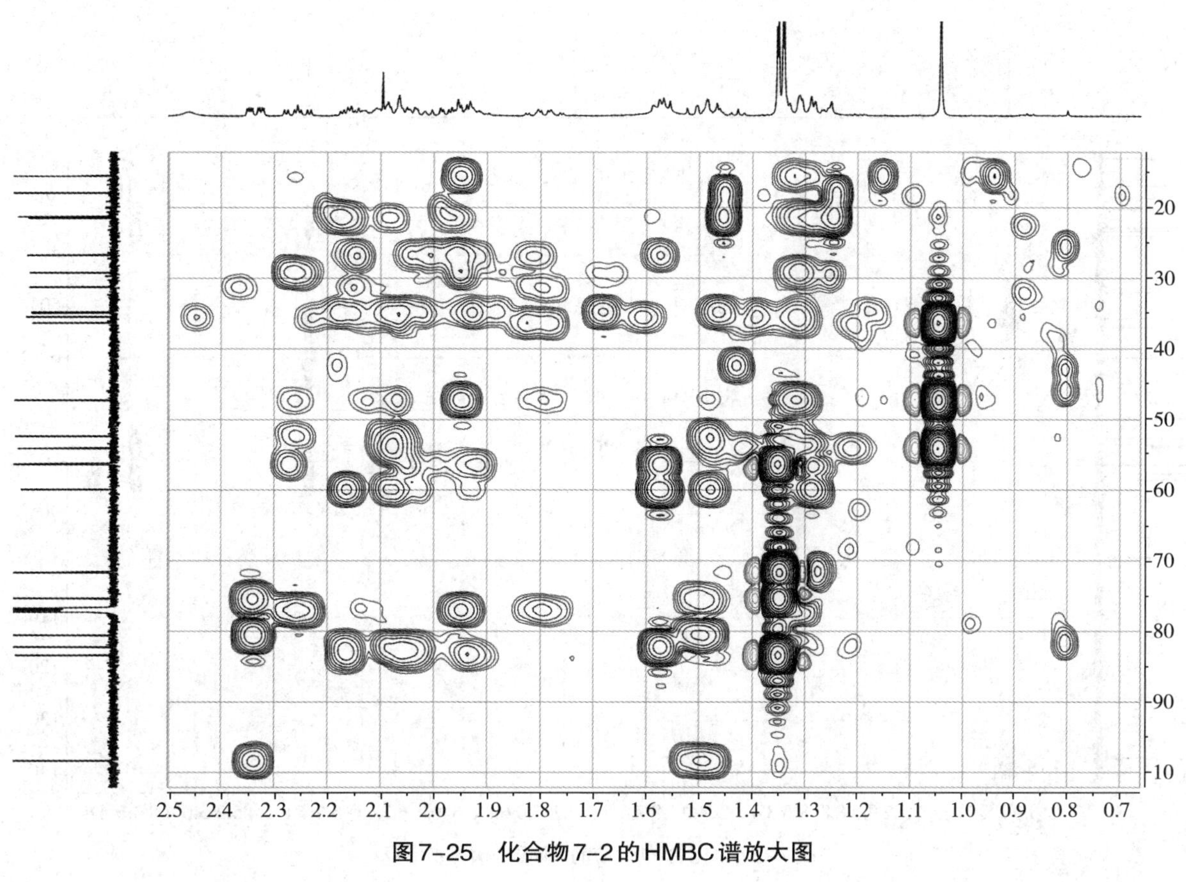

图7-25　化合物7-2的HMBC谱放大图

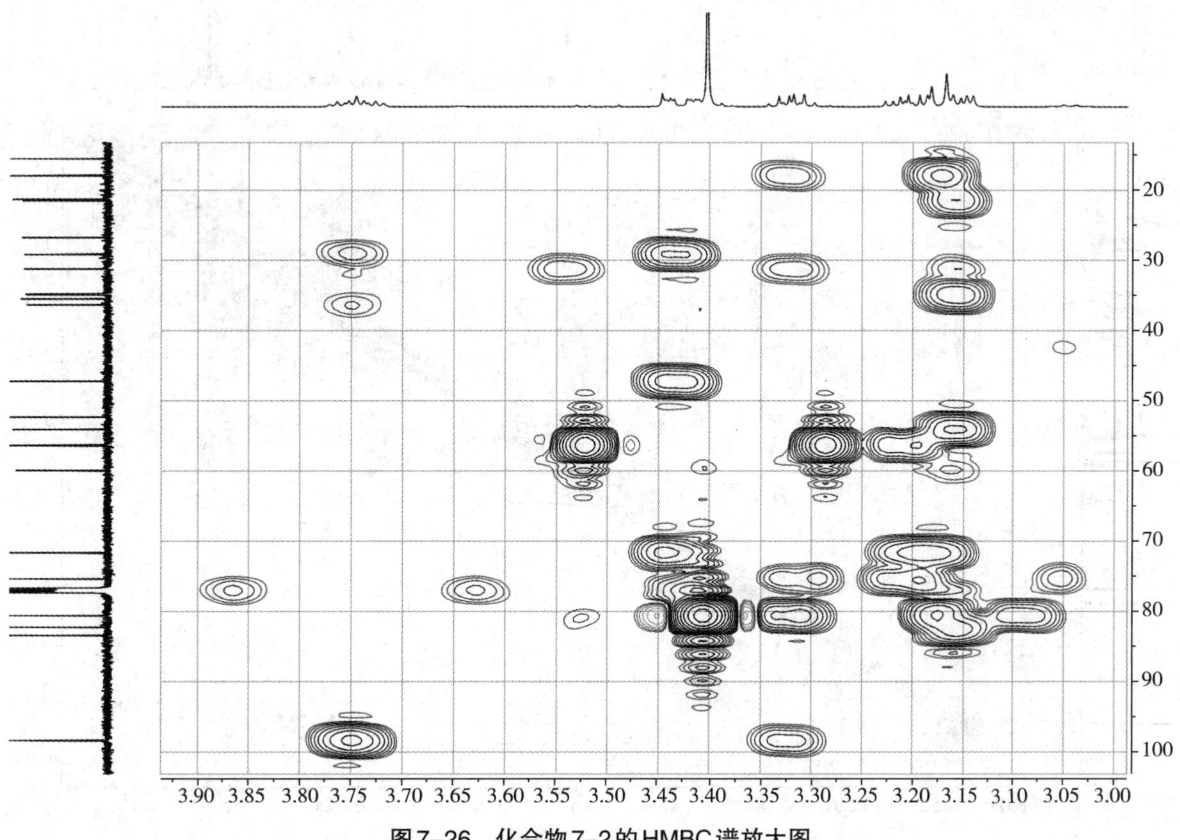

图7-26　化合物7-2的HMBC谱放大图

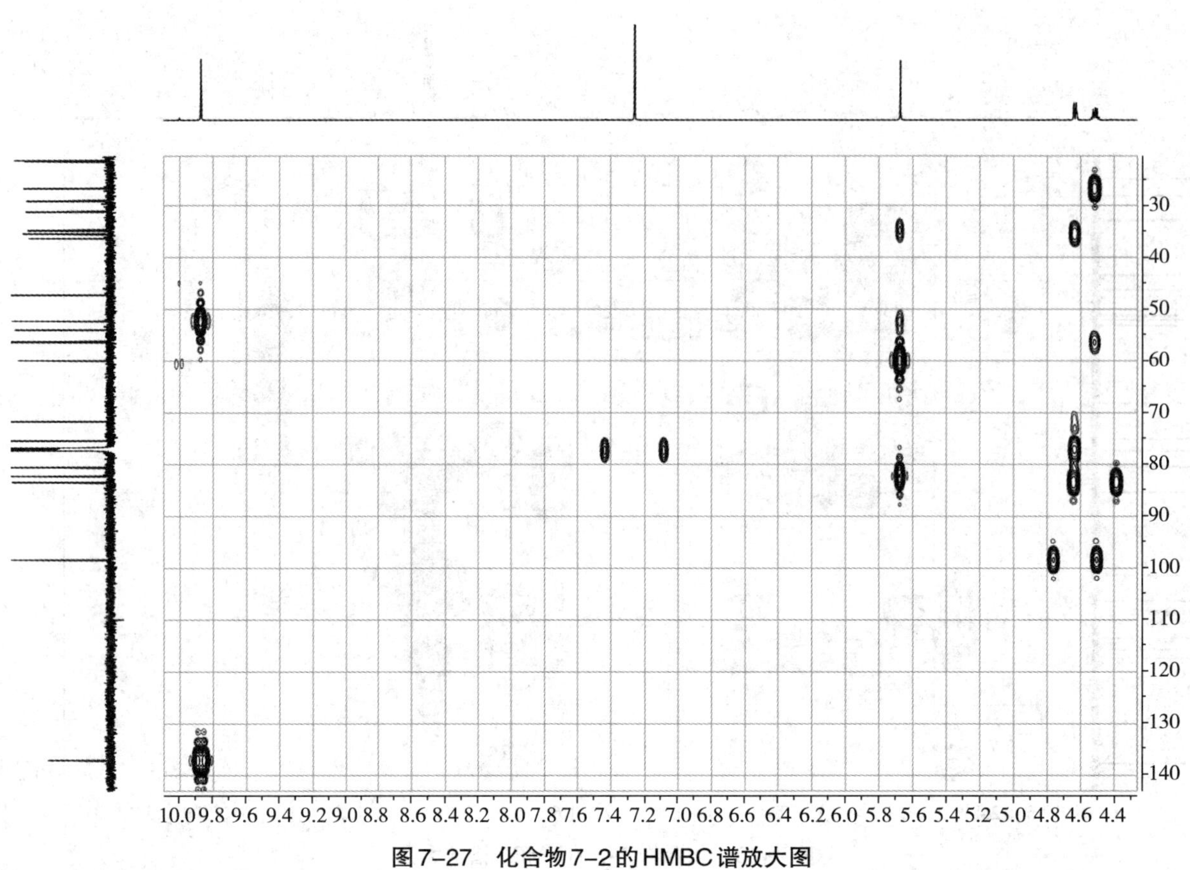

图7–27　化合物7–2的HMBC谱放大图

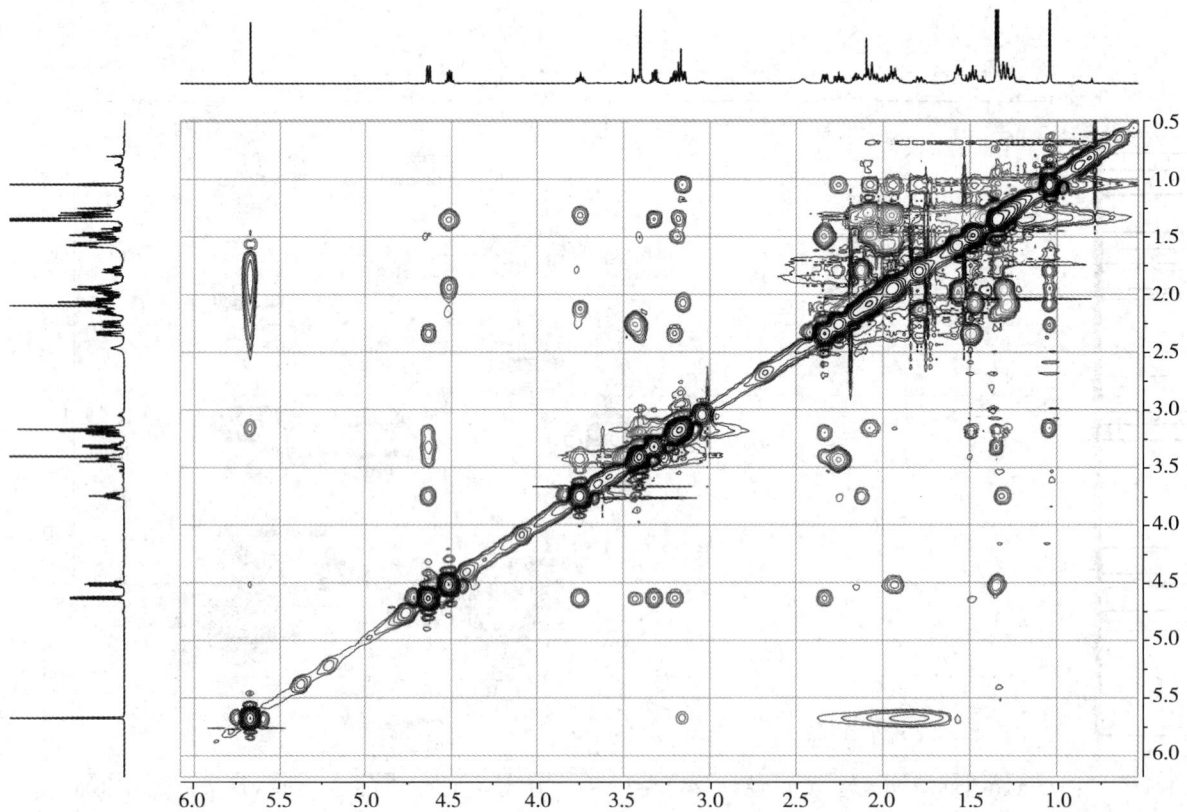

图7–28　化合物7–2的NOESY谱放大图

二、Solasaponin A（3）的结构解析

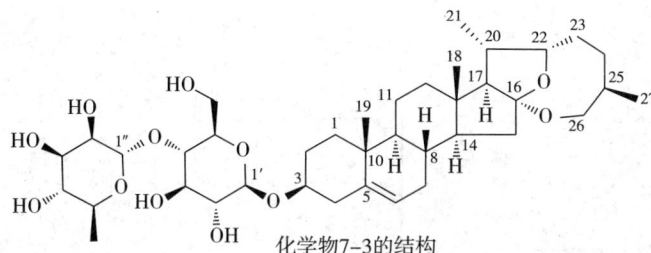

化学物7-3的结构

化合物7-3为白色无定形粉末，其负离子模式的HR-ESI-MS（图7-29）在*m/z* 767.4185和721.4136处可见离子峰，二者结合起来，可确定前者为$[M+HCOO]^-$峰，后者为$[M-H]^-$峰，结合^{1}H-NMR、^{13}C-NMR推测其分子式为$C_{39}H_{62}O_{12}$（$C_{40}H_{63}O_{14}$的计算值为767.4223；$C_{39}H_{62}O_{11}$的计算值为721.4169），计算其不饱和度为9。

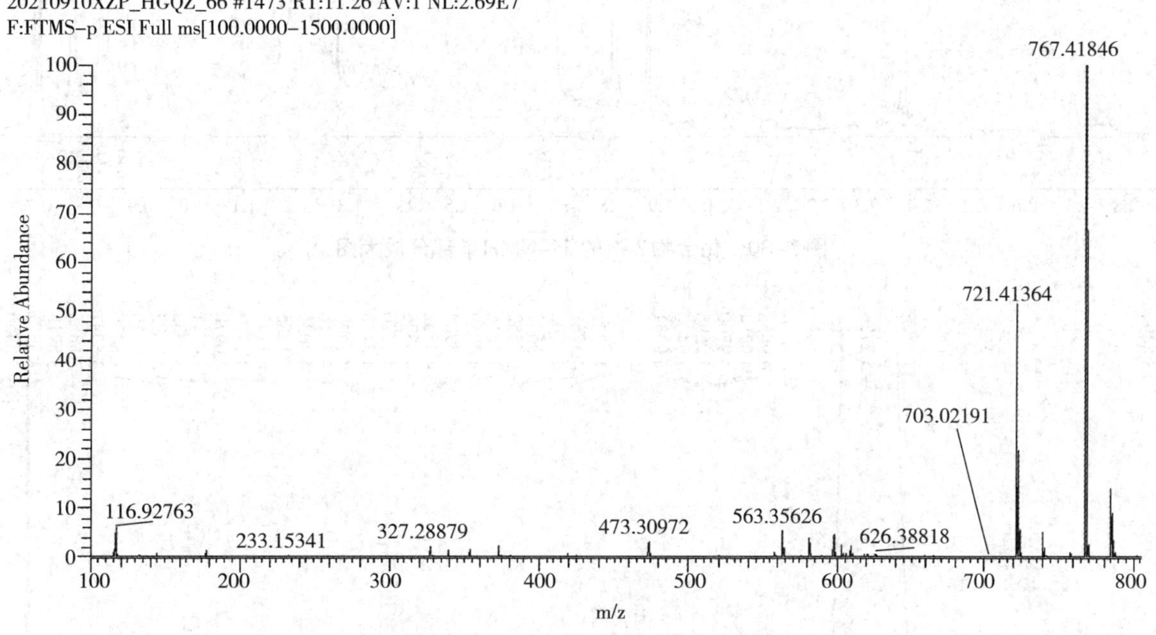

图7-29　化合物7-3的HR-ESI-MS

从其^{1}H-NMR（图7-30，图7-31）中，可见1个双键质子信号 δ 5.30（1H，m）；2个糖的端基质子信号 δ 5.85（1H，br. s）和4.94（1H，d，*J*=7.7Hz）；在高场区可见5组甲基质子信号 δ 1.69（3H，d，*J*=6.2Hz），0.94（3H，d，*J*=7.0Hz），0.88（3H，s），0.77（3H，s），0.70（3H，d，*J*=6.8Hz）。

其^{13}C-NMR（图7-32，图7-33）共出现39个碳信号，其中包括一组二糖基 α-L-Rha^4-β-D-Glc的特征碳信号 δ 102.6，102.4，78.2，77.1，76.6，75.5，74.0，72.8，72.6，70.3，61.4和18.5；除去糖部分的12个碳原子外，其余还有27个碳原子，结合氢谱和质谱推测为C_{27}甾体类苷元。该化合物苷元部分含一组双键碳信号 δ 140.8和121.6；4个连氧碳信号 δ 118.4，85.4，78.2和69.8，其中 δ 85.4可能为呋甾烷醇类甾体皂苷22位特征碳信号；4个甲基碳信号 δ 19.3，17.9，15.6和14.6。

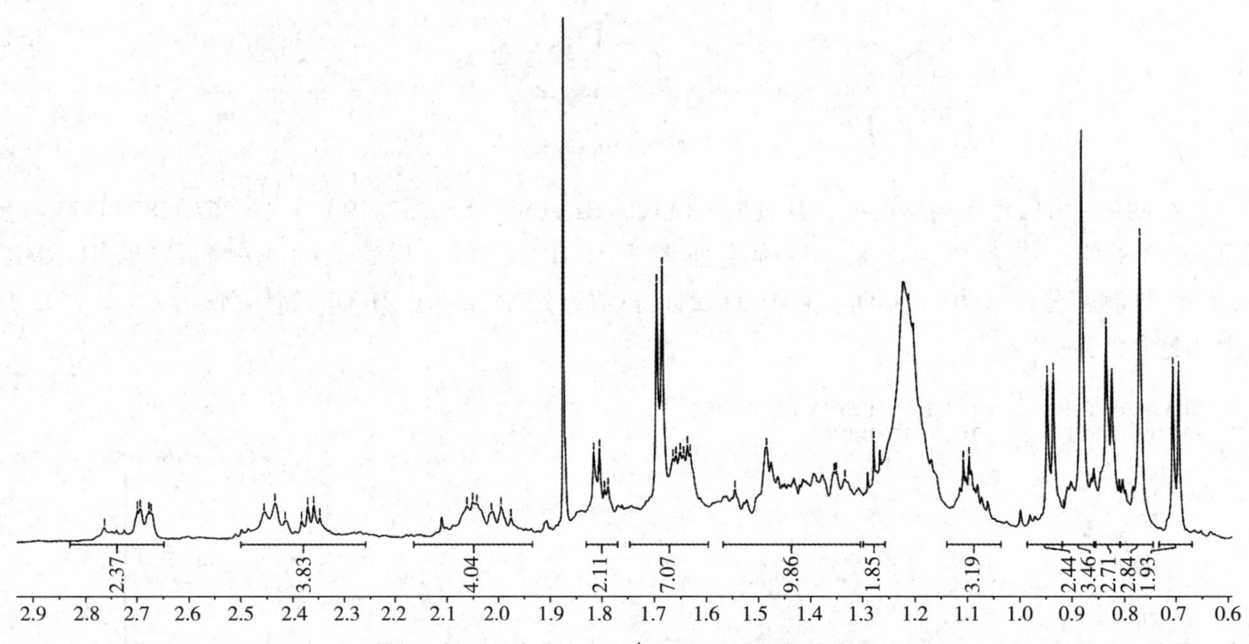

图7-30 化合物7-3的 ^{1}H-NMR谱部分放大图

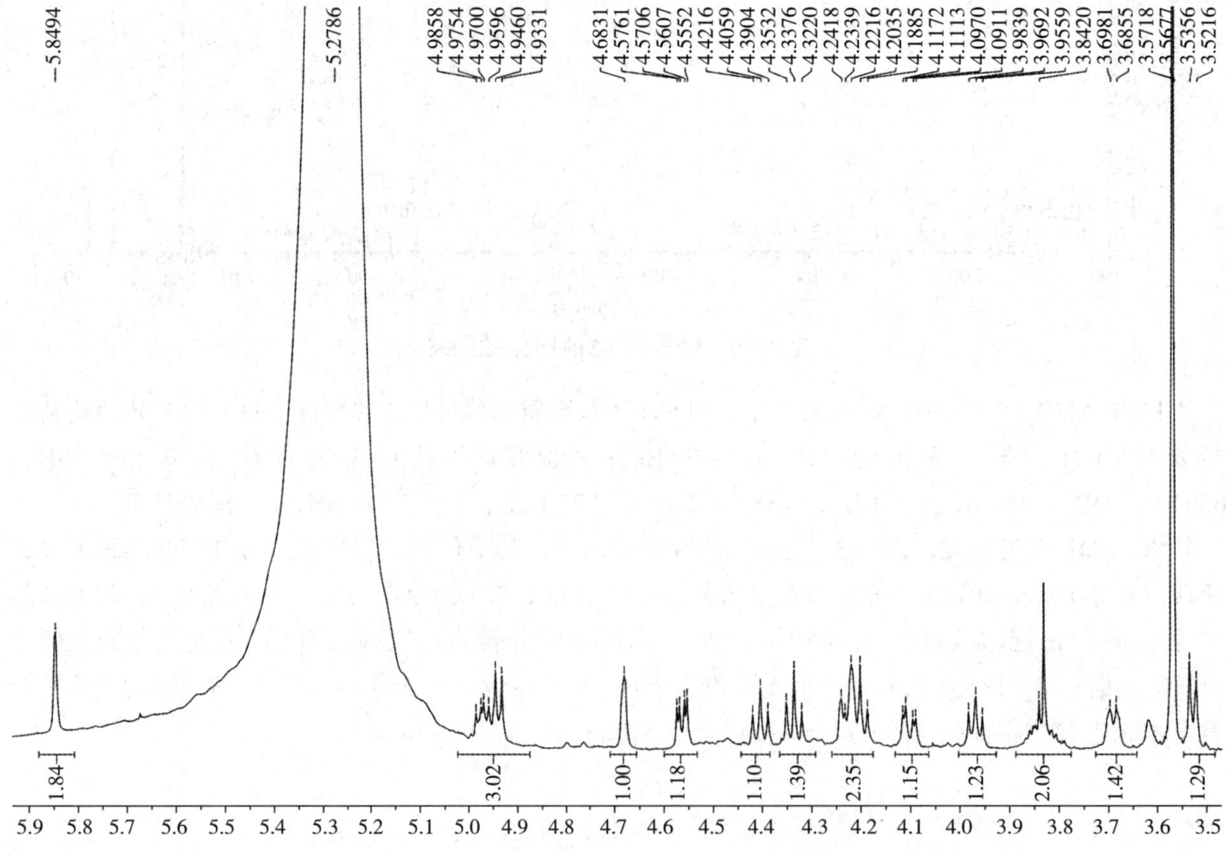

图7-31 化合物7-3的 ^{1}H-NMR谱部分放大图

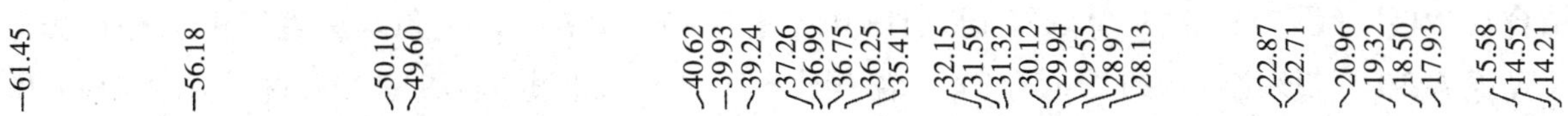

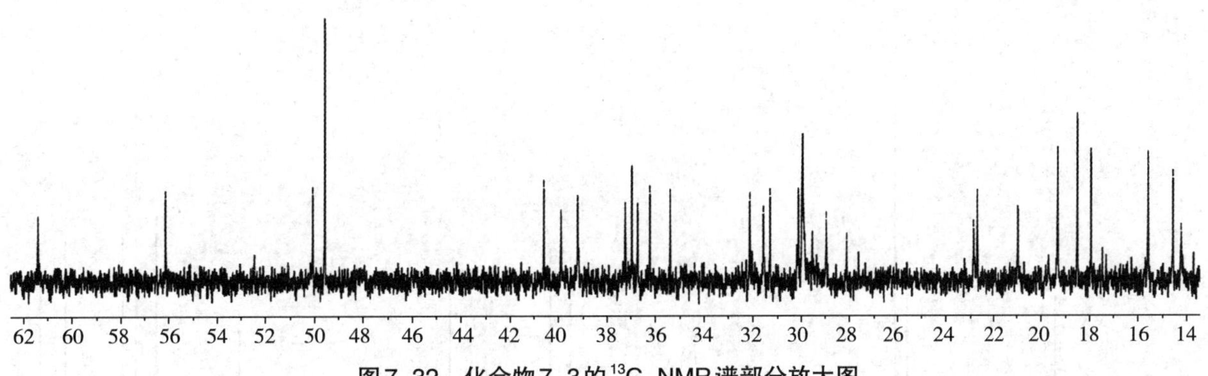

图7-32　化合物7-3的^{13}C-NMR谱部分放大图

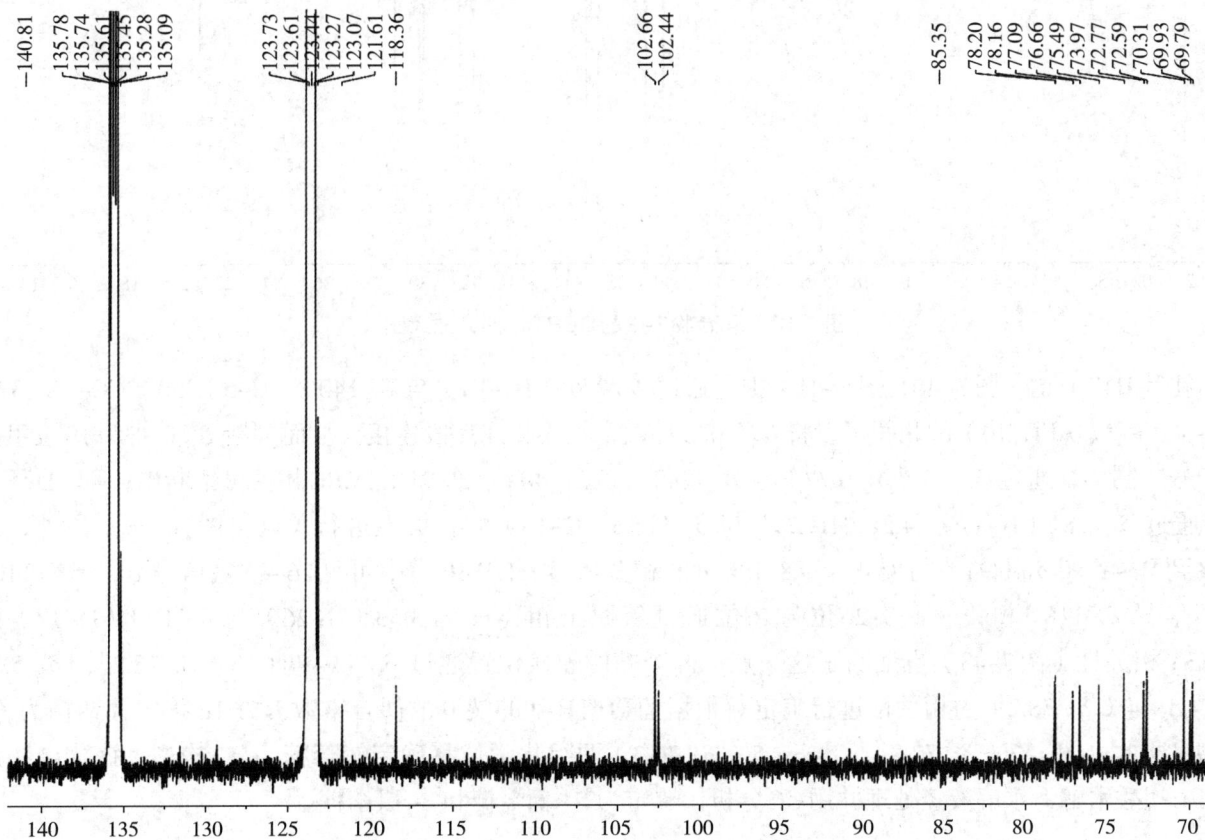

图7-33　化合物7-3的^{13}C-NMR谱部分放大图

结合DEPT谱（图7-34，图7-35），通过HSQC（图7-36，图7-37）将氢与其直接相连的碳原子进行了归属（表7-2）。在该化合物的$^{1}H-^{1}H$ COSY谱（图7-39）中，通过δ_H 0.91与2.06相关，δ_H 1.68和2.06与3.84相关，δ_H 3.84与2.44和2.68相关可以确定自旋偶合片段H_2-1/H_2-2/H-3/H_2-4；通过δ_H 5.30与1.48和1.84相关，δ_H 1.84与1.49相关，δ_H 1.49与0.88相关，δ_H 0.88与1.37相关，δ_H 1.37与1.19和1.65相关，δ_H 1.49与1.80相关可以确定自旋偶合片段H-6/H_2-7/H-8/H-14/H_2-15及H-8/H-9/H_2-11/H_2-12；通过δ_H 0.94与2.36相关，δ_H 2.36与1.81相关，δ_H 2.36与4.22相关，δ_H 4.22与1.42和2.01相关，δ_H 2.01与1.38和1.54相关，δ_H 1.38与1.64相关，δ_H 1.64与3.53和0.70相关可以确定自旋偶合片段H-17/H-20/H3-21和H-20/H-22/H2-23/H2-24/H-25/H2-26和H3-27（图7-38）。

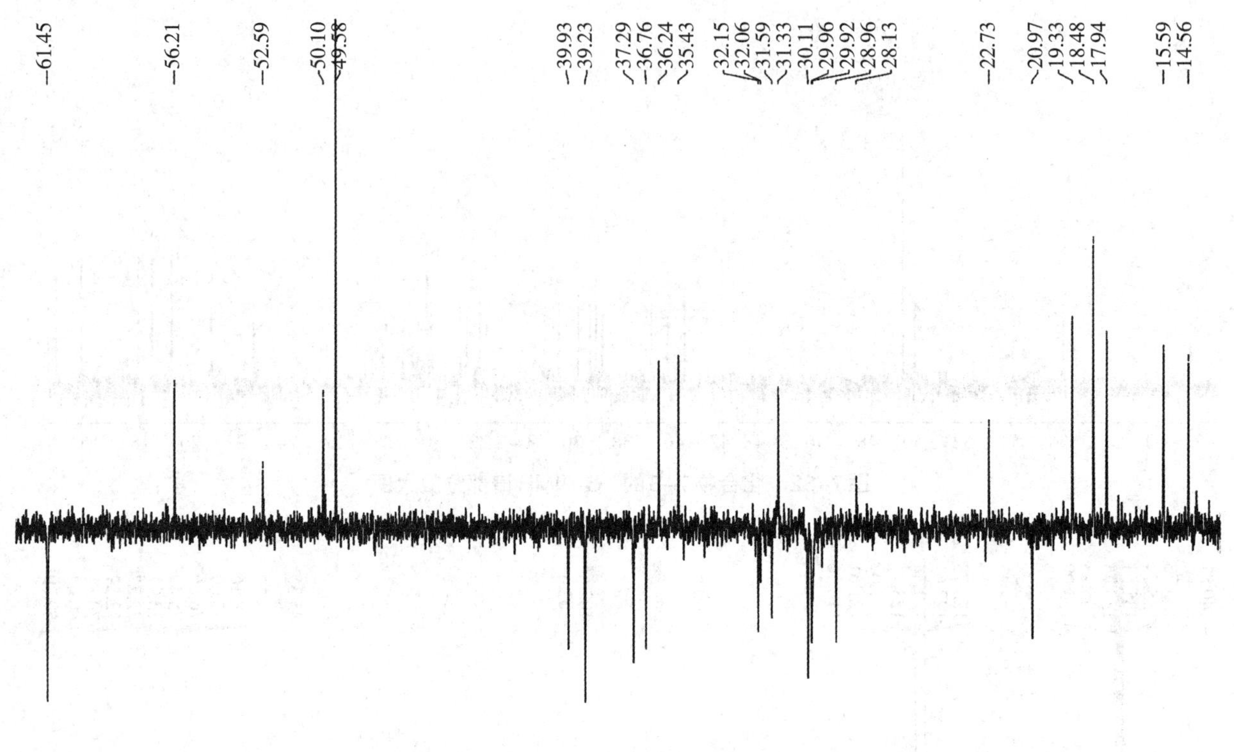

图7-34 化合物7-3的DEPT谱部分放大图

在其HMBC谱（图7-40，图7-41）中，通过δ_H 0.88（H_3-19）与δ_C 140.8（C-5）、50.1（C-9）、37.2（C-1）和37.0（C-10）的相关可以将A环和B环两个直接相连片段连接，从而判断δ_H 0.88为19位甲基质子号。同样，通过H_3-18（δ_H 0.77）与δ_C 69.8、56.2、40.6、39.9的HMBC相关可推断出C环。D环和E环通过δ_H 1.81（H-17）、4.22（H-22）与δ_C 118.4（C-16）的相关性进行关联（图7-38）。另外，还观察到Me-21（δ_H 0.94）与85.4、69.8和35.4的相关信号。HMBC谱中可见26-位氢信号δ_H 3.53和16-位碳信号δ_C 118.4相关，证实26位与16位通过氧原子相连。δ_H 3.53（H-26）与δ_H 1.81（H-17）的NOESY相关性（图7-43）也证明了这一点。两个糖的连接位置通过δ_H 4.94与C-3（δ_C 78.2），δ_H 5.85与C-glc-4（δ_C 78.2）的相关性进行确定。根据葡萄糖H-1的裂分的偶合常数J=7.7Hz确定葡萄糖为β-构型；根据C-rha-3（δ_C 72.8）、C-rha-5（δ_C 70.3）两组化学位移确定鼠李糖为α-构型。该化合物用2mol/L盐酸水解，水解液经处理并用GC分析，鉴定为D-葡萄糖和L-鼠李糖。

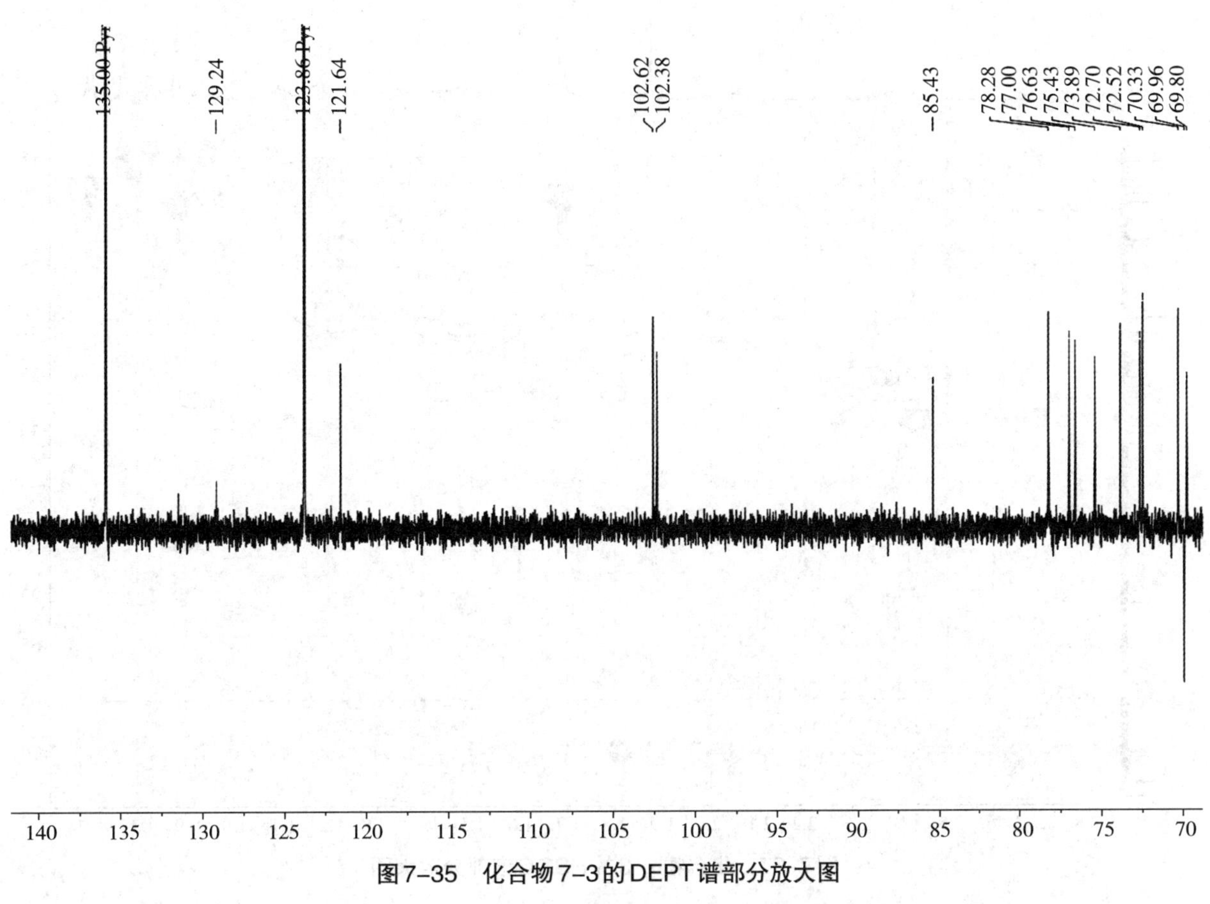

图7-35　化合物7-3的DEPT谱部分放大图

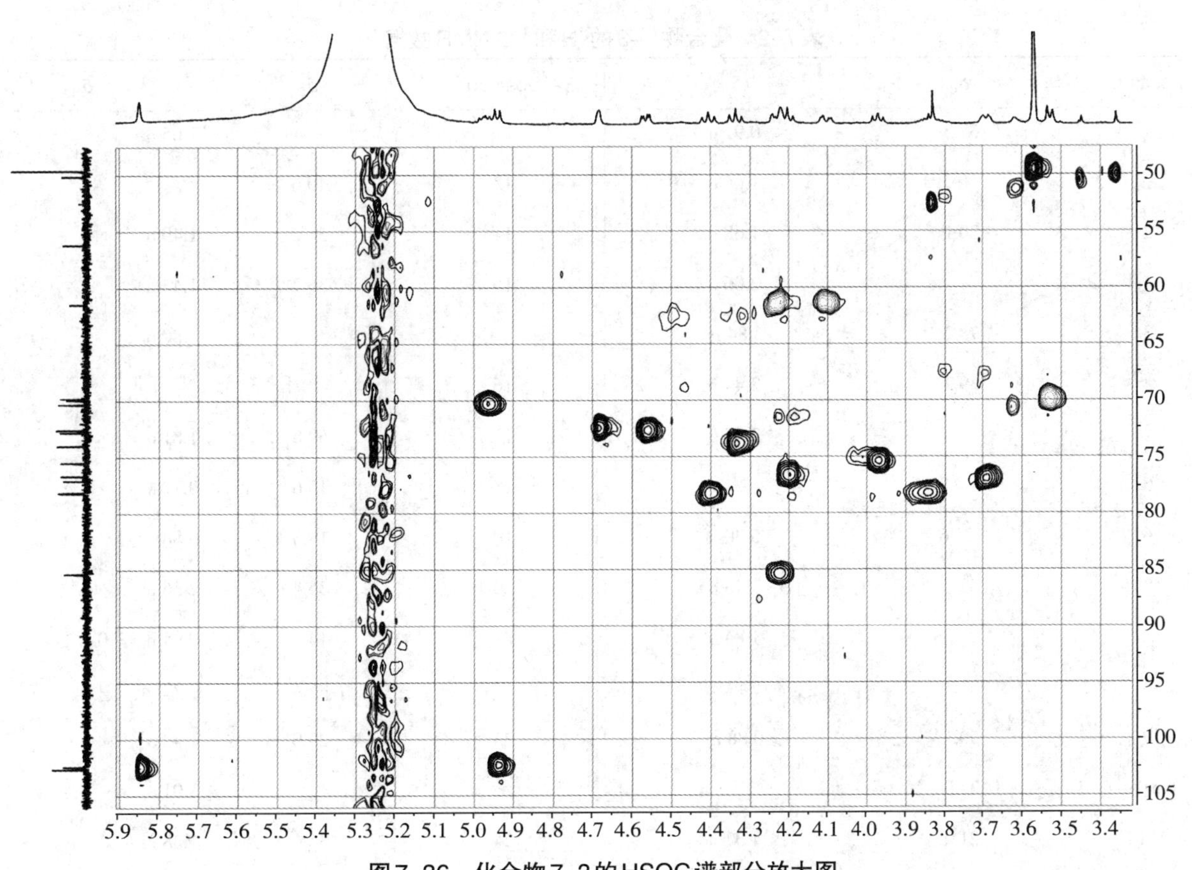

图7-36　化合物7-3的HSQC谱部分放大图

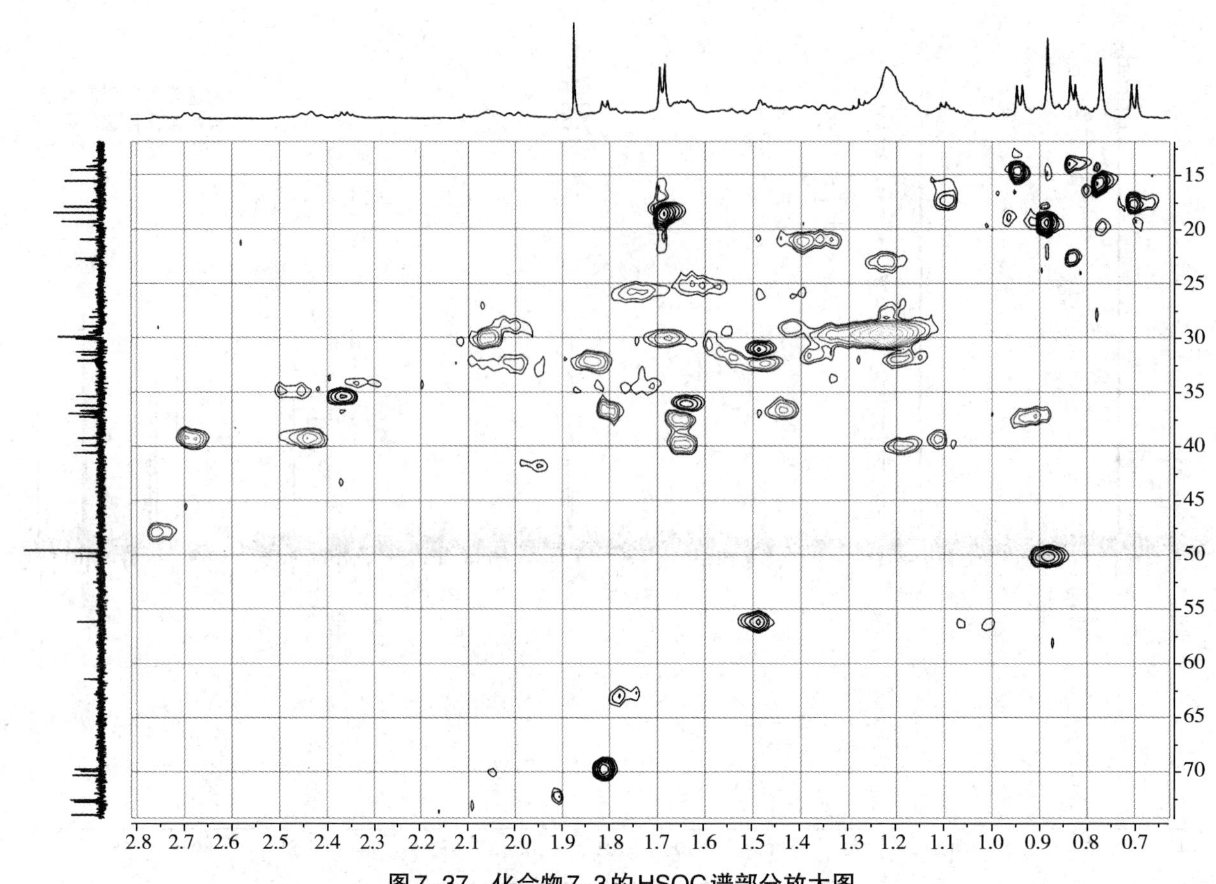

图7-37　化合物7-3的HSQC谱部分放大图

表7-2　化合物7-3的^1H和^{13}C NMR数据[a]

position	δ_C	δ_H	position	δ_C	δ_H
1	37.2	0.91 o			1.65 o
		1.66 o	13	40.6	
2	30.1	1.68 o	14	56.2	1.49 o
		2.06 o	15	36.7	1.43 o
3	78.2	3.84 m			1.80 o
4	39.2	2.44 o	16	118.4	
		2.68 o	17	69.8	1.81 o
5	140.8		18	15.6	0.77 s
6	121.6	5.30 o	19	19.3	0.88 s
7	32.2	1.48 o	20	35.4	2.36 m
		1.84 o	21	14.6	0.94 d（7.0）
8	31.3	1.49 m	22	85.4	4.22 m
9	50.1	0.88 m	23	29.0	1.42 o
10	37.0				2.01 o
11	21.0	1.37 o	24	31.6	1.38 m
12	39.9	1.19 o			1.54 m

续表

position	δ_C	δ_H	position	δ_C	δ_H
25	36.2	1.64 o	6′	61.4	4.10 dd（12.1，3.6）
26	69.9	3.53 o			4.23 o
27	17.9	0.70 d（6.8）	1″	102.6	5.85 br. s
1′	102.4	4.94 d（7.7）	2″	72.6	4.68 br. s
2′	75.5	3.97 dd（8.8，7.7）	3″	72.8	4.56 dd（9.3，3.2）
3′	76.6	4.20 m	4″	74.0	4.34 dd（9.4，9.3）
4′	78.2	4.40 m	5″	70.3	4.97 m
5′	77.1	3.69 m	6″	18.5	1.69 d（6.2）

注：[a] 在氘代吡啶中测定，括号内为偶合常数，单位为Hz。

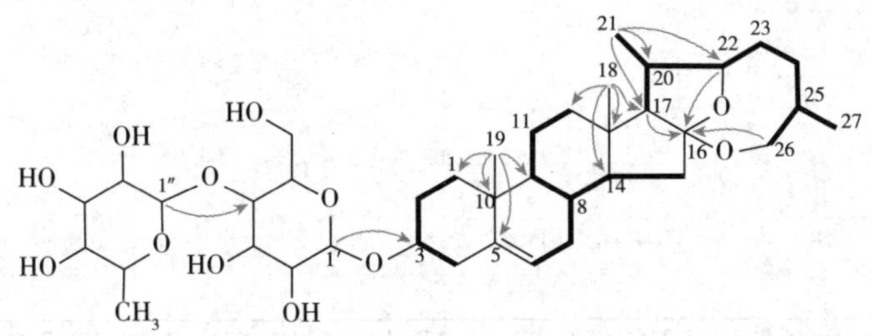

图7-38　化合物7-3的HMBC和^{1}H–^{1}H COSY关键信号

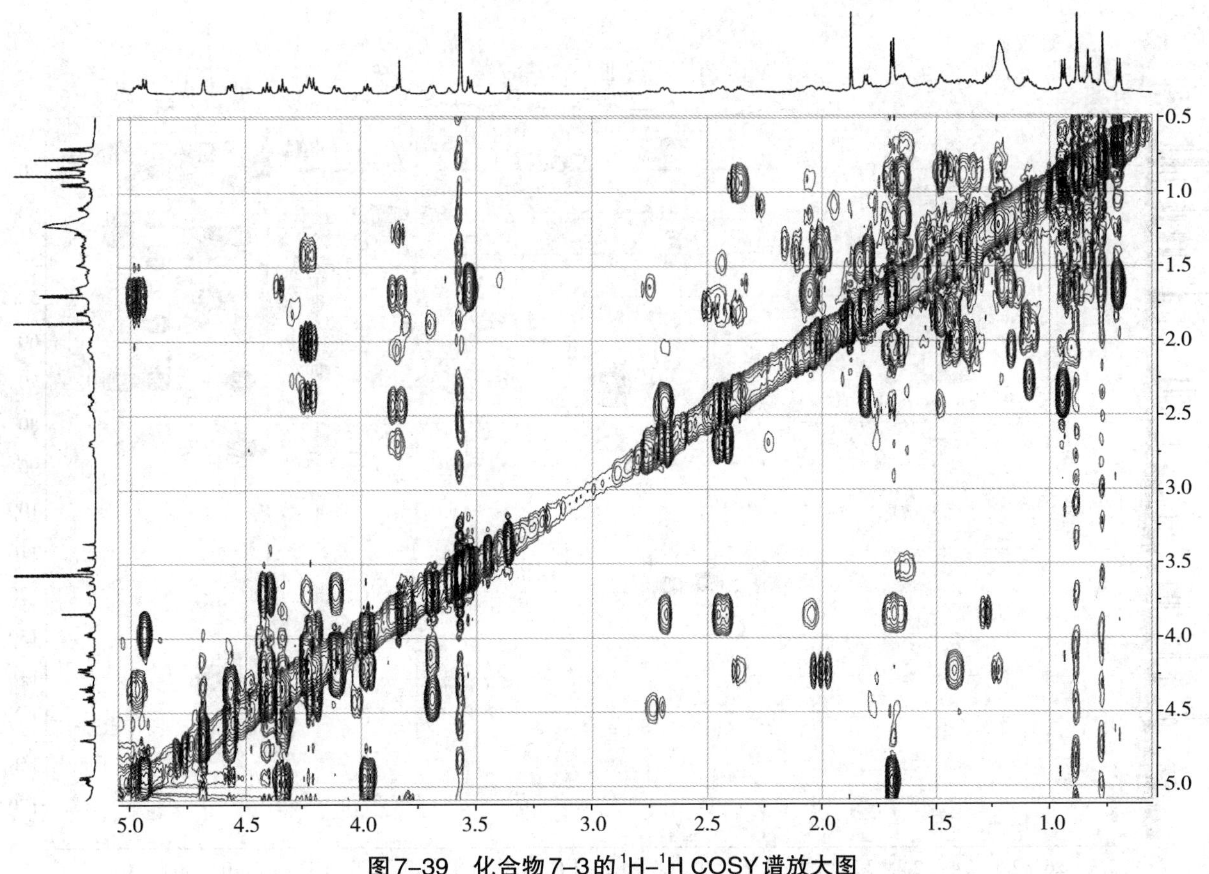

图7-39　化合物7-3的^{1}H–^{1}H COSY谱放大图

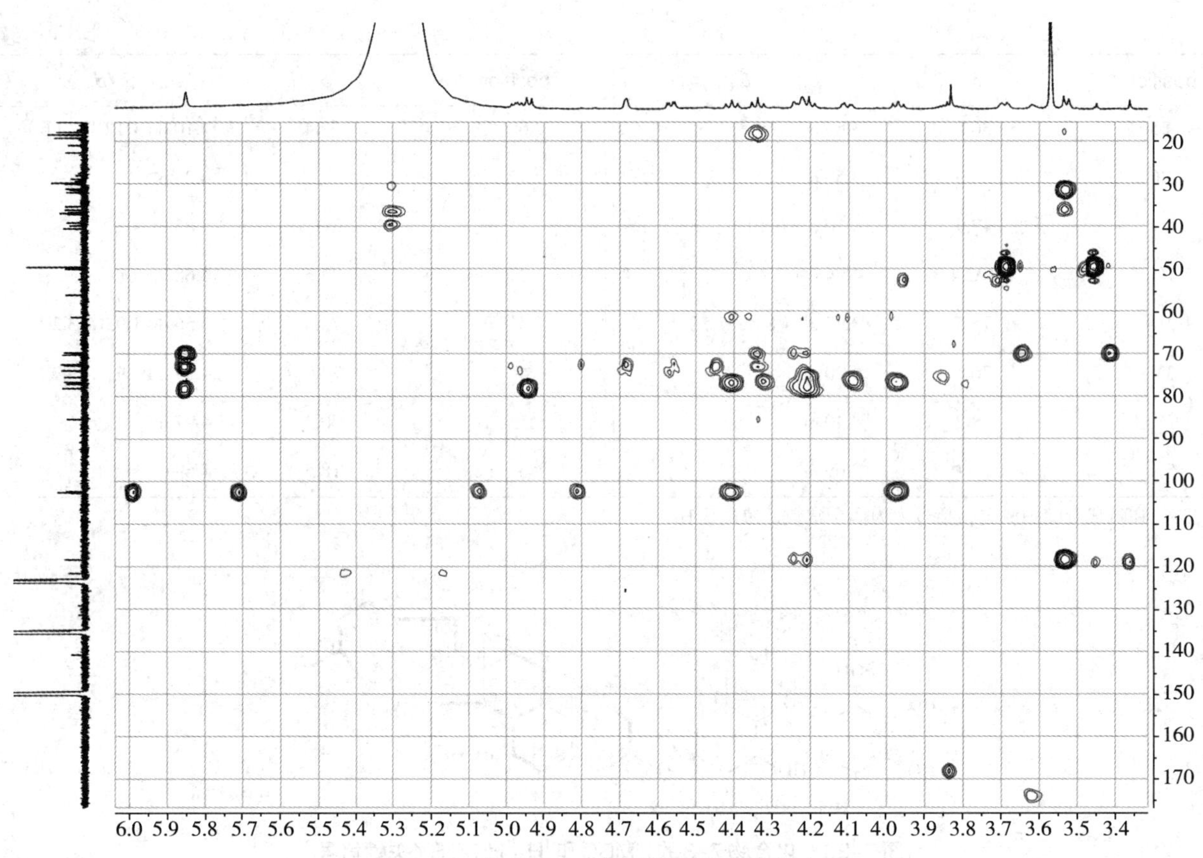

图7-40　化合物7-3的HMBC谱部分放大图

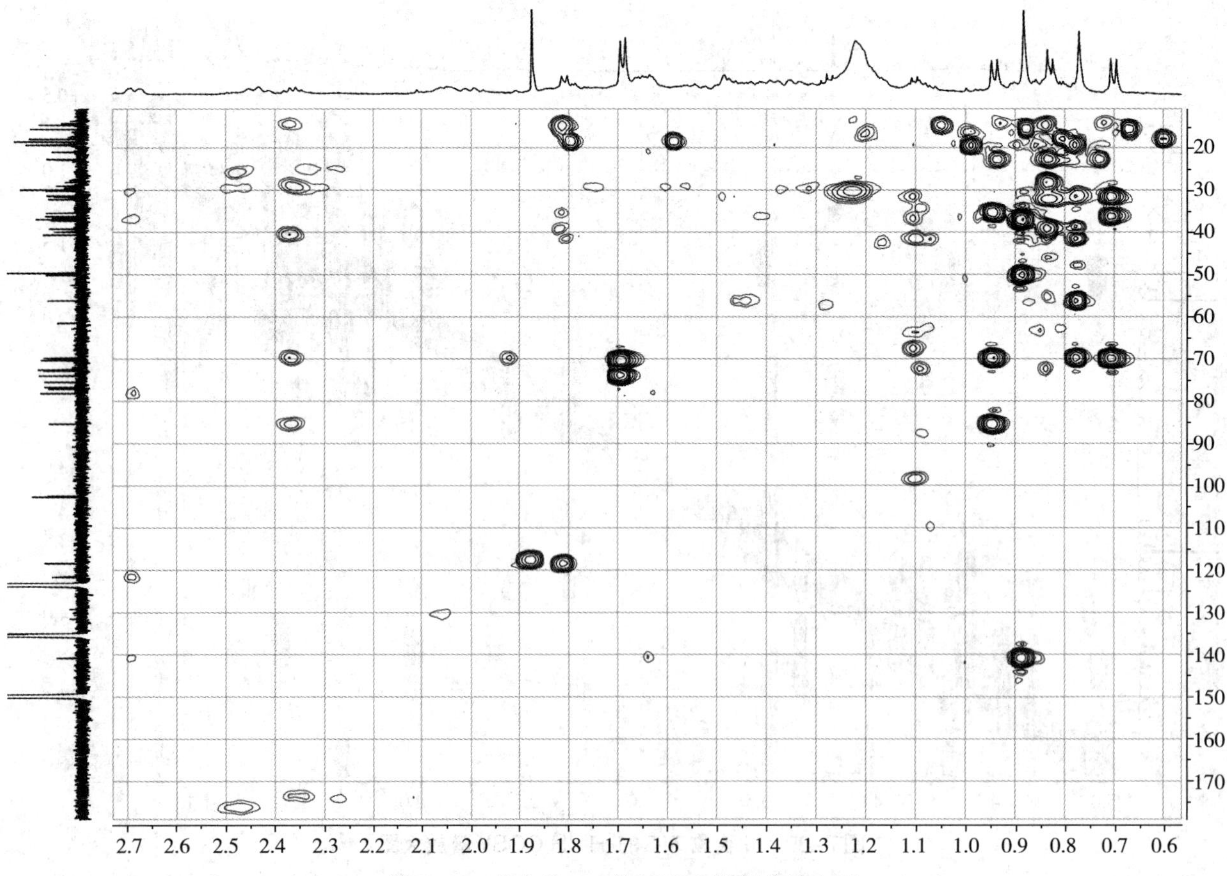

图7-41　化合物7-3的HMBC谱部分放大图

在其NOESY谱（图7-43）中，Me-19（δ_H 0.88）与H-1β（δ_H 1.66）相关，H-3与H-1α（δ_H 0.91）相关，表明H-3为α-型，从而判断3-OH为β-构型；H-26（δ_H 3.53）与H-17α（δ_H 1.81）相关，表明F环位于E环平面的下方（图7-42）。25*R*的绝对构型是通过H-26的化学位移δ_H 3.53（$\Delta_{ab<}$0.48ppm）确定的[2]。

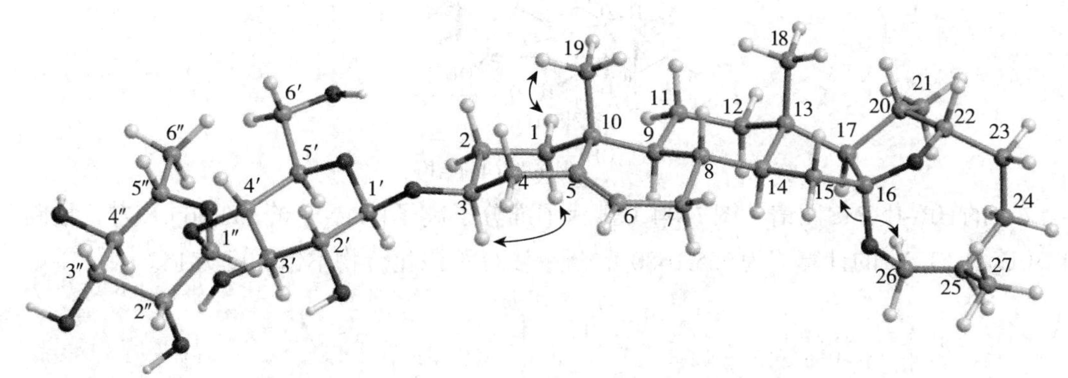

图7-42　化合物7-3的NOESY关键信号

综合上述信息，确定化合物7-3的结构如图7-43所示，命名为茄属皂苷A（solasaponin A）。该化合物为首次发现的16,26-环氧-呋甾烷型（16,26-epoxy-furostanol）新骨架皂苷。

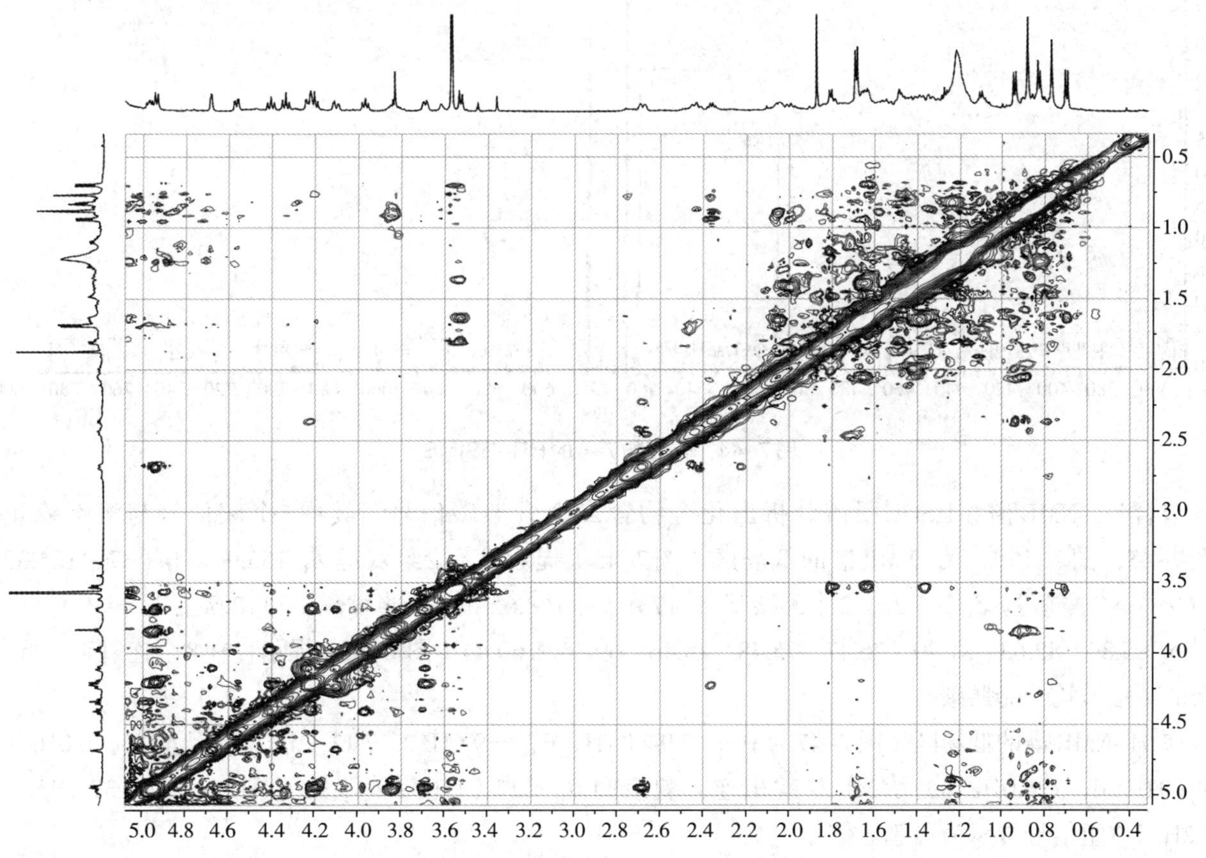

图7-43　化合物7-3的NOESY谱放大图

三、7α-Hydroxy-5-deoxy-4-dehydrophysalin IX（4）的结构解析

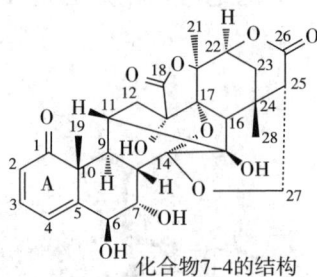

化合物7-4的结构

化合物7-4的HR-ESIMS图谱（图7-44）显示了准分子离子$[M+Na]^+$峰*m/z* 565.1677，推断其分子式为$C_{28}H_{30}O_{11}$（$C_{28}H_{30}O_{11}Na$的计算值为565.1680），进一步计算该化合物不饱和度为14。

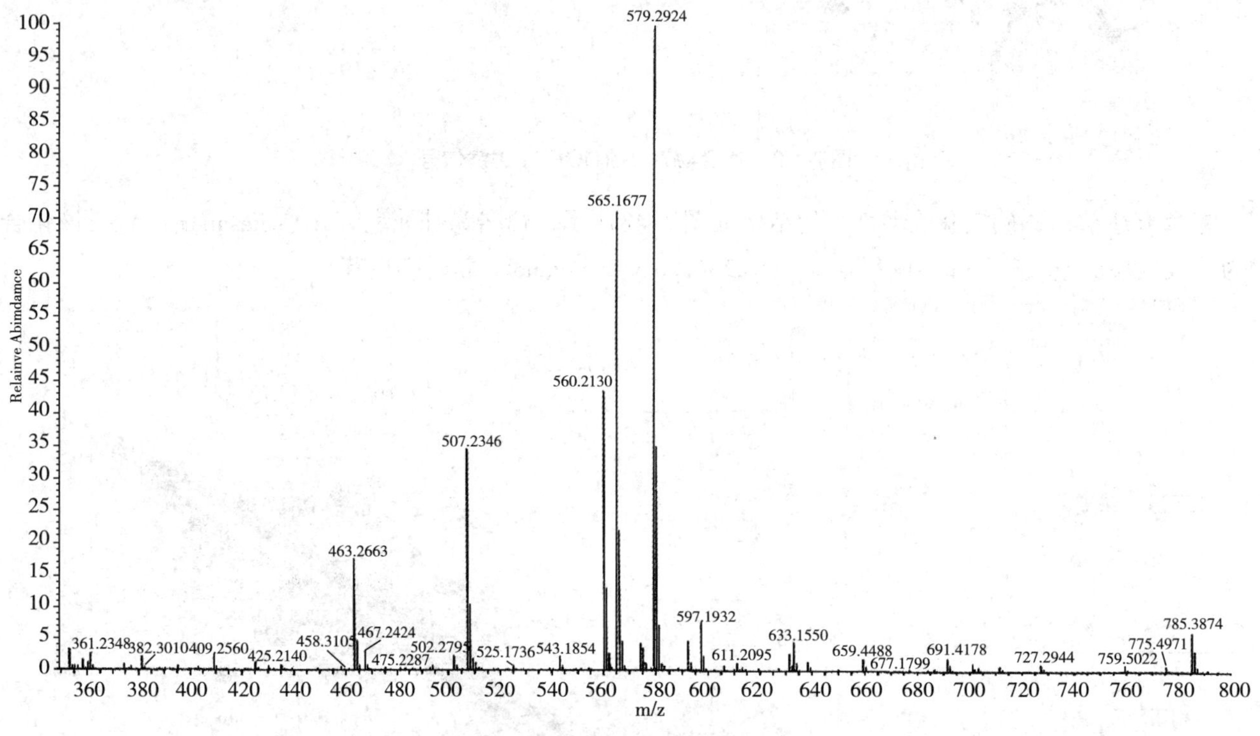

图7-44　化合物7-4的HR-ESIMS

结合^{13}C-NMR谱和HSQC图谱分析出化合物含28个骨架碳信号，其中1个碳信号与溶剂峰重叠（图7-45，图7-46）。^{13}C-NMR谱的低场区（图7-45）提示含有2组双键δ_C 155.96、141.37、125.32和121.69，一个酮羰基δ_C 205.22，2个酯羰基δ_C 173.15和168.62和一个半缩酮δ_C 112.68信号。

δ_C 85.89、82.63、81.79、76.47、75.48、75.46、69.84和60.44（图7-46）提示存在8个连氧碳。此外，剩余的碳信号均为脂肪碳。

在^{1}H-NMR谱的低场区（图7-47）中δ_H 5.94（1H，d，*J*=9.6Hz）、7.11（1H，dd，*J*=9.6，6.0Hz）和6.19（1H，d，*J*=6.0Hz）提示2组双键相连，剩余的δ_H 6.27（1H，s）、5.91（1H，s）和5.39（1H，d，*J*=3.2Hz）3组信号提示为羟基氢信号。

根据δ_H 4.03（1H，t，*J*=3.0Hz）、3.95（1H，s）、4.42（1H，m）和4.75（1H，d，*J*=10.9Hz，H-27a）、4.12（1H，dd，*J*=12.0，4.0Hz，H-27b）信号（图7-48）提示含有3个连氧的次甲基信号和1个连氧的亚甲基信号，结合碳谱信息还可以推断含有4个连氧的季碳信号，δ_H 3.18（1H，s）提示为羟基氢信号，因此，进一步确定该化合物共含有4个羟基。

图7-45　化合物7-4的13C-NMR部分放大图

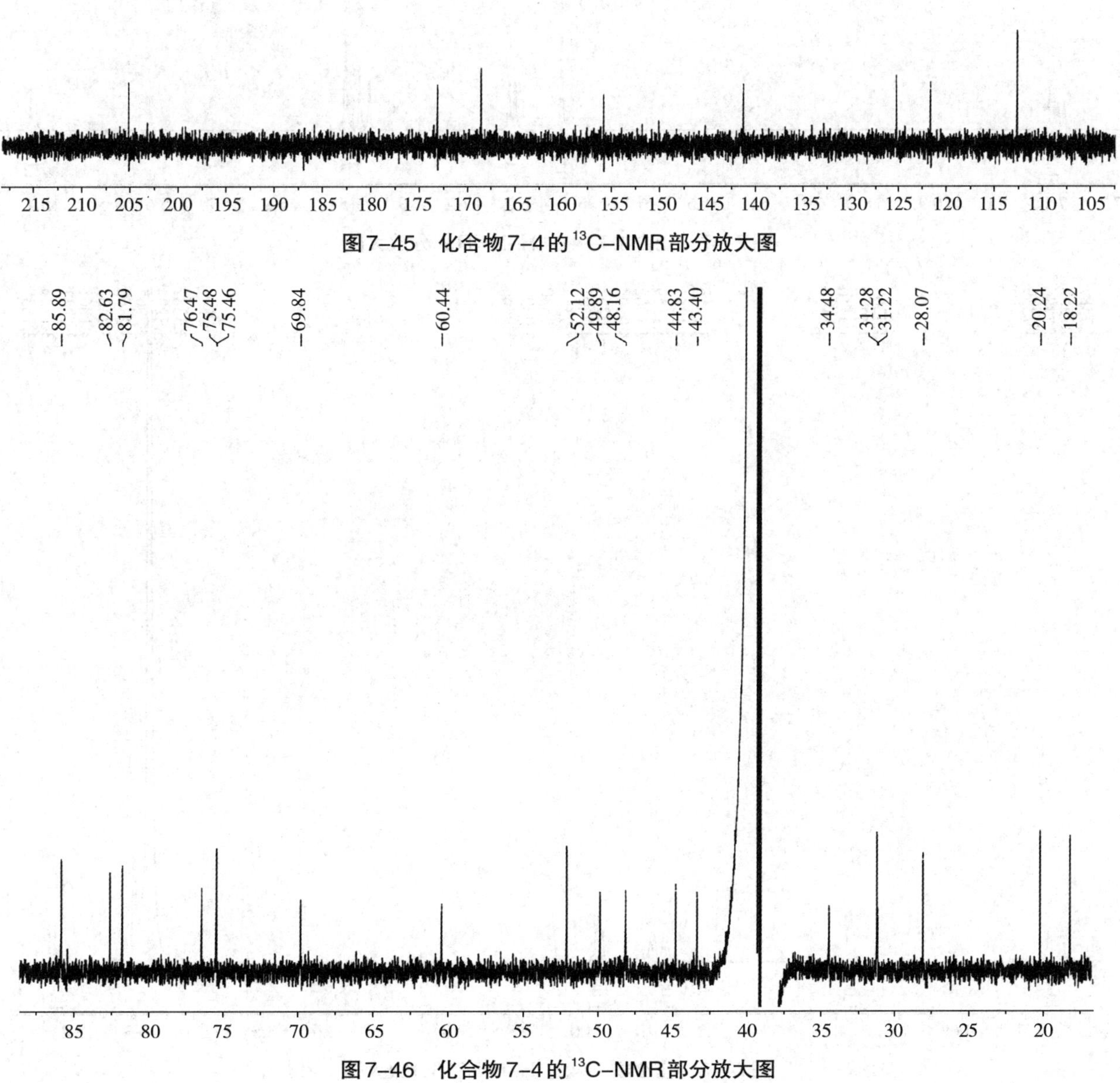

图7-46　化合物7-4的13C-NMR部分放大图

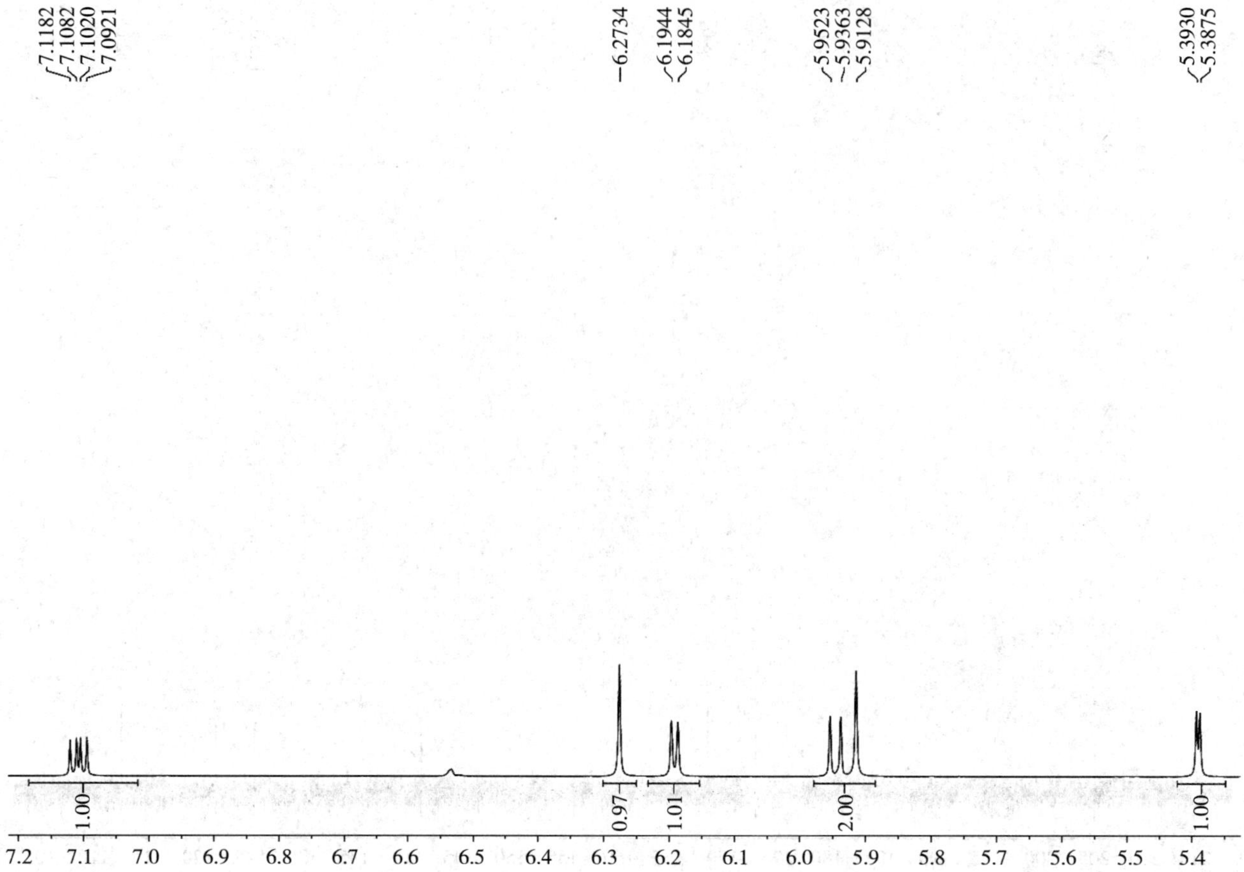

图7-47 化合物7-4的^{1}H-NMR部分放大图

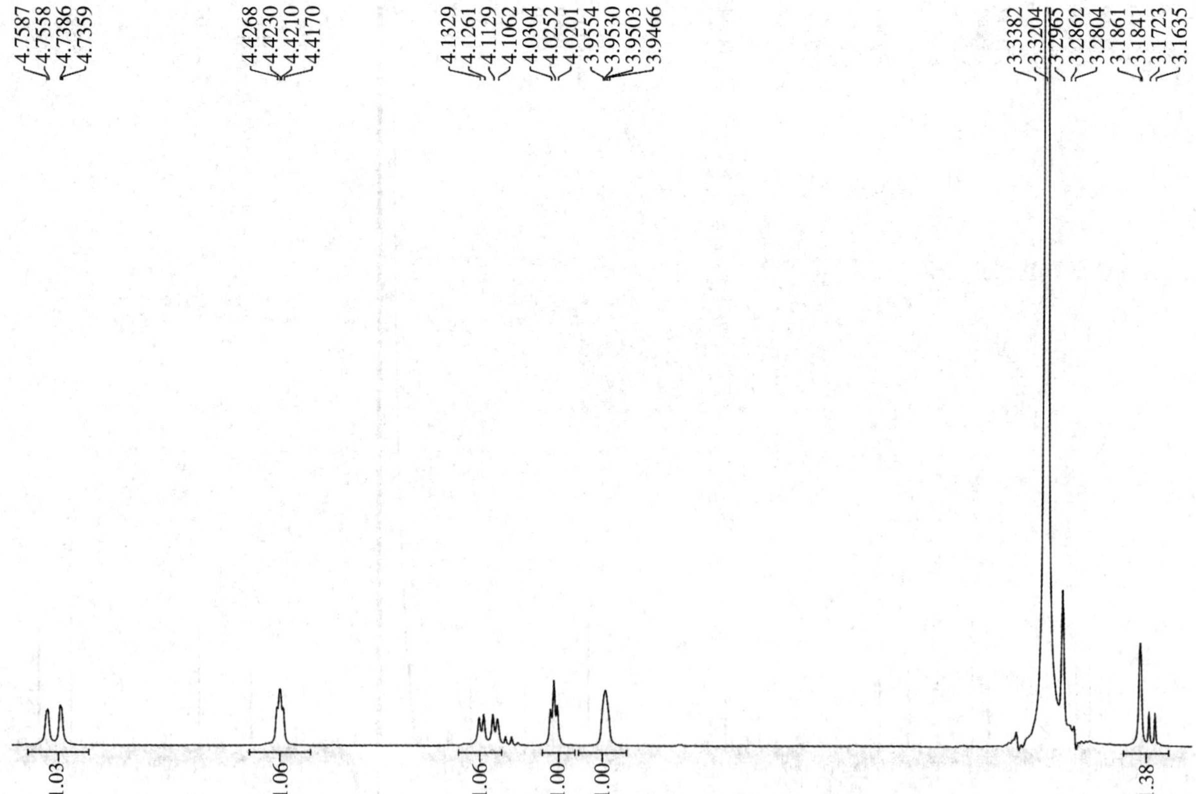

图7-48 化合物7-4的^{1}H-NMR部分放大图

高场区（图7-49）三个单峰信号 δ_H 1.30、1.54和1.35提示含有三个甲基。此外，还提示有一些亚甲基和次甲基信号。

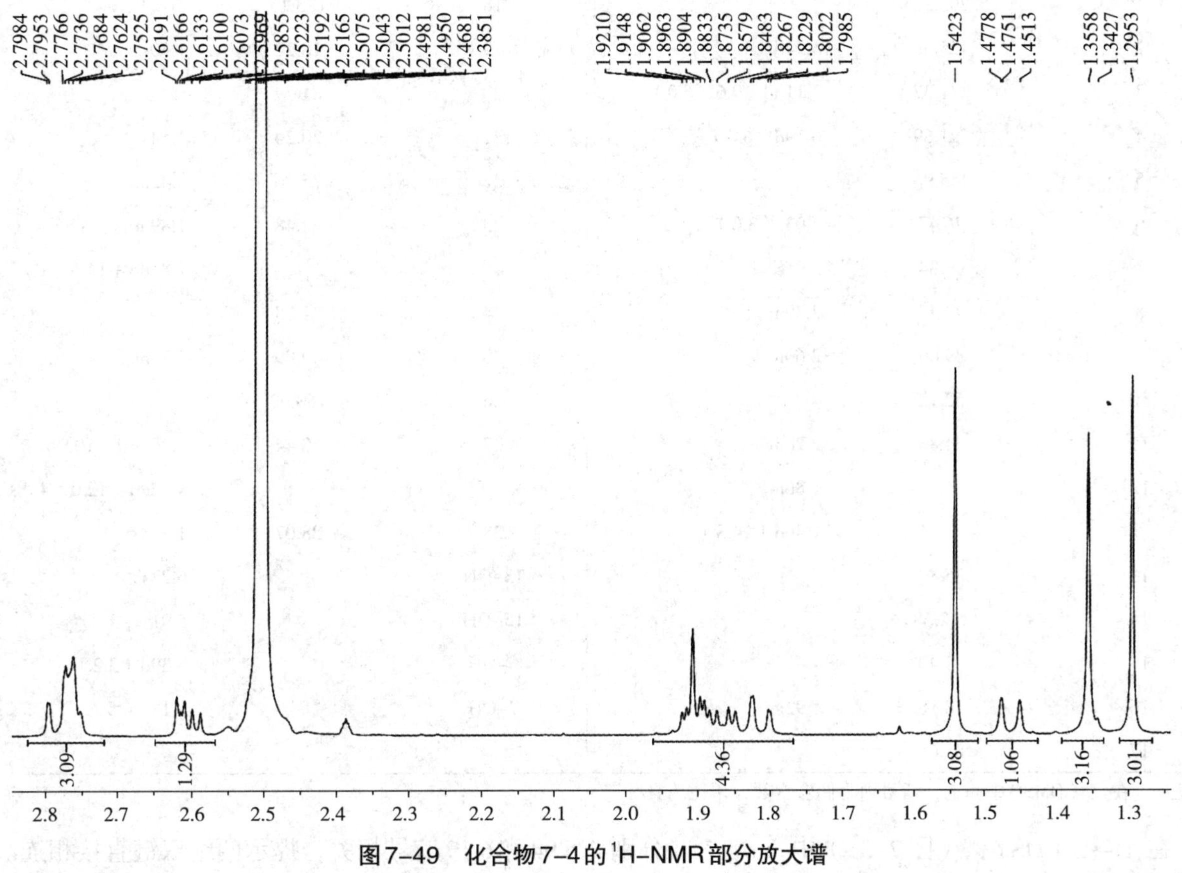

图7-49 化合物7-4的¹H-NMR部分放大谱

根据HSQC谱（图7-50），将碳氢信号归属。

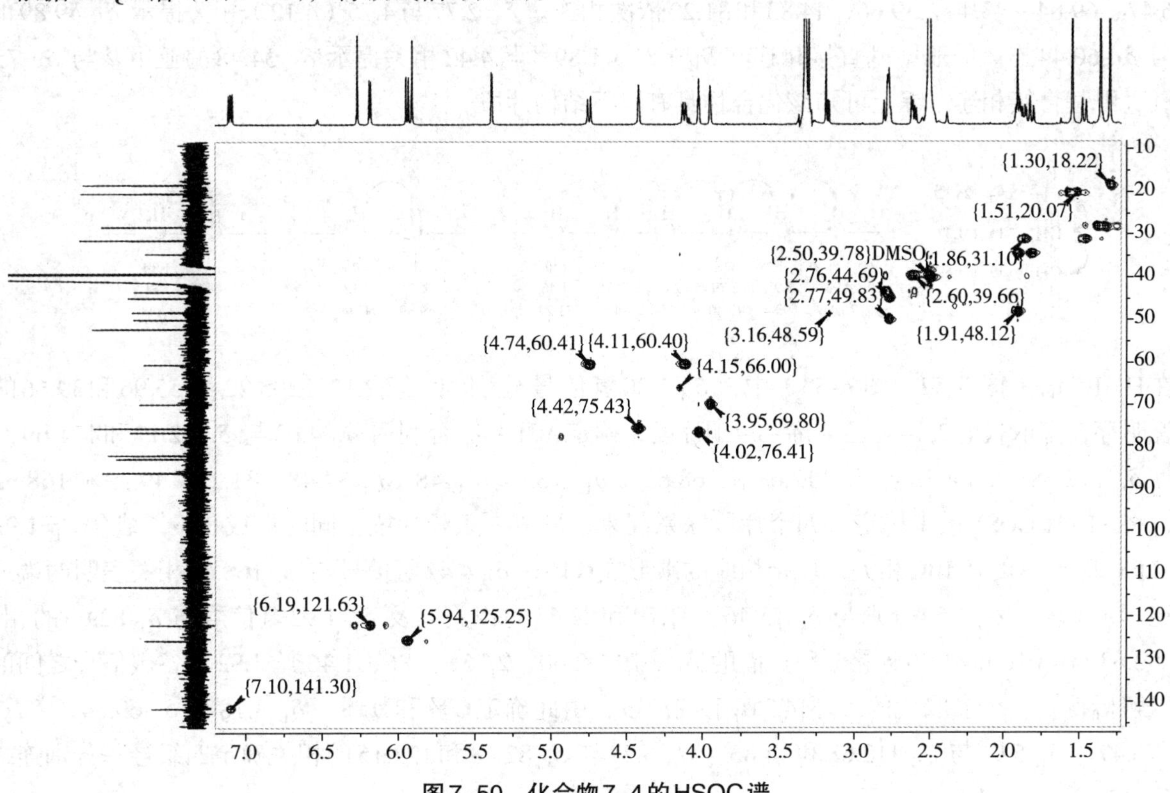

图7-50 化合物7-4的HSQC谱

表7-3　化合物7-4的NMR数据[a]

position	δ_C	δ_H	position	δ_C	δ_H
1	205.22		18	173.15	
2	125.32	5.94d（9.6）	19	18.22	1.30s
3	141.37	7.11dd（9.6，6.0）	20	81.79	
4	121.69	6.19d（6.0）	21	20.24	1.54s
5	155.96		22	75.46	4.42m
6	76.47	4.03t（3.0）	23	34.48	1.89m
7	69.84	3.95s			1.81dd（14.6，1.7）
8	43.40	2.79m	24	31.28	
9	39.66	2.60m	25	49.89	2.77m
10	52.12		26	168.62	
11	44.83	2.76m	27	60.44	4.75br d（10.9）
12	31.22	1.86m			4.12dd（12.0，4.0）
		1.46d（14.8）	28	28.07	1.35s
13	85.89		13-OH		6.27s
14	112.68		15-OH		5.91s
15	75.48		6-OH		5.39d（3.2）
16	48.16	1.92m	7-OH		3.18s
17	82.63				

注：[a]在氘代DMSO中测定，括号内为偶合常数，单位为Hz。

在^{1}H-^{1}H COSY谱（图7-51）中，δ_H 7.11分别与5.94和6.19信号相关，提示两组双键直接相连。δ_H 4.03与3.95、δ_H 3.95与2.79、δ_H 2.79与2.60、δ_H 2.60与2.76和δ_H 2.76与1.86（1.46）信号相关，提示δc 76.47、69.84、43.40、39.66、44.83和31.22依次相连。δ_H 2.77与4.75（4.12）相关提示δc 49.89的次甲基与δc 60.44连氧的亚甲基直接相连。δ_H 1.81（1.89）与4.42相关提示δc 34.48的亚甲基与δc 75.46的连氧次甲基直接相连。综上可知该化合物具有以下结构片段。

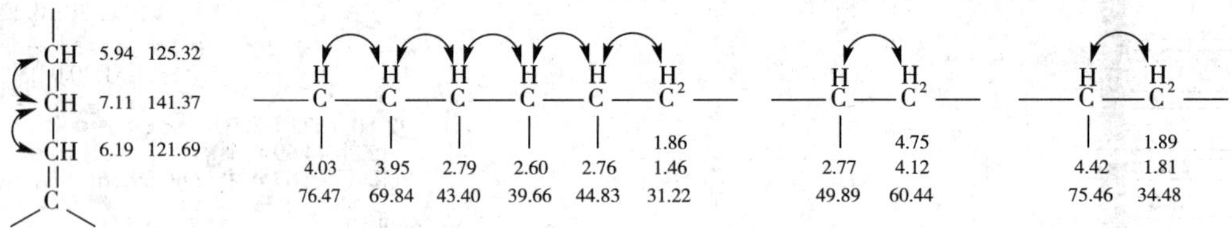

在HMBC谱（图7-52，图7-53）中，δ_H 1.30氢信号分别与δ_C 52.12、205.22、155.96和39.66的相关，说明存在多取代的2,4-环己二烯-1-酮片段，确定A环。综合利用δ_H 4.03与δ_C 52.12和121.69；δ_H 2.79与δ_C 112.68；δ_H 4.75与δ_C 112.68和168.62；δ_H 1.35与δ_C 48.16、34.48、31.28、49.89和168.62的相关，将^{1}H-^{1}H COSY谱中确定的四个片段联系起来，形成一条长片段，同时形成B环，结合δ_H 1.92与δ_C 112.68和75.48的HMBC相关，环合相应的碳形成G环，δ_H 4.42氢信号与δ_C 168.62相关表明两端通过氧相连形成F环。δ_H 1.54分别与δ_C 75.46、81.79和82.63的相关以及δ_H 1.92氢信号与δ_C 82.63的相关，将δ_C 82.63与48.16和81.79连接E环。借助δ_H 2.79、2.60、2.76、1.86（1.46）、1.92与各碳信号之间的相关可以解析得到一个多取代的二环[4.3.0]壬烷片段，由此确定C环和D环。δ_H 3.18与δ_C 69.84，δ_H 5.39与δ_C 76.47，δ_H 5.91与δ_C 112.68和44.83，δ_H 6.27与δ_C 82.63和173.15的相关确定四组羟基分别连接的

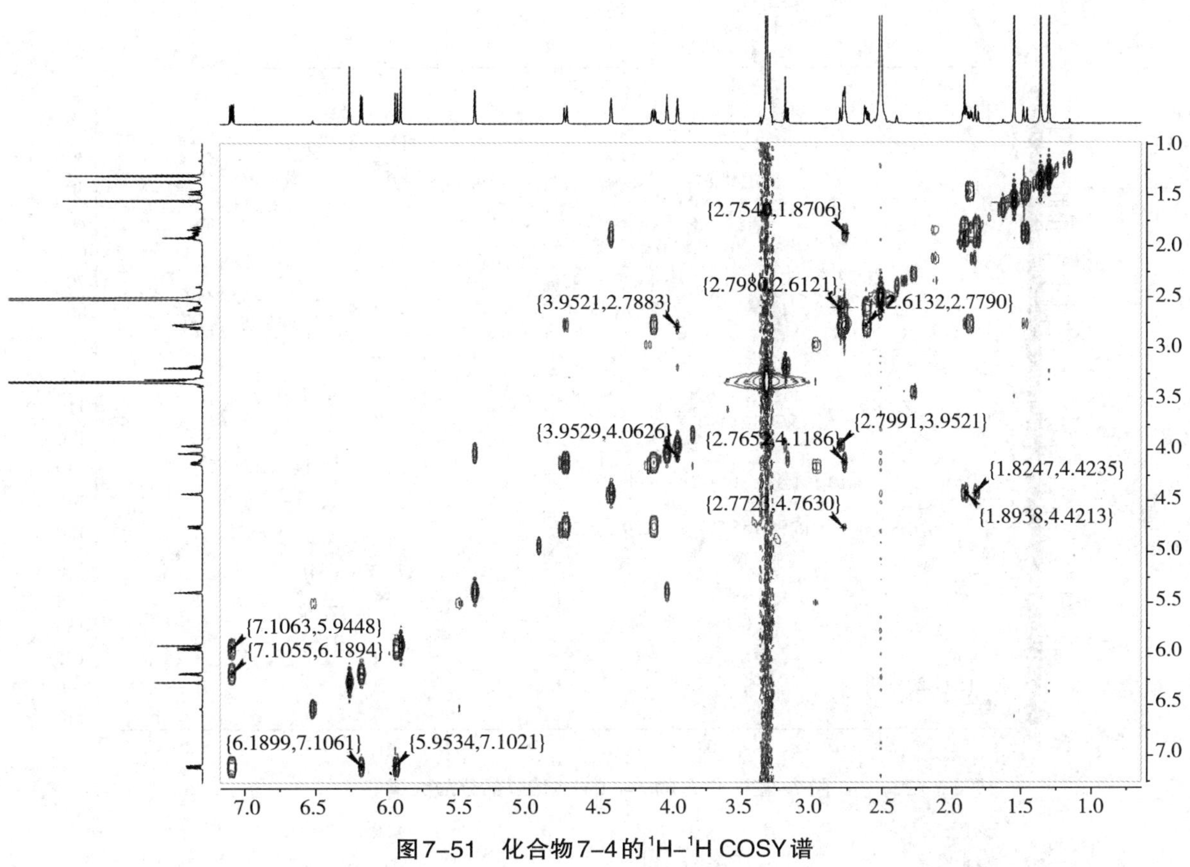

图7-51　化合物7-4的 $^1H-^1H$ COSY谱

位点，即 δ_H 3.18的羟基连接于 δ_C 69.84处、δ_H 5.39的羟基连接于 δ_C 76.47处、δ_H 5.91的羟基连接于 δ_C 75.48处、δ_H 6.27的羟基连接于 δ_C 85.89处。最后，分析化合物的分子量和不饱和度，目前所解析出的片段只含有9个氧原子，计算片段的不饱和度仅为12，因此确定分子含有两个额外的氧原子和环系，将剩余的两组未连接位点通过氧原子相连，δ_C 81.79与173.15通过氧原子相连形成H环，δ_C 82.63与112.68通过氧原子相连形成新的含氧五元环。解析步骤详见图7-52。

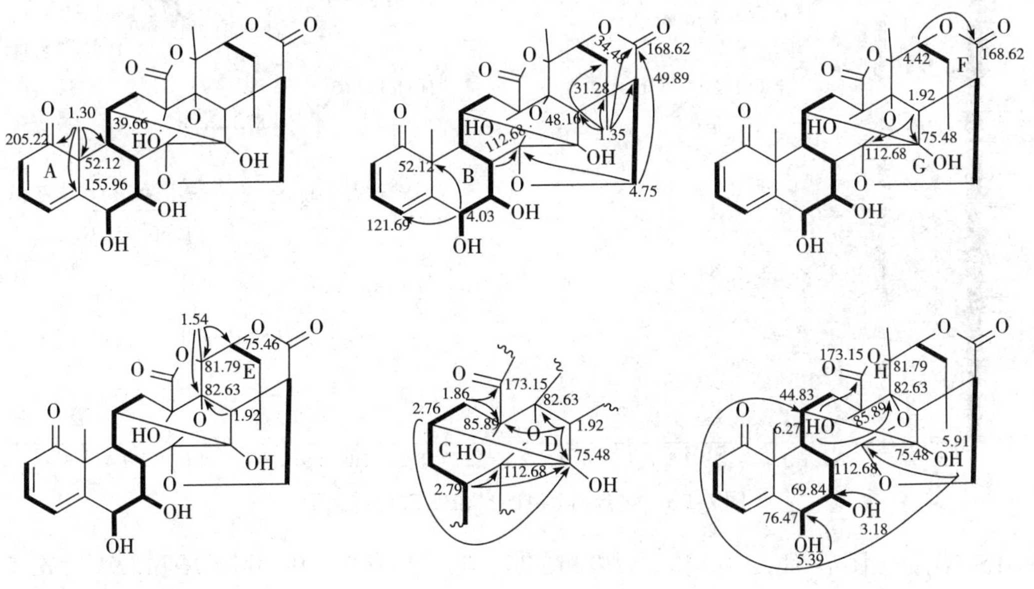

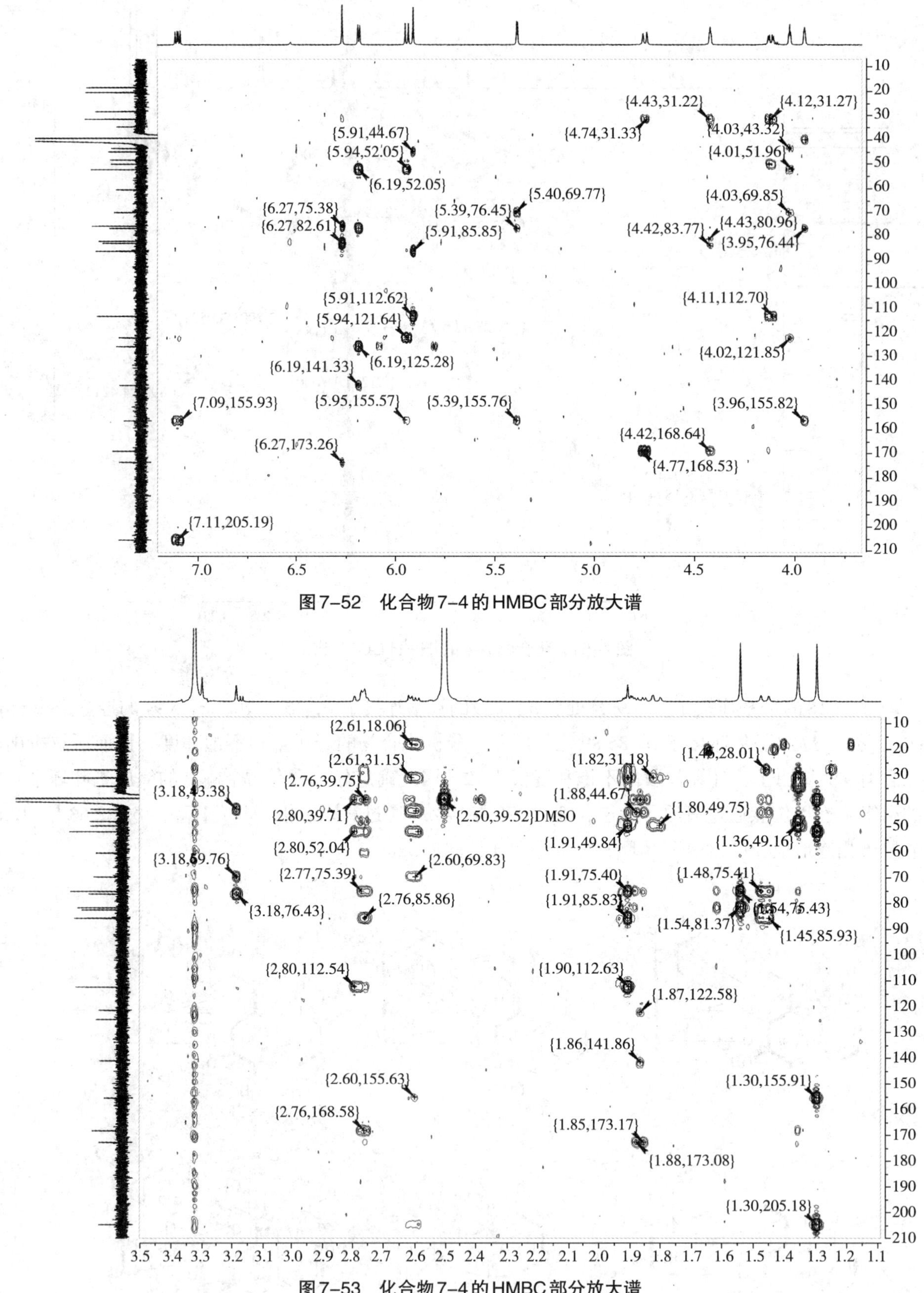

图7-52　化合物7-4的HMBC部分放大谱

图7-53　化合物7-4的HMBC部分放大谱

分析NOESY图谱（图7-54），利用 δ_H 1.30和2.76、δ_H 2.76和2，79、δ_H 2.76和5.91和 δ_H 2.77和1.35的相关信号确定它们为 β-构型，同理，δ_H 2.60和6.27、δ_H 2.60和3.18和 δ_H 1.54和4.42的相关信号确定它们为 α-构型。

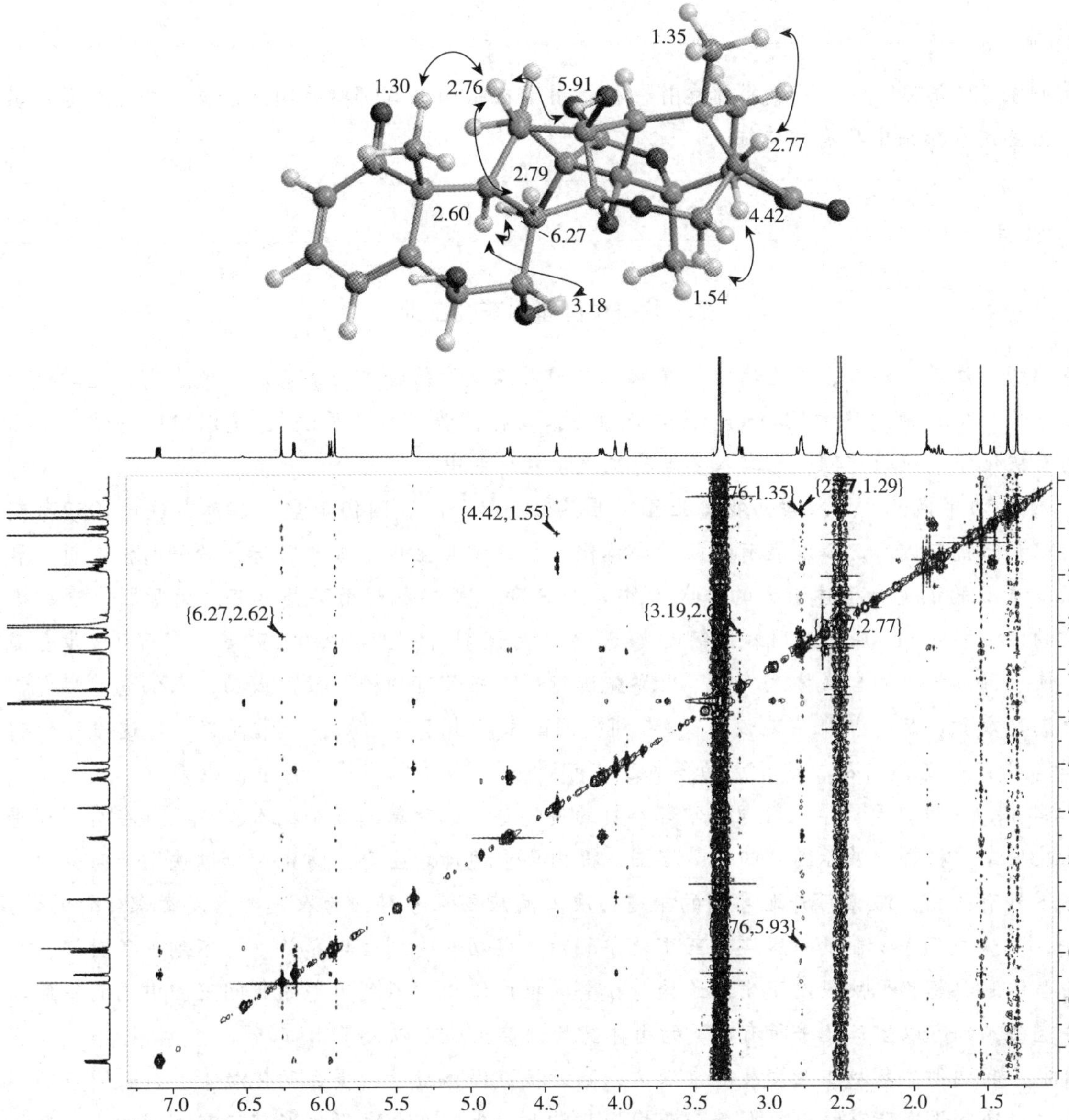

图7-54 化合物7-4的NOESY谱

最终，通过X射线单晶衍射谱图（图7-55）确证该化合物的相对构型，命名化合物为7α-hydroxy-5-deoxy-4-dehydrophysalin IX。

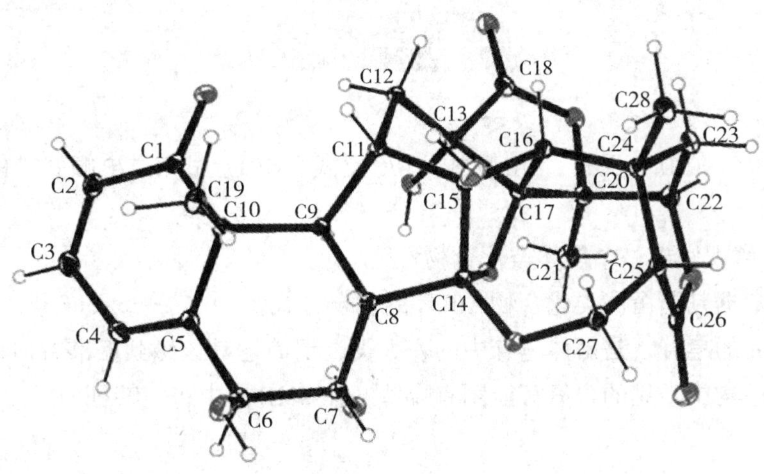

图7-55 化合物7-4的X射线单晶衍射图

思考

请归纳C21甾体、强心苷、甾体皂苷、植物甾醇在结构上有哪些异同点，并根据结构总结其在核磁共振氢谱和碳谱中各有何特征。

药知道

黄鸣龙与中国甾体药物工业

黄鸣龙，江苏扬州人，著名有机化学家，中国甾族激素药物工业奠基人。他在有机化学领域辛勤耕耘半个世纪，他改良的Kishner–Wolff还原法，简称“黄鸣龙还原法”，是以中国科学家命名的重要的有机化学反应的首例，已写入多国有机化学教科书中。

20世纪50年代，甾体激素药物工业已在世界上兴起，而我国仍是空白。黄鸣龙自1952年突破重重困难和阻挠回国后，以发展有疗效的甾体化合物的工业生产为工作目标，带领科技人员开展了甾体植物资源的调查和甾体激素的合成工作。1958年，黄鸣龙利用薯蓣皂苷元为原料，通过微生物氧化的方法引入11–羟基，用氧化钙–碘–醋酸钾为试剂引入21–位的乙酰基，实现了7步合成可的松，使中国可的松的合成方法跨进了世界先进行列。当“可的松”投产成功，人们向黄鸣龙祝贺时，他满怀欢欣而又异常谦虚地说：“我看到我们国家做出了可的松，非常高兴，我这颗螺丝钉终于发挥作用了。”经过奋战，终于成功合成了“可的松”“黄体酮”等多种甾体激素。

1964年，身为中国科学院数理化学部委员的黄鸣龙当选为第三届全国人大代表。在听到周恩来总理在政府工作报告中展示的“四化”宏图，提出要重视计划生育，防止人口过快增长时，他立刻联想到国外有关甾体激素可作避孕药的报道，决心响应国家号召，为人民继续发挥螺丝钉的作用。1964年，黄鸣龙领导研制的口服避孕药甲地孕酮获得成功，受到全世界关注。不到一年时间，几种主要的甾体避孕药物很快投入了生产，接着在全国推广使用。不到十年的时间里，中国的甾体药物从一片空白，到可以生产几乎所有种类的甾体药物，甚至还可以大量出口。

目前，我国甾体药物工业发展非常发达，高效抗炎甾体激素、蛋白同化激素、口服避孕药、利尿药安体舒通和调血脂药呋甾氢龙等产业规模非常大。我国在合成甾体新药研究，新方法、新工艺研究，及对植物甾体化学成分等方面形成了一支高水平科技队伍。

目标检测

答案解析

1. 请画出A/B，B/C，C/D全反式、A/B顺式，B/C反式，C/D反式和A/B顺式，B/C反式，C/D顺式甾体母核的立体结构式。

2. 如何根据NMR谱识别出一个甾体类化合物？

3. 如何根据碳谱数据判断甾体类化合物A/B环的稠合方式？

4. 螺甾烷醇为苷元的皂苷，是甾体皂苷中的一大类，请简述其核磁共振谱有何特征。

5. 甾体类化合物结构中常见的含氧官能团有哪些？在NMR谱中有何特征？

第八章　生物碱类化合物

PPT

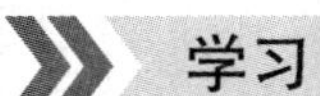

通过本章学习，掌握生物碱类化合物波谱学规律及特点，具备综合运用各类波谱学技术确定生物碱类化合物化学结构的能力，能够从事与生物碱及其相关产物结构确定相关的科研工作。

药知道

生物碱类化合物

生物碱是一类重要的天然产物，其结构骨架复杂多样，生物活性显著，是创新药物研发的重要来源。目前，临床应用的生物碱类药物已有上百种，由生物碱开发的药物约占全部植物药的46%，包括抗肿瘤药、镇痛药、抗菌消炎药、降糖药、抗阿尔茨海默病药等。

生物碱（alkaloids）是一类重要的天然含氮有机化合物，是指存在于生物有机体中含负氧化态氮原子的环状化合物。法国药剂师（Derosne J. F.）于1803年分离得到第一个生物碱那可丁（narcotine）以及德国药剂师（Sert ü rner F. W.）于1806年从鸦片（opium）中分出吗啡（morphine），揭开了对生物碱研究的序幕。

生物碱多具有显著的生物活性，常为许多药用植物的有效成分并被开发成临床药物，如鸦片中的吗啡具有强烈的镇痛作用，麻黄（*Ephedra sinica*）中的麻黄碱（ephedrine）具有平喘作用，黄连（*Coptis chinensis*）、黄柏（*Phellodendron chinense*）中的小檗碱（berberine）具抗菌消炎和降血脂作用，长春花（*Catharanthus roseus*）中的长春新碱（vincristine）、三尖杉（*Cephalotaxus fortune*）中的高三尖杉酯碱（homoharringtonine）、喜树（*Camptotheca acuminata*）中的喜树碱（camptothecine）等均具有显著的抗肿瘤作用。

天然生物碱主要分布于植物界，动物中发现的生物碱极少。根据NAPRALERT（Natural Products Alert）^{SM}可知，已发现的生物碱分布于186科1730属7231种植物中。生物碱集中分布在系统发育较高级的植物类群中，在被子植物的双子叶植物中的分布最广，在被子植物的单子叶植物中也有一定分布，但主要相对集中分布于石蒜科（Amaryllidaceae）、禾本科（Gramineae）、天南星科（Araceae）、百合科（Liliaceae）和百部科（Stemonaceae）等。

我国科学家在生物碱新药方面做出了卓越贡献，如抗阿尔茨海默病新药石杉碱甲的研发。石杉碱甲（Huperzine A），是我国药学工作者于20世纪80年代从为石杉科（Huperziaceae）蛇足石杉（*Huperzia serrata*，又名千层塔）中分离得到的生物碱类成分，对乙酰胆碱酯酶具有显著抑制作用，现已成为临床上用于治疗老年良性记忆障碍、改善由脑内胆碱能功能缺陷引起的阿尔茨海默病患者的记忆功能，以及缓解重症肌无力等疾病的新药。

第一节　波谱特点

生物碱的结构鉴定主要有化学和波谱学方法。20世纪60年代以前，主要以化学方法为主，生物碱经脱氢、氧化降解、官能团分析、全合成等化学方法，最后确定其结构。随着波谱学的快速发展，波谱学方法已经取代经典的化学方法，成为生物碱结构测定的主要方法。常用的波谱法有紫外光谱、红外光谱、质谱和核磁共振谱（^{1}H、^{13}C和2D-NMR）。在确定生物碱的立体结构时，常用到ORD、ECD、量子计算和单晶X射线衍射等手段。

一、基本骨架类型

生物碱的数量众多，结构复杂，在生物碱研究史的各个时期有着不同的分类方法。近年来，生源结合化学分类法被越来越多学者接受和认同，该方法既反映生物碱的生源，同时又兼顾了化学结构特点。生物碱主要生源途径有氨基酸途径和甲戊二羟酸途径。以生源结合化学分类法，生物碱可分为吲哚类、哌啶类、喹啉类、异喹啉类、吡咯类、酰胺类、有机胺类、萜类及甾体类生物碱等。由于生物碱结构的复杂多样性，本章主要介绍吲哚类、哌啶类、异喹啉类、甾体类及酰胺类生物碱的波谱特征及其结构解析实例。

（一）吲哚类生物碱

吲哚类生物碱（indole alkaloids）来源于色氨酸途径，是生物碱中种类较多、结构较为复杂的一大类生物碱。依据其结构特点可分为简单吲哚类、β-卡波啉类、半萜吲哚类、单萜吲哚类和双吲哚类等。

1.简单吲哚类生物碱 简单吲哚类生物碱（simple indole alkaloids）母核结构中只有吲哚环，广泛分布在植物中。如菘蓝（*Isatis indigotica*）中的大青素B（isatan B）、蓼蓝（*Polygonum tinctorium*）中的靛苷（indican）。

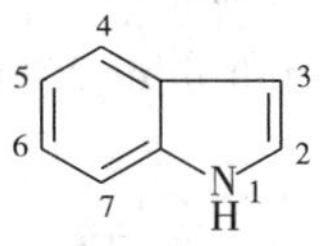

吲哚 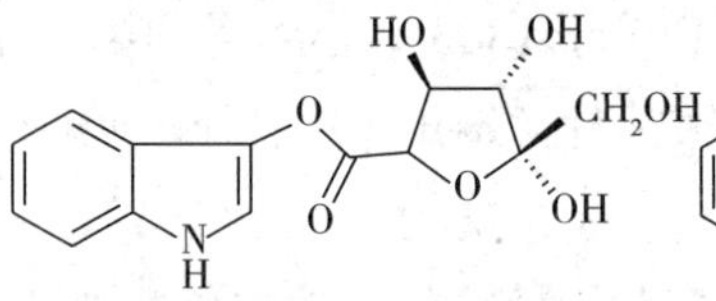　　大青素B 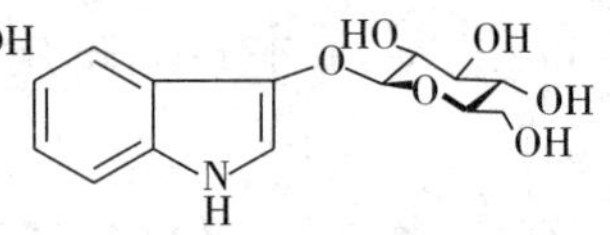　　靛苷

2.β-卡波啉类生物碱 β-卡波啉类生物碱（β-carboline alkaloids）的骨架结构是吡啶骈吲哚（pyridoindoles），分布广泛。如蒺藜科（Zygophyllaceae）植物骆驼蓬（*Peganum harmala*）的骆驼蓬碱（harmaline）和去氢骆驼蓬碱（harmine），具有显著的抗肿瘤作用，临床上用于消化道肿瘤的治疗。

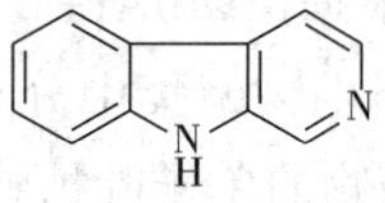

β-卡波啉 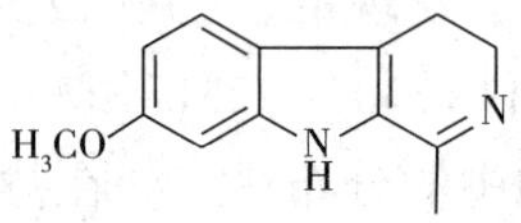　　骆驼蓬碱 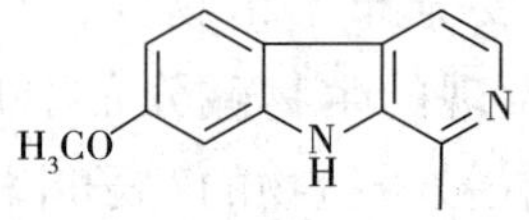　　去氢骆驼蓬碱

3.半萜吲哚类生物碱 半萜吲哚类生物碱（semiterpenoid indole alkaloids）是以吲哚环骈喹啉环构成四环麦角碱母核，主要分布在麦角菌（*Ciavieps purpurea*）中，如具有兴奋子宫作用的麦角新碱（ergometrine）、麦角胺（ergotamine）。

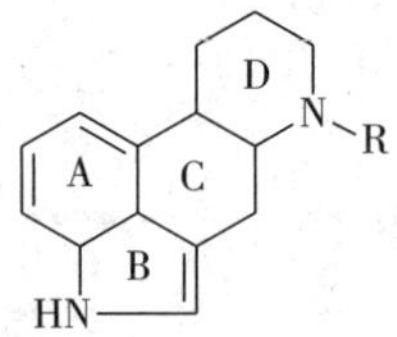

四环麦角碱母核 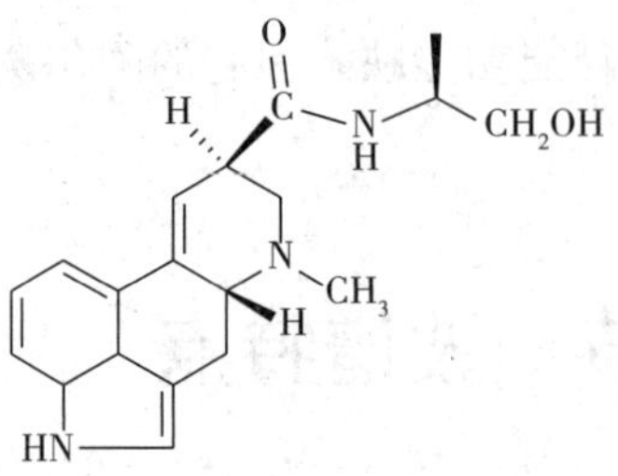　　麦角新碱 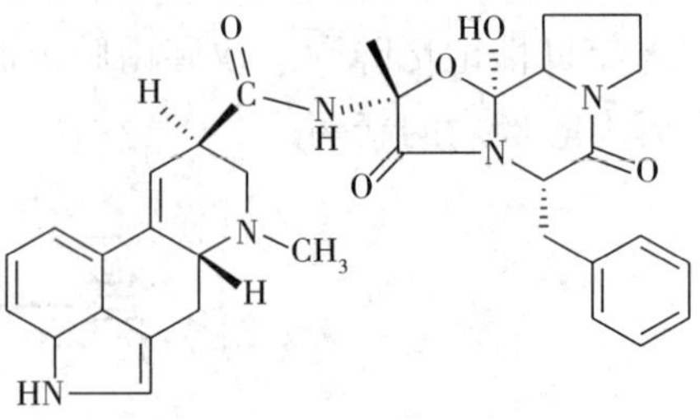　　麦角胺

4.单萜吲哚类生物碱 单萜吲哚类生物碱（momoterpenoid indole alkaloids）是具有吲哚核和C9或C10的裂环番木鳖萜及其衍生物的结构母核。如马钱科（Loganiaceae）植物番木鳖（*Strychnos nux-vomica* L.）中具中枢兴奋作用的士的宁（strychnine），具有降压作用的夹竹桃科（Apocynaceae）植物萝芙木（*Rauvolfia verticillata*（Lour.）Baill.）中利血平（reserpine）及茜草科（Rubiaceae）植物钩藤（*Uncaria rhynchophylla*（Miq.）Miq. ex Havil.）中钩藤碱（rhynchophylline）。

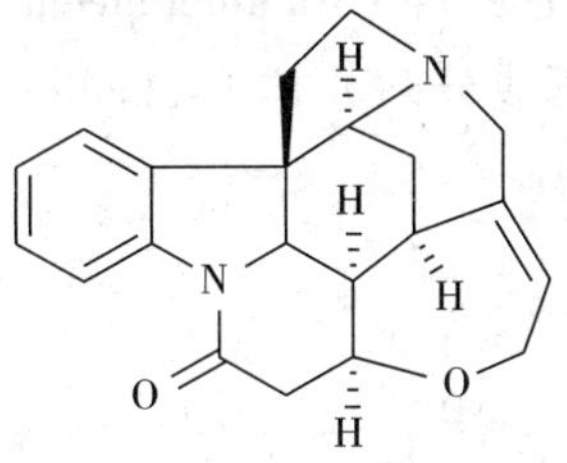

士的宁 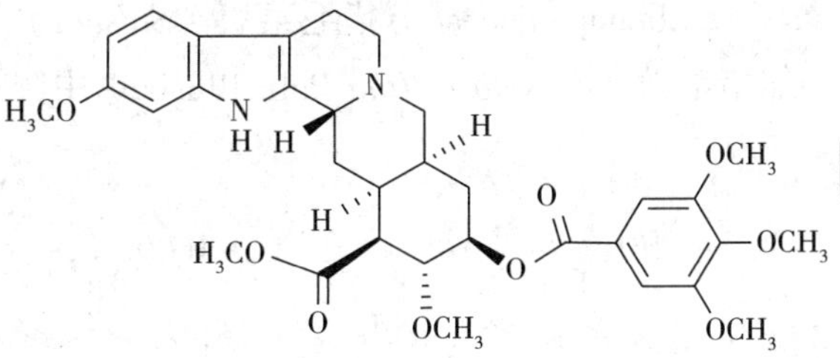　　利血平 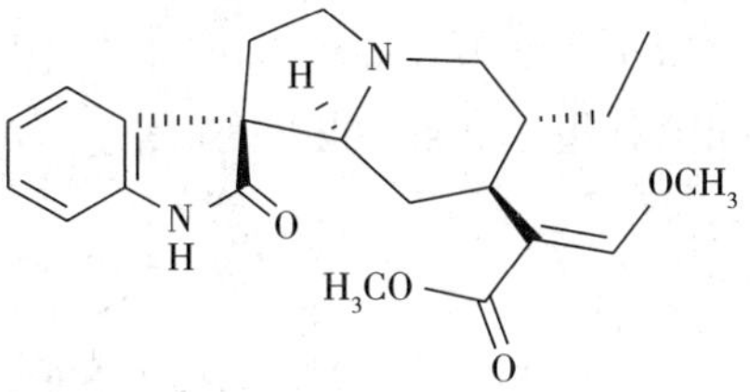　　钩藤碱

5.双吲哚类生物碱 双吲哚类生物碱（bisindole alkaloids）由二分子单萜吲哚类生物碱经分子间缩合而成。如从长春花中分离到的抗肿瘤药物长春碱（vinblastine）和长春新碱（vincristine）。

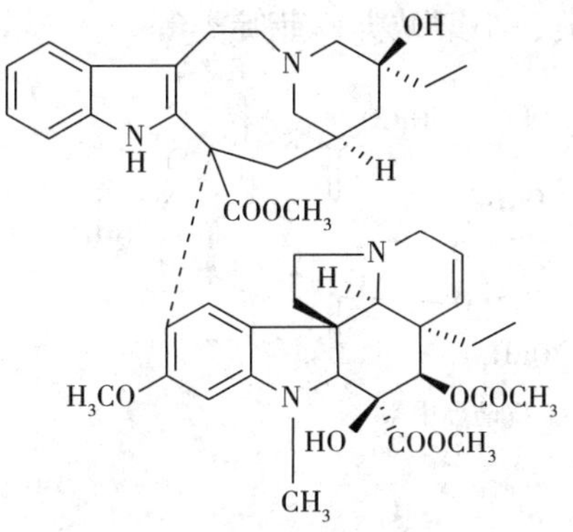

长春碱 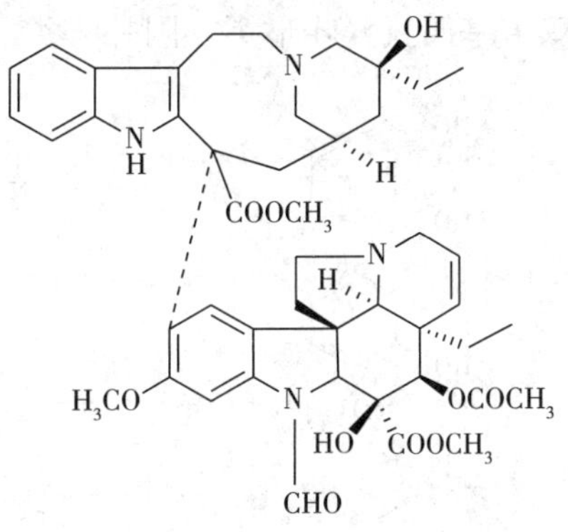　　长春新碱

（二）哌啶类生物碱

哌啶类生物碱（piperidine alkaloids）是以哌啶环为基本骨架的一类生物碱，来源于赖氨酸代谢途径。如天南星科（Araceae）植物海芋（*Alocasia macrorrhiza*）的根茎和叶中含有大量的哌啶类生物碱，具有抗肿瘤和抗炎作用。

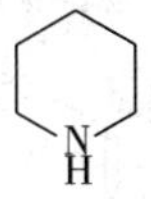

哌啶

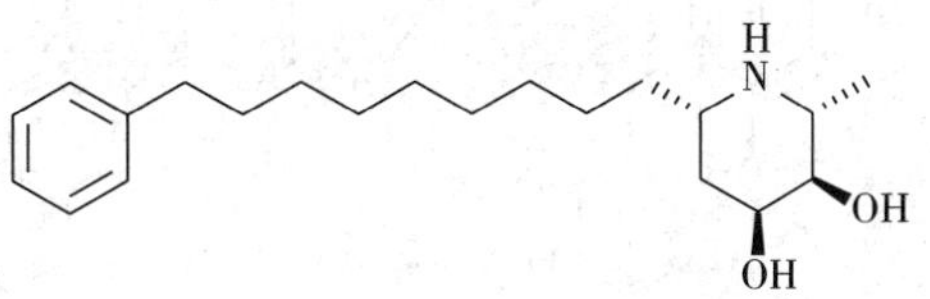

(2*R*,3*R*,4*S*,6*S*)-2-methyl-6-(9-phenylnonyl)piperidine-3,4-diol

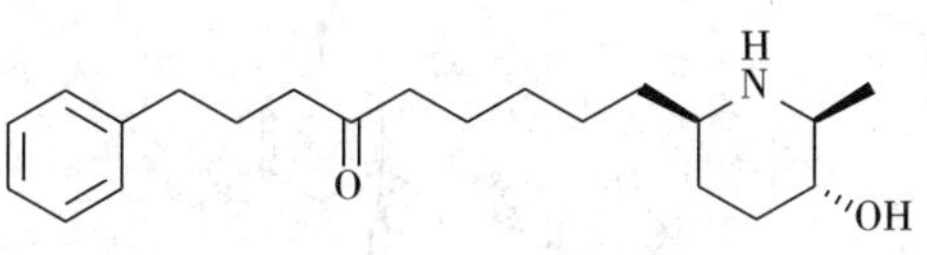

(2*S*,3*R*,6*R*)-2-methyl-6-(1-phenylnonan-4-one-9-yl)piperidin-3-ol

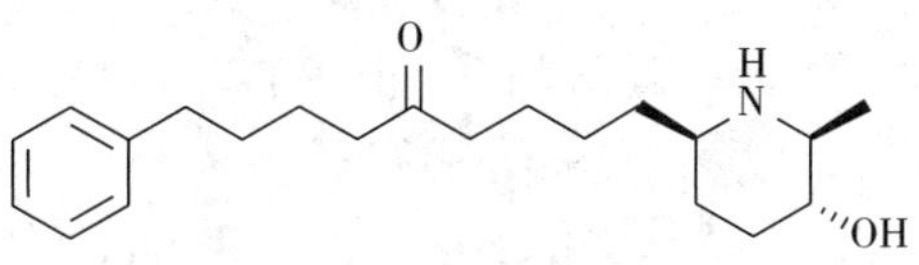

(2*S*,3*R*,6*R*)-2-methyl-6-(1-phenylnonan-5-one-9-yl)piperidin-3-ol

（三）异喹啉类生物碱

异喹啉类生物碱是以异喹啉或四氢异喹啉为母核，来源于苯丙氨酸和酪氨酸途径，是最大一类生物碱。异喹啉类生物碱主要包括四氢异喹啉类、苄基四氢异喹啉类、苯乙基四氢异喹啉类及吐根类生物碱。

1. 四氢异喹啉类生物碱 四氢异喹啉类生物碱种类较少，主要分布在罂粟科（Papaveraceae）罂粟属（*Papaver*）、紫堇属（*Corydalis*）、藜科（Chenopodiaceae）猪毛菜属（*Salsola*）、毛茛科（Ranunculaceae）唐松草属（*Thalictrum*）等植物中。如猪毛菜（*Salsola collina* Pall. Illustr.）中降压成分萨苏林（salsoline）和萨苏里丁（salsolidine）等。

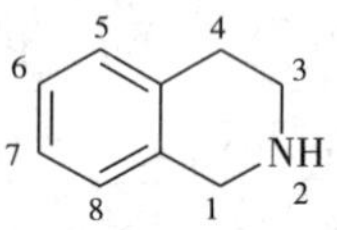

四氢异喹啉 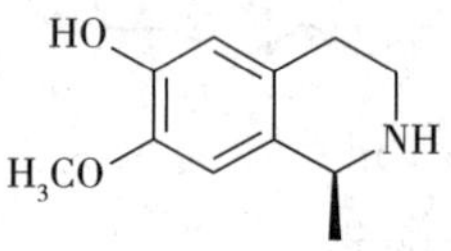　　萨苏林 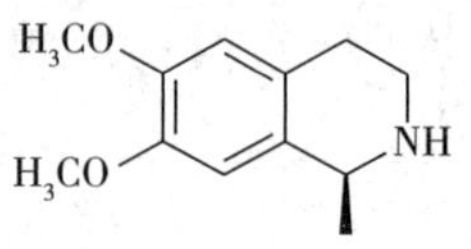　　萨苏里丁

2. 苄基四氢异喹啉类生物碱 苄基四氢异喹啉类生物碱（benzyl tetrahydroisoquinoline alkaloids）是以四氢异喹啉和苄基为基本骨架的一类生物碱。该类生物碱由于数量多、结构复杂，进一步可分为苄基四氢异喹啉类、双苄基四氢异喹啉类、阿朴啡类、吗啡烷类、小檗碱类、菲啶类等。

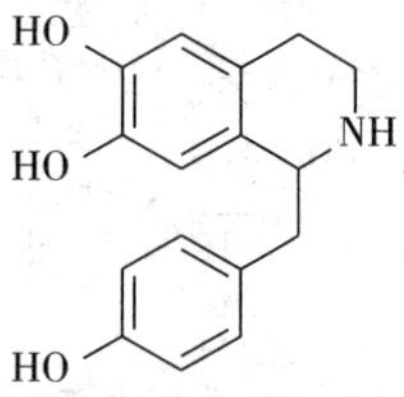

厚朴碱 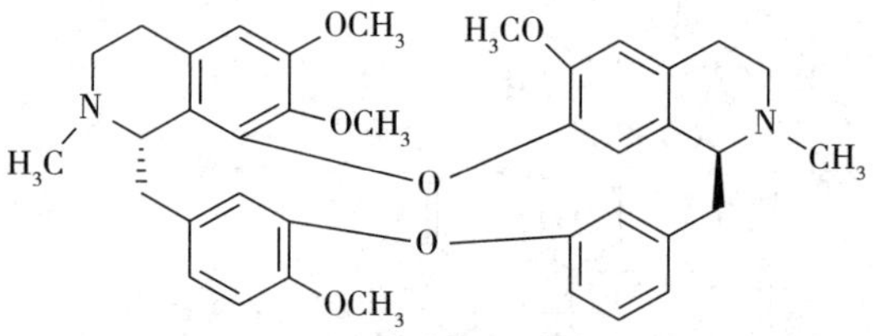　　汉防己甲素

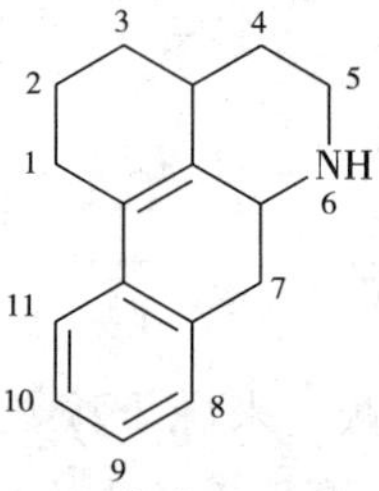

阿朴啡 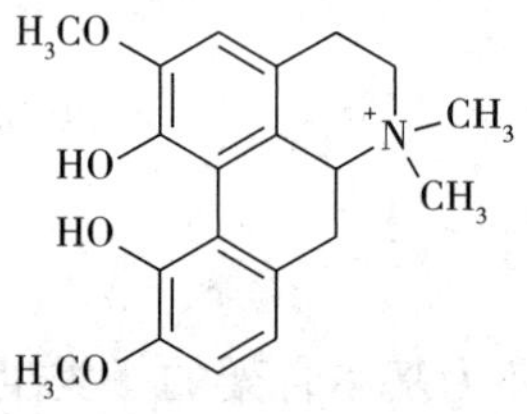　　木兰碱 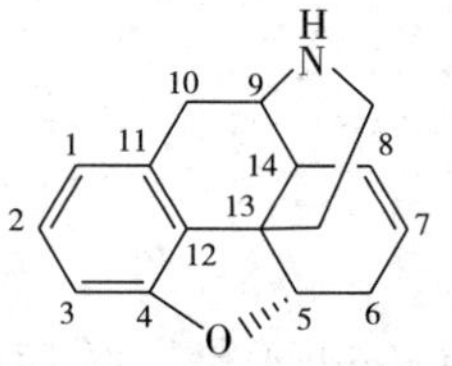　　吗啡烷 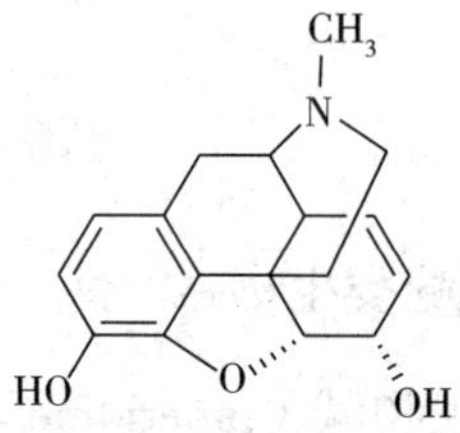　　吗啡

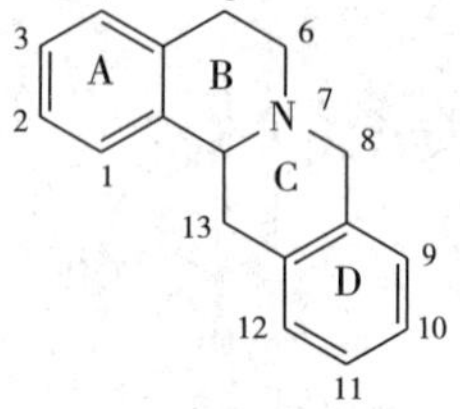

小檗碱骨架 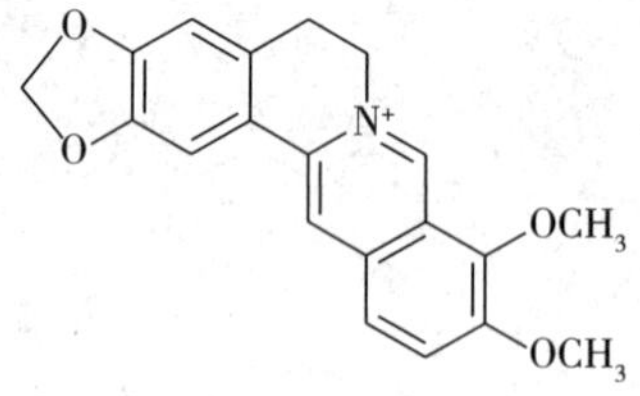　　小檗碱 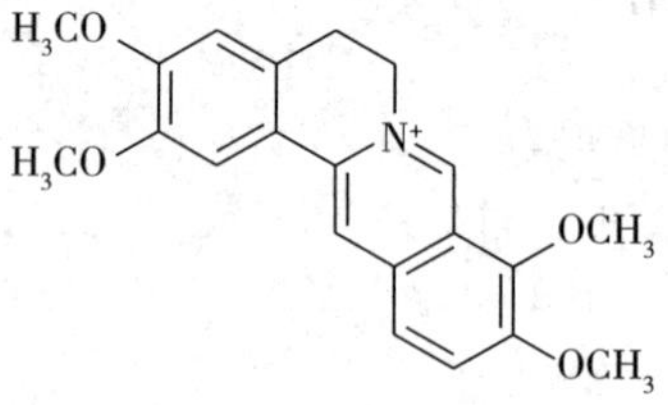　　巴马亭

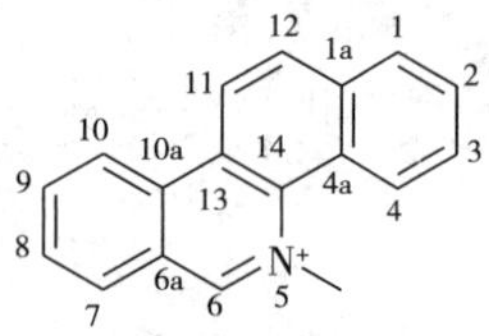

苯骈菲啶 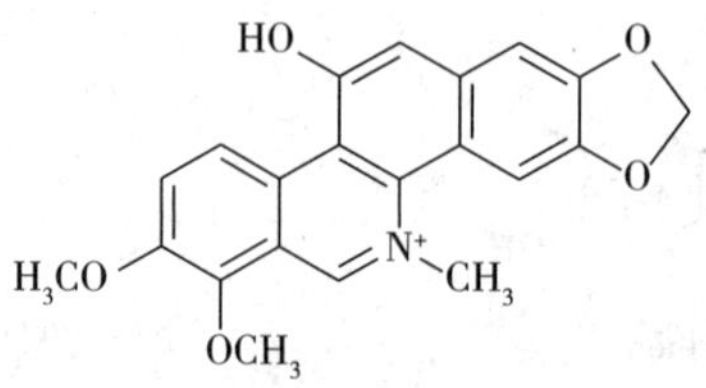　　白屈菜红碱 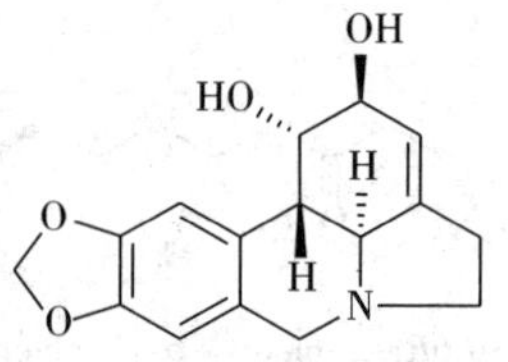　　石蒜碱

3.苯乙基四氢异喹啉类生物碱 苯乙基四氢异喹啉类生物碱（phenethyl tetrahydroisoquinoline alkaloids）包括结构和生物合成途径简单的，也有生物合成途径复杂、仅从分子结构上看很难判断其归属的生物碱，如对白血病有较好疗效的三尖杉碱（cephalotaxine）、三尖杉酯碱（harringtonine）等。

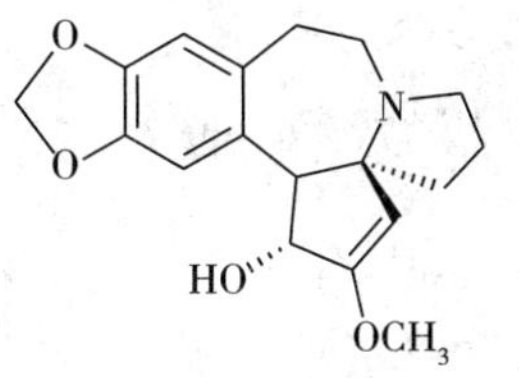

三尖杉碱 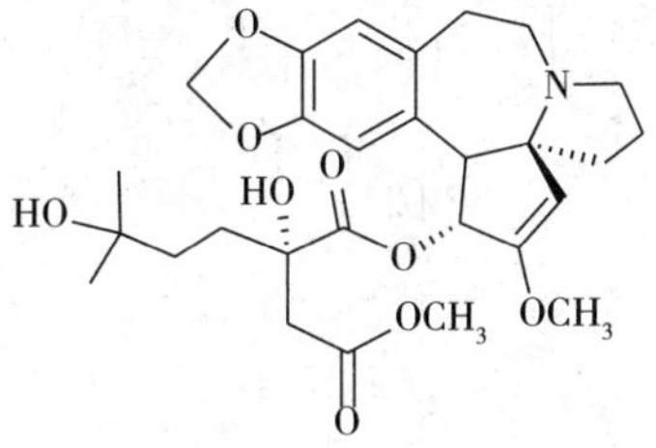　　三尖杉酯碱

4.吐根碱类生物碱 吐根碱类生物碱（emetine alkaloids）分子中常含有一个四氢异喹啉环和一个裂环烯醚萜拼合形成基本骨架。如具催吐作用的吐根碱（emetine）、吐根酚碱（cephaeline）。

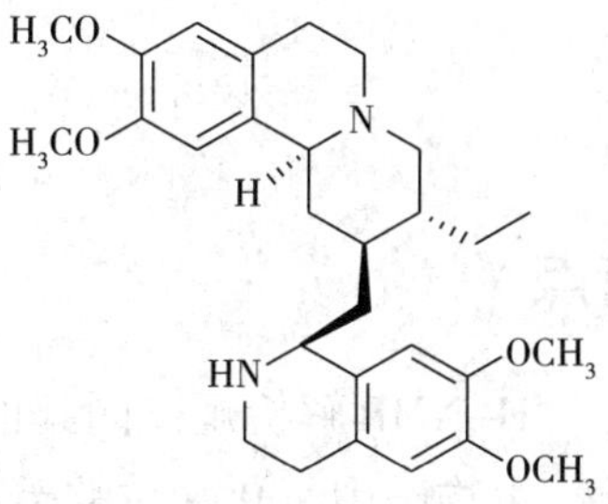

吐根碱 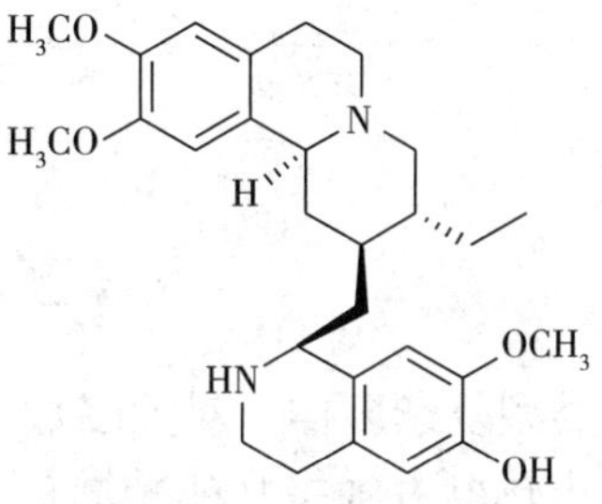　　吐根酚碱

（四）甾体类生物碱

甾体生物碱（steroid alkaloids）是天然甾体的含氮衍生物，属于非氨基酸来源生物碱。根据甾体的骨架又可分为孕甾烷生物碱、环孕甾烷生物碱和胆甾烷生物碱。如夹竹桃科（Apocynaceae）假橡胶树（*Holarrhena floribunda*）中的康里生（conessine）及从黄杨科（Buxaceae）野扇花（*Sarcococca ruscifolia*）叶中得到的野扇花碱（saracodine）。

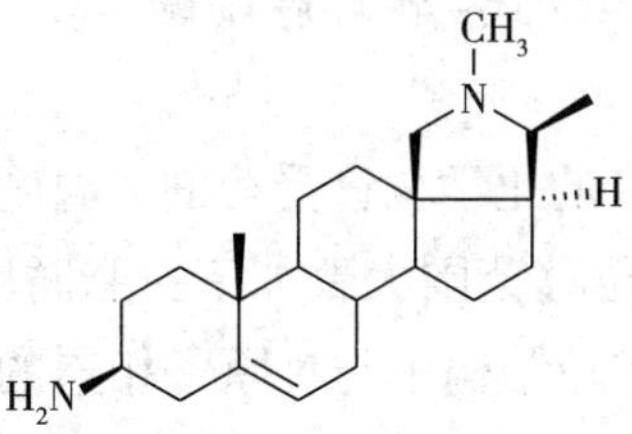

康里生 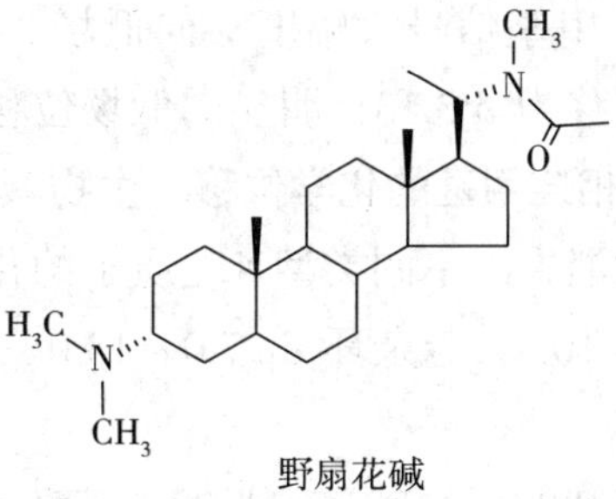　　野扇花碱

胆甾烷生物碱（cholestane alkaloids）是以天然甾醇为母体的氨基化衍生物，母核一般具有27个碳原子，又称C_{27}甾生物碱，主要分布于茄科（Solanaceae）和百合科（Liliaceae）植物中，如澳洲茄胺（solasodine）、茄次碱（solanidine）等。异胆甾烷类与胆甾烷类的主要区别在于五元环（C环）与六元环（D环）异位，如藜芦胺（veratramine）、平贝碱甲（pingpeimine A）等。

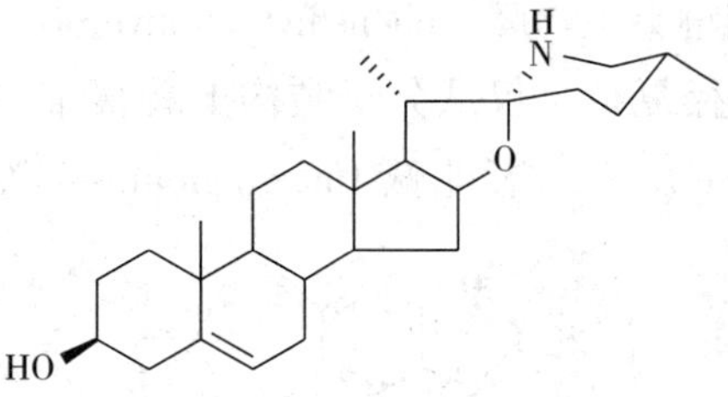

澳洲茄胺 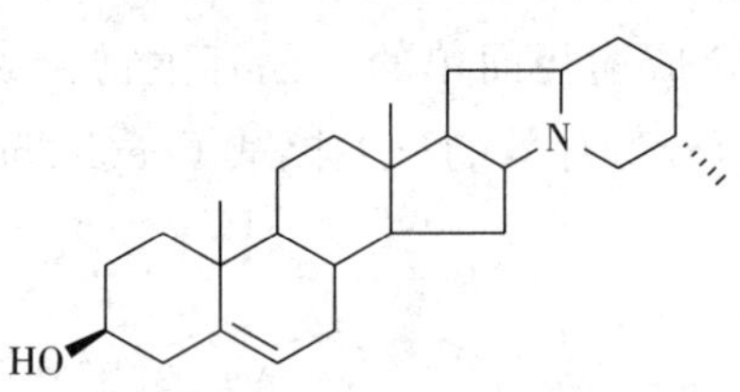　　茄次碱

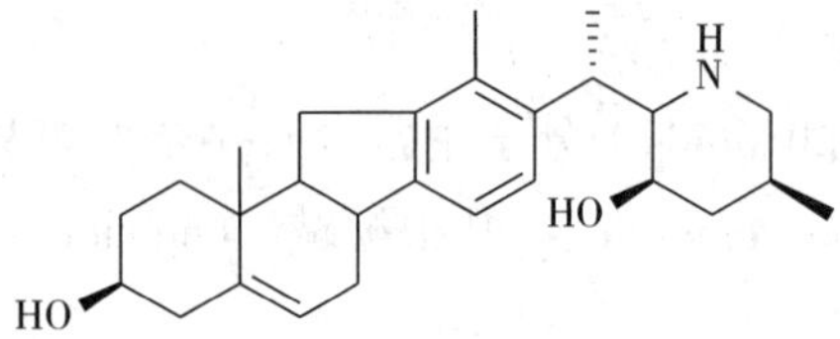

藜芦胺 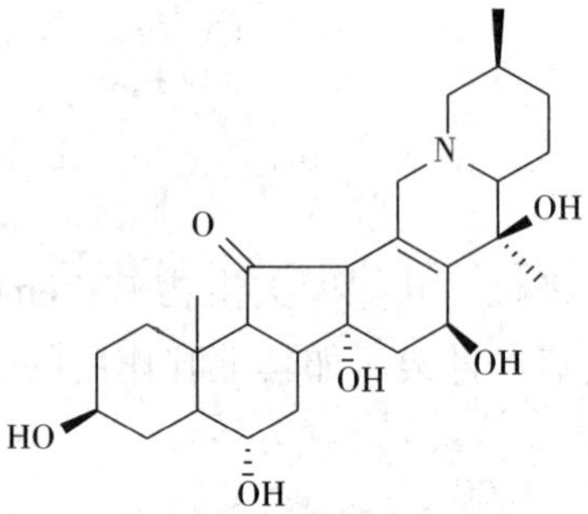　　平贝碱甲

二、氢谱特点

由于生物碱结构类型复杂多样，对大多数生物碱来说，^{1}H-NMR解析规律同其他类型天然产物类似。分子中含有氮原子是生物碱有别于其他类型化合物的特征，生物碱中氢化学位移受氮原子影响具有一些规律。

1. 氮原子对邻近碳上氢原子化学位移的影响　由于氮原子具有较强的电负性，其产生的吸电子诱导效应会导致邻近碳上的氢原子向低场位移，一般对α-碳上的氢影响比β-碳上的氢影响大。如*S*-反式-轮环藤酚碱（*S-trans*-cyclanoline）中位于氮原子α位的C-6、C-8位的2个氢化学位移值分别为δ_H 4.43、4.57与δ_H 5.24、5.52，明显向低场位移。而处于氮原子β位的C-5、C-13位的2个氢化学位移值分别为δ_H 3.15、3.13与δ_H 3.01、3.94。另外，与季铵氮相连的甲基电子云密度降低，甲基信号大幅度移向低场。如*S*-反式-轮环藤酚碱的N-CH_3氢信号化学位移为δ 3.13，明显向低场位移。

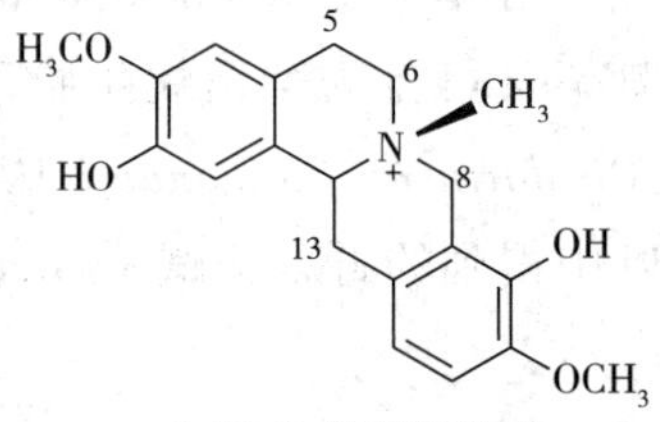

S-反式-轮环藤酚碱

2. 氮原子上氢与之相连甲基的化学位移　生物碱N-H的化学位移受溶剂、温度及浓度的影响较大，并可因加重水进行交换而消失。不同类型N上质子的化学位移范围大致如下：脂肪胺δ_H 0.3～2.2，芳胺δ_H 3.5～6.0，酰胺δ_H 5.2～10.0，芳杂环δ_H 7.0～13.0。生物碱结构中与N原子相连的甲基（N-CH_3）化学位移一般在δ_H 1.9～4.0。

此外，对于具有芳基的生物碱，还要考虑芳环产生的磁各向异性对氢化学位移的影响。当氢处于芳环正屏蔽区域（上下方）时，其化学位移向高场移动。在生物碱的结构解析中，据此可以判断生物碱的优势构象和取代基的取向。

三、碳谱特点

与^{1}H-NMR谱一样，生物碱在^{13}C-NMR中碳化学位移也受氮原子影响，有关规律如下。

1. 氮原子对邻近碳原子化学位移的影响　生物碱结构中氮原子电负性产生的吸电子诱导效应使邻近

碳原子向低场位移，α-碳的位移最大。但在脂肪环与芳香环中，氮原子对碳原子化学位移的影响不同，脂肪环中的一般规律为α-碳>β-碳>γ-碳，在芳香环中影响为α-碳>γ-碳>β-碳，如哌啶、吡啶与烟碱中各碳原子的化学位移。在*N*-氧化物、季铵以及*N*-甲基季铵盐中的氮原子使α-碳向低场位移幅度更大。*N*-甲基的化学位移值一般在δ 30～50，酰胺的羰基化学位移一般在δ 160～170。

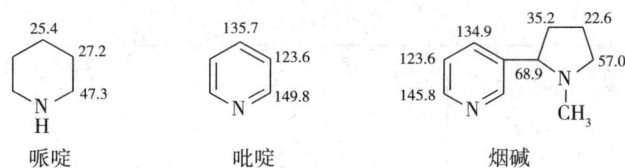

哌啶　　吡啶　　烟碱

2.氮原子成盐后对邻近碳原子化学位移的影响　生物碱中的氮原子成盐后，由于质子化作用诱导效应增强，使邻近碳原子的化学位移发生变化，这一现象在生物碱结构鉴定中需要特别注意（生物碱的存在状态）。如罂粟碱中的亚胺氮生成*N*-甲基盐后的α-碳，即C-1、C-3向高场位移约5ppm，而β-碳，γ-碳的C-4、C-8a、C-4a不同程度地向低场位移。对于叔胺氮的*N*-甲基四氢罂粟碱（laudanosine）成盐后α-碳，即C-1、C-3、*N*-CH_3向低场位移8～10ppm，而β-碳、γ-碳的C-4、C-8a、C-4a则不同程度地向高场位移。

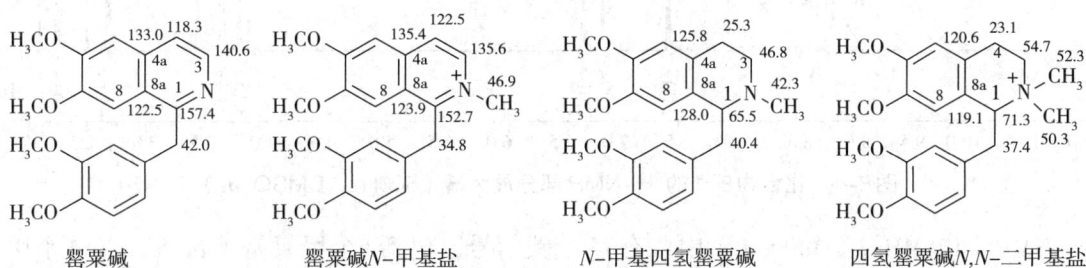

罂粟碱　　罂粟碱*N*-甲基盐　　*N*-甲基四氢罂粟碱　　四氢罂粟碱*N*,*N*-二甲基盐

对结构复杂生物碱的结构测定，还需借助2D-NMR，如^1H-^1H COSY、HMQC、HMBC、NOESY、TOCSY等技术。

思考

生物碱的结构类型为什么会如此复杂多样？在解析生物碱结构时如何快速推断其结构类型？

第二节　结构解析

1.骆驼蓬碱结构解析　从骆驼蓬（*Peganum harmala*）种子中分离得到的化合物8-1，亮黄色块状结晶（$CHCl_3$），在紫外灯（366nm）下呈黄绿色荧光，与Dragendroff试剂反应显橘红色，提示为生物碱类化合物。

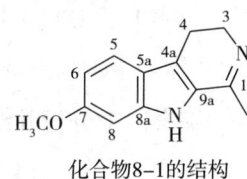

化合物8-1的结构

在^1H-NMR（500MHz，DMSO-d_6）谱中，δ_H 11.18（1H，s）处有一个活泼氢信号，芳香区有3个氢信号，分别位于δ_H 7.41（1H，d，*J*=8.7Hz）、6.86（1H，d，*J*=2.0Hz）及6.70（1H，dd，*J*=8.7，2.0Hz），这三个氢信号构成一个苯环的ABX系统（1,2,4-三取代）。高场区有一个甲氧基δ_H 3.78（3H，s）和一个甲基δ_H 2.25（3H，s）。位于δ_H 3.64（2H，t，*J*=8.3Hz）和2.68（2H，t，*J*=8.3Hz）是相互偶合的两个亚甲基（图8-1）。

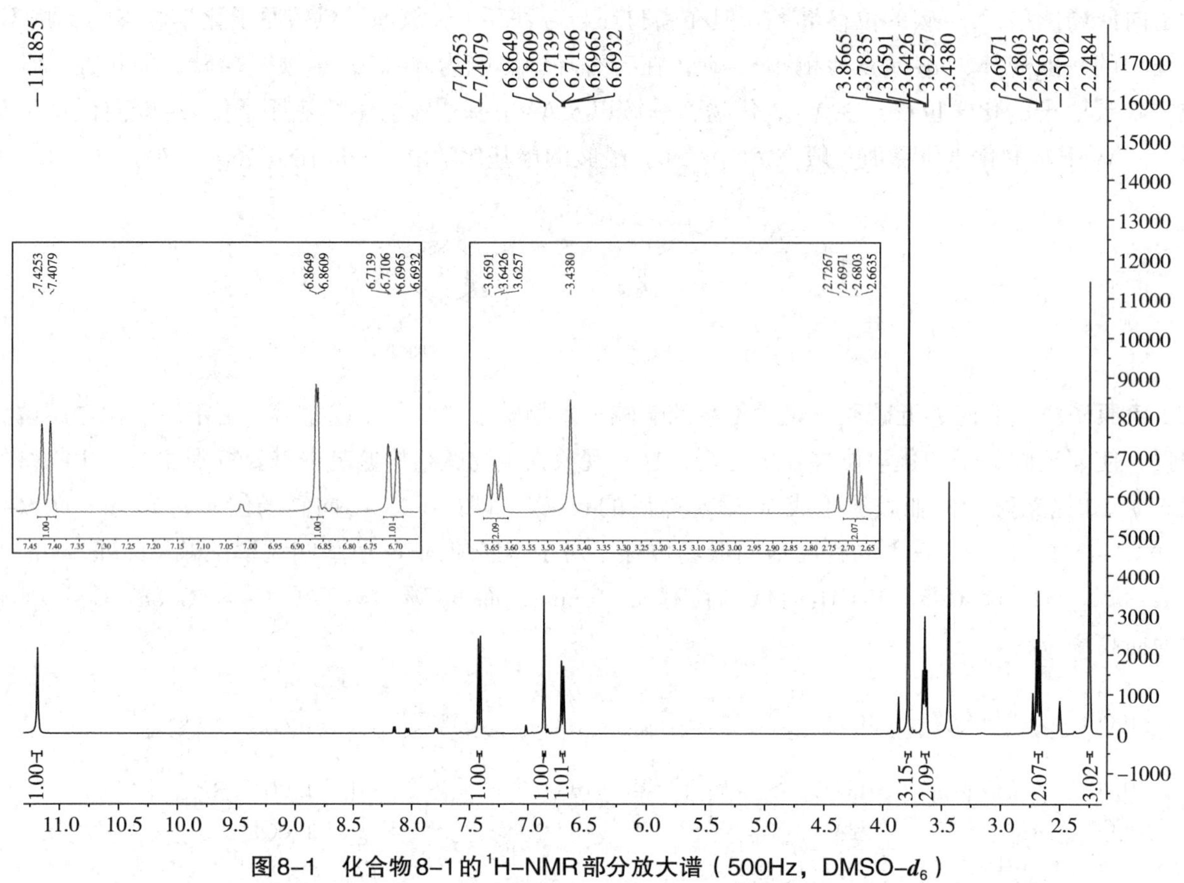

图8-1 化合物8-1的 ^{1}H-NMR部分放大谱（500Hz，DMSO-d_6）

在 ^{13}C-NMR（126MHz，DMSO-d_6）中，有13个碳信号，包括1个甲氧基（δ_C 55.2），1个甲基（δ_C 19.2）和两个亚甲基（δ_C 22.0，47.6）。在低场区，有9个芳香碳，其中 δ_C 157.2是连氧芳香碳。位于较高场的信号 δ_C 94.6是7-甲氧基-卡波啉类生物碱C-8位的特征碳信号（处于甲氧基的邻位）（图8-2）。

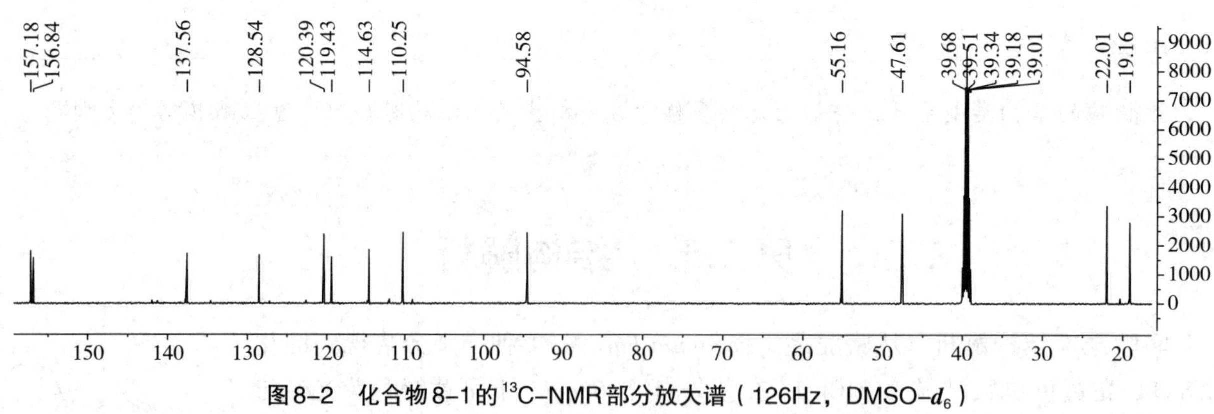

图8-2 化合物8-1的 ^{13}C-NMR部分放大谱（126Hz，DMSO-d_6）

综合以上分析并结合文献数据，化合物8-1被鉴定为骆驼蓬碱（harmaline）。其核磁数据归属见表8-1。

表8-1 化合物8-1和8-2的核磁数据（500MHz for ^{1}H，DMSO-d_6）

position	化合物8-1[a]		化合物8-2[b]		position	化合物8-1		化合物8-2	
	δ_C	δ_H，mult.（J in Hz）	δ_C	δ_H，mult.（J in Hz）		δ_C	δ_H，mult.（J in Hz）	δ_C	δ_H，mult.（J in Hz）
1	156.8	–	142.0	–	4	19.2	2.68，t（8.3）	112.0	7.80，d（5.2）
3	47.6	3.64，t（8.3）	137.8	8.15，d（5.2）	4a	119.4	–	114.9	–

续表

position	化合物8-1[a]		化合物8-2[b]		position	化合物8-1		化合物8-2	
	δ_C	δ_H，mult.（*J* in Hz）	δ_C	δ_H，mult.（*J* in Hz）		δ_C	δ_H，mult.（*J* in Hz）	δ_C	δ_H，mult.（*J* in Hz）
5a	114.6	–	127.3	–	8a	137.6	–	134.6	–
5	120.4	7.41，d（8.7）	122.6	8.04，d（8.6）	9a	128.5	–	141.3	–
6	110.2	6.70，dd（8.7，2.0）	109.1	6.84，dd（8.6，2.1）	CH_3O—	55.2	3.78，s	55.3	3.87，s
7	157.2	–	160.1	–	CH_3—	22.0	2.25，s	20.4	2.74，s
8	94.6	6.86，d（2.0）	94.6	7.02，d（2.1）					

注：[a] 500MHz for ^1H;[b] 400MHz for ^1H。

2. 去氢骆驼蓬碱结构解析 从骆驼蓬（*Peganum harmala*）种子中分离得到的化合物8-2，棱柱针状结晶（$CHCl_3$-MeOH），在紫外灯（366nm）下呈蓝紫色荧光，与Dragendroff试剂反应显橘红色，推测为生物碱类化合物。

化合物8-2的结构

在^1H-NMR（400MHz，DMSO-d_6）中（图8-3），δ_H 11.46（1H，s）处是一个活泼氢信号。在芳香区共有5个氢，其中位于δ_H 8.04（1H，d，*J*=8.6Hz）、7.02（1H，d，*J*=2.1Hz）及6.84（1H，dd，*J*=8.6，2.1Hz）的3个氢信号构成一个苯环ABX系统，提示有1个1,2,4-三取代苯环。另外，2个位于δ_H 8.15（1H，d，*J*=5.2Hz）和7.80（1H，d，*J*=5.2Hz），根据化学位移和偶合常数推测为吡啶环的邻位氢信号。高场区有1个甲氧基信号δ_H 3.87（3H，s）和1个甲基信号2.74（3H，s）。

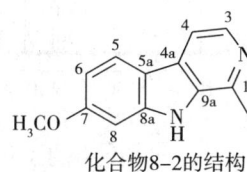

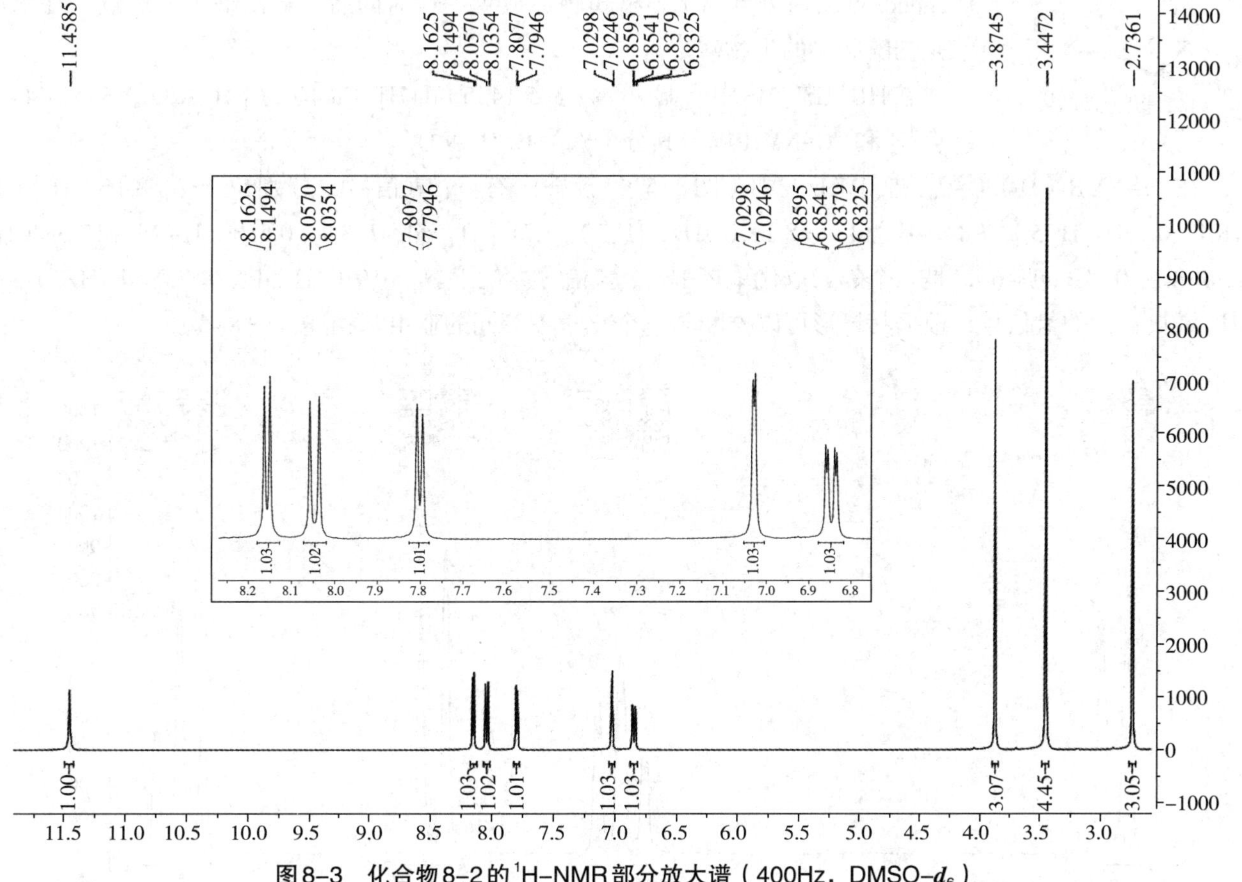

图8-3 化合物8-2的^1H-NMR部分放大谱（400Hz，DMSO-d_6）

在^{13}C-NMR（100MHz，DMSO-d_6）中（图8-4），共有13个碳信号。在高场区有1个甲基碳δ_C 20.4和

1个甲氧基碳 δ_C 55.3，在低场区有11个芳香碳。结合氢谱数据，推测除一个苯环外还有一个吡啶环，其中 δ_C 160.1是苯环上的连氧碳，δ_C 94.6处在较高场，是7-甲氧基-β-卡波啉类生物碱C-8位的特征碳信号。

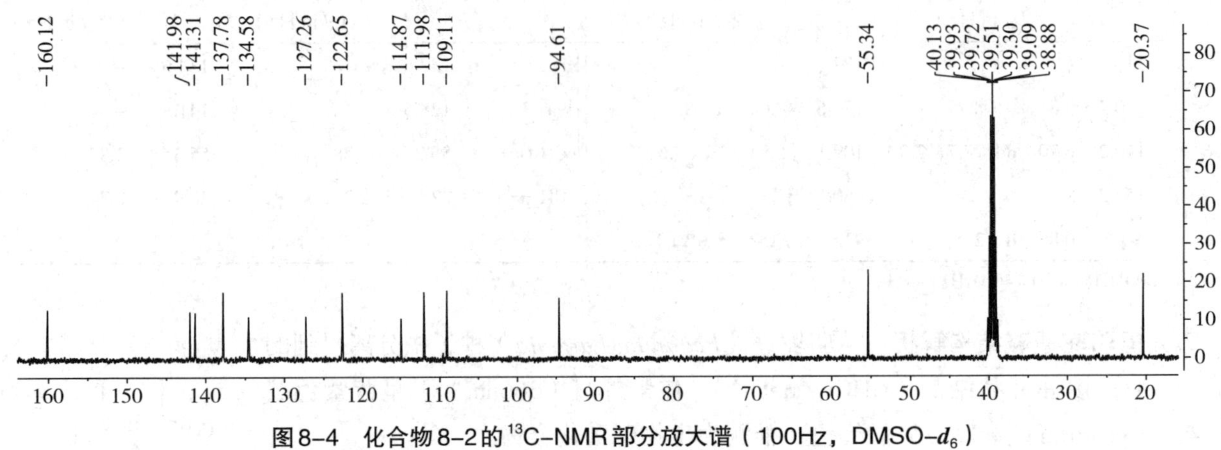

图8-4 化合物8-2的 ^{13}C-NMR部分放大谱（100Hz，DMSO-d_6）

结合 ^{1}H-NMR、^{13}C-NMR数据，与文献报道的去氢骆驼蓬碱数据一致，因此化合物8-2鉴定为去氢骆驼蓬碱。其核磁数据归属见表8-1。

化合物8-3的结构

3. *S*-Vasicinone-β-D-glucopyranoside结构解析 化合物8-3是从骆驼蓬（*Peganum harmala*）种子中分离得到的白色无定型粉末，在硅胶薄层上单独与Dragendroff试剂反应不显色，但先与硫酸乙醇试剂加热反应，显紫色，再喷洒Dragendroff试剂斑点周围显橘黄色，放置一段时间后又显出橘黄色斑点，提示可能是内酰胺类的生物碱。

在HR-ESI-MS中，显示 *m/z* 365.1435 $[M+H]^+$（calad. $C_{17}H_{21}N_2O_7$，365.1444），结合 ^{1}H 和 ^{13}C-NMR 确定其分子式为 $C_{17}H_{20}N_2O_7$。

在 ^{1}H-NMR（DMSO-d_6，500MHz）中（图8-5），芳香区有4个氢信号，分别位于 δ_H 8.16（H，dd，*J*=8.1，0.7Hz，H-5）、7.84（H，td，*J*=8.1，0.7Hz，H-7）、7.71（H，dd，*J*=8.1，0.5Hz，H-8）和7.55（H，td，*J*=8.1，0.5Hz，H-6），是一个邻二取代苯环上4个氢信号。位于 δ_H 5.19（1H，dd，*J*=7.0，4.4Hz，H-1）为连氧叔碳上的氢信号，根据其峰形可以推断与一个化学不等同的亚甲基相连（图8-6）。

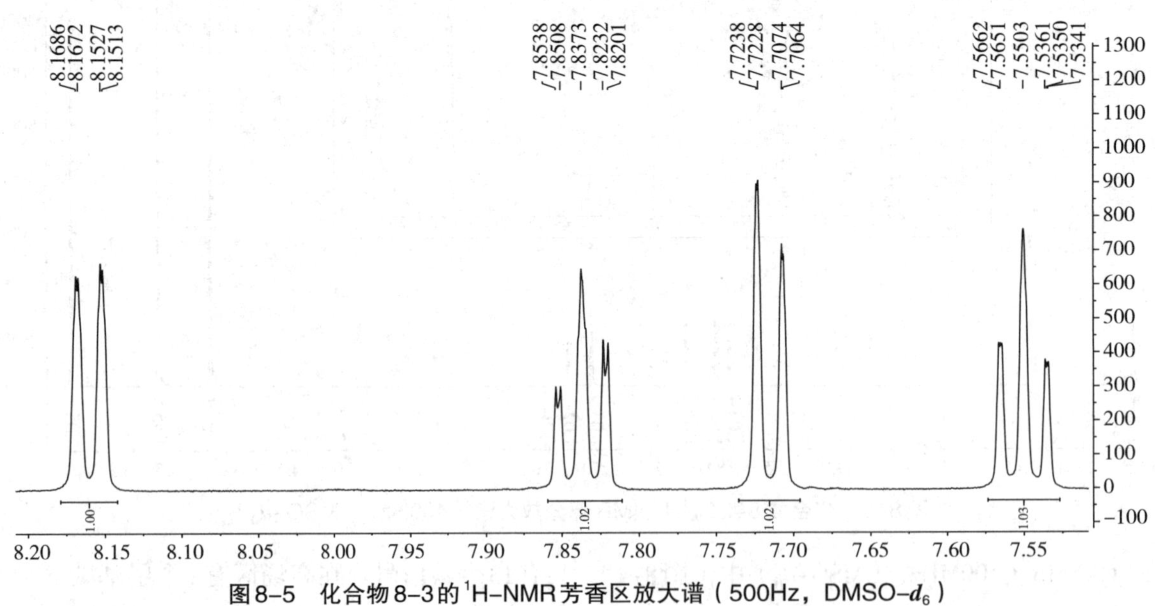

图8-5 化合物8-3的 ^{1}H-NMR芳香区放大谱（500Hz，DMSO-d_6）

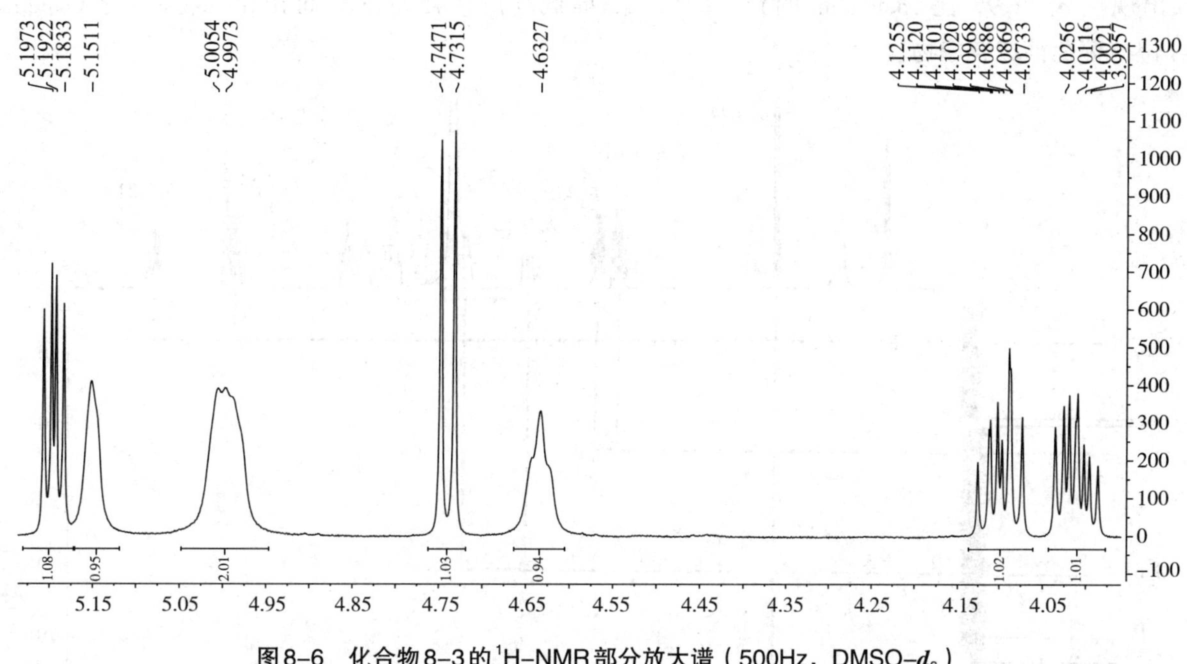

图8-6　化合物8-3的¹H-NMR部分放大谱（500Hz，DMSO-d_6）

从HSQC图谱（图8-8）可以看出，δ_H 4.10（H，m）与4.01（H，m）为一亚甲基信号，对应 δ_C 43.7的碳信号，说明可能是与氮原子相连的亚甲基。位于高场区的氢信号 δ_H 2.53（H,m）与2.21（H,m）也是一个亚甲基信号（图8-7），在HSQC图谱中对应 δ_C 28.3的碳信号。位于 δ_H 4.74（1H，d，J=7.8Hz，H-1′）为糖端基信号，在 δ_H 2.9～3.8，有多个氢信号，推测为糖上氢信号。

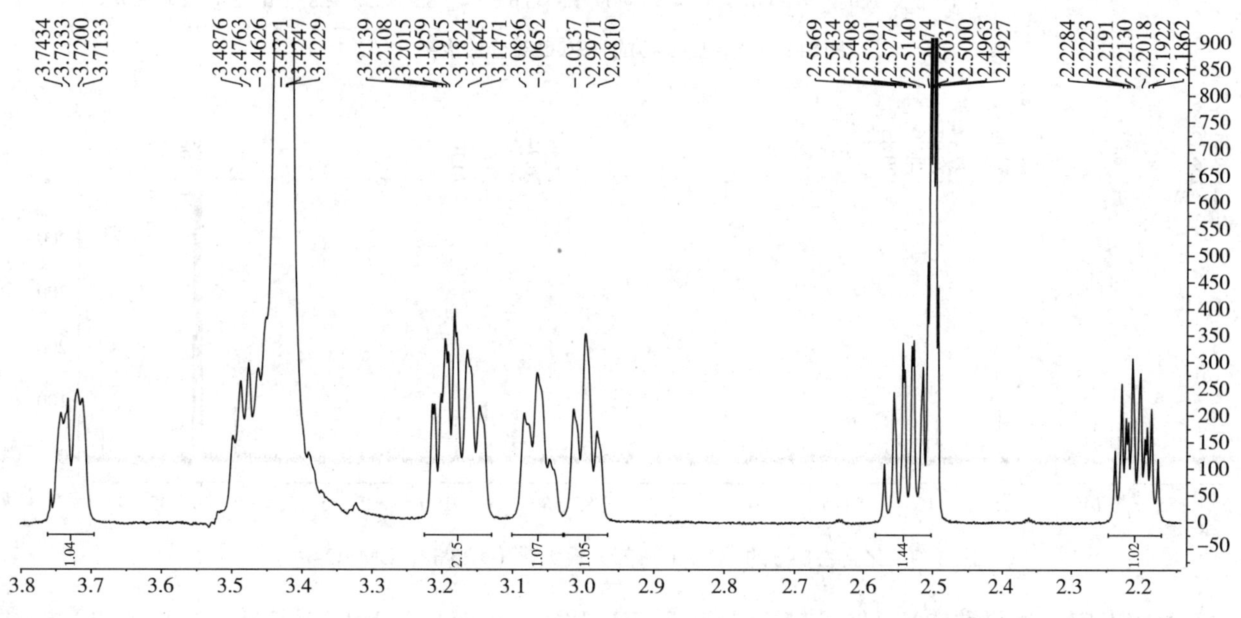

图8-7　化合物8-3的¹H-NMR高场区放大谱（500Hz，DMSO-d_6）

在¹³C-NMR（DMSO-d_6，125Hz）中显示有17个碳信号（图8-9），包括8个sp^2杂化的碳信号，其中 δ_C 101.7是糖的端基碳信号，对应于氢谱中的 δ_H 4.74信号（图8-10）。根据氢谱和碳谱糖区信号，结合酸水解结果，推测分子中含有一个葡萄糖单元，并根据端基氢的偶合常数（J=7.8Hz））推断为β-D-葡萄糖苷。除去葡萄糖的信号，将化合物8-3与化合物Vasicinone的碳谱数据对比，可以发现化合物8-3的

1位碳出现在 δ_C 76.9，比Vasicinone的1位碳 δ_C 71.3向低场位移+5.6ppm，推出化合物8-3是Vasicinone的C-1位与葡萄糖成苷产物。

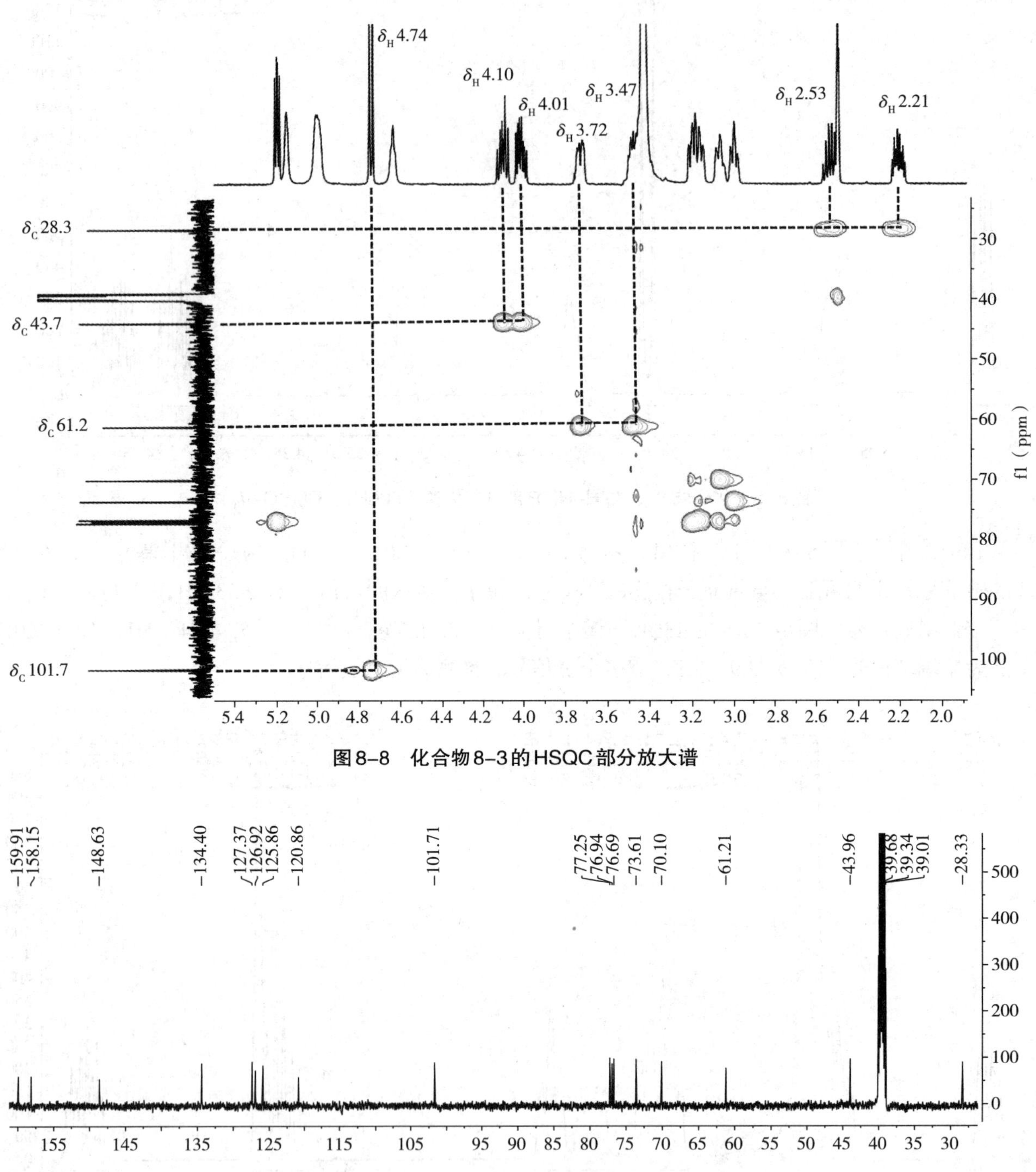

图8-8　化合物8-3的HSQC部分放大谱

图8-9　化合物8-3的 ^{13}C-NMR部分放大谱（125Hz，DMSO-d_6）

在HMBC中，葡萄糖的H-1′（δ_H 4.74）与 δ_C 76.9相关，C-1′（δ_C 101.7）与H-1（δ_H 5.19）相关，进一步确定了葡萄糖连与1位相连。

将化合物8-3用葡萄糖苷酶水解后测得苷元的旋光值为-8.43°（c 0.35，$CHCl_3$），与文献中*S*-vasicinone的旋光值数据的正负一致，因此确定化合物8-3的1位碳构型为*S*-型。综合上述信息，化合物8-3被鉴定为*S*-Vasicinone-*β*-D-glucopranoside，该化合物为未见文献报道的新化合物，其信号归属见表8-2。

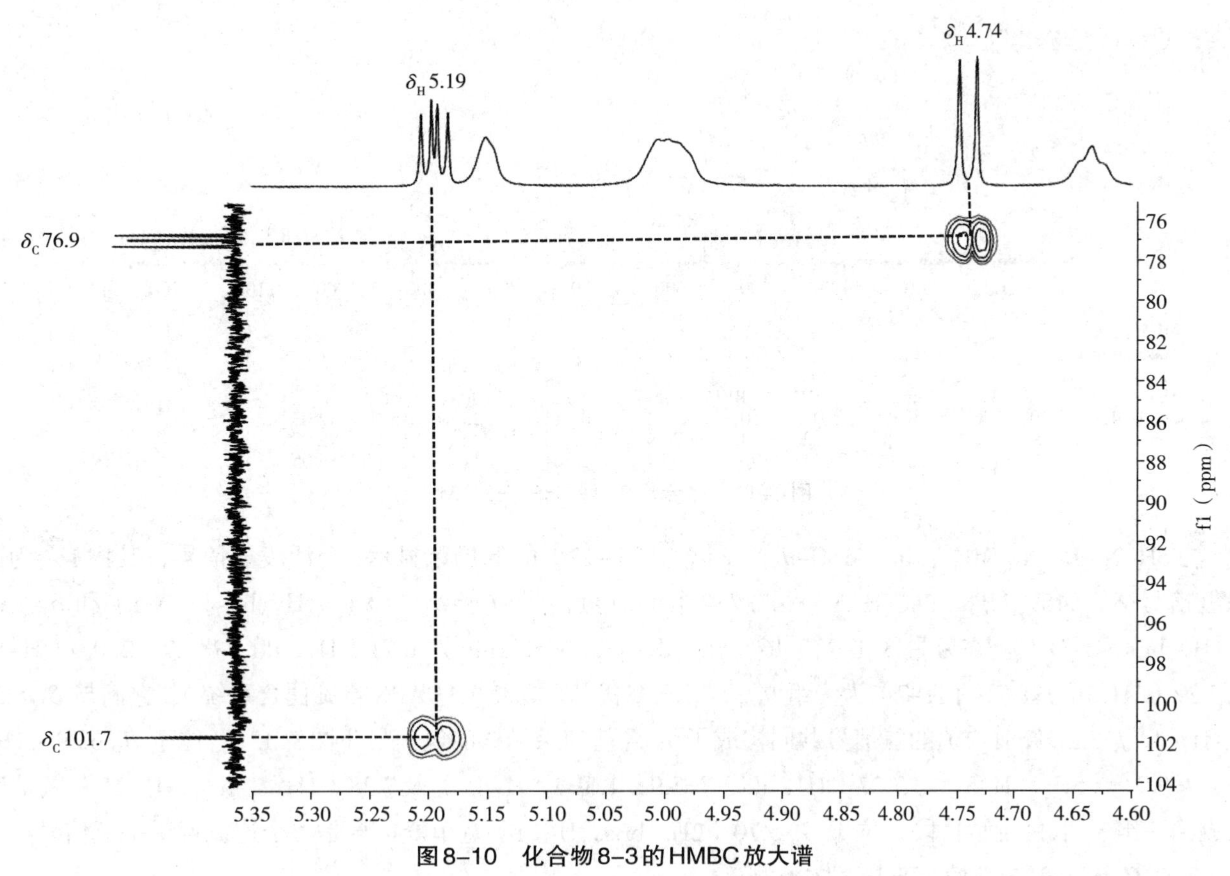

图8-10　化合物8-3的HMBC放大谱

表8-2　化合物8-3的核磁数据（DMSO-d_6，500MHz）

position	δ_C	δ_H，mult.（J in Hz）	position	δ_C	δ_H，mult.（J in Hz）
1	76.9	5.19，dd（7.0，4.4）	8a	148.6	–
2	28.3	2.20–2.22，m 2.49–2.51，m	9a	158.2	–
3	44.0	3.99–4.02，m 4.09–4.11，m	1′	101.7	4.74，d（7.8）
4	159.9	–	2′	73.6	2.99，m
4a	120.9	–	3′	76.7	3.16，m
5	125.9	8.16，dd（8.1，0.7）	4′	70.1	3.05，m
6	126.9	7.55，td（8.1，0.5）	5′	77.2	3.19，m）
7	134.4	7.84，td（8.1，0.7）	6′	61.2	3.47，m 3.72，m
8	127.4	7.71，dd（8.1，0.5）			4.74，d（7.8）

4. 1-(2-(5-hydroxy-1*H*-indol-3-yl)-2-oxoethyl)-1*H*-pyrrole-3-carbaldehyde结构解析　化合物8-4是从海芋（*Alocasia macrorrhiza*）根茎中分离得到，呈黄色不定型粉末（甲醇）。UV光谱（MeOH）显示在297、270、252、213nm处有最大吸收峰，提示该化合物为芳环化合物；IR光谱（KBr）显示羟基（3297cm^{-1}）、羰基（1633cm^{-1}）和苯环（1616，1521cm^{-1}）的特征吸收。HR-ESI-MS *m/z* 291.0749 [M+Na]$^+$（calcd. for $C_{15}H_{12}N_2O_3Na$，291.0746），确定其分子式为$C_{15}H_{12}N_2O_3$，分子量为268，不饱和度为11（图8-11）。

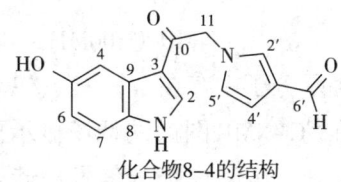

化合物8-4的结构

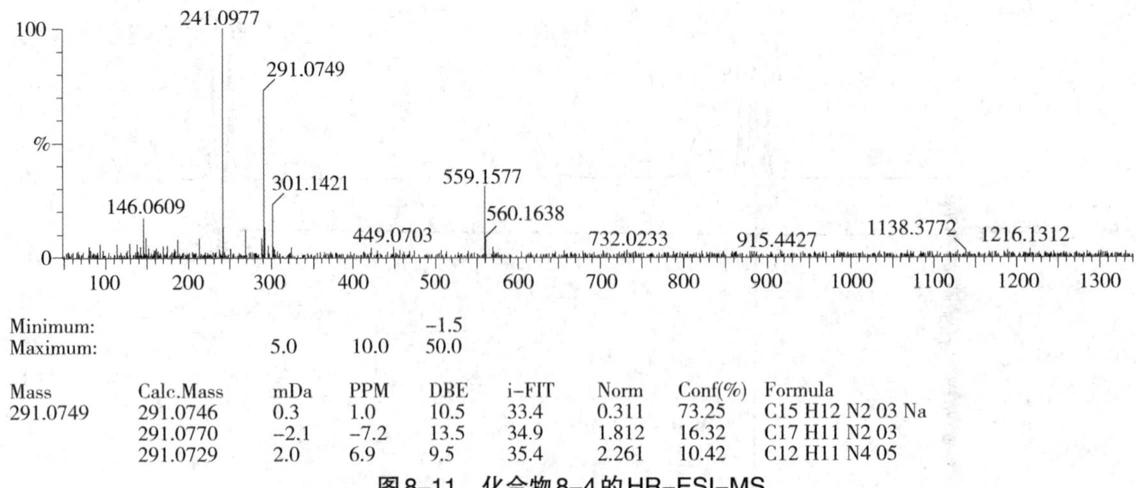

Minimum:				-1.5				
Maximum:		5.0	10.0	50.0				

Mass	Calc.Mass	mDa	PPM	DBE	i-FIT	Norm	Conf(%)	Formula
291.0749	291.0746	0.3	1.0	10.5	33.4	0.311	73.25	C15 H12 N2 03 Na
	291.0770	-2.1	-7.2	13.5	34.9	1.812	16.32	C17 H11 N2 03
	291.0729	2.0	6.9	9.5	35.4	2.261	10.42	C12 H11 N4 05

图8-11　化合物8-4的HR-ESI-MS

在^{1}H-NMR（400MHz，in DMSO-d_6）图谱（图8-12）的低场区显示3个活泼氢信号，其中1个为醛基氢信号 δ_H 9.46（1H，br.s，H-6′），另外2个活泼氢信号位于 δ_H 11.84（1H，br.s，-NH）和 δ_H 9.02（1H，br.s，5-OH）。在芳香区，δ_H 7.46（1H，d，J=2.3Hz，H-4）、6.71（1H，dd，J=8.7，2.3Hz，H-6）及7.29（1H，d，J=8.7Hz，H-7）为一组1，3，4-三取代苯环氢信号（ABX自旋偶合系统），它们与 δ_H 8.30（1H，d，J=3.2Hz，H-2）的氢信号共同构成了5-羟基吲哚母核的氢信号（图8-13）。位于 δ_H 6.29（1H，dd，J=3.9，2.5Hz，H-5′）、7.07（1H，dd，J=3.9，1.6Hz，H-4′）及7.28（1H，t-like，H-2′）氢信号构成了一组3-取代吡咯片段，位于 δ_H 5.70（2H，br.s，H-11）宽单峰信号是一个连氮亚甲基氢信号（可通过HSQC中与 δ_C 54.3信号直接相关推测）。

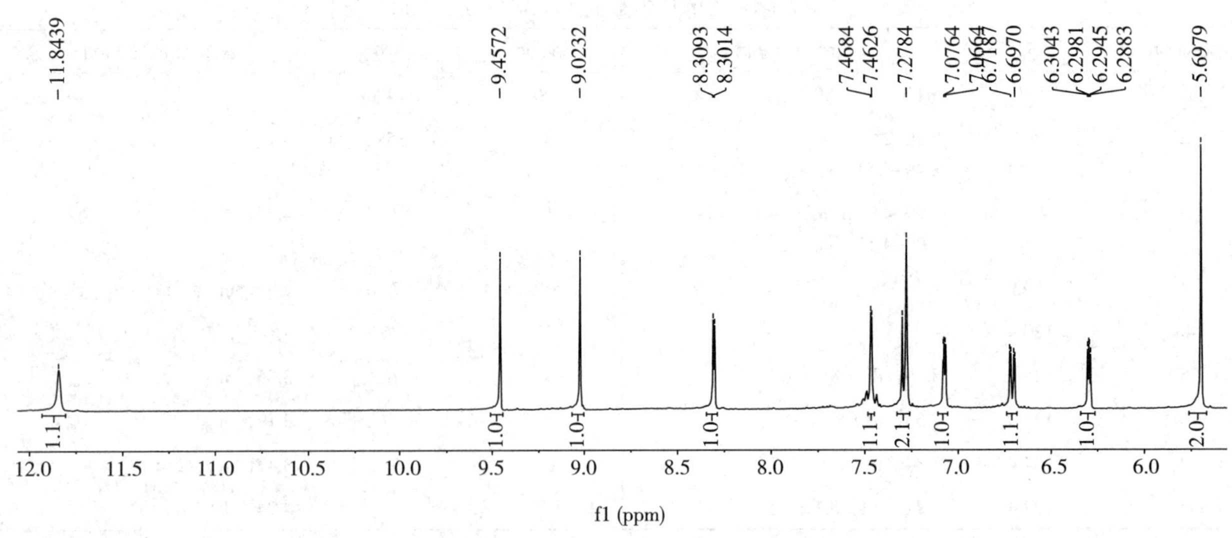

图8-12　化合物8-4的^{1}H-NMR部分放大谱（400MHz，DMSO-d_6）

在^{13}C-NMR（100MHz，in DMSO-d_6）图谱（图8-14）中显示了15个碳信号，结合DEPT-135图谱提示分子中存在6个季碳、8个叔碳和1个仲碳，并且通过HSQC图谱对直接相关的碳氢信号进行了归属。在^{13}C-NMR图谱的低场显示两个羰基碳信号 δ_C 187.6和 δ_C 179.4，高场显示一个连氮亚甲基碳信号 δ_C 54.3，其余12个碳信号为芳香碳信号，分别位于 δ_C 153.2、133.5、133.3、131.7、130.6、126.5、123.7、113.1、112.9、112.6、109.3、105.5。

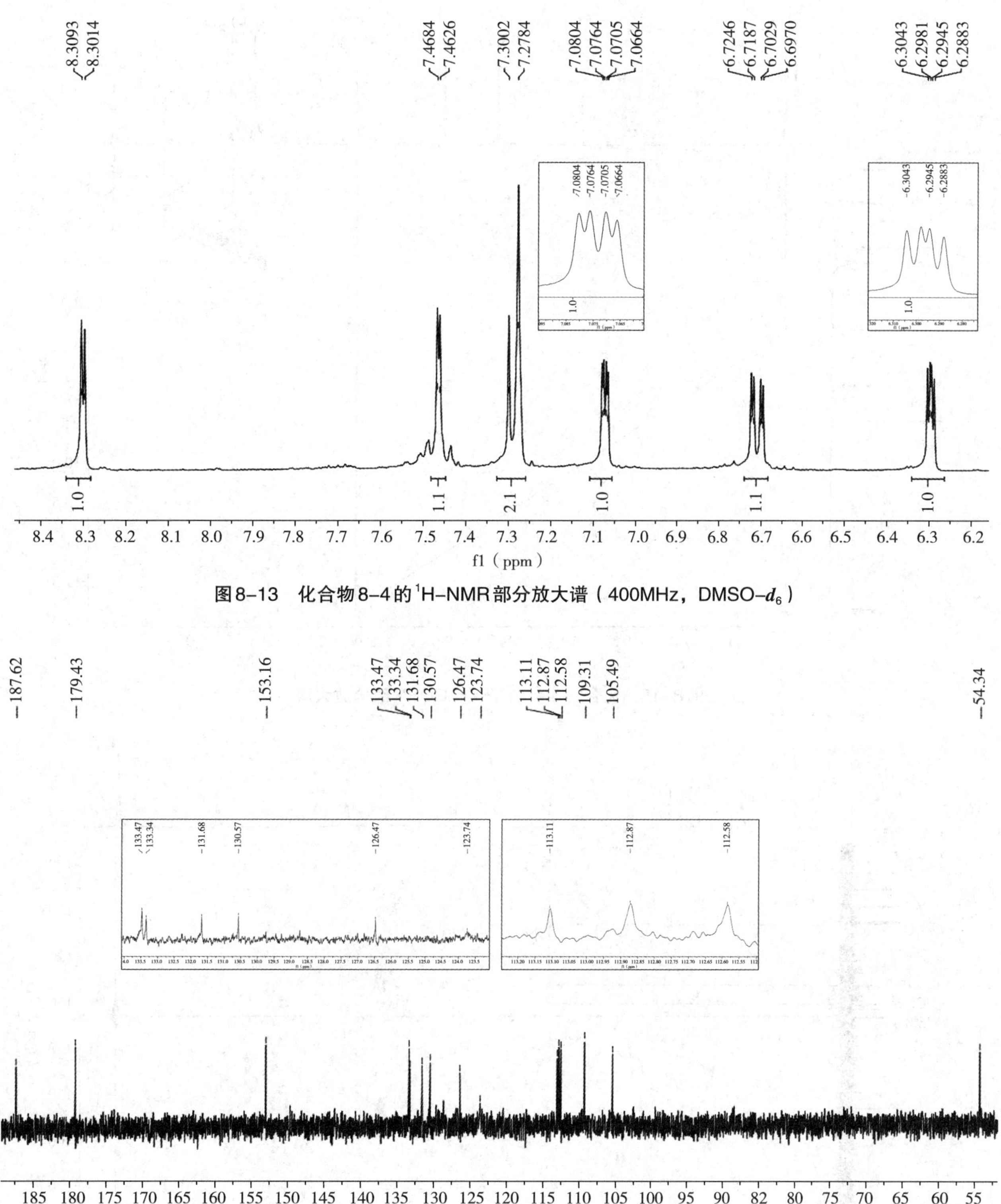

图8-13　化合物8-4的^{1}H-NMR部分放大谱（400MHz，DMSO-d_6）

图8-14　化合物8-4的^{13}C-NMR部分放大谱（100MHz，DMSO-d_6）

通过^{1}H-^{1}H COSY（图8-15）和HMBC谱（图8-16）对化合物8-4的平面结构作进一步确认。COSY谱中的相关可以进一步确认^{1}H-NMR中通过偶合常数的分析结果，包括苯环和吡咯环上邻位氢的相互偶合。在HMBC谱中，δ_H 8.30（H-2）与δ_C 113.1（C-3）、130.6（C-8）、126.5（C-9）相关，δ_H 5.70（H-11）与δ_C 133.3（C-2′）、187.6（C-10）相关，且-NH与δ_C 112.6（C-7）相关，进一步确认了化合物4具有5-羟基吲哚母核。

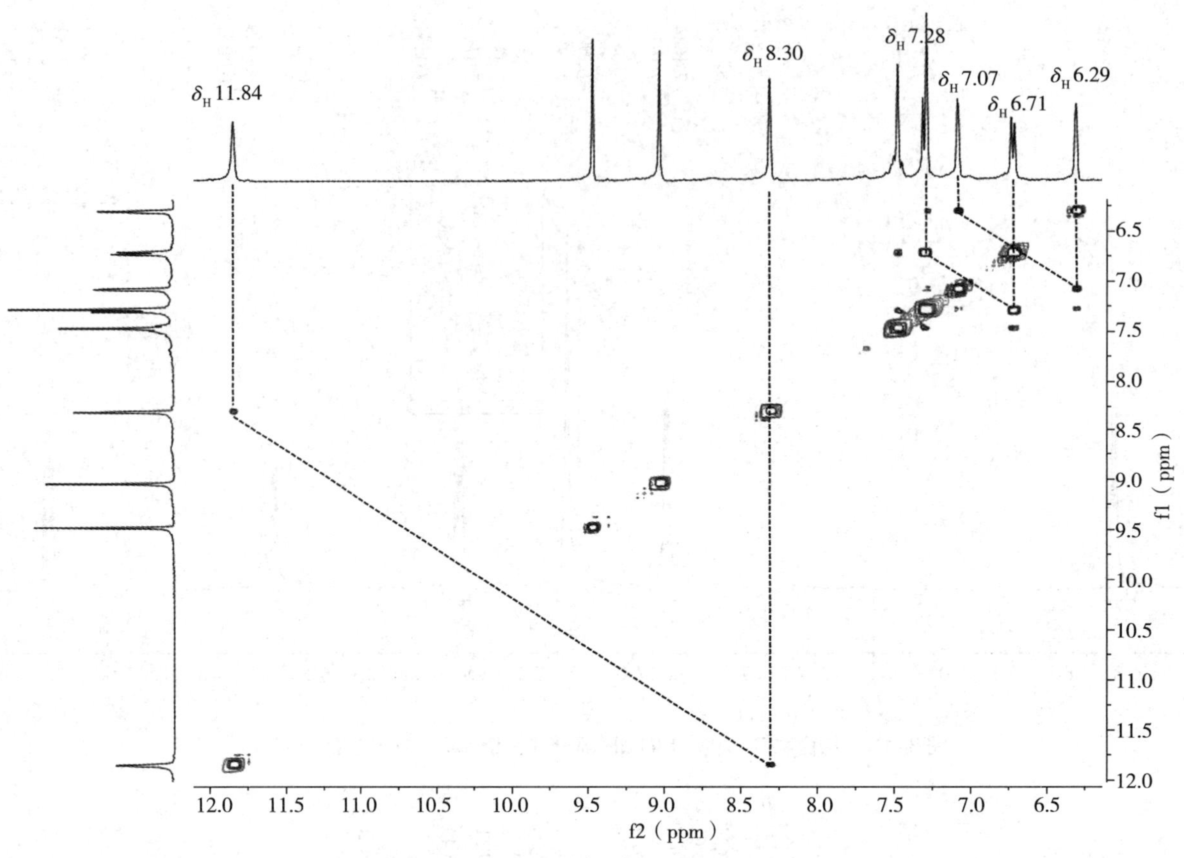

图8-15 化合物8-4的 $^1H-^1H$ COSY部分放大谱

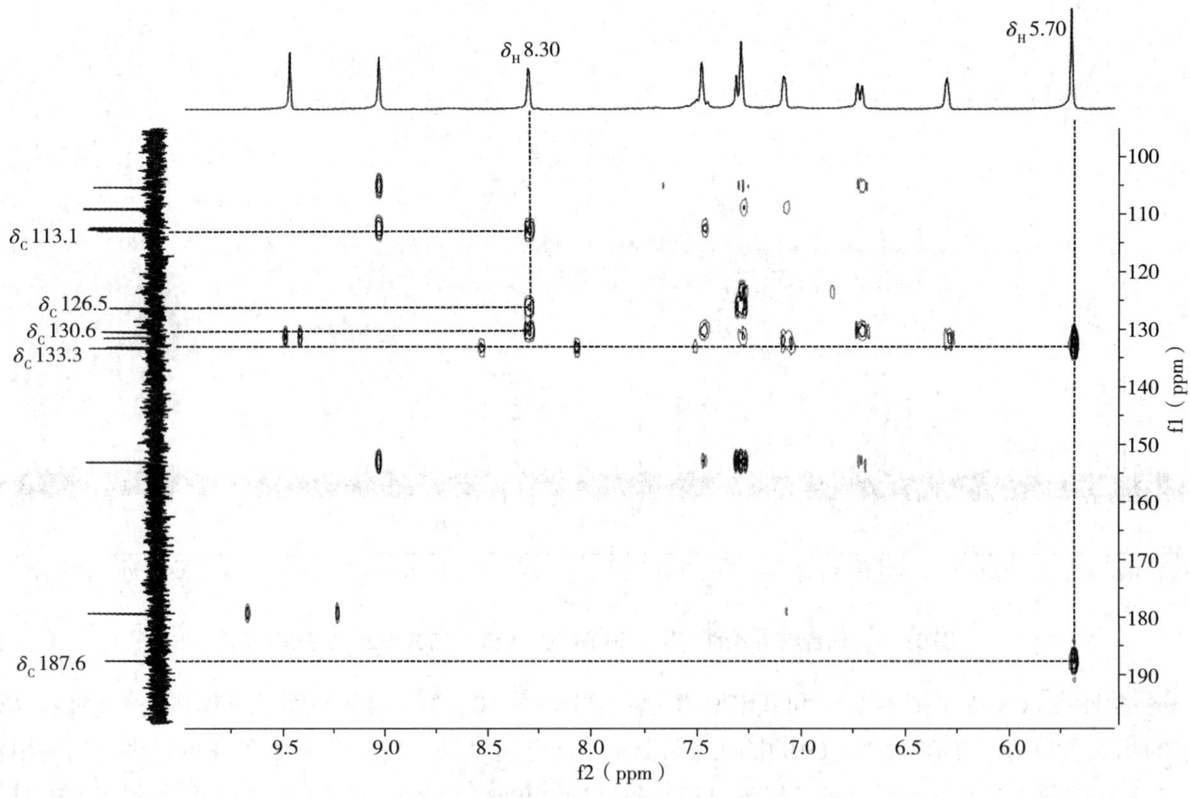

图8-16 化合物8-4的HMBC放大谱

化合物的HMBC谱还显示，H-2′与C-4′、C-5′相关，H-6′与C-3′相关，也进一步确认了化合物8-4

的结构中存在3-吡咯甲醛片段，而且根据H-11与C-10、C-2′相关，说明C-11与吡咯的N-1′相连（图8-17）。综合^{1}H、^{13}C-NMR、DEPT-135、^{1}H-^{1}H COSY和HMBC谱，对其碳氢信号进行归属。

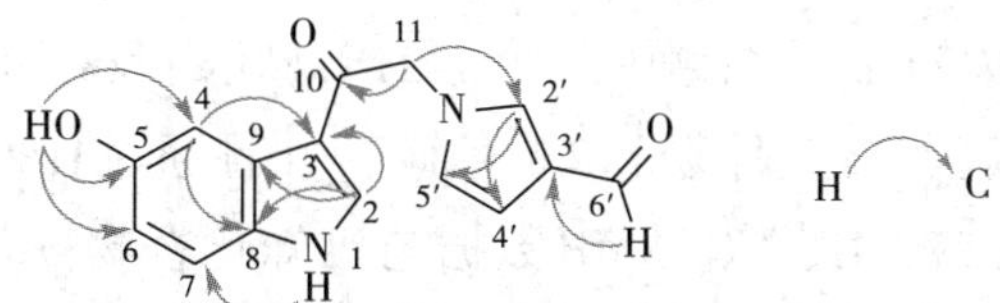

图8-17　化合物8-4在HMBC中主要远程相关

综上所述，化合物8-4被鉴定为1-(2-(5-hydroxy-1*H*-indol-3-yl)-2-oxoethyl)-1*H*- pyrrole-3-carbaldehyde。经Scifinder网络检索未见文献报道，确定为新化合物。

表8-3　化合物8-4的核磁数据（400MHz，DMSO-d_6）

position	δ_C	δ_H，mult.（*J* in Hz）	position	δ_C	δ_H，mult.（*J* in Hz）
1	–	11.84，s	10	187.6	–
2	133.5	8.30，d（3.2）	11	54.3	5.70，s
3	113.1	–	1′	–	–
4	105.5	7.47，d（2.3）	2′	133.3	7.28，t-like
5	153.2	–	3′	131.7	–
6	112.9	6.71，dd（8.7，2.3）	4′	123.7	7.07，dd（3.9，1.6）
7	112.6	7.28，d（8.7）	5′	109.3	6.29，dd（3.9，2.5）
8	130.6	–	6′	179.4	9.46，s
9	126.5	–			

5.(***E***)-3-(2-(3-hydroxy-5-methoxyphenyl)-3-(hydroxymethyl)-7-methoxy-2,3-dihydrobenzofuran-5-yl)-*N*-(4-hydroxyphenethyl）acrylamide结构解析

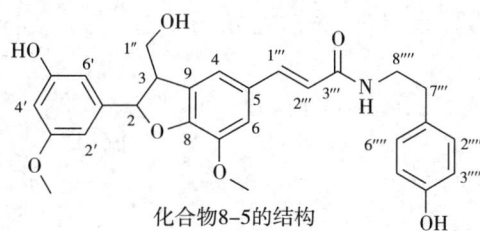

化合物8-5的结构

从海芋（*Alocasia macrorrhiza*）根茎中分离得到的化合物8-5，浅蓝色胶状物（甲醇），$[\alpha]_D^{27}$ +1.2（c 0.5，MeOH）。UV光谱（MeOH）显示在319和225nm处有最大吸收峰；IR光谱（KBr）显示羟基（3300cm^{-1}）、羰基（1655cm^{-1}）和苯环（1611，1515cm^{-1}）的特征吸收；HR-ESI-MS *m/z* 492.2027 $[M+H]^+$（calcd for $C_{28}H_{30}NO_7$，492.2022），确定其分子式为$C_{28}H_{29}NO_7$，分子量为491，计算其不饱和度为15（图8-18）。

在^{1}H-NMR（400MHz，DMSO-d_6）图谱（图8-19）的低场区显示3个活泼氢信号，分别位于δ_H 9.21（1H，br.s，4⁗-OH）、9.08（1H，br.s，5′-OH）和8.03（1H，br t，*J*=5.4Hz，CONH）。芳香区共显示9个苯环氢信号，其中δ_H 6.68（2H，d，*J*=8.1Hz，H-3⁗，5⁗）、7.01（2H，d，*J*=8.1Hz，H-2⁗，6⁗）是1,4-二取代苯环上氢信号，δ_H 6.76（2H，s，H-4′，6′）和6.92（1H，s，H-2′）是1,3,5-三取代苯环上氢信号，δ_H 7.08（1H，s，H-6）和7.13（1H，s，H-4）是1,3,4,5-四取代苯环的氢信号。另外，还有一

组反式双键烯氢信号，位于 δ_H 7.35（1H，d，J=15.7Hz，H-1‴）和 δ_H 6.48（1H，d，J=15.7Hz，H-2‴）。在较高场（图8-20），还有两个次甲基信号 δ_H 5.49（1H，d，J=6.8Hz，H-2）和 δ_H 3.47（1H，m，H-3），以及两组甲氧基信号 δ_H 3.84（3H，s，7-OCH_3）和 δ_H 3.71（3H，s，3′-OCH_3）。

在 ^{13}C-NMR（100MHz，in DMSO-d_6）图谱中（图8-21）显示了28个碳信号，结合DEPT-135图谱提示分子中存在10个季碳、13个叔碳、3个仲碳和2个伯碳，并且通过HSQC图谱对直接相关的碳氢信号进行了归属（表8-4）。把化合物5的 ^{1}H、^{13}C-NMR数据与已知化合物grossamide K进行比较发现两者互为官能团位置异构体，两者的区别在于-OH的取代位置，-OH位于C-4′位为grossamide K，而化合物8-5具有5′-OH。化合物8-5的 ^{1}H-NMR图谱中H-4′和H-6′均为单峰进一步证实了以上推断。

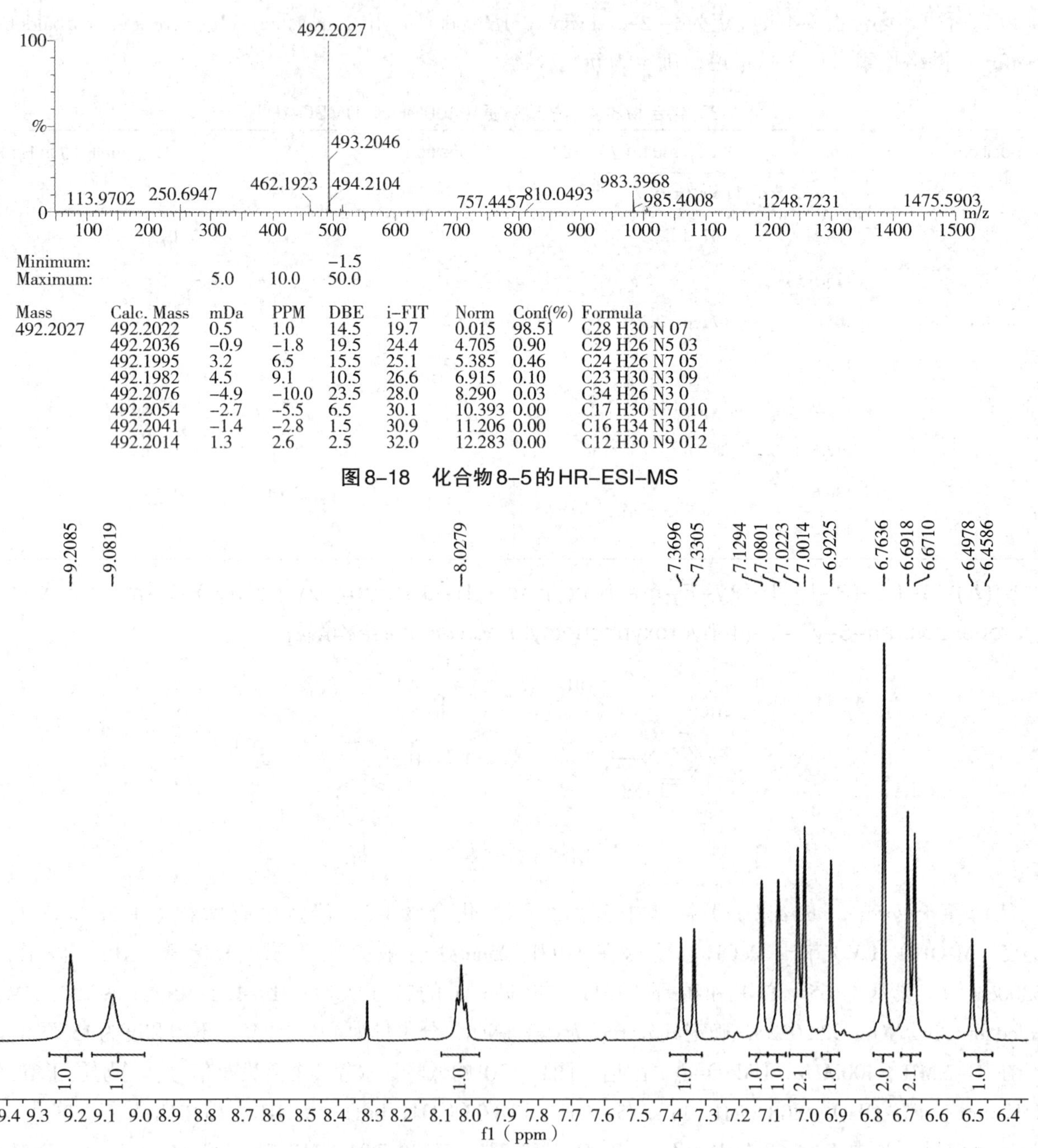

Minimum:				-1.5				
Maximum:		5.0	10.0	50.0				

Mass	Calc. Mass	mDa	PPM	DBE	i-FIT	Norm	Conf(%)	Formula
492.2027	492.2022	0.5	1.0	14.5	19.7	0.015	98.51	C28 H30 N 07
	492.2036	-0.9	-1.8	19.5	24.4	4.705	0.90	C29 H26 N5 03
	492.1995	3.2	6.5	15.5	25.1	5.385	0.46	C24 H26 N7 05
	492.1982	4.5	9.1	10.5	26.6	6.915	0.10	C23 H30 N3 09
	492.2076	-4.9	-10.0	23.5	28.0	8.290	0.03	C34 H26 N3 0
	492.2054	-2.7	-5.5	6.5	30.1	10.393	0.00	C17 H30 N7 010
	492.2041	-1.4	-2.8	1.5	30.9	11.206	0.00	C16 H34 N3 014
	492.2014	1.3	2.6	2.5	32.0	12.283	0.00	C12 H30 N9 012

图8-18　化合物8-5的HR-ESI-MS

图8-19　化合物8-5的 ^{1}H-NMR部分放大谱（400MHz，DMSO-d_6）

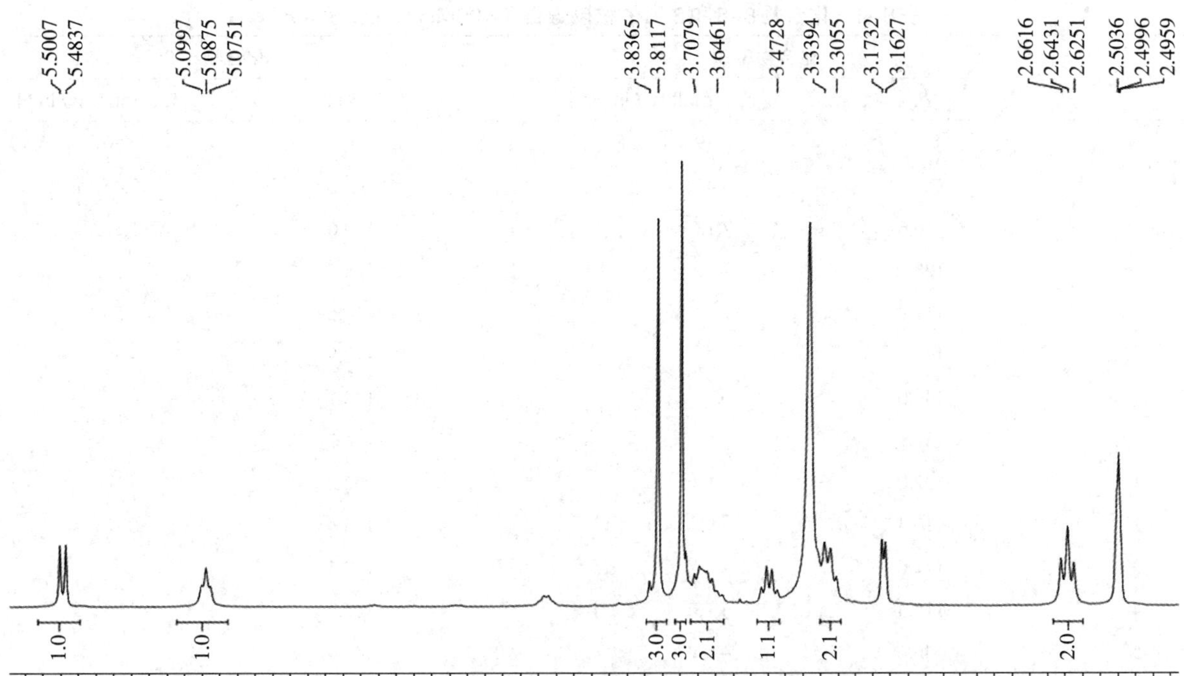

图8-20　化合物8-5的[1]H-NMR部分放大谱（400MHz，DMSO-d_6）

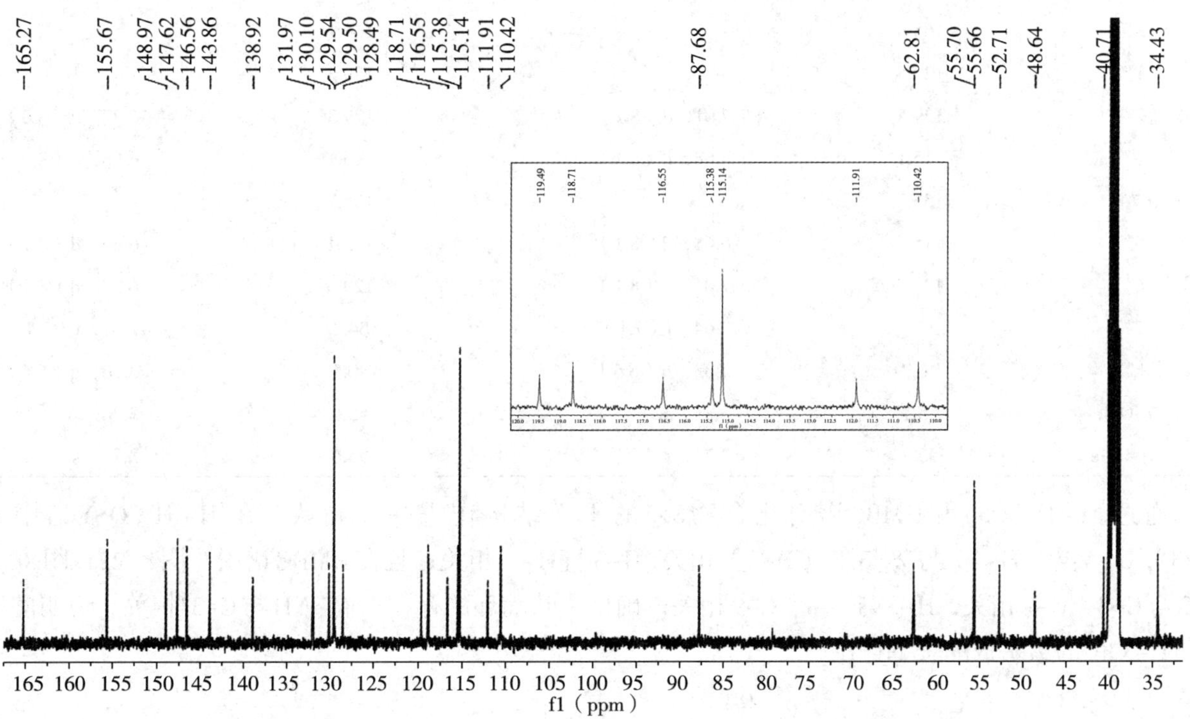

图8-21　化合物8-5的[13]C-NMR谱（100MHz，DMSO-d_6）

表8-4　化合物8-5和8-6的核磁数据（400MHz，DMSO-d_6）

position	化合物8-5		化合物8-6	
	δ_C	δ_H，mult.（J in Hz）	δ_C	δ_H，mult.（J in Hz）
2	87.7	5.49，d（6.8）	87.5	5.50，d（6.3）
3	52.7	3.47，m	52.8	3.45，m
4	116.6	7.13，s	119.6	7.22，s
5	128.5	–	128.7	–
6	111.9	7.08，s	114.6	7.59，s
7	143.9	–	142.9	–
8	149.0	–	148.1	–
9	130.1	–	128.7	–
1′	132.0	–	132.2	–
2′	110.4	6.92，s	110.4	6.90，s
3′	147.6	–	147.5	–
4′	115.4	6.76，s	115.3	6.75，s
5′	146.6	–	146.4	–
6′	118.7	6.76，s	118.5	6.75，s
1″	62.8	3.63～3.72，m	63.1	3.58～3.70，m
1‴	138.9	7.35，d（15.7）	136.5	6.54，d（12.8）
2‴	119.5	6.48，d（15.7）	121.6	5.80，d（12.8）
3‴	165.3	–	166.1	–
1⁗	129.5	–	129.3	–
2⁗	129.5	7.01，d（8.1）	129.3	6.97，d（8.0）
3⁗	115.1	6.68，d（8.1）	115.1	6.66，d（8.0）
4⁗	155.7	–	155.7	–
5⁗	115.1	6.68，d（8.1）	115.1	6.66，d（8.1）
6⁗	129.5	7.01，d（8.1）	129.3	6.97，d（8.1）
7⁗	34.4	2.64，t（7.1）	34.2	2.61，t（7.4）
8⁗	40.7	3.33，q（6.6）	40.5	3.26，q（6.4）
7-OMe	55.7	3.84，s	55.6	3.76，s
3′-OMe	55.7	3.71，s	55.6	3.73，s

通过$^1H-^1H$ COSY和HMBC谱对化合物8-5的平面结构作进一步确认。在$^1H-^1H$ COSY谱中（图8-23），δ_H 5.49（H-2）与δ_H 3.47（H-3）相关，H-3与H-1″相关；且在HMBC谱中（图8-22，图8-24），H-2与C-8、C-9相关，H-3与C-8、C-9相关，确认了呋喃环的存在；而-NH与C-3‴相关，说明酪氨片段与C-3‴位的羰基成酰胺基存在。

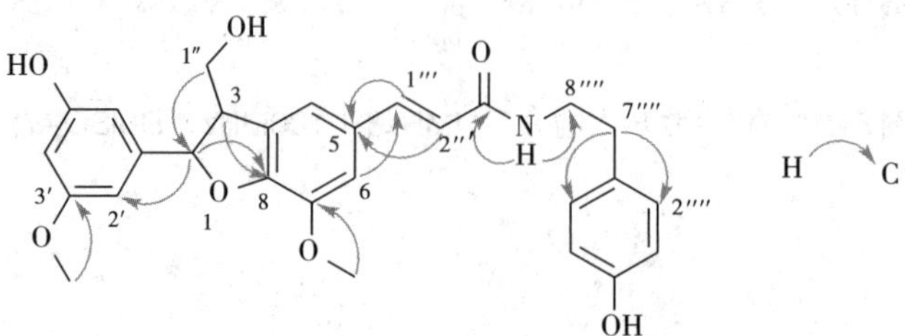

图8-22　化合物8-5在HMBC中主要远程相关

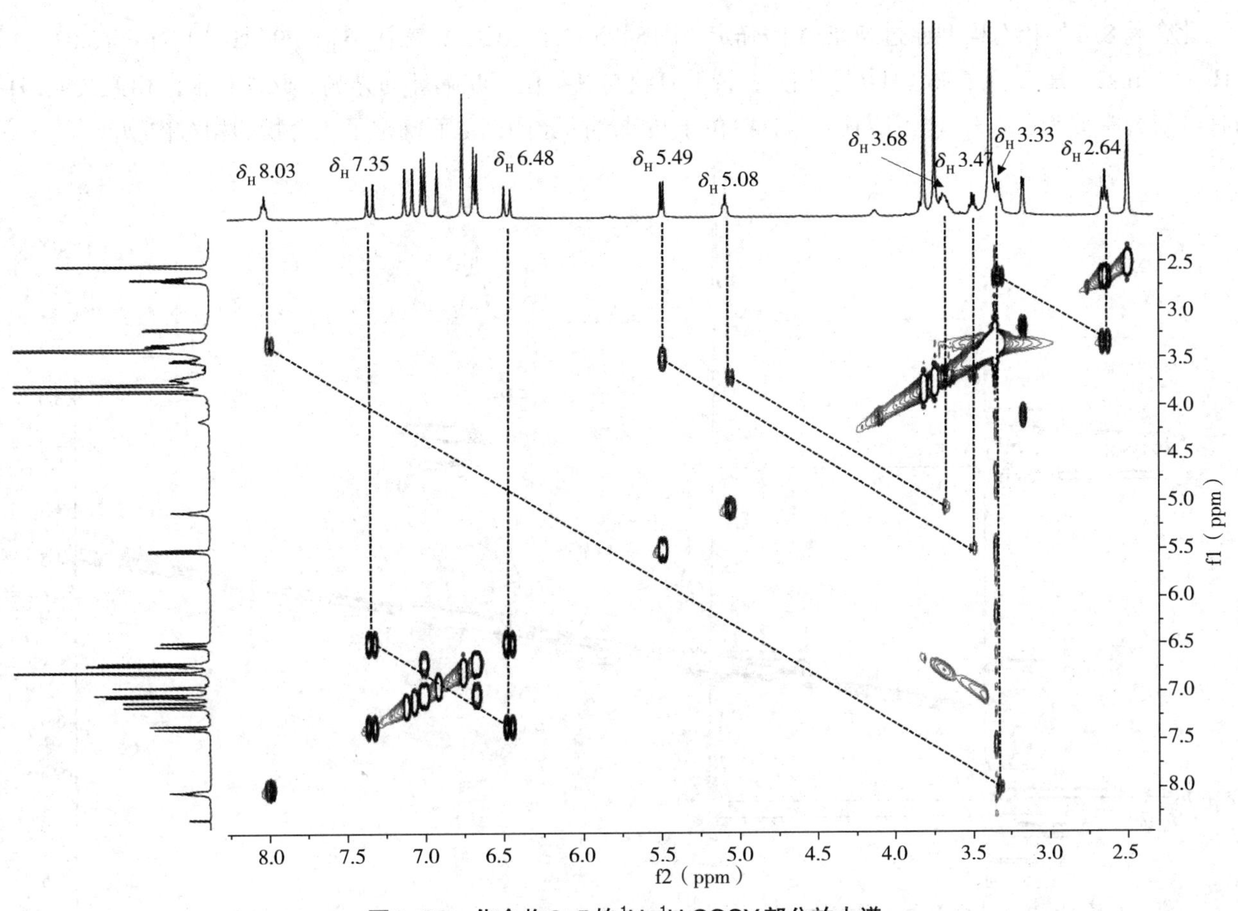

图8-23　化合物8-5的^{1}H-^{1}H COSY部分放大谱

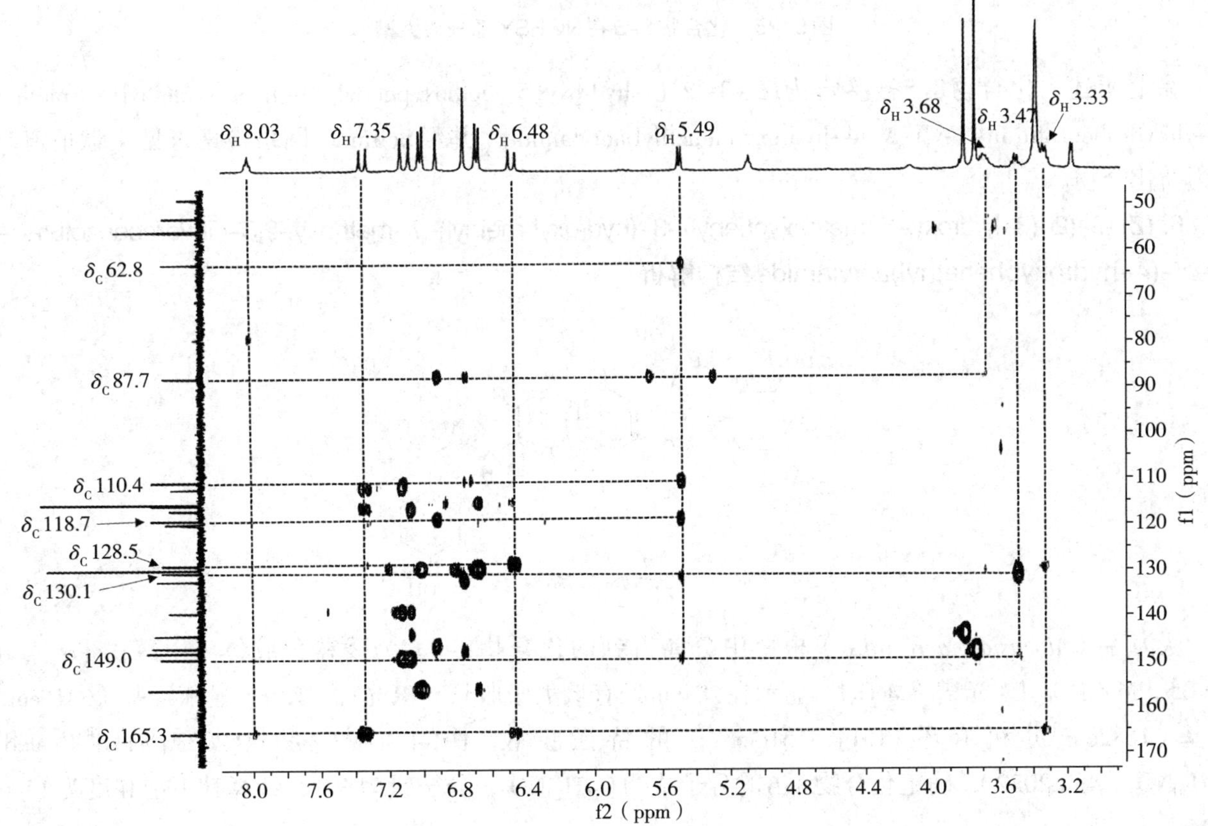

图8-24　化合物8-5在HMBC中主要远程相关

化合物8-5的相对构型通过NOESY谱确定（图8-25）。在NOESY谱中，δ_H 5.49（H-2）与 δ_H 3.63 ~ 3.72（H-1″）、6.92（H-2′）、6.76（H-6′）相关，说明H-2与H-3位于呋喃环的异侧。此外，根据相关文献，H-2与H-3偶合常数为6.8Hz，也说明H-2与H-3位于呋喃环的异侧，从而确定了化合物的相对构型。

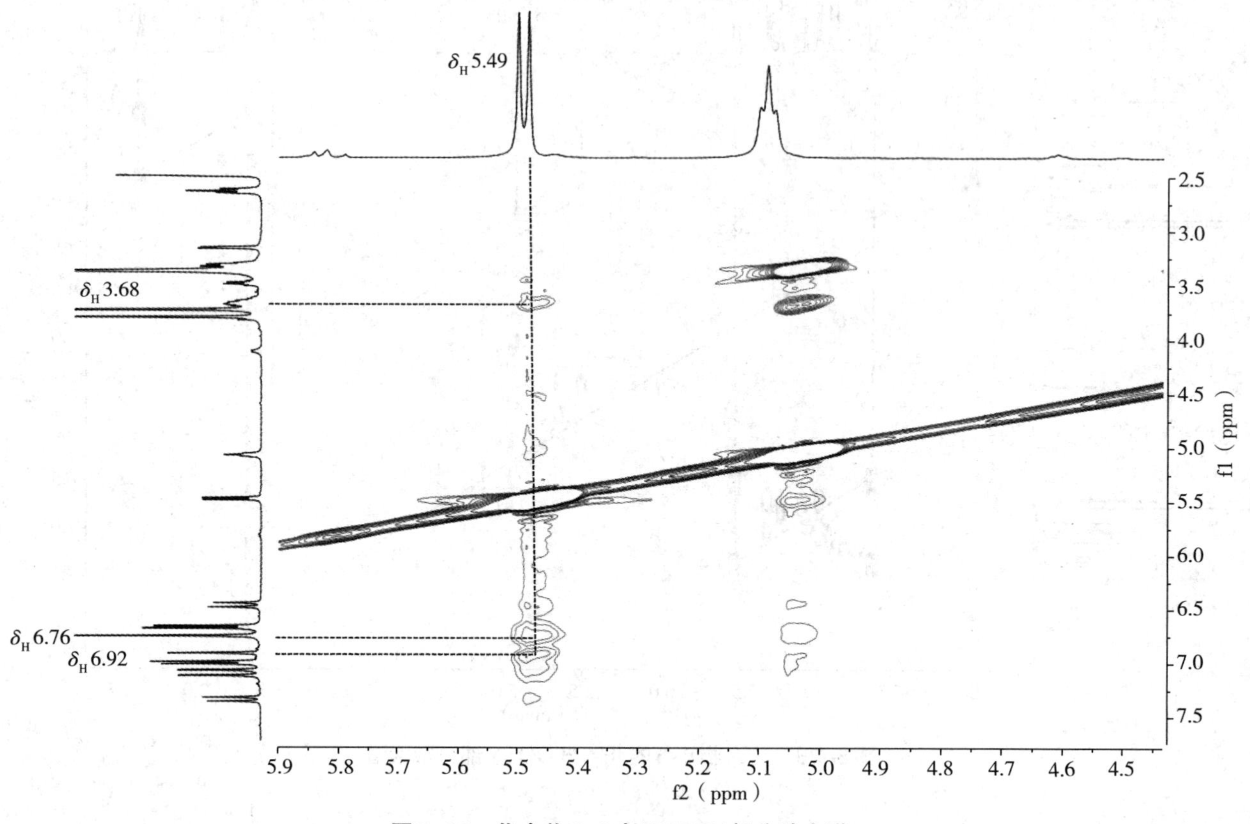

图8-25　化合物8-5在NOESY部分放大谱

综上所述，化合物8-5被鉴定为(*E*)-3-(2-(3-hydroxy-5-methoxyphenyl)-3-(hydroxymethyl)-7-methoxy-2,3-dihydrobenzofuran-5-yl)-*N*-(4-hydroxyphenethyl)acrylamide。并经Scifinder网络检索未见文献报道，确定为新化合物。

6. (*Z*)-3-(2-(3-hydroxy-5-methoxyphenyl)-3-(hydroxyl methyl)-7-methoxy-2,3-dihydrobenzofuran-5-yl)-*N*-(4-hydroxyphenethyl)acrylamide结构解析

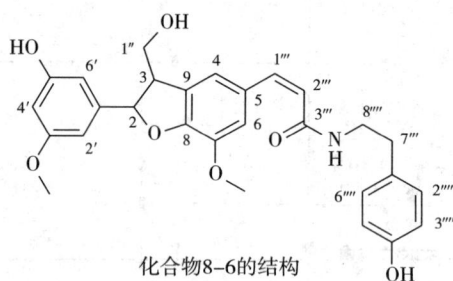

化合物8-6的结构

从海芋（*Alocasia macrorrhiza*）根茎中分离得到的化合物8-6，为浅蓝色胶体（甲醇），$[\alpha]_D^{27}$ +0.6（c 0.5，MeOH）。UV光谱（MeOH）显示在284nm处有最大吸收峰；IR光谱（KBr）显示羟基（3416cm^{-1}）、羰基（1682cm^{-1}）和苯环（1614，1516cm^{-1}）的特征吸收。HR-ESI-MS *m/z* 492.2023 [M+H]$^+$（calcd for $C_{28}H_{30}NO_7$，492.2022），确定化合物8-6的分子式为$C_{28}H_{29}NO_7$，分子量为491，计算其不饱和度为15（图8-26）。

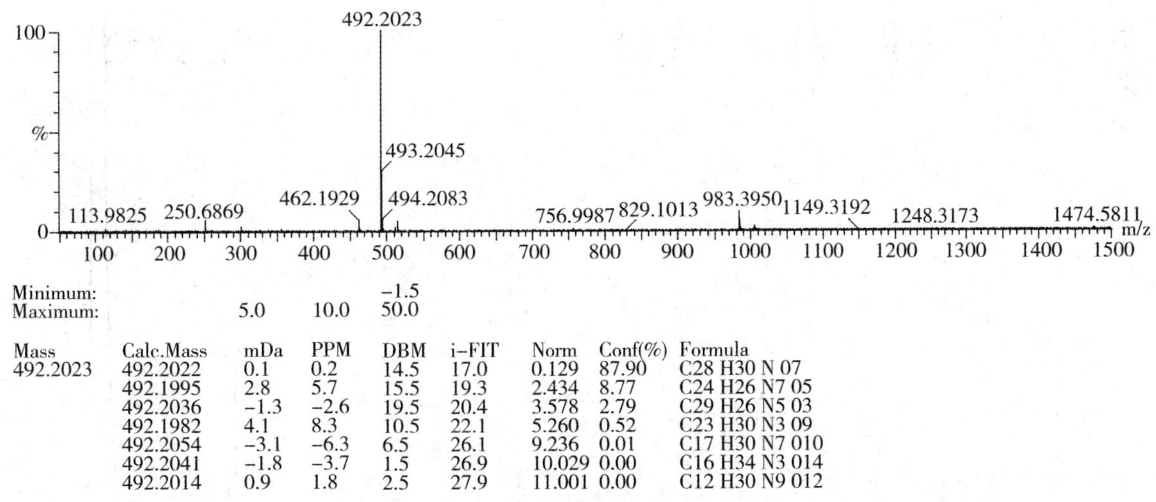

Minimum:				-1.5				
Maximum:		5.0	10.0	50.0				

Mass	Calc.Mass	mDa	PPM	DBM	i-FIT	Norm	Conf(%)	Formula
492.2023	492.2022	0.1	0.2	14.5	17.0	0.129	87.90	C28 H30 N 07
	492.1995	2.8	5.7	15.5	19.3	2.434	8.77	C24 H26 N7 05
	492.2036	-1.3	-2.6	19.5	20.4	3.578	2.79	C29 H26 N5 03
	492.1982	4.1	8.3	10.5	22.1	5.260	0.52	C23 H30 N3 09
	492.2054	-3.1	-6.3	6.5	26.1	9.236	0.01	C17 H30 N7 010
	492.2041	-1.8	-3.7	1.5	26.9	10.029	0.00	C16 H34 N3 014
	492.2014	0.9	1.8	2.5	27.9	11.001	0.00	C12 H30 N9 012

图8-26 化合物8-6的HR-ESI-MS

在^{1}H-NMR（400MHz，DMSO-d_6）图谱（图8-27）的低场区显示3个活泼氢信号，分别位于 δ_H 9.18（1H，br.s，4'''' -OH）、9.03（1H，br.s，5'-OH）和8.10（1H，br t，J=5.2Hz，-NH）。芳香区共显示9个苯环氢信号，分别属于1,4-二取代苯环[δ_H 6.65（2H，d，J=8.0Hz，H-3''''，5''''），6.97（2H，d，J=8.0Hz，H-2''''，6''''）]、1,3,5-三取代苯环[δ_H 6.75（2H，s，H-4'，6'），6.90（1H，s，H-2'）]、1,3,4,5-四取代苯环的氢信号[δ_H 7.59（1H，s，H-6），7.22（1H，s，H-4）]的信号；另外，还有一组顺式双键信号 δ_H 6.54（1H,d,J=12.8Hz,H-1'''）和 δ_H 5.80（1H,d,J=12.8Hz,H-2'''）]；两个次甲基氢信号 δ_H 5.49（1H,d,J=6.3Hz,H-2）和 δ_H 3.45（1H,m,H-3）；两组甲氧基信号 δ_H 3.76（3H,s,7-OCH_3）和 δ_H 3.73（3H,s,3'-OCH_3）（图8-28）。

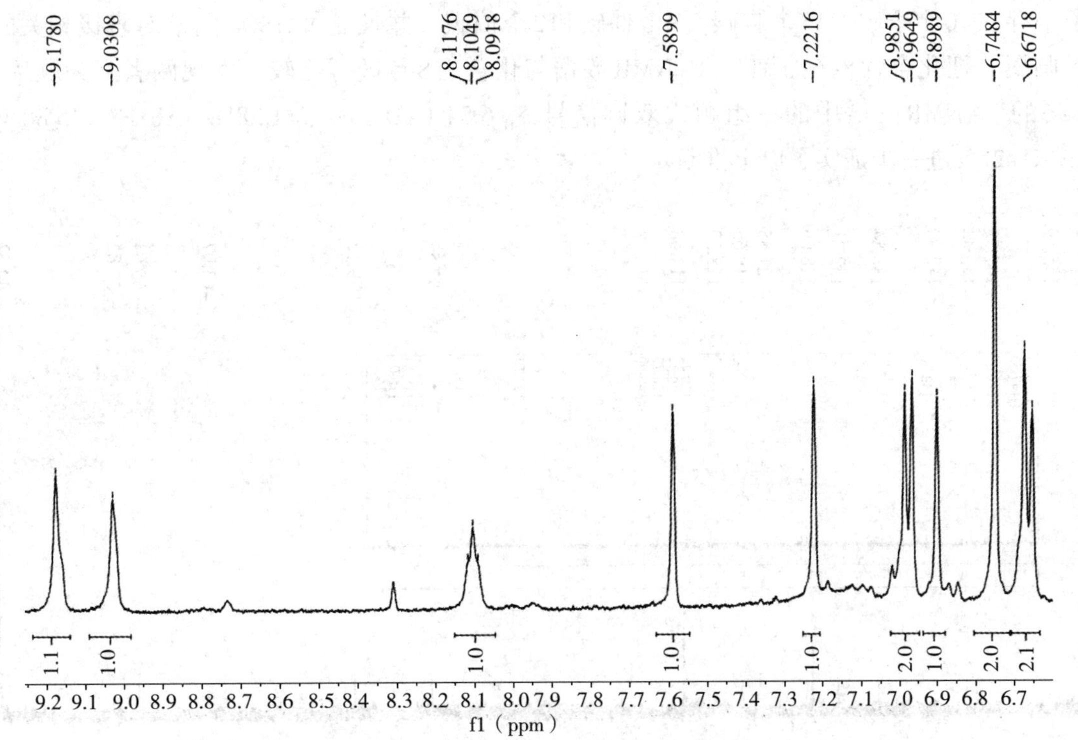

图8-27 化合物8-6的^{1}H-NMR部分放大谱（400MHz，DMSO-d_6）

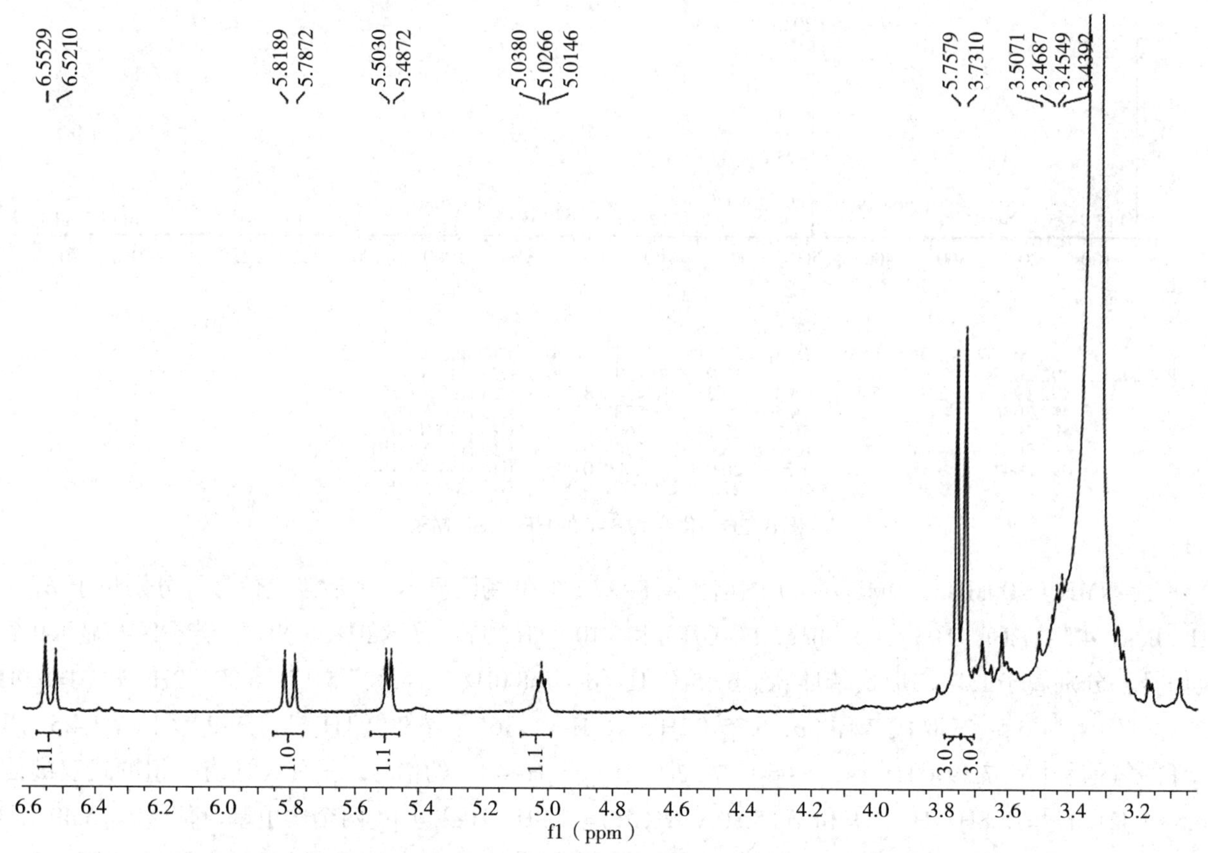

图8-28　化合物8-6的^{1}H-NMR部分放大谱（400MHz，DMSO-d_6）

在^{13}C-NMR（100MHz，in DMSO-d_6）图谱中（图8-29）显示了28个碳信号，结合DEPT-135图谱提示分子中存在10个季碳、13个叔碳、3个仲碳和2个伯碳，并且通过HSQC图谱对直接相关的碳氢信号进行了归属。把化合物8-6的^{1}H、^{13}C-NMR数据与化合物8-5进行比较，发现两者互为顺反异构体。化合物8-6的^{1}H-NMR图谱中的一组顺式双键信号 δ_H 6.54（1H，d，J=12.8Hz，H-1‴）、5.80（1H，d，J=12.8Hz，H-2‴）进一步证实了以上推断。

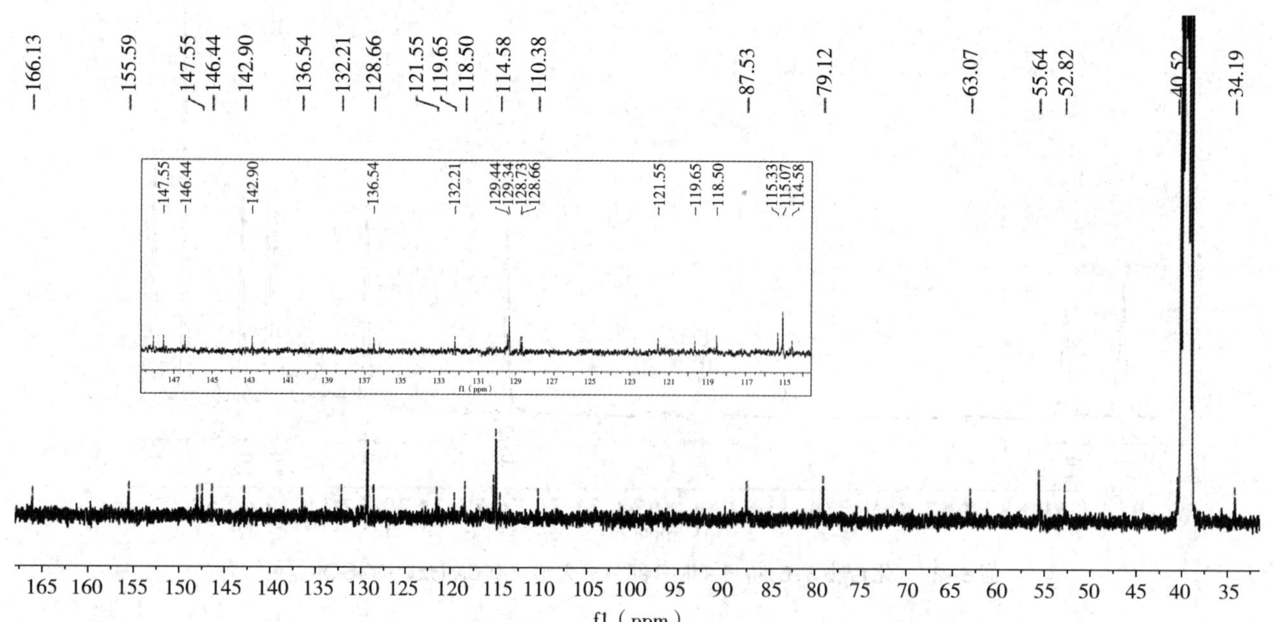

图8-29　化合物8-6的^{13}C-NMR部分放大谱（100MHz，DMSO-d_6）

通过HMBC谱（图8-30，图8-31）对化合物的平面结构作进一步的确认。在HMBC谱中，δ_H 5.50（H-2）与 δ_C148.1（C-8）、128.7（C-9）相关，且 δ_H 3.45（H-3）与C-8相关，确认了呋喃环的存在；NH与C-3‴、C-8⁗ 相关，说明酪氨片段与C-3‴位的羰基成酰胺基存在。

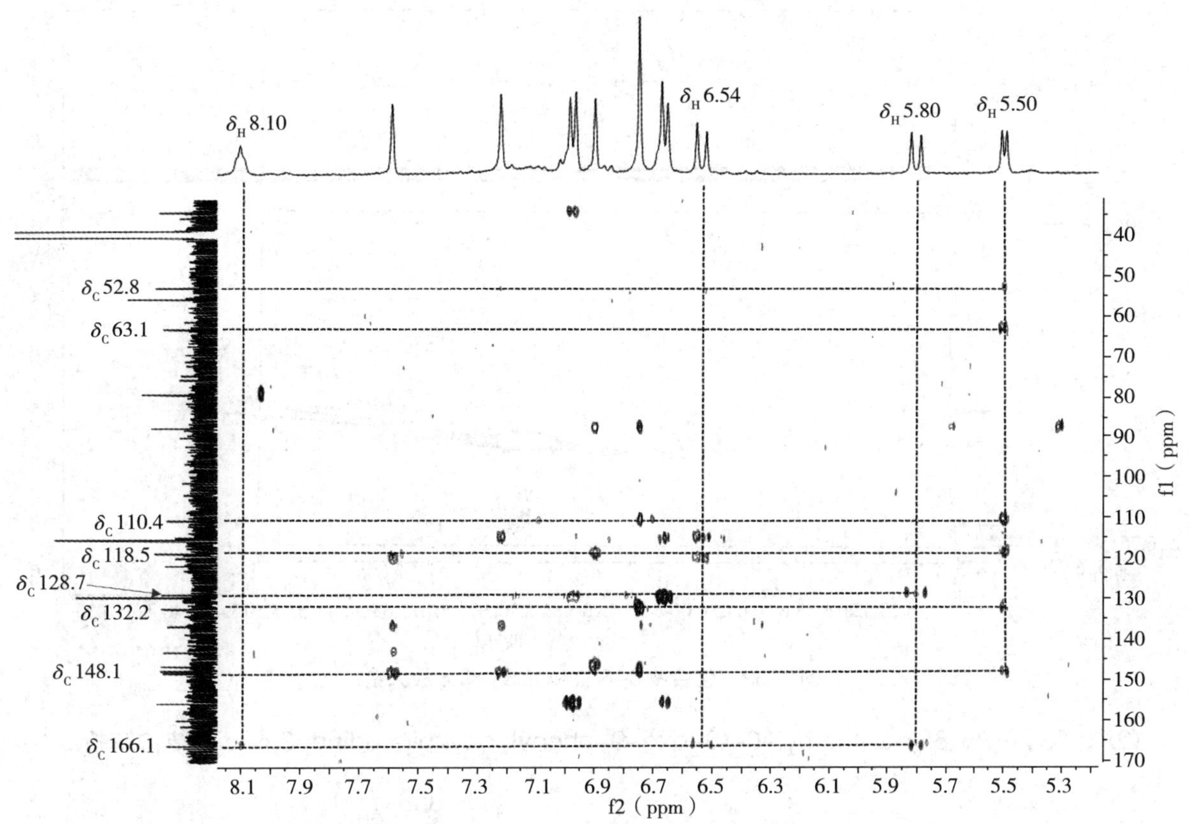

图8-30　化合物8-6的HMBC部分放大谱

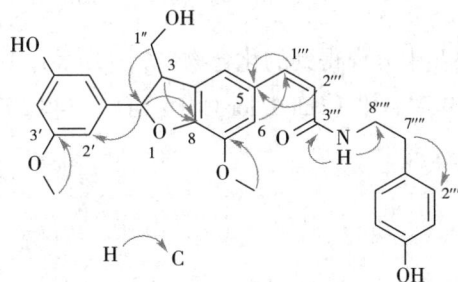

图8-31　化合物8-6的在HMBC中的主要相关

化合物8-6的相对构型可通过NOESY谱确定。在NOESY谱中（图8-32），δ_H 5.50（H-2）与 δ_H 3.58 ~ 3.70（H-1″）、6.90（H-2′）、6.75（H-6′）相关，说明H-2与H-3位于呋喃环异侧。根据相关文献，H-2与H-3偶合常数为6.3Hz，也说明H-2与H-3位于呋喃环异侧，从而确定化合物8-6相对构型。

综上所述，化合物8-6被鉴定为（*Z*）-3-（2-（3-hydroxy-5-methoxyphenyl）-3-（hydroxymethyl）-7-methoxy-2,3-dihydrobenzofuran-5-yl）-*N*-（4-hydroxyphenethyl）acrylamide。且经Scifinder[n]网络检索未见文献报道，确定为新化合物。

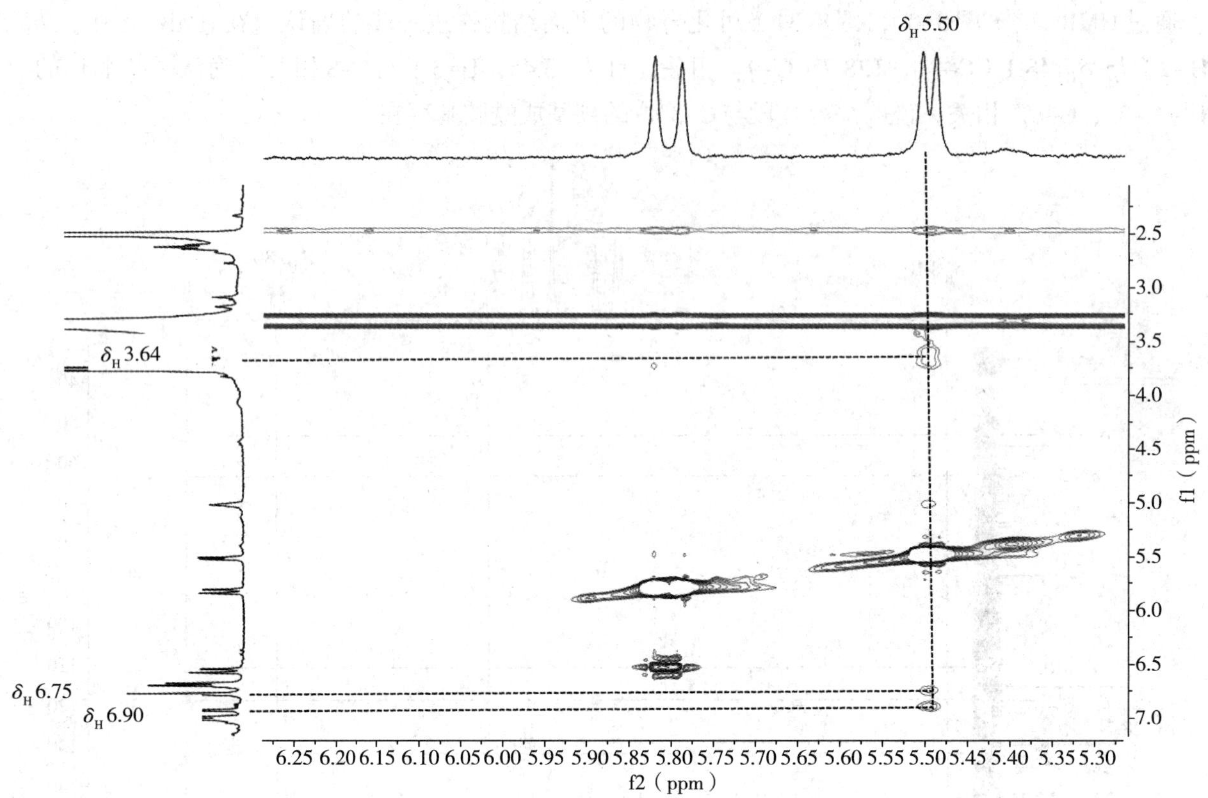

图8-32　化合物8-6的NOESY部分放大谱

7. (2*R*，3*S*，4*R*，6*S*)-2-methyl-6-(6-oxo-9-phenylnonyl)piperidine-3,4-diol结构解析

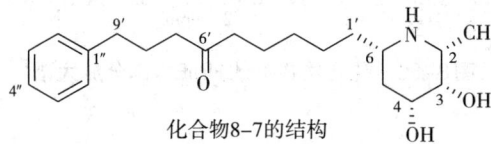

化合物8-7的结构

从海芋（*Alocasia macrorrhiza*）根茎中分离得到的化合物8-7，$[\alpha]_D^{25}$ 10.1（c 0.037, MeOH），白色粉末。HR-ESI-MS（图8-33）显示*m/z* 348.2539 $[M+H]^+$（calcd. for $C_{21}H_{34}NO_3$，348.2539），确定其分子式为$C_{21}H_{33}NO_3$，不饱和度为6。

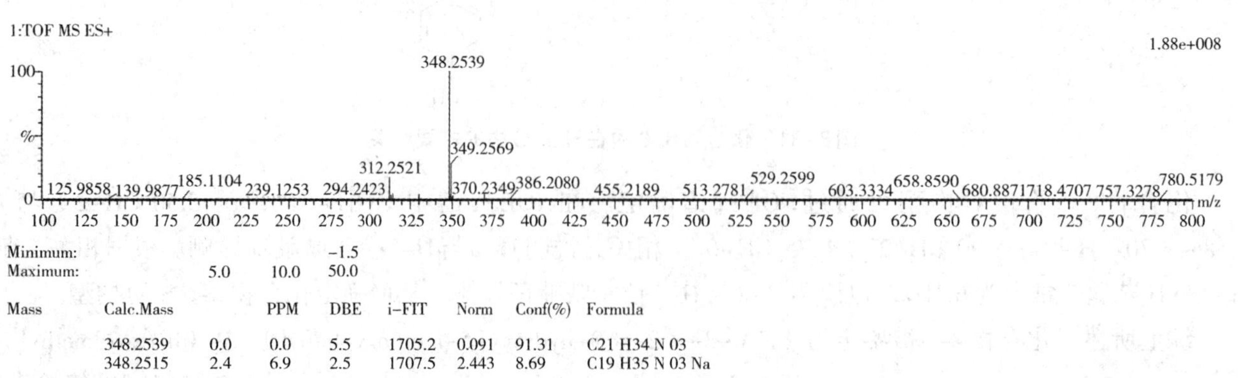

图8-33　化合物8-7的HR-ESI-MS

在^{1}H-NMR（600MHz, DMSO-d_6）图谱（图8-34）中，位于δ_H 7.26（2H, m）、7.17（2H, m）、7.15（1H, m）处信号可以推测出该化合物中存在一个单取代的苯环。从δ_H 1.15～1.40处一组重叠的氢信号推测，该化合物可能存在脂肪链片段。

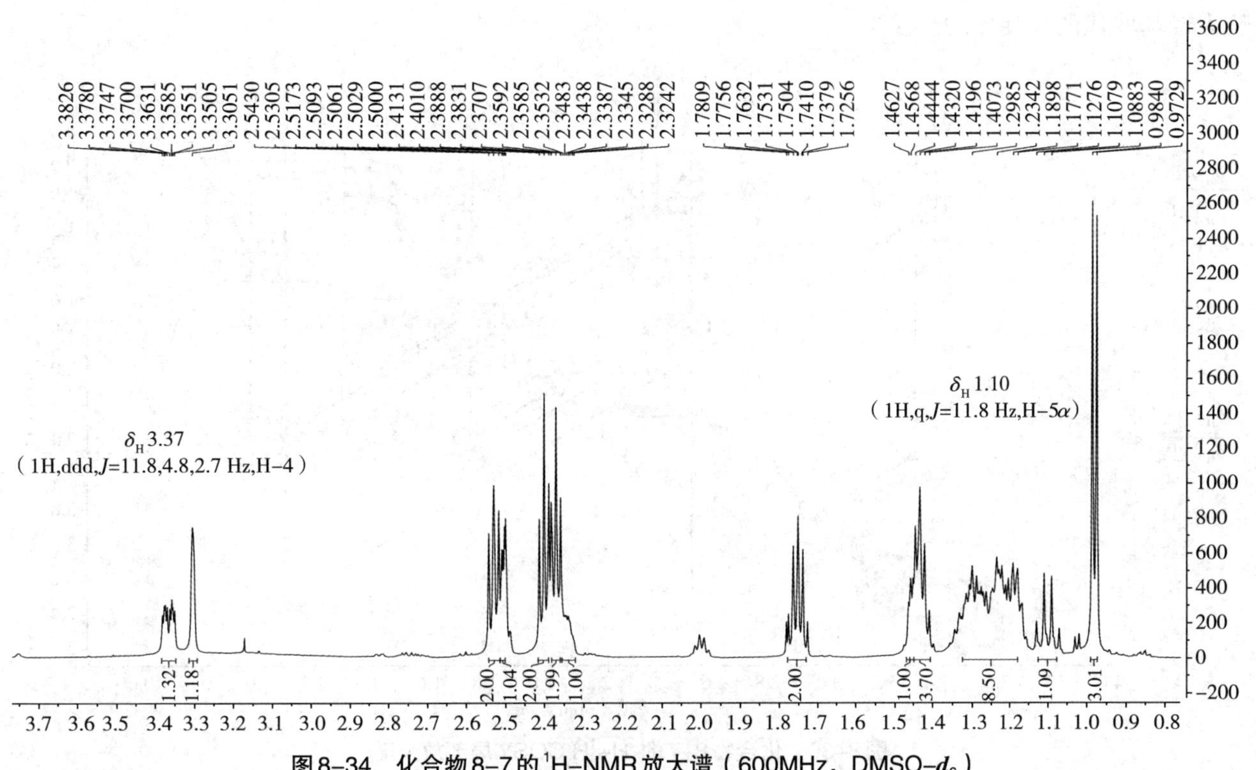

图8-34　化合物8-7的 ^{1}H-NMR放大谱（600MHz，DMSO-d_6）

^{13}C-NMR（150MHz，DMSO-d_6）图谱（图8-35）一共给出21个碳信号，其中包括6个苯环碳信号（δ_C 128.3×4，125.8，141.7）、4个连杂原子的碳信号（δ_C 53.4，54.1，70.4，70.7）、一个羰基碳信号（δ_C 210.4）以及一组饱和碳信号。

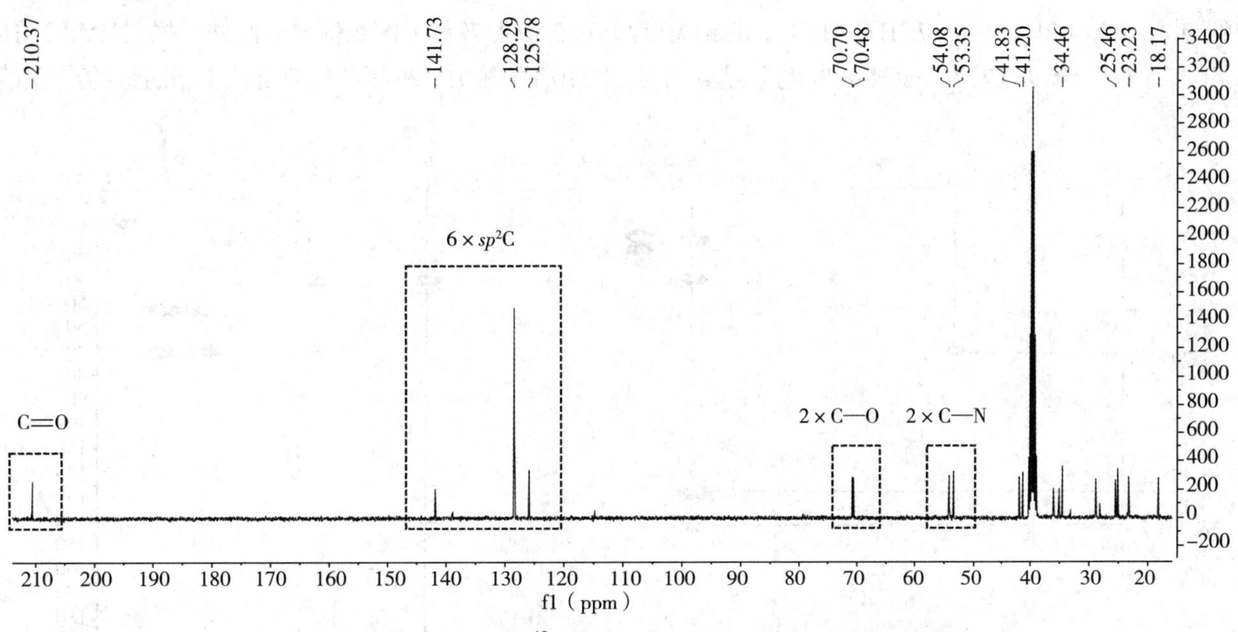

图8-35　化合物8-7的 ^{13}C-NMR放大谱（150MHz，DMSO-d_6）

根据 ^{1}H-^{1}H COSY图谱（图8-36）中可找到的 δ_H 0.98（3H，d，J=6.6Hz，2-CH_3）与 δ_H 2.52（1H，ov，H-2），H-2与 δ_H 3.31（1H，br.s，H-3），δ_H 3.37（1H，ddd，J=11.8，4.8，2.7Hz，H-4）与 δ_H 1.10（1H，q，J=11.8Hz，H-5α），H-5α与 δ_H 2.34（1H，m，H-6）的相关。HMBC图谱中，位于 δ_H 3.31（1H，br.s，H-3）氢信号与 δ_C 70.4（C-4）相关，同时结合化合物的不饱和度，可推知分子中含有一个2位为甲基取代，3、

4位为羟基取代的哌啶环的片段。

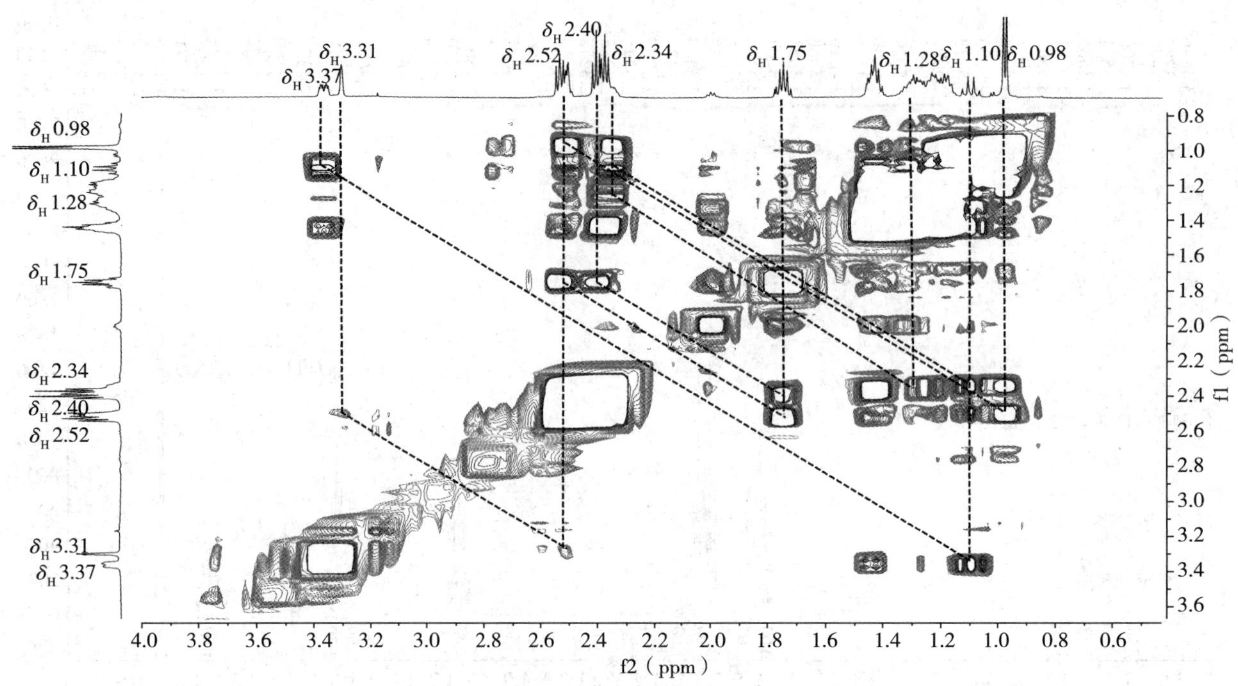

图8-36 化合物8-7的 ^{1}H-^{1}H COSY局部放大谱

此外，根据HMBC图谱（图8-37，图8-38）中 δ_H 2.52（2H，d，J=7.6Hz，H-9′）与 δ_C 128.3、δ_C 141.7相关，可推知脂肪链的一端与苯环相连；根据 ^{1}H-^{1}H COSY图谱中 δ_H 2.34（1H，d，J=6.6Hz，H-6）与 δ_H 1.28（1H，ov，H-1′）相关，推知脂肪链的另一端与哌啶环相连。根据 ^{1}H-^{1}H COSY图谱中 δ_H 2.52（2H，d，J=7.6Hz，H-9′）与 δ_H 1.75（2H，tt，J=7.7，7.3Hz）相关，可知 δ_H 1.75为8′位上的氢信号；H-8′找到与 δ_H 2.40（2H，tt，J=7.3Hz，H-7′）的相关可知 δ_H 2.40为7′位上的氢信号。此外，根据HMBC图谱中 δ_H 1.75（2H，tt，J=7.7，7.3Hz，H-8′）与羰基碳信号 δ_C 210.4的相关，推测碳氧双键位于脂肪链的6′位置。

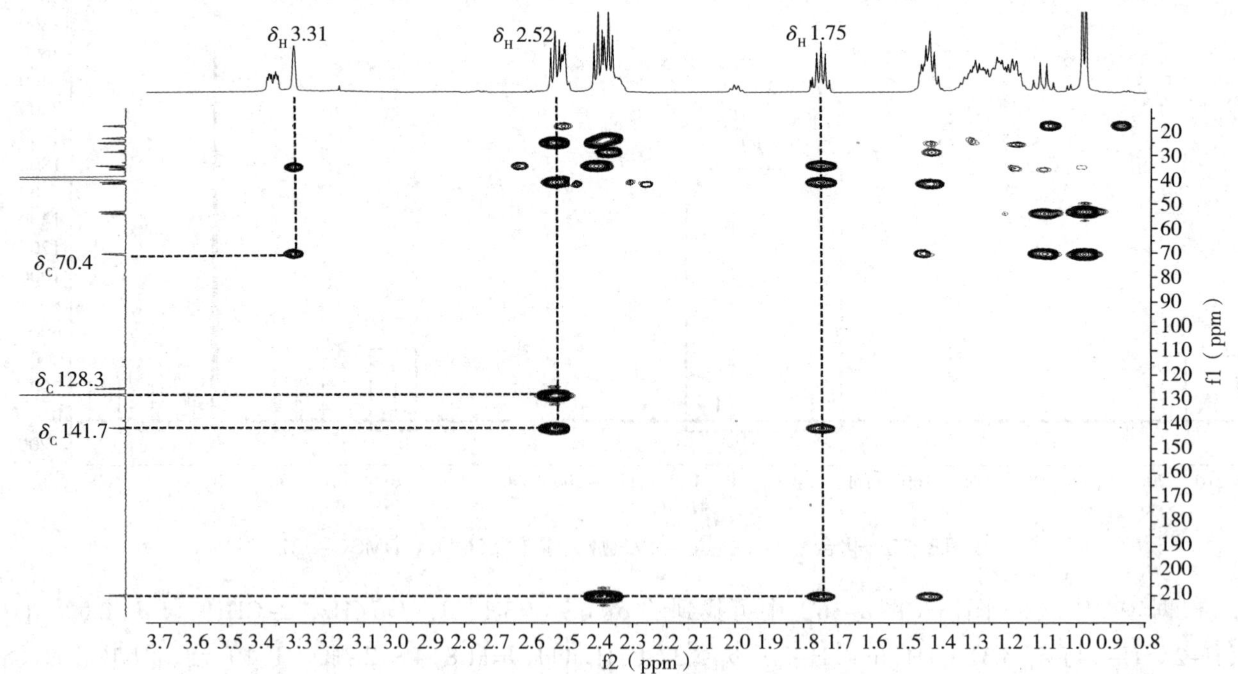

图8-37 化合物8-7的HMBC局部放大谱

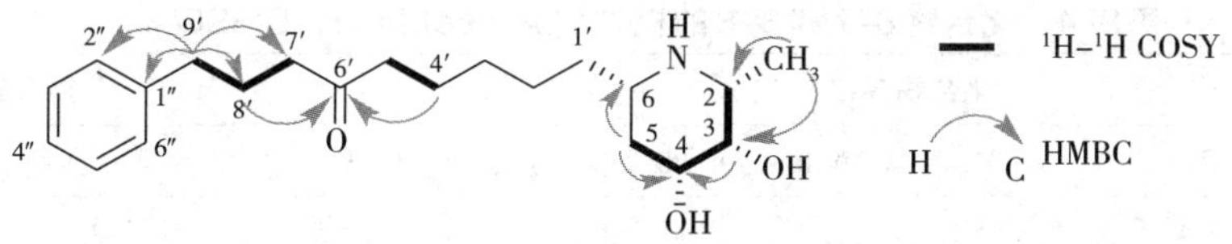

图8-38　化合物8-7的$^1H-^1H$ COSY及HMBC中的主要相关

化合物8-7哌啶环的相对构型由偶合常数及NOESY图谱（图8-39）确定。根据偶合常数与二面角的关系，H-4与H-5α偶合常数（$J_{4,\ 5\alpha}$=11.8Hz）推测H-4与H-5α都处于哌啶环的直立键且为反式；根据H-5α与H-6偶合常数（$J_{5\alpha,\ 6}$=11.8Hz）可知H-6也处于哌啶环的直立键且与H-5α为反式。H-3与H-4偶合常数（$J_{3,\ 4}$=2.7Hz）可推测H-3处于哌啶环的平伏键与H-4为顺式。通过NOESY图谱发现H-2和H-6具有NOE效应，说明H-2、H-6处于哌啶环同一侧，为顺式。

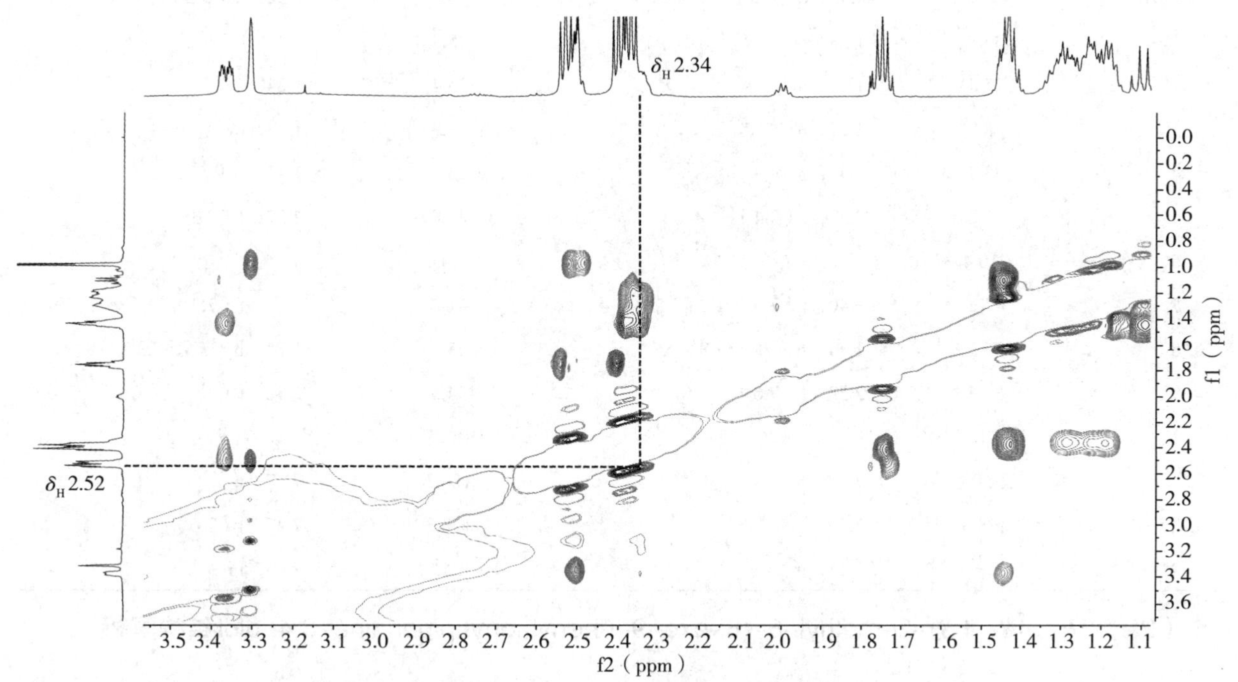

图8-39　化合物8-7的NOESY局部放大谱

化合物8-7的绝对构型可通过钼盐法确定。将少量钼盐与邻二醇类化合物都用DMSO溶解，在室温中混合，反应半小时后，测出配合物的诱导圆二色谱（ICD）。从测出的ICD光谱中除去该邻二醇化合物的固有电子圆二色谱（ECD），得到的光谱在310nm处表现出的Cotton效应，代表的则是邻二醇类化合物O-C-C-O内的二面角的方向。化合物8-7与钼盐形成的配合物Cotton效应为正，因此C-3的构型被确定为*S*，C-4的构型被确定为*R*（图8-40）。综上所述，化合物7被鉴定为（2*R*，3*S*，4*R*，6*S*）-2-methyl-6-（6-oxo-9-phenylnonyl）piperidine-3,4-diol。

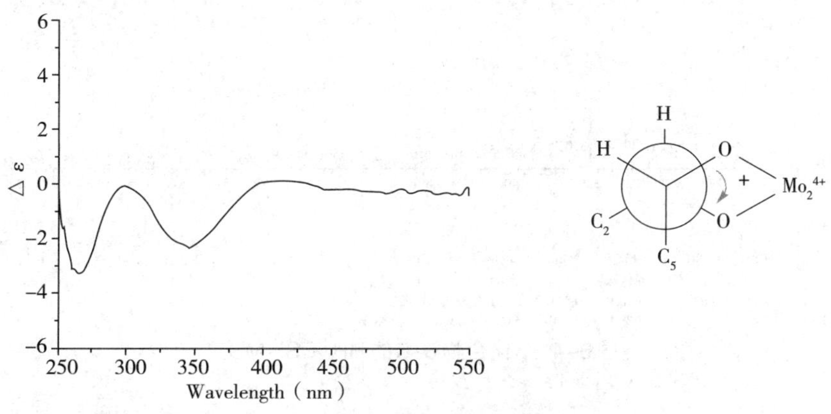

图8-40　化合物8-7与钼盐复合物及其配合物的诱导圆二色谱

表8-4　化合物8-7和8-8的核磁数据（600MHz，DMSO-d_6）

position	化合物8-7		化合物8-8	
	δ_C	δ_H，mult.（J in Hz）	δ_C	δ_H，mult.（J in Hz）
2	53.4	2.52，ov	55.6	2.28，dq（8.6，6.2）
3	70.7	3.31，m	78.9	2.60，t（8.6）
4	70.4	3.37，ddd（11.8，4.8，2.7）	73.1	3.15，ddd（11.5，8.6，4.6）
5α	34.9	1.10，q（11.8）	40.4	0.93，q（11.5）
5β		1.46，ov		1.74，ov
6	54.1	2.34，m	53.8	2.42，m
2-CH_3	18.1	0.98，d（6.6）	18.8	1.02，d（6.2）
1′	36.0	1.28，ov	35.9	1.25，ov
2′	25.4	1.28，ov	25.4	1.24，ov
3′	28.8	1.17，ov	28.9	1.17，ov
4′	23.2	1.42，ov	23.2	1.42，p（7.3）
5′	41.8	2.37，t（7.4）	41.8	2.37，t（7.3）
6′	210.4	-	210.4	-
7′	41.2	2.40，t（7.3）	41.2	2.40，t（7.3）
8′	25.1	1.74，tt（7.6，7.3）	25.1	1.74，tt（7.6，7.3）
9′	34.5	2.52，t（7.6）	34.5	2.52，t（7.6）
1″	141.7	-	141.7	-
2″,6″	128.3	7.17，m	128.3	7.17，m
3″,5″	128.3	7.26，m	128.3	7.27，t（7.6）
4″	125.8	7.15，m	125.8	7.15，m

8.（2*R*，3*R*，4*R*，6*S*）-2-methyl-6-(6-oxo-9-phenylnonyl)piperidine-3,4-diol结构解析

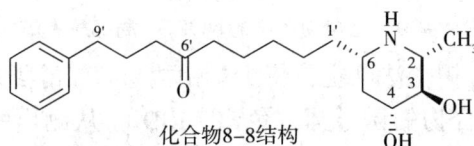

化合物8-8结构

从海芋（*Alocasia macrorrhiza*）叶中分离得到的化合物8-8，$[\alpha]_D^{25}$ 2.6（c 0.04 MeOH），白色粉末。HR-ESI-MS（图8-41）显示*m/z* 348.2525 $[M+H]^+$（calcd. of $C_{21}H_{34}NO_3$，348.2539），确定其分子式为$C_{21}H_{33}NO_3$，不饱和度为6。

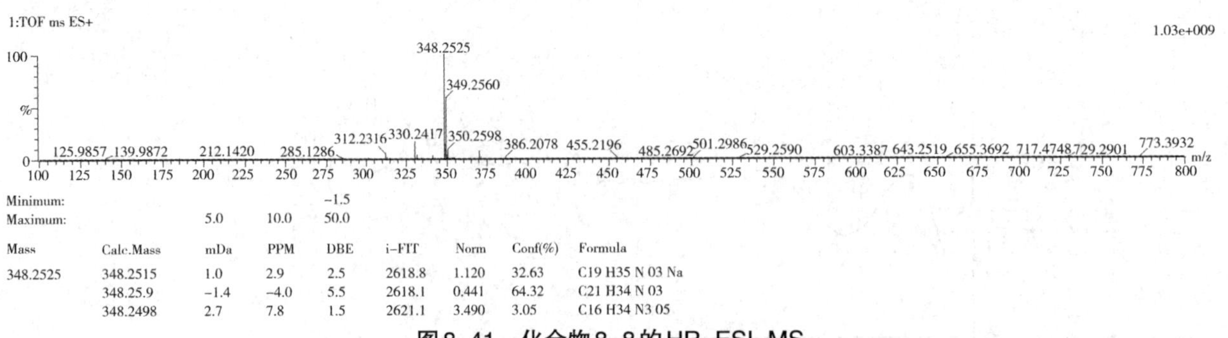

1:TOF ms ES+
1.03e+009
348.2525
349.2560
125.9857 139.9872 212.1420 285.1286 312.2316 330.2417 350.2598 386.2078 455.2196 485.2692 501.2986 529.2590 603.3387 643.2519 655.3692 717.4748 729.2901 773.3932
m/z
Minimum: -1.5
Maximum: 5.0 10.0 50.0
Mass Calc.Mass mDa PPM DBE i-FIT Norm Conf(%) Formula
348.2525 348.2515 1.0 2.9 2.5 2618.8 1.120 32.63 C19 H35 N 03 Na
348.25.9 -1.4 -4.0 5.5 2618.1 0.441 64.32 C21 H34 N 03
348.2498 2.7 7.8 1.5 2621.1 3.490 3.05 C16 H34 N3 05

图8-41　化合物8-8的HR-ESI-MS

^{1}H-NMR谱中（图8-42），芳香区有一组单取代苯环氢信号，位于 δ_H 7.17（3H，m）和7.27（2H，t，J=7.6Hz）。从 δ_H 1.15～1.40处一组重叠的氢信号推测，该化合物可能存在脂肪链片段。

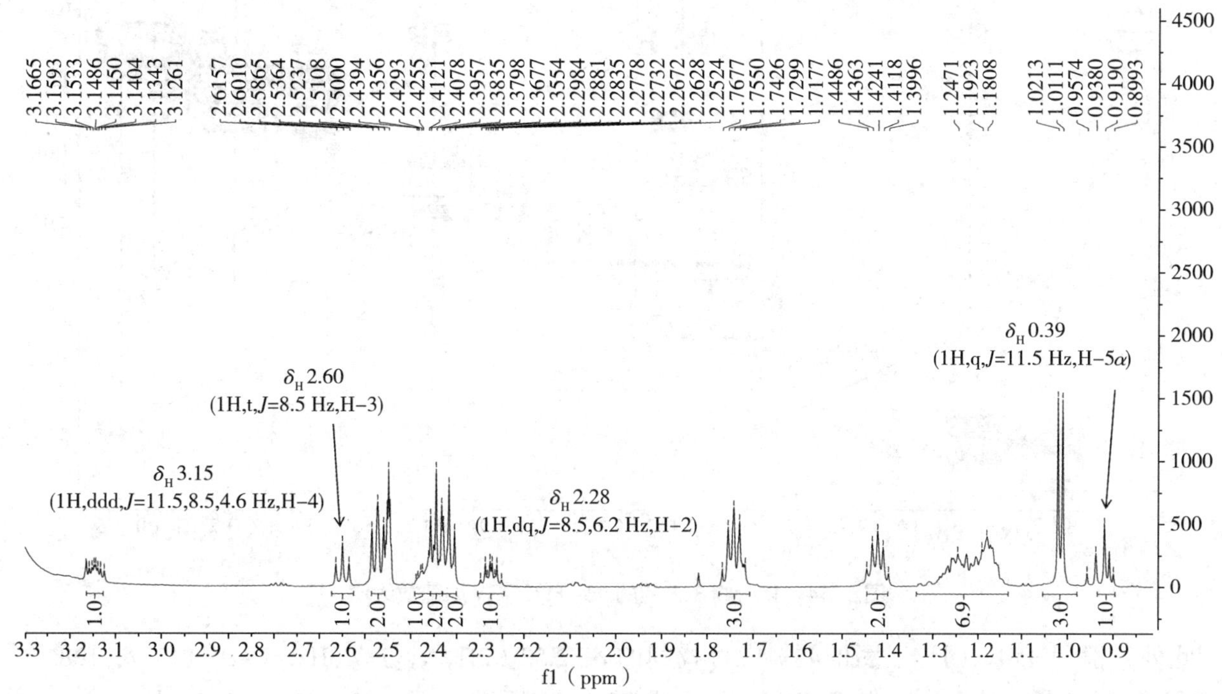

图8-42 化合物8-8的^{1}H-NMR放大谱（600MHz，DMSO-d_6）

在^{13}C-NMR图谱中（图8-43），共显示了21个碳信号，其中 δ_C 210.4 为羰基碳的信号，δ_C 125.8、128.3（×4）、141.7 为单取代苯环上6个碳原子的信号，δ_C 73.1、78.9、53.8及55.6为与杂原子相连的碳信号。

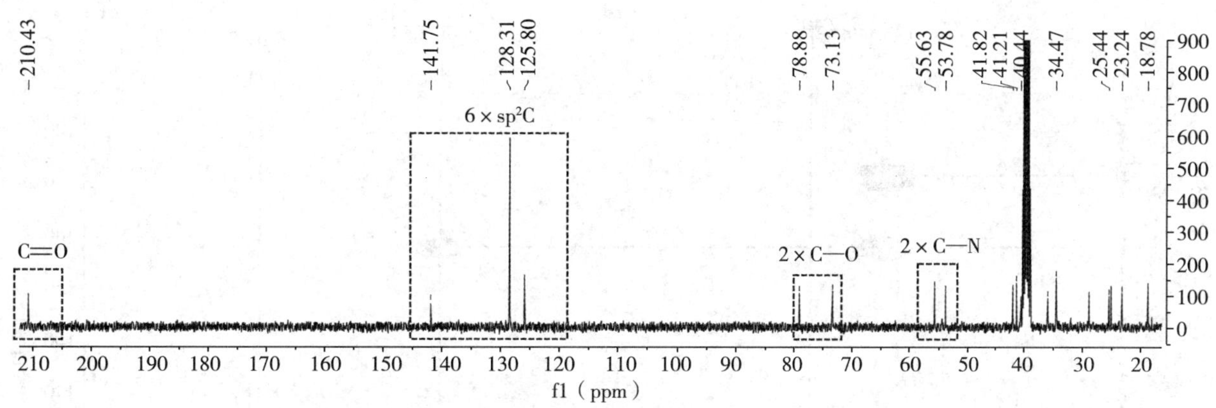

图8-43 化合物8-8的^{13}C-NMR放大谱（150MHz，DMSO-d_6）

在^{1}H-^{1}H COSY谱中（图8-44），可以找到的 δ_H 1.02（3H，d，J=6.2Hz，2-CH_3）与 δ_H 2.28（1H，dq，J=8.6，6.2Hz，H-2），H-2与 δ_H 2.60（1H，t，J=8.6Hz，H-3），H-3与 δ_H 3.15（1H，ddd，J=11.5，8.6，4.6Hz，H-4），H-4与 δ_H 0.93（1H，q，J=11.5Hz，H-5α），H-5α与 δ_H 2.42（1H，m，H-6），推可知化合物中含有一个2位为甲基取代，3、4位为羟基取代的哌啶环的片段。

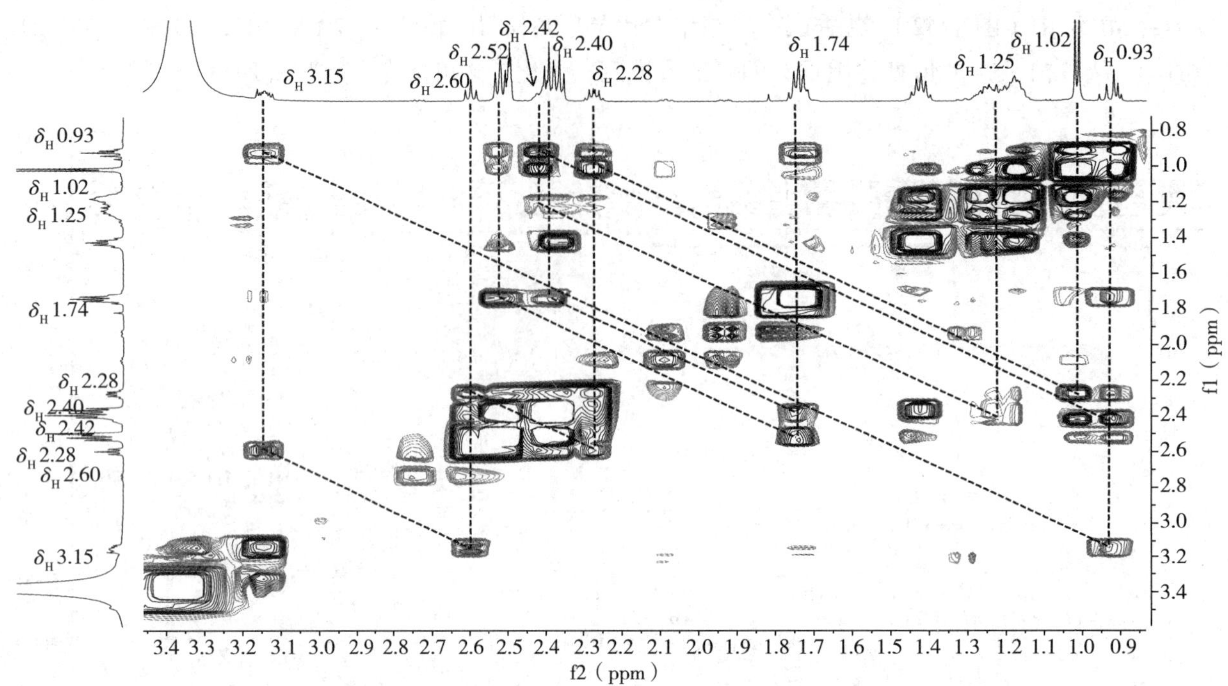

图8-44　化合物8-8的的 ^{1}H-^{1}H COSY局部放大谱

此外，根据HMBC图谱（图8-45）中可找到的 δ_H 2.52（2H，t，J=7.6Hz，H-9′）与 δ_C 128.3、δ_C 141.7相关可知脂肪链的一端与苯环相连；根据 ^{1}H-^{1}H COSY图谱中 δ_H 2.42（1H，m，H-6）与 δ_H 1.25（1H，ov，H-1′）相关，可推知脂肪链的另一端与哌啶环相连。根据 ^{1}H-^{1}H COSY图谱中可找到的 δ_H 2.52（2H，t，J=7.6Hz，H-9′）与 δ_H 1.74（2H，tt，J=7.6，7.3Hz）相关，可知 δ_H 1.74为8′位上的氢信号；H-8′找到与 δ_H 2.40（2H，tt，J=7.3Hz，H-7′）的相关可知 δ_H 2.40为7′位上的氢信号。根据HMBC图谱中 δ_H 1.75（2H，tt，J=7.7，7.3Hz，H-8′）与羰基碳信号 δ_C 210.4的相关，推测碳氧双键位于脂肪链的6′位置。

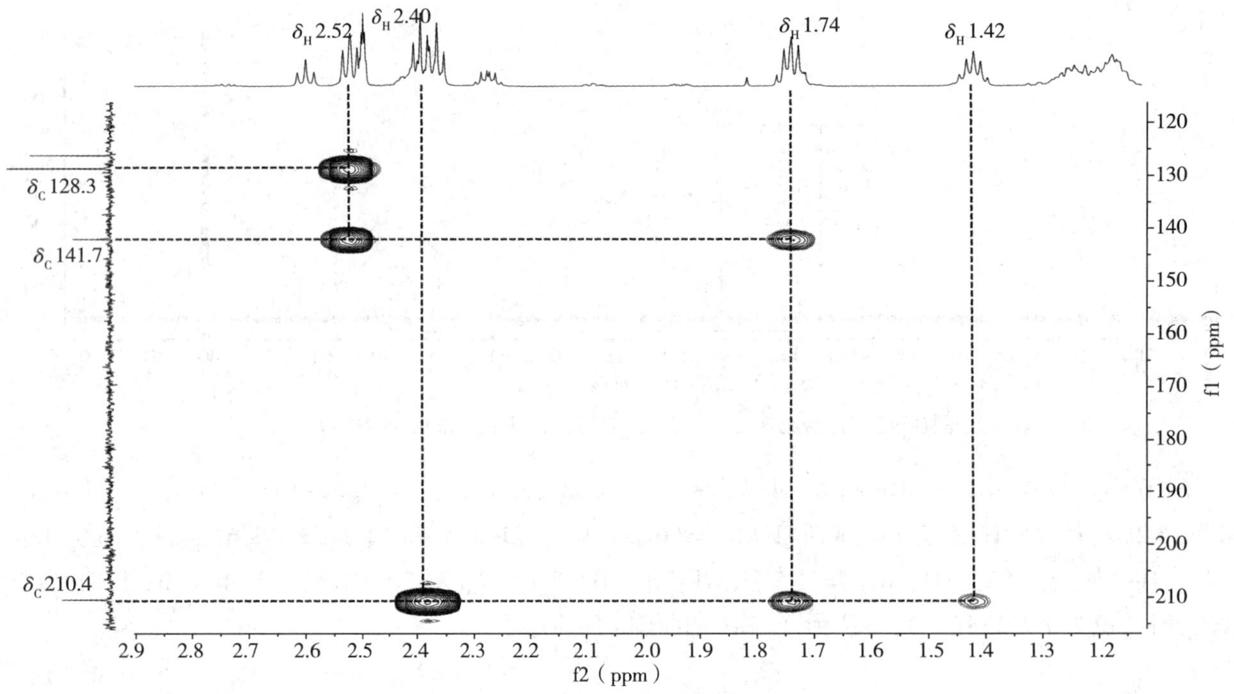

图8-45　化合物8-8的HMBC局部放大谱

在NOESY谱中（图8-46），分别从H-2和H-6出发均能找到H-4的相关，从H-5a出发可以找到

H-3与之相关。为进一步确定哌啶环的相对构型，分析了哌啶环上氢信号之间的偶合常数，发现H-3与H-2、H-4之间，H-5α与H-4、H-6之间，均有较大偶合常数，$J_{2,3}$=8.6Hz、$J_{3,4}$=8.6Hz、$J_{4,5\alpha}$=$J_{5\alpha,6}$=11.5Hz，可以得知H-2、H-3、H-4、H-5a、H-6均处于哌啶环的直立键上。通过钼盐法可以鉴定哌啶环上邻二醇结构的绝对构型，进而将哌啶环上4个手性中心的绝对构型确定，在310nm处具有负COTTON效应（图8-47），因此C-3和C-4的构型分别被确定为3*R*和4*R*，哌啶环的绝对构型确定为（2*R*，3*R*，4*R*，6*S*）。

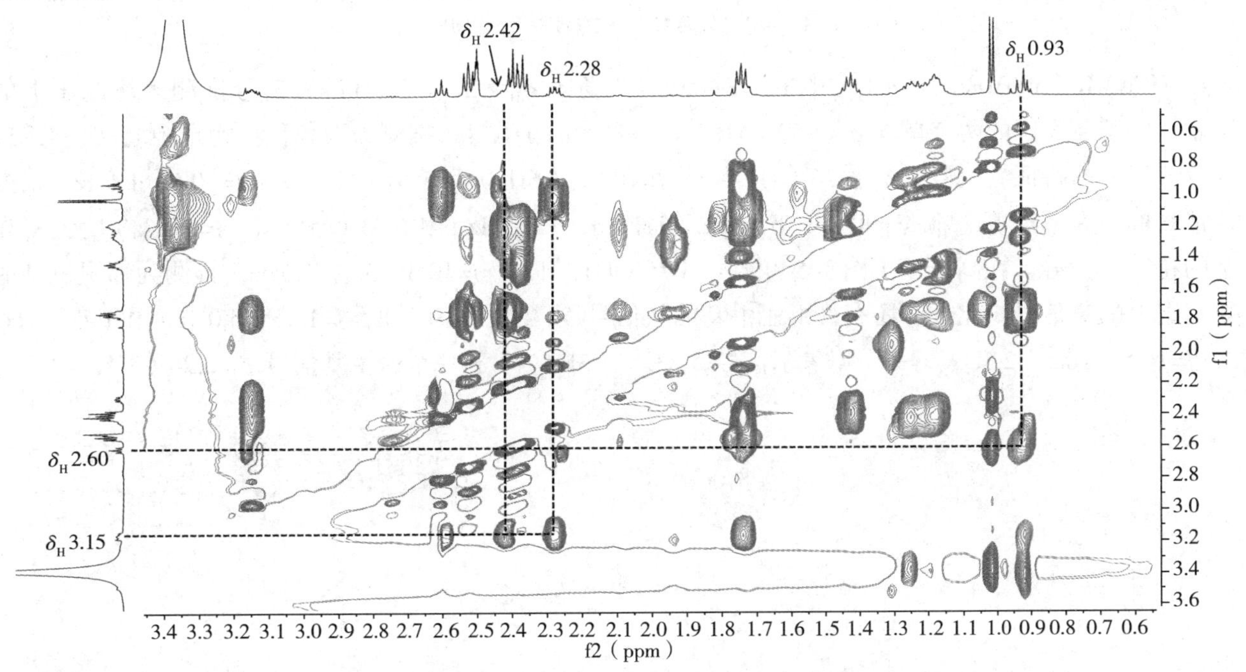

图8-46 化合物8-8的NOESY局部放大谱

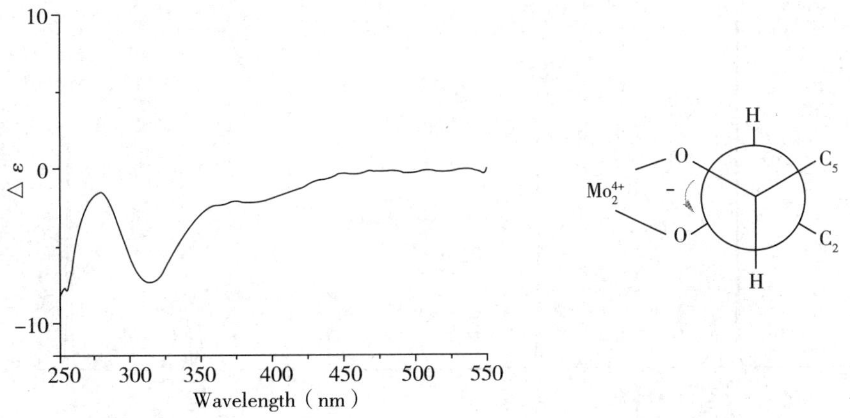

图8-47 化合物8-8与钼盐复合物及其配合物的诱导圆二色谱

综上所述，化合物8-8被鉴定为（2*R*，3*R*，4*R*，6*S*）-2-methyl-6-（6-oxo-9-phenylnonyl）piperidine-3,4-diol。

9. 6-oxo-12β-hydroxy-5,6-dihydroplicane结构解析 从水鬼蕉（*Hymenocallis littoralis*）根茎中分离得到的化合物8-9白色无定形粉末，碘化铋钾显色为橘黄色，$[\alpha]_D^{22}$+107.0（*c* 0.1，MeOH）。HR-ESI-MS（positive）显示离子峰$[M+Na]^+$ *m/z* 381.0928（calcd for $C_{18}H_{18}N_2O_6Na$，381.1063），推测其分子式为$C_{18}H_{18}N_2O_6$，分子量为358，不饱和度为11（图8-48）。结合^{1}H-NMR和^{13}C-NMR数据初步分析，化合物8-9为plicamine型的生物碱。

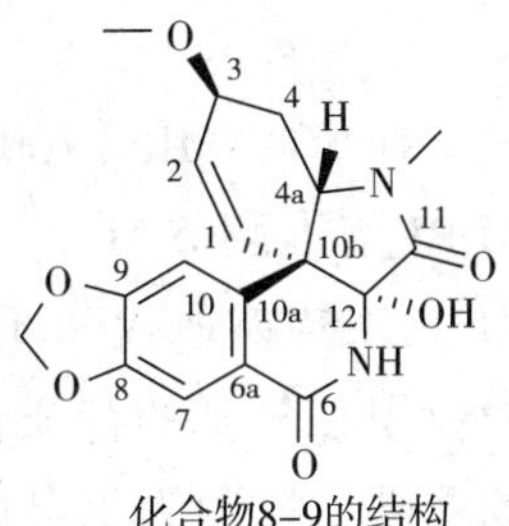

化合物8-9的结构

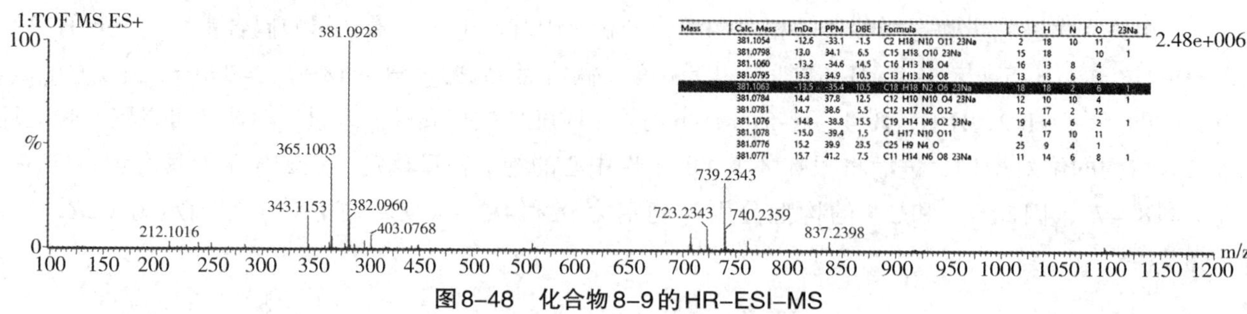

Mass	Calc. Mass	mDa	PPM	DBE	Formula	C	H	N	O	23Na
	381.1054	-12.6	-33.1	-1.5	C2 H18 N10 O11 23Na	2	18	10	11	1
	381.0798	13.0	34.1	6.5	C15 H18 O10 23Na	15	18		10	1
	381.1060	-13.2	-34.6	14.5	C16 H13 N8 O4	16	13	8	4	
	381.0795	13.3	34.9	10.5	C13 H13 N6 O8	13	13	6	8	
	381.1063	-13.5	-35.4	10.5	C18 H18 N2 O6 23Na	18	18	2	6	1
	381.0784	14.4	37.8	12.5	C12 H10 N10 O4 23Na	12	10	10	4	1
	381.0781	14.7	38.6	5.5	C12 H17 N2 O12	12	17	2	12	
	381.1076	-14.8	-38.8	15.5	C19 H14 N6 O2 23Na	19	14	6	2	1
	381.1078	-15.0	-39.4	1.5	C4 H17 N10 O11	4	17	10	11	
	381.0776	15.2	39.9	23.5	C25 H9 N4 O	25	9	4	1	
	381.0771	15.7	41.2	7.5	C11 H14 N6 O8 23Na	11	14	6	8	1

图8-48　化合物8-9的HR-ESI-MS

在 ^{1}H-NMR（500MHz，$CDCl_3$）中（图8-49），低场区 δ_H 7.22（1H，br.s）信号推测为氮原子上的活泼氢。位于芳香区的两个单峰 δ_H 7.59（1H，s）和6.89（1H，s）推测为石蒜科生物碱中1，2，4，5-四取代苯环上的特征氢信号，δ_H 6.26（1H，dt，J=10.5，1.6Hz）和5.78（1H，dt，J=10.5，1.6Hz）根据偶合常数推测为一对顺式烯质子信号；δ_H 6.02（1H，d，J=1.2Hz）和6.03（1H，d，J=1.2Hz）为亚甲二氧基的特征氢信号。在高场区（图8-50），δ_H 3.75（1H，ddd，J=10.5，3.8，1.6Hz）推测为邻甲氧基的次甲基碳上的氢信号。此外，还有一组亚甲基的氢信号 δ_H 2.41（1H，dt，J=14.5，5.0Hz）和1.77（1H，ddd，J=14.5，10.5，2.3Hz），一个甲氧基信号 δ_H 3.46（3H，s）和一个氮甲基信号 δ_H 2.94（3H，s）。

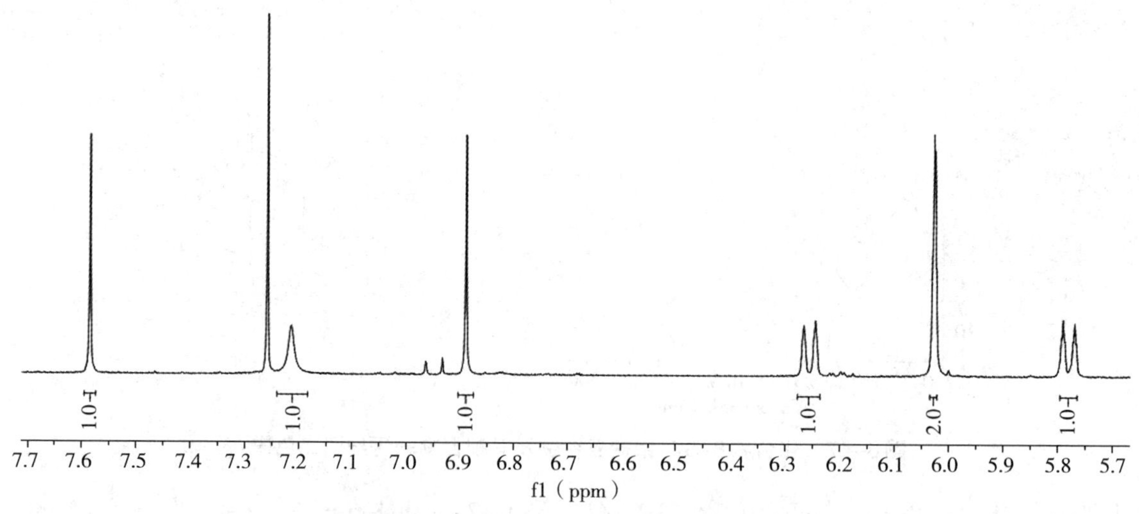

图8-49　化合物8-9的 ^{1}H-NMR低场放大谱（500MHz，$CDCl_3$）

在 ^{13}C-NMR（100MHz，$CDCl_3$）（图8-51），位于低场区 δ_C 171.6和163.1为两个羰基碳信号，结合DEPT谱推测 δ_C 148.0和151.8为1,2,4,5-四取代苯环上与亚甲二氧基相连的两个季碳，δ_C 108.9和108.4为1,2,4,5-四取代苯环中的叔碳。结合 ^{1}H-NMR数据推测 δ_C 131.4和126.0为顺式双键中的叔碳，δ_C 102.2为亚甲二氧基的特征碳信号，δ_C 71.1推测为与甲氧基相连的次甲基碳信号。在高场区中，显示 δ_C 47.0的季碳，推测为化合物中的螺碳原子，δ_C 25.3推测为C环中亚甲基的碳信号。δ_C 56.5为甲氧基的信号，δ_C 28.4为氮甲基的碳信号。

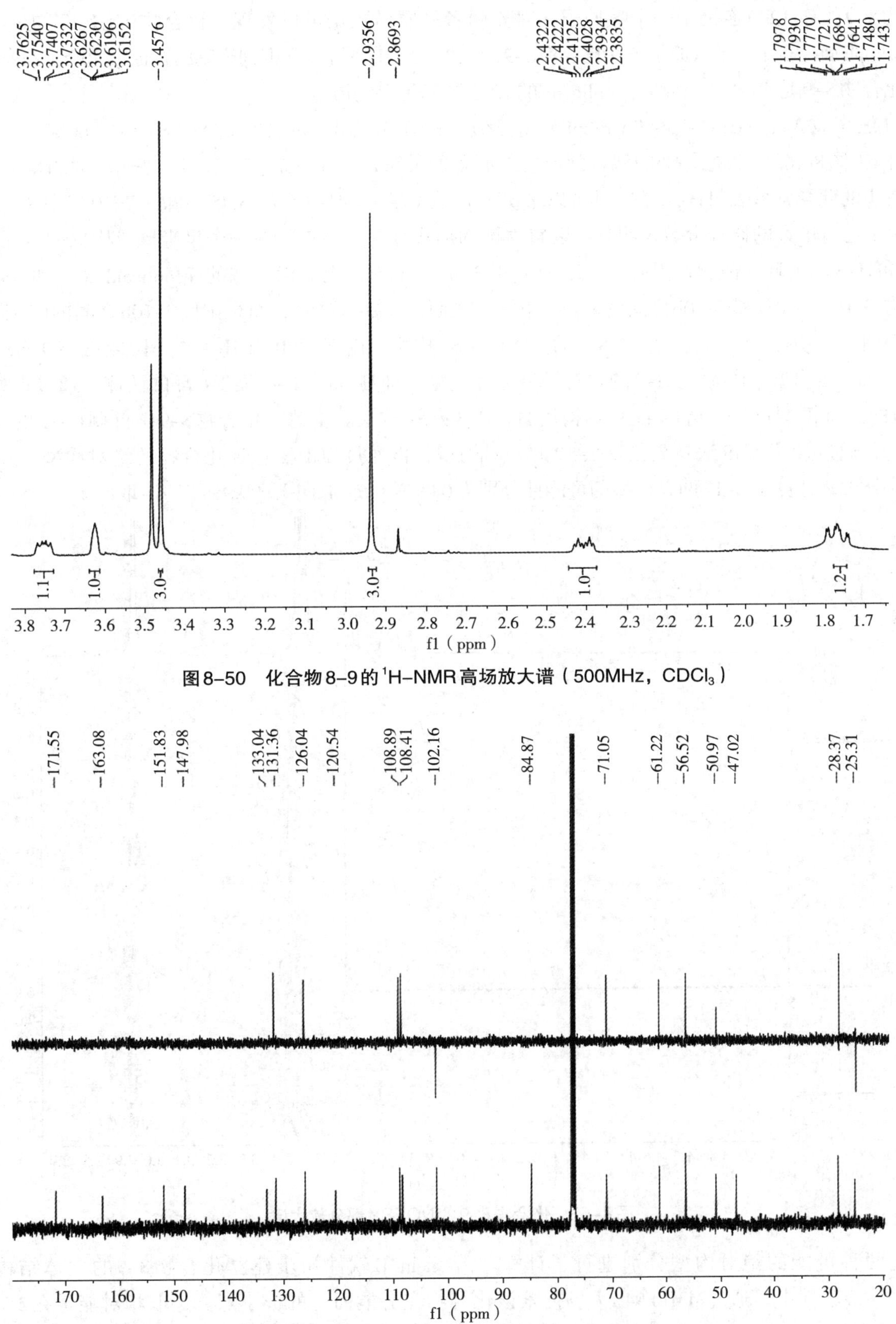

图8-50　化合物8-9的 ^{1}H-NMR高场放大谱（500MHz，$CDCl_3$）

图8-51　化合物8-9的 ^{13}C-NMR和DEPT谱（500MHz，$CDCl_3$）

结合化合物8-9的 ^{1}H-NMR、^{13}C-NMR、DEPT数据可以发现，与已知化合物6-oxo-5，6-dihydroplicane相比，化合物8-9的主要区别在于的12位碳原子的化学位移值向低场位移了大约30ppm至 δ_C 84.9，推测化合物8-9的C-12位连接了一个氧原子，对比两者的质谱数据可以发现，化合物9比化合物6-oxo-5，6-dihydroplicane 多了一个氧原子。在化合物8-9的红外光谱中，可以观测到羟基的特征吸收峰（$3426cm^{-1}$），推测化合物8-9是6-oxo-5,6-dihydroplicane的12位羟基化衍生物。

与化合物*N*-isopentyl-5,6-dihydroplicane类似，由H-10和H-4a之间的NOESY相关确定了H-4a的β-取向（图8-52）。根据邻偶的偶合常数与二面角的关系，H-4a（δ_H 3.62，dt，*J*=3.8，2.3Hz）与H-4之间较小的偶合常数表明H-4a在C环中以平伏键的形式存在。H-3（δ_H 3.75，ddd，*J*=10.5，3.8，1.6Hz）与H-4α之间较大的偶合常数表明H-3以直立键的形式存在。显然，在一个呈半椅式构象的六元环中，H-4a和H-3位于环的两侧，因此，可以确定H-3为α-取向。在天然存在的secoplicamine型和plicamine型生物碱中，C-10a和C-10b之间的碳-碳单键在平面外（β-取向），而C-1和C-10b之间的碳-碳单键在平面内（α-取向）。因此化合物8-9的C-10b为*S*-构型。由于H-10和H-4a之间的存在NOESY相关，推测C-4a为*S*构型。H-4a与H-3的相对构型已经确立，即H-4a与H-3位于C环的两侧。通过观察化合物8-9的三维模型可知，当C-4a为*S*-构型时，C-3为*S*-构型。至此，化合物8-9中仅剩C-12的构型没有确定，通过计算NMR法首先判断C-12的相对构型，再通过ECD法验证化合物的绝对构型。经DP4+可能性分析，计算了C-12两种构型的可能性分别为0.09%（β-取向），99.91%（α-取向）。

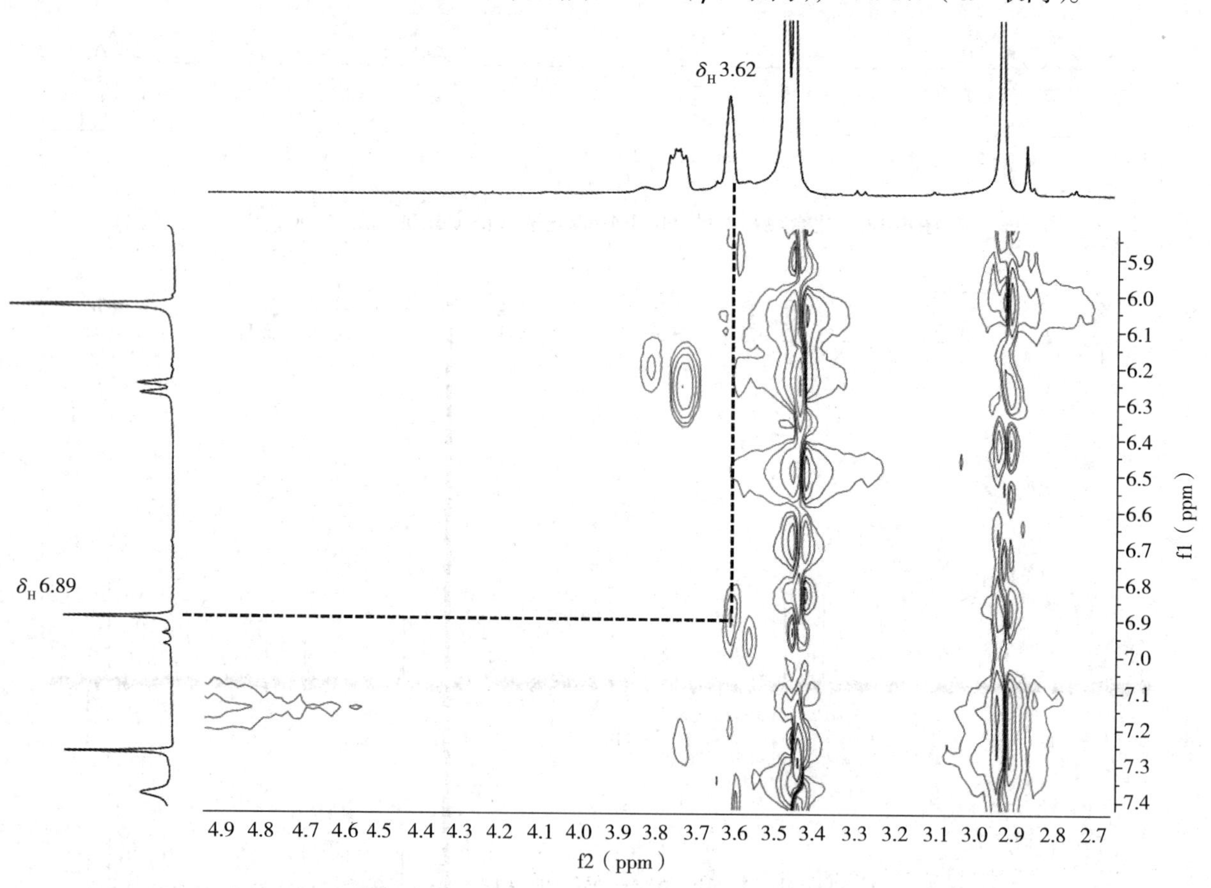

图8-52　化合物8-9的NOESY部分放大谱

对两种可能的绝对构型分别进行了计算。由Chem3D软件初步建立化合物8-9的立体结构。在Sybyl-X 2.0软件中，通过MMFF94S力场搜索该化合物在势能面上的极小点。选取相对能量在2.5 Kcal/mol内的构象。在B3LYP/6-31G（d）水平上，使用Gaussian 16进一步优化相应的构象。使用极化连续介质模型（polarized continuum model，PCM），在CAM-B3LYP/aug-cc-pVDZ水平上，用TDDFT方法计算各构象前60激发态的电子激发能。使用Gaussview软件通过Boltzmann分布对总体ECD曲线进行加权，并导出计算ECD图谱。将计算的ECD光谱与实测的ECD光谱进行比较，发现化合物8-9的实测ECD光谱与（3*S*，4a*S*，10b*S*，12*R*）-9的计算ECD光谱非常吻合（图8-53）。表明化合物8-9的绝对构型为3*S*，4a*S*，10b*S*，12*R*。因此，化合物8-9被鉴定为6-oxo-12*β*-hydroxy-5,6-dihydroplicane，其^{1}H及^{13}C的信号归属见表8-5。

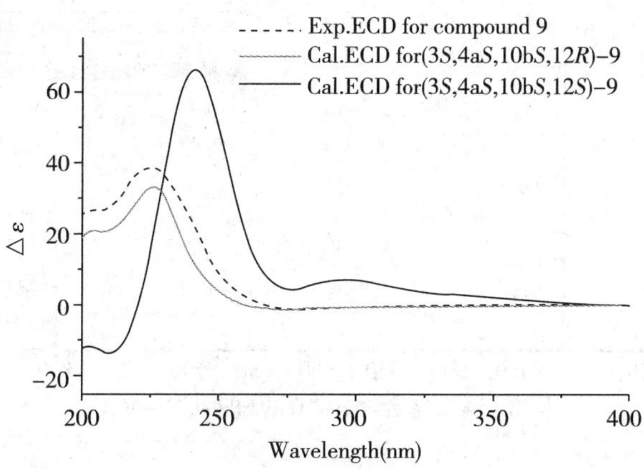

图8-53　化合物8-9的计算及实测ECD

表8-5　化合物8-9的核磁数据（500MHz，$CDCl_3$）

position	δ_C ᵇ	δ_H，mult.（*J* in Hz）ᶜ	position	δ_C ᵇ	δ_H，mult.（*J* in Hz）ᶜ
1	131.4	5.78，dt（10.5，1.6）	10	108.9	6.89，s
2	126.0	6.26，dt（10.5，1.6）	10a	133.0	–
3	71.1	3.75，ddd（10.5，3.8，1.6）	10b	47.0	–
4*α*	25.3	1.77，ddd（14.5，10.5，2.3）	11	171.6	–
4*β*		2.41，dt（14.5，5.0）	12	84.9	–
4a	61.2	3.62，dt（3.8，2.3）	OCH_2O	102.2	6.02，d（1.2）;6.03，d（1.2）
6	163.1	–	3-*O*CH_3	56.5	3.46，s
6a	120.5	–	12-*O*CH_3		–
7	108.4	7.59，s	*N*CH_3	28.4	2.94，s
8	148.0	–	*N*R_2H		7.22，s
9	151.8	–			–

10. *N*-hydroxyethyl-11,12-seco-5,6-dihydroplicane结构解析　从水鬼蕉（*Hymenocallis littoralis*）根茎中分离得到的化合物8-10呈无色油状，易溶于甲醇，碘化铋钾显色为橘黄色，$[\alpha]_D^{25}$ +10.0（*c* 0.15，MeOH）。HR-ESI-MS（positive）显示准分子离子峰 *m/z* 411.1514 [M+Na]$^+$（calcd. for $C_{20}H_{24}N_2O_6Na$，411.1532），推测其分子式为$C_{20}H_{24}N_2O_6$，分子量为388，不饱和度为8-10（图8-54）。结合^{1}H-NMR和^{13}C-NMR数据初步分析，化合物8-10为secoplicamine型的生物碱。

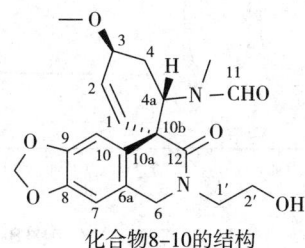

化合物8-10的结构

在^{1}H-NMR（500MHz，$CDCl_3$）中，低场区 δ_H 7.36（1H，s）为醛基的氢信号（图8-55）。位于芳香区的两个单峰 δ_H 6.71（1H，s）和6.52（1H，s）推测为石蒜科生物碱中1,2,4,5-四取代苯环上的特征氢信号，δ_H 6.31（1H，dd，*J*=9.9，4.7Hz）和5.72（1H，d，*J*=9.9Hz）为一对顺式烯质子信号；δ_H 5.96（1H，d，*J*=1.2Hz）和5.98（1H，d，*J*=1.2Hz）为亚甲二氧基的特征氢信号。δ_H 4.48（1H，d，*J*=16.4Hz）和4.34（1H，d，*J*=16.4Hz）为B环中亚甲基上同碳偶合的氢信号；δ_H 4.06（1H，td，*J*=4.7，2.4Hz）为邻甲氧基的次甲基碳上的氢信号；在高场区（图8-56），δ_H 2.75（1H，td，*J*=13.0，4.0Hz）和1.95（1H，dt，*J*=13.0，2.4Hz）

为亚甲基上的氢信号；在该生物碱中存在一个甲氧基信号 δ_H 3.42（3H，s）和一个氮甲基信号 δ_H 2.63（3H，s），此外将 δ_H 3.68（1H，ddd，J=14.2，6.8，4.0Hz）、3.53（1H，dt，J=14.2，4.0Hz）和3.85–3.82（2H，m）推断为2–羟乙基片段中两个亚甲基的氢信号。

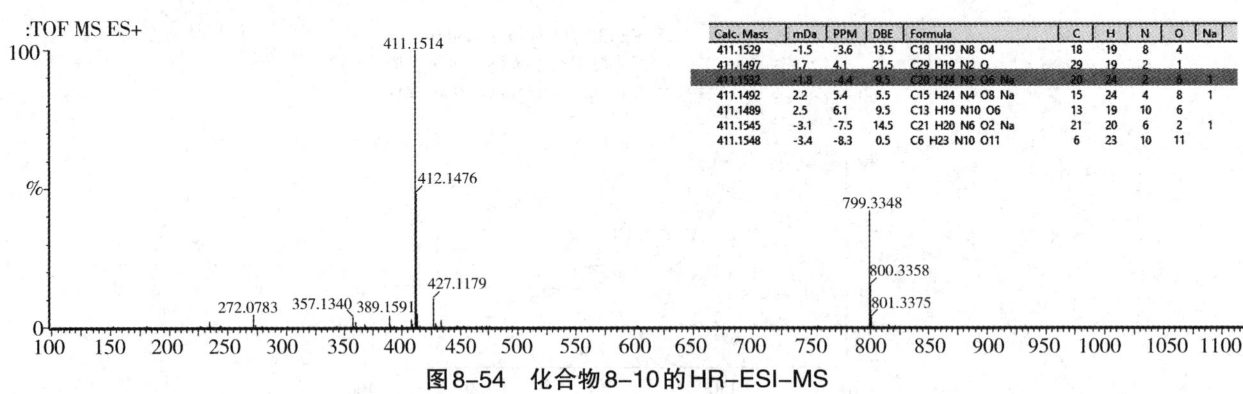

Calc. Mass	mDa	PPM	DBE	Formula	C	H	N	O	Na
411.1529	-1.5	-3.6	13.5	C18 H19 N8 O4	18	19	8	4	
411.1497	1.7	4.1	21.5	C29 H19 N2 O	29	19	2	1	
411.1532	-1.8	-4.4	9.5	C20 H24 N2 O6 Na	20	24	2	6	1
411.1492	2.2	5.4	5.5	C15 H24 N4 O8 Na	15	24	4	8	1
411.1489	2.5	6.1	9.5	C13 H19 N10 O6	13	19	10	6	
411.1545	-3.1	-7.5	14.5	C21 H20 N6 O2 Na	21	20	6	2	1
411.1548	-3.4	-8.3	0.5	C6 H23 N10 O11	6	23	10	11	

图8–54　化合物8–10的HR–ESI–MS

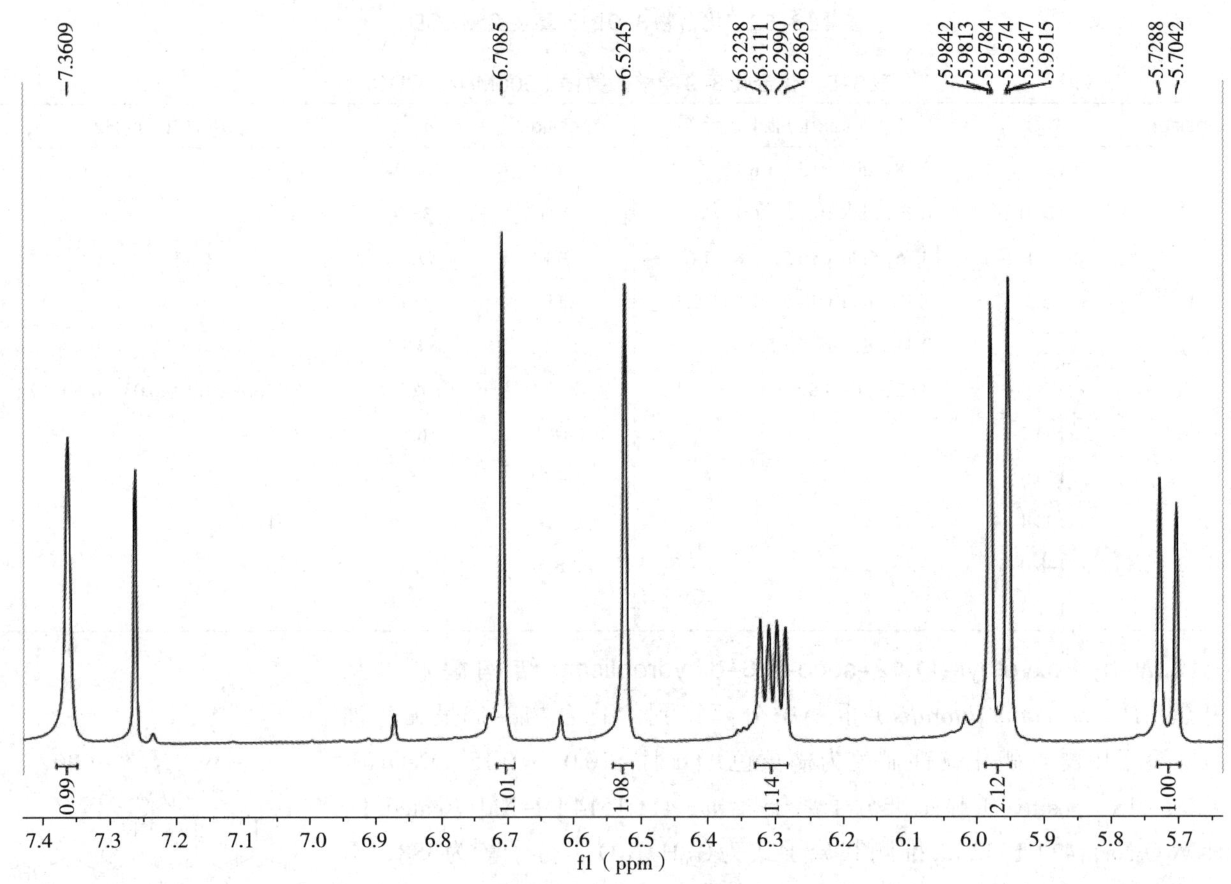

图8–55　化合物8–10的^{1}H–NMR低场放大谱（500MHz，$CDCl_3$）

在^{13}C–NMR（100MHz，$CDCl_3$）中（图8–57），低场区中 δ_C 168.6和163.3分别为醛羰基和酮羰基碳信号，结合DEPT、HSQC和HMBC谱，推测 δ_C 148.2和147.8为1,2,4,5–四取代苯环上与亚甲二氧基相连的两个季碳，δ_C 104.9和106.8为1,2,4,5–四取代苯环中的两个叔碳；结合^{1}H–NMR数据，推测 δ_C 133.4和128.6为顺式双键中的两个叔碳，δ_C 101.7为亚甲二氧基的特征碳信号，δ_C 73.2为C环中与甲氧基相连的次甲基碳信号。δ_C 53.0推测为螺碳原子的碳信号，δ_C 52.4推测为B环中与氮原子相连的亚甲基的碳信号。δ_C 29.4为C环中亚甲基的碳信号。化合物中存在一个甲氧基的碳信号 δ_C 57.0，δ_C 28.6为氮甲基的碳信号。与^{1}H–NMR数据对应，可以观测到2–羟乙基中两个亚甲基的碳信号 δ_C 61.2和52.1。

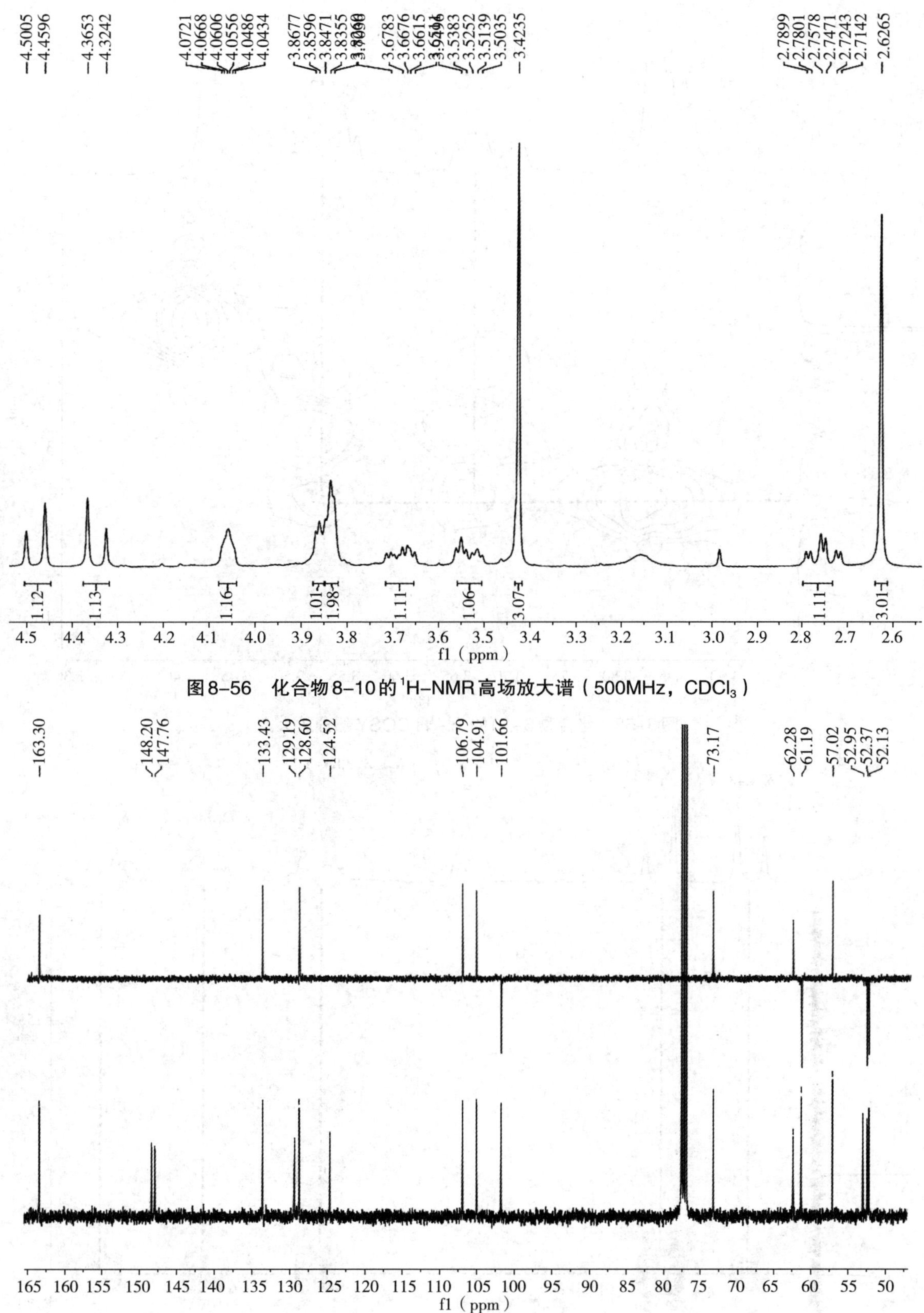

图8-56　化合物8-10的^{1}H-NMR高场放大谱（500MHz，$CDCl_3$）

图8-57　化合物8-10的^{13}C-NMR和DEPT谱（125MHz，$CDCl_3$）

在^{1}H-^{1}H COSY谱中（图8-58），H-1'（δ_H 3.68，1H，ddd，J=14.2，6.8，4.0Hz；3.53，1H，dt，J=14.2，4.0Hz）与H-2'（δ_H 3.85～3.82，2H，m）直接相关。在HMBC谱中（图8-59，图8-60），H-1'与H-2'与C-12（δ_C 168.6）之间以及H-1'与H-2'与C-6（δ_C 52.4）之间存在远程相关，推测2-羟乙基片段连接在B环

中的氮原子上。

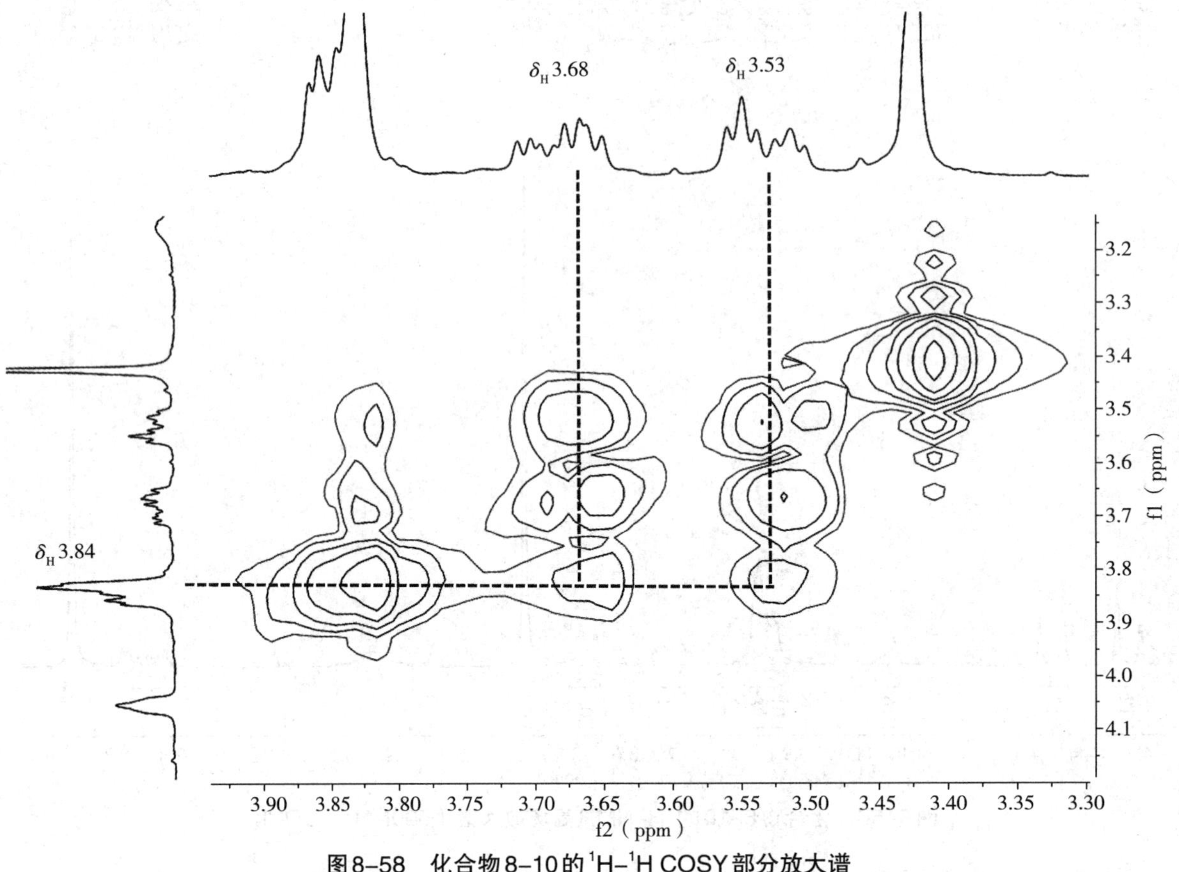

图8-58 化合物8-10的¹H-¹H COSY部分放大谱

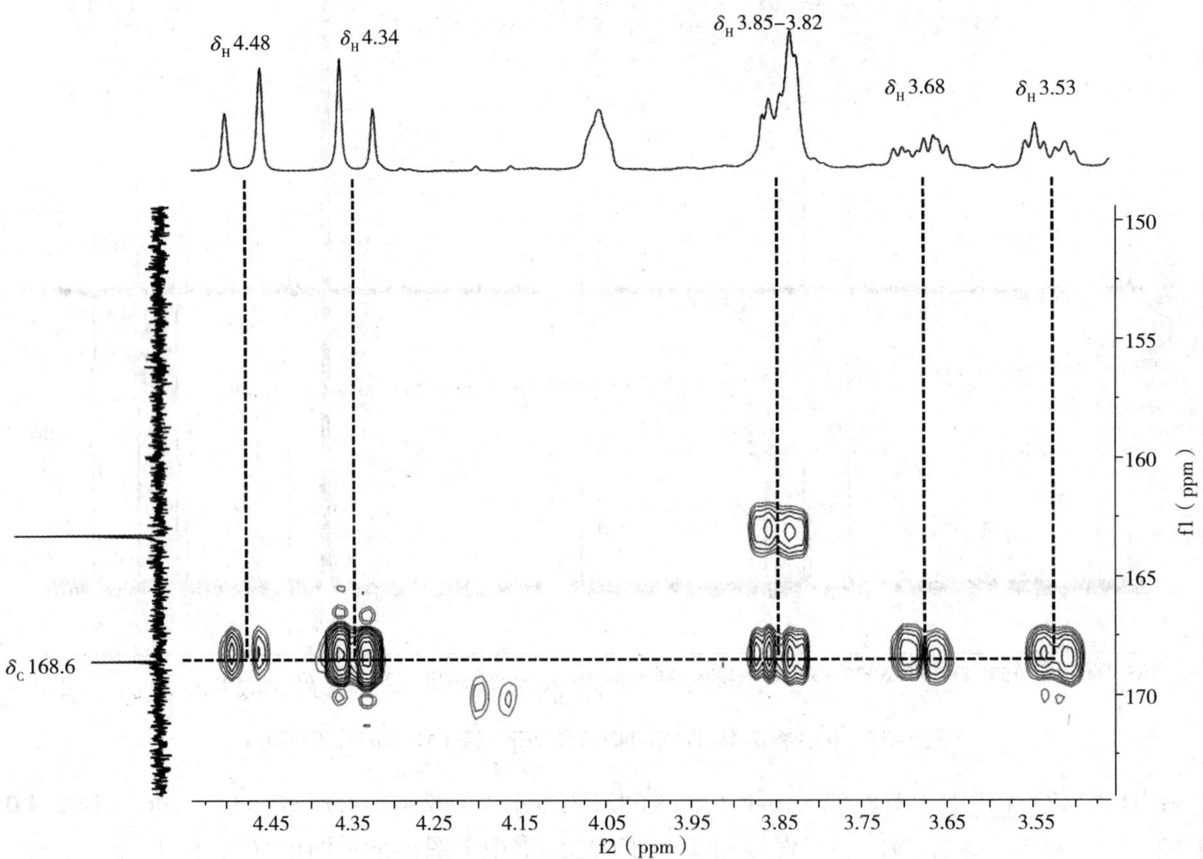

图8-59 化合物8-10的HMBC部分放大谱

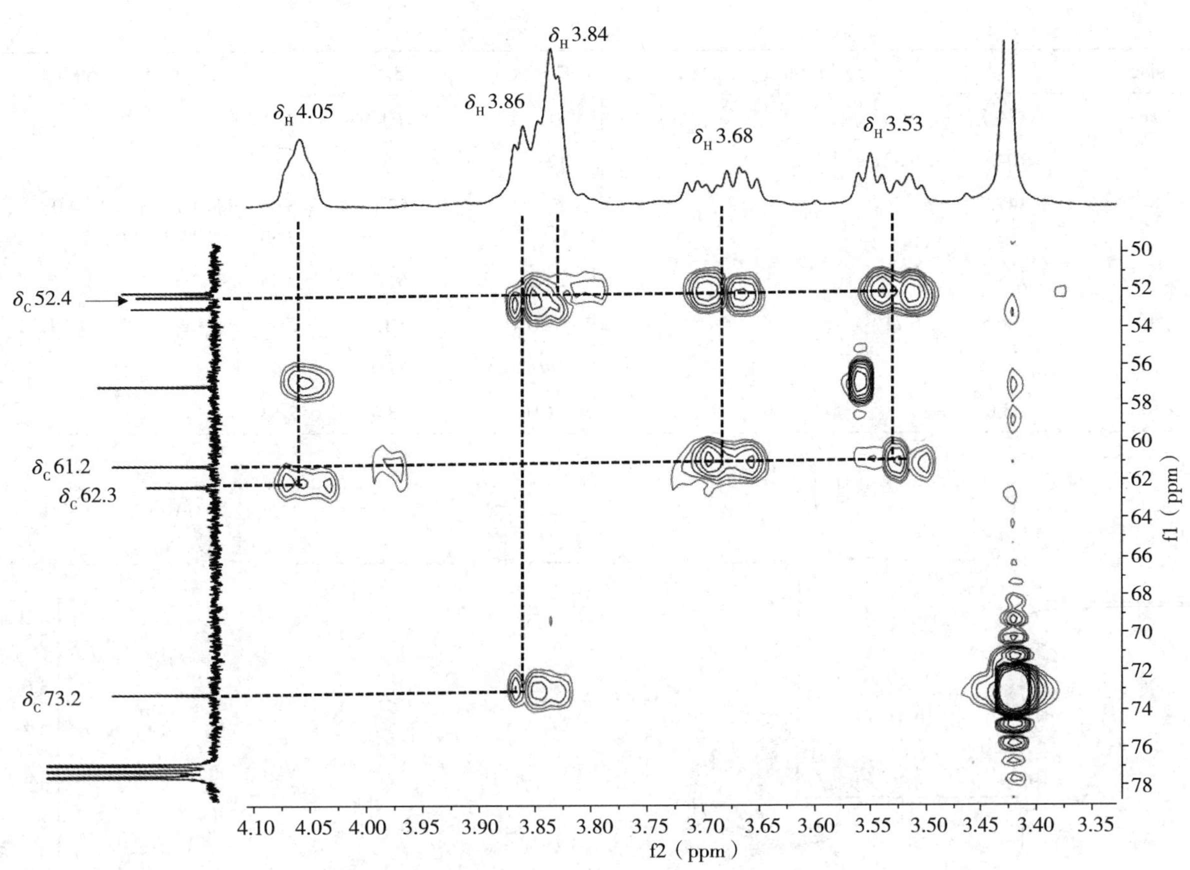

图8-60　化合物8-10的HMBC部分放大谱

在化合物8-10的^{1}H-NMR谱中，氢信号发生了重叠，影响了偶合常数以及相对构型的分析。因此将溶剂更改为DMSO-d_6重新测试化合物8-10的氢谱，并根据新测得的氢谱分析化合物8-10的H-3和H-4a的相对构型。由H-10和H-4a之间的NOESY相关确定了H-4a的β-取向（图8-61，图8-62）。根据邻偶的偶合常数与二面角之间的关系，H-4a（δ_H 3.76，dd，J=12.6，2.9Hz）与H-4之间较大的偶合常数表明H-4a在C环中以直立键的形式存在。H-3（δ_H 4.01，td，J=4.4，2.3Hz）与H-4α之间较小的偶合常数表明H-3以平伏键的形式存在。显然，H-4a和H-3位于C环的两侧，因此，确定了H-3为α-取向。在天然存在的secoplicamine型和plicamine型生物碱中，C-10a和C-10b之间的碳-碳单键在平面外（β-取向），而C-1和C-10b之间的碳碳单键在平面内（α-取向）。因此化合物8-10的C-10b为S-构型。由于H-10和H-4a之间的存在NOESY相关，推测C-4a为S-构型。H-4a与H-3的相对构型已经确立，即H-4a与H-3位于C环的两侧，因此C-3为S-构型。为了验证化合物8-10的绝对构型，将计算的ECD光谱与实测的ECD光谱进行比较，发现化合物8-10的实测ECD光谱与（3S，4aS，10bS）-10的计算ECD光谱非常吻合（图8-63）。表明化合物8-10的绝对构型为3S，4aS，10bS。综上所述，化合物8-10被鉴定为N-hydroxyethyl-11,12-*seco*-5,6-dihydroplicane，其^{1}H及^{13}C的信号归属见表8-6。

表8-6　化合物8-10的核磁数据（500MHz，$CDCl_3$）[a]

Position	δ_C [b]	δ_H，mult.（J in Hz）[c]	Position	δ_C [b]	δ_H，mult.（J in Hz）[c]
1	133.4	5.72，d（9.9）	4β		2.75，td（13.0，4.0）
2	128.6	6.31，dd（9.9，4.7）	4a	62.3	3.87–3.85，m
3	73.2	4.06，td（4.7，2.4）	6α	52.4	4.48，d（16.4）
4α	29.4	1.95，dt（13.0，2.4）	6β		4.34，d（16.4）

续表

Position	δ_C [b]	δ_H, mult. (J in Hz) [c]	Position	δ_C [b]	δ_H, mult. (J in Hz) [c]
6a	124.5	–	11	163.3	7.36，s
7	104.9	6.52，s	12	168.6	–
8	147.8	–	1′	52.1	3.68，ddd（14.2，6.8，4.0）；3.53，dt（14.2，4.0）
9	148.2	–	2′	61.2	3.85–3.82，m
10	106.8	6.71，s	OCH_2O	101.7	5.96，d（1.2）；5.98，d（1.2）
10a	129.2	–	3-OCH_3	57.0	3.42，s
10b	53.0	–	NCH_3	28.6	2.63，s

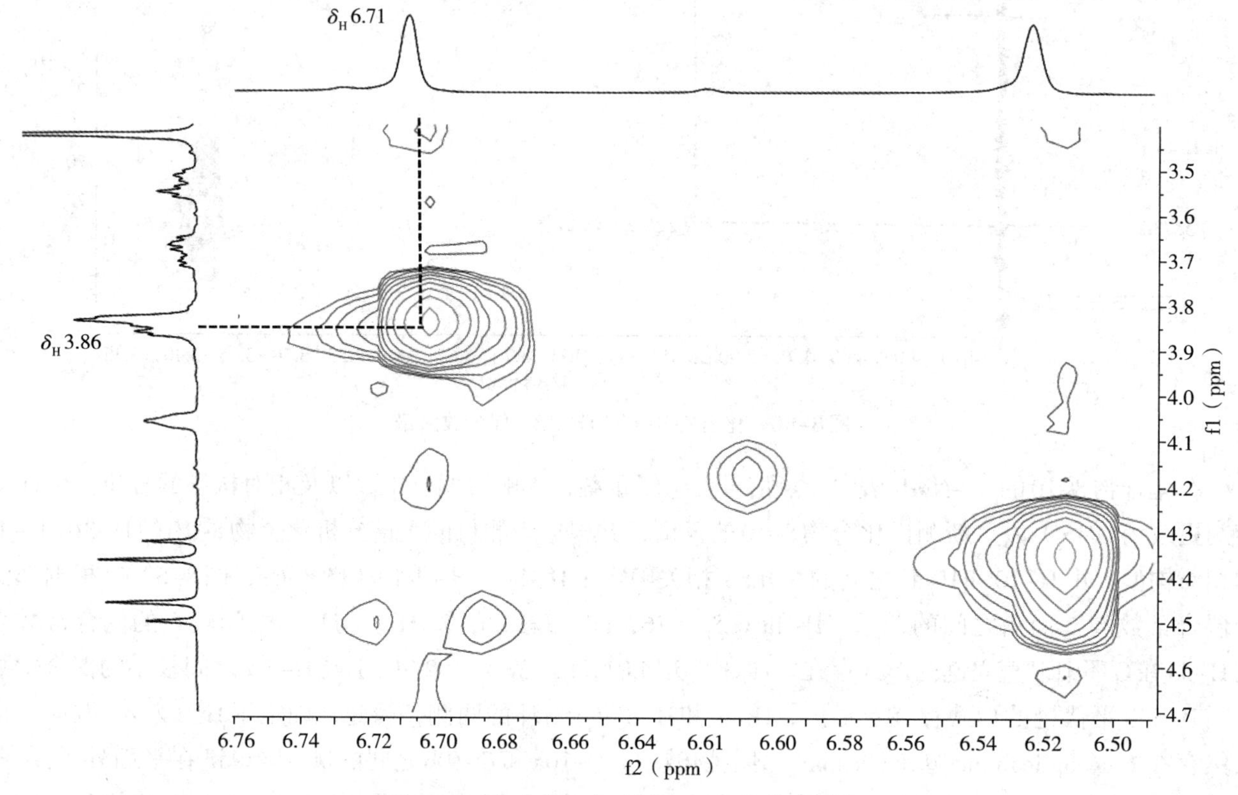

图8-61　化合物8-10的NOESY部分放大谱

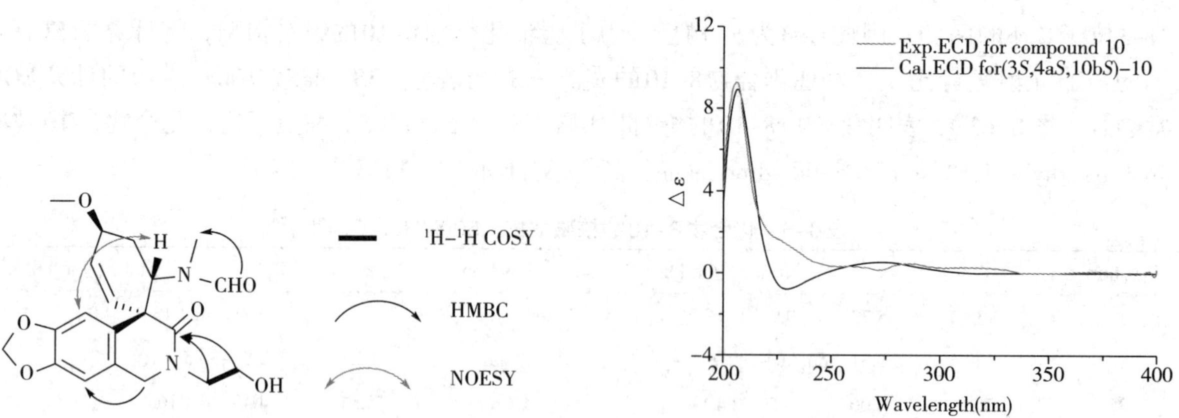

图8-62　化合物8-10在¹H-¹H COSY、HMBC及NOESY部分放大谱　　图8-63　化合物8-10的计算及实测ECD

11. Solamargine结构解析

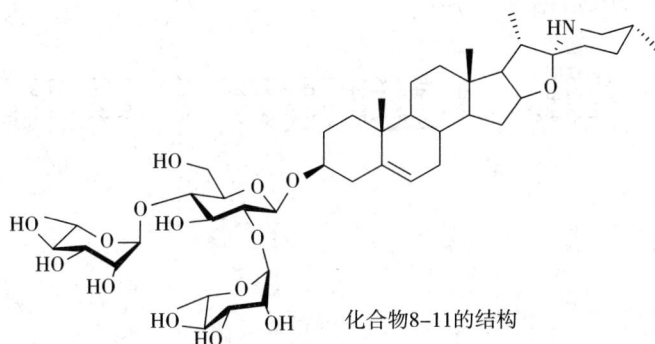

化合物8-11的结构

从龙葵（*Solanum nigrum*）青果中分离得到的化合物8-11为白色无定形粉末，对Anisaldehyde（A试剂）反应显紫红色，碘化铋钾显色呈阳性，提示该化合物为生物碱型甾体皂苷类化合物。

在^{1}H-NMR谱（图8-64）中，高场区给出六个甲基信号，包括甾体皂苷元上四个特征的甲基信号，其中两个角甲基为单峰，另外两个为双峰，分别位于 δ 0.87（3H，s，Me-18）、1.05（3H，s，Me-19）、1.08（3H，d，*J*=7.0Hz，Me-21）和0.81（3H，d，*J*=4.8Hz，Me-27），以及两个鼠李糖上甲基的特征信号 δ 1.63（3H，d，*J*=6.1Hz）和1.77（3H，d，*J*=6.0Hz），提示该化合物含有两分子鼠李糖残基。

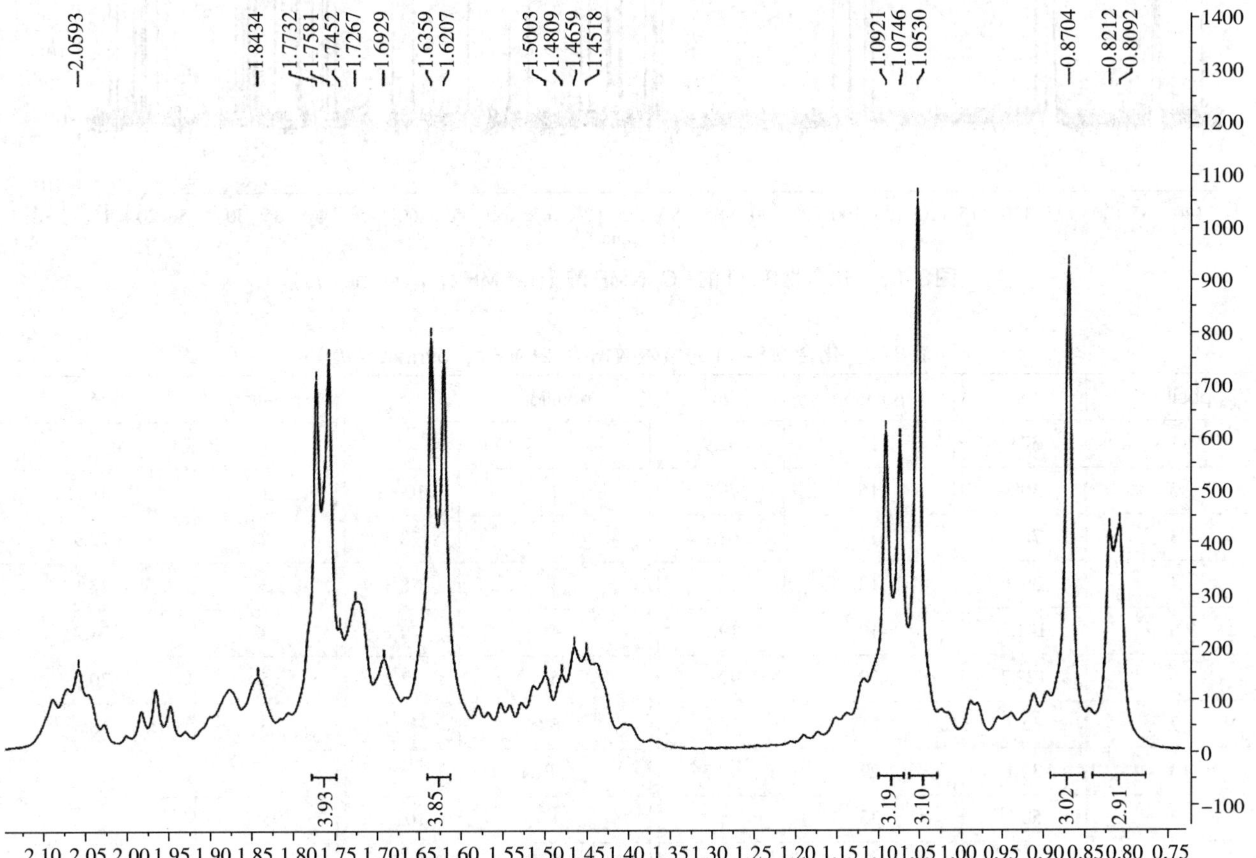

图8-64　化合物8-11的^{1}H-NMR高场放大谱（500MHz，pyridine-d_5）

^{13}C-NMR（图8-65）谱中给出45个碳信号，包括27个甾体皂苷元上的碳信号和18个糖上的碳信号。δ 98.7出现一连氧碳信号，应为螺旋甾碱烷形皂苷骨架上C-22位螺原子的特征信号，δ 141.2和122.2为一对双键碳信号。在糖端基信号区给出3个糖端基碳信号 δ 100.6、102.3和103.2，提示化合物8-11为含

有三个糖的甾体生物碱。该化合物的碳谱数据与文献报道的solamargine基本一致，从而确定化合物8-11结构为solamargine，其^{13}C-NMR数据见表8-7。

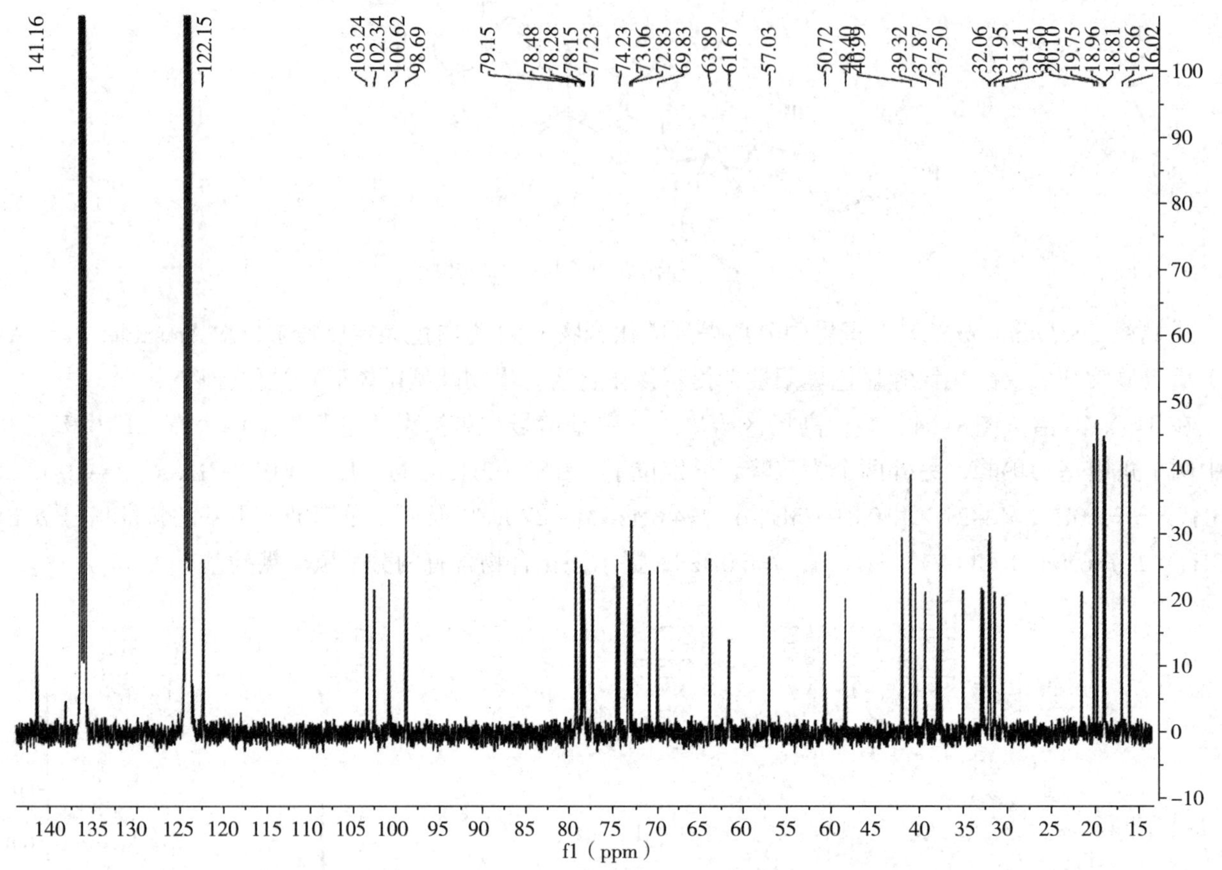

图8-65 化合物8-11的^{13}C-NMR谱（126MHz，pyridine-d_5）

表8-7 化合物8-11的核磁数据（126MHz，pyridine-d_5）

position	δ_C	position	δ_C	position	δ_C	position	δ_C
1	37.9	15	32.9	3-*O*-Glc		Rha（1→4）	
2	30.5	16	79.2	1	100.6	1	103.2
3	78.5	17	63.9	2	78.2	2	72.9
4	39.3	18	16.9	3	78.3	3	73.1
5	141.2	19	19.7	4	79.1	4	74.2
6	122.2	20	42.0	5	77.2	5	70.8
7	32.7	21	16.0	6	61.7	6	18.8
8	32.1	22	98.7	Rha（1→2）			
9	50.7	23	35.0	1	102.3		
10	37.5	24	31.4	2	72.9		
11	21.5	25	32.0	3	73.2		
12	40.4	26	48.4	4	74.5		
13	41.0	27	20.1	5	69.8		
				6	19.0		

12.(22α,25$\boldsymbol{R}$)-spirosol-5(6)-en-3β-ol-7-one-3-$\boldsymbol{O}$-α-L-rhamnopyranosyl-(1→2)-[α-L-rhamnopyranosyl-(1→4)]-β-D-glucopyranoside结构解析

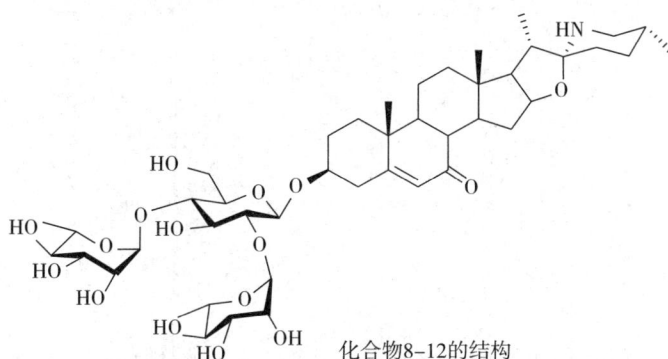

化合物8-12的结构

从龙葵（*Solanum nigrum*）青果中分离得到的化合物8-12为白色无定形粉末，$[\alpha]_D^{14}$ -100.2（*c* 0.50，MeOH），对Anisaldehyde（A试剂）反应显紫红色，碘化铋钾显色呈阳性，酸水解检出D-葡萄糖和L-鼠李糖，提示该化合物为生物碱型甾体皂苷类化合物。HRESIMS（positive）（图8-66）给出准分子离子峰$[M+H]^+$*m/z* 882.4805（calcd. for $C_{45}H_{72}NO_{16}$ 882.4851），提示其分子量为881，结合^{1}H-NMR和^{13}C-NMR（DEPT）可确定其分子式为$C_{45}H_{71}NO_{16}$。

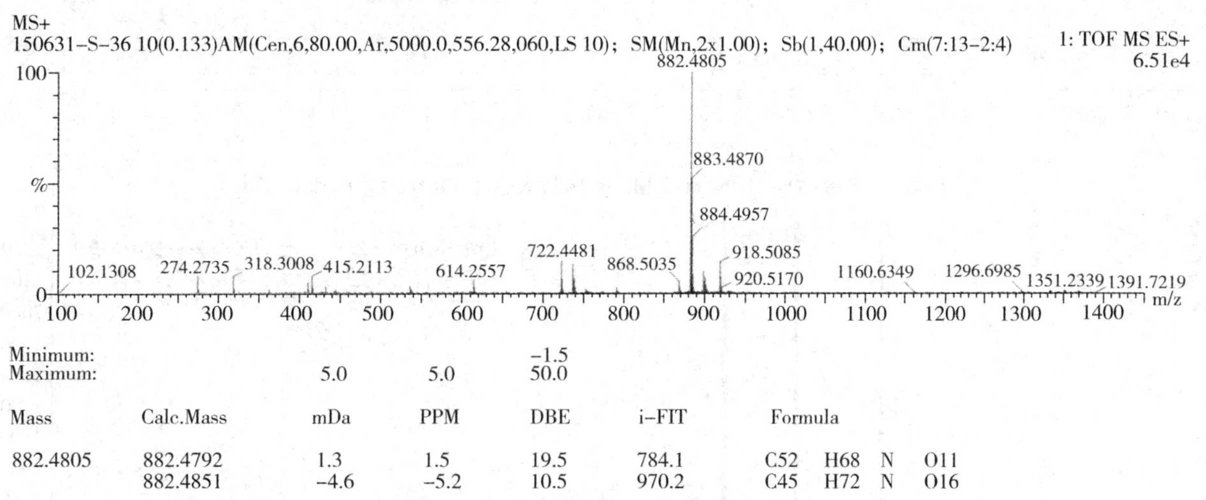

Minimum:				-1.5		
Maximum:		5.0	5.0	50.0		
Mass	Calc.Mass	mDa	PPM	DBE	i-FIT	Formula
882.4805	882.4792	1.3	1.5	19.5	784.1	C52 H68 N O11
	882.4851	-4.6	-5.2	10.5	970.2	C45 H72 N O16

图8-66 化合物8-12的HR-ESI-MS

在^{1}H-NMR谱（图8-67）中，高场区给出6个甲基信号，包括甾体皂苷元上4个特征的甲基信号，其中2个角甲基为单峰，另外2个为双峰，分别位于δ 0.88（3H，s，Me-18）、1.11（3H，s，Me-19）、1.09（3H，d，*J*=7.1Hz，Me-21）和0.79（3H，d，*J*=5.2Hz，Me-27），以及两个鼠李糖上甲基的特征信号δ 1.64（3H，d，*J*=6.2Hz）和1.75（3H，d，*J*=6.2Hz），提示该化合物含有两分子鼠李糖残基。

^{13}C-NMR（图8-68）谱中给出45个碳信号，包括27个甾体皂苷元上的碳信号和18个糖上的碳信号。结合DEPT谱可知，δ 201.4为酮羰基碳信号，δ 165.5和126.6为一对双键碳信号，连氧季碳信号δ 98.8为螺旋甾碱烷形皂苷骨架上C-22位螺原子的特征信号。在糖端基信号区给出3个糖端基碳信号δ 100.8、102.2和103.2，提示化合物12为含有3个糖的甾体生物碱。该化合物苷元与糖链部分碳谱数据与化合物8-11（solamargine）十分相似，除B环上信号有差异外，其余基本一致，提示二者具有相同的糖链。低场处165.5ppm的季碳信号及126.6ppm的次甲基信号及氢谱中不饱和质子信号δ 5.76（1H，s，H-6），提示该化合物5位与6位形成双键。在HMBC谱中，δ 5.76（H-6）与C-4（δ 39.0）、C-8（δ 45.4）和C-10（δ 39.1）相关，δ 2.38（H-8）与C-7（δ 201.4）和C-9（δ 50.2）相关，从而B环的信号得到归属。

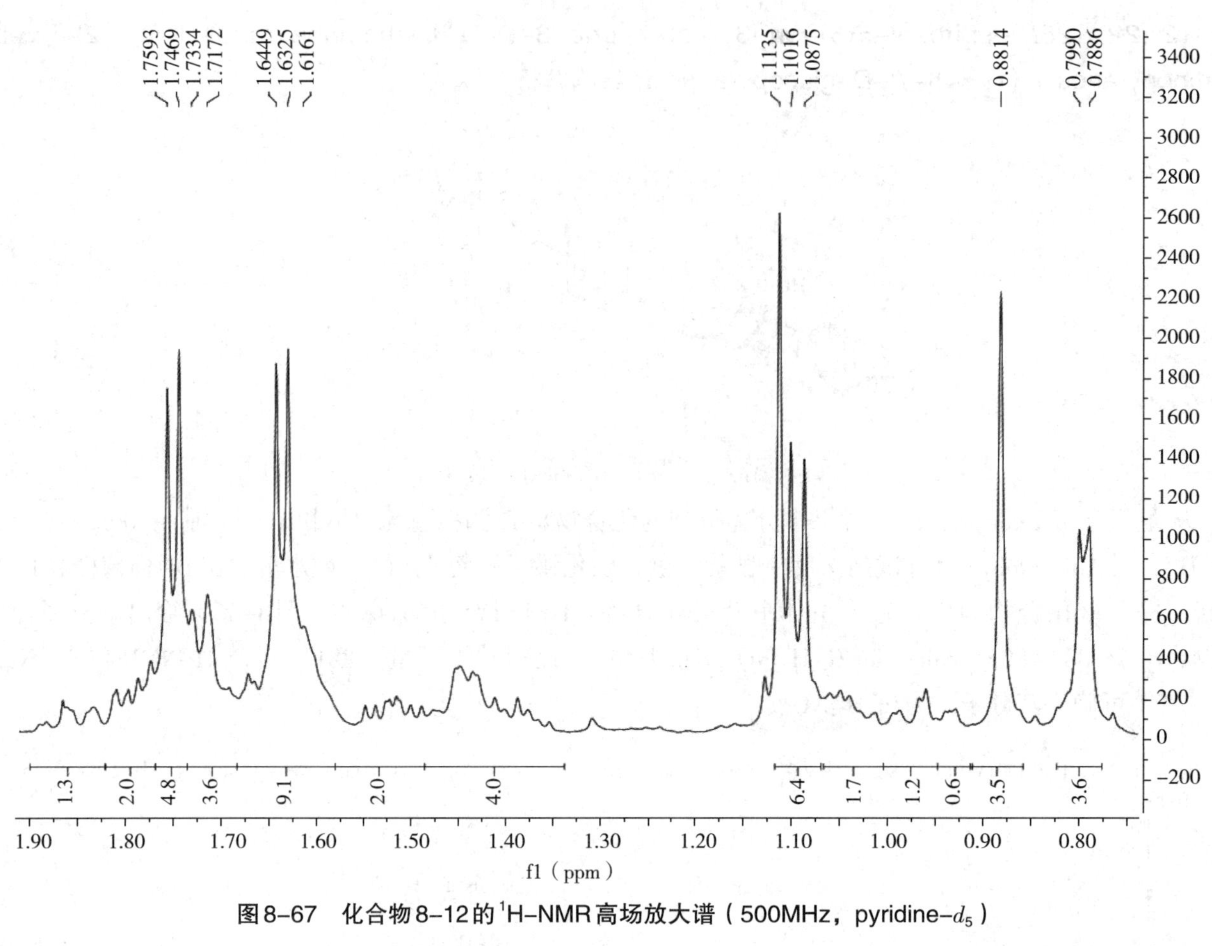

图8-67 化合物8-12的¹H-NMR高场放大谱（500MHz，pyridine-d_5）

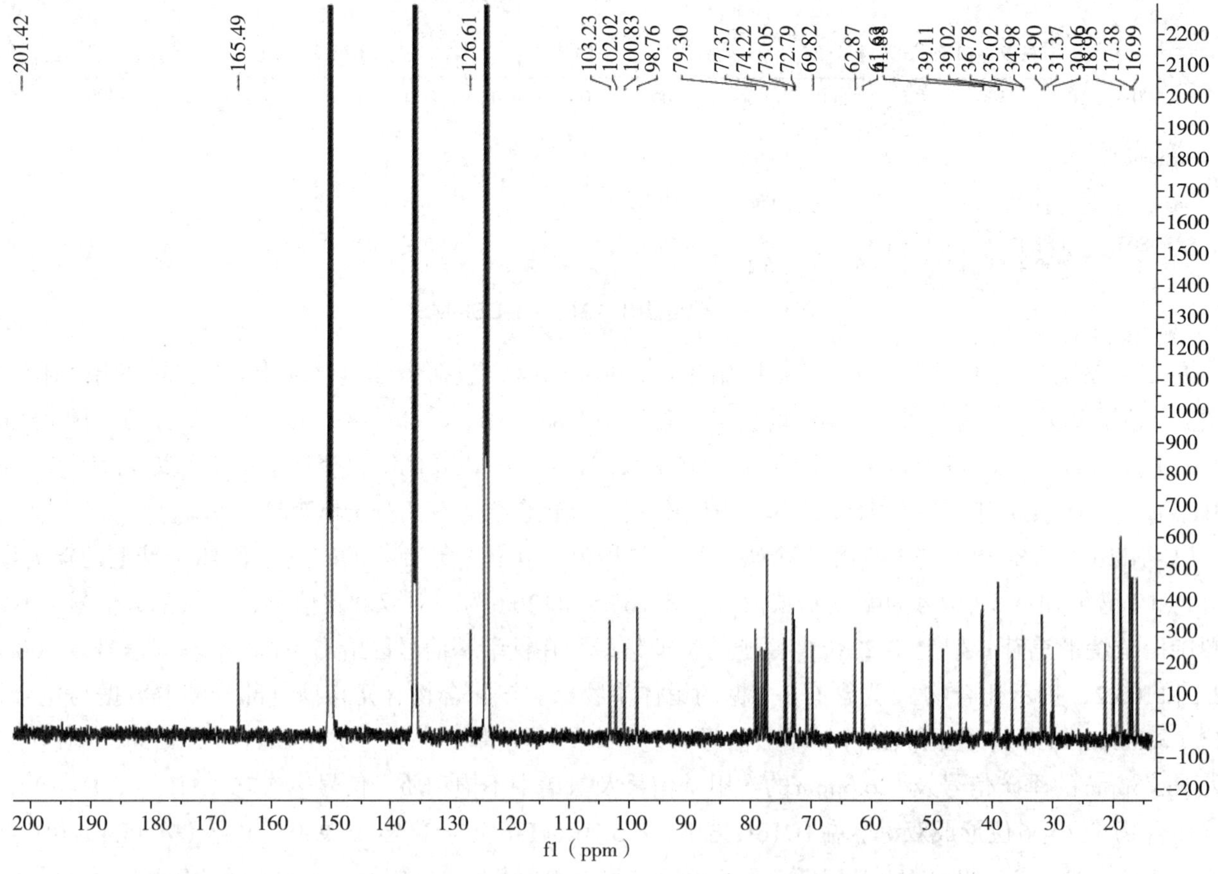

图8-68 化合物8-12的¹³C-NMR谱（126MHz，pyridine-d_5）

综合以上信息，化合物8-12鉴定为(22α,25R)-spirosol-5(6)-en-3β-ol-7-one-3-O-α-L-rhamnopyranosyl-(1→2)-[α-L-rhamnopyranosyl-(1→4)]-β-D-glucopyranoside，为一未见文献报道的新化合物，其^{1}H和^{13}C-NMR数据见表8-8。

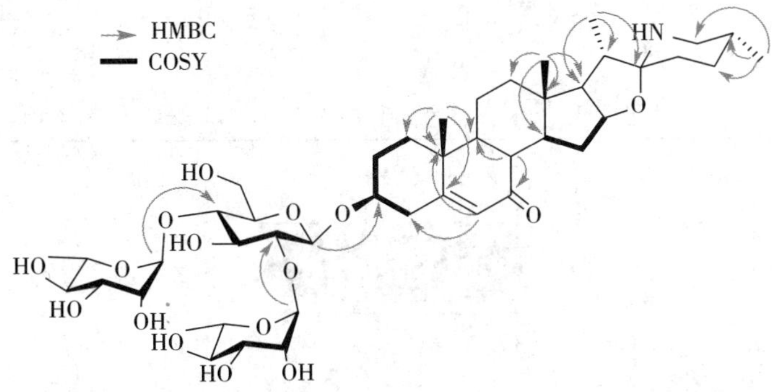

图8-69 化合物8-12在^{1}H-^{1}H COSY及HMBC中的主要相关

表8-8 化合物8-12的核磁数据（pyridine-d_5）

position	δ_C	δ_H, mult.（J in Hz）	position	δ_C	δ_H, mult.（J in Hz）
1	36.8	0.96，m	19	17.4	1.11，s
		1.72，m	20	41.9	1.97，m
2	30.1	1.85，m	21	16.2	1.09，d（7.1）
		2.07，br.s	22	98.8	–
3	77.4	3.91，m	23	35.0	1.72–1.79，m
4	39.0	2.80，d（14.0）	24	31.4	1.62，m
		2.95，dd（14.1，2.5）	25	31.9	1.62，m
5	165.5		26	48.3	2.74，s
6	126.6	5.76，s	27	20.1	0.79，d（5.2）
7	201.4		3-O-Glc		
8	45.4	2.38，t（11.6）	1	100.8	4.94，overlapping
9	50.2	1.39，m	2	77.7	4.23，m
10	39.1	–	3	78.2	4.23，m
11	21.5	1.41，m	4	78.8	4.41，m
		1.47，m	5	77.4	3.68，m
12	39.4	1.04，m	6	61.6	4.11，dd（12.2，3.4）
		1.66，m			4.25，dd（12.2，3.4）
13	41.7	–	Rha（1→2）		
14	50.3	1.52，m	1	102.2	6.44，s
15	35.0	1.78，m	2	72.8	4.84，dd（3.2，1.3）
	–	3.31，m	3	73.1	4.60，dd（9.3，3.3）
16	79.3	4.54，m	4	74.4	4.36，m
17	62.9	1.73，m	5	69.8	4.91，m
18	17.0	0.88，s	6	19.0	1.75，d（6.2）

续表

position	δ_C	δ_H，mult.（J in Hz）	position	δ_C	δ_H，mult.（J in Hz）
Rha（1→3）			4	74.2	4.36，m
1	103.2	5.87，s	5	70.8	4.96，m
2	72.9	4.69，dd（3.2，1.3）	6	18.8	1.64，d（6.2）
3	73.1	4.55，dd（9.3，3.3）			

目标检测

答案解析

1. 如何通过波谱方法快速确定生物碱的结构类型？
2. 生物碱在新药研发中的地位如何？
3. 请列出5种临床上应用的生物碱类药物。
4. 试述ORD及CD在生物碱立体结构鉴定中的作用。
5. 三甲基衡州乌药碱（*N,O,O*-trimethylccdaurine）的平面结构经波谱方法已确定，但是其构象式有a、b两种可能，相根据其^{1}H-NMR部分数据和1-异丁基-6,7-二甲氧四氢异喹啉（1-isobutyl-6,7-dimethoxytetrahydroisoquinoline，c）的^{1}H-NMR数据，判断其构象式应该是哪一种，并说明判断依据。

N,O,O-trimethylccdaurine：^{1}H-NMR（$CDCl_3$），δ_H 6.55（H-5），6.03（H-8），3.82（C_6-OCH_3），3.75（C_4'-OCH_3），3.55（C_7-OCH_3）.

1-isobutyl-6,7-dimethoxytetrahydroisoquinoline：^{1}H-NMR（$CDCl_3$），δ_H 6.53（H-5,8），3.85（$C_{6,7}$-OCH_3）.

a　　b　　c

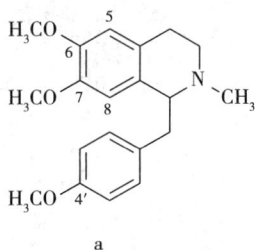

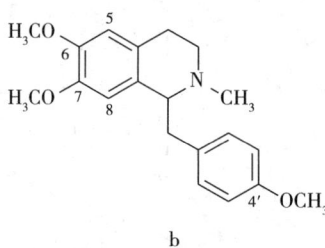

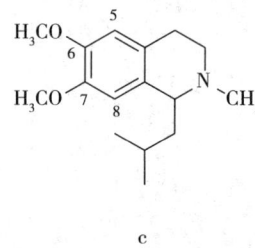

6. 请根据化合物8-13的各种波谱，解析其化学结构，并阐述解析过程。

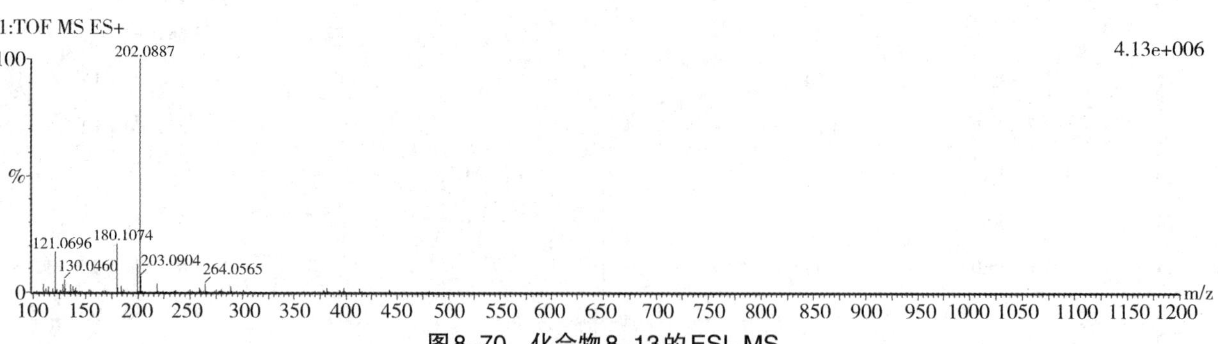

图8-70　化合物8-13的ESI-MS

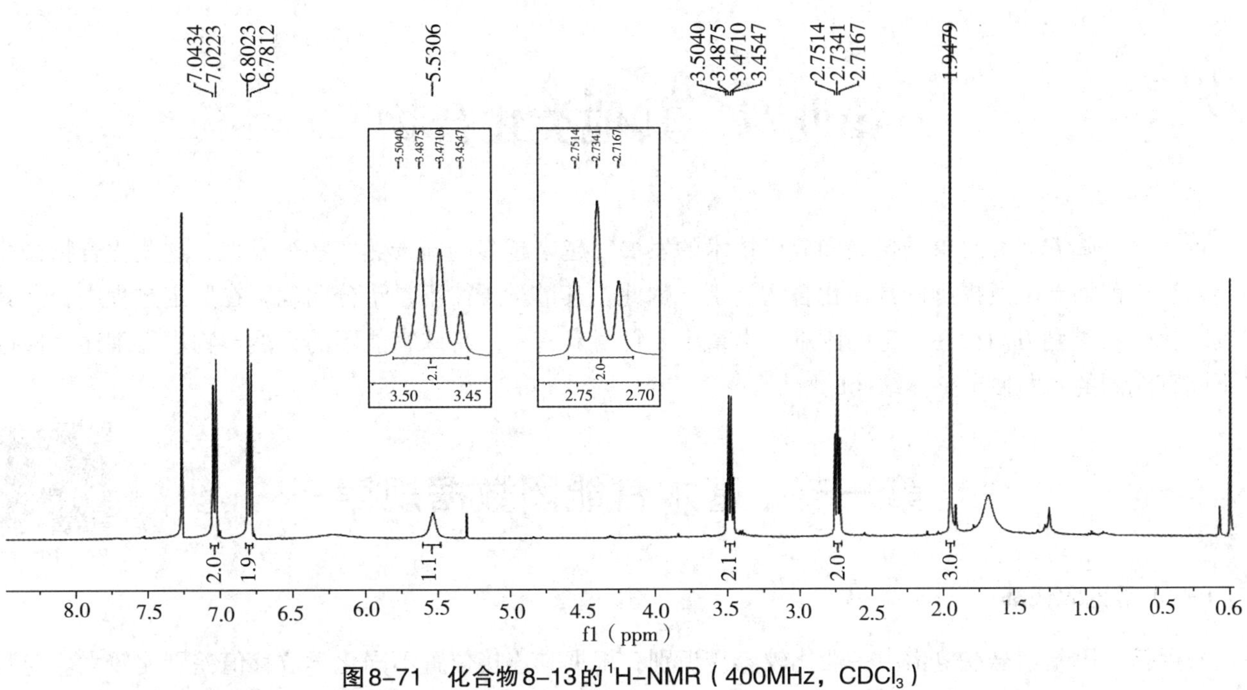

图8-71　化合物8-13的^{1}H-NMR（400MHz，$CDCl_3$）

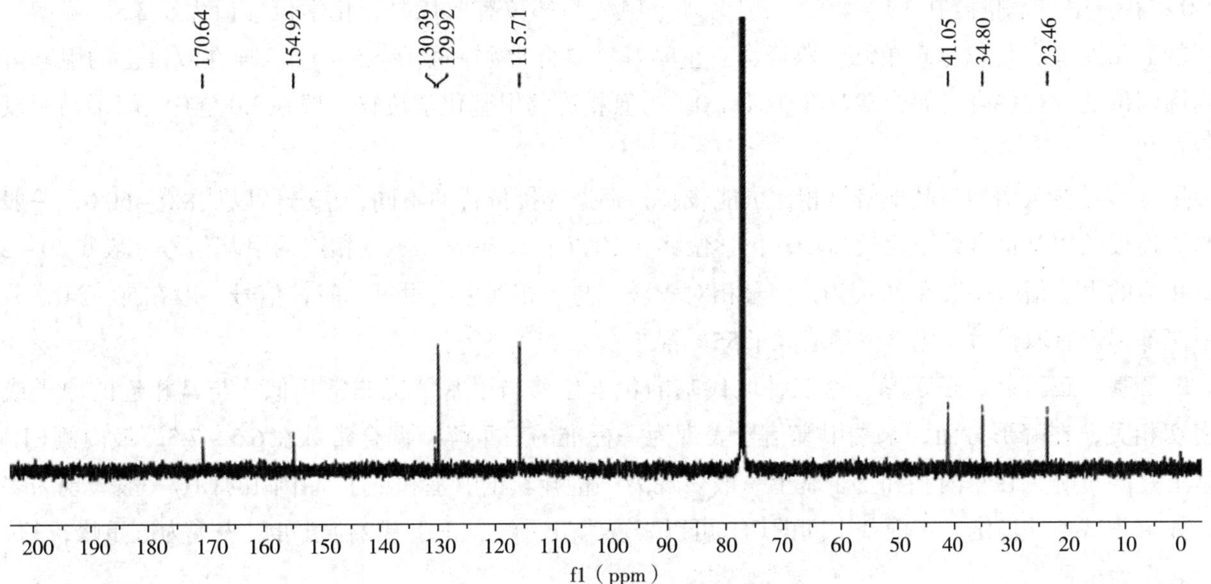

图8-72　化合物8-13的^{13}C-NMR（100MHz，$CDCl_3$）

第九章　其他类化合物

近年来，随着研究对象的拓展和分离技术的发展，越来越多的新天然产物被发现，这些化合物往往不能归属于前面章节所提到的具体化合物类别，因此，其谱学规律不是十分明确。在鉴定过程中，尤其是判断化合物类别方面存在一定的困难。本章主要针对具有一定特殊官能团的天然产物进行阐述，通过对不同官能团的判断便于整体结构的解析。

第一节　基本官能团数据规律

PPT

（一）常见取代基

1. 甲基　甲基信号在氢谱中一般比较容易识别，根据其连接位置不同化学位移值差别比较大。与脂肪碳相连的甲基信号在0.6～1.5，与sp^2杂化碳相连的甲基信号在1.8～2.5，与sp杂化碳相连的甲基信号在1.0左右。甲氧基信号在3.1～4.0，一般芳环上甲氧基邻位有取代时，化学位移值大于3.5。峰型与连接氢的数量有关，可以呈现单峰、双峰、三重峰等，偶合常数一般在6.5～7.5。连在双键上的甲基可以看到烯丙位的远程偶合，偶合常数在0.6～1.0。与氮相连的甲基化学位移一般在3.0左右，峰形与甲氧基相比较宽。

甲基信号在碳谱中与其他信号相比可能较高，根据连接位置的不同，信号可以从8.0～60.0，一般与脂肪碳连接的甲基信号处于比较高场，化学位移在20以下，与sp^2、sp碳相连的甲基信号一般在20～28，与氮相连的甲基信号一般在30～40，信号相对较矮，与氧相连形成甲氧基时，信号一般在50～60，芳环上甲氧基邻位有取代时，化学位移值大于55。

2. 乙基、正丙基、正丁基　这三种取代基的化学位移与甲基情况非常相似，与其相连的原子或基团密切相关，在峰形方面，末端甲基信号表现为一标准的三重峰，偶合常数在6.5～7.5，最内侧CH_2在乙基上是四重峰，在正丙基和正丁基上一般表现为三重峰。正丙基和正丁基中间的CH_2一般表现为多重峰，如果测试条件稳定，正丙基中间的CH_2可以表现为五重峰，正丁基2位氢可以表现为五重峰，3位氢可以表现为6重峰。

3. 异丙基、仲丁基　这两种取代基表现为两个二重峰的甲基，一个多重峰的CH信号，仲丁基如与杂原子或者季碳相连则多一个二重峰的CH_2，化学位移情况可以参考甲基信号。

4. 异丁基　异丁基表现为一个二重峰甲基和一个三重峰甲基，化学位移在1.0左右，一般不会重叠，CH_2信号一般是五重峰或多重峰，CH信号与杂原子或者季碳相连一般是四重峰或多重峰。化学位移情况也可以参考甲基信号。

5. 羟基　羟基信号受取代位置和溶剂影响较大，使用氘代甲醇，重水等作为溶剂时不出峰，但是缔合羟基，尤其是缔合的酚羟基也可以呈现比较尖锐的单峰。使用氘代DMSO、氘代三氯甲烷作为溶剂时可以观测到羟基信号，溶剂含水量会影响羟基化学位移和峰形，甚至可以导致信号消失。下面就使用氘代DMSO作为溶剂的情况进行介绍，一般醇羟基化学位移在4.0～6.0，峰形可以根据直接相连碳原子上的氢原子的个数进行判断，符合“n+1”规律，偶合常数与碳链上氢之间的偶合常数相比一般较小，在

6.0以下。也可以见到由于氢交换或弛豫时间影响导致的峰展宽，呈现宽单峰。酚羟基化学位移一般在8.0以上，有时不易与醛基氢分辨，此时可以根据酚羟基取代的苯环上邻位的氢信号进行辨别，如无其他影响，酚羟基邻位的氢小于7，醛基邻位的氢大于7.8。缔合酚羟基一般在10.0以上，有时与羧基氢信号不易辨别。但是羧基信号一般较宽较矮，而缔合酚羟基信号一般是尖锐的单峰。同时也可以采用化学显色法，如溴甲酚绿显色来初步判断羧基的存在。非缔合羟基可以通过重水交换来进行判断，加入重水后消失的信号即为羟基，也可以通过HSQC谱进行判断，在HSQC谱中没有相关信号的即为羟基。

羟基直接取代位置的氢信号和碳信号明显向低场位移，脂肪氢一般在4.0~6.0，脂肪碳一般在50~90。sp^2碳一般向低场位移30左右。对于苯环来说，羟基取代会引起氢邻对位向高场位移0.4左右，间位基本无变化，或略向低场位移。碳邻对位向高场位移10左右，间位变化不明显，或略向低场位移。

6.氨基　氨基的情况与羟基相似，只是受到电四极矩的影响，氨基氢出峰较羟基更宽更矮。酰胺的氢信号在7.0~11.0，有时与酚羟基不易分辨，可以通过化学显色，如三氯化铁-铁氰化钾显色来判断酚羟基的存在。另外，一般来说，伯酰胺N上的两个氢，由于N上孤对电子与碳氧双键发生共轭，导致碳氮单键带有一定的双键性，因此处于不同的磁环境中，在氢谱中往往表现为两个独立的宽单峰，此时可能与芳香区氢信号发生重叠，但是由于氮氢信号远比碳氢信号宽，因此可以予以区分。

氨基直接取代位置的氢信号和碳信号也明显向低场位移，相较于氧取代来说，由于氮的电负性较弱，其引起的低场位移也要小一些，电四极矩也同样影响相连碳上的氢信号，会引起信号的展宽。一般脂肪氢在2.8~3.5，脂肪碳在30~50。sp^2碳一般向低场位移20左右。对于苯环来说，氨基取代的影响除迫位碳之外与羟基类似。

7.羧基　羧基氢作为活泼氢出峰也受到溶剂和含水量的影响，与羟基相比，羧基氢更不易出峰，峰形一般是宽单峰。化学位移在12.0左右，一般情况下，羧基氢信号位于最低场。

8.亚甲二氧基　该片段在芳香环上的取代比较常见，氢谱中化学位移在6.0左右的单峰，碳谱中95左右的信号是该取代基的特征信号，此信号与间三氧取代苯环上的氢信号以及某些双键氢信号接近，在解析时需注意区分。被取代的芳香环上呈现典型的邻二氧取代的信号，也可以为亚甲二氧基的存在提供佐证。

（二）硝基、硫原子、卤原子、炔基等特殊取代基

1.硝基　该取代基在天然产物中比较罕见，在胡椒科植物和部分微生物代谢产物中有一定分布，硝基的吸电能力在常见取代基中最强，会引起所连接sp^3杂化碳上氢信号向低场位移，位移的幅度大于连氧取代，如将对羟基苯乙醇的醇羟基换成硝基之后，其α-氢的化学位移值达4.5以上，β-氢的化学位移值也会达到3.0以上，较氧取代向低场位移1.0左右；α-碳的化学位移值可达75左右，β-碳的化学位移值也可达33左右，较氧取代向低场位移10左右。同样受电四极矩的影响，也可以看到峰的展宽。另外，硝基的去屏蔽效应也会导致所连接的sp^2杂化碳上的氢信号大幅度向低场位移。以苯环上取代基为例，硝基邻位氢的化学位移可达8.0以上。

2.炔基、氰基　这两种取代基在氢谱中往往没有信号，其中炔氢若存在，一般化学位移值在1.8左右，不易与sp^3杂化碳上的氢信号区分，炔碳信号一般在70~90，与连氧sp^3碳信号不易区分；氰基一般在120左右，与sp^2杂化碳信号不易区分。除质谱之外，红外光谱是判断该片段存在的主要方法，2200cm^{-1}的特征吸收可以作为佐证依据。同时，也应注意红外中CO_2的残留信号的干扰，以防误判。

3.硫原子　该取代基在自然界分布较窄，在百合科、十字花科、旱金莲科等植物及部分微生物代谢产物中有一定分布。硫原子的电负性与碳原子相似，在碳谱中不会引起特征性变化。由于该类取代基取代的化合物往往具有特殊气味，因此在分离过程中，如遇到气味特殊的化合物，尤其是氢碳谱中存在明显有取代但化学位移变化与碳取代相似的情况下，应考虑硫原子取代。此时可以结合质谱结果进行判断，除高分辨质谱可以直接确定硫原子存在外，低分辨质谱中相对丰度较高的$[M+2]^+$同位素峰的存在也可以用于该取代基的判断。

4. 卤原子 天然产物中相对常见的卤原子取代是氯原子。含溴、碘取代的化合物多见于海洋天然产物。氟取代会引起氢和碳的特殊裂分，易于鉴别。氯和溴的电负性与N相近，碘的电负性与碳相近，但由于这些卤原子对外层电子的束缚较第二周期原子弱，因此它们取代后对原官能团的影响较小，另外，由于原子外层轨道的扩大，其与芳香体系共扼的能力也在下降，因此，氯以上的卤原子对芳香体系的供电能力也在下降，如氯取代苯环上芳香氢后，迫位向低场位移6左右，邻、间、对位影响在±2之内，Br取代苯环上芳香氢后，迫位向高场位移5左右，其余位影响也在±2之内，因此，卤取代后的官能团往往不易分辨。质谱还是判断该种取代基的主要方式。根据同位素峰的相对丰度可以进行判断，如灰黄霉素中含有一个氯原子，其M：[M+2]呈现明显的3：1的比例。

（三）常见杂环

杂环在天然产物中出现的频率很高，其中含氮杂环多出现在生物碱类化合物中，如哌嗪，吲哚，吡咯等均在前述章节中有所涉及，本节不再赘述。二酮哌嗪，嘧啶、嘌呤等一般不归属与生物碱类，本节将稍加阐述。

1. 二酮哌嗪 该结构片段一般存在于环二肽类化合物中，使用氘代DMSO作为溶剂时，二酮哌嗪环上的NH信号一般在8.0左右，当氨基酸残基为脯氨酸或羟脯氨酸时，相应的NH信号消失。另外，尚有N取代的情况发生，此时，相应的NH信号也会消失，要注意与上述脯氨酸、羟脯氨酸残基的情况进行区分。与N相连的CH信号一般在4.0左右，除甘氨酸为CH_2外，其余常见氨基酸均表现为一个CH信号，峰形与取代基以及溶剂的含水量相关，受邻位氮电四极矩的影响，这些信号也有一定程度的展宽。其余氢信号与氨基酸残基类型相关。其中脯氨酸2.5左右的“山字形”复杂峰易于识别，可用于该残基的判断。

碳谱中，二酮哌嗪片段呈现出两个160～165的酰胺信号，其余信号与氨基酸残基种类有关，其中天冬氨酸，天冬酰胺，谷氨酸，谷氨酰胺多一个160左右的信号，可区别于其他氨基酸。

该类化合物的立体化学问题也有一定规律，据文献报道，将二酮哌嗪酸水解后，水解物进行手性HPLC分析或手性TLC分析可以确定二酮哌嗪的绝对构型。含脯氨酸侧链的二酮哌嗪可以通过测定旋光值来确定其构型，脯氨酸的构型变化会改变旋光方向，而另一侧链的构型变化仅影响旋光值的大小。^{1}H-NMR谱中，可以通过^{1}H-N-Cα-^{1}Hα耦合常数和^{1}H化学位移来推测二酮哌嗪在溶液中的构象。二酮哌嗪在溶液中的优势构象如图9-1所示，含芳环氨基酸侧链的二酮哌嗪会以“折叠构象”存在，这样会导致另一侧链上质子δ_H向高场位移，两侧链成*cis*-构型时$\Delta\delta_H$最大。“折叠构象”对核磁共振碳谱的影响较复杂，如与Cyclo（L-Leu）$_2$和Cyclo（L-Leu-Gly）相比，Cyclo（L-Leu-L-Trp）的γ-C_{Leu}、δ-C_{Leu}分别向高场位移0.7和0.4ppm；与Cyclo（L-Trp-Gly）和Cyclo（L-Leu-L-Trp）相比，Cyclo（L-Trp）$_2$的β-C_{Trp}却向低场位移0.8ppm。这是因为碳原子受磁的各项异性影响较氢质子小，主要受立体因素的作用。综上，有效综合利用^{13}C和^{1}H核磁共振谱信息，可以确定常见环二肽类化合物的结构。

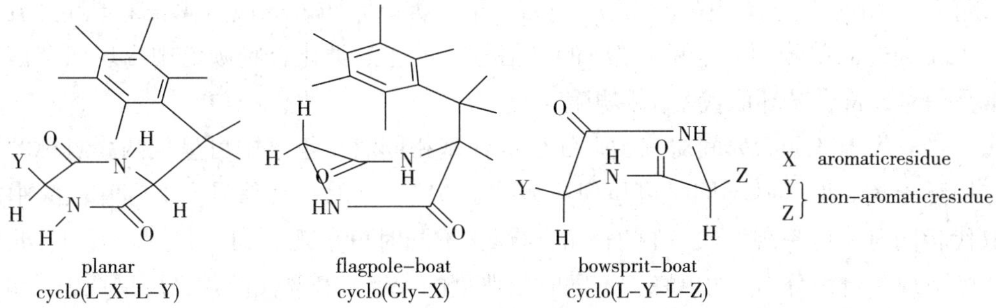

planar cyclo(L–X–L–Y)　flagpole–boat cyclo(Gly–X)　bowsprit–boat cyclo(L–Y–L–Z)

X aromaticresidue　Y, Z non–aromaticresidue

图 9–1 二酮哌嗪在溶液中的优势构象

表 9–1 氘代DMSO中非芳香性二酮哌嗪类化合物 ^{1}H–NMR（60MHz）数据表

Cyclo–	α–H	β–H	CH_3	Gly–α–H
（Gly）$_2$	3.80	—	—	—
（L–Ala）$_2$	3.90	（1.25）	1.25	—
Gly–Val	3.54	2.08	0.86，0.93	3.73
Gly–Leu	~3.7	1.58	0.88	3.75

表 9–2 氘代DMSO中含有一个芳香残基的二酮哌嗪类化合物 ^{1}H–NMR（60MHz）数据表

Cyclo–	α–H	β–H	CH_3	Aromatic residue		Misc.
				α–H	β–H	
Gly–Tyr	3.35，2.75	—	—	3.98	2.89	—
Ala–Tyr	3.78	（0.58）	0.58	4.08	2.90	—
Val–Tyr	3.55	1.90	0.39，0.71	4.13	2.92	—
Leu–Tyr	3.46	—	0.67	4.07	2.88	Leu γ–H 1.42

2. 嘌呤、嘧啶及其衍生物 这两种片段一般属于初级代谢产物，也是天然产物研究中经常遇到的"杂质"，下面给出部分典型化合物在DMSO–d_6溶剂中的信号，其中尿嘧啶给出2个活泼酰胺氮氢质子信号 δ_H 11.0（1H，br.s）、10.81（1H，br.s）和2个烯氢质子信号 δ_H 7.41（1H，d，J=7.8Hz）、5.46（1H，d，J=7.8Hz）；胸腺嘧啶给出2个活泼酰胺氮氢质子信号 δ_H 11.0（1H，br.s）、10.58（1H，br.s），1个烯氢质子信号 δ_H 7.25（1H，s），以及1个单峰甲基质子信号1.72（3H，s）；腺嘌呤特征性氢质子信号为两个嘌呤环上的质子 δ_H 8.38（1H，s）、8.17（1H，s）以及伯胺信号7.40（2H，s）；鸟嘌呤为一个嘌呤环上的质子 δ_H 7.78（1H，s）以及伯胺信号7.40（2H，s）。这些碱基可以与核糖或脱氧核糖连接，数据中减去相应的氮氢信号，增加糖的特征信号即可，对杂环上的信号影响不大。

3. 呋喃、四氢呋喃 该片段在天然产物中相当常见，在香豆素、木酯素、糖衍生物、微生物代谢产物中均有发现，该片段数据往往易于苯环上的信号发生混淆。在氢谱中，呋喃环的偶合常数比较特殊，2、3位之间的偶合常数为1.8Hz，3、4位之间的偶合常数为3.6Hz，可与常见的苯环上的偶合常数进行区分。四氢呋喃环张力较六元环大，因此其在碳谱中也表现出相对较大的化学位移值，连氧叔碳多在80以上。

（四）不同取代情况的苯环片段

1. 单取代 单取代苯环可分为三种：强供电取代基、强去屏蔽取代基和一般取代基，第一类以氧取代为代表。氢谱中其邻对位信号呈一簇，间位信号成一簇，形成积分为3∶2的一组信号。化学位移差值在0.4左右。第二类是以羰基取代为代表，氢谱中邻位成一簇，间位成一簇，对位成一簇，形成积分为

2 : 1 : 2的一组信号，化学位移值差在0.6，0.2左右。第三类以脂肪链取代为代表，苯环上五个氢信号高度重叠，有时可见到近似单峰的一个积分为5的氢信号，上述三类化合物碳谱中出现四个信号，其中邻位和间位为重叠信号，符合苯环取代基位移规律。

2. 二取代 二取代苯环分为邻间对三类。邻位取代基相同时，氢谱中可呈现两簇对称的复杂峰，如常见的邻苯二甲酸酯类。取代基不同时可呈现典型的d、d、t、t的一组信号，如吲哚乙酸中的苯环上的信号。间二取代相同时，可呈现1 : 2 : 1的t、d、s峰，不同时可呈现1 : 1 : 1 : 1的t、d、d、s峰。对二取代相同时，可呈现一组积分为4的单峰，不同时是典型的AA′ BB′取代模式，可呈现2 : 2的d、d峰。

3. 三取代 三取代可分为邻三取代、间三取代和ABX取代 3种取代模式。由于很少有全相同的取代情况，因此对于三个取代基完全相同的情况本节不予介绍。邻三取代基完全不同时呈现典型的1 : 1 : 1的d、d、t峰，中间一个取代基不同，两侧两个取代基相同时，呈现2 : 1的d、t峰。间三取代取代基完全不同时，呈现三个单峰，两个取代基相同时，呈现2 : 1的s、s峰。ABX取代则呈现1 : 1 : 1的d、dd、d的典型峰形，当设备场不均匀时，可表现为d、brd、br.s的峰形。

4. 四取代 四取代可以按照未取代氢的位置分为邻、间、对三类。取代基间对称时，邻位氢可呈现积分为2的单峰，不对称时，可呈现偶合常数为6 ~ 8Hz的两个d峰。取代基间对称时，间位氢可呈现积分为2的单峰，不对称时，可呈现偶合常数为2 ~ 3Hz的两个d峰，也可能受仪器情况影响呈现两个宽单峰。取代基完全相同时，对位氢可呈现积分为2的单峰，不完全相同时，可呈现两个积分为1的单峰。

5. 五取代、六取代 五取代在氢谱中只有一个氢信号，峰形为单峰。六取代则没有氢信号。这两种取代模式一般需要结合碳谱进行判断，不可根据紫外光谱和氢谱的情况盲目判断结构中多取代苯环的存在。

（五）α、β不饱和酮或酯片段

该片段在天然产物中相当常见，然而在对其解析的过程由于不同取代基的取代可能造成识别困难。判断该片段是否存在首先应当注意奇数个sp^2杂化碳的存在，但是这一信息可能因双联氧sp^3杂化碳缩醛的存在产生干扰。尤其是双联氧季碳缩酮更容易引起误判。此时，缩醛氢或与缩酮相连接基团的信息就显示出重要作用。其次，判断α、β不饱和酮或酯存在的另一标志是典型的共轭羰基或酯基信号，未共轭的羰基一般化学位移在200以上，共轭羰基多处于200以下，未共轭的酯基化学位移一般在165以上，共轭酯基一般在165以下。再次，与羰基和酯基共轭的双键，也具有比较典型的数据特征，一般双键的化学位移少有大于160的情况。联氧等强电负性基团也只能达到150左右，在α、β不饱和酮中，尤其是形成五元环的情况，双键的β位的碳即使只有sp^3脂肪碳取代也可达到160以上。当发生连氧取代时，可达170甚至190以上。此外，由于羰基的吸电效应，两个双键碳化学位移之和大于250，也可以作为共轭存在的佐证。

此片段的氢谱数据往往不具鉴定意义，β氢一般在6.2左右，与普通双键氢，多氧取代苯环氢易产生误判，α-氢一般在8.0以上，与含氮杂环、羰基、硝基等强去屏蔽基团的邻位氢易发生混淆，因此，单独使用氢谱判断该片段的存在是不合理的。

（六）不常见的磁不等同氢

磁不等同氢的存在揭示了不同的磁环境情况，对于整体结构的解析常具有积极的意义。一般来说，与手性碳相连的CH_2、处于刚性结构中的CH_2等是易于判断的磁不等同氢。有部分氢按照一般定义来看并不符合磁不等同氢的情况，但在实测数据中又确实表现出了磁不等同氢的特征，如对羟基苯乙醇乳酸酯中羟基α位的CH_2一般认为应是磁等同氢，实测中发现这两个氢呈现出明显的磁不等同，每一个都表现为特征的dt峰，究其原因，可能是酯基是一个平面性的官能团，乳酯上的手性中心可以跨越平面性官能团对相对远端的CH_2产生影响，使其磁不等同。对羟基苯乙醇苯某酸酯中羰基α-氢呈现出标准的t峰，可以证明此处磁不等同并非由旋转受阻产生，而确实极有可能由于手性中心作用的传递而产生，环上的CH_2往往由于大取代基团存在等原因导致翻转受阻而产生磁不等同。如图9-2A结构中五元环CH_2上的两个氢，就是典型的磁不等同氢，但并不是所有环上CH_2上的氢都是磁不等同。如图9-2B中七元环上标注*的CH_2上的氢在氢谱表现为一个积分为2的单峰，可被认为是磁等同氢。产生这一现象的原因可能是七元环柔性较好，在没有其他取代基干扰的情况下，在常温条件下，该环可以快速翻转，而使该碳上的氢表现为磁等同，当发生取代后，情况就变得不同。如图9-2C结构中标注*的碳表现出了明显的磁不等同的信号，每个氢都是一个同碳耦合的d峰。环上发生较长脂肪链取代时，邻位同时存在一个较大的基团取代时，脂肪链与环直接相连的CH_2也可表现为磁不等同，如图9-2D中化合物标记*的CH_2上的氢，一般来看也很难说是磁不等同，实测中表现为两个dt峰，造成了这种现象的原因可能是五元环取代基之间空间距离较近，较长的取代基团干扰较大，引起内测CH_2旋转受阻，化合物中的正丙基变为甲基时，该甲基信号是典型的单峰，不存在磁不等同现象，可见此处磁不等同的发生确与取代基团的大小相关。另外，存在于空间上相对拥挤的CH_2也可以表现为磁不等同，如图9-2E中的羟甲基上的两个碳氢信号，由于邻位大取代基团的存在，导致此处旋转受阻，在氢谱中呈现了相当明显的磁不等同。

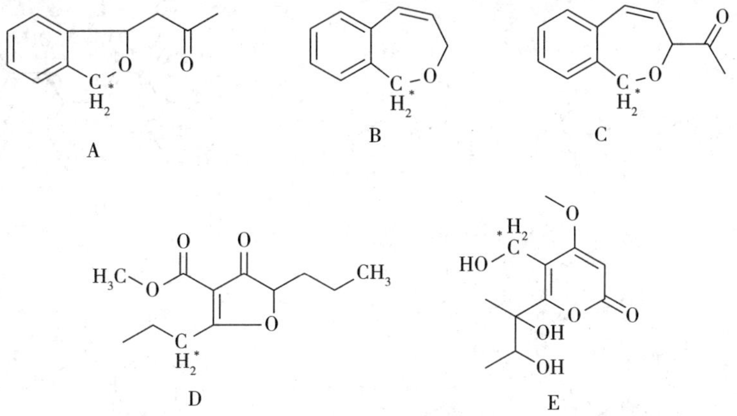

A　B　C

D　E

图9-2　特殊的磁不等同氢举例

药知道

磁不等同氢

对于磁不等同氢应拓展至“处于不同磁环境中的氢即可构成磁不等同”这样的认识，无论是传统认识中的与手性中心连接，固定于刚性结构中，还是本章中涉及的“手性效应传递”、空间位阻导致旋转受阻等情况，归根到底是同碳上的氢可以并稳定处于不同的磁环境导致，在实际解析中，复杂的裂分有时候并不是解析的障碍，通过提示磁不等同氢的存在可以助力某些化合物的解析。

（七）碳氢信号异常片段

在天然产物结构解析过程中，多数情况下，碳氢的大小是同步的，比如发生连氧取代的位置是碳信号处于较低场，氢信号也处于相对低场，但也有许多异常的情况存在，比如图9-3A中标注*的位置，受两个吲哚环共同影响氢信号高达6.0，与sp^2杂化碳上的氢信号大体相似，而碳信号仅有60，与普通的连氧sp^3碳相当，是去屏蔽效应对氢产生较大影响的证据，再如图9-3B中标记*的位置的甲基氢信号处于比较标准的与sp^2杂化碳相连—CH_3的区域2.0以上，是碳信号小于10，在常见甲基信号中，处于相对高场，造成该现象的原因是—OCH_3，酯羰基的空间效应，将CH_3中H上的电子推向C原子上，产生类似γ效应的影响，导致此处碳信号处于高场。

在天然产物的解析过程中，还能遇见信号重叠的情况，其中有些较为特殊，如图9-3C化合物上标记*的位置的两个CH_2片段，虽然两侧取代机不同，但是它们所处的磁环境极其相似，因此彼此之间并未发生耦合，在氢谱中给出了一个积分为4的单峰，在解析过程中与—CH_3易发生混淆。另如图9-3D所示，化合物是一个完全对称的分子，氢谱和碳谱均给出了一半的信号，类似的化合物在解析过程中往往缺失一个芳香环上的氢信号，其碳数据与活泼氢取代如—OH，—NH_2等取代有明显差异。结合质谱数据，才能得到正确的结构。再如图9-3E环脂肽类化合物，在核磁氢谱和碳谱中的数据可被误判为一个有两个小分子化合物缩合而成六元环的化合物9-3F，经质谱分析，才能得到正确结果。

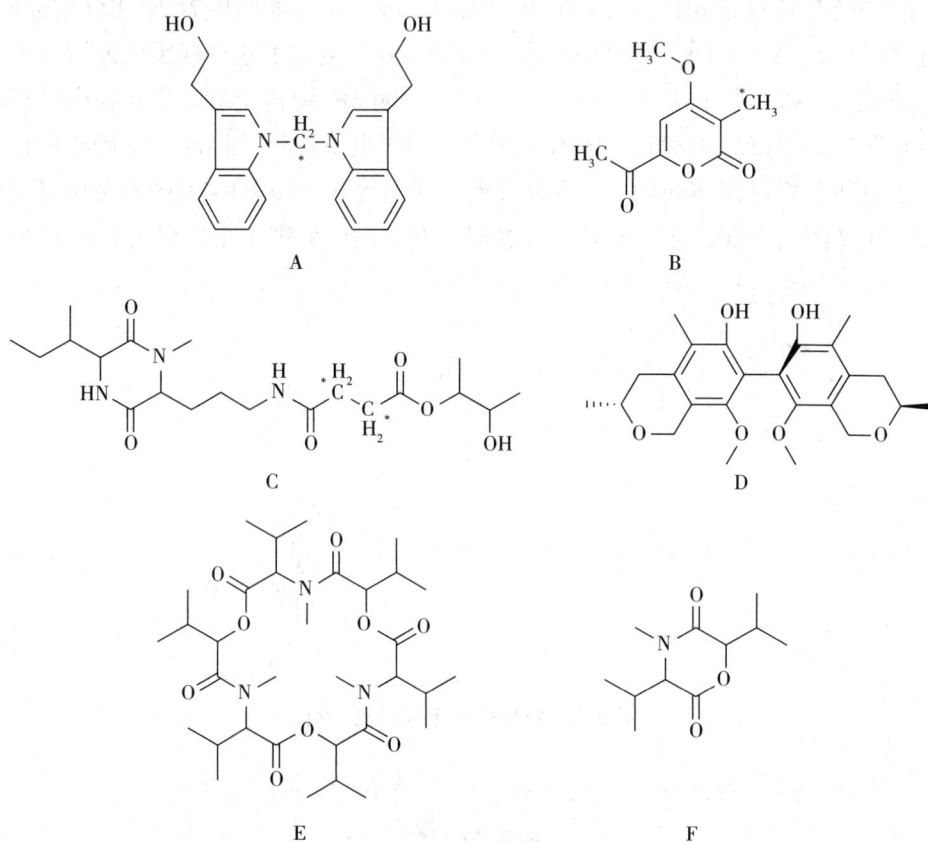

图9-3　特殊碳氢信号举例

思考

如何使用核磁共振技术识别不同取代模式的苯环？

PPT

第二节　结构解析

一、结构解析一般程序

本章涉及的化合物与前述章节不同，结构的基本母核千差万别，缺乏必要的骨架规律性，只能通过官能团的特征进行初步判断，然后根据官能团化学位移的变化推测可能的结构，在最终结构确认的过程中，还需要结合生物合成途径等规律进行分析，才能得到正确结论，具体来说，本章化合物的解析与其他可以明确归类的化合物相比，除了进行常规操作之外，可以大致分为以下步骤。

1.整体数据的概况性分析 拿到一个化合物的核磁数据之后，应对整体数据进行大略性的预估，先将数据进行大致分区，一般来说，在^{1}H-NMR中，以6.0为界，在^{13}C-NMR中，以100为界相对比较合理。按照先易后难的顺序进行初步分析，观察谱中可能存在的不同类型杂化碳以及其对应氢的数量，检查有无位移值或峰形相对特殊的信号，比如200以上的碳信号，10以上的氢信号，10以下的碳信号等，此时要优先处理相对独立的信号，不要纠结于重叠严重的区域。

2.寻找具体官能团 此阶段应当在整体判断的基础上，具体分析相对独立区域的信号特征，结合偶合常数大小和“向心性规律”将同一偶合系统内的氢归纳到一起，结合碳的数量和化学位移，分析可能存在哪些片段以及片段的取代模式。根据前述章节以及本章第一节提到的规律，建立结构片段，此时应注意充分考虑可能性，不要急于下结论，给后续分析带来困扰。

3.结合化学位移值判断官能团取代情况 在此阶段，已经初步找到结构中的部分官能团，根据氢碳数据，为已经确认的官能添加取代基，需注意综合考虑取代基影响的大小及方向。比如苯环上质子信号在8.0以上时，往往意味着邻位有强电负性基团或者去屏蔽效应的影响；再如连氧的sp^3杂化碳在80～90时，要考虑环张力的影响或与多个吸电子基团连接的情况，再如结构中出现了多个160附近的碳信号，要考虑共轭内酯，间位氧取代，多酰胺基团等情况的存在。

4.解决特殊情况的问题 这里的特殊情况指的是不能对应的化学位移值，特殊的偶合常数，特殊的峰形等，比如存在sp^2杂化区域的氢信号确缺少相应的碳信号，提示可能存在较为强烈的去屏蔽效应；再如sp^3杂化区域中的氢偏大而对应的碳偏小，提示结构中可能存在类似γ效应的空间效应；再如芳香区偶合常数的大小可用于初步判断不同类型的杂环；再如sp^3杂化区域一组存在大偶合的dd峰可能是同碳偕偶所致，磁不等同氢的存在提示了手性中心或者空间阻旋的情况存在；再如0.5～1的偶合往往提示了远程偶合的存在，也是为相应基团的连接位置提供依据。

5.考虑活泼氢、季碳、溶剂峰等的干扰 由于受到弛豫时间以及NOE效应的影响，季碳往往出峰较小，但这并不能说明小峰即是季碳。有些特殊情况下碳不出峰，比如双黄酮类似物中，由于特殊角度的问题，导致碳信号减弱甚至消失。此时需要结合质谱和化学位移来推测碳的存在。溶剂峰一般较化合物峰要强，尤其在碳谱中表现的更为明显，所以容易掩盖相应位置的碳信号，此时可以通过DEPT谱或者HSQC谱来确认相应的信号。活泼氢的出峰位置和峰形往往不固定，受样品含水量，仪器的运行状态等影响较大，一般来说，不可以活泼氢定标，也不可以活泼氢位移作为鉴定的唯一依据。

二、结构解析实例

化合物9-1结构解析

^{1}H-NMR（300MHz，DMSO-d_6）中给出一组δ 6.97（2H，d，J=8.4Hz），6.65（2H，d，J=8.4Hz）的芳香区信号，结合前述规律，是典型的对位取代苯环上的氢信号，为AA′BB′偶合系统。由化学位移可知，与苯环相连的基团应为供电基团，因此，推测，9.11（1H，s）为酚羟基信号而不是醛基氢信号。δ 4.56（1H，t，J=4.8Hz），3.51（2H，dt，J=7.5，4.8Hz），2.59（2H，t，J=7.5Hz）为羟乙基的氢信号，其中，4.56是游离羟基上的氢信号，3.51是与羟基相连碳上的氢信号，2.59是与苯环相连碳上的氢信号。此处游离羟基和邻位碳上的氢之间的偶合非常清晰，偶合常数的大小也符合活泼氢与一般碳氢之间的偶

合规律，若测试溶剂中水分含量较大，或者场不够均匀，往往会导致活泼氢信号变为一个宽单峰，甚至消失，化学位移值向水峰靠近，同时与氧相连碳上的氢也只表现出与邻位CH_2的偶合，信号由dt峰变为t峰。另外，3.51的dt峰容易被误认为是q峰，但是仔细观察发现，此处的峰高度不符合1∶3∶3∶1的比例，峰形也较q峰略宽，峰之间的裂距也不相等，因此不能简单地指认为q峰，应考虑为受到邻位CH_2及邻位OH上的氢的共同影响，裂分为dt峰。综上所述，可以鉴定该化合物为对羟基苯乙醇。

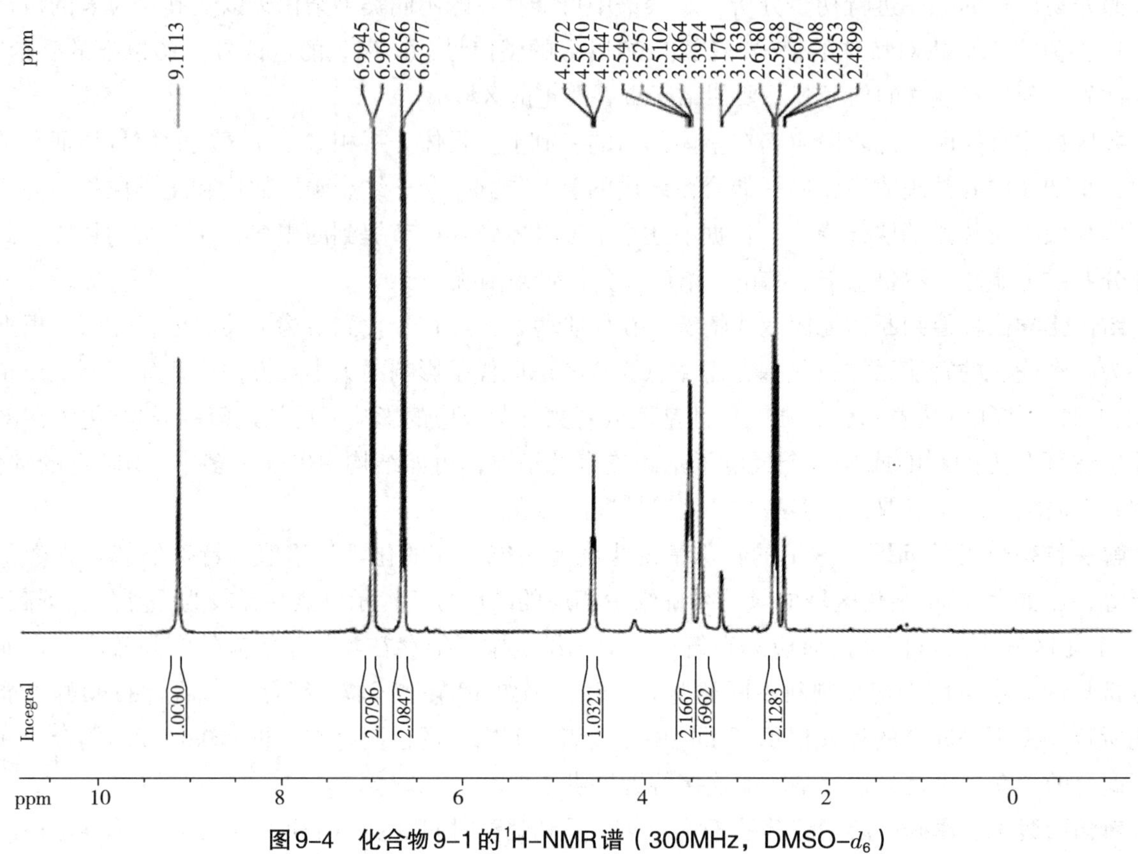

图9-4　化合物9-1的^{1}H-NMR谱（300MHz，DMSO-d_6）

HO

OH

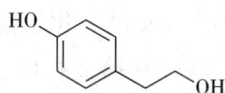

图9-5　化合物9-1的结构

化合物9-2结构解析

^{1}H-NMR（500MHz，DMSO-d_6）中给出一组δ 7.04（2H，d，J=8.4Hz），6.68（2H，d，J=8.4Hz）的芳香区信号，结合前述规律，是典型的对位取代苯环上的氢信号，为AA′BB′偶合系统。由化学位移可知，与苯环相连的基团应为供电基团，因此，推测，9.32（1H，s）为酚羟基信号而不是醛基氢信号。这些信号与化合物9-1的数据非常接近，可以推测含有相同的芳香片段。在高场区域，给出δ 4.74（2H，t，J=7.0Hz），3.09（2H，t，J=7.0Hz）一组乙基氢信号，与化合物9-1的数据比较，该组信号明显处于相对低场，可以推测结构中含有电负性更强或者有空间效应的基团存在。常见基团中，仅有氟的电负性强于氧，但是F^{19}会导致明显的偶合裂分，因此排除了卤元素的存在，那么符合条件的常见基团仅剩硝基，结合文献数据和质谱结果，可知该化合物为对硝乙基苯酚。

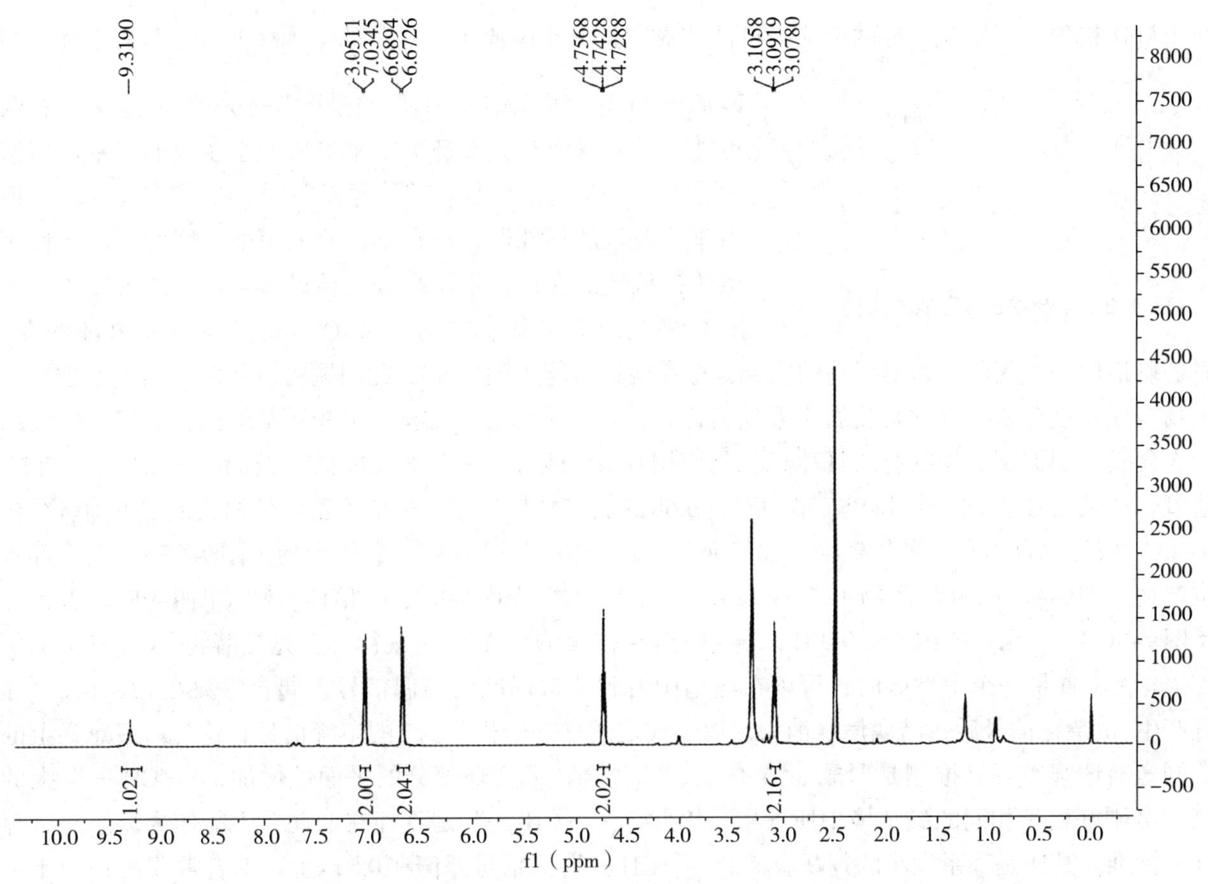

图9-6　化合物9-2的¹H-NMR谱（500MHz，DMSO-d_6）

HO

NO_2

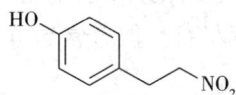

图9-7　化合物9-2的结构

化合物9-3结构解析

¹H-NMR（500MHz，DMSO-d_6）中芳香区给出了一组d，d，t信号，是典型的邻三取代苯环上的氢信号，而两个d峰的化学位移较t峰小0.4左右，提示d峰的邻位存在一个供电取代基。根据化学位移差值大小而初步判断，该取代基是一个含氧基团，6.68（1H，d，J=12.5Hz），5.86（1H，d，J=12.5Hz），结合碳谱中排除苯环上六个碳信号之后，剩下的一组sp^2杂化碳信号，推测结构中含有一个顺式双键。还剩一个化学位移100以上的碳，推测属于一个双连氧的季碳信号，0.92（3H，d，J=6.0Hz）4.02（1H，q，J=6.0Hz），结合碳谱中66.8，16.4的信号，提示结构存在“$-\xi-\overset{H}{C}-CH_3$”的片段，5.01（1H，d，J=13.5Hz），4.44（1H，d，J=13.5Hz），提示结构中存在一个连氧的谐偶片段“—O—CH_2—”，9.67（1H，br.s）提示可能存在一个酚羟基，所有信号分析过后，将这些片段连接起来。首先，由于双键上的一个氢信号达到6.68，而在片段分析中未见存在羰基一类的吸电基团，因此推测该双键可能与苯环直接相连，一是受苯环的电负性的影响，二是受苯环去屏蔽效应的影响，才能导致双键信号向低场较大幅度的位移。谐偶的“—CH_2—”化学位移值也较一般连氧的“—CH_2—”大，推测该“—CH_2—O—”也连在苯环上，谐偶的存在提示该“—CH_2—”可能处于环上，氢谱和碳谱数据提示双键的另一端不可能与氧相连，“$-\xi-O-\overset{H}{C}-CH_3$”片段只

有两个可连接位置，因此，环的形成只可能依靠双连氧季碳原子，剩下的“$-O-\overset{H}{C}-CH_3$”处于环外与季碳原子相连。现在结构中还有两个“—O—”未连接，有两种可能：一是形成三元氧环，二是形成两个游离的羟基。氢谱中未见有醇羟基的活泼性信号，推测该处形成了三元氧环，但是由于活泼氢的特殊性，存在不出峰的可能，因此，需要使用质谱佐证该环的存在，根据高分辨质谱$[M+Na]^+$227.0692（计算值227.0684），证实分子式为$C_{12}H_{12}O_3$，确认了三元氧环的存在。

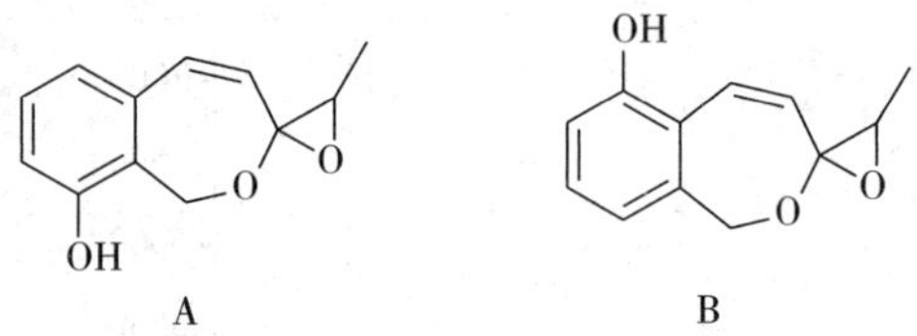

图9-8　化合物9-3可能的结构

此时还剩最后一个问题，即酚羟基的位置也存在两种可能（图9-8），此问题可以从两个角度考虑：一是从生物合成角度分析，该化合物属于聚酮类化合物，从生源上看结构A中酚羟基的位置更符合经由乙酰辅酶A合成聚酮类化合物的合成规律；二是使用HMBC或NOESY。HMBC谱中谐偶“—CH_2—”与154.1的连氧苯环碳信号相关，或NOESY谱中双键6.68的氢信号与苯环上6.82的氢信号相关，均可确认结构为图9-8A。该类化合物有多种衍生物，如三元环开环产物（图9-9A）、氧化产物（图9-9B）、七元环双键移位产物（图9-9C）、开环产物（图9-9D）、二倍体产物（图9-9E）、三倍体产物（图9-9F）、五元环产物（图9-9G）、六元环产物（图9-9H）。这些化合物在解析中有一定规律，首先是谐偶—CH_2—上的氢信号，当标*位置是一个手性碳时，可以在氢谱中看到非常标准的谐偶信号，偶合常数在12～14，当标*位置产生sp^2杂化信号后，谐偶信号消失，取而代之的是一个积分为2的单峰信号，这与一般意义上的磁不等同氢有明显差异，推测是形成sp^2杂化后，该化合物七元环部分的平面性增加，“—CH_2—”上的两个氢信号刚好处于相同的磁环境中所导致。因此该“—CH_2—”是否存在谐偶，不能作为环系是否存在的唯一标准。其次是环系大小的判断。谐偶“—CH_2—”氢信号差值在0.5以上，偶合常数在13以上，碳信号在60以下时，可判定此类化合物形成的是七元环，而谐偶“—CH_2—”氢信号差值在0.2左右，偶合常数在13以下，碳信号在70以上时，可判定此化合物形成的是五元环，另外此类化合物也有形成六元环的情况，其谐偶“—CH_2—”碳一般在65左右，偶合常数介于五元环和七元环化合物两者之间，这些数据可用于初步判定环的大小。

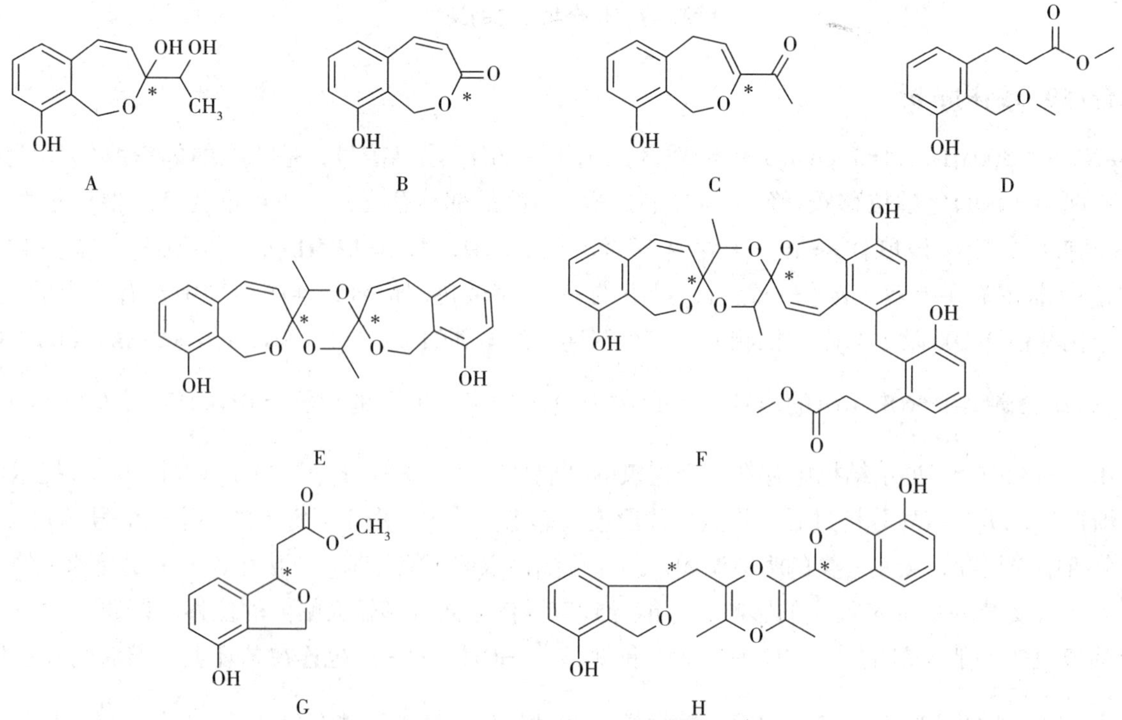

图9-9　化合物9-3不同衍生物的结构

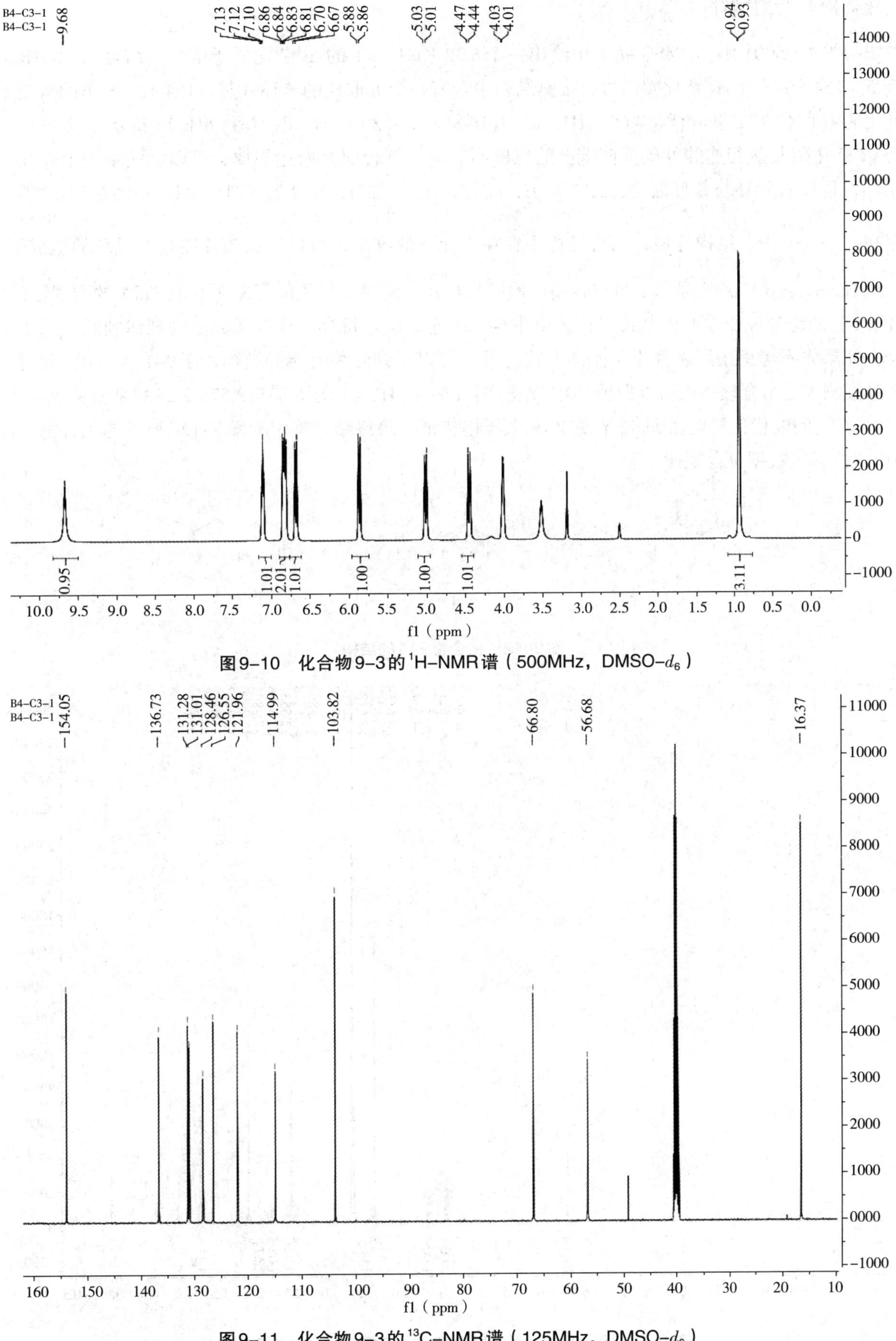

图9-10 化合物9-3的^{1}H-NMR谱（500MHz，DMSO-d_6）

图9-11 化合物9-3的^{13}C-NMR谱（125MHz，DMSO-d_6）

化合物9-4结构解析

^{1}H-NMR（500MHz，DMSO-d_6）中给出一个6.32（1H，s）的sp^2杂化质子信号，结合^{13}C-NMR给出的96.5～154.4的六个sp^2杂化碳信号，推测结构中含有一个五取代的苯环残基。154.4，153.6的碳提示该苯环上存在间位的二氧取代。4.65（1H，d，J=14.8Hz），4.39（1H，d，J=14.8Hz），提示结构中存在一个与sp^2杂化碳及氧相连的仲碳。该碳上的氢磁不等同。结合前文所述规律，可以推测结构中存在一个六元环，且该六元环与苯环骈合。2.57（1H，dd，J=16.6，2.3Hz），2.25（1H，dd，J=16.6，10.7Hz）提示存在“$-\overset{H_2}{C}-\overset{H}{C}-$”结构片段，结合结构中存在六元环的推测，可以认为该片段是六元环的组成部分。1.25（3H，d，J=6.1Hz），提示了与叔碳相连的甲基存在。同时，也佐证了3.61（1H，m）的合理性，1.91（3H，s）是与苯环相连的甲基信号；碳谱中64.2的连氧碳也符合上述环系大小的规律判断。基于上述数据，如果先不考虑酚羟基和甲氧基的取代位置，可以得到两种可能的结构，图9-12A和B。此时，可由生源推测A更为合理，也可以根据NOESY谱中，1.91（3H，s）的甲基与2.57，2.25的氢相关予以证实。同样—OCH_3的取代位置也由NOESY或BC相关予以佐证，最终结构确定为图9-12C所示的化合物，该实例中，1位碳氢数据符合规律。

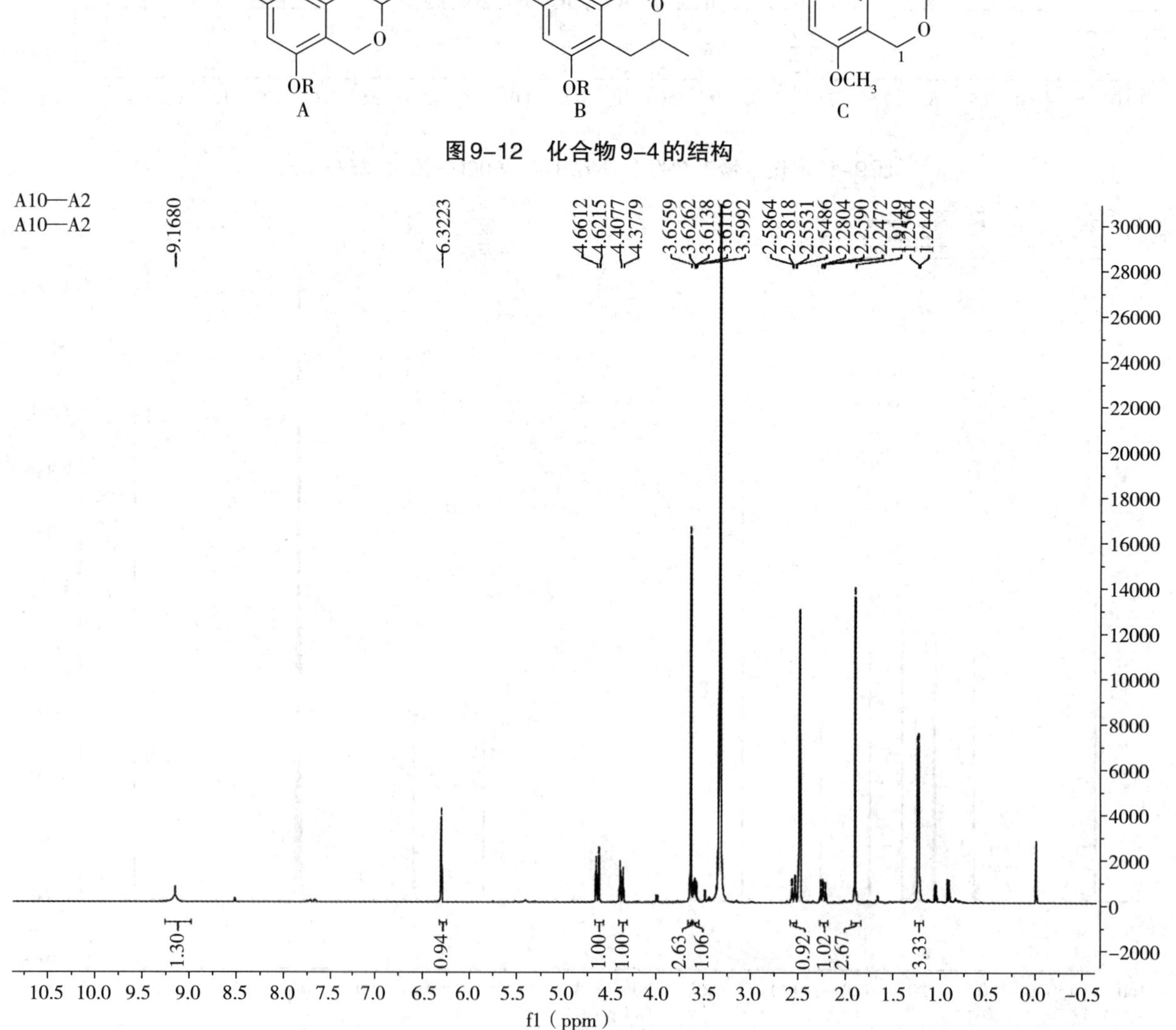

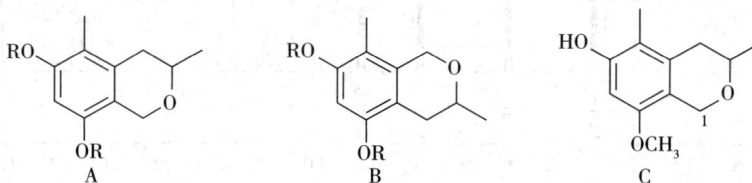

图9-12 化合物9-4的结构

图9-13 化合物9-4的^{1}H-NMR谱（500MHz，DMSO-d_6）

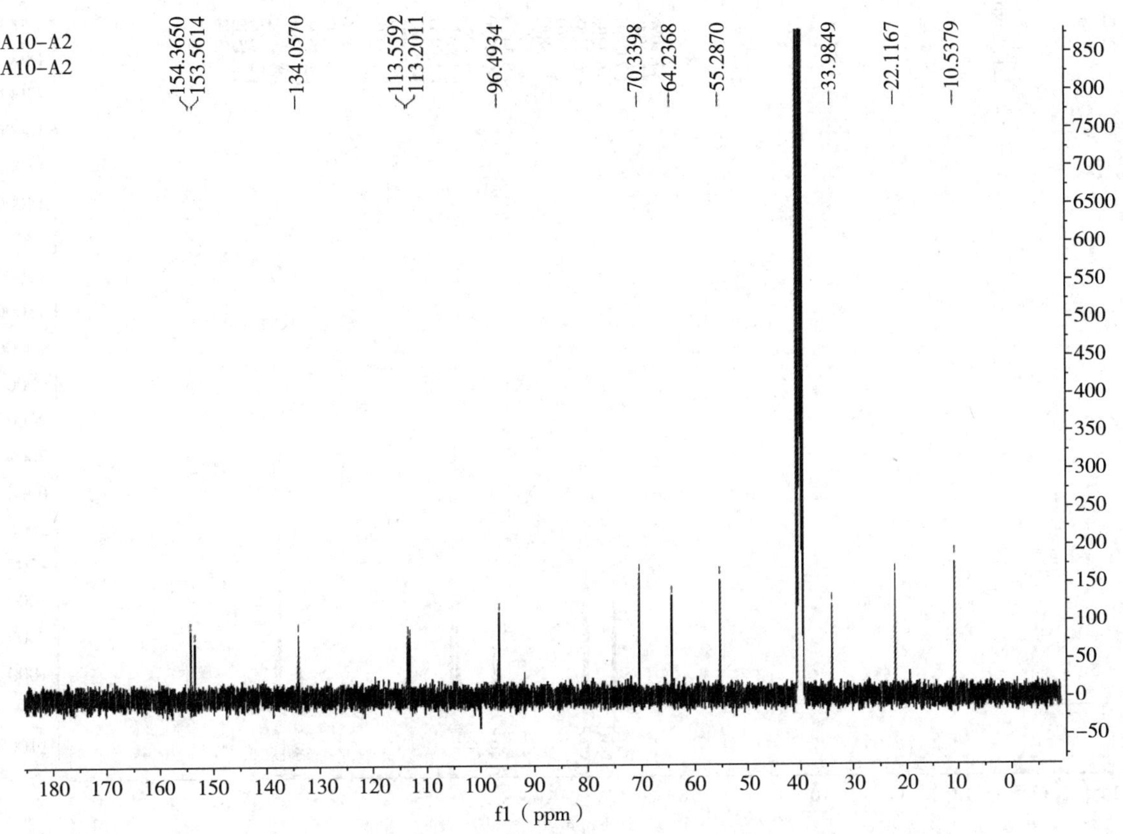

图9–14　化合物9–4的^{13}C–NMR谱（125MHz，DMSO–d_6）

下面，我们再来看一个苯骈呋喃环的例子。

化合物9–5结构解析

^{1}H–NMR（500MHz，DMSO–d_6）中芳香区峰形和化学位移与化合物9–1相近，都表现为一组相互偶合的d峰，d峰及t峰，其中t峰处于最低场且两组d峰的化学位移都小于7.0，可以推知邻三取代苯环的存在且与未取代位相邻的位置上有氧取代，这一点也可由芳香区112.3～152.0六个碳信号，且只有一个大于150的苯环碳加以证实。9.73（1H，s）结合碳谱中没有醛基碳存在可以推测结构中含有酚羟基，基于上述数据，可以推知结构中存在图9–15A所示的片段。4.86（1H，d，J=12.1Hz），4.95（1H，d，J=12.1Hz）结合碳谱中70.6的信号可知，该信号是一个同碳偶合的连氧"—CH_2—"，根据前文所述规律，同碳上氢的化学位移值差小于0.2，碳化学位移值大于70，推测应存在五元呋喃环。2.46（1H，dd，J=15.5，8.6Hz），2.77（1H，dd，J=15.5，4.2Hz），两信号之间的大偶合常数提示了同碳氢偶合（J2偶合）的存在，dd峰的峰形提示了该"—CH_2—"应与"$\underset{|}{-CH-}$"相连，构成"$-\overset{H_2}{C}-\overset{H}{C}-$"的片段，结合呋喃环存在的事实，可将"$\underset{|}{-CH-}$"放在呋喃环内，"—$CH_2$—"与之相连，末端基团可由172.4的碳信号，12.4（1H，br.s）的氢信号推测羧基的存在，由上述分析，可以得化合物的平面结构如图9–15B所示。

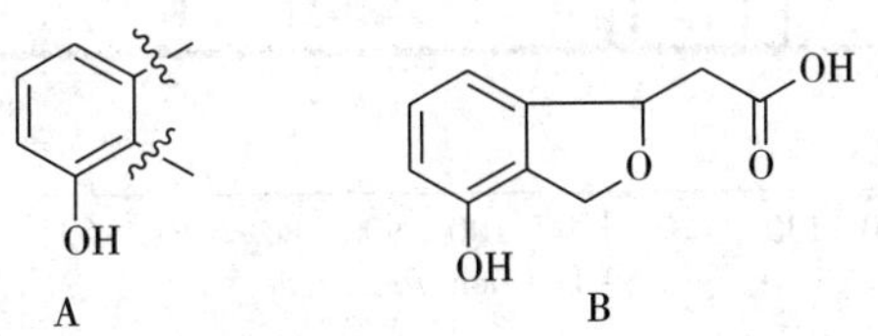

OH　　　OH　O　OH

A　　　　B

图9–15　化合物9–5的结构片段及平面结构

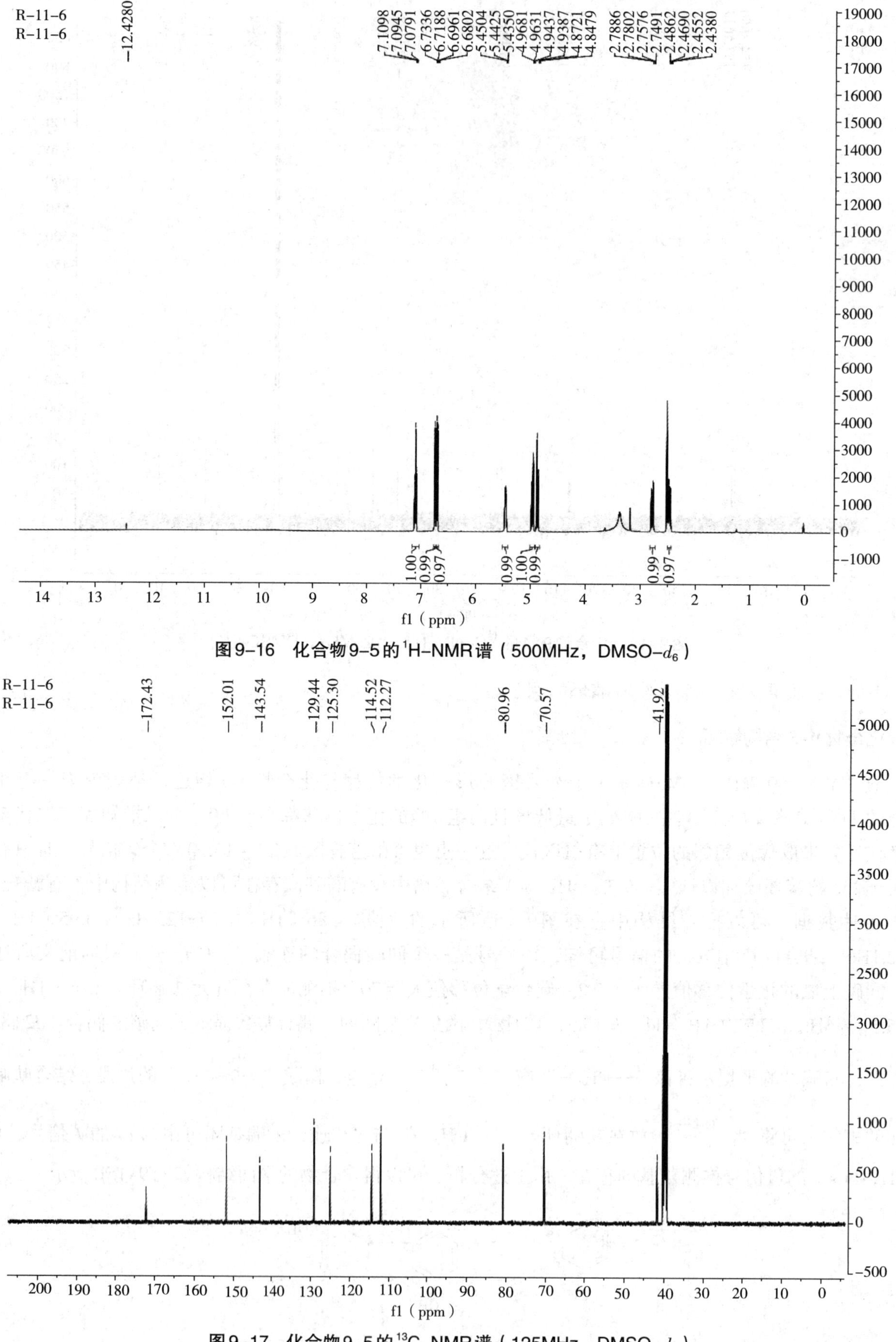

图9-16　化合物9-5的^{1}H-NMR谱（500MHz，DMSO-d_6）

图9-17　化合物9-5的^{13}C-NMR谱（125MHz，DMSO-d_6）

除上述化合物之外，还有许多例子可以佐证规律的正确性，见表9–3。

表9–3　苯并氧杂环类化合物1号位的核磁数据

化合物序号	H–1 δ_H	$\Delta\delta_H$	δ_C	结构
1	a4.81（1H，d，*J*=12.5Hz） b4.84（1H，d，*J*=12.5Hz）	0.03	70.3	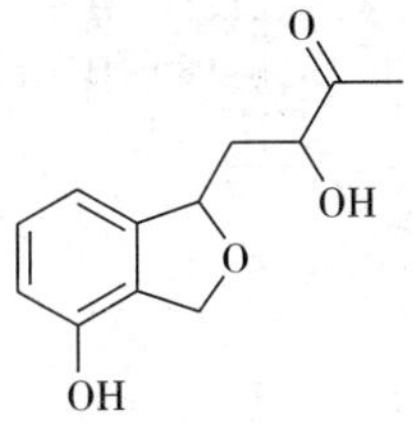
2	4.88（1H，d，*J*=12.2Hz） 4.96（1H，d，*J*=12.2Hz）	0.08	70.4	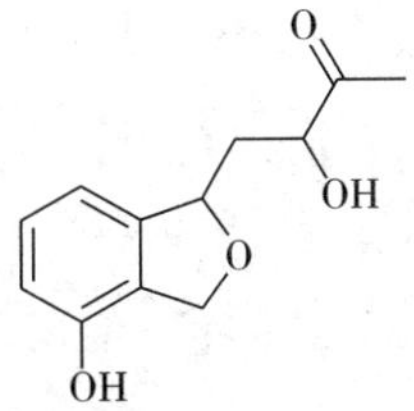
3	a4.86（1H，dd，*J*=12.5，1.5Hz） b4.93（1H，dd，*J*=12.5，2.5Hz）	0.07	70.6	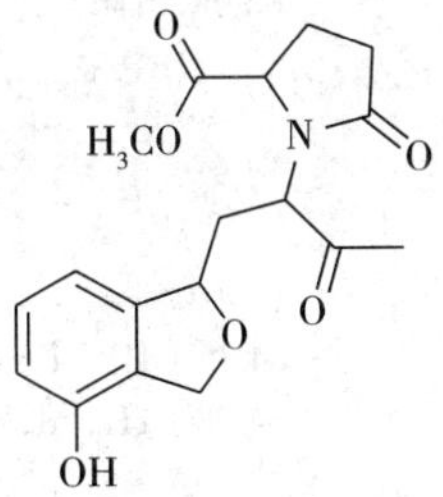
4	a4.83（1H，m） b4.96（1H，dd，*J*=12.2，2.7Hz）	0.13	70.9	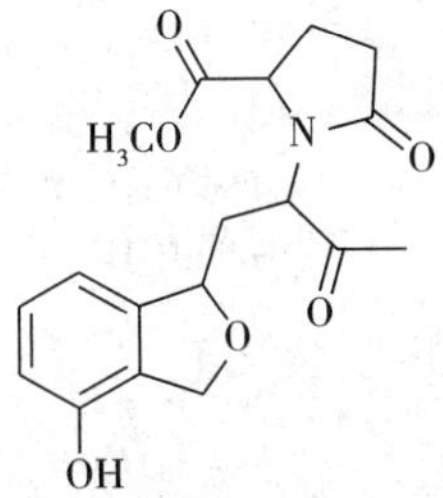
5	a4.83（1H，m） b4.88（1H，dd，*J*=12.3，2.7Hz）	0.05	70.6	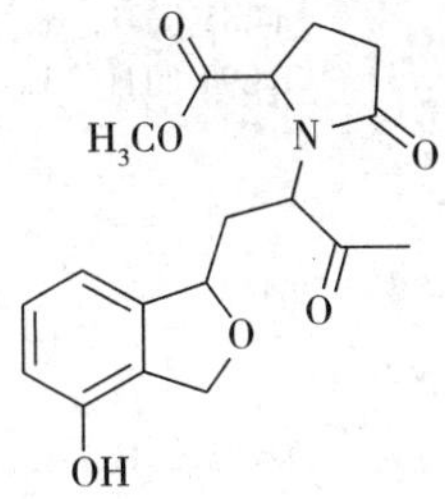
6	a4.88（1H，m） b4.94（1H，dd，*J*=12.3，2.6Hz）	0.06	70.6	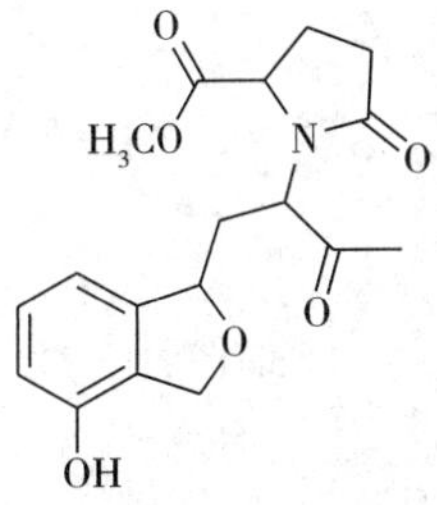

续表

化合物序号	H-1 δ_H	$\Delta\delta_H$	δ_C	结构
7	a4.87（1H，d，*J*=12.2Hz） b4.98（1H，d，*J*=12.2Hz）	0.11	70.5	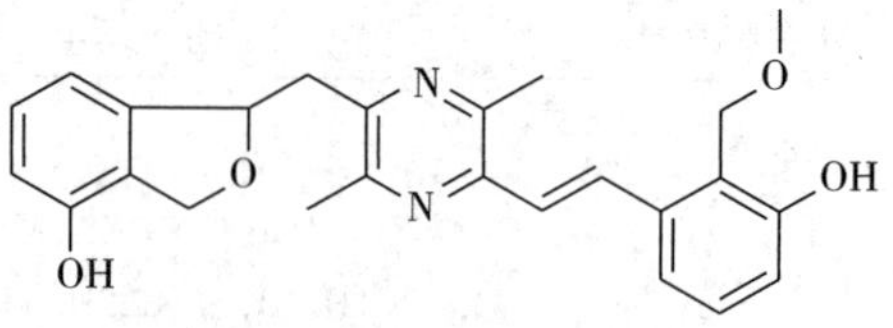
8	a4.83（1H，d，*J*=12.5Hz） b4.94（1H，d，*J*=12.5Hz）	0.11	70.4	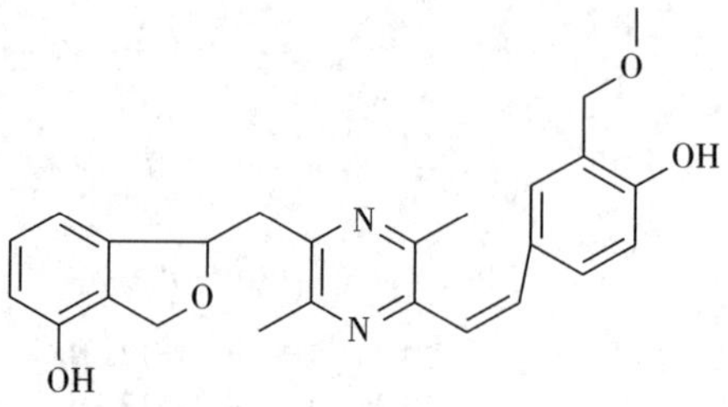
9	a4.86（1H，d，*J*=12.1Hz） b4.95（1H，dd，*J*=12.2，2.5Hz）	0.09	70.6	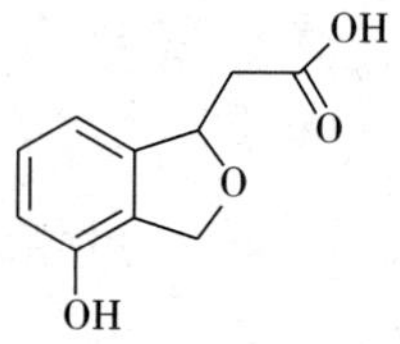
10	a4.85（1H，d，*J*=12.0Hz） b4.98（1H，d，*J*=12.0Hz）	0.13	70.5	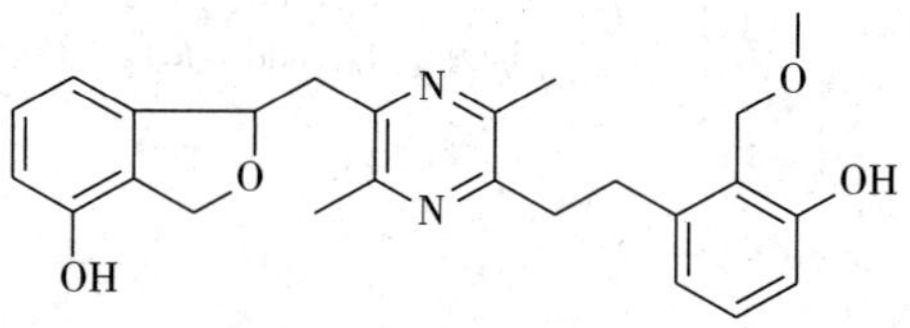
11	a4.86（1H，d，*J*=12.0Hz） b4.96（1H，d，*J*=12.0Hz）	0.1	70.5	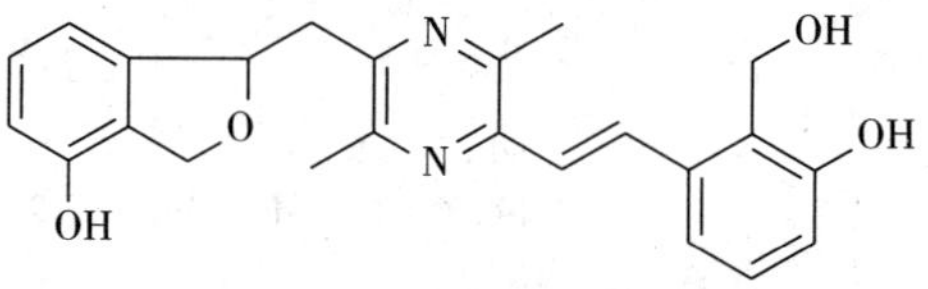
12	a4.85（1H，d，*J*=12.5Hz） b4.94（1H，d，*J*=12.5Hz）	0.09	70.4	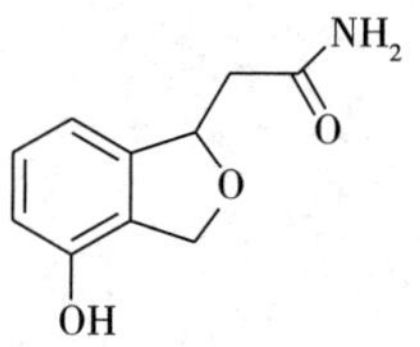
13	a4.85（1H，d，*J*=12.0Hz） b4.97（1H，dd，*J*=2.7，12.0Hz）	0.12	70.5	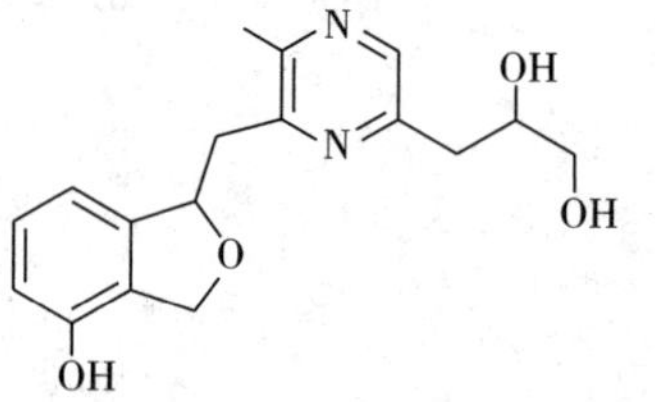
14	5.41（2H，s）		67.7	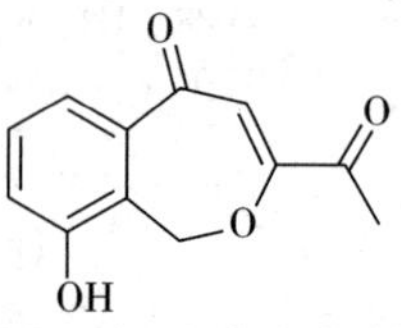

续表

化合物序号	H-1 δ_H	$\Delta\delta_H$	δ_C	结构
15	5.27（2H，s）		63.2	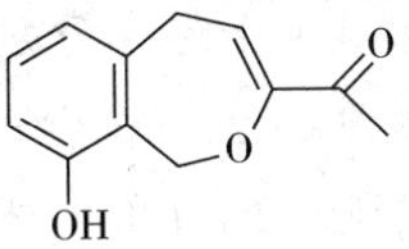
16	5.12（2H，s）		57.6	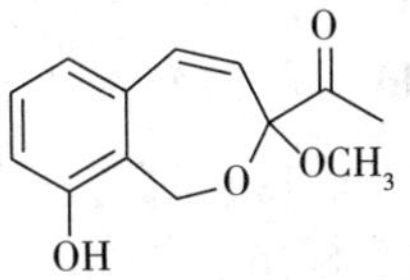
17	a4.46（1H，d，*J*=13.7Hz） b5.02（1H，d，*J*=13.7Hz）	0.44	56.7	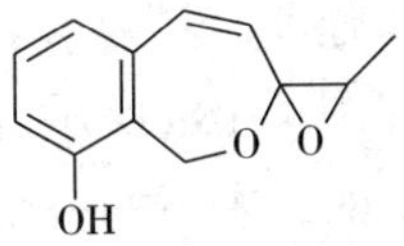
18	5.13 （2H，br.s）		61.9	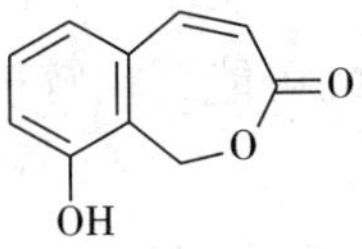
19	a5.03（1H，d，*J*=13.7Hz） b4.47（1H，d，*J*=13.7Hz）	0.56	56.7	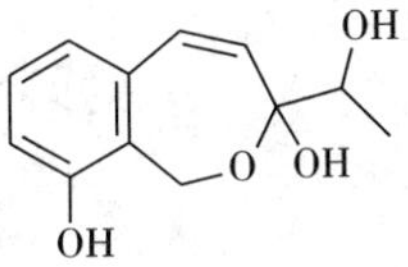
20	a4.41（1H，d，*J*=13.7Hz） b4.97（1H，d，*J*=13.7Hz）	0.56	56.6	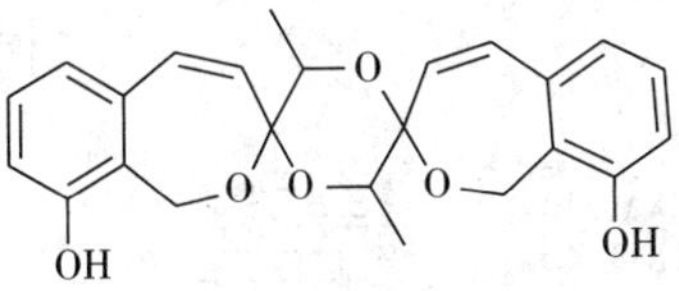
21	a4.38（1H，d，*J*=13.7Hz） b4.98（1H，d，*J*=13.7Hz）	0.6	56.8	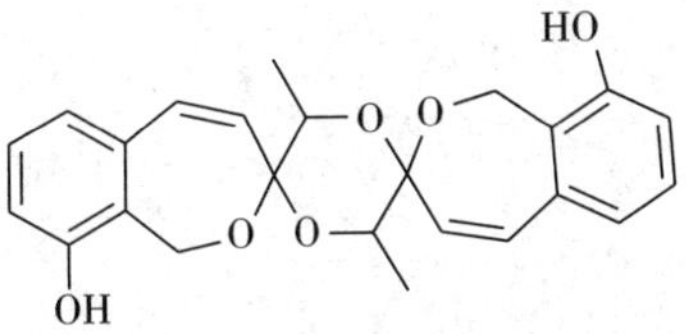

具有α，β不饱和酮、酸、酯片段的化合物在天然产物中比较常见，尤其是在聚酮类化合物或其他经由醋酸-丙二酸途径合成的天然产物中经常可以见到此结构片段，该片段可以链状或环状的形式存在，其中，链状、六元环状等形式存在时，往往由于双键不与强电负性基团如氧、氮等相连，信号易于识别，符合一般规律。如前述章节中的香豆素类化合物2，3，4位的数据或者强心甾中六元内酯环上的数据等，在微生物代谢产物中，该片段的数据常具有迷惑性，尤其是五元α，β不饱和酮内酯片段，由于环张力和强电负性基团的存在，使环上数据偏大，往往会导致解析困难。下面将以五元α，β不饱和酮或内酯为例讲解该片段的解析。

化合物9-6结构解析

^{1}H-NMR（500MHz，DMSO-d_6）给出1.19（63H，d，*J*=6.8Hz），4.15（1H，q，*J*=6.8Hz）推测片段“$\wr\overset{H}{C}-CH_3$”的存在。0.83（3H，t，*J*=7.4Hz）推测片段“—CH_2—CH_3”的存在，由于谱中未见积分为2，峰形为q或者复杂峰形的—CH_2—存在，可以推测与甲基相连的CH_2上的两氢磁不等同，结合其他数据，可以推

测CH_2的另一侧可能连接一个手性碳原子，碳谱中扣除连氧的叔碳和甲基碳信号后只剩3个sp^3杂化碳信号，氢谱中存在6个裂分成复杂峰形的氢信号，说明结构中含有三组“—CH_2—”，且其上的氢磁不等同，碳谱中剩4个信号，分别为196.5，195.2，175.0，94.6，氢谱中没有对应的氢信号，排除醛、羧酸、缩醛的存在，94.6也不符合一般缩酮的数据，因此，初步推测94.6的碳与170以上的某个碳形成双键，双键中的一个碳大于170一般说明该位置应连氧且处于α，β不饱和酮或酯中的双键上的β位，由于是季碳信号，其位移值可进一步增大，若再考虑五元环张力的影响，该双键碳可以大于190。这在实际解析中较少遇见，可以给本化合物的解析提供一定思路。化合物中有2个190以上的信号，若这个信号均为酮羰基，则需要同时与一个双键共轭，这时已经确定的结构片段无法占满所有位置得出合理的结构，因此排除了两个190以上的信号同时是酮羰基的可能，结合上述分析，190以上的信号有一个应是双键碳且满足季碳连氧、羰基β位、五元环上等条件，同时175.0的碳也可以被推定为五元环内酯上共轭酯羰基信号，即图9-18A所示的片段存在，根据磁不等同氢及化学位移大小等情况，图9-18B所示的片段是很容易推出的，剩下的一个“—CH_2—”只能连接两个片段，得到化合物9-6的平面结构如图9-18C所示，最后一个“—CH_2—”的磁不等同可能是由于取代基较大影响旋转所致。本化合物提示了双键上碳信号大于190的可能，在解析时应予以关注。

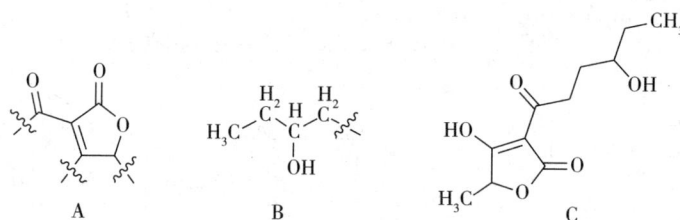

图9-18　化合物9-6的结构片段及平面结构

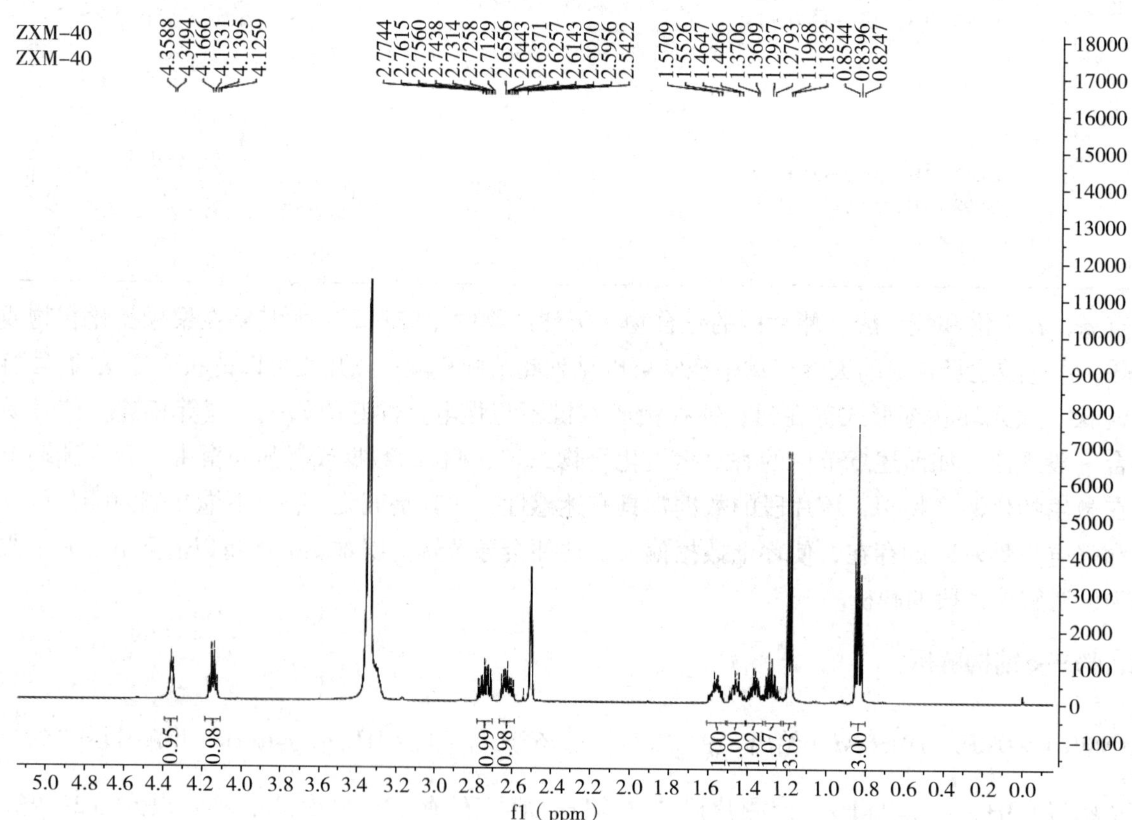

图9-19　化合物9-6的^{1}H-NMR谱（500MHz，DMSO-d_6）

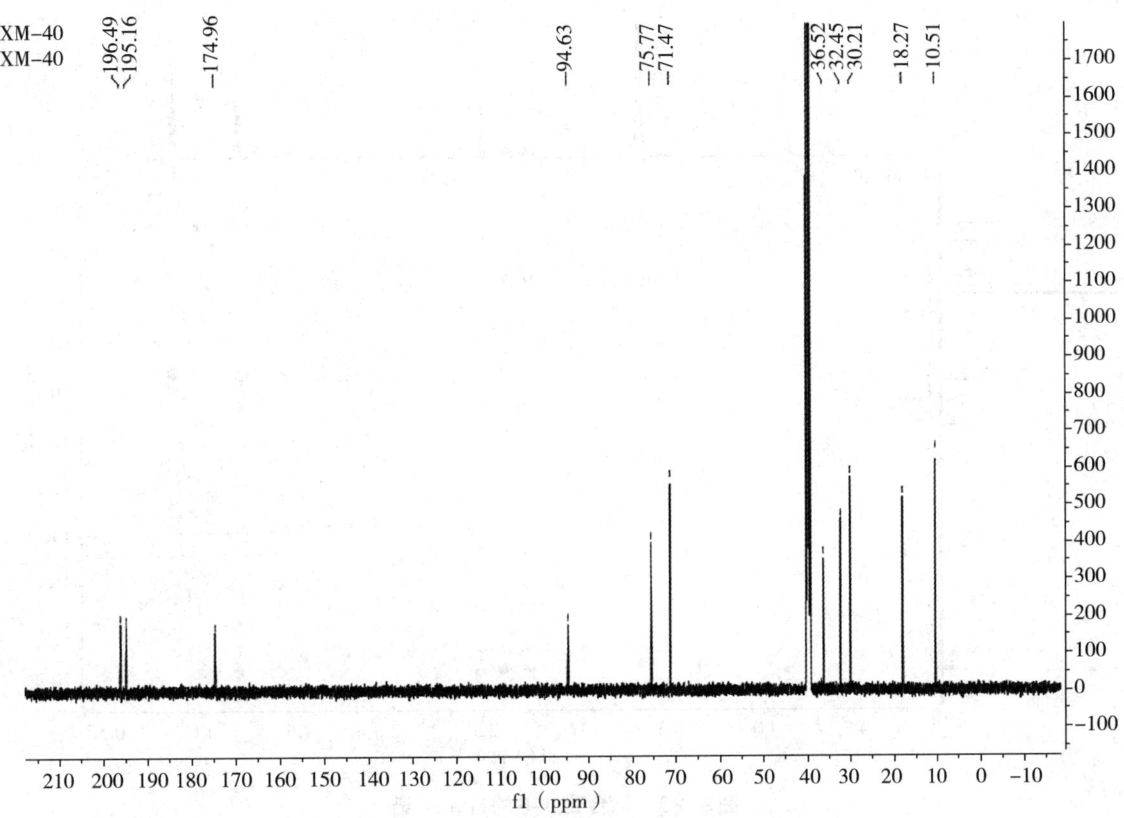

图9-20 化合物9-6的 ^{13}C-NMR谱（125MHz，DMSO-d_6）

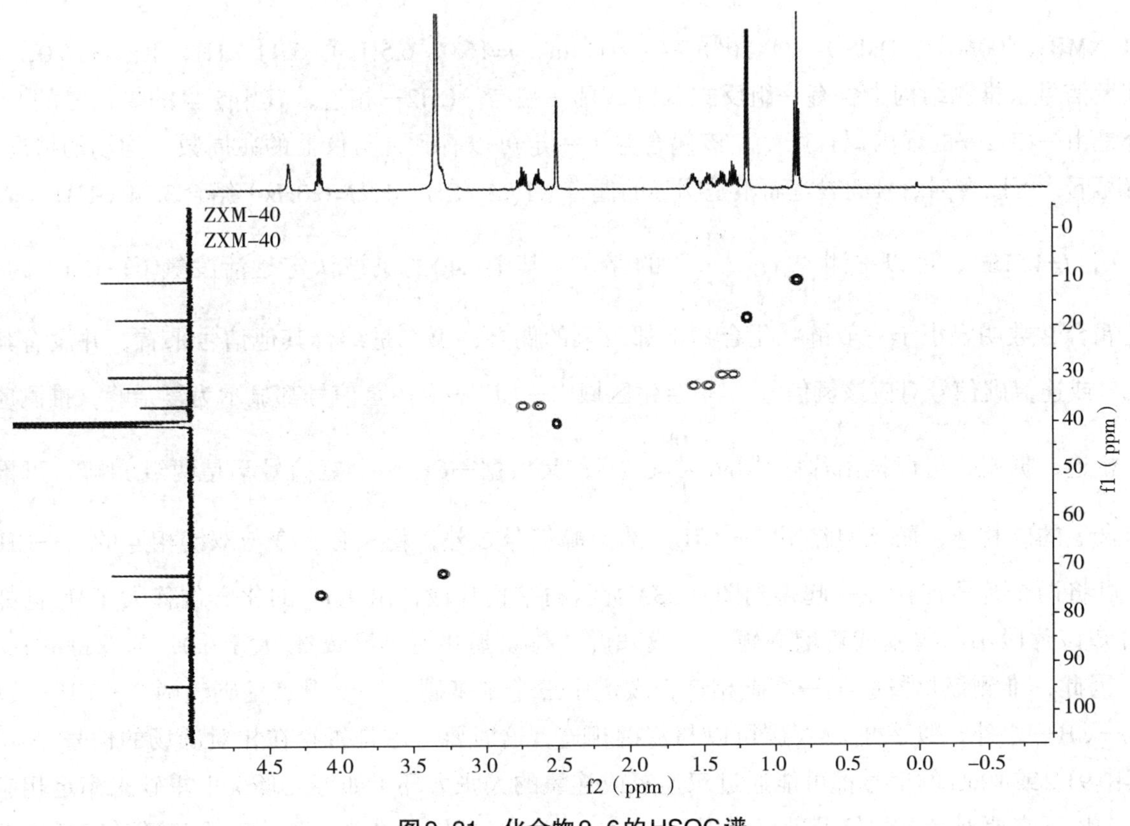

图9-21 化合物9-6的HSQC谱

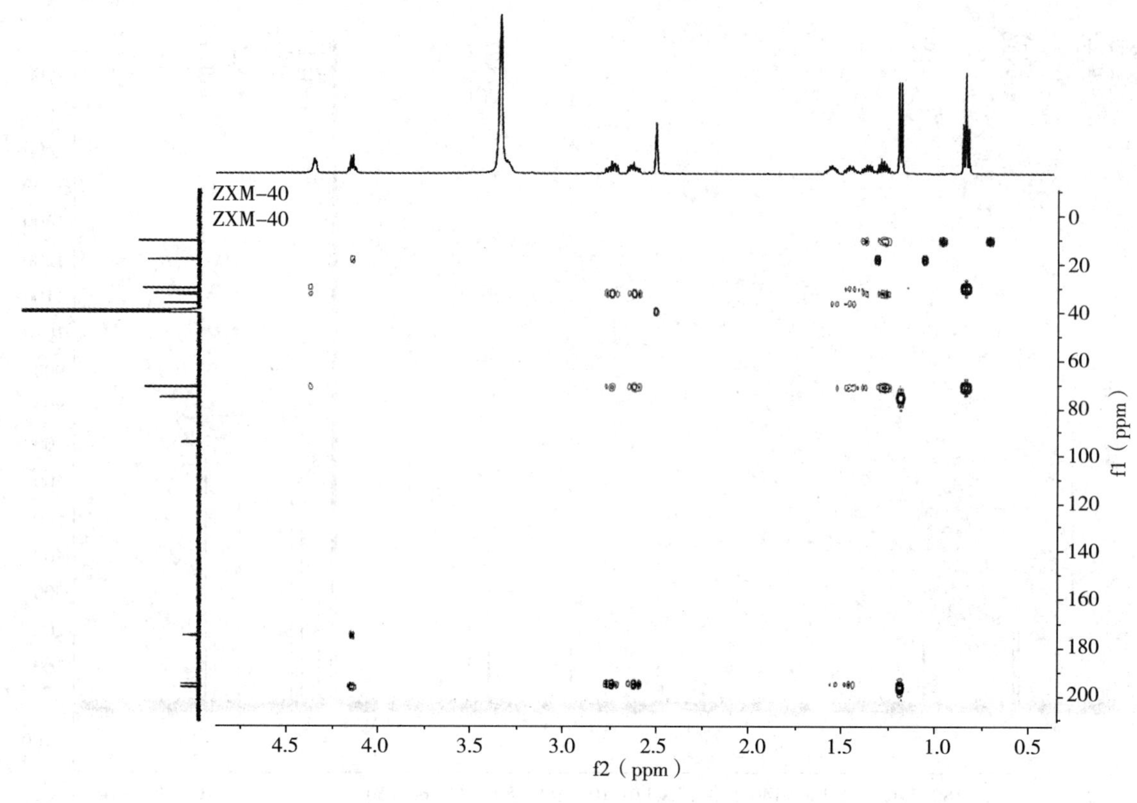

图9-22　化合物9-6的HMBC谱

化合物9-7结构解析

^{1}H-NMR（500MHz，DMSO-d_6） 出5.77（1H，dt，J=16.0，6.5Hz），5.44（1H，dt，J=16.0，1.5Hz）的双键氢信号，推测结构中含有一组反式双键，且一端与—CH2—相连，其中5.44的氢信号的1.5Hz的小偶合是由—CH2—的烯丙偶合产生，该偶合并不一定可以看到，与仪器的兆周数、均场的情况有关，多数情况下，可以看到信号的展宽而不是明显的偶合，1.02（3H，d，J=6.0Hz）结合3.54（1H，m），4.40（1H，d，J=4.5Hz），可以推测“$H_3C-\overset{OH}{\underset{H}{C}}-$”的存在，其中4.40的氢被认定是活泼氢（—OH）的原因：第一是偶合常数明显小于一般链状化合物上邻位氢的偶合；第二是结合其他信号来看，并没有其他连氧碳信号或连氮碳信号对应该氢信号，sp^{3}杂化区域中—CH$_2$—上的氢信号都显示为复杂峰，推测应与手性中心相连，据此，可以推出片段“$H_3C-\overset{OH}{\underset{H}{C}}-\overset{H_2}{C}-$”，又根据—CH$_2$—上氢信号不是两组dd峰，可推知其上应与含氢的碳相连，而谱中除了“—CH$_3$”的单峰信号之外，就只有一个与双键相连的“—CH$_2$—”，因此，可将两个片段连接在一起得到图9-23A所示的结构片段，由于H$_\alpha$的化学位移大于H$_\beta$且都小于6.0，可知该片段不与羰基或双键共轭。一般来说，与羰基共轭可导致H$_\alpha$大于6.0，与双键共轭 δ H$_\beta$ ＞H$_\alpha$，因此，推测该片段应与一季碳相连，碳谱中三个甲基碳、一个甲氧基碳、两个—CH$_2$—以及一个连氧—CH—之外，似乎并无sp^{3}碳可以与双键相连，这时要考虑是否存在相对低场的信号是sp^{3}杂化碳，其中91.2或106.1的信号都可能通过双连氧或连氧的大张力环（如五元环）上季碳来满足相应的结构要求，接下来要对剩下的信号进行分析，197.5、196.0是共轭的羰基或五元环上连氧的双键碳上的信号，163.0是共轭的酯羰基信号，且该碳不能位于五元环中，结合甲氧基信号可以推测结构中存在一个甲

酯片段，且该片段应与一双键共轭，据此可知两个大于190的碳中肯定有一个是双键上的碳，且该双键位于五元环中，能够满足上述条件的片段只能是图9-23B所示的结构片段，氢谱中尚有一2.60（3H，s）的甲基信号，可以推测甲基连在双键上，1.42（3H，s）的甲基应连在季碳上，根据上述推测，季碳应不是双连氧的情况而是连氧的五元环上碳信号，所以可以推出化合物9-7的平面结构如图9-23C所示。

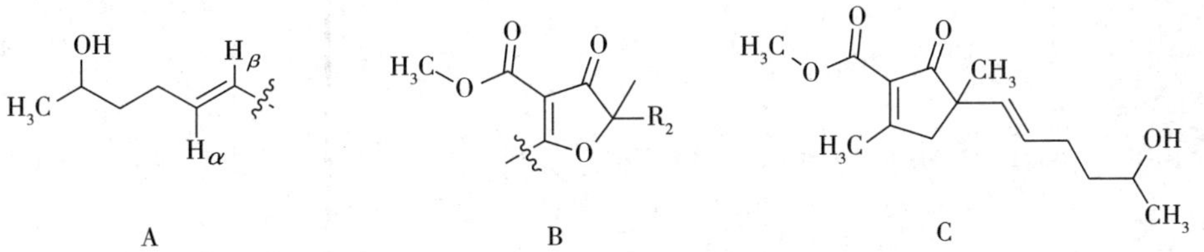

A　　B　　C

图9-23　化合物9-7的结构片段及平面结构

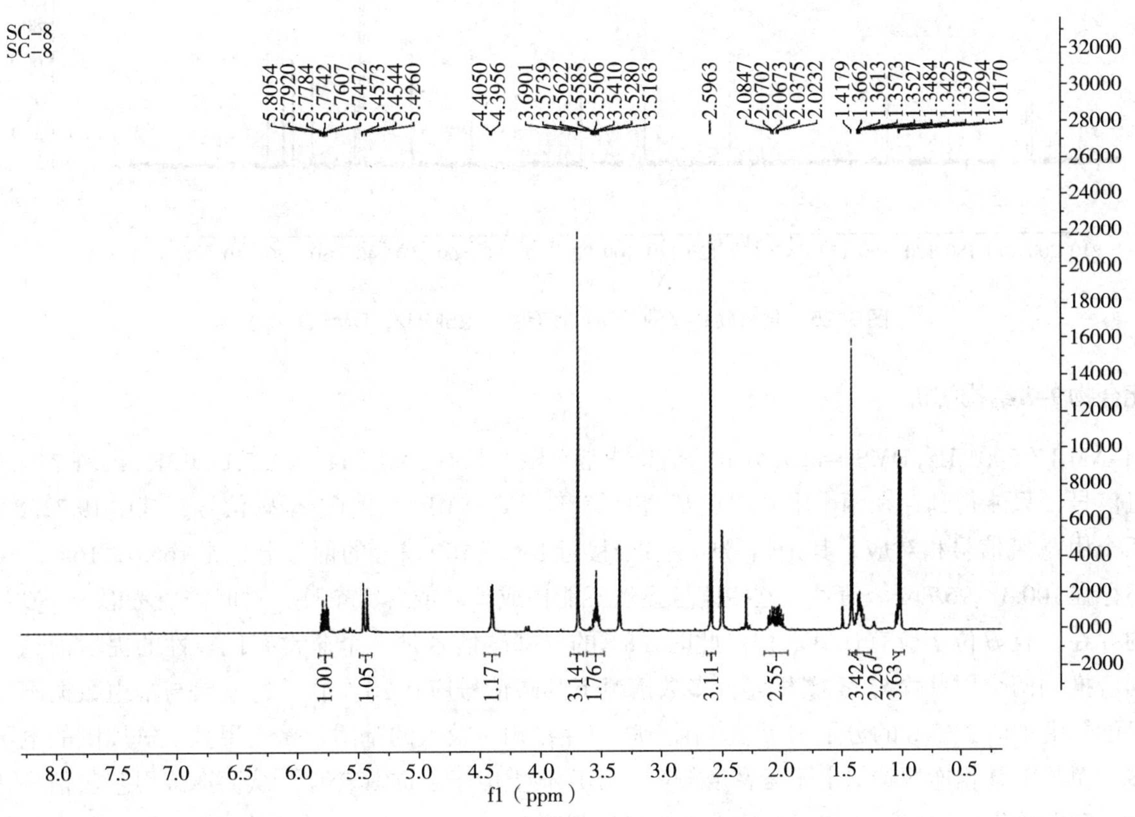

图9-24　化合物9-7的^{1}H-NMR谱（500MHz，DMSO-d_6）

除五元α，β不饱和酮或酯之外，天然产物中含有六元α，β不饱和内酯的情况也比较常见，如苯环骈合形成香豆素类化合物、木脂素类化合物等，该片段单独存在或以其为母核形成衍生物时，多数在β位上有连氧取代基形成内酯后，该母核上有3个160以上的碳信号，在解析过程中，可能会被误认为多个内酯或酰胺的片段，下面将介绍几个实例，以便借鉴。

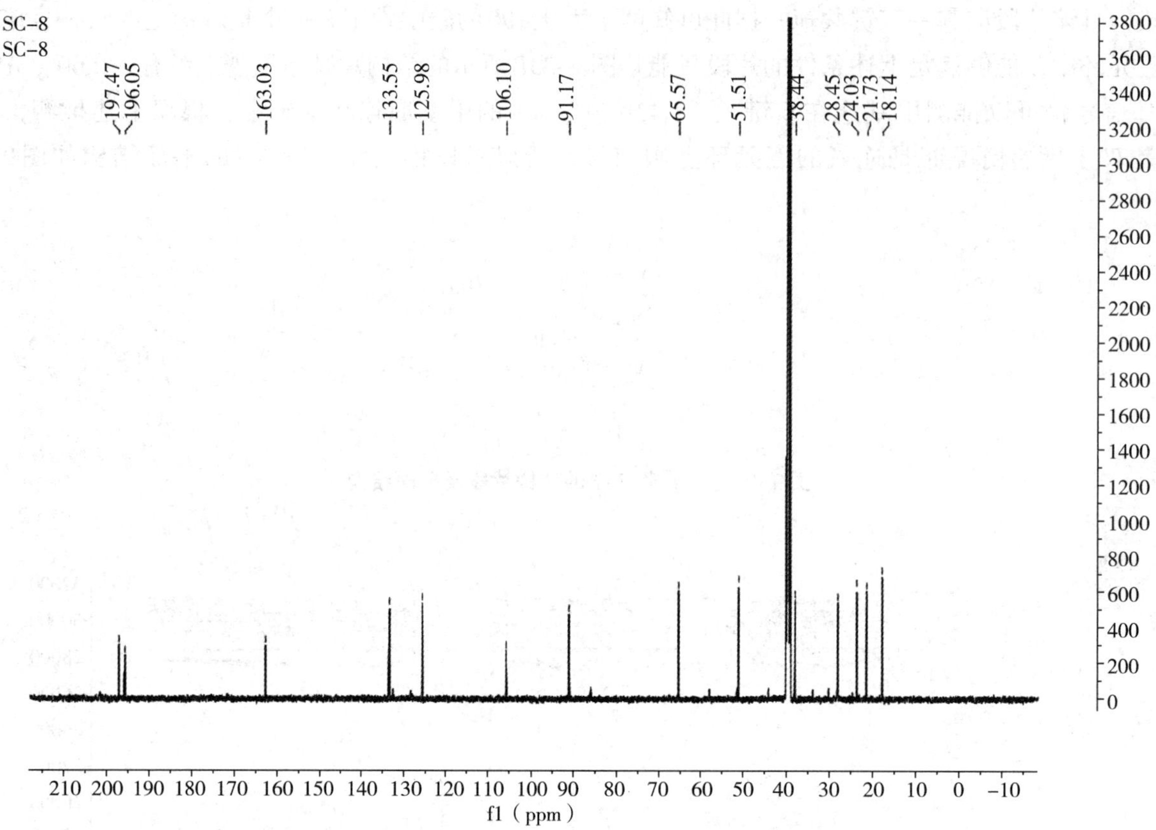

图9-25　化合物9-7的^{13}C-NMR谱（125MHz，DMSO-d_6）

化合物9-8结构解析

^{1}H-NMR（500MHz，DMSO-d_6）给出的信息非常有限，只有5.98（1H，s），2.14（3H，s），1.74（3H，s）三组氢信号，只能得到存在两个甲基取代基这一信息，^{13}C-NMR给出了7个碳信号，其中19.7，8.8的信号与两个甲基氢信号相对应，其余信号中有3个接近160或160以上的信号分别是165.6，165.5，159.8，另外还存在100.3，96.7两个信号，这些信号显然不能构成苯环或含氮杂环，这时需要考虑α，β不饱和内酯的存在，且β位上应有连氧取代。此时，8.8的甲基碳信号是一个非常有代表性的提示信息，由氢谱数据可推知两个甲基均与sp^{2}碳相连，多数情况下其碳信号应在20左右，这显然与本组数据不符，这种情况可能由平面性较好的分子中甲基周围空间中存在相对较大的基团，挤迫甲基上氢周围的电子云向碳转移，而与甲基相连的碳上电子云密度较高，排斥碳上电子云向其转移，从而造成甲基氢信号化学位移值大，而碳的化学位移小，基于上述推测，可以得到两种如图9-26所示的结构，这两种化合物的碳数据相对接近，无法区分，但通过文献调研发现当为结构A时，环上未取代位置的氢信号一般在6.0附近，多数情况下大于6.0，少数情况下在5.95以上接近6.0；当为结构B时，环上未取代位置的氢信号一般在5.5左右，基于此规律，可以推测结构A更加合理。

OH　CH$_3$　H$_3$C　O　O
A

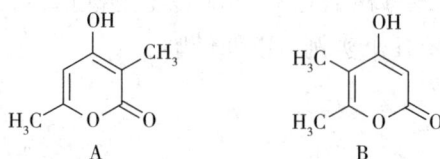

OH　H$_3$C　H$_3$C　O　O
B

图9-26　化合物9-8的可能结构

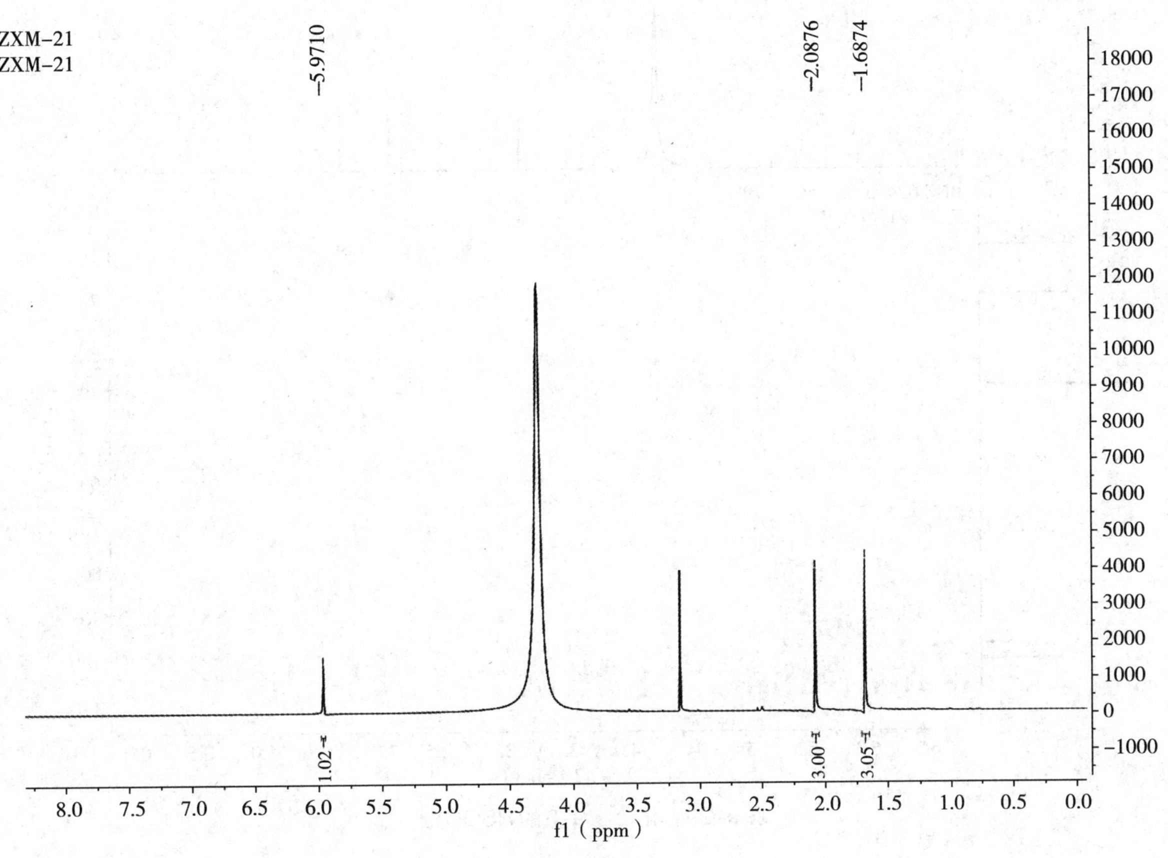

图9-27 化合物9-8的^{1}H-NMR谱（500MHz，DMSO-d_6）

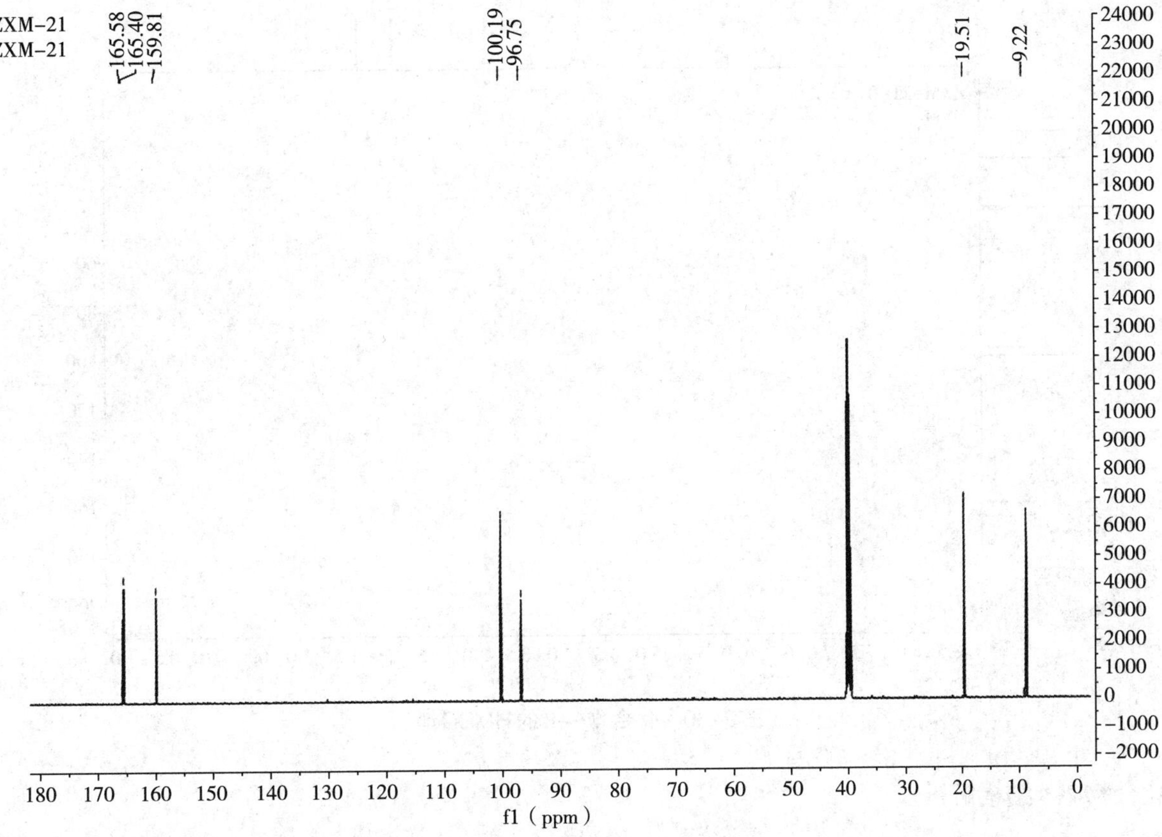

图9-28 化合物9-8的^{13}C-NMR谱（125MHz，DMSO-d_6）

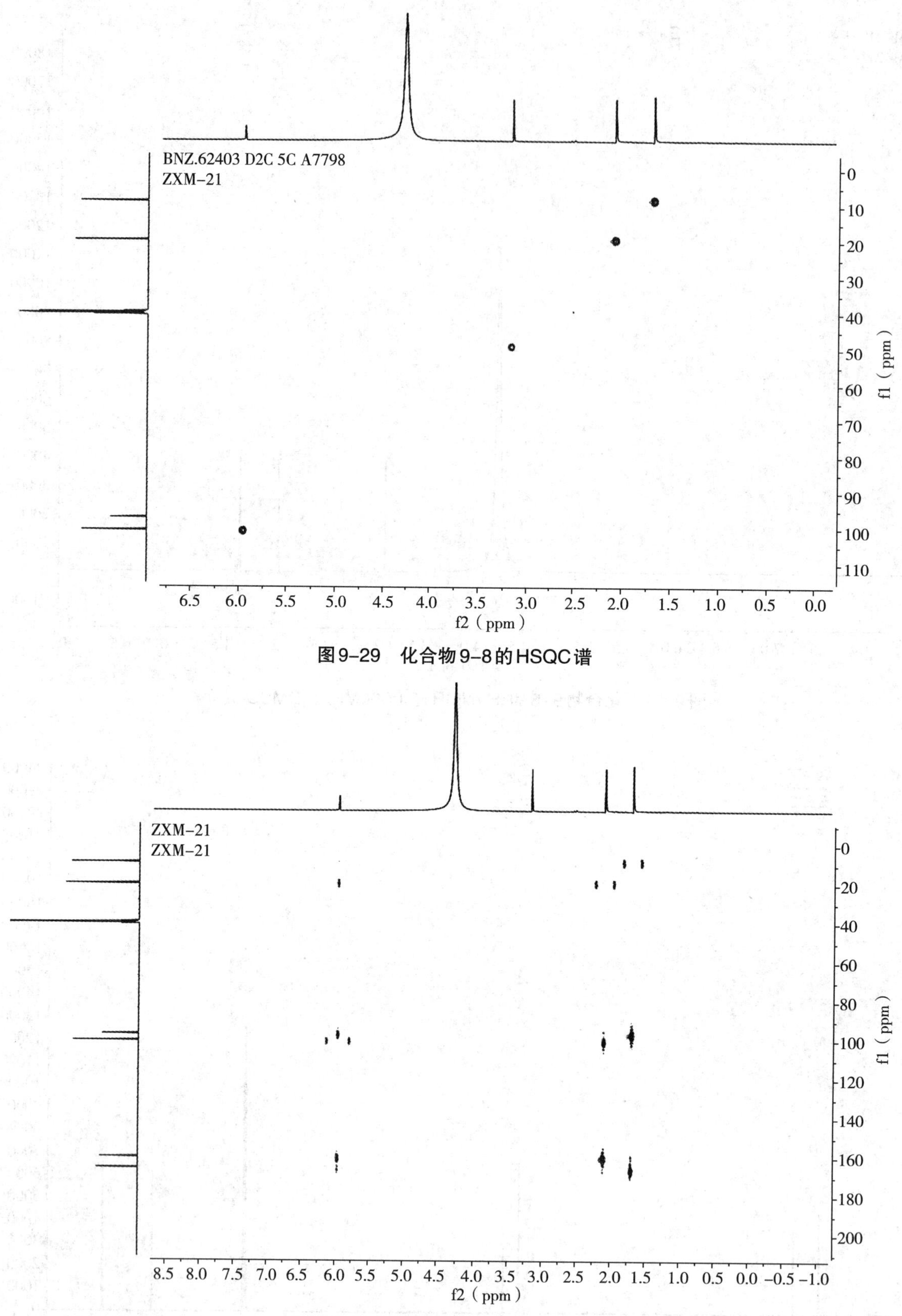

图9-29　化合物9-8的HSQC谱

图9-30　化合物9-8的HMBC谱

化合物9-9结构解析

^{13}C-NMR（125MHz，DMSO-d_6）中给出了170.5，164.7，163.2，110.8，88.7的五个碳信号，与化合

物9-8的sp^2杂化信号相似，可以初步推测结构中也存在六元α，β不饱和内酯片段，3.84（3H，s）为典型的甲氧基信号，结合三个160以上的碳信号可知该甲氧基位于β位。1.31（3H，d，J=6.5Hz）提示结构中有与叔碳相连的甲基。4.32（1H，dd，J=12.0，5.0Hz），4.24（1H，dd，J=12.0，5.0Hz）是一组同碳—CH_2—上的两个氢信号，12.0Hz的偶合常数提示为偕偶，5.0Hz的偶合不符合一般链状sp^3杂化碳之间偶合，推测该裂分可能由活泼氢引起，碳谱除了甲基碳，甲氧基碳之外，还有两个sp^3杂化的碳存在，化学位移均大于50，与上述连氧的—CH_2—以及与—CH_3相连的叔碳相对应，因此，氢谱中多出的两个信号一定是活泼氢信号，即为两个醇羟基，其中一个与—CH_2—相连，一个与叔碳相连。环上未取代位置的信号为5.6（1H，s），结合化合物6的解析过程及规律推测该氢位于6元α，β不饱和内酯中酯羰基的邻位。“—CH_2·OH”中仲碳的氢相对符合一般规律，但碳数据（52.1）明显偏小，类似于化合物9-6中甲基的数据规律，同样是氢大而碳小，可以推测该片段应位于两个取代基之间，综上所述，可以推测化合物的平面结构应如图9-31所示。为了验证规律和结构的正确性进行二维谱的测定，在HSQC谱中，将氢谱数据一一归属，在HMBC谱中，3.84的氢信号与170.5的碳信号相关，4.32，4.24的氢信号与170.5，164.7的碳相关，证明了环上未取代氢位置的正确性，5.61的氢信号与170.5，163.2的碳信号相关，证明了环上未取代氢位置的重要性，其余相关信号也与结构相符，可以确认结构解析正确，该化合物环上未取代位置和“—CH_2·OH”的氢碳信号符合规律，“—CH_2·OH”中的碳上的氢由于空间位阻导致旋转受阻，产生了碳不等同现象，这种情况在该位置的取代中比较常见，也可以做为磁不等同氢的一种扩展。

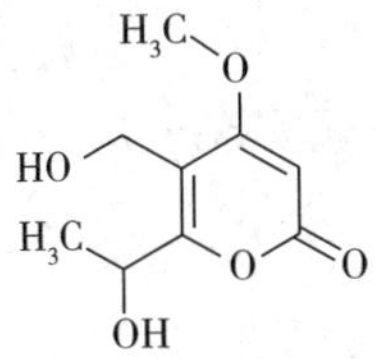

图9-31　化合物9-9的平面结构

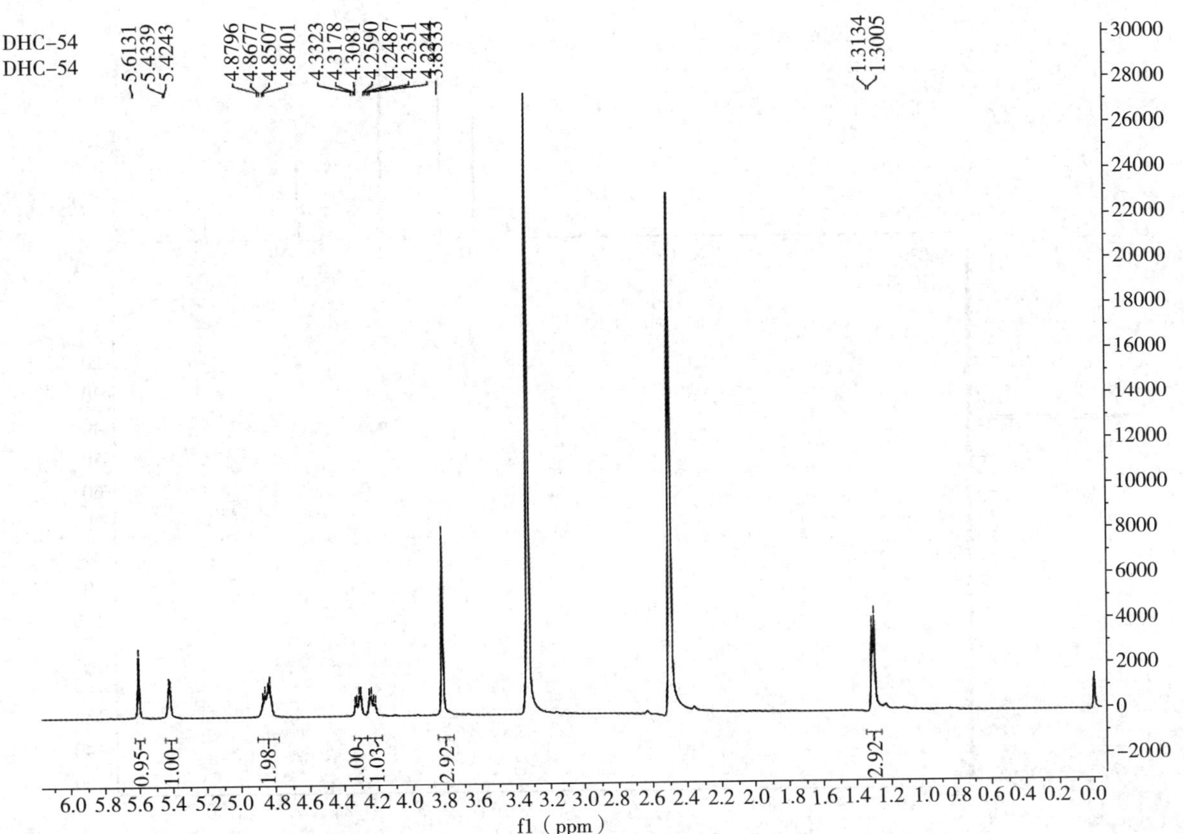

图9-32　化合物9-9的^{1}H-NMR谱（500MHz，DMSO-d_6）

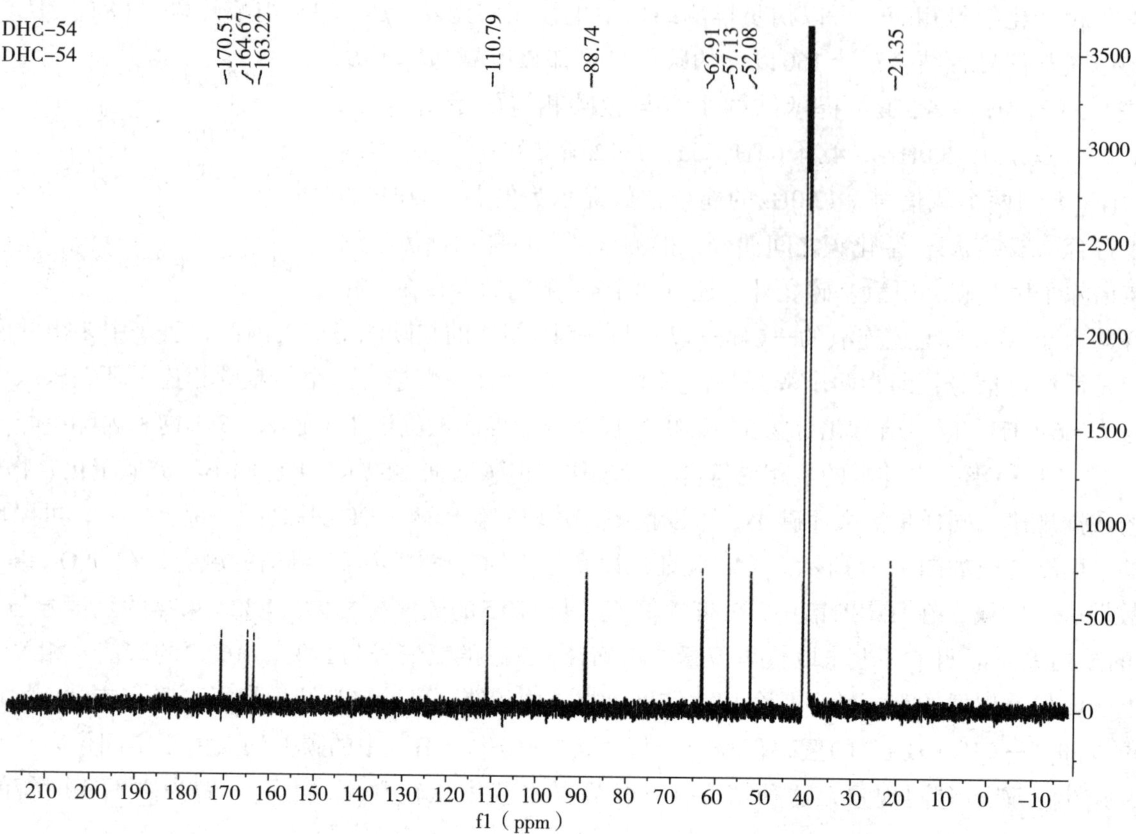

图9-33　化合物9-9的 ^{13}C-NMR谱（125MHz，DMSO-d_6）

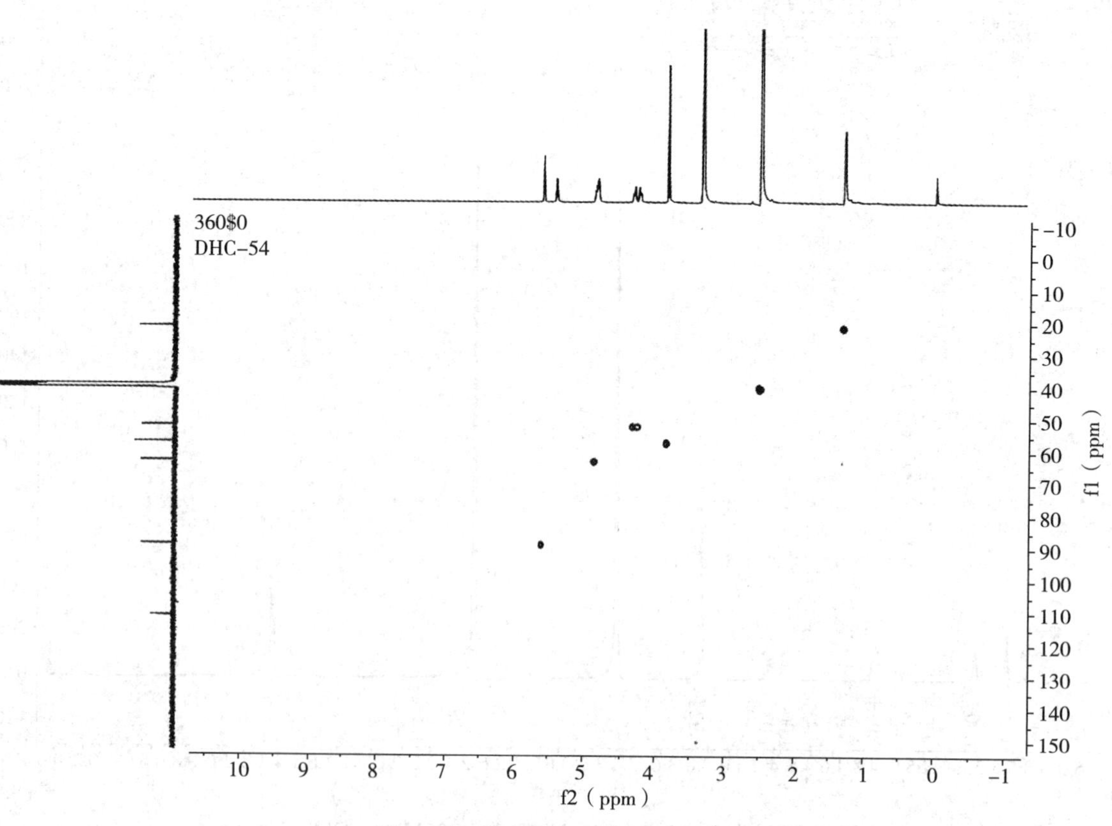

图9-34　化合物9-9的HSQC谱

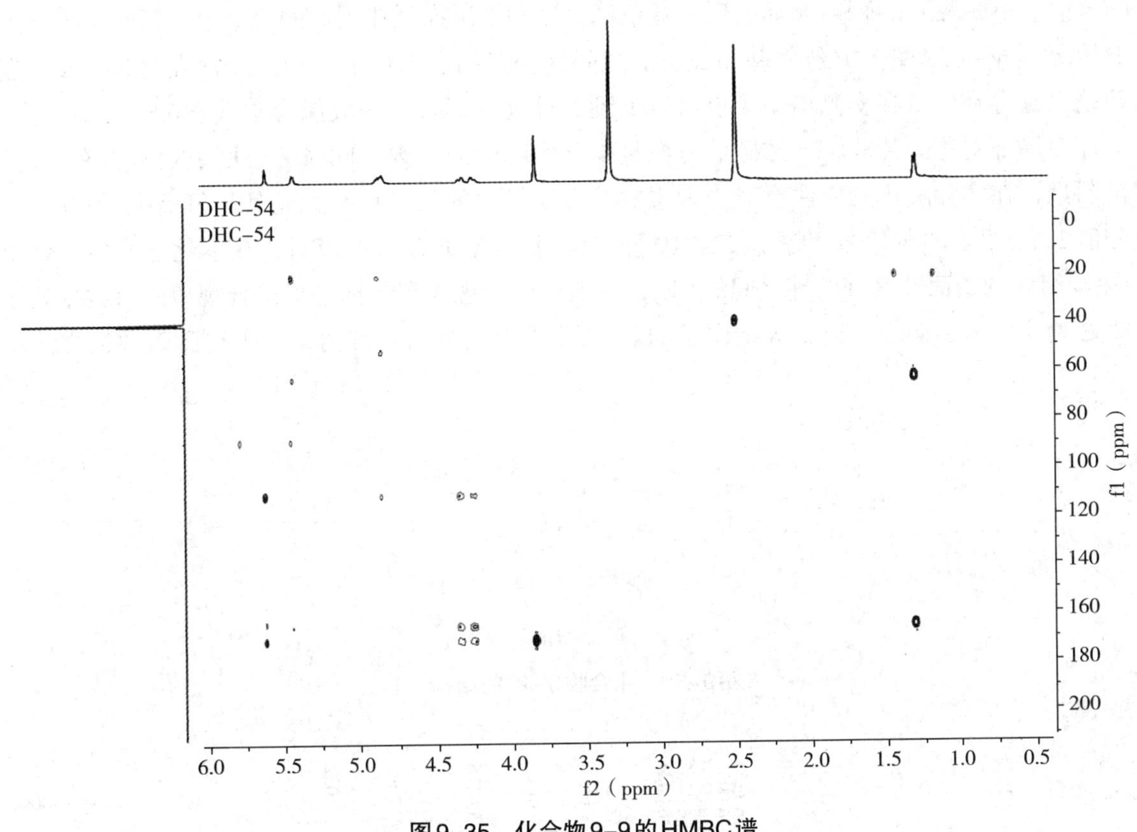

图9-35　化合物9-9的HMBC谱

在结构解析过程中，我们经常可以遇到化合物存在对称或局部对称的情况，对于某些化合物来说，这些对称因素的存在可能会导致解析难度增大或误判，下面我们来看几个这种情况的例子。

化合物9-10结构解析

^{1}H-NMR（500MHz，DMSO-d_6）给出了9.26（2H，s），3.65（2H，s），2.20（3H，s）三组单峰信号，以及6.12（2H，br.s），6.10（1H，d，J=2.0Hz），6.07（1H，br.s），6.04（1H，d，J=2.0Hz）的sp^2杂化氢信号，^{13}C-NMR中给出了9个sp^2杂化的碳信号以及39.2，19.7的2个sp^3杂化碳信号。上述信息可以明确推断结构中含有一个与sp^2碳相连的甲基，仅从氢谱数据3.65（2H，s）来看，此氢对应的可能为一连氧sp^3杂化碳上的氢，但是碳谱中并没有相应的碳信号，只有一个39.2的碳信号，此处可以推测为与两个sp^2杂化碳相连的或者与氮原子相连的CH_2，氢谱中该信号为一尖锐的单峰，未见展宽，因此可以排除与氮原子相连的情况。9.26（2H，s）的信号结合碳谱中没有醛基碳信号，氢谱中所有sp^2杂化氢信号都在6.0附近，可以推测结构中含有两个酚羟基，且这两个酚羟基应该处于对称的位置，当然这一点由于活泼氢信号受测试条件尤其是含水量的影响可能并不准确，但是6.12（2H，br.s），6.07（1H，br.s）的信号给出了佐证，这一组信号符合前述的间三取代且有两个取代基一致时苯环上氢信号的情况。基于此推测，谱中sp^2杂化碳信号去掉苯环上的4个信号后还有5个，其中179.2相对比较特殊，该信号可能是共轭的酮羰基，五元不饱和内酯中酯羰基或连氧双键上的碳信号，与化合物4和5对比可知，由于缺少处于更低场的信号，该信号只能是共轭的酮羰基，即γ-吡喃酮片段中的羰基。6.10（1H，d，J=2.0Hz），6.04（1H，d，J=2.0Hz）的信号只能是处于羰基α位的信号，这样该化合物就可以确认为图9-36所示的结构。这个化合物的谱中还有几个值得注意的地方，首先受到测试仪器条件的限制，苯环上间位的偶合有些时候是看不到的，具体表现在谱中就是相应的信号展宽，比如化合物9-8中

苯环上的氢信号不表现为d峰和t峰而表现为宽单峰，这种情况在低兆周数的仪器上测试时尤为常见；其次，一般情况下 γ-吡喃酮上 β 位甲基和 α 位氢之间的相互偶合不易观测到，通常表现为单峰，但是J^4偶合在理论上是存在的，在实测谱中，也可以见到这种远程偶合，一般偶合常数在0.5～2.0；再次，本化合物中存在局部对称的片段，导致碳信号数量少于实际碳的个数，同时芳香区氢信号也有一定重叠，导致解析困难，在实际解析中应注意对称因素的存在所导致的信号重叠，尤其是氢谱中6.0以上区域出现的积分值2或2以上的氢信号，提示结构中可能有对称因素的存在；最后，在本化合物中，处于两个由sp^2杂化碳组成的平面性良好的环之间的CH_2，一般可以表现为碳数据基本符合规律而氢数据处于相对低场，此处氢信号易于连氧、连氮等杂原子的sp^3杂化碳上的氢信号混淆，再未得到碳数据之前不宜下结论。

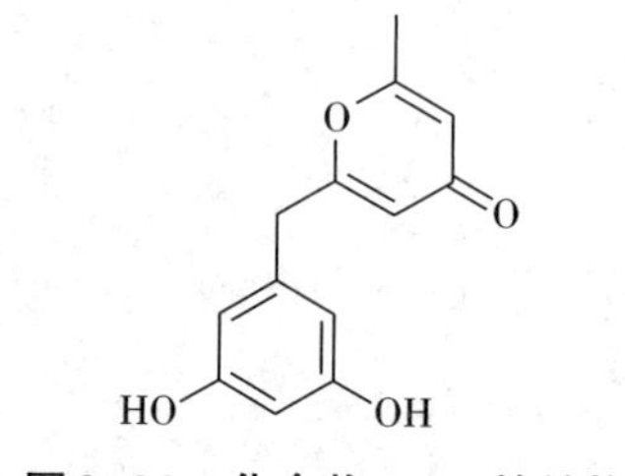

图9-36　化合物9-10的结构

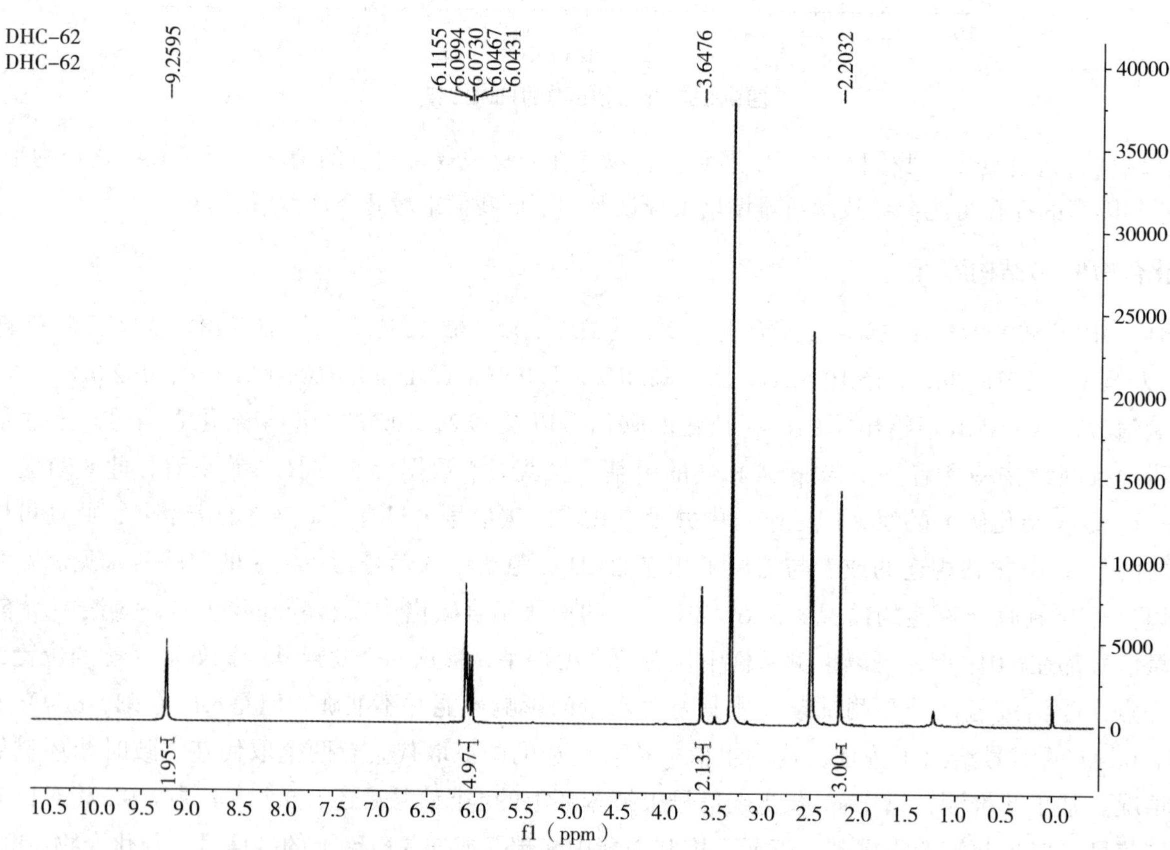

图9-37　化合物9-10的^{1}H-NMR谱（500MHz，DMSO-d_6）

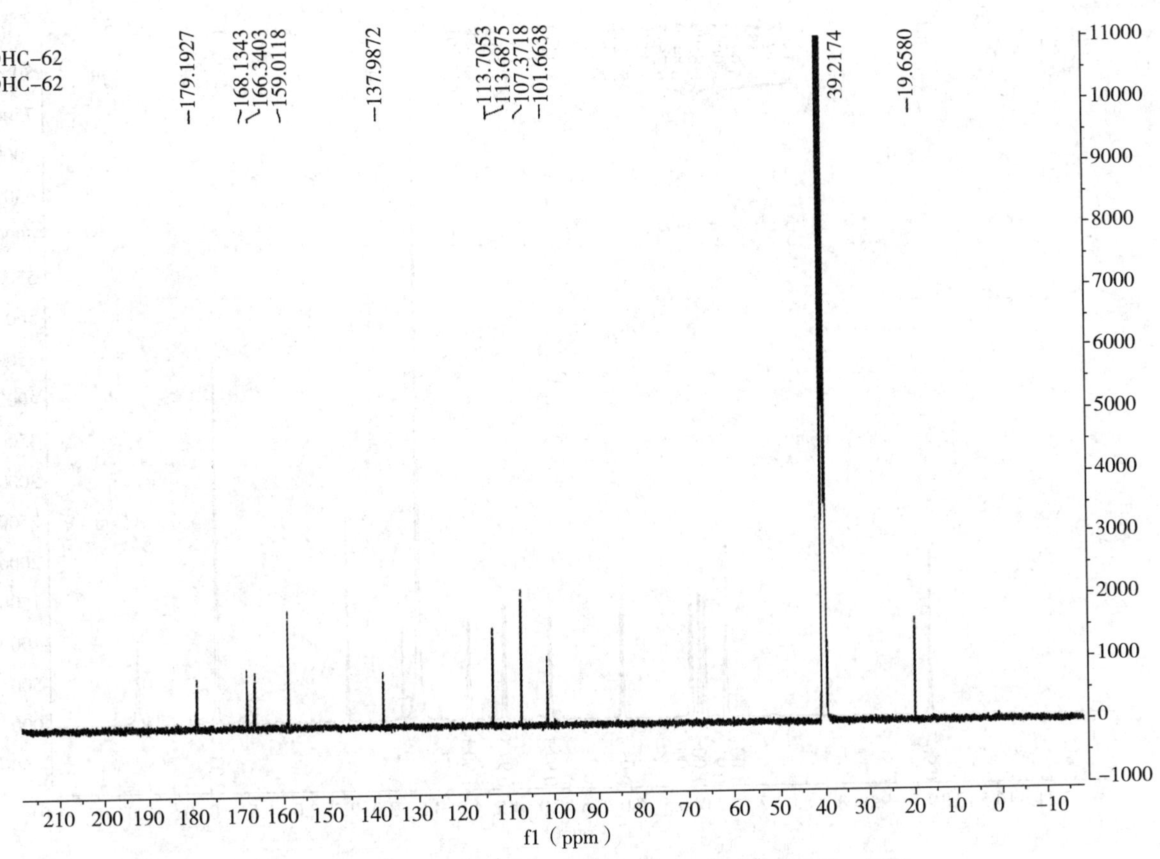

图9-38　化合物9-10的^{13}C-NMR谱（125MHz，DMSO-d_6）

化合物9-11结构解析

^{1}H-NMR（500MHz，DMSO-d_6）给出6.79（1H，d，J=8.0Hz），7.10（1H，t，J=8.0Hz），6.85（1H，d，J=7.5Hz）一组典型的邻三取代苯环上的氢信号，与化合物9-3的芳香区信号十分接近，同时也存在9.63（1H，s）的酚羟基信号，因此，推测该化合物结构中应当存在于化合物3相同的芳香片段。磁不等同氢在谱中表现为两个d峰，分别是$H_{1\alpha}$ 4.41（1H，d，J=13.7Hz），$H_{1\beta}$ 4.97（1H，d，J=13.7Hz），所对应的碳信号为56.6，结合前面总结的苯并氧杂环类片段1位碳氢的数据规律，可以推测结构中含有一个7元环的片段，对比化合物9-3，顺式双键的信号依然存在，双连氧季碳，连氧叔碳，连接叔碳的甲基等信号都存在，但是与化合物9-3存在一定差异，这时提示两种可能性：一是三元氧环开环，形成邻二醇羟基，由于是活泼氢，在谱中不出峰，不产生偶合也属于常见情况；二是形成如图9-39所示的二倍体。为了确认结构需结合质谱结果进行分析，化合物9-11的质谱结果显示：m/z 431.1464 [M+Na]$^+$（calcd $C_{24}H_{24}O_6Na$，431.1471）。根据质谱结果，化合物9-11的不饱和度为13，总体原子构成刚好符合二倍体的情况，因此鉴定结构如图9-39所示的化合物。该化合物提示在结构解析过程中，应注意采用相同溶剂时，同一化合物的数据应相同或因内标物标定位移时的误差导致同方向增大或减小，如果出现非活泼氢信号存在不同方向的差异时，需考虑结构的变化。

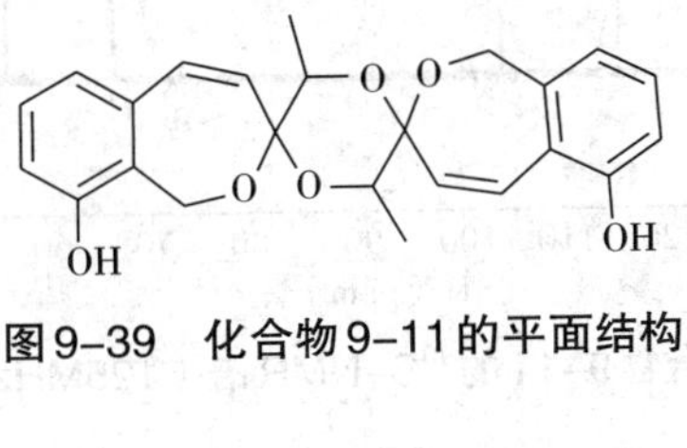

图9-39　化合物9-11的平面结构

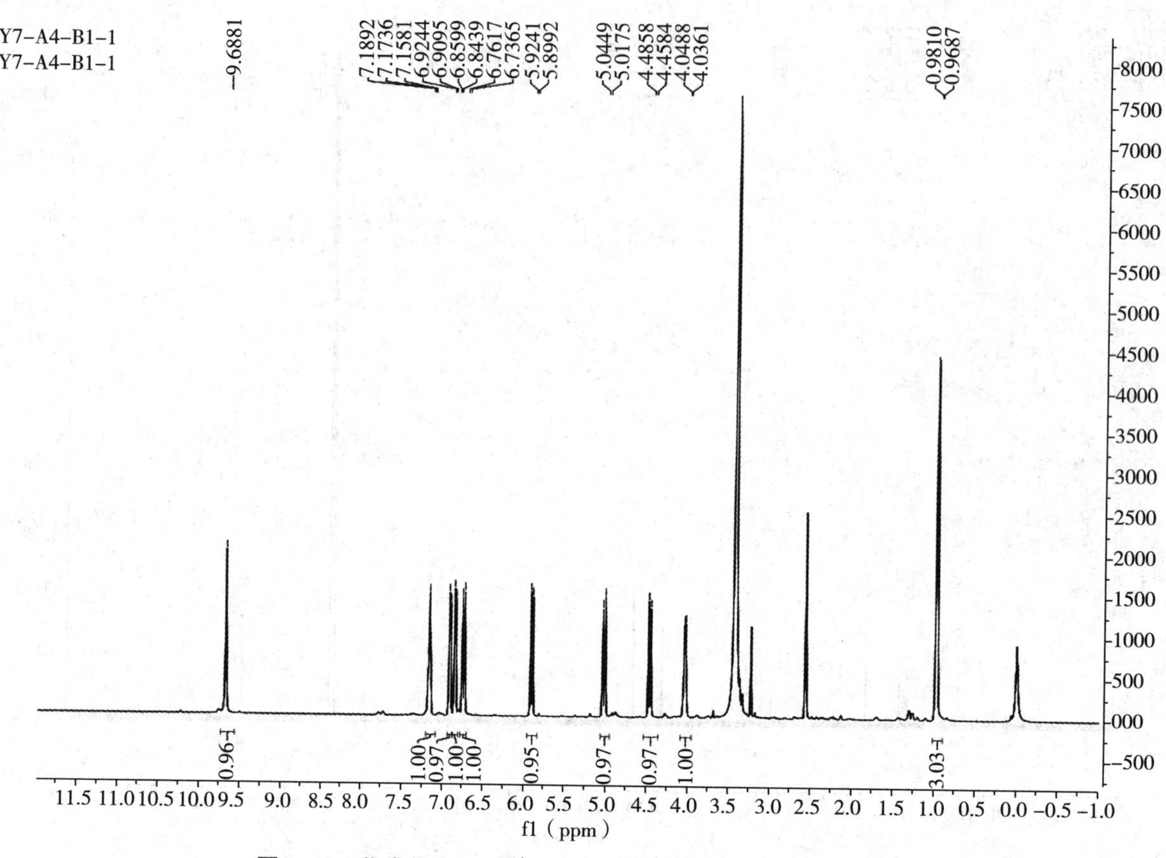

图9-40 化合物9-11的^{1}H-NMR谱（500MHz，DMSO-d_6）

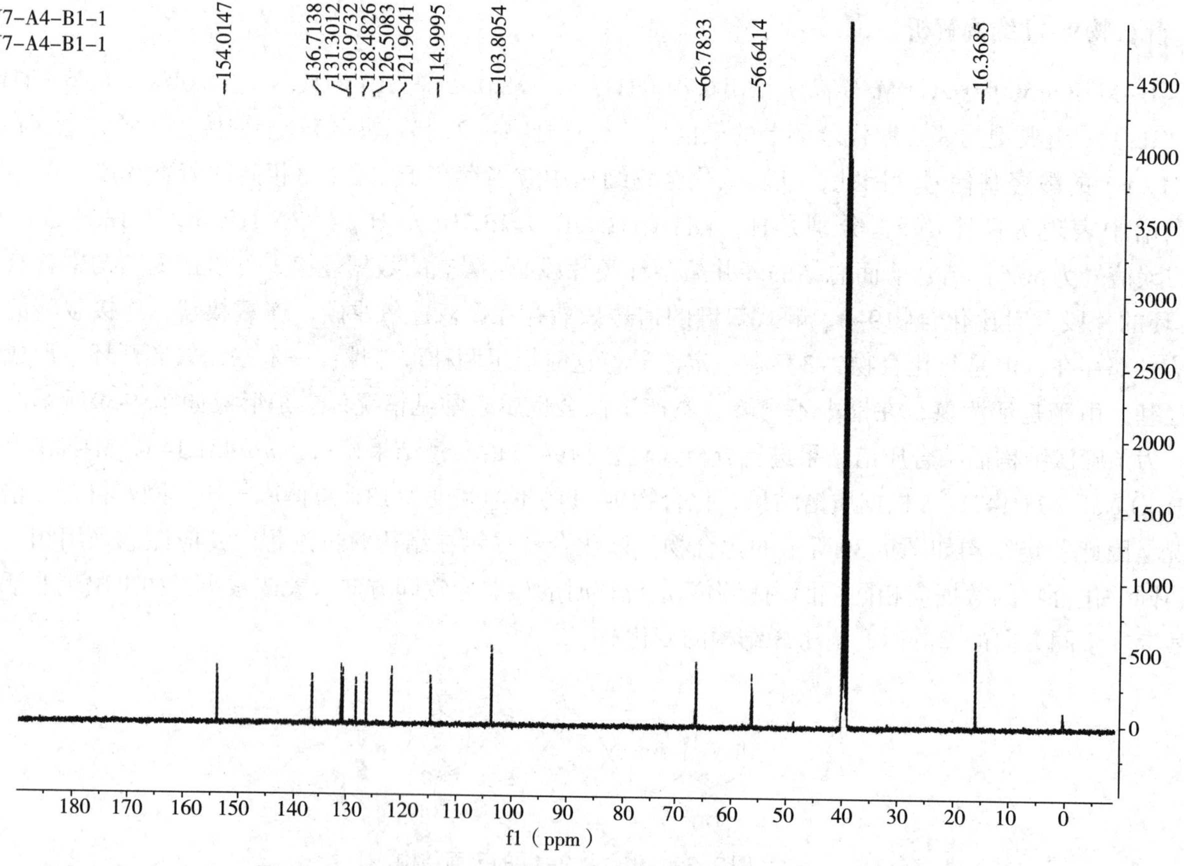

图9-41 化合物9-11的^{13}C-NMR谱（125MHz，DMSO-d_6）

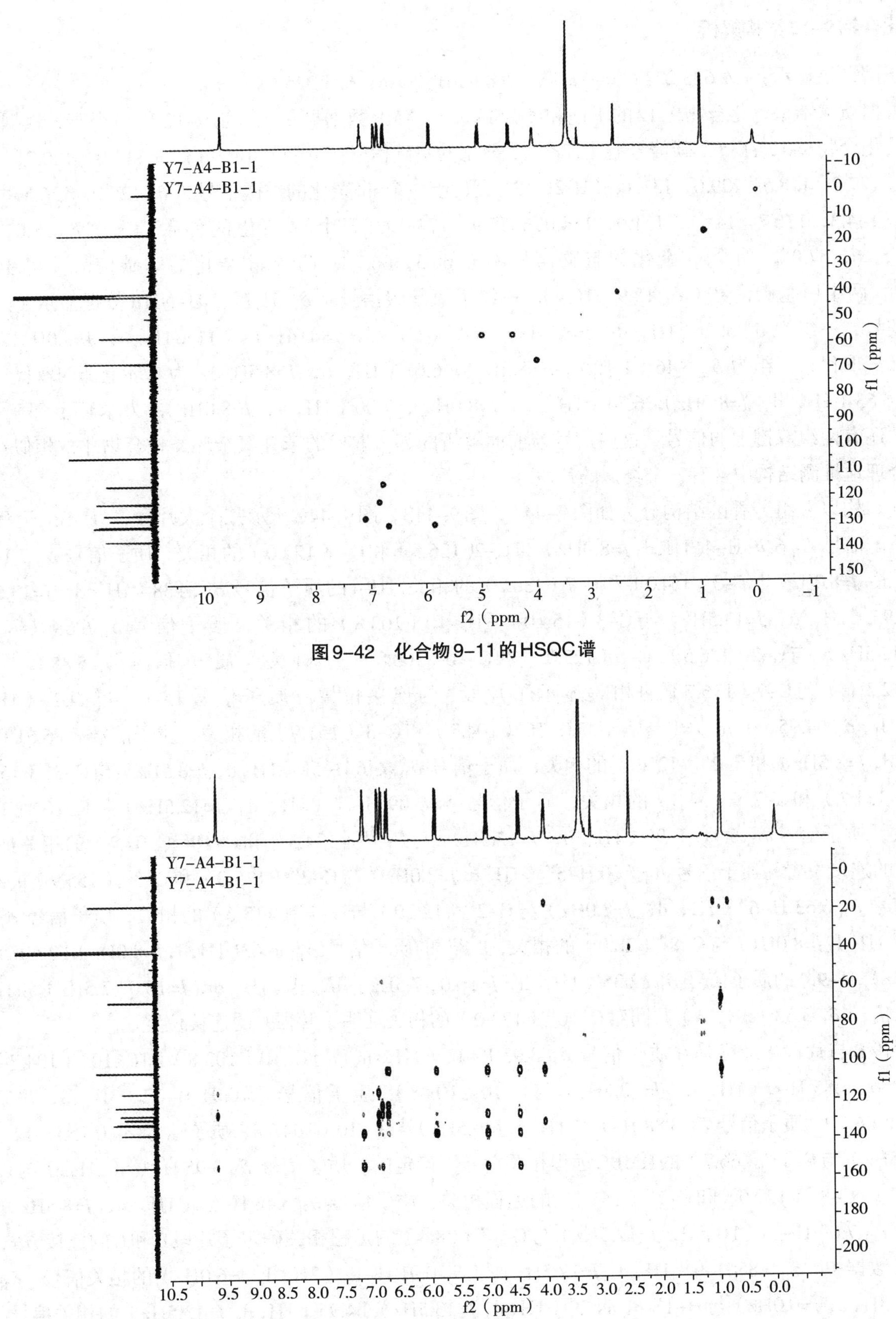

图9-42 化合物9-11的HSQC谱

图9-43 化合物9-11的HMBC谱

结构复杂的天然产物在解析过程中往往不容易找到头绪，但是如果能够先找到一些片段，再通过片段中某些数据的变化推测片段间的连接方式，解析将变得相对容易，下面来看一个实例。

化合物9–12结构解析

质谱结果显示：*m/z* 623.2248 $[M+Na]^+$（calcd $C_{35}H_{36}O_9Na$，623.2257）。

根据质谱结果，化合物9–12的不饱和度为18。^{13}C–NMR数据显示化合物9–12有35个碳，根据HSQC结果，化合物9–12的35个碳信号有十二个sp^2杂化的叔碳信号（δ_C 113.6，114.7，115.0，120.2，122.0，127.1，127.5，128.5，129.0，131.1，131.2，131.2），十一个sp^2杂化的季碳信号（δ_C 125.0，126.5，127.9，131.2，134.3，136.7，141.1，151.9，154.0，155.9，173.0），五个sp^3杂化的仲碳信号（δ_C 28.0，28.4，34.7，56.6，57.0），两个sp^3杂化的叔碳信号（δ_C 66.5，66.7），两个sp^3杂化的季碳信号（δ_C 104.79，103.8），两组甲基碳信号（δ_C 15.9，16.4），一组甲氧基碳信号（δ_C 51.7）。^1H–NMR数据显示了三组芳香区信号，一组为δ_H 6.79（1H，d，*J*=8.0Hz），6.85（1H，d，*J*=8.0Hz），7.11（1H，t，*J*=8.0Hz），为苯环上邻三取代；一组为δ_H 6.46（1H，d，*J*=8.5Hz），6.61（1H，d，*J*=8.5Hz），为苯环上邻四取代；一组为δ_H 6.63（1H，d，*J*=8.0Hz），6.74（1H，d，*J*=8.0Hz），7.00（1H，t，*J*=8.0Hz），为苯环上邻三取代。同时，还有两组双键上的信号，这些信号与前面解析的邻三取代的苯并氧杂环类化合物非常相似，因此可以合理地推测结构中含有三个类似的片段。

其结构以三组芳香区结构分为如图9–44A，图9–44B，图9–44C所示三个大片段，。HMBC远程相关中，质子信号δ_H 6.79 H–4（1H，d，*J*=8.0Hz）与C–2（126.5）和C–6（122.0）的相关，质子信号δ_H 7.11 H–5（1H，t，*J*=8.0Hz）与C–3（154.0）和C–7（136.7）的相关，H–1的质子信号δ_H a4.38（1H，d，*J*=13.5Hz），δ_H b4.95（1H，d，*J*=13.5Hz）与C–3（154.0）和C–10（103.8）的相关，质子信号δ_H 6.68 H–8（1H，d，*J*=12.5Hz）与C–2（126.5）、C–6（122.0）和C–10（103.8）的相关，质子信号δ_H 5.85 H–9（1H，d，*J*=12.5Hz）与C–7（136.7）的相关显示了片段A的连接位置。质子信号H–1′ δ_H a4.29（1H，d，*J*=13.5Hz，δ_H b4.95（1H，d，*J*=13.5Hz）与C–10′（104.7）和C–3′（151.9）的相关，质子信号δ_H 6.61 H–4′（1H，d，*J*=8.5Hz）和C–2′（127.9）的相关，质子信号δ_H 6.46 H–5′（1H，d，*J*=8.5Hz）与C–3′（151.9）、C–6′（131.2）和C–7′（134.3）的相关，质子信号δ_H 7.09 H–8′（1H，d，*J*=12.5Hz）与C–10′（104.7）的相关，质子信号δ_H 5.91 H–9′（1H，d，*J*=12.5Hz）与C–7′（134.3）和C–10′（104.7）的相关证明了片段B的连接位置。质子信号δ_H 7.00 H–5"（1H，t，*J*=8.0Hz）与C–2"（125.0）和C–3"（155.9）的相关，质子信号δ_H 6.63 H–6"（1H，d，*J*=8.0Hz）与C–2"（125.0）与C–4"（113.6）的相关，质子信号δ_H 6.63 H–6"（1H，d，*J*=8.0Hz）与C–8"（28.0）的相关，H–8"的质子信号δ_H a6.63（1H，d，*J*=8.0Hz），b2.60（1H，t，*J*=8.0Hz）、H–9"的质子信号δ_H a2.35（1H，dt，*J*=16.0，7.5Hz），b2.24（1H，dt，*J*=16.0，7.5Hz）和H–11"的质子信号δ_H 3.53（3H，s）共同对C–10"（173.0）的相关证明了片段C的连接位置。

片段B与片段A最终是在质子信号δ_H 3.95 H–11（1H，m）与C–10（103.8）和C–10′（104.7）、质子信号δ_H 5.85 H–9（1H，d，*J*=12.5Hz）与C–10（103.8）、质子信号δ_H 0.91 H–12（3H，d，*J*=6.0Hz）与C–11（66.7）、质子信号δ_H 3.88 H–11′（1H，d，*J*=6.5Hz）与C–10′（104.7）、质子信号δ_H 0.75 H–12′（1H，d，*J*=6.5Hz）与C–11′（66.7）的HMBC远程相关信号下确定的。质子信号δ_H 3.95 H–1"（2H，s）与C–6′（131.2）、C–8′（129.0）和C–7"（141.1）的远程相关，质子信号δ_H 6.46 H–5′（1H，d，*J*=8.5Hz）和质子信号δ_H 7.09 H–8′（1H，d，*J*=12.5Hz）与C–1"（28.4）的远程相关确定了片段B和C的连接方式。在NOESY数据中，δ_H 5.85 H–9（1H，d，*J*=12.5Hz）与δ_H 0.91 H–12（3H，d，*J*=6.0Hz）的相关信号、δ_H 0.91 H–12（3H，d，*J*=6.0Hz）与H–1′ δ_H a4.29（1H，d，*J*=13.5Hz），b4.95（1H，d，*J*=13.5Hz）的相关信号、H–1 δ_H a4.38（1H，d，*J*=13.5Hz），b4.95（1H，d，*J*=13.5Hz与δ_H 0.75 H–12′（1H，d，*J*=6.5Hz）的相关信号、δ_H 5.91 H–9′（1H，d，*J*=12.5Hz）与δ_H 0.75 H–12′（1H，d，*J*=6.5Hz）的相关信号、δ_H 7.09 H–8′（1H，d，*J*=12.5Hz）与δ_H 3.95 H–1"（2H，s）的相关信号最终确定了化合物12的相对构型。

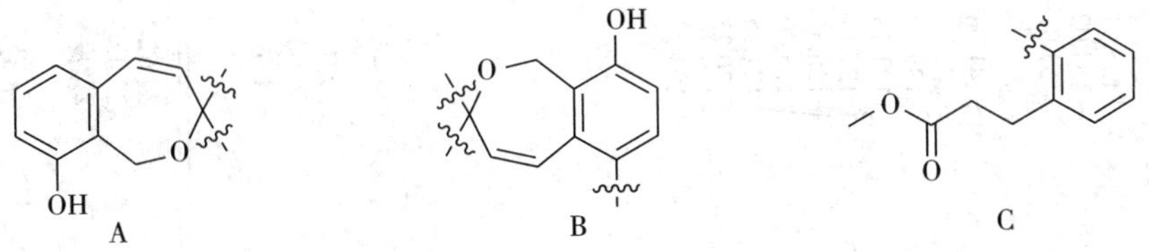

A　　B　　C

图9-44　化合物9-12的不同片段

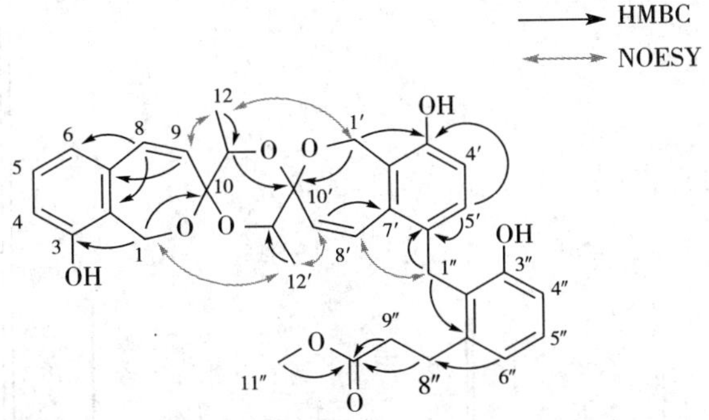

图9-45　化合物9-12的结构及HMBC和NOESY相关

通过化合物9-12的解析可以看出，在相对较为复杂的谱图中，如果熟悉了某个或某些结构片段，解析工作可以变得容易且富有条理。

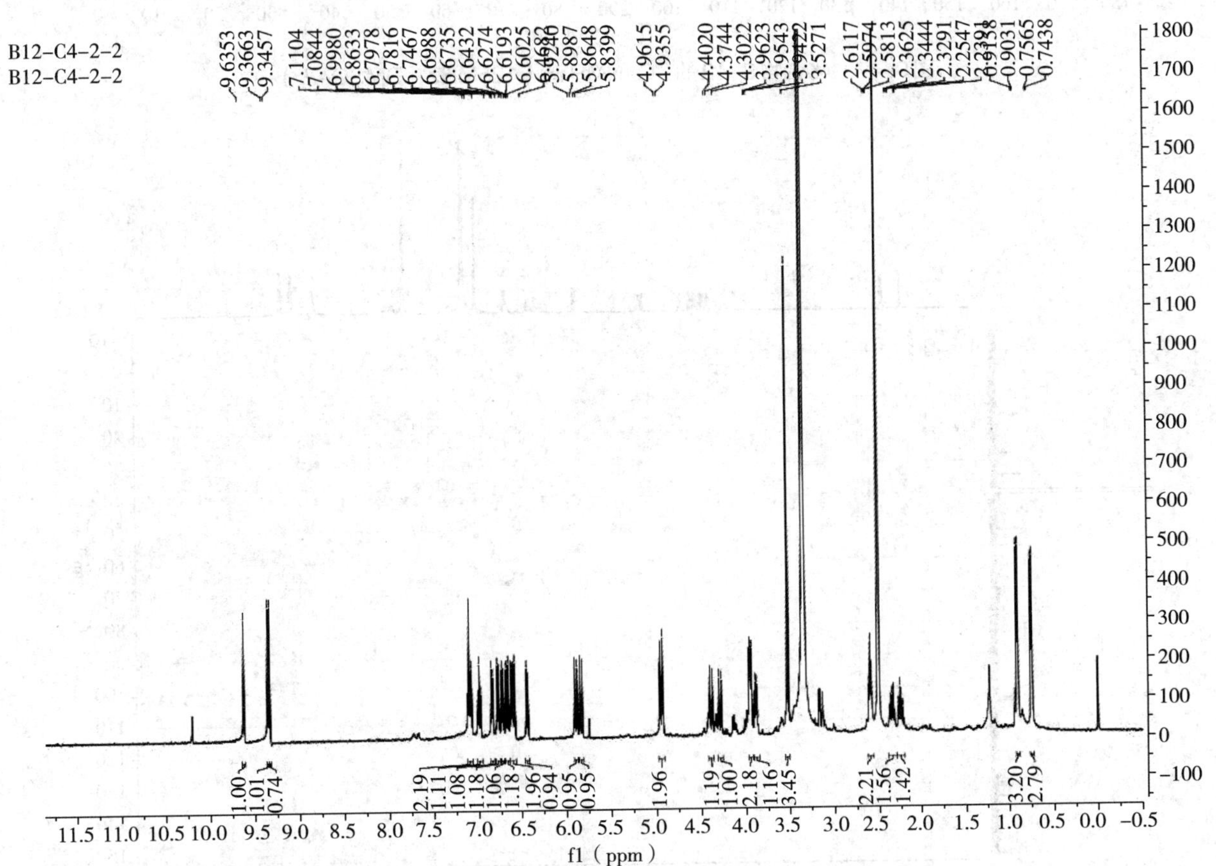

图9-46　化合物9-12的 ^{1}H-NMR谱（500MHz，DMSO-d_6）

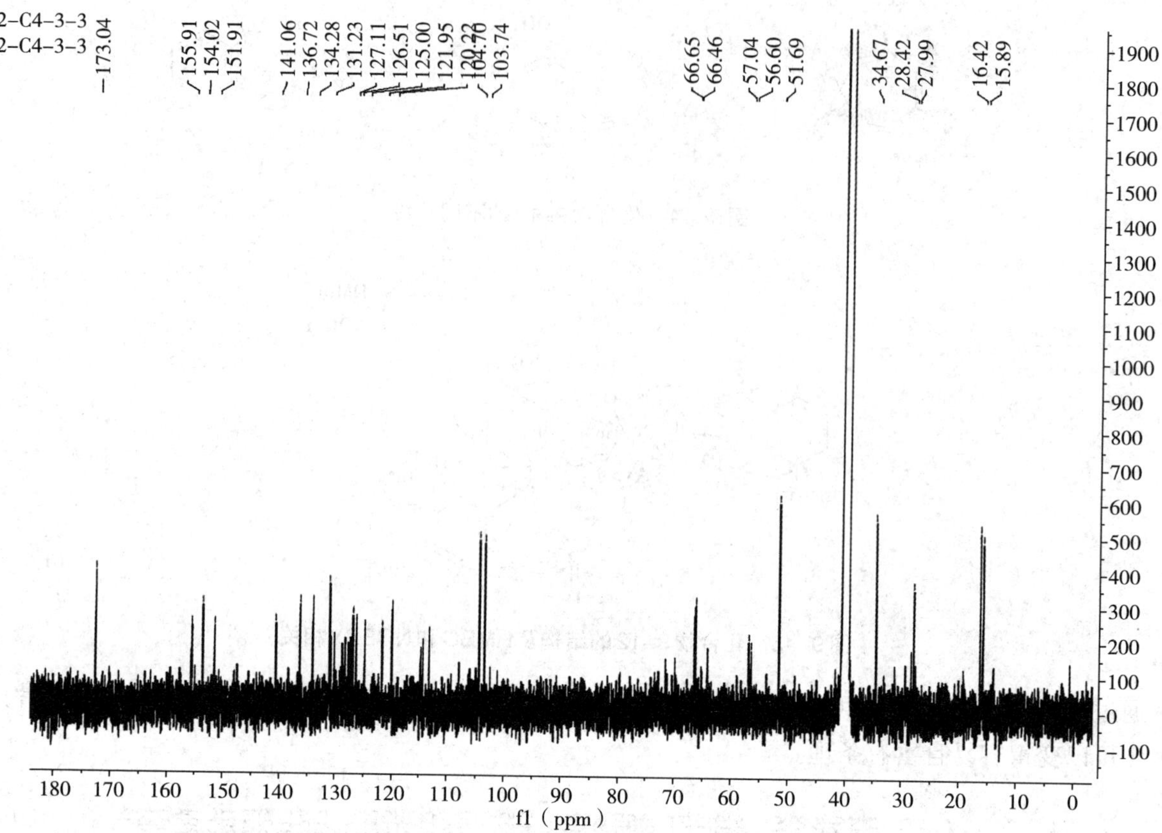

图9-47 化合物9-12的^{13}C-NMR谱（125MHz，DMSO-d_6）

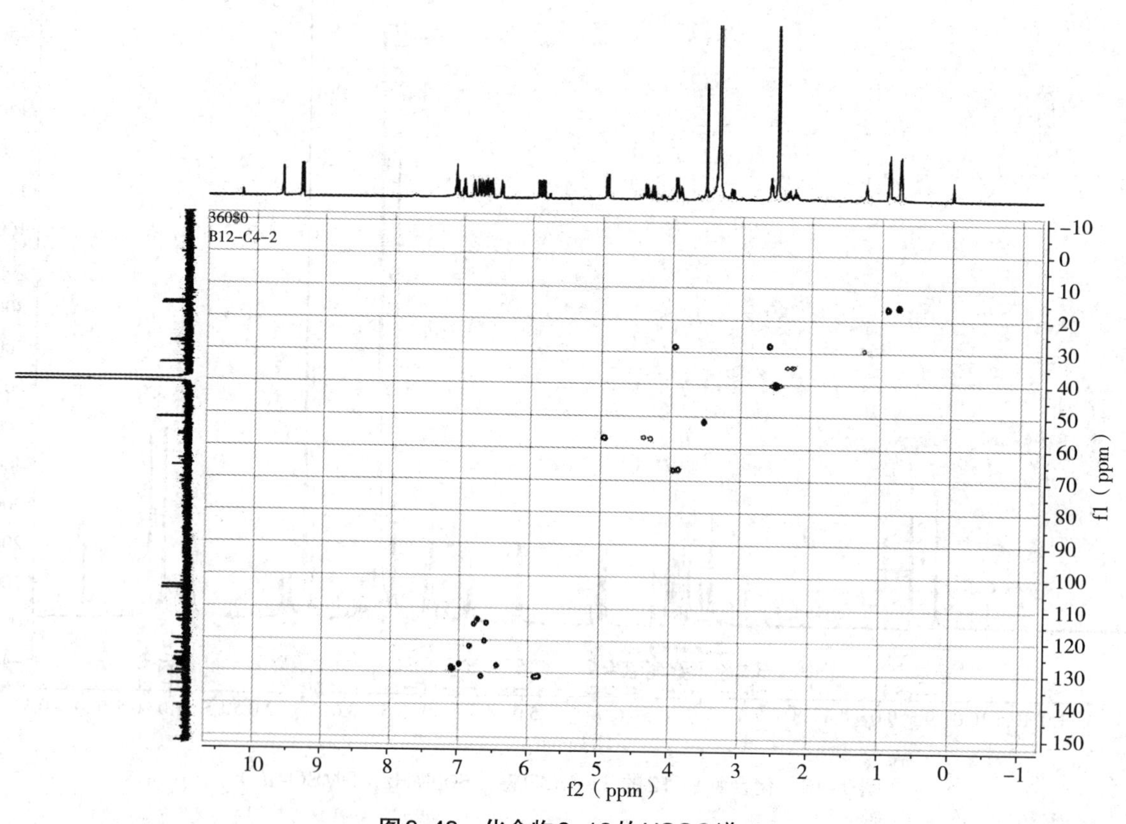

图9-48 化合物9-12的HSQC谱

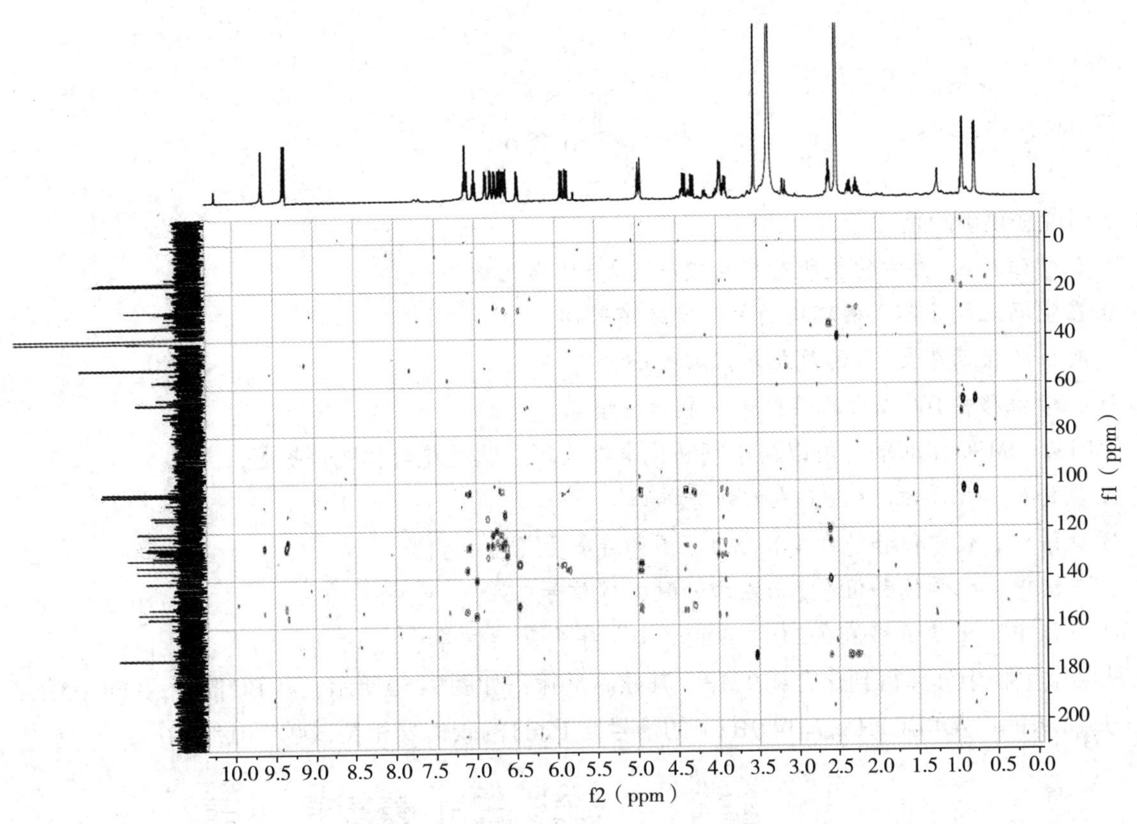

图9-49　化合物9-12的HMBC谱

目标检测

答案解析

1.下列化合物中标记位置碳上的氢可能是磁不等同氢的是（　　）。

A.

B.

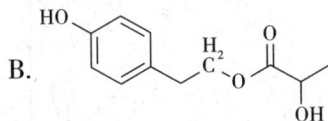

C.

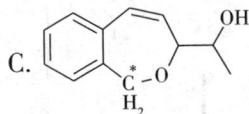

D.

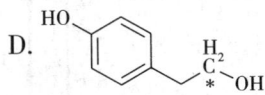

2.下列化合物中内酯环上的氢信号化学位移大于6.0的是（　　）。

A.

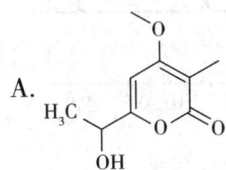

B.

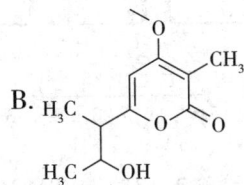

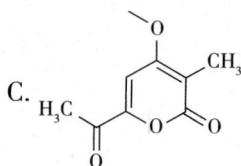

C.　　　　D.

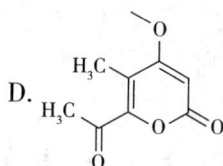

3. 下列说法正确的是（　）。

A. 化学位移6.0左右的氢所对应的碳一定是SP^2杂化碳

B. 在空间上处于不同磁环境的氢一定磁不等同

C. 对位取代苯环3,5位的氢化学位移大小一定一样

D. 化学位移在160以上的碳信号一定对应羰基

4. 使用d_6-DMSO作溶剂，可以初步判断化合物为环二肽类化合物的证据是（　）。

A. 氢谱中，化学位移值8.0左右的宽单峰

B. 氢谱中，化学位移值在4.0～5.0范围的连氮氢信号

C. 碳谱中，化学位移值在160左右的酰胺碳信号

D. 氢谱中，化学位移值在2.0左右的“山”字形复杂信号

5. 从某微生物中分离得到化合物9-13，其核磁共振谱如图9-50所示，在BC谱中，3.68（3H, s），4.63（1H, s, J=14.9Hz），4.40（1H, s, J=14.9Hz）的信号与156.3的碳信号相关试解析其结构。

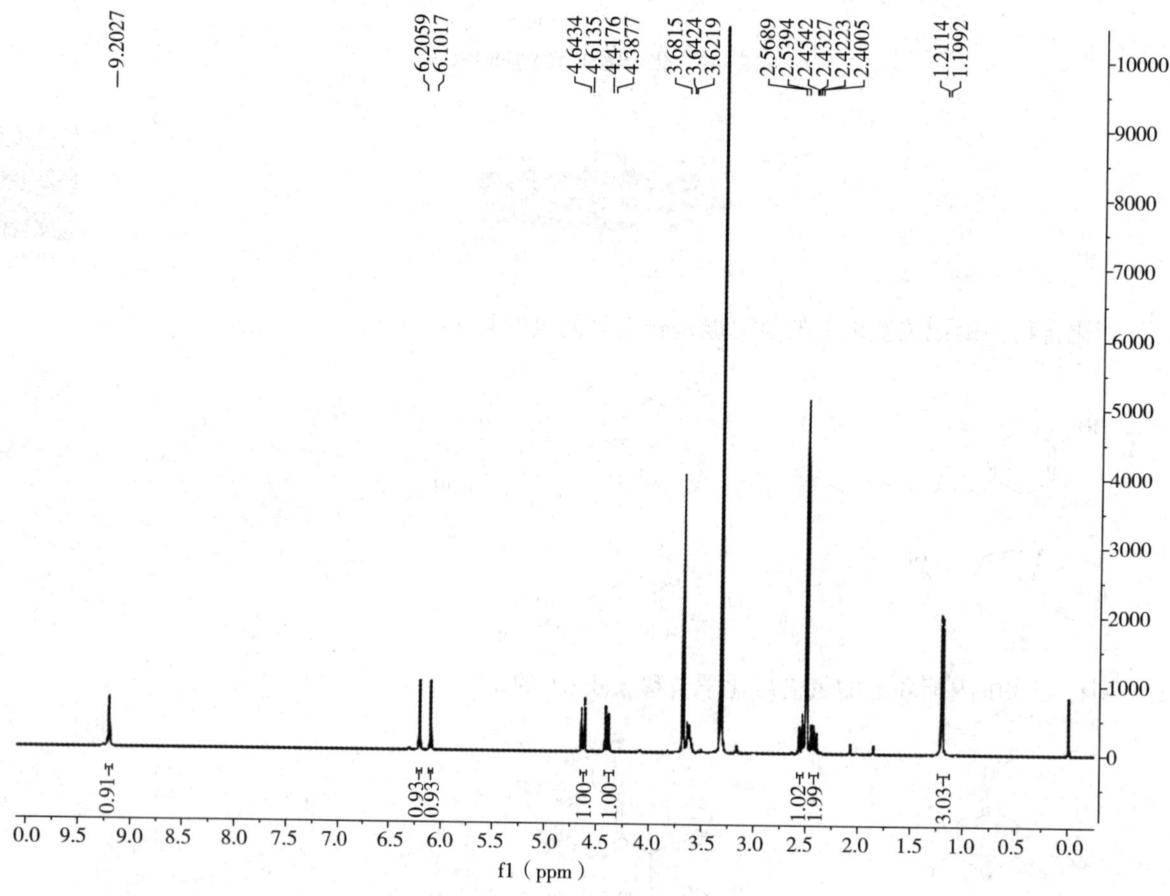

图9-50　化合物9-13的^{1}H-NMR谱图

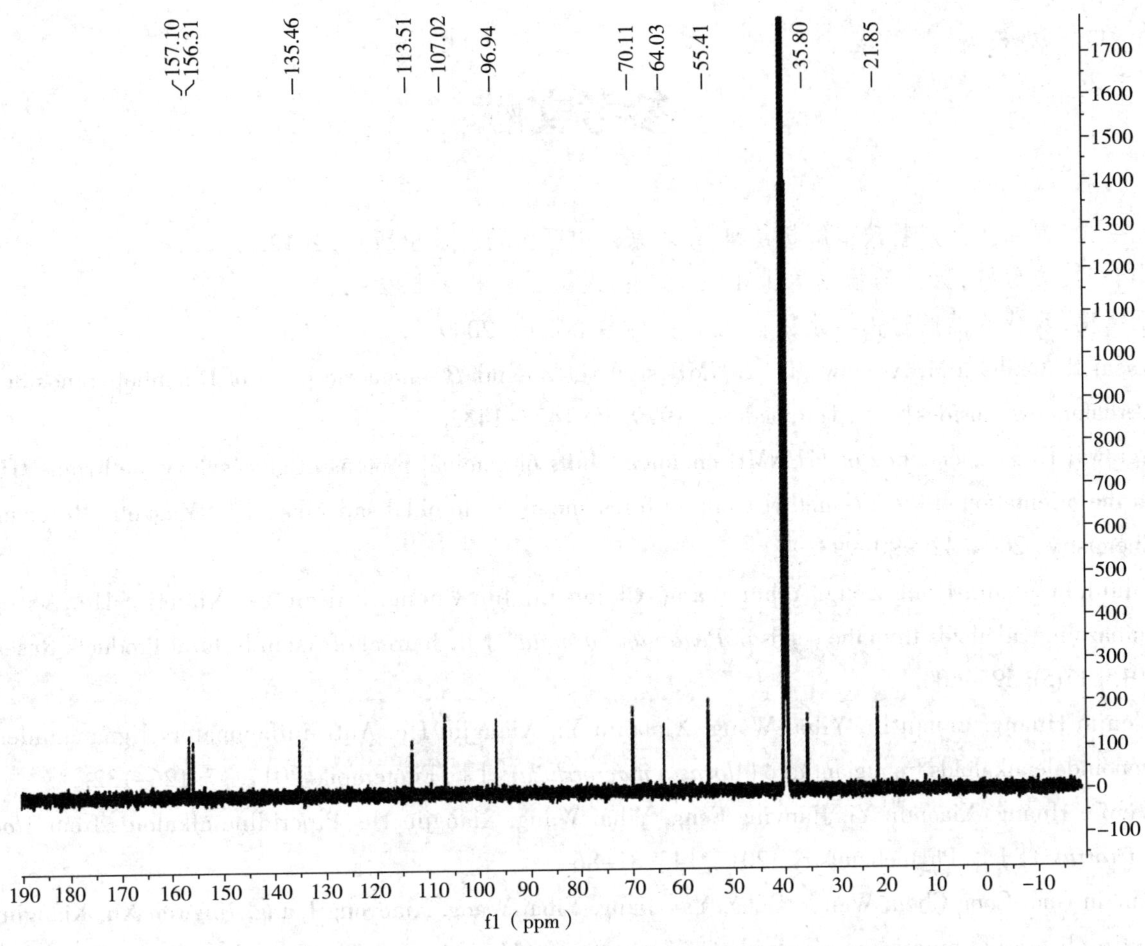

图9-51　化合物9-13的 ^{13}C-NMR谱图

参考文献

[1] 孔令义.复杂天然产物波谱解析.[M].北京：中国医药科技出版社，2012.

[2] 华会明，娄红祥.天然药物化学.[M].北京：人民卫生出版社，2022.

[3] 王锋鹏.现代天然产物化学.[M].北京：科学出版社，2009.

[4] Kasai R, Okihara M, Asakawa J. ^{13}C NMR study of α-and β-anomeric pairs of Dmannopyranosides and L-rhamnopyranosides [J]. Tetrahedron, 1979, 35: 1427-1432.

[5] Agrawal KP. Dependence of 1H NMR chemical shifts of geminal protons of glycosyloxy methylene (H_2-26) on the orientation of the 27-methyl group of furostane-type steroidal saponins [J]. Magnetic Resonance in Chemistry, 2004, 42: 990-993.

[6] Chunhua Wang, Hong Zeng, Yihai Wang, Chuan Li, Jun Cheng, Zhijun Ye, Xiangjiu He. Antitumor quinazoline alkaloids from the seeds of *Peganum harmala* [J]. Journal of Asian Natural Products Research, 2015, 17(5): 595-600.

[7] Wenjie Huang, Chuan Li, Yihai Wang, Xiaomin Yi, Xiangjiu He. Anti-inflammatory lignanamides and monoindole alkaloids from giant taro (*Alocasia macrorrhiza*) [J]. Fitoterapia. 2017, 17: 126-132.

[8] Wenjie Huang, Xiaomin Yi, Jianying Feng, Yihai Wang, Xiangjiu He. Piperidine alkaloids from *Alocasia macrorrhiza* [J]. Phytochemistry, 2017, 143: 81-86.

[9] Jianxin Gao, Cong Chen, Wenjie Deng, Yan Jiang, Yihai Wang, Xiaoyong Liang, Jingwen Xu, Xiangjiu He. Antiproliferative piperidine alkaloids from giant taro (*Alocasia macrorrhiza*) [J]. Industrial Crops and Products, 2024, 210: 118102.

[10] Wenjing Ma, Siyu Wang, Yihai Wang, Jia Zeng, Jingwen Xu, Xiangjiu He. Antiproliferative Amaryllidaceae alkaloids from the bulbs of *Hymenocallis littoralis* (Jacq.) Salisb [J]. Phytochemistry, 2022, 197: 113112.

[11] Limin Xiang, Yihai Wang, Xiaomin Yi, Xiangjiu He. Steroidal alkaloid glycosides and phenolics from the immature fruits of *Solanum nigrum* [J]. Fitoterapia, 2019, 137: 104268.

[12] Yihai Wang, Limin Xiang, Xiaomin Yi, Xiangjiu He. Potential anti-inflammatory steroidal saponins from the berries of *Solanum nigrum* L. (European black nightshade) [J]. Journal of Agricultural and Food Chemistry, 2017, 65: 4262-4272.